Die andere Seite der

- Licht -

Geschwindigkeit

-

Das Kugelmodell des Lichts

Paul H. Krannich

BOD

$$1\text{Ls} = \left(\frac{360.000\ \text{km}}{\pi} - \frac{1}{\sin(\sin 45°)} \right) * \phi^2$$

$$= 299.792{,}458\ \text{km}$$

$$C = 299.792{,}458\ \text{km/s} = LG_{(km/s)}$$

Bibliografische Information der Deutschen Nationalbibliothek:
Die Deutsche Nationalbibliothek verzeichnet diese Publikation in der Deutschen Nationalbibliografie; detaillierte bibliografische Daten sind im Internet über http.//dnb.dnb.de abrufbar.

Inhalt, Text, Satz und Gestaltung:
© 2020 Paul H. Krannich
Baasdorfer Straße 42
D-06366 Köthen (Anhalt)
E-Mail: paulhkrannich@web.de

Herstellung und Verlag:
BoD - Books on Demand, Norderstedt
In de Tarpen 42
D-22848 Norderstedt

Februar 2020

ISBN: 978-3-7504-3371-7

Paul H. Krannich

Die andere Seite der

- Licht -

Geschwindigkeit

-

Das Kugelmodell des Lichts

Books on Demand
Norderstedt

Die andere Seite der Licht-Geschwindigkeit
- Das Kugelmodell des Lichts -

Inhaltsverzeichnis 6

Vorbemerkungen 11
Anfütterung 20

Teil I 29
Einige Grundlagen des Kugel-Lichtmodells
Einheitskreise und Einheitskugeln 30
Einheitsquadrate und Einheitswürfel 37
Andere, für das Kugel-Lichtmodell wichtige geometrische Figuren 46
Der Goldene Schnitt Phi 51
    Fibonacci und seine Folgen 54
    Phi ist viel allgemeiner 57
    Phi ist die Quelle aller Zahlen, aber leicht paradox 60
    Die Potenzen von Phi 62
    Kurze Geometrie der Göttlichen Proportion 68
Die Zahl 39,37 und ihre Verwandten 71
Die Null, die Eins und die Unendlichkeit 80
    Die Eulersche Zahl "e" 85
    Die Division durch Null 91
    Das Phänomen der Eins 95
Kongruenz 101
Hinweise 102
    Potenz- und Wurzel-Hinweise 112
    Phi-Hinweise 126
    Phi-Ellipsen 129
Der Mond, das Licht und seine Geschwindigkeit 133
    Die Mondbahn und ihr Zentrum 136
    Mond-Numerologie für Wissenschaftler 142

Siderischer und Synodischer Monat 150
Weitere Verbindungen zwischen Licht(modell) und Mond 156
Der Mond, das Licht und die Längenmaßeinheiten 160
Die Erde – Wenige ausgesuchte Beispiele 170
Apropos Maßeinheiten: Metrologie kompakt 178
Ein Vorschlag für die Wissenschaft – Wissen für die Ewigkeit 191
Die grundsätzliche Gestaltung des Allerheiligsten 200
Die Konstruktion – Nur ein fiktives Beispiel 203

Teil II   221
Ein Vorschlag für die Wissenschaft:
Das Kugel-Lichtmodell und seine Folgen

Darstellungsmöglichkeiten der Lichtgeschwindigkeit 222
Weitere Zusammenhänge 229
Die Eigenschaften des Kugelmodells der Erde 234
Die Vorteile des Kugelschnitt-Modells 237
Der primäre Lichtkreis 241
Gibt es ein Oktokaidekaeder ? 254
Besonderheiten der diversen Sechseck-Kugeln 261
Striche, 5 Minuten und die 288 266
Die Einheits-Sechseck-Kugel 272
Das Ikosaeder 280
Das Ur-Ikosaeder 285
Das Dodekaeder 289
Die ‚Kugel des Lebens und des Lichts‘ 301
Der Übergang von der Blume zum Modell 313
Kreis, Sechseck, Pi-Drittel und sein Reziprokwert 319
Die Kosinus-Konstante 322
Die Tangens-Konstante 325
Die 3355 und der Reziprokwert der Lichtgeschwindigkeit 328
Die 0,833333... und ihre Derivate 334
Die Differenz 207,542 340
86.400 350
Der Zahlenreigen rund um 144..., 131 und 2288 355

Wie die Lichtgeschwindigkeit zu ihrer ko(s)mischen Zahl
kommt (Primärer Teilabschnitt) ... 363
    Rechnung (15-stellig, ohne Maßeinheiten) ... 365
    Grafische Darstellung ... 367
Die Bedeutung der Lichtgeschwindigkeitsformel ... 372
Die Zahlenwolke um die definierte Lichtgeschwindigkeit ... 374
Weiterführende Aussagen der LG-Zahlen-Formel ... 381
Immer wieder Phi ... 385
Die Kehrseite der ko(s)mischen Lichtgeschwindigkeitszahl ... 387
Wie die Lichtgeschwindigkeit zu ihrer ko(s)mischen Zahl
kommt (sekundärer Teilabschnitt) ... 390
    Rechnung (15-stellig, ohne Maßeinheit) ... 390
Die Idealisierung geht weiter (Tertiärer Teilabschnitt) ... 396
Das gegenwärtige Lichtmodell ... 398
Was wir aus dem Kugel-Lichtmodell lernen können ... 402

Teil III   407

Weiterführende Gedanken, Vermutungen, Spekulationen, Provokationen … und ein bisschen Physik

Alternative Fakten + alternativlose Alternativen = Quastenphysik ... 408
Kilometer und Englische Meile ... 410
Fragen ohne Ende ... 420
Nochmal kurz zur Meile ... 421
Königselle, Attisches Stadion und Lichtgeschwindigkeit ... 424
Enthält das Attische Stadion Zusatzinformationen? ... 428
Ironie der Geschichte => 22 : 7 ... 434
Eine andere Art von Konstante? ... 439
Kurzer Themenschwenk: Masse und Gravitation ... 444
Gravitationsfeld-Schalen ... 461
Ein kurzer Abstecher in die Erdgeschichte ... 471
Ist der Urknall unumgänglich? ... 475
Die Ausdehnung des Universums ... 484
    Kurz zur Rotverschiebung ... 488
    Kurz zur Hintergrundstrahlung ... 501
    Kurz zum Wasserstoff ... 504

Mein Universum ... 507
Strömungsmechanik ... 512
Strömungswiderstände, Äther und Freie Energie ... 516
Ketzerische Gedanken ... 522
Ein Brief (Hat Licht eine Masse?) ... 527
Die Antwort und die Antwort darauf ... 540
Lichtgeschwindigkeitsanomalie ... 558
Überlichtgeschwindigkeit? Zwei kleine Striche verändern eine Welt ... 567
Werden Photonen beschleunigt? ... 573
„Spiralatome" – Eine andere Möglichkeit? ... 576
Quantenhüpfer und Bindungsenergie ... 587
Ein Photonenmodell ... 596
Die zweite Photonen-Variante ... 603
Spiralphotonen-Beschreibung ... 613
Geheimnis der Photonen ... 622
Der Zufall ist ein hervorragender Schütze ... 625
Weitere Indizien: Die Konstanten ... 628
    Gravitationskonstante ... 628
    Selbstbestätigung des Kugel-Lichtmodells ... 632
    Magnetische Feldkonstante ... 636
    Elektrische Feldkonstante ... 640
    Die Coulomb-Konstante ... 643
    Von-Klitzing-Konstante ... 645
Das Zusammenspiel von ε_0 und μ_0 ... 646
Mehr als nur ein Zahlenspiel? ... 656
Vermutungen zu physikalischen Feldern ... 659
    Gravitationsfeld ... 563
    Elektrisches Feld ... 675
    Magnetfeld ... 680
Licht von der Seite ... 688
Das Beste zum vorläufigen Schluss: Der Lichtschock ... 690

Quellenverzeichnis ... 696
Bildquellenverzeichnis ... 699

Die andere Seite der

- Licht -

Geschwindigkeit

-

Das Kugelmodell des Lichts

Vorbemerkungen

Wie alle meine bisherigen Bücher ist auch dieses ein Forschungsbericht über meine 'ganz privaten' wissenschaftlichen Tätigkeiten verschiedener Art. Der Unterschied zu meinen bisherigen Arbeiten besteht darin, dass der Ansprechpartner diesmal nicht die interessierte Allgemeinheit ist, sondern gezielt Naturwissenschaftler aller Coleur angesprochen werden sollen. Das Buch ist also für Superprofis, Profis, Professoren, Studenten, Hobby-Forscher, interessierte Laien, … für Praktiker und Theoretiker aus dem Großbereich der Naturwissenschaften gedacht.

Insbesondere sind damit die Wissensgebiete Physik, Mathematik und Geometrie gemeint. Doch auch Kosmologen, Raumfahrtwissenschaftler, Chemiker, Biologen, Metrologen, … und ähnliche Interessengruppen werden intensive Verbindungen zu ihren Fachbereichen feststellen, nutzen und weiterentwickeln können.

Der Sinn und Zweck dieser Übung besteht darin, die Aufmerksamkeit der Forscherinnen und Forscher auf ein bislang sträflich vernachlässigtes Wissenschafts-Thema zu lenken. Im Grunde soll der Physik ein weiteres Modell des Lichts nahe gebracht werden. Dieses Modell ist neu. Es wird als wichtig, interessant und überaus lehrreich empfohlen.

Dabei geht es NICHT darum, das Licht oder die Physik neu zu erfinden. Es geht auch nicht darum, Einstein oder andere Wissenschaftler zu widerlegen. Das könnte ich nicht und will ich auch nicht. So etwas sollen die Herrschaften schön unter sich selbst ausmachen. Ebenso ist es nicht mein Ziel irgendwelche wilden Thesen oder Postulate in die Welt zu setzen, die wenig Sinn ergeben. Nein.

Mir geht es darum, das bisherige Wissen zu ergänzen und zu erweitern. Die Basis dieser Ergänzung sind Fakten. Nicht irgendwelche Fake-Fakten, sondern solche mit physiktheoretischer bzw. mathematischer Grundlage und Exaktheit – also rein wissenschaftliche Fakten. Es wird Zeit, dass auch die Naturwissenschaften wieder ein wenig aufwachen. Es wird Zeit, dass sie merken, akzeptieren und in ihren eigenen Arbeiten berücksichtigen, dass die Welt da draußen ein wenig anders aussieht als landläufig angenommen und postuliert.

Für mich persönlich ist es ein messerscharfer Grat, auf dem ich mich da bewege:

Einerseits beabsichtige ich, die Wissenschaften ein klein wenig zu provozieren, um als Wanderer zwischen den Welten für sie neues, exaktes Wissen in ihre Gedankenwelt einfließen zu lassen. Andererseits suche ich in den Reihen der Forscher verlässliche Verbündete und möchte daher möglichst wenige Involvierte vor den Kopf stoßen.

Stattdessen ist es mein Ziel, sie behutsam ein wenig in eine geringfügig andere Richtung zu lenken, die viele Entdeckungen und große Wissenssprünge für mehrere Forschungsbereiche nicht nur verspricht, sondern auch gewährleistet.

Einfacher ausgedrückt, ist es mein Ziel, die Damen und Herren Wissenschaftler davon zu überzeugen, dass hier ein richtiges und äußerst wichtiges Thema offen vor ihnen liegt, welches schon lange darauf wartet, sach- und fachgerecht bearbeitet zu werden. Um diese Überzeugungsarbeit überhaupt leisten zu können, ist Provokation anscheinend zwingende Notwendigkeit. Die Herrschaften scheinen gelegentlich ein wenig schwerhörig zu sein. Insbesondere Abweichlern und Fachfremden gegenüber. Somit bleibt mir vorerst nur zu hoffen, die richtige Balance möglichst genau zu treffen.

Anfänglich klingt es aus der Feder eines fachlichen Laien recht unglaubwürdig und anmaßend, dass der Wissenschaft bislang ein kompletter umfangreicher Themenkomplex entgangen sein soll, aus dem wir auch noch eine riesige Menge über uns selbst, über das Verständnis des Lichts und des daraus zu großen Teilen bestehenden Universums lernen könnten. Doch leider ist gegenwärtig alles noch so wie es ist. In meinem alten „Wissensspeicher Physik" aus dem Jahr 1975 steht zum Thema dieses Buches eine einzige Aussage, ein einziger Satz:

„Licht breitet sich in einem isotopen Medium geradlinig und allseitig aus." [1]

Das war's. Und so wie es aussieht, hat sich an dieser Betrachtungsweise seither nicht allzu viel gewandelt. Daran ändert auch nichts, dass mittlerweile bei Wikipedia unter dem Stichwort ‚Licht' eine – eher „mystische" – Kugelwelle mehrfach erwähnt wird. Was soll das sein? Wie kommt sie zustande, falls sie überhaupt zustande kommt? Müssten da nicht alle Photonen gleichzeitig bzw. im selben Takt abgestrahlt werden, was nicht der Fall ist? Nein. Licht allein ist keine "Kugelwelle".

Licht ist eine Kugel, die aus Wellen und Teilchen besteht. Das ist ein gewaltiger Unterschied. Von einer "Kugelwelle" könnte bestenfalls die Rede sein, wenn jemand die komplette Lichtquelle mehrfach im Takt ein und ausschaltet. Das mag ab und zu der Fall sein, hat aber wenig mit dem Licht an sich zu tun, sondern nur mit dem Ein- und Ausschalten.

Ins Deutsche übersetzt bedeutet der oben zitierte Satz nichts anderes als:

LICHT IST RUND!

Und zwar von Natur aus. Allseitige und geradlinige Ausbreitung - und das auch noch überall mit der selben Geschwindigkeit - hat immer eine Kugel zum Ergebnis. Und Kugeln sind rund. Oder etwa nicht?

---

[1]　　　[1], Seite 236

Genauer gesagt ist Licht ‚ellipsoidisch‘, wobei ‚kugelförmig‘ ein Spezialfall davon ist. Schließlich sprechen wir auch von einer ‚Erdkugel‘, obwohl wir genau wissen, dass ihre tatsächliche Form einem Ellipsoiden noch näher kommt als einer Kugel. Schaut man aber – ohne genau zu messen - mit ein paar tausend Kilometern Entfernung aus dem Weltraum auf die Erde, sieht sie primär glasklar wie eine Kugel aus.

Kugeln und Ellipsoiden können sich sehr ähnlich sein, müssen es aber nicht in jedem Fall.

Beim Licht können wir uns das bildlich in etwa so vorstellen wie einen zusammengerollten Igel, dem vor lauter Angst die Stacheln in sämtliche Richtungen zu Berge stehen. Nur mit ein paar „Stacheln“ mehr, die beim Licht zu allem Unglück auch noch ‚Strahlen‘ genannt werden.
Zu diesen Strahlenstacheln, ob nun einzeln oder in Bündeln, gerade, gebeugt, gestreut oder gebrochen, findet man ohne jede Schwierigkeit unzählige Aussagen. Über die Urform des Lichts, den Igel selbst, den Ellipsoiden bzw. die Kugel, liest man dagegen fast nichts. Oder haben Sie schon einmal etwas von rundem Licht gehört?

Nein, ich bin kein Physiker, jedenfalls kein ausgebildeter. Das hat – neben vielen Nachteilen - zumindest einen Vorteil: Nur deshalb darf ich derartigen vermeintlichen „Unfug“ ungestraft äußern. Jeder echte Physiker würde von seinen Kollegen wahrscheinlich sofort in den Kerker geworfen, bei Wasser und ohne Brot.

Zum Licht und seiner Erforschung bin ich eher wie die Jungfrau zum Kind gekommen. Von Haus aus bin ich eigentlich („klassischer“) Technologe und Betriebswirtschaftler. Als solcher hat man gelegentlich durchaus mit Mathematik, Technik, … und eben auch Physik zu tun. Allerdings selten dermaßen intensiv und tiefgreifend, wie es mir in den letzten Jahren widerfahren ist.
Normalerweise beschäftige ich mich schon seit nunmehr 20 Jahren mit menschlicher Frühgeschichte, uralten Gemäuern und Überlieferungen aller Art. Und bei der Ausübung dieser Beschäftigung lief mir eines Tages auch das Licht über den Weg. Das war ‚dumm‘ für uns beide.

Religiöse Naturwissenschaftler – die soll es ja merkwürdigerweise auch noch geben – werden sich darüber im Klaren sein, dass Licht in praktisch allen Religionen seit jeher eine besonders große Rolle spielt. Das hat selbstverständlich einen knallharten Grund. Nur als ein Beispiel von sehr, sehr vielen, ist in der Bibel, Psalm 36, Satz 10 zu lesen:

„Ja, bei Dir ist die Quelle des Lebens, in deinem Lichte schauen wir Licht.“

Was für Licht ist da gemeint?

Richtig ist, dass Licht die Quelle des Lebens ist, denn ohne Licht wäre es im Universum nicht nur ziemlich kalt und finster, sondern auch absolut leblos. Aber warum sollen wir nach dem Licht schauen? Und wie macht man das? Einfach nur hingucken, wird wohl nicht ausreichen, um irgendetwas zu erkennen ... denn wenn man nur einfach hineinschaut, wird man geblendet und sieht für eine Weile gar nichts mehr.

Für mich fing die Beschäftigung mit dem Licht eigentlich ganz simpel an. Mir fielen aus irgendeinem Grund zwei Winkel auf, die auch anderen Frühgeschichtsforschern schon lange vor mir aufgefallen waren. Bei mir kam allerdings dazu, dass mir im selben Zeitraum auch ein paar Darstellungen des Lichtbrechungsgesetzes unter die Augen kamen, die mich die genannten beiden Winkel probehalber als zusammengehöriges Pärchen in einem Koordinatensystem betrachten ließen. Hatte beides – Winkel und Lichtbrechungsgesetz - etwas miteinander zu tun?

Es hatte. Definitiv. Das kann ich heute mit Sicherheit sagen.

Der erste Gedanke dazu: „Das gibt's doch gar nicht!“, war schnell verflogen. Ohne allzu große Mühe ließen sich weitere belastbare Zusammenhänge finden. Wirklich schwierig wurde es erst, als es darum ging herauszufinden, wie das alles miteinander zusammenhing.[2] Und selbstverständlich bei der Frage, wie man dieses Wissen unter das – mehr oder weniger – unwillige Volk und seine Wissenschaftler bringen könnte.

War es Zufall, dass ausgerechnet mir das auffiel? Eine Koinzidenz? Serendipität? Ich weiß es nicht. Aber wie dieser Prozess ein wenig ge-

---

[2]   [2] bis [4]

nauer ablief, habe ich in meinen drei vorangegangenen Büchern darge-legt.[3] Da all dies bereits niedergelegt ist, werde ich hier auf Wiederholungen, so weit wie nur irgend möglich, verzichten.

Das bisher Geschriebene behält trotzdem weitestgehend seine Gültigkeit. Denn so wie es bislang aussieht, ist es – abgesehen von ein paar Kleinigkeiten – ,in der Grundlinie' fast vollständig richtig. Richtige Fehler wurden bisher nur ein paar wenige auffällig. Und falls doch irgendetwas Falsches mit hinein gerutscht sein sollte, bitte ich die Damen und Herren Naturwissenschaftler hiermit darum, alles intensiv zu prüfen und gegebenenfalls zu korrigieren.

Fakt ist: Seitdem geht es Schlag auf Schlag. So gut wie jeden Tag kommt eine neue Erkenntnis über das Licht dazu. Und das bereits seit Jahren. Meistens sind sie ganz klein und unscheinbar. Manchmal summiert sich das jedoch zu einem größeren Aha-Erlebnis. All das sind Entdeckungen, die mir die offizielle Physik aus Großmut überlassen hat.

Vielen Dank dafür.

Um etwas von dieser (? schätzungsweise unfreiwilligen ?) Großzügigkeit zurückzugeben, schreibe ich dieses Buch.

Auch wenn der Schreibstil vielleicht gelegentlich etwas lockerer und provokanter ist, als es ansonsten in der Wissenschaft üblich ist, ist es eine rein wissenschaftliche Arbeit. Ein Fachbuch.

Aus diesem Grunde werde ich mich diesmal fast ausschließlich auf die Nennung von Fakten und den Zusammenhängen zwischen ihnen beschränken. Zusätzlich werden ein paar weiterführende Vermutungen genannt. Interpretation und Einordnung bleibt weitgehend den echten Fachleuten überlassen. Meine eigene Sicht auf die Dinge und das Licht werde ich dann im nächsten Buch schnellstmöglich nachliefern. Es wird höchstwahrscheinlich „Göttliche Geheimnisse – Ein paar davon gelüftet" heißen. Oder irgendwie anders.

Das Kugelmodell des Lichts ist ausgesprochen umfangreich und komplex. Es geht weit über eine rein naturwissenschaftliche Betrachtung des 'bloßen' physikalischen Lichts hinaus. Somit beinhaltet es nicht nur die

---

[3]   [2] bis [4]

Urform des Lichts, sondern zeigt viele Verbindungen zu anderen Wissenschaftsbereichen auf, die man normalerweise nicht oder nur selten mit Licht und seiner Geschwindigkeit in Verbindung bringen würde.

Gerade das macht den Reiz und die Sinnhaftigkeit dieses Modells aus, da es dazu zwingt, die künstlich errichteten Grenzen zwischen den verschiedenen Wissenschaftsabteilungen aufzubrechen und zu überwinden. Trotzdem ist auch dieses Modell „nur" ein Abbild der Realität, aber nicht die Realität selbst. Daran ändert auch nichts, dass es eine ganze Reihe von Realitäten beinhaltet. Es ist eine Darstellung von Zusammenhängen, die dem Erkennen und der Verständlichmachung naturwissenschaftlichen Wissens dient. Ohne dieses Kugel-Lichtmodell können etliche derartige Verknüpfungen leicht übersehen werden, was größtenteils bisher offensichtlich auch tatsächlich der Fall ist. Das ist ein unnötiger Verlust, den es zu überwinden gilt.

Die Arbeit am Modell sieht völlig anders aus als es sich die meisten Menschen vielleicht vorstellen. Es reicht eben nicht, einfach ein paar Zahlen zusammenzumixen, Striche und Kreise zu malen und mit ein paar klugen Sprüchen um sich zu werfen.

Vorsichtig geschätzt habe ich mittlerweile etliche hunderttausend Einzelrechnungen durchgeführt, vielleicht sogar mehrere Millionen. Den Großteil von weit über 90 Prozent davon per Hand bzw. mit dem Taschenrechner. Nur die wichtigsten Quintessenzen davon wurden auf mehreren tausend fliegenden Blättern notiert, deren bedeutsamste Inhalte wiederum kurz und knapp in diesem Buch zusammengefasst sind. Mit dem Computer kann man zwar viel schneller und genauer rechnen, aber man übersieht einfach zu viel. Die Feinheiten gehen so verloren. Und ohne die Feinheiten taugt das ganze Modell nichts. Der Computer kommt also praktisch nur für rechnerische Überprüfungen und die Erhöhung der Genauigkeit zum Einsatz. Und zum Niederschreiben, selbstverständlich.

Die Hauptschwierigkeit besteht darin, die wirklich relevanten Zusammenhänge zu erkennen, sie herauszufiltern und zu benennen - sie möglichst sogar zu verstehen. In den wahrhaft unendlichen Weiten der ungezählten Wissens- und Zahlenozeane ist das hochkompliziert.

Die Fülle ist einfach zu groß. Was man nicht sofort aufschreibt, begegnet einem erst Monate später unverhofft wieder – oder auch nie mehr. Solche Tätigkeiten sind zwar hochspannend, aber nicht immer angenehm. Sie verändern einen auch selbst, man lebt irgendwann in seiner „eigenen" Welt und bekommt Schwierigkeiten mit seiner Umwelt zu kommunizieren. Aber da muss man eben durch. Es ist ja nur temporär so krass. Hoffentlich.

Aus diesen und ähnlichen Gründen halten mich mittlerweile etliche Bekannte wahrscheinlich schon für einen Geheimbündler – etwa einen Freimaurer, einen Illuminierten, einen Skuller, einen Opa Dei, … oder irgendetwas in der Art. Dazu kann ich nur sagen: Nein Leute, das bin ich nicht, war ich bisher nie und auch für die nächste Zukunft plane ich nicht, einer zu werden. Dann müsste ich nämlich mit hoher Wahrscheinlichkeit über diese Themen schweigen – und das geht nicht. Dieses Wissen gehört in die Wissenschaft und unters Volk. Ich selbst sehe mich als einfachen (Natur-) Forscher, der einem extrem spannenden Thema auf den wissenschaftlichen Grund gehen will, weil er der festen Überzeugung ist, dass seine Arbeit von großer Bedeutung für das Fortkommen der Menschheit und der Wissenschaft ist. Zurückhaltend ausgedrückt.

Allerdings wäre eine fachliche Zusammenarbeit mit dem einen oder anderen Geheimbund – genauso wie die mit der Wissenschaft – wahrscheinlich als recht nutzbringend anzusehen. Es ist nämlich so, dass tatsächlich einige Überschneidungen bzw. Berührungspunkte zwischen den hier und dort genutzten Zahlen bestehen. Warum, wieso, weshalb, weiß ich noch nicht. Es wird sich irgendwann von allein zeigen.

Eine gar nicht so unwahrscheinliche Möglichkeit wäre, dass die in Geheimbünden genutzten Zahlen ebenfalls aus tiefgreifender Naturwissenschaft herrühren. Diese Naturwissenschaft hätte dann aber schon vor sehr langer Zeit routinemäßig damit arbeiten müssen, was ich gerade eben erst wieder mühsam hervorkrame. Zwischenzeitlich wäre sehr viel vergessen oder / und eben geheim gehalten worden. Ist das denkbar?

Ich werde daher an einigen entsprechenden Stellen kurz darauf hinweisen. Diese Schnittmengen sind einfach zu häufig, zu exakt und zu groß, um als einfacher Zufall durchzugehen. Um sie zu erkennen ist auch kein großes Wunder notwendig. Ein bisschen Rechnerei an den richtigen Stellen reicht völlig. Die offensichtlichen Gemeinsamkeiten stellt man automatisch fest, wenn man sich nur ein klein wenig in die entsprechende Literatur einliest und sich intensiv mit dem Inhalt auseinandersetzt.

Allem Anschein nach ist das Kugelmodell des Lichts schon ziemlich alt und ich habe es „nur" wiederentdeckt. Jedenfalls teilweise. Aber das macht nichts. Wichtig ist es trotzdem. Und das Ende aller Tage ist ja noch lange nicht erreicht.

Sofern nicht anders gekennzeichnet, habe ich den Inhalt dieses Buches höchstpersönlich, in Eigeninitiative und mit einer erheblichen Portion Penetranz, selbst herausgefunden. Dabei ist es durchaus möglich, dass einzelne Teile des hier dargelegten Wissens schon anderweitig entdeckt wurden und Insidern somit bekannt sind, deren Quellen mir schlichtweg entgangen sein können. Tatsächlich ist es einer Einzelperson bisher nicht möglich, alle Quellen und Zusammenhänge zu kennen. Auch diesen offensichtlichen Mangel soll das hier vorliegende Buch nach Möglichkeit ein wenig lindern.

Forschungsberichte berichten üblicherweise über das, was bereits bisher forschungsmäßig gelaufen ist. Sie berichten nicht über das, was noch kommt und/oder über das, was eventuell noch alles kommen könnte. Trotzdem werden auf der Basis weiterführender Vermutungen einige neue Ansatzpunkte markiert sowie Denk- und Forschungsrichtungen eröffnet, die erst in Zukunft intensiv zu bearbeiten sind.

Das bedeutet, dass Forschungsberichte immer nur eine bestimmte Etappe darlegen, erklären und erläutern können. Sie beschreiben also nichts Fertiges, nichts Vollkommenes, sondern nur ein gewisses Level zu einem bestimmten Zeitpunkt. Ebenso wichtig ist, dass sie durchaus noch den einen oder anderen Fehler enthalten können. Sie sind ja noch nicht bis zum Ende durchdiskutiert, sondern stellen die Grundlage der (hoffentlich) nachfolgenden Diskussion dar. Ich bitte darum, diese Punkte nicht unbeachtet zu lassen.

__Anfütterung__

Wenn man jemanden für etwas begeistern will, das er noch nicht kennt, ist es manchmal ganz hilfreich, ihm zu Beginn ein paar schmackhafte Brocken vorzuwerfen. Quasi als Köder. Genauso will ich versuchen, das Interesse der Fachwelt und sonstigen Leser zu wecken, und starte mit einem kleinen, leicht zu überprüfenden, aber eventuell verblüffenden Beispiel. Das sollte es zumindest für den Einen oder Anderen sein. Die hochspezialisierten Lichtforscherprofis wissen und kennen das, was jetzt kommt, aber natürlich schon lange. Es ist ja ihr Job. Oder etwa nicht?

Die Hauptkenngröße des Lichts dürfte seine Geschwindigkeit im Vakuum sein. Sie ist die bislang größte Geschwindigkeit, die wir Menschen sicher zu kennen 'glauben'. Nach jahrhundertelangen Forschungen und Messungen wurde sie im Jahr 1983 von der „Generalkonferenz für Maß und Gewicht"[4] schließlich auf 299.792.458 Meter je Sekunde festgelegt, definiert. Seitdem ist auch der Meter direkt mit dem Licht verbunden und von ihm abhängig. Im gleichen Atemzug wurde der Meter als diejenige Strecke festgelegt, die Licht in einem 299.792.458-ten Teil einer Sekunde zurücklegt. Und eine Sekunde entspricht der Zeitdauer, die Licht braucht, um eine Strecke von 299.792.458 Metern zurückzulegen. Meter, Sekunde und Lichtgeschwindigkeit bilden seitdem eine Art 'Heilige physikalische Dreifaltigkeit'. Einen sogenannten Drehrumbum: Man kann Meter, Sekunde und Lichtgeschwindigkeit drehen und wenden wie man will – und kommt doch immer wieder zum Selben: Zum Licht.

Das alles ist gut und richtig so. Gegenüber den Definitionen, die vorher genutzt wurden, ist es ein riesiger Fortschritt. Schließlich sind mathematisch basierte Definitionen sehr präzise. Sie sind viel genauer und praktikabler als irgendwelche hochkomplizierten Messungen, die, wenn überhaupt, nur von wenigen Spezialisten nachvollzogen werden können. Und wenn sie der Realität auch noch halbwegs nahe kommen, sind sie sehr nützlich.

Allerdings – und das sollte man stets im Hinterkopf behalten –

---

[4]   Siehe Wikipedia.de => Generalkonferenz für Maß und Gewicht = Conference Generale des Poids et Mesures = CGPM

können sie manchmal die Genauigkeit auch nur vortäuschen. Das kann unter Umständen durchaus zu einer bösen Falle werden, da es mitunter den Blickwinkel erheblich einschränkt. Man verlässt sich blindlings auf das bekannte Definierte – und achtet nicht mehr auf das Umfeld. Solche Missgeschicke sollten tunlichst vermieden werden.

Insbesondere in der Wissenschaft.

Beim Licht und seiner Geschwindigkeit ist jedoch alles in bester Ordnung. Bis jetzt jedenfalls. Mittlerweile existieren allerdings auch ein paar Fakten und Indizien, die nahelegen, dass die definierte Lichtgeschwindigkeit eventuell nicht das Ende der Fahnenstange ist. Das ändert jedoch nichts an der Richtigkeit der Definition, sondern sagt nur aus, dass es hinter dem Horizont auch noch etwas zu entdecken geben könnte. Unter anderem existieren durchaus Andeutungen, dass Licht eventuell doch keine echte Kugel, sondern tatsächlich ein sehr kugelähnlicher Ellipsoid ist. Doch dazu später.

Bevor wir zu den Grundlagen des Kugel-Lichtmodells kommen, sei ein relativ einfaches Exempel genannt, gewissermaßen um beim Leser den Pawlowschen Reflex ein wenig in Gang zu setzen. Das Beispiel ist Teil einer mathematischen Analyse der **Zahl** der Vakuum-Lichtgeschwindigkeit in Metern je Sekunde. Es zeigt, dass diese Zahl eine ganz besondere Zahl ist und kaum dem Zufall entsprungen sein kann.

Im Gegenteil: Sie wurde offensichtlich mit extrem viel Bedacht ausgewählt. Da sie die Lichtgeschwindigkeit in Metern je Sekunden beschreibt, ist es nur allzu logisch, dass auch Meter und Sekunde sehr fein aufeinander abgestimmt sind – und auch sein müssen. Ansonsten würde das nicht funktionieren. Von „Zufall" oder „Willkür" – die beide auch von Wissenschaftlern oft gar zu gern propagiert werden - kann in diesem Kontext also keinerlei Rede sein. Die Lichtgeschwindigkeit in km/s u.a. verrät die pure Absicht und das hohe Wissen ihrer Väter.

Nutzt man andere Maßeinheiten für die Darstellung der Lichtgeschwindigkeit erhält man logischerweise gänzlich andere Zahlen für den selben bzw. ähnlichen Sachverhalt. Beispielsweise ergeben sich bei Nutzung der Englischen Meile 186.282,03 Meilen je Sekunde - und bei noch anderen Maßeinheiten, noch völlig andere Zahlen. Die zahlenmäßige

Darstellung der Lichtgeschwindigkeit kann in Abhängigkeit von den genutzten Maßeinheiten also grundstürzend unterschiedlich aussehen. Das kann sogar so weit gehen, dass man sie nicht mehr auf Anhieb als Lichtgeschwindigkeit erkennt. Trotzdem sind alle diese Zahlen wie durch Geisterhand eng miteinander verbunden, denn das Verhältnis aus dem zurückgelegten Weg des Lichts und der dafür benötigten Zeit – also die eigentliche Geschwindigkeit – ändert sich nicht. Niemals. Nicht umsonst ist die Lichtgeschwindigkeit im Vakuum eine definierte natürliche Konstante, die gleichzeitig zur Definition einer Längenmaßeinheit und einer Zeitmaßeinheit genutzt wird.

Und letztendlich kann man unterschiedliche Maßeinheiten nach festen Regeln ineinander umrechnen, sodass man – wenn man das will – immer wieder bei 299.792.458 m/s ankommen kann.

Das ist die erste und sehr wichtige Erkenntnis, die dem Kugel-Lichtmodell als Grundlage dient: Mathematische Verhältnisse sind immer konstant, solange man nichts an den Voraussetzungen[5] ändert. Verhältnisse vieler Art werden bei diesem Modell ganz besonders oft verwendet[6]. Das macht es weitestgehend allgemeingültig und universell nutzbar. Allein das ist bereits ein Vorzug, der es von anderen bisherigen Lichtmodellen grundlegend unterscheidet.

Studenten – insbesondere Physik-Studenten - haben es gut. Die kriegen soetwas alles schon zu Beginn des ersten Semesters von ihrem Professor erzählt. Unsereiner muss sich das im Schweiße seines Angesichts alles selbst zusammensuchen …

Beginnen wir also mit einer stark verkürzten mathematischen Analyse der Zahl der in Metern je Sekunde definierten Vakuum-Lichtgeschwindigkeit. Eine weiterführende Version wird zu gegebener Zeit folgen. Untersuchen wir zunächst die Teilbarkeit der Zahl 299.792.458 durch natürliche Zahlen, stellen wir sehr schnell fest, dass sie sich im unteren

---

[5]   Hier: die Vakuum-Geschwindigkeit des Lichts
[6]   Siehe [3]

Bereich[7] nur durch 2; 7; 14 und 73 ohne Rest teilen läßt.

Ansonsten ergeben sich zwar eine Menge auffälliger Zahlen, aber mit der Teilbarkeit sieht es ziemlich schlecht aus. Auch bei Teilern größer als 100 bleibt der Erfolg mager, auch wenn es natürlich weitere gibt. Die 146 beispielsweise entspricht nur der verdoppelten 73.

Von den auffälligen Zahlen begegnen uns etliche im weiteren Verlauf immer wieder. Aber das wissen wir zu diesem Zeitpunkt noch nicht.

Probieren wir nun – leicht frustriert – die Quersumme der Lichtgeschwindigkeits-Zahl zu errechnen. Vorwärts und rückwärts[8]. Am Endergebnis von 55 ändert sich dabei freilich nichts. Die Zwischenergebnisse sind jedoch unterschiedlich. Auch von diesen Zahlen werden uns später etliche immer wieder begegnen. Bis hierhin ist jedoch alles mehr oder weniger unauffällig.

2 + 9 + 9 + 7 + 9 + 2 + 4 + 5 + 8   = 55

2 + 9 = **11**	(5 + 8 = 13)	11 + 13 = **24**
11 + 9 = **20**	(13 + 4 = 17)	20 + 17 = **37**
20 + 7 = **27**	(17 + 2 = 19)	27 + 19 = **46**
27 + 9 = **36**	(19 + 9 = 28)	36 + 28 = **64**
(28 + 7 = 35) 36 + 2 = **38**		35 + 38 = **73**
(35 + 9 = 44)	38 + 4 = **42**	44 + 42 = **86**
(44 + 9 = 53)	42 + 5 = **47**	53 + 47 = **100**
(53 + 2 = 55)	47 + 8 = **55**	55 + 55 = **110**

Einzelsummen: <u>**281**</u> <u>**259**</u> <u>**540**</u>

Summe:	281 + 259 =	<u>**540**</u>
Differenz:	281 - 259 =	<u>**22**</u>
Produkt:	281 * 259 =	<u>**72.779**</u>
Quotient	281 : 259 =	<u>**1,0849...**</u>

---

[7]   Hier: Bis Teilung durch 100

[8]   Rückwärts - zum Zwecke der Unterscheidung - in Klammern ( )

Geringfügig überraschend dabei ist, dass die Gesamtsumme der Teil-Quersummen 540 beträgt. Das ist das 1,5-fache von 360, entspricht - in Grad - also anderthalb Vollkreisen. Hat das etwas zu bedeuten?

Wesentlich verblüffender ist, dass im Produkt von 281 und 259 ein enger Verwandter eines derjenigen Winkel 'versteckt' ist, die mich zur "alternativen Lichtforschung" brachten:
$\log(10)\ 72.779 = 4{,}8620061\ldots$
$\Rightarrow \log(10)\ 4{,}8620061\ldots = 0{,}6868155\ldots$
$\Rightarrow 0{,}6868155\ldots = \sin 43{,}378554\ldots° \approx \mathbf{43{,}38°}$

Und nochmals erheblich überraschender ist, dass die Quadrat-Wurzel aus **259** dem 10-fachen Wert des Umrechnungsfaktors zwischen Kilometer und Englischer Meile sehr, sehr nahekommt:
Wurzel aus 259 = 16,0934769349...; geteilt durch 10 ist gleich **1,60934769394...**
Der Umrechnungsfaktor zwischen Kilometer und Meile heißt **1,60934721869...**
Die Differenz entspricht somit nur einem knappen **halben Millimeter** auf die Länge einer Meile von über 1609 Metern. Das ist nicht viel.

Ist das Zufall? Ist es Absicht? Ist es ein Hinweis? Ist es relevant?
Und dabei wurde noch nicht einmal richtig angefangen zu suchen.

Die Quersummenermittlung ist somit schon ein bisschen ertragreicher als die Teilersuche. Richtig spannend wird es aber bei der Quer-**Produkt**-Ermittlung. Dabei geht es nämlich punktgenau zu. Auch hier wieder erst einmal nur eine Kurzfassung.
$$2 * 9 * 9 * 7 * 9 * 2 * 4 * 5 * 8 = \underline{\mathbf{3.265.920}}$$

Das erhaltene Resultat ist keine gewöhnliche Allerwelts-Zahl. Das wird recht schnell deutlich, wenn man ihre Teilbarkeit untersucht. Im krassen Gegensatz zur Lichtgeschwindigkeitszahl selbst, ist ihr Querprodukt nämlich außergewöhnlich „teilophil". Es lässt sich problemlos durch alle Ziffern von 1 bis 9 dividieren. Durch 10 natürlich auch. Und darüber hinaus noch durch jede Menge andere Zahlen. Das macht stutzig. Es kommt in der Praxis nicht allzu oft vor, dass sich eine Zahl durch alle Ziffern – inklusive der 7 – ohne Rest teilen läßt.

Dieselbe Zahl lässt sich auf anderem Wege noch einmal sehr einprägsam erzeugen, nämlich:

$$1 * 2 * 3 * 4 * 5 * 6 * 7 * 8 * 9 = 362.880 * 9 = \underline{\mathbf{9!9}} = \underline{\mathbf{3.265.920}}$$

Produkte fortlaufender Zahlen von 1 ab nennt man in der Mathematik ‚Fakultät'. Das Produkt von 1 bis 9 wird somit 9-Fakultät (= 362.880) genannt und in Kurzform **9!** geschrieben.

Das Querprodukt der Lichtgeschwindigkeit entpuppt sich somit als **Neun mal 9-Fakultät**. Dieser Zahl begegnet man nicht alle Tage. Somit stellt sich die Frage von allein: Ist das wirklich reiner Zufall?

Oder hat da jemand Meter und Sekunde mit Absicht exakt so festgelegt, dass sich für die Lichtgeschwindigkeit genau die Zahl ergibt, die sich ergeben soll?

Diese Frage könnte man für rein rhetorisch halten. Oder gar für „numerologisch". Oder für noch etwas viel Schlimmeres. Aber sie kommt nicht von ungefähr. Die Auffälligkeiten gehen nämlich schier endlos weiter.

Man muss sie nur suchen und aufstöbern.

Beispielsweise indem man die Wurzel aus der Lichtgeschwindigkeitszahl zieht. Ja genau, man kann die Lichtgeschwindigkeit nicht nur quadrieren, wie es Albert Einstein in seiner Formel $E = mc^2$ gemacht hat. Nein. Man kann auch die Wurzel aus ihr ziehen. Und nicht nur einmal. Das ist für den späteren Verlauf gar nicht mal so unwichtig.

Die Wurzel aus 299.792.458 (=> m/s) lautet 17.314,51581766. Diese Zahl hat 13 Stellen und ist damit anscheinend abgeschlossen bzw. beendet oder wenigstens „gut rundbar". Ihre Quersumme beträgt – wie bei der Lichtgeschwindigkeit – Fünfundfünfzig.

Demgegenüber heißt das Querprodukt 705.600. Dividiert man 9-Fakultät durch dieses Querprodukt, erhält man 0,514285714285714… , einen irrationalen Dezimalbruch, der durch die fortlaufende Ziffernfolge **1-4-2-8-5-7** direkt auf eine Teilung durch **7** hinweist. Was wurde denn da ursprünglich durch 7 geteilt? Es ist die 3,6 , die bereits einen zweiten zaghaften Hinweis auf runde Sachen - wie etwa Kreise, Licht oder das

360-Grad-System - darstellt[9].

Interessanterweise ergibt 0,514285714… mal 700 nämlich 360. Und die 360 ist bekanntlich die Grundzahl des auf Erden meistgenutzten Gradsystems. Das ist schon seit Jahrtausenden so, angeblich seit den alten Babyloniern. Dagegen dürfte es nicht jedem geläufig sein, dass die 360 in gewisser Weise eng mit der Lichtgeschwindigkeit und vielen anderen Gegebenheiten korrespondiert. Unter Beachtung der jeweiligen Kommaverschiebungen gilt das eben Genannte auch für die Lichtgeschwindigkeit in Zentimetern je Sekunde (u.a.).

Der Reziprokwert von 0,5142857142857… heißt 1,944444… . Per Multiplikation und Division mit ganzen und anderen Zahlen liefert dieser Reziprokwert eine Fülle auffälliger Ergebnisse. Die anfangs wichtigsten beiden sind eventuell diese hier:

1,9444… * 14,2857142857… = **27,77777…** mit 1/x = 0,0**36** und
1,9444… * 28,5714285714… = **55,55555…** mit 1/x = 0,0**18**

Sie basieren ebenfalls auf der **Sieben** bzw. auf den Quotienten

100 : 7 = 14,285714285714…
200 : 7 = 28,571428571428…

Es ist fast wie im Märchen, wo die Sieben auch oft eine Hauptrolle zu spielen scheint. Den Reigen kann man schier endlos fortsetzen. Die hiesigen Zahlen werden uns bei vielen Gelegenheiten wieder begegnen.

Etwas anders sieht es aus, wenn wir nicht von Metern je Sekunde ausgehen, sondern von Kilometern je Sekunde – also von 299.792,458 km/s.

Die Quadratwurzel heißt dann aufgrund der Kommaverschiebung nämlich **547,533065668184…** . Interessant dabei ist, dass die Division der obigen 17.314,51581766 durch die 547,533065668184… genau die Wurzel aus Tausend (= 31,622776…) ergibt. So zeigt sich auf etwas umständliche Art, dass wir bisher richtig gerechnet haben.

Die Zahl 547,533065668184 hat 15 Stellen. Das ist insofern ein kleines Problem, weil mein Excel-Programm nur mit maximal 15 Stellen rechnet. Ich kann also nicht mit allerletzter Konsequenz sagen, ob die Zahl ein Ende hat, oder ob sie noch endlos weitergeht. Tatsächlich sieht es aber so aus, als ob sie mit der 15. Stelle ihr Ende gefunden hätte. Die

---

[9]   3,6 : 7 = 0,5**142857**142857142857142857…

Quersumme beträgt diesmal 71. Das Querprodukt hat durch die Null mitten in der Zahl eine kleine Besonderheit. Sie wird zunächst mit der davor stehenden 3 zur 30 zusammengezogen. Die Querproduktermittlung liefert dann folgendes Ergebnis:

$$5 * 4 * 7 * 5 * 3 * 30 * 6 * 5 * 6 * 6 * 8 * 1 * 8 * 4 = 17.418.240.000$$

Dividieren wir das Querprodukt durch 9! erhalten wir aalglatt **48**.000. Unter Beachtung der jeweiligen Kommaverschiebungen gilt das auch für die Lichtgeschwindigkeit in Dezi- und Millimetern je Sekunde (u.a.). Ignorieren wir die Null in der Zahl einfach, dann landen wir nach der Division durch 9! bei **4.8**00. Die Null beinhaltet bei diesem Vorgehen also den Faktor 10. Wie sollte es anders sein?

Noch ein wenig anders sieht es bei den Kubikwurzeln aus. Hier ergibt sich sowohl für die Meter je Sekunde als auch für die Kilometer je Sekunde die selbe Ziffernfolge. Nur das Komma verschiebt sich um eine Stelle. Das liegt daran, weil der Umrechnungsfaktor zwischen Meter und Kilometer 1000 – also 10^3 - ist[10].

Die Kubikwurzel heißt 669,27854174387 für die m/s bzw. 66,927854174387 für die km/s. Beide Zahlen verfügen über 14 Stellen und sind damit höchstwahrscheinlich beendet. Das muss aber noch geprüft werden. Die Quersumme beträgt bei beiden 77, also 11 mal 7. Das Querprodukt wurde mit 3.413.975.040 ermittelt. Auch diese Zahl lässt sich durch 9-Fakultät teilen. Das Ergebnis heißt 9.408.

Rundet man die Kubikwurzel der Lichtgeschwindigkeit auf 8 Stellen, um sie ein wenig gefügiger zu machen, ohne übermäßig an Genauigkeit zu verlieren, so heißt sie 66,927854. Auch das Querprodukt dieser verkürzten Zahl (= 725.760) lässt sich durch 9! Teilen. Das Querprodukt entspricht genau dem Doppelten von 9-Fakultät ...

Die Zahlenanalyse der Lichtgeschwindigkeit kann man beliebig weiterführen. Es ergeben sich immer wieder irgendwelche merkwürdigen Auffälligkeiten und Zusammenhänge, die insgesamt noch wesentlich tiefge-

---

[10] Für Zentimeter und Dezimeter je Sekunde klappt das hingegen nicht so schön.

hender erforscht werden müssen, auch wenn dies teilweise schon geschehen ist, ohne dass es hier dargelegt wird. Wie gesagt, werden wir bei passender Gelegenheit auf weitere Aspekte dieser Kurzanalyse zurück kommen. Einiges davon ist durchaus erwähnenswert.

Doch schon das bisher Mitgeteilte ist ein Quasi-Beweis – zumindest jedoch ein unerhört starkes Indiz - dafür, dass **weder Meter, noch Sekunde, jemals „zufällig"** entstanden oder gar „willkürlich" festgelegt wurden. Es gibt nämlich eine ganze Reihe von scheinwissenschaftlich desorientierten Zeitgenossen, die das stets und ständig zu propagieren versuchen. Sie liegen allesamt eineindeutig falsch.

Stattdessen ist es mehr als nur wahrscheinlich, dass beide Maßeinheiten von Anfang an mit unglaublichem Feingefühl und unerhörter Raffinesse hochpräzise und absichtlich aufeinander abgestimmt wurden, um genau die „Zahlenspiele" beinhalten zu können, die uns heute so „wundersam" vorkommen.

Wie kommt das? Wer hat das gemacht? Wann? Und wozu?

<u>Kurzes Anfangsverdachtszwischenfazit:</u>
Bis hierhin bleibt nur erst einmal festzustellen, dass die Lichtgeschwindigkeit im metrischen System ganz offensichtlich eine kleine direkte Affinität zur 7 und zur 73 sowie eine große indirekt zu 9-Fakultät aufweist. Und, dass eine gewisse Verbindung zur 3,6 bzw. zur 360 besteht, die ihrerseits eng mit dem heute hauptsächlich genutzten Gradsystem verbunden ist.

Außerdem sieht es dringend verdächtig danach aus, als ob es über die Lichtgeschwindigkeit eine mathematische Direktverbindung zwischen Kilometer und Meile, zwischen Meter und Zoll, zwischen Meter und Kyrenaischem Fuß, zwischen Meter und dem Attischen Stadion, … usw. usf. gibt – also zwischen Maßeinheiten, die laut Metrologie angeblich nicht viel miteinander zu tun haben (können / sollen).

Das führt zwangsläufig zu dem bislang unspezifischen Eindruck, dass wir im Rahmen von Meter, Sekunde und Lichtgeschwindigkeit vor einer wie-auch-immer-gearteten **bewussten Konstruktion** stehen.

Kommt das außer mir noch jemandem untersuchungswürdig vor?

Wenigstens ein ganz klein wenig? Das wäre erfreulich …

Teil I

Einige der Grundlagen des Kugel-Lichtmodells

<u>Einheitskreise und Einheitskugeln</u>

Wenn man sich intensiv mit dem Licht auseinandersetzt, sollte man eigentlich tunlichst bei der Unendlichkeit beginnen. Schließlich kommt das Licht letztendlich irgendwo aus der tiefsten Unendlichkeit und verschwindet wieder dorthin. Denn, auch wenn seine Geschwindigkeit selbst nicht unendlich ist, so ist die Wahrscheinlichkeit, dass seine Gesamtmenge unendlich ist, doch ziemlich groß. Und die Anzahl der vom Licht eingenommenen Richtungen ist sowieso unendlich.

Leider hat aber die Unendlichkeit ein paar kleine Haken, über die noch zu sprechen sein wird. Dadurch würde zum gegenwärtigen Zeitpunkt nur Verwirrung beim Leser gestiftet, was nicht gut wäre. Aus diesem Grunde verschieben wir die Unendlichkeit ein Stück weit nach hinten und fangen derweil bei der Eins an. Bei Eins beginnt sowieso das Meiste, wenn auch nicht alles. Da kann also gar nicht viel schief gehen. Außerdem ist die Eins inhaltlich viel weniger von der Unendlichkeit entfernt als man gemeinhin denkt. Oder anders gesagt:

Sie trägt einen Hauch davon tief in sich.

Zunächst ist die Eins eine dimensionslose, abstrakte Zahl. Das nutzt uns an dieser Stelle nicht allzu viel. Deshalb erscheint es von Vorteil, ihr gleich an dieser Stelle ein erkennbares ‚Gesicht‘ zu geben.

Da es hier hauptsächlich um runde Sachen – wie das Licht - geht, sollte dieses Gesicht ebenfalls möglichst rund sein. Ein schmucker Kreis wäre nicht schlecht. Genauer gesagt ein **Einheitskreis**.

Den kannten schon die antiken Griechen und viele andere Leute auf dem Globus vor ihnen. Die alten Griechen nannten ihn Monade und entwickelten um ihn herum einen ganzen Komplex naturwissenschaftlichen Wissens. Der Legende nach soll Archimedes sogar mit den Worten „Störe meine Kreise nicht“ gestorben sein, die er äußerte, bevor ihn ein Römer mit dem Schwert erschlug.

Kreis**e**? Mehrzahl? Viele? Plural? Mehrere?

Ja genau.

Wir nutzen Einheitskreise heutzutage hauptsächlich nur in einer einzigen Form. Dabei wird der Radius eines Kreises gleich Eins gesetzt. Daraus ergeben sich ein Durchmesser von zwei und ein Umfang von **zwei** Pi. Die Fläche dieses Kreises beträgt Pi. Der Kreis eignet sich besonders gut für die Herleitung und Erklärung der Winkelfunktionen Sinus, Cosinus, … usw. Abgesehen vom dimensionslosen Pi wird eine Maßeinheit dafür nicht gebraucht. Ein Einheitskreis ist absolut dimensionslos, er hat keine bestimmte Größe, sondern beinhaltet natürlich festgeschriebene Verhältnisse zwischen all seinen einzelnen Größen. Das heißt, jeder Kreis im Universum - zwischen unendlich klein und unendlich groß - kann zum Einheitskreis werden, sofern man nur einer seiner grundlegenden Kennziffern den entsprechenden Wert 'Eins' zuordnet.

Nun haben wir aber bei Kreisen insgesamt vier bestimmende Kenngrößen: Radius, Durchmesser, Umfang und Fläche. Jeder dieser Größen können wir den Wert 'Eins' zuordnen. Daraus entstehen vier unterschiedliche Kreise. Es gibt also insgesamt vier verschiedene Einheitskreise – und nicht nur einen.

Die nachfolgende Abbildung zeigt die vier Einheitskreise mit ihren jeweiligen Kenndaten. Dabei ist zu beachten, dass **jeder** Kreis gleichzeitig **jeden** Einheitskreis darstellen kann. Alles ist nur eine Frage der Zuordung und der Verhältnisse zwischen den Kreisen bzw. ihren Einzel-Größen. Gerade die Verhältnisse kann man ja nicht nur aus den Komponenten eines einzigen der gezeigten Kreise bilden, sondern eben auch zwischen den Parametern der unterschiedlichen Kreise. Alles ist mathematisch vorgegeben und festgeschrieben, also konstant. Allerdings bringt uns die Kombination der Einzeldaten recht schnell zu einer unübersichtlichen Fülle an unterschiedlichen Verhältnissen. Das wirklich zu verstehen ist nicht einfach. Man muss sich sehr gründlich hineindenken.

Nächste Seite - Abbildung 2:
Vier Einheitskreise; zueinander maßstabsgerecht
R = Radius, D = Durchmesser, U = Umfang, A = Kreisfläche

Die vier Einheitskreise

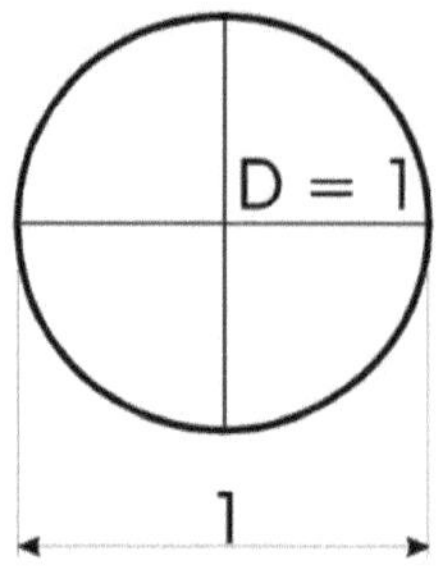

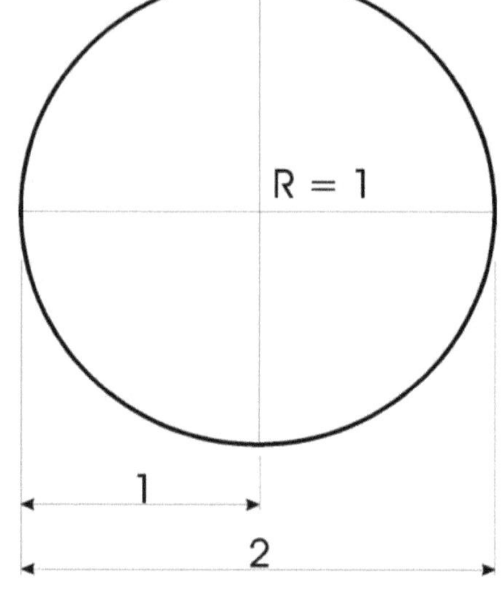

D = 1
R = 0,5
U = Pi = 3,1415927...
A = Pi / 4 = 0,7853981...

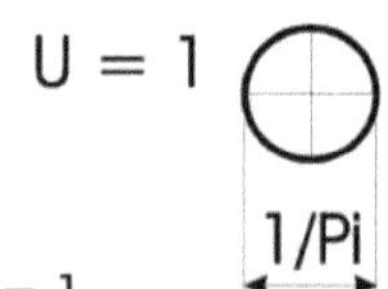

R = 1
D = 2
U = 2 Pi = 6,2831853...
A = Pi = 3,1415927...

U = 1
R = 1/ (2 Pi) = 0,1591549...
D = 1/ Pi = 0,31830989...
A = 1/ (4 Pi) = 0,0795774...

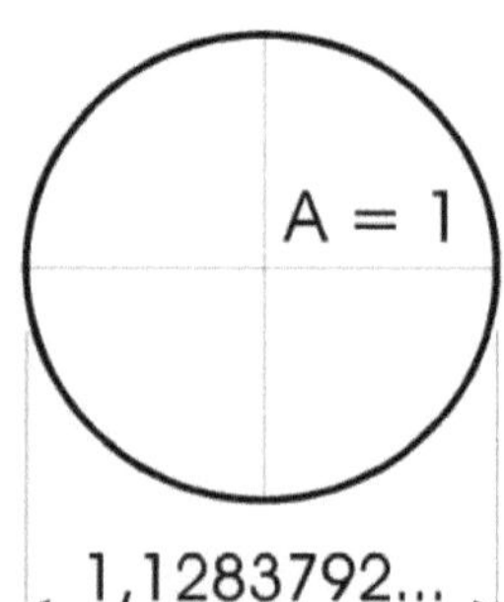

A = 1
R = Wurzel 1/ Pi = 0,5641895...
D = 2 * Wurzel (1/ Pi) = Wurzel (4/Pi) = 1,1283792...
U = Pi * D = 2 Pi * Wurzel (1/ Pi) = 3,5449077...

Drehen wir diese zweidimensionalen Kreise schnell um einen ihrer Durchmesser, von denen jeder Kreis unendlich viele beinhaltet, so erhalten wir aus geometrischer Sicht dreidimensionale Rotationskörper, die wir Kugeln nennen.

Kugeln stammen geometrisch demnach direkt von Kreisen ab. Sie haben zwei Kennziffern mehr als Kreise:

Ihren Rauminhalt (= das Volumen) und die Kugeloberfläche.

Somit gibt es insgesamt sechs verschiedene Einheitskugeln, je nachdem welche Kenngröße gleich Eins gesetzt wird. Zu jeder Kugel gehört ein ganz bestimmter Kreis. Sechs unterschiedliche Einheitskugeln ergeben also 6 unterschiedliche Kreise. Die im Vergleich zu den oben genannten vier Einheitskreisen beiden zusätzlichen Kreise, die aus Volumen und Kugeloberfläche entstehen, sind aber keine echten Einheitskreise, da sie nicht direkt vom Kreis abgeleitet werden können, sondern nur mithilfe des Umweges über die Kugel erkennbar werden.

Was sagt uns das jetzt? Und was hat das mit dem Licht zu tun?

1.) Die unendlich vielen Radien der Kreise und Kugeln führen allseitig, gleichmäßig und geradlinig vom Kreismittelpunkt zum Kreisumfang. Das erfolgt ganz ähnlich den Lichtstrahlen, die sich von der Lichtquelle ausgehend allseitig und geradlinig in ein isotopes Medium ausbreiten. Der Unterschied besteht nur darin, dass die Radien praktisch am Kreisumfang enden, die Lichtstrahlen sich jedoch immer weiter ausbreiten. Zweidimensional betrachtet entsteht aber in beiden Fällen ein Kreis, dreidimensional betrachtet immer eine Kugel bzw. ein Ellipsoid.

2.) Pi ist das Verhältnis von Kreisumfang zu Durchmesser. Es ist eine mathematische Konstante. Sämtliche Parameter von Kreisen und Kugeln lassen sich mit Pi in Verbindung bringen bzw. mithilfe von Pi darstellen. Deswegen wird Pi oft auch Kreiszahl gennannt. Manchmal funktioniert das ganz banal, wie zum Beispiel bei Pi / Pi = 1 usw. In anderen Fällen ist der Zusammenhang zwischen Pi und Parameter nur schwer zu erkennen. Trotzdem ist er immer gegeben.

3.) Der ursprünglichste Einheitskreis bzw. die ursprünglichste Einheitskugel hat einen **Durchmesser** von Eins. Hier tritt die universelle Bedeutung der Kreiszahl Pi – wie auch die der Eins - am klarsten zutage.

4.) Der heutzutage wichtigste Einheitskreis ist derjenige mit einem **Radius** von Eins. Mit seiner Hilfe werden die Winkelfunktionen vorteilhaft hergeleitet und berechnet. Das geht auch mit den anderen Kreisen, wäre aber ein wenig umständlicher.

5.) Auch die anderen Kreise und Kugeln haben ihre Funktionen und damit ihre ganz eigene Bedeutung. Im Rahmen der hiesigen Betrachtung ist besonders der Umstand, dass Pi und sein Reziprokwert 1/Pi praktisch gleichwertig in ihrer Bedeutung sind, von ganz besonderer Relevanz.
Dieser Reziprokwert meldet sich beim Einheitskreis mit **Umfang** = 1 direkt als Durchmesser zu Wort, tritt aber auch bei diversen anderen Gelegenheiten als eigenständige Größe hervor.

6.) Für die Darstellung von Einheitskreisen und -kugeln ist keinerlei Maßeinheit notwendig, weil sie über keine definierte absolute Größe verfügen. Sie können also jede beliebige Größe zwischen unendlich klein und unendlich groß einnehmen und sagen doch immer dasselbe aus. Dabei bleibt das Verhältnis Pi mit allen seinen Ablegern immer konstant. Deshalb ist es eine mathematische Konstante – und zwar eine der wichtigsten und grundlegendsten, die es im Universum überhaupt gibt.

7.) Der Umstand, dass bei Einheitsfiguren aller Art keine Maßeinheit genutzt wird – und auch nicht nötig ist – hat zur Folge, dass an dieser Stelle die erste[11], zweite[12] und dritte[13] Potenz primär nicht unterschieden werden können, weil 1 hoch x immer 1 ist. Trotzdem stehen sie in natürlich festgelegten Verhältnissen zueinander, die sich universumsweit nicht ändern. Dies gilt sowohl innerhalb einer Figur, als auch zwischen den verschiedenen Figuren. Letztendlich ist die unumstößliche Tatsache der

---

[11]   Punkt und Linie
[12]   Fläche
[13]   Volumen

festgefügten natürlichen Verhältnisse die **Grundlage aller Mathematik**, die bei gleichen Rechnungen stets zum gleichen Ergebnis führt.

Somit sind Kreis und Kugel[14] zusammen mit den in ihnen und mit ihnen festgelegten mathematischen Verhältnissen in gewisser Weise die Grundlage jeglicher Naturwissenschaft. Das führt uns schnurstracks wieder zu den antiken Griechen, ihren Vorgängern und ihrer Monade ...

8.) Die Kreiszahl Pi etabliert sich somit als „Fachkonstante für sämtliche runden Sachen", auch für Ellipsen, Kurven aller Art und sogar unregelmäßige Rundungen. Im Zweifelsfall wird die zu untersuchende Rundung in Teilstücke zerlegt, um zunächst jeden dieser Rundungsabschnitte auf einen Kreis und sein Pi zurückzuführen und sie im Nachgang wieder zusammenzufügen. Wenn es sein muss, kann diese Zerlegung bis in die kleinste Unendlichkeit erfolgen. Pi ist damit unverrückbar in jeder Rundung des Universums enthalten, auch in geologischen, ... und biologischen Rundungen **aller** Art und Größe.

9.) Kreise und Kugeln liefern somit auch ein schönes Beispiel für das Wesen der Relativität. Egal wie klein oder groß sie sind, ändern sich die Relationen zwischen ihnen nicht. Das Wort Relation kann man u.a. mit den Worten Verhältnis, Beziehung oder Verbindung übersetzen. Ein mathematisches Verhältnis ist in der Regel das Ergebnis einer relativ einfachen Divisionsaufgabe.

Auch die Geschwindigkeit des Lichts ist ein mathematisches Verhältnis, nämlich das zwischen dem Weg, den das Licht zurücklegt, und der dafür benötigten Zeit. Dieses Verhältnis ist ebenfalls konstant. Es bleibt immer und überall gleich – völlig unabhängig von der genutzten Maßeinheit.

Nächste Seite - Abbildung 3:
Sechs Einheitskugeln; maßstabsgerecht
AS   = Schnittfläche durch Mittelpunkt = Kreisfläche A,
AO   = Kugeloberfläche,
V   = Volumen, Rauminhalt

---

[14]   und ihre geometrischen „Figurenkollegen" anderer Art

Die sechs Einheitskugeln

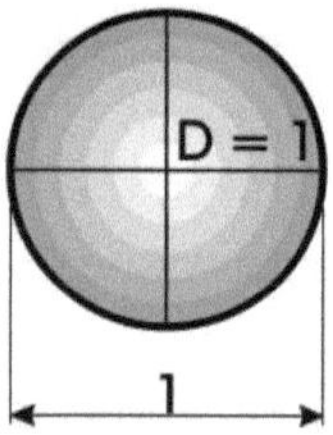

D = 1

    D = 1
    R = 0,5
    U = PI = 3,1415927...
    AS = PI / 4 = 0,7853981...
    V = PI / 6 = 0,5235987...
    AO = PI = 3,1415927...

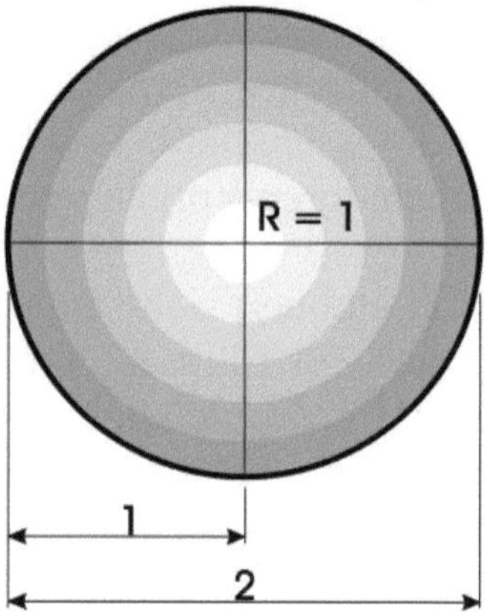

R = 1

    R = 1
    D = 2
    U = 2 PI = 6,2831853...
    AS = PI = 3,1415927...
    V = 4 PI / 3 = 4,1887902...
    AO = 4 PI = 12,566371...

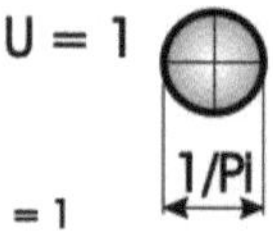

U = 1

1/PI

    U = 1
    R = 1/ (2 PI) = 0,1591549...
    D = 1/ PI = 0,31830989...
    AS = 1/ (4 PI) = 0,0795774...
    V = 0,016886864...
    AO = 1/ PI = 0,3183098...

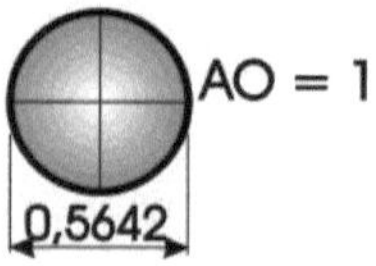

AO = 1

0,5642

    AO = 1
    R = 0,2820947...
    D = 0,5641895...
    U = Wurzel PI = 1/D
       = 1,7724539...
    AS = 0,25
    V = R/3 = 0,0940315

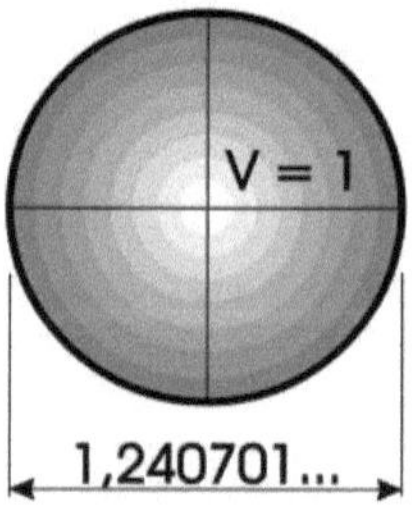

V = 1

1,240701...

    V = 1
    R = 0,6203504...
    D = 1,240701...
    U = 3,8977771...
    AS = 1,208994...
    AO = 4,8359759...

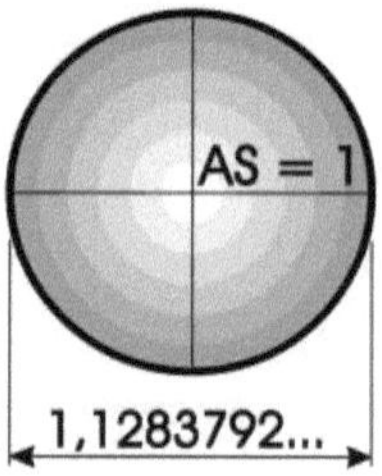

AS = 1

1,1283792...

    AS = 1
    R = Wurzel 1/ PI = 0,5641895...
    D = 2 Wurzel 1/ PI = Wurzel 4/PI = 1,1283792...
    U = PI * D = 2 PI * Wurzel 1/ PI = 3,5449077...
    V = 4/3 Wurzel 1/PI = 0,7522527...
    AO = 4

Einheitsquadrate und Einheitswürfel

Ganz ähnlich wie mit Einheitskreisen und –kugeln können wir auch mit Quadraten und Würfeln verfahren. Da diese Figuren – im Unterschied zu Kreis und Kugel - jedoch ein paar Ecken und Kanten haben, sind die auf Eins zu setzenden Parameter ein klein wenig anders.

Beim **Quadrat** haben wir die Seitenlänge S, den Umfang U, die Quadratfläche A und die Flächen-Diagonale Dia. Wie beim Kreis sind das ebenfalls vier Hauptparameter, woraus sich logischerweise wieder vier primäre Einheitsquadrate bilden lassen. Zwei davon sind jedoch identisch, sodass im Endeffekt nur drei unterschiedliche Einheitsquadrate existieren. In gewisser Weise sind sie trotzdem mit den Einheitskreisen vergleichbar. Somit ist ein Quadrat gewissermaßen ein „Kreis mit Ecken". Neben den Gemeinsamkeiten gibt es aber auch ein paar sehr wichtige Unterschiede.

1.) Der auffälligste Unterschied ist, dass Quadrate und Würfel gerade Kanten haben und nichts Rundes in ihnen zu finden ist. Demzufolge spielt die Kreiszahl Pi bei Quadraten und Würfeln primär keinerlei Rolle. Kommt Pi trotzdem in Quadraten, Würfeln oder jedweden anderen geradlinigen Figuren vor, gibt es nur zwei mögliche Gründe dafür:
Entweder liegt ein höchst **unwahrscheinlicher Zufall** zugrunde, weil Pi auch nur eine einzige Zahl unter unendlich vielen anderen ist.
Oder es liegt hochgradig **gezielte Absicht** – also bewusstes Handeln - des 'Erschaffers' der speziellen Figur vor. Dieser bemerkenswerte Umstand wird für uns später eine große Rolle spielen, weil mit seiner Hilfe Definitionen getätigt und Hinweise auf weiterführende Zusammenhänge gegeben werden können. Sozusagen ist dies eine der Stellen, an denen die Sprache der Mathematik zu ihren Lauten findet.

Kreis und Quadrat, Kugel und Würfel, lassen sich aufgrund ihrer Gemeinsamkeiten hervorragend miteinander kombinieren. Dadurch ist es nicht immer ganz einfach zu entscheiden, ob bei bestimmten 'Koinzidenzen' tatsächlich Zufall oder Absicht vorliegt. Meistens, in der übermächtig großen Mehrzahl der Fälle, ist das allerdings sicher und völlig problemlos möglich.

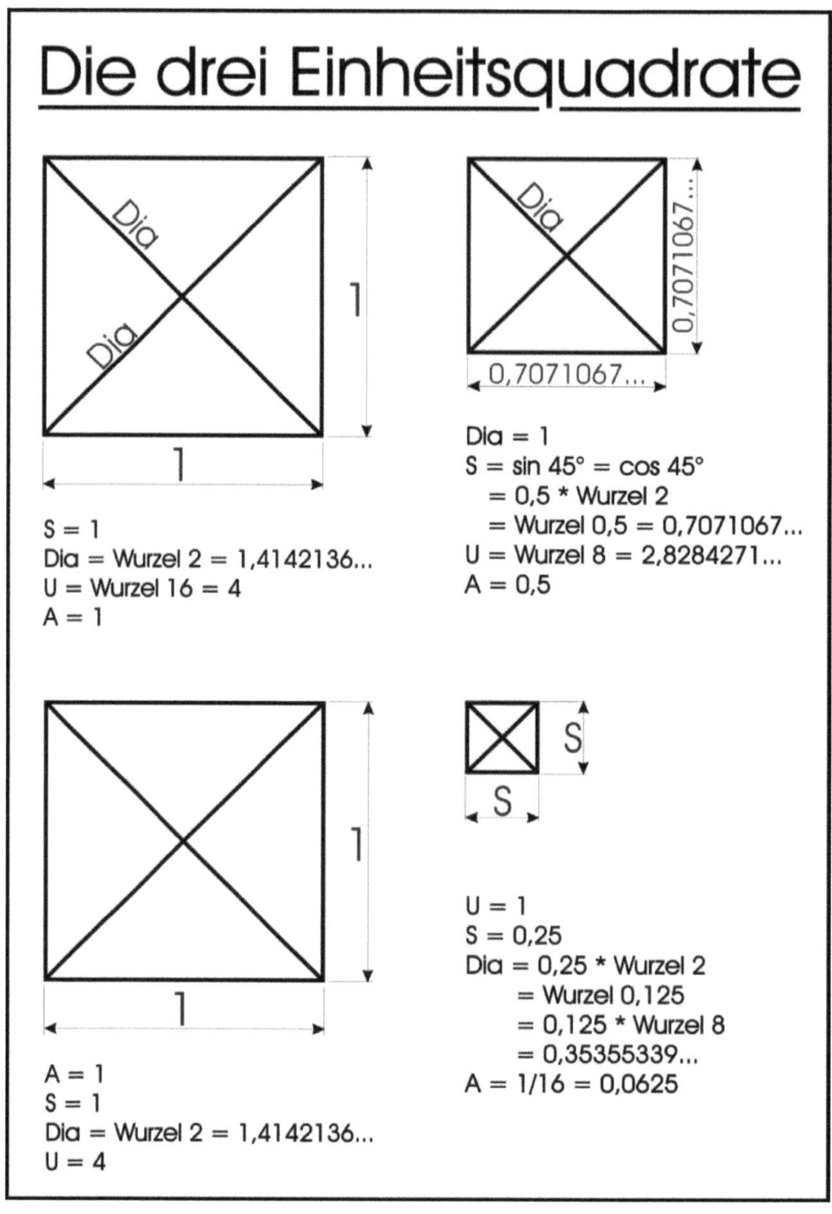

Abbildung 4: *Vier Einheitsquadrate, zwei davon identisch; zueinander maßstabgerecht*

2.) Anstatt Pi treten bei Quadraten und Würfeln andere mathematische Konstanten zutage. Insbesondere sind das die Wurzel aus 2 und die Wurzel aus 3, die bei den Diagonalen als feste Verhältnisse sichtbar werden. Desweiteren stoßen wir aber auch auf konkrete Werte der Winkelfunktionen. Insbesondere ist das der Sinus und Cosinus von 45 Grad[15], der primär ebenfalls bei den Diagonalen zutage tritt. Sekundär ist er aber auch als Seitenlänge des Quadrates mit einer Diagonalen-Länge von Eins zu finden. Hierdurch ist ebenso eine Verbindung zu den Kreisen und Kugeln gegeben.

3.) Schaut man bei den Quadraten etwas genauer hin, fällt schnell auf, dass auch andere Wurzel-Werte relevant sind. Neben der Wurzel aus Zwei, die die Länge der Flächen-Diagonalen festlegt, sind die Wurzeln aus Vier, Acht und Sechzehn besonders auffällig. Ignoriert man für einen Moment die Wurzeln, bleibt der Anfang der Zweierpotenzen-Zahlenfolge übrig: 2, 4, 8 und 16. Das ist insofern bemerkenswert, weil diese Zahlenfolge schon im Urschleim der Geometrie auf rein natürlichem Wege festgelegt ist, zumindest mit ihrem Anfang. Erinnern wir uns daran, dass kein heutiger Computer ohne diese Folge funktionieren würde, dann wissen wir, wie wichtig sie ist.

4.) Beim Einheitsquadrat mit einem Umfang von 1 begegnet uns die Wurzel aus 0,125. Auch diese Zahl ist enorm wichtig. Insbesondere mit verschobenem Komma (=> zum Beispiel 1,25 oder 125) wird er uns ebenfalls noch öfters begegnen. Er spielt hauptsächlich bei der mathematischen Konstante des Goldenen Schnittes eine herausragende Rolle.
Damit ist der Goldene Schnitt Phi ebenfalls als Konstante in den Quadraten und Würfeln enthalten. Im Gegensatz zu Pi, welches „nur" für alle runden Sachen zuständig ist, ist der Goldene Schnitt jedoch nicht nur für die geraden Dinge zuständig, sondern für praktisch alles was im Universum vorkommt – Rundes wie Eckiges, Totes und Lebendiges. Der Goldene Schnitt ist gegenwärtig die wohl am meisten unterschätzte und verkannte Naturkonstante überhaupt.

---

[15]   Sinus 45° = Cosinus 45° = 0,7071067…

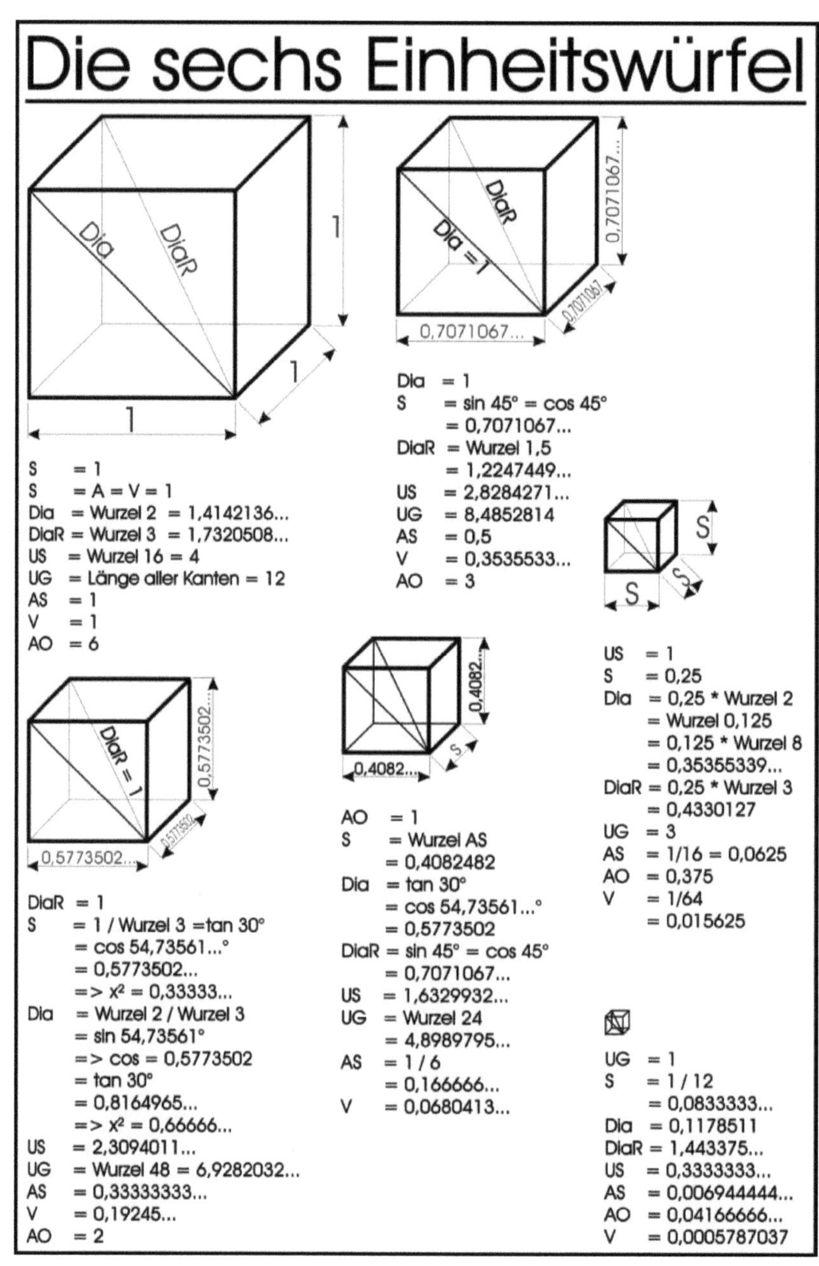

Abbildung 5: *Sechs Einheitswürfel; zueinander maßstabsgerecht*

5.) Einheitsquadrate und -würfel gehen bei der geometrisch-mathematischen Betrachtung mehr oder weniger fließend ineinander über, da ein Würfel von 6 Quadraten umschlossen und charakterisiert wird. Bei den Würfeln gibt es insgesamt 8 Hauptparameter, die für uns relevant sind:

- 1.) Die Seitenlänge S
- 2.) Die Seitenflächendiagonalen Dia (zwei Stück pro Seitenfläche, insgesamt 12, alle gleich lang)
- 3.) Die Raumdiagonalen DiaR (insgesamt 4 Stück, alle gleich lang)
- 4.) Den Umfang einer Seitenfläche US
- 5.) Den Flächeninhalt AS einer Seitenfläche
- 6.) Den Gesamtumfang UG (die Gesamtlänge aller Kanten)
- 7.) Das Volumen V (der Rauminhalt des Würfels)
- 8.) Die Gesamtoberfläche AO des Würfels (die Summe der 6 Seitenflächen)

6.) Aus diesen acht Parametern ergeben sich nur sechs unterschiedliche Einheitswürfel, weil die Würfel von S = 1, AS = 1 und V = 1 identisch sind. Maßeinheiten werden auch hier nicht benötigt, da auch die Einheitswürfel dimensionslos sind und beliebig groß sein können. Entscheidend ist auch hier die entsprechende Zuordnung. Ebenso bleiben die Verhältnisse zwischen den Größen im Rahmen dieser Erhebung immer und überall gleich.

Naturgemäß begegnet uns bei den Würfeln eine viel größere Menge an Zahlen und Zusammenhängen als etwa bei den Quadraten, weil ja einige Ausgangsgrößen mehr betrachtet werden, die zu mehr Kombinationen führen. Es könnten aber nochmals erheblich mehr sein, als in der Abbildung dargestellt sind, da sich hinter vielen dieser Zahlen weitere Zusammenhänge verbergen, die jedoch nur offensichtlich werden, wenn man sich ein wenig intensiver mit dem Thema beschäftigt. Um diese Betrachtung einerseits nicht ausarten zu lassen, andererseits aber zu zeigen was gemeint ist, sei hier unter Punkt 7.) nur ein stark verkürztes Beispiel anhand des Würfels mit einer Länge der Seitenflächen-Diagonale von Eins (Dia = 1) und einer Seitenkantenlänge von 0,7071067… aufgezeigt. Der Leser mag daran erkennen, dass es hinter der unscheinbaren Würfel-

Fassade noch erheblich weiter geht. Auf die anderen Einheits-Figuren trifft das auch zu, wird hier aber nicht weiter ausgeführt.

7.) Die Länge der Seitenflächen-Diagonale des bei 6.) genannten Einheitswürfels wurde als Eins definiert. Da die Diagonale die Seitenfläche in Dreiecke unterteilt, macht es durchaus Sinn die Diagonalen-Länge Eins mithilfe des Terms „Sinus 45° mal Wurzel 2" darzustellen. Formelmäßig sieht das etwa so aus:

Dia = 1   => 1 = sin 45° * Wurzel 2

Dadurch erkennt man, dass sich in diesem Fall hinter der schlichten Eins sowohl die Wurzel aus 2, als auch der Sinus von 45 Grad verbergen. Beides sind mathematische Konstanten, die in ihrem Zusammenspiel als Produkt Eins ergeben. Daraus folgt, dass der Sinus von 45 Grad der Reziprokwert von Wurzel aus Zwei ist.

Für andere Parameter desselben Würfels kann das etwa wie folgt aussehen, für andere Würfel ganz ähnlich:

DiaR = 1,2247449   => 1,2247449 = Wurzel 1,5 = sin 45° * Wurzel 3
                                                = Wurzel 3 :Wurzel 2

US   = 2,8284271   => 2,8284271 = Wurzel 8   = 4 * sin 45°

UG   = 8,4852814   => 8,4852814 = Wurzel 72   = 12 * sin 45°

AS   = 0,5   => 0,5   = Wurzel 0,25 = sin 45° * sin **45°**
                                                = $(\sin 45°)^2$

V   = 0,3535533   => 0,3535533 = Wurzel 0,125   = 0,5 * sin 45°

AO = 3   => 3   = Wurzel 9

               Aber: => 3 * sin 45° =2,1213203   = Wurzel   4,5
                      => 3 / sin 45° = 4,2426407   = Wurzel   18
                      => 9 * sin 45° = 6,363961   = Wurzel   40,5
                      => 9 / sin 45° = 12,727922   = Wurzel 162
                      => 162 = 18 * 9

… usw. usf.

Zum Abschluss des Beispiels noch eine kleine Provokation für die Fachleute (alle Werte leicht gerundet und hier ohne Maßeinheit):

DiaR   = 1,2247449 = Wurzel 1,5   = Wurzel 3 / Wurzel 2
       => 1,2247449^128   **= 1,8614037 * 10^10**

Die 1,8614037 * 10^10 kommt der Lichtgeschwindigkeit in Englischen Meilen je Sekunde (= 1,8628203 * 10^5) **ziffernmäßig** recht nahe. Setzt man hier die korrekten Lichtgeschwindigkeitsziffern ein und rechnet rückwärts, erhält man:

128. Wurzel aus 1,8628203 * 10^10 = 1,2247522
= Wurzel aus 1,5000178
Differenz =>1,5000178 – 1,5 = 0,0000178

Ist die minimale Differenz auf einen Zufall zurückzuführen? Oder basiert sie auf einer winzigen Rundung bzw. rechnerischen Ungenauigkeit? Gibt es noch andere Gründe für die Existenz dieser Differenz?

Eine damit hauteng verwandte weitere Merkwürdigkeit, die im Zusammenhang mit den Einheitswürfeln und der Lichtgeschwindigkeit auffällig wurde, sei im gleichen Atemzug genannt:

Der Quotient von Wurzel 2 und Wurzel 3 beträgt 0,8164965… Als Sinus betrachtet entspricht diese Zahl einem Winkel von 54,73561 Grad. Zahlen- und ziffernmäßig kommt dieser Winkel einem Zehntel der Wurzel der Lichtgeschwindigkeit (in km/s) sehr nahe. Noch ein Zufall?

Die Wurzel aus der Lichtgeschwindigkeit in km/s heißt 547,53306…. Der zehnfache Wert des obigen Winkels beträgt 547,3561. Die Differenz zwischen beiden lautet 0,1769668. Der Reziprokwert der Differenz beträgt 5,6507765. Die 128. Potenz von 5,6507765 ergibt 1,8614032 * 10^95. Dieser Wert ist wiederum der o.g. 1,8614037 * 10^10 ziffernmäßig sehr ähnlich, unterscheidet sich aber gewaltig in den Zehnerpotenzen. Teilen wir also 1,8614032 * 10^95 zunächst durch 10^84 um beide Werte vergleichbar zu machen, erhalten wir 1,8614032 * 10^10. Die 64. Wurzel daraus beträgt dann **glatt 1,5** und die 128. Wurzel ist gleich der Wurzel aus 1,5 oder dem Produkt aus Wurzel 3 und Sinus 45°.

Daraus ergeben sich zumindest folgende Fragen:

a) Haben die Englische Meile (die sich bei dieser Licht-Betrachtung immer wieder von selbst in den Fokus schiebt) und der Kilometer direkt
etwas Inhaltliches miteinander zu tun, das weit über den einfachen Um-
rechnungsmodus hinausgeht?
b) Sind die Längen von Meile und Kilometer nicht willkürlich gewählt,
sondern wurden bewusst auf naturwissenschaftlicher Basis definiert und
aufeinander abgestimmt?
c) Hat die Lichtgeschwindigkeit etwas mit den Wurzeln aus 2 und 3 sowie dem Verhältnis zwischen ihnen zu tun?
d) Oder beruhen sämtliche Merkwürdigkeiten doch nur auf Zufall und
„spitzer" Rechnerei?
e) Welche sonstigen Gründe könnte es für die auffälligen Merkwürdigkeiten geben?

Nach diesem provokanten Ausflug ins wissenschaftliche „Neu- und
Tiefland" schnell wieder zurück auf den sicheren Boden exakter Mathematik und Geometrie:

8.) Die Einheitswürfel enthalten noch andere sehr wichtige Zahlen, die
uns im weiteren Verlauf noch häufig begegnen werden. Ein paar davon
sollen hier genannt werden, um schon vorab ein wenig auf ihre
Bedeutung hinzuweisen und den Leser auf ihre Existenz aufmerksam zu
machen bzw. ihn dafür zu sensibilisieren. Zu nennen sind vor allem die
0,0833333… = **1/12**, die 0,33333… = **1/3**, die 0,66666… = **2/3**, die
0,166666… = **1/6**, die 0,04166666 = **1/24**, und die 0,006944444 = **1/144**.
Das sind nur die Auffälligsten und Wichtigsten. Daneben gibt es noch
ungezählte andere.

Es sei noch einmal darauf hingewiesen, dass alle Zahlen in diesem Kontext primär mathematische Verhältnisse darstellen. Ihre Bezugsgröße ist die Eins. Interessanterweise stammen die meisten davon aus
dem kleinsten der Einheitswürfel mit einer Gesamtkantenlänge UG = 1.

Wenn wir ihnen wiederbegegnen, werden oft die Zehnerpotenzen
andere sein Das bedeutet, dass das Komma oft an anderen Stellen zu
finden ist. Die Zahlen bzw. Ziffernfolgen – abgesehen von den Nullen –

werden jedoch oftmals dieselben sein. Ebenso werden uns ihre Reziprok-werte desöfteren begegnen.

9.) Außer Konkurrenz sei noch auf das Volumen von 0,06804138... des Würfels mit einer Gesamtoberfläche AO = 1 hingewiesen. Dieses Volumen beinhaltet ein weiteres merkwürdiges Phänomen:

Sein Quadrat beträgt 0,00462962963. Diese Zahl ist ziffernmäßig der äquatorialen Umlaufgeschwindigkeit der Erde mit 0,46383121528... km/s recht ähnlich, allerdings um den Faktor 100 kleiner. Und tatsächlich erhält man bei der Multiplikation von 0,00462962963 mit 86.400 glatt 400. Bei der Multiplikation des 100-fachen Wertes 0,462962963 mit 86.400 erhalten wir glatt 40.000 (Neugrad-Minuten oder Kilometer oder irgendetwas anderes, je nach genutzter Maßeinheit).

Die 86.400 ist dabei die Anzahl der Sekunden eines Tages, was einer kompletten Erddrehung entspricht. Das Resultat 400 könnte somit ein Hinweis auf das Neugrad-Winkelsystem mit 400 Neugrad bzw. Gon, anstatt 360 Grad für einen Vollkreis, sein.

Es könnte sich ebenso um einen Hinweis auf einen leicht gerundeten bzw. idealisierten Erdumfang von 40.000 km handeln. Dabei würde ein km exakt einer Neugradminute entsprechen. Ist das also schon wieder ein Zufall? Oder steckt doch mehr dahinter?

Falls ja – Was?

10.) Um die Aussagen zu den Figuren Kreis, Quadrat, Kugel und Würfel vorläufig abzuschließen, sei an dieser Stelle noch eine ganz besondere Kombination von Kreis und Quadrat beschrieben, die ein wenig verblüfft. Wir nehmen zunächst einen Einheitskreis mit einem Durchmesser von Eins und einem Umfang von Pi. Dieser Kreis nennt eine Fläche von Pi/4 sein eigen. Dieses Pi/4 nehmen wir als Hinweis und konstruieren konzentrisch ein Quadrat mit einer Seitenlänge S von ebenfalls Pi/4 in diesen Kreis hinein. Das Quadrat hat dann einen Umfang von Pi – genau wie der Kreis. Diese Lösung kann man durchaus als die vielgesuchte **„Quadratur des Kreises"** ansehen, weil Pi ja die mit Abstand wichtigste Größe in jedem Kreis ist, die auf diesem Wege nun auch im Quadrat vorhanden ist.

<u>Andere, für das Kugel-Lichtmodell wichtige geometrische Figuren</u>

Dieselben bzw. ganz ähnliche „Spiele" können wir mit Dreiecken, Fünfecken, ..., Vielecken, Ellipsen, ... und jeder Menge anderen geometrischen Figuren[16] betreiben, indem jeweils eine Größe der betreffenden Figur als Eins definiert wird. Auch ein Teil von diesen anderen Einheitsfiguren wird im weiteren Verlauf von größerem Interesse sein. Das hier aber einzeln darstellen zu wollen, würde ins Uferlose ausarten.

Aus diesem Grunde wird an dieser Stelle nur kurz darauf hingewiesen, dass es so ist. Der Leser weiß dann, was gemeint ist, wenn beispielsweise von einer Einheitsellipse oder einem Einheitszylinder die Rede sein wird: Irgendeine Kenngröße wurde gleich Eins gesetzt, woraus sich gewisse mathematisch-geometrische Verhältnisse ableiten. Notwendige nähere Erläuterungen werden dann im jeweiligen Textabschnitt zur Verfügung gestellt.

Alle diese geometrischen Einheitsfiguren beinhalten mathematisch exakte Verhältnisse zwischen ihren Kenngrößen. Jede Figur für sich sowieso, aber auch zwischen den unterschiedlichen Figuren, sofern die Eins in den jeweils zu vergleichenden Figuren gleich groß ist. Diese Verhältnisse sind eindeutig und ändern sich nicht. Sie sind also konstant. Das ist besonders wichtig, denn darauf kann man beispielsweise eine mathematisch exakte Beschreibung, Darstellung oder Definition aufbauen – etwa für das Licht, das Universum, ... oder noch ganz andere Sachen.
Auf diesem Wege wird Mathematik – Schrittchen für Schrittchen – zur universell verständlichen Sprache, Schriftsprache, materiellen Sprache. Die geometrischen Figuren – und Dinge, die systematisch darauf aufbauen - fangen an zu sprechen und die in ihnen enthaltenen Informationen preiszugeben.

Im Grunde basiert unsere komplette Naturwissenschaft, ja sogar das ganze Universum, auf der Eins und diesen festgeschriebenen Verhältnissen, ohne dass das jemand großartig merkt oder gar bewusst zur Kenntnis

---

[16]   Vorzugsweise regelmäßigen

nimmt. Die alten Griechen und ihre globalen Vorgänger wussten das ganz genau. Sie waren also keinesfalls so „dumm", wie wir sie heute manchmal hinstellen. Im Gegenteil. Sie waren sehr viel schlauer als wir Heutigen ihnen das zutrauen. Aus ihrer Sichtweise auf die Welt, können wir auch heute noch eine Menge lernen. Wir müssen nur genau hinschauen, was sie wie gedacht und gemacht haben …

Wie bei Kreisen und Quadraten gibt es auch mehrere Einheitsellipsen. An dieser Stelle sei nur eine davon geringfügig näher beschrieben, weil sie besonders wichtig ist[17]. Konkret geht es um eine Einheitsellipse mit einem Umfang von 1 und einem kleinen Durchmesser Pi/10. Mit zwei gegebenen Parametern ist diese Ellipse eineindeutig definiert. Erweitert man beide Zahlen mit 1000 und gibt ihnen die Maßeinheit Millimeter zur Hand, kann man diese Ellipse wunderbar zur Definition der metrischen Längenmaßeinheiten nutzen: 1000 Millimeter = 1 Meter. Der kleine Durchmesser der Ellipse beträgt dann 314,15927… mm und der große Durchmesser 322,433619… mm. Die letztgenannte Zahl ist dem einen oder anderen Leser vielleicht auch schon aus anderweitigen Quellen bekannt, zumindest der Teil vor dem Komma.

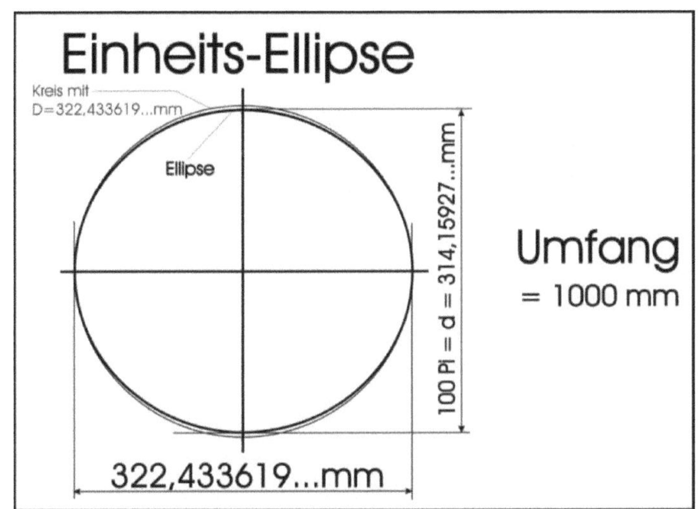

Abbildung 6:
Eine der diversen Einheitsellipsen;

Besonders geeignet zur Darstellung des Meters als Ellipsenumfang

---

[17]   Siehe [4], Seiten 85 bis 96

Auch bei dieser Ellipse schiebt sich wieder die Lichtgeschwindigkeit in Meilen je Sekunde heimlich in den Fokus, wenn auch augenscheinlich ein bisschen ungenau. 322,43… hoch 32 ist nämlich **1,86247… * 10^79**. Abgesehen von den enormen Zehnerpotenzen geht das ziffernmäßig nur haarscharf an der Lichtgeschwindigkeit in Meilen / Sekunde vorbei.

Ist das wieder nur Zufall?

Und gleich noch einmal drängelt sich die Englische Meile bei den Ellipsen ins Blickfeld. Und das nicht irgendwie, sondern hochpräzise. Diesmal allerdings nicht bei einer Einheitsellipse, sondern bei einer reinen Pi-Ellipse, von denen es ebenfalls mehrere gibt.

Diese Ellipse hat einen großen Durchmesser von 10/Pi und einen kleinen Durchmesser von Pi, wobei Pi jeweils auf 3,1416 gerundet ist.

Damit ist sie sehr kreisähnlich.

Die Ellipsenfläche entspricht 2,5 Pi. Die numerische Exzentrizität dieser Ellipse beträgt dann **0,16093472…**, ein Zehntel des Umrechnungsfaktors zwischen Kilometer und Meile. Dabei gibt es geringfügigste Abweichungen. Die sind aber winzig genug, damit die Sache doch als eineindeutig gelten kann: Zufall ausgeschlossen.

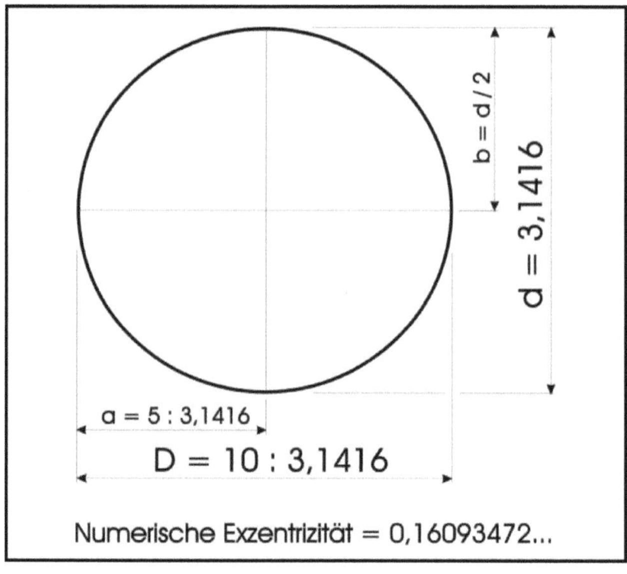

Abbildung 7:
Die Pi-Ellipse, die durch ihre Numerische Exzentrizität den Umrechnungsfaktor zwischen Meile und Kilometer zur Verfügung stellt.

Auf 15 Stellen exakt gerechnet sieht das so aus:

Es gibt mehrere Möglichkeiten, den Umrechnungsfaktor zwischen Englischer Meile und Kilometer exakt zu errechnen. Eine davon besteht darin, die Anzahl der Zoll einer Meile durch 39,37 zu teilen. Er beträgt dann 63.360"/M : 39,37 = 1609,34721869444… m/M. Dividiert durch 1000 sind das **1,60934721869444… km/Meile.**

Der kleine Durchmesser der zugehörigen Ellipse beträgt akkurat 3,1416. Der exakte Rechenwert des Pi aus dem großen Durchmesser (=> 10/Pi = 10/3,1416 = 3,1830914… = D) heißt dann 3,14159998956948…, was praktisch ebenfalls 3,1416 gleichkommt. Die numerische Exzentrizität beträgt bei dieser Ellipse genau 0,16093472186944…, also ein Zehntausendstel des obigen Umrechnungsfaktors von Meter zu Meile.

Die Differenz des Rechenwertes zu 3,1416 liegt im Bereich eines einzigen Hundertmillionstels, die Differenz zum mathematischen Pi bei etwa 7,4 Millionsteln von Pi.

Wo die Differenz des Rechenwertes herkommt weiß ich (?noch?) nicht mit Sicherheit. Aber ich denke, dass sie definitiv klein genug ist, um etwaige metrologische Mythen wie: Die Meile bzw. der Zoll würde von einer Daumenbreite oder ein paar Gersten- oder Weizenkörnern abstammen o.ä.[18], ein für allemal als widerlegt anzusehen. Auch zeigen sie, dass die Rundung auf 3,1416 seinerzeit ganz bewusst erfolgte, wann und zu welchem Zweck auch immer.

Dasselbe funktioniert natürlich auch mit dem echten Pi, jedoch ist die Abweichung beim großen Durchmesser 10/Pi mit 2,232 Hunderttausendsteln erstaunlicherweise „erheblich" größer als bei der gerundeten 3,1416-Variante. Die Abweichung des kleinen Durchmessers von Pi beträgt hier Null.

Aufgrund der einen "größeren" Abweichung bei der "Echt-Pi-Rechnung" ist die gerundete 3,1416-Ellipsenvariante meines Erachtens vorzuziehen. Der Rundungsfaktor von 3,1416 zu Pi beträgt dabei 0,999997661570471…, weicht also nicht sonderlich viel von Eins ab.

---

[18]   [5], Seiten 17 ff.

Dreht man die Betrachtung um, sodass Pi und 10/Pi mit dem exakten Pi gerechnet werden, so wird die Meile am Ende um 28,285247… **Zentimeter** länger als sie tatsächlich ist. Das ist dann doch schon eine Größenordnung, die als Abweichung für eine exakte Maßeinheit zu groß erscheinen würde. Interessanterweise kommt diese Zahl der Wurzel aus 800 sehr, sehr nahe. Ob das auf einem Zufall beruht oder eventuell sogar auch Methode hat, muss zukünftig noch mit mehr als 15 Stellen genauer untersucht werden.

Rechnet man dagegen bei Pi und 10/Pi mit glatt 3,1416, so ist die Meile im Endeffekt um ganze zwei Zehntel **Milli**meter kürzer als sie sein sollte. Das kann eventuell durchaus am 15-stelligen Rechenprogramm liegen. Ich denke, dass damit trotzdem schon bewiesen ist, dass der Umrechnungsfaktor zwischen Englischer Meile und Meter bzw. Kilometer tatsächlich direkt von der **3,1416-Ellipse** abstammt.

  Ist jemand anderer Meinung?

Immerhin ist diese Ellipse in allen Formen als ausgesprochen exklusiv anzusehen. Pi und sein Reziprokwert stehen hier absolut gleichberechtigt nebeneinander. Es gibt nur ein einziges Pi und nur eine einzige Rundung, die auf 3,1416 festgelegt werden kann. Der Umrechnungsfaktor zwischen Kilometer und Meile dürfte demzufolge unter anderem einst definitiv und in vollem Bewusstsein von genau der oben genannten 3,1416-Ellipse abgeleitet worden sein. Eventuell rührt die winzige Differenz von einer ebenso winzigen „willkürlichen" Anpassung an andere mathematische Gegebenheiten her, die ebenfalls beachtet und mit einbezogen wurden.

Meile und Kilometer sind damit als zwei Seiten ein und derselben Medaille erkannt, wobei die Medaille eine leicht elliptische Grundform aufweist. Dazu kommt, dass sich Kilometer und Meile später noch mehrmals bei der Lichtgeschwindigkeit und etlichen anderen Gelegenheiten wiedertreffen.[19]

  Wie kann das sein?

---

[19] [3], Seiten 200 ff.

<u>Der Goldene Schnitt Phi</u>

Der Goldene Schnitt ist ein mathematisches Verhältnis, eine Proportion - und damit das Ergebnis einer Fülle von einfachen Divisionsaufgaben. Allerdings nicht jeder Divisionsaufgabe.

Damit ist er in gewisser Weise der gegenwärtig besser bekannten und weiter verbreiteten Kreiszahl Pi recht ähnlich und auch verwandt – nicht nur von der fast gleich klingenden Bezeichnung her. Durch den Vergleich mit Pi wird Phi besser vorstellbar und auch verständlicher. Das, was Pi ausschließlich für Kreise, Ellipsen und andere runde Sachen ist, ist Phi so ähnlich für gerade, kantige und sehr viele andere Dinge, auch für einige runde. Zwischen Pi und Phi gibt es nicht nur Gemeinsamkeiten, sondern auch gravierende Unterschiede. Mit Durchmesser und Umfang runder Dinge, hat Phi – im Gegensatz zu Pi – jedoch nur sehr bedingt zu tun. So manches Mal aber auch das.

Der Goldene Schnitt ist wesentlich umfassender, allgemeiner und universeller als die Kreiszahl Pi, die sich ihrerseits eben nur auf Kreise und alle anderen runden Sachen bezieht. Der goldene Schnitt kann dagegen in sehr viel mehr Dingen enthalten sein: In Linien, Figuren und Körpern aller Art (runden wie eckigen), ... in künstlichen wie natürlichen Gegebenheiten, in toten, unbelebten sowie in lebendigen Tatsächlichkeiten aller Art. Ebenso im Licht und seiner Geschwindigkeit. Und das universumsweit. Er ist wesentlich komplexer als Pi – sowohl im Inhalt als auch im Vorkommen. Damit stellt er unter anderem die praktische mathematische Gewähr dar, dass Leben – in welcher Form auch immer – überall dort im Universum vorkommen kann, wo die Bedingungen dafür gegeben sind.

Momentan wird der Goldene Schnitt noch hauptsächlich mit der Harmonielehre in Verbindung gebracht. Ansonsten wird seine Existenz mehr oder weniger zur Kenntnis genommen, mehr nicht. Schließlich beinhaltet er ein paar ganz nette Phänomene. Es gibt ihn eben. Damit dürfte der Goldene Schnitt die mit Abstand meistverkannte Naturkonstante der gegenwärtigen Wissenschaft sein.

Abbildung 8: *Natur, Pi und Phi in trauter Dreieinigkeit. Das Pentagon bzw. Pentagramm ist sowohl Sinnbild als auch geometrische Herleitung und mathematische Abstraktion dafür. Ein uraltes Symbol echter Wissenschaft.*

Wir Heutigen nutzen zur Darstellung von Verhältnissen und Proportionen oft Zahlen. Beispielsweise ist das Verhältnis 50 : 50 weithin bekannt und wird oft auch umgangssprachlich genutzt. Jeder weiß, was das bedeutet. Beim Goldenen Schnitt würde diese Art der Formulierung eines Verhältnisses "Phi zu Eins", $\phi : 1$ oder $\varphi : 1$ heißen. Da die Division durch Eins jedoch nichts ändert, kann man die Eins auch weglassen, wodurch nur Phi (= φ oder ϕ) – also eine einfache Zahl - übrig bleibt.

Konkret heißt diese Zahl[20]:

$$\Phi = \varphi = 1{,}6180339887498948482045868 3\dots$$

Sie hat kein Ende und beinhaltet keine Wiederholungen. Durch Teilung von ganzen Zahlen kann man sie nur näherungsweise darstellen, jedoch nicht exakt. Damit ist sie eine irrationale Zahl. Auch diese Eigenschaften machen sie der Kreiszahl Pi sehr ähnlich, bei der es sich praktisch genauso verhält.

Die Zahl Phi wird oft recht kurz gerundet, weil sie in der obigen längeren und genaueren – aber niemals wirklich exakten - Form doch gar zu sperrig ist. Sehr sinnvolle und damit recht zutreffende Rundungen sind beispielsweise die **1,618** oder – noch einen Tick genauer - die **1,618034**. Auch das lässt eine Ähnlichkeit zum gerundeten Pi mit 3,1416 erkennen, welches doch in Wirklichkeit ebenfalls endlos lang ist.

Es gibt tatsächlich **unendlich viele** Möglichkeiten den Goldenen Schnitt weitestgehend exakt zu errechnen. Der mathematisch übliche und für meine Begriffe auch einfachste Weg, zum exakten Phi zu gelangen, lautet:

$$\phi = \frac{(1+\sqrt{5})}{2}$$
$$\phi = (1 + 2{,}236068\dots) : 2$$

$$\underline{\phi = 1{,}6180339\dots}$$

Im gleichen Atemzug mit Phi muss auch sein Quadrat Phi^2 genannt werden, denn gewissermaßen ist Phi^2 sogar noch wichtiger und bedeutsamer als Phi selbst. Das hängt damit zusammen, weil Phi^2 der Zahl Pi nicht nur ähnlich ist, sondern auch noch sehr eng mit Pi korrespondiert, was ihm eine noch universellere Bedeutung zukom-

---

[20]   [6], Seite 189

men lässt. Eine der Möglichkeiten Phi^2 zu berechnen ist der soeben genannten Formel des Goldenen Schnittes Phi sehr ähnlich:

$$\phi^2 = \phi * \phi$$

$$\phi^2 = \frac{(3 + \sqrt{5})}{2}$$

$$\phi^2 = (3 + 2{,}236068...) : 2$$

$$\underline{\phi^2 = 2{,}6180339...}$$

Fibonacci und seine Folgen[21]

Der Goldene Schnitt wird heutzutage oft mit den Fibonacci-Zahlen in Verbindung gebracht. Fibonacci war ein mittelalterlicher italienischer Mathematiker aus Pisa, der etwa von 1175 bis 1240 gelebt haben soll. Er wuchs jedoch in Nordafrika - im heutigen Algerien - auf und reiste später durch den kompletten Mittelmeerraum. Dort erlernte er zunächst die Buchhaltung und studierte bei einer Reihe arabischer Gelehrter Mathematik. So kam er intensiv sowohl mit den Erkenntnissen der arabischen Wissenschaftler, wie auch mit denen der indischen Mathematik in enge Berührung und sog alles in sich auf, was er nur lernen konnte. Nach seiner Rückkehr nach Europa[22] schrieb er etliche mathematische Bücher und sorgte so zumindest federführend, wenn nicht sogar explizit, für die Einführung der arabischen und indisch-hinduistischen Zahlen und Rechenweisen in die damaligen europäischen Fürstenhöfe und Wissenschaften, die bis dahin immer noch mit dem unkomfortablen Römischen Zahlensys-

---

[21]   Siehe und vergleiche [6]
[22]   etwa im Jahr 1200

tem rechneten. Damit haben wir Gegenwartsmenschen Fibonacci alle unendlich viel zu verdanken. Ohne ihn bzw. seine Arbeit gäbe es wohl heute noch lange keine Computer, und kein Handy würde nerven, weil schlicht und einfach die mathematischen Grundlagen dafür nicht vorhanden wären.

In einem seiner Werke[23] beschreibt er eine Zahlenfolge, die aus einem praktischen Beispiel stammt, welches einer abstrakten Analyse einer Kaninchenzucht entnommen wurde. Diese Zahlenfolge wird Fibonacci zu ehren heute noch Fibonacci-Folge genannt. Sie führte in der Folge zur Entdeckung bzw. Wiederentdeckung eines Rechenweges zum Goldenen Schnitt.

Der Anfang der Fibonacci-Zahlenfolge lautet:
1; 1; 2; 3; 5; 8; 13; 21; 34; 55; 89; 144, ... usw. usf. - bis in die Unendlichkeit.

Die einzelnen Zahlen dieser Folge sind nicht willkürlich entstanden, was man vielleicht auf den ersten Blick vermuten könnte, sondern unterliegen einer strengen mathematischen Rechenvorschrift:

Die Summe zweier vorangegangener Zahlen ergibt immer die nächstfolgende Zahl.

Das heißt also:

$$1;$$
$$1;$$
$$1 + 1 = 2;$$
$$1 + 2 = 3;$$
$$2 + 3 = 5;$$
$$3 + 5 = 8;$$
$$5 + 8 = 13;$$
$$... \text{etc.}$$

---

[23]   "Liber abaci" oder "Buch der Kalkulation", erschienen im Jahr 1202

Das erscheint einfach, ja fast primitiv, spielt aber in viele Dinge des täglichen Lebens[24] und der Wissenschaft[25] hinein, ohne immer gleich direkt aufzufallen.

Wichtig für die hiesige Betrachtung des Goldenen Schnittes ist dabei, dass sich die Ergebnisse der Division einer beliebigen Zahl dieser Folge durch die ihr vorhergehende Zahl (= Vorgänger genannt) immer weiter dem Goldenen Schnitt annähern, je größer die beiden Zahlen sind. Völlig exakt getroffen wird er dabei jedoch nie bzw. erst in der Unendlichkeit, weil er kein Ende hat. Ein stark verkürztes Beispiel:

$$3 : 2 = 1,5;$$

...

$$13 : 8 = 1,625$$

...

$$144 : 89 = 1,6179775$$

...

$$233 : 144 = 1,6180555555$$

...

$$4181 : 2587 = 1,618034055727554$$

...

$$46368 : 28657 = 1,618033988205325$$

... usw.

Auch das ist ganz ähnlich wie bei der Kreiszahl Pi. Zu deren Ermittlung werden einem Kreis zunächst korrekt berechenbare regelmäßige Vielecke paarweise ein- und umbeschrieben. Die anschließende Division des Durchschnittes der jeweils zusammengehörigen Umfänge der Vielecke durch den Kreisdurchmesser nähert sich immer weiter Pi an, je mehr Ecken die Vielecke haben. Auch daraus kann man Zahlenfolgen erstellen, sofern man das möchte.

---

[24]   zum Beispiel in die Kaninchenzucht oder in die Gestaltung der Blüten von Sonnenblumen usw.

[25]   zum Beispiel beim Pascalschen Dreieck etc.

Der Goldene Schnitt ist damit – genau wie Pi - sowohl eine mathematische, als auch eine universelle Naturkonstante. Er ist bis hierhin quasi der „Grenzwert" einer bestimmten und exakt definierten Zahlenfolge, die als Ergebnis eines ebenso bestimmten Algorithmus zustande kommt. An der Stelle fängt es ganz langsam an spannend zu werden.

<u>Phi ist viel allgemeiner</u>

Das ist nämlich noch sehr lange nicht der Weisheit letzter Schluss. Eher der Anfang – und auch der Anfang meiner höchst eigenen Ermittlungen bezüglich des Goldenen Schnittes. Das klappt nämlich nicht nur mit den Fibonacci-Zahlen, sondern mit JEDER natürlichen Zahl und auch mit sehr vielen anderen Zahlen – gebrochenen zum Beispiel. Ebenso mit einer Mischung verschiedener Zahlenarten. Ob das schon jemand anderes herausgefunden hat, weiß ich nicht – man liest ja immer "nur" von Fibonacci. Ich bin jedenfalls allein und selber darauf gekommen, worauf ich sehr stolz bin.

Dieser Umstand ist insofern ungeheuer wichtig, weil damit der Goldene Schnitt weitestgehend unabhängig von den eigentlichen Zahlen wird. **Entscheidend ist allein die Rechenvorschrift**, der Algorithmus: Folgenbildung durch die Addition zweier direkter Vorgängerzahlen und anschließende Division einer Zahl der Folge durch den jeweiligen Vorgänger. Am Anfang braucht man also immer ein gegebenes Zahlenpaar, dessen Größe und Beschaffenheit allerdings weitgehend gleichgültig sind. Nur ein Ende sollten die Zahlen dieses beliebigen Zahlenpaares nach Möglichkeit irgendwo haben und positiv sollten sie eventuell auch sein. Alles andere ergibt sich praktisch automatisch, sofern der Algorithmus eingehalten wird.

Fibonacci's Leistung wird dadurch keinesfalls geschmälert. Im Gegenteil. Mit dem Anfangszahlenpaar [1 ; 1] bildet die Fibonacci-Folge gewissermaßen die "Mutter" aller dieser Zahlenfolgen. Sie wird aber eben um eine Unendlichkeit an Möglichkeiten erweitert beziehungsweise ergänzt. Das stellt eine enorme Aufwertung des Phänomens dar, weil es dadurch total universell wird. Probieren wir es an einem beliebigen Beispiel aus und beginnen mit dem schon relativ extremen Paar natürlicher Zahlen 4 und 139, welches primär keine Fibonacci-Zahlen beinhaltet:

$$
\begin{aligned}
&4 \\
&139 \Rightarrow 139 : 4 = 34{,}75 \\
4 + 139 =\ &143 \Rightarrow 143 : 139 = 1{,}028777 \\
139 + 143 =\ &282 \Rightarrow 282 : 143 = 1{,}972028 \\
143 + 282 =\ &425 \Rightarrow 425 : 282 = 1{,}5070922 \\
282 + 425 =\ &707 \Rightarrow 707 : 425 = 1{,}6635294 \\
425 + 707 =\ &1132 \Rightarrow 1132 : 707 = 1{,}6011315 \\
707 + 1132 =\ &1839 \Rightarrow 1839 : 1132 = 1{,}6245583 \\
1132 + 1839 =\ &2971 \Rightarrow 2971 : 1839 = 1{,}6155519 \\
1839 + 2971 =\ &4810 \Rightarrow 4810 : 2971 = 1{,}6189835 \\
2971 + 4810 =\ &7781 \Rightarrow 7781 : 4810 = 1{,}6176715 \\
4810 + 7781 =\ &2591 \Rightarrow 12591 : 7781 = 1{,}6181725 \\
7781 + 12591 =\ &20372 \Rightarrow 20372 : 12591 = 1{,}6179811 \\
12591 + 20372 =\ &32963 \Rightarrow 32963 : 20372 = 1{,}6180542 \\
20372 + 32963 =\ &53335 \Rightarrow 53335 : 32963 = 1{,}6180263 \\
32963 + 53335 =\ &86298 \Rightarrow 86298 : 53335 = 1{,}6180369 \\
53335 + 86298 =\ &139633 \Rightarrow 139633 : 86298 = 1{,}6180329 \\
86298 + 139633 =\ &225931 \Rightarrow 225931 : 139633 = 1{,}6180344 \\
139633 + 225931 =\ &365564 \Rightarrow 365564 : 225931 = 1{,}6180338 \\
225931 + 365564 =\ &591495 \Rightarrow 591495 : 365564 = 1{,}6180341 \\
365564 + 591495 =\ &957059 \Rightarrow 957059 : 591495 = 1{,}618034
\end{aligned}
$$

... usw. usf.

Ich denke, das genügt fürs Erste. Jeder kann somit sehen, dass der Fibonacci-Algorithmus auch mit sehr vielen anderen Zahlen sicher funktioniert und zielstrebig zum Goldenen Schnitt Phi führt – und nicht nur mit der eigentlichen „ursprünglichen" Fibonacci-Folge. Wer möchte, kann auch gern selber nachrechnen oder beliebige andere Beispiele durchrechnen. Gern auch mit endlichen gebrochenen Zahlen. Oder mit ganz anderen. Vielleicht findet ja noch jemand etwas Neues? Mit einem Rechenprogramm wie 'Excel' macht sich das einfach, schnell und komfortabel, nur ein paar mehr Nachkommastellen könnte es haben.

Anzumerken wäre an dieser Stelle noch, dass die Annäherung an den Goldenen Schnitt bei solchen Folgen niemals linear erfolgt, sondern immer in Form einer Art Pendelbewegung, "Schwingung" oder "Welle", deren Amplitude immer kleiner wird, je näher man dem Goldenen Schnitt kommt. Dieser selbst bildet dabei quasi die Nullachse der "Schwingung", um die sich die kleiner werdende Abweichung solange herumwindet, bis sie irgendwann mit der Achse – der göttlichen Proportion des Goldenen Schnittes - verschmilzt.

Schon seit dem Altertum wurde und wird der Goldene Schnitt oft mit Harmonie in Verbindung gebracht. Ich denke, dass genau hier die Ursache dafür zu finden ist: Anfangs hoch 'aufschwappende Wellen' beruhigen sich mit der Zeit allmählich immer mehr und gleichen sich irgendwann einem Konsens, einer Art 'Mittelwert' an – um letztlich ganz in ihm aufzugehen. Das kann man durchaus Harmonie nennen.
Und das bereits seit uralter Zeit. Nicht nur die antiken Griechen kannten den Goldenen Schnitt aus dem FF, sondern praktisch allen alten Kulturvölkern des Planeten war er bekannt. Voller Eifer und Raffinesse bauten sie ihn in ihre Tempel und Pyramiden, ..., Säulen und Terassen sowie viele sonstige Kunstwerke ein, wo er vielfach noch heute sehr genau nachweisbar ist. Im Grunde ist das seit Anbeginn der bekannten Menschheitsgeschichte so. Nur wir Heutigen spielen da noch nicht so ganz mit. Das sollten wir aber.

<u>Phi ist die Quelle aller Zahlen, aber leicht paradox</u>

Mit dem Goldenen Schnitt stehen wir hier quasi vor einem gewaltigen Paradoxon: Mit völlig beliebigen Ausgangswerten kommen wir auf demselben Weg immer wieder zum selben Ergebnis.

Ausschließlich durch den festgelegten Rechenweg. Schon das allein gibt dem Goldenen Schnitt einen ganz besonderen Status. Er ist eine Zahl – oder wird durch eine Zahl dargestellt – ohne selbst ernsthaft auf anderen Zahlen zu basieren. Gewissermaßen ist er ein selbständiger Staat im Reich der Zahlen.

Eine merkwürdige Angelegenheit!
Ist der Goldene Schnitt überhaupt eine Zahl im herkömmlichen Sinne?

Das führt auch zu der Erkenntnis, dass man - nur mit dem Goldenen Schnitt allein - sämtliche natürlichen und nachfolgend auch ganz viele andere Zahlen eineindeutig darstellen kann, ohne auch nur eine einzige andere Zahl zu bemühen. Um das aufzuzeigen genügt es, die ersten drei natürlichen Zahlen herzuleiten. Alle anderen kann man im Anschluss durch beliebige Wiederholungen und mathematische Verknüpfungen automatisch darstellen. Für den Zahlenbereich der natürlichen Zahlen reicht genau genommen sogar **die Eins allein**, die man dann immer wieder addieren kann. Und aus den natürlichen Zahlen kann man im Nachgang praktisch alle anderen ableiten. Das kann beliebig weitergeführt werden. Aufpassen muss man dabei allerdings schon ein bisschen:

$$\phi * \phi - \phi = 1$$
$$\phi * \phi * \phi * \phi - \phi - \phi - \phi = 2$$
$$\phi * \phi * \phi * \phi * \phi - \phi - \phi - \phi - \phi - \phi = 3$$

Aufgrund dieser Möglichkeiten kann man den Goldenen Schnitt – sofern man das möchte – durchaus als **Vater und/oder Mutter aller Zahlen** betrachten.

Eine verkürzte Darstellung desselben obigen Inhalts inklusive Erklärung – nun allerdings unter Zuhilfenahme anderer Schreibweisen und Zahlen – kann so aussehen:

$$\phi^2 - \phi = 1 \qquad => \qquad 2{,}618034 - 1{,}618034 = 1$$
$$\phi^4 - 3\phi = 2 \qquad => \qquad 6{,}854102 - 4{,}854102 = 2$$
$$\phi^5 - 5\phi = 3 \qquad => \qquad 11{,}090017 - 8{,}09017 = 3$$

Noch einfacher wird es, wenn man den Reziprokwert des Goldenen Schnittes (= 0,6180339...) mit einbezieht. Wir schreiben diesen Wert heute als 1/ϕ, worin die Eins als Zähler über dem Bruchstrich enthalten ist. Man könnte ihm aber auch ein eigenständiges Formelzeichen verleihen, sodass die Eins nicht erscheinen würde.

$$\phi \quad - \quad 1/\phi \qquad = 1$$
$$\phi^2 \quad - \quad 1/\phi \qquad = 2$$
$$\phi^2 + \phi - 2/\phi \qquad = 3$$

Ähnlich könnte man auch mit dem Quadrat von Phi verfahren: $\phi^2 =$ 2,6180339... Das ist nur eine Frage der äußeren Schreibweise, jedoch nicht des Inhalts. Auffällig ist, dass die Ziffernfolgen hinter dem Komma bei allen drei Zahlen gleich sind – bis in die Unendlichkeit. Das ist ein absolutes Alleinstellungsmerkmal des Goldenen Schnittes.

$$\phi \quad = 1{,}6180339887498948482 0458683 \dots$$
$$1/\phi \quad = 0{,}6180339887498948482 0458683 \dots$$
$$\phi^2 \quad = 2{,}6180339887498948482 0458683 \dots$$

Von hier ab gibt es eine Menge Varianten für die Darstellungen von Zahlen mithilfe des Goldenen Schnittes, die an dieser Stelle jedoch nicht weiter aufgezeigt werden sollen. Das würde zu weit führen. Aber es gibt rund um den Goldenen Schnitt noch eine Unzahl anderer Besonderheiten, von denen ein paar noch genannt werden müssen.

Die Potenzen von Phi

Dividiert man die Zahlen des Fibonacci-Algorithmus (= Rechenvorschrift) nicht durch den jeweiligen direkten Vorgänger, sondern durch die Zahl davor – also quasi durch den Vor-Vorgänger – landet man nicht beim Goldenen Schnitt, sondern bei seinem Quadrat:

$$\phi^2 = \phi * \phi = \phi + 1 = \frac{(3+\sqrt{5})}{2} = \ldots = 2{,}6180339\ldots$$

Teilt man die Zahlen der Fibonacci-Rechenvorschrift weder durch den jeweiligen direkten Vorgänger, noch durch den jeweiligen Vor-Vorgänger, sondern durch den Vor-Vor-Vorgänger erhält man am Ende: $\quad \phi^3 = \phi * \phi * \phi = \sqrt{5} + 2 = 4{,}2360679\ldots$

Möchte man zu ϕ^4 gelangen, muss man durch den jeweiligen Vor-Vor-Vor-Vorgänger teilen usw. usf. Das bedeutet, dass im Fibonacci-Algorithmus nicht nur der Goldene Schnitt selbst enthalten ist, sondern auch alle seine Potenzen.

Dasselbe gilt für ALLE Derivate der Fibonacci-Zahlenfolge, die (wie oben aufgezeigt) nach dem selben Algorithmus zustande gekommen sind und zum Goldenen Schnitt Phi führen, jedoch mit einem anderen Zahlenpaar beginnen. Damit steckt der Goldene Schnitt nicht nur allein, sondern samt seiner sämtlichen Potenzen sozusagen "automatisch" mindestens in allen natürlichen und gebrochenen Zahlen drin, ohne dass man es gleich sieht oder merkt. Entscheidend dafür ist die Bildungsvorschrift der Zahlenfolgen mit Addition der Vorgänger und nachfolgender Division. Wie gehabt.
Überhaupt haben es auch die Potenzen von Phi schwer in sich. Wie oben schon einmal gezeigt, kann man den Goldenen Schnitt auch mit der Formel $\quad \phi = 1{,}6180339\ldots = \frac{(1+\sqrt{5})}{2}\quad$ exakt errechnen. Analog dazu kann man auch die Potenzen von Phi mit ganz ähnlichen Formeln ermitteln:

$$\phi^2 = \phi * \phi = 2{,}6180339\ldots = \frac{(3+\sqrt{5})}{2}$$

Bei der Ermittlung von Phi-Quadrat ist besonders bemerkenswert, dass wir während der Ausführung der Rechnung an

$$2\,\phi^2 = \sqrt{5} + 3 = \textbf{5,236}068...\quad \text{vorbeikommen.}$$

Die Ziffernfolge dieses Wertes kommt der Ziffernfolge der aus dem Meter und Pi/6 abgeleiteten altägyptischen Königselle mit 0,5236 Metern, 52,36 Zentimetern, 523,6 Millimetern, ... oder 5,236 Dezimetern verdammt nahe.

Da stellt sich die Frage: Besteht hier eine Direktverbindung zwischen Phi und Pi beziehungsweise zur altägyptischen Königselle? Es ist also ratsam, diesen Wert im Hinterkopf zu behalten.

Er ist sehr wichtig!

Wir werden später mehrmals darauf zurück kommen. Doch jetzt erst einmal weiter mit den Phi-Potenzen:

$$\phi^3 = 4,2360681\,... = 2 + \sqrt{5} = \frac{(4 + 2\sqrt{5})}{2}$$

$$\phi^4 = 6,854102\,... = \frac{(7 + 3\sqrt{5})}{2}$$

$$\phi^5 = 11,09017\,... = \frac{(11 + 5\sqrt{5})}{2}$$

$$\phi^6 = 17,944273\,... = \frac{(18 + 8\sqrt{5})}{2}$$

$$\phi^7 = 29,034443\,... = \frac{(29 + 13\sqrt{5})}{2}$$

$$\phi^8 = 46,978714\,... = \frac{(47 + 21\sqrt{5})}{2}$$

... usw.

Das dürfte für den Anfang genügen. Schon bei so wenigen Schritten werden einige Fakten gut erkennbar:

1.) Jede Potenz des Goldenen Schnittes lässt sich mit Hilfe von Wurzel 5 darstellen. Die 5 und ihre Wurzel sind damit praktisch fast genauso wichtig wie der Goldene Schnitt selbst.

2.) Die Faktoren, jeweils direkt vor der Wurzel aus 5 bilden erneut die Fibonacci-Folge ab.
=> [1 (ϕ); 1 (ϕ^2); 2 (ϕ^3); 3; 5; 8; 13; 21; ... usw.]

3.) Die Summanden [=> 1; 3; 4; 7; 11; 18; 29; 47; ... usw.] vor den Wurzeln aus 5 und ihren Faktoren bilden eine weitere Zahlenfolge, die nach demselben Muster bzw. Algorithmus wie die Fibonacci-Folge aufgebaut ist, jedoch mit einem anderen Zahlenpaar (=> [1 ; 3]) am Anfang:

$$1 + \ 3 = \ 4$$
$$3 + \ 4 = \ 7$$
$$4 + \ 7 = 11$$
$$7 + 11 = 18$$
$$11 + 18 = 29$$
$$18 + 29 = 47$$
$$\text{... usw.}$$

Auch diese Folge führt logischerweise zum Goldenen Schnitt, da sie nach demselben Algorithmus wie die Fibonacci-Reihe aufgebaut ist, nur eben mit einem anderen Anfangs-Zahlenpaar. Außerdem sind die Summanden der jeweils dazugehörigen ϕ-Potenz bereits sehr ähnlich. Auch hier erfolgt eine allmähliche "wellenförmige" Annäherung an den jeweiligen „Grenzwert".

3.a) Erstaunlich und interessant ist auch, wenn man die Summanden nicht zum Wurzelausdruck hinzuaddiert, sondern von ihm abzieht – also die Summanden zu Subtrahenden macht. Dann kommen nämlich die Reziprokwerte der ϕ-Potenzen heraus.

4.) Die Teilung der Klammerausdrücke durch 2 macht das Ganze zur **Halbierungsfolge**, wie sie uns bei unseren Forschungsarbeiten im Bereich der Frühgeschichte, des Altertums, der Steinzeit, des Lichts, ... usw. in den letzten Jahren schon mehrfach und hochpräzise untergekommen sind. Offensichtlich wussten unsere frühen Ahnen schon vom Anbeginn der Zivilisation über all diese Dinge hervorragend Bescheid. Vielleicht sogar besser und umfassender als wir Heutigen, denn immerhin haben sie dieses Wissen ganz bewusst bereits für die Ewigkeit in ihre Bauten integriert. Uns Heutigen würde soetwas bislang wohl noch nicht in den Sinn kommen. Jedenfalls nicht in diesem Ausmaß.

5.) Durch die mehrfache Folgenbildung bei den Faktoren und Summanden ist es relativ einfach, zur Formel der jeweils nächsthöheren Potenz zu gelangen, sofern man erst einmal den Anfang gefunden hat. Für Leute, die sich intensiv mit dem Thema beschäftigen, ist das ein großer Vorteil.

Wer sich die Reihe der ϕ-Potenzen nur oberflächlich betrachtet, könnte auf den Gedanken kommen, dass man ausschließlich mit Hilfe von Wurzel 5 zum Goldenen Schnitt kommt. Dem ist aber nicht so. Jedenfalls nicht ganz. Denn die Formel $\phi = 1{,}6180339 \ldots = \frac{(1+\sqrt{5})}{2}$ kann man gewissermaßen "erweitern". Alle anderen natürlich auch. Daraus ergibt sich beispielsweise:

$$\phi = 1{,}6180339 \ldots = \frac{(1+\sqrt{5})}{2} = \frac{(2+\sqrt{20})}{4} = \frac{(4+\sqrt{80})}{8} = \frac{(8+\sqrt{320})}{16}$$

$$= \frac{(16+\sqrt{1280})}{32} = \ldots \text{ usw.}$$

Auch hier werden eine Reihe Tatsachen deutlich sichtbar, die uns in der Frühgeschichte bereits mehrfach begegnet sind:

5.a) In der obigen Aufstellung braucht es – abgesehen von der unsichtbaren Eins – keine Faktoren vor der Wurzel.

5.b) Auch ein paar andere Wurzelausdrücke können uns per Direkt-Formel zum Goldenen Schnitt führen – und nicht nur Wurzel 5. Diese Wurzeln sind über die Folge der Potenzen der Zwei miteinander verbunden. Das soll heißen:

$$\sqrt{20} \quad = \quad \mathbf{2} * \sqrt{5}$$
$$\sqrt{80} \quad = \quad \mathbf{4} * \sqrt{5} \quad = 2 * \sqrt{20}$$
$$\sqrt{320} \quad = \quad \mathbf{8} * \sqrt{5} \quad = 4 * \sqrt{20} \quad\quad = 2 * \sqrt{80}$$
$$\sqrt{1280} = \quad \mathbf{16} * \sqrt{5} \quad = 8 * \sqrt{20} \quad\quad = 4 * \sqrt{80} \quad = 2 * \sqrt{320}$$

... usw. usf.

5.c) Die Summanden vor den Wurzeln stellen vollständig die Folge der Potenzen der Zwei dar. Auch die ist uns im Bereich der Vor- und Frühgeschichte schon oft begegnet.

5.d) Ebenso stellen die Teiler unterhalb des Bruchstrichs die Folge der Zweierpotenzen dar, jedoch fehlt hier am Anfang die $2^0 = 1$. Diese Tatsache ist auffällig und wichtig.
Das führt zu einer Art "Phasenverschiebung" bezüglich der Zweier-Potenzen-Folge der Summanden. Eventuell ist das die Ursache für die "wellenförmige" Annäherung an den Goldenen Schnitt im Rahmen der Fibonacci-Folge(n)? Das könnte sein ...

5.e) Dazu kommen noch einzelne Kleinigkeiten, die nicht sofort sichtbar sind. Beispielsweise ergibt $16 + 1280 = 1296$. Das ist die Quadratzahl von $36 \Rightarrow 36 * 36 = 1296$ und es ist ein Tausendstel der Anzahl der Grad-Sekunden in einem 360-Grad-Kreis. Ein Vollkreis mit 360 Grad beinhaltet 1.296.000 Gradsekunden.
Wir haben also eine Direkt-Verbindung vom Goldenen Schnitt über Quadrate zum Kreis und zum 360°-System gefunden. Davon gibt es noch mehr. Es sind gleichzeitig auch hautenge Verbindungen zwischen Arithmetik, Geometrie, Physik und Natur.

6.) Betrachten wir noch einige andere Verbindungen zwischen dem Goldenen Schnitt Phi und dem "Rest des Universums". Nur beispielsweise ist $\frac{(2+\sqrt{5})}{2} = 2{,}118034$. Teilen wir diese Zahl durch Phi-Quadrat ($\phi^2 = 2{,}618034$) ergibt das 0,8090169, was der Sinus von glatt **54 Grad** und der Kosinus von **36 Grad** ist. Auch das hat eine große Bedeutung für unsere Arbeit und das allgemeine Verständnis. Wir werden darauf zurückkommen.

6.a) Hinzu kommt der Ausdruck $\sqrt{5} : 2$. Ausgerechnet ergibt das 1,118034... Und das ist die Wurzel aus 1,25. Zieht man von 1,118034 die vordere 1 ab, erhält man 0,118034. Multiplizieren wir diese Zahl mit ϕ^2 kommen wir zu 0,309017. Das ist der Sinus von exakt **18°** und der Kosinus von **72°**. Wir haben hier also wiederum eine enge Verbindung zur Geometrie, namentlich zum regelmäßigen Fünfeck, dem Pentagon bzw. Pentagramm.

Ein weiterer wichtiger Punkt sei zu $\sqrt{5} : 2 = 1{,}118034 = \sqrt{1{,}25}$ noch mitgeteilt. Die Zahl stellt nämlich genau die Mitte bzw. den Durchschnitt von Phi und 1/Phi dar. Ziehen wir 0,5 von $\sqrt{1{,}25}$ ab, landen wir bei $1/\phi = 0{,}618034$. Zählen wir dagegen 0,5 zu $\sqrt{1{,}25}$ hinzu, erhalten wir Phi $= \phi = 1{,}618034$.

6.b) Eine nur geringfügig andere Sache ist es, sich den Term $(2 + \sqrt{5})$ und die bloße Wurzel 5 noch einmal etwas genauer zu betrachten.

$(2 + \sqrt{5})$ ist nämlich gleich $\phi^3 = 4{,}236068$.

Außerdem ist Wurzel 5 mal Phi gleich $3{,}618034 = \mathbf{1} + \phi^2 = \mathbf{2} + \phi = \mathbf{3} + 1/\phi$

Die kleine private Beschau der arithmetischen Besonderheiten des Goldenen Schnittes soll hiermit vorerst abgeschlossen sein. Sie erhebt keinerlei Anrecht auf Vollständigkeit. Im Gegenteil, hiermit wird ausdrücklich darauf hingewiesen, dass es noch viel, viel mehr zu berichten gäbe. Nicht umsonst steht die 'Göttliche Proportion' Phi auch mit anderen Konstanten wie Pi, Lichtgeschwindigkeit, Lambda und jeder Menge weiteren Größen in mehr oder weniger direkter Verbindung. Wir werden also in der weiteren Entwicklung immer mal wieder zwangsweise beim Goldenen Schnitt und seinen Abkömmlingen vorbeikommen, und da möge sich bitte niemand wundern, falls noch weitere neue Aspekte genannt werden.

<u>Kurze Geometrie der Göttlichen Proportion</u>

Alle Wege führen nach Rom, sagt man. Noch viel mehr Wege führen zum Goldenen Schnitt. Etliche davon sind geometrischer oder gemischter Natur und sind in den verschiedensten Publikationen mehr oder weniger begreifbar beschrieben.

Aus diesem Grunde möchte ich hier nur eine einzige Möglichkeit beschreiben, wie man per Geometrie zum Goldenen Schnitt kommen kann. Es ist meine Lieblingsvariante, weil sie einfach, gut handhabbar und schnell ausführbar ist. Außerdem kann man sie ohne große Mühe nachrechnen – und das ist ein riesiger Vorteil gegenüber den meisten anderen Varianten. Man weiß immer, dass man auf der richtigen Seite ist.

Der Vorgang der Ermittlung des Goldenen Schnittes auf diese geometrische Weise ist schnell beschrieben (Abb. 9 a bis d):

1. Man nehme ein Quadrat mit einer Seitenlänge von Eins, das heißt: Ein **Einheitsquadrat.**
(Eine Maßeinheit gibt es dabei erst einmal nicht. Sie ist nur notwendig, wenn sie in den Voraussetzungen bereits vorhanden oder gefordert ist. Siehe Punkt 6.)

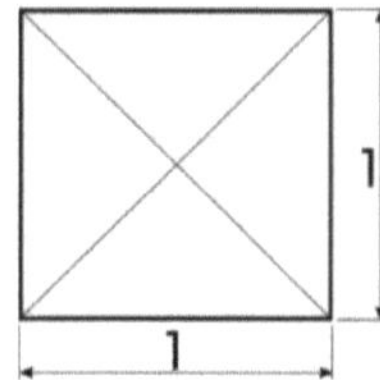

2. Man teile eine der Seiten des Quadrates in zwei Hälften, indem man den Mittelpunkt dieser Seite bestimmt.

3. Man teile – ausgehend vom soeben bestimmten Seitenmittelpunkt – das gesamte Quadrat in zwei Hälften. Die Mittellinie verläuft dabei parallel zu zwei Seitenlinien, hin zur gegenüberliegenden Seite des Quadrates. Das Ergebnis sind zwei gleichgroße Rechtecke innerhalb des Ausgangsquadrates.

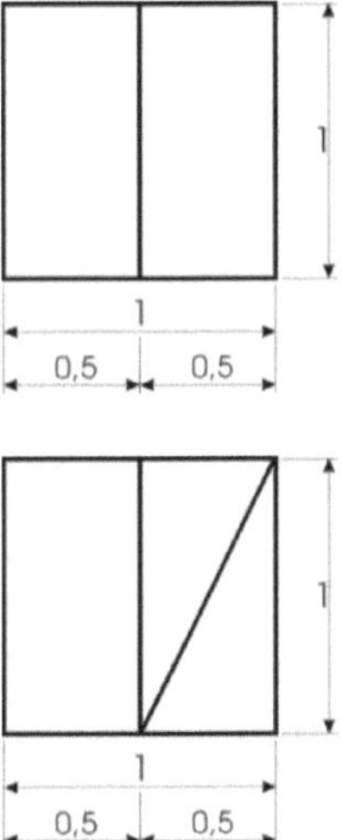

4. Vom unter Punkt 2 ermittelten Seitenmittelpunkt ausgehend, zeichne man eine Diagonale in eines der beiden Rechtecke zur gegenüberliegenden Ecke des Quadrates.

5. Man klappe/drehe die Diagonale um den unter Punkt 2 bestimmten Seitenmittelpunkt, sodass sie auf derselben Seite zu liegen kommt. Sie ragt dann ein Stück weit über das Quadrat hinaus. Die Gesamtlänge dieser Strecke bis zur unberührten Ecke des Quadrates beträgt dann 1,618034. Sie steht somit im Verhältnis des Goldenen Schnittes zur Seitenlänge des Quadrates von Eins. Die Diagonale hat dann eine Länge von Wurzel aus $1,25 = 1,118034$. Und eine Hälfte einer Quadratseite hat eine Länge von $\frac{1}{2} = 0,5$. Das überstehende Stück hat eine Länge von $1/\text{Phi} = 0,618034$, was auch der Teilung des eigentlichen Quadrates im Goldenen Schnitt entspricht. Möchte man die Seitenlänge des Quadrates im Verhältnis des Goldenen Schnittes Phi teilen, braucht man nur das überstehende Linienstück wieder ins Quadrat hineinzuklappen / -drehen.

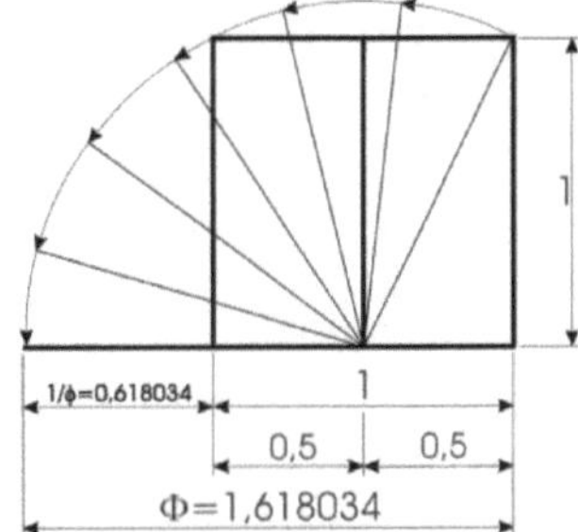

6. Bei Bedarf errechne man die tatsächlichen Längen der φ-Strecke, der Diagonale und der Quadratseiten anhand von vorgegebenen oder gemessenen Längen in den entsprechenden Maßeinheiten. Fertig.

Die exakte Berechnung funktioniert mindestens genau so einfach:

Dazu wiederholen wir die soeben aufgezeigten Schritte. Diesmal allerdings nicht geometrisch, sondern mit Hilfe der Arithmetik.

1. Da die Seitenlänge unseres Einheitsquadrates 1 beträgt, ist eine halbe Seite 0,5 Einheiten lang. Wir teilen also das Quadrat wieder in zwei gleichgroße rechteckige Hälften.

2. Von einem der Rechtecke berechnen wir nun die Länge der Diagonale. Die Diagonale wird mit Hilfe des Pythagoras-Satzes berechnet. Dabei entspricht c der Länge der Diagonalen der beiden Rechtecke .

$$a^2 + b^2 = c^2 \quad => 1^2 + 0{,}5^2 = 1 + 0{,}25 = 1{,}25 = c^2$$
$$=> c = \sqrt{1{,}25} = 1{,}118034$$

3. Nach dem gedachten Umklappen der Diagonale ist auf einer Seite des anfänglich bestimmten Seitenmittelpunktes eine Strecke mit einer Länge von 0,5 zu finden und auf der anderen Seite eine Strecke der Länge 1,118034. Beides zusammen ergibt den Goldenen Schnitt 1,118034 + 0,5 = 1,618034 im Verhältnis zur Seitenlänge von Eins.
Das überstehende Stück hat eine Länge von 1,118034 minus 0,5 ist gleich 0,618034, was dem Reziprokwert des Goldenen Schnittes entspricht. Will man das Ausgangsquadrat mit der Seitenlänge Eins selbst im Verhältnis des Goldenen Schnittes teilen, so klappt man das überstehende Stück einfach wieder zurück ins Quadrat und findet so die Stelle, an der das Quadrat geteilt werden muss. Das Umklappen der Diagonale entspricht der Addition, das Zurückklappen der Subtraktion.

$$
\begin{array}{llll}
1 & - \quad 0{,}618034 & = 0{,}381966 & \\
0{,}381966 & : \quad 0{,}618034 & = 0{,}618034 & = 1/\phi \\
0{,}618034 & : \quad 0{,}381966 & = 1{,}618034 & = \phi \\
0{,}381966 & = & = 1/\phi^2 & = 1 \, / \, 2{,}618034 \\
\ldots & & & \\
\end{array}
$$

usw. usf.

4. Nur im Bedarfsfall:

Angenommen die tatsächliche Seitenlänge des Quadrates beträgt 5 cm, dann ist die Gesamtstrecke des Goldenen Schnittes 1,618034 * 5 cm = 8,09017 cm und der Reziprokwert des Goldenen Schnittes 0,618034 * 5 cm = 3,09017 cm lang.

Die Diagonale des Rechteckes hat dann eine Länge von 1,118034 * 5 cm = 5,5901699 cm. Die halbe Seitenlänge des Quadrates beträgt in diesem Fall 0,5 * 5 cm = 2,5 cm. Noch einfacher geht es eigentlich nicht.

5. Last, but not least eine kurze, unvollständige Anmerkung zur 1,25 und ihren Abkömmlingen. Sie wird später für das Kugel-Licht-Modell sehr wichtig:

$$2 * \sqrt{1,25} = \sqrt{5}$$
$$4 * 1,25 = 5$$
$$8 * 1,25 = 10$$
$$8 * 1,25^2 = 12,5$$

... usw.

$$1 : 1,25 = 0,8$$

Arcus-Tangens 1,25° = 51,3402 =>

Arcus-Tangens 51,3402° = **88,884**14

ln 1,25 = 0,22314... => ln 0,22314 = - **1,49994**

log(10) 1,25 = 0,**0969**1...

etc.p.p.

Die Zahl 39,37 und ihre Verwandten[2] bis [5]

Wir erinnern uns: Bei der Berechnung des Umrechnungsfaktors zwischen Meter/Kilometer und Meile trat die 39,37 in Erscheinung. Das ist eine überaus wichtige Zahl, die von der Wissenschaft bislang ebenfalls kaum beachtet wird. Schon gar nicht im Zusammenhang mit dem Licht und seiner Geschwindigkeit. Und das nicht nur, weil sie dem Wort ‚Physik‘ in gewisser Weise ähnlich ist. Das muss erklärt werden:

Kürzlich begegnete mir in einem Internetforum die Schreibweise ‚Füsig‘, was ich recht lustig fand. Ich selbst benutze gelegentlich die Bezeichnung ‚Füßicker‘ für Leute, die keinen Plan haben, aber bewusst so tun als ob sie einen hätten. Davon gibt es erstaunlicherweise eine ganze Menge. Das Internet macht's möglich. Wenn man ein wenig mit der ‚Physik‘ herum probiert kommt man zu etlichen unterschiedlichen Schreibweisen. Wenn es sein muss sogar mit „V" wie "Wendetta".
Den ganz unterschiedlichen – und oft kaum erkennbaren - Schreibweisen ist dennoch allen eines gemeinsam: Man kommt meist schnell irgendwie darauf, dass die ‚Physik‘ gemeint ist. Manchmal ist das recht erstaunlich und verblüffend.

Mit der Zahl 39,37 ist das fast genauso, nur mit noch etlichen Varianten mehr. Wenn man ihre Ziffern verdreht anordnet, das Komma an eine andere Stelle verrückt oder anderweitige Veränderungen vornimmt, stößt man auf eine ungeahnte Anzahl von Variationen, von denen ganz viele einen naturwissenschaftlichen Sinn ergeben, den man nicht sofort sieht.

   Am leichtesten und deutlichsten erkennbar ist die 39,37 vielleicht wirklich im Zusammenhang mit der Meile und ihren Untereinheiten Zoll, Fuß, Elle und Yard. Ich bin davon überzeugt, dass das einst absichtlich so gemacht wurde, um auf die Besonderheiten des Verwirrspiels mit der 39,37 und ihren Abkömmlingen hinzuweisen. Quasi als eine Art Langzeitgedächtnisstütze.

   Aber danach hört es nicht auf, sondern fängt erst an. Spätestens wenn man auf die ersten Verdrehungen – wie etwa 39,73; 37,39; 37,93; 0,09373; … o.ä. – stößt, sollte man stutzig werden. Und zwar gewaltig!
   Was ist da los?

Mir begegnete die 39,37 zum ersten Mal vor rund zehn Jahren bei Axel Klitzke[26]. Er nennt und beschreibt mehrere Formen davon, die sich allerdings hauptsächlich auf die Umrechnung der metrischen Längenmaß-

---

[26]   [5]

einheiten in die Englische Meile und ihre Untereinheiten beziehen. Es beginnt beim Zoll, und das gleich mit einem beachtenswerten Phänomen:

1 Zoll : 0,3937 = **2,54**000**508**00**1016**00**2032**00**4064**00**8128**0**16256**... cm

Wie man sieht, verdoppeln sich die durch Nullen getrennten Ziffernintervalle jedes Mal. Und nicht nur das: Die Endziffern jedes Intervalls bilden die Potenzreihe der Zwei ab: 4; 8; 16; 32; 64; 128; ... usw. Und mit geringem Nachlauf erscheint dieselbe Potenzreihe gleich noch einmal am Anfang der Zifferninlervalle.
Das fällt jedoch nur auf, wenn man mit vielen Nachkommastellen rechnet. Und wer – außer Axel Klitzke – macht das schon?

Der Zoll wird im Normalfall mit 2,54 cm Länge angegeben. Im Alltag reicht dieser Genauigkeitsgrad allemal. Aber dieser ellenlange Rattenschwanz an Nachkommastellen bringt ein paar mathematische Feinheiten zutage, auf die wir erst später und an anderer Stelle zu sprechen kommen werden.
Die weiteren Zusammenhänge mit der Meile will ich nur kurz zusammenfassen. Schließlich soll es in diesem Buch um das Licht und seine Geschwindigkeit gehen und nicht um die Meile. Beides gehört jedoch hauteng zusammen. Die Kurzfassung der diversen Umrechnungen zwischen Zoll / Meile und Meter / Kilometer sieht ungefähr so aus:

    63.360 Zoll / Meile : 39,37 = 1.609,3472... m / Meile
    1,6093472... : 0,6336 = 2,54000508... etc.

Dazu kommen noch andere Querverbindungen, die auch nicht gleich auffallen, wie etwa:

    120 cm : 3,937 = 30,480061... cm   = 1 Englischer Fuß
                                          = 12 Zoll
    360 cm : 3,937 = 91,440183... cm   = 1 Englischer Yard
                                          = 3 Englische Fuß
                                          = 36 Zoll

    ... usw. usf. [27]

---

[27]   [5]; [2]; [3]; [4];

Hierbei fallen wiederum mehrere Dinge auf:
Etwa, dass sich das Komma verschoben hat. Aus der 39,37 bzw. 0,3937 ist die 3,937 geworden. Je nach Kommastandort bleiben zwar die Ziffernfolgen gleich, jedoch ergeben sich andere Maßeinheiten. Das heißt, man muss höllisch aufpassen, dass man nicht durcheinanderkommt. Macht man das nicht, hat man schlechte Karten. Das Beispiel mit der – aufgrund von Umrechnungsschwierigkeiten - verlorengegangenen Raumsonde, will ich hier nicht schon wieder bemühen. Fehler passieren nunmal, wir sind alle nur Menschen.

Die gesteigerte Aufmerksamkeit hat aber durchaus ihre Vorteile: Beispielsweise fällt uns dadurch auf, dass hier die 12 und die 36 eine Rolle spielen, die uns ja von der Uhr und vom 360°-System her bestens bekannt sind. Sind das Hinweise auf weitere, bislang unbekannte, tiefergehende Zusammenhänge?

Das kann man natürlich auch noch weiter aufsplitten: Die enorme Häufigkeit von 3 und 6 im Zusammenspiel[28] und ähnliche Dinge fallen im Rahmen der Überlegungen zur Meile ebenso auf. Die Erwartung, dass derartige Anhäufungen bestimmter Ziffern oder Ziffernfolgen auf Zufall beruhen und sich irgendwann von allein in Luft auflösen, wird bitter enttäuscht. Je tiefer man eindringt, desto „schlimmer" wird es. Ein Nachteil ist das freilich nicht wirklich.

Meine ersten eigenen Erfahrungen mit dem Zahlenzauber um die 39,37 hatte ich in Verbindung mit meinem forschungsmäßigen Erstkontakt zum Licht und seiner Geschwindigkeit[29].
Wie ganz am Anfang dieses Buches erwähnt, verdanke ich diese erste Berührung mit dem Licht zwei ganz bestimmten Winkeln[30]. Die Ausgangsdaten dieser Winkel wurden von einem sehr gründlich arbeitenden englischen Landvermesser ermittelt, der später für seine Tätigkeit geadelt wurde[31], was wohl als wirklich verdient, ansonsten jedoch als eher unüblich eingestuft werden kann.

---

[28]   [3] u.a.
[29]   [2]; Seiten 52 ff.
[30]   [9]; Seiten 150 ff.
[31]   Sir William Mathew Flinders Petrie – Messung um 1880 – [7]

Berechnet wurden die beiden Winkel dann von einem ebenso gewissenhaften Kernphysiker[32], der bislang noch nicht geadelt wurde, knappe 120 Jahre später. Die Winkel stammten also aus recht zuverlässigen Quellen, an denen nicht so leicht zu rütteln war und ist. Sie betrugen ca. 31,92...° und 43,38...°. Die beiden Winkel waren so angeordnet, dass sie gemeinsam einer Darstellung eines Lichtbrechungsschemas recht ähnlich sahen, wie sie in fast jedem Lexikon und Physikkompendium zu finden sind.

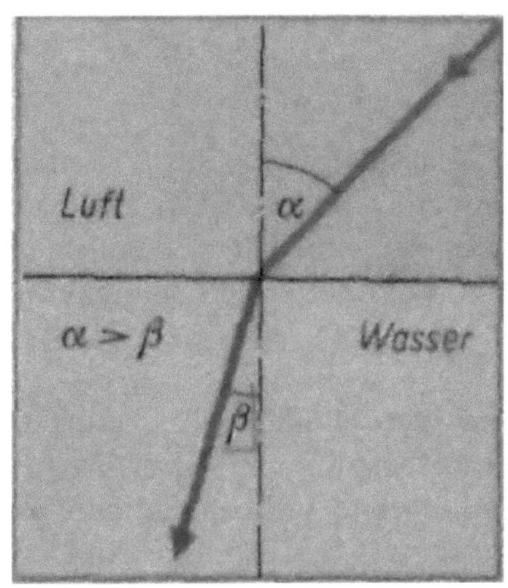

Abbildung 10:
Physik der Lichtbrechung;
nach [1]; Seite 245, Abb. 3

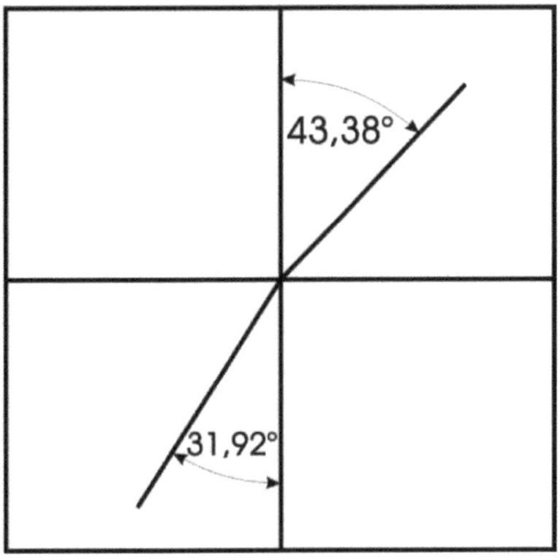

Abbildung 11:
Die Ausgangswinkel für meine
Arbeit; nach [7] und [8];
siehe auch [2] bis [4]

Das machte mich stutzig. Und um die Frage, ob beides wirklich etwas miteinander zu tun haben könnte, möglichst erschöpfend beantworten zu können, probierte ich einfach ein wenig mit den Gegebenheiten herum. Damals war das noch eher ein Herumtappsen im stockfinsteren Wald, aber die Nebel fingen ziemlich schnell an, sich zu lichten. Die Probleme dabei waren natürlich riesig. Als besonders wichtig entpuppte sich vor

---

[32] Dr. Hans Jelitto – [8]

allem einer der beiden Winkel mit zunächst errechneten **43,381111** Grad. Im Ergebnis dieser Untersuchungen kam folgende, hauchzart gerundete, Rechnung zutage[33] (Kurzfassung):

<u>Winkel 43,38111°:</u>

   => Sinus 43,381111°   = 0,6868479
   => 360° * 0,6868479   = 247,26526
   => 300.000 km/s – 247,26526 km/s = 299.752,73 km/s
   => 299.752,73 + 39,73   = **299.792,46**
   => 299.792,46 km/s – 299.752,73 km/s = <u>**39,73** km/s</u>

Diese Rechnung verblüffte mich ziemlich. War da etwas „dran"? Konnte da überhaupt etwas dran sein? War das möglich? Und falls doch, was?

 Die tiefergreifende Untersuchung des Phänomens war damit vorprogrammiert. Und ich seitdem vom Licht und seiner Geschwindigkeit - in allen Formen - gefangen.

Im Laufe der Zeit kamen gleich mehrere ganz ähnliche Rechnungen zutage, die nahelegten, dass bei der Winkelbestimmung ein winziger „Fehler", eine minimale Abweichung, möglich und wahrscheinlich sein könnte. Diese würde sich im Rahmen von etwa 3 bis 10 Gradsekunden bewegen, was bei den gegebenen äußeren Umständen der Messung praktisch zu vernachlässigen wäre. Bei den genaueren Berechnungen jedoch nicht, weil dadurch eine ganze Reihe weiterer Konstanten und bemerkenswerte Zahlen in die Rechnung integriert werden können bzw. sich selbst zu Wort melden. Beispielsweise die Feinstrukturkonstante (FSK), die Eulersche Zahl e, der Goldene Schnitt Phi, nochmals die Lichtgeschwindigkeit sowie die auffälligen Zahlen 207,542 und 33,3.
Aus meiner Sicht wäre momentan die Integration von Phi in die Rechnung und den Winkel die mit Abstand wahrscheinlichste Variante. Der Winkel würde dann 43,38196601… Grad betragen und etwa 3 Grad-Sekunden größer sein als der bisherige Mess- und Rechenwert 43,381111°. Wirklich endgültig entscheiden lässt es sich bis hierhin allerdings nicht, welche Variante tatsächlich die richtige ist.

---

[33] [2]; Seiten 52 ff.

Anfangs hielt ich die 299.792,46 u.a. für eine einfache Rundung der Lichtgeschwindigkeit von 299.792,458 km/s. Mit der Zeit stellte sich jedoch immer deutlicher heraus, dass die kleine Differenz von 2 m/s viel mehr war als nur eine normale Rundung[34].

Was hatte die 39,73 zu bedeuten? Stand sie mit der 39,37 in irgendeinem Zusammenhang? Die Ähnlichkeit der beiden Zahlen ließ mich auch hier ein wenig tiefer graben und die Ziffern noch ein bisschen mehr verdrehen. Alsbald stieß ich auf die folgende Rechnung, die sich auch noch weiter verfeinern lässt und mit Sicherheit nicht die einzige ihrer Art darstellt:

39,73 : 37,939373 $= 1,0471971 =>\ : 2\ = \underline{\textbf{0,5235985...}}$
Pi/6 $= 0,5235987...$
Differenz $= 2,44\textbf{E-7}$

Immerhin ist die Differenz dieser „Numerologie" zu Pi/6 erstaunlicherweise ziemlich klein. Führt man sich vor Augen, dass die alte Ägyptische Königselle mit 0,5236 m (= 3,1416 / 6) durch zig Jahrtausende hindurch eine der wichtigsten globalen Maßeinheiten auf unserem Planeten war, kann einem doch schon ein wenig mulmig zumute werden. Gibt es da ebenfalls einen Zusammenhang?

Mittlerweile habe ich noch ein wenig mehr über die 39,37 und die mit ihr verbundene Zahlendreherei herausgefunden. Beispielsweise, dass sie sich wahrscheinlich von der Wurzel aus 1550 ableitet, weil die Wurzel aus Eintausendfünfhundertfünfzig = $\sqrt{\textbf{1550}}$ = **39,3700393700591...** ist.
Der Reziprokwert dieser Wurzel[35] ist dem Zoll logischerweise recht ähnlich. Er zieht aber wahrscheinlich eine Zwei-Drittel-Folge bzw. eine Veranderthalbfachungsfolge hinter sich her – und keine Verdopplungsfolge, wie der echte Zoll. Zwei Drittel sind 0,666....

Quadriert man die 1550 ein paarmal hintereinander landet man bei 7,9370xxx... * 10^xxx. Da steckt also die Ziffern-Verdrehung schon irgendwie automatisch drin.

---

[34]   z. Bsp. [4]; Seiten 342 ff. u.a.
[35]   (mal 100)

Demgegenüber kommt das ganz einfache Quadrat der 37,93 mit 1438,6849… ziffernmäßig der Zweiten Strahlungskonstante schon recht nah – und beides hat auch wirklich etwas miteinander zu tun, wenn auch in etwas anderer Form[36].

Die Erwähnung einer völlig anderen Geschichte ist ebenfalls wichtig: Zwei Zahlenfolgen, die durch die komplette Menschheitsgeschichte hindurch offensichtlich eine große Rolle gespielt haben und immer noch spielen. Ein Bestandteil der ersten Folge ist die 39,37.

Das eine Ende dieser Folge liegt irgendwo in der Unendlichkeit, das andere hat die Null als Grenzwert. Die Glieder der Folge werden durch Verdopplung bzw. Halbierung gebildet. Das heißt, die Folge der Zweier-Potenzen ist hier wieder integriert.

Die zweite Zahlenfolge besteht aus den Reziprokwerten der ersten Folge, die auch hier völlig gleichberechtigt erscheinen. Sie beginnt im Dunstkreis der Null und endet in der Unendlichkeit.

Beide Folgen sind praktisch „gegenläufig". Da beide Folgen unendlich lang sind kann und soll hier nur jeweils ein kurzer, aber wichtiger Ausschnitt aus der „Mitte" gezeigt werden. Beide Abschnitte sind nur bedingt zusammengehörig.

(1) ∞ … 314,96; 157,48; 78,74; **39,37**; **19,685**; 9,8425; 4,92125; 2,460625; **1,23**03125; **0,6151562**; …; …; **0**

(2)   **0**; …; 0,02540005…; … 1,**6256**03…; 3,2512065…; 6,5024…; **13**,0048…; **26**,00965…; **52**,019…; **104**,03861…; … ∞

Schon diese wenigen Beispiele zeigen – oder deuten zumindest an -, dass die 39,37 und ihre Verdrehungen mit Sicherheit etwas mit der Lichtgeschwindigkeit, ihrer Wurzel, der Gravitation, der Strahlung, der Masse, diversen Maßeinheiten und vielem anderen mehr zu tun haben[37] - allerdings noch nicht genau was bzw. wie am Ende alles zusammenpasst.

---

[36]   siehe [3] und [4]

[37]   [4]; Seiten 160 ff. u.a.

All das riecht förmlich sehr stark nach Relativität und Einsteins berühmter Formel E = m c². Hier wäre ein wenig ‚echte physikalische Hilfe‘ ganz angebracht[38].

Die Geschichte mit der 39,37 und all ihren Verwandten ist also stellenweise (noch) ein wenig „mystisch". An der Stelle besteht eine riesige Menge Forschungsbedarf, auch wenn schon einiges herausgefunden wurde. Endgültig mysteriös wird die Sache aber erst, wenn wir verdutzt feststellen, dass der komplette Zahlensalat in verschiedensten Varianten auch mehrmals in der Bibel zu finden ist. Besonders deutlich sogar ausgerechnet in einer Katholischen Bibel[39]. Und die soll in ihrem Grundbestand immerhin rund 2000 +/- X Jahre alt sein.

Manchmal sehr versteckt, manchmal relativ offen, sind die 39,37 und Co. nicht nur im Text und in der Nummerierung mehrfach enthalten, sondern vor allem ganz am Ende, im Register bzw. im Glossar.

Das biblische Flüssigkeitsmaß ‚Kor‘ soll demnach 393,8 Litern entsprechen. Ein ‚Bat‘ enthält 39,3 Liter und ein ‚Hin‘ 3,9 Liter. Demgegenüber stammen die dort genannten Längen- und andere Maße wohl eher von den Einheitskreisen und einer Mischung aus 360-Grad- und Dezimalsystem ab. Die Gewichtsmaße weisen ihrerseits auf die Einheitskreise und das 360-Grad-System hin. Wie kommt das? Sollten diese Zusammenhänge wirklich noch niemandem aufgefallen sein?

Egal wie. Die 39,37 und ihre verdrehten Kollegen werden uns in Zukunft noch sehr oft begegnen – und das meistens völlig unerwartet und bei oftmals recht relevanten Gelegenheiten.

Das ist schon eine vertrackte Geschichte, die keiner „glaubt", der sich nicht selbst intensiv damit auseinandersetzt.

---

[38]   [2] bis [4]
[39]   [10]; Seite 1425 f.

Die Null, die Eins und die Unendlichkeit

Das Universum ist die Gesamtheit all dessen, was uns umgibt. Das ist so definiert und wir verstehen das auch fast immer so. Demzufolge gibt es genau 1 Universum. Daran ändert auch nichts, falls das Universum aus vielen „Unteruniversen", sogenannten „Blasen", bestehen sollte. Selbst unendlich viele Blasen, die gelegentlich auch als „Paralleluniversen" oder „Multiversum" bezeichnet werden, bilden gemeinsam eine überge-ordnete EINheit, die wir dann wieder DAS Universum nennen.

Als allumfassende Größe gibt es nur dieses EINE Universum. Deswegen heißt es ja auch so. Gäbe es das Universum nicht, würde es uns auch nicht geben. Es würde absolut NICHTS existieren: NULL, niente, nado, nothing, nitschewo, … absolut rein gar nichts.

Wir Menschen, samt unserem Planeten, sind ein Teil des Univer-sums. Ein ganz winziger Teil, sozusagen ein Staubkorn in der unendlich großen Sternen-Wüste. Mehr nicht. Trotzdem verfügen auch wir über di-verse Unendlichkeiten: Unseren Geist, unsere Dummheit, unser Nicht-wissen, unseren Erfindungsreichtum, … usw. usf.

Bei Zahlen ist das ganz ähnlich: Es gibt unendlich viele Zahlen. Alle ge-meinsam bilden das 'Zahlenuniversum'. Das ist ein Teil des richtigen Universums, aber keine 'Blase'. Das Zahlenuniversum ist ein ganz beson-deres Teilstück: Es ist gleichzeitig abstrakt und materiell zugleich. Uni-versum und Zahlenuniversum durchdringen sich gegenseitig. Sie sind un-trennbar mit- und ineinander verwoben. Und das mindestens vierdimen-sional, wahrscheinlich aber noch sehr viel enger. Zahlen haben keinerlei Eigenschaften von Materie, aber sie stecken in jedem einzelnen Fitzel-chen Materie drin, mag es auch noch so klein sein. Zahlen sind eine Ei-genschaft von Materie, JEDER Materie. Und zwar von allem Anfang an.

Jede einzelne Zahl hat ihre ganz „persönlichen" Eigenschaften, durch die sie sich von allen anderen Zahlen unterscheidet. Nicht eine gleicht der Anderen. Allerdings gibt es – mehr oder weniger große - Ähnlichkeiten in den Eigenschaften und im äußeren Erscheinungsbild. Auch das ist fast wie bei uns Menschen. Keiner gleicht dem Anderen, und doch sind sich alle mehr oder weniger ähnlich, auch wenn wir das manchmal nicht wahrhaben wollen. Die Eigenschaften und Ähnlichkeiten der Zahlen können wir Menschen oftmals ganz gezielt und bewusst für unsere Zwecke einsetzen und ausnutzen. Aber an sich haben wir auf die Zahlen keinerlei direkten Einfluss, weil sie sich – genau wie wir – strikt an die ihnen inneliegenden Naturgesetze halten (müssen).

Zahlen haben ihren ganz eigenen Wirkungsbereich, der das komplette Universum umfasst, vom allerkleinsten bis zum allergrößten Teilstück und der Gesamtheit. Dieses Zahlenreich ist EINE Einheit, eben das Reich der Zahlen, das 'Zahlenuniversum'. Außerhalb des Zahlenreiches gibt es keine weiteren Zahlen, allerdings auch absolut nichts Anderes. Materie aller Art kann nicht getrennt von Zahlen existieren. Dieser Umstand fällt nicht immer gleich auf, aber wo immer es Materie gibt sind definitiv auch Zahlen. Und zwar völlig unabhängig davon, ob sie jemand wahrnimmt oder nicht.

Zahlen sind das Einzige, was wirklich in ALLEM zu finden ist. Und das von allem Anfang an, von der natürlichsten Natur aus, die wir zur Not – wenn uns nichts Besseres einfällt - auch ‚Gott‘ nennen können. Ob ‚Gott‘ oder ‚Natur‘ ist letztendlich nur die Frage nach der Definition eines Wortes, eines Begriffes. In der Praxis sind beide Begriffe austauschbar. Nicht problemlos, aber zu knapp 100 Prozent.

Bei flüchtiger Betrachtung könnte man denken, dass irgendwelche Elementarteilchen die Grundlage von allem bilden, in allem drin sind. Aber dem ist nicht so. Jegliche Elementarteilchen sind universumsweit unterschiedlich verteilt und können deswegen nicht sortenrein in allem enthalten sein. Die religiöse Aussage „Gott ist in allem“, ist daher die Frage nach den Zahlen. Sind Zahlen Gott?

Besteht Gott aus Zahlen? Das muss wohl so sein, denn Zahlen stecken tatsächlich in allem. Sie sind die Verkehrspolizisten des Universums. Merkwürdig ist nur, dass die heutigen Religionen meistens nicht sonderlich viel mit Zahlen am Hut haben. Früher – vor Jahrtausenden – allerdings schon. Damals war alles ganz anders. Ansonsten würden in den Heiligen Schriften sämtlicher Völker und Religionen kaum derart viele konkrete – und meistens durchaus aussagefähige – Zahlen zu finden sein. Doch wie ist das überhaupt möglich?

In letzter Zeit höre ich immer öfter, dass die Mathematik „künstlich" sei und vom Menschen als ein Hilfsmittel zur Beschreibung der Natur „ERFUNDEN" worden wäre.

Dieser **absurden Entwicklung** der allgemeinen Denkrichtung sollte gesamtgesellschaftlich strikt Einhalt geboten werden. Sie wird von relativ kleinen - aber mächtigen - Teilen der Gesellschaft absichtlich und sehr geschickt verbreitet und dient ausschließlich der Ablenkung und Verdummung der Volksmassen. Das Endziel dessen ist letztlich die bewusste und zielstrebige Unterwanderung der kompletten Wissenschaft. Der Mensch hat die Mathematik - und alles was dazugehört - nicht erfunden, sondern bestenfalls ENTDECKT bzw. er ist gerade dabei das wieder zu tun. Erfunden hat er die Schreibweisen - mehr nicht. Alles andere Mathematische steckt „automatisch" von allem Anbeginn in allem drin. Wäre das nicht so, gäbe es keine Mathematik.

Wissenschaftler und Lehrkräfte sind besonders gefordert, dieser beängstigenden gesellschaftlichen Fehlentwicklung Einhalt zu gebieten. Aber auch jeder andere ‚Normalbürger'. Leider unterwerfen sich viel zu viele davon den gesellschaftlichen Konventionen. Zu viele! Das muss und wird sich wieder ändern, auch wenn es unbequem ist.

Die Gesamtheit aller Zahlen ist unendlich. Sie ist EINE Unendlichkeit, wahrscheinlich die „größte" von allen überhaupt. Diese Unendlichkeit ist jedoch ihrerseits in unendlich viele „kleinere", untergeordnete Unendlichkeiten unterteilbar. Hat man zwei beliebige festgeschriebene Zahlen, so kann man zwischen diese beiden immer noch unendlich viele andere Zahlen einfügen. Selbst an „die längste" konkrete Zahl kann man hinten immer noch eine Ziffer anhängen. Oder mehrere. Dadurch entstehen wieder neue, andere Zahlen.

Abgesehen von den zwei Anfangszahlen Null und Eins – die eigentlich in der Mitte der Zahlengesamtheit liegen, und den Kern bilden, gibt es primär keine weitere Grenze.

Betrachten wir als besonderes Beispiel ebenjenen Bereich zwischen Null und Eins. Das ist der Zahlenbereich der echten Brüche. Null und Eins sind die Grenzen – die Grenzwerte – dieses Zahlenbereiches. Die echten

Brüche nähern sich vom Inneren des Zahlenbereiches her kommend an beide Grenzen an. Wenn es sein muss, können sie ihnen unendlich nah kommen. Sind nun aber Null und Eins selbst echte Brüche? Sind sie ein echter Bestandteil ihres eigenen Zahlenbereiches?

Da streiten sich die Götter.

Für meine Begriffe sind Null und Eins echte Brüche – und das ist logisch. Andere Meinungen basieren meines Erachtens auf einem falschen Verständnis des Begriffes ‚Unendlichkeit‘. Unendlichkeit ist ja keine Zahl, schon gar nicht eine konkrete, sondern die Beschreibung eines Inhaltes ohne Grenze, eines Zustandes. Und zwar genau desjenigen Zustandes, dass es an dieser Stelle kein Ende gibt und stattdessen immer weiter geht. Es ist gewissermaßen eine Frage der Bewegungsrichtung.

Stellen wir uns das bildlich vor, so können wir zu Fuß in einem rechten oder einem beliebigen anderen Winkel gerade auf eine Grenze – beispielsweise eine Mauer - zulaufen, irgendwann kommen wir nicht mehr weiter. Wir stoßen an die Grenze. Direkt auf dem Grenzpunkt bzw. der Grenzlinie ist Schluss mit dem Weiterlaufen. Aber eben erst dort.

Das heißt, wir können auch auf die Mauer klettern und auf ihr entlang weiterlaufen. Des "illegalen Grenzübertritts" machen wir uns erst schuldig, wenn wir auf der anderen Seite hinunterhüpfen. Genauso ergeht es jemandem der von der anderen Seite kommt. Die Grenze selbst gehört also gleichzeitig definitiv zu beiden voneinander getrennten Gebieten. Und das, obwohl sie gewissermaßen auch eine eigenständige Einheit ist.

Wir treffen die Grenze ganz konkret. Nur, weiter geht es eben nicht ohne Schwierigkeiten. 0,5 plus 0,5 ist glatt Eins und nicht 0,99999999..., auch wenn 1 und 0,999999… hauteng bei einander liegen und man die Differenz in den meisten Fällen problemlos durch eine minimale Rundung überbrücken kann.

Laufen wir in einem gewissen Abstand parallel neben der Grenze her, stoßen wir nicht mit ihr zusammen, kommen ihr aber auch nicht näher, und schon gar nicht auf die andere Seite. Laufen wir aber schräg auf die Grenze zu, und passen uns währenddessen in einer sanften Kurve immer weiter ihrer Ausrichtung an, können wir irgendwann direkt auf dem Grenzstrich entlang laufen, ohne die andere Seite zu verletzen. Genauso sollte das meiner Meinung nach mit den Grenzen und Grenzwerten in der Mathematik - und allem was dazu gehört - sein.

Manchmal hört man den saloppen Satz: „Parallele Geraden laufen nebeneinander her … sie berühren sich erst in der Unendlichkeit." Und das soll dann eine Definition von parallelen Geraden sein. Diese Aussage ist jedoch grundlegend falsch. Parallele Geraden haben IMMER den selben Abstand zueinander. Haben sie diesen Abstand nicht, sind sie nicht parallel. Sie kommen sich NIE näher, entfernen sich jedoch auch nicht weiter voneinander. Auch nicht in der Unendlichkeit. Sie sind selbst zwei getrennte, unendlich lange, eigenständige Unendlichkeiten, die nebeneinander herlaufen. Schluss aus, sie kommen sich nicht näher, denn sie verlaufen parallel. Der Zustand des EWIGEN Nebeneinanderherlaufens und Niemalsschneidens ist durch das Wort ‚parallel' definiert.

Im Gegensatz dazu laufen die echten Brüche nicht parallel neben Null und Eins her, sondern nähern sich ihnen asymptotisch an und berühren sie in der Unendlichkeit. Nun sagen einige Mathematikbeflissene, dass sich bei der asymptotischen Annäherung immer noch ein kleiner Spalt zwischen Graf und Grenze befindet. Der Spalt wird zwar immer noch kleiner, aber er wird nie gleich Null sein. Im Reich der konkreten Zahlen ist das richtig.

Der Haken an der Sache ist aber der, dass ‚Unendlichkeit' eben KEINE konkrete Zahl ist, sondern ein Zustand. Und beide Denkräume gehen absolut fließend in einander über. Für jede x-beliebige konkrete Zahl bzw. Stelle können wir den Spalt zwischen Asymptote und Grenze problemlos korrekt berechnen – und wenn er noch so klein ist.

Für die Unendlichkeit können wir das nicht – und so verschmelzen Grenze und Asymptote „genau dort" zu einer Einheit, denn sie verlaufen nicht parallel, sondern nähern sich ganz langsam immer weiter einander an. Nur, dass wir dieses „dort" eben nicht benennen können, weil es ja KEINE KONKRETE ZAHL ist und irgendwo ‚ganz am Ende' der nicht fassbaren Unendlichkeit liegt, also ganz weit draußen, für uns unerreichbar fern …

Doch warum schneide ich dieses unleidige Thema so intensiv an? Das tatsächliche Ziel ist etwas ganz anderes. Es direkt ins Gespräch zu bringen, oder gar ernsthaft direkt anzugreifen, bringt nicht sonderlich viele Sympathien. Deswegen sollten ein paar kleine Umwege gestattet sein.

Vor allem für einen Außenseiter.

Die Eulersche Zahl "e"

Leonhard Euler war ein großartiger Schweizer Mathematiker des 18. Jahrhunderts. Ohne jeden Zweifel ist er auch heute noch zu Recht berühmt und verehrt. Bekannt ist er vor allem durch seine Arbeit mit Zahlenfolgen und die Entdeckung der nach ihm benannten Eulerschen Zahl „e". Das ist eine der wichtigsten mathematischen Konstanten überhaupt. Als solche spielt „e" in der mathematischen Analytik eine große Rolle, vor allem bei Integralen, Differenzialen und Exponentialfunktionen. Auch mit dem Licht und seiner Geschwindigkeit steht die Eulersche Zahl „e" in engem Zusammenhang.

So wie es aussieht, hat sie aber auch einen direkten, praktischen Einfluss auf die Schalenbauweise der Elektronenhüllen und somit auf den Aufbau der Atome. Sie hat also einen grundlegenden und direkten Einfluss auf chemisch-physikalisch-naturwissenschaftliche Zusammenhänge, die uns Menschen sowie das gesamte "restliche" Universum berühren, inneliegen und gestalten.

Bei Wikipedia[40] wird unter dem Stichwort Eulersche Zahl / Kettenbruchentwicklungen[41] unter (2) ein regulärer Kettenbruch aufgeführt, den ebenfalls Leonhard Euler hergeleitet hat. Er heißt in Kurzform:

$$\frac{(e+1)}{(e-1)} = [\,2;\ 6;\ 10;\ 14;\ ...\,]$$

$$= \underline{2{,}16395341374...}$$

---

[40]   [11]

[41]   [11]

Die „Einlagerung" von Elektronen in ihre jeweiligen Schalen entspricht genau diesem Schema: 2; 6; 10; 14. Wobei bei den Elektronen mit der 14 die obere Grenze erreicht zu sein **scheint**, der Kettenbruch hingegen unendlich weiterläuft. Somit besteht eventuell die vage Möglichkeit, dass es vielleicht auch bei den Elektronen noch größere Anordnungen zu finden gibt. Wer weiß?

Die Konstruktion der Formel $\frac{(e+1)}{(e-1)}$ ist außerdem der Formel zur Berechnung des Lambda in Ellipsen[42] in gewisser Weise ähnlich. Die Formel für Lambda heißt jedoch $\frac{(a-b)}{(a+b)} = \lambda$. Dieses Ellipsen-Lambda hat nur indirekt etwas mit der Wellenlänge zu tun, die meistens ebenfalls mit Lambda (= λ) bezeichnet wird. Das hiesige Ellipsen-Lambda leistet unter anderem in einer der Methoden zur Umfangsberechnung von Ellipsen gute Dienste. Das geschieht nach der Formel[43]:

$$U_{\text{Ellipse}} = \pi\,(a+b)\left(1 + \tfrac{1}{4}\lambda^2 + \tfrac{1}{64}\lambda^4 + \tfrac{1}{256}\lambda^6 + \tfrac{1}{16384}\lambda^8 \ldots\right) ;$$

wobei $a \geq b$ gilt. Es existieren noch andere Möglichkeiten der Ellipsen-Umfangsberechnung. Auch ohne Lambda. Da es jedoch bei den weiteren Ausführungen eine wichtige Rolle spielt, wurde seine Bedeutung an dieser Stelle etwas näher ausgeführt. Lambda beschreibt neben der linearen und der numerischen Exzentrizität ebenfalls die „Ellipsigkeit", die Form der jeweiligen Ellipse. Ist $\lambda = 0$ sind die beiden Halbachsen a und b gleich groß und es handelt sich um einen Kreis. Nimmt λ den Wert 1 an, dann ist b = 0 und wir haben eine Strecke vor uns. Bei a > b und b ≠ 0 haben wir eine richtige Ellipse vor uns. Lambda bewegt sich also zwischen Null und Eins. Je kleiner es ist, desto kreisähnlicher ist die Ellipse.

---

[42]   bei „veralteter" konventioneller Folgenberechnung des Ellipsen-Umfanges eine wichtige Größe; Siehe [14]; Seiten 216 ff. und [3]; Seiten 83 ff. – Dieses Lambda ist nicht mit der Wellenlänge Lambda zu verwechseln. Beide stehen nur indirekt in Beziehung zueinander

[43]   [14]; Seite 216 ff.

Kreis und Strecke sind die Extremfiguren, zwischen denen sich sämtliche anderen Ellipsen bewegen.

Ein Kreis ist eine spezielle Ellipse. Darüber ist man sich in der Mathematik weitgehend einig. Ist also eine Strecke auch eine spezielle Ellipse? Da wird zunächst erst einmal jeder abwinken. Aber ist das berechtigt?
          Und mit welcher Begründung?
Der Logik nach, sollte wer "A" sagt, auch "B" sagen. Vor allem in der Mathematik. Oder lieber doch nicht?
          Selbstverständlich ist eine Strecke eine spezielle Ellipse.
Genauso wie der Kreis, nur am anderen Ende der elliptischen Fahnenstange.

Erachtet man den Tatbestand der Ähnlichkeit zwischen $\frac{e+1}{e-1}$ und $\frac{(a-b)}{(a+b)}$ als Hinweis auf Ellipsen, landet man gleich auf Anhieb bei einem ganz erstaunlichen Exemplar. Eine Ellipse mit einem großen Durchmesser von

$$D = \quad (e + 1) \quad = 3,7182818284\ldots$$

und einem kleinen Durchmesser von

$$d = \quad (e - 1) \quad = 1,7182818284\ldots$$

hat ein paar recht interessante Eigenschaften, von denen hier einige kommentarlos genannt werden sollen, weil sie uns später in ähnlicher Form wiederbegegnen werden:

$$\lambda \quad = 0,367879441\ldots \qquad = \mathbf{1/e}$$
$$\Rightarrow \text{davon} \qquad \ln \quad = -1$$
$$\text{EXP} \quad = 1,4446679\ldots \qquad\qquad)^{44}$$
$$\text{Log10} = -0,4342944\ldots = -(\lg e) = -M$$

a/b $= \mathbf{2,16395341374\ldots}$ (=> obiger Kettenbruch)

a^2 $= \mathbf{3,4564}049\ldots$

1/Numerische Exzentrizität $= \mathbf{1,1276259\ldots}$

… usw.

---

[44]   EXP ist im Excel-Programm die Umkehrfunktion des natürlichen Logarithmus ln

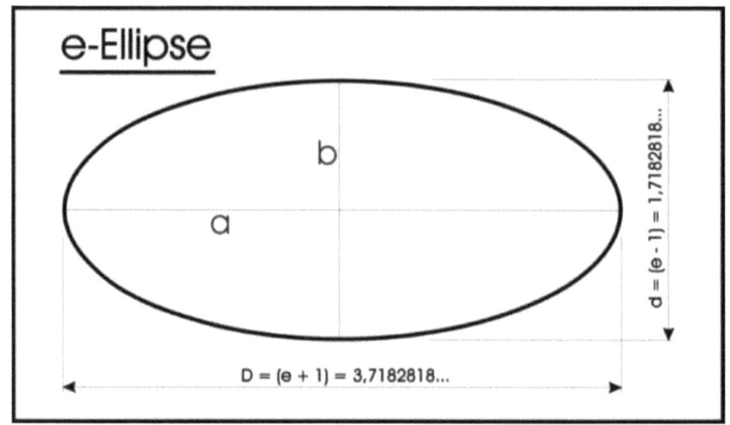

Abbildung 12:
e-Ellipse

Laut Wikipedia[45], wo eine recht schöne Kurzzusammenfassung zu finden ist, definiert sich die Zahl „e" nach Leonhard Euler folgendermaßen:

$$\mathbf{e} = 1 + \frac{1}{1} + \frac{1}{1*2} + \frac{1}{1*2*3} + \frac{1}{1*2*3*4} + \cdots \infty$$

Gleich darunter sind noch zwei andere Schreibweisen zu finden. Beide entsprechen der obigen Formel, sind jedoch praktisch verkürzte Schreibweisen des gleichen Inhalts. Fakultäten sind uns ja am Anfang dieses Buches schon kurz bei der Lichtgeschwindigkeit begegnet. Hier bei „e" erlangen sie jedoch eine erheblich tiefergehendere Bedeutung. Die zweite Schreibweise sieht so aus:

$$e = \frac{1}{0!} + \frac{1}{1!} + \frac{1}{2!} + \frac{1}{3!} + \frac{1}{4!} + \cdots \infty$$

Bei dieser Schreibweise, die nicht nur bei Wikipedia zu finden ist, ist 0! = 1 definiert. Selbstverständlich kann man das so definieren. Definieren kann man schließlich so gut wie alles – Schreibweisen sowieso.

Immerhin sieht es schön ordentlich, ein- und ausdrucksvoll aus. Merken lässt es sich ebenso ganz gut. Auf den ersten Blick erscheint es

---

[45]   [11]

sogar als logische Fortführung der Fakultätenreihe bis nach ganz unten zu ihrem vermeintlichen Anfang. Aber ist der Term 0! = 1 in irgendeiner Weise auch wirklich sinnvoll?

Andererseits macht es schon einen merkwürdigen Eindruck Null-Fakultät (= 0!) als Eins zu definieren. Damit ist nämlich Null-Fakultät nicht nur gleich Eins, sondern auch gleich Eins-Fakultät – und das fällt gehörig aus dem Rahmen und sollte ernsthaft zu denken geben. Keine sonstige Fakultät gleicht der einer anderen Grundzahl, und schon gar nicht einer anderen Fakultät.

Fakultäten sind die Kurzschreibweisen für die Multiplikation fortlaufender Zahlen, normalerweise mit Eins beginnend. Aber was ist mit der Null? Jede Multiplikation mit Null ergibt wieder Null, nur hier nicht.

Wieso?

Aus meiner Sicht ist das absolut unlogisch und hat mit Mathematik nichts zu tun, auch wenn es schön aussieht. Es ist für meine Begriffe ausgesprochen unglücklich definiert, sogar eindeutig irreführend, um nicht zu sagen: Falsch!

Es entzieht sich meiner Kenntnis, wo diese Schreibweise herkommt. Irgendwie kann ich mir nicht vorstellen, dass sie direkt von Leonhard Euler abstammt. Trotzdem ist sie gegenwärtig noch durchaus gebräuchlich. Das sollte dringend geändert werden.

Freilich kann man sagen, dass diese „Null-Fakultät" so gedacht ist, dass man von 0! = 1 * 0 ausgeht und hier bei dieser speziellen Anwendung ist eben die Eins gemeint. In diesem Fall steht man aber vor zwei ziemlich unangenehmen Möglichkeiten:

(1) Entweder man definiert das fundamentale 0 * 1 = 0 grundsätzlich um zu 0 * 1 = 1, was aber grundstürzend falsch wäre. Schließlich ergibt jegliche Multiplikation mit Null immer Null. Und diese willkürliche Umdefinierung würde nichts an den Tatsächlichkeiten und am realen Inhalt ändern, wäre also völliger Unfug.

(2) Oder man geht von dem korrekten 0 * 1 = 0 aus, womit jedoch nicht nur die komplette e-Formel falsch wäre, sondern man ein weiteres unliebsames Thema an der Backe hat: Die Division durch Null. Doch die ist per Definition bislang definitiv nicht definiert. Das sagt 'man' jedenfalls. Auch wenn sogleich noch über die Division durch Null gesprochen wird, wäre das in der e-Formel ebenso grundlegend falsch. Wozu „existiert" also dieses Null-Fakultät gleich Eins überhaupt?

Mein Vorschlag lautet demzufolge, dieses unselige „Null-Fakultät" insgesamt und ersatzlos aus der kompletten Mathematik zu streichen und hier in der e-Formel durch eine ganz normale, einfache Eins zu ersetzen. Das wäre nicht nur einfacher, kürzer und klarer, sondern hätte auch den Vorteil, dass durch die Eins die Unendlichkeit gewissermaßen ein zweites Mal in der Formel zum Tragen kommt, was ihre Fundamentalität nochmals unterstreichen und betonen würde. Frei nach dem Motto: Null ist Nichts, Eins ist alles. Genau wie bei unserem EINEN Universum. Die Eins ist der Anfang von fast allem, nicht die Null. Doch beides gehört eng zusammen: Der Abstand zwischen Null und Eins legt jegliche Einheit fest. Und die Einheit ist die Grundlage jeglichen Maßes, nach dem wir uns richten können. Das sollte man nicht verwässern.

Ein ganz ähnlich gelagerter Fall von zweifelhafter mathematischer „Logik", auf den ich den Fokus des Nachdenkens der Wissenschaft richten möchte, ist die Potenz: X hoch Null ist gleich Eins. Auch hier geht es wieder um das Zusammenspiel von Null und Eins. Auch hier kann man eine gewisse „rücklaufende Logik" entdecken, die die Reihe der Potenzen schön und abgeschlossen aussehen lassen soll. Auch diesen Ausdruck kann man selbstverständlich so definieren. Keine Frage. Aber es gibt eben sinnvolle und weniger sinnvolle Definitionen. Das sollten sich auch Mathematiker und sonstige Zahlen-Freaks stets vor Augen halten.
Durch „X hoch Null gleich Eins" wird die „Nullte Potenz" jeder Zahl gleich Eins gesetzt. Gleichzeitig ist $X^0 = 0! = 1! = X/X = \ldots = 1 = 1^X$. Mag von mir aus jeder denken wie er will, aber ich finde das irreführend, verstörend und völlig unnötig. Die Eins allein tut's doch auch!

Auch hier geht mein Vorschlag dahin, dieses „hoch Null" ersatzlos zu streichen und bei Eins anzufangen, anstatt mit Null. Dieses X^0 macht keinen Sinn, auch wenn es nett anzuschauen ist. Es verwirrt nur.

Als umfassender Ersatz steht die Eins jederzeit zum Einsatz bereit. Ich denke, die Mathematik könnte hier nach $300 + X^Y$ Jahren ruhig ein wenig Selbstvertrauen in die Waagschale werfen, eine gründliche „Selbstreinigung" durchführen und ihre Ansichten ein wenig ändern.

Die hiesigen Ausführungen mögen dem Einen oder Anderen als unhaltbare und undurchführbare ‚Rebellion' erscheinen. Zumal sie von einem Laien stammen. Sie haben jedoch einen ganz einfachen praktischen Sinn und Nutzen.

Die Division durch Null

Brüche sind Divisionsaufgaben. Solche Rechnungen sind durch die Beschreibung „Dividend geteilt durch Divisor ist gleich Quotient" definiert. Echte Brüche zeichnen sich bislang dadurch aus, dass der Divisor größer ist als der Dividend. Dadurch bewegt sich jeder echte Bruch zwischen Null und Eins. So ist es jedenfalls gegenwärtig bei Wikipedia[46] nachzulesen. Allerdings fehlt dort zumindest momentan die fallweise einzelne Aufführung der jeweiligen Rahmenbedingungen bei unterschiedlichen Fällen.

Nach dieser Lesart ist ein echter Bruch immer kleiner als Eins, was uns zur oben genannten asymptotischen Annäherung der echten Brüche an Eins führt, ohne sie jemals zu erreichen. Andererseits kann demnach der Divisor unendlich groß sein. Demzufolge kann somit die Null - im Gegensatz zur Eins - erreicht werden. Auch wenn das erst in der Unendlichkeit passiert. Das beißt sich irgendwie.

Nach meiner Intension, die ich hier darzulegen versuche, ist auch das keine mathematisch saubere Sache. Das hat einen ganz einfachen Grund.

Das Lieblingspraxisbeispiel für Bruchrechnung, bzw. Brüche allgemein, ist die Torte. So auch bei Wikipedia. Wird eine ganze Torte in 16 Tortenstückchen aufgeteilt, bekommt von 15 Gästen jeder ein Stück,

---

[46]   [13]

welches je einem Sechzehntel der Gesamttorte entspricht, und das 16. Stückchen isst der Gastgeber selbst. Das ist ein klassisches Beispiel für eine echte feiertägliche Tortenanteilsvergabe. Mit Sicherheit bleiben da schon im Vorfeld ein paar Krümel am Backblech, am Teller und am Tortenteilungsmesser hängen, das leuchtet ein. Aber genauso einleuchtend ist es, dass auf dem Tisch zunächst eine vollständige, ganze Torte zu stehen kommt. Alles Andere wäre arg unhöflich. Da geht auch keiner vor dem großen Torten-Essen hin und klaut einen Krümel, nur damit sich die zu verspeisende Torte asymptotisch an eine ganze annähert, ohne sie jemals zu erreichen.

Und am Ende des Mahls verhält es sich genauso. Wenn die Torte alle ist, dann ist sie alle. Die obligatorischen Krümel auf der Tischdecke zählen nicht, und die Unendlichkeit findet sich nicht im Abwasserschlauch des Geschirrspülers wieder. Nein, so geht das nicht.

Stattdessen wird am Anfang EINE ganze Torte aufgeteilt, und am Ende ist sie ALLE. Nix mehr da. NULL. Krümel zählen nicht. So lehrt es die tortenverzehrende Bruch-Praxis.

Nach hiesiger Maßgabe sollte das also heißen, dass der Divisor bei echten Brüchen **größer oder gleich** dem Dividenden zu sein hat. Damit sind Null und Eins vollständig in die echten Brüche integriert. Ob sie anderweitig auch Stamm- oder Scheinbrüche oder noch etwas völlig anderes darstellen, interessiert an dieser Stelle nicht. Das ist hier irrelevant.

Diese scheinbar winzige und unnötige Änderung ist nicht so überflüssig wie sie aussieht, denn sie zieht große Konsequenzen nach sich: Wenn nämlich Eins geteilt durch Unendlich gleich Null ist, dann ist Eins geteilt durch Null gleich Unendlich. Da Null **Null - also nichts** - ist, ist demnach Eins gleich Unendlich. Was für eine Ketzerei!

Macht das denn irgendeinen Sinn?

Selbstverständlich macht das Sinn. Denn wenn eine Torte da ist, und niemand (= Null Esser) isst sie, dann bleibt sie als Einheit bestehen bis sie schlecht wird. Potentiell und auch praktisch kann sie jedoch in unendlich viele Krümel zerhackt werden, beinhaltet also direkt eine Unendlichkeit in sich. Einheiten aber, dass leuchtet wieder ein, beinhalten Unendlichkeiten und sind gleichzeitig selber welche. Wir haben EIN Universum. Wir haben MaßEINheiten. Wir haben EINheitskreise …

   usw. usf.

Alle diese EINsen und EINheiten beinhalten Unendlichkeiten, genau wie der Zahlenraum zwischen Null und Eins, inklusive Null und Eins. Und – und darum geht es eigentlich – die EINS alleine ebenso!

Die Eins ist eine Unendlichkeit.

Alle anderen Zahlen – egal, ob größer oder kleiner als Eins – kann und sollte man im Zusammenhang mit der Unendlichkeit als jeweilige Gesamtheit - also als eine Einheit, als EINS - auffassen.

Aber, die Division durch Null ist doch bis zum heutigen Tage nicht definiert. Wie soll das dann angehen?

   So ist es. Jedoch sind Definitionen einzig von Menschen gemacht, um der gegenseitigen Verständigung zu dienen. Demzufolge gibt es sinnvolle und weniger sinnvolle Definitionen, je nachdem, ob sie ihren Zweck erfüllen, oder eben nicht. Die Letzteren sollte man ändern, wenn es an der Zeit ist. Für die Division durch Null ist es an der Zeit. Übrigens ist die scheinbare „Nichtdefinition" der Division durch Null sehr wohl eine Definition, wenn auch eine gut getarnte und weniger sinnvolle …

Das EINzige, was sich dabei ändern muss, ist der allgemeine Blickwinkel auf zwei asymptotische Annäherungen, die sich (erst) in der Unendlichkeit mit ihrem jeweiligen Grenzwert vereinigen, mit ihm verschmelzen – nicht jedoch in unserer eingeschränkten endlichen Betrachtungs- und Wahrnehmungsweise.

Das Resultat der Division von Zahlen, die **größer als Null** sind, durch Null, ergibt in jedem Falle **'unendlich'**, eine Unendlichkeit. Unendlichkeit ist aber **keine konkrete Zahl**, sondern eine Realität ohne Ende … ein schwer vorstellbarer, aber durchaus realer Zustand … das ist das Einzige, was man dabei verstehen und verinnerlichen muss.

Völlig anders sieht es hingegen aus, wenn die **Null** selbst **durch Null** geteilt wird. Das Ergebnis ist selbstverständlich auch eine Unendlichkeit, aber die heißt diesmal **nicht Eins, sondern Null**. Sozusagen ein unendliches Nichts.

Dass $0 : 0 = 0$ ist, liegt allerdings nicht am Nenner, der für das Unendliche zuständig ist, sondern sondern am Zähler, der in diesem Fall ja ebenfalls Null ist. Einleuchtender wird dieser Umstand wenn wir die Rechnung nach Null umstellen:

$$=> 0 : 0 = 0 \quad => / *0 \qquad\qquad => \mathbf{0 = 0 * 0}$$

Und da hat dann sicherlich keiner mehr etwas dagegen!

Noch einleuchtender und verständlicher wird die Geschichte, wenn wir noch einmal zu unserer Torte zurückkehren.

Eine **nichtvorhandene Torte** – also **Null Torte**n – kann man durch soviel Gäste teilen wie man will, da kommt nicht ein einziger Krümel auf den Tisch. Teilt man jedoch eine nichtvorhandene Torte durch beliebig viele **nichtvorhandene Gäste** - also **Null Gäste** - dann kommt da erst recht kein Krümel auf den Tisch. Auf diesem Möbelstück herrscht dann sozusagen eine unendliche (Torten-) Leere ...

An diesem Sachverhalt ändert sich auch nichts, wenn man die nichtvorhandene Torte mit Schmackes durch die Bude wirft. Und ebensowenig ändert sich, wenn man die nichtvorhandene Torte auf den real existierenden Tisch stellt.

Die Torte ist und bleibt **nicht vorhanden**, also **Null**.
Eigentlich müssten das auch Physiker einsehen, denn es ist absolut logisch. Aber bei denen scheint es immer noch so zu sein, dass **bewegte nichtvorhandene Torten** etwas fundamental anderes sind als nichtbewegte, d.h. **ruhende nichtvorhandene Torten**.

Das erscheint dem Laien so ähnlich wie Luftgitarre spielen. Da kommen die Töne auch nicht aus der Gitarre ...

Anmerkung für „Skeptiker": Das hier gesagte widerspricht **nicht** Einsteins Relativität, sondern bestenfalls der göttlichen Schöpfung!

Könnte das bitte mal irgendwer in Ordnung bringen? Aber bitte nicht erst am Sanktnimmerleinstag. Der ist nämlich noch unendlich weit weg – und das dauert mir eine Winzigkeit zu lange ...

Das Phänomen der Eins

Dass die Sache mit den Einheiten für uns Menschen und unser Fortkommen ungeheuer wichtig ist, dürfte jedem einleuchten, der schon einmal irgendetwas gemessen hat. Die Frage der MaßEINheit ist entscheidend für jede einzelne Messung.

Noch sehr viel wichtiger und globaler sind jedoch die dimensionslosen EINheiten, also die ohne Maßeinheiten. Als Beispiele können hier die Einheitskreise, die Einheitsquadrate usw. angesehen werden. Die dimensionslosen Einheiten sind in der Regel die Ergebnisse von Verhältnisgleichungen oder beinhalten selbst Verhältnisse. Sie führen uns direkt zu den Naturkonstanten, zu denen auch die mathematischen Konstanten zählen. Die Natur unterscheidet nicht in Mathematik, Physik, Chemie, … usw. Derartige Einteilungen sind alles vom Menschen geprägte Schubfächer, um die sich die Natur nicht einen Deut schert. Die Grundlagen der Mathematik sind ein fester und wichtiger Bestandteil der Natur.

Wie wichtig Einheiten sind, warum das so ist und wo sie herkommen, lässt sich ebenfalls anhand der Bruchrechnung erklären. Diesmal allerdings werden die Unechten Brüche bevorzugt. Auch sie stellen Divisionsaufgaben dar. Unechte Brüche sind nach hiesiger Lesart alle Brüche, bei denen der Divisor kleiner oder gleich dem Dividenden ist. Je näher der Divisor dem Dividenden kommt, je kleiner die Differenz zwischen den Beiden ist, desto näher ist der Quotient aus beiden der Eins, die dabei wiederum den Grenzwert verkörpert. Wir nähern uns damit also einem ganz ähnlichen Problem wie der Division durch Null. Bei normalen unechten Brüchen verhält es sich praktisch genauso wie bei den echten Brüchen. Wir nähern uns asymptotisch, nur eben von der anderen Seite – von den Zahlen größer Eins her – der Eins an. Das funktioniert genauso wie oben geschildert, nur eben spiegelbildlich. Ich denke, das muss nicht noch einmal ausgebreitet werden. Komisch dabei ist nur, dass die Division durch Eins durchaus definiert ist. Ebenso die Spezialfälle, bei denen der Dividend dem Divisor gleicht. Interessanterweise erhalten wir hierbei eine wohldefinierte Eins als Ergebnis.

Erheblich interessanter – aber im Grunde genau dasselbe - ist eine andere spezielle Form der Division: Das Wurzelziehen. Das Ziehen der Wurzel ist die Umkehrrechenart des Potenzierens. Beim Potenzieren wird immer die selbe Zahl mit sich selbst multipliziert, je nachdem wie es die Aufgabenstellung erfordert. Demzufolge ergibt sich für die Umkehroperation, dass eine Zahl – je nach Bedarf – in immer gleiche Teile zerlegt wird. Darstellen kann man das etwa so:

$$X : a = a \qquad \Rightarrow \qquad X = a * a = a^2 \quad ; \quad a = \sqrt{X} \; ;$$
$$X = \sqrt{X} * \sqrt{X}$$

oder

$$Y : b = b^2 = b * b \qquad \Rightarrow \qquad Y = b * b * b = b^3 \quad ; \quad b = \sqrt[3]{Y} \; ;$$
$$Y = \sqrt[3]{Y} * \sqrt[3]{Y} * \sqrt[3]{Y}$$

… usw. usf.

Wurzelziehen kann man aus 'so ziemlich' jeder positiven Zahl. Negative Zahlen betrachten wir hier nicht extra, weil deren Wurzeln sowieso nur über ihren („positiven") Betrag bestimmt werden können. Zunächst sind nur diejenigen Zahlen **größer Eins** gemeint.

Aus dem Ergebnis des ersten Wurzelziehens kann man selbstverständlich gleich noch einmal die Wurzel ziehen. Und noch einmal. Und nochmal, und nochmal … Im Zeitalter der elektronischen Rechentechnik ist das überhaupt kein Problem. Mit jeder Wiederholung des Vorgangs nähert man sich automatisch der Eins immer weiter an, bis man sie irgendwann in der Unendlichkeit erreicht. Auch das sind asymptotische Annäherungen, die letztlich doch mit dem Grenzwert verschmelzen. Je nachdem, über welche Kapazitäten unsere Rechentechnik verfügt. Doch tatsächlich erreicht wird die Eins auch hierbei erst in der Unendlichkeit.

Zieht man die Wurzel aus Eins, landet man gleich bei der Eins, weil 1 * 1 gleich Eins ist, egal wie oft man das wiederholt.

Auch aus echten Brüchen, die zwischen Null und Eins liegen, kann man Wurzeln ziehen. Die werden dabei 'wundersamerweise' immer größer und nähern sich so ebenfalls der Eins – und zwar „von unten".
Nur die Null fällt schon wieder aus dem Rahmen. Deren Wurzeln sind immer Null. Da kann man nichts machen. Multiplikation mit Null ergibt

nunmal immer Null - das kennen wir ja von 0! und X^0. Logisch … oder ist das irgendwo anders definiert und nur mir entgangen?

Somit landen wir beim vielfachen Wurzelziehen und ähnlichen Operationen – abgesehen von der Null – letztendlich IMMER bei der Eins. Im Umkehrschluss können wir durch Potenzieren jede andere Zahl aus der „Eins" ableiten. Die Eins ist somit praktisch der Ursprung jeglicher Zahl, sogar jeglichen Seins, denn ein Sein ohne Zahlen gibt es nicht.

Die Eins ist damit fast noch ursprünglicher als der Goldene Schnitt Phi, denn sogar von dem muss am Anfang irgendwie mal EIN Exemplar vorhanden bzw. entstanden sein. Wenn die Eins quasi der Ursprung aller Zahlen ist, dann beherbergt sie sämtliche Zahlen von allem Anfang an irgendwo tief in sich.
Die Eins ist damit die „Kurz-Zusammenfassung der Unendlichkeit"
… und so entpuppt sich unsere „These"
„X geteilt durch Null ist gleich Unendlich"
für jedes $X > 0$ als richtig.

Vorstellen kann man sich das allerdings nur schwer. Man kann es vielleicht auf dem Weg versuchen, dass man sich an Gegebenem orientiert, um daran anzuknüpfen. Beispielsweise kennen wir von der Eulerschen Zahl „e" gegenwärtig so ungefähr 1,4 Billionen Nachkommastellen. Von der Kreiszahl Pi sogar 13 oder 15 Billionen Nachkommastellen. Um so etwas herauszufinden müssen Großrechner monatelang – ohne Unterbrechung - Tag und Nacht vor sich hin schuften …. und wir halten das Ergebnis dann für exakt. Was für eine Anmaßung !!!

Und nun kommt einfach mal so die Eins daher und stellt noch ungleich höhere Anforderungen. Ich versuche es mal mit einem völlig fiktiven Beispiel, das aber in jedem Falle auch nur ein absolut jämmerliches und unvollkommenes Abbild der Realität sein kann. Es soll zeigen, dass selbst kleinste Variationen der Nachkommastellen hinter der Eins u.U. zu enormen Größenunterschieden und völlig anderen Zahlen führen können:

1,00000000000000... [zig Trilliarden Nullen] ... 00**01** hoch ˣˣˣˣˣˣ = A
A = 1,5429836745635**5**...   =>   A^64 = 1,13533803670074E+12
                                         A^128 = 1,28899245757**948**E+24

1,00000000000000... [zig Trilliarden Nullen] ... 00**10** hoch ˣˣˣˣˣˣ = B
B = 1,5429836745635**6**...   =>   B^64 = 1,13533803670121E+12
                                         B^128 = 1,28899245758**056**E+24

B^64 – A^64   =   0,47387...
B^128 – A^128   = 1.076.157.743.104,...

Der Unterschied ist gewaltig. Es liegt auf der Hand, dass solche Unterschiede beim Potenzieren besonders groß sind und dadurch sehr leicht auffallen. Deswegen wurde ja ein derartiges Beispiel ausgewählt. Aber diese Umstände spielen selbstverständlich auch in jeder anderen Rechnung eine Rolle. Ebenso in der materiellen Praxis.

     Nur: Einmal fallen sie auf, ein andermal unter den Tisch. Sie sind aber so gut wie immer vorhanden.

Bei den jeweils anfänglichen Einsen haben wir weder heute, noch in absehbarer Zukunft je eine Chance den Unterschied von Anfang an zu erkennen. Uns fallen die Unterschiede erst auf, wenn sie groß genug sind unsere Wahrnehmung zu provozieren und unsere Sinne zu stimulieren.
…
… aber selbst das obige Beispiel ist noch meilenweit von der Unendlichkeit entfernt … um nicht zu sagen 'unendlich weit'.
… und wenn wir jetzt versuchen dieses Schema beispielsweise auf ein bestimmtes Elektron in einem bestimmten Atom in einer bestimmten Zelle unseres eigenen Körpers zu übertragen, dann sollte eigentlich feststehen, dass **auch** winzigste **Elementarteilchen** der gleichen Sorte sich bestenfalls **nur ähnlich** sind, aber **niemals gleich** ….
… genau wie wir Menschen …
… und alles Andere …
… usw. usf.

Ko(s)mischerweise „wissen" alle diese unendlich vielen Zahlen ganz genau wo sie hingehören und wie sie sich exakt zu benehmen haben, auf welche Regeln sie strikt hören müssen und welche sie ignorieren können. Jede einzelne dieser Zahlen hat auch noch ihre ganz „persönlichen" Eigenschaften …

Unfassbar!!! Wie kommt so etwas zustande?

Woher weiß dieses Pi, dass es in eine runde Figur gehört? Woher weiß „e", dass man merkwürdige Ellipsen aus ihm ableiten kann? Woher weiß der Goldene Schnitt, dass er sich aus sämtlichen Zahlen errechnen lassen muss, die nach einem bestimmten Algorithmus sortiert sind? Und wie merken die sich das alles, was sie wissen? Man könnte neidisch werden.

Wenn man versucht über derartige Denksportaufgaben intensiv und tiefgründig nachzudenken, bekommt man sehr tiefen Respekt vor der Schöpfung. Schöpfung?

Gott? Götter? Becherboden? Oder doch „nur" Natur?

Völlig egal wie man es nennt, das Universum ist 'unglaublich', aber dennoch existent. Genauso wie die Division durch Null …

Charles Darwin drückte sich sinngemäß einmal dahingehend aus, dass Gott wohl sehr viel zu tun hätte, wenn er sich alles Existierende hätte allein ausdenken und herstellen müssen. Dabei ist kaum anzunehmen, dass Darwin zu seiner Zeit schon eine hinreichende Vorstellung davon hatte, wie sehr der arme Gott tatsächlich hätte schuften müssen. Einen einzigen Alleinverantwortlichen - in menschlicher Gestalt und Größe - können wir für das Universum wohl ein-für-allemal ausschließen.

Ebenso für die winzige Erde.

Andererseits kann man durchaus schonmal auf komisch-kosmische Gedanken kommen, wenn man sich einen hinreichend "tiefen" Einblick verschafft - der doch nur flüchtig an der obersten Oberfläche kratzt – und den dann völlig hilflos versucht weiterzudenken.

Und so stellt sich die Frage, ob es die glatte Eins = 1,000…[x*000]…000 überhaupt gibt? Selbstverständlich gibt es sie.

Allerdings erst in der Unendlichkeit, denn:

$$1 : 1 = \frac{\infty}{\infty} = \textbf{Unendlich : Unendlich} = \textbf{1,000}\ldots\textbf{[x*000]}\ldots\textbf{000} = \underline{\textbf{1}}$$

Die Eins – wie wir sie kennen (= 1) - ist nur eine schwer verkürzte Schreibweise und oftmals eine minimale **Rundung**.

Nun sind aber 39,37 : 39,37 oder 1444,4906 : 1444,4906 oder 207,542 : 207,542 oder 387,5 : 387,5 oder … usw. usf. ebenfalls jedesmal gleich Eins. Ein Esser isst die ganze Torte allein. Wie ist das zu bewerten?

Auch hinter allen anderen Zahlen steckt jeweils eine „eigene" Unendlichkeit. Auch an sie kann man ja beliebig viele andere Ziffern anhängen, sofern das notwendig ist. Die Eins spiegelt jedoch die allem übergeordnete Unendlichkeit wieder. Von ihr stammt alles ab, aus ihr geht alles hervor. Und deswegen kann man mit durchaus gutem Gewissen sagen, dass Eins gleich Unendlich ist. Die Eins im Reich der Zahlen entspricht dem einen **Uni**versum der materiellen Welt.

Apropos Schreibweise: Als Schriftzeichen für die Unendlichkeit nutzen wir heute eine querliegende Acht (= ∞). Es gibt aber – wie bereits mitgeteilt – nicht nur eine Unendlichkeit, sondern unendlich viele, auch wenn eine davon übergeordnet ist. Diesen Umstand können wir durch eine Potenz ausdrücken bzw. schreiben. Die heißt dann: Querliegende Acht hoch querliegende Acht (= ∞^{∞}). Schreibt man die direkt übereinander, anstatt leicht versetzt, entsteht praktisch eine 88. Diese "Unendlichkeits-88" sieht rein zufällig auch dem Term $\frac{0}{0} : \frac{0}{0}$ irgendwie ähnlich. Ob das Zufall ist?

Und da der Term ‚unendlich hoch unendlich‘ wieder eine Unendlichkeit ergibt, kann man das Universum als übergeordnete unendliche Einheit – sofern man möchte – auch prima durch drei Achten (888) wiedergeben. Eigentlich müssten die Achten alle quer liegen, aber aufrecht stehend schreiben sie sich einfacher. Das ist nur eine Frage der Bequemlichkeit. Stimmt das?

Kongruenz

Da wir gerade dabei sind ein paar Verbesserungsvorschläge zur allgemeinen Prüfung einzureichen, möchte ich gleich noch einen Gedanken zur Kongruenz von Zahlen anfügen. Allerdings bin ich mir dabei nicht ganz sicher, denn ich bilde mir ein, das Thema in der Schule etwas anders beigebogen bekommen zu haben als es heute bei Wikipedia[47] erläutert wird. Selbstverständlich bin ich der festen Überzeugung, dass ich es seinerzeit richtiger gelernt habe als es heutzutage dargebracht wird. Aber das könnte unter gewissen diffizilen Umständen eventuell auch am Altersstarrsinn liegen, der ja manchmal durchaus seine Existenzberechtigung hat. Bei Licht betrachtet sind die Unterschiede jedoch nicht so gravierend, alsdass man sich ernsthaft darum streiten sollte.

Aus meiner Sicht sind zwei zweidimensionale Dreiecke kongruent, wenn sie drei gleiche Winkel haben und deswegen über dieselbe Form verfügen, also formengleich sind. Ihre Größe und Lage kann dabei verschieden sein. Sind zusätzlich zu den Winkeln auch noch die Seitenlängen gleich, dann sind die Dreiecke einerseits deckungsgleich, andererseits jedoch gleichzeitig identisch. Identische Dreiecke sind freilich auch kongruent, weil sie ja automatisch formengleich sind, aber eben nicht nur solche. Wenn zwei Dreiecke nicht dieselbe Form haben, sind sie nicht kongruent. Im übertragenen Sinne sollte das für alle geometrischen Objekte gelten …

Man möge mich ignorieren, auslachen oder strafen, wenn ich falsch liege, aber ich sehe das so. Ansonsten wäre meiner Meinung nach das Wort ‚kongruent' (= form[en]gleich) überflüssig.

Mein Vorschlag zielt nun darauf ab, dass man das bei Zahlen genauso sehen und halten sollte wie bei den obigen Dreiecken. Zahlen, die exakt **dieselben Ziffernfolgen** haben und somit ‚formgleich' sind, sollten **kongruent** genannt werden – unabhängig davon, wo das Komma steht.

Damit wären beispielsweise die beiden Zahlen 29,9792458 und 299.792,458 kongruent. Die identischen Ziffernfolgen würden somit den

---

[47]   www.Wikipedia.de; Stichworte Kongruenz (Geometrie), Kongruenz (Zahlentheorie), … u.a. ; Stand 04. 05. 2019

Winkeln bei den kongruenten Dreiecken ‚gleichkommen‘. Die verschiedenen Kommasetzungen würden den unterschiedlichen Seitenlängen der Dreiecke ‚entsprechen‘. Ich denke, das wäre logisch und würde Sinn machen. Insbesondere freilich beim hiesigen Kugel-Lichtmodell, aber nicht nur da. Im Grunde wäre dann fast jede korrekte Maßstabsrechnung und –zeichnung kongruent zu nennen. Und da Kommastellen oft per Zehnerpotenzen festgelegt und mitgeteilt werden, wären Zahlen mit unterschiedlichen Zehnerpotenzen, aber ansonsten gleicher Ziffernfolge, ebenfalls kongruent.

Ich hoffe natürlich, dass der Vorschlag angenommen wird, sofern das nicht schon längst so gehandhabt und praktiziert wird. Untergekommen bzw. begegnet ist mir das bisher so jedoch noch nirgendwo. Aber man kann ja nie wissen – und die Kongruenz von Zahlen auf diese Weise zu verstehen wäre wirklich eine sinnvolle und nutzbringende Sache.

<u>Hinweise</u>

Die Vakuum-Lichtgeschwindigkeit ist die mit riesigem Abstand größte Geschwindigkeit, die wir Erdlinge bisher sicher kennen. Auch wenn wir gegenwärtig noch nicht in der Lage sind, sie makroskopisch zu erreichen, so können wir sie doch wenigstens messen. Jedenfalls so halbwegs. Uns Menschen kommt die Lichtgeschwindigkeit unglaublich schnell vor – und das ist sie auch. Sie ist rund zwanzigtausendmal schneller als unsere allerschnellsten heutigen Raumsonden. Und die sind auch nicht gerade langsam. Für uns ist das alles nicht wirklich vorstellbar. Genauso wie jegliche Unendlichkeit.

Für die Verhältnisse im Universum ist dieselbe extrem hohe Lichtgeschwindigkeit jedoch fürchterlich langsam. Das Universum ist einfach zu groß, als dass man darin wirklich schnell sein könnte.

Die Lichtgeschwindigkeit ist das Verhältnis eines vom Licht zurückgelegten Weges zu der dafür benötigten Zeitspanne.

Oder kürzer: Die Lichtgeschwindigkeit entspricht einem mathematischen Verhältnis. Nun ist das Licht in unterschiedlichen Stoffen bzw. Medien unterschiedlich schnell. Aus diesem Grunde wurde – quasi als Standard – das Vakuum als Randbedingung festgelegt. Das ist sinnvoll, weil das Licht - nach heutigem Ermessen - nirgendwo schneller sein kann als im luftleeren Raum, sich dort also mit einer gewissen Konstanz bewegt. Wir geben heute die Vakuum-Lichtgeschwindigkeit meistens mit 299.792.458 Metern/Sekunde an, oft aber auch mit 299.792,458 Kilometern/Sekunde. Auf diese Angabenform haben wir uns international geeinigt, was als sehr positiv zu bewerten ist. Immerhin ist das (u.a.) ja ein Anfang des Zusammenwachsens der hoffentlich irgendwann mental erwachsen werdenden Menschheit auf wissenschaftlicher Basis. Licht verbindet uns Menschen miteinander, ebenso mit unserem Planeten und dem gesamten Universum. Diesen Weg müssen wir weitergehen. Es ist der einzig richtige und mögliche für eine glückliche und erfolgreiche Zukunft der gesamten Menschheit.

Neben dem Meter, der die Grundeinheit aller metrischen Längenmaße ist, gibt es noch etliche andere Längenmaßeinheiten. Wir können somit die Lichtgeschwindigkeit also mit Fug und Recht auch mit 299.792.458.000 Millimetern je Sekunde, **299**,792458 Megametern je Sekunde, 0,299792458 Gigametern je Sekunde oder mit noch anderen metrischen und nichtmetrischen Längenmaßeinheiten beschreiben. Zugegeben, das ist gegenwärtig noch ein wenig unüblich, aber verbieten kann uns das keiner. Die Ziffernfolge bleibt dabei im Rahmen der metrischen Längenmaßeinheiten immer gleich, sofern auch immer die selbe Zeitdauer – die Sekunde – verwendet wird. Aufgrund der gleichbleibenden Ziffernfolge ist die Lichtgeschwindigkeit für uns oft gut **erkennbar**.

Neben den metrischen gibt es noch jede Menge nichtmetrische Längenmaßeinheiten. Aus diesem Grunde können wir die Lichtgeschwindigkeit auch mithilfe einer beliebigen anderen Längenmaßeinheit beschreiben, beispielsweise als 186.282,03 Englische Meilen je Sekunde oder mit 572.560,08 altägyptischen Kilo-Königsellen je Sekunde oder irgendwie anders. Hier wird es für uns schon schwieriger, die Lichtgeschwindigkeit zu erkennen, aber wenn jemand an die jeweilige Maßeinheit gewöhnt ist, sollte sich daraus keinerlei Problem ergeben. Einzig das **Verhältnis zwischen Weg und Zeit** muss gewahrt bleiben. Dann sind auch diese Angaben vollumfänglich richtig. Alle diese Längenmaßeinheiten sind in sich völlig gerade. Sie entsprechen jeweils einem bestimmten, definierten, Längenabschnitt auf einer exakten geometrischen Gerade. Das gilt auch für die altägyptische Königselle (u.a.), obwohl die ja ursprünglich ein Teil eines Kreisumfanges ist. Für die Längenmaßeinheit wurde dieser Kreisbogenabschnitt jedoch gerade gebogen.

Die Geradlinigkeit kommt der gegenwärtigen Betrachtungsweise des Lichts als geradem Strahl sehr entgegen: Ein Lichtstrahl bewegt sich in der Regel geradlinig. lässt sich also mit kerzengeraden Maßeinheiten besonders gut beschreiben. Insofern ist die Weise des Herangehens durchaus logisch und sinnvoll. Sie zeigt aber auch deutlich die Einseitigkeit dieser heute üblichen Betrachtungsweise.

Nun hat der Meter als Längenmaßeinheit aber keinerlei Vorrangstellung gegenüber der Sekunde als Maßeinheit der Zeit. Beide – Meter und Sekunde - existieren in friedlicher Koexistenz. Wir könnten also auch ohne Gewissensbisse eine andere Zeiteinheit nutzen. Das würde zwar die Erkennbarkeit für uns weiter herabsetzen, aber solange das Verhältnis gewahrt bleibt, wäre auch das vollumfänglich richtig. Aber gibt es denn überhaupt eine andere Grund-Zeiteinheit als die Sekunde? Mir fällt keine ein. Das ist merkwürdig.

Offiziell soll die Sekunde wohl erst am Ende des 19. / Anfang des 20. Jahrhunderts erfunden bzw. definiert worden sein. So ganz genau will sich da anscheinend aber niemand festlegen.

Demgegenüber scheint die Sekunde uralt und global zu sein. Ob sie es wirklich ist, kann ich gegenwärtig noch nicht abschließend beurteilen, aber auch die Sekunde scheinen schon die alten Ägypter – und wer weiß, wer noch? – gekannt und genutzt zu haben. Auf jeden Fall zeigt uns bis zum heutigen Tage (fast) jede Uhr genau 86.400 Sekunden pro Tag an. Das entspricht 3.600 Sekunden je Stunde und 60 Sekunden je Minute – oder eben 24 Umkreisungen des Minutenzeigers bzw. 2 vollen Runden des Stundenzeigers pro Tag. Die beiden Zeiger entsprechen ja im

Grunde Radien der oftmals kreisrunden Zifferblattscheibe. Diese Zeiteinteilung scheint von allem Anbeginn der Menschheit an zu existieren, und das weitestgehend alternativlos.

Radien? Runden? Kreise? Ja, ist denn das Licht rund, oder was? Selbstverständlich ist es das. Es breitet sich ja „… allseitig und gleichmäßig …" aus. Dann ist wohl auch die Zeit rund? Genauso sieht es aus. Auf jeden Fall messen wir sie in Abhängigkeit von der Drehung der Erde – und die ist in jedem Falle kreisrund – naja: fast.

Diese Art der Zeiteinteilung hat allerdings einen Haken: Sie richtet sich nach der Erddrehung, und die ist nicht immer völlig gleich, sondern schwankt etwas. In der Grundtendenz verlangsamt sich die Drehung der Erde in sehr großen Zeiträumen minimal. Offensichtlich gibt es auch im Weltall (Reibungs-) Widerstände, die zwar wesentlich geringer sind als etwa Luft- und Wasserwiderstand auf der Erde, aber eben doch vorhanden und wirksam sind. Etwas genauer gesagt verlangsamt sich die Erddrehung um **durchschnittlich** ungefähr $0{,}7 \pm 0{,}1$ Sekunden pro Jahr. Die Schwankungen sollen hauptsächlich auf gravitative Einflüsse und die sich daraus ergebenden Veränderungen von innen[48] und von außen[49] zurückzuführen zu sein. Dadurch eiert die Erde wie ein leicht angeschwipster Seemann durchs All, anstatt stetig geordnet ihrer 'gottgegebenen' aalglatten Bahn zu folgen. Doch ein bisschen Reibung spielt in jedem Falle auch eine Rolle. Es gibt noch mehr Gründe dafür, aber die wollen wir hier nicht betrachten.

Langfristig erfolgt die Erddrehung zwangsweise immer ein wenig langsamer. Das gilt sowohl für die Drehung um sich selbst, als auch für die Drehung um die Sonne. Schuld daran sind die gegenseitige Interaktion der Himmelskörper und die dadurch entstehende Reibung aller Art. Zwischenzeitlich kann sich die Erde aber auch mal ein bisschen schneller drehen. Demzufolge sind theoretisch auch die 86.400 Sekunden eines Tages ursprünglich ein wenig unterschiedlich lang, wodurch auch das Licht einmal schneller oder langsamer werden würde. Das Licht richtet sich

---

[48]   Erdbeben, Vulkanausbrüche, tektonische Veränderungen, Masseverlagerung …
[49]   Sonne, Mond, Planeten, Asteroiden, Kometen, Staub, …

jedoch – im Gegensatz zu den Sekunden – nicht nach der Erddrehung, sondern bleibt immer gleich schnell, zumindest im Vakuum. Sagt man …

Nun könnte man, um dieses Genauigkeits-Defizit auszugleichen, ja auch den Meter zeitabhängig mal ein bisschen länger und mal ein bisschen kürzer machen. Das gäbe aber ein heilloses Durcheinander. Deswegen haben unsere Physiker nach einem klügeren Weg gesucht und ihn letztlich auch gefunden. Zuerst begaben sie sich auf 'Abwege', indem sie beispielsweise die Sekunde nach den Schwingungen eines Atoms definiert haben. Das war zwar von der Sache her richtig, aber wer zählt schon die Schwingungen eines exotischen Atoms? Und wer ist überhaupt dazu in der Lage? Diese Definitionsart war enorm praxisfern. Aus diesem Grunde kam man schließlich darauf, das Licht selbst zum Maßstab zu machen. Seitdem sind auch der Meter und die Sekunde vom Licht und seiner Geschwindigkeit abhängig. Klammheimlich bleiben aber die 86.400 Sekunden je Tag immer noch der alltägliche Richtwert, nur dass sein Bekanntheitsgrad sinkt und er langsam aus dem öffentlichen Bewusstsein und Interesse verschwindet. Das ist nicht richtig, denn anwesend ist er trotzdem immer und überall – ob einem das nun gefällt oder nicht.

Im 360°-Winkel-System dreht sich die Erde einmal am Tag um sich selbst – also um genau 360 Grad. Demzufolge entspricht eine einzige der 86.400 Zeit-Sekunden je Tag (fast) genau 0,004166666… Grad des 360°-Vollkreises - oder 15 Grad-Sekunden, von denen es insgesamt 1.296.000 Stück im 360°-Vollkreis gibt. Somit besteht zwischen Zeit-Sekunden und Gradsekunden ein festes Verhältnis von 1 : 15. Oder wenn man es ausrechnet von 0,**666**…, was dem Reziprokwert von 15, also 1/15, entspricht.

      Wichtig ist das beispielsweise in der Astronomie. Die Erde dreht sich in einer Stunde (= 3600 s) genau um 15 Grad, denn 360° : 24 Stunden ist gleich 15 Grad je Stunde und 0,004166666° mal 3600 s auch. Relevant ist dieser Zusammenhang aber auch noch für ganz andere Sachen. Dazu kommen wir bald.

Neben dem allgemein üblichsten 360°-System gibt es aber auch noch andere Gradsysteme, die nicht weniger interessant sind, beispielsweise das Neugrad-System mit 400 Neugrad je Vollkreis. Allerdings scheint es gar nicht so sehr neu zu sein, denn es passt sich mehr als nur fugenlos in die bisherigen Gegebenheiten ein. Es ist quasi ein fester und ursprünglicher Bestandteil des naturwissenschaftlichen Gesamtsystems.

Teilen wir die 400 Neugrad eines Vollkreises durch 86.400 s/d er-halten wir 0,004629629… Neugrad je Sekunde.

Der Reziprokwert davon heißt **216**.

Unterteilen wir jedes einzelne der 400 Neugrad in 100 Hundertstel, die wir Neugrad-Minuten nennen, dann erhalten wir 40.000 Neugrad-Minuten je Vollkreis und eine Erddrehung um 0,4629629 Neugrad-Minuten je Zeit-Sekunde. Interessanterweise kommt diese Zahl der Umdrehungs-geschwindigkeit der Erde in km/s, die am Äquator 0,4638312 km/s be-trägt, rein zahlenmäßig sehr nah. Die zahlenmäßige Differenz beträgt nur 0,00086831527.

Das kommt daher, weil der Äquatorumfang der Erde 40.075,017 km lang ist – und nicht nur glatt 40.000 km, was voll und ganz der Anzahl der Neugrad-Minuten entsprechen würde. Bei einem Erdumfang von glatt 40.000 Kilometern würde jede Neugrad-Minute genau einem Kilometer Erdumfang entsprechen. Das wäre praktisch, ist aber leider nicht so.

Warum? Das hätte man doch problemlos so definieren können, wenn man gewollt hätte. Ist die zahlenmäßige Nähe ein Zufall? Kann man die Zahlennähe sowie die Differenz irgendwie nutzen?

Nun kommt einem wissenschaftlichen Außenseiter, der die Wissenschaft von einem scheinbar „völlig idiotischen" Kugel-Licht-Modell überzeugen will, eine 'kreisrunde Zeiteinteilung' zugegebenermaßen sehr zu pas-se. So weit sind wir zwar noch nicht ganz, aber wir können an dieser Stelle durchaus schon einmal vorsichtig fragen, ob man die „runde Zeit" nicht irgendwie mit der „geraden Lichtgeschwindigkeit" verknüpfen kann. Kann man das? Selbstverständlich.

Wer will uns beispielsweise verbieten, als Synonym für die Lichtge-schwindigkeit einen bestimmten Winkel oder Kreisabschnitt zu kreieren?

Das kann niemand. Schon gar nicht, wenn wir die dazugehörigen Randbedingungen ordnungsgemäß benennen und noch eine Erklärung für das bessere Verständnis hinzufügen.

Im Bereich der Meter, Grad und Sekunden fallen einem da förmlich **299,**792458° oder **29,**9792458 Grad ins Auge. Sie springen uns regelrecht an. Es gibt noch mehr Varianten, aber diese beiden scheinen primär die umgänglichsten zu sein. Freilich ist klar, dass diese Winkel noch nicht die Lichtgeschwindigkeit selbst verkörpern – um das zu bewerkstelligen fehlt noch eine weitere Größe, wie Schenkellänge, Umfang oder etwas Ähnliches – aber diese Winkel stellen immerhin schon ein mathematisches Verhältnis der Lichtgeschwindigkeit zu einem Vollkreis dar. Das sollten wir nicht unterschätzen. Ausgerechnet betragen diese beiden Verhältnisse

$$299{,}792458° \; : 360° = \mathbf{0{,}83275682777777\ldots}$$

oder jeweils ein Zehntel davon

$$29{,}9792458° : 360° = \mathbf{0{,}083275682777777\ldots}$$

Abgesehen von der einen Null sind beide Verhältnisse in der Ziffernfolge identisch. Sie haben keine Maßeinheit, sondern sind dimensionslos.
Können wir auf diesem Wege auch eine dimensionslose, allgemeingültige und trotzdem erkennbare Lichtgeschwindigkeit schaffen? Das würde viele Vorteile mit sich bringen.

An dieser Stelle müssen wir eine kleine Einfügung machen, die zwar sehr weit vorgreift, aber doch außerordentlich wichtig ist. Da sie ursprünglich von den beiden genannten Winkeln und den damit verbundenen o.g. Verhältnissen 0,(0)8327568… ausgeht, ist sie dennoch an dieser Stelle einzufügen.

Betrachten wir zunächst den Winkel 299,792458° und das dazugehörige Verhältnis 0,8327568… zum 360-Grad-Vollkreis genauer. Da stoßen wir auf folgende Rechnung, die hier in zwei leicht differierenden Ausführungen ohne Maßeinheiten aufgeführt wird.

Operation	Hauchzart gerundet	Exakt (15 Stellen)
	5,0000000000E-8	**4,999968513312E-8**
=>	-	(≈5,0000E-8)
=> Diff. ≈		3,15…E-13
=> 1/x =	20.000.000	20.000.125, 9475451…
=> : Pi =	**6.366.197**, 72367581…	**6.366.2**37, 81402457…
=> Log10 =	6,803880123…	6,803882858…
=> Log10 =	0,832756653…	0,8327568277777…
=> * 360 =	<u>299, 7923952…</u>	<u>299, 792458</u>

Das Bemerkenswerte an dieser Rechnung ist, dass man auf den Gedanken kommen kann, die Lichtgeschwindigkeits-Zahl würde / könnte von der Fünf in Form von 5E-8 sowie von Zwei dividiert durch Pi ist gleich (0,)6366197… abgeleitet sein. Dabei erinnern wir uns daran, dass auch der **Goldene Schnitt** gewissermaßen von der Fünf bzw. Wurzel aus Fünf abstammt … und bekommen eine Gänsehaut.

Im Gegensatz dazu kommen wir mit dem Winkel 29,9792458° und dem Verhältnis 0,08327568… nicht in diese Richtung. Stattdessen – scheinbar zum Ausgleich für die ‚Enttäuschung' - wird jedoch ein anderer Zusammenhang präsent, der später sehr wichtig werden wird:

Der Reziprokwert von 0,08327… beträgt 12,00830742713… Ein Zwölftel davon beträgt 1,00069228559… und der Reziprokwert hiervon **0,999308193333…** Das wiederum ist die bislang sinnvollste dimensionslose Verhältnisform der Lichtgeschwindigkeit.

Sie lässt sich auch viel einfacher herleiten: 299.792,458 km/s : 300.000 km/s = **<u>0,99930819333…</u>**

Und in scheinbarer Rundung, die jedoch nur sehr bedingt und nicht wirklich eine Rundung ist, heißt sie **<u>0,9993082</u>**. Damit soll der kleine Ausflug ins Reich der Vorgriffe vorerst beendet sein.

Weiter im Text:
Die beiden genannten Winkel 29,9792458° und 299,792458° liefern heimlich noch etwas mit, was nicht sofort auffällt. Daher ist das eigentliche Ziel dieses Kapitels, zu zeigen, dass auch 'unsichtbare' Zusammen-

hänge ungeheuer wichtig sein können. Um herauszufinden, worum es sich handeln könnte, rechnen wir zunächst die beiden Winkel um und präsentieren sie in konventioneller Gradschreibweise:

$$29{,}9792458° = 29° \ 58' \ 45{,}2\textbf{8488}''$$
$$299{,}792458° = 299° \ 47' \ 32{,} \ \textbf{8488}''$$

Obwohl sich zunächst zwei recht unterschiedliche Grad-Zahlen ergeben, die aussehen als ob sie rein gar nichts miteinander zu tun hätten, enden sie beide mit der Ziffernfolge 8-4-8-8. Das ist insofern bemerkenswert und von Bedeutung, weil diese Ziffernfolge ein Pendant zur 39,37 darstellt – jedoch mit völlig anderem Inhalt. Die 8-4-8-8 und ihre Verdrehungen (z. Bsp. 4884; 8884, 4448, … usw. usf.) weist sehr häufig auf Zusammenhänge mit der Lichtgeschwindigkeit hin. Das muss nicht immer so sein, aber es kommt im Licht-Kontext unverhältnismäßig oft vor. Das ist mitunter sehr hilfreich. Diese Ziffernfolge und ihre Verdrehungen sind quasi ein **Hinweis**zeichen auf das Licht und seine Geschwindigkeit – vorzugsweise auf die in Kilometern je Sekunde, aber nicht nur.

Wie das genau funktioniert und / oder zustande kommt, weiß ich nicht wirklich. Aber die Häufigkeit ist mehr als auffällig. Es ist, als ob jemand diese Ziffernfolge bewusst an vielen Stellen, die mit Licht zu tun haben, eingebaut hätte - und sich jetzt köstlich über das Dummgucken amüsiert.

Andere Ziffernfolgen dieser Hinweis-Art sind beispielsweise auch die **6-3-6-6** (6336, 3663, 3633, …), die wahrscheinlich von 2/Pi abstammt. Die …**x22**,abcd… , die anscheinend ebenfalls auf das Licht und seine Geschwindigkeit hinweist.

Dazu kommt die Reihe 216, 316, 416, … sowie die „Boeing-Zahlen" 707, 717, 727, 737, 747, 757, 767, 777, 787 und 797, … usw. usf.

Es gibt noch mehr solcher Ziffernfolgen, die oft Hinweise auf physikalische und andere Zusammenhänge liefern. Zahlen haben wirklich manchmal „magische" Eigenschaften.

Ich bin übrigens nicht der Erste, der über so etwas stolpert. Axel Klitzke[50] beschreibt die extrem wichtige Ziffernfolge **(1)-2-7-3-2** in etlichen Zusammenhängen und verweist auch auf weitere Autoren. Mir bleibt dabei nur, diese Aussagen zu bestätigen, zu ergänzen und anzumerken, dass die Folge m.E. ihren Ursprung einerseits im Verhältnis 4/Pi = 1,27323… findet, und andererseits in Wurzel aus Drei = $\sqrt{3}$ = 1,732…, worauf A. Klitzke jedoch ebenfalls schon verweist. Wenn man dieser Folge anderweitig begegnet, weiß man, dass man sich mit hoher Wahrscheinlichkeit auf einem richtigen Weg befindet. Fragt sich halt bloß immer nur: Auf welchem?

Eine mögliche Erklärung des Phänomens der Ziffernfolgen und ihrer Verdrehungen liefert eventuell die Sieben. Teilt man eine **nicht** durch 7 teilbare ganze Zahl durch 7 entsteht immer und ausnahmslos die Ziffernfolge **1-4-2-8-5-7** und das in unendlicher Folge. Aus diesem Grunde wird die Sieben auch als ‚Generatorzahl' bezeichnet, weil sie stets diese Ziffernfolge ‚generiert'.

Generatorzahlen sind nicht so selten wie man denken könnte. Die Sieben ist "nur" die kleinste davon. Alle anderen sind größer und liefern längere Folgen. Dadurch sind sie oft schwer erkennbar, weil sie nur auffallen, wenn man mit sehr vielen Nachkommastellen rechnet.

Aber wer macht das schon?

Wie jeder weiß, spielt die Sieben in vielen Märchen, Mythen, Legenden, … und Heiligen Texten der Menschheit **schon immer** eine große und außergewöhnliche Rolle. Sie tritt dort oftmals stark betont auf. Ihre Generatorfähigkeit könnte ein Grund dafür sein. Ob unsere Altvorderen das Phänomen bzw. Funktionsprinzip der Generatorzahlen bereits kannten und sogar praktisch anwendeten? Davon ist auszugehen.

Rund um die Sieben gäbe es aber noch jede Menge mehr ‚Absonderlichkeiten' zu berichten. Beispielhaft für Vieles sei hier nur ein ‚komischer' Zusammenhang genannt:

7 * 7,77777… = 54,44444… => 1/x = 0,0**18367**3…

Die Ziffernfolge **1836** (…,1526…) entspricht den Vorkommazahlen des Massenverhältnisses von Proton zu Elektron. Da stellt sich die Frage, ob auch das unsere Vorvorderen schon wussten? Theoretisch ist das gegenwärtig „völlig unmöglich". Aber praktisch? Wer weiß …

Im Umkehrschluss ist die Geschichte nicht so eindeutig wie auf dem Hinweg mit der Division durch Sieben. Aber es funktioniert auch. Jedenfalls gelegentlich. Begegnet man der Ziffernfolge 1-4-2-8-5-7 in einer Zahl, so kann dies durchaus auf eine Division durch Sieben hinweisen. Die Häufigkeit dürfte sogar recht hoch sein. Da es jedoch auch jede Menge andere Zahlen gibt, die nicht aus dem Bereich der Ganzen Zahlen stammen, ist es durchaus möglich, dass man völlig woanders landet. Das Phänomen der Generatorzahlen ähnelt also den genannten Merkwürdigkeiten rund um das Licht und die Welt ziemlich stark, ob aber beides wirklich irgendwie miteinander zusammenhängt, ist noch nicht endgültig sicher.

Schließlich gibt es noch diverse andere Möglichkeiten. Das Beste wäre, wenn sich mal ein paar gute Zahlentheoretiker intensiv des Themas annehmen würden. Bis dahin wird jedoch sicher noch ein wenig Zeit vergehen. Das hindert uns aber keineswegs daran, diese Art der Hinweise schon heute zu nutzen. Die einzige Voraussetzung dafür ist, die Augen und den Verstand weit offenzuhalten.

Potenz- und Wurzel-Hinweise

Der Eine oder Andere hat sicher schon einmal das Wort ‚Radosophie' gehört. Dieses Wort ist DIE Geheimwaffe der modernen „(Schein-) Wissenschaften" gegen Mathematikbeflissene, Numerologen und andere Zahlen"künstler" aller Coleur, deren Ergebnisse nicht ins Weltbild der Radosophie-Rufer passen. Die Herrschaften erhoffen sich, dass eine Kalkulation schon endgültig diskreditiert und restlos am Boden zerschmettert ist, wenn auch nur hinterrücks der Ruf ertönt:

„Die Rechnung ist doch Radosophie!"

Im Anschluss sollen am besten alle ‚Sünder' tief in sich gehen und ihre Sünden gestehen, damit ihnen im Anschluss „Die Umkehr" (von weiß-der-Teufel-was) genehmigt wird und sie von ihren Sünden gereinigt werden. Hauptsache, die unliebsame Rechnung ist erst einmal vom Tisch und der vermeintliche Sünder traut sich eine Weile nicht unter dem Tisch vorzugucken. Ich habe schon so manchen Selberdenker erlebt, den solche Zwischenrufe voll vom Hocker gehauen haben. Und auch etliche selbstsichere Nachhaker hatten irgendwann die Nase voll davon.

Arme Wissenschaft! Hat sie es wirklich nötig, sich von Radosophie-Rufer-Scharlatanen "beschützen" zu lassen?

Die Sache hat nur einen Haken: So einfach ist das nämlich nicht! Die Herrschaften zeigen in schöner Regelmäßigkeit, dass sie selbst keine Ahnung haben. Das können sie ja auch nicht, denn ernsthaft geprüft, oder gar tiefgründig drüber nachgedacht, wird so gut wie nie. Praktisch wird immer nur Radau gemacht und zielgerichtet diskreditiert.

Wörtlich übersetzt soll ‚Radosophie' soviel wie ‚Die Wahrheit vom Rade' bedeuten. Dabei geht es ursprünglich darum, dass man bestimmte Zahlen mithilfe eines relativ einfachen Algorithmus' überall hineinrechnen kann. Zum Beispiel Naturkonstanten in Holländische Damenfahrräder. Daher das ‚Rad' im Kunstwort ‚Radosophie'. Fahrräder deshalb, weil ein niederländischer Physiker vor Jahren einen ironisch-sarkastischen Artikel darüber veröffentlicht hat, der im Nachgang wohl eine weniger erwünschte Eigendynamik gewonnen hat.

Der Algorithmus funktioniert ungefähr so, dass eine Reihe von beliebig auswählbaren Grundzahlen mit einigen vorgegebenen Exponenten frei kombiniert werden, bis durch Addition oder Multiplikation der einzelnen Terme das gewünschte Ergebnis möglichst nah getroffen wird. Das Ganze basiert darauf, dass primär eine möglichst große Zahlenmenge erzeugt wird, aus der im Anschluss ein paar - möglichst zum Wunschergebnis passende – Zahlen gezielt herausgesucht werden. Allein die vielen "möglichst" legen schon dar, dass Radosophie nicht wirklich eine solide Grundlage hat. Im Prinzip ist es eine Art „Lotto verkehrtherum".

Wenn man im Internet bewusst danach sucht, findet man unter dem Stichwort „Radosophie-Rechner" eine ganze Reihe solcher kleinen Rechenprogramme. Der Großteil davon funktioniert gar nicht erst, aber ein paar davon kriegen wenigstens das hin. Einige Wenige sehen dabei sogar noch ganz gut aus. Wenn man ein bisschen damit herumspielt, merkt man sehr schnell, dass diese „Errungenschaften" ihre Stärken und Schwächen haben. Somit kann ich hier nach etlichen Diskussionen mit ruhigem Gewissen sagen, dass die Radosophie mit zunehmend geforderter Genauigkeit früher oder später von ganz allein stirbt. Sie stellt also nicht wirklich einen Grund zur Sorge dar. Auch kann man "Radosophie" (und alles was so genannt wird, um es zu diffamieren) und richtige Mathematik in den allermeisten Fällen sauber trennen. Das geht meist auch dann, wenn sich beides auf den ersten flüchtigen Blick gelegentlich recht ähnlich sieht. Ein Grund für echte Kopfschmerzen ist Radosophie nicht.

Das wäre ja auch echt schlimm, wenn man Mathematik, Physik, Astrophysik, Chemie, Ingenieurwesen, elektronische Datenverarbeitung, … und noch viele andere Wissenschaftszweige einfach so auf den Gepäckträger eines holländischen Damenfahrrades schnallen könnte …

Interessanterweise äußert sich kaum ein ‚richtiger' Wissenschaftler offen zum heutigen Umgang mit dem Thema. Schätzungsweise will da keiner in die Propaganda-Mühle geraten. Aber ist die übertriebene Scheu und Zurückhaltung am falschen Punkt wirklich hilfreich?

Immerhin scheint das Verfahren wissenschaftspolitisch jedoch derart wichtig zu sein, dass Herr Prof. Harald Lesch eigens zu diesem Thema mindestens eine volle Fernsehsendung produziert hat. Die ist auch heute noch auf Youtube abrufbar. Eigentlich höre ich dem Herrn Professor ja manchmal ganz gern zu. Und das nicht nur, weil seine Rethorik recht angenehm ist. Er hat auch zweifelsfrei schon eine ganze Reihe sehr ordentlicher, allgemeinverständlicher und aufklärender Fernsehsendungen produziert. Das ist keine Frage. Andererseits muss man aber manchmal schon ganz schön genau hinhören und enorm kritisch denken, wenn man als mehr oder weniger Fachfremder nicht gelegentlich völlig hilflos unter die naturphilosophisch-rethorischen Räder kommen will.

Und das nicht nur bei der Radosophie, die er offensichtlich als lächerlich machendes Killerinstrument für unliebsame Gegenmeinungen unterstützt, anstatt dem Konsumenten Hilfsmittel für die Unterscheidung und Einordnung an die Hand zu geben. Dass er damit der Unwissenschaftlichkeit Tür und Tor öffnet, scheint ihm nicht bewusst zu sein oder ihn gar zu stören.

Andere Beispiele dieser überflüssig-verschleiernden Art sind etwa die ‚Echtheit der Mondlandungen‘[51], sein Umgang mit der Präastronautik und diverse andere Themen.

Insbesondere die professoralen Ausführungen zum ‚anthropogenen Klimawandel‘ sind mehr als befremdlich und kritikwürdig. Von einem Physiker sollte man die primäre Behandlung der (astro-) physikalischen Grundlagen des Klimas erwarten können, bevor er völlig ungeprüft „fachfremde“ Scheininhalte auf B-Zeitungs-Niveau unters Volk streut. Als Astrophysiker sollte dem Herrn Professor doch gut bekannt sein, dass der Planet Erde weder über ein geschlossenes Glasdach verfügt, noch in Kristallsphären eingebettet durchs All fliegt. Doch bislang (bis November 2019) drang seinerseits kein einziges Wort davon an meine Ohren. Stattdessen „predigte“ er dienstbeflissen schon mehrfach den albernen Sermon der offensichtlich konventionsabhängigen „Klimapolitiker“. Da nutzt es auch nichts, wenn nach heftiger Kritik sinngemäß eingeräumt wird, dass es aus Vorsichtsgründen sinnvoll ist, um „…einen See herumzulaufen, bevor man ins Eis einbricht …“.

Dieser See existiert nicht. Seine Umrundung kostet nur wertvolle Zeit, die dringend für die Bewältigung realer Probleme benötigt wird, und birgt die Gefahr, im Verlauf der Umgehung in andere Löcher einzubrechen, die bislang eventuell noch gar nicht bekannt sind.

Dem aufmerksamen Beobachter stellt sich schon die Frage, warum ein guter Naturwissenschaftler, Dozent und Referent scheinbar ohne jede Not für solchen Unfug seine Reputation über Bord wirft?

---

[51]   z.Bsp. die Aussage: Mondstaub bewegt sich ausschließlich „… hoch und runter, hoch und runter …“. Den schrägen Wurf scheint es nach Herrn Prof. Lesch auf dem Mond nicht zu geben. Oder wollte er dem Zuschauer etwas mitteilen, was er nicht mitteilen durfte?

Vertraut er einfach nur den fachfremden ‚Wissenschaftler-Kollegen' zu sehr? Es ist nicht leicht mitzubekommen, dass die offizielle Wissenschaft heutzutage an diversen Stellen nicht viel mit Wissenschaft zu tun hat. Oder ist er heimlicher Bestandteil eines schlechten Politikbetriebes? Egal wie, übrig bleibt ein fahler Nachgeschmack, der auch ein schlechtes Licht auf den gesamten „Rest" der Wissenschaft wirft.

Das ist Nachhaltigkeit der falschen Art. Oder ist gerade das Sinn und Zweck der kompletten „Klimawandel-Angelegenheit"? So fern - wie es scheint - liegt diese Möglichkeit nicht.

Wie viele Leute sind überhaupt eigenständig dazu in der Lage, derartige Meinungslenkungen als solche zu erkennen und ihnen bei Notwendigkeit Paroli zu bieten? Übermäßig viele sind es jedenfalls nicht.

Ein leichter politisch-religiöser Touch prägt sich dem Herrn Professor mit der Zeit leider immer spürbarer auf. Klar, das macht auch solche Themen interessant, spannend und amüsant. Für ein bisschen Häme sind die meisten Leute allemal leichter zu begeistern als für die Integralrechnung. Aber ist das wirklich Sinn und Zweck von „Bildungs-und Wissenschaftsfernsehen"? Es gibt ja noch viel mehr TV- und andere Sendungen, die nicht ganz 'koscher' sind ...

Doch zurück zur Radosophie und zum Licht.

Den Umstand, dass man mithilfe mehrfach hintereinander gestaffelten Wurzelziehens mit einiger Wahrscheinlichkeit bei der Eins und ihrem unendlich langen Ende landet, hatte ich ja schon weiter vorn erwähnt. Und andersherum kann man sich mithilfe von Potenzen sehr schnell der Null oder der richtig großen Unendlichkeit nähern. Potenzen und Wurzeln sind also manchmal ganz hilfreich. Insbesondere in Verbindung mit der Geometrie. Auch mehrfach hintereinander. Man muss eben nur wissen, was man da gerade macht.

Einer der positiven Aspekte besteht zum Beispiel darin, dass die Zahlen einer Potenzreihe recht charakteristische Endzahlen haben. Zum Beispiel wechseln sich bei den fortlaufenden Potenzen der Zwei immer die Zwei, die Vier, die Acht und die Sechs – also alle geraden Ziffern - als Endziffer ab. Die Reihenfolge bleibt dabei immer gleich.

2^ 1 =   **2**   2^ 2 =   **4**   2^ 3 =   **8**   2^ 4 =   16
2^ 5 =   **32**   2^ 6 =   64   2^ 7 = 128   2^ 8 = 256
2^ 9 = 512   2^10 = 1024   2^11'= 2048   2^12 = 409**6**
2^13 = 819**2**   2^14 = 16384   2^15 = 32768   2^16 = 6553**6**

…

usw. usf.

Bei den Potenzen der Drei sind es die Drei, die Neun, die Sieben und die Eins. Bei der Vier sind es nur die Vier und die Sechs, die sich bis zum Sanktnimmerleinstag stets abwechseln. Bei der Potenzreihe der Fünf ist hinten immer ausschließlich die Fünf zu finden. Und abgesehen von der Anfangszahl Fünf, ist ansonsten die vorletzte Ziffer immer eine Zwei. Das heißt, bei allen anderen Fünfer-Potenzen steht immer eine 25 am Ende. Die einzige Ausnahme ist Fünf hoch 1 gleich Fünf, ganz am Anfang.

Das geht in ähnlicher Art immer weiter. Bei Potenzen gibt es also Regelmäßigkeiten innerhalb der Zahlen. Die sind nur selten offen sichtbar, aber sie sind stets vorhanden. Diese inneren Gesetzmäßigkeiten kann man ebenfalls als Hinweise und zur Verständigung nutzen. Und eventuell kann man sie sogar mit den Generatorzahlen und ihren Anverwandten verquicken, sodass sich weitere sinnvolle Möglichkeiten ergeben.

Es liegt auf der Hand, dass diese Art von Hinweisen oft schwer erkennbar ist – und deshalb ihre Erkennung anfänglich oftmals mehr mit Intuition zu tun hat als mit gezielter Mathematik. Aber es gibt sie, sie funktionieren nach sicheren mathematischen Regeln und man kann sie durchaus finden und verstehen. Geprüft werden muss bei derartigen Zusammenhängen immer der Einzelfall.

Eine etwas andere Angelegenheit, die aber zum hiesigen Unterthema gehört, ist die Ermittlung von Wurzeln. Mit dem Taschenrechner oder dem Computer ist das kein Problem. Man drückt die entsprechende Taste und hat das Ergebnis. Erheblich schwieriger ist das Wurzelziehen per Hand. Hierbei kommt das mathematische Verfahren der **Interpolation** zum Einsatz. Unter Interpolation versteht man dabei das Agieren zwischen zwei Polen. Das heißt: Um einen korrekten Wurzelwert zu ermitteln wird zunächst ein Zahlenintervall grob abgeschätzt, in welchem sich der

gesuchte Wurzelwert befinden könnte. Dann wird die Probe gerechnet und im Anschluss das Intervall enger eingegrenzt. Dieser Vorgang wird so oft wie notwendig wiederholt, bis man den gewünschten Wurzelwert mit der erforderlichen Genauigkeit herausgefunden hat. Im Grunde ist Interpolation ein gezieltes Ausprobieren auf mathematischer Basis, welches wahrscheinlich 'Interpolation' genannt wird, weil das wohl fachmännischer klingt als „herumprobieren" oder 'gezieltes ausprobieren'.
Aber: Interpolation ist ein probates und offizielles mathematisches Verfahren. Es liefert richtige und auf Richtigkeit prüfbare Ergebnisse.

Wenn man – quasi aus dem „Nichts" – zum Kugel-Licht-Modell gelangen will, ist Interpolation oft und in verschiedensten Formen zwingend notwendig. Weniger – oder gar nicht - um Wurzelwerte zu ermitteln, als sich vielmehr von anfangs ungenauen Ausgangswerten ausgehend, den tatsächlichen und exakten Resultaten schrittweise zu nähern. Das Prinzip bleibt dabei das gleiche wie bei den Wurzeln: Stetiges und gezieltes Einengen von Intervallen. Dabei geht es allerdings **nicht nur** um Zahlenintervalle, sondern auch – und ganz besonders - um inhaltliche und Interpretations-Intervalle.

Aufgrund ihrer Wichtigkeit für die hiesigen Probleme wurde die Interpolation hier noch einmal kurz beschrieben, obwohl sie mit Sicherheit den meisten Wissenschaftlern gut bekannt ist.

Noch etwas scheinbar völlig Anderes ist das Wurzelziehen im geometrischen Rahmen, das bisher anscheinend nur recht stiefmütterlich von der Wissenschaft behandelt wurde. Dieses Unterthema ist für uns wichtig, weil es sich beim Kugel-Licht-Modell rein äußerlich ja hauptsächlich um eine geometrisch-arithmetische Darstellung der Verhältnisse handelt, die möglichst viele Rückschlüsse auf das tatsächliche Licht beinhalten soll. Trotzdem will ich die Ausführungen dazu hier möglichst kurz fassen und das Unterthema der offiziellen Wissenschaft zur weiteren Bearbeitung anvertrauen.

Die mit Abstand einfachste Form auf geometrischem Wege eine Wurzel zu ziehen bietet das Quadrat. Das Quadrat hat eine definierte Fläche (A), und eine Seitenlänge desselben Quadrates entspricht dem Wert der Wurzel (a). Demzufolge ist a * a = A bzw. $\sqrt{A} = a$. Ebenso wichtig ist die Tatsache, dass eine Diagonale eines Quadrates in jedem Fall die Wurzel aus Zwei beinhaltet, weil $Dia = a * \sqrt{2}$ oder $\frac{Dia}{a} = \sqrt{2}$. In jedem Quadrat sind zwei Diagonalen enthalten. Hier ist also ein konkreter Hinweis auf die Potenzreihe der Zwei bzw. die dazugehörigen Wurzeln deutlich gegeben.

Bei anderen ebenen Figuren als dem Quadrat ist in der überwiegenden Zahl der Fälle die Fläche der Figur arithmetisch zu berechnen und dann ebenso arithmetisch die Wurzel zu ziehen. Die Ergebnisse, kann man dann wieder in geometrischer Form nutzen, aber das bringt uns nicht allzuviele Vorteile. Wichtig ist in diesem Zusammenhang hauptsächlich das Quadrat.

Entsprechend dem Quadrat in der Ebene ist der Würfel die einfachste Variante für das Ziehen der Kubikwurzel im dreidimensionalen Raum. Dabei wird das Quadrat einfach nur um eine Dimension erweitert, sodass eben ein Würfel entsteht. Aus der Fläche des Quadrates, die beim Würfel 6-mal vorhanden ist, wird die Würfeloberfläche, die Hülle, des Würfels gebildet. Der von der Hülle umschlossene Raum wird zum Volumen (V), dem Rauminhalt, des Würfels. Somit gilt $a * a * a = V$ oder in der Umkehrung $\sqrt[3]{V} = a$. Analog zur Flächendiagonale des Quadrates, die automatisch die Wurzel aus Zwei beherbergt, beinhaltet die Raumdiagonale des Würfels die Wurzel aus Drei. Die Raumdiagonale, von der es insgesamt $2^2 = 4$ Stück je Würfel gibt, errechnet sich $DiaR = a * \sqrt{3}$. Jeder Würfel weist also heimlich, still und leise auf die Potenz- und Wurzelreihen von Zwei und Drei hin. So weit, so gut.

Aber wie verhält es sich mit Wurzeln und Potenzen in der Eindimensionalität? Aus einem Punkt kann man keine vernünftige Wurzel ziehen. Er hat eine theoretische Fläche von Null und die Wurzel aus Null ist Null. Eine Länge oder etwas anderes hat ein Punkt auch nicht. Bestenfalls könnte man also aus seinen Koordinaten eine Wurzel ziehen. Oder sie potenzieren. Das geht aber natürlich nur, wenn der Punkt auch konkrete Koordinaten hat. Aber was soll dabei herauskommen? Eventuell eine Ortsveränderung? Das wäre möglich. Oder ein Hinweis auf bestimmte

Zahlen, das wäre ebenfalls möglich. Ansonsten sieht es jedoch ziemlich traurig aus. Mit regulärer Mathematik oder Geometrie hat das nicht allzu viel zu tun. Eher mit Kryptographie …

Was bleibt, sind die eindimensionalen Linien, also Strecken und Geraden. Die puren Geraden fallen aus der Betrachtung heraus, weil sie unendlich lang sind. Die Wurzel aus 'Unendlich' ist ebenfalls 'Unendlich' – das bringt uns nicht weiter. Somit bleiben für uns nur die Strecken übrig, die über eine konkrete Länge verfügen. Strecken sind definierte Teilstücke von Geraden. Sie passen auch gut zu Quadrat und Würfel, die aus ihnen zusammengesetzt sind. Kann man aus einer Strecke überhaupt die Wurzel ziehen?

Diese Frage muss mit ‚JA‘ beantwortet werden, wenn auch mit erheblichen Einschränkungen. Schließlich können definierte Zahlen in einem Diagramm oder einer Zeichnung als Strecke dargestellt werden. Andersherum können Strecken auch durch Zahlen und Maßeinheiten beschrieben werden, ohne dass man zwingend eine Zeichnung benötigt. Am Besten funktioniert die Streckenbeschreibung jedoch, wenn man Zahlen, Maßeinheiten und eine zeichnerische Darstellung zur Verfügung hat. Da weiß man, wo es lang geht.

Das Potenzieren von Strecken ist einfach. Man multipliziert sowohl die Zahlen als auch die Maßeinheiten mit sich selbst. Das Ergebnis sind beispielsweise Quadrate oder Würfel. Wenn keine Maßeinheit genannt ist, kann u.U. auch eine längere Strecke entstehen. Aus bereits potenzierten Strecken lassen sich auch die Wurzeln einfach ziehen. Die Seitenlänge des Quadrates ist die Wurzel aus seiner Fläche usw.

Erheblich schwieriger wird es, wenn aus einer Primärstrecke die Wurzel gezogen werden soll. Hier müssen wir die Betrachtung aufsplitten. Zahl und Maßeinheit müssen getrennt und einzeln analysiert werden.

Aus jeder positiven Zahl kann man die Wurzel ziehen, egal wie sie aussieht. Bei negativen Zahlen geht das nicht. Es würde den Definitionen der Rechenoperationen für negative Zahlen widersprechen. Demzufolge muss man bei negativen Zahlen den Umweg über den Betrag der Zahl nehmen. Und den kann man im Zweifelsfall wiederum als Strecke darstellen. Das jeweilige Vorzeichen – also die Richtung der Strecke – sollte somit nicht wirklich ein Problem darstellen.

Auch das Ziehen der Wurzel aus der jeweiligen Zahl, die die Länge der Strecke beschreibt, ist kaum problembehaftet. Schließlich gibt es Taschenrechner und Computer.

Sehr viel schwieriger ist dagegen das Wurzelziehen aus der dazugehörigen Maßeinheit. Denn was hat man beispielsweise unter der "Wurzel aus Meter" zu verstehen? Da kriegt man dicke Backen …

An dieser Stelle wird sich der eine oder andere Leser wieder einmal fragen, was der Unfug soll. Wann hat man schon mit der 'Wurzel aus Meter' zu tun? Solche Fragestellungen sind gegenwärtig noch ziemlich unüblich. Aber im Zusammenhang mit dem Kugel-Lichtmodell wird sich das alsbald ändern. Denn wie bereits am Anfang dieses Buches mitgeteilt wurde, spielen etwa die Wurzeln aus der Lichtgeschwindigkeit eine nicht zu unterschätzende Rolle – zu welchem Zweck auch immer.

Aber was sagt die "Wurzel aus Lichtgeschwindigkeit" aus? Wie ist mit ihrer jeweiligen Maßeinheit zu verfahren? Ist Licht ein Quadrat oder ein Würfel? Wieviele Dimensionen sind im Licht enthalten? Eine, Zwei, Drei, Sechs, … oder noch viel mehr ?

Das geometrische Wurzelziehen aus einer Strecke (S) auf einer Geraden (g) ist etwas merkwürdig. Es gibt meines Erachtens auch mindestens zwei verschiedene "Lösungen", die jedoch nur teilweise weiterhelfen.

(1) Wir berechnen zunächst die Wurzel aus der Zahl der Streckenlänge auf arithmetischem Wege. Dann teilen wir die Strecke in entsprechend viele gleichlange Teilstücke und betrachten ein einziges davon als die Wurzel der Strecke.

Beispiel: Wir teilen eine Strecke von 100 cm in 10 Teilstücke zu je 10 cm Länge. Jedes/Eines dieser Teilstücke entspricht dann der Wurzel der Ausgangsstrecke. Das geht problemlos solange man den Wurzelwert vor der zeichnerischen Darstellung ausrechnen kann. Aber die Umkehrung wird schwierig. Schließlich ergibt das Produkt aus 10 cm mal 10 cm 100 Quadratzentimeter, also ein Quadrat. Wir waren aber von 100 cm ausgegangen, und nicht von 100 cm². Irgendetwas stimmt da nicht.

Ein Paradoxon?

Andererseits können wir die Teilstücke addieren und kommen wieder zu der korrekten Ausgangsstrecke. Ebenso, wenn wir die Länge eines Teilstückes mit der Anzahl der Teilstücke multiplizieren.

Regelrecht 'kriminell' wird es hingegen, wenn wir die 100 cm der Ausgangsstrecke in 1 m umrechnen, was an der Strecke selbst nichts ändert. Die Wurzel aus 1 ist 1. Somit erhalten wir zwei verschiedene Wurzelwerte für ein und dieselbe Strecke. Kann das sein? Es wirft zumindest Probleme auf. Und was ist die Wurzel aus Meter = $\sqrt{m}$?

(2) Wir formen die Ausgangsstrecke von 100 cm in ein Quadrat mit einem Flächeninhalt von 100 cm² um. Eine Seitenlänge dieses Quadrates entspricht dann längenmäßig der Wurzel aus der Ausgangslänge. Auch hier wird das umgekehrte Potenzieren schwierig bzw. falsch. Denn auch hier ergeben sich Quadratzentimeter - und nicht Zentimeter. Oder wir definieren irgendetwas um. Beispielsweise könnte man aus den 10 Wurzelteilstrichen ein an zwei Seiten offenes Quadrat konstruieren. Doch auch hier würde nur wieder die Addition der Teilstriche helfen.

Im Endeffekt funktioniert beides nicht richtig, aber teilweise irgendwie doch. Eine merkwürdige Sache. Hauptgrund des Scheiterns sind die Maßeinheiten. Im Umgang mit dem Licht könnte es jedoch sehr nützlich sein, wenn wir eine echte Lösung für dieses Problem finden könnten. Hat zufällig jemand eine brauchbare Idee?

Wie Abbildung 13 zeigt, erhalten wir für ein und dieselbe Strecke unterschiedliche Wurzelwerte, sobald wir unterschiedliche Maßeinheiten verwenden. Die Wurzeln aus einer einfachen Strecke sind also von der jeweils genutzten Maßeinheit abhängig. Sie stehen zwar stets über die Umrechnungsfaktoren zwischen den Maßeinheiten in indirekter Verbindung, aber das in der Praxis zu erkennen und zu beurteilen ist meistens sehr aufwendig, kompliziert, nicht immer eindeutig und manchmal unsicher. Trotzdem scheint es eine relativ bedeutsame Rolle zu spielen. Es eröffnet viele Möglichkeiten zur Erkennung und Darstellung von Fakten sowie zur Definition von Maßeinheiten, ohne dabei auf menschliche Sprache zurückgreifen zu müssen. Stattdessen genügt die bloße 'Sprache der Mathematik' völlig. Mithilfe von Wurzeln und Potenzen beschriebene und festgelegte Zahlen können somit ein probates Mittel zur Langzeitübertragung von Wissen sein.

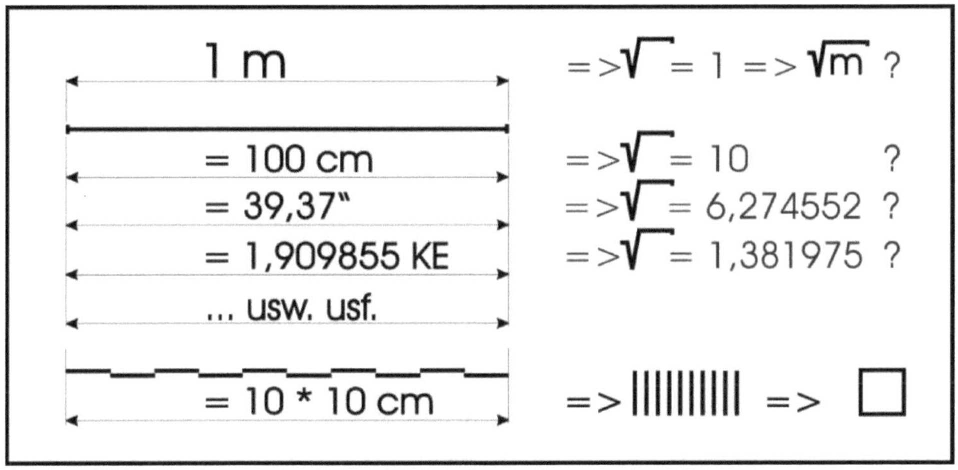

Abbildung 13:   *"Wurzel aus Strecke" ?*

Zum Abschluss des Unterthemas ‚Wurzeln und Potenzen' noch ein Beispiel, welches an anderer Stelle[52] bereits im Jahr 2013 ein wenig intensiver beschrieben wurde. Hier geht es hauptsächlich darum, zu zeigen, dass mehrfaches Potenzieren bzw. Wurzelziehen durchaus zur Aufdekkung von Zusammenhängen und neuem Wissen führen kann. Oder wenigstens zu entsprechenden Ansätzen, die dann weitergeführt werden können.

Der Ausgangspunkt der nachfolgenden Rechnung ist die - dem Anschein nach - leicht gerundete Lichtgeschwindigkeit mit 299.792,**46** km/s, die aus der bereits beschriebenen Rechnung mit dem Winkel 43,38xxx° stammt. Die Kalkulation nährt den Verdacht, dass es sich hierbei nicht um eine Rundung handelt, sondern um eine tatsächlich gegebene, geringfügig andere Betrachtungsweise der Lichtgeschwindigkeit.

---

[52]   [4]; insbesondere auf den Seiten 342 bis 344

Mit der definierten Lichtgeschwindigkeit von 299.792,**458** km/s sowie mit dem Massenverhältnis von Neutron zu Elektron funktioniert die folgende Rechnung hingegen nicht, wenn auch nur um eine Winzigkeit.

Knapp daneben ist jedoch auch vorbei.

Vorweg sei angemerkt, dass die Verhältnisform **0,999308...** der Lichtgeschwindigkeit bisher **NICHT** zum Programm der heutigen Wissenschaft gehört. Sie hat jedoch – wie wir noch deutlich sehen werden – eine außergewöhnlich wichtige Bedeutung für die Betrachtung des Lichts und seiner Geschwindigkeit.

299.792,460003413... : 300.000 = **0,9993082**00011377... = **X**

(0.)	X	$= 0,999308200011377...$
1.)	X^2	$= 0,998616878609978...$
2.)	X^4	$= 0,997235670244735...$
3.)	X^8	$= 0,994478982008466...$
4.)	X^{16}	$= 0,988988445656595...$
5.)	X^{32}	$= 0,978098145642249...$
6.)	X^{64}	$= 0,956675982508805...$
7.)	X^{128}	$= 0,915228935509188...$
8.)	X^{256}	$= 0,837644004393281...$
9.)	X^{512}	$= 0,701647478096010...$
10.)	X^{1024}	$= 0,492309183518492...$
11.)	X^{2048}	$= 0,242368332176644...$
12.)	X^{4096}	$= 0,0587424084420879...$
13.)	X^{8192}	$= 0,00345067054957708...$
14.)	X^{16384}	$= 0,0000119071272417 1860...$
15.)	X^{32768}	$= 1,41779679150477... * 10^{-10}$
16.)	X^{65536}	$= 2,01014774200123... * 10^{-20}$
17.)	X^{131072}	$= 4,04069394467264... * 10^{-40}$
18.)	X^{262144}	$= \mathbf{1,63272075545141... * 10^{-79}}$

$$1,63272075545141... * 10^{-79} \qquad = \mathbf{163,272075545141... * 10^{-81}}$$

Laut heutiger Physik[53] beträgt das Verhältnis zwischen den Massen von Proton und Elektron **1836,15267247 (80)**, wobei die (80) den Toleranzbereich angibt.

Multiplizieren wir nun die 1,6327... mit dem Massenverhältnis von Proton zu Elektron:

$1{,}63272075545141..*10^{-79} * 1836{,}15267327 = \mathbf{2{,}99792457982552} *10^{-76}$

Wir erhalten die Ziffernfolge der definierten Lichtgeschwindigkeit im Miniformat. Das ist ein außergewöhnlich merkwürdiger „Zufall", sofern es denn überhaupt ein Zufall sein sollte. Es ist ja auch nicht der einzige in diesem Zusammenhang. Interessant ist vor allem auch die Größenordnung, um die es hier geht. Die Genauigkeit kann mit besser geeignetem Rechengerät selbstverständlich noch erhöht werden.

Jetzt müssen wir nur noch die Größenordnung an die echte Lichtgeschwindigkeit in km/s anpassen und minimalst runden:

$$(2{,}99792457982552 * 10^{-76}) * \mathbf{10^{81}} = \underline{\mathbf{299.792{,}458}} \text{ (km/s)}$$

Hierzu ergänzend sei noch kurz mitgeteilt, dass der Quotient aus den Massenverhältnissen von Proton und Neutron zum Elektron dem Quadrat der Verhältnisform der Lichtgeschwindigkeit sehr nahe kommt. Korrekt getroffen wird sie allerdings noch nicht ganz. Wir werden exakter darauf zurückkommen. Bezeichnend dabei ist, dass sich die Elektronenmasse aus der Rechnung herauskürzt und somit die Massen von Proton und Neutron direkt ins Verhältnis gesetzt werden.

Masse Proton   : Masse Elektron = 1836,15267389(17)
Masse Neutron : Masse Elektron = 1838,68366158(90)

=> 1836,15267389 : 1838,68366158 = 0,998623478446627...
=> $\sqrt{0{,}998623478446627}$ = 0,999311502208709...
=> 0,9993115022... * 300.000 = <u>299.793,4506...</u>

---

53   Wikipedia; 2013

Die Differenz zur definierten Lichtgeschwindigkeit beträgt gerademal einen knappen km/s oder 0,000331117.. Prozent. Durch Ausnutzung der o.g. Toleranzen kann man sie sogar noch ein wenig verringern.

Vielleicht sollten die Physiker einmal darüber nachdenken, ob und wie man zukünftig damit umgeht?

<u>Phi-Hinweise</u>

Wozu dienen derartige Hinweise? Wozu wurden hier Pi und Phi und 39,37 und alles andere derart umfangreich beschrieben, obwohl es doch hier um das Licht und seine Geschwindigkeit gehen soll?

Ganz einfach:

All das Genannte - und noch viel mehr - gehört hautnah zusammen!

Und das Gesamtpaket beschreibt Licht, weil es von ihm abstammt.

Auch hierzu wieder ein Beispiel:

Beschäftigt man sich mit den Potenzen des Goldenen Schnittes Phi und schaut sich die Einzelergebnisse an, fallen gleich eine ganze Reihe besonderer Zahlen auf. Neben den bereits genannten Phi^1, Phi^{-1} und Phi^2 seien hier beispielhaft vorerst nur weitere drei aufgeführt:

- Phi^10 = 122,991869938… ~ **123**; in der Schreibweise 1,22991869E+2 wirkt sie ein bisschen wie eine Mischung aus Lichtgeschwindigkeit in km/s (=> 299) und Meilen/s (=> 186), indem jeweils die ersten drei Anfangsziffern in richtiger Reihenfolge enthalten sind.

- Phi^12 = 321,99689437… ~ **322**; in ihrer leicht gerundeten Form ist diese Zahl wohl in einigen Geheimbünden recht beliebt – warum auch immer … vielleicht liegt es an der 12 der 12. Potenz?

- Phi^25 = **167761**,00000596… ist vor dem Komma eine Spiegelzahl Diese Aufzählung könnte wortwörtlich bis in die Unendlichkeit fortgesetzt werden. Soweit wollen wir hier ausnahmsweise aber nicht gehen.

Stattdessen muss an dieser Stelle eingefügt werden, dass diese Potenzenfolge von Phi zukünftig noch erheblich gründlicher untersucht werden muss. Vor allem mit sehr viel mehr Nachkommastellen. Bei der hiesigen Excel-Rechnung, mit nur 15 Stellen, scheinen sich nämlich die Ergebnisse mit steigender Potenz stetig ganzen Zahlen anzunähern und sie auch zu erreichen. Und das sogar ziemlich schnell. Es kann bislang jedoch nicht mit Sicherheit gesagt werden, ob das wirklich so ist. Falls es tatsächlich so ist – und es sieht ganz danach aus – dann ist es eine weitere Besonderheit des Goldenen Schnittes.

Ganz besonders auffällig ist **Phi^39** = 141.422.324. Das ist anscheinend eine ganze Zahl. Die Ziffernfolge sieht der Wurzel aus Zwei erstaunlich ähnlich ($\sqrt{2}$ = 1,4142136 ...). Das fällt noch mehr bei der wissenschaftlichen Computerschreibweise 1,41422324E+8 auf. Die kurze Überprüfung ergibt, dass es sich nicht um die Wurzel aus Zwei handelt, sondern um einen Wert, der ziffernmäßig ganz knapp daneben liegt. Dazu kommt allerdings noch die geringfügig unterschiedliche Zehnerpotenz 10^8, aber die verschiebt ja nur das Komma ein Stückchen nach hinten.

    Das Quadrat von Phi^39 beträgt 2,0000273725...E+16. Die selbe Zahl taucht gleich noch einmal bei Phi ^78 auf. Und wenn man weitersucht, stößt man auf die Potenzenfolge der 141422324. Das ist logisch, weil wir ja von der Potenzenfolge Phi^x ausgegangen sind, aber durchaus auch verblüffend.

Phi^39 (=> 1 * 39) = 141422324^1
Phi^78 (=> 2 * 39) = 141422324^2 = 2,0000273725...E+16
Phi^117 (=> 3 * 39) = 141422324^3 = 2,8284851909...E+24
Phi^156 (=> 4 * 39) = 141422324^4 = 4,0001094909...E+32
Phi^195 (=> 5 * 39) = 141422324^5 = 5,6570478046...E+40
Phi^x ... ∞

Interessant ist, dass Phi^117 der Wurzel aus Acht recht ähnlich ist und Phi^195 der Wurzel aus 32. Es sieht also so aus, als ob sich die Potenzfolgen der Zwei, der Vier, der Acht, der Zweiunddreißig usw. irgendwie überlagern, ohne diese „echten Ur-Folgen“, die allesamt auf 2^x basieren und sich ebenfalls überlagern, jemals direkt zu berühren. Alles ist knapp daneben und trifft sich doch irgendwie immer wieder. Sehr seltsam das Ganze, auch wenn es aufgrund des stetigen Potenzierens nicht wirklich ein ‚Wunder' ist.

Ganz ähnlich verhält es sich mit **Phi^37** = 54.018.521 = 5,4018521E+7. Auch das scheint eine ganze Zahl zu sein. Auch hier stoßen wir auf überlappende Potenz-Folgen. Auch hier erscheint alles ein wenig unbestimmt seltsam.

Phi^37	(=> 1 * 37)	= **540**18521^1
Phi^74	(=> 2 * 37)	= **540**18521^2 = 2,918000611...E+15
Phi^**111**	(=> 3 * 37)	= **540**18521^3 = 1,576260772...E+23
Phi^148	(=> 4 * 37)	= **540**18521^4 = 8,514727565...E+30
		= 2,918...E+15^2
Phi^185	(=> 5 * 37)	= **540**18521^5 = 4,599529898...E+38
Phi^**222**	(=> 6 * 37)	= 54018521^6 = 2,484598024...E+46
		=2,918...E+15^3
Phi^259	(=> 7 * 37)	= **540**18521^7 = 1,342143105...E+54
Phi^296	(=> 8 * 37)	= **540**18521^8 = 7,250058552...E+61
		= 2,918...E+15^4
Phi^**333**	(=> 9 * 37)	= **540**18521^9 = 3,916377440...E+69

Phi^x ... ∞

Hier ist anzumerken, dass die Wurzel aus Phi^111 gleich **3,97**021507332E+11 ist. Das könnte ein weiterer Hinweis auf die Zahlendreherei mit 39,37 und Co. sein, von der ich annehme, dass sie in der Phi-Potenzenfolge ihren Anfang und ihre Ursache hat. Wirklich belegen kann ich das allerdings noch nicht. Man darf ja nicht vergessen, dass die 0,3937 ein uralter, ganz offizieller und bis heute international anerkannter Umrechnungsfaktor zwischen Zoll und Zentimeter, Meile und Kilometer ist, der schon in der Bibel und anderswo seinen Niederschlag gefunden hat. Da darf man durchaus vermuten, dass er eine mehr oder weniger 'goldene' Herkunft aufweisen kann, nämlich als direkter Abkömmling vom Goldenen Schnitt.

Teilt man Phi^39 durch Phi^37 erhält man das Quadrat des Goldenen Schnittes (= Phi²). Das liegt auf der Hand, weil zwischen 37 und 39 zwei Phi-Potenzen liegen. Überhaupt scheint Phi² eine außerordentlich große Rolle im mathematischen Urgrund und im Universum zu spielen, so manches Mal ist Phi² = 2,6180339… sogar wichtiger als Phi selbst.

Außer Konkurrenz ist vielleicht noch die Zahl Phi^43 zu erwähnen. Die Wurzel daraus heißt 31133,95**29934**765… Auch sie wirkt ein wenig wie eine Kombination aus Lichtgeschwindigkeit in km/s und dem Quadrat der Lichtgeschwindigkeit (= c²) in Meilen²/s². Ein Tausendstel dieser Zahl beträgt 31,1339529934765. Betrachtet man dieses Tausendstel als Winkel, so entspricht es **31° 08' 02,23"**.
 Ist das ein Richtungswink in die tiefe Vergangenheit?

Wie bereits mitgeteilt, muss das alles noch sehr viel gründlicher und exakter untersucht werden. Ich denke jedoch, dass die hiesigen Ausführungen dazu vorerst genügen, um zu zeigen, was mit diesen seltsamen „intuitiven Hinweisen" gemeint ist. Auch in der „richtigen Mathematik" lohnt es sich durchaus, sich **die Zahlen selbst** genauer anzuschauen, bevor man überhaupt erst beginnt über ein spezielles Thema nachzudenken.

<u>Phi-Ellipsen</u>

Und weil wir gerade wieder beim Goldenen Schnitt Phi und seinen Anverwandten gelandet sind, möchte ich explizit darauf hinweisen, dass man auch aus Phi ein paar sehr bedeutsame Ellipsen kreieren kann. So wie es aussieht besteht **das gesamte Universum** schon vom schleimigsten Urschleim her auch aus lauter Ellipsen – theoretisch wie praktisch.
 Wichtige Phi-Ellipsen – also Ellipsen, die auf dem Goldenen Schnitt Phi basieren – gibt es eine ganze Menge. Es ist nicht möglich, sie alle hier aufzuführen und zu beschreiben. Aus diesem Grunde seien an dieser Stelle nur zwei davon näher genannt und beschrieben, um viel-

leicht ein paar Spezialisten auf dieses interessante Thema aufmerksam zu machen, damit die sich intensiver damit befassen.

Bei der ersten dimensionslosen Ellipse dieser Art hat die große Halbachse a eine Länge von Phi = 1,6180339... und die kleine Halbachse b ist Phi/2 = 0,809016994... lang. Letztere entspricht somit gleichzeitig dem Sinus von 54 Grad und dem Kosinus von 36 Grad. Beide genannten Winkel sind typische Phi-Winkel, die beispielsweise auch im Pentagon bzw. Pentagramm enthalten sind und auch bei anderen Gelegenheiten häufig zutage treten.

Mit den beiden gegebenen Halbachsen ist diese Ellipse eindeutig festgelegt. Daraus ergeben sich weitere markante Kenngrößen.

Dabei sind die Fläche A = 4,11239817... , der Umfang U = 7,8381476... und die lineare Exzentrizität e = 1,401258534... noch nicht wirklich auffällig.

Doch auch sie liefern schon ein paar beachtenswerte Hinweiszahlen. So betragen beispielsweise die 64. Potenz der Ellipsen-Fläche 2,00**4887840**...E+39 und die 32. Potenz der linearen Exzentrizität **4881**8,**488**... . Beide Zahlen sind aufgrund ihrer vielen Vieren und Achten gute mögliche "intuitive Hinweise“ in Richtung Licht und Lichtgeschwindigkeit. Das sollte man nicht unterschätzen.

Interessanter wird es jedoch bei der Numerischen Exzentrizität, die exakt dem Sinus von **60** Grad und dem Kosinus von **30** Grad entspricht. Das sind Winkel, die bisher nur selten – oder gar nicht - mit dem Goldenen Schnitt in Verbindung gebracht werden. Somit sind allein in dieser Ellipse schon vier wichtige Winkel exakt enthalten.

Dazu kommt, dass der Quotient aus b = Phi/2 und Phi² dem Sinus von **18°** und dem Cosinus von **72°** gleichkommt, wodurch mindestens 6 bedeutende Winkel enthalten sind, die das Universum zusammen halten.

Außerdem findet sich noch ein Lambda von **0,3333333...** was genau einem Drittel oder 1 : 3 entspricht.

Abbildung 14 (nächste Seite):　　　　*Phi-Ellipse-1*

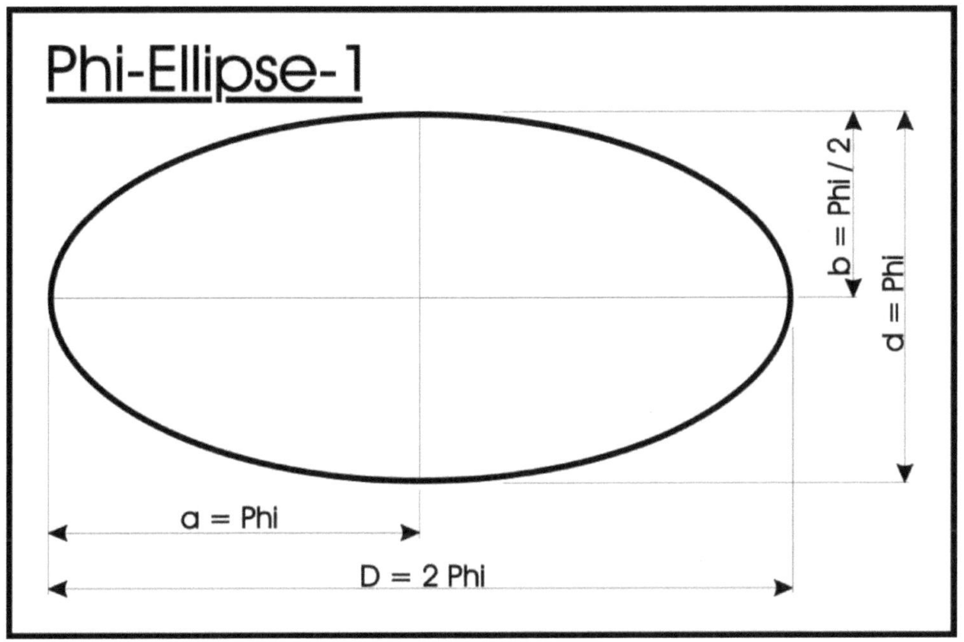

Mindestens ebenso aufregend ist eine Ellipse mit a = Phi^4 und b = Phi. Ihre lineare Exzentrizität beträgt diabolische **6,66**0381… und ihr Lambda ist mit **1/Phi** nicht zu schlagen. Die dritte Potenz von a führt uns zum sagenumwobenen Phi^12 = 321,9968944… was rund 322 entspricht.

Das Verhältnis **a : b** = 4,236067977… = Phi^3

$$= b^3 = \sqrt{5} + 2 ;$$

der Reziprokwert b : a beträgt hingegen 0,236067977…, was $\sqrt{5} - 2$ entspricht.

Der kleine Durchmesser   d = 2b = 2 Phi

$$= \sqrt{5} + 1 = 3{,}236067977…$$

Der große Durchmesser   D = 2a = 2 * Phi^4

$$= \mathbf{13{,}7082039324994…}$$

Damit kommt der Große Durchmesser der Ellipse nicht nur einem Zehntel des Reziprokwertes der Feinstrukturkonstante relativ nahe, sondern auf einem kleinen Umweg Phi² und Pi noch sehr viel näher.

Der natürliche Logarithmus von 13,708204 heißt 2,6179944807...
Daraus ergibt sich eine Differenz zum Quadrat des Goldenen Schnittes von **3,90795...E-5**.

Sechs Fünftel (also mal 1,2) des obigen natürlichen Logarithmus ergeben **3,14159**337695... , was eine Differenz zu Pi von gerademal **7,2336...E-7** bedeutet.

Gewissermaßen werden durch diese Ellipse Pi, Phi² und die Feinstrukturkonstante ziemlich nahe zusammengebracht.

Ob das noch besser geht?

Umfang, Fläche und numerische Exzentrizität sind diesmal nicht so interessant, obwohl es auch hier wieder einige Ansatzpunkte gibt. Die Aufzählung von Besonderheiten ist beileibe nicht vollständig.

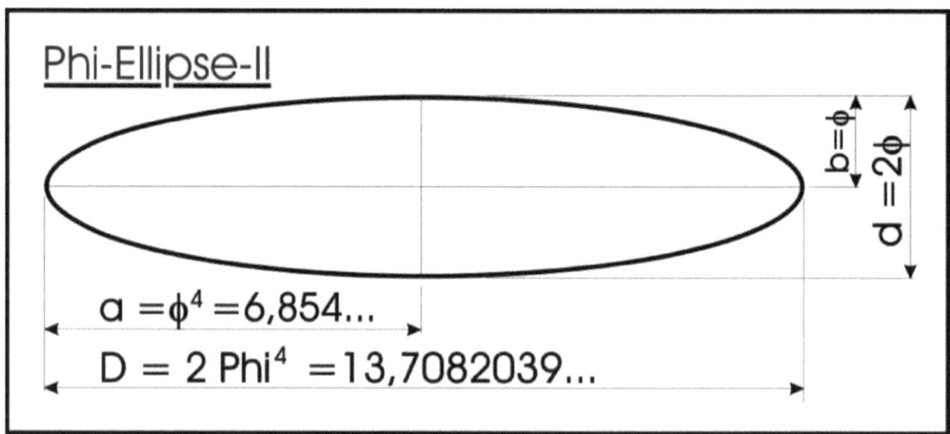

Abbildung 15:   *Phi-Ellipse-II*

Den Reigen der elliptischen und anderen Phi-Zusammenhänge könnte man schier endlos fortsetzen. Man findet immer wieder Neues, was einem bisher entgangen ist. Aber ich will es hiermit vorerst genug sein lassen. Um das Prinzip aufzuzeigen reicht das bisher Ausgesagte völlig aus. Schließlich geht es hauptsächlich um das Licht - und nicht um den Goldenen Schnitt und seine internationalen Verwicklungen.

<u>Der Mond, das Licht und seine Geschwindigkeit</u>

Mit dem Mond der Erde und seiner Bahn habe ich mich schon öfters auseinander gesetzt und dies auch kundgetan[54]. Das ist wirklich ein ganz erstaunlicher Geselle. Er selbst verhält sich eher konservativ zurückhaltend, aber seine völlig ausgeflippte Bahn zappelt nervös um die Erde herum, dass es nur so eine Freude ist.

Sein Licht soll eine romantische Wirkung auf Menschen ausüben. Das passt gut zum Thema, auch wenn es gar nicht sein eigenes Licht ist. Außerdem walkt er ständig die Erde durch, und zwar so, dass sie sich niemals wirklich gleicht, sondern sich stets immer nur ähnlich ist. Ständig gibt es irgendwelche Veränderungen in der Beziehung Erde-Mond. Dadurch wird sie nie langweilig. Schuld ist selbstverständlich dieser alte Schwerenöter namens Mond.

Mittlerweile ist wieder eine ganze Menge Neues zutage gekommen, wovon ich hiermit eine kleine Auswahl der Wissenschaft und der Allgemeinheit zu Gehör bringen möchte. Es passt hervorragend zum Kugel-Licht-Modell und ist ein direkter Bestandteil davon.

Dass, wie und warum, man mithilfe eines leicht idealisierten Erde-Mond-Systems wunderbar den Meter, die Sekunde und die Lichtgeschwindigkeit definieren kann, hatte ich bereits vor fünf Jahren in meinem Buch „Cheops und das Licht - Teufelswerk II" in aller Ausführlichkeit beschrieben. Ein größeres Echo war leider noch nicht zu verzeichnen. Hier und heute möchte ich diesbezüglich nur noch einmal die beiden wichtigsten Grundgedanken der damaligen Ausführungen in Erinnerung rufen, um dann darauf aufbauend weiterzugehen. All das besitzt immer noch seine Gültigkeit – und wird sie auch zukünftig für eine sehr lange Zeit behalten.

Wir erinnern uns daran, dass ein Tag auf der Erde 86.400 Sekunden lang ist, was einer minimalen Rundung gleichkommt, da die tatsächliche Se-

---

[54]   [3] und [4]

kundenlänge aufgrund der ungleichmäßigen Erddrehung ein wenig schwankt. Oder die Anzahl der Sekunden. Je nach Betrachtungsweise. Jedenfalls passt da aufgrund der ständigen temporären oder dauerhaften Veränderungen in der Natur etwas nicht bis zum letzten Yota zusammen, sondern nur bis zum vorletzten. Deswegen sind wir in JEDEM Fall zwingend auf eine gewisse Idealisierung angewiesen. An dieser Tatsache, diesem Fakt, kommen wir – so oder so – nicht vorbei. Und wenn wir schon gezwungen sind runden bzw. idealisieren zu müssen, dann können wir diesen Rundungen und Idealisierungen auch gleich eine Form geben, dass alles 'Phi-mäßig' harmonisch zusammenpasst und somit dieser Form auch gleichzeitig ein bisschen Zusatzwissen implantieren.

Im Endeffekt verfügen wir über jene wunderschön glatten 86.400 Sekunden je Tag, die uns so ziemlich jede Uhr auf diesem Planeten anzeigt.

Aus ganz ähnlichen Gründen runden wir die flippige Mondbahn ebenfalls hauchzart auf kreisrunde und insgesamt glatte 2,4 Millionen Kilometer Länge, was dem Ellipsenumfang der Mondbahnellipse relativ genau entspricht. Nun fehlt nur noch die Länge des Siderischen Monats, den wir von den real-runden 27,32166… Tagen je Monat auf künstlich-runde, aber auffällige 27,7777… Tage je Monat idealisieren. Diese Rundung ist erheblich gröber als die beiden vorangegangenen von Mondbahnlänge und Sekundenzahl. Sie beträgt etwa 1,642 Prozent, was knappen 11 Stunden je Monat entspricht. Das ist den erheblichen zyklischen Schwankungen der Mondbahn geschuldet.

Man kann jedoch den zahlenmäßigen Zusammenhang noch ohne jede Schwierigkeit erkennen und akzeptieren. Auch, weil der Reziprokwert von 27,7777… mit 0,**036** auf eine runde Sache und das 360°-System hinweist. Man braucht nur das Komma entsprechend zu verschieben.

Außerdem liefert die scheinbar große Rundung der Monatsdauer um 1,642 Prozent erstaunliche Näherungswerte an Phi, 150, 0,00666… und weitere auffällige Zahlen, sodass man glatt auf den Gedanken kommen könnte, dass auch die Differenz nicht zufällig an ihren Platz geraten ist. Derart "numerologische" Betrachtungen sollen hier aber nicht weiter ausgeführt werden. Sie würden nur ablenken.

Nun teilen wir die Mondbahnlänge durch die Tage und erhalten als Ergebnis diejenige Strecke, die der theoretische Mond an einem idealisierten Tag zurücklegt:

2.400.000 km : 27,7777… d/Monat = <u>86.400 km/d</u>

Im Anschluss dividieren wir noch die Geschwindigkeit des Mondes durch die obigen 86.400 Sekunden je Tag und erhalten:

$$v_{Mond} = 86.400 \text{ km/d}$$
$$1 \text{ Tag} = 86.400 \text{ s/d}$$
$$=> 86.400 \text{ km/d} : 86.400 \text{ s/d} = \underline{1 \text{ km/s}}.$$

Mit dem Kilometer ist gleichzeitig der Meter definiert, weil 1 Kilometer 1000 Meter lang ist. Mit dieser kleinen idealisierten Rechnung erhalten wir also ohne großen Aufwand eine mathematisch exakte Definition für Meter und Sekunde, die hautnah der natürlichen Realität angenähert ist.

Gratis dazu haben wir noch die ungefähre - selbstverständlich ebenfalls leicht idealisierte - Geschwindigkeit des Mondes erhalten, der damit wohl einer der langsamsten Himmelskörper im bekannten inneren Sonnensystem sein dürfte.

Wenn man so möchte, kann man diese Mitteilung auch als Bonus-Hinweis auf die Relativität betrachten. Denn 1 km/s ist für irdische Verhältnisse auch schon ganz schön schnell. Nämlich etwa so schnell wie eine Kugel aus einer besseren Maschinenpistole, die übrigens auch keine richtige geometrische Kugel ist.

Und wenn wir schon Meter, Kilometer, Sekunde und Geschwindigkeit haben, dann fällt es uns auch nicht mehr schwer, die Lichtgeschwindigkeit auf diese spartanische Art mondgerecht zu definieren[55].

$$\frac{2.400.000 \text{ km} * 0,99930819333\ldots}{8 \text{ s}} = 299.792,458 \text{ km/s}$$

Die 8 Sekunden des Divisors ergeben sich aus dem Umstand, dass die Länge der Mondbahn von 2,4 Millionen Kilometern knapp 8 Lichtsekun-

---

[55]   [3]

den entspricht. Ohne die Einbeziehung der Verhältnisform der Lichtgeschwindigkeit (= 0,999308193...) erhalten wir - ebenfalls idealisierte - 300.000 km/s.

Wie diese mathematisch-natürliche Mischformel genau zustande kommt, möge der Interessierte im Zweifelsfall in Quelle [3][56] nachlesen. Fakt ist, sie funktioniert. Und zwar exakter als eine Definition auf rein natürlicher Basis. Auch ist sie eingängiger und sinnvoller als eine scheinbar „frei" definierte Lichtgeschwindigkeit in m/s.

Auf das Spiel mit den Reziprokwerten von 27,777... und 36 ist die offizielle Wissenschaft übrigens auch schon selbst gekommen. Wenn auch in einem etwas anderen Zusammenhang: Nämlich bei den Maßeinheiten der Energie:

$$1 \text{ Joule} = 1 \text{ kg} * m^2/s^2 = \mathbf{2{,}77777...} * 10^{-7} \text{ Kwh}$$
$$1 \text{ Kwh} = \mathbf{3{,}6} * 10^{6} \text{ Joule}$$

Den umgebenden Mond-Kontext hat sie dabei allerdings anscheinend übersehen. Oder doch nicht?

So weit, so gut, so bekannt. Kommen wir langsam zum Neuen und fangen mit der Bahn des Erdmondes an.

Die Mondbahn und ihr Zentrum

Die Bahn des Mondes ist – wie gesagt – in praktisch allen Parametern stetigen zyklischen Veränderungen unterworfen, die teilweise gar nicht mal so klein sind. Als Nicht-Mond-Spezialist hat es somit nicht viel Sinn, sich mit den Details abzuplagen. Bei Wikipedia unter dem Stichwort „Mondbahn"[57] findet der interessierte Laie eine recht gute Kurzübersicht über die tatsächlichen Verhältnisse und ihre stetigen Änderungen. Das ist für jeden gut zugänglich und insofern wichtig, weil in so ziemlich jeder

---

[56]   [3]; Seiten 218 ff.
[57]   [15]

anderen Quelle leicht unterschiedliche Daten zu finden sind. Das ist ein Dilemma und kann ganz schön nervig und verwirrend sein.

Von den Details können wir hier nicht allzu viele gebrauchen, doch als Leitfaden sind diese Angaben recht nützlich. Uns interessieren hier mehr die Mittelwertangaben inklusive Toleranzen, die wir dann sinnvoll - und den natürlichen Gegebenheiten möglichst nah - runden bzw. idealisieren können. Das geht nämlich prima und macht auch Sinn – zumindest den, dass sich dann vieles leichter merken lässt. Der Mond und seine minimal idealisierte Bahn sind zwei wichtige Stützpfeiler des Kugel-Lichtmodells, auch wenn das hier noch nicht allzu deutlich zum Ausdruck kommt.

Die Bahn unseres Erdtrabanten ist – grob betrachtet – eine Keplersche Ellipse. Als solche hat sie aus **astronomischer** Sicht ein Perigäum und ein Apogäum. Das Perigäum, der erdnächste Punkt der Bahn, pendelt im Lauf der Zeit zwischen 356.400 und 370.300 km um ganze 13.900 km hin und her. Mal ist der Mond näher an der Erde dran, und dann ist er wieder weiter weg - selbst mit seinem erdnächsten Punkt.

Beim Apogäum, dem erdfernsten Punkt der Ellipse, verhält es sich ähnlich. Es schwankt jedoch nur um etwa 2.750 km – und zwar zwischen 404.000 km und 406.750 km Entfernung. Auch das sind ganz schön große Unterschiede. Das sind sie tatsächlich, sie täuschen uns aber über einen bedeutsamen Fakt hinweg, der nicht sofort auffällt:

Aus **mathematischer** Sicht sieht dieselbe Ellipse wesentlich undramatischer aus als aus astronomischer. Hier wird nämlich primär auf die Länge der Halbachsen der Ellipse geschaut – die gewissermaßen. mit dem Radius beim Kreis vergleichbar sind. Beides – also Apo- und Perigäum sowie die Halbachsen – kann man einfach und exakt ineinander umrechnen. Und da kommt schnell zum Vorschein, dass die Mondbahn-Ellipse tatsächlich so gut wie **kreisförmig** ist!

Um keine Missverständnisse aufkommen zu lassen: Sowohl die astronomische, wie auch die mathematische Betrachtung sind richtig. Sie sind aber zwei verschiedene Blickwinkel auf ein und dasselbe Objekt. Daraus resultieren Unterschiede, die ganz schön irreführend sein können.

Nach Wikipedia ist die große Halbachse a im Mittel rund 383.400 km lang und die kleine Halbachse b im gerundeten Mittelwert 382.800 km. Das ergibt eine Differenz von 600 km, was nur etwa einem Sechstel des Monddurchmessers und weniger als 0,16 Prozent der kleinen Halbachse entspricht. Mit den Daten aus einem Astronomiebuch[58] gerechnet[59] - wonach das Perigäum gerundete 356.410 km und das Apogäum 406.740 km betragen - sind es sogar nur rund 150 km anstatt 600 km.

Bei einem Mond-Durchmesser von 3.476 km kann der Mond somit theoretisch locker auf einem perfekten **Kreis** mit einem perfekten Umfang von 2,4 Millionen km entlang fliegen, ohne seine natürliche Durchschnitts-Ellipsen-Bahn je vollständig zu verlassen. Relativ zu seiner realen Ellipse würde er dabei nur ein bisschen hin und her wackeln, was er sowieso ständig macht.

Es stellt also überhaupt kein Problem dar, die Mondbahn für ein Modell als rein kreisförmig anzusehen.

Trotzdem darf man sich nicht täuschen lassen: Hier werden zur Erstellung eines Modells Durchschnittswerte betrachtet. Die natürliche Realität ist jedoch erheblich komplizierter.

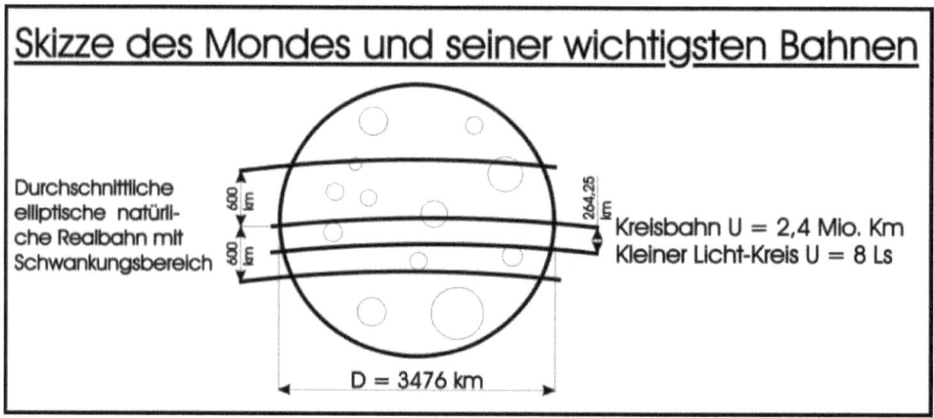

Abbildung 16: *Die für die hiesigen Ausführungen wichtigsten theoretischen Mondbahnen*

---

58   [18]
59   siehe [3]

Wo kommen dann aber die großen Unterschiede zwischen Perigäum und Apogäum her?

Die kommen hauptsächlich daher, weil die Erde sozusagen ihren Platz innerhalb der Mondbahn-Ellipse, in deren einem Focus sie sich befindet, andauernd verändert. Die Erde fliegt ja auch nicht stur geradeaus auf ihrer Bahn um die Sonne, sondern schlingert, wackelt, eiert, kurvt, ... ebenfalls um unser Zentralgestirn herum, als ob sie leicht angeschuckert wäre. Alles pendelt, alles schwingt, alles bewegt sich und die Mondbahn-Ellipse dreht sich im Lauf der Zeit auch noch selbst um die Erde.

Insgesamt sind diese astronomischen Bewegungen hochkompliziert, sodass eine kleine - aber zutreffende - Vereinfachung sehr sinnreich ist. Der Mond und seine Bahn sind ständig mehr als 40 verschiedenen Zyklen unterworfen, die sich oft auch noch zeitlich und räumlich überlagern. Insgesamt ist das Ganze enorm komplex und auch für echte Astronomen kaum vollständig zu durchschauen.

Die Mondbahn-Ellipse wird vergleichbar einem 'Hula-Reifen' um die Erde herum geschlenkert, wobei der Mond seinerseits auch kräftig an der Erde zerrt und so die Erdbahn leicht verändert. Der 'Hula-Reifen' selbst verändert sich nur wenig, aber seine relative Lage zum Drehpunkt ändert sich ständig und stark.

Das kommt hauptsächlich daher, weil sich gleichzeitig mit der Drehung des Mondes um die Erde, die Erde weiterhin um die Sonne dreht. Der Mond natürlich auch. Dadurch kommt es, dass sich die Bewegungen von Erde und Mond überlagern. Die Sonne und die anderen Planeten spielen ebenfalls eine große Rolle. Auch ihre Gravitation zerrt stark am Erde-Mond-System.

Wenn man sich die Bewegungen von Erde und Mond von weit oberhalb des Sonnensystems anschaut, sieht es so aus, als ob sich der Mond in einer Wellenbewegung um die Erde herumschlängelt und gar keine Ellipsenbahn je vollenden würde. Von der Erde aus sieht man dagegen die elliptischen Umrundungen des Mondes, jedoch nicht die Schlängelei.

Was man wie wirklich sieht, hängt einzig vom Standort des Beobachters ab. Alles ist relativ, und Relativität ist nicht einfach. Wellen stammen letztlich von Kreisbewegungen (oder besser: zyklischen elliptischen Bewegungen) ab. Und wellenförmige Bewegungen gibt es bei Erde und Mond mehr als genug. Im gesamten „Rest" des Universums natürlich auch.

Weil alles so ist, wie es ist, ergibt sich ein erheblich größerer Ruck, wenn wir die Erde in den Mittelpunkt der oben angedachten Modell-Mond-**Kreis**bahn rücken. Der Abstand der Erde, die sich ja stets in einem der Ellipsen-Brennpunkte befindet, zum Mittelpunkt der natürlichen Mondbahnellipse schwankt zyklisch zwischen ungefähr 16.850 km und 25.150 km hin und her. Das sind immerhin **1,3** bis knapp **2** Erddurchmesser. Die Schwankung selbst beträgt somit rund **8.3**00 km oder zwei Drittel des Erddurchmessers. Das ist zwar für viele Dinge auf der Erde relevant, aber unter kosmischen Gesichtspunkten spielt es nicht wirklich eine Rolle. Und zwar schon allein deshalb nicht, weil sich ja die Erde letztendlich auch um diesen „Ellipsenmittelpunkt" dreht, sofern man in diesem Fall ausnahmsweise eine derart unpräzise Formulierung verwenden darf.

Wir nehmen also auf diese Details keine allzu große Rücksicht und setzen die Erde theoriemäßig in die Mitte der idealisierten Mondkreisbahn.
Dabei fällt etwas Merkwürdiges auf:
Der Abstand zwischen Kreismittelpunkt und Kreisumfang beträgt fast genau 30 Erddurchmesser, also 60 Erd-Radien.

Dieses „fast genau" lässt sich problemlos zu einem theoretisch-mathematisch exakten „ganz genau" umwandeln, wenn wir noch ein paar weitere winzigkleine Idealisierungen vornehmen. Sozusagen schleifen und runden wir noch ein bisschen am natürlich gegebenen System herum, um es unserem Kugel-Lichtmodell bestmöglich anzupassen.

Das hört sich gefährlich an, ist es aber nicht.
Fortan betrachten wir die Erde für unser Modell als eine geometrisch exakte Kugel. Die Modell-Erde ist damit wirklich kugelrund. Ihr Umfang beträgt nun glatt **40.000** Kilometer – und zwar in jeder erdenkbaren Richtung.

Somit entspricht 1 km auf dem Modellkugel-Erdumfang exakt einer Neugrad-Minute - und einem raffinierten Zusammenspiel von 360°- und 400°-System steht nichts mehr im Wege.

Die mit Abstand größte Abweichung von den natürlichen Gegebenheiten, die nötig ist, um dieses Modell-Idealmaß der Erde zu erhalten, betrifft den Äquatorumfang der Erde. Er verkürzt sich um 75,017 km, was ganze 0,1872 Prozent[60] des Äquatorumfanges ausmacht. Oder anders ausgedrückt: Der Äquatorumfang der Erde wird um knapp zwei Tausendstel ‚gekürzt‘, um dem Kugel-Lichtmodell näher zu kommen.

Der Polumfang der Erde muss sogar nur um knappe zwei Zehntausendstel ‚verkürzt‘ werden, d.h. um 7,863 km oder 0,019654 Prozent.

Das ist fast „nichts".

Der Vorteil dieses Vorgehens liegt darin, dass wir für das Kugel-Licht-modell nun zwei wunderbar aufeinander abgestimmte Himmelskörper haben, die auch noch wundervoll zu unseren Maßeinheiten passen. Das idealisierte Kugelmodell der Erde mit glatt 40.000 km Umfang liefert nämlich einen Abstand zur idealisierten Mondkreisbahn von genau 30 Erd-Kugel-Durchmessern oder exakt 60 Radien.

Der idealisierte Mondbahn-Radius beträgt dann 381.971,8634… km, was uns punktgenau zu unserer idealisierten Mondkreisbahn mit exakt 2,4 Millionen Kilometern Kreisumfang bzw. Bahnlänge führt.

Besser geht es nicht für ein extrem naturnahes Modell dieser Art.

Diese Geschichte bietet noch ein paar Vorteile mehr, die nicht gleich sichtbar werden. Die 40.000-km-Modellerde-Kugel hat nämlich einen Durchmesser von 12.732,395 km. Das entspricht genau zehntausendmal **4/Pi**, was eine recht gebräuchliche mathematische Konstante darstellt. Nach dem selben Schema entspricht der Radius der Kugel 10.000-mal **2/Pi**, was ebenfalls eine mathematische Konstante ist. **30** Kugel-Durch-messer oder **60** Kugel-Radien ergeben den Mondbahnradius. Demzufolge entsprechen 60 Kugel-Durchmesser oder **120** Kugel-Radien dem Mond-bahn-Durchmesser. Der beträgt seinerseits 763.943,73.. km. Multipliziert mit Pi kommen wir wieder zu unseren 2,4 Millionen Kilometern Mond-bahnumfang. Teilen wir die durch ihren Radius erhalten wir zwei Pi.

Und wenn wir uns jetzt an die **Einheitskreise** erinnern, fällt uns ein, dass derjenige mit einem Umfang von 2 Pi für die Winkelfunktionen

---

zuständig ist. Und der Hinweis auf Winkel ist im Zusammenhang mit Kugeln und Kreisen weder zu unterschätzen, noch zu übersehen.

Wem Radius und Durchmesser der Mondbahn zu ‚unrund‘ sind, um sie sich merken zu können, kann das alles noch um eine Kleinigkeit runder machen: Beispielsweise ergeben 764.000 km Bahndurchmesser geteilt durch 120 Erdradien 6366,666... km. Das sieht gleich nochmals viel 'schöner' aus und ist erheblich eingängiger, ohne groß von der mathematischen „künstlichen Realität" des Erde-Mond-Systems abzuweichen.

Hier verzichten wir jedoch darauf.

Selbstverständlich fällt uns bei der Gelegenheit auch noch auf, dass der doppelte Umfang der Modell-Mondbahn 4,8 Millionen Kilometer beträgt. Und das erinnert uns daran, dass uns ein Tausendstel (= 48.000) sowie ein Zehntausendstel (= 4.800) davon bereits ganz am Anfang dieses Buches bei der Ermittlung des Querprodukts der Wurzel aus der Lichtgeschwindigkeit begegnet sind. Ob das etwas zu bedeuten hat?

All das behalten wir erst einmal im Hinterkopf. Schließlich gibt es zum Mond noch erheblich mehr mitzuteilen.

<u>Mond-Numerologie für Wissenschaftler</u>

Jetzt wird es für einen Moment, das heißt für dieses Kapitel, ein wenig exotisch. Dass sich die Hauptdaten von Erde und Mond hervorragend und völlig problemlos idealisieren und aufeinander abstimmen lassen, dürfte hoffentlich mittlerweile jedem aufgefallen sein.

Aber von diesen „merkwürdig zusammenpassenden Zufällen" gibt es ja noch sehr viel mehr, die sich wahrscheinlich nur niemand zu benennen traut. Denn, dass sie noch niemandem aufgefallen sein sollten, ist für mich nicht vorstellbar. Ein paar dieser vermeintlichen „Zufälle" möchte ich in der nachfolgenden Auswahl kurz nennen, ohne sie übermäßig genau zu beschreiben. Ich möchte an dieser Stelle nur kurz darauf hinweisen, dass es sie gibt. Der Grund für diese Kurzfassung ist schnell benannt: Der Mond ist ein wichtiger Bestandteil des Kugel-Lichtmodells, um dass es in diesem Buch geht. Deshalb ist es meine Pflicht, im gegebenen Rahmen auf ihn einzugehen. Auf der anderen Seite gibt es in Bezug auf den Mond derartig viele solcher merkwürdigen "Zufälle", die keine sind, dass ich problemlos ein dickes Buch nur darüber zusammenstellen könnte und das vielleicht auch noch irgendwann machen werde. Insofern kann hier nur auf einen winzigen Splitter aus dem großen Mondmosaik eingegangen werden. Allerdings denke ich auch, dass das kein allzu großer Verlust ist. Die Leser, die sich durch den hiesigen Zahlensalat quälen, sind interessiert und pfiffig genug, schnell selbst genügend Auffälligkeiten zu finden.

Mit dem Mond verhält es sich genauso wie mit den legendären Kreuzberger Nächten: "Erst fang' se ganz langsam an, aber dann, aber dann ..."

Der Beginn der Mond**zahlen**-Analyse verläuft zunächst ungewöhnlich zäh und träge. Radius und Durchmesser des Mondes (in km) geben nicht viel her. Bisher jedenfalls. Die Primzahlzerlegung ergibt:

Radius $R = $ **1.738** $= 2 * 11 * $ **79**
Durchmesser $D = $ **3.476** $= 2^2 * 11 * $ **79**

Wer hat schon die 79 im Programm?

Quersumme und Querprodukt verlaufen im Sand. Multiplikation und Division mit etlichen Zahlen bringen keine Sensationen ans Licht. Viel mehr gibt es am Anfang nicht.

Die einzigen nennenswerten Auffälligkeiten, die mir an dieser Stelle bislang untergekommen sind, sind diese:

$\sqrt[8]{1738} = $ **2,54**10091... Die Zahl sieht dem Zoll in cm ein wenig ähnlich. Bringt aber nichts.

$\log(10)\ 1738 = $ **3,24**00498... $=> 1/x = 0{,}3086372...$
$=> \sqrt{0{,}3086372\,...} = $ **0,55555**12...
d.h. Wir kommen hier dem Kyrenaischen Fuß sehr nah. Die Umkehrung führt uns zu $R = 1737{,}8...$ km.

$1 / 1738 \qquad = 5{,}75$**37399**$^{-4}$
$3476 : 11 \qquad = 4 * 79 = 316$

$$3476 : 24 \quad = 144\mathbf{,833333}\ldots$$
$$\log(10)\, 3476 \;= 3{,}541\ldots \qquad => \log(10)\, 3{,}541\ldots = 0{,}5491357\ldots$$
$$=> 0{,}5491357\ldots = \sin \mathbf{33{,}307739}°$$

Das war's eigentlich schon zu Mondradius und Durchmesser. Jedenfalls in der ersten Runde. Da scheint die 79 alleine sehr viel mehr verheißungsvolle Inhalte zu besitzen. Doch auch das könnte schon wieder ein wenig täuschen ...

Etwas interessanter wird es, wenn wir die Kenn-Daten der **Mondkugel** ein wenig genauer untersuchen, die sich aus R und D ergeben. Aber auch hier fängt es ganz langsam an:

Radius R	=	1.738	(km)
Durchmesser D	=	3.476	(km)
Umfang U	=	10.920,176...	(km)
Schnittfläche AS	= 9.489.633,...		(km²)
Volumen V	= 2,1990643...E+10	(km³)	=> [: 7 ≈ *Pi*]
Kugeloberfläche AO	= 37.958.532	(km²)	=> [≈ 37,93]

Immerhin beträgt die 4. Potenz der **Kugeloberfläche AO⁴** ≈ 2,076E+30. Das erinnert an die 207,542 der Lichtgeschwindigkeit. Daraus ergibt sich - rückwärts gerechnet - aus der idealisierten Zahl 2,07**542**E+30 ein Mondradius von 1737,9342... km, der voll theoretisch und ebenso idealisiert ist. Es sind jedoch wieder nur knapp 66 Meter Differenz zu dem üblichen Nennwert von 1738,000 km. Das sind 0,003797 Prozent.

Noch ein bisschen besser klappt es beim **Volumen**. Um den versteckten Inhalt zu finden, lassen wir die vielen Nullen bzw. Zehnerpotenzen sowie die Maßeinheit unbeachtet und gehen von der Zahl 21,990643... aus.

Teilen wir die Zahl durch Sieben, erhalten wir 3,1415204. Das ist ganz nah an Pi dran. Wieder rückwärts – von dem richtigen Pi ausgehend – gerechnet, kommen wir zu einem theoretischen Mondradius von 1738,0133. Diesmal sind es also nur ganze 13,3 Meter Differenz zum Nennwert. Es fragt sich also mit Fug und Recht, ob das wirklich „nur" Theorie oder doch lieber tatsächliche Praxis ist?

Mit der **Schnittfläche** AS scheint nicht viel los zu sein, aber beim **Umfang** kommt der Mann im Mond so richtig in Fahrt. Die **10.920** lässt sich hervorragend durch alles Mögliche und Unmögliche teilen. Die 0,176... hinter dem Komma verschleiert das ein bisschen, tut der Sache aber keinen Abbruch. Die ganze Zahl 10.920 stammt von einem Mond-Durchmesser von 3475,944... km bzw. einem Radius von 1737,972... km ab. Die winzigen Differenzen spielen sich beim kraterübersäten Mond im Prinzip von allein weg. Nennen wir sie Rundungen.

Ebenso wie bei der Division erhalten wir auch bei der Multiplikation sehr hübsche Zahlen. Dazu nur ein paar wenige Beispiele:

$$
\begin{aligned}
10.920 \qquad &* 19 \quad = 207.\mathbf{480} \\
&\qquad\qquad (=> 207542 : 10920 = 19{,}00\mathbf{5678}...) \\
10.920{,}176 \qquad &* 27 \quad = 294.\mathbf{848{,}8} \\
10.920 \qquad &* 33 \quad = 360.360 \\
10.920{,}176... \qquad &* 33 \quad = 360.\mathbf{365}.81 \\
10.920 \qquad &* 33{,}3 = 363636 \\
10.920 \qquad &* 37 \quad = 404\mathbf{040} \\
10.920 \qquad &* 42 \quad = \mathbf{45}\,8640 \\
10.920 \qquad &* 60 \quad = \mathbf{655}.200
\end{aligned}
$$

... usw. usw. usf.

Besonders erfreulich sind jedoch die nächsten zehn kurzen Beispiele einfacher Mondrechnungen mit gewaltigem Pfiff[61].

Vorab sei nochmals darauf hingewiesen, dass es sich dabei **vorrangig** um blanke, modellmäßige Darstellungen von natürlichen Größen auf Basis von Mathematik und Geometrie handelt – dagegen sehr viel weniger um "korrekte wissenschaftliche Formelei":

(1)   **18.980 : 1,738** = 10.920,598 => 18.980 : 10.920,176 = 1,738**0672**
     Aber: 18.980   = **260 * 73 = 52 * 365 = 4 * 5 * 13 * 73**
        10.920 : 260 = **42**
        73 : 42   = **1,7380**952
      => 260 * 42 * 73 : 42 = 260 * 73 = 18.980

---

[61]   Siehe [21]

Das Prinzip ist ganz ähnlich wie bei der LG-Definition per idealisierter Mondbahn[62]: Das Wichtigste kürzt sich selbst raus. Dadurch ist gesichert, dass KEIN Unbedarfter die tatsächlich dargestellten Zusammenhänge zwischen dem Mond und anderen naturwissenschaftlichen Größen erkennen kann. Das Ganze dient als Langzeit-Gedächtnisstütze.

(2) Den Zusammenhang aus (1) kann man so darstellen, dass er nur vom Radius des Mondes R abhängig ist:

$$18.980 = U * R/1000 = 2\ Pi * R * R/1000$$
$$=> \textbf{R = 1738,03360723669...}$$

Die Rechnung geht auf. Die Differenz von R zu glatt 1738 km beträgt ca. 33,61 Meter

(3) In die Rechnung mit der 18.980 kann man - mehr oder weniger exakt - diverse weitere Größen und Konstanten integrieren. Beispielsweise die **Astronomische Einheit AE** (in Mio. km)[63]:

$$1\ AE * 1,738 = \textbf{260}\text{,0010992071...}$$

Will man genau auf 260 kommen, kann man die AE um 632,455 **km** kürzen – oder den Mondradius geringfügig verringern. Beides fällt unter kosmischen Gesichtspunkten praktisch kaum auf.

(4) Interessant ist auch die Feinstrukturkonstante (FSK)[64]. Multipliziert man sie mit dem im Kugel-Lichtmodell üblichen Haupt-Anpassungsfaktor 10.000, kann man sie anstelle der obigen **73** nutzen und gewinnt ein wenig Freiraum für weitere Überlegungen. Bei den Arbeiten dazu fiel mir auf, dass

$$\textbf{(73 – 1:37,77777...) : 10.000}$$

einen wunderbaren Näherungswert[65] an die FSK darstellt. Die Differenz beträgt nur rund **3,7 137 64...E-10.**

---

[62] Siehe [3]

[63] [18]; Seite 24 => 1 AE = 149.597.870.660 m

[64] FSK = 0,00729 735 256 98 (24)
1/FSK = 137,035 999 074 (44)

[65] (73-1/37,77777...) : 10.000 = 0,00729 735 294 117 647...

(5) Die Wurzel aus 18.980 heißt 137,76792... Diese Zahl kommt dem Quotienten aus 360° / Phi² = 137,5077641...° relativ nahe.
Im Gegenzug beträgt das Quadrat von 360/Phi² = 18.908,38517...
Daraus folgt:

$$18.980 - 18.908,38517... = \mathbf{71,61482...}$$
$$=> 71,61482... * 360 = \mathbf{25.781,33735...}$$

Das trifft die Präzessionsdauer der Erde so gut wie ‚punktgenau'. Dabei sind die 71,614... als Jahre zu betrachten, die die Erde für 1 Grad Umlauf auf dem Präzessionskreis benötigt.
Daraus ergibt sich eine Gesamtdauer für einen Präzessionsumlauf von insgesamt 25.781,3... Jahren. Die tatsächliche Präzessionsdauer schwankt relativ erheblich. **25.780** Jahre stellen jedoch einen hervorragenden Mittel- bzw. Nennwert dar, der die Realität wesentlich besser trifft als die oft genutzte gerundete Variante mit **72** a * 360° = 25.920 a.

$$\text{Dabei fällt auf: } 25.920 = 15.000 + \mathbf{10.920}$$

(6) **37.960 : 3,476** = 10.920,598 => 37.960 : 10.920,176 = 3,476**1345**
Die Rechnung (6) stellt quasi die Verdopplung von Rechnung (1) dar. Mit allem Drum und Dran und noch viel mehr. Daraus kann man schließen, dass von Anfang an tatsächlich der Mond mit Radius **und** Durchmesser gemeint war bzw. ist.

Die hier kurz aufgezeigten Rechnungen von (1) bis (6) schöpfen das Potenzial der Zahl 18.980 bei Weitem nicht aus. Es gäbe noch etliche weitere Zusammenhänge dieser und ähnlicher Art aufzuzeigen ...

(7) Ähnliches gilt auch für die folgenden Darstellungen um die Zahl **135.200** herum. Sie stellt einerseits eine logische Fortführung der Rechnungen von (1) bis (6) dar, beinhaltet andererseits jedoch auch völlig eigenständige Inhalte. Das belegt eindeutig, dass dem "Zahlenzauber" KEIN Zufall zugrunde liegt.

135.200   = **260** * **52** * 10 = **1300** * **104** = 26² * **200** = ...
135.200   = **10** * **13** * 52 * 20
135.200 : **370** = 365,40541...

135.200 : **39²** = 88,88888…
135.200 : 37.960 = 3,5616438… => x^4 = **160,9**17… (=> Hinweis
auf die **Englische Meile**)

… usw. usf.

(8)   **135.200 : 10.920,176** = 12,380753   (=> Umfang Mond, in km)
135.200 : 10.920   = 12,380952
12 * 2,540005080… = 30,480061… **(=> Zoll; Englischer Fuß)**
=> 10 * $\sqrt[16]{30,480061}$ = 12,380865…
=> 12,380865… * 10.920   = 135.199,05
=> 12,380865… * 10.920,176… = 135.201,23
=> **12,380865… * 10.920,077… = 135.200   => 1737,9842…**
Differenz zu 1738 km ≈ 16 Meter

(9)   Die 135.200 liefert noch zahlreiche solcher vermeintlichen „Zufälle". Hier sei nur noch ein grober Überschlag mit Protonen-Elektronen-Massenverhältnis und Feinstrukturkonstante als Merkhilfe für numerologisch-physikalische Anfänger genannt

:

135.200 + 1836 = 137.036
Ist das nicht schön?

(10)   Zum hiesigen Abschluss soll noch eine weitere dieser merkwürdigen „Allerweltszahlen" aufgeführt werden. Es ist die **545**. Wie deutlich zu erkennen ist, beinhaltet sie die **45** schon im Namen, hat aber ansonsten wohl nicht allzu viel damit zu tun. Jedenfalls bisher nicht. Stattdessen liefert sie ein kleines Feuerwerk von Kugel-Lichtmodell-verwandten Erd- und Monddaten. Es ist schon bemerkenswert wie das alles in eine einzige Zahl hineinpasst. Aufmerksam wird man darauf, wenn man die 545 zunächst einfach durch 2.000 dividiert und den erhaltenen Quotienten mit dem Äquatorradius der Erde multipliziert. Dann erhält man den **Radius** des Mondes in guter Näherung:
545 : 2.000 = **0,2725** => 6.378,137 * 0,2725 = **1.738**,04223…

Oder man multipliziert die 545 mit dem Erdradius in Megametern und erhält den **Durchmesser** des Mondes (in km):
545 * 6,378137 = **<u>3.476,0847…</u>**

Zu einem anderen Zweig der „Geheimnisse" der 545 gelangt man, indem man sie als Anzahl von Tagen betrachtet:
545 d: 365 d/a = **1,49**31507… a
Daraufhin stellt sich die Frage, ob das etwas mit einer Astronomischen Einheit (AE) zu tun haben könnte, weil eine gewisse Zahlenähnlichkeit vorliegt:
1 AE = 149.597.870, 660 km : 10^8 = **1,49**597… (100 Mio. km)
Und dann geht es los:
=> 545 : 1,49597870660 = 364,309998261…
Die Differenz zu einer (für das hiesige Beispiel) um 0,000016 Tage ($\approx$ 1,4 Sekunden) minimal verringerten Jahreslänge beträgt:
=> 365,2421643… - 364,309998261… = **0,932166081…** (d)
Diese Differenz führt uns punktgenau zu Zoll und 39,37. Zusätzlich lehrt sie uns gratis, dass man mittels Natürlichem Logarithmus und seiner Umkehrung (EXP) den Reziprokwert einer Zahl berechnen kann. War Ihnen das geläufig, lieber Leser? Mir bis dato nicht.
=> 100 : 39,37 = 2,540005080010160… **(= Zoll in cm)**
=> Ln 2,54000508… = 0,932166081…
=> EXP (+ 0,932166081…) = **<u>2,54000508001016002…</u>**
=> EXP (- 0,932166081…) = **<u>0,3937</u>**
=> 0,3937 => 1/x = 2,54…
Bei der Gelegenheit fällt auch gleich noch auf, dass die Differenz 0,932166… eine verblüffende Ähnlichkeit zur Länge des **Siderischen Monats** in Tagen aufweist:
=> 0,932166… * 10 + 18 = **27,32166…**
Die 545 verfügt noch über weitere Affinitäten – etwa zur 7 usw. Aber die hiesigen Beispiele sollen erst einmal genügen.

Die Zahlen **545; 18.980; 37.960; 135.200; … u.a.** sind Treff- und Knotenpunkte - sozusagen "Hotspots" - für naturwissenschaftliche Größen vieler Art. An diesen und einigen anderen Strudel-Stellen im Zahlen-ozean trifft sich so ziemlich "alles". Das Tolle daran ist, dass die 10 Bei-spiel-Rechnungen und ihre nichtgenannten Compagnons nicht nur einfa-che Belege für nette Zahlenspielereien sind, sondern, dass sie trotz ihrer kleinen Toleranzen eine gewaltige Portion Beweiskraft und Explosivität in sich tragen.[66]

Berührungen ähnlicher Art zwischen weiteren Mondeigenschaften wie Masse, Fallbeschleunigung, Albedo, etc. und Kugel-Lichtmodell gibt es in mehr oder weniger ausgeprägtem Maß und unterschiedlicher Qualität auch noch jede Menge. Jedoch sollen die hier (noch) nicht ausgebreitet werden. Das würde zu weit führen. Stattdessen folgen noch einige weni-ge Aussagen zu den Längen von siderischem und synodischem Monat, weil sie mit Erde, Licht und Zeit besonders in Verbindung stehen.

Siderischer und Synodischer Monat

Das Wort Monat soll vom Wort Mond abstammen. Das macht durchaus Sinn, denn die Länge der Monate richtet sich nach dem Umlauf des Mon-des um die Erde. Jeder Monat dauert aufgrund der Zappelei des Mondes auf seiner Bahn unterschiedlich lang. Deshalb sind Monatslängenanga-ben in fast jedem Falle Durchschnitts- bzw. Rundungswerte. Wir unter-scheiden heute mehrere Arten von Monaten, die sich im Wesentlichen durch die jeweiligen Bezugspunkte ihrer Messung unterscheiden. Die wichtigsten Beiden – um die es hier geht - sind der siderische und der synodische Monat.

Der Bezugspunkt für die Längenmessung des **siderischen Monats** ist ein Stern. Das heißt, es wird die Zeitdauer gemessen, die der Mond braucht, um aus irdischer Sicht nach einer Erdumrundung wieder beim selben Stern anzukommen.

---

[66]   Siehe für alle zehn Beispiele auch [21]; Seiten 120 ff., 136 ff. und 142 ff.

Der siderische Monat[67] hat eine mittlere Länge von 27 Tagen, 7 Stunden, 43 Minuten und 12 Sekunden. Das sind **2.360.592** Sekunden. Geteilt durch die 86.400 Sekunden einer Erdumdrehung (= Tag) ergibt sich eine Monatsdauer von **27,32166666…** Tagen. Dazu ist anzumerken, dass sich die Angaben in verschiedenen Quellen ab der 6. Nachkommastelle gelegentlich unterscheiden. Im Alltag spielt das kaum eine Rolle, hier dagegen manchmal schon. Deswegen wird in der Regel immer mit dem obigem Wert gerechnet. Ausnahmen bestätigen die Regel. Wie überall.

Der **synodische Monat** richtet sich in seiner Dauer voll und ganz nach dem Mond. Er wird von Vollmond zu Vollmond oder von Neumond zu Neumond gemessen. Im Durchschnitt ist er 29 Tage, 12 Stunden, 44 Minuten und 3 Sekunden lang. Das sind **2.551.443** Sekunden. Daraus ergibt sich eine Monatslänge von **29,530590277777…** vollständigen Erdumdrehungen (= Tage). In den meisten Quellen werden für den synodischen Monat jedoch nur 5 Nachkommastellen angegeben. Normalerweise ist das eine ausreichende Genauigkeit.

Wenn der Mond etwas mit der Lichtgeschwindigkeit zu tun hat – und das hat er definitiv – dann liegt es nahe, dass auch seine Rundenzeiten etwas damit zu haben könnten, oder sogar sollten. Dass es tatsächlich so ist, zeigt das Verhältnis zwischen den beiden Monatsarten vage an. Es gibt einen für das Kugel-Lichtmodell typischen Hinweis:

$$2.360.592 \text{ s} : 2.551.443 \text{ s} = 0{,}9251988\ldots => 1/x \approx 1{,}0808488$$
$$27{,}321666.. \text{ d} : 29{,}53059.. \text{ d} = 0{,}9251988\ldots => 1/x \approx 1{,}0808488$$

Als Verhältnis hat es den Vorteil, dass es maßeinheitenunabhängig ist.

Die **Quersummen** Zeigen diesmal allesamt Systemzahlen an, die einen Bezug zur 3 haben. Auch das ist ein gutes Zeichen.

Fangen wir mit dem siderischen Monat an:

Sekunden: $2 + 3 + 6 + 0 + 5 + 9 + 2 = \mathbf{27} = 3^3$ oder

Sekunden: $2 + 3 + 60 \quad + 5 + 9 + 2 = \mathbf{81} = 3^4$

Allerdings steht natürlich die Frage im Raum, wo man bei irrationalen Zahlen die Grenze setzt. Die 33 ist eine gute Gelegenheit dazu.

Tage: $2 + 7 + 3 + 2 + 1 + 6 + 6 + 6 = \mathbf{33}$

---

[67]   [18]; Seite 624

Beim synodischen Monat verhält es sich ganz ähnlich:
Sekunden: $2 + 5 + 5 + 1 + 4 + 4 + 3 =$ **24**
Tage: $2 + 9 + 5 + 3 + 0 + 5 + 9 =$ **33**

Auch bei den **Querprodukten** sieht es gut aus. Es finden sich Zahlen, die sehr gut ins Kugel-Lichtmodell-System passen. Zunächst beim siderischen Monat (Die Nullen werden dabei nicht beachtet):

Sekunden: $2 * 3 * 6 * [0] * 5 * 9 * 2 =$ **324**0
$\Rightarrow$ **324** $* 10^{\wedge}Y \Rightarrow 1/x$
$\Rightarrow 30{,}864198\ldots * 10^{\wedge}Z = 5{,}55555\ldots^2 * 10^{\wedge}Z$
$\Rightarrow$ **Kyrenaischer Fuß**

Tage: $2 * 7 * 3 * 2 * 1 * 6 * 6 * 6 = 18.144$
$= \mathbf{567} * 2^5 = 2^5 * 3^4 * 7$
$= 32 * 81 * 7$

(Außerdem: $18.980 : 18.144 = 1{,}0460758$)

Und dann auch beim synodischen Monat:

Sekunden: $2 * 5 * 5 * 1 * 4 * 4 * 3 =$ **24**00 $\Rightarrow$ 24 Stunden u.a.
Tage: $2 * 9 * 5 * 3 * [0] * 5 * 9 = 12.150$
$= 2 * 3^5 * 5^2$
$= 2 * 3 * \mathbf{25} * \mathbf{81}$

Die Grundlagen dafür, dass die Monate voll und ganz ins System passen, sind somit durchaus gegeben. Fragt sich also, ob es auch Spezifikationen dieser Art gibt.

Bei der genaueren Untersuchung des **Siderischen Monats** kommt man an einer Menge Knappheiten vorbei, die die Zielvorgabe fast genau treffen. Aber eben nur fast. Es ist wie verhext. Scheinbar zum Ausgleich bringen sie aber indirekte Verbindungen zu anderen Größen und Konstanten mit. Dazu wieder ein paar Beispiele:

a)	**FSK**	$\Rightarrow 1{,}0\mathbf{137035999}\ldots^{\wedge}243$	$= 27{,}313054677\ldots$
b)	**Phi²** $\approx$	$\Rightarrow 1{,}0\mathbf{2618}^{\wedge}128$	$= 27{,}328380871\ldots$
c)	$\frac{5}{6}$ **Pi**	$\Rightarrow 1{,}0\mathbf{26179}938\ldots^{\wedge}128$	$= 27{,}328172186\ldots$
d)	**200 Pi / 23**	$\Rightarrow$	$= 27{,}318196987\ldots$
e)	$\mathbf{3{,}22^{-12}}$	$\Rightarrow 1/x = 3{,}10559\ldots^{11} \Rightarrow \sqrt[8]{} = 27{,}322348\ldots$	

f)   **sec./d**   => $8{,}6400^{91}$ => $\sqrt[64]{}$ $= 27{,}321719\ldots$

g)   siderischer Monat $= 27{,}321666\ldots$ => **1/x** $= 0{,}0366009\ldots$

        => $0{,}0366009\ldots * 10.000 = 366{,}009$

        Mit 366 könnte die Anzahl der Tage eines Schaltjahres gemeint sein.

x)   … usw. usf. … Leider geht das alles nicht ganz auf.

Dann kommen die Versuche, die auch nur fast passen, aber einen direkten Bezug zu anderen Größen aufzeigen. Hier ein möglicher Zusammenhang zwischen Astronomischer Einheit in Mio. km, der Wurzel aus der Lichtgeschwindigkeitszahl und Wurzel aus 30:

$$27{,}32166666\ldots * \sqrt{30} \qquad\qquad = 149{,}6469314\ldots$$

$$27{,}32166666\ldots * \sqrt{299792{,}458} : 100 \qquad = 149{,}595159\ldots$$

$$1\ \text{AE} : \sqrt{29{,}9792458} \qquad\qquad = 27{,}3221619003845\ldots$$

… usw. usf.

Und dann kommt irgendwann der Moment, in dem einem das Offensichtliche auffällt: Der siderische Monat hat eine gewisse Affinität zur Wurzel aus Drei bzw. der Wurzel aus Dreihundert:

$$27{,}32166666\ldots - 10 = 17{,}32166666\ldots \approx 10\sqrt{3} = \sqrt{300}$$

$$=> \ : 10 => \ 1{,}732166666\ldots - \sqrt{3} = \mathbf{0{,}0001}158925\ldots$$

Die Differenz ist nicht sonderlich groß. Geht da noch mehr ?

Tja, und dann steht eine Art 'Traumhochzeit' von Siderischem Monat, der Lichtgeschwindigkeit und der Wurzel aus Drei ins Haus:

$$\text{LG} = 299.792{,}458 \qquad => \ \sqrt[3]{299792{,}458} \ = \mathbf{66{,}927854\ldots}$$

$$=> \sqrt{3} * 1{,}000\mathbf{66927854}\ldots \qquad = 1{,}732166730012\ldots$$

$$=> 1{,}73216673001245\ldots * 10 + 10 \quad = \mathbf{27{,}32166730012\ldots}$$

$$=> 27{,}3216673001245\ldots - 27{,}32166666\ldots = \mathbf{0{,}000000633}457\ldots$$

Die Differenz macht ganze 0,00000232 Prozent der Länge des siderischen Monats aus. Ich denke, das ist genau genug, um eine eventuelle Verbindung zwischen Monat, Wurzel aus 3 und Licht aufzuzeigen. Wie exakt ist eigentlich die Bestimmung der Monatslänge? Und was genau ändert sich im Lauf der Zeit um wieviel?

Beim **synodischen Monat** verhält sich vieles anders als beim siderischen. Wenn man das so sagen darf, scheint er in seinem Inneren völlig anders gestrickt zu sein. Jedenfalls bekommt man bei der Suche nach Zusammenhängen diesen Eindruck. Der synodische Monat ist erheblich praktischer veranlagt als sein siderisches Pendant. Auf diese Seite seiner Mentalität soll hier jedoch nicht eingegangen werden. Stattdessen werden die wenigen Beziehungen zur Lichtgeschwindigkeit und dem Kugel-Lichtmodell beleuchtet, die es dennoch gibt. Die Marschrichtung bleibt dabei die selbe. Es geht vom Groben zum Feineren:

1.) $\sqrt[3]{LG}$ => 66,927854… - 29,53059…   = **37,39**7264…

2.)   => 66,927854… + 29,53059…   = 96,**458444**…

3.)   => 66,927854… : 29,53059…   = 2,2663907…

                => 1 / 2,2663907 = 0,4412301… = sin **26,18**2399…°

4.)   **Kyr. Fuß** => 29,53059… : **30,864197…**   = 0,9567911…

                => 0,9567911… => $\sqrt[64]{}$ = 0,99931…

                => 0,99931… * 300.000   = 299.79**3**,02…

5.a)   **Reziprok** => 29,5305902777…   => 1/x = 0,03386319036…

(zu 5.a)   => $\sqrt[16]{0{,}0338631\ldots}$ = 0,8092971146…

                => 0,8092971… * 2   = **1,618**59422919986…

                => Phi : 1,6185942…   = 0,999653872206…

                => 0,99965387…²   = 0,999307864216413…

                => 0,99930786… * 300.000 = 299.792,**35926**…

5.b)   5.a) rückwärts gerechnet; von LG_{Def} ausgehend:

                => 299.792,458 : 300.000 = 0,9993081933333…

                => … = 29,530**668**083…

    Differenz => 29,530668… - 29,53059… = $7{,}7806077^{-5}$ d/Monat

                => $7{,}78^{-5}$ = 6,7224451 Sekunden/Monat

                => 6,72 s/Monat ≈ 80,7 s/a = 1,345 min/a

x)   … usw. usf.

Ja, anderthalb Minuten Differenz pro Jahr sind ganz schön viel. Die Natur ist erheblich genauer. Da höre ich doch vorab schon meine Kritiker ihr süßlich tönendes Gift in wohlgeformten Killerphrasen verspritzen:

" ... über eine Minute pro Jahr, ... und die vielen Wurzeln ... "
Da kann ich nur müde lächelnd schon vorab antworten: "Leute, ihr habt es immer noch nicht verstanden ... also gern nochmal ... ":

Es geht um ein extrem komplexes Modell, welches grundlegende Zusammenhänge **darstellt**. Dabei wird **Mathematik als Sprache** verwendet, die nicht nur exakte Einzeldaten liefert, sondern von einem „Satzinhalt" (= Fakt) zum nächsten führt. Da kann und muss bei „Füllwörtern" und „Nebensätzen" nicht immer jede Zahl bis aufs letzte Yota genau passen, weil sich nämlich das Modell an die mathematischen Regeln hält. Wichtig und entscheidend sind die Hinweise, die Denkrichtungen, die damit vorgegeben und gelenkt werden ... wodurch am Ende alles wieder prima zusammen passt und man das Gesamtgefüge wesentlich besser versteht als ohne dieses Modell. Und genau das ist die Aufgabe des Modells, die es hervorragend erfüllt – auch mit anderthalb Minuten Differenz /a beim synodischen Monat.

Zum Ausgleich der Enttäuschung über diese „gewaltige" Abweichung sollen noch zwei kleine Beispielrechnungen genannt werden, die ein wenig genauer sind. Die Erklärung erfolgt jedoch erst sehr viel später zu gegebenem Zeitpunkt und Ort:

1.) Das Verhältnis von Perigäum und synodischem Monat
356.410 km : 29,53059 d = 12069,18 km/d
=> 12069,18 – 3000 = **9069,18**

2.) Das Verhältnis von Apogäum zu synodischem Monat
406.743,43... km : 29,53059 d = 13773,63...
=> $\sqrt[4]{13773,63}$ = 10,833333...
=> 10,833333... * 1,2 = **13**
=> 10,833333... * 2,4 = **26**
=> 10,833333... * 3,6 = **39**
=> 10,833333... * 4,8 = **52**
=> ... usw. usf.

Außerdem soll noch darauf hingewiesen werden, dass ein Kreis mit dem Radius einer gerundeten Astronomischen Einheit in Millionen Kilometern (= idealisierte Erdbahn) geteilt durch den synodischen Monat ziemlich genau 100/Pi ergibt. Auch das ist ein seltsamer „Zufall":

$$149,6 \text{ (Mio. km)} * 2\pi : 29,53 \text{ (d)} = 31,830834\ldots$$
$$\Rightarrow 31,830834\ldots - 100/\pi \approx -0,000155 \Rightarrow \approx \mathbf{0,000487 \ \%}$$

Und wer weiß: Vielleicht findet ja irgendjemand in allernächster Zeit - oder irgendwann - noch etwas viel Genaueres?

<u>Weitere Verbindungen zwischen Licht(modell) und Mond</u>

Ein paar Angebote, die gar nicht so schlecht sind, stehen mir allerdings jetzt schon zur Verfügung. Sie wurden gefunden als ich mich zu einem späteren Zeitpunkt noch einmal mit Radius und Durchmesser des Mondes befasste.

Die erste Beispielrechnung beginnt mit der exakten Verhältnisform der Lichtgeschwindigkeit und endet beim **Durchmesser** des Erdmondes. Dabei wird die Lichtgeschwindigkeit zunächst als Winkelfunktion betrachtet. Der Faktor 10^28 dient dabei ausschließlich zur Findung der richtigen Kommastellung:

$$\text{LG}_{\text{Verh.}} = 0,99930819333\ldots = \cos 2,1313513\ldots°$$
$$\Rightarrow 2,1313513\ldots * 10^{28} = 2,1313513\ldots\text{E+28}$$
$$\Rightarrow \sqrt[8]{2,1313513\ldots E + 28} = \underline{\mathbf{3476,01690797\ldots}}$$

Die Abweichung vom Nenndurchmesser des Mondes beträgt dabei ganze 16,90797… m. Das entspricht einer Abweichung vom Mond-**Umfang** von rund 53,18 m auf 10.920,176 **Kilo**metern oder **0,000487 Prozent**.
     Anzumerken ist an dieser Stelle vielleicht noch, dass die 2,**1313**… nicht irgendeine beliebige Zahl ist, sondern durch ihre Struktur mit einer doppelten Ziffernfolge (…13-13…) auch als Hinweiszeichen fungiert.

Ebenso ist das beim dazugehörigen Sinus-Winkel 87,**8686**59... der Fall. Solche Ziffernfolgen kommen im Dunstkreis des Lichts und insbesondere beim Kugel-Licht-Modell sehr oft vor. Andere Beispiele dafür sind etwa der Sinus des eingangs erwähnten Winkels von 43,381111°, der 0,**6868**479... heißt. Oder die 32. Wurzel von Phi, deren Wert rund 1,0**1515150**720... beträgt. Diese Zahl beinhaltet noch eine weitere Hinweisstruktur, nämlich dass vor dem „doppelten Lottchen" eine Ziffer, gefolgt von einer Null hinter dem Komma, steht. Auch diese Konstruktion kommt beim Kugel-Licht-Modell relativ häufig an exponierten Stellen vor. Solche Zahlenstrukturen zeigen an, dass man sich mit hoher Wahrscheinlichkeit (jedoch nicht ausschließlich) auf dem richtigen Weg befindet – und zwar oft zu einem Zeitpunkt, bei dem das endgültige Resultat noch in weiter Ferne schwebt. Das motiviert zum Weitersuchen.

Das zweite Beispiel stellt eine durchweg exakte Verbindung zwischen der idealisierten Mondbahn, dem Längenmaßsystem der Meile, dem metrischen Längenmaßsystem, der Zeit und „dem Teufel" in Form der „Zahl des Tieres"[68] dar. Daraus ist erkennbar, dass die Meile – genau wie der Kilometer – nicht nur von der Gerade abstammt, sondern auch vom Kreis bzw. der Ellipse. Im selben Atemzug werden der Kreis und seine Drehung mehrfach mit unserem Zeitsystem in Verbindung gebracht. All das ist automatisch auch im Kugel-Licht-Modell enthalten. Es sind alles Teile ein und desselben eng verflochtenen Systems.

Wir gehen (beispielsweise) von einem Kreis aus, dessen Umfang in 360 oder 3.600 gleiche Teilstücke zu je 1 cm Länge unterteilt ist. Zu beachten ist dabei nur die Kommasetzung

$$3.600 \text{ cm} : 39,37 = 91,440183\ldots \text{ cm} = 1 \text{ Yard}$$
$$\Rightarrow 91,440183 \text{ cm} * 66,66666\ldots = 6096,012192\ldots \text{ cm}$$
$$= 66,66666\ldots \text{ Yard}$$
$$\Rightarrow 100 \text{ cm} : 39,37 = 2,540005\ldots \text{ cm} = 0,02540005\ldots \text{ m} = 1 \text{ Zoll}$$
$$\Rightarrow 6096,0121\ldots \text{ cm} : 0,02540005\ldots \text{ m} = 2.400 \text{ m}$$

---

[68] Die „Zahl des Tieres" ist ein Synonym für das Verhältnis 2/3 bzw. 0,66666... und all seine Derivate. Es geht dabei nicht – oder nur sehr unterschwellig – um altrömische Kaisernamen u.ä.

=> 2.400 m * 10^6 = **<u>2,4 Mio. km</u>** = idealisierte Mondbahnlänge

Oder einfacher: 3600 * 0,0666... = 240
=> 1 : 0,0666... = 15
=> Die Erde dreht sich in einer Stunde um **15°**

Diese Geschichte bietet noch eine Menge weiterer Ansätze und Zusammenhänge - wie etwa 66,666... : 8 = 8,33333... - die sämtlich ins Kugel-Licht-Modell passen und gehören. Doch an dieser Stelle will ich es vorerst damit genug sein lassen. Auch dazu später mehr.

Das dritte Example belegt die extreme Nähe zwischen Mond, Erde, Maßeinheiten, Kugel-Licht-Modell, ... und dem Goldenen Schnitt.

Phi	**= 1,618033988749...**
1 : 1,2	= 0,8333333...
=> 1,2 Phi	= 1,9416408...
=> 1/1,9416408...	= 0,5150283...
=> 0,5150283...	= sin 30,999348...° ≈ **31°**
	= cos 59,000652...° ≈ **59°**
	= tan 27,24975...°
=> 27,24975... : 100	= **0,2724975...**
=> Äquator-Radius der Erde	= 6378,137 km
=> 6378,137 km * 0,2724975...	= **<u>1738,0264... km</u>**
=> Radius des Erd-Mondes	= 1738 km (Nenngröße)
=> $\text{Differenz}_{Radius}$	= 26,4 m
=> $\text{Differenz}_{Durchmesser}$	= 52,8 m
=> $\text{Differenz}_{Umfang}$	= 165,94 m => ≈ 0,00152 %

Das vierte Beispiel zeigt praktisch „dasselbe" noch einmal. Nur ist die Ausgangslage diesmal wesentlich kürzer, vor allem aber prägnanter:

$$\phi : \pi \quad = 1,6180339\ldots : 3,1415927\ldots = 0,5150362\ldots$$
$$\Rightarrow 0,510362\ldots = \tan 27,25108\ldots°$$
$$\Rightarrow 27,25108\ldots : 100 = 0,2725108\ldots$$
$$\Rightarrow 6.378,137 : 0,2725108\ldots = \mathbf{1.738},0492\ldots$$

Die Abweichungen sind hier minimal größer als im Beispiel davor. Beide sind aber eng miteinander verwandt. Beide führen nicht nur zum Mondradius sowie zu rund 31° und 59°, sondern auch ganz in die Nähe von Kyrenaischem Fuß, Königselle, Sekunde, Lichtgeschwindigkeit, Pi, … und noch einigem mehr. Und, da das Ganze ausschließlich auf dem Verhältnis zweier Konstanten zueinander beruht, kann man mit Fug und Recht sagen, dass wir hier bei einem der **wichtigsten Verhältnisse** unserer kompletten Welt gelandet sind. Ob nun mathematisch, physikalisch oder irgendwie anders gesehen, ist dabei völlig egal. Dieses Verhältnis existiert auch ohne uns durch alle Räume und alle Zeiten. Dargestellt und festgezurrt wird es im Kugel-Lichtmodell. nur indirekt, aber immerhin.

Der fünfte Punkt kommt dem Kugel-Lichtmodell nochmals erheblich näher. Dabei geht es um eine Formel, die schon im Jahr 2012 veröffentlicht wurde. Der Zusammenhang zum Mond bzw. zum Verhältnis zwischen Erd- und Mondradius wurde allerdings erst vor relativ kurzer Zeit erkannt:

$$\mathbf{3600 / \pi * 299.792,458} = 3,4353685\ldots E{+}8$$
$$\Rightarrow 3,4353685\ldots E{+}8 : 10^{8} = 3,4353685\ldots$$
$$\Rightarrow 10^{3,4353685\ldots} = \mathbf{2.725,0125\ldots}$$
$$\Rightarrow 2.725,0125\ldots : 10.000 = 0,27250125\ldots$$
$$\Rightarrow 6.378,137 * 0,27250125\ldots = \mathbf{1.738},0503\ldots$$

Ja, das könnte (fast) „beliebig" so weiter gehen. Quasi zu jedem Zahlenwert des Mondes, ob nun aus der Mathematik, der Astronomie oder der Physik stammend, lässt sich ein Pendant finden und eine hautenge Verbindung zum Kugel-Lichtmodell herstellen. Es ist wirklich verblüffend. Die Wahrscheinlichkeit, dass dieses Phänomen auf puren Zufall zurückzuführen ist, geht schnurstracks gegen Null.

Der Mond, das Licht und die Längenmaßeinheiten

Längenmaßeinheiten kann man meist problemlos ineinander umrechnen. Üblicherweise wird dazu ein festgeschriebener Umrechnungsfaktor genutzt. Die Zahlen und Maßeinheiten sehen danach ein wenig anders aus. An der jeweils beschriebenen Länge ändert das jedoch gar nichts.

Derzeit noch etwas unüblich hingegen ist es, dasselbe über die Lichtgeschwindigkeit in km/s zu bewerkstelligen und am Ende wieder beim Mond zu landen. Dabei ist es auch nicht wirklich schwierig, aber sehr aufschlußreich.

Wir gehen also zunächst von der Lichtgeschwindigkeit in km/s oder von einer Lichtsekunde in km aus, die beide durch die selbe Zahl beschrieben werden. Die Maßeinheiten lasse ich aus Übersichtlichkeitsgründen weitgehend weg und nenne sie nur dort, wo sie wirklich notwendig sind. Der aufmerksame Leser weiß ja, was gemeint ist.

$$300.000 - 299.792{,}458 \quad = 207{,}542$$
$$\Rightarrow 299.792{,}458 : 207{,}542 = 1444{,}49055130999\ldots \approx 1.444{,}4906$$
$$\Rightarrow 1444{,}4906 : 1000 \quad = \mathbf{\underline{1{,}44449055130999\ldots}} \approx \mathbf{1{,}4444906}$$

Die 1,4444906 stammt direkt von der eingängigeren **1,4444444...** ab und stellt im Rahmen des Kugel-Lichtmodells eines der wichtigsten Verbindungsglieder zwischen „allem Möglichen" dar. Wir werden später noch einmal darauf zurückkommen, um die Feinheiten und das ebenso beeindruckende Zahlenumfeld ein wenig näher zu beleuchten.

Die Abstammung lässt sich leicht untermauern. Dazu müssen wir nur die dritte Wurzel der Lichtgeschwindigkeit in die richtige Form bringen und zweimal hintereinander den Logarithmus zur Basis 10 errechnen:

$$\sqrt[3]{299.792{,}458} = 66{,}927854174387\ldots$$
$$\Rightarrow 66{,}927854174387\ldots * 10^{26} \quad = 66{,}927854174387\text{E}{+}27$$
$$\Rightarrow \text{Log(10) } 66{,}927854174387\text{E}{+}27 = 27{,}825607\ldots$$
$$\Rightarrow \text{Log(10) } 27{,}825607\ldots \quad = \mathbf{1{,}4444446454\ldots}$$

In ihrem Ursprung stammt die 1,44444444... im Rahmen des Kugel-Lichtmodells allerdings woanders her, nämlich von der alltagstauglichen Variante der Königselle zu 52,36 Zentimetern. Hier kann man nämlich einfach 52 : 36 = 1,4444444... rechnen, wodurch die ganze Sache erst ins Rollen kommt. Auch hierauf wird später noch einmal intensiver eingegangen. Doch nun erst einmal zum Mond und den Längenmaßeinheiten.

Für meinen Geschmack am Beeindruckendsten ist die Querverbindung zwischen Mond, Lichtgeschwindigkeit (km/s) und Zoll. Wir erinnern uns daran, daß der Umrechnungsfaktor zwischen Zoll und Meter **39,37** heißt und ein Zoll somit **2,54**000508001016... Zentimeter lang ist. Daraus ergibt sich folgendes:

$$\textbf{39,37} : 1,4444906 = 27,2552838537407...$$
$$\Rightarrow 27,2552838537407... : 100 = 0,27\textbf{2552}838537407...$$

Diesen Quotienten multiplizieren wir jetzt mit dem Äquator-Erdradius nach WGS84 in km:

$$6378,137 * 0,27\textbf{2552}838537407... = \underline{1.738,\textbf{37934393046}...}$$

Und erhalten den Mondradius (= 1738 km) mit der Ergänzung ...,**3793**... hinter dem Komma. Das ist aus meiner Sicht ein eineindeutiger Beleg, dass hier KEIN Zufall vorliegt, sondern dass die Zahlen dereinst ganz bewusst aufeinander abgestimmt wurden. Schließlich gibt es den Zoll – so oder so – schon eine ganze Weile, und die Zahlendreherei mit den Ziffern 3-9-3-7 ist nun auch schon seit mindestens 8 Jahren gut bekannt[69] und kommt seither immer mal wieder an den unterschiedlichsten Stellen vieler naturwissenschaftlicher Zusammenhänge zutage.

Das bringt oftmals (nicht immer) den Vorteil mit sich, dass sich ständig ändernde Naturmaße zwar klar beschrieben und erkannt werden können, die schwankenden und schwer einzuschätzenden Toleranzen hingegen durch einen „Kunstwert" ersetzt werden, der auffällig und leicht erkennbar ist sowie mit relativ hoher Wahrscheinlichkeit sicher als solcher identifiziert werden kann. Die 39,37 und ihre Abkömmlinge sind nicht die einzigen solcher „Kunstwerte". Auch andere Zahlenkombina-

---

[69]   [2]; [3]; [4]

tionen wie etwa Ziffernfolgen unterschiedlicher Länge aus 8-4 , 3-6 , 2-2, 1-2-3-7, … etc. wurden in diversen Variationen für die selben Zwecke genutzt. Wäre das einst nicht absichtlich so geschehen, könnte ich das hiesige Buch niemals schreiben bzw. geschrieben haben. Trotzdem sind das alles keine ‚Wunder', sondern ausschließlich verdammt clever und im Komplex ausgewählte zahlentheoretische Zusammenhänge.

Für diejenigen, die es nicht ‚glauben' nochmal ein altbekanntes Beispiel[70] eines sehr guten Näherungswertes von vielen, die mir seither begegnet sind. Es wurde im Jahr 2010 veröffentlicht. Dabei geht es um Pi/3 und Pi/6, dass heißt um die **Pi-Variante der Königselle** und ihre Einpassung ins Gesamtkonzept:

39,73 : 37,939373 = 1,0471971…
=> 1,0471971… : 2 = **0,5235985…**
=> Pi/6 => 0,5235987…− 0,5235985… = 0,000000244…

Ja, hierbei geht es um die Königselle. Als Längenmaßeinheit könnte die allerdings auch auf eine völlig andere Länge festgelegt sein. Zum Vorschein kommen die Feinheiten und Details – wie etwa die frappierende Ähnlichkeit mit Pi/6 - erst im Zusammenspiel mit dem Meter, dem Zoll, anderen Maßeinheiten und weiteren Gegebenheiten. Das bedeutet, dass es hier hauptsächlich um mathematische Verältnisse geht, und nur am Rande um absolute Werte. Auf der Grundlage dieser Verhältnisse wird per Kugel-Lichtmodell das Universum, seine Funktionsweise und die in ihm werkelnden Zusammenhänge beschrieben.

Auf die 39,37 und ihre Derivate kommen wir später ebenfalls nochmal zu sprechen. Das läßt sich nicht umgehen.

Die obige Mondradiusergänzung hinter dem Komma …,**37934**… stellt eine Abweichung von 0,02183 Prozent zum Mondradius mit glatten 1738 km dar. Dabei stellt sich mal wieder die Frage, wie genau diese Zahlenangabe tatsächlich ist. Immerhin ist es ja ziemlich unwahrscheinlich, dass der Zahlenwert bei einem relativ großen Himmelskörper wie dem Mond derart korrekt getroffen wird. Ein kleiner Krater in der Meßlinie … und schon kommt etwas „ganz Anderes" heraus.

---

[70]   [2], Seite 56

Denselben Zusammenhang zwischen Lichtgeschwindigkeit, Mond- und Erdradius gibt es noch in einer anderen Variante – ohne Zoll und 39,37. Stattdessen einfacher, mit einer Drei, einer einprägsamen Zahl und einer kleinen ‚Abweichung'.

$$1,4444906^6 = 9,0842342\ldots$$
$$\Rightarrow 9,0842342\ldots * 3 = 27,2527$$
$$\Rightarrow 27,2527 : 100 = 0,\mathbf{27\ 25\ 27}$$
$$\Rightarrow 6378,137 * 0,272527 = \underline{1738,2147}$$

So geht's auch. Nur fehlen hier eben die „Kunstprodukte" 39,37 und Co. zum Nachweis des bewussten Handelns.

Der nächste Fall bezieht sich auf die **Englsiche Meile**. Die Lichtgeschwindigkeit in Meilen je Sekunde beträgt 186.282,02**4486427**… M/s. Die teilen wir durch die dritte Potenz der o.g. 1,4444906 und erhalten einen Wert, der einerseits an 1/Phi (= 0,6180339…) und andererseits ein wenig an die Wurzel aus der Lichtgeschwindigkeitszahl[71] in km/s erinnert.

$$186282,024\ldots : 1,4444609^3 = \mathbf{61.80}5,46$$

Nun rechnen wir dasselbe noch einmal anders herum, aber mit dem richtigen Wert des Hunderttausendfachen von 1/Phi.

$$186282,024\ldots : \mathbf{61.803,39887\ldots} = 3,014106471\ldots$$
$$\Rightarrow \sqrt[3]{3,014106471\ldots} = \mathbf{1,4445}066\ldots$$

Das passt dieses Mal nicht ganz so gut. Aber zumindest die Ähnlichkeit zur 1,4444444… ist noch gut zu erkennen und so richtig daneben ist es auch nicht. Die Differenz beträgt gerade einmal:

$$1,4445066\ldots - 1,4444906 = 0,000016\ldots$$
$$\Rightarrow 1,4445066\ldots * 1000 * 207,542 = 299.795,79\ldots$$
$$\Rightarrow 1,4445066\ldots * 1000 * 207,53969\ldots = 299.792,458$$

Hier wird also die Meile mit dem Reziprokwert von Phi, und über die Lichtgeschwindigkeit in km/s auch sehr indirekt mit dem Mond in Verbindung gebracht. Nicht sonderlich schön, aber warum nicht …

---

[71] $\sqrt{299.792,458} = 547,53306\ldots$

Die „Unschönheit" ist aber nicht wirklich ein Beinbruch, denn nicht umsonst ist die Meile sowohl beim Licht, als auch beim Mond und in anderen bemerkenswerten Zusammenhängen schon mehrfach auffällig geworden. Außerdem passt die 1-4-4-4-5 hervorragend in die Reihe:

… **45**; 145; 1445; 14445; … ???

Das nächste Rechenbeispiel bezieht sich auf den **scheinbaren** Durchmesser des Mondes und landet wieder bei der **Englischen Meile**. Der scheinbare Monddurchmesser beträgt dezimal 0,259 Grad, was in Gradschreibweise 0 Grad **15** Minuten und **32,4** Sekunden gleichkommt. Die 2-5-9 war uns ebenfalls schon einmal ganz am Anfang dieses Buches im Rahmen der Zahlenanalyse der Lichtgeschwindigkeitszahl (km/s) begegnet. Dort war sie ein Hinweis auf die Länge der Englischen Meile in Metern. Hier verhält es sich sinnigerweise genauso:

0,259 * 1000 = 259

=> $\sqrt{259}$ = 16,093477

=> 16,093477 *100 = **1.609,3477**   ($\approx$ m / Meile)

Der korrekte Längenwert einer Meile beträgt 1.609,347**2**… Meter. Die Differenz liegt also im Zehntel-Millimeterbereich auf einer Länge von gut über anderthalb Kilometern. Einfach nur so. Aus einem „x-beliebigen" Mondmaß.

Ein merkwürdiger „Zufall". Beim Lotto müsste ich genauso viel Glück haben wie beim Mond. Das wär' gut.

Das führt uns gleich zum folgenden Zusammenhang. Der bringt uns diesmal nicht direkt zum Mond, sondern zu den obigen 32,4 Sekunden bzw. zur Zahl **324** und ihrem Reziprokwert. Ausgangspunkt ist diesmal die Eulersche Zahl e.

e = 2,7182818284…

=> 1000 e   = 2.718, 2818284…

=> Log(10) 2.718, 2818284…   = 3,4342945…

=> Log(10) 3,4342945…   = 0,5358375…

=> 0,5358375… = sin **32,400729**…° $\approx$ 32,4°

=> 32,4 * 10   = **324**

=> 10.000 : 324 = **<u>30,864198...</u>** => **Kyrenaischer Fuß, etc.**

Beim **Kyrenaischen Fuß** bzw. der **Kyrenaischen Sekunde** ist der Königsellen-, Erd-, Grad-, Licht- und Mondbezug ganz schnell und einfach auch anders herzustellen:

$$\textbf{1,44444444...}^2 = 2,0864198...$$
$$=> (2,0864198... + 1) * 10 = \textbf{\underline{30,864198...}}$$

Das war's schon. Es gibt aber noch mehr Möglichkeiten.

Ein wenig aufwändiger wird es hingegen beim **Attischen Stadion**[72]. Hier bringt uns der Zahlenzauber der 1,44444... nicht viel weiter. Das Einzige, was auf diesem Wege bisher auffällig wurde, ist ein unscharfer Hinweis auf die Zahl und Ziffernfolge **123** bzw. **1-2-3** mit einer recht deutlichen Tendenz zur 122,95. Letztere führt uns per zweifach angewandtem natürlichen Logarithmus in die Nähe von Pi-Halbe und somit relativ nah an Pi heran. Das ist jedoch nicht wirklich befriedigend.

Aus diesem Grunde müssen wir hier noch einmal die Königselle auf etwas andere Art bemühen. Das stellt jedoch einen Vorgriff dar, der wiederum erst weiter hinten im Buch detailliert beschrieben, erklärt und begründet wird. Da bleibt mir nichts weiter, als den Leser um eine gehörige Portion Verständnis zu bitten.

Zunächst also der neue Ansatz in Grobform, da ansonsten zu viele Variationen betrachtet werden müssten:

alltagstaugliche Königselle	= 52,36 cm
=> 52,36 * 100.000	= **5.236.000**
=> $\sqrt{5.236.000}$	≈ **<u>2288</u>**
=> 229.792,458 : 2288	≈ **<u>131</u>**

Mit den beiden neuen Zahlen 131 und 2288 geht es jetzt schnurstracks und direkt zum Mondbezug:

Attisches Stadion = 177,6 m

---

[72]   Attisches Stadion = 177,6 m   (eventuell geringfügig kürzer => 177,59xxx m)

$$=> 177,6 * 2288 \qquad\qquad = \mathbf{\underline{406.348,8}} \quad (=> \text{Apogäum in km})$$
$$=> 177,6 * (2288 - 131) \qquad = \mathbf{\underline{383.083,2}} \quad (=> \text{durchschn. Entf.})$$
$$=> 177,6 * (2288 - [2 * 131]) = \mathbf{\underline{359.817,6}} \quad (=> \text{Perigäum in km})$$

Das ist meines Erachtens ein ganz erstaunlicher Zusammenhang. Und das bei der wirklich groben Herangehensweise. Man kann die Rechnung also durchaus noch verfeinern, wenn man das will. Aber das wollen wir an dieser Stelle nicht, denn die Ergebnisse sind fürs Erste hinreichend überzeugend, zumal die heutigen Daten in verschiedenen Quellen häufig etwas voneinander abweichen. Was folgt ist ein einfacher Vergleich:

In Quelle [18][73] wird die größte Entfernung des Mondes von der Erde, das Apogäum, mit 406.740 km angegeben. Somit haben wir bei der hiesigen Rechnung einen Volltreffer gelandet.

Die durchschnittliche Entfernung des Mondes von der Erde wird in verschiedenen Quellen meist mit Maßen zwischen 380.000 km bis 385.000 km angegeben. Richtig wären wohl 384.400 km. Da in der obigen Rechnung weitestgehend auf Nachkommastellen verzichtet wurde, ist das Resultat durchaus ebenfalls als Volltreffer zu werten.

Dagegen gibt es beim Perigäum eine Abweichung von rund 3.400 km bzw. 0,95 Prozent. Woran das im Einzelnen liegt muss zukünftig noch genauer geprüft werden. Festzuhalten bleibt aber in jedem Fall, dass das Attische Stadion sowohl mit der Lichtgeschwindigkeit in km/s sowie den Mondbahndaten in direktem Zusammenhang steht. Auch das ist ziemlich verblüffend.

Weil wir gerade beim Attischen Stadion sind, möchte ich noch einen weiteren überaus bemerkenswerten „Zufall" aufzeigen, der zwar nur sehr indirekt mit dem Mond zu tun hat, dafür aber umso direkter mit Attischem Stadion, Lichtgeschwindigkeit und Zeit. Aufgefallen ist er mir beim ‚herumspielen' mit dem **8-stelligen** Taschenrechner.
Zunächst berechnen wir grob die Anzahl der Sekunden pro Jahr und den Reziprokwert (inklusive Anpassung der Kommastelle) davon:

$$86.400 \text{ s/d} * 365,25 \text{ d/a} \qquad = 31.557.600 \text{ s/a}$$
$$=> 1 / 31.557.600 \text{ s/a} \qquad = 3,\mathbf{1688087796}\ldots * 10^{-8}$$

---

[73]   [18], Seiten 100 ff.

$$\Rightarrow 3,\mathbf{16880}87796\ldots * 10^{\wedge}\text{-}8 * 10^{\wedge}15 = \mathbf{31}.688.087,796$$

Dabei fällt die Ziffernkombination 1-6-8-8-0 auf und es stellt sich die Frage, ob sich hier ein Zusammenhang mit der Lichtgeschwindigkeit in Attischen Stadien je Sekunde findet. Das ist Grund genug, die Sachlage zu überprüfen. Somit muss als Nächstes die Lichtgeschwindigkeit in Attischen Stadien berechnet und durch Addition von 30 Millionen an die obige Reziprok-Zahl angepasst werden:

299.792,458 km/s : 0,1776 km/Att.St. = 1.688.020,59684… Att.St./s
=> 1.688.020,59684… + 30.000.000 = 31.688020,59684…

Davon nehmen wir wieder den Reziprokwert, passen ihn kommamäßig an und errechnen die Differenz zwischen den beiden ‚zusammengehörigen' Zahlen:

1 : 31.688.020,59684… = 3,155766694053…*10^-8
=> 3,155766694053…*10^-8 * 10^15   = 31.557.666, 94053…
=> 31.557.666,94053… - 31.557.600 (s/a) = **66,94053…**

Mit dem 8-stelligen Taschenrechner ergibt sich an dieser Stelle jedoch auf Anhieb eine abgeschlossene **66,927**. Nur dadurch ist mir das Ganze überhaupt aufgefallen. Schließlich ist die 66,927 der Anfang der 3. Wurzel aus der Lichtgeschwindigkeit in km/s (= **66,927**854…) und dieser Wert begegnet einem nicht alle Tage.

Hier werden also die Lichtgeschwindigkeit in dreifacher Ausfertigung und die Zeit in ebenfalls dreifacher Ausfertigung durch die Längenmaßeinheiten **Meter** (=> km) und **Attisches Stadion** hauteng miteinander verbunden. Ein wirklich merkwürdiger „Zufall" …

Selbstverständlich lässt sich die Rechnung weiter präzisieren, indem man **entweder** anstatt 0,1776 km/Att.St. 0,177599998134456… km/Att.St. einsetzt **oder** anstatt der 365,25 d/a 365,250000204379… d/a. Allerdings reichen hier die 15 Stellen des Excel-Programmes wieder einmal nicht aus, um zum wirklich exakten Ergebnis zu kommen.

Die bislang beste Näherungslösung wurde mit der minimal vergrößerten Jahreslänge erreicht. Damit ergaben sich 66,92782912… für die Differenz bzw. die 3. Wurzel der Lichtgeschwindigkeit und $x^3 =$

299.792,1213… (km/s). Es ist also problemlos möglich die exakten Werte zu erzielen: Mit dem Attischen Stadion … aus der Antike …

Und da wir einmal bei den Sekunden pro Jahr angekommen sind, gibt es gratis noch eine **<u>Dringliche Warnung an alle Langlebigen</u>** dazu.

In den letzten Jahren geisterte mehrfach die Meldung durch die Weltmedien, dass die Sonne ihren Brennstoff in etwa 4 bis 5 Milliarden Jahren aufgebraucht haben wird, sich dann zum Roten Riesen aufblähen und die Erde verschlucken oder wenigstens zerglühen wird.

Das mag durchaus so kommen – oder auch nicht - aber für die Menschheit ist es vermutlich absolut nicht mehr relevant. Wir sollten nämlich schon innerhalb der nächsten **30** Millionen Jahre **entweder** unsere Koffer packen und mit Sack, Pack und jeder Menge Genmaterial im Gepäck mit einer Arche von hier verschwinden **oder** uns etwas einfallen lassen wie wir unserem Planeten einen Extra-Schubs geben können. Der Grund dafür ist die sich ständig verlangsamende Drehung der Erde. Der Planet dreht sich gegenwärtig jedes Jahr um etwa 0,7 Sekunden langsamer, wenn auch nicht völlig kontinuierlich. Das bedeutet, dass – wenn das so bleibt - sich die Erde schon in ca. **45** Millionen Jahren gar nicht mehr dreht, sondern der Sonne immer nur ein und dieselbe Seite zuwendet. Etwa so wie es der Mond mit der Erde heute schon macht. Bis dahin sollten wir aber keinesfalls untätig warten. Ich sage nicht, dass Leben auf einem Planeten mit gebundener Rotation gänzlich unmöglich ist, aber wir Menschen dürften dafür absolut ungeeignet sein. Falls sich die Verlangsamung also weiter so fortsetzt, sollten wir schleunigst eine Lösung für das Problem finden - oder hier weg. Uns bleiben nur noch ‚wenige Wochen‘. Soviel zum Thema:

„Raumfahrt ist nur ein unnützer Kostenfaktor“

Zum vorläufigen Abschluss des Unterthemas ‚Mond, Licht und Längenmaßeinheiten‘ möchte ich den Lesern noch einen Zusammenhang zwischen verschiedenen Längenmaßeinheiten angedeien lassen, dessen Existenz ebenfalls nicht einfach zu erklären ist. Auch wenn es rechnerisch (noch ?) nicht ganz exakt aufgeht, so ist es im Minimum doch verwunderlich, dass es soetwas überhaupt gibt:

1,4444444...	: **2,5400050800101600...**	= **0,5686**777...	(Zoll)
1,4444906...	: **2,5400050800101600...**	= **0,5686**959...	(Zoll)
131	: 230,36	= **0,5686**751...	(131)
101	: **177,6**	= **0,5686**936...	(Att.S)
30,864198...	: 54,2732	= **0,5686**82...	(Kyr.)
52	: **91,440184...**	= **0,5686**777...	(Yard)
... ???			

Auch hier ist kaum anzunehmen, dass der vielgerühmte Zufall dahinter steckt. Mit höchster Wahrscheinlichkeit ist die Aufzählung nicht vollständig. Mehr habe ich bislang dazu aber noch nicht gefunden ...

Wie bereits migeteilt, gäbe es zum Mond noch eine riesige Menge mehr zu berichten. Jetzt schon. Dabei wurden hier etliche Parameter noch gar nicht betrachtet. Doch an dieser Stelle soll es erst einmal damit genügen.

Fakt ist, dass sich die „merkwürdigsten Zufälle der besonderen Art" beim Mond - und seinem Zusammenspiel mit seinem kompletten Umfeld - extrem häufen. Diese Tatsache sollte auch die offizielle Wissenschaft stutzig machen und nicht weiterhin unbeachtet lassen!

Ich - für meinen Teil – bin schon seit mehreren Jahren davon überzeugt, dass mit dem Mond gewaltig etwas nicht stimmt. Entweder er unterliegt Naturgesetzen, die wir noch nicht kennen, was in dieser Masse und Qualität allerdings schlecht möglich ist bzw. kaum wahrscheinlich erscheint. Oder er wurde von bewusst denkenden Lebewesen gezielt auf seine Eigenschaften „gestylt" und / oder ausgewählt und ebenso gezielt auf seine vorausberechnete Erdumlaufbahn gebracht. Ja, ich denke gut und vielfach begründet, dass irgendwann irgendwer ganz bewusst eine Art „Lunaforming" durchgeführt hat.

Vernünftige Wissenschaftler mögen das für übertrieben halten, aber sie müssen auch zugeben, dass viele Merkwürdigkeiten nicht von der Hand zu weisen sind. Und wie gesagt:

Es sind lange nicht die Einzigen.

Die Erde – Wenige ausgesuchte Beispiele

Ganz ähnlich gilt das, was für den Mond gilt, genauso für die Erde. Auch hier finden sich in Daten und Maßen jede Menge Absonderlichkeiten – Zufälle, die keine sind. Keine sein können. Quantität und Qualität sind viel zu hoch, um vom normalen Zufall abzustammen. Und was das Beste ist: Die seltsamen Zahlenspiele zwischen Erde und Mond korrelieren und korrespondieren an einigen, evtl. sogar an etlichen Stellen miteinander.

In der Folge wird vorerst nur auf zwei Maße von vielen zurückgegriffen. Dazu werden nur ein paar wenige ausgewählte Beispiele aufgezeigt. Wie fast immer in diesem Buch geht es hauptsächlich um die Vermittlung des Funktionsprinzips, erheblich weniger dagegen um die erschöpfende Darstellung ‚aller' Details. Alles Andere würde viel zu weit führen – und dieses Buch würde nochmals sehr viel dicker als es eh schon ist. Doch das Aufgezeigte soll(te) völlig dazu genügen, Fachleute mehrerer Forschungsrichtungen zu inspirieren, sich erheblich tiefgreifender und intensiver mit diesen und anderen ‚ulkigen' Phänomenen auseinanderzusetzen. Es lohnt sich aus wissenschaftlicher Sicht.

Als die beiden Beispielkandidaten werden uns hier der Äquator**umfang** und der Polumfang der Erde dienen. Sie werden von mehreren verschiedenen Seiten beleuchtet. Doch vollständig wird die Aufreihung beileibe nicht sein. Die verwendeten Maße sind nicht meine Erfindung, „damit es passt", sondern stammen vom US-Verteidigungsministerium. Genauer gesagt von der NIMA[74]. Das ist diejenige Abteilung, die u.a. für das WGS-84[75] und die Grundlagen des GPS-Systems zuständig ist. Und das funktioniert bekanntlich nun schon seit über 20 Jahren ziemlich gut. In dem mir zur Verfügung stehenden NIMA-Bericht sind der Äquatorradius der Erde mit 6.378,1370 km und der Polradius mit 6.356,7523142 km[76] angegeben. Diese Maße entsprechen nicht denjenigen der realen Erde, sondern dem derzeit modernsten Referenzellipsoiden – also einer Idealisierung der realen Erde zu einem exakten geometrischen Körper. Aus mathematischer Sicht entspricht das einer minimalen Rundung der

---

[74] NIMA = National Imagery and Mapping Agency
[7575] WGS-84 = World Geodetic System of 1984
[76] [36]

Realdaten. Aus o.g. Maßen ergeben sich folgende Umfänge, wobei zu beachten ist, dass hier der Äquatorumfang als geometrischer Kreis, der Polumfang jedoch als geometrische Ellipse betrachtet wurden:

Polumfang der Erde **= 40.007,8629171091… km**
Äquatorumfang der Erde **= 40.075,0168855785… km**

Das zunächst achtstellig ermittelte Verhältnis zwischen beiden Umfängen ergibt folgendes:

40.007,863 : 40.075,017 = 0,9983242

Die Wurzel des Ergebnisses führt uns zum Goldenen Schnitt Phi. Dabei wird auch der Hauptumrechnungsfaktor 10.000 des Kugel-Lichtmodells auffällig:

Wurzel aus 0,9983242 = 0,999**1618**
=> (0,9991618 – 0,999) * **10.000** = **1,618 ≈ Phi**

Dieser Umstand giert förmlich nach exakterer Überprüfung. Die fünfzehnstellige Wiederholung der Rechnung zeigt, dass der Polumfang bei gleichbleibendem Äquatorradius/-Durchmesser/-Umfang ungefähr 43,86 Zentimeter kürzer sein müsste, um auf exakt Phi = 1,61803398874989… zu kommen. Knapp 44 cm von 40.007,863 km sind wahrlich nicht viel. Es entspricht rund 0,000 001 0962 Prozent des Polumfanges der Erde. Selbst in der exakten Wissenschaft Physik gibt es nicht viel, was auf Anhieb derart genau zusammenpasst.

Aber es geht sogar noch genauer: Tauscht man Phi gegen den Term "**5/6 Pi minus 1**" aus, der aus der hiesigen Lichtmodell-Sicht demselben Umfeld entstammt, jedoch geringfügig kleiner ist als Phi, ergibt sich eine Abweichung von nur etwa 11,73 Zentimetern. Das entspricht sogar nur 0,000 000 2933 Prozent.

Dabei ist meiner Meinung nach kaum davon auszugehen, dass die NIMA möglicherweise absichtlich auf diese Fakten hingearbeitet hätte. Denn dann würde es wohl überhauptgarkeine Abweichungen geben. Oder die winzigen Abweichungen dienen der Tarnung und Verschleierung. Aber wovon? Soll etwa der „liebe Gott" versteckt werden? Oder das

Wirken der außerirdischen Götter der irdischen Frühgeschichte? Oder dasjenige der modernen UFO-Piloten? Wozu?

Das ergibt keinen Sinn ...

Da wir gerade mal wieder bei Pi, Phi und den Erdumfängen gelandet sind, empfiehlt es sich, kurz auf eine Herleitungsvariante des bislang wichtigsten Kugelmodells der Erde hinzuweisen. Je nach dem jeweiligen Sinn und Zweck der Anwendung im Kugel-Lichtmodell gibt es mehrere verschiedene Versionen des Erdmodells, die in das Kugel-Lichtmodell eingesetzt werden können. Darunter sind kugelförmige, aber auch ellipsoidförmige. Davon sollte vorerst die Kugel mit 40.000 km Umfang die bedeutendste sein, denn sie liefert die Grundlagen für viele Maßeinheiten und damit die Verbindung zu diversen physikalischen Größen sowie zum Licht und allem was dazu gehört. Durch Pi und Phi ergeben sich zwei hauchzart differierende Untervarianten, die durch eine leicht gerundete „Alltagsvariante" auf Basis von 3,1416 und 2,618 vereinfacht und alltagstauglich gemacht werden. Durch diesen Rundungstrick werden Pi und Phi vereint. Gleichzeitig werden der Meter und die Königselle (= 0,5236 m) in traute Zweisamkeit gebracht:

$$\text{Pi} \Rightarrow \text{Pi}/6 = 0,5235987\ldots \Rightarrow 5/6\,\text{Pi} = 2,6179939\ldots$$
$$\text{Phi} \Rightarrow \text{Phi}^2/5 = 0,5236068\ldots \Rightarrow \text{Phi}^2 = 2,6180339\ldots$$
$$\mathbf{3,1416 \Rightarrow 3,1416 / 6 = 0,5236 \Rightarrow 0,5236 * 5 = 2,618}$$

Zum Modellumfang von 40.000 km kommt man u.a. nun wie folgt:

0,5236 m * 100.000.000 = 52.360 km

=> 52.360 km * 2 : 2,618 = **<u>40.000 km</u>**

Dabei ist dringend zu beachten, dass **viele Wege** nicht nur nach Rom, sondern auch zum 40.000-km-Erdmodell führen.

Eine gänzlich andere Geschichte ist ein erdumfangsabhängiger Hinweis auf das Verhältnis zwischen Englischer Meile und Kilometer. Der exakte mathematische Umrechnungsfaktor zwischen den beiden Delinquenten beträgt 1,60934721869444… km/Meile.

Daraus können wir auf „numerologischem" Wege völlig unproblematisch den Polumfang der Erde in recht guter Näherung herleiten:

4. Wurzel aus 1,6093472…   = 1,126321666…
=> Sinus 1,126321666… (°) = 0,019656755…
=> 0,019656755… + 200   = 200,019656755…
=> 200,0196567…²   = **40.007,8630885…**

Die Differenz zum NIMA-Polumfang beträgt rund 17,15 Zentimeter oder 0,000 000 429 Prozent. Auch das ist nicht sonderlich viel. Da stellt sich die Frage, ob auch die Englische Meile vom Polumfang der Erde abgeleitet wurde ? Bei der Nautischen Meile ist das in jedem Fall so …

Weiterhin führen uns beide Erdumfänge gemeinsam zu einem recht merkwürdigen „Zahlenspiel", welches uns auf das ‚Pi-ähnliche' Verhältnis **22 : 7** aufmerksam macht und uns gleichzeitig zum Einmaleins der **13** sowie in die Nähe der Lichtgeschwindigkeit führt.

Das Verhältnis **22 : 7** beträgt 3,142857142857… und hat mehrere Derivate wie etwa **11 : 14** = 0,7857142857… => * 4 = 3,142857… oder **11 : 7** = 1,57142857… => * 2 = 3,142857… usw. usf.. Die Darstellung des Zahlenspiels erfolgt hier vereinfacht und verkürzt:

$$U_{\text{Äquator}} = 40.075,017 \Rightarrow :\ \mathbf{91} \qquad = 440,3848… \approx \mathbf{440}$$
$$\Rightarrow :\ \mathbf{143} \qquad = 280,24487… \approx \mathbf{280}$$
$$U_{\text{Pol}} = 40.007,863 \Rightarrow :\ \mathbf{91} \qquad = 439,64685… \approx \mathbf{440}$$
$$\Rightarrow :\ \mathbf{143} \qquad = 279,77527… \approx \mathbf{280}$$

Dabei fällt auf:

91	=	7 * 13
143	=	11 * 13
143 – 91	= 52 =	4 * 13
143 + 91	= **234** =	18 * 13

… usw. usf.

$$\Rightarrow \mathbf{234} : 91 \qquad = 2,5714285714…$$
$$\Rightarrow \mathbf{234} : 143 \qquad\qquad = 1,636363636…$$
$$\Rightarrow 234^{16} \qquad\qquad \approx 8,0808 * 10^{37}$$
$$\Rightarrow 8,0808 * 10^{37} : 10^{33} \qquad = \mathbf{80808}$$
$$\Rightarrow 80808\ \ :\ \ 91 \qquad\qquad = \mathbf{888}$$

…

$$\Rightarrow 2{,}57142857\ldots \ :\ \ 1{,}636363\ldots \ = \mathbf{1{,}57142857\ldots}$$
$$\Rightarrow 1{,}57142857\ldots \ *\ \ 7 \qquad\quad = 11$$
$$\Rightarrow 1{,}57142857\ldots \ *\ 14 \qquad\quad = 22$$
$$\Rightarrow 1{,}57142857\ldots \ *\ \ 2 \qquad\quad = \mathbf{3{,}14285714\ldots} = \underline{\mathbf{22 : 7}}$$

... usw. usf.

Unter den genannten auffälligen Zahlen ist die **234** wiederum eine ganz besondere. Sie bringt uns ganz in die Nähe der Lichtgeschwindigkeit, ihrer Wurzel und des Goldenen Schnittes:

$$234^2 = 54.756$$
$$\Rightarrow 54.756 : 100 = \mathbf{547{,}56} \qquad (\Rightarrow\ \sqrt{LG} = 547{,}533\ldots\ )$$
$$\Rightarrow 547{,}56^2 = 299.821{,}953\ldots \qquad (\Rightarrow LG = 299.792{,}458\ \text{km/s})$$
$$\Rightarrow 299.821{,}953\ldots - 299.792{,}458 = 29{,}4956$$
$$\Rightarrow \text{4-mal hintereinander LN} = -\ \mathbf{1{,}6187}954\ldots$$

Es passt nicht ganz, aber im Rahmen der erheblichen Vereinfachung (=> 234, ohne jede Nachkommastelle) ist die erreichte Nähe zu gleich zwei wichtigen Größen allemal verblüffend.

Aber es kommen auch noch andere Zusammenhänge zutage:

$$\Rightarrow 440\ \ :\ \ 280 \qquad\quad = \mathbf{1{,}5714285714\ldots}$$
$$\Rightarrow 440\ \ *\ \ 280 \qquad\quad = \mathbf{123}.200$$
$$\Rightarrow 440\ \ *\ \ \ 91 \qquad\quad = \mathbf{40.040}$$
$$\Rightarrow 280\ \ *\ 143 \qquad\quad = \mathbf{40.040}$$

... usw. usf.

Außerdem fällt auf:

$$\Rightarrow 280 + 440 = \mathbf{720} \qquad\qquad (\Rightarrow \text{6-Fakultät und}$$
$$\qquad\qquad\qquad\qquad\qquad\qquad\qquad \text{Doppelter Einheitskreis}[77]\ )$$
$$\Rightarrow 440 - 280\ = 160 \qquad\quad (\Rightarrow 10 * 2^4\ \text{etc.}\ )$$
$$\Rightarrow 440\ :\ 280 = 1{,}57142857\ldots \quad (\Rightarrow *2 = 3{,}1428\ldots = 22 : 7\ )$$
$$\Rightarrow 280 * 440\ = 123.200$$
$$\Rightarrow 123.200 : 10^7 = \mathbf{0{,}0123}2 = \sin (\sin \mathbf{44{,}9}0245\ldots°)$$

Letzteres erinnert schwer an den Sinus des Sinus von 45°. Die Erklärung dazu erfolgt später in diesem Buch.

---

[77]   Siehe [2]

So viele Treffer, Näherungen und Auffälligkeiten auf einen Schlag legen die Vermutung nahe, dass noch mehr dahinter steckt. Eine kurze Überprüfung verstärkt diesen Eindruck. Zu diesem Zweck ermitteln wir das einfache arithmetische Mittel zwischen Pol- und Äquatorumfang der Erde (in km):

$$40.075,017 \ + \ 40.007,863 \ = \ 80.082,88$$
$$\Rightarrow 80082,88 \ : \ 2 \ \ \ \ \ \ \ \ \ = \ 40.041,44$$

Das Ergebnis kommt schon recht nah an die obige **40.040** heran. Die Differenz beträgt nur **1,44**, wobei auffällt, dass die Ziffernfolge 1 - 4 - 4 für das Kugel-Lichtmodell systemrelevant ist: 2 * 72 = 144 ; 12² = 144 ; 1,2² = 1,44 ; … usw.

Somit nähern wir uns schrittweise der Erkenntnis, dass sich hinter der 40.040 eine weitere **kugelförmige** Modellerde des Kugel-Lichtmodells versteckt. Diese neue, **sekundäre** Modellerde ist nicht direkt für die Darstellung der Lichtgeschwindigkeit verantwortlich wie die glatten 40.000 km, sondern mehr für den Zusammenhang zwischen Lichtgeschwindigkeit und Lichtkreisen. Das heißt, durch ihre Existenz wird der Blickwinkel ein klein wenig geändert und auf neue, geringfügig andere Horizonte gelenkt. Die bisherigen Zusammenhänge bleiben jedoch erhalten und wir finden etliche weitere Hinweise auf die Lichtgeschwindigkeit und die Konstruktion des Kugel-Lichtmodells.

Im Rahmen dieser Erhebung bin ich zufällig über die Primzahlzerlegung der Lichtgeschwindigkeitszahl gestolpert. Da diese bei km/s Nachkommastellen hat, wurden zwei Zahlen in Primzahlen zerlegt, zwischen denen die definierte Lichtgeschwindigkeit zu finden ist: Die 299.792 und die 299.793. Am Ende sieht das so aus:

$$299.792 = 2^4 * 41 * \mathbf{457} \qquad (\Rightarrow 2^4 \qquad = 16)$$
$$293.793 = \mathbf{3} * \mathbf{13} * 7687 \qquad (\Rightarrow 3 * 13 \quad = \mathbf{39})$$

Das sagt auf den ersten Blick nicht allzu viel aus, aber es könnte ein Hinweis darauf sein, wo die vielen Ziffterndrehereien im Kugel-Lichtmodell-System herkommen. Schätzungsweise sind die 457 und die 547, als auch die 379, die 397, die 739 und die 937 oder die 137, 317 und die 727, 757, 787 und die 797 etc. pp. allesamt Primzahlen, die nicht umsonst massenweise an unterschiedlichsten Stellen im System vorkommen. Und es gibt nur einen Weg wie sie in dieser Form und Häufigkeit dort hineingekommen sein können:

Durch ausgeklügelte und durchdachte Auswahl der Basiszahlen des gesamten Systems. Mit diesen ‚Basiszahlen' sind hauptsächlich Maßeinheiten, die Verhältnisse zwischen ihnen und diverse Absolutwerte, die sich sekundär aus den Maßeinheiten ergeben, gemeint. Und all das ist perfekt auf das Zusammenspiel von dimensionslosen mathematischen Konstanten wie etwa **Pi und Phi** etc. abgestimmt, woraus sich alles Andere ableitet. Vielleicht hilft dieser Denkansatz ja irgendwann irgendwem, die zweifelsfrei existierende Ordnung und Verknüpfung der Primzahlen zu durchschauen? Das wäre toll!

Bei dieser Gelegenheit wurde auffällig, dass mindestens zwei weitere Primzahlen im Zusammenhang mit der Lichtgeschwindigkeit in km/s zu zwei ebenfalls beachtenswerten Näherungen führen:

$$299.792,458 : \mathbf{47} \qquad = \mathbf{6.378},5629\dots \qquad (R_\text{Ä} = 6.378,137 \text{ km})$$
$$299.792,458 : \mathbf{11} \qquad = 27.253,86\dots$$
$$\Rightarrow 27.253,86\dots : 10^5 = 0,2725386\dots$$
$$\Rightarrow 6.378,137 * 0,2725386\dots = \mathbf{1.738},2885$$
$$(R_\text{Mond} = 1738 \text{ km})$$

Zum vorläufigen Abschluß dieses Kapitels sei noch ein bereits aufbereiteter und idealisierter Rechenweg aufgezeigt, der von der Lichtgeschwindigkeit in km/s direkt zum großen primären Lichtkreis mit einem Umfang von glatt 3,6 Millionen Kilometern führt. Und zurück vom Lichtkreis zur Lichtgeschwindigkeit:

$$\Rightarrow \mathbf{299.792,458} \quad : \quad \mathbf{280},0556\dots \quad = \quad \mathbf{1.070,4745}\dots$$
$$\Rightarrow 280,05568\dots * 1.070,4745\dots = 299.792,458$$
$$\Rightarrow 1.070,4745\dots{}^2 \qquad\qquad = 1.145.915,6\dots$$
$$\Rightarrow 1.145.915,6\dots * \quad \text{Pi} \quad = \underline{\mathbf{3.600.000.000}}$$

Zur Erinnerung: Die 280 leitete sich u.a. aus den realen Erdumfängen ab, wobei sie schon dort nicht völlig glatt ausgeprägt war bzw. ist, sondern über Nachkommastellen verfügt. Trotzdem war und ist sie klar und deutlich als 280 zu erkennen. Das bedeutet, dass die Erdumfänge direkt etwas mit Lichtgeschwindigkeit und Lichtkreis zu tun haben. Dass dem so ist, liegt an der konkreten Festlegung der absoluten Länge des Meters und der absoluten Dauer der Sekunde, die beide gemeinsam die Zahl der Lichtgeschwindigkeit in km/s bestimmen.

Parallel dazu – nur mit einem Rechenschritt mehr – führt uns auch die 440 zu mindestens einer wichtigen Zahl bzw. Ziffernfolge. Auch dieses Beispiel wurde bereits idealisiert:

$$299.792{,}458 \; : \; \mathbf{440}{,}04125\ldots = \mathbf{681{,}28262}\ldots$$
$$\Rightarrow 681{,}28262\ldots^{2} \qquad\qquad = 464.146{,}01\ldots$$
$$\Rightarrow 464.146{,}01\ldots \; * \; Pi \qquad = 1.458.157{,}7\ldots$$
$$\Rightarrow \sqrt{1.458.157{,}7\ldots} \qquad\quad = \mathbf{1.207{,}542}$$
$$\Rightarrow 1.207{,}542 - 1.000 \qquad = \underline{\mathbf{207{,}542}} \quad (\,km\,)$$

Das ist der Abstand in Kilometern zwischen einer Lichtsekunde und glatten 300.000 km.

Gerade so, als ob es selbstverständlich wäre, kommen wir bei der Gelegenheit mithilfe eines der Zwischenergebnisse und dem Äquatorradius der Erde natürlich auch gleich wieder zum Mond und seinem Radius. Wie sollte es auch anders sein?

$$\Rightarrow \mathbf{681{,}28262}\ldots \; * \; 4 \qquad\qquad = 2.725{,}1305\ldots$$
$$\Rightarrow 2.725{,}1305\ldots \; : \; 10.000 \qquad = 0{,}27251305\ldots$$
$$\Rightarrow 6.378{,}137 \qquad * \; 0{,}27251305\ldots = \underline{\mathbf{1.738}}{,}1256\ldots$$

… usw. usf.

Das könnte fast „beliebig" so weitergehen. Zur Erde und ihren Beziehungen zum Licht - und allem was dazugehört - gäbe es noch vieles zu berichten. Für hier und jetzt soll das dazu Gesagte jedoch vorerst genügen, um den Bogen nicht zu überspannen.

Apropos Maßeinheiten: Metrologie kompakt

Metrologie ist die ‚Lehre von den Maßeinheiten'. Sie hat meistens nur sehr wenig mit dem Wetter zu tun, auch wenn man das denken könnte.

Stattdessen helfen uns Maßeinheiten unsere komplette Umwelt immer genauer zu beschreiben und zu erkennen. Diese Umwelt besteht hauptsächlich aus Raum, Zeit, Masse und Energie. Alles andere leitet sich letztlich daraus ab. Die Metrologie ist somit grundsätzlich eine sehr wichtige Wissenschaftsrichtung, weil sie für alle Bereiche die Basis für exakte Ermittlungen und korrekte Kommunikation zur Verfügung stellt. Umso schlimmer ist es, dass sie in einigen Fällen auf dem völlig falschen Gleis vor sich hin tuckelt.

Für die Beschreibung des Raumes in allen (bekannten) Richtungen und Dimensionen werden die Längenmaßeinheiten[78] genutzt. Davon gab und gibt es enorm viele. Einige davon sind besonders wichtig. Heutzutage ist insbesondere der Meter relevant, aber parallel dazu gibt es eben auch andere – wie etwa den Zoll etc. – die praktisch genauso wichtig sind, ohne dass die moderne Metrologie das wahrhaben will. Außerdem liegt sie mit ihrer offiziellen Geschichte des Meters total neben der Spur – und das ist dann schon ziemlich gravierend, weil es viele wichtige Zusammenhänge völlig verschleiert.

Die Grundmaßeinheit der Zeit ist die Sekunde. Scheinbar gibt es für die Zeitmessung nur sie und ihre Derivate: Minute, Stunde, Tag, … „Lichtjahr", „Parsec", … usw. Und das aller Wahrscheinlichkeit nach von allem Anfang an – und nicht erst seit dem Ende des 19. / Anfang des 20. Jahrhunderts wie es heutzutage gelegentlich verlautbart wird. Mal abgesehen von der missglückten ‚Dezimalzeit der französischen Revolution' ist mir keine weitere Zeiteinteilung bekannt. Auch hier scheint die Metrologie gewaltig auf dem Holzweg zu sein. Denn nicht umsonst erfanden (angeblich) bereits die alten Babylonier das 60iger Zahlensystem und das 360°-System. Und nicht nur die alten Ägypter teilten den Tag bereits in 12 Doppelstunden – also 24 (Einzel-) Stunden – ein, womit zweifelsfrei bereits in frühester Zeit zumindest das Fundament für die Se-

---

[78]   inklusive ihrer Potenzen

kunde gelegt wurde. Ebenso taucht die Anzahl der Sekunden eines Tages (= 86.400 s/d) schon sehr viel früher in der Weltgeschichte auf als es die gegenwärtige Metrologie wahrhaben möchte.

Demgegenüber gibt es für die Beschreibung von Massen aller Art wieder unzählige verschiedene Maßeinheiten. Gegenwärtig hat dabei das Kilogramm bzw. das Gramm zurecht die tragende Rolle inne. Viele andere Massen-Maßeinheiten stehen mit ihm in direkter Verbindung. Oft nicht nur per Umrechnungsfaktor, sondern erstaunlicherweise auch inhaltlich und zahlenverwandtschaftlich. Das heißt, dass die heutige Metrologie auch bei der Masse gehörig zu schwächeln scheint.

Die wichtigsten Maßeinheiten der kompletten Menschheitsgeschichte stammen allesamt von exakten naturwissenschaftlichen Größen ab. Jedenfalls alle, die mir bisher bekannt sind.

Die grundlegendsten Größen sind hierbei die beiden mathematischen Konstanten **Pi** und **Phi** in so ziemlich jeder möglichen und ‚unmöglichen‘ Variation, Kombination und Verwendung. Sie werden von diversen physikalischen Konstanten und anderen besonderen Zahlen flankiert, die sie im jeweiligen Aufgabenbereich unterstützen.

Die ‚**anderen besonderen Zahlen**‘ sind gegenwärtig in der Wissenschaft noch wenig geläufig. Dennoch sind sie definitiv existent und leisten backstage zuverlässig ihren Dienst. Man erkennt sie daran, dass sie und ihre Derivate immer **mindestens zweimal**, meistens jedoch wesentlich häufiger, in unterschiedlichen und inhaltlich ‚getrennten‘ relevanten Zusammenhängen in Erscheinung treten. Damit führen sie zu einem **mehrfach redundant**en System. Sie besitzen Eigenschaften, die völlig verschieden sein können, sie jedoch aus der unendlich großen Masse der Zahlen herausheben. Solche Eigenschaften können bestimmte Strukturen oder Ziffernfolgen sein, aber auch Teilungen, Multiplikationen, Potenzen, Primzahlzerlegungen, Beziehungen zu anderen Zahlen, insbesondere Konstanten, … oder irgendwelche anderen mathematischen und / oder „intuitiven“ Besonderheiten. Diese besonderen Zahlen sind eine Art von Hotspots, leuchtende Bojen inmitten des Zahlenozeans, die den Weg durch Nacht und Nebel weisen.

Auf diesen Wegen sind die wirklich bedeutenden Maßeinheiten bereits quer durch die komplette Weltgeschichte intensiv miteinander verflochten, verknüpft und miteinander verwandt. Ganz ähnlich unserem heutigen Internationalen Maßeinheitensystem, welches ein **Teil** dieser Gesamtkonstruktion ist.

Allen anderen Maßeinheiten voran schreitet der **Meter**. Er ist eine Längenmaßeinheit und stellt im relativen Bereich die Eins von Pi : Pi = 1 und Phi : Phi = 1 bzw. Phi² : Phi² = 1 dar. Die Ellipsenzahl Pi und das Quadrat des Goldenen Schnittes Phi (= Phi²) korrelieren hauteng – aber nicht völlig exakt – miteinander.

Beide stehen im Verhältnis **Phi² zu Pi ≈ 5 zu 6** zueinander. Das scheint das wichtigste mathematische Verhältnis im Universum zu sein. Die kleinen „Unexaktheiten" und ‚Toleranzen' dienen dazu, zu anderen naturwissenschaftlichen Gegebenheiten weiterzuführen. Es ist bei den Zahlen genau wie im richtigen Leben: Vieles ist sich sehr ähnlich, aber (fast) ‚nichts' ist wirklich gleich. Die vielgerühmten ‚kleinen Unterschiede' animieren zum Weiterdenken. Sie sind der Motor des Universums.

Das ist blanke, ‚hinterhältige' Psychologie. Sie funktioniert, indem der Suchende sich automatisch dazu gezwungen fühlt, die exakten Werte finden zu wollen. Früher oder später findet er sie auch, aber auf dem Weg dorthin kommt er an vielen Auffälligkeiten vorbei, die ihn dazu verleiten und bewegen, auch in anderen Richtungen weiterzusuchen. Dadurch entsteht eine Art ‚Baumstruktur' des naturwissenschaftlichen Wissens, die sich im weiteren Verlauf immer mehr verzweigt und zu immer genaueren Ergebnissen führt. Hinter diesem Prinzip steckt von allem Anfang an pure Absicht. Es ist quasi eines der Grundprinzipien des Universums.

Die absolute Länge des Meters stammt hingegen von der Lichtgeschwindigkeit und dem Zusammenspiel mit der Zeit- und ‚Umdrehungs'-Maßeinheit[79] **Sekunde** ab[80]. Und das nicht erst seit 1983, dem Definitionsjahr der Lichtgeschwindigkeit, sondern von Anfang an. Es ist

---

[79]   ,Umdrehungs'-Maßeinheit => Winkel-Maßeinheit

[80]   siehe [3] und [4]

KEIN Zufall, dass die Maßeinheiten Sekunde und Minute sowohl für **Winkel** als auch für die **Zeit** zuständig sind.

Die Funktionsweise all dieser Verflechtungen wird erst durch das Kugel-Lichtmodell dargestellt und somit für jedermann erkennbar.

Alle anderen relevanten Längenmaßeinheiten leiten sich praktisch vom Meter ab. Die einzige echte Ausnahme von dieser ‚heimlichen Meterverwandtschaft', sind diejenigen Längenmaßeinheiten, die wirklich willkürlich erfunden wurden. Davon gibt bzw. gab es im Lauf der Zeit auch jede Menge. Sie sind in der Regel nicht wirklich wichtig und stehen zwangsläufig dennoch mit dem Meter in irgendeiner Beziehung. Durch die Qualität dieser Beziehungen lassen sie sich erkennen und ausmustern, sofern das angebracht erscheint. Die Wissenschaft sollte allerdings sehr vorsichtig mit dem Verwerfen umgehen, denn mögliche gravierende Fehler lauern allerorten.

Die Betonung der Nähe zum Meter gilt insbesondere für die **Königselle (KE)**, die mit **0,5236 Metern** einem Sechstel des Kreisumfanges eines Kreises von 1 Meter Durchmesser entspricht. Das heißt, sie beinhaltet den Wert Pi/6 in Bezug zum Meter. Gleichzeitig kommt sie rein zahlenmäßig einem Fünftel von Phi² sehr nahe. Oder einer hauchzarten Rundung, Anpassung und Idealisierung von beidem gemeinsam. Die Königselle existiert also in **mindestens drei** minimal „unterschiedlichen" Varianten, von denen jede ihren bestimmten Aufgabenbereich erfüllt. Je nach konkreter Aufgabe kommt man zu exakten oder nicht ganz so exakten Resultaten.

Hier ein nicht völlig exaktes Beispiel für die Zielführung vom Goldenen Schnitt per Längenmaßeinheit in Richtung Physik des Lichts:

10/Phi² : 0,5236 = 7,2949964…   => 1/x = 0,**1370**802…

Das Ergebnis erinnert von der Zahlenstruktur her stark an die Feinstrukturkonstante (FSK). Es ist aber nur eine gewisse Näherung.

Feinstrukturkonstante (FSK) = 7,2973525698(24)*10^-3
=> 1 / FSK = 137,035999074 (44)
=> (1/FSK) : 1000 = 0,**137**035999074…

Um noch näher an die Feinstrukturkonstante heran zu kommen, wird zunächst wieder andersherum gerechnet, und zwar mit 1 KE = Pi/6:

$$KE_{Pi/6} = Pi\ /\ 6\ = 0{,}5235987755983\ldots \qquad\qquad\qquad (m)$$
$$\Rightarrow 1\ KE_{Pi/6}\ :\quad 0{,}137035999074\ldots \qquad = 3{,}820\mathbf{8848}7\ldots$$
$$\Rightarrow 3{,}82088487\ldots - \text{Differenz: } 10/Phi^2 \qquad = 0{,}0012247\ldots$$

Die Abweichung ist somit schon relativ gering. Aber es fällt auch auf, dass die Ziffernfolge **8-8-4-8** in das Zwischenergebnis integriert ist. Ist das auch hier ein Hinweis auf die Lichtgeschwindigkeit? Immerhin hat die FSK ja durchaus mit Licht zu tun. Diese Auffälligkeit ist zumindest eine kurze Überprüfung wert. Die weitere Suche führt uns zu:

$$\Rightarrow 3{,}82088487\ldots{}^{\wedge}4 = \mathbf{213{,}135}507594\ldots$$

Das wiederum erinnert uns an die Verhältnisform der Lichtgeschwindigkeit und ihren Arcus-Kosinus, die uns schon oft in ähnlichen Situationen begegnet sind:

$$LG_{Verhältnis}\qquad = 299.792{,}458 : 300.000 = 0{,}9993081933333\ldots$$
$$\Rightarrow \arccos 0{,}9993081933333\ldots \qquad = 2{,}131351319\ldots \qquad (°)$$
$$\Rightarrow {}* 100 \qquad = 213{,}1351319\ldots$$

Somit liegt es nahe, dass sich eine Überprüfung in Richtung Lichtgeschwindigkeit lohnen könnte:

$$\Rightarrow 3{,}82088487\ldots{}^{\wedge}4 \qquad\qquad = 213{,}135507594\ldots$$
$$\Rightarrow 213{,}135507\ldots : 100 \qquad = 2{,}13135507\ldots$$
$$\Rightarrow \cos 2{,}13135507\ldots \qquad = 0{,}999308190895\ldots$$
$$\Rightarrow 0{,}999308190895\ldots {}* 300.000 \qquad = \mathbf{299.792{,}45}7268\ldots \ (km/s)$$

Und das Ergebnis enttäuscht uns nicht. Die Abweichung von der Lichtgeschwindigkeit beträgt ganze $0{,}0007315\ldots$ km/s[81] oder $0{,}000000244\ldots$ Prozent der definierten Lichtgeschwindigkeit in km/s. Der FSK hingegen kommen wir mit diesem Beispiel noch nicht näher. Speziell dafür gibt es noch eine ganze Reihe anderer Varianten, die gelegentlich ‚von allein' auftauchen. Gerade die FSK ist jedoch ein schönes Beispiel dafür, wie sich verschiedene Maßeinheiten und Zusammenhänge, die angeblich nichts miteinander zu tun haben, gegenseitig die Bälle zuschieben.

Das Interessante an dieser Herangehensweise ist, dass sie eine ziemlich solide Verbindung zwischen **Physik** (FSK, LG, $LG_{Verhältnis}$, usw.), **Mathematik** (Pi, Phi, Kosinus, usw.), **Metrologie** (Meter, Königselle, Grad) und dem **Kugelmodell** des Lichts herstellt, dessen

---

[81] $0{,}0007315\ldots$ km $= 73{,}15\ldots$ cm (von $299.792{,}458$ km)

scheinbar „völlig verquere" Denkweise uns erst hierher geführt und auf die Zusammenhänge aufmerksam gemacht hat.

Der zweite bedeutsame Komplex von Längenmaßeinheiten sind die zusammengehörenden („Englischen") **Zoll, Fuß, Yard** und **Meile**. Vom Meter führen etliche Wege zu diesem Komplex, die man in der Regel allerdings nicht wahrnimmt. Andersherum funktioniert das selbstverständlich auch. Zur exakten Lösung führt die **39,37** und ihre Derivate. Hier soll nun eine weitere Verbindung aufgezeigt werden, die bislang noch nicht genannt wurde. Sie ist wieder einmal nicht völlig exakt, bringt uns aber von Phi², über die Lichtgeschwindigkeit, direkt zu Meile, Meter und etlichem mehr.

$$\text{Phi}^2 \quad = 2,6180339\ldots$$
$$\text{LG}_{\text{Meile}} = 299.792,458 \text{ km/s} : 1,6093472\ldots \text{ km/Meile}$$
$$= 186.282,024486\ldots \text{ M/s}$$
$$\Rightarrow \text{Phi}^2 \Rightarrow \quad 2,6180339\ldots * 10\char`\^{}\text{-}35$$
$$\Rightarrow 1/x = 3,8196601\ldots * 10\char`\^{}34$$
$$\Rightarrow 3,8196601\ldots * 10\char`\^{}34 \quad \Rightarrow \sqrt[128]{3,8196601\ldots * 10\char`\^{}34}$$
$$= 1,8628250445\ldots$$
$$\Rightarrow 1,8628250445\ldots * 100.000 \quad = 186.282,50445\ldots$$
$$\Rightarrow \text{Verhältnis: } 186282,50445\ldots : \text{LG}_{\text{Meile}} \quad = 1,000002577\ldots$$
$$\Rightarrow \text{Differenz: } 186282,50445\ldots - \text{LG}_{\text{Meile}} \quad = 0,4799668\ldots$$
$$= 0,00026 \text{ \% } \text{LG}_{\text{Meile}}$$
$$\Rightarrow 0,4799668\ldots \quad \Rightarrow \text{EXP} = 1,6160207\ldots$$
$$\Rightarrow 1,6160207\ldots \char`\^{}256 = 230,365500282\ldots\text{E}+53 \quad \Rightarrow \quad : 10\char`\^{}51$$
$$= 230,36\ldots$$

Die ganze Prozedur zur Probe rückwärts gerechnet – ausgehend von 230,36000 anstatt von 230,3655…, ergibt eine Abweichung von rund 1,68*10^-10 von Phi². Sie ist also in jedem Fall ‚hinreichend genau'.

Die besondere Bedeutung dieser „ungenauen" Querverbindung liegt darin, dass sie uns auf die Zahlenähnlichkeit zwischen den Reziprokverhältnissen **10/Pi** und **10/Phi²** sowie das Verhältnis **5 zu 6** zwischen ihnen aufmerksam macht:

10 / Pi	= **3,18**30989…	
10 / Phi²	= **3,81**96601…	
=> 10/Pi : 10/Phi² = 0,8333461…		≈ 5 : 6
=> 5 : 0,8333461… = 5,9999081…		≈ 6
=> 6 * 0,8333461… = 5,0000766…		≈ 5

Ganz ähnlich – nur viel einfacher - funktioniert das auch mit dem **Attischen Stadion**, einer Längenmaßeinheit aus dem antiken Griechenland. Der Ausgangspunkt ist (fast) derselbe, nämlich 10/Phi².

10/Phi² = 3,8196601…
=> 3,8196601…^64 = 1,7765688704…E+37
=> 1,7765688704…E+37 : 10^35 = **177,6** (5688704…) m/Att.St.

Dasselbe wieder rückwärts gerechnet, ausgehend von einem Attischen Stadion von glatt **177,60** m, bringt uns zu einer Abweichung von 0,000**13100**783… von Phi² und damit gleichzeitig auch zur 131 sowie später auch zur Lichtgeschwindigkeit :

(131,xxx * 2288,xxx = 299.792,458.

Von diesen Stadien aus Griechenland gibt es noch etliche mehr, die sich alle mehr oder weniger voneinander unterscheiden. Allem Anschein nach stehen viele davon auch untereinander in direkter mathematisch-physikalischer Verbindung und naturwissenschaftlichen Beziehungen zueinander. Die ‚rein willkürliche' Festlegung dieser Längenmaßeinheiten ist mittlerweile kaum mehr ‚glaubhaft'. Da diese Maßeinheiten jedoch oft nur schemenhaft bekannt sind, ist es schwierig ihnen konkret auf die Zahl zu fühlen. Aus diesem Grunde äußere ich mich hier noch nicht weiter dazu.

Weiter geht es mit der **TMU**[82], der **Steinzeitelle**[83] und dem **Megalithic Yard** (= MY), was aus meiner Sicht alles exakt dasselbe ist. Offiziell wird allerdings die TMU mit glatt **83** cm angegeben, während das MY mit einer Spanne zwischen 82,7xxx und 83,0 cm veranschlagt wird. Uns

---

[82] TMU = Teotihuacan Meassurerment Unit
[83] Steinzeitelle ist das deutsche Wort für Megalithic Yard

steht somit also ein kleiner Spielraum zur Verfügung, in den eine Menge hineinpasst. Fakt ist hingegen folgendes:

$$83 \ : \ \text{Phi}^2 \qquad = \mathbf{31{,}70}31789337587\ldots$$
$$83 \ * \ 10/\text{Phi}^2 = \mathbf{317{,}0}31789\mathbf{3}\ldots$$
$$317 : \ 10/\text{Phi}^2 = 82{,}99167744\mathbf{33717}\ldots$$

Es sollte jedem auffallen, dass hier die 317 bzw. die Ziffernfolge 3-1-7 sehr stark betont wird. Das erinnert uns an das altbekannte FSK-Zahlenspiel[84], auch wenn die 317 erst später dazustößt:

$$\mathbf{1370731 - 371 = 1370360}$$

Das fällt auf. Mit solchen Eselsbrücken kann man sich Zahlen prima merken. Und es führt uns sogleich zum nächsten Phänomen. Dieses wurde allerdings schon im Vorfeld „glatt gerechnet", damit es nicht zu umfangreich wird. Zum Ausgleich geht es diesmal sofort exakt auf:

$$\text{MY} = 82{,}99979517242\ldots$$
$$\text{Sekunden je Tag} = \ 86.400 \ \text{s/d} \qquad = 86{,}4 * (\mathbf{1000 \ s}) \ /\text{d}$$
$$\Rightarrow 82{,}9997951\ldots \ + \ 10/\text{Phi}^2 \qquad = 86{,}81945528\ldots$$
$$\Rightarrow 86{,}81945528\ldots \ - \ 86{,}4 \qquad = 0{,}41945528\ldots$$
$$\Rightarrow 0{,}41945528\ldots \ \ * \ 10/\text{Phi}^2 \qquad = \underline{\mathbf{1{,}6021766208\ldots}}$$

Physikern ist das Ergebnis als Elementarladung ‚e' bekannt, die nicht mit der Eulerschen Zahl ‚e' verwechselt werden möchte, aber trotzdem genau so heißt.

$$\Rightarrow \text{Elementarladung e} = 1{,}602\ 176\ 620\ 8(98) * 10^{\wedge}\text{-}19 \ \text{C}$$

Im selben Zusammenhang fällt noch etwas auf. Dabei geht es um die obige 0,41945…

$$\Rightarrow \text{EXP} \ \ 0{,}41945528\ldots \qquad = \ 1{,}52113274\ldots$$
$$\Rightarrow \text{EXP} \ \ 1{,}52113274\ldots \qquad = \ 4{,}577407299\ldots$$
$$\Rightarrow \text{EXP} \ \ 4{,}57740729\ldots \qquad = 97{,}\mathbf{261}8\mathbf{9}603\ldots$$
$$\Rightarrow \text{EXP} \ 97{,}26189603\ldots \qquad = \ 1{,}73902068\ldots\text{E+42}$$
$$\Rightarrow 1{,}73902068\ldots : 10^{\wedge}39 \quad = \mathbf{1739}{,}02068 \qquad \qquad \text{(km ?)}$$

Hat das etwas mit dem Mondradius zu tun? Die Rechnung mit dem richtigen Mondradius zwecks Präzisierung wieder rückwärts ausgeführt, beginnend mit $\mathbf{1{,}738}$E+42, führt uns zur 0,419454418…
Die Differenz ist winzig:

0,419455285… - 0,419454418… = 0,000000866928… , was 0,0002 Prozent entspricht. Es wäre also gut möglich, dass …

… zumal ja die **83** im Zusammenhang mit der Eulerschen Zahl e und dem natürlichen Logarithmus auch ganz gut mit dem Erdumfang korreliert.

Mindestens genauso interessant sind die beiden **Kyrenaische**n Maßeinheiten **Fuß und Sekunde**, die beide dieselbe Zahl beinhalten – 30,8641975308641… - einmal in Zentimetern, einmal in Metern. Sie können allerdings nach ihrer Herkunft unterschieden werden:

    Fuß   => 5,5555555…²   = 30,864197… (cm)
    Sekunde   => 40.000 km : 1.296.000" = 30,864197… (m)

In Verbindung mit dem Goldenen Schnitt Phi bzw. 10/Phi² oder 10.000/Phi² kommt bei den Kyrenaischen Maßeinheiten Erstaunliches zutage. Am Anfang selbstverständlich wieder nicht voll korrekt, sondern nur fast. Die Genauigkeit reicht jedoch aus, um auf eine absichtliche Direktverbindung zu Pi und zur Lichtgeschwindigkeit in km/s zu schließen. Dadurch ist natürlich auch die Verbindung zu Meter und Sekunde festgeschrieben.

    10.000 / Phi² = 3819,66011250105…
    => 3819,66011250105… : 30,864197… = 123,75698764503…
    => $\sqrt[4]{123,7569876\ldots}$ = **3,335**357822…
    => 1/x = 0,**299**817…   => ≈ LG-Ziffernfolge
    => $\sqrt[8]{123,7569876\ldots}$ = 1,826296203…
    => 1/x = 0,**547**556…   => ≈ Wurzel-LG-Ziffernfolge
    => ln 123,7569876…   = 4,818319866…
    => 4,818319… * 10 – 45   = 3,183198657…
    => 10 : 3,183198…   = **3,141**4942   (≈ _Pi_)

Wir können die Ergebnisse nun in mindestens zwei Richtungen konkretisieren. Zuerst in Richtung Lichtgeschwindigkeit:

    LG = 299.792,458 => 1/x   = 3,33564095198…E-6
    Wurzel LG = $\sqrt{299.792,458}$ = 547,53306566818…
    => 1/x   = 1,826373716..E-3
    => 1,8263737…²   = 3,3356409…
    => 3,3356409…E-6 * 10^6 = 3,3356409…

186

         => 3,3356409...^4   = **123,7990147...**
         => 3,3356409...² = $\sqrt{123,7990147\,...}$ = 11,1265
         => 11,1265 * 10.000 = 111.265
         => Differenz: 123,7990147... - 123,7569876... = 0,04203...
Und dann in Richtung Pi:
         Pi : 10   = 0,31415927...
         => 1/x   = 3,1830989...
         => 3,1830989... + 45 = 48,1830989...
         => 48,183098... : 10 = 4,81830989...
         => EXP 4,818309... = 123,7557526...
         => Differenz: 123,7569876... - 123,7557526... = 0,00124...

Wir stellen pauschal fest, dass sich die Kyrenaischen Einheiten enger an
Pi anschmiegen als an die Lichtgeschwindigkeit. Das hat seinen Grund,
denn wir dürfen nicht vergessen, dass die Zahlen der Lichtgeschwindigkeit sehr viel leichter zu erkennen und zu identifizieren sind als ein gut
verstecktes Pi. Außerdem war offensichtlich ein Kompromiss – ähnlich
dem der „drei Königsellen" – das Ziel. Der diente seinerseits dazu, eine
Verbindung zwischen mathematisch-physikalischer Realität und Kugel-
Lichtmodell zu schaffen. Wir dürfen ja nicht vergessen, dass die Kyrenaischen Einheiten schon den Umfang der Kugelmodellerde von 40.000
km, die Anzahl der Gradsekunden (1.296 * 1000), die Anzahl der Sekunden eines Tages (=> 30,**864**...) und noch etliches mehr exakt beinhalten.
Alles auf einmal, und alles gleichermaßen hochgenau, geht aber nicht.
Lichtgeschwindigkeit und Pi sind damit sozusagen „nur fakultative"
Zugaben und Hinweise darauf wie es weiter geht.
Wie groß sind nun die Differenzen zu den Kyrenaischen Einheiten?
         => LG => 30,864197... - 30,85371981...   = 0,010477725
                                        => ≈ 0,034 %
         => Pi => 30,864197... - 30,86450554...   = 0,00030801046
                                        => ≈ 0,001 %

Und so schlecht ist ja eine Annäherung auf 0,034 Prozent nun auch wieder nicht. So manches Andere in der heutigen Physik wird wesentlich
großzügiger gehandhabt und gilt – bis auf Weiteres - trotzdem.

Auffällig sind im Zusammenhang mit den Kyrenaischen Einheiten die vielen **123**,xxx-Zahlen. Sie sind wieder eine Art „Sammel- und Hinweisbox für alles Mögliche" und tauchen auch oft an völlig anderen Stellen auf. Das führt uns einerseits zurück zur Steinzeitelle, andererseits jedoch zu den Zeiteinheiten und weit darüber hinaus. Ihren Ursprung haben sie wahrscheinlich in den 111,1111111… km je Grad der 40.000-km-Modellerde.

$$\Rightarrow 40.000 \text{ km} : 360° = 111{,}1111111\ldots \text{ km/°}$$
$$\Rightarrow 111{,}1111111\ldots{}^2 = \mathbf{123}45{,}6790123456790123\ldots$$
$$\Rightarrow \text{Oder eine Nummer kleiner:}$$
$$11{,}1111111\ldots{}^2 = \mathbf{123}, 456790123\ldots$$

Wir erinnern uns daran, dass bei der Steinzeitelle die Einheit von **1000 Sekunden** aufgetaucht war, wodurch die Zahl **86,4** als Faktor für die Sekunden eines Tages verfügbar wurde.

Eintausend Sekunden sind 16,66666… Minuten. Der Reziprokwert von 16,666… heißt 0,06. Daraus erwächst ein grober Hinweis darauf, dass auch die Zeit mit dem Goldenen Schnitt in Verbindung steht:

$$16{,}666\ldots \Rightarrow 1/x = 0{,}06 \Rightarrow \text{EXP } 0{,}06 = 1{,}0\mathbf{618}365\ldots$$

Eintausend Sekunden sind aber auch 0,27777777… Stunden. Und mit dieser Zahl und ihrem Reziprokwert **3,6** fängt praktisch nicht nur das Kugel-Lichtmodell an zu existieren, sondern ebenso unsere Winkelsysteme und unsere Zeitrechnung. Nicht umsonst hat ein Vollkreis 360 Grad, eine Stunde 3.600 Sekunden und der idealisierte siderische Modellmonat 27,77777… Tage. Die 0,277777… führt uns aber auch zu den 123iger Zahlen:

$$\text{Log}(10)\ 0{,}277777\ldots = -0{,}5563025\ldots = \cos \mathbf{123{,}80}047\ldots°$$

Das ist wieder nur einen Hauch von der obigen Verbindung zur Lichtgeschwindigkeitszahl entfernt:

$$\sqrt[4]{123{,}80047} = 3{,}3356508\ldots \Rightarrow 1/x = 0{,}\mathbf{299791}574$$
$$\Rightarrow 123{,}80047\ldots - 123{,}79901\ldots = 0{,}0014647\ldots$$

Wir kommen hier der Lichtgeschwindigkeit wieder ein Stückchen näher, ohne uns irgendwie verrenken zu müssen.

Die 0,2777777... Stunden (= 1000 s) sind damit aber noch lange nicht am Ende. Sie liefern völlig problemlos noch jede Menge Basiszahlen für das Kugel-Lichtmodell. Dazu ein paar wenige Beispiele von sehr vielen:

$$0,2777777... * \;\; 3 = 0,833333... = 5 : 6$$
$$0,2777777... * \;\; 4 = 1,111111... => x^2 = 1,23456790123...$$
$$0,2777777... * \;\; 8 = 2,222222...$$
$$0,2777777... * 12 = 3,333333...$$
$$0,2777777... * 18 = 5 => \text{Bestandteil des Goldenen Schnittes}$$
$$0,2777777... * 20 = 5,555555...$$
$$=> x^2 = \text{Kyrenaische Maßeinheiten}$$
$$0,2777777... * 24 = 6,666666... => 2 : 3 ; \text{‚Zahl des Tieres'}$$

... usw. usf.

Aber nicht nur Minuten, Stunden und Tage bestehen aus Sekunden, sondern auch Jahre. Und die führen uns wieder ganz in die Nähe von 10/Phi², Phi² und damit letztlich zum Goldenen Schnitt Phi:

$$365,24218 \text{ d/a} * 86.400 \text{ s/d} \quad = 31.556.924 \text{ s/a}$$
$$=> 31.556.924 * 10^{67} \qquad\quad = 3,1556924 * 10^{74}$$
$$=> \sqrt[128]{3,1556924 * 10^{74}} = 3,8196553...$$
$$=> 10 : 3,8196553... \qquad\quad = 2,6180373...$$
$$=> \sqrt{2,618\,373\,...} \qquad\qquad\; = \mathbf{1,618035} \qquad\qquad \approx \text{Phi}$$

Dabei fallen zwei Dinge auf: Erstens eine Ziffernfolgen-Ähnlichkeit mit dem Reziprokwert der Verhältnisform der Lichtgeschwindigkeit:

$$\text{LGVerhältnis} = 0,99930819333... \quad => 1/x = 1,000\mathbf{692}285594...$$
$$\approx 1,000\mathbf{6923}$$

Setzt man diese Ähnlichkeit in die Zahl der Sekunden eines Jahres ein, erhält man ein geringfügig kürzeres Jahr.

$$31.556.\mathbf{922},8559... \text{ s/a} : 86.000 \text{ s/d} = 365,2421627... \text{ d/a}$$

Freilich ist das momentan nur pure Spekulation, aber hier könnte auch durchaus eine Querverbindung zwischen Jahreslänge und Lichtgeschwindigkeit verborgen sein.

Zweitens gibt es auch eine grobe Rückverbindung zum Attischen Stadion. Sie ist nicht sehr genau und ein wenig versteckt, aber definitiv vorhanden:

$$31.556.924 \text{ s/a} : 1.000 = 31.556,924$$
$$\Rightarrow \sqrt{31.556,924} = \mathbf{177,6}\,4269\ldots \text{ (m)}$$

Rechnet man mit dem glatten Attischen Stadion von 177,60 m wird die Jahreslänge ebenfalls geringfügig gekürzt:

$$177,60^2 = 31.541,76$$
$$\Rightarrow 31.541,76 \qquad * \quad 1.000 \qquad = 31.541.760 \text{ s/a}$$
$$\Rightarrow 31.541.760 \text{ s/a} : 86.400 \text{ s/d} \qquad = 365,0666\ldots \text{ d/a}$$

Im Rahmen des Kugel-Lichtmodells ist die Länge des Erdenjahres in verschiedenen Ausführungen – meist zwischen 364 und 366 Tagen gelegen – eng mit sehr vielen anderen Sachen verknüpft. Manchmal relativ ungenau, gelegentlich aber auch hochexakt. In Verbindung mit Pi kommt auf einfachem Wege ein Mittelding zutage:

$$\text{Pi} \qquad \Rightarrow \text{Pi}^2 \quad * \quad 37 \qquad = 365,17536\ldots$$
$$\Rightarrow \text{Pi}^2 \quad * \quad 37,00677 \ = 365,24218$$

Und mit der hier erschienenen **37** kommen wir selbstverständlich gleich wieder zurück zum nächsten FSK-Zahlenspiel:

$$1 : \text{FSK} \qquad\qquad \approx 137,036$$
$$\Rightarrow 37 * 3,7036 \qquad = 137,033\ldots$$
$$\ldots$$

Und so weiter, und so weiter, und so weiter …

Die Ausführungen könnten schier endlos fortgesetzt werden. Jetzt schon. Aus diesem Grunde werden wir im weiteren Verlauf des Buches immer mal wieder bei den genannten und zusätzlichen Maßeinheiten landen und auf Ungewöhnlichkeiten und weiterführende Zusammenhänge hinweisen. Doch unendlich Vieles muss auch noch weitergehender und erheblich tiefgründiger erforscht und untersucht werden.

Eine spezielle Art von Kritikern wird mit aller Macht versuchen, genau das zu verhindern. Wie üblich werden sie die Aussagen ignorieren, schlecht reden oder ins Lächerliche ziehen. **Auch die vermutungsfreien, präzisen und richtigen.** ‚Numerologie‘, ‚Verschwörungstheorie‘ oder ähnliche dumme Killerphrasen sind dabei das gebräuchliche Vokabular. Weiterführende Auffälligkeiten oder gar sinnergebender Inhalt sind üblicherweise exakt **keine** drin. Geschweige denn Anflüge des sinnvollen

Mitdenkens. Das ist wohl zu anstrengend und damit zuviel verlangt. Es geht ausschließlich um das Zerstören und Verhindern der allgemeinen Verbreitung unliebsamen Wissens und seiner Weiterentwicklung. Rhetorisch und massenpsychologisch sind derartige Formulierungen jedoch gelegentlich recht wirkungsvoll.

Dümmlich sind sie trotzdem.

Doch bevor die Damen und Herren ihre Anti-Numerologie-Propagandamaschinen losrollen lassen, sollten sie sich vor Augen führen, dass Zahlen primär völlig abstrakt sind. Sie unterliegen keinerlei Alterungsprozess. Sie bleiben auf ewig (!) exakt an der Stelle, an der sie heute bereits seit Ewigkeiten stehen. Das heißt, die hiesigen Ausführungen werden auch noch rekapitulierbar, reproduzierbar und überprüfbar sein, wenn selbst die „kritischsten" Gebeine längst zu Staub zerfallen und in den Urschlund des Universums zurückgekehrt sind. Ob mit diesem Buch - oder ohne - ist dabei weitestgehend belanglos. Zahlen haben auch in ‚dunklen' Zeiten oder gar ohne Menschen Bestand. Das Einzige, was sich in Bezug auf Zahlen gelegentlich ändern kann, ist ihre Interpretation. Doch auch die ist bei Konstanten und daraus abgeleiteten Maßeinheiten – genauso wie beim Kugel-Lichtmodell – schon von vornherein sehr stark eingeschränkt. Und das aus gutem Grund. **Echte Wissenschaftler** sollten sich also gewissenhaft mit den hiesigen Ausführungen beschäftigen. Vieles ist erheblich weniger ‚numerologisch' als es auf den ersten Blick aussieht. Und etliche Punkte können dazu beitragen, die Welt besser zu erkennen als das gegenwärtig oft der Fall ist. Genau das zu verdeutlichen ist Sinn und Zweck dieser Ausführungen.

Also weiter im Text.

Ein Vorschlag für die Wissenschaft – Wissen für die Ewigkeit

Eine gar nicht mal so kleine Schar von Wissenschaftlern beschäftigt sich heutzutage auf unserem Planeten mit der Frage, wie man Wissen und wichtige materielle Erbschaften über sehr lange Zeiträume, durch schlechte Zeiten hindurch und über Katastrophen aller Art hinweg, erhalten kann. Unsere derzeitigen Speichermedien sind nämlich nicht sonderlich haltbar. Schon gar nicht unter Extrembedingungen, die praktisch überall und jederzeit eintreten können, ohne dass wir etwas daran ändern könnten. Dazu kommt, dass Tier- und Pflanzenarten aussterben, Gebäude zerfallen oder zerstört werden, … und Menschen irgendwann sterben.

Schützt man all das nicht, ist es irgendwann für die Menschheit unwiederbringlich verloren. Aus diesem Grunde werden monströse Archive beispielsweise in geeigneten Bergwerksstollen oder anderen, vermeintlich sicheren, Orten gebunkert.

Auch wird ununterbrochen nach noch besseren Lösungen gesucht. Der gesamtgesellschaftliche Aufwand ist riesig.

Trotzdem ist es fraglich, ob die bisherigen Methoden wirklich erfolgversprechend sind. An dieser Stelle sollte man noch sehr viele grundlegende Überlegungen investieren – und diese dann auch umsetzen. Eine bessere Rückversicherung gibt es für die Menschheit gegenwärtig nicht. Es sei denn, wir suchen aktiv und intensiv nach einem neuen Domizil auf anderen Planeten. Aber auch wenn wir heute noch damit anfangen würden, ist das eine sehr aufwändige und langfristige Angelegenheit. Und selbst wenn alles Notwendige gelingt, kann bestenfalls ein kleiner Teil des materiellen Besitzes der Menschheit um- und ausgelagert werden. Beim ideellen Vermögen sieht es ein wenig besser aus, aber auch da sind stabilere Speichermöglichkeiten gefragt und dringendst notwendig.

So ganz schnell und einfach können wir uns also nicht von der Erde lösen und sind somit gezwungen auch rein irdische Lösungsvarianten zu entwickeln.

Ein Beispiel von mehreren gegenwärtigen Projekten der Suche nach Überlebensmöglichkeiten, ist die Gendatenbank „Svalbard Global Seed Vault" auf der arktischen Inselgruppe Spitzbergen[85]. Dort werden Samenproben der verschiedensten Sorten von ganzen 21 wichtigen Nutzpflanzenarten aufbewahrt – insgesamt bis zu 4,5 Millionen Samenproben zu je 500 Samen. Das Gemäuer reicht 120 Meter in einen Berg hinein und soll angeblich sogar atomkriegssicher sein, was nicht wirklich

---

[85]   [16]

'glaubhaft' ist. Allerdings ist fraglich, ob das Projekt, welches im Jahr 2008 in Betrieb genommen wurde, wirklich bis ins Letzte durchdacht ist. Ein bisschen Tauwetter sorgte bereits für Nachbesserungsbedarf. Und, ob nach einem weltumspannenden Atomkrieg noch jemand schnell genug nach Spitzbergen kommt, um eine eventuell noch vorhandene Tür in irgendeinem Berg zu finden, erscheint doch eher fraglich. Für mich ist nicht wirklich nachvollziehbar, was für infantile Vorstellungen von wirklich großen Katastrophen da in den Projektanten- und Entscheider-Hirnen herumgeisterten – schätzungsweise mal wieder die allgegenwärtige Sparwut am falschen Platz.

Trotzdem ist das "Svalbart Global Seed Vault" prinzipiell eine gute Idee. Sie müsste nur wesentlich gründlicher durchdacht sowie erheblich umfangreicher geplant und umgesetzt werden. Und das am besten mehrmals auf dem Planeten, geografisch weit verteilt.

Denn was würde im Zweifelsfall mit den "restlichen" paar Millionen Pflanzenarten geschehen? Ein paar Nutzpflanzen allein sind mit Sicherheit nicht überlebensfähig. Und die Tierarten und sonstige Lebewesen des Planeten sind verheerenderweise dabei noch gar nicht in die Überlegungen einbezogen.

Prinzipiell sind derartige Einrichtungen eine gute Sache. Aber es stellen sich Fragen wie: Wer findet diese Institutionen in der Einöde, wenn sie mal wirklich dringend gebraucht werden? Wer ist dann noch dazu in der Lage sie zu finden, zu erreichen und zu nutzen? Gibt es dann Mord und Totschlag vorm Eingang – oder wird rechtzeitig eine sinnvolle Einigung gefunden? Wir Menschen sind mental bislang nicht sonderlich gut für die Vorsorge ernsthafter Notfälle geeignet.

Während die Steininschriften, Lehmtafeln, Papyri und Bücher unserer Vorfahren mit ein bisschen Glück mehrere Jahrhunderte bis Jahrtausende ohne größere Schwierigkeiten überstehen konnten, halten Filme, Disketten, Magnetspeicher und Ähnliches bestenfalls noch ein paar Jahrzehnte. Ganz zu schweigen vom rasanten technologischen und moralischen Verschleiß der dazu gehörigen Hardware.

Daran ändert auch eine spezielle Lagerung meist nicht viel.

Moderne Medien altern meistens schnell und zerfallen schon nach relativ kurzer Zeit von ganz allein – auch ohne jede äußere Einwirkung.

Geschieht das, ist das auf ihnen gespeicherte Wissen verloren. Nicht in jedem Fall, aber oft genug sogar vollständig und für immer. Zu oft! Trotz aller Bemühungen sind die Verluste gewaltig. Und sie werden mit jedem Tag größer. Jetzt schon – ganz ohne richtig große Katastrophe.

An dieser Stelle soll nun in Kurzform ein Vorschlag unterbreitet werden, wie man grundlegendes naturwissenschaftliches Wissen, wie etwa dasjenige um Naturkonstanten und unsere Maßeinheiten, gut und gern ein paar Jahrtausende erhalten kann. Und zwar unter fast ALLEN Umständen und über fast ALLE Katastrophen hinweg – nur abgesehen von einer vollständigen Zerstörung des gesamten Planeten, die ja auch nicht vollständig ausgeschlossen werden kann, aber relativ unwahrscheinlich ist.

Denn denkt man beispielsweise an den Urmeter, der im Pariser Louvre halbwegs "sicher" verwahrt wird, so ist der tatsächlich stark gefährdet. Im Zweifelsfall genügt ein Diebstahl oder ein kleiner Terroranschlag – wie sie unerfreulicherweise gegenwärtig üblich sind – um den Urmeter zu zerstören. Der ist ja nicht mehr als eine kleine Metallstange von einem Meter Länge. Die könnte man leicht entwenden, beschädigen oder zerstören, sofern man das wirklich beabsichtigt. Und leider gibt es heutzutage eine Menge ‚komischer‘ Leute, die unbedingt zurück ins Mittelalter oder gar in die Steinzeit wollen. Und das nicht nur im geschundenen Nahen Osten, in nordsüdkaukasischen Bergdörfern oder in den Sümpfen Hinterindiens, sondern überall auf der Welt. Auch hierzulande. Das ist schon echt traurig und überdenkenswert.

Somit sollte man eventuell ‚planbaren‘ Verlusten dringend vorbeugen. Darüber hinaus existieren jedoch auch erheblich massivere Bedrohungen, vor denen man sich kaum schützen, und die man nicht so leicht verhindern kann: Wetter- und andere Naturphänomene, konventionelle oder Atomkriege, Asteroideneinschläge und Ähnliches.
Freilich gibt es in mehreren Ländern Repliken des Urmeters, sodass er nicht gleich völlig vernichtet wäre, wenn der in Paris zu Schaden kommen sollte. Aber ist das wirklich eine sichere Sache? Und kann man sich

tatsächlich darauf verlassen, dass der nächste einschlagende Asteroid nicht ein größerer sein wird?

Die genannte Mondbahn-Definition von Meter, Sekunde und Geschwindigkeit, ist unter den Gesichtspunkten globaler Eventualitäten durchaus schon eine recht brauchbare Lösung. Es lohnt sich auf sie hinzuweisen, denn sie ist schwer zu zerstören und hält ohne jede menschliche Pflege und Energiezufuhr über etliche Jahrtausende. Damit sind wir eigentlich schon ganz gut beraten. Und mit ein bisschen Finesse können wir noch viel mehr Daten in der Erde-Mond-Lösung auf Dauer relativ sicher verpacken und bewahren.

Sie hat aber einen entscheidenden Nachteil: Sie ist schwer erkennbar. Zu schwer. Schließlich muss man erst viele Daten des Erde-Mond-Systems kennen, analysieren, idealisieren und wieder zusammenfügen, bevor man schlau daraus wird. Das Ergebnis ist quasi ein Supersafe mit verstecktem oder verloren gegangenem Schlüssel. Man steht davor, man sieht ihn, man riecht ihn, man spürt ihn, aber man kommt nicht problemlos an den Inhalt – auch wenn man ihn dringend braucht.

Wie könnten wir also einen derartigen, allgemein zugänglichen, jedoch so gut wie unzerstörbaren Schlüssel direkt auf der Erde deponieren? Kann man die Beschaffenheit dieses Schlüssels irgendwie eingrenzen? Ihn definieren oder beschreiben? Welche Eigenschaften könnte, welche sollte und welche muss dieser Schlüssel haben? Wie zeigt man unbekannten, fernen Nachfahren, wie und wo er zu finden ist?

Er sollte in jedem Falle global sein. Denn wenn dereinst ein großer Asteroid die Erde trifft, dann wissen wir erst ganz kurz vorher, wo das genau sein wird. So ein Ding kann aber ganze Kontinente wegfetzen, wenn es groß und schnell genug ist. Da bleibt dann auch vom Rest nicht viel übrig.

Wie erreicht man in so einem Fall Globalität? Durch Verteilung. Wie sollte diese Verteilung aussehen? Sie sollte **mindestens** dreigeteilt sein. Selbst wenn zwei Drittel der Planetenoberfläche zerstört werden, muss das letzte Drittel noch vollständig funktionieren. Und zwar allein.

Und wenn alle drei Schlüsselpositionen gleichzeitig und restlos zerstört werden, dann ist sowieso alles zu spät.

Auf welche Weise könnte die Dreiteilung gestaltet werden? Günstig wäre es, wenn etwa alle 120 +/- X Längengrade eines von drei Wissens-Zentren vorhanden wäre, welches autark alle notwendigen Informationen enthält. Durch die vorgegebene Verteilung der Kontinente ergibt sich die Variante, dass je eines in Amerika, eines in Europa oder Afrika und eines in Ost-Asien stehen sollte quasi von selbst. Da sich die Erde dreht, können von einem Asteroiden, der kleiner ist als die Erde selbst, niemals alle drei Zentren gleichzeitig direkt getroffen werden. Die drei Zentren müssen sehr stabil und massiv sein. Sie sind ja für Jahrtausende und für das Überstehen von Extremfällen gedacht. Sie müssen pflegearm und möglichst langzeit-autark überlebensfähig sein. Und sie müssen weithin sichtbar und erkennbar sein. Sie nützen nichts, wenn sie im Ernstfall keiner findet. Identisch müssen sie aber nicht unbedingt sein. Sie können durchaus an die jeweiligen Lokalbedingungen ihres Standortes angepasst sein. Die Zentren sollten im Großen und Ganzen das gleiche Wissen beinhalten, wenn auch eventuell auf verschiedene Art und mit diversen Nuancen. Jede der drei Wissens-Festungen sollte jeweils auf die anderen Beiden hinweisen. Sie sollten miteinander in Verbindung stehen. Nicht nur "per Telefon", sondern auf unzerstörbarer naturwissenschaftlicher Basis. Das ist wichtig, damit eventuelle spätere Nutzer den Sinn und Zweck des Ganzen erkennen können.

Wir wissen nicht, was die Zukunft bringt. Wir wissen nicht, was geschehen, was sich wie entwickeln wird. Wir wissen nicht, welche Sprache in 5000 Jahren gesprochen, welche Schrift verwendet wird. Wird es Schrift überhaupt noch geben? Oder wieder geben? Wir wissen nicht, wie die Erde dann aussehen wird, was für Menschen dann wie über wen und was herrschen werden. Wir wissen nicht, wie viele Menschen, welche Tiere und Pflanzen die nächste Katastrophe überleben werden. Vielleicht wird es nur eine Handvoll Eingeborener aus Papua Neuguinea sein, die von den heute siebeneinhalb Milliarden Menschen übrig bleibt? Wir wissen praktisch nichts, wir können bestenfalls schätzen. In vielen Fällen nicht einmal das. Und doch müssen wir uns und unsere Nachfahren auf alle

Eventualitäten vorbereiten. Denn das Einzige, was wir tatsächlich wissen, ist, dass die nächste Katastrophe kommt. Mit Sicherheit. Die Frage ist nur: Wann?

Praktisch auf dem ganzen Planeten müssen also Hinweise der unterschiedlichsten Art verteilt werden, die möglichst sicher zu den drei Schlüsselzentren führen. Und das auch in - und nach - Zeiten, in denen niemand mehr an so etwas überhaupt auch nur denkt. Die Hinweise müssen möglichst viele, möglichst überall zu finden, sein. Auf Grönland genauso wie auf Feuerland oder in der Mitte Alaskas und Afrikas. Ihr Aussehen und ihre Natur können ganz verschiedenartig sein: Mündliche und schriftliche Überlieferungen, kleine und große langlebige Gegenstände, Denkmäler, Bauten, bildliche Darstellungen, … und auch naturwissenschaftliche Hinterlassenschaften scheinen besonders geeignet. Schließlich ist das Sprach- und Schriftproblem nicht zu unterschätzen.

Wie könnte nun so ein Schlüsselzentrum aussehen? Welche Informationen sind die wichtigsten? Was muss, was kann Bestandteil des informellen Inhaltes sein? Fangen wir im Innersten an:
Denkbar und sinnvoll erscheinen spezielle Räume, die dem völlig ahnungslosen (aber halbwegs intelligenten) Betrachter durch ihre Gestaltung auffallen. Die Räume sollten nüchtern und extrem stabil sein. Technisches Gerät, welches nur 500 Jahre oder noch weniger hält, hat darin nichts zu suchen. So ein Raum muss groß genug sein, damit er betreten und untersucht werden kann. Er darf aber nicht so groß sein, dass er schon nach zwei, drei Jahrtausenden von allein zusammenbrechen würde. Solch ein Raum muss aus Material bestehen, welches extrem langlebig und vor allem formstabil sein sollte. Auch größere temporäre Temperaturänderungen müssen unbeschadet überstanden werden. Sogar vielmals hintereinander. Ebenso Sturm, Blitz, Feuchtigkeit, fließendes und stehendes Wasser. Die Wände müssen rein massiv sein. Abbröckelnder, aufquellender, ausblühender und maßverändernder Putz wäre kontraproduktiv. Steinarten wie Granit oder Basalt scheinen besonders geeignet. Heute üblicher Beton - insbesondere Stahlbeton - der aufgrund von langsam

eindringender Luft und Feuchtigkeit oder großer Hitze u.a. von innen her aufplatzen könnte, erscheint hingegen nicht geeignet.

Derartige Räume sollten sich inmitten von supermassiven Bauwerken befinden, jedoch möglichst eigenständig und vom Rest des Gebäudes baulich-konstruktiv isoliert sein, um Erdbeben und andere Erschütterungen unbeschadet und maßhaltig überstehen zu können. Der Schutz vor eindringendem Wasser ist besonders wichtig, da seine Zerstörungskraft enorm groß ist. Die Möglichkeit von vernichtenden Bränden muss zu 100 Prozent ausgeschlossen sein, es darf keinerlei brennbares Material darin vorkommen. Auch die eventuelle Bildung von Gasen u.ä. muss ausgeschlossen werden. Auf Malereien und Schriftzeichen – auch tief in die Wände eingravierte - sollte in diesem Raum verzichtet werden. Sie könnten zwischenzeitlich eventuell jemanden dazu provozieren, ihre Entfernung anzustreben – womit der Raum und sein Inhalt unwiederbringlich zerstört sein könnten. Schriftliche Mitteilungen, Gravuren, Reliefs, Bilder und sonstige Darstellungen können in peripheren Bereichen ihren Platz finden, nicht im Zentrum. Trotzdem muss alles miteinander verbunden, verquickt und verwoben sein. Eines muss auf das Andere hinweisen. Am besten vielmals redundant.

Welchen Sinn macht nun so ein kahler, nackter Raum - ohne alles - in einem endlos teuren, ultramassiven Gebäude ohne erkennbaren Nutzen?

Genau diese Frage soll sich jeder stellen müssen, der das Gebäude und diesen Raum jemals sieht und betritt. Denn derartige Fragen erzwingen die weitere Untersuchung. Sie wecken den Forscherdrang, die Neugier. Sie provozieren und inspirieren den Betrachter und machen ihn so heimlich - aber automatisch - zum zukünftigen Nutzer.

Was wird derjenige, der dereinst - in vielen Jahrtausenden - das Gebäude und diesen Raum staunend betreten wird, nach dem Hochklappen des Unterkiefers als erstes tun? Er wird versuchen Informationen zu sammeln, um sie analysieren zu können. Irgendwann wird er genau messen, um eventuell herauszufinden, womit er es zu tun hat. Und genau das ist Sinn und Zweck des ganzen Aufwandes. Unser später, unbekannter Nachfahre ist uns auf den psychologischen Leim gegangen. Wir haben ihm eine ‚Falle‘ gestellt und er ist hinein getappt. Freilich dient diese

‚Falle' einzig seinem Nutzen, aber das weiß er ja zu diesem Zeitpunkt noch nicht. Alles Weitere läuft praktisch automatisch ab ….

Unser ferner Ahne – ob nun aus China, Australien oder Amerika – wird sehr schnell feststellen, dass dieser Raum nach bestimmten Prinzipien errichtet wurde. Die Fläche des Fußbodens hat eine bestimmte Form, eine bestimmte Größe. Die Höhe kann kaum ein Zufall sein, denn sie steht in einem bestimmten Verhältnis zu den Maßen der Wandlängen und zum Gesamtumfang des Raumes. Überhaupt fallen ihm ständig und überall die selben Verhältnisse zwischen den Maßen auf. Nicht nur in dem Zentralraum, sondern auch überall im Gebäude, in der Periferie des gesamten Komplexes und ebenso in sämtlichen, kreuz und quer über den gesamten Planeten Erde verstreuten Hinweisen. Vielfache Redundanz ist das ‚A' und ‚O' der Geschichte. Verteilt auf dem ganzen Globus.

Warum? … wird er sich fragen, ist das so und nicht anders? Irgendwann wird er noch einmal genauer nachmessen. Und dann fallen ihm auch kleine 'Toleranzen', winzige Abweichungen auf. Zu groß, um blanke Messfehler und Bauungenauigkeiten zu sein. Zu klein und zu regelmäßig, um die Aussagen der Grundmaße infrage zu stellen.

Irgendwann bemerkt unser Nachfahre, dass die scheinbaren "Ungenauigkeiten" ebenfalls wieder auf ganz bestimmte Verhältnisse hinweisen. Gleichzeitig wird ihm klar, wie präzise das gesamte Gemäuer tatsächlich errichtet wurde. Und wenn er das begriffen hat, dann fängt die bewusste Suche nach Informationen erst richtig an.

Unser Nachkomme wird verstehen, dass das alles nicht auf Zufall beruhen kann. Er wird solange darüber nachgrübeln, bis er endlich den Weg zur Definition der Lichtgeschwindigkeit mithilfe der Mondbahn gefunden hat. Und noch viel mehr. Und er wird weiter suchen, bis weit über die Lichtgeschwindigkeit und die Mondbahn hinaus.

Kein Wort ist dafür notwendig, kein Buchstabe, kein Bild. Nur der nackte Raum mit seinen Maßen und Verhältnissen. Seine Sprache ist **die Sprache des Universums, die Mathematik.**

Und so wird unser ferner Urenkel sicher am Ziel ankommen. Falls er Überlebender einer globalen Katastrophe sein sollte, kann der Raum ihm und seiner Gesellschaft – wie immer sie auch aussehen und beschaffen sein mag – sehr nützlich sein. Er braucht nicht wieder ganz von vorn anzufangen, mit Faustkeil und Steinaxt. Und was noch viel wichtiger ist: Er hat ständig eine Motivation vor Augen.

Für uns Heutige sind solche Räume insofern wichtig, dass wir uns sicher sein können, uns selbst und unsere Nachfahren so gut wie nur irgend möglich gegen alle Eventualitäten abgesichert zu haben. Das gibt nicht nur ein inneres Gefühl der Sicherheit, sondern dient auch der Erhaltung der biologischen Art. Unserer Art, der Menschheit.

Die grundsätzliche Gestaltung des Allerheiligsten

Wie soll, wie kann, wie muss nun so ein Raum, so ein Gebäude, konkret aussehen?

Vorab: Es gibt unendlich viele Gestaltungsmöglichkeiten für derartige Zwecke. Davon sind einige mehr geeignet als andere. Aus diesem Grunde wird in der Folge nur eine einzige Variante beschrieben, die besonders gute Möglichkeiten zur Informationsübertragung ohne menschliche Schrift und Sprache verspricht. Es geht vorerst nur darum, dem Leser die grundlegenden Prinzipien näher zu bringen und zu erklären.

Anstatt einer menschlichen Sprache oder Schrift wird die Sprache des Universums genutzt: Die Mathematik. Vor allem eines ihrer Teilgebiete – die Geometrie – spielt dabei eine besonders wichtige Rolle, weil sie abstrakte Dinge gezielt sichtbar und verständlich macht. Jeder intelligente Geist kann sie erkennen. Jeder kann sie lesen und verstehen, nachdem er sie erkannt hat. Geometrie ist einfach und tiefsinnig zugleich. Man kann häppchenweise in sie und ihre Bedeutung eindringen.

Die Geometrie ist weniger abstrakt als andere Teilbereiche der Mathematik, wie Arithmetik, … oder Algebra. Aus diesem Grunde ist sie für die zukünftigen Informationsempfänger anschaulicher, aufreizender, provokativer, animierender und inspirierender als andere Bereiche der Mathematik. Der Inhalt ist letztlich jedoch genau derselbe. Dadurch ist es möglich, auch Inhalte zu vermitteln oder zumindest darauf hinzuweisen, die eigentlich nichts damit zu tun haben, sondern weit darüber hinausgehen. Die Geometrie wird nicht nur in Form von Architektur an den Empfänger weitergereicht, sondern auch durch Geodäsie, Metrologie, ... und vor allem Astronomie.

Richtige Geometrie lässt sich immer richtig nachrechnen. Und genau das ist der Punkt, auf den es ankommt. Sogar schwer beschädigte geometrische Objekte lassen sich so oftmals korrekt auf ihre Ursprungsform, –maße und -abstände zurückführen. Und die Ursprungsmaße sind die eigentlichen Informationsträger.

Da Maße in der Regel jedoch von Maßeinheiten abhängig sind, werden die Maße, soweit es nur irgend geht, zur Darstellung von **mathematischen Verhältnissen** genutzt. Die sind ihrerseits oftmals unabhängig von Maßeinheiten und können somit zur universellen Informationsübertragung für ‚jedermann‘ genutzt werden. Das erhöht die Sicherheit der Informationsübertragung ganz enorm. Wir nutzen also keinerlei Codierung im kryptografischen Sinn, sondern „nur" eine andere Sprache, ohne jede weitere Verschlüsselung: Die Sprache des Universums, die Mathematik und ihre Kinder.

Der Informationsempfänger muss zum selbständigen Nachmessen, Nachrechnen, Rechnen und Selberdenken bewegt - ja gezwungen - werden.

Denn erst dann fallen ihm die inneliegenden Verhältnisse und Gesetzmäßigkeiten unseres Info-Zentrum-Bauwerkes auf. Ohne das Erkennen der festgeschriebenen Verhältnisse und Gesetze ist jedoch selbst die ausgefeilteste Geometrie bestenfalls hübsch anzusehen. Man sieht dann nicht, was wirklich drinsteckt, nämlich naturwissenschaftliche Informationen aus ganz anderen Wissensgebieten und Zeiten.

Aus der gezielt kombinierten Übertragung der inneren Gesetzmäßigkeiten, der Funktionsbeschreibung unseres Wissenszentrums, wird nach dem Erkennen wieder naturwissenschaftliches Wissen im weitesten Sinne – von der Mathematik, über die Metrologie, ... bis hin zu Chemie, vor allem jedoch Physik, Astronomie und sogar Geschichte. Angestrebt ist die Informationsübertragung über (für Menschen) extrem lange Zeiträume – Jahrtausende. Voraussetzung dafür, die Information und das darin enthaltene Wissen überhaupt als solche zu erkennen, zu entschlüsseln, zu verstehen und weiterzuverwenden, ist zwingend ein gewisser Stand der Naturwissenschaften, der etwa mit unserem heutigen allgemeinen Wissensstand in Industrienationen vergleichbar ist. Somit sind die Informationsempfänger Leute, die zwar über einen entsprechenden Bildungsstand verfüg(t)en, aber durchaus durch eine Katastrophe zu Schaden gekommen sein können. Menschen des Mittelalters oder der Steinzeit sowie heutige Urwaldstämme u.a. können mit derartigen Informationen primär nichts anfangen. Sie verstehen sie nicht oder nur in allerersten Ansätzen. Allerdings werden auch sie schon dazu inspiriert, weiterführend über die Gegebenheiten nachzudenken: Wo kommt das her? Wo führt es hin? Wer hat das gemacht? Wo ist der Sinn? Mit solchen und ähnlichen Fragen wird der Erkenntnisprozess in die Wege geleitet. Wenn es sein muss, immer wieder aufs Neue. Das dauert dann zwar etwas länger, funktioniert letztlich aber genauso sicher.

Die Wissenszentren müssen so stabil gebaut sein, dass sie von "Urwaldstämmen", "Barbaren" und "Mittelalterreligionen" nicht zerstört werden können.

Die tatsächliche konkrete Grundlage für die Informationsübertragung sind bei diesem Vorgehen die Naturkonstanten. Sie sind unzerstörbar und eineindeutig. Sie stecken überall drin und sind von jedem erkennbar, der über ebenjenen gewissen Stand der Vorbildung verfügt. Der Empfänger muss wissen, dass es Naturkonstanten gibt. Und ein bisschen Mathematik sollte er auch schon einmal gelernt haben, wenigstens ein paar logische Grundlagen.

Primär sind für die Informationsübertragung mathematische Konstanten der Ausgangspunkt. Sie sind leichter und genauer bestimmbar als jedwede andere Naturkonstanten. In der Folge werden mithilfe der mathematischen Konstanten Verhältnisse und Konstanten anderer Wissenschaftszweige - wie beispielsweise Chemie oder Physik - dargestellt. Aus den Konstanten – sowie den Verhältnissen und Zusammenhängen zwischen ihnen - werden sinnvolle Maßeinheiten und weitere Verhältnisse abgeleitet, die den Nutzer ihrerseits wiederum weiter in die Naturwissenschaften hineinführen. Von diesem Punkt ab, können wir nicht nur allgemeingültiges, dimensionsloses Wissen übertragen, sondern auch

„absolutes Spezialwissen“. Und von dem Moment an, kann die Informationsübertragung so richtig losgehen …

<u>Die Konstruktion - Nur ein fiktives Beispiel</u>

Konstruieren wir nun also unseren Beispiel-Raum zur Info-Übertragung in die ferne Zukunft. Wie gesagt: Dabei geht es vorerst nur um ein paar Prinzipien und das dafür notwenige Verständnis. Das Konstrukt ist so einfach, dass es schwierig ist, darauf zu kommen.

Wir beginnen mit einer einfachen geometrischen Geraden. Auf dieser legen wir einen Punkt fest. Um diesen Punkt schlagen wir einen Halbkreis. Der schneidet die Gerade in zwei weiteren Punkten. Damit haben wir bereits eine erste, große Einheit festgelegt: Den Durchmesser des Kreises mit 1. Die Einheit ist zwar noch dimensionslos, aber die erste Eins steckt schon mal sicher drin. Auch das erste wichtige Verhältnis steht damit schon fest, denn der Halbkreis hat einen Umfang von einem halben Pi. Wie wir von den Einheitskreisen wissen, stehen Durchmesser und Umfang im Verhältnis 1 : Pi. Da wir nur einen Halbkreis haben, heißt hier das Verhältnis **1 : Pi/2** = 2 : Pi = **0,6366**197… oder reziprok eben Pi-Halbe = 1,5707963… .

Als Nächstes konstruieren wir drei Senkrechte zur Geraden durch die drei mittlerweile vorhandenen Punkte. Außerdem kopieren und verschieben wir den Durchmesser des Halbkreises soweit parallel zur Ausgangsgeraden, dass er zur Tangente des Halbkreises wird und gleichzeitig die drei Senkrechten schneidet bzw. berührt. Somit erhalten wir zwei nebeneinanderliegende Quadrate. Beide Quadrate zusammen ergeben ein wohldefiniertes Rechteck. Das ist die Grundfläche unseres zukünftigen Informations-Übertragungs-Raumes. Gemessen mit obiger Primäreinheit hat das Grundflächen-Rechteck einen Umfang von Drei. Jedes der Quadrate hat einen Umfang von vier mal Einhalb oder von Zwei. Damit erscheint es sinnvoll, unsere Einheit um die Hälfte zu verkleinern, um wenigstens kurzzeitig von den gebrochenen Zahlen wegzukommen.

Wir nehmen demzufolge von nun ab nicht mehr den Durchmesser, sondern den Radius des Halbkreises als Einheit. Jedes Quadrat hat somit einen Umfang von Vier. Das Rechteck hat einen Umfang von Sechs. Eine Längsseite des Rechteckes hat eine Länge von Zwei. Der Halbkreis hat nun einen Umfang von Zwei-Pi-Halbe, also Pi.

Die bisherige große Einheit besteht natürlich weiter, aber wir nutzen sie vorerst nicht mehr. Nehmen wir nun die neue, kleinere Einheit als Durchmesser, so kommen wir zu zwei Kreisen, die wir als Inkreise der Quadrate nutzen können, sofern wir das möchten. Auch diese Kreise können wir als Einheitskreise betrachten. Sofern wir das möchten, können wir dadurch unsere neue Einheit nochmals halbieren …

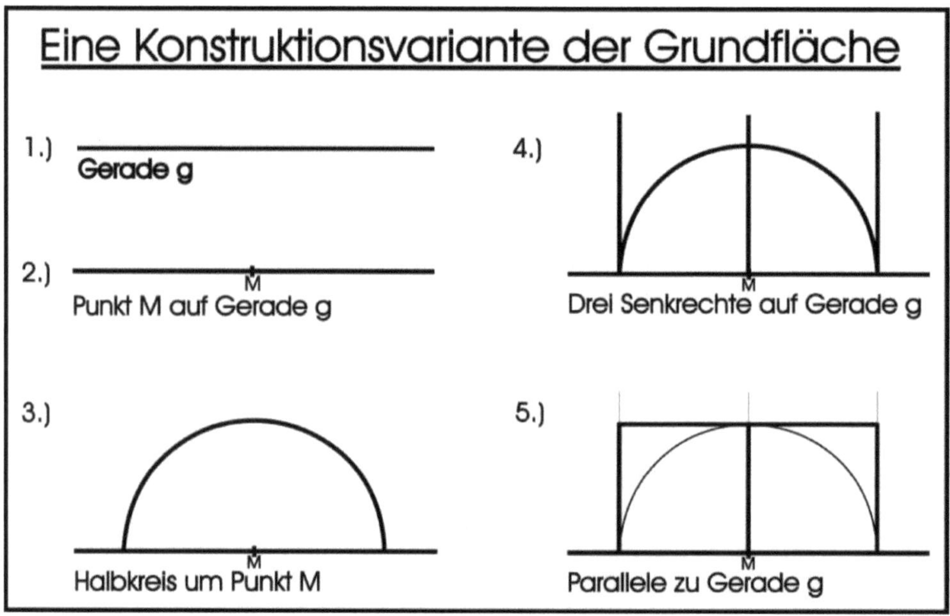

Abbildung 17: *Eines der grundlegenden Anfangsprinzipien der mathematisch-geometrischen Informationsübertragung*

Aber unabhängig davon welche Einheit wir nutzen, bleibt das Verhältnis von Breite und Länge immer gleich. Unsere Grundfläche ist immer doppelt so lang wie sie breit ist. Je nach Betrachtungsweise ergibt das ein

Verhältnis von 1 zu 2 oder von 2 zu 1, was vereinfacht 0,5 oder 2 heißt. Damit sind zwei weitere grundlegende Verhältnisse bzw. Konstanten in unsere Konstruktion integriert. 0,5 ist nicht nur der Reziprokwert von 2 und die Hälfte von 1, sondern auch der Sinus von 30° und der Kosinus von 60° usw. usf. Diese Tatsache können wir später für weitere, zusätzliche Informationen nutzen. Die 2 ist durch ihre fundamentale Bedeutung sowieso legendär. Nicht nur durch ihr Einmaleins, ihre Wurzel, die geraden Zahlen und ihre Potenzenfolge, sondern auch durch ihre hautenge Verbindung zum Goldenen Schnitt und vieles andere mehr. Praktisch eröffnet jede einzelne in die Grundkonstruktion integrierte Zahl, jedes weitere Verhältnis zwischen zwei dieser Zahlen, die Möglichkeit eines weiteren Informationszweiges, der sich – von der Grundfigur ausgehend - später immer weiter verästeln und verfeinern kann. Unsere fernen Ahnen müssen nur „sämtliche" Möglichkeiten der Reihe nach durchprobieren und nach Zusammenhängen suchen, wenn sie ein wenig schlauer werden wollen.

Die rechteckige Grundfläche enthält jedoch noch mindestens ein weiteres, überaus wichtiges mathematisches Verhältnis, welches nicht sofort auffällt. Denn wie wir in den Kapiteln über den Goldenen Schnitt Phi gesehen haben, kann man Phi wunderbar aus Quadraten ableiten. Genau wie Pi ist Phi nicht nur ein x-beliebiges Verhältnis, sondern auch eine exakte mathematische Konstante. Kann man das irgendwie nutzen?

Nun konstruieren wir die beiden Diagonalen in die Rechteckgrundfläche hinein. Die Diagonalen beginnen in den Ecken und schneiden sich gegenseitig in der Mitte. Den Schnittpunkt nutzen wir zur Halbierung der Diagonalen und klappen jede Halbdiagonale in ihrer zugehörigen Ecke hoch, senkrecht zur Grundfläche. Jetzt kopieren wir die Grundfläche und verbinden die Kopie mit den oberen freien Enden der senkrecht stehenden Halbdiagonalen. Wir erhalten einen Quader mit weiteren ganz bestimmten Eigenschaften und Verhältnissen. Damit ist unser Info-Raum in seinen Grundverhältnissen bereits fertig. Die Halbdiagonalen haben nicht irgendeine beliebige Länge, sondern sie sind genau Wurzel aus 1,25 lang bzw. hoch. Das ist die Hälfte von Wurzel aus 5, die wir ebenfalls bereits vom Goldenen Schnitt her kennen und die somit ebenfalls direkt und indirekt mehrfach in unserem Quader steckt …

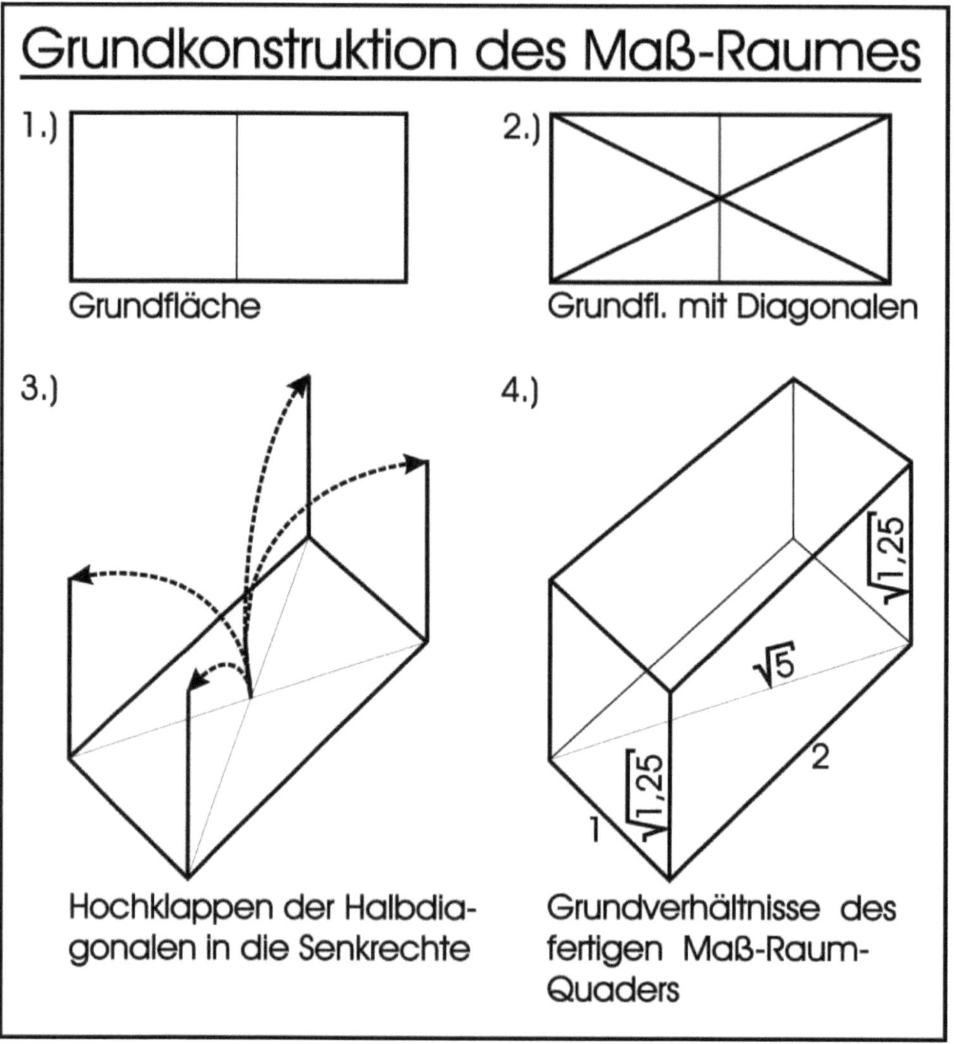

Abbildung 18: *Die Konstruktion der Grundverhältnisse des Maßraum-Quaders*

Unser Ahnen-Informations-Raum hat bis hierhin noch **mindestens** zwei entscheidende Mängel:

1.) Er ist dimensionslos. Das heißt, er kann so klein oder so groß sein, wie er will. Das hat zwar den Vorteil, dass sich die Verhältnisse in ihm nicht ändern, egal wie groß er ist. Für ein zukünftiges Gebäude ist dieser universelle Zustand jedoch nicht tragbar. Ein realer Raum braucht konkrete absolute Maße, damit er überhaupt gebaut werden kann.

2.) Bis hierhin kann unseren Raum jeder per Zufall konstruieren, auch ohne jegliches Wissen über seine mathematischen Inhalte. Er kann bisher also nicht eindeutig als Informations-Übertragungs-Raum identifiziert werden.

Beide Mängel müssen zwingend abgestellt werden.

      Wie machen wir das?

Wir geben unserem Raum sinnvolle konkrete Abmessungen. Das schaffen wir, indem wir eine besonders inhaltsvolle Maßeinheit verwenden:

      Den Meter!

Damit bringen wir sozusagen ein wenig Licht in die Hütte – und gleichzeitig die erste **physikalische** Konstante, die Lichtgeschwindigkeit in km/s. Schließlich haben wir den Meter nicht umsonst über das Licht, seine Geschwindigkeit und den Mond mit seiner Bahn definiert, sondern absichtlich, voller ‚Tücke und Hinterlist‘, die jetzt und hier langsam zum Tragen kommen. Doch vorerst sieht man nichts davon.

      Den Meter schreiben wir nun mit einem ganz üblen Kunstgriff in unseren zünftigen Raum hinein. Wir integrieren ihn nicht in Form eines glatten Metermaßes, wie das vielleicht Max Mustermann erwarten würde, sondern multiplizieren ihn vorher mit Pi. Genauer gesagt mit 10 Pi, damit unser Raum eine vernünftige und sinnvolle Größe erhält. Wir definieren also den Raumumfang zunächst mit exakt 31,415927… Metern. Dadurch erreichen wir folgendes:

(1) Wir geben unserem Raum primär zwei weitere Verhältnisse mit auf seinen Weg durch die Zeit. Beide Verhältnisse richten sich nach den oben genannten gröberen Einheiten. Sie heißen:

3 : 10 Pi = 0,0954929… oder reziprok **10 Pi : 3** = 10,471976…, wobei letzteres der Länge einer Längsseite unseres Raumes in Metern entspricht und

6 : 10 Pi = 0,1909859… oder reziprok **10 Pi : 6** = 5,2359878…, wobei letzteres der Länge einer Querseite unseres Raumes in Metern entspricht.

(Außer Konkurrenz führt uns dieses Vorgehen auch wieder zu einer Reihe auffälliger Zahlen. Beispielsweise beträgt der natürliche Logarithmus von ln(10Pi : 6) = 1,6555555096…, was durch die vielen Fünfen recht einprägsam ist. Auch das ist einer der Gründe an dieser Stelle tiefer in die Materie einzudringen …)

(2) Daraus ergibt sich eine Grundfläche von 54,831… Quadratmetern.
[Will man auf glatt 55 m² kommen, muss man anstatt Pi die Wurzel aus 9,9 = 3,1464265… nutzen. Daraus ergibt sich dann eine theoretische Seitenlänge für die Längsseite von 10,**48808848** m, was durch die Vieren und Achten wieder einen Ziffernfolgen-Hinweis auf die Lichtgeschwindigkeit ergibt. Das ist aber nur eine Möglichkeit von mehreren, die wir hier nicht anstreben. Allerdings zeigt dieses kleine Beispiel ein weiteres Prinzip unserer grenzenlosen „Hinterfuzzigkeit" auf: Wer in unserem Raum gründlich nach dem Sinn sucht, stößt von allein und ganz automatisch auf diese und viele andere Varianten. Wir müssen sie gar nicht real einbauen, und sie sind dennoch ‚virtuell' real vorhanden. Der Mathematik und dem soeben erfundenen Wissenschaftszweig „Psychologie der Nachfahren" sei Dank.]

(3) Durch die unrunden Seitenlängen ist ein drittes Primärverhältnis versteckt. Es ist eines der wichtigsten Verhältnisse auf unserem Planeten. Teilen wir die Schmalseiten durch Zwei, erhalten wir eine Länge von 2,6179939… Metern. Minimal gerundet sind das 2,618 m. Diese Zahl kennen wir bereits. Sie ist das gerundete Quadrat des Goldenen Schnittes. Setzen wir sie mit dem ebenfalls gerundeten Pi ins Verhältnis erhalten wir

2,618 : 3,1416 = 0,833333… = 5 : 6.

Um Zwei erweitert erhalten wir das Verhältnis **0,833333... = 10 : 12** , welches wohl das wichtigste mathematische Verhältnis für die Menschheit überhaupt ist. Werden doch hiermit das Dezimal- und das Hexagesimal-Zahlensystem genauso in die Wege geleitet, wie Winkelsysteme, die Zeiteinteilung, … und vieles andere mehr.

Hier werden also zwei der wichtigsten mathematischen Naturkonstanten im gesamten Universum durch ein einfaches dimensionsloses Verhältnis hauteng miteinander verknüpft, obwohl sie nicht völlig zueinander passen, sondern erst in zartlila gerundeter Form „passend gemacht" werden müssen.

Mit den korrekten - auf 15 Stellen genauen - Zahlen von Pi und Phi lautet das Verhältnis **0,833346100984275...**

Die Differenz zu 5/6 = 0,833333… beträgt 0,0000127676509… Sie ist außerordentlich klein und kann durch obige **sinnvolle** Minimal-Rundung völlig ausgeschlossen werden, ohne im Ergebnis zu größeren Verzerrungen zu führen.

Für ordnungsgemäße Mathematik ist das zu ungenau. Aber für die tägliche praktische Nutzung und zur Hinweisgebung genügt es allemal – und ist quasi genial für unseren Zweck der Informationsübertragung über außerordentlich lange Zeiträume geeignet. Wir stehen hier also direkt vor einer der realen **Schnittstellen von Mathematik und „Mystik".**

Derartige Berührungsstellen gibt es etliche – und sie sind überaus nützlich. Sie können nicht nur als Hinweis, sondern auch als Merkhilfe fungieren – und zwar nicht irgendwie, sondern ganz bewusst – wenn es sein muss auch über für Menschen extrem lange Zeiträume wie Jahrtausende oder Jahrzehntausende.

(4) Wir kommen hier zu einer heutzutage wenig genutzten Maßeinheit, die in der Praxis sehr nützlich sein kann. Sie leitet sich direkt aus Pi und Phi² ab und wird ("altägyptische") Königselle[86] (KE) genannt:

Phi² : 5 = **0,52360**6797749979… (m) => - 0,5236 = 0,0000067977…

---

[86]   siehe [2] bis [4]

Pi : 6 = **0,523598775598299…** (m) => - 0,5236 = - 0,0000012244…

Differenz = 0,0000080221…

(=> rund 8 Millionstel)

(=> rund 8 µm)

Die Königselle (KE) liegt in ihrer praxisgerechten Form von 0,5236 Metern zwischen Phi² /5 und Pi/6, ebenfalls in Metern. Dadurch ergibt sich **0,5236 m * 5 = 2,618 m** und **0,5236 m * 6 = 3,1416 m**.

Diese hauchzart gerundete Rechnung geht glatt auf:

2,618 : 3,1416 = 0,83333333… = **5 : 6**

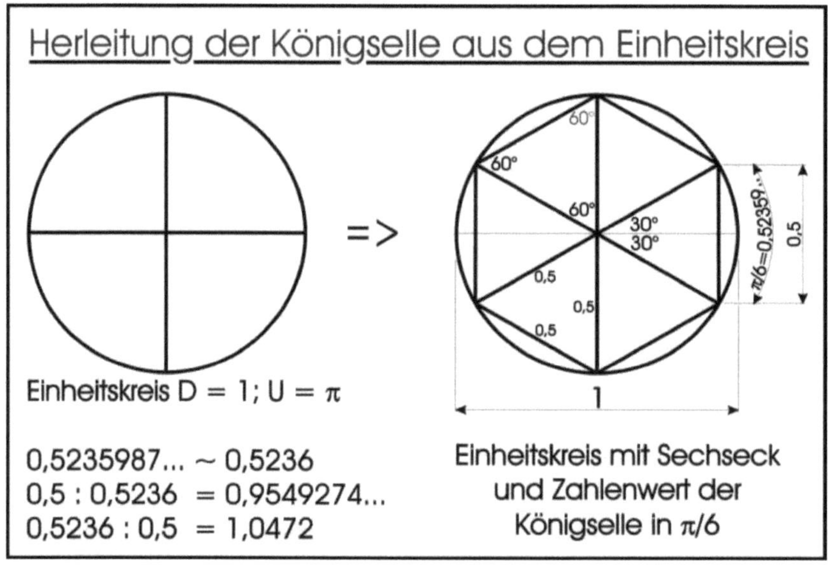

Abbildung 19: *Kreis, Sechseck und Königselle*

Wie man deutlich sieht, sind die Differenzen zu den - mit den exakten Konstanten – errechneten Werten minimal. Die dimensionslosen 8 Millionstel entsprechen im Reich des Meters ganzen 8 Tausendstel Millimetern Maximalabweichung. Im Alltag spielen diese winzigen Rundungen keinerlei Rolle. Im wissenschaftlichen Bereich kann die Königselle (KE) jedoch auch mit ihren beiden exakten Werten genutzt werden, je nachdem welcher gerade benötigt wird bzw. gültig ist. Manchmal ist das sehr schwierig zu entscheiden bzw. zu unterscheiden – eben weil die Differenzen derart gering sind.

Es bleibt uns an dieser Stelle nur zu konstatieren, dass die altägyptische Königselle nicht deswegen Königselle heißt, weil sie irgendein x-beliebiger König, Gottkönig oder Pharao erfunden hat, sondern einzig und allein, weil sie aufgrund ihrer engen Beziehungen zu den grundlegendsten Konstanten des Universums die **Königin der Ellen** (= KE) ist:
Damals, heute und immer dar. Bis in alle Ewigkeit. Aton amun.

(**5**) Und noch eine uralte Maßeinheit – angeblich aus dem antiken Griechenland - schiebt sich hier ins Blickfeld. Und das auch nicht irgendwie, sondern ebenfalls mit hautenger Verbindung zu Pi, Phi, Lichtgeschwindigkeit, Meter, Sekunde, und Königselle. Es ist das Attische Stadion (= Att.St.), welches heutzutage mit einer Länge von 177,6 Metern angegeben wird.
Die definierte Lichtgeschwindigkeit in Attischen Stadien beträgt:
299.792,458 km/s : 0,1776 km/Att.St. = **1.688.020,5968468... Att.St./s**

Der natürliche Logarithmus dieser Zahl in Mega-Attischen Stadien/s beträgt dann:
ln 1,68802059... = **0,523556598023...** ,
was eine Differenz zu Pi/6 von 0,000042**177575**... zur Folge hat, in der das "Attische Stadion" gleich noch einmal vorzukommen scheint.
Umgekehrt gerechnet – von Pi/6 ausgehend - ergibt sich eine Stadion-Länge von **177,5925094... Metern** je Attisches Stadion, was man meines Erachtens durchaus auf 177,6 Meter runden kann. Eventuell ist aber auch gut möglich, dass unsere heutige Stadien-Länge schlicht ein wenig ungenau ist. Die Abweichung beträgt ganze 7,491 **Milli**meter oder 0,00422 Prozent von 177,6 Metern. Das ist nicht übermäßig viel und schätzungsweise wieder einmal einer dieser recht merkwürdigen "Zufälle", die wohl nicht wirklich welche sind.

(**6**) Für unseren Maß-Raum ergeben sich somit vorerst Schmalseitenlängen von glatt 10 KE und Längsseitenlängen von 20 KE, je nachdem wie exakt wir bauen und messen können. Dabei sehen wir, dass schon die mögliche Baugenauigkeit die Rundung der Königselle auf 0,5236 Meter rechtfertigt. Denn diese Maßangabe ist immerhin auf einen Zehntel**milli**meter genau. Und so genau muss man einen 50-Quadratmeter-Raum erst einmal hinkriegen. Das ist heutzutage nicht einfach …

Der Gesamtumfang des Raumes ergibt sich somit mit 60 KE. Die Höhe beträgt 11,18034 KE was zahlenmäßig von der Wurzel aus 125 abstammt. Die ist ihrerseits eng mit der Wurzel aus 1,25 und dem Goldenen Schnitt verbunden. Zweimal Wurzel 125 ist gleich der Wurzel aus 500. Nur die Kommastellen sind verschoben. Die Höhe stammt in dieser Form vom Goldenen Schnitt ab. Zählt man noch 5 KE dazu erhält man 10 Phi = 16,18034 KE. Zieht man 5 KE ab, landet man 6,18034 KE. Die Diagonalen der Schmalseiten sind glatt 15 KE lang und eine Raumdiagonale 25 KE. usw. usf.

Wir erhalten so viele schöne runde Zahlen, die in Verbindung mit den dazugehörigen Proportionen bzw. Verhältnissen jedem Vermesser relativ schnell auffallen. Dabei ist es völlig gleichgültig mit welcher Längenmaßeinheit er misst. Insbesondere durch das Zusammenspiel von Pi, Phi und Phi² ist auch der Meter nach einer Weile relativ gut und exakt erkennbar. Und fällt dann noch auf, dass der Meter eine gewisse Affinität zu den Winkelsystemen, zum Erdumfang, zum Mond, … und zum Licht aufweist, liegt es auf der Hand, dass er sehr schnell zur Lieblingseinheit des Vermessers und der Wissenschaft wird, weil er einfach, sinnvoll und praktisch ist – sowohl für den Alltag, als auch für die Wissenschaft.

Da oftmals Phi² als Längeneinheit verwendet wird, kommt auch ein wenig Licht in die Angelegenheit mit dem Quadrat von Maßeinheiten und der Wurzel daraus. Das mag noch nicht vollumfänglich befriedigen, aber es ist zumindest ein Hinweis und ein Lösungsansatz. Vielleicht findet sich ja bei passender Gelegenheit noch ein besserer Gedanke.

Nächste Seite oben - Abbildung 20:
Dimensionslose Verhältnisse im Maß-Raum

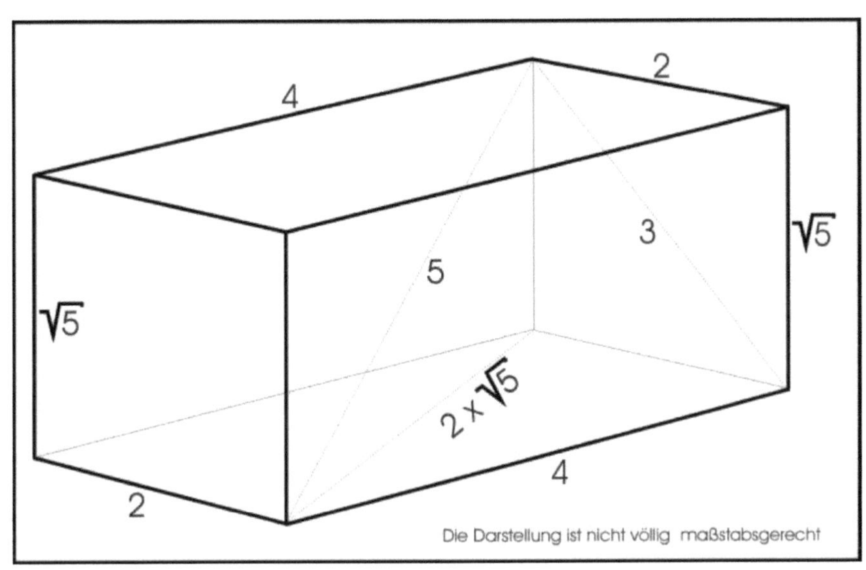

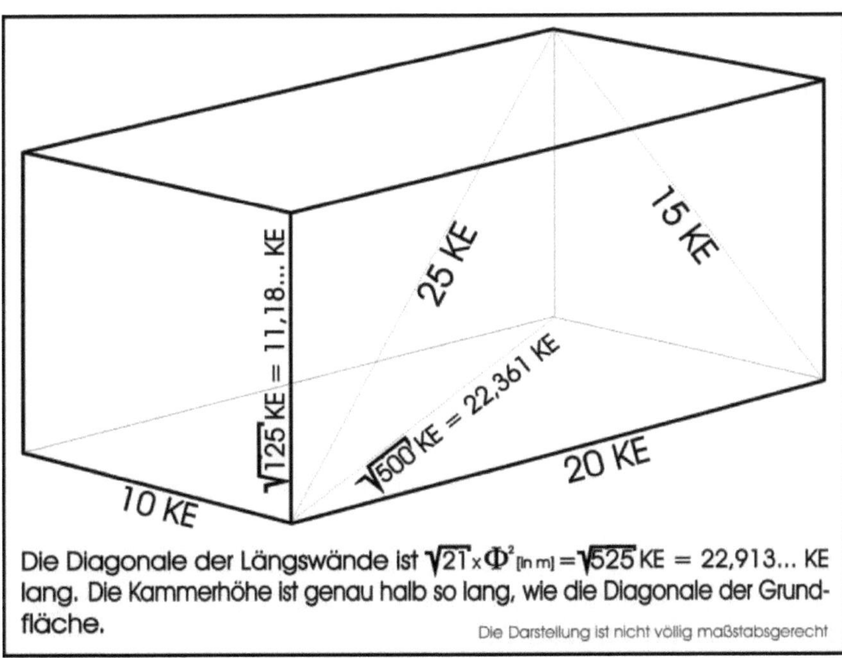

Die Diagonale der Längswände ist $\sqrt{21} \times \Phi^2$ [in m] $= \sqrt{525}$ KE $= 22,913...$ KE lang. Die Kammerhöhe ist genau halb so lang, wie die Diagonale der Grundfläche.

Abbildung 21: *Die Maße des Maßraumes in Königsellen*

213

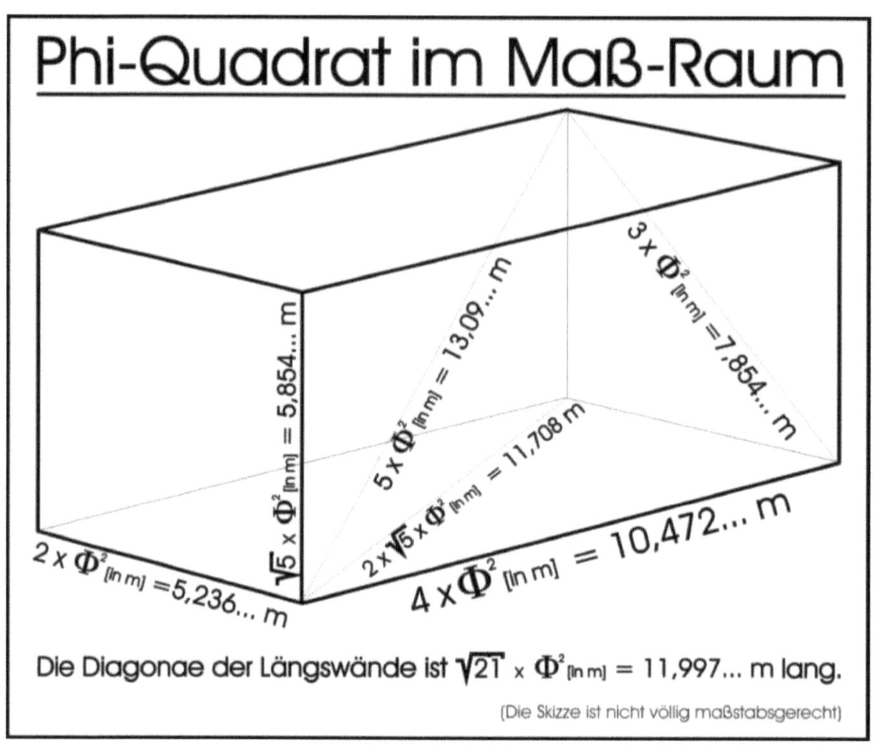

Abbildung 22: *Phi, Phi-Quadrat und Meter-Grundmaße des Maßraumes*

(7) Das waren im Wesentlichen die Grundgedanken zum zentralen Maßraum. Doch wenn man so einen Raum baut, der ja hochpräzise eingemessen werden muss und dadurch automatisch einigen Aufwand erfordert, lohnt es sich, noch etwas mehr Gehirnschmalz in seine Gestaltung zu investieren. Mit geringem Mehraufwand kann nämlich die Aussagefähigkeit des Raumes erheblich erhöht werden, ohne seinen ursprünglichen Informationsgehalt zu gefährden.

Es entzieht sich meiner Kenntnis, ob es gegenwärtig überhaupt möglich ist, einen massiven Raum aus härtestem Gestein von knapp 55 Quadratmetern Grundfläche und über 320 Kubikmetern Volumen auf Mikrometer und Milli-Gradsekunden genau zu bauen. In jedem Fall wäre der Aufwand dafür riesig, sofern es denn möglich wäre.

Es ist keine Frage, dass dieser kleine Saal auch mit einer Genauigkeit von einem Zehntel Millimeter schon einige Mühe bei der Ausführung kosten wird, aber eine derartige Exaktheit wäre wohl mindestens notwendig. Wenn dem aber so ist, kann man auch absichtlich einige „Toleranzen" oder vermeintliche „Ungenauigkeiten" zusätzlich einbauen, die nicht wirklich welche sind.

Beispielsweise könnte man die Lichtgeschwindigkeit noch mehrmals darin verewigen, um so den Informationsgehalt einerseits zu erhöhen, andererseits weiter abzusichern. Das könnte beispielsweise geschehen, indem man eine Längsseitenlänge mit der Verhältnisform der Lichtgeschwindigkeit (= 0,9993082) multipliziert. Diese Seite wäre dann 7,25 mm kürzer als die andere. Ganz ähnlich könnte man eine Schmalseitenlänge mit dem Quadrat der Lichtgeschwindigkeit in ihrer Verhältnisform (= 0,9986168) multiplizieren. Diese Schmalseite wäre dann um 7,24 mm kürzer als die gegenüberliegende „reinmaßige".

Dadurch wird der Raum-Umfang etwas kleiner als 10 Pi in Metern. Diesen „zu kurzen" Raumumfang könnte man in Fußbodennähe einbauen. Auf der anderen Seite – also knapp unter der Decke – müsste das vermeintliche Manko an Genauigkeit wieder ausgeglichen werden. Etwa indem man die entsprechenden Seiten dort durch die Lichtgeschwindigkeit und ihr Quadrat in ihren Verhältnisformen dividiert, wodurch der Raum-Umfang an dieser Stelle etwas größer wird. Das exakte Pi bzw. die 10 Pi in Metern liegen dann ungefähr in ‚mittlerer' Raumhöhe – und zwar so genau wie man es ohne diesen "Trick" nie bauen könnte. Gleich über Pi wäre der exakte Goldene Schnitt zu finden. Und wenn man auf ähnliche Art noch ein paar mehr Scheintoleranzen und Verhältnisse in Fußboden, Decke und Wände einbaut – jedoch immer mit mathematisch-geometrischem Hintergrund – kann unser Urururenkel richtig schlau aus unserem Gemäuer werden, wenn er gründlich genug vorgeht.

Unsererseits wäre es beispielsweise möglich und sinnvoll, Hinweise auf Erd- und Mondmaße, diverse Eigenschaften und Naturgesetze, … bis hin zum Kugel-Lichtmodell in einen derartigen Maßraum einzubauen.

Wie gesagt, hier geht es vorerst nur um mögliche Prinzipien, und noch nicht um die tatsächliche korrekte Ausführung. Das hier Geschilderte ist nur ein erster Vorschlag …

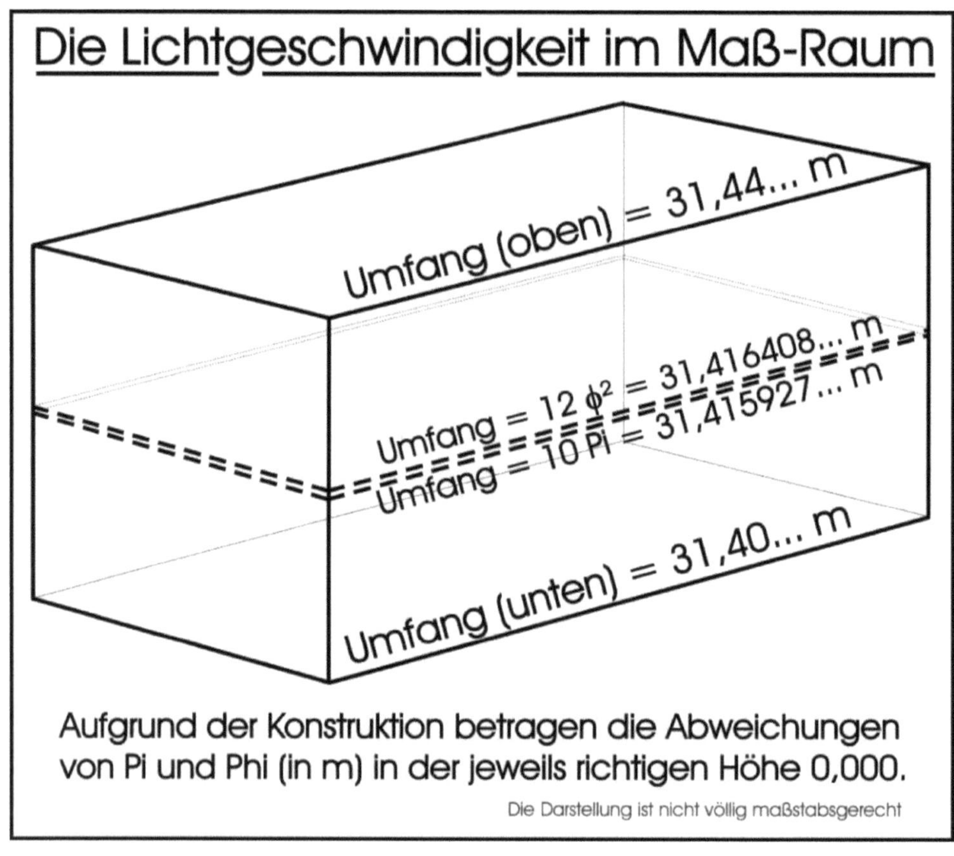

Abbildung 23: *Nur ein Beispiel von unendlich vielen Möglichkeiten ...*

(**8**) Damit wäre der Meter zunächst erst einmal hier auf Erden mit seiner ‚genauen' Länge fixiert und gewissermaßen auch definiert. Nun brauchen wir noch die Sekunde, die wir irgendwie in unser Bauwerk integrieren müssen. Im Gegensatz zur absoluten Meterlänge ist das relativ einfach. Wir erinnern uns daran, dass ein Tag 86.400 Sekunden hat, und dass dieser Tag durch die Drehung der Erde um sich selbst schon auf natürlichem Wege festgelegt ist. Das vereinfacht die Sache enorm.

Eine volle Drehung kann man mit einem Kreis gleichsetzen bzw. beschreiben. In einen Kreis kann man ein beliebiges Winkelsystem einbauen. Wenn man ein bisschen „herumprobiert", stellt man schnell fest, dass

216

sich Einteilungen von 360° und 400° besonders günstig auf den Umgang mit den Verhältnissen im Kreis auswirken. Sie sind einfach, sinnvoll und nutzbringend. Die beiden genannten Gradsysteme wurden ja nicht aus Langeweile erfunden, sondern haben ihren Sinn. Nun verhält es sich so, dass sich die 86.400 Sekunden, die einer vollen Erd-Umdrehung entsprechen, „rein zufällig" sowohl durch 360 (°) als auch durch 400 (°) teilen lassen.

$$86400 : 360 = \mathbf{240}$$
$$86400 : 400 = \mathbf{216}$$

Dazu kommt, dass 216 : 240 = 0,9 ist und der Reziprokwert 1,1111... beträgt. Dabei fällt uns auf, dass bei unserem oben genannten 40.000-km-Kugelumfangs-Erdmodell ein (Breiten-) Grad an der Kugeloberfläche genau 111,1111... km ausmacht. Und wenn man ein wenig sucht, findet man noch mehr Ähnlichkeiten[87]. Somit müssen wir eigentlich nur noch ein paarmal auf die 216 und die 240 hinweisen, um unseren fernen Ahnen die Sekunde nahezulegen. Das könnte beispielsweise so geschehen, dass wir die Wände unseres Maßraumes aus genau 216 Steinen bauen. Den Fußboden könnten wir aus 240 Steinen herstellen und die Decke aus 9 Kasetten oder Platten. Selbstverständlich gibt es noch jede Menge andere Möglichkeiten, dasselbe auszudrücken. Auch außerhalb unseres Maßraumes. Nicht umsonst ist $216 = 6^3 = 6*6*6 = ...$ und 240 : 6 = 40, was uns wieder auf die 400 oder die 40.000 aufmerksam macht.
Und 40 : 6 = 6,6666... . Demzufolge ist 6,6666... * 36 ebenfalls 240. Der Reziprokwert von 0,066666... ist 15, was uns ebenfalls wieder vom Kreis zur Zeit führt, nämlich zu dem Verhältnis zwischen Winkel- und Zeit-Minuten und –Sekunden, welches „rein zufällig" 15 heißt.
Das dürfte für die Sekunde eigentlich schon fast genügen, denn wer gründlich in unserem Gemäuer herumschnüffelt, dem fällt das alles irgendwann automatisch auf. Ohne jedes Schriftzeichen, ohne jede verbale Mitteilung – nur durch Vermessung und Berechnung des Maßraumes.
Zusätzlich können selbstverständlich auch mündliche und schriftliche Überlieferungen sowie bildliche und figürliche Darstellungen sehr hilfreich bei der Absicherung der Informationsübertragung über lange Zeiträume sein ... oder einfach der ganz allgemeine Langzeitgebrauch der

---

[87]   siehe [2] bis [4]

notwendigen Maßeinheiten. Frei nach dem Motto: Irgendwas wird schon übrig bleiben, wenn genug da ist …

Allerdings ist Letzteres weitgehend eine "Einbahnstraße": Der intakte Maßraum ohne Überlieferung funktioniert langsam, aber sicher – Überlieferung ohne Maßraum funktioniert hingegen nicht, oder nur sehr schlecht, ungenau und unsicher. Am besten und sichersten wird sich jedoch eine Kombination, ein eng gestricktes Konglomerat, aus allen Übertragungswegen bewähren.

(9) Das Einzige, was uns noch fehlt sind ein paar Hinweise in Richtung Mond und seine Bahn. Aber auch das lässt sich nun relativ leicht mit ein paar gezielt eingebauten Zahlen bewerkstelligen. Nicht umsonst ergibt ja 86.400 mal 27,7777… Zweikommavier Millionen, die dimensionslose idealisierte Mondbahnlänge (= Ellipsen- bzw. Kreisumfang „in späteren Kilometern").

Außerdem ist 27,7777… : 6,6666… = 4,16666… . Der Reziprokwert von 4,16666… beträgt 0,24, was uns wieder auf die 240, die 2.400.000, die 24 Stunden je Tag , … usw. hinweist.

Das Quadrat von 4,1666… heißt 17,36111…, was einem Hundertstel des Mondradius in km (R = 1.738 km) relativ nahe kommt und wenn man eine 10 hinzuaddiert auch noch dem siderischen Monat in Tagen ein wenig ähnelt. Und so kann man noch vieles „hin- und her- und ringsherum drehen" und wird doch immer wieder in Richtung Mond geschoben und gestupst. Die tatsächlichen natürlichen Werte müssen dabei nicht immer korrekt getroffen werden. Das ist im Zweifelsfall sowieso nicht möglich, weil die sich ständig ändern und demzufolge auch genau erscheinende Angaben sehr oft doch nur grobe Rundungen bzw. Näherungen sind. Es genügt völlig, zunächst mittels Hinweisen die 'ungefähre' Denk-Richtung vorzugeben, um sie im Nachgang immer genauer zu konkretisieren. Unsere schlauen Nachfahren, werden es dann schon irgendwann automatisch begreifen, was gemeint ist. Und dann kann man sie auf ähnlichen Wegen auch zu exaktem naturwissenschaftlichen Wissen führen. Wollen wir wetten, dass das funktioniert?

(10) All das bisher Gesagte kann durch ein geeignetes Umfeld unter-

stützt, in seinen inhaltlichen Aussagen verstärkt und seine Erkennbarkeit verbessert werden. Dass der Maß-Raum in einem ultrastabilen, weithin auffallendem Gebäude untergebracht sein sollte, wurde bereits mitgeteilt. Dieses Gebäude sollte so massiv konzipiert sein, dass es nach Möglichkeit selbst einen Atombombeneinschlag in direkter Nähe halbwegs „unbeschadet" übersteht. Seine Form und Abmessungen sollten auch nach größeren Beschädigungen noch rekapitulierbar sein. In die Abmessungen können und sollten weitere nutzbringende Daten integriert werden. Ein Einzelgebäude gibt jedoch immer ein gutes Ziel für Zerstörungen jedweder Art ab. Somit erscheint es zweckmäßig, das Bauwerk mit dem Maß-Raum in einen größeren Komplex von mehreren Gebäuden ähnlicher Bauart einzubetten. Der Komplex sollte in seiner Gesamtheit so groß sein, dass ein einzelner Atombombentreffer niemals das ganze Arrangement vernichten kann. In die Ergänzungsgebäude sollten ebenfalls naturwissenschaftliche Daten, Konstanten und Gesetze integriert werden.
Ebenso in die Abstände und Winkel zwischen den einzelnen Gebäuden. Wiederholungen – also möglichst vielfache Redundanzen – sind dabei nicht nur willkommen, sondern Pflicht. Weit über das Land verstreute Hinweise ALLER Art sollten ergänzend ebenfalls mit dem Komplex in Verbindung stehen und auf seine Funktionen hinweisen.

Es sollten mindestens drei oder mehr solcher Info-Komplexe gut verteilt auf dem Erdenrund errichtet werden. Alle sollten ebenso durch aussagefähige Winkel und Entfernungen miteinander in aussagefähiger Verbindung stehen. Entsprechende Koordinaten können dabei gute Hilfestellung leisten. Eventuelle Veränderungen sollten bedacht werden.

Der Anfang der Informationsübertragung über große Zeiträume und Katastrophen hinweg sollte hiermit vorerst hinreichend verständlich und ausführlich genug beschrieben sein. Also zurück in die Gegenwart, zum Licht, seiner Geschwindigkeit und dem Kugel-Lichtmodell. Bei Bedarf können wir ja später gern noch einmal zu diesem Themen- und Fragen-Komplex zurückkehren. Interessant und nutzbringend ist er in jedem Fall. Für uns Heutige genauso wie für unsere fernen Nachfahren.

Teil II
Ein Vorschlag für die Wissenschaft: Das Kugel-Lichtmodell und seine Folgen

<u>Darstellungsmöglichkeiten der Lichtgeschwindigkeit</u>[88]

Am Häufigsten wird die Lichtgeschwindigkeit heutzutage (in m/s) durch ihre ‚personengebundene' Zahl 299.792.458 , eventuell ein Komma und die beiden Maßeinheiten für Weg und Zeit samt Bruchstrich dargestellt.

Dabei sind die Maßeinheiten durcheinander geteilt. Die Zahl ist somit ebenfalls das Resultat einer Division, nämlich der von Weg durch Zeit. Somit stellt die Lichtgeschwindigkeit ein mathematisches Verhältnis dar. Manchmal werden die Maßeinheiten auch durch Abkömmlinge wie Kilometer oder Stunde o.ä. ersetzt. Diese "arithmetrische" Form der Darstellung ist hinreichend präzise, aber wenig anschaulich.

Wer kann sich schon 299.792,458 km/s wirklich vorstellen? Eigentlich wohl niemand, denn das entspricht immerhin einer Strecke von rund 23,5 Erddurchmessern, die in einer Sekunde zurückgelegt werden. Oder knapp 7,5 Erdumrundungen, ebenfalls in einer Sekunde. Ein Passagierflugzeug moderner Bauart braucht für eine Erdumrundung – reine Flugzeit, ohne Zwischenstopp und tanken – ungefähr 50 Stunden. Das Siebenkommafünffache davon sind 375 Stunden oder **15,625** Tage.

Das Licht ist rund **1,35 Millionen Mal** schneller als der Jet … Schon mit diesen Kurzaussagen wird deutlich: Die Lichtgeschwindigkeit ist ganz schön groß. Das bringt einige Schwierigkeiten bei ihrer sinnvollen optischen Darstellung mit sich. Vorstellen kann man sich das nicht. Vergleichbar machen – und damit ein wenig verständlicher - aber schon.

Wie kann eine sinnvolle und günstige Darstellungslösung aussehen? Die Nutzung von normalen Linien- oder Säulendiagrammen bringt bestenfalls etwas, wenn man die Vakuumgeschwindigkeit mit anderen Lichtgeschwindigkeiten in verschiedenen Medien vergleicht, aber auch das wird ganz schön grob und unpräzise. Vergleicht man dagegen die Lichtgeschwindigkeit mit anderen Geschwindigkeiten aus unserem Umfeld (Auto, Flugzeug, Raketen, Himmelskörper, … etc.), dann klebt die Lichtgeschwindigkeit stets ganz oben an der Decke und von den anderen Geschwindigkeiten ist unten am Fußboden nicht viel zu sehen. Die Unterschiede sind einfach zu gewaltig. Das bringt nichts.

---

[88]   Siehe [3]; Seiten 43 ff.; Seiten 72ff.

Aus diesem Grunde ist es oftmals sinnvoller, die Lichtgeschwindigkeit in Kreisdiagramme einzubauen und diese zur Darstellung zu nutzen. Doch, wie macht man das vorteilhaft?

Die Lichtgeschwindigkeit wird normalerweise auf einer geraden Strecke gemessen, aber ein Kreis ist rund? Und Radius oder Durchmesser dafür zu verwenden bringt wieder nichts, weil entweder der Kreis zu groß oder die Lichtgeschwindigkeit zu klein dargestellt wird, als dass der Betrachter etwas Sinnvolles daraus entnehmen könnte. Aufgrund dieser Erwägungen wird die Umformung der Vakuum-Lichtgeschwindigkeit in Winkel – wie es im Kapitel „Hinweise" bereits geschehen ist – plötzlich aktuell und sachdienlich[89].

Kreisdiagramme sind Relativdarstellungen. Daraus folgt, dass wir eine oder mehrere zweckmäßige Bezugsgrößen benötigen. Davon gibt es wieder unendlich viele, doch welche sind besonders sinnvoll? Welche bieten sich an?

Als erstes fällt uns da die Eins ein. Zum Beispiel: Eine Lichtsekunde Ls entspricht einem Vollkreis, dessen Umfang gleich Eins gesetzt wird. Schließlich hat Albert Einstein die Lichtgeschwindigkeit auch schon öfters gleich Eins gesetzt, was auf jeden Fall logisch und richtig ist.

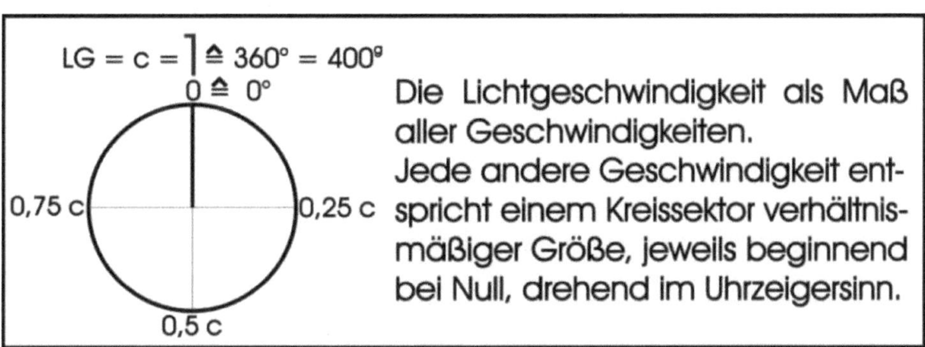

Abbildung 24 : *Ein Kreisdiagramm, bei dem die Lichtgeschwindigkeit gleich 1 gesetzt ist.*

---

[89]   [3]

Insbesondere deshalb, weil die Eins – „genau wie die Lichtgeschwindig-keit" - ebenfalls einen Hauch Unendlichkeit in sich trägt und förmlich wie ein alter Harzer Käse nach Universum riecht.

Klar, das kann man so machen, da gibt es gar keinen Zweifel. Aber gibt es noch bessere und aussagefähigere Lösungen?

Als Zweites kommt uns die Zahl 400 der Neugrade in den Sinn. Das kommt daher, weil unser guter alter Planet Erde als Bezugsgröße recht praktisch erscheint – und die hat einen Umfang von rund 40.000 km. Das würde zahlenmäßig gut passen.

Aber: Ein Vollkreis zu 400 Neugrad ist gleich 40.000 Neugrad-minuten ist gleich 4.000.000 Neugradsekunden. Eine Lichtsekunde mit 400 Neugrad gleichzusetzen, macht nicht wirklich Sinn. Da müsste man ständig irgendwie umrechnen. Stattdessen wäre es klüger und einfacher bei der Eins zu bleiben und die Neugrade der Erde zu überlassen.

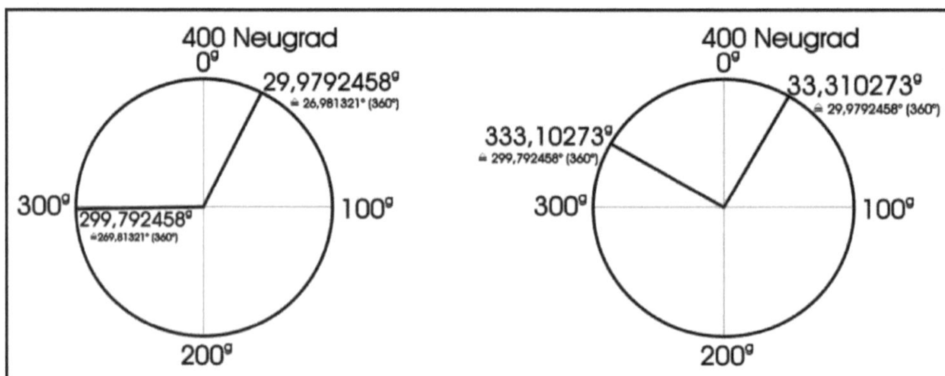

Für die Darstellung der Lichtgeschwindigkeit im 400-Neugrad-System gibt es mehrere nutzbare Varianten. Der Grund dafür ist, dass das 360°-System im Normalfall unser Standard-Grad-System ist. Demzufolge kann uns niemand verbieten, einmal die LG-Zahlen so zu nehmen wie sie sind - und sie ein an-deres Mal vom 360°-System ins 400ᵍ-System umzurechnen. Zu beachten sind jedoch in jedem Fall die bestehenden Differenzen, damit nichts inhalt-lich falsch wird. Also: Gut aufpassen ... und die Voraussetzungen benennen.

Abbildung 25: *Die Darstellung der Lichtgeschwindigkeit im 400ᵍ-Neu-grad-System und die damit verbundenen Probleme*

Man könnte ja aber auch die 29,9792458° oder die 299,792458° so wie sie sind in den 400^g-Kreis einsetzen, indem man das ° der Grad durch das ^{g} der Neugrad ersetzt und die Zahlen ansonsten so belässt, wie sie sind. Das ergäbe ein Verhältnis von 0,(0)7494811... , also knapp Drei-Viertel oder ein 13,342564...stel. Das Drei-Viertel wäre ja gar nicht so übel, aber das 13,34...stel ist nicht sonderlich hilfreich.

Geht es noch anders?

Selbstverständlich könnte man die beiden Winkel auch als Teil eines 360°-Kreises betrachten und ins 400^g-System umrechnen. Das wäre keine große Kunst, würde jedoch eine Veränderung der Zahlen, und damit eine massive Verschlechterung der Erkennbarkeit nach sich ziehen, auch wenn es inhaltlich und rechnerisch ebenso richtig wäre. Außerdem können wir dann auch gleich im 360°-System bleiben.

Die dritte mögliche Lösung (von theoretisch unendlich vielen) scheint die beste zu sein. Vorerst jedenfalls. Wir nehmen das **360°-System** für unser Kreisdiagramm und bauen die Lichtgeschwindigkeit in ihren beiden (Haupt-) Gradformen ein. Die Verhältnisse zur realen Lichtgeschwindigkeit in km/s heißen dann **1/1.000** bzw. **1/10.000** und die zum 360-Grad-Vollkreis 0,(0)832756... .

Erstere sind aalglatt. Und letztere liegen sehr schön nah an den Verhältnissen **5/6 = 0,833333...** bzw. **5/60 = 0,0833333...** oder jeweils um Zwei erweitert an **10/12** bzw. **10/120**.

Oder eben nahe am Quotienten aus Phi-Quadrat zu Pi bzw. Phi-Quadrat zu 10 Pi. Dabei sind beide Konstanten minimal zu 2,618 und 3,1416 gerundet, was uns wieder zum Verhältnis 0,(0)833333... führt. Damit ist auch die Nähe zu Meter und Sekunde garantiert, wie wir bei der Projektierung unseres fiktiven Maßraumes gesehen haben.

Dabei bleibt die jeweilige Zahl bzw. Ziffernfolge der Lichtgeschwindigkeit in km/s erhalten. Sich ergebende sinnvolle Bezugsgrößen sind dann 30°, 300° und 360° sowie 1/12 des Vollkreises, 1,2 und 12, was den Reziprokwerten von 0,(0)833333... entspricht.

In diesem Reigen versprüht die **12** mit ihren Derivaten schon wieder so einen unbeschreiblich heimeligen Duft von Zeit, Zoll, Meile, Pi, Phi, ... u.v.a.m..

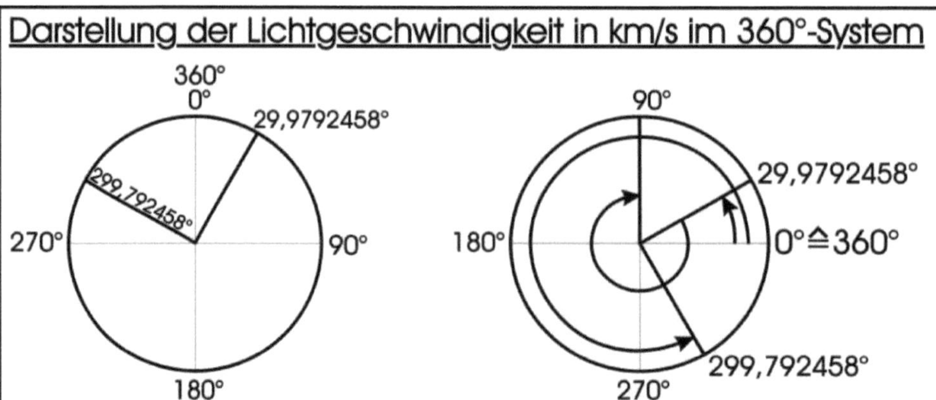

Abbildung 26: *Die Darstellung der Lichtgeschwindigkeit im 360°-System. Daraus ergeben sich mehrere sinnvolle Konstellationen und Weiterverwendungsmöglichkeiten.*

Denn nicht umsonst ergeben 12 Meter geteilt durch 39,37 genau einen Englischen Fuß zu 30,480061… in Zentimetern. Teilen wir die abermals durch 12 erhalten wir einen Zoll zu 2,54000508001… Zentimetern in voller Pracht und Genauigkeit. Und an die Zwölf auf fast jeder Uhr brauche ich wohl niemanden mehr zu erinnern. Selbstverständlich entgeht uns auch das wohl wichtigste Verhältnis von 10 zu 12 nicht, was sich bei 12 mal 0,833333… einstellt.

Außerdem bekommen wir noch einen Bonuspunkt, wenn wir die 12 durch 0,8333… teilen. Dann landen wir bei 14,4 , was zwar vorerst über unseren 12-er Kreis hinausgeht, aber dennoch eine überaus wichtige Zahl darstellt. Und nicht zuletzt sind 12 mal 12 gleich 144 und 2 mal Zwölf-Quadrat gleich 288 ... usw.

Wenn wir nun über die absolute Größe der Lichtgeschwindigkeit und unseres Lichtgeschwindigkeits-Kreisdiagramms nachdenken, dann kommt uns (irgendwann) wieder die 40.000-km-Kugel-Modellerde in den Sinn. Dabei erinnern wir uns erneut daran, dass ein Kreis ja auch über 40.000 Neugradminuten verfügt.

Was liegt da näher als das 360iger Lichtgeschwindigkeits-Kreisdiagramm mit dem 40.000er Erdmodell zu kombinieren?

Durch die gezielte Kombination von 360°-System und 400$^\text{g}$-System wird unser Kreisdiagramm, das mittlerweile schon zum 40.000-km-Kugel-Erdmodell geworden ist, noch aussagefähiger. Und wir stoßen auf neue, wichtige Verhältnisse und Zusammenhänge. Auffällig ist, dass 360 zu 400 gleich neun Zehntel gleich 0,9 ist. Der Reziprokwert von 0,9 heißt 1,11111... .

Ein Zentriwinkel des Erdmodells von einer Neugradminute entspricht fortan exakt einem Kilometer auf dem Kugel-Umfang der Modellerde. Somit können wir das Wort ‚Neugradminute‘ weitgehend aus unserem Repertoire streichen und nutzen stattdessen hauptsächlich das Wort ‚Kilometer‘ für den entsprechenden Längenabschnitt auf dem Erdmodell-Umfang. Der dazugehörige Winkel wird ab sofort als Winkel des 360°-Systems mit 0,009°/km oder 0° 0‘ 32,4“/km angegeben, was ebenfalls einem Kilometer auf dem Umfang entspricht. Der Reziprokwert von 0,009°/km beträgt 111,111... km je Grad auf dem Modell-Erdumfang. Der Reziprokwert von 32,4 heißt 0,030864197..., das ist eine sehr wichtige Zahl, zu der wir gleich kommen.

Wir wissen nun, dass der Kilometer einerseits von der Lichtgeschwindigkeit in km/s, Pi, Phi-Quadrat und dem daraus resultierenden Meter abstammt, andererseits jedoch auch hauteng mit der Kugel-Modellerde korrespondiert. Ganz offensichtlich sind das sehr glückliche „Zufälle“, die uns Menschen und ihrer Naturwissenschaft sehr zu passe kommen. Ein Grad des 360°-Systems entspricht bei unserem 40.000-km-Erdmodell 111,11111... km und ein Hundertstel Grad 1,11111... km.

Demzufolge entsprechen 100 km einem Neugrad und 0,9 Grad des 360°-Systems. Ein Viertel des Erdmodell-Umfangs stellt nun glatt 10.000 km dar und entspricht 90 Grad. Aus den 90 Grad geht hervor, dass eine Drittelung zu 3 mal 30° vorteilhaft ist. Somit teilt sich das Kreisdiagramm bzw. die Kugel-Modellerde in 12 Zwölftel zu je 30 Grad oder 3333,333… km auf.

60° entsprechen demzufolge 6666,666… km. Und 45° - also ein Achtel des Kugelumfanges - entsprechen glatt 5000 km.

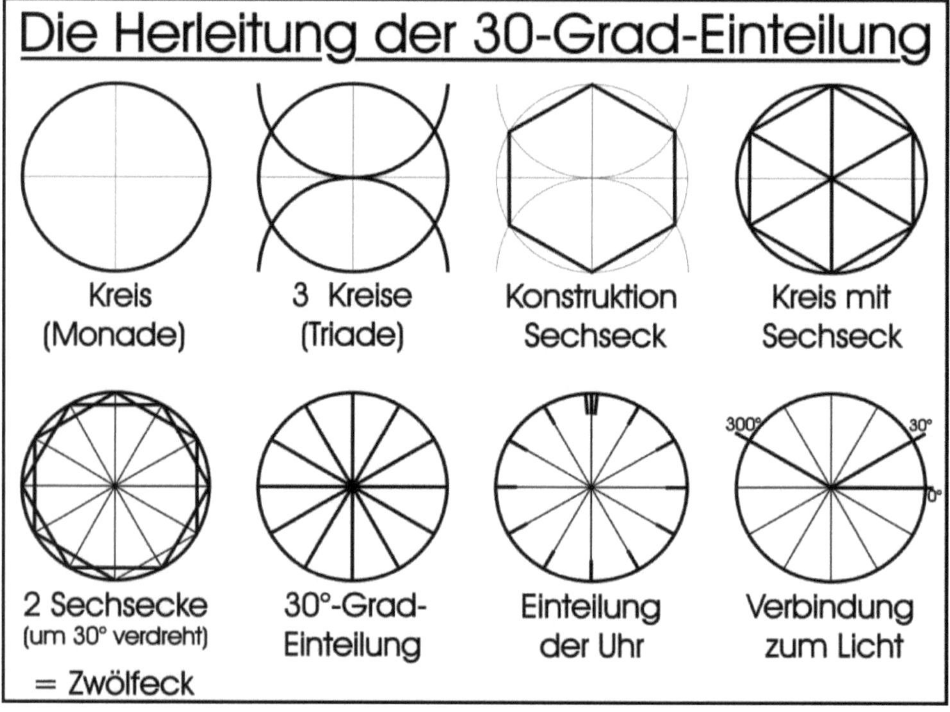

Abbildung 27: *Ein in Zwölftel eingeteilter Kreis ist eine geniale Erfindung, die nicht erst uns Heutigen zur Verfügung steht. Von einer Uhr – beispielsweise – kann man nicht nur die Zeit ablesen, sondern auch die Himmelsrichtungen nach dem Stand der Sonne bestimmen. Außerdem beinhaltet sie eine stark vereinfachte Version des Kugel-Lichtmodells. So kann es nicht vergessen werden.*

Weitere Zusammenhänge

Betrachten wir ein paar weitere Zusammenhänge etwas genauer. Vorzugsweise als „Formel mit Kurzerklärung", der Einfachheit und Übersichtlichkeit halber jedoch oft ohne Maßeinheit.

$$1,11111\ldots * 5 = 111,11111\ldots \qquad => : 20 = \mathbf{5,55555\ldots}$$
$$5,55555\ldots^2 \quad = \mathbf{30,864197\ldots}$$

Auf der 30,**864**197… basiert ein uraltes Maßeinheitensystem. Es ist der heutigen, in der Astronomie gebräuchlichen, Einheit Parsec (= Parallaxensekunde) sehr ähnlich, aber nicht völlig gleich. Das sollte geändert werden, aber dazu kommen wir später.

Mit der Ziffernfolge **8-6-4** ist in der Zahl ein Hinweis auf die 86.400 Sekunden einer vollständigen Erddrehung (=> 1 Tag => 1 Vollkreis zu 360°) enthalten.

Die 30,**864**197… in Zentimetern (= 0,30864197… Meter) werden Kyrenaischer Fuß genannt. Er ist um 3,8414… Millimeter länger als der englische Fuß. Der Name stammt von einer antiken griechisch-ägyptischen Stadt westlich des Nil-Deltas.

100 Kyrenaische Füße ergeben eine Kyrenaische Sekunde mit einer Länge von 30,864197… Metern. Eine Kyrenaische Sekunde entspricht der Strecke auf dem Umfang unseres 40.000-km-Erd-Kugel-Modells, die einer 360°-Winkelsekunde vom Erd-Modellmittelpunkt ausgehend auf dem Umfang der Modellerde entspricht.

$$40.000 \text{ km} : 30,864197\ldots \text{ m} = \mathbf{1.296.000''}$$

Da jeder 360°-Vollkreis 360° * 60'/° * 60"/' = **1.296.000** Gradsekunden sein eigen nennt, ergeben in unserem Fall 1.296.000 Kyrenaische Sekunden exakt 40.000.000 Meter oder eben die 40.000 km Umfang unseres idealisierten Erdmodells.

Daraus ergeben sich weitere wichtige Zahlen und Verhältnisse:

$$30,864197\ldots : 10.000 = 0,0030864197\ldots \quad => 1/x = \mathbf{324} = \mathbf{18^2}$$
$$\mathbf{18} \; : \; 100 = 0,18 \qquad\qquad => 1/\,0,18 = \mathbf{5,55555\ldots}$$
$$324 : 1296 = 0,25 \quad => \; 1/x = 1296 : 324 = \mathbf{4} => 4 * \mathbf{10.000} = 40.000$$

Mit der Anzahl der Gradsekunden in einem Vollkreis hat es aber noch eine andere Bewandtnis auf sich, denn $6 * 4 = 24$ und $6^4 = 36^2 = 1296$ und **360 * 3600** $= 1.296.000$. Dabei entspricht die Zahl 360 der Anzahl der Grade im Vollkreis und die 3.600 entspricht der Anzahl der Sekunden einer Stunde, von denen 24 Stück einen Tag (d) oder eben $3.600 * 24 =$ **86.400** Sekunden je Tag ergeben.

Das kann man nun so interpretieren, dass in der Zahl 1.296.000 die Winkel mit der Zeit vereint sind[90]. Dabei weisen die 24 und die 3600 auf die Zeit hin, denn 24 h * 3600 s = 86.400 s/d = 1 d. Die 360 zeigt auf die Anzahl der Grade des Vollkreises. Und 360° mal 60' mal 60" ergibt 1.296.000 Gradsekunden.

Diese 1.296.000 Gradsekunden durch 86.400 Sekunden eines Tages geteilt ergibt 15. Geometrisch wird so ein großer Kreis in 15 kleinere Kreise aufgeteilt.

Daraus ergibt sich ein hochinteressanter Berechnungsstrang, der an dieser Stelle noch nicht weiter aufgezeigt werden soll. Hier nehmen wir erst einmal nur die **15** als wichtigen 'Umrechnungsfaktor' zwischen Drehung bzw. **Drehbewegung** und **Zeit** wahr, um ihn an anderer Stelle weiterzunutzen. Diese Zahlenkonstruktion steht ebenso mit der Lichtgeschwindigkeit in km/s in enger Verbindung.

Sie sind einfach wundervoll, diese ewigen "Zufälle":

86.400 s : 15	= **5760 s**	= 96 min = 1,6 h
	≈ Satellitenumlaufzeit in einem niedrigen Erdorbit	
5760 * **567**	= 3.265.920	= **9!9 = Querprodukt LG**
5760 * 56700	= 326.592.000 = 900 * 9! = 9!900	
9!900 : 299.792,458	= 1089,39364978955… ≈ **1089,3937**	

    (Die 1089,3937 ist eine zusammengesetzte Zahl, die absichtlich an dieser Stelle eingebaut wurde. Sie dient sowohl als Hinweis auf das Quadrat von **33** = 1089 und den allseits bekannten 'Zahlenzauber'[91] dieser Zahl, als auch auf die Zahlendreherei mit der **39,37** und Co.)

---

[90]   bzw. die Drehung der Erde um einen bestimmten Winkel je Zeiteinheit

[91]   [6] ; Seite 38

$$5760 : 24 \quad = 240 \qquad \Rightarrow 240 * 360 \ = 86.400$$
$$5760 : \mathbf{15} \quad = \mathbf{384} \qquad \Rightarrow 384 * 225 \ = 86.400$$
$$\sin 384° \quad = 0{,}4067366… \ = \sin 24° \qquad = \cos 66°$$

… usw. usw. usf.

So kommt es unter anderem auch dazu, dass sich die Erde in einer Stunde um 15° um sich selbst dreht. 15° mal 24 Stunden ergeben 360 °h, was wir Tag (d) nennen.

86.400 s mal 27,77777… Tage[92] nennen wir ‚idealisierten Monat‘, während dem der Mond in exakt 2.400.000 Sekunden punktgenau 2.400.000 km auf seiner idealisierten Bahn zurücklegt, was ebenfalls einer vollen Umdrehung - also 360° - entspricht. Nur die Einteilung und der Bezug sind ein wenig anders, der Inhalt ist derselbe.

Außerdem erfolgt gleichzeitig ein Hinweis auf die Meter-Sekunden-und-Lichtgeschwindigkeits-Definition per idealisierter Mondbahn. 2,4 Millionen km Mondbahnumfang mal 15 ergibt 36 Millionen km Bahnumfang.

Der Reziprokwert von 36 beträgt 0,0277777… . Demzufolge entspricht eine Gradsekunde bei einem Kreis-Umfang von 36 Millionen Kilometern einer Länge auf dem Umfang von 27,77777… km. Und das wiederum entspricht zahlenmäßig der Länge des idealisierten Monats in idealisierten Tagen bei der Definition.

Bei der anderthalbfachen Mondbahnlänge von 3,6 Millionen Kilometern Umfang sind es 2,77777… km je Gradsekunde.

Nein, derartige Vorgehensweisen sind mathematisch nicht immer hundertprozentig korrekt, denn es steckt oft ein winziger Krümel Intuition mit drin. Aber als eine mit Hinweisen gespickte, selbsterklärende Darstellung komplizierter Tatsachen und Festlegungen gehen sie allemal problemlos durch. Bei einem mathematisch-selbsterklärenden Modell gibt es schließlich keine Worte. Es gibt nur Zahlen und die sie verbindende Geometrie. Unter derartigen Bedingungen sind Hinweise durch Ähnlichkeiten und Verwandtschaften, durch Ziffernfolgen, Zahlenverdrehungen und Auffälligkeiten geradezu 'Pflicht'. Ohne das geht es nicht. Diese

---

[92]   1 : 27,77777… = 0,036

Tatsache muss man bemerken, verstehen, anerkennen und letztlich verinnerlichen. Dann kommt man in den meisten Fällen hervorragend damit zurecht. Man muss nur ein bisschen ‚spielen', um schlauer zu werden.

Dazu noch ein paar einfache Beispiele:

Die Wurzel aus 11,11111… beträgt 3,33333… = 1,11111… * 3.
Ebenso erzeugt 11,11111… * 0,3 = 3,33333… .

Das Quadrat von 1,1111111 liefert ebenfalls eine außergewöhnliche Zahl, die die Ziffernfolge von 0 bis 9 (ohne Acht) fortlaufend enthält. Auch sie gibt gelegentlich Hinweise.

$1{,}11111\ldots^2$ = **1,23**45679012345679012345 6790123…

Außerdem stoßen wir problemlos auf weitere Auffälligkeiten:

11,11111… * 3,33333…	= 37,037037037…
11,11111… * 3,33	= **37**
11,11111… * 36	= 400
11,11111… : 36	= $0{,}30864197 = 0{,}55555\ldots^2$
37 * 0,3	= 11,1
11,11111… * 3,51	= **39**
39 : 1/1,11111	= 43,33333…
39 * 3,33333…	= 130
11,11111… * 130	= 1444,44444…

299.792,458 : 3	= 99.930,81933333…
299.792,458 : 300.000	= **0,99930819 33333…** (= **LG**Verhältnis)
299.792,458 : 3,33333…	= 89.937,7374000001…
299.792,458 * 1,11111…	= 333.102,7311111…
1 : 299.792,458	= 3,3356409519…E-6
333.564,09519.. : 299792,458	= **1,11265**005605362…
$333{,}56409519\ldots^2$	= 111.265,005605362…

… usw. usw. usf.

Viele Wege führen immer wieder zu den selben bzw. sehr ähnlichen, gleichermaßen auffälligen wie eingängigen Zahlen und Verhältnissen. Und die führen uns ihrerseits gelegentlich ein kleines Stück tiefer ins

Reich der Zahlen und des Lichts. Das ist einer der Grundgedanken des Kugel-Lichtmodells. Alles baut einfach und logisch aufeinander auf. Alles ist innig und mehrfach miteinander vernetzt. Alles ist vielfach redundant.

Manchmal ist das wirklich verblüffend!

Auch die Rolle der 5,55555… ist nicht zu unterschätzen:

$5,55555…^2$ $= 30,864197…$

$3600 : 5,55555…$ $= 648$ => Das ist die Hälfte von 1296 und erheblich mehr als nur eine verdrehte 864.

$36 * 5,55555…$ $= 200$ => Der Reziprokwert $1/200 = 0,005 = 0° 0' 18''$

=> $1/20 = 0,05 = 0° 3' 0''$

$3,6 * 5,55555…^2$ $= 111,11111…$

$27,77777…$ $= 5 * 5,55555…$

$27,7777… : 5,555…^2 = 0,9$ => $1/0,9 = 1,11111…$

$1.296 * 5,55555…$ $= 7200$

$11,1111… : 5,555… = 2$

… usw. usf.

Das soll an Beispielen fürs Erste genügen. Solche besonders augenfälligen Zahlen beziehen sich bisher hauptsächlich auf das Dezimalsystem sowie auf das Hexagesimalsystem (Grundzahl = 60) bzw. die Gradschreibweise und das Wechselspiel zwischen ihnen. Wie es in anderen Zahlensystemen damit aussieht, weiß ich noch nicht. Dort können noch unendlich viele weitere Zusammenhänge „versteckt" sein.

Die Aufzählung solcher Zahlen - sowie ihrer Bedeutungen und Verknüpfungen miteinander - könnte schier endlos fortgesetzt werden.

Man hält es anfangs automatisch nur für eine Spielerei oder eine Laune der Natur. Doch all das hat seinen tiefen naturwissenschaftlichen Sinn, den es für den jeweiligen „Einzelfall" herauszufinden gilt. Einiges mehr dazu ist bereits in den Quellen [3] und [4] zu finden. Das soll hier nicht wiederholt werden.

Die Verbindungen zwischen diesen bewusst und mit überaus viel Verständnis und Geschick ausgesuchten Zahlen beruhen – bis hier hin -

auf einfacher Mathematik: Division und Multiplikation mit kleinen ganzen oder anderweitig auffälligen Zahlen, Quadrieren und Potenzieren, Wurzelziehen, Reziprokbildung und anderes. Alles ist so einfach gehalten wie möglich, auf scheinbar "niederem" Niveau. Aber der Schein trügt gewaltig. Alles ist – insbesondere durch die **geschickte und bewusste Auswahl** der genutzten Zahlen - bis ins Allerletzte perfekt aufeinander abgestimmt.

Herauszufinden wie das möglich ist, ist eine unserer Aufgaben. So werden die ersten Bojen im unendlichen Ozean der Zahlen gesetzt. Kleine Leuchtpunkte inmitten riesiger grauer Wogen. Sie dienen hauptsächlich als Grundgerüst und Hinweisschilder. Sie schärfen unsere Aufmerksamkeit und weisen uns den Weg. Doch es geht auch erheblich genauer, bis hin zu sehr weitgehender Exaktheit.

Die Eigenschaften des Kugelmodells der Erde

Als Kugel hat unser Erdmodell mit 40.000 km **Umfang** selbstverständlich auch Kugel-Kenndaten. Durch die Wahl des Umfanges und der Maßeinheit Kilometer weicht unser Modell maximal um 0,2 Prozent beim Äquatorumfang und 0,02 Prozent beim Polumfang von den natürlichen Gegebenheiten der realen Erde ab. Bei unserem Modell werden, in Verbindung mit der Maßeinheit Meter bzw. Kilometer, zusätzlich mehrere mathematische Konstanten als in den meisten anderen Kugeln klar und deutlich sichtbar:

Der **Durchmesser D** des Kugel-Erdmodells beträgt
40.000 km : Pi   = 12.732,395 km
12.732,395…   = 10.000 * **4/Pi**
4/Pi ist eine mathematische Konstante. Sie wird uns, ebenso wie der Umrechnungsfaktor **10.000** = 100 * 100 noch mehrfach begegnen. Sie dürfte der Urquell der Wegweiser-Ziffernfolge (1)-2-7-3-(2) sein, auf die bereits Axel Klitzke u.a. aufmerksam machten, wobei sämtliche Ziffern, insbe-

sondere jedoch die 1 und die hintere 2, austauschbar sind[93].

Der **Radius R** (= D/2) beträgt 6.366,1977 km. Auch hier stoßen wir auf eine Konstante, die gleich zwei Ziffernfolgen von Bedeutung enthält. Der Umrechnungsfaktor ist wieder 10.000.

 6.366,1977… = 10.000 * **2/Pi**

Die erste Ziffernfolge 6-3-6-6 kommt immer mal wieder auch in der Form **x-y-x-x** mit anderen Ziffern vor. Sie ist also weniger an bestimmte Ziffern gebunden, als vielmehr an deren Reihenfolge. Die Sechs und die Drei spielen dabei jedoch die absoluten Hauptrollen. Darüber hinaus kann sie auch ihre Zusammensetzung ändern, wie es beispielsweise bei den 63.360 Zoll einer Meile der Fall ist. Man kann diese Ziffernfolge also ein bisschen mit der Zahlendreherei um die 39,37 vergleichen, mit der sie über den Zoll und die Englische Meile sowieso in enger Verbindung steht. Zwischen beiden existieren durchaus einige Ähnlichkeiten im mathematischen Verhalten. Ebenso gibt es diverse Verbindungen in den inhaltlichen Aussagen. Wenn eine solche Ziffernfolge auftaucht, sollte man also immer ein wenig tiefer nachschauen. Es muss nicht, aber es kann sich eine ganz eigene Welt dahinter verbergen.

Dagegen ist die Ziffernfolge **1-9-7-(x)** sehr viel konkreter. Sie weist auf Zusammenhänge mit dem Licht und seiner Geschwindigkeit in km/s hin.

 Oder klarer ausgedrückt: Sie ist (zumindest manchmal) eine direkte Umrechnung der Wurzel aus der **Zahl** der Lichtgeschwindigkeit in km/s in Gradschreibweise. Sie kommt relativ häufig vor und kann wunderbar für die Markierung von Koordinaten verwendet werden. Die Wurzel aus der Zahl 299.792,458 heißt **547,53306**… . Daraus ergibt sich u.a. die folgende Möglichkeit:

 0,00**54753306**… Grad sind gleich **19,71**1191… Gradsekunden.

Der Umrechnungsfaktor beträgt hier zunächst 3.600. Um zur richtigen Größenordnung zu kommen muss die 0,0054753306… diesmal noch mit 100.000 (= 10 * **10.000** = 100 * 1000) multipliziert werden.

Dabei gibt es noch weitere Umrechnungen, die den Sachverhalt jedoch ziemlich verschleiern. Zum Beispiel sind 0° **3' 17,11"** rein optisch kaum

---

[93]   [5]

mit den 19,71… Gradsekunden in Verbindung zu bringen. Sie entsprechen jedoch 0,054753307… Grad, also einem **10.000**stel der Wurzel der Lichtgeschwindigkeitszahl bzw. dem Zehnfachen Wert von 19,71….“ also 197,1…“.

Doch auch die 0° **3' 17**,11“ können manchmal als Hinweis genutzt werden. Eventuell sogar für andere Dinge als die Lichtgescchwindigkeit. Die Schreibweise ist dann jedoch wieder dezimal und für uns ein wenig „komisch“, weil daraus eine **317**(,11…) wird. Das ist jedoch tatsächlich nur eine andere Schreibweise und vor allem eine Frage der Gewohnheit. Daraus entsteht eine der Stellen, an denen es unübersichtlich und kompliziert wird. "Korrekt", das heißt ‚weitgehend eindeutig‘, ist es trotzdem, wenn auch nicht rein mathematisch.

Die **<u>Schnittläche A</u>**, die einen beliebigen Durchmesser unseres Kugelmodells schneidet bzw. umgibt, hat eine Fläche von 127.323.954,4735… km² bzw. 127,323… Millionen Quadratkilometern. Zahlenmäßig ist das der **10.000**-fache Betrag des Durchmessers und das 100-Millionenfache von 4/Pi.

$$10^8 = 100^4 = 10.000^2 = 100.000.000$$

Dabei fällt uns wieder die mehrfache aufeinanderfolgende Quadrierung und somit die Potenzenfolge der Zwei auf – zwei Dinge, die uns bei der Suche nach dem Licht auf Schritt und Tritt begegnen.

Daraus folgt indirekt, dass $R^2 * Pi^2$ gleich $4 * 10^8$ ist. Geteilt durch den Radius ergeben sich 20.000 Pi. Es sieht aus wie eine Zahlenspielerei, doch auch das ist eine Größenordnung, die uns wiederbegegnen wird.

Die gesamte **<u>Kugeloberfläche AO</u>** umfasst 509,29582 Millionen km². Diese Zahl stammt vom Vierfachen von **4/Pi**, also von **16/Pi** ab.

Das **<u>Volumen V</u>** unseres Modells beträgt $1,0807593… * 10^{12}$ km³. Das ist zahlenmäßig das **8488**,2636…-fache der Zahl der Schnittfläche, die ihrerseits von **4/Pi** abstammt. Dabei weist die Ziffernfolge 8-4-8-8 bereits klar und deutlich auf einen Zusammenhang mit der Vakuum-Lichtgeschwindigkeit in km/s hin.

Die Vorteile des Kugelschnitt-Modells

Bis hierhin wurden der Großteil der Voraussetzungen und Einzelteile des Kugel-Lichtmodells zusammengetragen, beschrieben und ein wenig erläutert. Wir beginnen nun, das Modell zusammenzusetzen. Wie bereits in der Einleitung dieses Buches erwähnt, ist das Modell noch nicht vollständig erkannt und endgültig fertig. Da harren mit Sicherheit noch viele Tatsachen und Zusammenhänge auf ihre Entdeckung. Doch das, was bisher zusammengetragen wurde, ist jetzt schon eine Fülle, von der man nicht weiß, ob sie einen nur überwältigt oder ganz und gar erschlägt.

Das räumliche Kugel-Lichtmodell an sich, ist ganz einfach. Nur seine zeichnerische Darstellung ist ein wenig knifflig. Das Rezept für das mittige 2D-Schnittmodell des Kugel-Modells ist noch viel einfacher:

     Man nehme unsere Modell-Erde, welche den Mittelpunkt des Lichtmodells mit ihrem eigenen Mittelpunkt markiert. Im Anschluss nehme man das Mondmodell und setze es auf seine idealisierte kreisförmige Modell-Umlaufbahn mit einem Umfang von 2,4 Millionen Kilometern. Abschließend werden – „je nach Belieben und persönlichem Bedarf" - noch ein paar konzentrische Kreise außen herum gezogen und ein paar Radien eingetragen. Im Grunde war es das schon. Am Ende wird das Schnittmodell noch mit ein paar Winkeln und Zahlen garniert, die das Gesamtgericht ein wenig abrunden. Das Ganze sollte dann erst einmal in etwa so aussehen wie in Abbildung 28.

Die Knackpunkte der Geschichte sind das Erkennen und die Wahrung der inneliegenden Maße und Verhältnisse. Noch wichtiger ist jedoch das Verstehen der Inhalte, die sich im Modell „verbergen". Die raffinierte innere Feinabstimmung des Modells ist auf den ersten Blick nicht zu erkennen. Man muss schon ein wenig genauer hinschauen, bevor sich einem die Welt der Zahlen und ihre Verbindungen zur praktischen Physik des Lichts und der Astronomie eröffnen.

     Wie das Schnittmodell in seiner Basis-Fassung aussieht, zeigt die Abbildung. Es ist noch genau dieselbe, die ich bereits vor fünf Jahren veröffentlicht habe. Allerdings ist in der Zwischenzeit eine riesige Menge

Wissen über die Inhalte sowie ihre gegenseitigen Verstrickungen und Wechselwirkungen dazugekommen. Die Darstellung lässt sich je nach Bedarf und Notwendigkeit erweitern und ergänzen.[94]

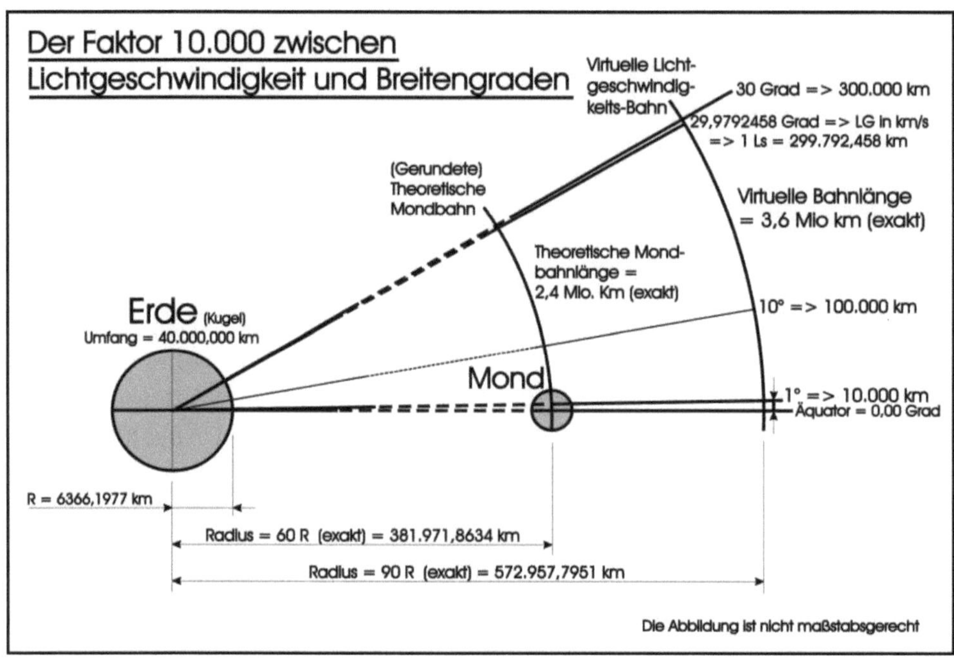

Abbildung 28: *Das Kugel-Licht-Schnittmodell im Jahr 2013. Ein Zwölf-tel eines Kreises mit, Erde, Mond und Lichtkreis*

Die Vorteile, die das Modell mit sich bringt, sind folgende:

1.) Das Modell ist eine einfache und verständliche Darstellung extrem komplizierter physikalischer Tatsachen.

2.) Das Modell beschreibt das Licht in seiner Urform, der Kugel. Diese Urform wurde von der Physik bisher scheinbar so gut wie vollständig vernachlässigt.

---

[94] Siehe [4]; Seiten 237 ff. und Anhang 1, Seiten 316 bis 331

3.) Das Modell ist äußerst anschaulich, einprägsam, eingängig, gut vermittelbar, extrem lange beständig und lässt sich leicht merken.

4.) Das Modell ist mathematisch präzise und gut physikalisch nutzbar.

5.) Das Modell legt Zusammenhänge offen, die uns im Normalfall nicht oder kaum auffallen.

6.) Das Modell regt zum weiteren Nachdenken über das Licht aus einem „neuen" Blickwinkel an. Das ist wichtig, um mit der Lichtforschung weiterzukommen.

7.) Die Größe der Lichtgeschwindigkeit wird geringfügig besser ‚vorstellbar'. Denn wenn wir den Mond anschauen, dann ist der schon ganz schön weit weg. Und wenn wir nun darüber nachdenken, dass das Licht ganze 8 Sekunden braucht, um dieselbe Strecke zurückzulegen, für die der Mond, der so schnell fliegt wie eine schnelle Gewehrkugel, einen ganzen Monat benötigt, dann sind das doch Größenordnungen und Vergleiche, die uns ein wenig eingängiger sind als die puren 299.792,458 km/s. Auch der Abstand des Mondes von der Erde mit ungefähr 1,2 bis 1,4 Lichtsekunden ist hilfreich.

8.) Das Modell führt uns zu einer ganzen Reihe von tatsächlichen Entdeckungen, von denen einige in der Folge aufgeführt und erläutert werden.

9.) Gleichzeitig erlaubt es weiterführende Vermutungen, die ohne dieses Modell wohl kaum angedacht bzw. weiterverfolgt würden, die jedoch wichtig erscheinen.

10.) Das Modell zeigt direkte und indirekte Verbindungen des Lichts mit diversen Natur-Konstanten auf, die so bisher nicht bekannt waren.

11.) Das Modell ist auch in völlig anderen Forschungsbereichen als der Physik sehr nützlich und sinnvoll anwendbar. Beispielsweise in den Bereichen der Metrologie, Geologie, Frühgeschichtsforschung u.a..

12.) Das Modell ist so gut wie immer und überall sichtbar - zumindest in Teilen. Praktisch jeder Mensch hat es jederzeit direkt vor der Nase, was seine Überlebensfähigkeit gegenüber anderen Modellen enorm erhöhen dürfte. Ob nun am Himmel, im Atlas, … oder auf der Uhr spielt dabei nur eine untergeordnete Rolle.

13.) Das Modell, inklusive seiner natürlichen Vorbilder Erde und Mond, ist praktisch fast unzerstörbar. Es wird also mit extrem hoher Wahrscheinlichkeit auch noch unseren Nachfolge-Generationen in sehr fernen Zeiten zur Verfügung stehen. Selbst wenn es zwischenzeitlich völlig „vergessen" worden sein sollte, ist es jederzeit wiederentdeckbar. Und das fast völlig unabhängig davon, was zwischenzeitlich hier auf Erden geschehen mag.

14.) Das Kugel-Lichtmodell zeigt deutlich und einprägsam den engen Zusammenhang zwischen uraltem und nagelneuem Wissen sowie die verschlungenen Wege von dem einen zum anderen.

15.) Das Modell ist nicht fertig. Es ist weiterentwickel- und ausbaubar. Es wird die Licht- und andere Forschung auch in Zukunft beflügeln und zu neuen Erkenntnissen und Höhen führen.

Das Kugel-Licht-Schnittmodell besteht zunächst nur aus einer idealisierten Erde, dem idealisiertem Mond und seiner idealisierten Mondbahn.

Schon allein dadurch werden die wichtigsten und grundlegendsten Verhältnisse des ganzen Modells festgeschrieben. Meter, Sekunde und Vakuum-Lichtgeschwindigkeit in km/s können so problemlos dargestellt werden. Um Platz zu sparen und die Darstellungsgröße in einem erträglichen Rahmen zu halten, werden im hiesigen Buch nur wenig mehr als 30° des Gesamtbildes betrachtet. Das reicht völlig aus. Die ‚unsichtbaren' 11 Zwölftel der Abbildung würden nur den "Rest" der Kreise zeigen.

Nun wissen wir aber aus dem guten alten „Wissensspeicher Physik"[95], dass sich Licht „… geradlinig und allseitig …" ausbreitet. Jedenfalls solange es nicht dabei gestört wird. Auch wenn es in diesem Teilsatz nicht ausdrücklich mitgeteilt wird, bedeutet das gleichzeitig, dass beim Mond nicht einfach plötzlich Schluss ist, mit der Lichtausbreitung. Stattdessen geht es fröhlich weiter bis in die Unendlichkeit. Dass die Lichtkonzentration je Raumeinheit mit größer werdender Entfernung von der Lichtquelle im ebenfalls größer werdenden Raum immer geringer wird, sollte jedem einleuchten.

---

[95]   [1]

Diesen Umstand muss auch das Modell berücksichtigen. Deswegen ist es im Grunde ebenfalls unendlich groß, nur leider das dazu notwendige Papier nicht, sodass auch die Modelldarstellung ein wenig kleiner ausfällt als sie sollte[96]. Trotzdem geht es auch im Modell hinter dem Mond noch ein Stückchen weiter.

Nein, nicht nach links, sondern immer radial geradeaus. Bis zur nächsten Beugung. Oder dem nächsten Hinderniss. Jenseits der idealisierten Mondbahn findet sich noch unendlich viel. Das kann und soll hier nicht alles beschrieben werden, sondern nur soweit notwendig.
Auch innerhalb der Bahn existieren durchaus erwähnenswerte Zusammenhänge, die hier ebenfalls nur teilweise diskutiert werden.

Der primäre Lichtkreis

Was jedoch dringend notwendig zu erwähnen ist, ist eine „virtuelle Lichtgeschwindigkeitsbahn“, die ich mittlerweile meistens „Lichtkreis“ nenne. Genauer gesagt, gibt es sogar etliche davon. Und noch genauer gesagt, ist jeder dieser Lichtkreise mindestens ein Doppelkreis – also zwei eng beieinanderliegende konzentrische Kreise mit der Modellerde in der Mitte.

Wenn in der Folge das Wort ‚Lichtkreis‘ fällt, ist im Wesentlichen immer ein Kreispaar gemeint. Beziehen sich die Ausführungen auf einen einzelnen der beiden Kreise, so werden sie mit ‚kleiner / innerer‘ und ‚großer / äußerer‘ Lichtkreis benannt.

Hier soll es nun um den primären Lichtkreis mit 3,6 Millionen Kilometern Nenn-Umfang gehen. Weiter vorn wurde bereits die idealisierte Mondbahn mit 2,4 Millionen Kilometern Umfang beschrieben. Sie ist gleichzeitig prinzipiell ebenfalls ein Lichtkreis, auf dem sich „rein zufällig“ der Mond bewegt.

---

[96]   In [4]; Seiten 316 bis 331, insbesondere auf Seiten 328 bis 331 wird schon recht deutlich dargestellt, dass es jenseits der Mondbahn noch erheblich weiter geht.

Bewusst sehr unterschwellig wurden bereits noch zwei weitere kurz genannt: Als erstes derjenige mit einem Nenn-Umfang von 4,8 Millionen Kilometern in Verbindung mit der Lichtgeschwindigkeitszahl (km/s) und ihren Querprodukten. Und als Zweiter der mit einem Nenn-Umfang von 36 Millionen Kilometern und einer „Gradsekundenlänge" auf dem Umfang von 27,77777… Kilometern im Zusammenhang mit dem idealisierten Monat. Diese beiden werden hier nicht ausführlich besprochen. Sie sind jedoch trotzdem wichtige Hinweisgeber. Darüber hinaus gibt es noch sehr viel mehr solcher Lichtkreise.

Der aufmerksame Leser hat bereits bemerkt, dass sich Lichtkreise im Takt von 1,2 Millionen Umfangs-Kilometern konzentrisch um die Modell-Erde ringeln. Der Reziprokwert von 1,2 führt uns wieder zu den Verhältnissen 5/6 , 10/12 , 0,833333… und ihren Derivaten – nur eben an einer völlig anderen Stelle als bisher. Das Kugel-Lichtmodell ist gewissermaßen wie ein „zwiebelartiger" Zahlen-Baukasten aufgebaut und zu verstehen. Eine eng begrenzte Anzahl genutzter Standard-Bausteine - aus einem unendlichen Reservoir - erlaubt es, ein grandioses Gebäude sphären- bzw. schichtweise wie eine Zwiebel zusammenzufügen und beliebig zu erweitern. Wenn es sein muss bis in die Unendlichkeit.

Der größere Kreis des Lichtkreis-Pärchens mit 3,6 Millionen Kilometern Nenn-Umfang hat genau diesen Umfang. Das setzt einen Radius von exakt 90 Radien der Modell-Erde voraus. Daraus ergibt sich logischerweise ein Durchmesser von 180 Erdradien. Beides erinnert uns an die Einteilung und Sinnhaftigkeit des 360°-Systems – wiedermal in einem etwas anderen Zusammenhang. Der Radius der Modell-Erde dient als eine der Maßeinheiten des Kugel-Lichtmodells.

Der dazugehörige kleinere Kreis hat einen Umfang von 12 Lichtsekunden. Das sind 3.597.509,496 Kilometer. Der Umfang ist damit um 2490,504 km kürzer als der des größeren Kreises, was bei 3,6 Millionen knapp 0,07 Prozent entspricht[97].

---

[97] Rund 0,07 Prozent => exakt = 0,0691806666… % bezogen auf 3,6 Mio. km Umfang

Der Radius ist mit **396,3760224…** km ebenfalls um knapp 0,07 Prozent kürzer[98]. Dabei fällt auf, dass die altbekannte 39,37 zumindest ziffernmäßig in der Differenz enthalten ist, was wieder einmal „nur" als Hinweis zu werten ist.

2490,504 : **396,3760224…** = 2 Pi

Was ist nun an diesem Kreispaar so wichtig, dass es hier zwingend aufgeführt werden muss?

Es ist der Umstand, dass der Umfang des kleineren Kreises exakt 12 Lichtsekunden beträgt, der Umfang des größeren Kreises hingegen 12 mal 300.000 km gleich 3,6 Millionen km lang ist. Beide stehen somit in einem bestimmten Verhältnis zueinander, welches uns schon aus anderen Zusammenhängen bekannt ist. Eine „grob" gerundete Lichtgeschwindigkeit von 300.000 km/s stellt eine hervorragende Bezugsgröße für uns dar. Darin ist wieder das leicht gerundete Verhältnis von Phi² zu Pi enthalten:

Phi² : Pi   ≈ 2,618 : 3,1416 = 5/6   = 0,833333…
Phi² : 10 Pi ≈ 2,618 : 31,416   = 5/60 = 0,0833333… :

300.000 : 3.600.000   = 0,0833333… = 5/60 = 2,618/(10*3,1416)
360° * 0,833333…   = 300°
360° * 0,0833333…   = 30°

Die Umfänge der beiden Kreise stehen in folgendem Verhältnis zueinander: Es ist exakt dasselbe, in welchem sich die exakte und die gerundete Lichtgeschwindigkeit zueinander verhalten, weil man die 12, die in beiden Kreisen vorhanden ist, herauskürzen kann:

299.792,458 : 300.000 = **0,99930819333333…** => leicht gerundet
= **0,9993082**

und reziprok:
300.000 : 299.792,458 = **1,00069228559446…**   => leicht gerundet
= **1,0006923**

Diese dimensionslosen Verhältniszahlen sind abgeleitete Natur-Konstanten. Sie tauchen an sehr vielen Stellen, die mit der Lichtgeschwindigkeit zu tun haben, oft von ganz allein auf. Sie machen sich selbst wichtig, indem sie die winzige Differenz von „real Exakt" zu „Rund in jeder Beziehung" für uns überbrücken. Sie bringen letztlich das Licht mit Kreis und Kugel in engste Verbindung.

Ich denke, sie könnte und sollte – zumindest gelegentlich - eventuell Albert Einsteins ‚Lichtgeschwindigkeit = Eins' ersetzen. Aber da sollten sich die Physiker selbst dazu entscheiden. Meinerseits ist das nur ein Vorschlag, allerdings einer, den ich für sehr bedeutsam halte. Er ist sehr sinnvoll. Deswegen nenne ich diese Zahl auch die

‚Verhältnisform der Lichtgeschwindigkeit' .

Ein wenig unglücklich an ihr ist, dass sie eine irrationale Zahl ohne Ende ist. Das macht sie ein wenig unhandlich. Dem ist jedoch – zumindest wenn es nicht so ganz auf Exaktheit ankommt – leicht abzuhelfen. Die hauchzart auf 0,9993082 „gerundete" Form führt uns zur scheinbar „gerundeten" Lichtgeschwindigkeit von 299.792,**46** km/s, was für die alltägliche Nutzung mehr als völlig ausreichend ist. Darauf, dass die 299.792,**46** nicht wirklich eine Rundung ist, sondern mit hoher Wahrscheinlichkeit eine eigenständige Berechtigung hat, kommen wir später zurück.

Betrachten wir die Differenz von 396,37602… km zwischen den beiden Radien der Einzel-Lichtkreise rein zahlenmäßig noch etwas genauer. Sie liefert uns erneut diverse Hinweise auf Zusammenhänge in unterschiedlicher Qualität – von „so la-la" bis „absolut exakt".

Um diese Differenz für die Durchmesser auszurechnen, müssen wir sie verdoppeln => 396,37602… * 2 = **792,75204 …**

Das Ergebnis ist wiederum eine interessante Zahl. Die 792 entspricht der hinteren Hälfte von 299.**792**,… und die Nachkommastellen erinnern uns per „numerologischer Ziffernverdrehung" rein zufällig an die Zahl **207,542**. Auch das ist eine sehr wichtige Zahl. Letztendlich ist sie aus der Differenz zwischen gerundeter und exakter Lichtgeschwindigkeit am ehesten ersichtlich:

$$300.000 - 299.792,458 = \underline{\textbf{207,542}}$$

Aber diese Zahl beinhaltet noch erheblich mehr. Sie ist einer der Grundbausteine des gesamten Modells und damit gleichzeitig einer der gesamten Physik des Lichts. Sie stammt – wie sollte es anders sein? – letztendlich von Pi und der Pi-Form der Königselle ab.

$$207,542 : 396,37602... = 0,5235987... = \textbf{Pi/6}$$

Weil die Zahl 207,542 derart bedeutsam ist, bekommt sie ein Stückchen weiter unten ihr höchsteigenes Kapitel, in welchem auch ihre ursprüngliche Herkunft aufgezeigt wird.

Es gibt noch mindestens einen redundanten Weg, um zur Verhältnisform der Lichtgeschwindigkeit zu gelangen. In Wirklichkeit sind es jedoch noch viele mehr. Dazu teilen wir zunächst die 396,37602... durch den Radius des kleineren Lichtkreises mit 12 Ls Umfang.

$$\textbf{396,37602... : 572.561,4191...= 0,00069228559...}$$

Hier stellen wir mit Verblüffung fest, dass wir exakt die Nachkommastellen der reziproken Verhältnisform der Lichtgeschwindigkeit vor uns haben:

$$0,00069228559... + 1 = \textbf{1,00069228559...} \quad => 1/x = \underline{\textbf{0,99930819333...}}$$

(Interessanterweise kommt der inverse natürliche Logarithmus[99] von 0,00069228559... mit 1,000692525... dieser Zahl recht nah, ohne jedoch mit ihr identisch zu sein.)

Multiplizieren wir nun die Lichtgeschwindigkeit in km/s mit den Nachkommastellen, erhalten wir wieder unsere 207,542 .

$$299.792,458 * 0,00069228559... = \underline{\textbf{207,542}}$$

Nun wissen wir also ganz genau wie die Lichtgeschwindigkeit in km/s zu ihrer merkwürdig unrunden Zahl kommt - könnte man denken, aber die Geschichte geht weiter.

---

[99] Natürlicher Logarithmus => Umkehrfunktion => beim Excel-Programm EXP genannt

Doch das ist längst nicht alles, was wir aus dem primären Lichtkreis herauslesen können. Als nächstes kommt die Feststellung, dass der kleinere Lichtkreis die Lichtgeschwindigkeit (LG) gleich noch einmal in einer anderen Form beinhaltet.

Die Länge seines Radius in Kilometern entspricht zahlenmäßig der Lichtgeschwindigkeit in Kilo-Königsellen (kKE), und zwar in ihrer exakten Pi-Form mit **1 KE = Pi [m] : 6 = 0,5235987… m**.
Daraus ergibt sich über den Reziprokwert eine Art „Verzerrungsfaktor" von 1,909859317… KE m^{-1} welcher **6/Pi** entspricht und sich aus dem Reziprokwert einer Königselle in Pi-Form in Metern herleitet. Der Radius des kleineren Kreises ist also tatsächlich

299.792,458 km   * 1,9098593… = 572.561,4191… **km** lang.

Wir können auch schreiben
572.561,4191 kKE * 1,9098593… = 572.561,4191… km
Das ist eine – auf den ersten Blick - verwunderliche Tatsache, deren einziger Zweck wohl darin besteht aufzufallen und stutzig zu machen. Die Länge einer Lichtsekunde mit 299.792,458 km beträgt in Königsellen 572.561,4191… kKE.

Der Radius in Kilo-Königsellen ist demzufolge tatsächlich 572.561,4191 kKE * 1,9098593… = 1.093.511,761… kKE lang.

Das entspricht dem Quotienten aus einer Lichtsekunde in km und dem Quadrat von Pi/6.

(Pi/6)² = Pi/6 * Pi/6 = 0,5235987… * 0,5235987… = 0,2741556…
299.792,458 km : (Pi/6)²   = 299.792,458 km : 0,2741556…
                      = 1.093.511,761… kKE = **R**
 1.093.511,761… kKE * Pi/6 = 572.561,4191 km = **R**

Dabei entspricht die 0,274156… der Fläche einer Quadrat-Königselle in Quadratmetern.
Klar, das ist alles nicht nur auffällig, sondern auch ein bisschen verwirrend, in jedem Falle aber ziemlich gut ausgedacht.

Zur Entschädigung finden wir nun noch etwas ganz Einfaches heraus. Die o.g. Umfangsdifferenz von 2490,504 km splittet sich in 12 mal 207,542 km auf. Eigentlich logisch. Man muss nur darauf kommen.

Aus dem Lichtkreis ergeben sich noch weitere wichtige Verhältnisse. Um Wiederholungen möglichst zu vermeiden, wird der Lichtkreis an dieser Stelle schnell um einen seiner Durchmesser gedreht, sodass aus dem Lichtkreis eine Rotations-Lichtkugel wird. Lichtkreis und Lichtkugel werden also zwischenzeitlich zusammengefasst und gemeinsam behandelt, da Radien, Durchmesser, Umfänge und Schnittflächen jeweils identisch sind. Volumen und Oberfläche gibt es dagegen nur bei den Kugeln. Das dient der Vereinfachung und Abkürzung.

Der/Die kleine, innere Lichtkreis/Lichtkugel

Der/Die große, äußere Lichtkreis/Lichtkugel

R_1	=	572.561,419…	R_2	=	572.957,7951…
D_1	=	1.145.122,838…	D_2	=	1.145.915,5902…
U_1	=	3.597.509,496…	U_2	=	3.600.000,000
V_1	= 7,862394865….E+17		V_2	= 7,87873524002…E+17	
AO_1	=	4,11959028…E+12	AO_2	=	4,125296125…E+12
AS_1	=	1,02989757…E+12	AS_2	=	1,031324031…E+12

Bei der kleinen Lichtkugel beträgt der Umfang genau 12 Lichtsekunden. Das bedeutet, dass die Lichtgeschwindigkeit in km/s direkt enthalten ist. Demgegenüber beinhaltet der Radius dieser Kugel eine Kombination aus den Lichtgeschwindigkeiten in km/s und kKE/s. Wie das funktioniert, wurde bereits oben erklärt. Da der Radius in allen sechs Kenngrößen enthalten ist, ist diese Kombination automatisch ebenfalls in allen Kennziffern auffindbar, und somit auch die Lichtgeschwindigkeiten in km/s und kKE/s, außerdem die Königselle als Verhältnis sowie ihr Reziprokwert.
Die größere Lichtkugel basiert auf dem Verhältnis 2/Pi * 10.000 = 6366,1977…, welches (in km) gleichzeitig dem Radius der 40.000-km-Modell-Erde entspricht. Der Radius der Lichtkugel ist gleich dem 90-fachen dieses Verhältnisses.

Die Daten beider konzentrischen Kugeln stehen in den folgenden Verhältnissen zueinander:

$$
\begin{array}{llllll}
R_1 & : R_2 & = 0{,}9993081933333\ldots & = LG_{Verh} & = c \\
D_1 & : D_2 & = 0{,}9993081933333\ldots & = LG_{Verh.} & = c \\
U_1 & : U_2 & = 0{,}9993081933333\ldots & = LG_{Verh.} & = c \\
AO_1 & : AO_2 & = 0{,}9986168652631\ldots & = LG_{Verh.}^{2} & = c^2 \\
AS_1 & : AS_2 & = 0{,}9986168652631\ldots & = LG_{Verh.}^{2} & = c^2 \\
V_1 & : V_2 & = 0{,}9979260154583\ldots & = LG_{Verh.}^{3} & = \mathbf{c^3}
\end{array}
$$

Wie deutlich zu erkennen ist, stellt die dimensionslose Verhältnisform der Lichtgeschwindigkeit das Verbindungsglied zwischen den Kenngrößen der beiden Lichtkugeln dar. Dabei fällt auf, dass es nicht nur ein c^2, sondern auch ein **c^3** gibt, was immer das auch bedeuten mag. Offensichtlich bezieht es sich jedoch auf einen Rauminhalt, während sich das c^2 auf eine Fläche bezieht.

Was bleibt ist eine Vermutung. Ob sie richtig ist, wird erst die Zukunft zeigen, aber ich werde sie hier schon einmal äußern. Dabei könnte es sich um das erste wichtige Resultat des Kugelmodells handeln. Es erscheint nämlich gut möglich, dass das c^3 Stellvertreter für ein kugelförmiges Koordinatensystem ist, welches gleichsam mitteilt, dass die Lichtgeschwindigkeit nicht so ohne Weiteres überschritten werden kann.

Und noch etwas Amüsantes ist mir im Rahmen dieser Betrachtung aufgefallen: Der kleinere Lichtkreis beinhaltet eine Größe, die ich bereits im Jahr 2012 zur **„Weltformel"** deklariert hatte[100].

$$
\textit{"Weltformel"} => \frac{3600\,s}{Pi} * c\left[\frac{km}{s}\right] = 343.536.851{,}5\ldots\,km
$$

Teilt man die Kreisfläche AS_1 zahlenmäßig durch die Lichtgeschwindigkeit in km/s erhält man 3,435368515..E+6. Maßeinheitenmäßig sind das Sekundenkilometer (skm), also eine Strecke für die Licht im Vakuum

---

[100]   auch damals schon ganz bewusst in Anführungsstrichen und mit Augenzwinkern

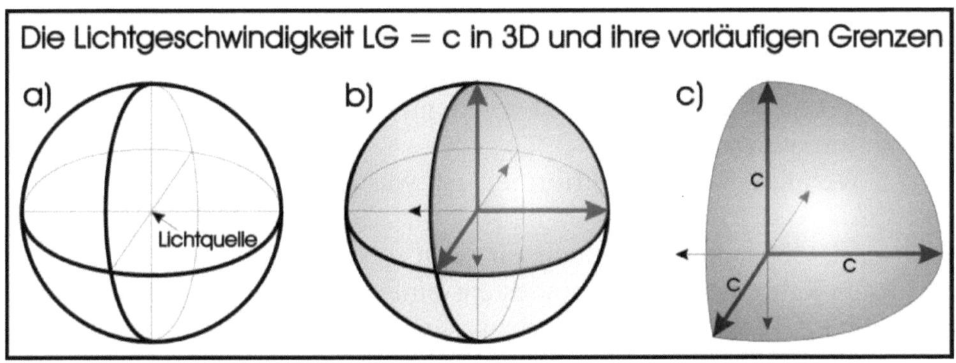

Abbildung 29: *Lichtgeschwindigkeit im 3D-Koordinatensystem.*
Licht ist rund !

knapp 11,46 Sekunden benötigt – im Gegensatz zu den exakt 12 Sekunden für den Kreisumfang. Die Strecke ist also etwas kürzer als der Kreisumfang.

Die gleiche bzw. eine ganz ähnliche Zahl – nur um zwei Zehnerpotenzen größer – erhielt ich damals auf völlig anderem Wege[101]. Durch die markante Zahlenfolge **34-35-36-85** war sie mir im Gedächtnis haften geblieben, sodass sie mir jetzt sofort wieder auffiel als sie mir unter die Augen kam.

Damals hatte ich **3600** [s] / **Pi * c** [km/s] = 343.536.851,5 km errechnet und dazu geschrieben:

„ … => In der 3600 steckt einerseits das große Rad der Zeit, andererseits ist dort aber auch unser Winkelsystem, Richtungen, alle Teiler der 3600, mindestens zwei komplette Zahlensysteme, die Einheitskreise und noch vieles Andere zu finden.
=> In Pi sind nicht nur der Kreis und die Ellipsen inbegriffen. Als allgültige Konstante ist Pi auch ein Sinnbild für die Ewigkeit, für Kreisläufe aller Art, für Bodenständigkeit, für feste Verhältnisse, für Innen und Außen, für Dualität, für viele andere Naturkonstanten … usw. usf.
=> Die Lichtgeschwindigkeit letztendlich, verbindet die Einzelteile der

---

[101]   [3]; Seiten 140 ff.

Formel miteinander: Das ganz Kleine mit dem ganz Großen, die Photonen mit den Sternen, die Elementarteilchen mit den schwarzen Löchern, weit entfernte Welten, vielleicht sogar mehrere Universen, die Vergangenheit mit der Zukunft …

Wenn das keine „Weltformel" ist, was ist dann eine? …"[102]

Wer weiß, vielleicht ist das doch gar nicht so verkehrt?

Auf jeden Fall gibt es noch mindestens einen dritten Weg, um zur selben markanten Zahl zu kommen. Und zwar, wenn man den Umfang des kleinen Lichtkreises durch Pi-Drittel teilt. Auch hier würde ein größerer Lichtkreis mit einem Nenn-Umfang von 36 * 0,99930819333… Millionen Kilometern oder gar 360 * 0,99930819333… Millionen Kilometern noch besser treffen als derjenige mit 3,6 Millionen Kilometern Nenn-Umfang, aber im Grunde ist der Unterschied nur ein verschobenes Komma. Die Verhältnisse und die Ziffernfolgen bleiben derweil immer die gleichen.

In der Praxis kann so ein winziges Komma - besonders bei absoluten Festlegungen - eine extrem wichtige Sache sein, die über Sieg oder Niederlage, Leben oder Tod, entscheidet. Aber hier, wo es vorerst hauptsächlich um Relationen geht, ist es noch nicht ganz so sehr von Bedeutung. Der Inhalt bleibt derweil derselbe … die Zahl umfasst die Länge von 6 Radien des dazugehörigen (Um-) Kreises.

$$3435368,5… : 6 = 572.561,419… = R_1$$

Das bedeutet, es geht u.a. um ein dem jeweils kleineren Lichtkreis einbeschriebenes **regelmäßiges Sechseck**, denn die haben ebenfalls einen Umfang von genau 6 Radien ihres zugehörigen Umkreises.

$$2 * R_1 * Pi \quad = U_1 \quad = 3.597.509,496… \text{ km} = \text{Kreisumfang}$$
$$6 * R_1 \quad = U_{6E} \quad = 3.435.368,515… \text{ km} = \text{Umfang des dazu-}$$
$$\text{gehörigen In-Sechseckes}$$
$$U_1 / U_{6E} \quad = 1,0471976… = \textbf{Pi / 3}$$
$$= \text{Umfang Um-Kreis : Umfang In-Sechseck}$$
$$U_{6E} / U_1 \quad = 0,9549296… = \textbf{3 / Pi}$$
$$= \text{Umfang In-Sechseck : Umfang Um-Kreis}$$

---

[102]   [3]; Seite 140

Das kommt uns bei unserem Kugel-Licht-Modell natürlich sehr zu passe, da sich das Sechseck nahtlos in die Darstellung einfügt. Im Jahr 2012 wusste ich zwar schon lange, dass es ein Sechseck gibt, aber ich hatte es damals noch nicht mit der Zahl 3.435.368,515 und dem Kreisumfang bzw. Radius in Verbindung gebracht. So etwas muss einem eben erst auffallen. Ideen können IMMER erst dann genutzt werden, NACHDEM sie jemandem ein- und aufgefallen sind.

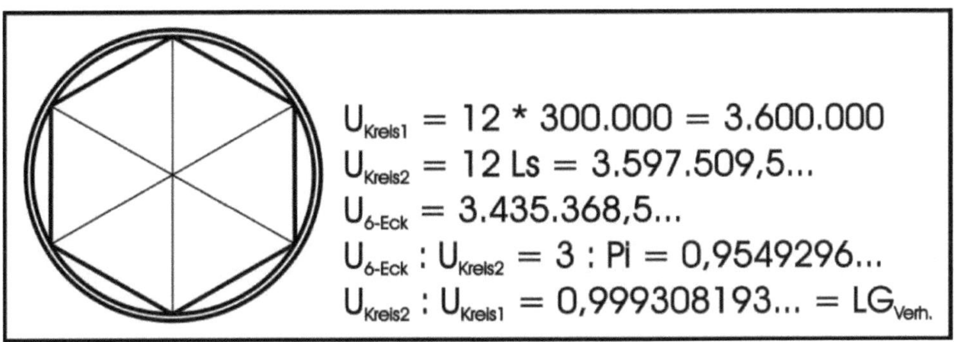

Abbildung 30: *Sechseck im Licht-Kreis*

Dazu noch ein Beispiel (= eine kommentarlose kleine „Zahlenspielerei"), welches die allgemeine Bedeutsamkeit dieser Fakten noch ein wenig deutlicher zeigt, unterlegt und bestärkt:

3/Pi = 0,9549296...
3/Pi : LG Verh. = 0,9549296... : 0,99930819333... = <u>**0,955590742597...**</u>

6 * R₁   = U_{6-Eck} = 3.435.368,515...   (=> „Weltformel")
=> 1 / 6*R₁ =   1 : 3.435.368,515... = 2,91089586...E-7
=> 2,91089586...E-7   = Sinus 1,66782048...E-5   (°)
=> 1,66782048...E-5   = Sinus 0,000**955590742642**...   (°)
=> <u>0,000**955590742642**...</u>   = Sinus 0,0**54751**325...   (°)
=> <u>0,0**54751**325...</u>   = <u>0° 3' **17,1"**</u>
(=> $\sqrt{LG}$ = $\sqrt{299.792,458}$ = **547,533065** ...)

Differenz $= 0{,}\mathbf{955590}742597... - (1000 * 0{,}000\mathbf{955590}742642...)$
$= 4{,}43...\mathbf{E\text{-}11}$)[103]

(Dieses Spiel geht noch weiter, aber ich möchte niemanden damit langweilen.)

Vorerst abschließend zum Sub-Unterthema "Weltformel" soll noch ein kurzes Kuriosum, ein „Zufall" der ganz besonders üblen Sorte, aufgezeigt werden. Dabei geht es wieder einmal um die Radien von Erde und Mond sowie das Zusammenspiel zwischen ihnen. Es stellt sich nämlich einmal mehr die Frage: Ist das wirklich Zufall?

Erd-Radius (Äquator) $R_{E\ddot{A}}$		= 6378,137 km
Mond-Radius R_M		= 1738 km
Verhältnis $R_M : R_{E\ddot{A}}$		$\approx 0{,}2725$

Aber:

$1738{,}05036866705 \; : \; 6378{,}137 \; = \; \mathbf{0{,}2725}01259955227...$

$\Rightarrow 0{,}272501259955227... * 10.000 = \mathbf{2.725}{,}01259955227...$

$\log(10) \; 2725{,}01259955227... \; = \; \underline{\mathbf{3{,}4353685146506...}}$

Das bedeutet, dass man auf diesem Weg punktgenau auf der Ziffernfolge der "Weltformel" landet, wenn man den meist angegebenen Mondradius nur um 50,37 m bzw. um 0,002898 Prozent vergrößert.

Fünfzig Meter sind dabei gar nichts, weil ja die Mondoberfläche nicht glatt poliert ist. Ein kleiner Krater oder Hügel im Messweg – und schon ist es passiert. Die 50 Meter können also durchaus einem winzigen Messfehler oder einer minimalen Rundung geschuldet sein.

Dazu kommt zusätzlich noch folgendes: Wenn man vom obigen Mondradius (= 1738,05036... km) ganze sechs Kilometer abzieht, dann erhält man recht genau $\mathbf{1000\sqrt{3}}$ km = 1732,0508... km.

Da die 6 (von den 6 km) als Vielfaches von 2 und 3 sowie als Teiler von Zwölf, 18, Sechzig u.v.a.m. eine Systemzahl ist, hält sich die Überraschung in Grenzen, dass ausgerechnet sie hier auftaucht.

Haben Sie jemals Lotto gespielt?

---

[103] Ob die Differenz auf Rundungsfehler innerhalb des Computers oder auf andere Gründe zurückzuführen ist, konnte leider noch nicht endgültig geklärt werden.

Dann wissen Sie was ich denke.

Abbildung 31: *In der Natur gibt es regelmäßige Sechsecke nicht nur in Form von Bienenwaben. Auch Moleküle, Mineralien, Steine, ... und Pflanzenteile können diese Struktur ausbilden. Hier sieht man ein (fast) regelmäßiges Sechseck beim Stielansatz einer orangenen Paprika. Interessant ist, dass man bei genau der gleichen Gelegenheit auch Quadrate, Pentagone, ... und jede Menge unregelmäßige Formen finden kann.*

Gibt es ein Oktokaidekaeder?

Wenn wir schon den Lichtkreis zur Lichtkugel umfunktioniert haben, dann sollte es durchaus logisch sein, auch das innenliegende Sechseck in 3D zu gestalten. Plural natürlich, es sind ja von jeder Sorte mehrere. Zu jedem Kreis gehört schließlich genau ein regelmäßiges In-Sechseck. Zu einer Kugel dagegen ein ganzes System von In-Sechsecken und anderen sich ergebenden Figuren. Zu mehreren Kugeln gehören mehrere Sechseck-Systeme.
Die räumliche Betrachtung ist auch insofern sinnvoll, weil damit das Kugelmodell des Lichts das erste Mal wirklich zu sprechen anfängt. Allerdings braucht man ein wenig Vorstellungsvermögen.

Die Schwierigkeiten fangen schon beim Namen an. Nennt man ein Raum-Gebilde aus Sechsecken Dekaoktoeder, Oktokaidekaeder, Tetterakaidekagon oder doch lieber Dekatesseragon? Tetraeikosieder oder Ikositesseraeder wären vielleicht auch möglich. Ob es noch weitere wohlklingende Alternativen gibt?

Sei es wie es sei: Bei so vielen klangvollen wissenschaftstheoretischen Bezeichnungen, von denen ich nicht weiß, ob auch nur eine davon annähernd richtig ist, kann ich mich nicht so recht entscheiden. Nicht umsonst haben ja einige wissenschaftliche Benennungen gelegentlich den Charme einer Kaffeekanne aus Gips. Aus diesem Grunde möge man mir großmütig vergeben, dass ich das Ding fortan ‚Sechseck-Kugel' nennen werde. Das ist zwar laienhaft und nicht wirklich perfekt, aber so ganz falsch ist es irgendwie auch nicht. Vor allem aber ist es verständlich - und aufgrund seiner ausgewogenen wissenschaftspolitischen Incorrectness besonders einprägsam.

Selbstverständlich hat das räumliche Gebilde in der Kugel weder sechs Ecken, noch ist es eine Kugel. Stattdessen besteht es aus mehreren Sechsecken und wird von einer Kugel umschlossen. Damit dürfte der Behelfsname „Sechseck-Kugel" dennoch eine gewisse Existenzberechtigung besitzen. Das folgende Unterthema ist aber auch ganz und gar nicht einfach.

Kurz gesagt gibt es unendlich viele Lösungen das Innenleben einer Kugel mit Sechsecken auszugestalten. Alle sind mehr oder weniger richtig und sinnvoll. Ein paar Wenige davon sind jedoch besonders nützlich. Die wollen wir uns jetzt flüchtig und unvollständig genauer ansehen, bevor wir endgültig in die finstersten unergründlichen Tiefen der Geometrie und des Kugel-Lichtmodells hinab steigen.

Zuallererst müssen wir zwei grundsätzliche Kathegorien unterscheiden, nämlich ruhende und rotierende Systeme.

Bei den sich drehenden Sechsecken in Kugeln ist die Betrachtung relativ einfach. Schon allein hier gibt es unendlich viele Möglichkeiten. Allerdings lassen die sich gut in vier Gruppen zusammenfassen, die sich nach der Drehrichtung unterscheiden. Für die jeweilige Ausgangsfigur genügt ein einziges sich drehendes Sechseck. Durch die Drehung zeigen sich optisch verschiedene Rotationskörper:

1.) Drehung um eine **Pol-Achse** (die Drehachse verläuft durch zwei gegenüberliegende Ecken des Sechseckes). Der sichtbare Rotationskörper besteht aus zwei Kreiskegeln und einem Zylinder in ihrer Mitte. Wenn man möchte, kann man die Erde bzw. die Modell-Erde als sich um die Pol-Achse drehenden Körper betrachten. Relevant ist das an dieser Stelle jedoch noch nicht.

2.) Drehung um die **Querachse** (die Drehachse verläuft mittig durch zwei sich gegenüberliegende Seiten des Sechseckes). Der sichtbare Rotationskörper besteht aus zwei Kreiskegelstümpfen, die mit ihren Grundflächen zusammenstoßen.

3.) Drehung um die **Tiefenachse** des Sechseckes (die Drehachse verläuft senkrecht durch den Mittelpunkt des Sechseckes). Der Rotationskörper sieht der ihn umgebenden Kugel ähnlich, hat aber Ecken und Kanten. Es ist eben eine typische Sechseck-Kugel, was auch immer das sein mag …

4.) Sonstiges (die Drehung erfolgt um irgendeine beliebige andere Achse. Das ist für unsere hiesigen Untersuchungen jedoch keinesfalls von Belang oder Interesse)

Nächste Seite - Abbildung 32:
Verschiedene rotierende Sechseck-Kugel-Systeme

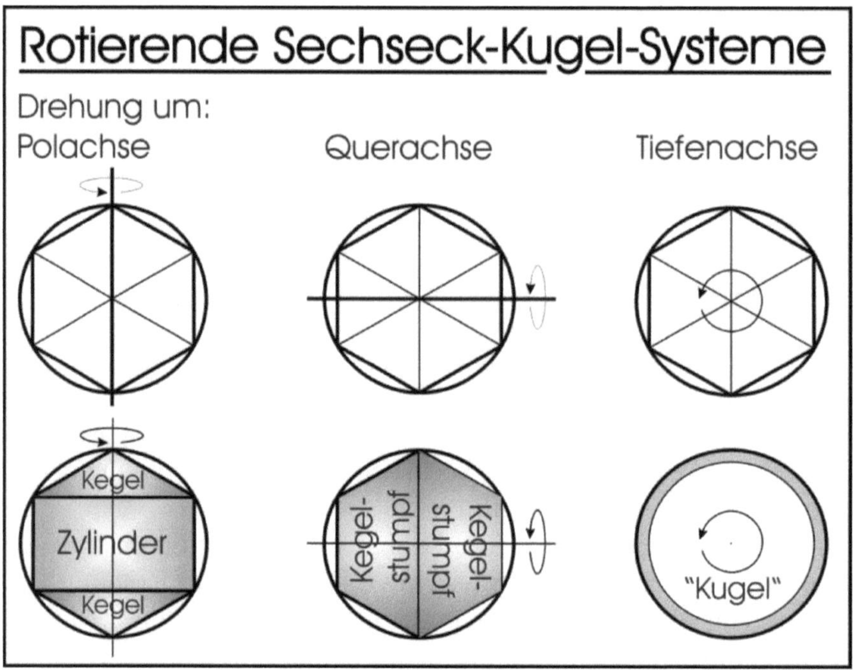

Im Zusammenhang mit dem Licht und seiner Geschwindigkeit sind für uns die **ruhenden** Systeme vorerst wichtiger und interessanter. Auch hier gibt es unendlich viele Möglichkeiten der Gestaltung. Davon können und sollen nur einige Wenige genannt und beschrieben werden. Das sind selbstverständlich die für das Thema Wichtigsten.

Ausgangspunkt für die nächsten Überlegungen ist der Einheitskreis, und zwar derjenige, der u.a. für die Winkelfunktionen am geeignetsten ist. Er bewährt sich auch hier, weil alles über die Winkel miteinander verbunden und verwoben ist. Bei ihm ist der Radius gleich Eins gesetzt. Daraus folgend, beträgt sein Durchmesser Zwei, sein Umfang zwei Pi und seine Fläche Pi.

Zu meiner Zerknirschung muss ich gestehen, dass die Versuche zur räumlichen Darstellung von 'Sechseckkugeln' anfangs nicht sonderlich erfolgreich verliefen. Die Ergebnisse sahen jedesmal verheerend aus. Aus diesem Grunde musste vorübergehend zwangsweise auf eine Zwei- bzw. Mehrseitenprojektion zurückgegriffen werden, die dem Betrachter erheblich mehr Vorstellungsvermögen abverlangt. Leider kann man nicht immer alles so haben, wie man es gerne hätte. Ich bitte meine Leser um Vergebung für diesen Fauxpas und hoffe, dass sie mit den angebotenen Lösungen trotzdem einigermaßen zurechtkommen.

Den Einheitskreis statten wir zunächst mit einem Sechseck aus und betrachten ihn als mittige Schnittfläche seiner Um-Kugel. Im nächsten Schritt verdoppeln wir das Sechseck und drehen das zweite Exemplar um 90 Grad um eine Polachse (Abbildung 32). Dadurch kommen wir zur einfachsten **räumlichen** Innenausstattung der Um-Kugel mittels ruhender, regelmäßiger In-Sechsecke. In der Draufsicht entsteht durch die beiden Sechsecke ein Kreuz, dass den Kreisumfang scheinbar nicht berührt, die Kugel allerdings schon – wenn auch nicht am Äquator.

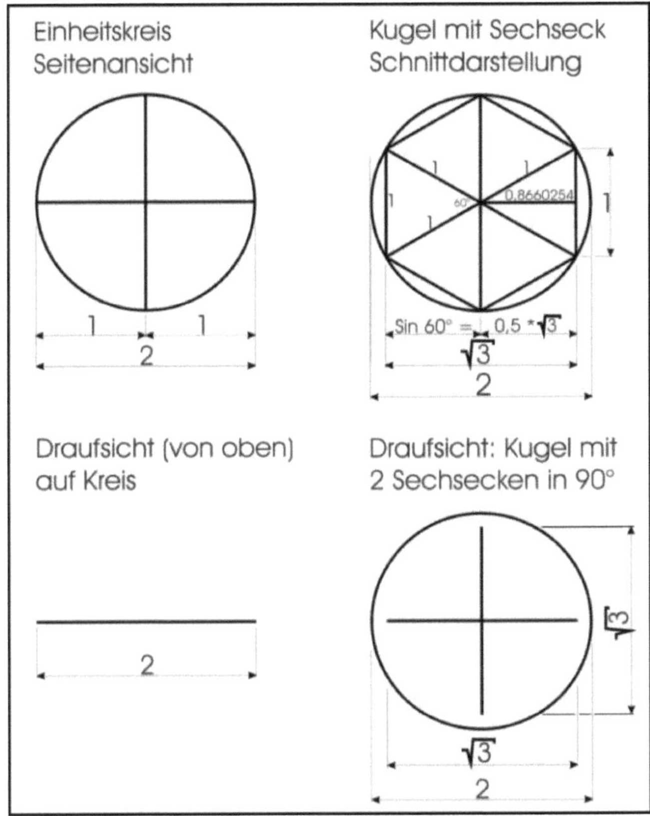

Abbildung 33:
Einfachste Sechseck-„Kugel" mit zwei sich kreuzenden, senkrecht stehenden Sechsecken von vorn bzw. der Seite und von oben.

Die Endpunkte des Mittelkreuzes in der Draufsicht können wir nun miteinander verbinden [Abbildung 33 A)]. Damit verbinden wir gleichzeitig die seitlichen Ecken der Sechsecke. In der Draufsicht entsteht ein Quadrat mit einer Diagonalenlänge von Wurzel aus 3 und einer Seitenlänge von $\sqrt{3} : \sqrt{2} = 1{,}2247449\ldots = $ Wurzel aus 1,5. Es hat eine Fläche von 1,5.

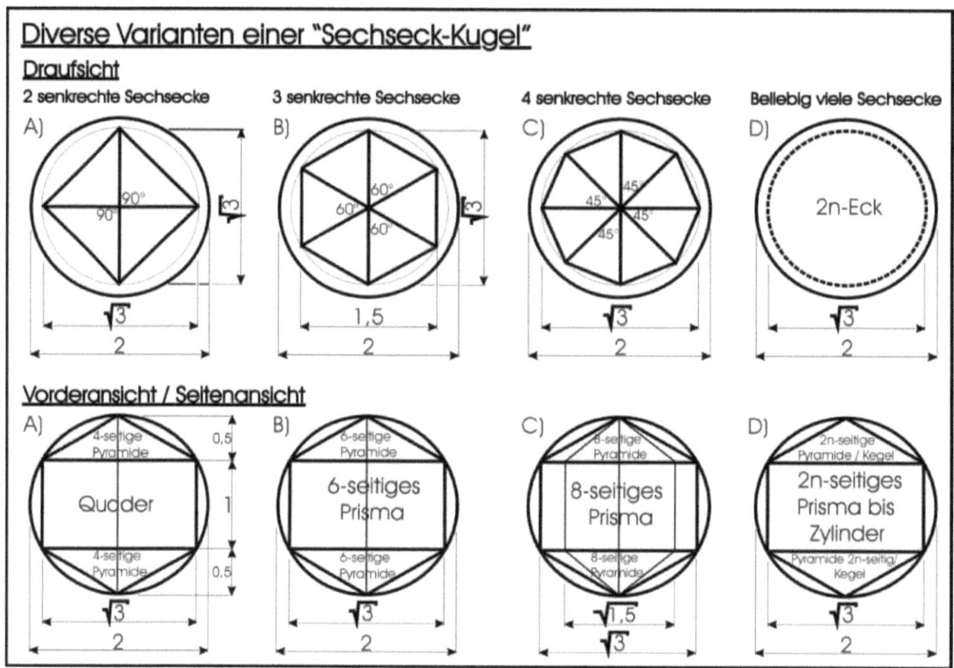

Abbildung 34: *Verschiedene Sechseck-Kugeln von oben und von der Seite bzw. von vorn*

In der Vorder- bzw. Seitenansicht [A)] bleibt unser Ausgangs-Sechseck zunächst erhalten. Räumlich betrachtet erhalten wir daraus in der Mitte einen Quader mit quadratischer Grundfläche, die bereits in der Draufsicht ersichtlich wurde. Die Grund- und Deckfläche des Quaders bilden gleichzeitig die Grundflächen von zwei vierseitigen Pyramiden ober- und unterhalb des Quaders. Die Spitzen der Pyramiden fallen mit den Pol-Ecken der beiden Ausgangs-Sechsecke in jeweils einem Punkt zusammen.

Im nächsten Schritt ([B)] gehen wir nicht von zwei senkrecht stehenden und gegeneinander verdrehten Sechsecken aus, sondern von Dreien. Der Drehwinkel beträgt diesmal 60 Grad. Dadurch ergibt sich für unsere Sechseckkugel eine sechseckige Grundfläche. Aus dem mittigen Quader wird ein sechsseitiges Prisma. Die beiden Pyramiden werden ebenfalls sechsseitig. Die Höhen von Quader/Prisma und 4- bzw. 6-seitigen Pyramiden bleiben unverändert erhalten. Damit ist unsere Sechseck-Kugel tatsächlich "rundum" sechseckig. Dringend zu beachten ist dabei allerdings, dass die beiden waagerechten Sechsecke, die die Grundflächen des Prismas und der Pyramiden stellen, kleiner sind als die Ausgangs-Sechsecke. Dieser Größenunterschied rührt von den speziellen Verhältnissen innerhalb der Sechsecke her, auf die alsbald ein wenig näher eingegangen wird.

Wieder im darauffolgenden Schritt [C)] gehen wir von vier Ausgangs-Sechsecken aus, die im Winkel von jeweils 45 Grad gegeneinander verdreht werden. Dadurch enstehen achteckige Grundflächen für Prisma und Pyramiden, die somit achtseitig werden.

Dieselbe Vorgehensweise der Erhöhung der Anzahl der gegeneinander verdrehten Ausgangs-Sechsecke können wir weiterführen bis in die Unendlichkeit [D]. Die Anzahl der Grundflächen-Ecken bleibt dabei immer geradzahlig. Wenn wir dereinst in der Unendlichkeit angekommen sein werden, ist aus dem eckigen Prisma ein Zylinder geworden und aus den beiden Pyramiden jeweils ein Kegel. Damit ähnelt diese Figur dann der o.g. Rotationsfigur, die sich um die Pol-Achse dreht. Der Unterschied besteht nur darin, dass sich die eine Figur dreht, die andere dagegen immer noch ruht. Dadurch erhält die Drehung an sich einen philosophischen und praktischen Touch von Unendlichkeit.

Unsere Sechseckkugeln selbstverständlich ebenfalls.
Um die bisherigen Sechseckkugeln "noch kugelähnlicher" zu machen, ist es möglich jeweils in Kugeläquator-Höhe eine leicht vergrößerte Grundflächenfigur zusätzlich einzufügen, die mit ihren Ecken bis an den Äquator stößt. Bei der Sechseckvariante B) ist dieses Äquator-Zusatz-Sechseck genauso groß wie die drei senkrecht stehenden Ausgangs-Sechsecke. Durch das Einfügen der Äquator-Zusatzfiguren werden der Quader und

die Prismen zu jeweils zwei Pyramidenstümpfen, die mit ihren Grundflächen zusammenstoßen. Auf den Deckflächen der Pyramidenstümpfe stehen dann immer noch die entsprechenden Pyramiden, an denen sich durch den zusätzlichen Eingriff nichts ändert. Ägyptogeometrisch würde man das Ergebnis wahrscheinlich zwei mit den Grundflächen aufeinander stehende 'Knickpyramiden' nennen – wie es (so ähnlich) mindestens auch eine ziemlich große in der Realität gibt.

Allerdings lenken die Äquator- und weitere Zusatzfiguren von den ursprünglichen geometrischen Formen (Viereck, Sechseck, Achteck, … usw.) ab. Aus diesem Grunde werden sie hier nicht weiter untersucht.

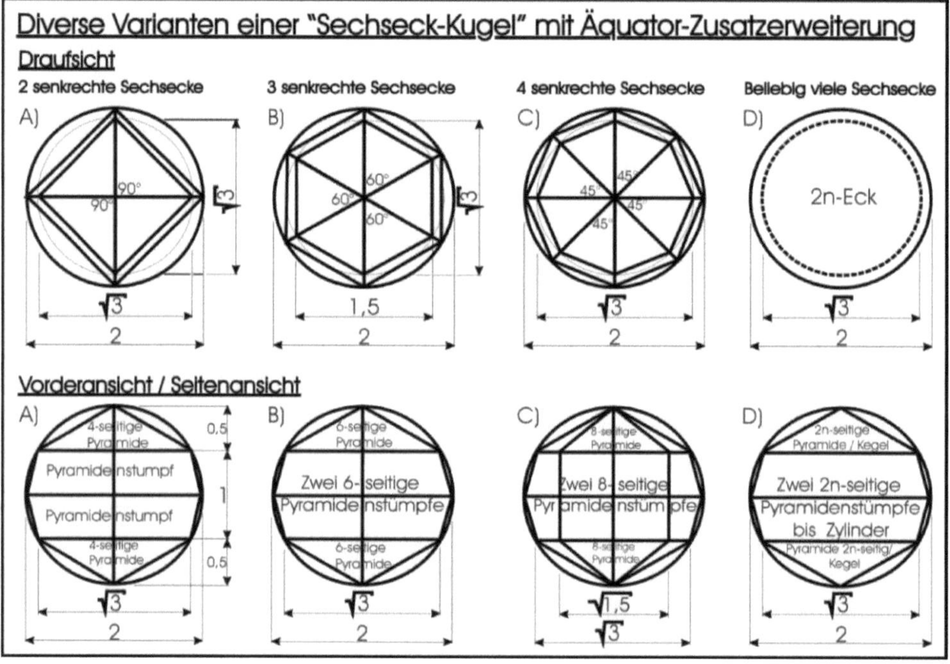

Abbildung 35: *Jede der Figuren kann man jeweils weiter erweitern, bis man in der Unendlichkeit schließlich bei der Kugel landet. Dort treffen und vereinigen sich alle In-Kugel-Figuren in einer Figur: der Kugel.*

Besonderheiten der diversen Sechseck-Kugeln

Das für uns Wichtigste an den Sechseckkugeln sind ihre inneliegenden Verhältnisse. Es kommt nicht von ungefähr, dass wir aus den Draufsichten die Winkelfunktionen ableiten können, sofern wir das wollen. Auch aus den Vorder- und Seitenansichten ist das gut möglich, wenn wir sie entsprechend des "neuen" Zwecks ein wenig ergänzen.

Machen wir das, werden die Sechseck-Kugeln automatisch und untrennbar mit Wellen und Schwingungen verbunden. In Verbindung mit dem Licht – das eine elektromagnetische Strahlung darstellt und sich somit "wellenförmig fortbewegt" – kommt uns das natürlich sehr entgegen.

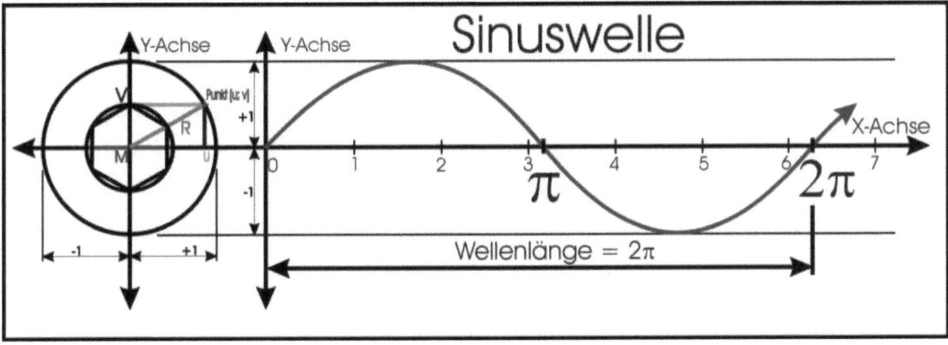

Abbildung 36: *Einheitskreis, Sechseck-Kugel und diverse Winkelfunktionen gehören zusammen und sind Bestandteile desselben Systems. Wellenförmige Funktionen entstehen aus Drehbewegungen als Folge der stetigen Winkelveränderungen.*[104]

Dazu kommt, dass einige spezielle Funktionswerte der Winkelfunktionen genauso in den Sechseck-Kugeln vorkommen und umgekehrt: Pi/6, Pi/4, Pi/3, ... , $0,5\sqrt{2}$; $0,333...\sqrt{3}$; $0,5\sqrt{3}$; $\sqrt{3}$; ... usw. usf.

Selbstverständlich beinhalten die Sechseck-Kugeln noch mehr wichtige mathematische Verhältnisse. Auf einen Teil davon werden wir

---

[104]   Die Abbildung wurde aus [2] entnommen

in Bälde ganz konkret eingehen. Es gibt aber auch noch ein paar andere Dinge, die jetzt hier angesprochen werden sollen, weil sie über einfache Verhältnisse hinausgehen und schon fast philosophisch zu betrachten sind.

Kommen wir als Erstes noch einmal zu Fall A) in **Abbildung 35** zurück. Das dort aufgetauchte Quadrat mit einer Diagonalenlänge von Wurzel aus 3, einer Seitenlänge von $\sqrt{3} : \sqrt{2} = \sqrt{1,5} = 1{,}2247449\ldots$, einer Fläche von 1,5 und einem Umfang von $4 * \sqrt{1,5} =$ **Wurzel aus 24** $= 4{,}8989795\ldots$ beinhaltet einen Hinweis auf ein weiteres Quadrat und die mit ihm verbundenen Zusammenhänge.

Doch werfen wir schnell noch einen kurzen Blick auf die Wurzelwerte. Sie sind der Beleg dafür, dass schon im ersten Versuch die Winkelfunktionen eng in die Sechseck-Kugeln integriert sind:

1.) Der Quotient $\sqrt{2} : \sqrt{3} = 0{,}8164965\ldots = \sin 54{,}73561\ldots°$ liefert eine grobe Erinnerung an ein Zehntel der Wurzel aus der Lichtgeschwindigkeitszahl $= 547{,}53306\ldots$

Der selbe Winkel lässt sich auch über $1/\sqrt{3} = \cos 54{,}73561\ldots$ erreichen. Der Sinus dieses Winkels von $0{,}8164965\ldots$ ist die Wurzel aus $0{,}66666\ldots$, was seinerseits die Wurzel von $0{,}44444\ldots$ ist. Eine wirklich auffällige Zahlenkombination.

2.) Der Quotient $\sqrt{1,5} : \sqrt{2} = 0{,}8660254\ldots = \sin 60° = \cos 30°$

3.) Der Quotient $\sqrt{1,5} : \sqrt{3} = 0{,}7071067\ldots = \sin 45° = \cos 45°$

… usw. usf.

Unter **Punkt 1)** in der **Abbildung 37** finden wir zunächst das Verhältnis Wurzel aus 3 zu Zwei bzw. Reziprok $2 : \sqrt{3} = 1{,}\mathbf{547}005$. Dieses enthält mit der Ziffernfolge 547 einen weiteren flüchtigen Hinweis auf die Wurzel aus der Lichtgeschwindigkeit.

Unter **Punkt 2)** der Abbildung begegnet uns das uralte Symbol zweier ineinander verschlungener Quadrate, das man auch heute noch in der einen oder anderen Kirche und anderswo finden kann. Es korrespondiert auch mit der "achteckigen Sechseckkugel" aus **Abbildung 35** C).

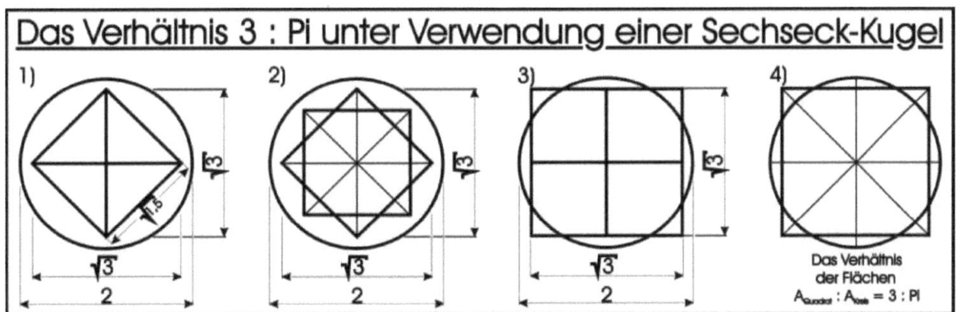

Abbildung 37: *Die Verhältnisse 3 : Pi und √3 : 2*

Außer Konkurrenz sei darauf hingewiesen, dass die verdrehten Quadrate die Basis-Figur für den Kompass, die Windrose und vieles mehr liefern. Man kann sie gleichzeitig auch als Merkhilfe und als Hinweis auf die 8 Lichtsekunden der idealisierten Mondbahn sowie die Definition der Lichtgeschwindigkeit, des Meters und der Sekunde auffassen.

Punkt 3) der **Abbildung 37** verleitet uns dann dazu, das Quadrat geringfügig zu vergrößern, auch wenn es sich damit ein wenig von der Sechseckkugel verabschiedet. Durch die Vergrößerung stoßen wir auf weitere Wurzelwerte. Der Umfang des neuen, größeren Quadrates beträgt $4\sqrt{3}$ und das ist gleich der Wurzel aus 48. ($48^2 = 2304$). Die Diagonalen haben eine Länge von $\sqrt{6}$. Der Quotient aus Umfang und Diagonalen ergibt $\sqrt{8}$.

... usw. usf.

Zu guter letzt zeigt uns **Punkt 4)** das Verhältnis **3 : Pi**, weil die Fläche des Quadrates 3 und die des Kreises Pi ist. Dieses Verhältnis ist deshalb so wichtig, weil es dem Verhältnis aus einem Hunderttausendstel der Lichtgeschwindigkeit (km/s) zu Pi sehr ähnlich ist.

3	: Pi	= 0,9549296…
2,99792458	: Pi	= 0,954 269…

Betrachten wir nun die Kathegorie **B)** aus **Abbildung 35** ein wenig genauer. Diese Rubrik bringt uns die "echte", rundherum sechseckige Sechseckkugel näher, um die es eigentlich geht, die nur aufgrund der logischen Abfolge unter B) gelandet ist, und nicht unter 1-A-Plus wie es ihr eigentlich zustehen würde.

Dabei fällt uns etwas Merkwürdiges auf: Das regelmäßige Sechseck, welches im Kreis so richtig schön regelmäßig aussieht, ist in Wirklichkeit gar „nicht richtig regelmäßig". Seine Maße über die Ecken bzw. Pole sind größer als diejenigen, die über die Flächenmitten gemessen werden. Eigentlich muss das auch so sein, weil das Sechseck ja ein paar Ecken und flache Stellen hat. Aber wenn man nicht direkt durch die Umstände darauf gestoßen wird, fällt es schwer, solche Kleinigkeiten zu bemerken, wahrzunehmen und bewusst zu verarbeiten.

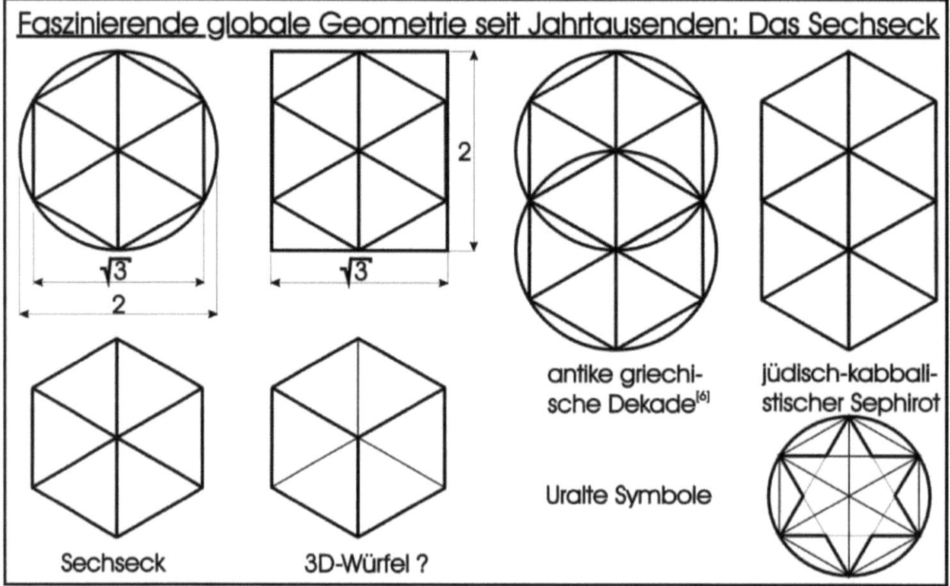

Abbildung 38: *Die Geometrie des Sechseckes und ihre Nutzung*

Passt man das Sechseck in ein Rechteck anstatt in einen Kreis ein, so betragen seine Außenmaße 2 mal $\sqrt{3}$. Es sind genau dieselben wie beim Kreis, wirken aber völlig anders.

Die Fläche des Rechteckes beträgt dann 2 * $\sqrt{3}$ = 3,4641016… Das ist die **Wurzel aus Zwölf.** Oder 3,4641016…² = **12.** Die **Zwölf** schwebt also automatisch immer heimlich mit im Raum, wenn irgendwo ein regelmäßiges Sechseck auftaucht. Somit ist es kein Wunder, dass die Zwölf für die Menschheit eine höchst außergewöhnliche Rolle spielt.

Damit ist nicht nur die Uhr gemeint, sondern vor allem das Verhältnis 10/12 = 0,83333… oder die 30°-Einteilung 1/12 = 0,083333... oder die Anzahl der Sterne auf der EU-Fahne … und vieles andere mehr.

Interessant ist in diesem Zusammenhang, dass die Wurzel aus 3,4641016 bzw. die Vierte Wurzel aus Zwölf 1,8612097… beträgt. Diese Zahl erinnert wieder einmal an die Lichtgeschwindigkeit in Meilen je Sekunde. Nimmt man ein Hunderttausendstel der genauen LG in M/s trifft man die 12 nicht wirklich, dafür aber eine andere Zahl:

LG in M/s = 186.282,03 M/s

=> 186.282,03 : 100.000 = 1,8628203

=> 1,8628203² = 3,4700995

=> 3,4700995² = **12,04159**

=> 12,04159² = **144,9999…** ≈ **<u>145</u>**

Das kann man kaum einem x-beliebigen Zufall zuschreiben. Somit ist davon auszugehen, dass die **145** in irgendeiner Form absichtlich für die Lichtgeschwindigkeit in M/s Pate gestanden hat. Warum und zu welchem Zweck auch immer. Die 145 passt auch hervorragend zur **45**, die im Zahlenreigen um die Lichtgeschwindigkeit so unglaublich oft zutage tritt.

Im Verlauf der Sechseck-Kugel-Betrachtung im Rahmen der Einheitskreise sind noch weitere ungezählte Kleinigkeiten aufgefallen, die hier nicht erläutert werden sollen. Daneben tauchten aber überraschend noch zwei ungeheuer wichtige Zusammenhänge auf, die hier unbedingt eingeschoben werden müssen, bevor es danach mit den praktischen Sechseck-Kugeln weitergeht.

Die beiden Sachverhalte oder Rechenstränge beruhen einerseits auf dem Maßsystem der Striche und andererseits auf einem 5-Minuten-Zeitsystem. Beides passt nicht wirklich hier her, ist aber zwingend hier einzuordnen. Ich bitte den aufmerksamen Leser deshalb darum, das folgende Kapitel als zusätzlichen Einschub zu betrachten. Gleich danach geht es mit den Sechseck-Kugeln weiter.

Striche, 5 Minuten und die 288

Den Befehlssatz: "Steuermann, zwei Strich backbord!" hat sicher jeder schon einmal gehört, der einen alten Seefahrer- oder Piratenfilm gesehen hat. Dieser Satz ist Standard. Käpt'n Sparrow ist eine lebende Legende. Die 'Black Pearl' ist sein Schiff.

Aber was ist ein Strich?

Ein Strich ist ein Teil eines uralten, sehr genauen Winkelmaßsystems, das heute im Alltag kaum noch genutzt wird. Vielleicht in der Seefahrt?

Ich weiß es nicht.

Allerdings sind die Aussagen in der Lektüre auch ein wenig verwirrend. In [14][105], Seite 125 ist von 6.400 Strich die Rede, die einem Vollkreis entsprechen. In [20][106] hingegen liest man von nur 32 Strich zu je 11,25 Grad des 360°-Systems, was mir als zu grobe Einteilung erscheint. Dabei soll es um die Aufteilung der 'Windrose' gehen.

Schätzungsweise gehört aber beides zusammen, denn 6.400 geteilt durch 32 ist gleich 200 … und 17,77777… mal 11,25 ist auch 200. Beides scheint sich dort zu treffen.

Demzufolge wären die 11,25° jeweils nochmals in 200 Unterabschnitte (Strich) unterteilt, was 32 Kreissektoren zu je 200 Strich wären, von denen jeder 11,25° des 360°-Vollkreises umfasst. Insgesamt ergibt das wiederum 6.400 Strich.

Die Striche scheinen gut zum Zoll und der Englischen Meile zu passen. Die werden auch manchmal in Sechzehntel, Zweiunddreißigstel und Vierundsechzigstel geteilt. Diese Einteilung basiert auf der Potenzenfolge der Zwei. Sie ist für uns damit nicht wirklich etwas Neues.

Auch das 400^g-Neugradsystem ist nicht weit entfernt. Ein Neugrad entspricht 16 Strich und ein Strich sind 0,0625 Neugrad.

Egal wie: Hier wird von **6.400 Strich** je 360°-Vollkreis ausgegangen. Das hat zur Folge, dass ein rechter Winkel zu 90 Grad genau 1600 Strich entspricht. Ein einzelner Strich entspricht dann **0,05625** Grad[107], was

---

[105]   [14]; Seite 125 ff.

[106]   [20]; Seite 4951; Stichwort: Strich 3)

[107]   Zusatzinformation für Freaks: 1,5 * 1,5 * 2,5 = 5,625

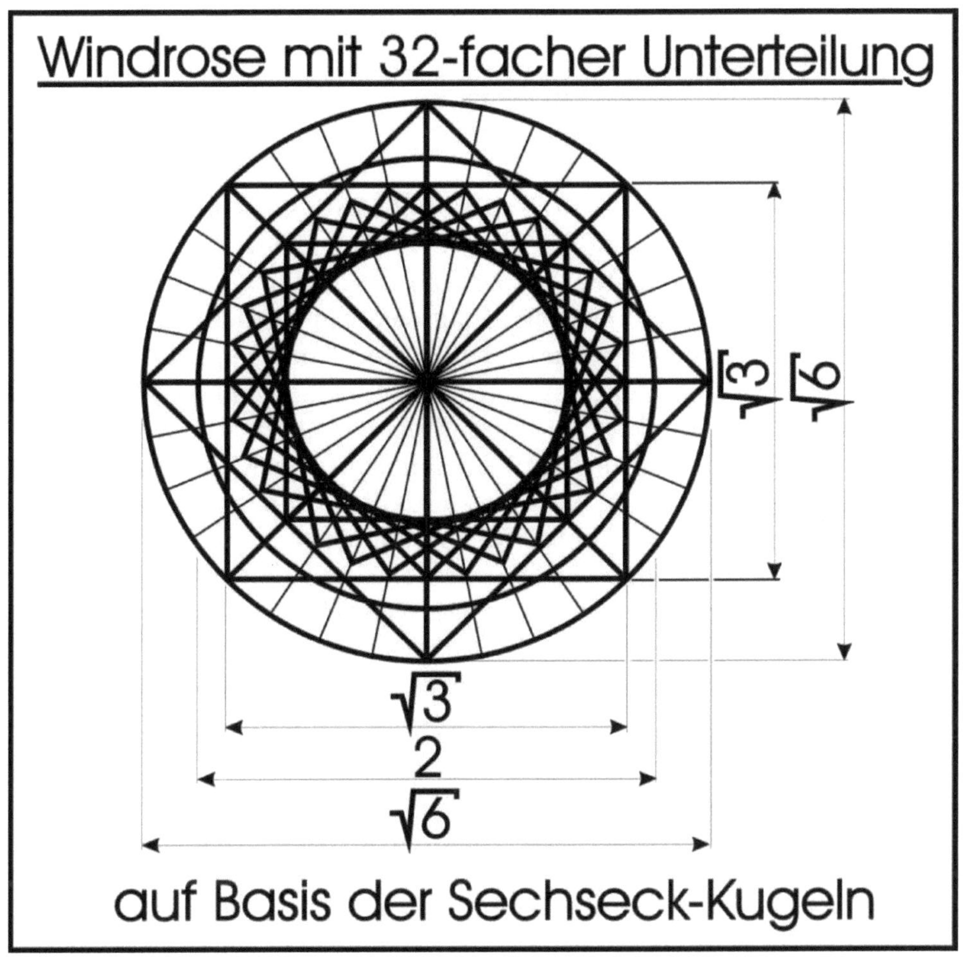

Abbildung 39: *Windrose mit Einteilung in 32 Sektoren*

exakt   0° **3' 22,5"** gleichkommt. Und ein Grad entspricht **17,77777…** Strich (=> Str). 17,77777… Str mal 0,9 ist gleich 16 Str = 1 Neugrad.

Die Ziffernfolge **5-6-2-5** hat mehrere Ursprünge. Der wichtigste und ursprünglichste davon ist wahrscheinlich derjenige von 60 Grad, also dem Sechstel eines 360°-Kreises, was uns u.a. auch gleich wieder an die

Königselle etc. denken lässt. Für die Ziffernfolge 5-6-2-5 sind der Sinus von 60° und seine Ableger entscheidend

  Sinus 60° = 0,866025403784439…
  => 0,866025403784439…² = 0,75
  => 0,75² = 0.**5625**
  => 0,866025403784439…^128 = 0,**5625**^32 = 1,00**90690**0E-8

Eigentlich ganz einfach. Bewusst einfach ausgewählt. Man muss es im Zahlengewirr nur finden und darauf aufmerksam werden, wo die Querverbindungen zwischen den Maßeinheiten sind. Oft gibt es sie, ohne dass man sofort darauf aufmerksam wird. Dieser Zusammenhang zwischen Königselle, Kreis, Winkeln, … und Strich zeigt wieder einmal, dass hinter der Zahlenauswahl unserer Maßeinheiten – auch und insbesondere der sehr alten – oft ein ganz bewusstes Kalkül zu finden ist. Viel öfter als man gemeinhin denkt, aber trotzdem nicht immer.

  Bei der Gelegenheit taucht auch gleich noch eine andere, anscheinend sehr wichtige Zifferfolge auf. Die **9-0-6-9** wird uns im weiteren Verlauf noch oft begegnen. Meistens überraschend und unerwartet in etlichen, leicht verschiedenen Versionen. Aber sie ist da und läßt sich nicht wegretuschieren. Nach diesem kleinen Erklärungs-Exkurs schnell wieder zurück zu den Strichen.

  360° mal 17,77777… Str ergibt insgesamt ebenfalls 6.400 Strich. Aus den Zahlen dieser Kreiseinteilung in 6.400 Striche ergibt sich für uns eine große Fülle relevanter und auffälliger Zahlen, von denen hier nur einige wenige dargelegt werden sollen. Dabei geht es vorwiegend um die Zahlen als solche, weniger dagegen um die Maßeinheiten und Zuordnungen zu bestimmten Inhalten. Die systematische Einteilung der Zeit hat dabei jedoch wieder einen kleinen Vorrang:

45° * 17,77777… Str/°	= 800 Str
50° * 17,77777… Str/°	= 888,88888… Str.
0,5° * 17,77777… Str/°	= 8,88888… Str.
17,77777… : 4	= 4,44444…
17,77777… : 8	= 2,22222…
17,77777… : 27,77777…	= 0,64 => 1/x = 1,**5625**

17,77777… * 1,**5625**   = 27,77777…
17,77777… * 0,**5625**   = 10
17,77777… + 4,44444…   = 22,22222…
17,77777… * 27,77777…   = 493,82715 = 22,22222…²
17,77777… : 5   = 3,55555…
17,77777… * 2   = 35,55555…
17,77777… * 3   = 53,33333…
17,77777… : 5,55555…   = 3,2
17,77777… * 5,55555…   = 98,765431… (die 2 fehlt)
17,77777…⁴ = 99887,212 (=> 99887 = PLZ Georgenthal / Thüringen)
17,77777… : 0,5625   = 31,604938… => x² = 998,87212
ln 17,77777…   = 2,8779492 ≈ **2,88**
1 : 17,77777…   = 0,05625 = 0° 3' 22,5"
0,05625 * 86.400   = 4.860
1.296 : 0,05625   = 23.040
6.400 * 4   = 25.600
ln 0,05625   = - 2,8779492… ≈ - **2,88**
EXP 0,05625 = 1,0578621   => EXP 1,05786… = 2,8802069 ≈ **2,88**
… usw. usf. Das soll vorerst dazu genügen.

Aus den hier aufgeführten – und etlichen nichtaufgeführten – Begebenheiten kann man mit Fug und Recht schließen, dass auch diese Zahlen jemand vor sehr langer Zeit mit enorm viel Geschick ausgewählt hat, damit sie und ihre Zusammenhänge nahtlos ins Kugel-Lichtmodell passen.

Das ist schon überdenkenswert, denn ich war es jedenfalls nicht. Um uns dem zweiten angekündigten Sachverhalt zu nähern, erinnern wir uns an die Sechseck-Kugeln und das Quadrat mit einer Seitenlänge von Wurzel aus 3 und einer Fläche von **3**. Außerdem erinnern wir uns an die Rechteckfläche auf die ein Sechseck passt und seine Fläche von 2 mal $\sqrt{3}$ = Wurzel aus 12 = 3,4641… und ihr Quadrat **12** ist.

Damit haben wir alles, um uns ein "neues Zeitsystem" zusammenzubasteln, welches über verblüffende Eigenschaften verfügt:

$\sqrt{3} * \sqrt{3}$ =   3
=> 3 * 100   = 300
=> 300 – 12   = **288**

oder:

2 * 12 * 12   = 288

oder:

86.400 : 300   = 288

oder: … usw.

Ein Tag hat 12 * 12 * 12 * 50 = 86.400 Sekunden oder 12 * 120 = **1.440** Minuten oder 2 * 12 = 24 Stunden. In jeder dieser Zwölfen steckt selbstverständlich immer die 3 mit drin. Man sieht sie nur nicht.

Teilen wir die 1.440 Minuten eines Tages in 5-Minuten-Abschnitte ein, so erhalten wir **288** Zeitabschnitte zu je fünf Minuten, weil 288 * 5 = 1.440 ist. Fünf Minuten sind 300 Sekunden.

Interessant dabei ist, dass auf den meisten heutigen Zeigeruhren die Fünfminutenschritte sehr betont sind, manchmal sogar überbetont. Normalerweise bringt man das mit der 12 der 12 Stunden eines Zeigerumlaufes in Verbindung und hält es für eine schlaue Eingebung der Uhrmacher. Schließlich kann dadurch der Stundenzeiger die Stunden anzeigen, indem er sich innerhalb einer Stunde um 5 Minuten weiterdreht.

Bestenfalls kommt vielleicht noch jemand auf den ketzerischen Gedanken sowohl die 12 als auch die 5 mit dem 360°-System und den Babyloniern in Verbindung zu bringen. Die haben das ja angeblich erfunden und außerdem das Sechziger Zahlensystem genutzt, wo 5 und 12 wunderbar hineinpassen. Wenn das auch nicht weiter hilft, werden im Glücksfall auch noch die Pharaonen der alten Ägypter mit ihren 12 Doppelstunden (= 24 "Einzel"stunden) bemüht, um ja nur irgendeine Antwort zu geben und nicht gar zu dumm dazustehen.

Die Sache hat nur einen Haken: Soweit wir heute wissen hatten weder die Babylonier, noch die alten Ägypter, Zeigeruhren. Überhaupt war Zeitbestimmung damals wohl ziemlich schwierig. Wozu also dann die 5-Minuten-Taktung? Und wo kommen eigentlich die 86.400 Sekunden eines Tages überhaupt ursprünglich her? Komische Sache, das!

Bei dem ganzen Zinnober um die Zeiteinteilung bin ich mir eigentlich nur in einem einzigen Punkt wirklich sicher: Mit dem Sechseck, der Mondbahn, …, der Lichtgeschwindigkeit in mehreren verschiedenen Maßeinheiten - die sich gegenseitig inhaltlich ergänzen - und dem Kugel-

Lichtmodell hat die Zeitrechnung schon lange keiner mehr in Verbindung gebracht. Trotzdem gehört all das hauteng zusammen. Von Anfang an.

Meines Erachtens – und die Zahlen belegen es eindeutig - dient die 5-Minuten-Taktung im Zusammenhang mit der 288 als kaum zerstörbares Speichermedium für wichtige Zahlen der tatsächlichen Weltgeschichte. Dazu wieder ein paar Beispiele, wie über eine bestimmte Anzahl von Tagen (d) für die Naturwissenschaft bedeutsame Zahlen über Jahrtausende konserviert wurden und werden. Einige der Zahlen werden dem einen oder anderen Leser nicht sonderlich bekannt vorkommen, andere schon. Daher sei vorab eidesstattlich versichert, dass alle diesbezüglich genannten Zahlen global sowie kreuz und quer durch sämtliche Zeiten der Menschheitsgeschichte hindurch, immer mal wieder - in teilweise völlig anderen Zusammenhängen, aber "gebündelt" - auftauchen:

$$
\begin{array}{llll}
2\ d & \Rightarrow & 2 * 288 & = & \mathbf{576} \\
3\ d & \Rightarrow & 3 * 288 & = & 864 \\
5\ d & \Rightarrow & 5 * 288 & = & \mathbf{1.440} \\
8\ d & \Rightarrow & 8 * 288 & = & 2.304 \\
9\ d & \Rightarrow & 9 * 288 & = & 2.592 \\
12\ d & \Rightarrow & 12 * 288 & = & \mathbf{3.456} \\
15\ d & \Rightarrow & 15 * 288 & = & 4.320 \\
19\ d & \Rightarrow & 19 * 288 & = & 5.472 \\
20\ d & \Rightarrow & 20 * 288 & = & \mathbf{5.760} \\
30\ d & \Rightarrow & 30 * 288 & = & 8.640 \\
89\ d & \Rightarrow & 89 * 288 & = & \mathbf{25.632} \\
90\ d & \Rightarrow & 90 * 288 & = & \mathbf{25.920} \\
120\ d & \Rightarrow & 120 * 288 & = & 34.560 \\
150\ d & \Rightarrow & 150 * 288 & = & \mathbf{43.200} \\
300\ d & \Rightarrow & 300 * 288 & = & \mathbf{86.400} \\
\end{array}
$$

… usw.

Aber auch:

$$
\begin{array}{lll}
288 : & 4 & = 72 \\
288 * \text{Phi} & = 465{,}99379\ldots & \approx 466 \\
288 * \text{Phi}^2 & = 753{,}99379\ldots & \approx 754 \\
\end{array}
$$

$$1.600 : 288 \;=\; \mathbf{5{,}55555\ldots}$$
$$5.670 : 288 \;=\; \mathbf{19{,}6875} \qquad = 19°\,41'\,15{,}0''$$
$$6.400 : 288 \;=\; 22{,}22222\ldots \;\Rightarrow\; 50 - 22{,}22222\ldots = 27{,}77777\ldots$$
$$12.960 : 288 \;=\; \mathbf{45}$$

… usw. usf.

Es gäbe noch etliche Beispiele. Soll das alles wieder nur Zufall sein?

Ich bin zutiefst davon überzeugt, dass auch hier absichtlich und in vollem Bewusstsein – gewürzt mit einer Riesenportion mathematischer Raffinesse - die passenden Zahlen herausgesucht und zusammengestellt wurden.

Die Einheits-Sechseck-Kugel

Um erst einmal mit dem Unterthema warm zu werden, betrachten wir zunächst die Einheits-Sechseck-Kugel auf Basis eines Einheitskreises nach Abbildung **35**, Fall B). Für den Anfang gehen wir von einem Einheitskreis / einer Einheitskugel als Umkreis bzw. Umkugel aus. Die bestimmende Größe dieser Figur ist der Radius mit einer Länge von Eins.
Danach analysieren wir einige Sechseck-Kugeln mit Maßen, die für das Kugel-Lichtmodell wichtig sind. Der Weg über die Einheitskreise hat den unbeschreiblichen Vorteil, dass die der Figur inneliegenden mathematischen Verhältnisse relativ einfach zu ergründen sind und somit deutlich sichtbar werden.

Diese Grundverhältnisse und die Zusammenhänge zwischen ihnen sind in allen Figuren derselben Art jeweils die gleichen. Sie ändern sich nicht. Durch die Auswahl besonderer Maße können später jedoch ein paar weitere spezielle Eigenschaften und Auffälligkeiten hinzukommen. Die können ihrerseits dazu genutzt werden, Zusatzinformationen in die Figur zu integrieren, zwischen Sender und Empfänger zu transportieren und „lesbar" zu machen, wodurch sie erst ihre Nützlichkeit erhalten.

Hier gehen wir von demjenigen Einheitskreis aus, der auch für die Winkelfunktionen zuständig ist. Bei ihm ist der Radius gleich Eins und der Durchmesser gleich Zwei. Daraus folgt, dass die Seitenlänge des "senkrecht stehenden" In-Sechseckes ebenfalls gleich Eins ist.

Wie wir bereits bemerkt hatten, basiert die sechseckige Sechseck-Kugel auf einer "waagerecht" liegenden, ebenfalls regelmäßigen sechseckigen Grundfläche, die jedoch kleiner ist als diejenige des anfänglichen ("stehenden") In-Sechseckes. Die Grundfläche hat sowohl für das in der Mitte liegende Prisma, als auch für die beiden mit ihm verbundenen Sechseck-Pyramiden - im wahrsten Sinne des geometrischen Wortes – maßgebliche Bedeutung.

Die Größe der Grundfläche können wir konstruieren und berechnen. Wie die geometrische Konstruktion durchgeführt wird, zeigt **Abbildung 40**. Die dazugehörige Berechnung wird nicht extra aufgeführt. Sie ist nicht schwierig, wenn man sich den Vorgang bildlich vorstellt.

Wie wir bereits wissen, hat unser "senkrecht stehendes" Anfangssechseck Extremmaße von 2 und Wurzel aus 3. Daraus ergibt sich ein Verhältnis von 1,1**547**005… oder als Reziprokwert 0,8660**254**…, was dem Sinus von 60° oder dem Kosinus von 30° gleichkommt.

Unser neues "waagerecht liegendes" Grundflächensechseck ist genau eine Nummer kleiner. Es ist das In-Sechseck seines größeren Pendants und dessen In-Kreises. Seine Extremmaße betragen Wurzel aus 3 und 1,5. Das heißt, das Sechseck kann von einem Rechteck mit diesen Maßen umschlossen werden. Daraus ergibt sich wieder dasselbe Verhältnis von 1,1**547**005… bzw. 0,8660**254**…, in dem jedes Mal einerseits die Wurzel aus der Lichtgeschwindigkeitszahl (in km/s) und andererseits der Zoll (in cm) heimlich 'mitschwingen'. Die Länge einer Seite des kleinen Sechseckes beträgt im Einheitskreis ebenfalls 0,8660254…, was neben dem Sinus von 60° und Kosinus von 30° auch noch $0,5\sqrt{3}$ entspricht. Den Sachverhalt der gleichbleibenden Verhältnisse zwischen Kreisen und In-Sechsecken kann man auch gut als Formel ausdrücken, wobei dasselbe analog auch für weitere Kreise und Sechsecke gilt.

$$\infty \,\dots\, 2{,}3094011\dots : 2 = \mathbf{2} : \sqrt{3} = \sqrt{3} : \mathbf{1{,}5} = \dots = 1{,}1547005\dots$$

Als Mittelteil unserer Sechseck-Kugel hat das Prisma je eine sechseckige Grund- und Deckfläche. Die ‚**sechs**eckige' Sechseck-Kugel besteht somit aus **fünf** Sechsecken: Drei großen 'senkrechten' und zwei kleineren 'waagerechten'. Das erinnert wieder an das Verhältnis **5 : 6** = 0,833333…

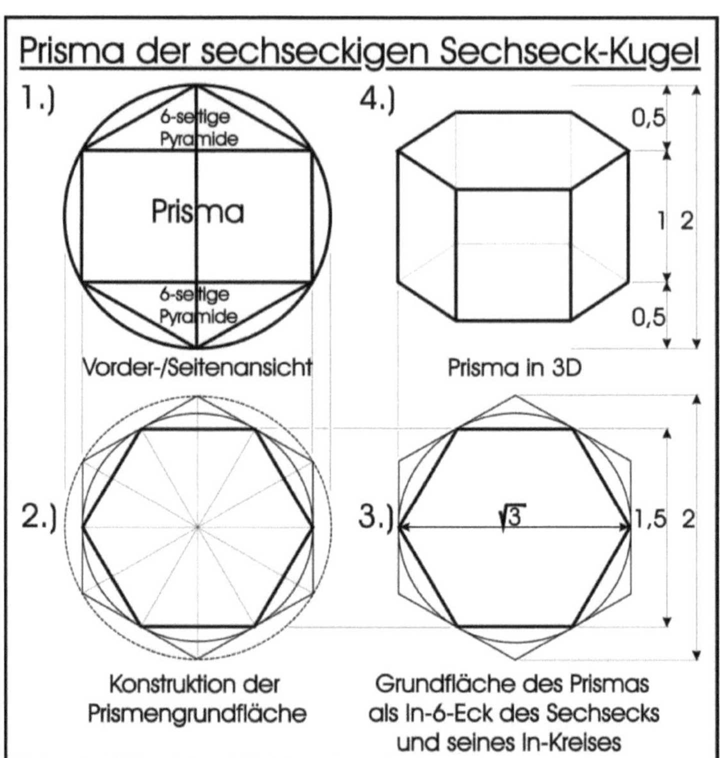

Abbildung 40:

Konstruktion des Prismas in der Sechseck-Kugel

Jeweils mittig darüber befindet sich in einem Abstand von einem halben Radius einer der beiden Pole unserer Sechseck-Kugel.

Jetzt verbinden wir das Sechseck-Prisma mit den beiden Polen. Das geschieht, indem wir die Ecken des Prismas mithilfe von Strecken jeweils mit dem naheliegenderen Pol verbinden. Dadurch entstehen zwei regelmäßige sechsseitige Pyramiden mit einer Höhe von 0,5 und einer Basiskantenlänge von 0,8660254... . Jeweils eine am Südpol und eine am Nordpol der Sechseck-Kugel. Die bekommt dadurch eine Richtung im Raum vorgegeben: Eine ('senkrechte') Achse durch die beiden Pole, die gleichzeitig die Pyramidenspitzen sind, und die Mitte des Prismas.

Nächste Seite - Abbildung 41:

Die komplette Sechseck-Kugel in ihrer Um-Kugel

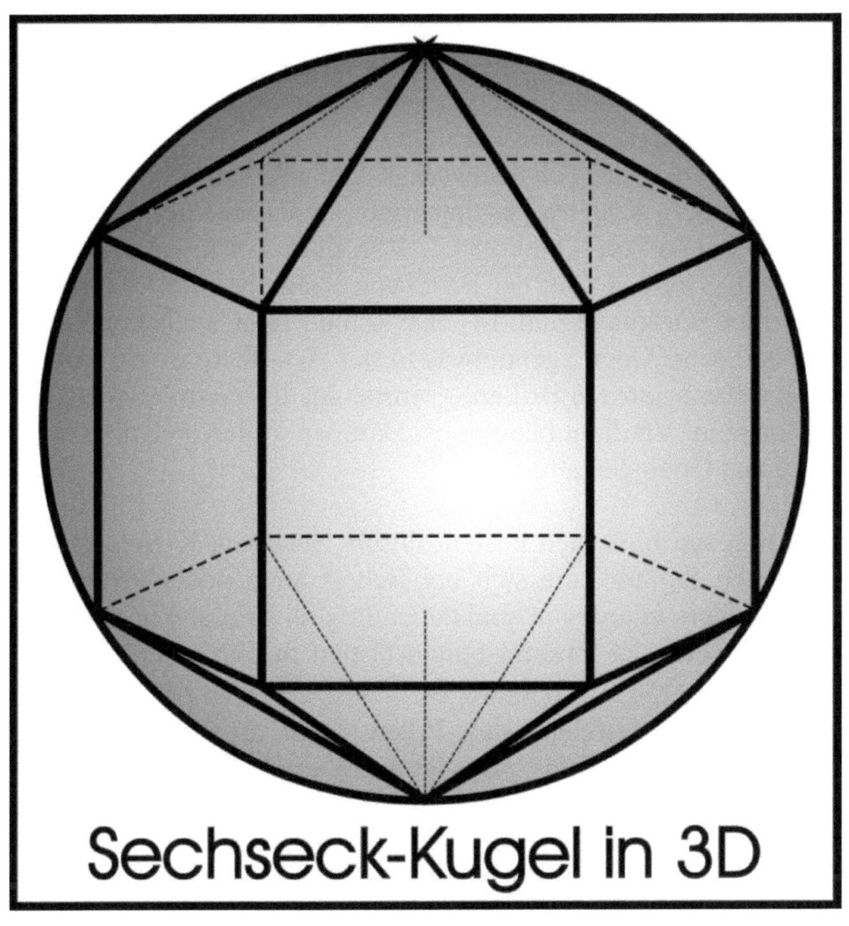

Die Einheitskugel kann selbstverständlich jede beliebige Lage im Raum einnehmen. Im Hinblick darauf, dass unsere inliegende Sechseckkugel später einmal etwas mit Erde, Mond, Weltall und Licht zu tun haben wird, bietet es sich jedoch an, eine 'obere' und 'untere' Ecke der Sechseck-Kugel als Pole anzunehmen bzw. festzuschreiben. Die sich stets ändernde Schräglage der realen Erde um rund 23,5 Grad lassen wir bis auf weiteres unbeachtet außen vor, obwohl uns natürlich auffällt, dass diese Schräglage zahlenmäßig der Länge von 23,5 Erddurchmessern als erste grobe Längenangabe einer Lichtsekunde ziemlich nahe kommt.

275

Die 'sechseckige' Sechseck-Kugel verfügt über 14 Ecken, 18 Außenflächen zweierlei Art und 30 Kanten. Damit ist sie keiner der **Platonischen Körper** mit gleichgroßen Flächen, auch wenn sie einem Ikosaeder[108] in gewisser Weise ein wenig ähnlich sieht.

Von den Kanten der Sechseck-Kugel gibt es 18 mit einer Länge von Eins, was dem Kugelradius entspricht, und zwölf geringfügig kürzere mit einer Länge von 0,8660254… Von ihrer Form her erinnert sie an einen Kristall, vielleicht auf der Basis von Kohlenstoff (Ordnungszahl 6) oder Silizium (Ordnungszahl 14). Es könnte aber auch ein Salz- oder Gips-Kristall sein. Oder irgendetwas in der Art. Wäre es ein Edelstein – möglicherweise sogar ein Brillant - würde das unserem Planeten ein wenig schmeicheln. Verdient hätte er es. Darüber sollten sich aber lieber die Chemiker und Geologen streiten.

Wenn man genau hinschaut besteht unsere Sechseck-Kugel aus etlichen geometrischen Figuren, die sich bei Bedarf auch noch weiter zerlegen lassen. Besonders interessant sind dabei die drei Primär-Figuren:

1.) die **Rechtecke** der **Prisma**-Seitenflächen mit einer Fläche von A = 1 mal 0,8660254… = 0,8660254… = $0,5\sqrt{3}$ = sin 60° = cos 30°. Die komplette Mantelfläche des Prismas aus 6 solchen Rechtecken beträgt dann 5,1961524… Das ist die Wurzel aus 27.

2.) die jeweils 6 **gleichseitigen Dreiecke** der fünf Sechseck-Flächen, in zwei verschiedenen Größen, insbesondere der Prisma-Grund- und Deckflächen, die gleichzeitig die Grundflächen der beiden Sechseck-Pyramiden darstellen.

(Größe 1: Seitenlängen$_{3\text{-Eck}}$ = 1; Umfang$_{3\text{-Eck}}$ = 3; Höhe = 0,8660254…

Größe 2: Seitenlängen$_{3\text{-Eck}}$ = 0,8660254…; Umfang$_{3\text{-Eck}}$ = 2,5980762; Höhe$_{3\text{-Eck}}$ = 0,75)

3.) die **gleichschenkligen Dreiecke** der Pyramiden-Seitenflächen.

(Grundseitenlänge = 0,8660254… ; Höhe$_{3\text{-Eck}}$ = 0,9013878…)

Durch diese Figuren werden eine ganze Reihe weiterer Größen, Verhältnisse und Konstanten in die bisherigen Erkenntnisse und Zusammenhän-

---

[108]   Ikosaeder = geometrischer Körper mit 20 gleichgroßen Dreiecksflächen

ge um das Kugel-Lichtmmodell integriert. Das bedeutet, dass unser Modell um etliche Bestandteile und Kategorien erweitert wird. Will man sich den Figuren, ihrer Geometrie, ihren Daten und ihren Inhalten nähern, ist man gezwungen zu rechnen. Ohne geht nicht.

Im hiesigen Fall wurden zunächst 44 Parameter ermittelt. Diese Zahl ist jedoch nichts Endgültiges. Sie kann schwanken, weil ja beispielsweise die Grundflächen des Prismas denjenigen der auf ihnen ruhenden Pyramiden gleich sind. Ebenso sind die Seitenlängen von Prisma und Pyramiden gleich lang und die Länge des Radius kommt auch mehrmals vor. Außerdem kann man noch zusätzliche Größen, wie etwa die Diagonalen des Prismas, berechnen … usw. usf.. Für die hiesige Kurzanalyse wurde alles einzeln berechnet und betrachtet.

Der Radius der Um-Kugel ist die wichtigste Größe in diesem Spiel. Alles andere wird von ihm abgeleitet. Allerdings nach den strengen Regeln der Geometrie, die in den Algorithmen von Natur und Mathematik vorgegeben sind. Darin sind Konstanten wie Wurzel aus Drei oder ihre Hälfte, der Sinus von 60°, … usw. bereits enthalten und somit zwingend vorgegeben. Ebenso steckt natürlich Pi schon in Kreis und Kugel, ohne dass man als Mensch etwas dagegen machen könnte.

Geht man die Algorithmen strikt ‚bis zum Ende‘ rückwärts durch, landet man selbstverständlich immer wieder beim Radius. Bei den kugeligen Parametern, die Pi beinhalten, kommt man auch immer wieder zu Pi, wenn man das will. Das betrifft vier von sechs Kugel-Größen.
Elf der 44 Parameter sind ganze Zahlen: 1; 2; 3 und 6, von denen manche mehrmals vorkommen. Zu dieser Kategorie könnte man vielleicht noch die 0,5, die 0,75 und die 1,5 zählen, die zwar gebrochene und keine ganzen Zahlen sind, aber doch ziemlich rund und knuffig ihren Job erledigen. Alle anderen Zahlen sind länger und komplizierter.

Wurzel 3 ist primär 8-mal zu finden, davon zweimal solo und 6-mal in Verbindung mit dem Sinus von 60°.

In 21 Parametern kommt der Sinus von 60° vor. Mal direkt erkennbar, mal durch einen Faktor ein bisschen verschleiert.

Der beliebteste Faktor im Reigen dürfte die 0,88888… sein. Von ihr abgeleitet sind die 2,66666… und die 5,33333… [109]. Es kommen aber

---

[109]   0,88888… * 3 = 2,66666… ; 0,88888… * 6 = 2 * 2,66666… = 5,33333…

auch Faktoren bzw. Verhältnisse wie 0,5 ; 2,25 ; 10,5; … und 28 vor.

Überhaupt ist die komplette Sechseckkugel relativ einfach zu berechnen und einzuordnen. Einzige Ausnahme sind die beiden sechsseitigen Pyramiden, die sich ein bisschen komplizierter geben. Und weil sie mit ihrer Mantelfläche dort integriert sind, bringt auch die Gesamtoberfläche der ‚sechseckigen‘ Sechseck-Kugel ein paar Problemchen mit sich. Pyramiden und Wissenschaft sind wohl schon von Geburt an eine etwas schwierigere Mischung[110].

Freilich kann man auch bei den Pyramiden per Erstellungsalgorithmus rückwärts wieder zum Sinus von 60° und zum Radius zurückfinden. Aber das ist nicht das Ziel, darum geht es nicht.

Vielmehr geht es darum, herauszufinden, was in den entsprechenden Zahlen selber steckt, welche Art von Verbindungen sie zu welchen anderen Daten und Werten haben, was sie aussagen. Die 'sechseckige' Sechseck-Kugel wurde ja nicht umsonst als Galionsfigur für das Kugel-Lichtmodell ausgewählt, sondern aufgrund ihrer Inhalte, von denen die Zahlen ein besonders wichtiger und aussagefähiger Teil sind. Und genau das herauszufinden, ist bei den Pyramidendaten schwierig, weil sie nicht so ohne weiteres mit der Sprache rausrücken. Man muss vieles Ergebnislose ausprobieren, um einen halbwegs vernünftigen Ansatz zu finden. Aber genau das macht die Sache spannend – und irgendwann wird man auch hier fündig. Wenigstens ein bisschen. Schauen wir also mal ein wenig genauer hin:

1.) Sechsseitige Pyramiden haben eine sechseckige Grundfläche und 6 Seiten. Die Grundfläche ist ein regelmäßiges Sechseck. Jede der Seitenflächen ist ein Dreieck. In unserem Falle handelt es sich um gleichschenklige Dreiecke. Die Basiskantenlänge beträgt 0,8660254… (= sin 60°) und die seitlichen Schenkel haben eine Länge von Eins (= R). Aus diesen Abmessungen ergibt sich eine Dreiecksfläche von 0,**390**312**374**… Mit dieser Zahl kann man so gut wie nichts anfangen, aber wie so oft gibt es eine Ausnahme: Multipliziert mit 70 erhält man **27,3218662…**. Das ist

---

[110]   Vorsicht: Sarkasmus!

erstaunlich nah an der siderischen Monatslänge dran. Sie wird nicht ganz getroffen, aber es kommt automatisch die Frage auf, ob wir hier mal wieder dem Mond und der Zeit auf der Spur sind.

2.) Die Dreieckshöhe – sie ist nicht mit der Höhe der Pyramide (= 0,5) zu verwechseln – beträgt 0,9013878… Zu dieser Zahl ist mir praktisch noch gar nichts Sinnvolles aufgefallen, was nicht heißt, dass es tatsächlich nichts gibt. Ich habe es nur noch nicht gefunden. Einzig die Multiplikation mit dreimal Sinus 60° ergibt exakt die Mantelfläche der Pyramide von 2,3418742… Das war's dann aber auch schon.

3.) Die Gesamtoberfläche der Pyramide – also die Summe aus Grundfläche und Mantelfläche – beträgt 4,290431408… Auch hier ist es schwierig etwas Vernünftiges zu finden. Aber immerhin beträgt eine x-te Wurzel 1,0006922685…, was uns über den Kehrwert (Verhältnisform der LG) und die Multiplikation mit 300.000 zu 299.792,46313 führt. Schon wieder haarscharf am Ziel vorbei.

4.) Betrachten wir die Gesamtoberfläche der Pyramide als Winkel, so beträgt der Sinus von 4,2904314… Grad 0,0748121… Der Reziprokwert des Sinus heißt 13,366805… Multipliziert mit der Länge des siderischen Monats ergibt sich eine (vermutliche) Jahreslänge von 365,2034 Tagen. Wieder einmal knapp daneben.

5.) Glücklicherweise wird es bei der Gesamtoberfläche[111] der kompletten Sechseck-Kugel – in der zweimal die Pyramiden-Mantelfläche steckt – ein wenig interessanter. Allerdings auch nicht auf Anhieb. Multipliziert mit 125 erhalten wir eine recht hübsche 1234,9876…, die aber nicht viel aussagt. Ein netter Gag der Natur. Das war es auch hier erst einmal.

6.) Völlig anders dagegen sieht es aus, wenn wir die Gesamtoberfläche mit 10 multiplizieren und dann weitersuchen. Plötzlich werden wir reichlich fündig, wenn auch noch nicht so sehr genau. Deshalb nur ein paar wenige Beispiele: Die achte Wurzel aus 98,79900922… beträgt 1,7755957…, was mit 100 multipliziert schwer an die 177,6 Meter des Attischen Stadions erinnert. Die sechzehnte Wurzel führt uns auf ein paar Umwegen zur 88,44… als Hinweis auf die Lichtgeschwindigkeit. Der Reziprokwert der zweiunddreißigsten Wurzel ist der Kosinus von 29,9695…°. Die x-te Wurzel beschert uns – ähnlich wie bei 3.) - eine

---

[111]   Gesamtoberfläche der Sechseck-Kugel = 9,879900922…

1,0007003…, deren Reziprokwert mit 300.000 zur 299.790,06 führt. Und so geht das weiter. Es wird langsam wärmer, aber getroffen wird nicht wirklich etwas Sinnvolles. Nur Hinweise über Hinweise. Das ist auf Dauer ziemlich frustrierend …

7.) Aber irgendwann kommt doch noch ein kleiner Lichtblick. Zunächst ermitteln wir den Quotienten aus Gesamtoberfläche der Sechseck-Kugel und der Gesamtoberfläche der Pyramide:

9,879900922… : 4,290431408 = 2,302775638…

Das Ergebnis multiplizieren wir mit der Wurzel aus der Verhältnisform der Lichtgeschwindigkeit.

$\sqrt{0{,}9993081933333}$ … = 0,99965403682…

2,302775638… * 0,99965403682… = **2,303572589…**

Das Hundertfache des Resultats wird einigen Pyramidenfreunden schätzungsweise irgendwie bekannt vorkommen …

<u>Das Ikosaeder</u>

Einmal kurz an Platon und seinen fünf Körpern vorbeigeschrammt – und schon bleibt man eine Weile dran kleben. Offensichtlich sind diese Dinger gefährlich.

Fragt sich nur: Für wen? Und warum?

Platon war ein antiker griechischer Philosoph, der von 427 bis 347 vor Chr. lebte, also immerhin 80 Jahre alt wurde. Damals schon. Nach ihm sind die fünf **Platonischen Körper** benannt, die allesamt regelmäßige Polyeder – also 'Vielflächige' - sind. Im Einzelnen handelt es sich dabei um das Tetraeder, den Würfel, das Oktaeder, das Pentagondodekaeder und das Ikosaeder.

Ja, wer Platon persönlich ein wenig näher kennt, weiß, dass er gelegentlich recht wundersame Berichte ablieferte. Dafür ist er schließlich berühmt und beliebt. Aber wie ausgerechnet er – als Philosoph – auf diese Körper zu sprechen kommt, damit diese nach ihm benannt werden können, ist mir schleierhaft. Vielleicht einmal abgesehen vom Würfel, ist ja keiner dieser Körper ständig sicht-, greif- und verfügbar. Und einfach zu händeln sind sie auch nicht. Wenn Platon einer der großen antiken Mathematiker gewesen wäre, dann hätte man denken können, dass er sich intensiv damit beschäftigt hat. Aber als Philosoph?

Überhaupt ist es schwierig vorstellbar, dass sich die alten Griechen mit ihrem 'Römischen Zahlensystem' locker mit Sinus, Kosinus, Wurzeln, Goldenem Schnitt, … und Ähnlichem vergnügten.

Ehrlich gesagt: Ich bin nicht in der Lage dazu, es mir vorstellen. Wie soll das damals vonstatten gegangen sein? Ohne Rechenstab, ohne Taschenrechner, ohne Computer? Aber irgendwie müssen sie ja anscheinend auf die Lehrsätze gekommen sein, die wir heute noch nutzen und ihnen völlig unbedarft zuschreiben ...

Platon war jedenfalls der Meinung, dass der "… Weltschöpfer die ganze Welt in Form eines Dodekaeders angelegt habe …"[112]. So steht es im Lexikon. So ganz verkehrt ist das ja auch nicht. Immerhin tropfen aus dem Pentagondodekaeder **Pi und Phi** eimerweise heraus, schon ohne dass man großartig nachrechnet. Die Beiden dürften auch heute noch die grundlegendsten Konstanten im Universum sein. Wußten das die alten Griechen?

Freilich kann man wunderbar über den Begriff "Weltschöpfer" disputieren. Schließlich kann diese Wortwahl den lieben Gott, die Natur oder irgendetwas anderes meinen. Und er könnte von einer unglücklich eingefärbten Übersetzung herrühren. Diese Frage werden wir hier nicht klären können. Und sie lenkt nur vom Wesentlichen ab. Lassen wir sie hier also beiseite.

Ob noch mehr im Pentagondodekaeder drin steckt – außer Pi und Phi - wird wohl in Zukunft aus neuer Blickrichtung noch sehr viel gründlicher erforscht werden müssen.

Für uns hier ist gegenwärtig jedoch das **Ikosaeder** wesentlich interessanter als das Dodekaeder. Vorerst jedenfalls. Den Würfel hatten wir schon ein bisschen in der Mangel und die restlichen beiden Körper – Tetraeder und Oktaeder – sind **hier** eher weniger von Belang. Dagegen gibt es für die Wichtigkeit des Ikosaeders einen einfachen Grund: Das Ikosaeder sieht den Sechseck-Kugeln äußerlich ziemlich ähnlich.

---

112   [22], Seite 437

Flüchtig von der Seite betrachtet hat es ebenfalls eine sechseckige Grundform. In der Mitte befindet sich ein 'Prisma', das von zwei Pyramiden – je eine oben und eine unten - ergänzt wird. Bei legerem Hinschauen kann man beide Figuren durchaus leicht verwechseln. Das wollen wir hier nach Möglichkeit ausschließen. Daher erscheint es angebracht, sich kurz mit dem Ikosaeder zu beschäftigen. Außerdem gibt's da noch ein bisschen mehr ...

Das Ikosaeder hat 20 gleichgroße Dreiecksflächen, 12 Ecken und 30 Kanten. Seine Grundfigur ist das regelmäßige **Fünfeck**, auch Pentagon genannt. Davon sind nur zwei in jedem Ikosaeder enthalten, jeweils als unsichtbare Grund- und Deckfläche des mittigen „Prismas" und damit auch als Grundfläche der beiden fünfseitigen, regelmäßigen und geraden Pyramiden.

Das Ikosaeder ist sehr viel komplizierter als jegliche Sechseck-Kugel. Man muss schon ein bisschen Gehirnschmalz investieren, um es richtig zu verstehen. Das liegt hauptsächlich daran, dass das ‚Prisma' kein 'normales' Prisma ist, sondern ein in sich um 36 Grad verdrehtes. Das soll heißen, dass die Deckfläche im Verhältnis zur Grundfläche um 36° gedreht ist. Beide Flächen liegen trotzdem parallel zueinander. Drehachse ist die senkrechte Mittelachse des Prismas bzw. des kompletten Isokaeders. Durch die Verdrehung ergibt sich die Möglichkeit, dass gleichschenklige oder gleichseitige Dreiecke, deren Grundlinien mit den Seiten des dazugehörigen Pentagons identisch sind, mit ihrer Spitze auf die Ecken des anderen Pentagons treffen. Das „Prisma" kann man sich wie zwei ineinandergreifende Kronenzahnräder mit leicht nach außen geneigten Zähnen vorstellen.

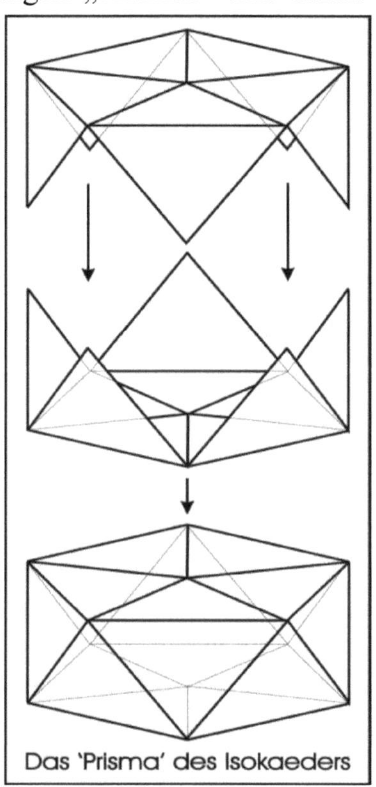

Abbildung 42

282

Von den Seitendreiecken steht keines senkrecht, alle sind geringfügig schräg an ihren Pentagonen befestigt. Die absolute Schräge hängt von der Dicke bzw. Höhe des Prismas und der davon abhängigen Form und Höhe der Seitendreiecke ab. Sie unterliegt aber immer dem Verhältnis 0,190983… = 1 : 2Phi².

Interessant dabei ist, dass das „Prisma" trotz der Schrägen von der Seite immer wie ein ganz normales Rechteck aussieht – und nicht wie ein Trapez oder etwas Ähnliches. Dieser Effekt ist der Kantenführung der Seitendreiecke geschuldet.

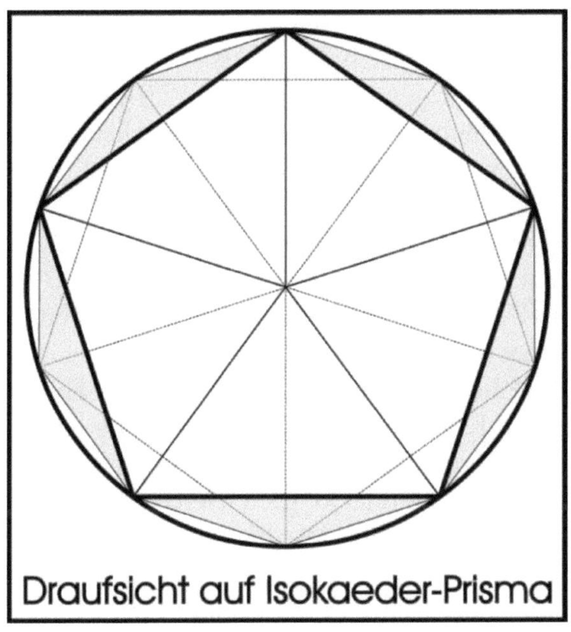

Abbildung 43:
Die Draufsicht und die 'Ansicht von unten' eines Ikosaeder-„Prismas" sehen gleich aus, sind aber um 36° gegeneinander verdreht. Die hellgrauen Flächen zeigen die Schrägstellung der vom oberen Pentagon ausgehenden Dreiecksflächen der „Prisma"-Seitendreiecke.

Von den Seitendreiecken hängen wiederum die Form und Höhe der beiden Pyramiden ab. Ihr Mantel besteht ja in der Regel aus den selben Dreiecken. Weil das so ist, gibt es für das Prisma eine Mindesthöhe[113]. Sie beträgt 0,365828568… Wird sie unterschritten, werden die Dreiecke zu klein, um aus ihnen noch Pyramiden bilden zu können. Die 8. Wurzel aus dem natürlichen Logarithmus dieser Mindeshöhe schrammt haar-

---

[113]   bezogen auf die Formvorgaben des Einheitskreises R = 0,5; D = 1

scharf an der Verhältnisform der Lichtgeschwindigkeit vorbei. Ebenso die x-te Wurzel aus ihrem Reziprokwert, der seinerseits entfernt an ein Zehntel der Länge des siderischen Monats erinnert. Ansonsten konnte der tatsächliche Ursprung der Mindesthöhe noch nicht ermittelt werden.

Es entzieht sich meiner Kenntnis wie man eine Figur wie das Ikosaeder'prisma' fachgerecht benennt. Deswegen bezeichne ich sie hier weiterhin als Prisma, wohl wissend, dass es eine recht spezielle Konstruktion eines 'Prismas' ist.

Im Gegensatz zu den anderen vier Platonischen Körpern ist der Begriff 'Ikosaeder' ein wenig dehnbar. Er besagt ja primär nicht, dass eine bestimmte Dreiecksform oder Größe vorgeschrieben ist. Mit diversen gleichschenkligen Dreiecken kann man genau so gut einen 20-flächigen Körper mit 20 gleichgroßen Außenflächen bilden wie mit gleichseitigen. Er ist dann nur ein wenig höher bzw. flacher. Hauptsache dabei ist, dass die Höhe der Körper-Außendreiecke größer ist als diejenige der Dreiecke aus denen das dazugehörige Pentagon besteht. Denn ist das nicht der Fall, können keine Pyramiden mehr gebildet werden. Geht man so an die Sache heran, stellt man schnell fest, dass es erstens eine ganze Menge verschiedene und zweitens mehrere Arten von Ikosaedern gibt.

Allerdings gibt es nur **ein Einziges**, das anstandslos in eine Kugel passt- und dessen alle 12 Ecken die Kugelinnenwand berühren. Es ist sozusagen Mutter und Vater aller anderen Ikosaeder in Personalunion. Es ist dasjenige, bei dem alle zwanzig Außendreiecke gleich**seitig** sind.

Von diesem Einen kann man unendlich viele langgestrecktere und gedrungenere Ikosaeder ableiten, bei denen zwar alle 20 Dreiecksflächen ebenfalls gleich groß sind, aber ihre Form zu den gleichschenkligen Dreiecken zählt. Sie alle haben mit der Kugel nichts im Sinn, ihr Metier sind die Ellipsoiden. Zu jedem dieser Ikosaeder gibt es einen.

Wenn man sich ein wenig versteigt und die bisher genannten Exemplare provisorisch als 'echte Ikosaeder' bezeichnet, dann gibt es nebenher noch einmal genau so viele 'unechte Ikosaeder', nämlich auch unendlich viele. Unechte Ikosaeder zeichnen sich durch zwei verschiedene Dreiecksgrößen in derselben Figur aus: Zehn Stück von der einen Sorte für das Prisma, und zehn einer andere Sorte für die beiden Pyramidenmäntel. Das führt dazu, dass man etliche von ihnen auch in eine Kugel einpassen kann. Die Vielfalt ist schier unermeßlich, trotzdem ist auch davon eines für uns interessant.

Zu guter Letzt sei noch erwähnt, dass man ganz ähnliche Figuren auch aus anderen Vielecken aufbauen kann. Beispielsweise aus dem Zehneck oder dem Vierzigeck oder irgendeinem Anderen, anstatt eines Pentagons. Alles nach demselben Muster, nur mit mehr (geradzahligen) Ecken und anderen Zahlen.

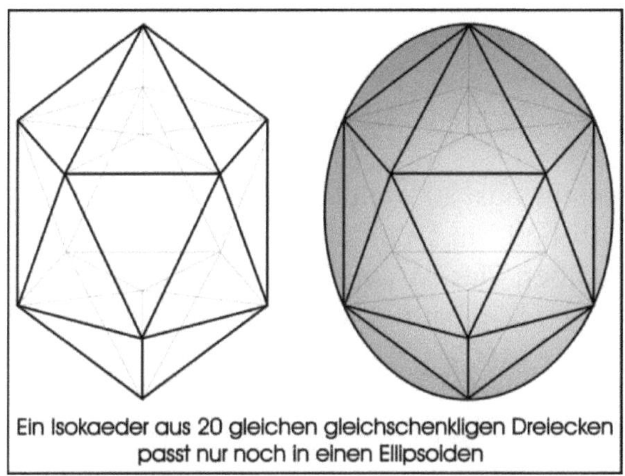

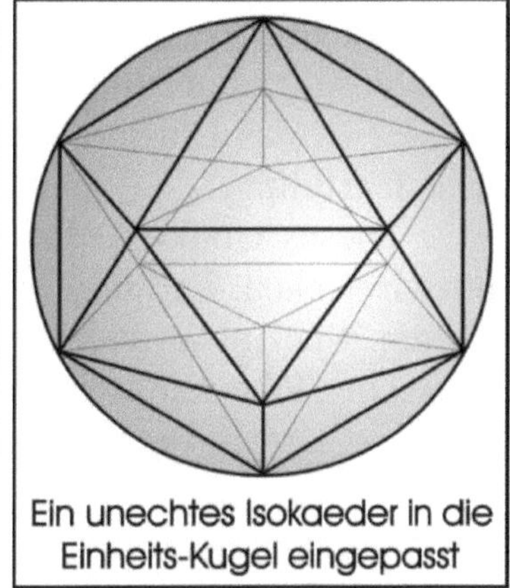

Abbildung 44:
Verschiedene Ikosaeder-Formen

Abbildung 45:
Ein unechtes Isokaeder

Das Ur-Ikosaeder

Für die nähere Durchleuchtung der Ikosaeder wurde vom kleineren Einheitskreis mit einem **Radius** von **0,5** und einem **Durchmesser** von 1 ausgegangen. Davon abgeleitet hat die dazugehörige Kugel die selben Anfangsmaße. Die kleinere Einheitskugel macht sich hier besser als diejenige mit einem Radius von Eins und einem Durchmesser von Zwei, mit der dasselbe aber selbstverständlich auch funktioniert.

Nach anfänglich mehreren Fehlversuchen, die allesamt zu ziemlich elliptischen Ellipsoiden führten, wurde schließlich gezielt nach einem Ikosaeder gefahndet, welches problemlos in die Kugel passt. Und es wurde letztlich auch gefunden. Allerdings kam zwischenzeitlich die schwerwiegende Frage auf, wie Platon das gemacht haben könnte. Ich habe mir dazu einen Algorithmus im Excel-Programm zusammengeschustert, seine Funktion geprüft und dann solange interpoliert, bis ich das richtige Ikosaeder gefunden hatte. Platon hatte aber kein Excel. Wie hat der das gemacht – als Philosoph? Schließlich ist kaum anzunehmen, dass er bei seinen Platonischen Körpern irgendein anderes Ikosaeder gemeint hat als ausgerechnet dieses Eine, das ohne jedes Problem in die Kugel passt. Es ist das Einzige, welches die platonschen Rahmenbedingungen wirklich erfüllt.

Dieses Ur-Ikosaeder besteht aus 20 gleichgroßen, gleichseitigen Außendreiecken. Es quillt von Pi und Phi, Wurzel aus 5 und 1,25 sowie weiteren "Spezialwerten" nur so über. Das ist wirklich bemerkenswert.

Die Höhe seines Prismas (H_{Prisma}) beträgt im Einheitskreis:

$$H_{Prisma} = 0{,}447213595499958\ldots = 1 / \sqrt{5} = \sqrt{5} / 5 = \sin 26° \, 33' \, 54{,}18''$$

Die Höhe beider Pyramiden gemeinsam beträgt 0,55278640450004…
Multipliziert mit der Höhe des Prismas ergibt sich:

$2\,H_{Pyramide} * H_{Prisma} = 0{,}247213595\ldots = 4 / (10\,\text{Phi})$

$2\,H_{Pyramide} *(H_{Prisma}/2) = H_{Pyramide} * H_{Prisma} = 1 / (5\,\text{Phi}) = 0{,}1236067\ldots$

$H_{Pyramide} : (H_{Prisma}/2) = 1{,}236067\ldots = \sqrt{5} - 1 = 2 / \text{Phi} = 1/ (\text{Phi}/2)$

$H_{Pyramide} * (H_{Prisma}/2) = 0{,}06180339\ldots = 1 / (10\,\text{Phi})$

$H_{Prisma} + 2\,H_{Pyramide} = \textbf{1{,}000}\ldots$

… usw. usf.

So zieht sich das durch die ganze Figur von vorn bis hinten. Zusätzlich lassen sich auch noch ein paar echte Schmankerln finden. Beispielsweise beträgt der Umfang der Silhouette des Ikosaeders:

$2\,H_{Prisma} + 4\,\text{Seitenkanten}_{Pyramide} = 2{,}997351639\ldots$

Das Hunderttausendfache dieser Zahl (= **299.735,**1639…) erinnert schon mächtig an die Lichtgeschwindigkeit in km/s. Die Differenz zur definierten Lichtgeschwindigkeit würde nur 57,2940**52355**… km/s betragen.

Und das ist wiederum eine sehr merkwürdige Zahl.

299.792,458 : 57,294052… ≈ **5232,5232**

ArcusTangens 57,294052… = 89,000071… (Ähnliches wird uns später
wieder begegnen)

57,294052…^{8} ≈   1,**161118**E+14

57,294052… * 2 = **114**,5881047…   => 114,5881047… * Pi = **359,989**…
≈ **360**

114,5881047…   *   Phi²   = 299,995… ≈ **300**

299,792458   : 114,5881047… = 2,6162617…

2,6162617…   - 2,616   = 2,617…^-4

2,6162617…²   =   6,**8448**253…

2,6162617…^16 = 4.818.356,7 => : 100.000 – 45 = 3,1835675…
=> 10 : 3,1835675… = 3,14113… ≈ Pi

… usw. usf.

Hier „zielt" also schon so einiges in Richtung Lichtgeschwindigkeit in
km/s und das Kugel-Lichtmodell

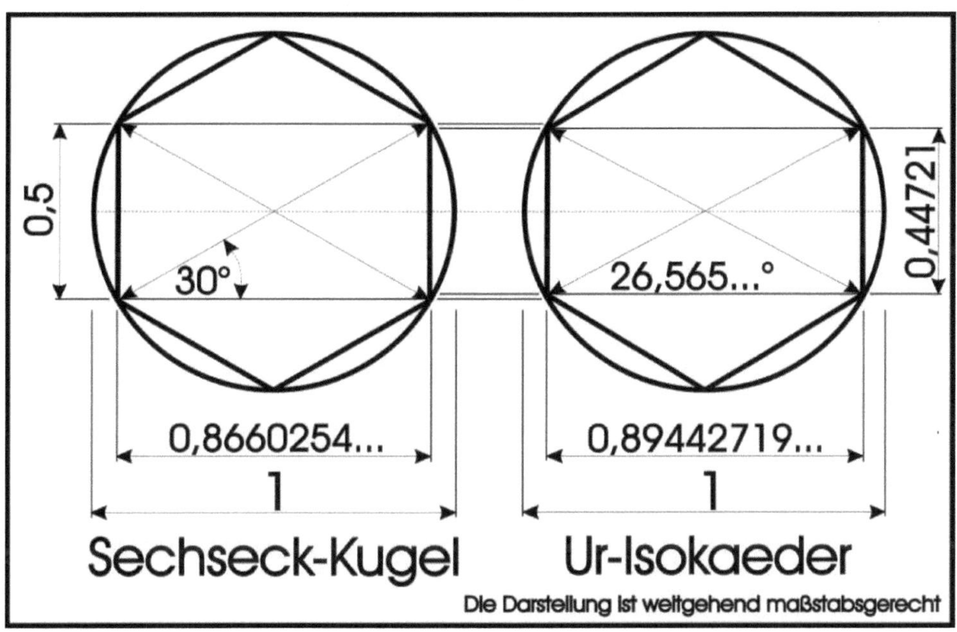

Vorhergehende Seite - Abbildung 46:

Und nicht zuletzt sieht die genannte Ikosaeder-Silhouette derjenigen einer Sechseck-Kugel bzw. einem regelmäßigen Sechseck in seinem Um-Kreis verblüffend ähnlich. Eine Verwechslung ist durchaus möglich.
Auch der Winkel 26,56505118...=26° 33' 54,18" ist ‚nicht ganz normal'.
Sein Tangens ist gleich 0,5 , sein Sinus beträgt 1/√5 und sein Kosinus 2/√5 = 2 Sinus. Die Breite des Rechteckes entspricht dem Kosinus = 0,8944271... und die Höhe dem Sinus.

Auch wenn es gegenwärtig noch nicht beweisbar ist, so sieht es doch ganz danach aus, als ob das Ur-Ikosaeder sowohl beim 360°-System, als auch bei der Lichtgeschwindigkeit in km/s – und damit bei Meter und Sekunde – sehr direkt Pate gestanden haben könnte. Vielleicht nur als Ideengeber und Inspiration, womöglich aber auch viel gezielter. Eventuell wird eines Tages noch etwas Besseres und Genaueres gefunden, aber das hier ist schon mal gar nicht so übel.

Abbildung 47:

Wer weiß, was Platon noch so alles durch den Kopf ging als er sich mit seinen Körpern befasste?
In jedem Fall muss diese Beschäftigung sehr intensiv und gründlich vonstatten gegangen sein.
Oder er war es gar nicht – und hat sich "nur" als Vermittler, Verbreiter, Erhalter und Namensgeber des bereits vorhandenen Wissens betätigt?
Immerhin soll ja auch er im alten Ägypten gelernt haben – genau wie Pythagoras u.v.a.m.

Das Dodekaeder

Einmal bei Platon gelandet, können wir uns auch noch den fünften, nach ihm benannten, geometrischen Körper ein wenig näher anschauen. Das Pentagon-Dodekaeder ist die mit Abstand komplizierteste hier betrachtete Figur. Es besteht aus zwölf gleichgroßen, regelmäßigen Fünfecken. Insofern gibt es nur eine einzige interessante Sorte von Dodekaeder. Freilich kann man die Fünfecke verzerren und andere "Dodekaeder" zusammenbauen. Aber dann landet man zwangsläufig wieder irgendwo in der Unendlichkeit. Das bringt nichts. Bleiben wir also bei dem Einen.

Bemerkenswerterweise sieht das Pentagon-Dodekaeder trotz seiner relativen Einzigartigkeit in vielen Fällen völlig unterschiedlich aus. Wie es genau aussieht hängt einzig vom Betrachtungswinkel ab. Das ist insofern erstaunlich, weil es aus 12 absolut gleichen Seitenflächen besteht. Seine Silhouette kann sechseckig oder zehneckig oder irgendwie anders beschaffen sein. Dabei sind reguläre und nichtreguläre geometrische Figuren möglich. In einer bestimmten Stellung ergibt sich auch eine regelmäßige Sechseck-Silhouette. Deswegen ist das Dodekaeder für uns hier besonders interessant. Hat es doch dadurch ebenfalls eine flüchtige Ähnlichkeit zur Sechseck-Kugel und bietet eventuell ebenfalls eine gute Verwechslungsmöglichkeit, die – so oder so - nach Möglichkeit auszuschließen ist. Meine Arbeiten zum Dodekaeder sind noch lange nicht beendet. Deshalb wird hier nur ein kurzer Abriss der bisherigen Erkenntnisse geliefert. Doch auch die sind schon ziemlich durchschlagend.

Ausgangspunkt unserer Betrachtung ist die Grundfigur des Dodekaeders, das **Pentagramm** – ein regelmäßiges Fünfeck im Einheitskreis. Bereits in alter Zeit war es ein beliebtes Symbol für alles Mögliche, wobei die Bedeutungen manchmal wechselten und sich sogar ins blanke Gegenteil verkehrten. Das ist bis heute so geblieben und wird sich wohl auch in Zukunft nicht so schnell ändern. Die jeweiligen Hintergründe dieser Beliebtheit sind im Lauf der Zeiten jedoch meistens schlecht beleuchtet und enorm verzerrt worden. Etliches dürfte zwischenzeitlich auch verloren gegangen sein. Symbole sind eben Symbole – und nicht die mathematische Realität. Aber sie halten die Erinnerung an Vergangenes wach.

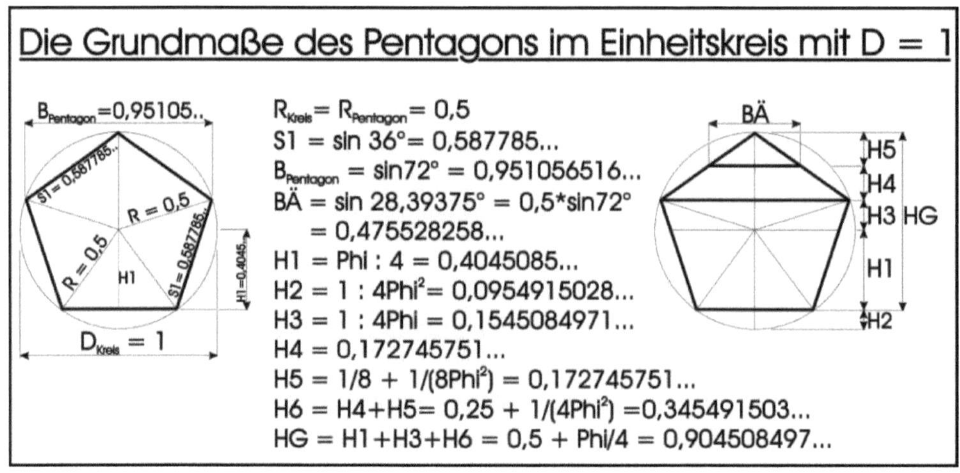

Abbildung 48: *Das Pentagon ist die Grundfigur des Dodekaeders. Es kommt 12-mal darin vor.*

Im Pentagramm sind Pi und Phi enthalten. Nicht nur einmal, sondern ganz oft. Vor allem der Goldene Schnitt Phi ist sehr viel öfter – und in ganz vielen verschiedenen Varianten - vertreten als man es gemeinhin zu erfahren bekommt. Einige Beispiele zeigt Abbildung 48. Es gibt aber durchaus noch mehr[114]. So verhält sich beispielsweise die Seitenlänge S1 zur Breite $B_{Pentagon}$ korrekt im Goldenden Schnitt:

$S1 : B_{Pentagon} = \sin\mathbf{36°} : \sin\mathbf{72°} = 0{,}5877852\ldots : 0{,}95105651\ldots = \mathbf{1/Phi}$
$B_{Pentagon} : S1 = \sin 72° : \sin 36° = \cos\mathbf{18°} : \cos\mathbf{54°} = 1{,}61803\ldots = \mathbf{Phi}$

Dabei sind alle vier Phi-Winkel vertreten. Und es kommt sogar noch ein ganz wichtiger Fünfter hinzu. Sozusagen das 'Fünfte Element' der Phi-Winkel. Man könnte glatt einen Film darüber drehen.

Es ist der Außenwinkel des Fünfecks von 2 mal 54 Grad gleich 108°. Man kann ihn aber auch aus 72° und 36° oder aus 6 mal 18° zusammensetzen. Neun mal 12° oder Vier mal 27° geht natürlich auch.

---

[114]   Siehe [6] u.a.

Der 108°-Winkel passt wunderbar ins System. Nicht nur in das von Pentagramm und Dodekaeder, sondern auch in das Zahlensystem rund um das Kugel-Lichtmodell herum.

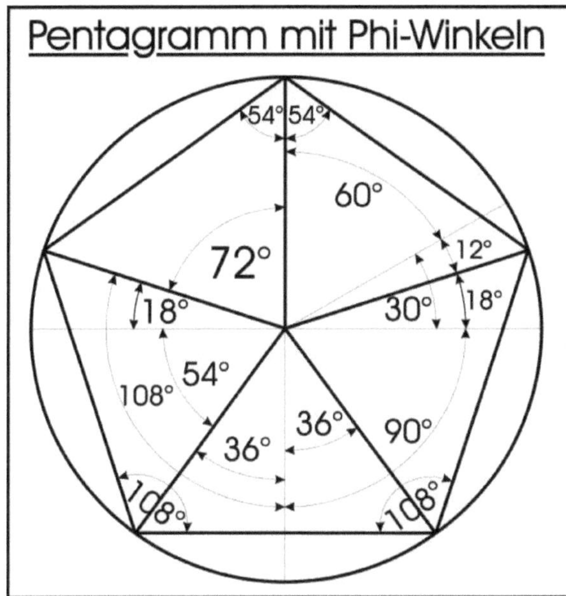

Abbildung 49

Der Sinus von 108° ist gleich dem Sinus von 72 Grad, der Tangens gleich dem von -72°. Sein Kosinus ist gleich dem Sinus von – 18°.

Als Außenwinkel des Pentagramms ist der 108°-Winkel praktisch für alle Flächenneigungen des Dodekaeders mitverantwortlich. Das heißt: Jede Fünfeck-Fläche des Dodekaeders wird stets an allen fünf Seiten von fünf anderen umrahmt und jede Einzelne steht im Winkel von 108° zu jeder anderen. Das hört sich vielleicht komisch an, ist aber tatsächlich so.

Ein bisschen ulkig ist es jeweils an den Ecken, von denen es beim Dodekaeder 20 Stück gibt. Jede Ecke wird von drei Flächen gebildet. Drei regelmäßige Flächen, die in einem Punkt zusammenstoßen, sollten das normalerweise in einem Winkel von je 120° tun, weil drei mal 120° insgesamt die 360° eines Vollkreises ergeben. In 2D sieht das auch tatsächlich so aus. Nun haben aber die drei Fünfecke nur jeweils 108° zu bieten, was zusammen bestenfalls 324° ergibt. Fehlt da also was?

Ja, da fehlt was. Aber da die Natur enorm erfinderisch ist, hat sie die "Lücke" geschlossen, indem sie Körper in 3D erfunden hat. Die drei zusammenstoßenden Flächen an jeder Ecke liegen in drei zueinander geneigten Ebenen. Und die Winkel, mit denen sie zusammenstoßen[115] betragen jeweils genau 108°. Frontal in einer 2D-Ebene betrachtet sieht das wie saubere 120° aus. Es kommt eben immer auf den Blickwinkel an.

Bedenken wir, dass ein Fünfeck fünf Ecken hat, so beträgt die Summe der 5 Eckwinkel 5 * 108 = **540°**. Das erinnert schon wieder an die Lichtgeschwindigkeit und die Summe der Einzelquersummen[116] von ebenfalls 540 bzw. anderthalb Vollkreisen zu 360°. Und noch einmal kommt an dieser Stelle das Licht dunkel in Erinnerung. Dividiert man die 108 durch den Goldenen Schnitt Phi erhält man 66,74767… Diese Zahl ist der Kubikwurzel aus der Lichtgeschwindigkeitszahl einigermaßen ähnlich, die ihrerseits mit 66,**927854**… auch ein wenig an Phi erinnert. Aber das scheint weit hergeholt.

Betrachten wir nur die Zahl 108 stellen wir mit Verblüffung fest, dass wir ohne Mühe zu sehr vielen Zahlen des Kugel-Lichtmodells kommen. Dazu ein paar Beispiele:

$$108 * 2 = 216 \qquad => 1/216 = 0{,}0046296296\ldots$$
$$=> \mathbf{0{,}46296296\ldots * 86.400 = 40.000}$$

Das sind die Umdrehungsgeschwindigkeit, die Sekunden je idealisiertem Tag und der Umfang unserer Modellerde. Genauer geht's nicht.

$$108 * 3 = 324 \qquad => 1/324 = \mathbf{0{,}0030864198\ldots}$$

Das ist der Kyrenaische Fuß im Miniformat.

$$108 * 4 = 432 \qquad => *100 = \text{halber Tag in s bzw. 12 Stunden}$$
$$108 * 5 = 540 \qquad => \text{Das hatten wir schon, 1,5 Vollkreise}$$
$$108 * 6 = 648 \qquad = 2 * 324 = 12 * 54 = 24 * 27 = \ldots$$
$$108 * 7 = 756 \qquad => \mathbf{5760} \,; 5670;\ldots$$
$$108 * 8 = 864 \qquad => \mathbf{86.400}$$
$$108 * 9 = 972 \qquad => 1 / 972 = 0{,}0010\mathbf{288}066\ldots \quad (*10.000)$$
$$=> 10{,}288066 * 3 = \mathbf{30{,}864198\ldots}$$

---

[115]   Bitte nicht mit den Flächen-Kanten-Winkeln oder den Flächen-Flächen-Winkeln verwechseln. Das sind andere …

[116]   Siehe Kapitel „Anfütterung" auf Seite 25

$$108 * 10 = \mathbf{1.080} \qquad = 3 \text{ Vollkreise zu } 360°$$
$$108 * 12 = \mathbf{1296} \qquad => * 1000 = \text{Sekunden eines Vollkreises}$$
$$108 * 16 = 1728 \qquad => \text{z. Bsp. 2 Tage in 100-s-Einheiten}$$
$$108 * 17 = \mathbf{1836} \qquad => \approx \text{Massenverhältnis Proton/Elektron}$$
$$108 * 18 = 1944 \qquad => \approx 63 \text{ Kyrenaische 'Füße'}$$
$$108 * 20 = 2160 \qquad => \approx 1/\mathbf{12} \text{ der Präzessionsdauer der Erde}$$
$$108 * 24 = 2592 \qquad => * \mathbf{10} \approx \text{Präzessionsdauer der Erde in a}$$
$$108 * \mathbf{27{,}77777}... \qquad = \quad 3000 = \mathbf{30} * 100 = ...$$
$$108 * 32 = \mathbf{3456} \qquad => \text{eine sehr wichtige 'Allerweltszahl'}[117]$$
$$108 * 33 = 3564$$
$$108 * 33{,}33333... \qquad = \quad \mathbf{360}0 \qquad\qquad => \text{Grad / Sekunden}$$
$$108 * 42 = 4536$$
$$108 * \mathbf{45} = 4860 \qquad =>: \ 864 = \mathbf{5{,}625} = 1{,}5 * 1{,}5 * 2{,}5 = ...$$
$$108 * 66{,}66666... \qquad = \quad \mathbf{720}0$$

... usw. usw. usf.

Das geht lustig so weiter. Bis in die Unendlichkeit. Aber selbstverständlich nicht nur per Multiplikation. Die 108 ist auch ein Teiler von 9! und 9!9, das liegt auf der Hand. Ebenso sind ein paar Verhältnisse interessant. Etwa das zwischen 108° und 120° welches 0,9 oder reziprok 1,11111... ergibt. Es ist dasselbe wie zwischen 360°- und 400°-System bzw. das von Umfangs-Kilometern der Modellerde zu 360 Grad etc.p.p. ...

Außerdem kommen noch ein paar "exotische" Dinge dazu. Beispielsweise der natürliche Logarithmus der Gesamthöhe des Pentagons (HG), der uns indirekt gleich zweimal auf die Zahl **5.760** und ihre Abkömmlinge hinweist:

$$\text{HG} = 0{,}9045085... \ => \ \ln 0{,}9045085... = -0{,}1003635...$$
$$=> \ -0{,}1003635... = \sin - \mathbf{5{,}760}1072°$$
$$=> \ -0{,}1003635... = \cos \mathbf{95{,}760}107°$$

Die 5.760 ist eine sehr wichtige Zahl im globalen Kugel-Licht-und-Zeit-System. Insofern ist es extrem unwahrscheinlich, dass sie hier 'zufällig' auftaucht. Daraus folgt die ketzerische Frage: Kannten die antiken Griechen, ihre Vorgänger und ihre Pendants rund um die Welt schon die Eulersche Zahl 'e' und den natürlichen Logarithmus?

---

[117]   Siehe [2]; [3]; [4]

Da hat der ‚böse Zufall' den armen Platon mit seinem Dodekaeder offensichtlich knallhart getroffen. Und das gleich an die 1000 Mal.

Armer Platon!

Wie gesagt, bei unserer Betrachtung des Dodekaeders gehen wir vom **Pentagon** im **Einheitskreis** aus, die beide gemeinsam ein Pentagramm bilden. Daraus ergibt sich ein Problem: Der Umkreis um das komplette Dodekaeder ist größer als derjenige um ein einzelnes Fünfeck. Das heißt, dass das Dodekaeder größer ist als der anfangs verwendete Einheitskreis. Selbstverständlich kann man das am Ende aber auch relativieren, sodass das komplette Dodekaeder in den Einheitskreis passt. Am Anfang geht das jedoch nicht, da hätte man keine brauchbaren Maße. Überhaupt ist die Berechnung eines Dodekaeders recht schwierig. Gelegentlich muss man sogar zu einem kleinen mathematischen "Kunstgriff" – wie etwa einer "zusätzlichen" Verhältnisrechnung (= Dreisatz) o.ä. - greifen, um überhaupt weiterzukommen.

Das Dodekaeder ist dem mittigen „Prisma" des Ikosaeders in gewisser Weise ähnlich. Der Unterschied besteht hauptsächlich darin, dass die seitlichen Dreiecke jetzt durch Fünfecke ersetzt werden. Dadurch ist die vollständige Verzahnung, direkt von Grund- zu Deckfläche, nicht mehr möglich. Stattdessen verzahnen sich nur die oberen Teile der Fünfecke miteinander.

Grund- und Deckfläche sind jedoch ebenfalls immer parallel und um 36° Grad gegeneinander verdreht. Jede der zwölf Außenflächen kann Grund oder Deckfläche sein. Das ändert nichts an der Figur, sondern nur am Betrachtungswinkel. Es bedeutet, dass immer zwei Flächen paarweise parallel zueinander liegen, wobei sie jeweils um 36° gegeneinander verdreht sind. Das Kronenzahnrad-Modell ist also trotz der Unterschiede zum Ikosaeder auch hier gut anwendbar.

Pyramiden gibt es diesmal keine.

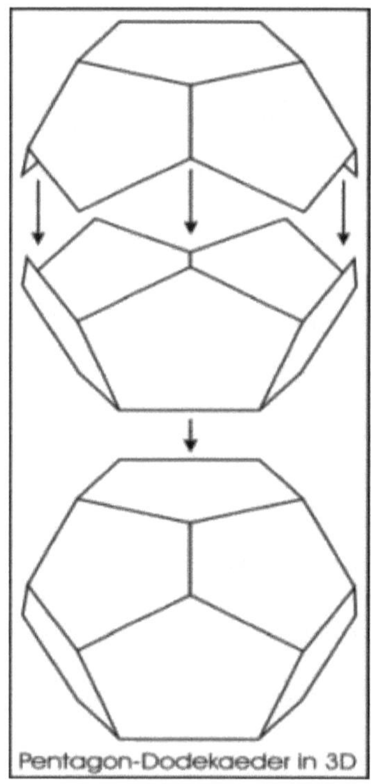

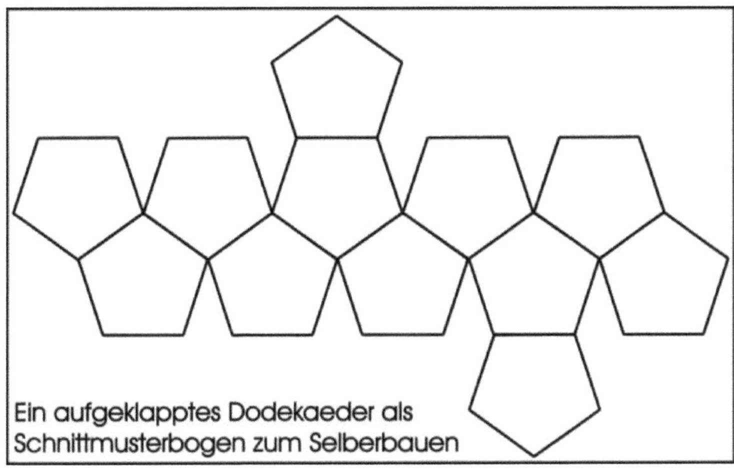

Abbildung 51:
*Ausschneiden,
falten,
verkleben
=> passt.*

Es folgen zunächst zwei Beispiele für das oftmals ganz verschiedenartige
Aussehen des Dodekaeders. Es ist wirklich erstaunlich: Beide bilden tatsächlich denselben Körpger ab.

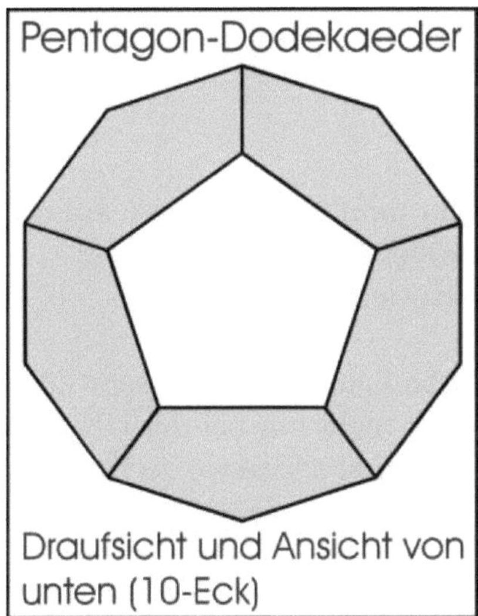

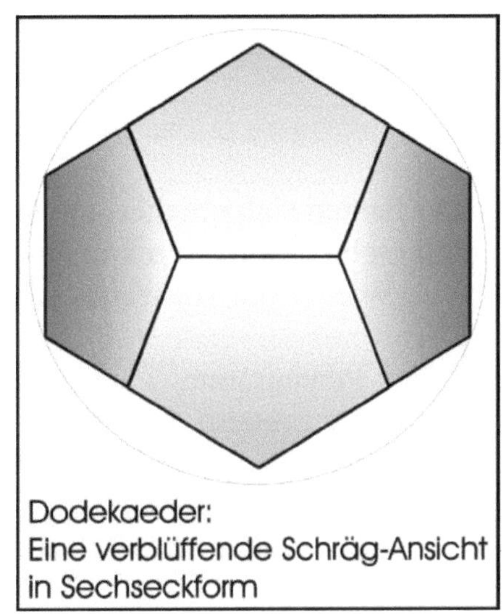

Vorhergehende Seite – Abbildungen 52 und 53

*Der Silhouetten-Umfang des Sechseckes in Abbildung 53 beträgt wahrscheinlich 2*S1 plus 4*B$_{Pentagon}$ = 4,9797966... Das muss aber nochmal geprüft werden.*

Sowohl im Pentagramm / Pentagon[118], als auch im Dodekaeder, scheint die Querstrebe B$_{Pentagon}$ (siehe **Abb. 48**) die wichtigste Größe zu sein. Jedenfalls bisher. Sie stammt direkt von den beiden Winkeln 18° und 72° ab, wodurch sie hauteng mit dem Goldenen Schnitt Phi verbunden ist. Ihre Länge im kleinen Einheitskreis (D = 1) des Pentagramms enspricht dem Sinus von 72° und dem Kosinus von 18°. Auffällig wurde sie zunächst durch die üppigen Potenzen ihres Reziprokwertes:

Sinus 72° = Kosinus 18° = 0,9510565516295154... = B$_{Pentagon}$
0,9510565162... => 1/x = 1,05146222423827... = 1 / B$_{Pentagon}$

$$
\begin{aligned}
1/\text{BPentagon} \quad {}^{\wedge}2 \quad &= 1,1055728... \\
{}^{\wedge}4 \quad &= 1,\textbf{2222}912... \\
{}^{\wedge}8 \quad &= \textbf{1,49}399959... \\
&\;... \\
{}^{\wedge}512 \quad &= \textbf{1,439}996...\text{E+11} \quad \approx \textbf{144E+9} \\
{}^{\wedge}1024 \quad &= \textbf{2,0735885}...\text{E+22} \quad => \textbf{207,542} \\
{}^{\wedge}2048 \quad &= 4,\textbf{2997692}...\text{E+44} \quad => \text{LG} \\
{}^{\wedge}4096 \quad &= 1,\textbf{8488}015...\text{E+89} \quad => \text{LG} \\
&\;... \text{ usw. usf.}
\end{aligned}
$$

Dabei fanden sich etliche - mehr oder weniger direkte – Hinweise auf die Lichtgeschwindigkeit in km/s und andere Größen.
　　　Wieder nur Hinweise … wohin weisen sie?

Mit dem Pentagramm[119] und seiner Querstrebe kann man auch sehr hübsche Muster zaubern. Der fünfzackige Stern ist nicht nur bei der US-Airforce modern, sondern auch in China, Russland und anderswo zu finden.

---

[118]　　　Siehe auch [6], Wikipedia, Lexika, … u.v.a.m.
[119]　　　Siehe auch [6]

Abbildung 54:
Der fünfzackige Stern ist ebenfalls ein uraltes Symbol. Als solches ist er praktisch weltweit verbreitet. Die Verwendung als Symbol dient allem Anschein nach als unterschwelliger Hinweis auf seine geometrischen und mathematischen Eigenschaften.

Und das nicht erst seit heute. Dahinter steckt jedoch seit altersher knallharte, ausgefeilte und präzise Mathematik, die bis zu den Fraktalen und weit darüber hinaus reicht. Der Goldene Schnitt Phi und die Ellipsenzahl Pi sind immer mit dabei. Dass man als Unbedarfter nichts davon sieht, ändert nichts an der Tatsache des Vorhandenseins. Trotzdem – oder gerade deswegen - wecken die unterschiedlichen Symbolinhalte und Muster gelegentlich das Interesse an der Geometrie dahinter.

Das ist ihr eigentlicher Zweck.

In enger Verbindung mit dem Pentagon / Pentagramm kommt nun das Dodekaeder ins Spiel. Als entfernt "kugelähnlicher" geometrischer Körper verfügt es nicht nur über einen Äquator, sondern auch über zwei "Wendekreise" ober- und unterhalb des Äquators. Die "Wendekreise" werden eindeutig durch die Ecken des Dodekaeders markiert. Anders als bei der Kugel sind die drei Umfänge[120] beim Dodekaeder exakt gleichlang. Und das, obwohl sie aus unterschiedlichen Größen gebildet werden. Der Grund dafür ist, dass all das vom Sinus von 72° und dem Goldenen Schnitt abstammt.

Ausgehend vom kleineren Einheitskreis (D = 1) beträgt der Äquator-Umfang ($U_\text{Ä}$) dimensionslose 4,755282… Er setzt sich aus 10 $B_\text{Ä}$ (siehe Abbildung 48 auf Seite 292) zusammen.

---

[120]   Äquator + 2 Wendekreise

$$1\ B_{\ddot{A}} = (\sin 72°)\ /\ 2 \quad = 0{,}4755282\ldots$$
$$= \sin 28{,}\mathbf{39375}\ldots° \quad = 28°\ \mathbf{23'\ 37{,}5''}$$
$$= \cos 61{,}60625\ldots° \quad = 61°\ \mathbf{36'\ 22{,}5''}$$
$$= \tan 2\mathbf{5{,}432}408\ldots° \quad = 25°\ 25'\ \mathbf{56{,}67''}$$

$$\mathbf{U_{\ddot{A}}\ =\ 10\ B_{\ddot{A}}\ =\ 4{,}75528258147577\ldots}$$

Ebenso betragen die Umfänge der "Wendekreise" 4,7552825…, exakt dieselbe Zahl. Sie bestehen jedoch aus 5 $B_{Pentagon}$ = 5 * Sinus 72°.

Es folgen nun zunächst ein paar gröbere Beispiele dafür, was man mit dem Äquator-Umfang des Dodekaeders anstellen kann. Die Aufzählung ist nicht vollständig. Sie zeigt aber sehr schön, wie das Kugel-Lichtmodell insgesamt funktioniert, sofern man sich intensiv damit beschäftigt. Von einer konkreten Zahl wird man durch Hinweise zu anderen Zahlen geführt, die zusammen ein sinnvolles Konglomerat von Aussagen beinhalten. Am Anfang sind diese Denkwege oft sehr auffällig, aber ungenau. Im weiteren Verlauf wird dann immer weiter präzisiert, bis man schließlich irgendwann bei den präzisen Aussagen und Zahlenwerten ankommt. Praktisch "ganz von allein".

Um aus dieser Vorgehensweise schlau zu werden ist am Anfang eine Menge Intuition erforderlich. Ebenso ein gewisser Überblick und Vorstellungsvermögen. Trotzdem lohnt sich die Arbeit unbesehen, weil sie vollständig neue Blickwinkel auf scheinbar Altbekanntes eröffnet.

Und wenn man sich selbst klar macht, dass für die Informationsübertragung auf diesem Wege kein einziges geschriebenes oder gesprochenes Wort notwendig ist, dann erfüllt das Kugel-Lichtmodell nicht nur seine Langzeit-Aufgabe mit Bravour, sondern erleichtert auch den oft steinigen Weg zu neuem Wissen.

Zuerst ein paar grobe allgemeine Beispiele:
$$\mathbf{U_{\ddot{A}}\quad =\ 4{,}75528258147577\ldots}$$
$$\Rightarrow 4{,}755 * 207{,}542 \quad = 986{,}92086 \quad \Rightarrow \sqrt{}$$
$$= 31{,}415297 \approx \mathbf{10\ Pi}$$

$$\Rightarrow 4{,}75528\ldots * \sqrt{5} = 3{,}2608488\ldots \text{\textasciicircum}2 \qquad)^{121}$$

$$\Rightarrow 4{,}75528\ldots\text{\textasciicircum}3 * 2{,}99792458 = 322{,}3663\ldots \approx \lambda \quad)^{122}$$

$$\Rightarrow \sqrt[3]{4{,}75528\ldots} = 1{,}6816106\ldots \Rightarrow \sqrt[3]{} = 1{,}1891642\ldots$$

$$\Rightarrow 1{,}1891642\ldots^{2} = 1{,}4141114\ldots \approx \sqrt{2}$$

$$\Rightarrow 1{,}4141114\ldots^{2} = 1{,}9997111\ldots \approx \mathbf{2}$$

$$\Rightarrow 4{,}755\ldots\text{\textasciicircum}2 = 22{,}612712\ldots \Rightarrow : 7 = 3{,}2303875\ldots$$

$$\approx 2\ \text{Phi}$$

… usw. usf. Das mag dazu genügen.

Wenden wir uns nun gezielt in Richtung Lichtgeschwindigkeit:

$$U_\text{Ä} * 21 = 4{,}755282581\ldots * \mathbf{21} = 99{,}8609342109911\ldots$$

$$\Rightarrow \sqrt{99{,}860934\ldots} = 9{,}99304429145549\ldots \approx 10 * \text{LG}_\text{Verhältnis}$$

$$\Rightarrow 9{,}99304429\ldots * 30.000 = \underline{299.791{,}3287\ldots}$$

Das trifft es schon so ganz gut. Aber wie sieht es aus, wenn wir ein wenig genauer an die Sache herangehen? Rechnen wir also das Ganze - von der definierten Lichtgeschwindigkeit ausgehend - noch einmal rückwärts.

$$299.792{,}458 : 30.000 = 9{,}993081933333\ldots = 10 * \text{LG}_\text{Verhältnis}$$

$$\Rightarrow 9{,}9930819333\ldots^{2} = 99{,}\mathbf{8616}865263131\ldots$$

$$\Rightarrow 99{,}8616865\ldots : U_\text{Ä} = \mathbf{21{,}000}1582062283\ldots$$

Es ergibt sich erwartungsgemäß eine leichte Abweichung von der glatten Einundzwanzig. Besagt die Irgendetwas?

Die routinemäßige Zahlenanalyse führt uns zunächst erst einmal zu $\sqrt[4096]{21{,}000158\ldots} = 1{,}00074356976\ldots$ Der Reziprokwert davon mit 300.000 multipliziert ergibt 299.**777**,09481… Das ist eine sehr wichtige Zahl, auf die hier jedoch noch nicht weiter eingegangen wird. Das würde wieder viel zu weit führen.

Die beiden gegenwärtig bedeutsameren Punkte sind folgende:

1.) $\quad$ log (10) 21,0001582062283… = **1,3222**25665355…

---

[121] $\qquad$ Siehe [4] ; Seite 251 u.a.

[122] $\qquad$ Siehe [4] ; Seiten 95 ff.

Das ist der **exakte**, von der definierten Lichtgeschwindigkeit in km/s ausgehende Wert. Er lädt geradezu zu einer Idealisierung ein. Man kommt gar nicht drumherum:

$10^{1,32222222222222...}$ = 21,0001415570865… => <u>299.792,33916…</u>

2.)   2 U$_\text{Ä}$ = 9,510565162951 54…

=> 86.400 : 2 U$_\text{Ä}$ = 9084,**6336**1741863…

=> 9084,63361… : 299.792,458 = **0,0303030**759280096…

=> 1 / 0,0303030759… = **32,9999**503144…   <u>**≈ 33**</u>

Ich denke, das kann man so stehen lassen, obwohl die glatte 33 erst mit der relativ "stark" abweichenden 299.792,**909**375 erreicht wird.

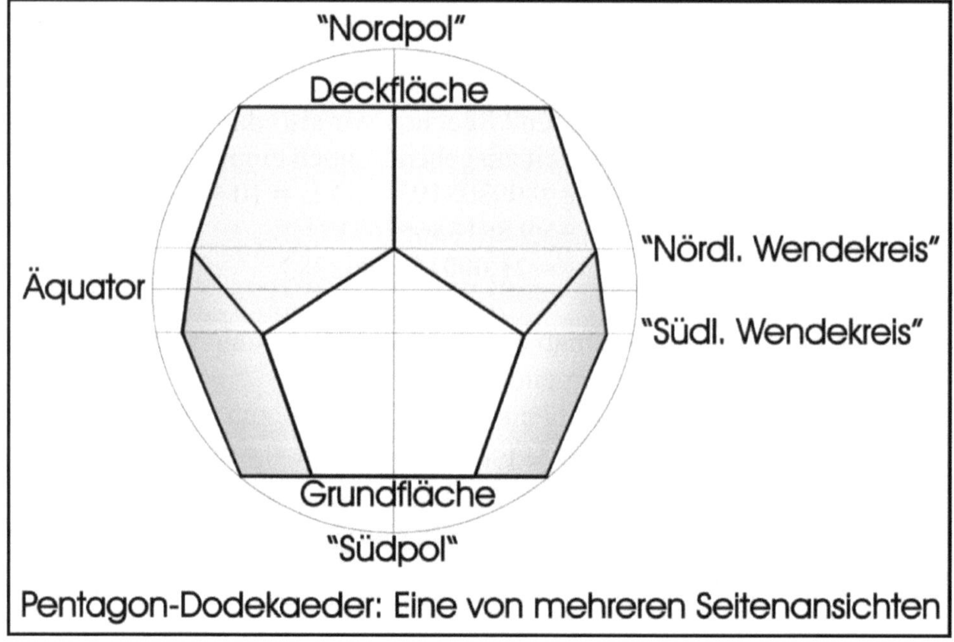

Abbildung 55: *Ungefähr so hat sich wohl der gute alte Platon die mathematisierte "Welt des Schöpfers" vorgestellt. So ganz verkehrt ist das mit Sicherheit nicht! Es sollte gründlicher untersucht werden.*

Die ‚Kugel des Lebens und des Lichts‘

Um den geometrischen Reigen vorerst halbwegs abzurunden, folgt nun noch eine runde Sechseck-Kugel, die ein wenig aus der Art geschlagen zu sein scheint. Sie ist kein platonischer Körper, aber für das Verständnis des Kugel-Lichtmodells sehr wichtig und liefert bislang auch die genauesten Zahlenwerte, zuzüglich einer Unmenge an weiterführenden Hinweisen, die zwar oft nicht völlig exakt, aber durchaus gut erkennbar sind. Somit ist anzunehmen, dass sie die tatsächliche ursprüngliche Basis des Kugel-Lichtmodells darstellt.

Abbildung 56: *Blume des Lebens*

Meine Kollegen nennen diese Figur meistens die „Blume des Lebens"[123] und wissen oft nicht so recht, was sie damit anfangen sollen … außer mich darauf aufmerksam zu machen, natürlich.

Es gibt eine Menge Literatur, Filme und Youtube-Videos[124] darüber, die sich ‚echte‘ Physiker jedoch wahrscheinlich bestenfalls in Ausnahmefällen anschauen. Sie sollten es jedoch tun. Die verschiedenartigsten Interpretationen sprießen nur so hervor – vom gröbsten Unfug bis zu tiefgreifenden wissenschaftlichen Auslassungen. Einige davon sind tatsächlich interessant, von denen ein paar wenige sogar für ‚echte‘ Naturwissenschaftler wirklich

---

[123]   siehe auch Wikipedia => ‘Blume des Lebens‘
[124]   siehe www.youtube.de , Stichwort ‚Blume des Lebens‘

bemerkenswert sind bzw. sein sollten. Man kommt jedoch nicht umhin recht selektiv an die Geschichte heranzugehen. Leider.

Die Bezeichnung ‚Blume des Lebens‘ rührt scheinbar ausschließlich vom äußeren Eindruck her, der tatsächlich grob an eine Blume erinnert, wobei eine der möglichen Anfangsfiguren einer üppigen Blumenblüte tatsächlich noch sehr viel näher kommt als die Endausfertigung.

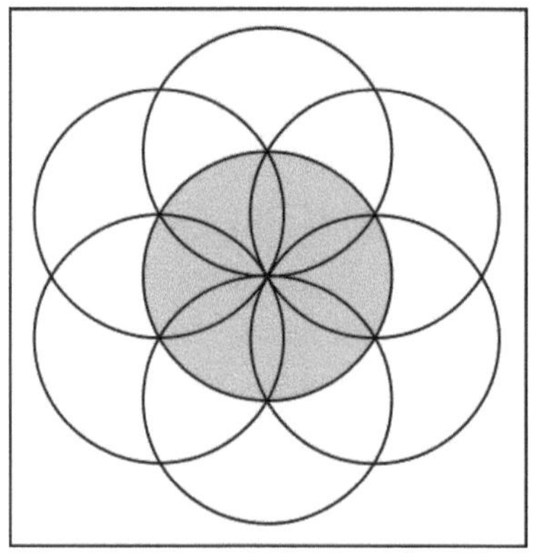

Abbildung 57

Man kann das durchaus als eine Art Symbiose von Geometrie, Physik und biologischer Darstellung betrachten und verstehen. So sehr falsch ist die Bezeichnung ‚Blume des Lebens‘ also auf keinen Fall. Allerdings springt sie m.E. ein wenig zu kurz. Schließlich beinhaltet die „Blume“ exaktes geometrisches – und damit mathematisches - Wissen. Dabei sind vor allem die inneliegenden mathematischen Verhältnisse und Winkel von besonderem Interesse.

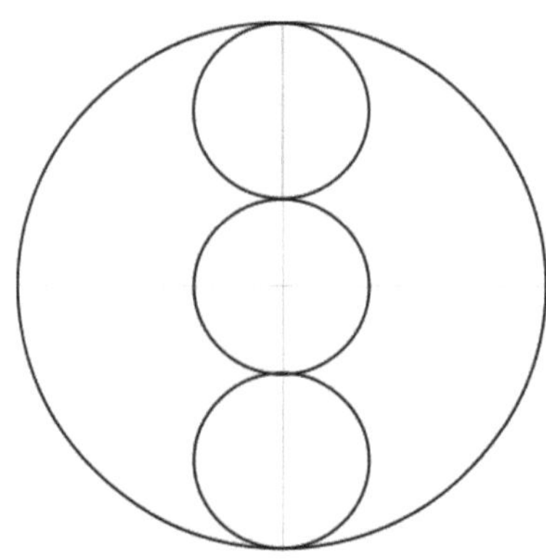

Abbildung 58: *Eine weitere mögliche Anfangsfigur der Blume des Lebens.*
Die Durchmesser eines kleinen und des großen Kreises stehen im Verhältnis von
1 : 3. *Ebenso die Umfänge.*
Demgegenüber ist die Summe der drei kleinen Durchmesser gleich dem des großen Kreises. Somit ist auch die Summe der drei kleinen Umfänge gleich dem Umfang des großen Kreises. Da es sich zunächst um dimensionslose Kreise handelt sind auch Pi und sämtliche anderen Verhältnisse der Einheitskreise nicht weit. Das heißt, auch die Verhältnisse 1 : Pi; 3 : Pi; 1 : 6; ... usw. sind bereits in den Anfängen der ‚Blume des Lebens‘ enthalten. Einige andere Verhältnisse kommen bei entsprechender Dimensionierung dazu.

Andere Wissenschaftler, die diesem Gebilde ebenfalls gelegentlich begegnen – z. Bsp. Archäologen, Historiker, Geologen, … etc. – geben der ‚Blume des Lebens‘ andere Namen und nennen sie etwa ‚Rosette‘, ‚Kreismuster‘, ‚geometrisches Muster‘, ‚Ornament‘, … oder irgendwie anders[125]. Wie die korrekte wissenschaftliche Bezeichnung lautet entzieht sich wieder einmal meiner Kenntnis. Vielleicht gibt es ja auch noch gar keine? So ein bisschen Latein würde sicher nicht viel schaden ...

Im Gegensatz zu den bisher hier aufgeführten Figuren besteht die ‚Blume des Lebens‘ **primär** ausschließlich aus Kreisen. Genauer gesagt aus **zwei** verschiedenen Kreisen: Einem **Umkreis**, der nur einmal vorkommt, aber oft als mehr oder weniger eng beieinanderliegender Doppel- oder Mehrfachkreis ausgeführt ist und die komplette Figur umschließt[126]. Und einem **Basiskreis**, der – immer gleich groß – mehrfach bis vielfach vorkommt. Aus ihm wird das Innenleben der „Blume“ gebildet, welches u.U. variieren kann. Der Basiskreis ist also zwangsläufig kleiner als der Umkreis, steht aber mit diesem jeweils in einem bestimmten Verhältnis, welches sich nach der ‚individuellen‘ Ausgestaltung der Figur richtet. Das heißt, es gibt etliche Variationsmöglichkeiten der Lebensblume, die sich jedoch hauptsächlich durch die Anzahl und Größe der jeweils verwendeten Basiskreise unterscheiden. Meistens und üblicherweise liegt jedoch das Verhältnis 1 : 3 zugrunde, worauf sich die ‚Normalvariante‘ gründet.

Sekundär kann man die Kreise durch Kugeln ersetzen bzw. dazu vervollständigen. Dadurch wird die ‚Blume des Lebens‘ zur kugeligen, räumlichen Figur und somit zur **‚Kugel des Lebens‘**. Es gibt mehrere Varianten das Innenleben der Umkugel mit Basiskugeln auszugestalten. Die Mehrzahl dieser Versionen löst sich dann im Laufe der weiteren Ausgestaltung zwangsweise von der regelmäßigen gegenseitigen Durchdringung der Basiskugeln. Beispielsweise kann man drei einschichtige Kugelblumen gegenseitig um die Mittelachse verdrehen. Wenn der Winkelabstand je 60 Grad beträgt erhält man in der Draufsicht einen sechs-"zackigen" Stern aus Basiskugeln. Das ‚begradigte‘ Innenleben dieser

---

¹²⁵   [34] ; Wikipedia u.v.a.m.
¹²⁶   Das kommt den ebenfalls doppelten Lichtkreisen des Kugel-Lichtmodells schon von Beginn an sehr nahe.

Abbildung 59: *Drei gegeneinander um 60° verdrehte einschichtige ‚Kugelblumen' von oben gesehen. Die Abbildung ist stark simplifiziert.*

Ausführung entspricht dann einer fast idealen Sechseckkugel, die – wie gehabt - aus einem Sechskantprisma mit zwei sechsseitigen Pyramiden auf seinen Grundflächen besteht.

Allerdings ist dann die regelmäßige Verschachtelung der Basiskugeln gestört und es entstehen ‚Lücken' zwischen den äußeren Kugeln der einzelnen Blumen. Aber das stört nicht weiter, denn das regelmäßige Sechseck bzw. die Sechseck-Kugel ist ja bereits festgelegt.

Und gibt man der Lebenskugel dann noch die natürlichen oder die Model-Maße der Erde und ein wenig Licht sowie seine Geschwindigkeit und einen knuffigen Mond an die Hand, trifft sie des Pudels Kern mitten ins Herz hinein. Das Kugel-Lichtmodell entsteht somit fast von selbst und wir können das Gebilde in **„Kugel des Lebens und des Lichts"** umtaufen. Das führt zu der begründeten Vermutung, dass beides schon vom Ursprung her etwas miteinander zu tun hat bzw. haben könnte. Die Bezeichnung entspricht dann einem sehr bildhaften und griffigen Synonym für das Wort **‚Erde'**, die ja bekanntlich ein lebender Planet ist, der von Sonne, Mond, Sternen, Polarlichtern, geologischen Geschehnissen, Tiefseelebewesen ... und Glühwürmchen mit Licht versorgt wird.

Aufgrund der sich gegenseitig durchdringenden Basiskugeln wird die zeichnerische Darstellung der ‚Kugel des Lebens und des Lichts' sehr kompliziert und unübersichtlich. Aus diesem Grund wird hier auf die Abbildung der durch und durch kugeligen 3D-Lebensblumenkugel verzichtet. Stattdessen begnügen wir uns an hiesiger Stelle notgedrungen mit der üblichen 2D-Darstellungs-Version, die man u.a. als Schnittdarstellung der Lebenskugel betrachten kann. Trotzdem möge der Leser die räumliche Variante niemals aus den Augen verlieren, denn schließlich führt nur sie uns zu einer echten Sechseckkugel ohne ‚direktes Sechseck'. Ich gehe an dieser Stelle einfach mal davon aus, dass der Leser, der die bisherigen Ausführungen lebendig und gesund überstanden hat, auch noch genügend Vorstellungskraft für die ‚Kugel des Lebens und des Lichts' übrig hat.

Angemerkt sei an dieser Stelle, dass uns aus der Vergangenheit Lebenskugeln überliefert sind, die das typische Kreis-Dreiecksmuster oder Ableitungen davon auf ihrer Kugeloberfläche tragen. Dieser Umstand dürfte gewissermaßen als ‚Notlösung' der damaligen Künstler anzusehen sein. Denn eine echte Lebenskugel sollte ihre innere Struktur auch im Inneren beinhalten und nicht obenauf. Darstellerisch ist das aber nochmals viel komplizierter zu bewerkstelligen als die hier ‚eingesparte' Zeichnung, zumal das Material zwingend transparent sein sollte, damit man das kugelige Innenleben auch sehen kann. Ich weiß nicht, ob das gegenwärtig überhaupt technisch machbar ist, aber vielleicht fühlt sich ja demnächst mal ein Glasbläser-Großmeister von einem derartigen Kunststück herausgefordert? Das wäre nützlich und schön.

Und ein wahres Meisterstück.

Die Erstellung der Blume des Lebens beruht auf der Tatsache, dass sich der Radius jedes Kreises mit einem Zirkel genau sechsmal auf dem Kreisumfang abtragen läßt. Da der Radius des Kreises eine gerade Strecke ist, und der Kreisumfang gebogen, entsteht innerhalb des Kreises automatisch ein **regelmäßiges Sechseck**, sofern man die abgetragenen Radien in den Kreis einzeichnet. Und ein In-Sechseck ist genau das, was wir für das Kugel-Lichtmodell brauchen. Das bedeutet, dass der naturwissenschaftliche Inhalt der ‚Blume oder Kugel des Lebens' bereits mit dem allerersten Basiskreis gesetzmäßig vorgegeben ist. Die Umfänge von Kreis und dazugehörigem In-Sechseck stehen im Verhältnis **Pi zu Drei**.

Im weiteren Konstruktionsverlauf dient jeder der sechs anfänglichen Schnittpunkte sowie jeder weitere Schnittpunkt zwischen zwei Basiskreisen als Mittelpunkt für einen weiteren Basiskreis. Und zwar solange, bis die gewünschte Größe und Komplexität der Figur erreicht ist. Bei der Erstellung der ‚Blume des Lebens' kann man also prinzipiell nicht viel verkehrt machen – außer vielleicht, dass man sich in den vielen Kreisen verheddert oder etwas übersieht. Die Komplettierung der Figur mit weiteren Kreisen bzw. Kugeln erhöht „nur" die Qualität und Quantität des naturwissenschaftlichen Inhalts. Und genau das ist Sinn und Zweck der Angelegenheit namens ‚Blume des Lebens'. Analog gilt das selbstverständlich auch für die ‚Kugel des Lebens und des Lichts'.

Die In-Sechsecke der Kreise sind immer vorhanden. Sie werden normalerweise jedoch nicht in die ‚Blume des Lebens' eingezeichnet, sondern tarnen sich unsichtbar im geometrischen Hintergrund ab.

Stattdessen bildet die Innenstruktur quasi-automatisch zusätzlich ein großes In-Sechseck im allesumschließenden Umkreis ab, welches primär nicht eine einzige gerade Kante, aber trotzdem sechs ‚Ecken' hat. Damit entpuppt sich die Figur praktisch als Fraktal, indem immer wieder die selben Formen in verschiedenen Größen auftauchen. Die Ecken des „runden Sechsecks" kann man dann miteinander verbinden und erhält ein reguläres In-Sechseck in einem Kreis. Dadurch werden gleichzeitig die im regelmäßigen Sechseck üblichen Winkel und sonstigen Verhältnisse naturgesetzmäßig festgelegt und das Innenleben der Lebensblume erscheint als eine spezielle Art von Dreiecksmuster aus gleichseitigen Dreiecken, die ebenfalls primär nicht eine einzige gerade Kante haben, aber jeweils drei Ecken. Und die kann man dann untereinander wieder mit Geraden verbinden, sofern man das möchte …

Läßt man anstelle der Sechsecke die Kreise weg und zeichnet nur die Sechsecke ein, erhält man ein in sich verschachteltes „Bienenwabenmuster", welches wieder zum selben Dreiecksmuster führt. Diesmal allerdings mit geraden Kanten und korrekten Ecken.

Die Schnittflächen der Basiskreise haben die Form zweidimensional abgebildeter sphärischer Zweiecke, die in 2D wie eine übliche Seitenansicht von beidseitig konvexen Linsen aussehen. Bei sich gegenseitig durchdringenden Kugeln sind die Schnitträume echte, zweiseitig konvexe Linsen. Aus diesem Grunde werde ich für diese Gebilde den Begriff ‚Linse' sowohl für 2D als auch für 3D weiterhin verwenden. Der Leser weiß dann, was gemeint ist. Die Zwischenräume zwischen diesen Linsen sind konkav-sphärische Dreiecksformen. Sie werden in der Folge nur ‚Zwischenräume' genannt.

Wie bereits gesagt, kann man die ‚Blume des Lebens‘ recht vielgestaltig ausführen. Am weitesten verbreitet – und inhaltlich am wertvollsten – dürfte jedoch die „vierkreisige“ Variante sein, bei der drei Basiskreise – senkrecht übereinander stehend - den Durchmesser des Umkreises ergeben (siehe Abbildung 58). In diesem Fall stehen die Durchmesser von Umkreis zu Basiskreis im Verhältnis **3** zu 1 bzw. reziprok im Verhältnis 1 zu 3 = **0,33333...** . Man mag es kaum ‚glauben‘, aber diese Version beinhaltet praktisch die naturwissenschaftlichen Grundlagen unserer ‚kompletten‘ heutigen modernen Welt.

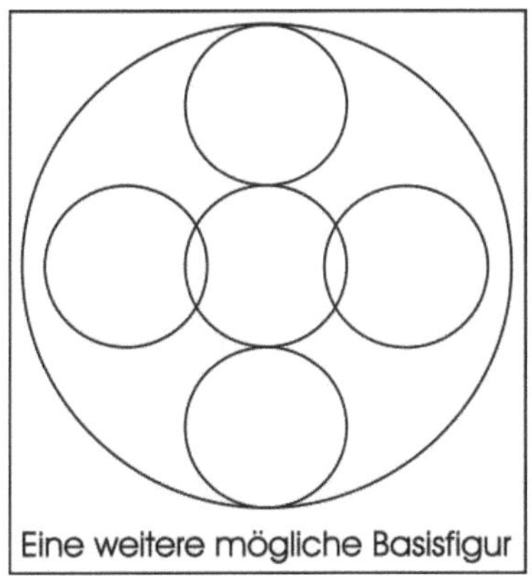

Abbildung 60

Die Grundfigur kann zunächst mit drei waagerechten Kreisen ergänzt werden, von denen die beiden äußeren ein wenig eingerückt sind, weil ja ein senkrecht stehendes Sechseck ein wenig höher als breit ist. Diese Form entsteht bei der Fortführung der Konstruktion von selbst Somit ergibt Drei plus Drei logischerweise Fünf und zusammen mit dem Umkreis Sechs. Klar, das liegt ja auf der Hand.

Dadurch beinhaltet die Figur schon an diesem frühen Konstruktionszeitpunkt das **Verhältnis 5 : 6 = 0,83333...**, welches wohl das wichtigste und grundlegendste im Universum sein dürfte. Das Verhältnis 5 : 6 ist noch mehrfach in der ‚Blume des Lebens‘ enthalten. Alle anderen mathematischen Verhältnisse sollen mit dieser Aussage jedoch keinesfalls diskreditiert werden, sondern besitzen weiterhin ebenfalls ihre natürliche Existenzberechtigung und Gültigkeit.

Wenn man möchte, kann man das bisherige Innenleben durchaus als Strukturformel eines **Kohlenstoff**atoms interpretieren, welches aufgrund seiner Eigenschaften wohl das wichtigste Atom für die Existenz irdischen Lebens oder sogar des Lebens im Allgemeinen darstellt: Das Atom befindet sich in der Mitte und ringsherum sind die vier chemischen Bindungsmöglichkeiten als Kreise dargestellt. Eine andere Interpretationsmöglichkeit ist diejenige als Methanmolekül. Die trifft es vielleicht sogar noch besser. Zwingend ist das jedoch alles nicht. Hineininterpretieren kann man immer viel. Was jedoch tatsächlich und unveränderlich auf ewig in der ‚Blume‘ festgeschrieben und für immer in den Figuren enthalten ist, sind die mathematischen Verhältnisse, die Winkel und Formen. Genau das macht den Unterschied zwischen der hiesigen und den meisten bisherigen Betrachtungen der ‚Blume des Lebens‘: Das Kugel-Lichtmodell ist keine der bisher üblichen Freiflug-Interpretationen, sondern beruht ausschließlich auf den inneliegenden mathematischen Fakten und Gesetzmäßigkeiten.

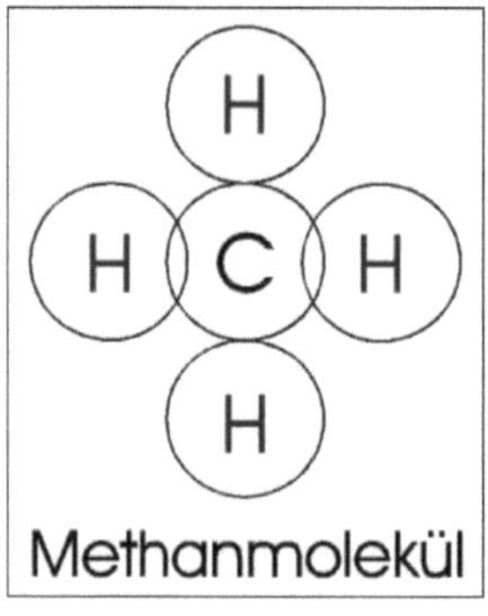

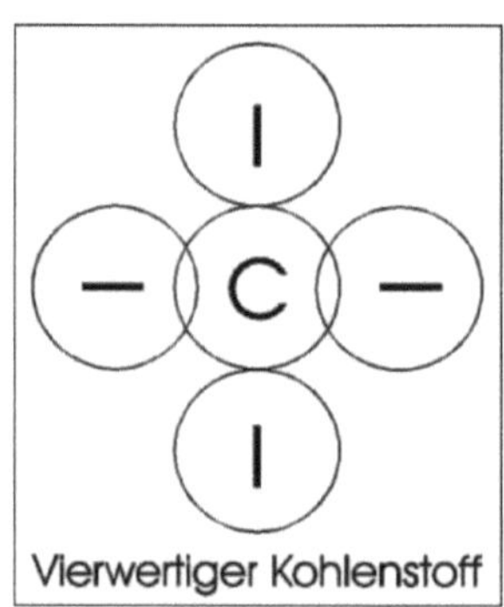

Abbildung 61   **Abbildung 62**

Darüber hinaus beinhaltet jeder Kreis mit In-Sechseck automatisch das **(relative)** Verhältnis zwischen **Meter** und **Königselle**, wobei die Königselle einem Sechstel des Kreisumfanges entspricht und der Kreisdurchmesser einem Meter. Damit sind bereits die Grundlagen der Längenmaßeinheiten und –messung festgelegt. Ihre **absoluten** Längen erhalten beide Maßeinheiten jedoch erst durch das spätere Zusammenspiel mit dem Licht und seiner Geschwindigkeit.

Dazu kommt, dass Kreise meistens rund sind – genau wie viele Ziffernblätter unserer Uhren. Die wichtigsten Winkel sind in der Lebensblume auch schon enthalten und markiert – und zwar durch die Ecken des In-Sechseckes und die Mittellinien. Und diejenigen Winkel, die noch fehlen, kann man ohne größere Schwierigkeiten zusätzlich hineinkonstruieren. Beispielsweise indem man eine zweite (identische) Lebensblume konzentrisch auf die erste legt und ein wenig verdreht. Man kann die Darstellung also auch durchaus guten Gewissens als die Basis unserer **Winkel**- und **Zeit**messung ansehen, sofern man das möchte.

Das bedeutet, dass wir die ‚Blume des Lebens' auf verschiedene Art und Weise geometrisch-mathematisch betrachten und interpretieren können. Beispielsweise zunächst unter dem Gesichtspunkt der verschiedenen dimensionslosen Einheitskreise und der Verhältnisse zwischen und in ihnen. Außerdem können wir diverse absolute Maße festlegen oder zuschreiben. An den inneliegenden Verhältnissen ändert sich dadurch nichts. Auf diesem Wege können zusätzliche Informationen in die Figur implementiert werden, die mitunter recht nützlich sein können. Das wußten wohl auch schon Leonardo da Vinci und ein paar andere kluge Köpfe, lange Zeit vor ihm …

Wenden wir uns nun dem Standard-Modell der ‚Blume des Lebens' zu. Es ist die am häufigsten dargestellte und verwendete Variante. Sie stellt das informationstechnische Optimum aller ‚Lebensblumen' dar: So komplex wie notwendig und so einfach wie möglich.

Dabei entspricht der Durchmesser des Umkreises dem dreifachen Durchmesser eines Basiskreises. Von den Basiskreisen sind insgesamt **55** Stück vorhanden. Davon sind allerdings nur **19** vollständig sichtbar. Sie befinden sich allesamt innerhalb des Umkreises.

Dazu kommen **36** Basiskreise, die nicht vollständig sichtbar sind. Sie splitten sich auf in 12 Kreise, die zur Hälfte (= 180°) sichtbar sind, 6 Kreise von denen ein Drittel (= 120°) und 18 Kreise, von denen jeweils nur ein Sechstel (= 60°) direkt bewundert werden kann. Zu den 55 Basiskreisen kommt noch der Umkreis dazu (= 56 Kreise), sodass die komplette Blume bei der üblichen doppelten Ausführung des Umkreises insgesamt aus **57** Einzelkreisen besteht.

Die Standard-Blume verfügt über **18** Linsen, die den äußeren Rand des In-Sechseckes bilden und weitere **72** Linsen, die innerhalb des Sechseckes angeordnet sind. Das macht zusammen 90 reguläre Linsen. Zwischen ihnen tummeln sich **54** konkav-sphärisch-dreieckige Zwischenräume.

Abbildung 63: *Die Standard-Version der Blume des Lebens mit allen dafür notwendigen Kreisen*

Diese Zahlen fallen auf, denn sie lassen sich allesamt durch 2, 3, 6, 9 und 18 teilen. Mindestens. Dazu kommt, dass 18, 54 und 72 – als Gradangaben betrachtet – drei der vier wichtigsten **Phi**-Winkel sind. Die 36 als Gradangabe des Vierten dieser Winkel ist ‚nur‘ als Gesamtzahl der teilweise sichtbaren Kreise vorhanden. Ihre Ermittlung ist damit ein wenig aufwändiger als die der anderen Zahlen, aber sie ist auch vorhanden. Alle genannten sind grundlegende System-Zahlen des Kugel-Lichtmodells.

Die ‚Blume des Lebens‘ hat also nicht nur aufgrund ihrer Kreise mit **Pi** zu tun, sondern auch mit dem Goldenen Schnitt **Phi**. Und das nicht nur irgendwie ‚mystisch‘, ‚numerologisch‘ oder gar ‚esoterisch‘. Nein.

Das alles - und noch viel mehr - ist auf ewige Zeiten und für alle Galaxien mathematisch exakt darin festgeschrieben. Vollautomatisch, sozusagen. Immer wieder reproduzier- und erkennbar. Nachweisbar sowieso. Also höchstgradig wissenschaftlich.

Nun hat aber – wie bereits mitgeteilt – das Standard-Blumenmodell seit Urzeiten meistens einen doppelten Umkreis. Für das Kugel-Lichtmodell ist das, gelinde gesagt, sehr vorteilhaft. Weist es doch **erstens** darauf hin, dass die Modell-Erde mit verschiedenen Durchmessern und Formen betrachtet werden kann und muss – und **zweitens**, dass auch die diversen Lichtkreise stets in doppelter Ausführung vorhanden und anzuschauen sind: Jeweils einmal mit ‚richtig runden' Zahlen[127] und jedes Mal dazugehörig mit der exakter gerundeten und definierten Zahl (c = 299.792,458 km/s). Als **drittens** kann noch genannt werden, dass durch den doppelten Umkreis die Gesamtzahl der Kreise auf **57** ansteigt, was aus schein-numerologischer - also mathematischer - Sicht erheblich vorteilhafter ist als die 56.

Das alles eröffnet einerseits angenehme Interpretationsspielräume, andererseits führt es zu Bedenken. Denn nicht nur die Lichtkreispaare liegen derartig eng beisammen, dass eine maßstabsgetreue zeichnerische Darstellung in nutzbarer Größe nicht möglich ist. Beide Lichtkreise verschwimmen beim maßstabsgerechten Zeichnen unweigerlich zu einem einzigen Kreis. Auch die Winkeldifferenz zwischen 30 Grad und 29,9792458 Grad läßt sich in jeglichem Normalfall nicht maßstabsgetreu aufs Papier zeichnen. Die 30° entsprechen der Hälfte des Winkels vom Mittelpunkt zu zwei Ecken des In-Sechseckes bzw. dem Winkel zwischen der waagerechten Mittellinie und den nächstliegenden Ecken. Dieser 30-Grad-Winkel ist gemeinsam mit seinem zugehörigen Pendant von 29,9792458° eine der Grundlagen des gesamten Kugel-Lichtmodells. Zeichnerisch lassen sich beide praktisch nicht trennen. Es sei denn, man verwendet ein Zeichenblatt in Fußballfeld-Größe oder noch viel größer ... das ist jedoch geringfügig unpraktikabel.

$$30° - 29{,}9792458° = 0{,}0\textbf{207542}°$$

---

[127] $c_{\text{gerundet}} \approx 300.000$ km/s   bzw. $x * c_{\text{gerundet}} = 360.\text{xxx}\ldots$; mit $x = 1{,}2 * 10^y$

Der Differenzwinkel 0,0207542° ergibt bei einer Schenkellänge von 100 Metern eine Winkelöffnung von weniger als fünf Zentimetern. Das ist etwa eine halbe Linienbreite auf dem Fußballfeld. Ohne exakte Messung sieht man das nicht.

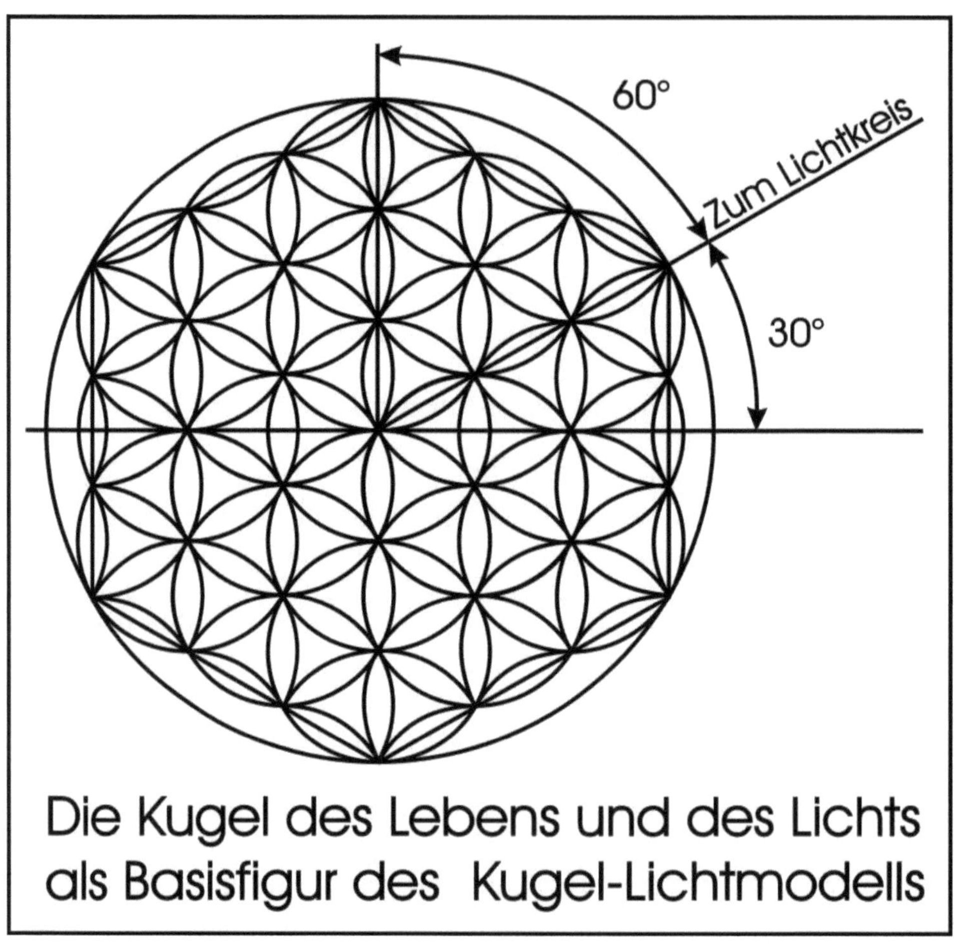

Abbildung 64: *Die Basis des Kugel-Lichtmodells. Die ,Kugel des Lebens und des Lichts' wird im weiteren Verlauf zur Modell-Erde des Gesamtmodells. Der „Lichtgeschwindigkeitswinkel" 29,9792458° ist praktisch in der Linienbreite des 30°-Winkels enthalten.*

Bei einer Lebensblume mit beispielsweise 20 cm Durchmesser entspricht das knapp fünf Hundertstel Millimetern und verschwindet auch unter der dünnsten Strichstärke.

Somit erscheint es notwendig, nach anderen Möglichkeiten für die zeichnerische Darstellung zu suchen. Dafür gibt es viele Möglichkeiten, die mehr oder weniger sinnvoll sind. Je nachdem, was der jeweilige Blumengestalter zum Ausdruck bringen möchte. Die einfachste Variante ist eine nicht-maßstabsgerechte Zeichnung inklusive Hinweis darauf. Man kann aber auch mithilfe von (möglichst sinnvollen) Umrechnungsfaktoren die Abstände vergrößern, muss aber ebenfalls darauf hinweisen und erläutern was wie gemacht wurde. Außerdem kann man andere Basisdaten verwenden um die Zeichnung ansprechend und übersichtlich zu verändern, muss aber dann auch den Weg zurück zur eigentlichen Aussage aufzeigen. Da beispielsweise der Goldene Schnitt bereits aufgetaucht ist, bietet es sich an, ihn nochmals zu verwenden, um das Problem wenigstens ein bisschen gefügiger zu machen, ohne allzusehr von der Realität abzuweichen. Man kann aber auch Kreise mit 30xxx und 36xxx miteinander kombinieren, wodurch man das Verhältnis 0,833333… bzw. reziprok 1,2 gleich noch einmal in die Blume integriert. Daneben gibt es noch unendlich viele weitere Möglichkeiten und Lösungen.

Wie gesagt: Je nach Gustus …

Oder man verwendet die Blume einfach „nur" als Symbol sowie als Merk- und Denkhilfe. Wer sich ernsthaft damit beschäftigt kommt irgendwann von ganz allein auf die diversen mathematischen und physikalischen Inhalte.

__Der Übergang von der Blume zum Modell__

Weiterhin können wir der Blume des Lebens – und damit auch der Kugel des Lebens und des Lichts – konkrete absolute Maße zuordnen. Wenn wir ihr beispielsweise einen Umkreis-Umfang von 40.000 km zuschreiben, landen wir bei der 40.000-km-Modell-Erde und somit früher oder später automatisch auch beim Kugel-Lichtmodell. Das sollte einleuchten.

Aus diesem Grunde wird an dieser Stelle auf die weitere Ausführung dieses Sachverhaltes verzichtet.

Andere Möglichkeiten sind beispielsweise die ebenfalls kugelförmige Modellerde mit 40.040 km Umfang und weitere Kugelgrößen. Später können wir dann aber auch zu diversen idealisierten Ellipsoiden übergehen. Etwa einem mit 40.008 km und 40.075 km Umfang oder demjenigen mit den WGS-84-Maßen. Da wird es dann aber ziemlich kompliziert, sodass wir auch dieses Thema erst einmal außen vor lassen.

Stattdessen erscheint ein anderer Zusammenhang sehr viel interessanter. Und zwar derjenige, der direkt mit den Lichtkreisen zu tun hat. Die Lichtkreise sind allesamt ganz schön weit weg von der Modellerde. Das heißt, wenn wir sie als Umkreise der Modellerden-Blume betrachten, ist der Spalt zwischen den einzelnen Umkreisen ganz schön breit. Die Lichtkreise sind somit zwar Umkreise der Lebensblumen-Erde, aber keine direkten. Insofern besteht die Möglichkeit, jeden der Lichtkreise mit einer eigenen Lebensblume zu versehen, deren direkte Umkreise dann die Lichtkreise sind. Wirklich gebraucht werden allerdings nur die In-Sechsecke. Jedenfalls vorerst. Deswegen betrachten wir auch dieses Unterthema hier nicht, sondern schauen uns die Zusammenlhänge und den praktischen Übergang von der Blumen-Kugelerde mit 40.000 km Umfang zu den kleinen Lichtkreisen etwas genauer an.

Dazu untersuchen wir diesmal gleich drei verschiedene ‚Umkreise' der Lebensblume gleichzeitig, von denen zwei (300.000 und 299.792,458 [km]) allerdings wieder sehr eng beisammen liegen. Der dritte, äußere Umkreis erhält einen Umfang von 360.000 (km) und ist weit genug von den ersten beiden entfernt, um eine sinnvolle zeichnerische Darstellung zu gewährleisten. Die Maßeinheiten lasse ich („wie üblich") der Einfachheit und Übersichtlichkeit halber weg. Es geht hauptsächlich um die sich ergebenden Zahlen und Ziffernfolgen. Am Anfang der Geschichte stehen die Durchmesser der drei Kreise und der Erdenblume in ihrer Mitte:

1.) 40.000	km	: Pi =	**12.732,395… km**	= a
2.) 299.792,458 km		: Pi =	**95.426,903… km**	= b
3.) 300.000	km	: Pi =	**95.492,966… km**	= c
4.) 360.000	km	: Pi =	**114.591,56… km**	= d

Dazu die Verhältnisse:

$b : a = 7{,}4948115$

$c : a = 7{,}5$

$d : a = 9$

$b : c = 0{,}99930819333...$ (= Verhältnisform der Lichtgeschw.)

$b : d = 0{,}8327568...$ ($10/x = 12{,}008308...$)

$c : d = 0{,}8333333...$ (= **5 : 6**)

All das sind Zahlen, die uns nicht nur im Kugel-Lichtmodell, sondern auch in der allgemeinen irdischen Praxis der Mathematik und Physik auf Schritt und Tritt begegnen. Zumindest das hiesige Buch ist vollgestopft damit. Und nicht nur dieses[128].

Aus diesen Größen, ihren Vielfachen und ihrer Darstellung setzt sich das Kugel-Lichtmodell hauptsächlich zusammen. Was sich daraus ergibt und ableitet sollte auch gestandene Physiker ein klein wenig beeindrucken und zum Drübernachdenken anregen.

Auf den ersten größeren „Gag" in dieser Geschichte stoßen wir, wenn wir die obigen Zahlen ein wenig mehr mit sich selbst und dem 360-Grad-System „verwursteln". Den Anfang machen wiederum drei einfache Verhältnisse, die den jeweiligen Anteil des Teilkreisbogens am Gesamtumfang des jeweils betroffenen Kreises beschreiben:

$360° : 30°$ $= 12$

$360° : 29{,}9792458° = 12{,}0083074271335...$

$12 \quad : 12{,}00830742... = 0{,}9993081933333...$ ($= LG_{Verhältnis}$)

Diese Verhältnisse wenden wir nun auf die oben genannten Kreisumfänge an und ermitteln die jeweilige Differenz:

U_1 $= 299.792{,}458$

$U_1 \quad : \quad 12$ $= 24.982{,}70483...$ (siehe U_2)

$U_1 \quad : \quad 12{,}008307... = 24.965{,}42163...$

$U_1/12 - U_1/12{,}008307... = $ **<u>17,2832017550681...</u>**

---

[128]   siehe auch [3] und [4] u.a.

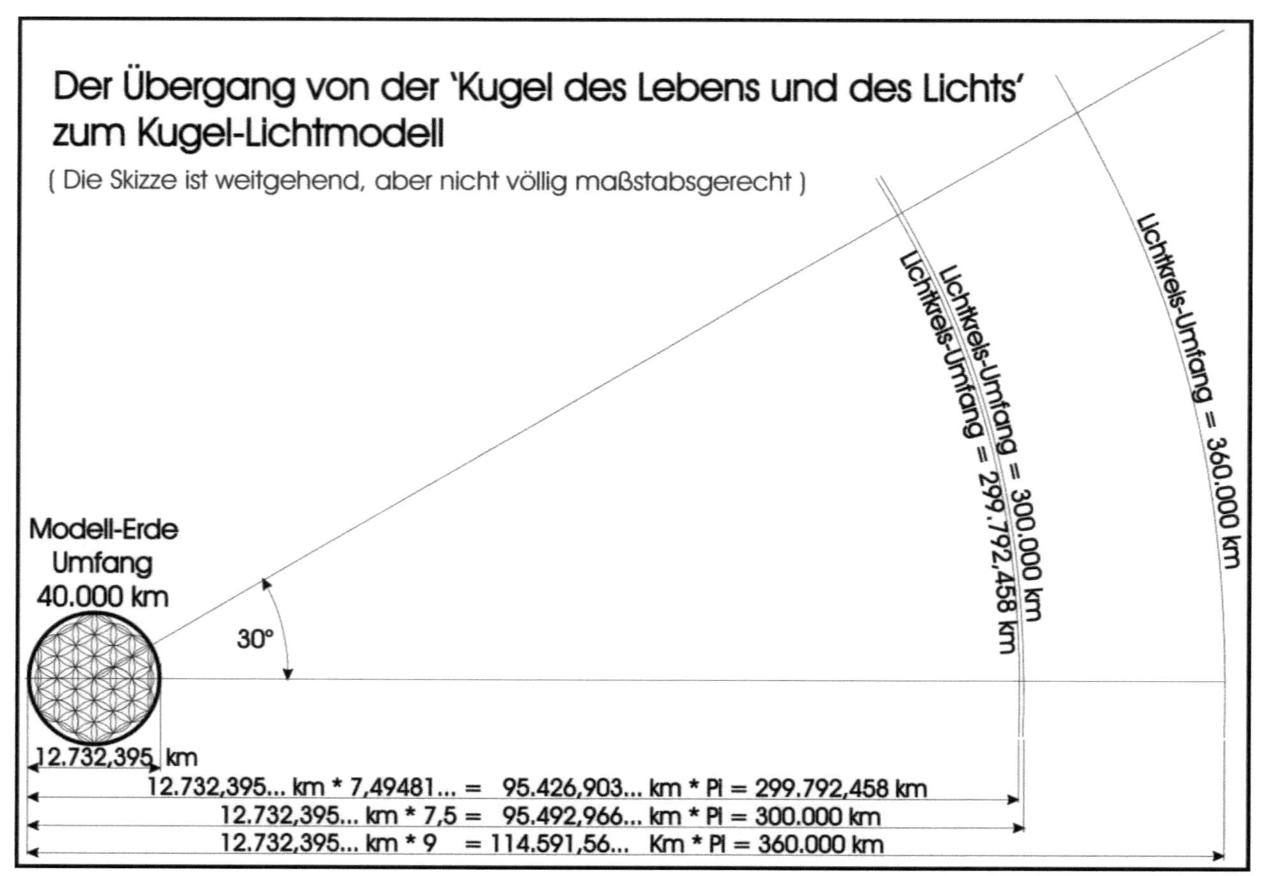

Abbildung 65: Kugelerde und innerster Lichtkreis (1 Ls)

$$
\begin{aligned}
U_2 &&&= 300.000 \\
U_2 &: 12 &&= 25.000 \\
U_2 &: 12{,}008307\ldots &&= 24.982{,}70483\ldots \qquad \text{(siehe } U_1) \\
U_2/12 &- U_2/12{,}008307\ldots &&= \mathbf{17{,}295166666\ldots}
\end{aligned}
$$

$$
\begin{aligned}
U_3 &&&= 360.000 \\
U_3 &: 12 &&= 30.000 \\
U_3 &: 12{,}008307\ldots &&= 29.979{,}2458 \qquad \text{(= LG / 10)} \\
U_3/12 &- U_3/12{,}008307\ldots &&= \mathbf{20{,}7542} \qquad\qquad)^{129}
\end{aligned}
$$

Die drei errechneten Differenzen führen uns wieder zu einem der üblichen mathematischen ‚Ringelspiele' … und weit darüber hinaus:

$$
\begin{aligned}
17{,}28320\ldots * 12{,}008307\ldots &= \mathbf{207{,}542} \\
17{,}29516\ldots * 12 &= \mathbf{207{,}542} \\
17{,}28320\ldots : 20{,}7542 &= 0{,}832756828\ldots \\
\Rightarrow 360.000 * 0{,}832756828.. &= \mathbf{299.792{,}458}
\end{aligned}
$$

… usw. usf.

Besonders interessant sind zwei Zusammenhänge, die rechnerisch nicht vollständig aufgehen. Trotzdem sind sie bemerkenswert. Der erste davon bringt uns der Zahl bzw. Ziffernfolge der Elementarladung sehr nahe:

$$[17{,}28320175\ldots : \tan(\mathbf{1/Phi})] : 1000 = 1{,}6022033225\ldots$$

Die Zahl der real ermittelten Elementarladung (= 1,6021766208(98)) bringt uns hingegen zu einer 17,28291372… und damit zu einer Lichtgeschwindigkeit von 299.792,**46**145… Das hatten wir so ähnlich schon öfter. Ob an der **46** hinter dem Komma vielleicht doch etwas mehr dran ist?

Es sieht ganz danach aus!

Der zweite Zusammenhang führt uns über den Reziprokwert der Lichtgeschwindigkeit ganz in die Nähe der 193.

---

[129]   Bei der Differenz bezüglich U_3 wird einer der Gründe sichtbar, warum der primäre Lichtkreis einen Umfang von 3,6 Mio. km bzw. 12 Ls hat – und nicht eine bzw. 1,2 Ls. Die Differenz zwischen gerundeter und definierter LG beträgt 207,542 km/s und nicht 20,7542 km/s. Letztere hat aber ebenfalls eine ungeheuer wichtige eigene Rolle inne, die erst zu gegebener Zeit beschrieben wird.
=> 300.000 – 299.792,458 = 207,542

$$1/LG * 10^9 = 3335{,}640952\ldots$$

$$3335{,}640952\ldots : 17{,}28320175\ldots \quad = \mathbf{192{,}9990}172\ldots \approx \mathbf{193}$$

oder andersherum zu

$$3335{,}640952\ldots : 193{,}000 \quad = 17{,}28\mathbf{311137}408369\ldots$$

Auch das ist zumindest einmal überdenkenswert.

Solche und etliche ähnliche Geschichten zeigen uns, dass die **17,283201..** in diesem Zahlenreigen besonders betont ist. Da muss man erst einmal drauf kommen, denn normalerweise fällt diese Zahl selbst beim besten Willen nicht auf. Aus diesem Grunde habe ich sie wohl auch erst sehr spät gefunden[130]. Aber wenn man erst einmal auf sie aufmerksam geworden ist, merkt man sehr schnell, dass sie nicht nur irgendeine x-beliebige Zahl ist, sondern es in Bezug auf das Kugel-Lichtmodell faustdick hinter den Ohren hat. Dazu wieder nur ein paar wenige Beispiele aus einer schier endlosen Reihe, um zu zeigen, was gemeint ist:

$17{,}28320175\ldots :$	2	$= \mathbf{8{,}641}601\ldots$	$=> \mathbf{86.400}$
$17{,}28320175\ldots :$	3	$= \mathbf{5{,}761}067\ldots$	$=> 5.760$
$17{,}28320175\ldots :$	4	$= \mathbf{4{,}3208}005\ldots$	$=> 4.320 * 10^\wedge x$
$17{,}28320175\ldots :$	5	$= \mathbf{3{,}4566}404\ldots$	$=> \mathbf{3456}(7)$
$17{,}28320175\ldots :$	6	$= \mathbf{2{,}88}05337\ldots$	$=> \mathbf{288}$
$17{,}28320175\ldots :$	8	$= \mathbf{2{,}16}04003\ldots$	$=> \mathbf{216}$
$17{,}28320175\ldots :$	11	$= 1{,}5712002\ldots$	$=> \approx \text{Pi}/2$
$17{,}28320175\ldots :$	12	$= \mathbf{1{,}440}2668\ldots$	$=> 12^2 ; \mathbf{1440} ; \ldots$
$17{,}28320175\ldots :$	14	$= 1{,}2345344\ldots$	$=> \mathbf{1\text{-}2\text{-}3\text{-}4\text{-}5}$

… usw. usf.

Dem Einen oder Anderen werden diese u.a. Zahlen bekannt vorkommen. Und das geht so weiter. Fast bis in die Unendlichkeit. Aber nicht nur mit der Division, sondern auch mit der Multiplikation, Wurzeln aller Art, Logarithmen und weiß-der-Kuckuck-noch-was. Praktisch nichts (außer dem oben Genannten) wird wirklich korrekt getroffen, aber die Menge und Qualität der Fast-Treffer sowie der damit gegebenen Hinweise auf Weiteres und alles Mögliche ist reinweg phänomenal. Die **17,28320175...** ist eine „Allerweltszahl" wie mir bisher noch keine andere begegnet ist.

---

[130]   im Zeitraum vom 11. bis 14. Oktober 2018

Und das Meiste davon hat einen hautengen Bezug zum Kugel-Licht-
modell. Auch wenn diese Zahl nicht ausschließlich von der ‚Blume des
Lebens‘ bzw der ‚Kugel des Lebens und des Lichts‘ abstammt, so hat sie
doch einen hautengen Bezug dazu. Und der verbindet seinerseits die
‚Kugel des Lebens und des Lichts‘ schier untrennbar mit dem Kugel-
Lichtmodell.

     Zufall? ‚Glaub‘ ich nicht!

Angemerkt muss an dieser Stelle werden, dass es mit der gerundeten
bzw. idealisierten 17,28 teilweise fast noch besser klappt und mehrere
Ergebnisse auf Anhieb aalglatt herauskommen. Die 17,28 ist aber eben
nur eine Rundung mit einer klaren Herkunft. Einige Ergebnisse werden
dadurch entstellt und/oder sind mitunter gar nicht mehr zu erkennen, was
einen erheblichen Verlust darstellt. Trotzdem muss dieser Zusammenhang bei Gelegenheit noch sehr viel tiefgründiger untersucht werden.
Denn es scheint so, als ob wir hier vor einem Direktübergang zwischen
vermeintlicher ‚Numerologie‘ und der realen Naturwissenschaft stehen.
     Und erst einmal einfach nur hilflos staunen.

<u>Kreis, Sechseck, Pi-Drittel und sein Reziprokwert</u>

Das Verhältnis der Umfänge von Kreis zu In-Sechseck ist für das Kugel-
Lichtmodell von ganz fundamentaler Bedeutung. Ohne dieses Verhältnis
würde das ganze Modell nichts taugen. Es wäre nicht existent. Aus diesem Grunde wird hier ganz bewusst mit diesem Verhältnis angefangen,
auf einige der damit verbundenen Zusammenhänge einzugehen.

Das Verhältnis 3/Pi bzw. Pi/3 kommt in jedem Kreis mit In-Sechseck
vor. Es ist das gesetzmäßige Verhältnis zwischen den Umfängen von
Kreis und zugehörigem In-Sechseck. Am deutlichsten tritt es bei den Einheitskreisen zutage. Auf fünfzehn Stellen genau gerechnet, ergeben sich
bei der Gegenüberstellung mit einer Rechnung, die von der Lichtgeschwindigkeit abgeleitet wurde, zwei „parallele“ Rechnungen, die im

Nachhinein miteinander verglichen werden. Die Maßeinheiten werden der Einfachheit halber wieder weggelassen.

1.)   Pi : 3 = 1,0471975511966…
3 : Pi = 0,954929658551372…

Auf eine ganz ähnliche Zahl stößt man bei einer Rechnung mit der Lichtgeschwindigkeit:

2.a)   Lichtgeschwindigkeit (LG)   = **299.792,458**
1 / LG   = **3,33564095198152…E-6**
=> 1/LG * 10.000   = 0,0333564095198152…
=> 0,033356409… + 1   = 1,0333564095198152…
=> 1,0333564095198152… * 10^9 = 1.033.356.409,5198152…
=> 1.033.356.409,5198152… => Log10 = 9,01425013758095…
=> 9,01425013758095…   => Log10 = **0,954929605195339…**

Der Vergleich beider Rechnungen miteinander, zeigt eine superwinzige Differenz auf, die offensichtlich auf einer minimalen Rundung der Lichtgeschwindigkeit basiert, da sie in diesem Reigen die einzige Größe ist, die „nur" aufgrund ihrer Maßeinheiten festgelegt ist. Zumindest dem Anschein nach erfolgte diese Mini-Rundung zugunsten von 9-Fakultät, deren Bedeutung für die Lichtgeschwindigkeit in km/s ja schon am Anfang dieses Buches erklärt wurde. 9-Fakultät ist leicht zu finden und passt vielfach punktgenau. Schätzungsweise wurde sie aus diesem Grunde gegenüber dem grundlegenden Verhältnis 3/Pi ein wenig bevorzugt.

Vergleich:
0,954929658551372…- 0,954929605195339… = 0,000000053356033…
=> 0,00000053356033… * 10^7 = 0,**53356**033… = cos **57,753693…**°

Der Vergleich der beiden Rechnungen zeigt, dass am Ende eine winzige Differenz im Bereich von 10^-8 bestehen bleibt. Diese minimale Differenz könnten wir bei Bedarf durch eine ebenso winzige Änderung der

Zahl der Lichtgeschwindigkeit beseitigen. Das würde nicht wirklich auffallen. Doch es ist nicht Sinn und Zweck der Sache.

Stattdessen ist es sinnvoller einen Winkel aus dieser Differenz abzuleiten. Dieser heißt 57,75... Grad und taucht an einer anderen, ebenso wichtigen Stelle wenn nicht exakt gleich, so doch ganz ähnlich noch einmal auf. Der natürliche Logarithmus von **207,542** heißt LN = 5,3353337... . Ein Zehntel davon beträgt 0,**5335**3337... . Als Kosinus betrachtet liefert er uns einen Winkel von **57,755**497... , der dem obigen recht ähnlich ist. Dazu kommt, dass der Kosinus von $(57 + \frac{\sqrt{57}}{10})° =$ 57,75498344 ...° mit 0,5335409... zwischen den beiden anderen Kosinussen liegt, sodass eine gewisse Wahrscheinlichkeit besteht, dass letzterer Winkel gemeint sein könnte und nur aufgrund irgendwelcher kleiner Ungenauigkeiten nicht genau getroffen wird. Außerdem gibt es noch weitere sehr ähnliche Zahlen und Winkel. Was letztendlich wirklich dahinter steckt muss noch geprüft werden. Es deutet sich aber ein weiteres Prinzip des Kugel-Licht-Modelles an: Um einen festgeschriebenen, exakten Wert herum bilden sich **Zahlenwolken** ganz ähnlicher Größe und / oder Gestalt, die den konkreten Wert eng umschwirren und so auf ihn aufmerksam machen.

      Plastisch vorstellbar wird derartiges Vorgehen durch einen Vergleich mit Schießübungen: Die Zehn liegt in der Mitte der Zielscheibe.
Sie wird nur selten punktgenau getroffen. Doch nahe um sie herum verdichtet sich das Trefferbild immer mehr, weil sie das eigentliche Ziel ist. So beschreibt ein etwas größeres Trefferfeld den Punkt in der Mitte als angestrebtes Ziel, ohne dass jemand ein zusätzliches Wort darüber verlieren muss.

Noch interessanter wird es, wenn wir die obige Rechnung 2.a) zur Probe mit ihren Umkehroperationen noch einmal „rückwärts" durchführen. Auch hier entsteht wieder eine Differenz, die allerdings in Relation zum Ergebnis nochmals um ein Vielfaches kleiner ist, nicht jedoch im absoluten Betrag.

2.b)   10^ **0,954929605195339…**   = 9,01425013758095…

=> 10^ 9,01425013758095…   = 1.033.356.409,51982…

=>1.033.356.409,519…+(**-1,3113021850…E-6**)=1.033.356.409,51982…

=> 1.033.356.409,51982… : 10^9   = 1,03335640951982…

=> 1,03335640951982…   - 1   = 0,03335640951982…

=> 0,03335640951982…   : 10.000 = 0,00000333564095198152…

=> 1 / 0,00000333564095198152… **= 299.792,458**

Auch aus der hier entstandenen Abweichung können wir wieder einen Winkel ableiten. Wozu diese Winkel nutze sind, wird allerdings erst zu einem späteren Zeitpunkt   sichtbar bzw. ‚verraten‘. Der Grund dafür kommt u.a. auch daher, weil das Excel-Rechenprogramm hier schlichtweg massiv an seine Genauigkeitsgrenzen stößt und mir gegenwärtig keine besser geeignete Alternative zur Verfügung steht.

Die Kosinus-Konstante

Das Kugel-Modell des Lichts besteht aus jeder Menge Kreisen, Quadraten, Dreiecken, … usw. Damit ist es nur eine Frage der Zeit, dass man sich mit Winkeln und ihren Funktionen direkt und intensiv auseinandersetzen muss.

Das folgende Phänomen habe ich kurzum „Kosinus-Konstante" genannt, obwohl ich davon ausgehe, dass es Mathematikern höchstwahrscheinlich lange bekannt ist. Doch ich weiß es nicht mit Sicherheit. Mir persönlich ist es jedenfalls das erste Mal untergekommen – und das gleich ziemlich am Anfang der Arbeiten zum Kugel-Licht-Modell.

Die Kosinus-Konstante ist gewissermaßen ein Grenzwert der Kosinusfunktion. Will man zu ihr gelangen, wählt man sich einen beliebigen Winkel zwischen 0 und 360 Grad aus und berechnet den Kosinus. Dann betrachtet man diesen errechneten Kosinus als Winkel und berechnet wieder den Kosinus. Nun betrachtet man den neuen Kosinus wiederum als Winkel und ermittelt erneut den Kosinus … usw. usf.

Ein wenig rustikaler formuliert könnte man auch sagen: Man tippt einen Winkel zwischen 0° und 360° in den Rechner und drückt ein paarmal hintereinander auf die Kosinus-Taste. Fertig. Man landet immer bei der selben Zahl. Die heißt **0,9998477741531088...**

Um sie auf **15 Stellen** genau zu ermitteln, sind maximal 7 Schritte notwendig, also mehr als 7-mal muss die Kosinus-Taste nicht gedrückt werden, egal von welchem Winkel man ausgeht. Ein wenig Ironie bzw. Selbstironie ist gratis in dem Begriff ‚Kosinus-Konstante‘ auch enthalten, denn normalerweise macht ein solches Vorgehen nur wenig Sinn.

Jedenfalls auf den ersten Blick.

Ein paar recht hilfreiche Hinweise aufgrund von Zahlenähnlichkeiten gibt diese Konstante aber doch – und deshalb muss sie hier genannt werden. Vielleicht steckt ja sogar mehr dahinter?

Die Kosinus-Konstante ist gleich dem Sinus von 89,000152... Grad)[131]. Sie ist dem Kosinus von 1° recht ähnlich, die Differenz liegt im Bereich von 10^{-8}. Durch Zwei geteilt liegt sie mit 0,4999238... relativ nah an 0,5 und damit nah am Sinus von 30° und dem Kosinus von 60°. Der Arcus-Tangens[132] beträgt dabei 26,561562...° und ist somit dem Arcus-Sinus[133] von „Kosinus-Konstante geteilt durch Wurzel 5 = 0,4471455...“ mit 26,56068° recht ähnlich ....

Und so schleicht sie endlos weiter um den heißen Brei herum, ohne wirklich ein relevantes Ziel korrekt zu treffen – immer nur haarscharf daneben.

Aufgefallen ist sie mir, weil ich sie im Taschenrechnerdisplay flüchtig mit einer anderen Zahl verwechselt hatte, nämlich mit dem wich-

---

[131]   Siehe Seite 289 (Kapitel „Das Ur-Isokaeder“). Hier könnte eine Querverbindung zur Lichtgeschwindigkeit bestehen.

[132]   Arcus-Tangens: Beim Excel-Programm die Umkehroperation zur Tangensberechnung. Wird auch Invers-Tangens o.ä. genannt. Das Ganze ist ein bisschen verwirrend. Der Arcus-Tangens ist dem Kotangens recht ähnlich, unterscheidet sich jedoch durch einen in den Randbedingungen eingegrenzten Gültigkeitsbereich von ihm. Im genannten Bereich sind die Ergebnis-Zahlen gleich. Siehe Wikipedia o.a.
Arcus-Sinus: Beim Excel-Programm die Umkehroperation zur Sinusbildung ... ähnlich Arcus-Tangens. Siehe ebenfalls Wikipedia o.a.

tigen Verhältnis zwischen 5/6 Pi : Phi². Das heißt **0,9999846679053605…**
und hat im Grunde nichts mit der Kosinus-Konstante zu tun. Beide sehen
sich nur ein bisschen ähnlich. Vor allem in einem 8-stelligen Taschenrechnerdisplay bei unzureichender Beleuchtung. Das letztgenannte Verhältnis hat jedoch ganz am Anfang eine Neun zu viel. Diese Verhältnis-
zahl bringt zwei weitere Merkwürdigkeiten zutage, die hier genannt werden sollen:

1.) Kumuliert man die Reziprokwerte (0,5; 0,25; 0,125; …) der Zweier-
potenzfolge (2; 4; 8; 16; …) von 0,5 bis 1/65.536 (=> 2^{16} = 65.536)
erhält man 0,999984741510937… . Die Differenz zu 5/6Pi : Phi² liegt
wiederum im Bereich von nur 6,2…E-8. Wieder knapp daneben.
Interessant dabei ist, dass der obere Grenzwert dieser Reziprok-Kumula-
tion anscheinend 1 ist.

2.) Potenziert man das Verhältnis
     5/6 Pi : Phi² = X = 0,999984679053605… => X^45
kommt man der Verhältnisform der Lichtgeschwindigkeit recht nahe.
Das ZwischenErgebnis heißt:
     0,999984679053605…^45 = 0,99931078975…
Die Differenz liegt im Bereich von 2,6…E-6. Auch das ist nicht viel.
Bemerkenswert dabei ist die **45** des Exponenten, die auch bei anderen
Gelegenheiten schon mehrfach in Erscheinung trat.

Will man genau treffen, muss man von Y = 0,99998462131658… ausgehen und => Y^45 ausrechnen. Dann landet man mit Y^45 korrekt bei der
Verhältnisform der Lichtgeschwindigkeit in km/s, die
     0,9993081933333… beträgt.
Die Differenz X - Y = 0,999984679053605… - 0,99998462131658… ist
gleich 5,7737026…E-8.
     Quadriert man nun den Reziprokwert dieser Differenz erhält man
„saubere" **2,9997922**…E+14 und weiß nicht, ob man heulen oder lachen
soll. Im Endeffekt sieht es allerdings so aus, als ob das Verhältnis von
5/6Pi : Phi² sehr wohl etwas mit der Lichtgeschwindigkeit in km/s zu tun
hat. Fragt sich nur was?

Die Tangens-Konstante

Nach dem sehr kurz beschriebenen und eher zweifelhaften Vergnügen mit der Kosinus-Konstante wenden wir uns schnellstmöglich der Tangens-Konstante zu. Die ist der Kosinus-Konstante in gewisser Weise ähnlich, liefert aber erfreulichere Ergebnisse.

Genaugenommen ist der Begriff ‚Tangens-Konstante' von vornherein falsch, denn es geht weniger um den Tangens, als vielmehr um den Arcus-Tangens. Das heißt, um die Umkehroperation zur Tangens-Ermittlung. Das Wort Arcus-Tangens ist aber sperrig und mehr oder weniger Excel-gebunden, sodass ich das ‚Arcus' der Einfachheit halber einfach weggelassen habe. Bei dem Wort ‚Tangens' weiß schließlich jeder, dass es um Winkel und ihre Funktionen geht – noch etwas genauer um Quotienten aus Sinus und Kosinus. Das genügt völlig. Und als provisorische Bezeichnung mag es vorerst durchaus so hinschleichen.

Das Vorgehen ist praktisch dasselbe wie bei der Kosinus-Konstante: Man wählt einen beliebigen Winkel zwischen 0° und 360° und berechnet den Arcus-Tangens. Den errechneten Arcus-Tangens betrachtet man nun wieder als Winkel und ermittelt erneut den Arcus-Tangens, den man dann wieder als Winkel betrachtet … usw. usf.
Wieder etwas deftiger formuliert: Zahl in Rechner eingeben und ein paarmal hintereinander auf Arcus-Tangens[134] drücken. Das Ergebnis ist auch hier immer dasselbe:

    Tangens-Konstante = **89,3588391655526…**

Hier braucht man maximal einen Schritt mehr als bei der Kosinus-Konstante – also 8 - um eine 15-stellige Genauigkeit zu erreichen. Meistens genügen jedoch weniger als 8 Rechenschritte.

Die Tangens-Konstante beinhaltet eine gewisse Affinität zu mehreren anderen Konstanten wie dem Goldenen Schnitt Phi, der Lichtgeschwindigkeit in km/s und ihrer Wurzel.

---

[134]   Arcus-Tangens auch Invers-Tangens o.a. genannt

89,3588391655526… : **Phi^7** = 3,07768407…   = tan **72,00000291…**°
89,3588391655526… : **Phi^10** = 0,726542654… = tan **36,00000471…**°
1 / 3,07768407… = 0,32491964… = tan **17,9999971 ≈ 18°**
1 / 0,726542654… = 1,37638168… = tan **53,9999953 ≈ 54°**

Bemerkenswert dabei ist, dass wir uns hier genau denjenigen Winkeln annähern, die auch im regelmäßigen Fünfeck inklusive fünfzackigem Stern bzw. dem Pentagramm / Pentagon eine Rolle spielen. Mit 18, 36, 54 und 72 Grad entstammen sie dem kleinen Einmaleins der **Zwei**, der **Drei**, der **Sechs** oder der **Neun** sowie dem großen Einmaleins der **18**. Wenn jetzt die Division durch Null erlaubt wäre, könnten wir den Reigen sinnvoll mit 90° usw. vervollständigen und fortführen. Geht aber leider noch nicht. Ich hoffe, das wird sich irgendwann ändern …
(siehe Abbildungen 48 und 49, Seite 292 f.)

Im Gegensatz zum Fünfeck / Pentagramm werden hier die Winkel nicht genau getroffen, sondern nur fast-genau. Das heißt, wir stehen hier schon wieder vor **Wolkenbildung** und **Zielzuweisung**. Die dabei auftretenden Differenzen zu den punktgenauen Werten sind quasi die Würze in der Zahlensuppe. Sie provozieren zum Suchen, wo sie herkommen und was sie beinhalten. Außerdem regen sie zum Weitersuchen an und machen manchmal den Kohl in der Pfanne verrückt. Auch das ist ein Prinzip des Kugel-Lichtmodells: Anregen, aufregen, suchen, nachspüren, aufstöbern, … (irgendwann) finden.

Erwähnenswert ist auch der Quotient aus Phi^12 (≈ 322) und Tangenskonstante. Mit 3,603414… stellt er den Tangens von **74,48988802…**° dar. So viele Vieren und Achten versprechen viel Licht am Horizont.

Eine weitere hochinteressante fast-genau-Geschichte fängt mit der Multiplikation der Tangens-Konstante mit (6 + 0,4/Pi) = 6,127323954… an. Bei dieser Rechnung landen wir nämlich zunächst bei **547,53**05558…, was der Wurzel aus der Lichtgeschwindigkeit in km/s auf Anhieb verblüffend ähnlich sieht. Das Quadrat führt uns zu **299.789,71…** , also einem Wert knapp unterhalb der Lichtgeschwindigkeit. Besonders interessant daran ist, dass wir auch über die Kosinus-Konstante zu einem ganz ähnlichen Wert kommen[135]. Hat das etwas zu bedeuten?

Ein wenig genauer gerechnet, werden wir zur Zahl **6,12735204241...** (anstatt zu 6 + 0,4/Pi) geführt. Das hat zur Folge, dass das Quadrat dieser Zahl optisch erheblich auffälliger wird. Es heißt jetzt **37,54444**305... Multiplizieren wir jetzt 6,12735204... mit der Tangens-Konstante landen wir korrekt bei der Wurzel aus der Lichtgeschwindigkeitszahl. Und damit in der Folge bei der korrekten Lichtgeschwindigkeit. Etwas ausführlicher werden folgende Einzelrechnungen ansehenswürdig:

547,533065...	: 89,3588391655526...	= **6,12735204...**
6,12735204...	* 612735204...	= **37,54444305...**
89,3588391655526...	* 6,12735204...	= **547,533065...**
		= Wurzel aus LG
89,3588391655526...	* 89,3588391655526...	= **7985, 002137015...**
		≈ 7985
299792,458	: 89,3588391655526...	= **3354,9278482...**
		≈ **3355**
7985,002137...	* 37,54444305...	= 299.792,458 = LG
3354,9278482...	* 89,3588391655526...	= 299.792,458 = LG
3354,927848...	: 7985,002137...	= 0,420153657...
		= sin 24,84428887..°
3355 : 7985 = 0,42162805 = sin 24,**8448**664...		=> **4 und 8 => LG**

Selbstverständlich kann und wird man mir bei dieser Rechnung vorwerfen, ich hätte sie passend gerechnet. Das ist auch völlig berechtigt und stimmt ganz genau. Doch darum geht es gar nicht. Stattdessen geht es darum, die „seelische Nähe und Verbindung" der hiesigen Zahlen zur Lichtgeschwindigkeit in km/s und anderen Konstanten aufzuzeigen. Das

---

[135]

Kosinus-Konstante	= 0,999847741531088...
10 hoch Kosinus-Konstante	= 10^0,99984774 = 9,99649473368...
=> 9,99649473368... : 10	= 0,999649473368...
=> 0,999649473368...^2	= 0,999299069605...
=> 0,999299069605... * 300.000	= **299789,72...**

soll heißen, es geht um die Beschreibung der Sinnhaftigkeit der jeweiligen **Zahlenwolken** um den punktgenauen Kern, den man kommentarlos finden kann, wenn man nur den gelegten Spuren (alias Zahlenwolken) folgt. Nicht mehr, nicht weniger. Denn im Großrahmen des Kugel-Licht-Modells gibt es eine Unzahl solcher wolkenartigen Denkrichtungshinweise, die nach Möglichkeit alle einzeln geprüft und verfolgt werden sollten. Es lohnt sich. Und es kann uns zu wirklich neuem Wissen über das Licht führen.

Es folgt ein weiteres – tatsächlich verblüffendes – Beispiel dieser Art. Es basiert auf dem oben aufgeführten Quotienten aus Lichtgeschwindigkeit und Tangens-Konstante, der gerundeten 3355.

Die 3355 und der Reziprokwert der Lichtgeschwindigkeit

Im vorangegangenen Kapitel waren wir auf die folgende Rechnung gestoßen, die das Verhältnis zwischen Lichtgeschwindigkeit und Tangens-Konstante regelt:

$$299792,458 : 89,3588391655526\ldots = \mathbf{3354,9278482\ldots} => \; \approx \mathbf{3355}$$

Auf den ersten Blick erscheint dieses Verhältnis unscheinbar, aussagefrei und sowieso völlig überflüssig. Numerologie. Und nicht mal die beste ... so etwa nach dem Motto: „Da soll etwas in die total sinnbefreite Tangens-Konstante hineingeheimnisst werden, was nicht da ist. ...“

Doch dieser Eindruck täuscht wieder einmal gewaltig. Das wird sofort offensichtlich, wenn wir noch ein paar andere Wege zur selben Zahl finden, die aus demselben obigen Kontext der Tangens-Konstante stammen, der hier jedoch nicht vollständig aufgeführt ist. Dazu nur zwei Beispiele:

$$\sqrt{LG} \qquad\qquad = 547,533065\ldots$$
$$1 / \sqrt{LG} \qquad\quad = 0,0018263\mathbf{737}\ldots$$

$$(6 + 0{,}4/Pi) \ : \ 1 \ / \ \sqrt{LG} \qquad = 3354{,}912469\ldots \approx \mathbf{3355}$$

$$1 \ / \ 547{,}547547547\ldots \qquad = 0{,}0018263254\ldots$$
$$(6 + 0{,}4/Pi) \ : \ 0{,}0018263254\ldots = 3355{,}001204\ldots \approx \mathbf{3355}$$
… usw. usf.

Es gibt noch etliche Beispiele, die ganz eng zusammenliegen und in irgendeinem Zusammenhang zur Lichtgeschwindigkeit stehen. Mal mehr, mal weniger sinnvoll und genau. Gemeinsam bilden sie aber wieder einmal eine Zahlenwolke um die 3355 herum.

Der Sinn der Geschichte wird erkennbar, wenn wir die 3355 unter der Perspektive des 360°-Winkelsystems betrachten. Die meisten Varianten ergeben dabei nichts wirklich Bemerkenswertes. Aber wenn man die 3355 zunächst durch 100 teilt und dann ins Winkelsystem umrechnet, stellt man fest, dass 33,55° = **33° 33' 00"** sind. Das ist wieder einmal eine auffällige Zahl. Vor allem wenn man bei der Gelegenheit an das ‚geheime Wissen' diverser heimlicher Organisationen denkt. Schließlich wird hier das Licht direkt mit der **33** in Verbindung gebracht.

Und wenn man einmal dabei ist, kann man auch 33° 33' 33,33" in 33,559258… Grad in Dezimalschreibweise umrechnen.

Dabei kommt einem dann automatisch der Reziprokwert der Lichtgeschwindigkeit in den Sinn. Irgendwie sehen sich auch diese Zahlen grob ähnlich. Ob nun 3355, 3335 oder 33355 ist rein optisch kein allzu großer Unterschied. Ist Optik nicht die Wissenschaft vom Licht? Jedenfalls kann ein Versuch ja nichts schaden:

$$1 \ / \ LG = \mathbf{1 \ / \ 299.792{,}458} = 3{,}33564095198152\ldots E\text{-}6$$
$$1 \ / \ LG * 10^{\wedge}8 = \mathbf{333{,}564095\ldots} = \mathbf{333° \ 33'} \ 50{,}742713\ldots\text{"}$$

Merkwürdig wird es, wenn wir die 50,74**2713**… Gradsekunden ein wenig genauer untersuchen.

Beispielsweise ist 50,742713… : 60 gleich 0,**8457**118… . Und das wiederum ist der Sinus von 57,748289… Grad, was leicht gerundet einen Winkel von **57,75°** ergibt. Dieser Winkel war uns in ähnlicher Form bei anderen Gelegenheiten bereits öfters aufgefallen.

Wenn wir die Null in der 50,742713… geflissentlich übersehen – beispielsweise indem wir **45** subtrahieren - ist diese Zahl immerhin auch der Wurzel aus 33 recht ähnlich: 5,742713² = 32,98… ≈ 33. Die exakte $\sqrt{33}$ beträgt hingegen 5,7445626… .

Multiplizieren wir die 50,742713… mit 3600 erhalten wir 182673,76… . Der Reziprokwert davon – multipliziert mit 10^8 , - also praktisch die „Umkehrung" der obigen Rechnung – beträgt **547,42397372**… und kommt somit der Wurzel aus der Lichtgeschwindigkeit recht nahe. Das Quadrat heißt 299.673,007… . Je nach Rundungsvariante geht das auch noch viel besser.

Da könnte man doch glatt auf den ketzerischen Gedanken kommen, dass „da jemand ein „Lichtgeschwindigkeitsfraktal zusammen bauen wollte". Quasi eine „Summe aus "immer kleiner werdendem Licht". Was für ein komischer „Zufall".

Es ist ein bisschen wie eine Taxifahrt von Portugal nach Wladiwostok: Zehn Kilometer vor der Pazifikküste geht das Taxi kaputt. Man sieht den Ozean noch nicht, aber man riecht ihn schon. An der Stelle müssen wir bei Gelegenheit mit besserer Technik noch einmal etwas tiefer bohren.

Was für ein Nonsens. Aber es geht noch „schlimmer":

333° 33' 33,33333…" = **333,55**9259259259…°
Der Reziprokwert davon, wieder multipliziert mit 10^8 heißt 299.796,8044. Das ist gerade mal 4,3463881… km/s an der Lichtgeschwindigkeit in km/s vorbei. Und die 4,34… hoch 8 schlittert haarscharf an 400.000/Pi vorbei.

Auch das ist sehr merkwürdig. Aber es geht noch „schlimmer":

Dieses neue „Noch-Schlimmer" erreichen wir, indem wir das Neugrad-System zu 400° je Vollkreis und unsere Modell-Erde mit 40.000 km Umfang ins Spiel bringen:

333,564095198152… : 400	= **0,83391023799538…**
=> 0,83391023799538… * 360	= 300,**207**685678337…
=> 1 / 300,**207**685678337	= 3,331027311111…E-3
=> 3,331027311111…E-3 * 10^6	= <u>**3331,027311111…**</u>

Wir stoßen hier **punktgenau** auf eine alte Bekannte, die wir bereits spätestens im Frühjahr 2012 zu Gesicht bekamen[136]. Es ist der Abstand[137] auf dem Umfang der Modell-Erde zwischen den Schenkeln eines vom Kugelmittelpunkt ausgehenden Winkels, der beim kleineren 3,6 Millionen-km-Lichtkreis die Länge einer Lichtsekunde mit 299.792,458 km festlegt und beim größeren eine Strecke von genau 300.000 km. Der Winkel beträgt **29,9792458** Grad.

Gleichzeitig steht dieser Abstand zu einem Zwölftel des Modell-Erdumfangs im Verhältnis 0,9993081933333… , welches exakt der Verhältnisform der Lichtgeschwindigkeit entspricht.

$$40.000 \text{ km} : 12 \qquad\qquad = 3333,33333\ldots \text{ km}$$
$$3331,027311111\ldots \text{ km} : 3333,33333\ldots \text{ km} = \mathbf{0,9993081933333\ldots}$$
$$= \text{Verhältnisform der LG}$$
$$29,9792458° : 30° \qquad\qquad = 0,9993081933333\ldots$$
$$299.792,458 : 29,9792458 \quad = 10.000$$

Somit entspricht der Kreisbogen-Abstand von 3331,027311111… km auf dem Modell-Erdumfang einem Winkel von 29,9792458 Grad, das heißt einem Zehntausendstel der Lichtgeschwindigkeit in km/s bzw. einer Lichtsekunde in km. Das ist eine der fundamentalen Grundlagen des kompletten Kugel-Licht-Modells.
Die 3333,33333… km eines Zwölftels des Modell-Erdumfangs dienen u.a. als optischer Hinweis auf 33° 33'… oder die 333° 33' 33,33333…'', auch wenn die korrekte Umrechnung etwas ganz anderes – nämlich **333,55**926… - ergibt.
Übrigens beträgt 333° 33' 33,33333…'' minus 33° 33' 33,33333…'' genau 300°. Eigentlich logisch, oder?

Dazu kommt noch eine ganze Reihe weiterer Verhältnisse, von denen hier nur zwei genannt werden sollen:
$$333,564095198152\ldots : 333,33333\ldots \qquad = \mathbf{1,00069228559446\ldots}$$
$$\approx 1,0006923$$

Das Ergebnis entspricht dem Reziprokwert der Verhältnisform der Lichtgeschwindigkeit. Oder:

333,564095198152… * 3 = 1000,692285594446…
Hier ergibt sich das Tausendfache der Reziprok-LG-Verhältnisform, weil
Drei mal 3,33333… gleich 10 ist. Allerdings erst in der Unendlichkeit …

Wichtig dabei ist, dass das Ergebnis der Multiplikation von Wert und Reziprokwert einer beliebigen Zahl im Dezimalsystem immer 1 beträgt, da
sich die beiden Werte aus der Rechnung herauskürzen und nur die 1 übrigbleibt. Wird dabei das Komma bei Wert oder Reziprokwert verschoben, ergibt sich immer ein Vielfaches von 10.

$$1 / 3,33333… \qquad = 0,3$$
$$1 / 3 \qquad = 0,33333…$$
$$3 \ * \ 0,33333… \qquad = 1$$
$$3 \ * \ 333,33333… \qquad = 1000$$
$$30 * 333,33333… \qquad = \mathbf{10.000}$$

Das ist insofern von Belang, weil sich hieraus der „Hauptumrechnungsfaktor **10.000**" des Kugel-Licht-Modells ableitet. Bei der gegenseitigen
manuellen Umrechnung von Winkel- und Dezimalschreibweise, die bei
diesem Unterthema häufig angewandt wurde, fällt das besonders auf.
Gleichzeitig führt uns dieser Umstand wieder zu den Lichtkreisen:

$$333,56409519815… \ : 27,77777… = 12,0083074271335…$$
$$\Rightarrow 12,0083074271335… : 12 \qquad = \mathbf{1,00069228559446…}$$
$$\Rightarrow \ 1,00069228559446… = \text{Reziprokwert der LG-Verhältnisform}$$
$$\Rightarrow 1/1,00069228559446… \qquad = \mathbf{0,9993081933333…}$$
$$\Rightarrow \ 0,9993081933333… = \text{Verhältnisform der Lichtgeschwindigkeit}$$

$$27,77777… * 12 \qquad = 333,33333…$$
$$1 / 360 \qquad = 0,00277777…$$
$$1 / 27,77777… \qquad = 0,036$$
$$360 \ * 27,77777… \qquad = 10.000$$
$$3600 * \ 2,77777… \qquad = 10.000$$

$$299.792{,}458 \; : \quad 29{,}9792458 \qquad = 10.000$$
$$29{,}9792458 * \; 360 * 27{,}77777\ldots \; = 299.792{,}458$$
$$29{,}9792458 * 3600 * \; 2{,}777777\ldots = 299.792{,}458$$

Dabei wird in gewisser Weise auffällig, dass Winkel-Grade und Zeitsekunden inhaltlich miteinander in Verbindung stehen, was sich optisch in äußerlich ‚ähnlichen' Zahlen widerspiegelt. Das kommt daher, weil unsere Zeiteinheiten mithilfe der Erddrehung festgelegt wurden[138], die ja letztlich eine 360-Grad-Kreisbewegung ist.

Der Reziprokwert der Lichtgeschwindigkeitszahl hängt auch eng mit der bereits genannten „Weltformel" zusammen. Das liegt nahe, weil ja beide letzten Endes aus den selben Zahlen konstruiert sind. Eine Variante der Verbindung zwischen beiden sieht so aus:

$$3600/Pi * LG = 343536851{,}4651\ldots$$
$$\Rightarrow \; 34\,35\,36\,851{,}4651\ldots : 10^7 \qquad = 34{,}35368514651\ldots$$
$$\Rightarrow \text{Sinus } 34{,}3536851\ldots \qquad\quad = 0{,}564\mathbf{299841}\ldots$$
$$\Rightarrow 333 + 0{,}564299841\ldots \qquad\quad = 333{,}564299841\ldots$$
$$\Rightarrow 333{,}564299841\ldots \qquad\qquad = 333°\;33'\;51{,}48''$$
$$\Rightarrow 1\,/\,333{,}564299841\ldots * 10^8 \qquad = \mathbf{299.792{,}}2741\ldots$$

Dabei ist auffällig, dass die Lichtgeschwindigkeitszahl – wie so oft - nicht exakt getroffen wird. Gibt es auch bei ihr in der Praxis eine Zahlenwolke, anstatt eines einzigen konkreten Wertes?

Noch eine andere Sache in Bezug auf den Reziprokwert der Lichtgeschwindigkeit, die nicht gänzlich aufgeht, aber hier erwähnt werden soll, ist folgende:

$$1\,/\,LG \Rightarrow 333{,}564095198152\ldots$$
$$\Rightarrow 333{,}564095198152\ldots - 1\,/\,207{,}542 = \mathbf{333{,}559}276896314\ldots$$
$$\Rightarrow 333{,}559276896314\ldots \qquad\qquad = 333°\;33'\;33{,}\mathbf{397}''$$

---

[138]   Siehe [3]

Offensichtlich findet sich auch hier ein versteckter Hinweis auf die Zahlendreherei um die 39,37. Rechnet man anstatt mit 207,542 mit 207,000 könnte man schon wieder auf den irrigen Gedanken der „Fraktalbildung" kommen. Das muss – wie so vieles – später noch einmal näher untersucht werden.

Zum Abschluss dieses Kapitels sei noch mitgeteilt, dass das Quadrat des kommamäßig angepassten Reziprokwertes der Lichtgeschwindigkeitszahl 333,564095198152...² = **111.265**,005605362... beträgt. Zur gleichen Zahl kommen wir sinnigerweise, wenn wir den Reziprokwert der LG mit 10^11 multiplizieren und durch die LG in km/s teilen:

$$1 / 299.792,458 \;=\; 3,33564095198152... * 10^{\wedge}\text{-}6$$
$$=> \quad 3,3356409519... * 10^{\wedge}\text{-}6 * 10^{\wedge}11 \quad = 333.564,095...$$
$$=> 333.564,095... : 299.792,458 \quad\quad = \mathbf{1,11265...}$$
$$=> 333.564,095...^{\wedge}2 \quad\quad\quad\quad = 1,11265... * 10^{\wedge}12$$

Physiker kennen diese Zahl. Wir werden darauf zurückkommen.

Die 0,833333... und ihre Derivate

Und schon sind wir mit der nächsten Zahlenwolke beschäftigt. Diesmal geht es um die 0,833333... und ihre Abkömmlinge. Im vorangegangenen Kapitel wies uns der relativ ‚unwichtige‘ Quotient
$$333,564095198152... : 400 = \mathbf{0,83391023799538...}$$
kurz darauf hin, dass es im Dunstkreis der Lichtgeschwindigkeit eine ganze Menge dieser Zahlen, die mit 0,83... beginnen, gibt. Nur wenige davon haben wirklich universelle Bedeutung, ein paar allerdings schon.
    Und das sogar an allervorderster Front.
Die innere Hülle des Kerns unserer Wolke stellt die 0,833333... dar. Sie ist eine der Rahmenzahlen des Kugel-Licht-Modells, sozusagen das Innere des Schwarzen rund um die Mitte der Zielscheibe.

$$\mathbf{0,833333...} = \cos 33,557313...° = \underline{\mathbf{5/6 = 10/12}} = ...$$

Das ist eines der wichtigsten – oder sogar DAS wichtigste Verhältnis im Universum. Und das nicht etwa nur weil wir fünf Finger haben und einige von uns sogar sechs[139], was gar nicht so selten vorkommen soll. Oder weil viele Pflanzen Blüten mit fünf oder sechs Kronblättern haben. Oder weil es Fünf- und Sechsecke gibt. Oder … Das hatten wir schon ...

Genau in der Mitte der Zielscheibe befindet sich meistens die ‚Zehn‘, die gleichförmig von der schwarzen Wolke der 0,83…-Zahlen umhüllt ist. Die Aufgabe der 10 übernimmt in unserem Falle das Verhältnis zwischen Phi² und Pi:

$$\underline{\mathbf{Phi^2 \ : \ Pi}} = 2{,}6180339\ldots \ : \ 3{,}1415927\ldots = \underline{0{,}833346100984275\ldots}$$

$\Rightarrow 0{,}8333461\ldots * 6 \quad = 5{,}0000766\ldots \approx \mathbf{5}$

$\Rightarrow 5 : 0{,}8333461\ldots \quad = 5{,}9999081\ldots \approx \mathbf{6}$

$\Rightarrow 6/5\ \text{Phi}^2 \qquad\qquad = 3{,}14164078649987\ldots$

$\Rightarrow \text{Pi} \qquad\qquad\qquad = 3{,}14159265358979\ldots$

$\Rightarrow 6/5\ \text{Phi}^2 : \text{Pi} \quad = 1{,}00001532118113\ldots$

$\Rightarrow \text{Pi} / 6 \qquad\qquad = 0{,}523598775598299\ldots$ Königselle

$\Rightarrow \text{Phi}^2 / 5 \qquad\quad = 0{,}523606797749979\ldots$ Königselle

$\Rightarrow \text{Pi} : 6/5\ \text{Phi}^2 = \text{Pi}/6 : \text{Phi}^2/ 5 = 0{,}999984679053605\ldots$

Sinn und Zweck dieses Verhältnisses besteht darin auf Pi **UND** Phi **UND** das Zusammenspiel von beiden hinzuweisen. Das ganze Universum ist komplett darauf aufgebaut. Das merkt man aber nicht so ohne Weiteres. Denn während Pi in der Praxis ständig auftaucht, hält sich Phi meistens dezent im Hintergrund. Phi ist quasi die „graue" Eminenz des Weltalls, deren Wirken bestenfalls gelegentlich offen sichtbar wird. Schaut man aber genauer hin, merkt man irgendwann, dass Phi **überall** heimlich seine Finger im Spiel hat.

Dieses unscheinbare Verhältnis ist vielleicht **das Allerwichtigste im Universum überhaupt**. Mir fällt nichts ein, was man nicht in irgendeiner Weise davon ableiten könnte. Mit den zwei mathematischen Konstanten Pi und Phi sowie der hautengen Beziehung zwischen ihnen, fängt

---

[139]   [17]

praktisch die Welt an sich zu drehen. Etwas pathetischer ausgedrückt könnte man durchaus sagen, dass dieses Verhältnis dem ‚mathematischen Urknall des Universums' gleichkommt. Ein Krümel bittersüßer sarkastischer Ironie steckt in dieser Formulierung selbstverständlich auch drin.

Aus dem Goldenen Schnitt Phi gehen jegliche Zahlen hervor, mit deren Hilfe wir alles Andere beschreiben können – auch alle anderen wissenschaftlichen Konstanten und die Verhältnisse zwischen ihnen. Es gibt NICHTS im Universum, wo keine Zahlen ‚enthalten' sind. Zahlen sind wirklich das Einzige, was – auf die eine oder andere Art - **in Allem** drin steckt. Ohne jegliche Ausnahme. Und durch die Kreiszahl Pi fängt alles an, sich nach bestimmten Regeln zu drehen. Mit seiner Existenz ist die **Zeit** geboren, die eng mit der **Bewegung** allgemein, insbesondere jedoch mit der **Drehung** verbunden ist.

Interessanterweise sind Pi und Phi selbst schon Verhältnisse, die durch Zahlen beschrieben werden (können). Pi ist primär das Verhältnis zwischen Umfang und Durchmesser eines beliebigen Kreises. Es steckt aber auch in jeder anderen runden Sache und jeder Drehung drin, insbesondere in Ellipsen aller Art. Wenn wir Pi sagen, meinen wir 3,14159… und wenn wir 3,14159… sagen, wissen wir, dass Pi gemeint ist. Dabei ist Pi völlig abstrakt. Solange wir ihm keinen konkreten Sachverhalt mit absoluten Größen oder Maßen zuordnen, kann es in jeder x-beliebigen Größe drinstecken: Von unendlich klein bis unendlich groß. Das ist sehr schwer zu verstehen, vielleicht sogar gar nicht.

Ganz ähnlich sieht es bei Phi aus. Der Goldene Schnitt Phi ist im Grunde ein etwas komplizierter gestaltetes Verhältnis zwischen **5/4 = 1,25** und **8/4 = 2 bzw. 4/8 = 0,5**, wobei 4 mal 1,25 gleich **5** ist, die dann in der üblichen Formel **Phi = ($\sqrt{5}$ + 1) : 2** optisch in einem Wurzelausdruck auftaucht. Vereinfacht kann man jedoch auch **Phi = $\sqrt{1,25}$ + 0,5** schreiben, wobei allerdings die involvierte Geschichte mit der Zwei (0,5 = ½) nicht so offen betont wird, was einen kleinen Verlust darstellt.
Merkwürdig daran ist, dass Phi durch Zahlen beschrieben werden kann, die erst durch Phi existent werden. Somit kann man Phi also mithilfe

einiger Rechenoperationen gewissermaßen durch sich selbst beschreiben. Dazu kommt, dass auch Phi praktisch in jeder beliebigen absoluten Größe vorkommen kann. Außerdem taucht es massiv in lebenden Dingen - wie etwa der DNS[140] u.v.a. - auf, **was uns die zuverlässige mathematische Gewähr gibt, dass Leben der Normalfall im Universum ist und überall vorkommen kann**, wo die Bedingungen dafür geeignet sind. Auch das ist sehr schwer zu verstehen. Was haben abstrakte Zahlen und ihre Verhältnisse mit Biologie zu tun?

Was neben Zahlen, Materie, Leben und Zeit jetzt noch in unserem kleinen Modell-Universum fehlt sind Licht und Wärme. Licht kann ja nach Albert Einstein in Energie und Masse bzw. Materie umgewandelt werden, womit dann alles vorhanden wäre, was essentiell gebraucht wird. Charakterisiert wird Licht am einfachsten mithilfe seiner Geschwindigkeit. Und die ist unter anderem beispielsweise durch den bereits mehrfach genannten Winkel 299,792458° beschrieben. Sein Anteil an einem Vollkreis beträgt 299,792458° : 360° = **0,8327568277777...** , wodurch die ganze Geschichte maßeinheitenunabhängig und universell wird. Durch die am „Ende" in der Zahl enthaltene Ziffernfolge 2-7-7-7-... erfolgt gleichzeitig ein Hinweis auf die **360xxx-Systeme** von Winkeln und Zeit (0,002777... = 1 / 360 usw.) sowie auf die großen Lichtkreise (U = 360xxx km) und den idealisierten Mond mit seiner Bahn, inklusive idealisiertem Monat von 27,777... Tagen ... usw. usf..

Die drei genannten wichtigsten Verhältnisse, die mit 0,83... beginnen,

Phi² : Pi	**= <u>0,833346100984275...</u>**
10/12 = 5/6	**= 0,833333...**
299,792458° : 360°	**= 0,832756827...**

stellen quasi eine Art „Extrakt" des Kugel-Licht-Modells dar, der weit über die bloße Darstellung des Lichts und seiner Geschwindigkeit hinausgeht und – wie wir gesehen haben – schon fast eine mathematisch-

---

[140]   Siehe [6]

philosophische Beschreibung des gesamten Universums im Taschenformat abliefert. Schätzungsweise fängt das Wort Philosophie nicht umsonst mit ‚Phi' an.

Die genannten drei Verhältnisse sind aber nur ein winziger Teil dessen, was wirklich vorhanden und zu finden ist und stellen wieder nur ausgewählte Beispiele dar, stellvertretend für eine Fülle verwandter Aussagen. Alle anderen 0,83…-Zahlen sind rings um die Zehn der Zielscheibe irgendwo im schwarzen Bereich einzuordnen.

Damit es nicht gar zu eintönig wird, sei hier zur Abwechslung eine nette Koinzidenz eingefügt, die mir auffiel als ich nach einem geeigneten Geburtstagsgruß für meinen Freund und Kollegen Erich von Däniken zu dessen **83.** Geburtstag am 14. April 2018 suchte. Er beschäftigt sich ja zeitlebens mit der menschlichen Vergangenheit und unserer darin enthaltenen Zukunft. Somit ist es kein Wunder, dass mir bereits vor vielen Jahren ausgerechnet in seinem Werk eine uralte Maßeinheit zum ersten Mal begegnete, die offiziell 'Megalithic Yard' (MY) oder 'Steinzeitelle' genannt wird. Dabei handelt es sich um eine noch nicht restlos exakt bestimmte Längenmaßeinheit, die derzeit mit einer Länge von 82,7xxx Zentimetern bis **0,829**xxx +/- X Metern angegeben wird[141]. Mittlerweile ist mir noch eine weitere uralte Maßeinheit der selben Größenordnung bekannt geworden, die genau **83** cm oder **0,83** m betragen soll. Dabei handelt es sich um die 'Teotihuacan-Maßeinheit oder Teotihuacan Measurement Unit (= TMU)[142]. Sie wurde von einem mexikanisch-japanischen Archäologenteam entdeckt. Meines Erachtens handelt es sich bei beiden Maßeinheiten (MY und TMU) um ein und die Selbe − eventuell an unterschiedlichen Orten und zu verschiedenen Zeiten, wobei die Zeiten wohl doch recht nah beieinander gelegen haben müssen, die Orte hingegen ganz und gar nicht - aber das verraten wir sicherheitshalber bisher noch Niemandem ...

Im Rahmen des Kugel-Lichtmodells fungiert die runde Zahl **83** als Nennwert für alles was mit der Ziffernfolge …8-3… zu tun hat. Verschobene

---

141   Wikipedia => Megalithisches Yard, Steinzeitelle, Stand Juli 2018
142   [29]

Zehnerpotenzen bzw. Kommastellen spielen im Kugel-Lichtmodell oft nur eine untergeordnete Rolle, auch wenn man sie letztlich beachten muss. Man sollte die **83** also weder übersehen, noch unterschätzen.

Wenn wir nun die 83 mit der Eulerschen Zahl 'e' und dem Planeten Erde in Verbindung bringen, tritt Erstaunliches zutage. Die 83. Potenz von 'e' korrespondiert nämlich hauteng mit der Länge eines Erd-Grades in Kilometern:

=> Äquatorumfang der Erde (WGS-84; 07) = 40.075,017 km
=> Polumfang der Erde   (WGS-84; 2007) = 40.007,863 km
=> Umfang der Kugel-Lichtmodell-Erde   = 40.000,000 km

=> 40.075,017 km : 360° = 111,31949… km / Längengr. Äquator
=> 40.007,863 km : 360° = 111,13295… km / Breitengrad
=> 40.000 km   : 360° = 111,11111… km / Grad

=> e^83 = 111,28637…E+34 : 10^34 * **360** = 40.063,09517…
=> 40.075,017 km   => **e^83,000**297532…
=> 40.007,863 km   => **e^82,998**62…
=> 40.000 km   => **e^82,998**42386…

Daran, dass die Erde hier in „winzigsten" Maßeinheiten vermessen wird, sollte man sich nicht allzusehr stören. Beispielsweise geben Physiker ja die Masse von Elementarteilchen auch in Kilogramm an, was bei Licht besehen recht lustig – aber dennoch auch sehr praktisch und sinnvoll - ist.

Für jemanden wie mich ist es kaum glaubhaft, dass das tatsächlich nur Koinzidenzen sein sollten. Es gibt im Großrahmen des Kugel-Lichtmodells einfach zu viele derartiger "zufälliger Zusammenfälle". Und das oft in hoher und höchster Qualität. Wer schon einmal bewusst Lotto gespielt hat, kommt an solchen Stellen nicht umhin, dem "Zufall" seine vermeintliche Zufälligkeit **mit Gewissheit** abzusprechen.

Doch zurück zur **0,833333…** und ihren Abkömmlingen Die drei oben genannten bedeutsamen Verhältnisse stehen untereinander in engen Verbindungen. Auch dazu wieder nur wenige ausgewählte Beispiele:

(**299,** 792458° : 360°) : 5/6	= 0,9993081933333...
0,832756827... : 0,833333...	= **0,9993081933333...**
	= LG-Verhältnisform

0,8333333... + 0,83334610...	= 1,6666794343... (°)
	=> Sinus = 0,0290849...
	= Cosinus **88,3333**21...(°)

0,833333... - 0,83275682777...	= 0,000**5765**055555...
	= Cosinus 89,966969...°
=> 0,00057650555...	= 0° 0' **2,07542**"
=> 0,00057650555... * 10	= 0° 0' **20,7542**"
=> 0,00057650555... * 100	= 0° 3' **27,542**"
=> 0,00057650555... * 1.000	= 0° 34' 35,42"
=> 0,00057650555... * 10.000	= 5° 45' 54,2"
=> 0,00057650555... * 100.000	= 57° **39**' 2"
=> 0,00057650555... * 360.000	= <u>**207, 542**</u>
... usw.usf.	

Wer sucht, der findet. Massenweise. Wenn man will, geht das schier endlos so weiter. Wir haben hier mit der **207,542** jedoch einen fast-genialen
Übergang zum nächsten Kapitel gefunden.

<u>Die Differenz 207,542</u>

Wir kommen nun zu einer der wichtigsten Zahlen des ganzen Kugel-
Lichtmodells überhaupt. Ein paarmal ist sie bereits ganz von allein aufgetaucht. Ihre Bedeutung kommt innerhalb des Modells derjenigen der
definierten Lichtgeschwindigkeit in km/s praktisch gleich. In der physikalischen Praxis sieht das bisher natürlich (noch?) anders aus.

Im Modell ist die 207,542 eine Art Gegenspieler und Ergänzung
der Lichtgeschwindigkeitszahl. Sie verkörpert gewissermaßen eine
‚Brücke‘ zwischen theoretischer Geometrie und praktischer Physik des

Lichts. Sie verbindet die idealisierten Lichtkugeln und -kreise mit den tatsächlichen realen Gegebenheiten und erklärt sie teilweise ein wenig. An dieser Stelle wird es auch sehr viel genauer als bislang etwa bei Kosinus- oder Tangens-Konstante, vor allem aber noch vielfältiger.

Die **207, 542** kommt im Modell mehrfach, in unterschiedlichen Zusammenhängen und in verschiedenen Größenordnungen vor. Teilweise tritt sie alleinstehend und ganz offen auf, teilweise in Zahlenzusammensetzungen als sichtbarer Bestandteil einer Zahl und teilweise auch als „unsichtbares" Teilstück einer Zahl. Der Vielzahl der Varianten sind kaum Grenzen gesetzt.

Die auffälligsten Gelegenheiten des Auftretens der 207,542 sind **einerseits** die Differenz zwischen der genauen und der auf 300.000 gerundeten Lichtgeschwindigkeit in km/s bzw. nur km bei den Lichtsekunden. Und **andererseits** die Differenzen zwischen den Winkeln, die mit der Lichtgeschwindigkeitszahl korrelieren und ihr ziffernmäßig entsprechen. Hinzu kommen die jeweiligen Ergänzungswinkel, in denen sie als Zahlenbestandteil sichtbar zutage tritt.

1.) 300.000 km/s − 299.792,458 km/s   = 207,542 km/s
2.) 300.000 km   - 299.792,458 km   = 207,542 km
3.) 30,000° - 29,9792458°   =   0,0207542°
4.) 300,000° - 299,792458°   =   0,207542°
5.) 90°   - 29,9792458°   = 60,0**207542**°
6.) 360°   - 299,792458°   = 60,207542°
7.) 300°   - 299,792458°   =   0,207542°
… usw. usf.

Demzufolge gibt es auch viele Korrelationen zwischen den Winkel**funktionen** und vielem Anderen, was hier nur an einem einzigen Beispiel verdeutlicht werden soll:

    sin 29,9792458° = 0,4996862… = **cos** 60,0**207542**° … usw. usf.

Weitere Zusammenhänge dieser und anderer Art findet jeder selbst problemlos und schnell, sofern er denn danach sucht.

Beim Lichtkreis mit 3,6 Millionen km Nenn-Umfang bemerkt man die 207, 542 zuerst. Da fehlt sie ja immer, um exakt auf 30 Grad je Lichtsekunde des Umfangs zu kommen. Dagegen taucht sie beim dazugehörigen Lichtkreis mit 12 Ls = 3.597.509,496 km Umfang an dieser Stelle natürlich nicht direkt auf, sondern nur versteckt in der Differenz zwischen den beiden Kreisumfängen.

Die Gesamtdifferenz zwischen den beiden Kreisumfängen beträgt 12 * 207,542 km = 2.490, 504 km. Ebenso tritt sie beim Abstand der beiden Kreise voneinander – also bei der Differenz der beiden Radien – ein wenig „versteckt" auf => 207,542 km : Pi/6 = **396,376002239…** km.

Dadurch wird sie auch flüchtig mit der Zahlendreherei um die 39,37 in Verbindung gebracht. Ähnlich "oberflächlich" geschieht dies auch noch einmal, wenn man 360 : 207,542 teilt. Das Ergebnis lautet zunächst 1,7345887… . Subtrahiert man davon die Wurzel aus drei erhält man 0,002537854… . Der Reziprokwert beträgt **394,0337** und erinnert auch stark an die o.g. Maßeinheiten in der katholischen Bibel. Will man genau bei **393,7** landen, muss man mit 207,54174… rechnen, was leicht gerundet wieder zur 207,542 führt. Dabei ist es wichtig anzumerken, dass es auch hier wieder die Differenzen sind, die den Weg weisen. Das ist im Rahmen des gesamten Kugel-Licht-Modells sehr oft der Fall.

Das nächste Mal tritt die 207,542 bei den Zentriwinkeln der beiden Lichtkreise mit 3,6 Millionen km Nenn-Umfang in Erscheinung.
Nicht umsonst entspricht hier ja eine Lichtsekunde 29,9792458 Grad – also einem Zehntausendstel der Lichtgeschwindigkeitszahl mit anderer Maßeinheit. Demzufolge beträgt der Ergänzungswinkel zu 30° ebenso einem Zehntausendstel von 207,542° => also **0,0207542°**. Dementsprechend ergibt sich beim Ergängzungswinkel von 299,792458° zu 300° eine Differenz von 0,207542°.

Alle diese unterschiedlichen Größenordnungen – und noch ein paar mehr - sind wichtig und müssen weiter analysiert werden. Ebenso ist von Bedeutung, dass die Zahlen sowohl als Winkel, wie auch als Strecke, Geschwindigkeit und / oder Bestandteil anderer Zahlen vorkommen können. Die 207,542 ist gewissermaßen eine „Allerweltszahl", die oftmals einen Sinn an Stellen entwickelt, wo man ihn nicht erwartet.

Logischerweise entstehen dadurch unterschiedliche Konsequenzen. Die Bandbreite dieser Folgen ist ausgesprochen lang und weit gefächert. Aus diesem Grunde kann hier nicht jede Einzelheit aufgeführt werden. Stattdessen werden hauptsächlich einige zahlenmäßige Beispiele aufgezeigt, die in verschiedene Denkrichtungen weisen. Die Maßeinheiten werden dabei vorerst wieder weitgehend weggelassen. Sofern gewünscht sind sie für den Leser meistens jedoch leicht selbst nachvollziehbar.

Fangen wir also im Zentrum des Kugel-Licht-Modells – das heißt: im Mittelpunkt der Modellerde - an und arbeiten uns später nach außen bis zum Lichtkreis von 3,6 Mio. km vor. Der hiesige Start erfolgt somit bei $30° - 29{,}9792458° = 0{,}0207542°$.

Was fängt man jetzt mit so einer Zahl an, die sich anscheinend völlig zufällig ergibt? Am besten ist, man betrachtet sie erst einmal von allen Seiten und denkt darüber nach, was man wohl alles mit ihr anstellen könnte. Beispielsweise könnte man sie (ohne Maßeinheit) ja nicht nur für einen Winkel halten, sondern etwa auch für einen Sinus-Wert, der genau an dieser Stelle absichtlich platziert wurde – von wem und wozu auch immer.

Betrachten wir also die 0,0207542 zunächst als Sinus. Der dazugehörige Winkel beträgt dann 1,189213451… Grad. Der erinnert uns nun wieder dunkel an die Wurzel aus 1,25 , die 1,118… heißt. Beides hat „selbstverständlich" nichts miteinander zu tun, aber man könnte ja einmal spaßeshalber ausprobieren, ob die 1,1895134… vielleicht auch ein Wurzelwert sein könnte. Dabei stoßen wir auf folgendes:

$0{,}0207542 = \sin 1{,}189213451\ldots$ $(°)$

$\Rightarrow 1{,}189213451\ldots{}^{\wedge}2 = 1{,}4142286\ldots$ $\approx \sqrt{2}$

$\Rightarrow 1{,}4142286\ldots{}^{\wedge}2 \quad = 1{,}189213451\ldots{}^{\wedge}4 \quad = \mathbf{2{,}0000426\ldots \approx 2}$

$\Rightarrow 2{,}0000426\ldots{}^{\wedge}2 \quad = 1{,}189213451\ldots{}^{\wedge}8 \quad = 4{,}0001705\ldots \approx 4$

$\Rightarrow \ldots$ usw.

Die 0,0207542 kommt also dem Sinus der Vierten Wurzel aus Zwei sehr nahe. Wir landen somit automatisch verdammt nahe am Anfang der Zweierpotenzenfolge. Wie sieht das bei exakt Zwei aus?

$$\ldots \ \sqrt{4} = \mathbf{2}$$
$$\Rightarrow \sqrt{2} = 1{,}4142136 \ldots$$
$$\Rightarrow \sqrt{1{,}4142136} \ldots = 1{,}189\mathbf{207}115 \ldots$$
$$\Rightarrow \sin 1{,}1892071\ldots = 0{,}0\mathbf{207540}894\ldots$$

Das Ergebnis lässt sich sinnvoll auf 0,0207541 oder noch besser auf 0,020754(**00**) runden, jedoch schlecht auf 0,0207542. Interessanterweise stoßen wir direkt auf die 0,020754(00), wenn wir mit einem älteren acht-stelligen Taschenrechner „casio fx-85" aus Japan rechnen. Der erledigt die „passende" Rundungsarbeit von allein.

Die 0,020754 bringt uns aber ein kleines Stückchen weg von der im Jahr 1983 definierten Vakuum-Lichtgeschwindigkeit, denn

$$30° - 0{,}020754° = 29{,}979\mathbf{46}°$$

und

$$300.000 \text{ km/s} - 207{,}54 \text{ km/s} = 299.792{,}\mathbf{46} \text{ km/s}$$

und eben nicht 299.792,**458** km/s. Außerdem ist uns die 299.792,**46** im weiteren Umfeld bereits mehrfach als eine Art „Ergänzung" oder „Erweiterung" zur definierten Lichtgeschwindigkeit begegnet.

Ist das nun Blödsinn, Zufall oder Absicht?

Erinnern wir uns in diesem Zusammenhang an den Anfang dieses Buches. Meine erste eigene ernsthafte Begegnung mit der Lichtgeschwindigkeit[143] führte ebenfalls zu 299.792,**46** km/s, und das in Verbindung mit der 39,73 und der erstaunlichen Zahlendreherei um die 39,37 herum.

Im alten „Wissensspeicher Physik"[144] von 1975 steht sogar etwas von 299.792 +/- 0,15 km/s und im Tafelwerk[145] von 1976 werden 299.792 km/s für die Vakuum-Lichtgeschwindigkeit genannt. In anderen, vorzugsweise älteren Quellen findet man noch weitere differierende Zahlenwerte.

---

[143]   Siehe hier im Buch Seite 78 und [2]
[144]   [1]; Seite 256
[145]   [12; Seite 57]

Die Definition der Vakuum-Lichtgeschwindigkeit auf 299.792,458 km/s ist gut und richtig. Sie gibt den damit Arbeitenden Genauigkeit und Sicherheit für ihre Tätigkeit. Auch Meter und Sekunde erhalten dadurch eine exakte Länge, was **mindestens** genauso wichtig ist. Daran besteht überhaupt kein Zweifel. Es fragt sich aber, ob diese Definition tatsächlich das Ende der Fahnenstange darstellt – oder ob es davor und dahinter vielleicht doch noch weiter geht? Die 207,54(2) liefert die ersten schwachen Indizien dafür.

In diesem Zusammenhang fiel mir eine hübsche ‚Spielerei' auf, die ich niemandem vorenthalten möchte. In gewissem Sinne ist sie beispielgebend für das ganze Kugel-Licht-Modell und seine Einprägsamkeit. Ähnliche „merkwürdige Zufälle" treten häufig auf. Auch bei anderen Gelegenheiten. Sie führen als Hinweise durch das komplette Programm.

$$\mathbf{LG_{Definiert}} \qquad\qquad = \mathbf{299.792,458}$$
$$\Rightarrow \sqrt{LG} \qquad\qquad = 547,533066\ldots$$
$$\Rightarrow\; : 21,5 \qquad\qquad = \mathbf{25,4666542\ldots} \qquad [\Rightarrow 80/Pi \quad = 25,464791\ldots]$$
$$\Rightarrow\; : 2 \qquad\qquad = \mathbf{12,7333271\ldots} \qquad [\Rightarrow 40/Pi \quad = 12,732395\ldots]$$
$$\Rightarrow\; : 2 \qquad\qquad = \mathbf{6,3666636\ldots} \qquad [\Rightarrow 20/Pi \quad = 6,3661977\ldots]$$
$$\Rightarrow\; : 2 \qquad\qquad = \mathbf{3,1833318\ldots} \qquad [\Rightarrow 10/Pi \quad = 3,1830989\ldots]$$
$$\Rightarrow\; * 1,2566 \qquad\qquad = 4,00\mathbf{017471}\ldots \qquad [\Rightarrow 4 * Pi \quad = 12,566371\ldots]$$
$$\Rightarrow \sqrt{4,00017471\ldots} = 2,0000\mathbf{44}\ldots \qquad [\Rightarrow 4 = 2*2 = \sqrt{2^4} = \sqrt{16}]$$
$$\Rightarrow \sqrt{2,000044\ldots} = \mathbf{1,414}229\ldots \qquad [\Rightarrow 2 = 1*2 = \sqrt{4} = \sqrt[4]{16}]$$
$$\Rightarrow \sqrt{1,414229\ldots} = 1,1892136\ldots \qquad [\Rightarrow \sqrt{2} = \sqrt[4]{4} = 1,4142\ldots]$$
$$\Rightarrow \text{Sinus } 1,18\ldots \qquad = \underline{\mathbf{0, 0207542\ldots}} \qquad [\Rightarrow \sqrt{\sqrt{2}} = \sqrt[4]{2} = 1,18\ldots]$$
$$\Rightarrow 30° - 0,0207,542° = 29,9792458$$

Die Rechnung ist völlig korrekt und präzise. Es wurde mit 15 Stellen gerechnet und erst im Nachgang gerundet, sodass die auffälligen Zahlen entstehen. Es gibt auch noch andere Varianten desselben Spieles. Die Divisoren sind keine freie Erfindung, sondern „verballhornte Anlehnungen" an konkrete Größen des Kugel-Licht-Modells, des realen Lichts und der Lichtgeschwindigkeit in km/s.

=> 21,5 * 2 * 2 = 86   => 86.400   => **Zeit**
=> $\sqrt{LG}$: 86 = 6,3666636... => 6,3666636 : **5** = 1,2733327... ≈ **4 / Pi**
                          => 6366, ...   => **Erdradius**
                          => 5   => **Goldener Schnitt**
=> 86 * 5 = 430   => 43,xxx°-**Winkel**, Zahl **4,333...**, ... usw.
=> Sinus und Pi   => Winkel und Kreis   => **Lichtkreis**
                                         => **Kugel-Licht-Modell**

Durch das kombinierte Zusammenspiel der Zahl der Lichtgeschwindigkeit (in km/s) und ihrem „Restbetrag" 207,542 werden somit die wichtigsten Größen im Universum eng miteinander verbunden: Das Licht, die Zeit, Pi und der Goldene Schnitt Phi. Was noch fehlt ist die Masse, aber die kommt später auch noch mit dazu.

Sinn und Zweck dieser „ordnungsgemäßen Spielerei" liegen in der dauerhaften Einprägsamkeit und der nachhaltigen Darstellung der Zusammenhänge. Sie dient damit dem besseren Verständnis des Modells und der Realität. Außerdem wird eindeutig aufgezeigt, dass bestimmte mathematische Konstanten und Gesetzmäßigkeiten Basis und Rahmen für Meter, Sekunde und Lichtgeschwindigkeit sind. Und wer DAS weiß, kann immer wieder zu den konkreten Werten finden. Auch wenn er – wie ich – anfangs keine blasse Ahnung von der Materie des Lichts und seiner Geschwindigkeit hat.

Die 207,542 liefert noch viele Hinweise auf andere mathematische und natürliche Zusammenhänge. Irgendwie stecken sie schon alle in dieser Zahl drin. Somit verdichtet sich der Eindruck immens, dass diese Zahl – genauso wie praktisch alle Zahlen des Kugel-Licht-Modells und seiner Abkömmlinge – mit sehr viel Bedacht, physikalischem und zahlentheoretischem Wissen sowie großem Geschick bewusst ausgesucht wurden, um uns genau zu diesem Modell, und damit zu den natürlichen Gegebenheiten, zu führen.

Dazu noch ein paar Beispiele, die jedoch keinerlei Anspruch auf Vollständigkeit erheben. Das wichtigste davon ist vielleicht die Korrelation zu Pi und Phi bzw. ihren Reziprokwerten:

0,0207542 => 1/x = 48,**1830**183770032…
Dabei erinnert die Ziffernfolge 1-8-3-0 an den Reziprokwert von Pi =>
1/Pi = 0,3**183098**…
Das Zehnfache von 1/Pi (also 10/Pi) heißt demzufolge 3,183098…
Wenn wir nun die Differenz bilden, erhalten wir:

48,18301837… - 3,183098… = **44,9999**195151653…
Das ist eine hervorragende Näherung an **45**. Einfach so. Mit der handels-
üblichen 0,0207542.
Um glatt auf 45 zu kommen bräuchten wir die 0,02075416533227… als
Ausgangszahl, die sich jedoch problemlos auf 0,0207542 runden lässt.

Noch einen Hauch genauer funktioniert das mit:
  6/5 Phi² = 3,141640786… => 10/x = 3,18305009375… :
  => 48,18301837… - 10/(6/5 Phi²) = **44,9999**68283…
Damit nähern wir uns der 45 noch näher an.
Falls sich jemand fragt, warum die **45** so oft betont wird, dann ist dies
schnell beantwortet: Die 45 ist ein Hinweis auf die Teilung eines 360°-
Grad-Kreises in acht gleichgroße Tortenstückchen, beispielsweise auf die
8 Lichtsekunden des idealisierten Mondbahnumfanges. Damit dürfte
auch klar sein, warum eine glatte 45 als Ergebnis in diesem Fall gar nicht
so gut wäre. Dann würde nämlich niemand darüber nachdenken, warum
die (dann glatte) 45 so oft in den Fokus gerückt wird. Es wäre alles so
wie es dann wäre: Ein nettes glattes Ergebnis, das nicht sonderlich zum
Anregen des Weiterdenkens geeignet ist.
  Daneben enthält die 45 aber auch noch andere Aspekte, die aber
genau in die selbe Richtung weisen. Beispielsweise sind ja Sinus und Kosinus von 45° gleich ½ $\sqrt{2}$. Somit erhalten wir wieder einen Hinweis auf
die Zwei und alles was mit ihr zusammenhängt, wie etwa ihre Potenzenfolge (2; 4; 8; 16; …), das Dualsystem, gerade Zahlen, … usw. usf.
Die Näherungswerte reihen sich praktisch nahtlos in die jeweilige Ziel-
scheiben-Zahlenwolke ein und betonen damit das eigentliche Ziel in ihrer
Mitte, welches ja ebenfalls gelegentlich durchaus korrekt getroffen wird,
aber ohne umgebende Wolke nicht sonderlich auffallen würde. Das nennt
man eine Zielführungsstrategie.

Da wir gerade bei der Zielführung durch Hinweisgebung angekommen sind, gleich noch ein paar Beispiele im selben Kontext:

Der natürliche Logarithmus von 0,0**207542** beträgt **-3,8750**066... . Diese Zahl fällt aufgrund der in ihr enthaltenen Ziffernfolge 3-8-7-5 jedem sofort auf, der intensiv mit dem Kugel-Licht-Modell zu tun hat.

Nach einer Weile intensiver Übung geht das ganz automatisch: Man stößt „rein zufällig" auf einen derartigen Blickfang und schaut nach, was er bedeuten könnte. Und irgendwann hat man genügend Hinweise gefunden, um den eigentlichen Sinn dahinter zu verstehen. Das ist nicht schwierig, aber **aufwendig und gewöhnungsbedürftig**. Für denjenigen, der sich nicht intensiv damit beschäftigt, ist und bleibt es nur irgendeine x-beliebige nichtssagende Zahl. Das ist sie aber nicht ...

Mit der -3,8750066... hat es folgende Bewandtnis:

-3,8750066... * (-100) = 387,50066...

Die Wurzel daraus beträgt 19,685037..., was seinerseits auf eine sehr bedeutsame Zahl hinweist, nämlich auf die **19,685**. Das Doppelte von 19,685 beträgt **39,37** , was uns wieder zur Zahlendreherei mit der 39,37 und den damit verbundenen Inhalten führt.

Scheinbar sind es nur geistige Klimmzüge, die irgendetwas suggerieren sollen. Praktisch hingegen ist das gesamte Kugel-Licht-Modell auf diese und ähnliche Weise vielfach miteinander vernetzt. Dadurch wird erreicht, dass man das Modell hin und her drehen kann wie man will – man kommt immer wieder zu den selben ‚Denk-Pfaden', den selben Rechenvorgängen und schließlich auch zu den selben Ergebnissen. Für ein Extrem-Langzeitmodell ist das überaus praktisch und sinnvoll. Die darin enthaltenen Zahlen sind gewissermaßen selbsterklärend.

Ein weiteres Beispiel dieser Art liefert der Logarithmus zur Basis 10:

0,0207542 * 100	= 2,07542
=> 2,07542 => log(10)	= 0,317106...
=> 0,317106... = sin 18,487998°	**≈ 18,488**
	=> Hinweis auf LG

Geringfügig anders verhält es sich, wenn wir anstatt der +0,317106... die
- 0,317106 ins Spiel bringen. Die erhalten wir, wenn wir von 1 / 2,07542
ausgehen:

2,07542   => 1/x   = 0,4818301...
=> 0,4818301...   => log(10)   = - 0,317106
=> - 0,317106   = cos 10**8,488**°
                                          = sin 18,487998 ≈ **18,488**

Noch interessanter wird es, wenn wir die Größenordnung nochmals um
den Faktor 10 vergrößern und den natürlichen Logarithmus LN bzw.
seine Umkehrung EXP verwenden:

20,7542   => EXP   = 1,0**314176**...E+9
                                          = 10**31417**596,266...

Es fällt kaum auf, aber bei genauem Hinsehen merken wir, dass da eine
Zahl bzw. Ziffernfolge enthalten ist, die Pi erstaunlich nahe kommt.
Einfaches Ausprobieren macht uns wieder einmal schlauer:

Pi   = **3,1415927...**
=> Pi : 100   = 0,031415927...
=> 1 + Pi/100 = 1,031415927...
=> (1+Pi/100) * 10^9 = 1,03141592653**59**...E+9
=> LN 1,0314159265359...E+9 = **20,754198**381... ≈ <u>**20,7542**</u>

Wir stellen somit **verbindlich** fest, dass die 207,542 – und damit auch
die Lichtgeschwindigkeit in km/s - sehr direkt etwas mit Pi und Phi zu
tun hat, die durch sie schier untrennbar miteinander verknüpft sind.

Dass dafür winzige Rundungen notwendig sind, liegt quasi an der
Tücke der beiden irrationalen Objekte selbst sowie an den Eigenschaften
des angesteuerten Zieles, das ebenfalls einer minimalen Rundung unterliegt, die nicht von mir stammmt. Schließlich passen die beiden mathematischen Konstanten von Anfang an niemals exakt zusammen, sondern
immer nur fast. Sie wurden mit Hilfe des Verhältnisses 5/6 und ebenso
winzigen – aber sowieso zwingend notwendigen - Rundungen künstlich-
mathematisch miteinander verwoben, was sich beispielsweise in der Königselle mit einer Länge von 0,5236 und vielem Anderen widerspiegelt.

<u>86.400</u>

Blicken wir nun wieder ein kurzes Stück zurück. Und zwar zum Kapitel "Striche, 5 Minuten und die 288". Dort waren noch Fragen offen. Unter anderem wurde die Frage aufgeworfen, wo die 86.400 als Anzahl unserer täglichen Sekunden überhaupt herkommt. Augenscheinlich ist das eine einfache Frage. Selbstverständlich lautet die Antwort: "Aus dem Zahlenbaukasten der Götter, natürlich." Woher denn sonst?

24 Stunden mal 3.600 Sekunden je Stunde ergibt **86.400** Sekunden je Tag. Was soll's? Und, dass 9!10 geteilt durch die 'Antwort auf alle Fragen'[146] 86.400 ergibt, ist auch schon lange sonnenklar. Ebenso liegt auf der Hand, dass die 86.400 mit der Geschwindigkeit des Lichts in km/s in gewisser ‚flüchtiger' Beziehung steht …

$$2{,}99792458 \text{ E-38} \Rightarrow 1/x = 3{,}33564095198152\ldots\text{E+37}$$
$$\Rightarrow 3{,}33564095198152\ldots\text{E+37} \Rightarrow \ln = \mathbf{86{,}400}313\ldots$$

… und das Pi und Phi² unscharf über die Rechnung:

8.640 : Pi	= 2750,**1974**…
8.640 : Phi²	= 3300,**1863**…
	=> **2750 : 3300 = 5 : 6 = 0,833333…**

mit dem Lichtkreis, der Lichtgeschwindigkeit, dem 360°-System, .. usw. … und vielem Anderen verbunden sind. All das ist einfach, logisch und für jedermann deutlich zu sehen ...

Aber ganz so einfach ist die Sache denn doch nicht. Schaut man ein wenig genauer hin, kommen nämlich ein paar ziemlich überraschende Zusammenhänge zutage.

Obwohl - im Grunde ist es vielleicht doch ganz einfach und logisch. Schwierig ist nur, den richtigen Weg zu finden. Und vor allem: Überhaupt erst einmal auf die notwendigen Fragen zu kommen, denn sie sind ja eigentlich schon zur vollen Zufriedenheit aller beantwortet.

Oder etwa doch nicht?

---

[146]   In dem utopischen Film "42" wurde einst die Antwort auf alle Fragen gesucht und gefunden. Sie lautet 42.

Für mich begann das Finden der Lösung damit, als mir bewusst wurde, dass 86,4 plus 3,6 gleich 90 sind. Dieser bahnbrechende, nie zuvor gedachte, grandiose Gedanke überraschte mich als ich mich gerade mit diversen Winkeln und ihren Funktionen der verschiedensten Art herumschlug. Darunter waren auch diese:

$$\sin 86{,}4° = 0{,}9980267\ldots \qquad \cos 86{,}4° = 0{,}0627905\ldots$$
$$\cos\ \ 3{,}6° = 0{,}9980267\ldots \qquad \sin\ \ 3{,}6° = 0{,}0627905\ldots$$

Beides sind Komplementär- oder Ergänzungswinkel. Zusammen bilden sie einen rechten Winkel, der seinerseits 90° beinhaltet.

Dass die 86,4 eine Verwandte der Zahl 86.400 ist, lag auf der Hand: Ein Tausendstel. Dasselbe war für die 3,6 , die mit 36, 360, 3600, … dem größeren Lichtkreis mit 3,6 Mio. km und noch unendlich vielen anderen Zahlen und Gegebenheiten, die mit der Ziffernfolge 3-6 anfangen, leicht zu erkennen. Ging das tatsächlich so weiter? Es ging:

$$86{,}4 + \quad 3{,}6 \quad = \quad 90$$
$$864 \ + \ 36 \quad = \quad 900$$
$$8.640 \ + \ 360 \quad = \quad 9.000$$
$$86.400 \ + 3600 \quad = \ 90.000$$

… usw. usf.

Was lag also näher, die anderen Zahlen auch als Winkel zu betrachten? Bei 86.400° und 8.640° streikte mein Taschenrechner. Aber bei 864° gab er leise Pfeiftöne von sich.

$$\sin 864° = 0{,}5877852\ldots = \sin 36° = \cos 54°$$

Da begann es bei mir zu dämmern: 36° und 54° sind doch Phi-Winkel. Hatte der Goldene Schnitt etwas mit der Zeit zu tun? Als Nächstes war der Kosinus dran:

$$\cos 864° = \mathbf{-\ 0{,}8090169\ldots} = \sin -54° = \cos 144°$$

Ja, der Goldene Schnitt hat etwas mit der Zeit zu tun. Die 144° sind nicht umsonst ein Zehntel der Minuten eines Tages. Und das Doppelte von $-0{,}8090169$ beträgt $\mathbf{-\ 1{,}6180339\ldots}$, d. h. minus Phi.

Rechnet man mit dem positiven Wert $\mathbf{0{,}8090169}$ = Phi/2 erhält man für den Sinus den Winkel von 54° und beim Kosinus den Winkel von 36°. Klar: 144° plus 36° sind 180° was im Einheitskreis mit R = 1 genau einem Pi entspricht. Weniger klar ist dasselbe bei den 54°, denn

180° minus 54° ergeben 126°, die bis jetzt noch nirgendwo aufgefallen sind. Aber 126° sind gleich 2 mal 63 Grad oder 3 mal 42° … und die haben sich schon gelegentlich gemeldet. Jedenfalls so ungefähr.

In meinen Tafelwerken sind in Bezug zu den Winkelfunktionen nur spezielle Funktionswerte, die im Zusammenhang mit Pi stehen, aufgelistet. Ich denke, das sollte dringend um die speziellen **Phi**-Winkelwerte ergänzt werden. Da würden mindestens auch noch 18° und 72° dazukommen, denn:

$$\sin 18° \quad = \cos 72° \quad = 0{,}3090169\ldots = 1 : (2\text{Phi})$$
$$\cos 18° \quad = \sin 72° \quad = 0{,}9510565\ldots = \sin 36° * \text{Phi}$$

Man könnte das aber auch noch ausbauen, denn 18, 36, 54, 72 sind alle durch 18 teilbar … und damit eventuell auch durch 2, 3, 6 und 9, wodurch sich noch mehr sinnvolle Spezialwerte ergeben dürften. Man muss sie nur suchen. Außerdem ergibt die Summe von 18, 36, 54 und 72 wieder 180 und erinnert schwer an die ‚Blume des Lebens' und die ‚Kugel des Lebens und des Lichts'.

Gut. Phi steckt also massiv in den 864° drin, und damit auch irgendwie in den 86.400 Sekunden, wenn auch vorerst nur "symbolisch". Zusammen mit den 3600 Sekunden einer Stunde ergeben sich 90.000 Sekunden. Die entsprechen ihrerseits 25 Stunden zu je 3600 Sekunden. Da die 90 in der 90.000 aber so verdächtig nach einem in Tausendstel geteilten rechten Winkel und nach Kreis duftet, multiplizieren wir sie einfach mit Vier und kommen zu einem Vollkreis, dessen 360 Grade ebenfalls in Tausendstel aufgeteilt sind. Diese 360.000 Kreissektoren merken wir uns erst einmal.

Nun untersuchen wir die 86.400 als blanke Zahl ein wenig genauer. Wir stellen problemlos fest, dass sie eine Menge Teiler hat. Darunter auch ganz viele relevante Zahlen, die prima ins Kugel-Lichtmodell passen und von denen uns etliche auch schon bei anderen Gelegenheiten über den Weg gelaufen sind. Darunter die primären Phi-Winkel 18, 36, 54, 72, die komplette 18er Reihe sowie Teiler und Vielfache davon und vieles andere mehr. Auch die 12er Reihe inklusive der 288 ist dabei. Die Primzahlzerlegung ergibt:

$$86.400 \quad = 2^7 * 3^3 * 5^2 \qquad (=> 27 * 33 * 52 = 46.332)$$

aber auch:
$$2^7 * 3^3 = 4 * 864 = 128 * 27 = \underline{\textbf{3456}}$$
$$2^7 * 5^2 = 128 * 25 = 3200$$
$$3^3 * 5^2 = 27 * 25 = 675$$

Da kommen einige wichtige Zahlen zum Vorschein. Dabei ist interessant und auffällig, dass die Primzahlen fast in umgekehrter Reihenfolge zu den Exponenten stehen. Ist das Zufall? Nur die ^7 fällt aus dem Rahmen. Sie ist zu groß für dieses Spiel. Was kommt heraus, wenn wir es richtig spielen?

$$\mathbf{2^5 * 3^3 * 5^2 = 21.600} \qquad (=> 25 * 33 * 52 = 42.900)$$
$$2^5 * 3^3 = 32 * 27 = \mathbf{864}$$
$$2^5 * 5^2 = 800$$
$$3^3 * 5^2 = 1.716$$

21.600 ist die Anzahl der Grad-Minuten eines Vollkreises. Ein Kreis ist eine flächige Figur. Vier mal 21.600 ergibt 86.400. Könnte da ein Quadrat gemeint sein? Vielleicht ein Quadrat mit einer Seitenlänge von 21.600 und einem Umfang von 86.400? Warum nicht? Probieren geht über studieren...

Geht das mit der 86.400 als Seitenlänge auch? Selbstverständlich. Immerhin kam oben ja die Aufgabe 4 * 864 = 3.456 als Zwischenschritt vor. Und wie sieht es mit den 4 * 90.000 aus, die wir uns gemerkt haben? Das geht auch. Völlig problemlos. 4 * 90.000 ergibt einen Quadratumfang von 360.000. 360.000 ist aber (in km) auch ein Zehntel des primären Lichtkreis-Umfanges. Trampelt da mal wieder die Nachtigall durch den Wald? Ein Quadrat und ein Kreis, die den gleichen Umfang haben, führen zur üblichen Quadratur des Kreises wie sie unsere fernen Ahnen verstanden.

Wir nehmen also ein Quadrat mit einer Seitenlänge von 90.000 und einem Umfang von 360.000 und legen es konzentrisch über einen Kreis mit einem Umfang von ebenfalls 360.000. Der Kreis hat einen Durchmesser von 114.591,56.... Daraus ergibt sich ein bekanntes Verhältnis:

$$90.000 : 114.591,56... = 0,7853981... = \mathbf{Pi / 4}$$
$$114.591,56... : 90.000 = 1,2732396... = \mathbf{4 / Pi}$$

Die Rechnung kann selbstverständlich nach Belieben gekürzt oder erweitert werden. Die inneliegenden Verhältnisse bleiben dieselben.

Wenn wir jetzt bedenken, dass in 90.000 − 3.600 = 86.400 immer noch mehrfach der **Goldene Schnitt Phi** enthalten ist, dann wissen wir, dass unsere heutige Basiseinheit der Zeit – die **Sekunde** – genau wie unsere Basis-Längeneinheit - der **Meter** – auf dem ausgeklügelten **Zusammenspiel von Pi und Phi** beruhen. Hat das schon jemand gewusst?

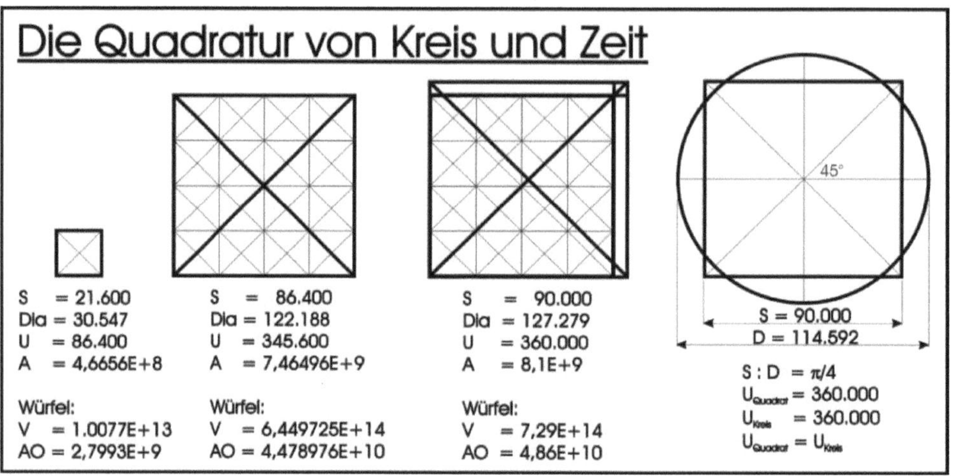

Abbildung 66: *Das quadrierte ‚kleine Rad der Zeit‘*

Sicherlich kann man die Ausführungen dazu noch ausführlicher gestalten. Schließlich gibt es neben dem kleinen auch noch das 'Große Rad der Zeit' und vielleicht noch ein paar andere. Je nach Art und Verwendung wandeln Räder oftmals Drehbewegungen in geradlinige Bewegungen um. Hat Zeit also etwas mit Drehbewegung zu tun? Auch bin ich davon überzeugt, dass es hinter diesem Zusammenhang noch ein gutes Stück weiter geht. Aber ich will es an dieser Stelle mit dem Unterthema erst einmal genug sein lassen. Vielleicht sollten wir die Zeit bei Gelegenheit noch etwas genauer unter die Lupe nehmen. Da sind noch viele Fragen offen …

Der Zahlenreigen rumd um 144…, 131 und 2288

Die nächste nennenswerte Zahl ist im christlichen Abendland weithin gut bekannt: $12^2 =$ **144**. Das ist allerdings nur der offizielle Nenn- und Hinweiswert. Er sorgt wie immer hauptsächlich für die Erkennbarkeit und als Gedächtnisstütze. Selbst wird er nur relativ selten aktiv. Dahinter geht es jedoch ausgesprochen vielgestaltig weiter. Das alles im Einzelnen zu benennen würde den Rahmen sprengen. Aus diesem Grunde werde ich versuchen, mich auf die wichtigsten Einzelpunkte zu beschränken.

Ebenfalls gut bekannt ist, dass ein Tag aus 1.440 Minuten besteht. Diese und andere Zahlen ähnlicher Art zeigen auf, dass es um die Ziffernfolge 1-4-4 herum noch ein enormes Stück weitergeht. Kommen hinter der 1-4-4 Nullen, handelt es sich mit hoher Wahrscheinlichkeit um die **Zeit**. Schließen sich danach Vieren und / oder Achten an, geht es mit ebenso hoher Wahrscheinlichkeit in irgendeiner Weise um das **Licht** und seine Geschwindigkeit. Und wenn andere Ziffern nachfolgen, muss man genauer hinschauen, worum es geht. Eigentlich ist alles ganz einfach. Schwierig wird es nur, wenn sich artfremde Gegebenheiten dazwischenmogeln. Aber auch da findet sich meist schnell eine Lösung. Und irgendwann landet man – sofern man sich intensiv mit Zahlen befasst - automatisch bei der 14444444… . Ob mit oder ohne Komma an irgendeiner Stelle ist primär dabei egal. Erst im späteren Fortgang der Dinge muss man dann auch irgendwann auf die Kommastellung achten.

Als Ausgangspunkt der Betrachtung können viele Zahlen und Zahlenkombinationen dienen. Besonders dafür prädestiniert ist die alltagstaugliche Version der Königselle mit einer Länge von 52,36 cm. Schließlich ergibt 52 geteilt durch 36 die gewünschte 1,44444… von ganz allein. Aber es gibt noch jede Menge andere Möglichkeiten wie:

$$13 : 9 = 1{,}44444\ldots$$
$$26 : 18 = 1{,}44444\ldots$$
$$39 : 27 = 1{,}44444\ldots$$

… und viele, viele andere. Es ist nur eine Frage der Zeit bis man darauf stößt.

Die 1,44444… unterhält Beziehungen zu vielen anderen Zahlen. Erstaunlicherweise beinhaltet sie jedoch eine verblüffende Affinität zur **Drei** und zur **Dreizehn**. Das äußert sich entweder als Zahlenbestandteil, durch die Teilbarkeit der damit in Verbindung gebrachten Partnerzahlen, … oder irgendwie anders. Wenn man genau hinschaut sieht man es schon bei den obigen Beispielen, wo 9, 18, 27 und 39 durch **3** teilbar sind. Ebenso sind 13, 26 und 39 durch **13** teilbar. Aber das alles fällt nicht sofort als Besonderheit auf. Das geht so weiter bis in die Unendlichkeit. Dazu noch ein paar andere wichtige Beispiele, die nicht nur auf 3 und 13 fixiert sind:

1,44444… * 3	= **4,33333…**	
14,44444… : 3,33333…	= 4,33333…	
14,44444… * 5	= 72,22222…	
1,44444… * 30	= **43,33333…**	
1,44444… * 54	= 78	=> 54 = 2 * 3 * 3 *3
1,44444… * 72	= **104**	=> 104 + 27 = **131**
1,44444… * 95	= 137,22222…	
1,44444… * 99	= 143	=> 99 = 3 * **33**

… usw. usf.

Wenn wir die Königselle als Ausgangspunkt nutzen hat das für uns Vor- und Nachteile. Durch die Varianten der Königselle (=> Pi/6 und Phi²/5) kommt es zwangsweise zu leichten Veränderungen bei der 1,44444…:

52 : 36 = 1,4444444…		
Pi/6 = 0,5235987… m	=> 52 : 35,987…	= **1,4449359…**
Phi²/5 = 0,5236068… m	=> 52 : 36,068…	= **1,44**17212…

Durch die beiden Konstanten wird somit ein Toleranzbereich eröffnet, in dem wir uns bewegen können. Das schafft Spielraum, und Spielraum ist immer gut, wenn man ihn hat. Der Nachteil davon sind die vielen daraus entstehenden möglichen Varianten. Die Vielfalt kann (muss aber nicht) die Entscheidungsfähigkeit negativ beeinflussen, wenn es herauszufinden gilt, ob etwas richtig oder falsch ist. Oder wie man so schön sagt:

„Des Einen Uhl ist des Anderen Nachtigul"

Damit müssen wir leben. Das ist eben so. Und wir können nichts daran ändern. Versuchen wir also die Vorteile zu unserem Vorteil zu nutzen und die Nachteile so gut wie möglich in Vorteile umzumünzen.

Selbstverständlich hat die 1,44444… in etlichen Variationen auch mit der Lichtgeschwindigkeit zu tun. Ansonsten bräuchten wir sie hier ja nicht zu erwähnen. Der Hauptzusammenhang ist folgender:

$$300.000 \ (km/s) - 299.792,458 \ (km/s) = 207,542 \ (km/s)$$
$$\Rightarrow 299.792,458 : 207,542 \qquad\qquad = \mathbf{1444,49055130999\ldots}$$
$$\Rightarrow 1444,49055\ldots : 1000 \qquad\qquad \approx \mathbf{1,4444906}$$

Was uns das u.a. nutzt wurde kurz schon im Rahmen der Mondbetrachtung aufgezeigt. Zur Erinnerung:

$$\mathbf{39,37} : 1,4444906 = 27,255283\ldots \qquad / : 100 = 0,27255283\ldots$$
$$6378,137 * 0,27255283\ldots = \underline{1738,3793} \ (= \text{Mondradius mit } 39,37)$$

Das ist aber natürlich noch lange nicht alles. Die dritte Wurzel aus der Lichtgeschwindigkeit in km/s heißt 66,927854…. Auch von ihr kommen wir zu einer 1,44444…-Verwandten.

$$66,927854\ldots * 10^{26} \qquad\qquad = 6,6927854\ldots E{+}27$$
$$\Rightarrow \text{Log(10) } 66,927854\ldots E{+}27 \quad = 27,825607\ldots$$
$$\Rightarrow \text{Log(10) } 27,825607\ldots \qquad = \mathbf{1,444444645437\ldots}$$

Aber andersherum – und das ist der eigentliche Sinn und Zweck der Angelegenheit - geht das selbstverständlich auch. Das bedeutet: Viele Wege führen nicht nach Rom, sondern zum Licht und seiner Geschwindigkeit.

Man muss sie nur suchen und finden.

Wenn wir von der Lichtgeschwindigkeit in Meilen je Sekunde ausgehen, kommen wir auch zu einer 1,444…-Zahl. Als Bonus gibt's aber den Goldenen Schnitt obendrauf, oder besser gesagt, das Hunderttausendfache des Reziprokwertes des Goldenen Schnittes:

$$1/Phi = 0,6180339\ldots \Rightarrow 1/Phi * 10^{5} = \mathbf{61.803,399\ldots}$$
$$LG_{Meile} = 186.282,0245\ldots \ M/s$$
$$\Rightarrow 186.282,0245\ldots : 61.803,399\ldots = \underline{\mathbf{1,4445066\ldots}}{}^{3}$$
$$\ldots \text{usw. usf.}$$

Die 1,44444… liefert auch den Hinweis auf ein ganz besonders wichtiges, aber extrem gut verstecktes Zahlenpaar: **131 und 2288**. Man findet es eigentlich nur per ‚Zufall‘, wenn man alles Mögliche wild und ausgiebig mit der 1,44444… ausprobiert. Dann stößt man irgendwann auf die Aufgabe 131 : 1,44444… und landet bei der **90,69**2308. Bei dieser Zahl wird der Zahlenschnüffler augenblicklich hellwach und steht voll unter Strom. Beeinflusst doch ausgerechnet eine hautenge Verwandte dieser Zahl völlig unbemerkt den Lauf der Menschheitsgeschichte schon seit vielen Jahrtausenden!

Präzisiert muss es heißen:

131 : 1,444437686583…		=	**90, 692732**
oder: 1.310	: 1,4444376…	=	**906, 92732**
oder: 13.100	: 1,4444376…	=	**9.069, 2732**
oder: 13.100,061…	: 1,44444444…	=	**9.069, 2732**
oder: 13.100,479886…	: 1,4444906	=	**9.069, 2732**
oder: … usw. usf.			

Welche der Varianten die „einzig wahre" ist, kann leider allerdings erst später entschieden werden. Der Grund für die Aufregung ist eine andere Multiplikationsaufgabe, für die ich schon seit etlichen Jahren ein sinnergebendes und erklärendes Pendant gesucht – und ewig nicht gefunden – habe. Und plötzlich steht die Lösung vor einem. Das ist dann schon ein Erfolgserlebnis der besonderen Art. Etwa so, als ob man als Hausfrau eine neue Galaxie entdeckt hätte. Die ursprüngliche Aufgabe heißt:

230,36 * 39,37 = 9.069, 2732

Sie hat mit dem Zoll, dem Meter und vielem Anderen zu tun.

Das Besondere an der 131 ist, dass sie selbstverständlich mit der Lichtgeschwindigkeit in km/s in enger Beziehung steht. Aber nicht nur das. Wir haben mal wieder eine Kenn- und Hinweiszahl vor uns, die mit enorm vielen Dingen zusammenspielt. Primär weist sie auf alles hin, was mit der Ziffernkombination 1-3 zu tun hat, auch mehrfach hintereinander.

Dividieren wir also zunächst einmal die Lichtgeschwindigkeit einfach durch die 131 und schauen was passiert.

299.792,458 : 131 = **2288,49204580153…**

Damit haben wir praktisch schon den nächsten Delinquenten gefunden, die **2288**, die auch irgendwie weitläufig von der 1-4-4 abstammt. Immerhin ergibt ja 2288 geteilt durch 2 eine 1-1-4-4. Zumindest ist also eine gewisse Ähnlichkeit gegeben, auch wenn eine 1 mehr vorhanden ist als sein sollte. Macht nichts.

Es stellt sich aber die Frage, ob auch die 2288 noch irgendwo anders an einer relevanten Stelle auftaucht. Ansonsten würde das ja alles wenig Sinn ergeben. Willkürliche Faktoren würden niemandem etwas nutzen. Bei der Beantwortung dieser Frage kommt uns wieder einmal die Königselle zu Hilfe.

Wie sollte es anders sein? Schließlich bildet das komplette Kugel-Lichtmodell ein überaus komplexes Geflecht aus wohldurchdacht ausgesuchten Zahlen, die sich gegenseitig immer wieder selbst ergänzen und erklären. Das ist der große Vorteil des Kugel-Lichtmodells und ein sicherer Garant für seine extreme Langlebigkeit. Es bleibt nur zu hoffen, dass auch Wissenschaft und Gesellschaft das irgendwann erkennen, sowie zu würdigen und vor allem zu nutzen wissen.

Der Weg von der Königselle zur 2288 ist erstaunlich kurz und einfach:

$$52,36 \text{ cm} \Rightarrow 52,36 * 100.000 = 5.236.000$$
$$\Rightarrow \sqrt{5.236.000} = \underline{\mathbf{2288,2308...}}$$

Gleich im Anschluss wird es jedoch durch das altbekannte Interwall

$$\mathbf{Pi/6 \ < \ 0,5236 \text{ m} \ < \ Phi^2/5}$$

wieder ein wenig unübersichtlicher und komplizierter. Im Gegenzug erhalten wir dafür wieder die üblichen kleinen Gestaltungsspielräume. Ich denke das soll so sein, damit man sich nicht gleich von Anfang an auf zu viele exakte Nachkommastellen einschießt, sondern erst an den Stellen, wo es wirklich ganz konkret und relevant wird.

$$\mathbf{Pi/6} = 0,5235987...$$
$$\Rightarrow 0,5235987... * 10^7 \qquad = 5.235.987,756...$$
$$\Rightarrow \sqrt{5.235.987,8} \qquad = 2288,228215942... \approx \underline{\mathbf{2288,22822}}$$

$$\mathbf{Phi^2/5} = 0,52360679775...$$
$$\Rightarrow 0,5236067... * 10^7 \qquad = 5.236.067,9775...$$
$$\Rightarrow \sqrt{5236067,98} \qquad = 2288,24561127... \approx \underline{\mathbf{2288,2456}}$$

Damit haben wir das Problem, dass die 2288,**492**... in Verbindung mit der glatten 131 außerhalb des Intervalls Pi/6 ⇔ Phi²/5 liegt. Dafür gibt es nur ‚eine' Lösung, die aus mehreren Einzellösungen besteht: Die 131 braucht für exakte Resultate ein paar Nachkommastellen. Allerdings liegen die innerhalb des Intervalls allesamt im Bereich von etwa 1,5 Hundertsteln und lassen sich bei Bedarf spielend leicht „wegrunden".

Pi/6   => 299.792,458 : 2288,22822 = 131,**0151118...**

KE   => 299.792,458 : 2288,2308... = 131,**0149586...**

Phi²/5 => 299.792,458 : 2288,2456... = 131,**0141082...**

<u>Zum Vergleich:</u>

      => 299.792,458 : 2288,**49204580**... = 131,00000...

      => 299.792,458 : **2288**,00000...   = 131,02817...

      => 2288 * 131 = 299.728 => ohne Nachkommastellen funktioniert es nicht gut

Die andere ‚eine' Lösung besteht darin, das Intervall an dieser Stelle einfach bis zum jeweiligen Quotienten aus der exakten Lichtgeschwindigkeit und der glatten 131 oder der glatten 2288 zu verbreitern. Eine der beiden Zahlen bekommt dann jeweils die passenden Nachkommastellen, damit die Rechnung aufgeht. Das macht insofern Sinn, weil sich dadurch weitere neue Spielräume für ungezählte ‚fiktive' Varianten eröffnen, die ihrerseits wieder über Querverbindungen zu anderen Größen führen. Dazu wieder nur wenige Beispiele von schier unendlich vielen möglichen:

299.792,458 : 131,00019... = 2288,48888...

=> $\sqrt[32]{2288,48888\,...}$ = 1,2734617... ≈ 4/Pi

=> 1,2734617... * Pi = 4,000698... ≈ 4

Besonders interessant ist ein Weg, der von exakt 1/Pi ausgeht und ziemlich gut im Zielgebiet bei der **2288** landet:

1 / Pi = 0,318309886183791...

=> 1 / Pi * 10^ 12 = 3,1830988...E+11

=> 1 / Pi * 10^ 44 = 3,1830988...E+43

=> 1 / Pi * 10^ 76 = 3,1830988...E+75

=> 1 / Pi * 10^108 = 3,1830988...E+107

Das sind die Ausgangsvarianten. Aus jeder dieser Versionen ziehen wir nun die 32. Wurzel:

$$\Rightarrow 1/Pi*10\hat{}12 \quad \Rightarrow \sqrt[32]{3,183\ldots E+11} \quad = \quad \mathbf{2,288}04239113\ldots$$
$$\Rightarrow 1/Pi*10\hat{}44 \quad \Rightarrow \sqrt[32]{3,183\ldots E+43} \quad = \quad \mathbf{22,88}042391135\ldots$$
$$\Rightarrow 1/Pi*10\hat{}76 \quad \Rightarrow \sqrt[32]{3,183\ldots E+75} \quad = \quad \mathbf{228,80}423911352\ldots$$
$$\Rightarrow 1/Pi*10\hat{}108 \Rightarrow \sqrt[32]{3,183\ldots E+107} = \mathbf{2.288,}0423911352\ldots$$

$$\text{Test: } 299.792{,}458 : \mathbf{2288}{,}04239\ldots \quad = \mathbf{131}{,}02574461099\ldots$$
$$\Rightarrow \text{Test bestanden.}$$

Das bedeutet, dass die Lichtgeschwindigkeit über das Zahlenpaar 131 und 2288 tatsächlich mit Pi bzw. 1/Pi verbunden ist. So weit, so gut. Jede der Varianten beinhaltet jedoch noch zusätzlich ein paar Feinheiten, von denen ich hier nur zwei aufführen möchte. Das soll zeigen, dass es hinter dem Horizont tatsächlich noch ein Stück weiter geht.

$$\Rightarrow 131{,}025744461\ldots : 230{,}40 = \quad 0{,}5686881\ldots$$
$$\Rightarrow 0{,}568688131\ldots \quad * 230{,}36 = 131{,}00\underline{\mathbf{299792458}}$$

Das wurde selbstverständlich so ‚hingerechnet‘, dass es passt. Aber es ist schon allein verblüffend, dass dies überhaupt so problemlos möglich ist. Vielleicht steckt ja wirklich mehr dahinter?

Das nächste Beispiel ist noch ein bisschen merkwürdiger. Es geht von der zweiten Variante mit 22,88… aus und betrachtet diese als Winkel im 360-Grad-System:

$$22{,}8804239\ldots = \mathbf{22}° \ \mathbf{52}‘ \ 49{,}53“$$

Dabei fiel mir auf, dass der im allerersten Kapitel dieses Buches genannte Winkel von 43,381111…° gleich 43° **22**‘ **52**,00“ ist, wobei die 52 Grad-Sekunden 0,0144443… Grad entsprechen.

Es gibt also eine Zahlenähnlichkeit durch die 22 und die 52, wobei die Stellung der Zahlen gegeneinander verschoben ist. Um diese Verschiebung auszugleichen, teilen wir die 22,8804239… durch 60 und addieren 43 zu dem Ergebnis hinzu.

$$22{,}8804239\ldots \quad : 60 = 0{,}3813404\ldots$$
$$\Rightarrow 0{,}3813404\ldots + 43 = 43{,}3813404\ldots$$

$$\Rightarrow 43{,}3813404\ldots = 43° \mathbf{22'\ 52{,}83''}$$

Leider geht das nicht ganz auf. Aber der Haken an der Geschichte ist ein anderer. Es ist nämlich nicht bekannt, wie genau der gemischte Meß- und Rechenwert 43,38111° seinerzeit bestimmt werden konnte. Somit bleibt eine gewisse Unsicherheit erhalten, ob tatsächlich ein ernsthafter Zusammenhang besteht – oder eben nicht.

Andererseits erinnert die 0,3813404… schwer an die 0,381966. Das ist der Reziprokwert von Phi². Und zu dem kommt man beispielsweise, wenn man von der oft aufgetauchten 45 (als Grad betrachtet) einfach Phi abzieht.

$$45° - 1{,}6180339\ldots° = 43{,}381966\ldots°$$

Da müssen wir bei Gelegenheit noch einmal gründlicher drüber nachdenken. Ich könnte mir jedenfalls gut vorstellen, dass tatsächlich ein Zusammenhang zwischen diesen beiden scheinbar völlig unterschiedlichen Tatbeständen besteht.

Der eine oder andere Leser wird sich vielleicht fragen, warum ich eine derart unsichere Geschichte überhaupt erwähne. Die Antwort darauf ist ganz einfach: Weil sie sehr wichtig ist! Nicht nur für mich, sondern für die komplette Allgemeinheit.

Zum Abschluss des Kapitels werden im Anschluss noch ein paar interessante Verbindungen von 131 und 2288 zu anderen Größen ohne weitere Erklärung aufgeführt. Dass diese Aufzählung nicht vollständig sein kann, dürfte sich von selbst verstehen. Ich denke, der aufmerksame Leser wird die Bedeutung dieser einfachen Rechenaufgaben selbst erkennen und im Bedarfsfall problemlos weiter ausbauen:

$$\mathbf{2288} = 2^4 * 11 * \mathbf{13} = 11 * 13 * 16$$

$$1000 \sqrt{2} * \mathbf{Phi} = 2288{,}2456\ldots = \sqrt{\left(\frac{Phi^2}{5}\right) * 10^7}$$

$$\mathbf{Phi^2} * 874 \quad = 2.288{,}1617\ldots$$

$$2288 : \mathbf{9} \quad = \mathbf{254{,}22222\ldots}$$

$$2288 : \mathbf{13} \quad = \mathbf{176}$$

$$2288 : 16 \quad = 143$$

$$2288 : 22 \quad\quad = \mathbf{104}$$
$$2288 : 26 \quad\quad = \mathbf{88}$$
$$2288 : 44 \quad\quad = \mathbf{52}$$

… usw. usf.

131 = Primzahl

$$(\sqrt{3})\text{\textasciicircum}8 * \mathbf{Phi} \quad\quad = \quad 131{,}06075\dots$$
$$10.000\ \mathbf{e} : 131 \quad\quad = \mathbf{207{,}5}0243\dots$$
$$131 : \quad 1{,}4444444\dots = \quad \mathbf{90{,}69}2308\dots$$
$$131 * \ 5 \quad\quad = \mathbf{655}$$
$$131 * 11 \quad\quad = 1.441$$
$$131 * 22 \quad\quad = 2.882$$
$$131 * 27 \quad\quad = \mathbf{3.537} \quad => \quad \mathbf{3537 + 63 = 3600}$$
$$131 : 137 = 0{,}9562043 => \sqrt[64]{} = 0{,}9993005 => 299.790{,}15$$

… usw. usf.

Diese Art der Betrachtung könnte noch ewig fortgesetzt werden. Auch mit anderen Zahlen, die noch gar nicht erwähnt wurden und trotzdem eine große Bedeutung haben. Doch ich will es hiermit vorerst genug sein lassen. Ansonsten fahren wir uns hier fest und kommen nicht weiter.

Also „Auf" zum nächsten großen Denk- und Themenkomplex …

Wie die Lichtgeschwindigkeit zu ihrer ko(s)mischen Zahl kommt (Primärer Teilabschnitt)

Die Zahl der Lichtgeschwindigkeit in km/s ist ziemlich unrund. Das fällt jedem sofort auf, der sie zu Gesicht bekommt. Da stellt sich dem Einen oder Anderen die Frage, warum das so ist. Wo kommt diese komische Zahl her? Wie kommt sie zustande? Ist sie der blanken menschlichen Willkür entsprungen? Oder steckt mehr dahinter?

Dass die Lichtgeschwindigkeits-Zahl der Lichtgeschwindigkeit in km/s direkt von den Längen des Meters und der Sekunde abhängt, wissen wir mittlerweile zur Genüge. Ebenso, dass 9-Fakultät und neunmal 9-Fakultät bewusst in diese Zahl integriert wurden. Aber warum und wozu ist das so? Ist das der Einzige Grund für die ach so unrunde Lichtgeschwindigkeitszahl?

Warum hat man den Meter nicht um eine Winzigkeit kürzer gemacht, um auf glatt Dreihunderttausend Kilometer je Lichtsekunde zu kommen? Oder gleich ein ganzes Stück kürzer, um zu einer runden Million zu gelangen? Oder länger, wodurch die Zahl kleiner werden würde? Ebenso hätte man den Zeitabschnitt einer Sekunde anders wählen können – mit ähnlichen Effekten. 100.000 Sekunden pro Tag – anstatt 86.400 s/d - wären doch auch schön gewesen. Oder man hätte beides – Meter und Sekunde – gleichzeitig ein bisschen anders festlegen können. Das wäre überhaupt kein Problem gewesen, wenn man es nur gewollt hätte.

Warum hat man das nicht getan?

Dafür gibt es einen einfachen, aber sehr gewichtigen Grund. Genauer gesagt gibt es sogar eine ganze Menge relevanter Gründe dafür. Durch ihre ‚schräge‘ Zahl wird die Lichtgeschwindigkeit in km/s nämlich gleich mit einer ganzen Reihe von mathematischen und natürlichen Konstanten sowie anderen Größen in Verbindung gebracht.

Auf diesem Wege wird aus einer scheinbar willkürlich festgelegten Größe und Maßeinheit ein sehr viel universelleres Hilfsmittel der Wissenschaft. Die Lichtgeschwindigkeit wird dadurch zur naturwissenschaftlich-kosmischen **Grundlage** aller irdischen Dinge gekrönt. Denn letztlich leiten sich so alle relevanten Maßeinheiten – die wir heute SI-System nennen – direkt aus dem real existierenden **Licht** und indirekt aus den Grundfesten des Universums ab, nämlich aus **Pi** und **Phi** und vielen anderen Konstanten. Gleichzeitig wird das Licht selbst zu einer primären Basis des gesamten Kosmos und der irdischen Wissenschaft erklärt.

Das Neunfache von 9-Fakultät kennen wir bereits. Das ist nur eine Größe von vielen, deren Hauptzweck es ist, die „restlichen“ Zusammenhänge erkennbar zu machen. Auf Deutsch: Ein für bewusst Suchende relativ leicht auffindbares, verstecktes Hinweiszeichen auf „mehr“. Wer jedoch nicht über ein Minimum an allgemeinem, naturwissenschaftlichem Wissen verfügt, findet es nicht.

Zusätzlich zu 9-Fakultät wurden jedoch beispielsweise auch Pi, Phi, Phi-Quadrat, zwei Phi, Wurzel aus Zwei, Wurzel aus Drei, Wurzel aus 5, die Zahl 45, die 360, der Kyrenaische Fuß, … und noch einige andere Konstanten, Maßeinheiten, Größen, Zahlen, Zusammenhänge usw. usf. integriert. Und schätzungsweise kommt noch eine Reihe weiterer ‚Faktoren' hinzu, die mir bisher entgangen sind.

Um diesen Tatbestand gebührend zu belegen, folgt nun zuerst die auf 15 Stellen genaue Rechnung. Betont werden muss, dass **diese neue Rechnung**[147] eng mit der bereits beschriebenen „Weltformel"[148] verwandt ist, die ihrerseits jedoch schon 5 Jahre früher auffällig wurde. Gerechnet wurde primär mit folgenden Werten:

Pi	$= 3{,}14159265358\mathbf{979}\ldots$
Phi	$= 1{,}61803398874\mathbf{989}\ldots$
Phi²	$= 2{,}61803398874\mathbf{989}\ldots$
$\sqrt{2}$	$= 1{,}4142135623731\ldots$
45	$= 45$
sin 45°	$= 0{,}707106781186547\ldots = \frac{1}{2}\sqrt{2}$
sin (sin 45°)	$= 0{,}0123410282149699\ldots$
1 /(sin (sin 45°))	$= 81{,}0305253809\mathbf{389}\ldots$

<u>Rechnung (15-stellig, ohne Maßeinheiten):</u>

$$\Rightarrow \quad \mathbf{LG_{(Zahl)}} = \left(\frac{360.000}{Pi} - \frac{1}{\sin\,(\sin 45°)} \right) * \mathbf{Phi^2}$$

---

[147] Die Grundgedanken zur Formel LG = [360.000/Pi – 1/sin(sin45°]*Phi² fielen mir am 10. 05. 2017 ein und auf. Der zweite Abschnitt folgte am 13. 05. 2017. Die erste Niederschrift erfolgte an denselben Tagen. Die Überprüfung und erste weiterführende Analysen erfolgten am 14. 05. 2017 und kurz danach.

[148] Siehe [3]

=> **360**.000 (km)   :   **Pi** (s)   = 114.591,559026165…
=> 114.591,55902616… - 81,030525380938… = 114.510,528500784…
=> 114.510,52850078… * **Phi²**   = **<u>299.792,455684765…</u>** (km/s)

Auf drei Nachkommastellen gerundet ergibt sich daraus 299.792,456 .

Die Differenz des genauen Resultats zur definierten Lichtgeschwindigkeitszahl ist nur der Hauch einer Winzigkeit. Sie beträgt 0,002315234… (km/s). Das entspricht 2,315234… m/s oder 8,334844862… km/**h** – leichtes Dauerlauftempo. Das wiederum entspricht 0,0000007722792… Prozent der definierten Lichtgeschwindigkeit.

Dieselbe Rechnung 8-stellig anstatt 15-stellig gerechnet, führt uns zur 299.792,**46** . Der Durchschnitt aus 299.792,456 und 299.792,460 beträgt exakt **299.792,458** , wodurch die mittlerweile altbekannte 9-Fakultät, die 207,542 und noch vieles Andere – praktisch das gesamte Kugel-Lichtmodell inklusive (Kilo-)Meter und Sekunde - ebenfalls in die Lichtgeschwindigkeitszahl integriert werden. Die definierte Lichtgeschwindigkeits-Zahl kann auch durch Rundung der Ausgangsgrößen erzielt werden.

 Pi, Phi und der Sinus von 45 Grad sind primär dimensionslos und haben keine Maßeinheit. So verbleibt in der Formel einzig die 360.000 übrig, die mit einer Maßeinheit ausgestattet werden kann. Sinnvoll erscheint hier vor allem die Anwendung der Maßeinheit Kilometer, wodurch sich somit aus der Formel zunächst die Länge einer Lichtsekunde in Kilometern ergibt, obwohl die Sekunde noch gar nicht integriert wurde. Allerdings ändert sich auch nichts außer der Maßeinheit, wenn die Anzahl der Kilometer nachträglich durch eine Sekunde geteilt wird. Für die fakultative Integration der Sekunde in die Formel gibt es mehrere Möglichkeiten. Eine davon besteht darin, dem Pi unterhalb des Bruchstrichs eine Sekunde als Maßeinheit zuzuordnen. Dadurch entsteht der Term Pi*s oder **πs**. Das ist deswegen bemerkenswert, weil dieser Term später noch einmal an völlig anderer Stelle ganz von allein auftauchen wird. Die obige Formel ist somit sowohl für die Längenmaßeinheit Lichtsekunde als auch für die Geschwindigkeitsangabe des Lichts in km/s gültig.

Die ‚exakte' Zahl der definierten Lichtgeschwindigkeit – oder zumindest ihre Nähe - lässt sich aus der obigen Formel „selbstverständlich" auch noch auf anderen Wegen erreichen. Es gibt so viele Möglichkeiten, dass es müßig ist, hier genauer darauf einzugehen. Aus diesem Grunde werden hier nur einige davon in gröbster Weise beschrieben. Das erfolgt im übernächsten Kapitel „Die Zahlenwolke um die definierte Lichtgeschwindigkeit". Desweiteren gibt es aber auch noch jede Menge Möglichkeiten, auf die nicht weiter eingegangen wird. Beispielsweise wären eine andere Rundung oder der pure Beschluss irgendeines Gremiums ebenso möglich. Per **"Zufall"** ginge das theoretisch natürlich auch. Aber der ist dermaßen **extrem(st) unwahrscheinlich,** sodass er hier praktisch schon mit höchster Gewissheit **ausgeschlossen** werden kann. Die unrunde Lichtgeschwindigkeitszahl wurde ganz bewusst so unrund festgelegt und definiert wie sie ist.

Grafische Darstellung

Die obige Formel ist nicht nur eine x-beliebige Rechnung. Sie lässt sich auch grafisch bzw. geometrisch darstellen und ist somit keine „pure Numerologie", sondern eine ausgefeilte universelle Geometrie-Arithmetik-Physik-Kombination.

Etwa so wie in geometrischen Zeichnungen a^2 meistens ein Quadrat oder Pi mal D einen Kreis ergibt, entsteht bei der zeichnerischen Umsetzung des Formelausdrucks der zentrale Teil des Kugel-Lichtmodells ein wenig komplexer als das bislang der Fall war. Allerdings ist es dabei nützlich, einige Besonderheiten zu beachten.

Um die grafische Darstellung zu bewerkstelligen beginnen wir mit einem Kreis, der über einen Umfang von 360.000 ("km") verfügt. Das entspricht einem Zehntel des Umfanges des primären Kugel-Lichtmodell-Lichtkreises. Durch die Division durch Pi kommen wir zum Durchmesser des Kreises mit 114.591,559026165... ("km").

Wenn wir diesen Durchmesser nun wieder mit Pi multiplizieren, kommen wir einerseits zum Umfang des anfänglichen Kreises zurück. Andererseits können wir aber auch zu einem sehr langen und sehr

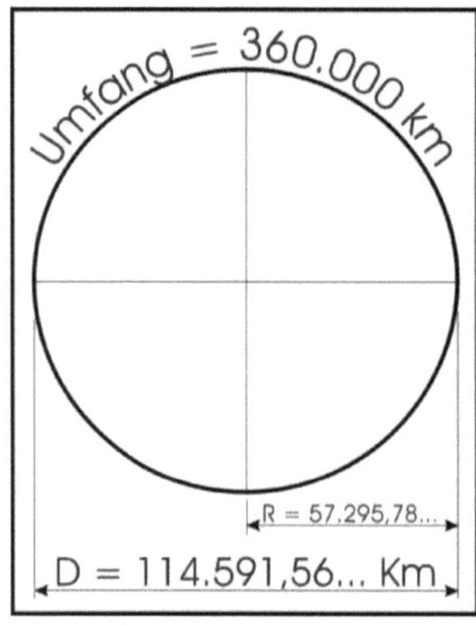

Abbildung 67

schmalen Rechteck mit einem Flächeninhalt von 360.000 (km²) gelangen, indem wir auch Pi die Maßeinheit ‚Kilometer‘ zuordnen und als maßstabsgleiche Strecke betrachten. Dieses Rechteck ist also 114.591,56 km lang und nur 3,1415927… km breit. Die 45° entsprechen dann der Längsmittellinie des Rechteckes. Die beiden Diagonalen sind an den Ecken – Pi/2 und + Pi/2 km von der Mittellinie entfernt. Der Schnittpunkt der Diagonalen fällt mit dem Kreismittelpunkt zusammen.

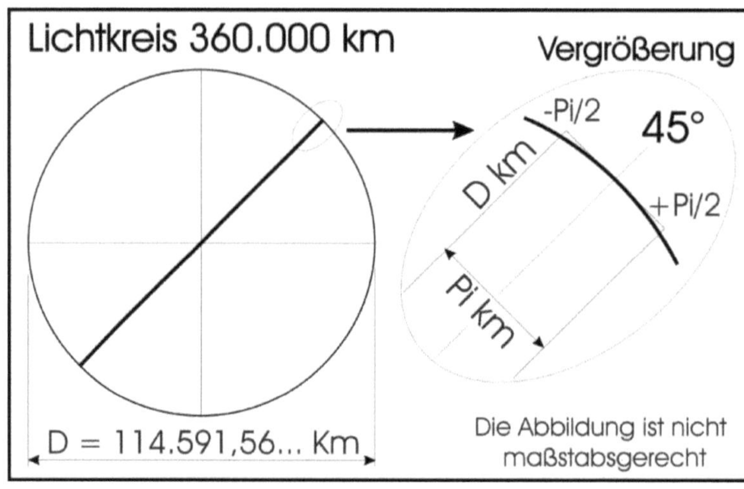

Abbildung 68

Eine etwas andere, jedoch sehr artverwandte und besser zum Kontext passende Lösung entsteht, wenn wir Pi nicht als Kilometer, sondern als Grad ansehen. Die Grade haben durch die Drehung der Erde einen engeren Bezug zu unserem Zeitbegriff und damit auch zur Sekunde bzw. dem fakultativen Formelterm **πs**.

Da der Lichtkreis einen Umfang von 360.000 km hat, entspricht 1° des Kreisumfanges genau 1000 km. Das lange schmale Rechteck (Durchmesser in km * Pi°) ist dann immer noch gleich lang, aber 1000-mal breiter als das bisherige ‚überschmale' Rechteck von 360.000 km². Das neue Viereck ist nun nämlich Pi° = 1000 km * Pi = 3.141,5927… km breit. Der Flächeninhalt dieses breiteren Rechteckes ist dann ebenfalls 1000-mal größer als derjenige des schmalen und beträgt 360.000.000 km². Die breitere Rechteckversion ändert nicht viel an der prinzipiellen Sachlage, ist aber erheblich anschaulicher und passt besser zum Konzept.

Drehen wir dieses Rechteck nun um / auf 45° so erhalten wir auf dem Kreisumfang ein Intervall von $-\tfrac{1}{2}$ Pi(°) $\leq$ 45° $\leq$ $+\tfrac{1}{2}$ Pi(°).[149] Hierbei spielen die beiden Diagonalen des Rechteckes eine entscheidende Rolle. Da ihr Schnittpunkt mit dem Mittelpunkt des Lichtkreises zusammenfällt, können wir sie dazu nutzen, die Schnittpunkte des Rechteckes mit dem Kreisumfang auf einfache Weise

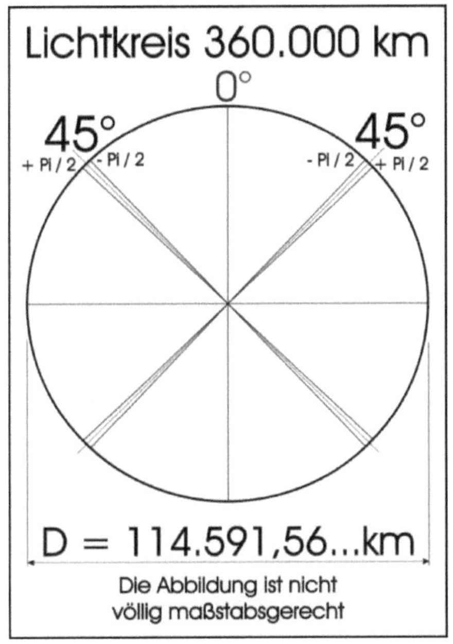

Abbildung 69

---

[149] Der gewaltige Sinn und Zweck des Intervalls 45°–½Pi ≤ 45° ≤ 45°+½Pi und seiner Derivate wird erst in meiner nächsten Arbeit erklärt und erläutert. Hier würde es viel ^ zu weit führen. An dieser Stelle genügt es zu erwähnen, dass die Sinnhaftigkeit des Intervalls und des hiesigen Vorgehens durchaus gegeben ist und, dass diese bereits bekannt ist / sind.

festzulegen, ohne das Rechteck selbst zeichnen zu müssen. Dadurch entsteht eine winzige **Abweichung** von Pi/2, aber das ist nicht relevant, da allein die Zeichenungenauigkeit um ein Vielfaches größer sein dürfte.

Der Einbau der beiden Sinusse von 45° in die Formel bzw. Rechnung weist darauf hin, dass die 45 einerseits als Winkel zu betrachten ist, andererseits jedoch zweifach bzw. mehrfach vorkommt. Der daraus gebildete Reziprokwert zeigt an, dass man an dieser Stelle ein wenig unorthodox – aber durchaus mathematisch korrekt - weiterdenken muss, um noch mehr herauszufinden[150]. Da nicht festgelegt ist, welche 45 Grad konkret gemeint sind, können wir – sofern wir das möchten – die Kreise in 4 bzw. 8 Teilstücke zu je 45° +/- ½ Pi einteilen (siehe Abbildung 69). Diese Verfahrensweise bringt uns **u.a.** zurück zum Mond-Lichtkreis des Kugel-Lichtmodells mit seinem Umfang von 8 Lichtsekunden. Zu bedenken / beachten ist auch, dass die Eins im Zähler des Reziprokwertes zusätzlich auch als Tangens von 45° (tan 45° = 1) betrachtet werden kann, wodurch die 45 ein weiteres Mal in die Formel integriert wird.

Nun fehlen nur noch das Quadrat des Goldenen Schnittes Phi² und das Ergebnis der Gleichung, eine Lichtsekunde bzw. die Lichtgeschwindigkeit, in der grafischen Darstellung der Formel. Für die Integration dieser beiden Größen in die Abbildungen gibt es wieder mehrere verschiedene Möglichkeiten. Dabei empfiehlt es sich beide Werte irgendwie miteinander zu kombinieren.

Phi² weist primär auf ein Quadrat hin. Dadurch bietet es sich an, die Lichtgeschwindigkeitszahl als Seitenlänge, Diagonale, Umfang oder Fläche eines Quadrates anzusehen. Das ergibt teilweise durchaus Sinn. Denn beispielsweise führt einerseits die Seitenlänge zum Quadrat der Lichtgeschwindigkeit (= c² => E = mc² usw.) und andererseits die Fläche zur Wurzel der Lichtgeschwindigkeit (= 547,53306…) als eine mögliche Seitenlänge[151]. Dabei entsteht allerdings immer die Frage, was mit dem Goldenen Schnitt los ist? Und wie das jeweilige Quadrat in die Zeich-

---

[150]   Die „Geschichte" mit der Lichtgeschwindigkeit geht noch sehr viel weiter, was ebenfalls erst in der nächsten Arbeit mitgeteilt und erläutert wird

[151]   Siehe auch [4]

nung integriert werden soll. Ist der Goldene Schnitt Phi nur hintergründig vorhanden, um auf seine Existenz und Herleitung per Quadrat hinzuweisen? Oder hat sein Vorhandensein noch einen anderen, tieferen Sinn? Ist er vielleicht doch direkt in der geometrischen Figur enthalten? Das muss alles noch sehr viel gründlicher untersucht werden.

Weiterhin gibt es zumindest noch folgende Variante:

Durch die Subtraktion des Reziprokwertes der 45°-Sinusse (=> minus $\dfrac{1}{\sin\,(\sin 45°)}$) vom Kreisdurchmesser des Kreises mit 360.000 km Umfang erhalten wir einen weiteren – geringfügig kleineren – Durchmesser von 114.510,53… km Länge. Diesen können wir mithilfe des Quadrates des Goldenen Schnittes (= Phi²) ebenfalls zu einem sehr langen und sehr schmalen Rechteck formen. Das geschieht nach der selben Methode wie oben: Wir ordnen zu diesem Zweck diesmal Phi die Maßeinheit ‚Kilometer' zu.

Der Flächeninhalt dieses Rechteckes beträgt 299.792,45568… (km²). Das Verhältnis der beiden langen, schmalen Rechteckflächen beträgt 0,83276… und kommt naturgemäß demjenigen zwischen 299, 972458° und 360° sehr, sehr nahe – oder ist ihm bei entsprechender Rundung sogar gleich.

Durch Multiplikation des kleineren Durchmessers mit Pi können wir aber auch einen neuen, etwas kleineren Kreis mit einem Umfang von 359.745,43… kreieren. Das Verhältnis zwischen den beiden Kreisumfängen ist mit 0,999292875… nur geringfügig kleiner als die Verhältnisform der Lichtgeschwindigkeit 0,9993081933…

Abbildung 70

371

Es ergeben sich somit zwei konzentrische Kreise mit unterschiedlichem Durchmesser, ganz ähnlich unseren bisherigen Doppel-Lichtkreisen des ‚alten' Kugel-Lichtmodells – jedoch nicht identisch. Die hiesigen beiden Kreise sind mit Umfängen von nur **rund 1,2** Lichtsekunden erheblich kleiner und im Verhältnis minimal weiter von einander entfernt als die beiden primären Lichtkreise mit 3.600.000 km und 12 Ls Umfang. Trotzdem bilden sie durch die Festlegung der Zahl der Lichtgeschwindigkeit auf der Basis der mathematischen Verknüpfung diverser Konstanten die geometrisch-mathematische Grundlage des kompletten Kugel-Licht-Modells. Sie lassen sich auch problemlos direkt in das Modell integrieren, indem man sie ebenfalls konzentrisch an- und einordnet. Außerdem kann man – wenn man denn unbedingt möchte – auch noch einen dritten Kreis zwischen den beiden einfügen. Sein Umfang wäre mit exakt 1,2 Lichtsekunden um ganze 5,5196 km größer als derjenige des inneren Kreises. Damit hätten wir dann zusammen mit dem 360.000-km-Kreis auch an dieser Stelle ein komplettes Lichtkreis-Paar. Aber darum geht es im Moment ja gar nicht – und die hiesige Konstruktion würde nur unnötig verkompliziert.

Dennoch: Die Suche nach einer noch überzeugenderen Lösung geht weiter…

Die Bedeutung der Lichtgeschwindigkeitsformel

Worin liegt nun die wissenschaftliche und gesellschaftliche Bedeutung dieser scheinbar "radosophischen" oder „numerologischen" Formel zur Ermittlung der Lichtgeschwindigkeitszahl?

1.) Dass die Lichtgeschwindigkeit in km/s durch ihre konkrete Zahl bzw. die Formel mit vielen Konstanten und anderen Natur-Größen in Verbindung gebracht wird, wurde bereits mitgeteilt. Ebenso, dass Licht rund ist und eine Menge mit Kreisen, Kugeln, Ellipsen, … etc. zu tun hat, obwohl man ihm das auf den zweiten Blick nicht ansieht.

2.) Dass die Lichtgeschwindigkeit in km/s durch die Formel untrennbar mit Meter und Sekunde verwoben wird, wurde ebenfalls bereits mitgeteilt und ist auch so schon hinlänglich bekannt.

3.) Dass durch die Formel das Licht mit dem 360°-System in Verbindung gebracht wird, ist relativ leicht zu erkennen und zu verstehen.

4.) Dass durch die 45°-Winkel eine gewisse Grund-Einteilung von Geometrie, Erde, Himmels- und Windrichtungen, Mondbahn, Sonnensystem und Universum erfolgt, ist nicht in jedem Fall unbedingt zwingend, aber überaus sinnvoll. Auch das sollte verständlich sein. Die Einteilungen gibt es schon sehr lange. Dass sie aber direkt mit dem Licht und seiner Geschwindigkeit in Verbindung stehen, dürfte bislang eher weniger bekannt sein.

5.) Dass durch die Formel das Runde mit dem Eckigen in Einklang gebracht wird, liegt auf der Hand. Die Kreise mitsamt ihren Umfängen sind rund. Die langen, schmalen Rechtecke um die Durchmesser herum sind rechteckig. Die Diagonalen der Rechtecke bilden Dreiecke und legen gleichzeitig „Toleranzbereiche" auf den Kreisumfängen fest. Dadurch wird gezeigt, dass Licht gleichzeitig rund und eckig bzw. gerade ist. Die vermeintlichen „Toleranzbereiche" sind jedoch gar keine echten Toleranzbereiche, sondern Hinweise auf das Kugel-Lichtmodell und diverse Zusatzinformationen.

    … usw. usf.

Es gibt jedoch noch mindestens drei andere Bedeutungen, die für die Wissenschaft, die Menschheit und ihre zukünftige Entwicklung vielleicht sogar noch sehr viel bedeutungsvoller sind, weil sie einen prägnanten gesamtgesellschaftlichen Touch haben. Alle drei scheinen auf den ersten Blick eher indirekter Natur zu sein, was aber gewaltig täuscht.

6.) Der natur- und gesellschaftswissenschaftlich nachvollziehbare **Weg zur Formel** ist besonders wichtig. Gemeint sind damit die Ausgangspunkte des Erkenntnisgewinns bezüglich des Kugel-Licht-Modells sowie die Vorgehensweise wie man zu dieser Formel kommt.

7.) Der Inhalt, die Bedeutung und die Aussagen dieses Weges. All das wird durch die Formel nicht direkt genannt und erläutert. Die Formel weist jedoch überdeutlich darauf hin, sodass kaum ein Interpretationsspielraum übrig bleibt.

8.) Das Kugel-Lichtmodell wurde – von wem auch immer - in vollem Bewusstsein und bester Kenntnis der naturwissenschaftlichen Zusammenhänge konstruiert.

Es wurde nicht von mir **er**funden, sondern ‚nur‘ **ge**funden!

Die Zahlenwolke um die definierte Lichtgeschwindigkeit

Die o.g. Lichtgeschwindigkeits-Zahlen-Formel hat ein Pendant, welches praktisch zum selben Ergebnis führt und mathematisch vielleicht sogar „richtiger" ist. Allerdings fallen dabei die geometrischen Auffälligkeiten und Zusammenhänge weitgehend unter den Tisch. Aus diesem Grunde wird die folgende Ausführung der Lichtgeschwindigkeitsformel nur sekundär genannt, denn die geometrischen Verbindungen sind ungeheuer wichtig. Und das nicht nur für die Erkennbarkeit des Kugel-Lichtmodells, sondern auch für die fortschreitende Erkenntnis. Auch die Herleitung ist aus meiner Sicht schwieriger, weil mir diese Variante erst viel später und an völlig anderer Stelle begegnete bzw. auffiel. Die Differenzen sind jedoch derart minimal, dass beide Varianten parallel ihre Gültigkeit besitzen sollten.

Die Basis der neuen Version bildet der natürliche Logarithmus der **Neun** bzw. seine Umkehrfunktion (EXP). Dass die Neun eine Kugel-Lichtmodell-Systemzahl und mit 9!9 auch direkter – wenn auch ‚unsichtbarer‘ - Bestandteil der Lichtgeschwindigkeit ist, braucht nicht noch einmal extra betont zu werden. Der neue Term ‚EXP(9)/100‘ ersetzt den Reziprokwert des Terms ‚Sinus (Sinus 45°)‘. Der Rest der Formel bleibt gleich. Sie heißt somit:

$$\text{LG}_{\text{Zahl}} = (360.000/\text{Pi} - \text{EXP}(9) / 100) * \text{Phi}^2$$
$$= 299.792,\textbf{4548}62978\ldots$$

Achtstellig gerechnet landen wir wieder bei 299.792,46. Alles andere bleibt wie gehabt. Der definierte Wert der Lichtgeschwindigkeit ist bis hierhin in jedem Falle das Ergebnis einer minimalen Rundung. Und das nicht nur theoretisch, sondern auch praktisch.

Bemerkenswert dabei ist, dass sich die beiden Zahlen sin(sin45°) und 100/EXP(9) sehr nahe kommen.

$$\text{sin(sin45°)} = 0,012341028215\ldots$$
$$100/\text{EXP(9)} = 0,012340980408\ldots$$
$$\Rightarrow \text{Differenz} = 4,780630193102\ldots\textbf{E-8}$$
$$\Rightarrow 1/\text{Differenz} = 20.917.744,3058\ldots$$

Besonders interessant ist hierbei, dass der Reziprokwert der Differenz seinerseits ebenfalls mehrfach mit der Lichtgeschwindigkeit in Verbindung steht bzw. Hinweise auf deren Wurzel liefert, wenn auch nur recht unscharf, aber immerhin:

$$20.917.744,3058\ldots \;:\; 207,542^3 \quad = 2,339897629\ldots$$
$$\Rightarrow 2,339897629\ldots^2 \;*\; 100 \qquad = \textbf{547,5}120914\ldots$$
$$\Rightarrow 547,5120914\ldots^2 \qquad = \textbf{299.7}69,4902202\ldots$$

Unterläßt man dabei die Multiplikation mit 100 landet man bei **29,977**… Das ist u.a. einer der Hinweise darauf, dass man die Lichtgeschwindigkeit auch als einen Winkel von 29,9792458 Grad darstellen kann.

Nennenswert ist auch die Nähe der Umkehroperation Arcus-Sinus von 100/EXP(9) in Richtung 45 bzw. 45 Grad:

$$100 / \text{EXP(9)} \qquad\qquad = 0,012340\textbf{980408}\ldots$$
$$\text{arcsin } 0,012340980408\ldots \quad = 0,70710404\ldots$$
$$\text{arcsin } 0,707040418786\ldots \quad = \textbf{44,9997780385}\ldots$$

Die Differenz zur glatten 45 beträgt nur 0,0002219615… Der Reziprokwert dieser Differenz heißt **45**05,**28588**379… und erinnert in recht spezieller Weise an die Zahl 45,28488 aus der Umrechnung von dezimalen 29,9792458° in 29° 58' 45,28488" in Gradschreibweise. Eine seltsame Sache …

Noch eine völlig andere Angelegenheit ist es, den Zahlenwert der definierten Lichtgeschwindigkeit **exakt** auszurechnen. Das geht am schnellsten und einfachsten, indem man von der Lichtgeschwindigkeit ausgeht und den bisherigen Rechenweg rückwärts beschreitet. Diese Vorgehensweise zeigt wieder einmal sehr schön die Funktionsweise des Kugel-Lichtmodells: Kleine Abweichungen und Ungenauigkeiten animieren zum Weitersuchen … und Finden.

=> 299.792,458 : Phi²	= 114.510,5293851…	
=> 360.000 : Pi	= 114.591,5590261…	
=> Differenz	= **81,02964103997 51…**	
=> 1/Differenz	= 0,012341162902433…	
=> ArcSin (1/Differenz)	= 0,707114499…	(=> * 2 ≈ $\sqrt{2}$)
=> ArcSin 0,707114499…	= **45,00062535…**	

Dabei fallen eine Menge Dinge auf. Beispielsweise, dass:

$$\sin(\sin 45°) = \sin (1/\sqrt{2})° = \sin (\sqrt{2} / 2)°$$

=> (Das ist nichts Neues, aber durchaus bemerkenswert.)

oder, dass die 45 Grad nicht korrekt getroffen werden. Das hat zur Folge, dass der gerundete Reziprokwert auf 6 Stellen hinter dem Komma begrenzt wird. Derartige Rundungs-Mitteilungen sind ein Umstand, der uns im Zahlenreigen des Kugel-Lichtmodells schon öfter begegnet ist, auch wenn er nicht immer explizit erwähnt wurde:

1 / 45 = 0,022222222….

1/ 45,00062535… = 0,02222 19134119… ≈ 0,02222**2**

Auf der Suche nach dem Grund, warum das so ist, stolpert man wieder über einige Auffälligkeiten. So führen uns ArcSin und ArcTan ganz in die Nähe von 4/Pi, treffen es aber nicht genau, was wiederum dazu verleitet weiterzusuchen …

4 : Pi   = 1,273239545…

=> sin 1,273239…° = **0,02222**039327…

So werden wir auf die wichtige mathematische Konstante 4/Pi in Verbindung mit dem Licht aufmerksam gemacht … und der Erd-Durchmesser in Kilometern ist auch nicht weit.

Die Vierte Wurzel aus glatt 45 beträgt **2,59**00241… und die Achte Wurzel **1,6093**539… , was uns daran erinnert, dass uns die **259** bereits ganz am Anfang des Buches in der Lichtgeschwindigkeit begegnet ist und beides mit der Englischen **Meile** zu tun hat. In der Umkehrung führt uns der exakte Umrechnungsfaktor zwischen Meile und Kilometer (=

1,609347219… km/Meile) in seiner Achten Potenz zur **44**,**998499**…, was sich einerseits prima auf 45 runden, und andererseits durch die darin enthaltenen **44** und **84** an die Lichtgeschwindigkeit und das Kugel-Licht-modell denken lässt. Dass die 0,02222… in vielen Variationen auch an anderen Stellen gehäuft vorkommt, braucht wieder nicht extra erwähnt zu werden.

Wieder eine andere Geschichte ist es, wenn wir von der **180** ausgehen[152], um zur 81,0xxx der Lichtgeschwindigkeitszahlen-Formel zu gelangen. Ob die 180 dabei von der Anzahl der Grade eines Halbkreises, vom 18°-Phi-Winkel oder von irgend etwas Anderem abstammt, ist dabei nicht entscheidend. Wichtig hingegen ist, dass dadurch eine Verbindung zwischen Licht, Meter, Sekunde, 40.000-km-Modellerde, … und dem **Kyrenaischen Fuß** bzw. der Kyrenaischen Sekunde - also weiteren wichtigen Maßeinheiten – hergestellt und aufgezeigt wird.

$$1 / \mathbf{180} = 5{,}55555\ldots{}^{\wedge}{-}3$$
$$\Rightarrow (5{,}55555\ldots{}^{\wedge}{-}3)^2 = 3{,}\mathbf{0864}197\ldots{}^{\wedge}{-}5$$
$$\Rightarrow 3{,}0864197\ldots{}^{\wedge}{-}5 * 10^{\wedge}6 = \underline{\mathbf{30{,}864197\ldots}} \quad [\text{cm} \Rightarrow \text{Fuß;} \ \text{m} \Rightarrow \text{"}]$$

Den Weg zum Licht finden wir gleich bei der ersten Abzweigung:

$$1 / 180 = 5{,}55555\ldots{}^{\wedge}{-}3$$
$$\Rightarrow 5{,}55555\ldots{}^{\wedge}{-}3 * \mathrm{Pi} = 0{,}0174532\ldots$$
$$\Rightarrow 0{,}0174532\ldots : \sqrt{2} = 0{,}\mathbf{0123}41341494\mathbf{884}\ldots$$
$$\Rightarrow 1 / 0{,}0123413\ldots = 81{,}0\mathbf{284684}541\ldots$$
$$\Rightarrow \left(\frac{360.000}{Pi} - 81{,}028468\ldots \right) * \mathrm{Phi}^2 = \underline{299.792{,}\mathbf{46}106987\ldots}$$

Damit landen wir wieder bei der Komma-**46**-Lichtgeschwindigkeit.
Somit ist ein weiterer kleiner Puzzlestein gefunden, der uns zeigt, dass die 46 hinter dem Komma der Lichtgeschwindigkeit in km/s durchaus eine Bestandsberechtigung hat und der definierten Lichtgeschwindigkeit in ihrer Bedeutung nur wenig nachsteht.

Desweiteren ergibt sich aus der Weiterführung der Gedanken zur aufge-zeigten Primärrechnung [=> sin(sin45°)] und ihres Pendants [=> EXP(9)

---

[152]   180 = 4* 45

etc.] eine Unmenge von weiteren Varianten, die sich nur in winzigen Nuancen voneinander unterscheiden. Die Ergebnisse dieser verschiedenen Versionen ergeben eine dichte Zahlenwolke rings um die definierte Lichtgeschwindigkeit. Ein paar wenige dieser Variationsmöglichkeiten sollen ebenfalls hier genannt werden, da sie die Lichtgeschwindigkeit mit weiteren wichtigen Konstanten und Größen in Verbindung bringen.

Die folgenden Varianten entstehen ausschließlich durch minimale Veränderung der oben genannten Ausgangszahlen. Die Gründe für die Zahlen-Veränderungen können verschieden sein. Beispielsweise leichte Rundungen – wie die Rundung von Pi zu 3,1416 usw. - oder eben der bewusste Einbau weiterer fester Größen. Der Rechenweg, der Algorithmus, bleibt jedoch immer gleich. Der tiefergehend interessierte Leser müsste also die jeweilige Veränderung selbst in die obige Rechnung einfügen und fallweise alles noch einmal durchrechnen. Dabei sollte es nicht schwer fallen, über noch mehr sinnvolle Varianten zu stolpern, die hier nicht aufgeführt wurden. Für alle Anderen sollten die bereitgestellten Beispiele und die dazugehörige Vorgehensweise genügen.

Um die Ausführungen möglichst kurz und übersichtlich zu halten, wird in der Folge nur die jeweilige Zahlenveränderung mitgeteilt und das daraus resultierende Ergebnis. Maßeinheiten werden nicht genannt, da sie nur für mehr Unübersichtlichkeit sorgen würden. Schließlich weiß jeder, was gemeint ist. Eine 8-stellige Genauigkeit sollte trotz der eigentlich viel längeren Zahlen hierfür ausreichend sein. Es ist ja deutlich zu sehen, dass sich die resultierende Lichtgeschwindigkeit im Nachkommabereich geringfügig verändert. Das ist das, worauf es hier ankommt: Die Bildung einer dichten Zahlenwolke rings um die definierte Lichtgeschwindigkeit herum.

1.) Wurzel aus Drei, Dreierpotenzen usw.

=> $\sqrt{3}$ $\qquad\qquad$ = 1,7320508…

=> 1,7320508…^8 $\quad$ = 81

=> $\left(\frac{360.000}{Pi} - 81\right) * \text{Phi}^2$ $\qquad$ = <u>299.792,**54**</u>

2.) Kyrenaischer Fuß (direkt)

=> Kyr. Fuß $\qquad$ = 30,864197

=> 30,864197 : 30 $\qquad$ = 1,**0288**066

=> log 1,0288066 $\qquad$ = 0,012**3337**

=> 1 / 0,012**3337** $\qquad$ = 81,078497

=> $\left(\frac{360.000}{Pi} - 81{,}078497\right) * \text{Phi}^2$ $\quad$ = 299.792,**33**

3.) Lambda einer bestimmten Pi-Ellipse

=> 81,0**43362** => Der Zahlenteil ..,.43362 wurde gerundet von

$\qquad\qquad\qquad\lambda$ = 322,**433619**... übernommen[153]

=> 1 / 81043362 = 0,01233**9**

=> $\left(\frac{360.000}{Pi} - 81{,}043362\right) * \text{Phi}^2$ $\quad$ = 299.792,**42**

4.) Siderischer Monat zu 27,32166 Tagen

=> 27,32166 – 10 $\qquad$ = 17,32166

=> 17,32166 : 10 $\qquad$ = 1,732166

=> 1,732166^8 $\qquad$ = 81,043106

=> $\left(\frac{360.000}{Pi} - 81{,}043106\right) * \text{Phi}^2$ $\quad$ = 299.792,**42**

5.) Kombination Sinus / Tangens 45°

=> sin 45° $\qquad$ = 0,7071067

=> tan 0,7071067° $\qquad$ = 0,0123419

=> 1 / 0,0123419 $\qquad$ = 81,024355

=> $\left(\frac{360.000}{Pi} - 81{,}024355\right) * \text{Phi}^2$ $\quad$ = 299.792,**47**

6.) Ziffernfolge 1-7-6

=> Diese Ziffernfolge führt unter anderem zu so wichtigen Zahlen wie
176; 1776; 17776; …, dem Attischen Stadion, … u.v.a.m.

=> 1,17676767676….

=> 1,1767676…^27 $\quad$ = 81,030726

=> $\left(\frac{360.000}{Pi} - 81{,}030726\right) * \text{Phi}^2$ $\quad$ = 299.792,**46**

---

[153] $\qquad$ siehe [4]

7.) Zahl 207,542 (= 300.000 – LG$_{Definiert}$)

=> 81,0**207542**

$$=> \left(\frac{360.000}{Pi} - 81,0207542\right) * Phi^2 \quad = \underline{299.792,\mathbf{48}}$$

8. Lichtgeschwindigkeit in Englsichen Meilen je Sekunde

=> LG$_{Meile}$ $\qquad$ = 186.282,024… M/s

=> 186.282,024…* 10^10 $\quad$ = 1,86282024…^15

=> $\sqrt[8]{1,86282024\,\ldots\,{}^{15}}$ $\quad$ = 81,053425…

$$=> \left(\frac{360.000}{Pi} - 81,053425\right) * Phi^2 \quad = \underline{299.792,\mathbf{4}}$$

**9.) Verlangsamung der Erddrehung um gegenwärtig durchschnitt-
   lich 0,7 Sekunden je Jahr**

=> 86.400 s/d : 0,7 s/a $\qquad$ = 123.428,57 a/d

   (Die Drehung der Erde verlangsamt sich in 123.428,57 Jahren um einen Tag mit einer Länge von 86.400 Sekunden)

=> 123.428,57 : 10^7 $\qquad$ = 0,012342857

$\qquad\qquad\qquad\qquad\qquad\qquad$ = 1 / 81,018519

$$=> \left(\frac{360.000}{Pi} - 81,018519\right) * Phi^2 \quad = \underline{299.792,\mathbf{49}}$$

10.) Die Sekunden / Tag und die Zahl 1,1111111…

=> 1,1111111² $\qquad\qquad$ = 1,2345679

=> 1,2345679 * 10^5 $\qquad$ = 123.456,79

=> 86.400 : 123.456,79 $\qquad$ = 0,69984

=> 123.456,79 : 10^7 $\qquad$ = 0,012345679

=> 1 / 0,012345679 $\qquad$ = 81,000002

$$=> \left(\frac{360.000}{Pi} - 81,000002\right) * Phi^2 \quad = \underline{299.792,\mathbf{54}}$$

**11.) Pentagon, Pentagramm und Dodekaeder
(siehe Abbildung 48 und Seiten 299 bis 302)**

‚Äquator'-Umfang des Dodekaeders U$_Ä$ = sin 72° * 5 = 4,7552826…

=> 1 : 4,7552826… $\qquad\quad$ = 0,2102924

=> EXP 0,2102924… $\qquad$ = 1,2340388

=> 100 : 1,2340388… $\qquad$ = 81,034723

$$=> \left(\frac{360.000}{Pi} - 81{,}034723\right) * Phi^2 \quad = \underline{299.792{,}\textbf{445}}$$

12) … usw. usf.

<u>Weiterführende Aussagen der Lichtgeschwindig-keits-Zahlen-Formel</u>

Die Primär-Formel aus dem vorvorletzten Kapitel ist einerseits in sich abgeschlossen, andererseits beinhaltet sie aber auch eine ganze Reihe von Wegen zu wichtigen zusätzlichen Erkenntnissen. Ein paar wenige davon sollen nun aufgezeigt werden.

Beginnen wir mit einer ‚Ableitung' des **ersten Formelterms:**

$$
\begin{aligned}
360.000 \quad &: Pi \quad = 114.591{,}559\ldots \\
=> 360 \quad &: Pi \quad = \quad\quad 114{,}591559\ldots \\
=> 114{,}591559\ldots^2 \quad &= \quad \textbf{13.131}{,}\textbf{22540004}\ldots
\end{aligned}
$$

Das Quadrat des Durchmessers eines Kreises mit einem Umfang von 360 (dimensionslos, ohne Maßeinheit) enthält die Ziffernfolge 13-13…, die an den Arcus-Kosinus der Verhältnisform der Lichtgeschwindigkeit erinnert, sowie die Ziffernfolge 2-5-4-0-0-0 , die uns an die Maßeinheit Zoll denken lässt. Das ruft ins Gedächtnis, dass auch der Yard direkt von den „36iger" Kreisen abstammt.

Wie genau funktioniert das tatsächlich? Probieren wir es aus:

$$
\begin{aligned}
13.131{,}22540004\ldots : 100.000 \quad &= 0{,}1313122540004\ldots \\
=> 0{,}1313122540004\ldots + 2 \quad &= 2{,}1313122540004\ldots \\
=> \cos 2{,}1313122540004\ldots \quad &= 0{,}9993082186903\ldots \\
=> 0{,}9993082186903\ldots * 300.000 \quad &= 299.792{,}\textbf{4}656071\ldots \\
=> \text{Abweichung von } LG_{Def} \quad &\approx 0{,}00000\textbf{254} \text{ Prozent}
\end{aligned}
$$

Die definierte Lichtgeschwindigkeit wird nicht ganz exakt getroffen. Aber im Grunde genommen ist die Lichtgeschwindigkeit schon im ersten Formel-Term vollständig enthalten. Der Rest der Formel dient praktisch „nur" der Präzisierung und der Integrierung weiterer Konstanten in die Formel. Als Trostpreis – weil es nicht völlig genau geklappt hat – erhalten wir aber wieder einen ganz dichtgelagerten Fast-Treffer in unserer LG-Zahlenwolke und eine Abweichung die nochmals entfernt an den Zoll erinnert.

Auch beim **zweiten Term** erhalten wir mehrere Hinweise und Fast-Treffer für unsere diversen Zahlenwolken. Beispielsweise ergibt sich:

$$\sin 45° = 0{,}7071067\mathbf{81186547}\ldots$$
$$\Rightarrow \mathbf{\sin(\sin 45°) = 0{,}01234102821497\ldots}$$
$$\Rightarrow \sin 45° : \sin(\sin 45°) = 57{,}29723\ldots \quad \Rightarrow 1/x = \mathbf{0{,}0174528\ldots}$$
$$\Rightarrow 57{,}29723\ldots * \sqrt{2} = 81{,}030525 = 1/\sin(\sin 45°)$$
$$\Rightarrow 360 : 57{,}29723\ldots = 6{,}2830258\ldots : Pi = \underline{\mathbf{1{,}9999492\ldots}} \approx 2$$
$$\Rightarrow 6{,}2830258\ldots \quad \approx \mathbf{2\ Pi}$$

Und mit dem achtstelligen Taschenrechner gerechnet:

$$\Rightarrow 0{,}0174528\ldots \quad \approx \sin 1{,}0000\mathbf{254}°$$
$$\Rightarrow 1{,}0000254^2 \quad = 1{,}0000\mathbf{508}$$
$$\Rightarrow 1{,}0000508^2 \quad = 1{,}0001\mathbf{016}$$
$$\Rightarrow 1{,}0001016^2 \quad = 1{,}0002\mathbf{032}$$
$$\Rightarrow \ldots \text{usw. usf.}$$

$\Rightarrow$ Zur Erinnerung: $100 : 39{,}37 = \mathbf{2{,}54000508001016002032}004064\ldots$

$$= \text{Länge des Zolls in cm}$$

Der Sinus vom Sinus von 45° ist eine **1-2-3-Zahl**. Das bedeutet, andere Zahlen im Lichtgeschwindigkeits-Kontext mit dieser Ziffernfolge[154] weisen u.a. auf den Sinus-Term und seine Wichtigkeit sowie seine Verbindung zum Licht hin. Da auch gleich noch die 4 folgt, ist er auch schon als einfache Zahl etwas Besonderes. Er fällt auf und sticht ein wenig aus der allgemeinen Zahlenmasse heraus. Selbstverständlich weist er auch

---

[154]   1-2-3-Zahlen fangen oft mit 123,… an, gefolgt von einem Komma, aber es gibt erheblich mehr Variationen. Erwähnenswert sind vor allem 123xx,… d.h. die fünfstelligen Pendants

selbst auf andere 1-2-3-Zahlen hin. Beispielsweise auf Phi^10 und viele andere. Darüber hinaus gibt er etliche Hinweise auf weitere Zahlen und Zusammenhänge. Zum Beispiel:

$$=> \sqrt[4]{0{,}0123410282 \ldots} \qquad = 0{,}\mathbf{3333019360015526}3\ldots$$
$$=> \sqrt[8]{0{,}0123410282 \ldots} \qquad = 0{,}577\mathbf{323077674}246\ldots$$
$$\cos 0{,}5773230776\ldots = 54{,}7\ldots \ (=> \text{Wurzel aus LG km/s})$$
$$=> \ldots \text{usw. usf.}$$

Der Eine oder Andere wird den Term ‚Sinus vom Sinus von 45°'[155] vielleicht für nicht aussagefähig und sinnlos halten. Oder für eine hinterfuzzige mathematische Konstruktion, um die Lichtgeschwindigkeitsformel numerologisch passend zu machen.

Somit stellt sich die Frage, ob dieser scheinbar „blödsinnige" Term vielleicht doch irgendeinen Sinn hat?

Selbstverständlich hat er den. Genaugenommen sogar mehrere. Die 45 als blanke Zahl oder Ziffernkombiniation taucht im Rahmen des Kugel-Lichtmodells zig-mal auf. Sie macht damit explizit auf sich selbst und die mit ihr verbundenen Zusammenhänge der verschiedensten Art aufmerksam. Als Grad betrachtet (=> Sinus ist eine Winkelfunktion) erfüllt sie naturgegeben ihre Aufgabe als Spiegel- und Symmetriachse der Winkelfunktionen Sinus und Kosinus. Sozusagen als Scheidegrenze zwischen Sinus und Kosinus. Berechnet man, ausgehend von der jeweils selben Zahl zwischen Null und Eins, den dazugehörigen Arcus-Sinus und den Arcus-Kosinus, so sind die beiden entstehenden Winkel stets gleichweit von 45 Grad entfernt. Sie verhalten sich also symmetrisch zu 45 Grad. Dazu nur ein konkretes Beispiel:

$$0{,}6868587\ldots = \sin 43{,}381966\ldots° \qquad => \mathbf{45} - \text{Phi}$$
$$0{,}6868587\ldots = \cos 46{,}618034\ldots° \qquad => \mathbf{45} + \text{Phi}$$

Dabei kann Phi durch beliebige Zahlen zwischen Null und 45 ersetzt werden. Das gilt für alle Winkel zwischen Null und 90 Grad und gelegentlich auch darüber hinaus. Genau deswegen ist die 45 als Symmetrieachse so wichtig und wird alle Nase lang betont.

---

[155] $= \sin(\sin 45°)$

Warum erscheint dann aber zweimal Sinus im Term und der Kosinus nicht? Diesen Umstand kann man mehrfach verschiedentlich interpretieren. Die wichtigste dieser Auslegungen ist aus meiner Sicht eher physikalisch-philosophischer Natur und bedeutet soviel wie:

Es gibt im Universum zwar immer eine Symmetrie, aber keine echte Supersymmetrie.

Soll heißen: Zu jedem Ding, jeglicher Materie im Universum gibt es zwar ein direktes Gegenstück, aber sie sind nur sehr, sehr selten wirklich gleichberechtigt vertreten und sichtbar. Die Rollen sind aufgrund der Ähnlichkeiten u.U. jedoch vertauschbar. Wenn in dem Term der Sinus doppelt enthalten ist, so gibt es auch die entsprechenden beiden Kosinusse dazu. Und im Hintergrund sind sie durchaus vorhanden. Sie werden aber an dieser Stelle nicht sichtbar, sondern sind nur ‚verborgen‘ und ‚unwirksam‘ vorhanden.

Ein anderes Beispiel dieser Art wäre etwa die Existenz von Materie und Antimaterie. Es gibt zwar durchaus Antimaterie, das Universum besteht aber hauptsächlich aus Materie. Die Antimaterie muss man erst ‚extrahieren‘, bevor man von ihrer Existenz erfährt. Das schließt jedoch nicht aus, dass es an anderen Stellen im Universum genau andersherum sein könnte …

Und auch der **dritte Term** der LG-Zahlen-Formel – **Phi²** – zeigt uns weiterführende Hinweise und Fast-Treffer. Interessant ist, dass hier die Lichtgeschwindigkeit mit ihrer eigenen dritten Wurzel und wieder einmal mit Acht und Vier durch Ähnlichkeiten in Verbindung gebracht wird.

8 * 10^{52} => 32.Wurzel = **45,000937..** => sin 45,000937.. = 0,7071183..

=> sin 0,7071183.. = 0,01234123..

=> 1 / (0,7071183.. * 0,01234123..) = 114,59072…

=> 114,59072… * Pi　　　= 359,99736…

=> 114,59072… * 1000　　= 114.590,72…

=> LG/**Phi²** = 114.510,5294…

=> 114.590,72… - 114.510,5294… = **80,1884444**327…

=> 3 mal nacheinander LN 80,18844443… = 0,390722361…

= sin <u>22,99945427</u>…° ≈ **23°**

= cos <u>67,00054573</u>…° ≈ **67°**

$\sqrt[3]{LG}$ = 66,927854174387...

    => $\sqrt[3]{LG}$ * 10^33 = 6,6927854...E+34

    => LN (6,6927854...E+34) = **80,188**9233...

    => 3 mal nacheinander LN 80,1889233... = 0,390723282...

                = sin <u>22,9995116</u>...° ≈ **23°**

                = cos <u>67,0004884</u> ° ≈ **67°**

Diese wenigen Aussagen mögen vorerst genügen, um aufzuzeigen, dass die Lichtgeschwindigkeitszahlenformel weit mehr Ähnlichkeiten und Zusammenhänge verbirgt, als sie auf den ersten Blick preisgibt. Bei Bedarf können diese „scheinnumerologischen" Ausführungen aber gern fortgeführt werden.

Immer wieder Phi

Die Konstante Phi – der Goldene Schnitt – schiebt sich bei der ganzen Rechnerei um die Lichtgeschwindigkeit oftmals selber in den Focus der Betrachtung. Das ist umso erstaunlicher, weil der Goldene Schnitt heutzutage in der Wissenschaft kaum eine ernsthafte Rolle spielt. Wenn überhaupt, dann kommt er in der Harmonielehre, in der Kunst und Architektur oder als „kurioses Einzelphänomen" zum Tragen. Kaum jemand weiß wirklich etwas damit anzufangen. Seine tragende Rolle im Universum wird **völlig unterschätzt**. Interessanterweise waren unsere Ahnen in der Renaissance, in der Antike und während vieler anderer Zeiten in dieser Beziehung sehr viel weiter als wir Heutigen.

    Woran das wohl liegen mag?

Auch bei der Gestaltung bzw. Auswahl der Lichtgeschwindigkeitszahl (km/s) spielte der Goldene Schnitt eine immense Rolle. Und das gleich in mehrfacher Hinsicht. Am auffälligsten geschieht das in der Formel **LG** = $\left(\dfrac{360.000}{Pi} - \dfrac{1}{\sin\,(\sin 45°)} \right)$ * **Phi²**. Hier ist das Quadrat von Phi kaum zu übersehen. Dagegen sind andere Formen von Phi quasi unsichtbar ebenfalls in der Lichtgeschwindigkeit enthalten. Man findet sie erst, wenn man sich auf den „schein-numerologischen" Weg des Kugelmodells begibt. Und auch hier muss man sich so manches Mal ganz schön Mühe geben.

Ein weiterer besonders wichtiger ‚Fall von Phi' wird auffällig, wenn wir die Form „**2 Phi**" = 3,23606797749979... mit in unsere Überlegungen einbeziehen. Auf diesen Gedanken kommt man, weil einerseits Phi² in der obigen Formel vorkommt, und andererseits Phi² und 2 Phi eng miteinander verquickt sind. Die bekanntesten Beispiele dafür sind die Winkel, die oftmals mit dem Goldenen Schnitt Phi in Verbindung gebracht werden. Hierzu wieder ein paar wenige Beispiele von vielen möglichen:

$$
\begin{array}{lll}
\text{Phi}^2 : 2\text{Phi} = 0{,}8090169\dots & = \sin \mathbf{54°} = \cos \mathbf{36°} & = 0{,}5 * \text{Phi} \\
1 : 2\text{Phi} = 0{,}3090169\dots & = \sin \mathbf{18°} = \cos \mathbf{72°} & = 0{,}5 : \text{Phi} \\
\text{Phi} : 0{,}8090169\dots & = 2 & \\
\text{Phi} : 0{,}3090169\dots & = \mathbf{5{,}236}068\dots = 2\,\text{Phi}^2 = 3 + \sqrt{5} & \\
0{,}3090169\dots + 1 = 1{,}3090169\dots & = 0{,}5\,\text{Phi}^2 & \\
2\text{Phi} - 1 & = \sqrt{5} & \\
\mathbf{2Phi} & = \mathbf{\sqrt{5} + 1} & \\
0{,}8090169\dots \; - \; 0{,}3090169\dots & = 0{,}5 & \\
0{,}3090169\dots \; + \; 0{,}8090169\dots & = 1{,}1180339\dots = \sqrt{\mathbf{1{,}25}} & \\
0{,}3090169\dots \; * \; 0{,}8090169\dots & = 0{,}25 & \\
0{,}3090169\dots \; : \; 0{,}8090169\dots & = 0{,}381966\dots = 1 / \text{Phi}^2 & \\
1 / 0{,}8090169\dots = 1{,}236068\dots & = \sqrt{5} - 1 & \\
2\,\text{Phi} \; * \; 1{,}236068\dots & = 4 & \\
2 \; : \; 1{,}236068\dots & = \text{Phi} &
\end{array}
$$

...

usw. usf.

Bei diesen Zahlenspielen begegnen wir wieder zwei Ziffernfolgen, die uns gelegentlich weiterhelfen. Das sind die **9-0-(1)-6-9** , vor allem jedoch die **2-3-6-0-6-8**. Letztere entspricht den ersten (gerundeten) Nachkommastellen von Wurzel aus 5 = 2,**2360679**774997 sowie den selbigen Nachkommastellen von 2 Phi = 3,**2360679**774997... u.v.a.m..

Überhaupt taucht diese Ziffernfolge sehr oft im Zusammenhang mit dem Goldenen Schnitt Phi auf. Sie stellt quasi wieder einen ‚Marker' für Phi dar und liefert entsprechende Hinweise auf sein Auftreten. Man kann auch direkt von Phi zu dieser Ziffernfolge als Zahl kommen, wobei allerdings die Wurzel aus 5 sowieso jedes Mal automatisch mit drin steckt:

$$(1/Phi)^3 \qquad = 0{,}2360679\ldots$$
$$1 \:/\: 0{,}2360679\ldots \qquad = Phi^3 \qquad = 4{,}2360679\ldots$$
$$236{,}0679\ldots \Rightarrow \sqrt[3]{} \qquad = 6{,}180339\ldots \qquad = 10/Phi$$
$$(100/Phi)^3 \qquad = 61{,}80339\ldots^3 \qquad = 236067{,}977\ldots$$

… usw. usf.

Mit diesen und anderen Tatsachen kann man die bewusste Einarbeitung von 2Phi in die Lichtgeschwindigkeitszahl sowie das Kugel-Lichtmodell sehr gut begründen.

Die Kehrseite der ko(s)mischen Lichtgeschwindigkeitszahl

Ja, die Zahl der Lichtgeschwindigkeit (km/s) hat auch eine Kehrseite. Mathematisch nennt man sie den Reziprokwert:
$$1 \:/\: 299.792{,}458 = \mathbf{3{,}33564095198152\ldots E\text{-}6}$$

Dieser Kehrwert ist ein weiteres Phänomen, welches wohl nicht unwesentlich zur bewussten Auswahl der Lichtgeschwindigkeitszahl beigetragen hat.

Formt man diesen Reziprokwert ein wenig „numerologisch" um, stößt man auf einen weiteren, überaus verblüffenden Zusammenhang (wieder ohne Maßeinheiten):

Lichtgeschwindigkeit $\qquad\qquad = 299.792{,}458 \qquad$ (km/s)
$\Rightarrow 1 : 299.792{,}458 \qquad\qquad = \mathbf{3{,}33564095198152\ldots E\text{-}6}$
$\Rightarrow 3{,}33564095198152\ldots E\text{-}6 * 10^{\wedge}42 \quad = 3{,}33564095198152\ldots E\text{+}36$
$\Rightarrow 3{,}33564095198152\ldots E\text{+}36 \Rightarrow \sqrt[256]{} = \mathbf{1{,}38889261639685\ldots}$
$\Rightarrow \ln \mathbf{1{,}38889261639685}\ldots \qquad = 0{,}328506751\ldots$

=> ln 0,328506751…   = - 1,11319789097…
=> - 1,11319789097… * (-100)   = 111,319789097…
=> 111,319789097… * 360   = **<u>40.075,1240748…</u>**   (km)

Das Ergebnis dieser Rechnung, die viel komplizierter und „numerologischer" aussieht als sie in Wirklichkeit ist - in Kilometern betrachtet – kommt dem Äquatorumfang der Erde erstaunlich nahe. Der bemisst entsprechend des neuesten Referenzellipsoiden rund 40.075,017 km. Die Differenz beträgt somit nur 107,0748 Meter, was **0,000267 Prozent** des Äquator-Umfanges entspricht. Das ist wieder einmal eine winzige Abweichung, die diverse Fragen zu ihrem Ursprung aufwirft.

Ist das schon wieder ein ganz besonders dummer „Zufall"? Wurde die Lichtgeschwindigkeit – und somit gleichzeitig auch Meter, Sekunde und das 'ganze andere Zeugs ringsherum' – ganz bewusst und auf versteckten Pfaden an den Erdäquator angepasst? Sind unsere Maßeinheiten von allem Anfang an erdcommensurabel?
Entstammt die Differenz von 107 Metern nur einer anderen Betrachtungsweise? Enthält sie einen Rechen- oder Messfehler? Wächst oder schrumpft die Erde am Äquator langsam und geringfügig? Steigt deswegen der Meeresspiegel? …

All diese Fragen sind gegenwärtig noch nicht abschließend zu beantworten. Gegen einen Zufall spricht jedoch auf jeden Fall, dass gleich eine ganze Reihe anderer Kenngrößen des Kugel-Licht-Modells auf ganz ähnlichen Wegen zu ganz ähnlichen Ergebnissen führen. Hierzu wieder ein paar Beispiele nach obigem Schema in Kurzform:

1.)   => $(\frac{5}{6}\sqrt{2})^2$ = 1,388888888…   => 40.075,41819
       => Differenz zum Äquatorumfang   = **0,001**001 Prozent
2.)   => 3E-37   => 1,3888888618…   => 40.075,42032
3.)   => $\sqrt{30}$ => 1,3888888618…   => 40.075,42032
4.)   => 1,111…E+73   => 1,3888888618…   => 40.075,42032
       => Differenz zum Äquatorumfang   = **0,001**00642 Prozent
… usw. usf.

Für eine bewusste Angleichung der Lichtgeschwindigkeit an den Äquatorumfang der Erde – oder anders herum - spricht auch die Umkehrung der selben Rechnung. Allerdings nur gewissermaßen und anders als gedacht. Zumindest lässt sie jedoch eine bewusste Anpassung als möglich erscheinen.

=> Äquatorumfang der Erde = $U_{Äquator}$ = 40.075,017 (km)
=> 40.075,017 => 1,38889397… => 3,336475408…E-6
=> 1 : 3,336475408…E-6 = **299.717,479615…**

=> 299.792,458 - 299.717,479615… = **74,9783849022…**
=> $U_{Äquator}$ = 40075,017 => 40.075,017 – 74,97838… = **<u>40.000</u>, 0386…**
=> 74,9783849022… - **45** = 29,9783490218…
=> 29,9783490218… * **10.000** = **299.783,490218…**
… etc.

Die Differenz zur Lichtgeschwindigkeitszahl erscheint mit 74,9783849… (also knapp 75) zunächst relativ groß. Bedenkt man jedoch, dass der Äquatorumfang ebenfalls eine 75 enthält, könnte das mit Fug und Recht ein Hinweis auf die glatten 40.000 km Umfang der Kugel-Lichtmodellerde sein. Bezieht man weiterhin in die Überlegung ein, dass eine weitere Bearbeitung mit ausschließlich modelltypischen Größen (45 und 10.000) mit 299.783,49… zu einem wesentlich brauchbareren Ergebnis führt, so erscheint Absicht zumindest möglich. Die Frage, ob durch den Reziprokwert der Lichtgeschwindigkeit der Äquatorumfang der Erde bewusst tangiert und beschrieben wird, kann derzeit noch nicht eineindeutig mit JA oder NEIN beantwortet werden. Die Tendenz geht aufgrund des Gesamt-Kontextes jedoch zielstrebig zu JA. Allerdings bleiben bis auf Weiteres an dieser Stelle eine Menge Fragen übrig - egal wie man das Unterthema dreht und wendet. Aber Fragen sind ja bekanntlich nichts Schlechtes. Im Gegenteil. Irgendwann wird sich die Lösung finden.

Wie die Lichtgeschwindigkeit zu ihrer ko(s)mischen Zahl kommt (Sekundärer Teilabschnitt)

Es gibt noch eine weitere Variante der obigen Primärrechnung aus dem ersten Teilabschnitt, die ihrerseits wiederum jede Menge Abkömmlinge mitbringt. Diese weicht inhaltlich und zahlenmäßig jedoch „sehr viel stärker" von den bisher aufgezeigten Möglichkeiten ab, behält aber einige Elemente des bisher Mitgeteilten zumindest „virtuell" bei. Das trifft neben dem allgemeinen Algorithmus insbesondere auf den „Geist der 45" zu. Die 45 tritt hier nicht noch einmal konkret auf, aber was sie im ersten Teilabschnitt anzeigte – nämlich eine Verdrehung der Durchmesser um 45° - bleibt erhalten und wird weiterhin angewandt. Dadurch wird die nachfolgende Rechnung quasi zur „denkerischen" und tatsächlichen Fortführung des ersten Teilabschnittes.

Der Sinn dieses Unterfangens besteht darin, die Größe **2 Phi = 3,23606797749979...** zusätzlich bzw. alternativ in die Rechnung zu integrieren und mit der Lichtgeschwindigkeit sowie dem 360°-System in Verbindung zu bringen.

Rechnung (15-stellig, ohne Maßeinheiten):

$$360.000 \qquad = U_1$$
$$360.000 : Pi \quad = 114.591{,}559026165... = D_1$$

$$299.792{,}458 \qquad\qquad : 2Phi = \mathbf{92.640{,}9643074377...} \qquad = D_2$$
$$\Rightarrow 92.640{,}9643074377... \quad * \;\; Pi \;\; = \mathbf{291.040{,}17289...} \qquad\qquad = U_2$$

Die abgewandelte bzw. angepasste Formel lautet somit vorerst:

$$\frac{291.040{,}17289\,...}{Pi} * 2Phi = 299.792{,}458$$

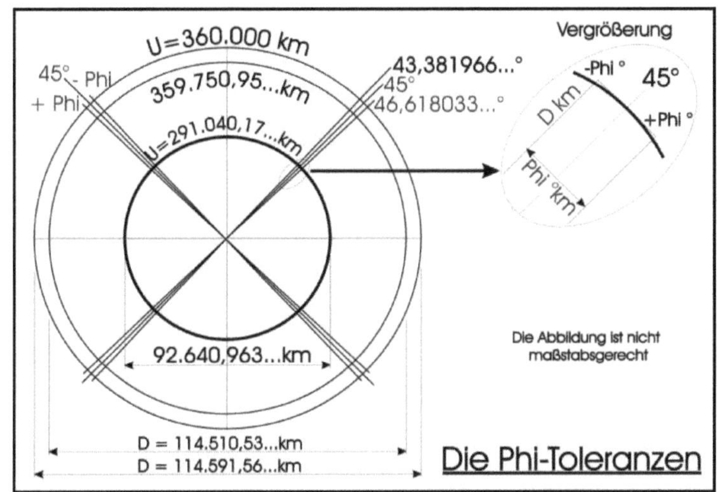

Abbildung 71:
Darstellung des Lichtkreises mit 1,2 Ls / 360.000 km Umfang und des Kreises LG : 2Phi

Da fragt sich natürlich, ob und was für einen Sinn die Zahl 291.040,17… hat. Der ist nicht leicht und auch nicht auf Anhieb zu erkennen. Zumindest wurde bislang aber ein Ergebnis gefunden, welches ‚mehr' vermuten lässt:

$$299.792,458 : 291.040,17\ldots = 1,0300724\ldots$$
$$\Rightarrow 1,0300724\ldots{}^{256} = \mathbf{1968,5}592\ldots$$
$$\Rightarrow 1968,5592\ldots * 2 = \underline{\mathbf{3937}},1184\ldots$$

Wir kommen also relativ problemlos zur Zahlendreherei mit der **39,37** und damit in Grobrichtung Zoll und alles was dazu gehört. Außerdem ergibt

$$291.040,17\ldots{}^{16} = \mathbf{2,6500067}\ldots * 10^{86}$$

und viermal hintereinander LN 2,6500067…*10^86 = 0,5119914… , was der Tangens von **27,112**059° ist. Beides weist in Richtung Licht, auf die absolute Länge des Meters und auf die Zusammenhänge zwischen beiden – d.h. auf das Kugel-Lichtmodell. Letztlich bleibt aber nur zu konstatieren, dass auch an dieser Stelle noch viel Forschungsarbeit geleistet werden muss.

Ganz ähnlich sieht es bei einem Abgleich der beiden Kreisdurchmesser aus. Der kleinere der beiden Kreise hat einen Umfang von 291.040,17289… wodurch sich ein Verhältnis zum Umfang des größeren 360.000er-Kreises von 0,80**844**92 ergibt.

=> 114.591,559026165… - 92.640,9643074377 = 21.950,594718727…
=> ln 21.950,594718727…   = 9,99654951238352…
=> 9,99654951238352… : 10   = 0,999654951238352…
=> 0,999654951238352…²   = **0,999310021535352…**

Die 0,99931… schrammt haarscharf an der Verhältnisform der Lichtgeschwindigkeit von 0,99930819333… vorbei. Würde sie exakt getroffen, wäre die Lichtgeschwindigkeit sogar doppelt in zwei verschiedenen Formen in Rechnung und Figur enthalten. Das ist jedoch nicht ganz der Fall, sondern wieder nur fast. Einmal exakte und einmal fast exakte Lichtgeschwindigkeit in ein-und-der-selben Rechnung genügen vorerst jedoch völlig.

Setzen wir die exakte Verhältnisform in die Rechnung ein und rechnen rückwärts, landen wir bei einem lichtgeschwindigkeitsähnlichen Tempo von 299.79**3**,107**540458**

Die Abweichung von der definierten Lichtgeschwindigkeit ist mit 0,0002166… **Prozent** immer noch winzig, aber doch schon erheblich größer als bei den vorangegangenen Variationsbeispielen. Im Grunde hat man hier die freie Wahl, ob man die Lichtgeschwindigkeit in km/s oder in ihrer Verhältnisform „bevorzugt". Schließlich hat jeder so seinen eigenen Geschmack. Und über Geschmack sollte man nicht streiten.

An dieser Stelle geht es primär um etwas anderes. Wir erinnern uns daran, dass man anstatt des Kreisumfanges aus Durchmesser und Pi auch die Fläche eines langen, schmalen Rechteckes berechnen kann, die zahlenmäßig dem Kreisumfang gleicht und sich nur durch ihre Form und die Maßeinheit von ihm unterscheidet – allerdings natürlich nur, sofern eine Maßeinheit vorhanden ist. Das ist eine Frage der Betrachtungsweise.

Wenn wir nun das Rechteck nicht aus großem Durchmesser und Pi, sondern aus kleinem Durchmesser und 2Phi bilden und so anordnen, dass der Durchmesser in der Mitte des Rechteckes liegt, so befindet sich bezüglich der Rechteckbreite je ein Phi auf jeder Seite des Durchmessers.

Da die Abstände ziemlich klein sind, empfiehlt es sich wieder, sie in Grad umzurechnen. Die Verfahrensweise ist also dieselbe wie im

primären Teilabschnitt zur Lichtgeschwindigkeitszahl. Dabei muss nur beachtet werden, dass die Umrechnungsgröße diesmal nicht glatte 1000 km/° wie beim 360.000er Kreis sind, sondern nur **808,44**492... km/°, weil der Kreis ja kleiner ist.

Integrieren wir nun das Rechteck (um 45° gedreht) in den kleineren der beiden obigen Kreise, so erhalten wir wieder eine Art „Toleranzbereich" von 45° +/- Phi° auf dem Kreisumfang. Angezeigt werden diese „Toleranzen" durch die Diagonalen des Rechteckes. Das bedeutet, dass wir hier auf die beiden Winkel

$$45° - 1{,}6180339...° = \textbf{43{,}3819660112501...°} \text{ und}$$
$$45° + 1{,}6180339...° = \textbf{46{,}6180339...°} \text{ stoßen.}$$

Mit Hilfe der verlängerten Diagonalen des Rechteckes können wir diese beiden Winkel problemlos auf den oder die größeren Kreise übertragen.

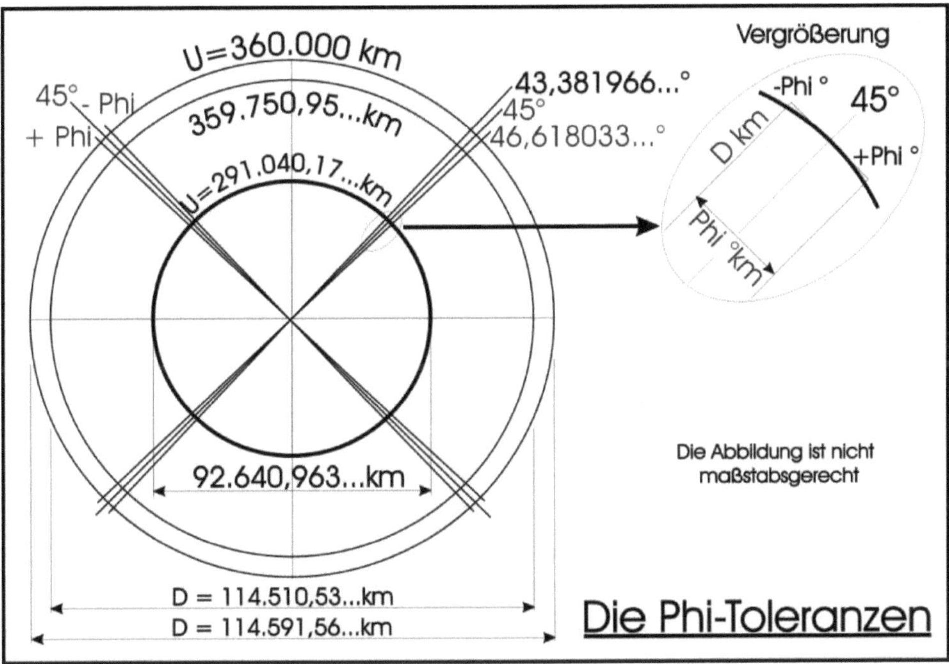

Abbildung 72: *Die Herleitung der Phi-Toleranzen der Lichtkreise*

Das muss man nicht so machen, aber verbieten kann es einem auch keiner. Es bietet sich sozusagen von allein an. Und da der Winkel von **43,381966...°** vermutlich einer der wichtigsten der gesamten Weltgeschichte ist, kann man schon mal ein Auge zudrücken. Es ist nämlich einer derjenigen beiden Winkel, der ganz am Anfang dieses Buches erwähnt wurde, weil er mir den grundsätzlichen Weg in den Lichtgeschwindigkeits-Zahlenozean hinein - und wieder hinaus – gewiesen hatte[156]. Und so wie es aussieht, war dieser Weg mit höchster Wahrscheinlichkeit richtig. Daran ändert auch nichts, dass er einst mit nur 43,38111...° gemessen bzw. berechnet worden war. Schließlich konnte damals noch niemand die leiseste Vorahnung haben, worum es überhaupt ging. Und Winkel unter extrem widrigen Bedingungen derart genau zu messen, ist eine hochkomplizierte Angelegenheit.

Fürs Erste schließt sich damit der Kreis um das Kugel-Lichtmodell. Bereits jetzt sind schon etliche weitere Punkte bekannt, die das Gesamtkonzept ergänzen und zusätzlich belegen. Aufgrund der unglaublichen Komplexität ist jedoch die Systematisierung ziemlich schwierig, umfangreich und langwierig. Ich will es also mit den exakten und nicht ganz so exakten Tatsachen vorerst hiermit genug sein lassen, schauen was passiert, und wie die offizielle Wissenschaft auf meine geistigen Ergüsse reagiert. Alles Weitere würde momentan nur noch mehr Verwirrung stiften.

Festzuhalten bleibt, dass die Formel

$$\mathbf{LG}\ [\text{km/s}] = \left(\frac{\mathbf{360.000}}{\mathbf{\mathit{Pi}}} - \frac{\mathbf{1}}{\mathbf{sin\ (sin45°)}} \right) * \mathbf{Phi^2}$$

jeglichen Zufall ausschließt. Ein für alle Mal. Im Vergleich zur „Weltformel"[157], die ihren bisherigen Gültigkeitsbereich weiterhin behält, beinhaltet sie noch zwei weitere Konstanten - nämlich Phi und Wurzel aus Zwei - und besteht somit ausschließlich aus mathematischen und Naturkonstanten. Außerdem passt Sie sich nahtlos in das Kugel-Lichtmodell ein.

Ebenso ihre Ergänzungen.

---

[156]   Siehe Quellen [2] bis [4]
[157]   Siehe [3]

Dass diese Formel nicht nur rechnerisch, sondern auch inhaltlich vollständig richtig ist, wird eindrücklich auch durch einen weiteren Fakt belegt, der bislang allerdings nur recht "perifer" mit Physik zu tun hat. Aus diesem Grunde wird er hier (noch) nicht zur Begründung herangezogen.

Die Richtigkeit der Formel sollte **zumindest** dazu führen, dass sich die Metrologen eine neue Geschichte ausdenken (müssen), wo denn der Meter und die Sekunde tatsächlich herkommen. Die Mär, dass sich die Franzosen des ausgehenden 18. und beginnenden 19. Jahrhunderts den Meter anhand "falsch" bzw. ungenau und unvollständig gemessener Erdmaße ausgedacht hätten, zieht nicht mehr.

Meter und Sekunde stehen von Anfang an mit dem Licht und seiner Geschwindigkeit in engster Verbindung und Beziehung. Dazu kommen jede Menge anderer Konstanten in verschiedenen Formen und Anwendungen. Die damaligen Franzosen sollen die Länge des Meters jedoch ausschließlich anhand der Erd-Abmessungen bestimmt haben, die ihnen nur bruchstückhaft zur Verfügung standen. Freilich spielt auch die Größe der Erde definitiv eine Rolle oder lässt sich zumindest – wie wir mehrfach gesehen haben - ohne größere Schwierigkeiten integrieren. Es ist aber nur eine Nebenrolle – und sie ist völlig anders als bisher gedacht und verbreitet. Die Originalmaße des natürlichen Planeten namens Erde wären viel zu ungenau und wandelbar, als dass sie für die Langzeit-Definition einer universellen Längenmaßeinheit tauglich wären. Aus diesem Grunde wurde einst die Modell-Erde mit glatten 40.000 km Umfang kreiert. Das Modell ist ein bewusster Kompromiss zwischen Natur und Mathematik.

Die Hauptrolle spielt dagegen von Anfang an das Licht.
Und zwar in enger Verbindung mit den wichtigsten und grundlegendsten Naturkonstanten des Universums. Das konnten die französischen Wissenschaftler damals vielleicht erahnen, jedoch ganz sicher noch nicht dermaßen genau wissen, um die wichtigste Längenmaßeinheit und die Zeiteinteilung darauf zu gründen. Falls die Metrologen Schwierigkeiten und / oder Interesse daran haben sollten, eine geeignete Erklärung zu finden, können sie sich gern vertrauensvoll an mich wenden. Ich kann es ihnen sagen, wo und wie das alles zustande kommt bzw. kam.

<u>Die Idealisierung geht weiter</u>
(Tertiärer Teilabschnitt)

Die Geschichte mit den Kreisen und dem Licht hat mindestens noch einen dritten Teilabschnitt. Schätzungsweise aber noch ein paar mehr. Multipliziert man den Umfang der 40.000-km-Modellerde mit der Verhältnisform der Lichtgeschwindigkeit sieht das so aus:

$40.000 * 0,99930819333\ldots = 39.972,328\ldots$
$\sqrt{39.972,328} = 199,930808\ldots$
$299.792,46 : 39.972,328 = \mathbf{7,5}$
$\Rightarrow 7,5 \Rightarrow 1/x = 0,1333333\ldots.$

$299.792,458 : 199,9308\ldots$	$= 1499,4811\ldots$	
$40.000 : 2\,Pi$	$= 6.366,1977\ldots$	$= R$
$6366,1977\ldots * 9 \quad * 2Pi$	$= 57.295,78 * 2Pi = \mathbf{360.000}$	$= U$
$6366,1977\ldots * 90 \quad * 2Pi$	$= 3.600.000$	
$6366,1977\ldots * 900 * 2Pi$	$= 36.000.000$	
$39.972,328\ldots : 2Pi$	$= 6361,7936\ldots$	$= R$
$6361,7936\ldots * 18 \quad * Pi$	$= 359.750,95$	$= 1,2\,Ls$
$6361,7936\ldots * 90 \quad * 2Pi = 572561,42 * 2Pi = 3.597.509,5$		$= \mathbf{12\ Ls}$

…

usw.usf.

Genug des grausen Spiels. Jedenfalls fürs Erste.

Was folgt, sind noch einige ausgewählte mutmaßliche Konsequenzen, die meiner Meinung nach aus dem Kugel-Lichtmodell resultieren. Allerdings können sie noch nicht ganz so gründlich belegt werden wie die bisherigen Ausführungen. Insofern wäre es aus meiner Sicht sehr erfreulich, wenn sich auch ein paar echte, ausgebildete Physiker (u.a.) der hier angesprochenen Themenbereiche annehmen würden.

Oder, um es im heutigen Kontext verständlich auszudrücken:

Es wäre für die gesamte Menschheit von Vorteil, wenn sich wenigstens einige der verirrten Schäfchen bekehren ließen und zur einzig wahren Wissenschaft zurück-konvertieren würden.
Nämlich zu derjenigen, die ALLE Fakten mit einbezieht (nicht nur die angenehmen und "politisch korrekten"), **tatsächlich stets ergebnisoffen an ihre Arbeit geht, und auf diese Art versucht, so objektiv wie nur irgend möglich zu sein. Denn nur so wird die Ware Wissenschaft (? wieder ?) zur wahren Wissenschaft.**

Das könnte vieles erleichtern – vor allem den respektvollen Umgang miteinander. Leider ist gegenwärtig nicht nur die Gesellschaft im Allgemeinen, sondern auch und gerade die Wissenschaft oftmals von diesen Minimal-Idealvorstellungen meilenweit entfernt. Daran ändert auch nichts, dass das Wissenschaftsbild in der Öffentlichkeit oft sehr viel positiver ist als es die gesellschaftliche Realität tatsächlich zulässt. Es menschelt leider überall - auch dort, wo es definitv unangebracht ist.

Da wir nunmal Menschen sind, wird Objektivität unsererseits niemals vollständig erreicht werden. Das geht nicht. Aber: Es ist durchaus möglich ein weit höheres Maß an Objektivität zu erreichen als es gegenwärtig der Fall ist.

Ein wichtiger – und früher oder später unabdingbarer - Schritt in diese Richtung wäre, Politik, Medien, Wissenschaft und Religionen dahingehend umzuformen - und somit zu 'zwingen' - sich den Objektivitäten des Universums zu stellen und sich ihnen so objektiv wie nur irgend möglich anzunähern. Geschieht das nicht von selbst, wird die Geschichte sie automatisch irgendwann wegwischen. Die Frage ist nur, mit welchen Schäden und Folgen die darauffolgenden Gesellschaften zu kämpfen haben werden, sofern es sie dann noch gibt. Da wir bereits seit einiger Zeit im Atomzeitalter leben, können diese gravierend sein …

Das gegenwärtige Kugel-Licht-Modell

Unter dem Begriff ‚Kugel-Lichtmodell' ist **primär** eine Sammlung aller geometrisch-mathematischen Merkwürdig- und Auffälligkeiten rund um das Licht zu verstehen. **Sekundär** kommen noch ganz viele andere Dinge hinzu und fließen mit ein. Auch empirische Belege vielfältiger Art und Qualität, die bislang nicht genannt wurden. Das Kugel-Lichtmodell ist somit gewissermaßen ein Modell „von fast allem".

Die(se) allgegenwärtigen Besonderheiten werden zu einem rundum schlüssigen Modell miteinander verknüpft. Das ermöglicht, das Kugel-Lichtmodell nicht nur als bloßes Modell anzusehen, mit dessen Hilfe bereits bekannte Dinge erklärt werden können, sondern macht es ganz bewusst auch selbst zum Gegenstand weiterführender Forschungsarbeiten. Somit kann es helfen, tiefer in das Wissen um das Licht und andere physikalische Probleme einzudringen. Es ist noch lange nicht vollständig, was es vielleicht auch nie sein wird, ergibt mittlerweile aber einen soliden Rahmen, in den sich immer mehr Fakten und Zusammenhänge schlüssig einordnen lassen. Somit ist das Kugel-Lichtmodell weiter ausbaufähig und ein Ende ist gegenwärtig nicht absehbar.

Die erste Variante des Kugel-Lichtmodells wurde bereits 2013 in [4], Seite 243 u.a., Abbildung 96 etc. veröffentlicht und umfassend erklärt. Irgendein Echo darauf gab es bislang nicht. Das mag daran liegen, dass Physiker und andere Naturwissenschaftler solche Arbeiten gewöhnlich meiden wie der Teufel das Weihwasser. Um dieses Manko hoffentlich umgehen zu können, wurde ja das hiesige Buch ein wenig ausführlicher zusammengestellt.

Das Modell selbst hat sich in seinen Grundlagen seither nur relativ wenig verändert. Dennoch sind einige neue Dinge hinzugekommen. Dadurch konnte die Solidität, Stabilität und Aussagefähigkeit des Modells erheblich erhöht werden. Nicht umsonst führte uns das Modell zur ‚Blume des Lebens', der Lichtgeschwindigkeitszahlenformel und vielen anderen Zusammenhängen. Hingegen musste noch nichts Wesentliches davon verworfen werden. Ein gutes Zeichen!

Trotz der relativ geringen Änderungen ist das Modell noch um Einiges flexibler geworden. Dies wird durch austauschbare Komponenten erreicht. Ganz ähnlich einer Bohrmaschine, bei der man den Bohrer austauscht und die Drehgeschwindigkeit regelt, um unterschiedlich große Löcher zu bohren. Oder einem Akkuschrauber, dessen Bit man wechselt, um unterschiedliche Schrauben hinein- oder herauszudrehen. Oder einer Drehmaschine, für die verschiedenartige Meißel für unterschiedliche Arbeiten zur Verfügung stehen …. Genauso wie die genannten Maschinenbeispiele soll(te) das Modell nach Möglichkeit zukünftig von den Naturwissenschaften - insbesondere der Physik - genutzt werden.

Beim Lichtmodell kann man **beispielsweise** das Kugel-Erdmodell mit einem Umfang von 40.000 km gegen eine geringfügig größere Kugel mit 40.040 km austauschen. Damit kommt man zwar nicht mehr so direkt zur Lichtgeschwindigkeit in km/s, aber zu anderen – eng verwandten – Erkenntnissen. Hinweise auf das Licht gibt es natürlich trotzdem noch. Weiterhin kann man je nach Bedarf und Sinnhaftigkeit noch andere Kugeln einsetzen, etwa die Modellerde zuzüglich der verschiedenen Atmosphärenschichten u.a.. Oder aber man erstetzt die Kugeln durch Ellipsoiden verschiedener Größen. So bietet sich etwa ein Ellipsoid mit 40.000 km Polumfang und 40.075 km Äqatorumfang an. Oder einer mit Umfängen von 40.008 und 40.075 km Umfang. Oder ein anderer, je nach gewünschtem Genauigkeitsgrad und Aussagefähigkeit. Hier wartet noch viel Arbeit auf uns.

Bei derartigem Vorgehen höre ich schon wieder die „Kritiker" und Meinungsgegner tröten, die mit absoluter Gewissheit versuchen werden, die vielgerühmte Willkür usw. ins Feld zu führen. Aber nix da! Auf diesem Wege können wir ja nicht nur die Kugelform des Lichts besingen, sondern **beispielsweise** unter vielem Anderen endlich auch hinter einige Geheimnisse kommen, wie sich unser Planet tatsächlich geologisch entwickelt hat. Schon allein das ist es wert, den vorgeschlagenen Weg des Kugel-Lichtmodells zu beschreiten.

Aber es geht ja noch um so viel mehr …

Eine andere Möglichkeit den Einsatzbereich des Kugel-Lichtmodells zu erweitern besteht darin, die einzelnen Lichtkreise noch genauer zu untersuchen. Der primäre Lichtkreis mit 3,6 Millionen km Umfang wur-

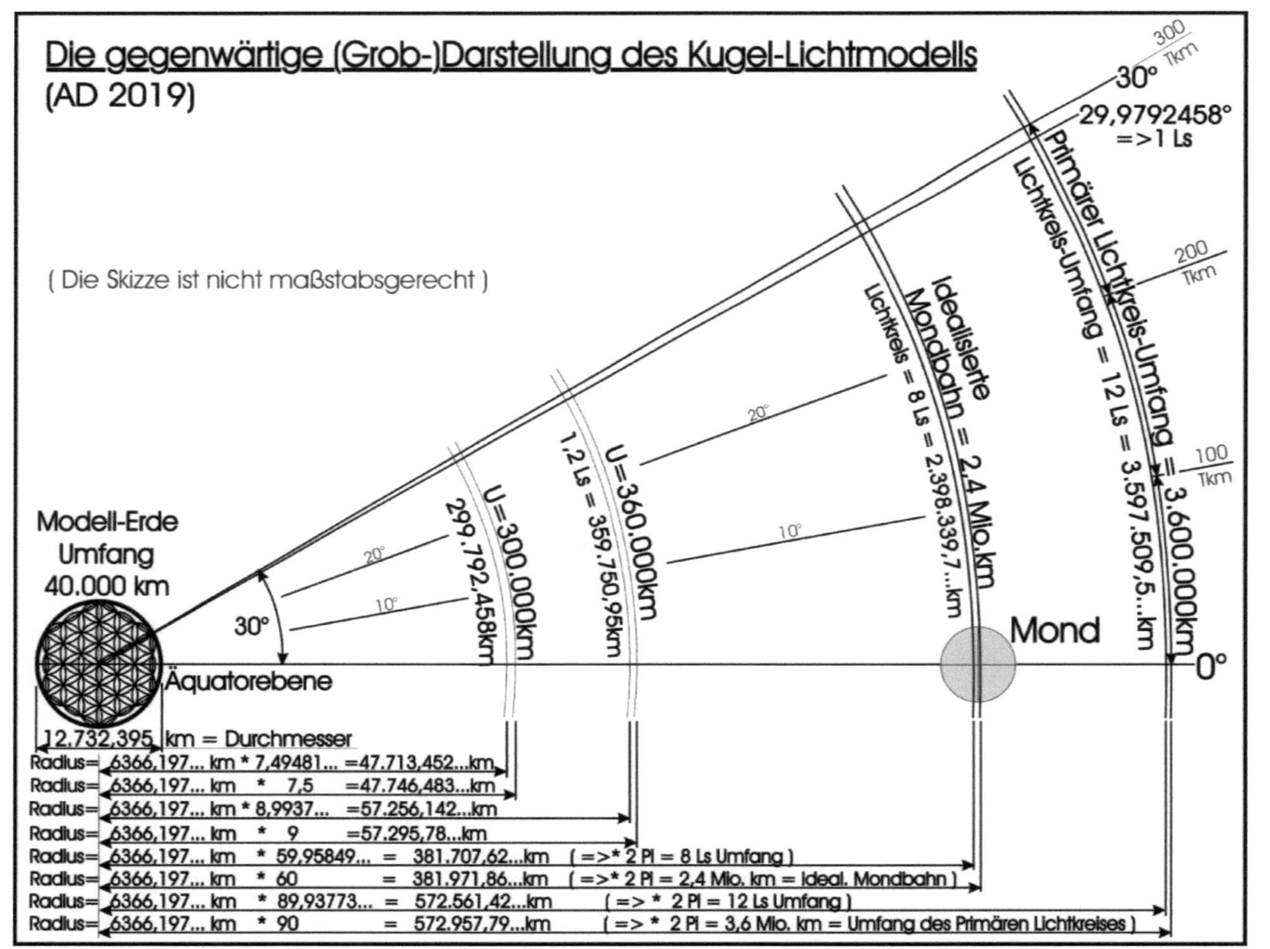

Abbildung 73: *Das Kugel-Lichtmodell – Stand Juni 2019*

de bereits 2013 in gewisser Weise variiert[158]. Dieser Lichtkreis bleibt auch weiterhin der primäre, weil mir bei ihm etliche Zusammenhänge zuerst auffielen. Außerdem passt bei ihm alles am besten und einfachsten zusammen. Neu hinzugekommen ist jedoch der Lichtkreis mit 360.000 km /1,2 Ls Umfang, der manches vereinfacht und über die Formel für die Lichtgeschwindigkeitszahl direkt zur Lichtgeschwindigkeit in km/s führt.

Wirklich konstant bleiben im Kugel-Lichtmodell bislang hauptsächlich die Winkel von 30 ; 300 ; 29,9792458° und 299,792458°. Aber auch an der Betrachtung des Mondes und seiner idealisierten Bahn ändert sich im Vergleich zu 2013 vorerst nicht viel – außer vielleicht, dass die zusätzlichen Auffälligkeiten erstaunlich viele geworden sind und (fast) nach Belieben weiter ergänzt werden können.

Was sich im Gegensatz zum Kugel-Lichtmodell selbst jedoch gravierend geändert hat, ist seine geometrisch-mathematisch-physikalische Grundlage. Wie der aufmerksame Leser vielleicht bemerkt hat, sprießt der „Zahlenzauber" nur so aus sämtlichen Löchern des Universums heraus. Alles passt zusammen – und das, was hier im Buch mühselig verewigt wurde, ist nur ein Bruchteil dessen, was bisher bereits bekannt ist. Nicht vergessen werden zu erwähnen darf hier die ‚Kugel des Lebens und des Lichts‘, die höchstwahrscheinlich als primäre Winkelgeberin des Kugel-Lichtmodells fungiert und die Querverbindung zwischen Kreis / Kugel und Sechseck liefert ...

Der mögliche Nutzen des Kugel-Lichtmodells ist enorm breit gefächert. In erster Linie geht es selbstverständlich um die weitere Erforschung der Physik und der Beschaffenheit des Lichts. Gleich im Anschluss folgt der ‚Rest der Physik‘. Darüber hinaus können jedoch noch enorm viele andere Wissenschaftsbereiche davon profitieren: Von der **A**rchäologie bis zur **Z**ellenlehre. Von expliziter Bedeutung ist der extreme Langzeiterhalt von naturwissenschaftlichem Wissen vieler Art unter fast allen Bedingungen.

Für die Zukunft bleibt nur zu hoffen, dass sich möglichst viele Physiker, Wissenschaftler aller Fachrichtungen sowie normale Menschen

---

[158]   [4]; Anhang I, Seiten 316 ff. u.a.

ernsthaft und intensiv mit dem Kugel-Lichtmodell auseinandersetzen, es erkennen, verstehen, verinnerlichen und zum Wohle aller anwenden. Es bleibt zu hoffen, dass sich nicht allzuviele von der vermeintlichen ‚Numerologie' abschrecken lassen. Es ist keine, es sieht nur flüchtig so aus.

Stattdessen müssen wir begreifen, dass in Zahlen und den zwischen ihnen geltenden Gesetzen sehr viel mehr steckt als nur ihr Rechenwert und ihre Symbolkraft. Zahlen sind tatsächlich das Einzige, was wirklich überall drinsteckt, wenn auch nur ‚virtuell'. Sie sind die eigentliche Basis des kompletten Universums! Und das hat bekanntlich so seine Eigenheiten ...

Was wir aus dem Kugel-Lichtmodell lernen können

Das Kugel-Lichtmodell ist eine umfassende **Darstellung** von Inhalten, die schon lange bekannt sind – oder sein sollten. Daneben gibt es eine ganze Reihe von neuen Erkenntnissen, die erst durch das Modell und die damit verbundene Herangehensweise erkennbar werden.

Zum Abschluss des Zweiten Teils dieses Buches sollen nun noch kurz ein paar Möglichkeiten und Fakten aufgelistet werden, die das belegen.

Die bedeutendste Feststellung in diesem Rahmen ist und bleibt jedoch die Tatsache, dass Meter, Sekunde, Gradsysteme, andere Maßeinheiten inklusive ihres Zusammenspiels mit den SI-Einheiten, Lichtgeschwindigkeit, diverse mathematische Konstanten, geometrische Figuren, mathematische Verhältnisse, natürliche Verhältnisse zwischen Himmelskörpern und vieles andere mehr hochpräzise aufeinander – und vor allem auf das Licht - abgestimmt sind. Und das nicht erst seit dem Jahr 1983, in welchem die (heutige) Lichtgeschwindigkeit definiert wurde, sondern schon sehr lange davor. Um diese Feinabstimmung überhaupt möglich werden zu lassen, war und ist großes naturwissenschaftliches Wissen um Einzelfakten und Zusammenhänge zwingend notwendig. Dieses Wissen ist auf der Basis von Geometrie und Mathematik auch heute noch logisch nachvollziehbar. Dass diese Abstimmung aufgrund von ‚Zufall' entstanden ist, kann mit absoluter Gewissheit ausgeschlossen werden. Stattdessen fanden zahlentheoretische Erhebungen vielerlei Art ihre praktische Verwendung. Sie dienen der **Darstellung** naturwissenschaftlichen Wissens mithilfe der Sprache des Universums, der Mathematik.

Im Einzelnen geht es beim Kugel-Licht-Modell um folgende Tatsachen und vieles Andere mehr:

1.) Erde, Mond und andere Himmelskörper können problemlos idealisiert werden, um als - für menschliche Bedürfnisse extrem dauerhaftes - Modell für das Licht, seine Geschwindigkeit und das komplette Universum zu dienen.

2.) Diese Idealisierung kommt der Rundung auf besonders sinnvolle, auffällige, oft glatte Zahlen gleich. Sie dient jedoch „nur" als anfängliches Startpotenzial. Durch diese Vorgehensweise können „unrunde" Verhältnisse, Konstanten und sonstige Zusammenhänge gezielt, dauerhaft und in mehreren Genauigkeitsstufen - bis hin zu „Hochpräzise" - dargestellt und erkannt werden.

3.) Diese Art der **Darstellung** bedarf zwar eines gewissen Standes der Vorbildung durch den Nutzer, ansonsten aber keinerlei externer Zusatzerklärungen. Das Modell ist weitgehend selbsterklärend. Möglich wird das hauptsächlich durch simple mathematische Logik.

4.a) Primär ist das Modell auf einfachen ganzen Zahlen des Dezimalsystems aufgebaut. Insbesondere die Ziffern von Eins bis Neun, sowie beispielsweise die 11, 12, 13, 14, 15, 16, 18, 20, 22, 23, 24, 26, 27, 33, 36, 37, 39, 40, 45, 48, 52, 54, 55, 57, 63, 64, 66, 72, 73, 77, 81, 86, 88, 96, 102, 104, … und viele andere mehr spielen hier eine Rolle.

4.b) Sekundär kommen die Verhältnisse zwischen diesen Zahlen und ihren „Erweiterungen" in Form von Verknüpfung durch Grundrechenarten, Potenzieren, Wurzelziehen, Winkelfunktionen, Logarithmieren, … usw. hinzu. Dazu zählt ebenfalls das Zusammenspiel mit anderen Maßeinheiten, die bislang angeblich nichts miteinander zu tun haben, aber dennoch im weiteren Sinne zusammengehören. Prägnante Beispiele sind der Englische Inch / Zoll, die Meile, die Altägyptische Königselle und der Kyrenaische Fuß. Dazu kommen weitere wie Rute, Mandel, Schock, Attisches Stadion, … und etliche mehr. Wichtige Werkzeuge sind auch Interpolation und Extrapolation.

4.c) Tertiär stößt man „allerorten" auf mehr oder weniger exakte Werte von Zahlen und Naturkonstanten, oft an Stellen, an denen man sie nicht vermuten würde. Auf eine Weise miteinander verknüpft, die man ebenfalls kaum erwarten würde. Daraus folgt, dass man sich an die Herangehensweise erst gewöhnen muss. Sie folgt aber dennoch „stur" mathematischen Gesetzmäßigkeiten.

4.d) Quartär ist das Erkennen der Zusammenhänge nicht immer ganz einfach. Hier sind oftmals auch Intuition und Ausdauer gefragt. Im Gegenzug ist das Kugel-Lichtmodell nicht nur eine blanke **Darstellung**, sondern man erhält auch eine Menge Hinweise auf weiterführende Fragestellungen und neues Wissen. Das Modell geht also weit über die von einem ‚normalen' Modell zu erwartenden Eigenschaften hinaus.

4.e) Pentär gehen die bisherigen Arbeiten ebenfalls bereits weit über das in diesem Buch beschriebene Modell hinaus. Sie sind jedoch noch lange nicht abgeschlossen, sofern das überhaupt jemals möglich sein wird. Vieles davon wird hier nur flüchtig angerissen und beschrieben. Das Schwierigste und Aufwendigste ist nicht das Erkennen von Zusammenhängen, sondern - aufgrund der enormen Komplexität - die sinnvolle Systematisierung und die verständliche, überzeugende Darlegung. Einige weiterführende Themen werden im 3. Teil des Buches angesprochen.

5.) Die wichtigsten Konstanten für das Kugel-Lichtmodell – und wohl auch im gesamten Universum - sind die Ellipsenzahl **Pi** und der Goldene Schnitt **Phi**. Auf ihnen und ihrem Zusammenspiel ist das komplette Modell aufgebaut. Ebenso trifft das für mehrere Maßeinheitensysteme – darunter das SI-System – und vieles Andere zu.

6.) Grundlegend ist vor allem das Verhältnis Phi² : Pi ≈ **5/6** = 0,833333...
und all seine Derivate.

7.) Für die Lichtgeschwindigkeit in km/s spielt auch das Verhältnis Pi : 3
sowie der Reziprokwert 3 : Pi eine ganz besonders wichtige Rolle. Dieses
Verhältnis wird im Modell auf geometrischem Wege durch die Umfänge
von Kreis und In-Sechseck dargestellt. Dadurch wird auch der Reziprokwert der Lichtgeschwindigkeit (in km/s) in eine eigenständig bedeutende
und aussagefähige Position gerückt.

8.) Die Darstellung naturwissenschaftlicher Gegebenheiten wird im Kugel-Lichtmodell durch geometrische Figuren, die ihnen inneliegenden
Gesetzmäßigkeiten und Verhältnisse sowie deren Zusammenspiel realisiert. Idealisierte Himmelskörper werden als geometrische Körper betrachtet. Dadurch wird das Modell weitgehend objektiv und zeitlos.

9.) Ganz besonders wichtig ist die Verhältnisform **0,99930819333...** der
Lichtgeschwindigkeit, da sie die Lichtgeschwindigkeit weitgehend unabhängig von Maßeinheiten beschreibt. Sie ist in der Lage, bisherige Aussagen zu präzisieren.

10.) Ebenso spielt der Differenzbetrag von 207,542 km/s zwischen definierter und auf 300.000 km/s gerundeter Lichtgeschwindigkeit hilfreich
in viele Dinge hinein, bei denen man es nicht erwartet.

11.) Ein wichtiges Bindeglied ‚der etwas anderen Art' stellt die Ziffernfolge 3-9-3-7 in ihren verschiedensten Variationen dar. Am bekanntesten
ist ihre Nutzung als Umrechnungsfaktor zwischen Zoll und Meter.
Mehrere andere Ziffernfolgen werden im Rahmen des Kugel-Lichtmodells in ähnlicher Weise für die Informationsübertragung und Hinweisgebung genutzt.

12.) Unter Zuhilfenahme der Anzahl der 86.400 Sekunden eines Tages
u.a. Größen ist es möglich, sowohl dem Licht, als auch der Zeit ein wenig
näher zu kommen.

13.) Die erwähnte „Weltformel" – also das Zusammenspiel von Kreis, Zeit und Lichtgeschwindigkeit – behält weiterhin ihre Gültigkeit, muss aber noch weitreichender untersucht werden.

14.) Die mithilfe des Kugel-Lichtmodells gefundene Lichtgeschwindigkeitszahlen-Formel erklärt nicht nur die Herkunft der Zahl an sich, sondern auch ihre vielfältigen Verquickungen mit diversen wichtigen Konstanten, insbesondere **Pi** und **Phi**. Damit werden gleichzeitig indirekt auch Meter und Sekunde festgelegt.

… usw. usf.

XY.) Last but not least beinhaltet das Kugel-Lichtmodell eine ausgeprägte philosophische Seite. Ihre Bedeutung liegt in der Verbindung und der Betrachtungsweise von Vergangenheit, Gegenwart und Zukunft – sowohl der Menschheitsgeschichte, als auch des kompletten Universums. Es werden neue Schlaglichter auf bislang nicht oder wenig beachtete Themen geworfen. Uralte neue Denkweisen werden freigesetzt und ihre praktische Umsetzung ermöglicht. Dadurch werden neue Blickrichtungen auf Altbekanntes und bislang Unbekanntes eröffnet. Für die Wissenschaft sollte das mehr als nur inspirierend sein.

Diese Auflistung ist keinesfalls vollständig oder gar erschöpfend …

Teil III
Weiterführende Gedanken, Vermutungen, Spekulationen, Provokationen … und ein bisschen Physik

<u>Alternative Fakten + alternativlose Alternativen = Quastenphysik</u>

Es ist nun schon einige Jahre her, da beschrieb und erläuterte der Physik-profi Volker Pispers[159] in einer seiner Studien die Funktionsweise von Teilchenbeschleunigern. Im Zuge dessen verglich er das Aufeinander-prallen von Elementarteilchen mit der full-speed-Fahrt eines Autos gegen eine feste Wand. Im gleichen Atemzug bezweifelte er, dass man aus dem Ergebnis die Funktionsweise eines Kolbenmotors erkennen könnte.

Glücklicherweise griff im Jahr 2015 der Teilchenphysiker Marc Wenskat[160] das Thema im Rahmen eines vielbeachteten Vortrags wieder auf und erweiterte es um mehrere wichtige Punkte. Einer davon war der Übergang vom erzeugten einzelnen Autowrack zum kompletten Schrott-platz, der übrigbleibt, wenn Elementarteilchen mit hoher Geschwindig-keit aufeinanderkrachen. Ein anderer – eigentlich noch viel bemerkens-werterer – Punkt war die Erläuterung, dass die heutige Physik seit Jahr-hunderten die Quaste am Ende eines Elefantenschwanzes untersucht und nun endlich langsam mitbekommt, dass an dieser plüschigen Quaste noch ein Schwanz und an dem Schwanz noch ein ganzer Elefant dranhängt. Derartige physikalische Selbstkritik ist wirklich lobenswert und ungeheu-er wichtig. Leider kommt sie nur recht selten beim unwissenden Laien-volk an.

Nun gibt es in letzter Zeit Erwägungen in Wissenschaft und Poli-tik einen noch viel größeren Teilchenbeschleuniger als CERN zu bauen. Das Ergebnis wäre letztlich – das kann man jetzt schon mit Sicherheit sagen - ein noch viel größerer Teilchen-Schrottplatz, mit noch mehr Trümmern. Unübersichtlich und undurchschaubar. Da stellt sich einem physikalischen Laien die Frage, ob der Bau eines derartigen Gerätes zum gegenwärtigen Zeitpunkt wirklich sinnvoll wäre. Oder, ob die dafür not-wendigen Milliarden nicht nutzbringender angewendet werden könnten. Beispielsweise bei der Finanzierung von wissenschaftlichen Querschlä-gern (wie mir u.v.a.) oder bei der Intensivierung der Raumfahrt etc.

---

[159]   siehe Youtube u.a.
[160]   [39]

Gibt es wirklich keine Alternative zu den Schrottplätzen?

Dass ein größerer Teilchenbeschleuniger oder artverwandte Geräte irgendwann kommen müssen, steht auch für Laien außer Frage. Es fragt sich eben nur: Wann? Wo? Und wie? Denn mit ‚kreis'förmigen Beschleunigern kommen wir schätzungsweise nicht viel weiter als bisher, da sie artbedingten Energie- und Geschwindigkeitsbeschränkungen unterliegen. Somit erscheinen zumindest dem Laien **gerade** Hochleistungs-Linearbeschleuniger als die sinnvollere Alternative. Aber die müssten ziemlich lang sein und wären damit noch teurer. Deshalb wäre es in Erwägung zu ziehen, mit dem Beschleunigerbau noch etwas zu warten. Zu gegebener Zeit könnte man dann – wenn die Raumfahrt genügend fortgeschritten ist – ein derartiges Gerät im freien All oder auf dem Mond bauen. Bis es soweit ist, könnte und sollte man die durchaus vorhandenen, aber bislang unbeachteteten, Alternativen erweitern und ausschöpfen. Eine davon ist beispielsweise das Kugel-Lichtmodell. Und vielleicht fällt bis dahin ja irgendwem noch etwas viel Besseres ein oder auf?

Der riesige Vorteil bei der bevorzugten Entwicklung der Raumfahrt läge darin, dass damit ein viel breiterer Bereich abgedeckt werden kann. Draußen im All gibt es alles was wir Menschen brauchen in schier unendlicher Menge. Aber anstatt diese Quellen zu erforschen und nutzbar zu machen, schlagen wir uns lieber auf unserem Staubkorn namens Erde die Schädel ein und zerstören unsere Existenzgrundlage.

Das ist einfach nur **unerhört dumm**. Und eines manchmal „bewusst denkenden" Wesens unwürdig.

Jeglicher Antrieb im Universum beruht auf Unterschieden und dem Bestreben der Natur, diese Differenzen auszugleichen. In der Philosophie nennt man das „den Kampf und die Einheit der Widersprüche". Wenn wir aber schon wissen, dass es so ist, warum nutzen wir unser Wissen nicht zu unserem eigenen und gemeinsamen Vorteil aus?

Das ist absolut unverständlich.

Gibt es alternative Fakten? Selbstverständlich gibt es die. Jede Menge sogar. Jegliche Art von Wissenschaft beruht darauf. Wenn wir wirklich weiterkommen wollen, müssen wir ihre Disskusion zwingend zulassen. Ein paar davon werden in der Folge in bunter Reihenfolge genannt und ein wenig erläutert.

Kilometer und Englische Meile

Beginnen wir mit einem Nachtrag. Es ist eine Ergänzung zu meinen Ausführungen zu dem Verhältnis zwischen Kilometer und Meile in [3][161]. Seitdem sind schon wieder mehr als sechs Jahre wie im Fluge vergangen und es hat sich auch bei diesem Unterthema so einiges Neue angesammelt. Um den Zusammenhang nicht völlig dem Vergessen preiszugeben, werde ich die Rechnungen hier noch einmal aufführen. Allerdings nicht so schön und übersichtlich wie in [3], dafür mit genaueren Zahlen, auf 15 Stellen genau gerechnet. Dadurch ergeben sich kleine Abweichungen, die jedoch weitestgehend irrelevant sind, da sie sich allein durch minimale Rundungen vollends "in Luft auflösen", sofern man das möchte.

Beispielsweise ändert allein die winzige Rundung des Zolls von exakt 100 : 39,37 auf glatte 2,54 cm die resultierende Lichtgeschwindigkeit zu 299.791,894… km/s. Der Toleranzbereich umfasst also allein dadurch ungefähr 1 km/s. Dabei liegt die definierte Lichtgeschwindigkeit ganz von allein halbwegs in der Mitte der Toleranz. Somit ist es völlig problemlos möglich zum genauen Definitionswert zu gelangen.

Aber das möchte ich an dieser Stelle nicht. Erstens wollte ich selber wissen wie genau das wirklich funktioniert. Zweitens möchte ich damit zeigen, dass es **tatsächlich** funktioniert. Und drittens sind ja die exakten Definitions- und Rechenwerte längst durch 9! und 9!9 vorgegeben und erkannt. Hinter allem Anderen stecken geringfügige Anpassungen bzw. Vorlagen. Die Lichtgeschwindigkeit in km/s ist damit nicht als "normale Naturkonstante" anzusehen, sondern als ein mit viel Geschick und Raffinesse am Computertisch **zusammengebauter Extrakt** sehr vieler Fakten, Tatsachen und Einzelrechnungen. Diese Aussage wird Manchem nicht gefallen, aber ich denke, dass bereits genügend Belege für ihre Richtigkeit aufgezeigt wurden – und weitere aufgezeigt werden.

Auch im hier vorliegenden Buch ist die Englische Meile bereits wiederholt vorstellig geworden. Dabei hat sie mehrfach gezeigt, dass in ihr zweifelsfrei viel mehr steckt als ein paar legendäre Getreidekörner und fromme Geschichten. Es ist „dieselbe" Geschichte wie beim Meter.

---

[161]   Siehe [3]; Seiten 200 ff. sowie Anhänge 4 und 5; Seiten 298 bis 300

Die Meile gehört untrennbar mit ins Kugel-Licht-System. Wieso und aus welchem Grund auch immer, sie ist ein fester Bestandteil davon. Höchstwahrscheinlich stellt sie das Verbindungsglied zwischen geradem Lichtstrahl und rundem 'Gesamtlicht' dar. Dadurch wird sie praktisch zur Komplementär-Maßeinheit des ‚geraden Meters' und der ‚gebogenen Königselle'. Außerdem sind durch sie mindestens die Ziffernfolge 3-9-3-7 und ihre Derivate aller Art felsenfest ins Kugel-Lichtsystem integriert. Auch in dieser Richtung sind die Forschungsarbeiten noch lange nicht beendet. Es muss ja einen Grund geben, warum das alles so ist wie es ist. Der vielgerühmte "Zufall" ist dabei schon jetzt vollständig zu vergessen. Ihn trifft keinerlei Schuld. Trotz gelegentlicher kleiner Abweichungen und Toleranzen passt alles viel zu gut zusammen. Anstatt des Zufalls führen Geometrie und Mathematik ihr knusperhartes Regiment.

<u>Voraussetzungen:</u>
   Kilometer:

      c = LG   = 299.792,458 km/s
      1 Ls   = 299.792,458 km
      360° *10.000s => 3600 s * 1000 =>   = 3.600.000 s
      3.600.000 s   = 1000 h = 41,66666… d
                 = 1,5 idealisierte Monate zu 27,77777… d
                 => 12 Ls = Umfang innerer pri. Lichtkreis
                     = 3.597.509,496… km
      3.600.000 km = Äußerer primärer Lichtkreis-Umfang
      10.000 = Hauptumrechnungsfaktor im Kugel-Lichtmodell
      10.000 : 360 = 27,77777…

   360° * 10.000 s / 299.792,458 km = 12,0083074271335… °s/km

   3600 s * 1000 s / 299.792,458 km = **12,0083074271335… s²/km**

Englische Meile:
      1 Zoll = 100 cm : 39,37 = 2,540005080010160… cm
      1 Meile [M] = 63.360 Zoll
      1 M = 1,60934721869444… km

411

$$LG \Rightarrow c_M = LGM = 186.282, 024486427\ldots \text{ M/s}$$

$$LGM^2 = 34700992646, 7617 \text{ M}^2/\text{s}^2$$
$$LGM^4 = \mathbf{12, 0415889067061\ldots * 10^{20}} \text{ M}^4/\text{s}^4$$

Rechnung Kilometer / Meile:

(1)

$$\frac{12,008307\ldots \text{ s}^2/\text{km}}{12,041588\ldots * 10^{20} \text{ M}^4/\text{s}^4} = 0,997236122256\ldots * 10^{-22} \frac{s^6}{\text{km} * \text{M}^4}$$

$$\approx (\mathbf{LG}_{\text{Verhältnis}})^4$$

(2)

$$\sqrt{0,9972361.. * 10^{-22} \frac{s^6}{km*M^4}} = 0,998617104928986.. * 10^{-12} \sqrt{\frac{s^6}{km*M^4}}$$

$$\approx (\mathbf{LG}_{\text{Verhältnis}})^2$$

(3)

$$\sqrt{0,9986171.. * 10^{-12} \sqrt{\frac{s^6}{km*M^4}}} = 0,99930831324921.. * 10^{-7} \sqrt[4]{\frac{s^6}{km*M^4}}$$

$$\approx \mathbf{LG}_{\text{Verhältnis}}$$

Die 0,99930**831**… ist ziffernmäßig auf Anhieb ein hervorragender Näherungswert an die Verhältnisform der definierten Lichtgeschwindigkeit, sofern man eben nur die Ziffern betrachtet. Es sollte aber kein Problem darstellen, die Zehnerpotenzen entsprechend anzupassen. Die weitere Annäherung kann schon allein durch minimale Rundung noch erheblich verbessert werden. Sofern man das möchte.

Die Potenzen und Maßeinheiten sind ein wenig "verwirrend".

[**<u>Aber:</u>** => 0,999308313249212… * 300.000 = 299.792,4**9397**… , Was wieder zur Zifferndreherei von 3-9-3-7 führt. Und die Abweichung von der definierten Lichtgeschwindigkeit beträgt **1,19998895**…E-5 Prozent, was rund **1,2**E-5 ist. Die **1,2** bzw. **12** ist zweifelsfrei sowieso eine ganz besondere Zahl in der Menschheitsgeschichte, aber hier an dieser Stelle erinnert sie uns direkt an das Kugel-Lichtmodell und dabei insbesondere an die Lichtkreise mit einem Umfang von 1,2 bzw. 12 Lichtsekunden u.a. Die Rezipokwerte führen uns zum Verhältnis **5 : 6**.

Man mag es für Zufall halten, doch es ist ganz sicher keiner.]

Es folgt die Umformung der sperrigen Maßeinheiten, um sie ein wenig gefügiger zu machen:

Die Maßeinheit zu (1)

$$\frac{s^6}{km * M^4}$$

Die Maßeinheit zu (2)

$$\sqrt{\frac{s^6}{km * M^4}} = \frac{s^3}{\sqrt{km} * M^2}$$

Die Maßeinheit zu (3)

$$\sqrt[4]{\frac{s^6}{km * M^4}} = \sqrt{\frac{s^3}{\sqrt{km} * M^2}}$$

Umformungen der Maßeinheit aus (3)

a)

$$\sqrt{\frac{s^3}{\sqrt{km} * M^2}} = \frac{\sqrt{s^3}}{M * \sqrt[4]{1000} * \sqrt[4]{m}}$$

b)   Nun setzten wir:

$$s = 1$$
$$m = 1$$
$$M = 1609{,}34721869444\ldots\ m$$
$$\sqrt[4]{1000} = 5{,}62341325190349\ldots$$

$$\frac{\sqrt{s^3}}{M * \sqrt[4]{1000} * \sqrt[4]{m}} = \frac{1}{1609{,}3472\ldots\,m * 5{,}623413\ldots * 1}$$

$$= \frac{1}{9050{,}02447652033\ldots\,m}$$

$$\underline{\mathbf{= 1{,}10496938720379\ldots * 10^{-4} * m^{-1}}}$$

Soweit zum bisher veröffentlichten Bekannten. Man könnte es mit einem lapidaren " … Na gut, ist halt so. Was solls? …" abhaken und vergessen.

    Aber, und das ist nicht zu unterschätzen, es stecken noch mehrere zahlenmäßige Querverbindungen zur Lichtgeschwindigkeit und zum Kugel-Lichtmodell in diesen Zahlen. Die waren mir 2012 noch nicht bekannt. Nun verleihen sie den bisherigen Ausführungen zu Meile und Kilometer nachträglich erheblich mehr Gewicht, Masse und Durchschlagskraft!

1.) $1{,}10496938720379\ldots * 10^{-4} * 10.000 = 1{,}10496938720379\ldots$
       $\Rightarrow \log(10)\ 1{,}10496938720379\ldots_{=} = 0{,}0\mathbf{4335}024620879\ldots$
       $\Rightarrow 0{,}04335024620879\ldots * 1000 \quad \underline{\approx \mathbf{43{,}35}}$

Betrachtet als Grad des 360°-Systems ist das ein Hinweis und Pendant zum gerundeten Ausgangswinkel[162] vom Anfang dieses Buches von rund 43,38 (1111)° und seinem Gegenstück von 43,35°, weil:

$$43{,}35 : 43{,}38 = 0{,}9993084\ldots \approx \mathbf{LG}_{\text{Verhältnis}}$$
$$\Rightarrow 0{,}9993084\ldots * 300.000 = 299.792{,}531\ldots$$

---

162   Siehe [2], [3] und [4]

2.) $9050,02447652033\ldots : 1000 = 9,05002447\ldots$
$\Rightarrow \log (10)\ 9,05002447\ldots = \mathbf{0,956649754\ldots}$
$\Rightarrow \sqrt[64]{0,956619754\ldots} = 0,999307771919\ldots$
$\Rightarrow 0,999307771919\ldots * 300.000 = \underline{299792,33157\ldots}$

Wie man auf soetewas kommt, ist schnell erklärt. Es ist ein "Spiel" mit wichtigen Verhältnissen. Dieses "Spiel" ist ein recht nützliches Verfahren, wenn man die Mathematik als **'Sprache ohne Worte'** benutzen will. Es funktioniert, indem man wichtige Verhältnisse per Quadrieren, Wurzelziehen oder andere mathematische Operationen in ähnliche Form bringt und so den "ahnungslosen Mitspieler" zum Nachdenken und 'gezielten Herumprobieren' bringt. Dazu ein vereinfachtes und gerundetes Beispiel[163]:

$$\mathbf{3 : Pi}\ = 0,75 : Pi/4 \qquad = 0,9549296.. \Rightarrow \sqrt[64]{} = 0,9992796$$
$$\mathbf{LG : 3} = 0,9993082\ \Rightarrow x^{64} = 0,9566753.. \Rightarrow \sqrt[64]{} = 0,9993082$$
$$\mathbf{LG : Pi} \qquad\qquad = 0,954269\ldots \Rightarrow \sqrt[64]{} = 0,9992688$$

Die "erzwungenen" Zahlenähnlichkeiten sind auffällig. Aber in der Praxis landet man selten auf Anhieb bei den korrekten Werten. Das "mitspielende Opfer" wird somit gezwungen, bei auffallenden Ähnlichkeiten nach Zusammenhängen und Hintergründen zu suchen, um unterscheiden zu können, welches der Verhältnisse tatsächlich gemeint ist. Und wenn es ein paarmal erfolgreich damit war, was einer Art "Leckerli fürs Hundilein" entspricht, wird es dieses „merkwürdige" Verfahren automatisch öfters anwenden, wenn es an irgendeiner Stelle mit den heutzutage üblichen Methoden nicht mehr weiterkommt.

Und es wird reich belohnt werden, wenn es korrekt arbeitet. Knallharte Selbstkritik und Selbstprüfung sind allerdings das ständige A und O der ganzen Angelegenheit. Man muss als "Opfer" bzw. Nutzer also fortwährend einschätzen, was eine Rundung, was eine Abweichung, was eine Toleranz, … was Absicht und was tatsächlich 'Zufall' ist. Das ist

---

[163]   Mit LG ist bei diesem Beispiel zum Zwecke der Vereinfachung ein Hunderttausendstel der Zahl der definierten LG in km/s – also 2,99792458 - gemeint

nicht immer einfach, aber man lernt ständig dazu, sodass man mit der Zeit automatisch immer besser mit dem Verfahren zurechtkommt.

Im nächsten Schritt desselben Beispiels experimentiert der 'Schüler' - das vermeintliche "Opfer" – selbständig mit den ihm gegebenen Zahlen herum und stößt zwangsläufig auf weitere Ähnlichkeiten, sofern diese vom „Lehrer" durch gezielte Auswahl der genutzten Zahlen vorher in die Aufgabe eingebaut wurden. Wenn nicht, dann nicht – dann sollte der Schüler noch ein wenig üben und sich weiter den Kopf zerbrechen:

$$0,9566753 \quad => \quad 10^{0,9566753} \quad = 9,0505568$$
$$=> 9,0505568 * 1000 \quad = 9050,5568$$
$$=> 1/x \quad = 1,1049044 * 10\text{-}4$$

Hier kann eine Ähnlichkeit zur obigen echten Größe aus dem Zusammenspiel von Meile und Kilometer festgestellt werden. Es stellt sich also die Frage, ob es schon die Richtige ist – und um die Antwort zu finden, wird fröhlich weitergesucht. So stößt man dann – rein "zufällig" natürlich – auf solche Sachen[164] wie **22 : 23** = 0,9565217, woraus im weiteren Verlauf ein **22,0000 : 22,99**63 = 0,9566756 wird, was mit seiner 64. Wurzel eine 0,999308194 als hervorragende Näherung[165] an die Verhältnisform der Lichtgeschwindigkeit $LG_{\text{Verhältnis}}$ anzeigt.

Das Verhältnis von 22 : 23 kann somit als indirekter Hinweis auf die Lichtgeschwindigkeit und als direkter Hinweis auf ihre Verhältnisform gewertet werden. Das bedeutet: Wenn dieses Verhältnis irgendwo auftaucht, ist die Wahrscheinlichkeit sehr hoch, dass ganz in der Nähe noch mehr naturwissenschaftliche Aussagen zu artverwandten oder ähnlichen Themen zu finden sind.

Ist das nicht so, wird der Fall für eventuelle spätere Verwendung „auf Halde" gelegt. Ein tatsächlicher Einzelfall – ohne Redundanz oder weiterführende Hinweise – ist bis auf Weiteres ein vorläufiger Misserfolg. Das bedeutet aber nicht, dass nicht später noch mögliche weiterführende Umstände auftauchen könnten. Genau genommen kommt das sogar öfter vor, alsdass man gleich etwas findet. Es empfiehlt sich also für den „Schüler" nach Möglichkeit „alle Merkwürdigkeiten" stets griffbereit im

---

[164] $\quad$ 22 : 23 $\quad$ = 0,9565217 => $\sqrt[64]{\quad}$ = 0,9993056 * 300.000 $\quad$ = 299.791,7

[165] $\quad$ 22 : 22,9963 $\quad$ = 0,9566756 => $\sqrt[64]{\quad}$ = 0,99930819 * 300.000 = 299.792,46

Hinterkopf mit sich zu führen. Das ist natürlich nur bedingt möglich und macht das Verfahren komplizierter als es eigentlich ist. Ein leicht, schnell und sicher funktionierendes Ablagesystem kann somit unglaublich hilfreich sein.

Eine andere Variante desselben "Spiels" ist etwa die Multiplikation von 0,9566753 mit Vielfachen der Drei. Da landet man bei Zahlen wie 2,8700259 oder 5,7400518 usw.

Probiert man die gerundeten Werte aus und rechnet rückwärts, dann kommt man wieder zu auffälligen Zahlen:

2,87 : 3 = 0,9566666…

5,74 : 6 = 0,9566666… usw. usf.

Und so bekommt der 'Schüler' dann irgendwann mit, dass die 64. Wurzel aus 0,9566666… gleich 0,999308 ist, was der Lichtgeschwindigkeit mit 299.792,41… auch schon ziemlich nahe kommt.

Das funktioniert aber natürlich nicht nur mit der 64. Wurzel, sondern auch mit vielen anderen Algorithmen. Daraus entsteht eine große Vielfalt der Möglichkeiten, wodurch eine Menge Fragen entstehen:
Ist das überhaupt ein 'anständiges' und 'seriöses' Verfahren? Wozu dient es? Wie kann man es nutzen? usw. usf.

Ja, es ist ein durch und durch 'anständiges' Verfahren, sofern man sich strikt an die mathematischen Regeln hält. "Seriös" – im Sinne von offiziell gesellschaftlich unterstütztem Unfug – ist es dagegen eher nicht.

Bislang ist das Verfahren weitgehend unüblich. Sein Hauptzweck besteht darin, ursprünglich weit auseinanderliegende Zahlen mithilfe von "Stellvertreter-" oder "Synonym-Zahlen" auf einem kurzen Skalenabschnitt – also in einem kleinen Zahlenbereich – eindeutig darstellen zu können. Dadurch kann man u.U. nicht nur die allgemeine Übersichtlichkeit verbessern, sondern auch inhaltliche Zusammenhänge, die ansonsten wenig miteinander zu tun haben – wie etwa Meile und Kilometer etc. – **markieren** und miteinander in Verbindung bringen. Ebenso kann man das Verfahren zur Verschleierung u.a. nutzen.

Vielleicht kann man dieses Vorgehen ein wenig mit dem Hörbarmachen von Walgesängen oder Planetengeräuschen vergleichen. Dabei werden die nicht hörbaren Frequenzen von Walen und Planeten in den schmalen Empfangsbereich des menschlichen Gehörs verlagert. Bei den Schallwellen von Walen und Planeten funktioniert das Verfahren. Bei den elektromagnetischen Wellen von Handy, Radio und TV auch.

Warum sollte es also bei blanken Zahlen nicht funktionieren oder gar „amoralisch und unseriös" sein? Klar, solch ein Vorgehen ist bisher unüblich und arg ungewohnt … aber durchaus funktionabel, sofern sauber und penibel vorgegangen wird.

Die Methode eröffnet **mitunter** ebenso die Möglichkeit den verkleinerten Skalen- bzw. Zahlenbereich wieder auszuweiten, auszudehnen oder zu strecken. Somit kann eine sehr detailreiche Darstellung auf relativ kleinem Raum realisiert werden. Allerdings ist diese Richtung stark von der Qualität der zur Verfügung stehenden Ausgangsdaten abhängig.

Auf Deutsch: Es geht im Grunde auch um eine spezielle Form der **Daten-Komprimierung** und **Dekomprimierung**.

Genau genommen funktioniert das komplette Kugel-Lichtmodell so. Man könnte es vielleicht eine spezielle Art "Zwang zu Try and Error" nennen. Am Ende kommt man immer wieder zum selben Ergebnis: "Licht ist rund". Das Ergebnis ist dabei einerseits Ziel, andererseits Weg.

3.) Das nächste Beispiel führt uns ganz woanders hin:

EXP **1,104969387203…** $= 3{,}019132043\ldots$)[166]

$\Rightarrow$ EXP 3,019132043… $= 20{,}47351385\ldots$

$\Rightarrow 20{,}47351385\ldots^{8}$ $= 30.870.175.066{,}823\ldots$

$\Rightarrow 30.870.175.066{,}\ldots : 10^{9}$ $= 30{,}87017506\ldots$

$\Rightarrow 30{,}87017506 * 1296$ $= \underline{\textbf{40.007,74689…}}$ (km)

Das Ergebnis kommt dem **Pol**umfang der Erde erstaunlich nahe. Die Differenz zum heute angegebenen WGS-84-**Pol**umfang beträgt gerademal 116,1… Meter bezogen auf den Gesamtumfang der Erde.

Das ist eine winzige Abweichung!

---

[166] EXP heißt im Excel-Programm die Umkehrfunktion zum natürlichen Logarithmus ln

Hingegen ist schwer einzuschätzen, woher die Differenz kommt. Sie könnte von unterschiedlichen Meßpunkten oder Meßrichtungen her stammen. Sie könnte aber auch durch eine wachsende Erde verursacht sein. Und letztlich kann auch Gevatter Zufall wieder einmal nicht restlos ausgeschlossen werden. Eingedämmt allerdings schon. Nämlich indem wir dieselbe Operation rückwärts mit dem **Äquator**-Umfang der Erde noch einmal durchspielen, um anschließend zu vergleichen.

$$U_{\text{Äquator}} \text{ (WGS84)} \Rightarrow 40.075{,}017 : 1296 \qquad = 30{,}92208102\ldots$$
$$\Rightarrow 30{,}92208102\ldots * 10^9 \qquad = 30922081019{,}\ldots$$
$$\Rightarrow \sqrt[8]{30922081019}\ldots \qquad = 20{,}47781378\ldots$$
$$\Rightarrow \ln 20{,}47781378\ldots \qquad = 3{,}019342045\ldots$$
$$\Rightarrow \ln 3{,}019342045\ldots \qquad = \underline{1{,}105038942\ldots}$$

Verhältnis => 1,10496938… : 1,105038942 = 0,999937057…
Die 0,999937057… ist zunächst erst einmal eine Zahl, die ins Leere führt. Ihre 32768. Potenz (= 15mal quadrieren) kommt allerdings dem Ausdruck **0,4/Pi** verdächtig nahe. 0,4/Pi entspricht einem Zehntel der mathematischen Konstante 4/Pi. Mit dem exakten Wert wieder rückwärts gerechnet, kommt man zu einem (möglichen) Äquator-Umfang von **40.074,96591 km**. Die Differenz beträgt hier nur noch 51,094 Meter zum heutigen Nennwert von 40.075,017 km. Der Zufall hat somit ziemlich schlechte Karten, auch wenn er immer noch nicht **restlos** ausgeschlossen werden kann.

4.) Bleibt am vorläufigen Ende noch die Frage, was das Ganze überhaupt bedeutet. Wieso stehen Kilometer und Meile auch außerhalb ihres naturgemäßen und offiziellen Umrechnungsfaktors miteinander in Verbindung? Und das auch noch über die Geschwindigkeit des Lichts?

Wie ist das überhaupt möglich?

Das sind sehr schwierige Fragen, die ich vorerst unbeantwortet stehen lasse, aber alsbald darauf zurückkomme. Zuerst soll sich jeder erst einmal selbst seine eigene Meinung zu dem Vorfall bilden.

Fakt ist, dass er Fakt ist.

Und das nicht erst seit gestern oder vorgestern.

<u>Fragen ohne Ende</u>

Die obige Meilen-Kilometer-Rechnung wirft eine Unzahl weiterer Fragen auf. Beispielsweise was eine 'Sekunde hoch 6' ist und was sie aussagt. Oder eine 'Meile hoch 4' usw..

Zur Sekunde haben wir keinerlei echte Alternative. Mir ist jedenfalls keine bekannt. Allem Anschein nach hat somit schon allein die Zeit mindestens sechs Dimensionen. Kann das sein? Wie geht das? Was sagt es aus?
Wie werden wir daraus schlauer als wir es heute sind?

Bei der 'Meile hoch 4' ist das ein bisschen anders. Solange es EINE Meile bleibt, ist alles in Butter: $1^4 = 1$ Das ändert nichts an der Meile – und im Rahmen der Maßeinheit ist das halt so. Problem gelöst?
Natürlich nicht.
Schließlich kann man eine Maßeinheit in andere umrechnen. Bei der Umrechnung in Kilometer sieht das beispielsweise folgendermaßen aus:

$$1 \text{ Meile} = 1{,}6093472\ldots \text{ Kilometer}$$
$$1 \text{ M}^2 = 2{,}5899984\ldots \text{ km}^2$$
$$1 \text{ M}^4 = 6{,}7080\mathbf{92076}257\ldots \text{ km}^4$$

Bei der Quadrat-Meile wissen wir, was es ist: Eine Fläche. Auch die Zahl in km² kennen wir bereits. 2,5899984… ist rund 2,59. Der 100fache Wert davon ist uns schon ganz am Anfang dieses Buches beim Querprodukt der Lichtgeschwindigkeitszahl begegnet: Wurzel aus **259** = 16,093477…, eine einfache, aber extreme Annäherung an den 10-fachen Wert des Umrechnungsfaktors zwischen Meile und Kilometer. Dieser Zusammenhang kann kaum Zufall sein. Stattdessen ist es ein deutlicher Hinweis darauf, dass die Meile tatsächlich etwas mit Kilometer und Lichtgeschwindigkeit zu tun hat. Fragt sich nur: Was?

Aber zur 6,70809207… ist mir bislang noch nicht allzuviel Sinnvolles ein- oder aufgefallen – außer dass es eben das Quadrat von rund 2,59 ist. Ein paar überdenkenswerte Pünktchen gibt es außerdem allerdings doch. Einige davon offenbaren ein relativ enges Verhältnis der 'Meile hoch 4' zum Goldenen Schnitt:

$$(6{,}70809207\ldots - 6{,}7) * 100 = 0{,}809207\ldots \approx \mathbf{0{,}5 \text{ Phi}}$$

$$6{,}70809207\ldots \quad * \quad 48 \quad = 321{,}9884\ldots \quad \approx \textbf{Phi}^{12}$$

$$6{,}70809207\ldots \quad : \quad 3 \quad = 2{,}2360306\ldots \approx \sqrt{5}$$

$$\Rightarrow 2{,}2360306\ldots^{2} \quad = 4{,}9998332\ldots$$

$$6{,}70809207\ldots \quad :15 \quad = 0{,}4472061\ldots = \sin 26° \, 33' \, 52{,}46''$$

$$6{,}70809207\ldots \quad :21 \quad = 0{,}3194329\ldots = \sin 18{,}628635\ldots°$$

$$6{,}70809207\ldots^{2} \quad = 44{,}998499\ldots \approx \textbf{45}$$

Das war's eigentlich schon. Ist 'Meile hoch 4' tatsächlich nur ein Hinweis auf den Goldenen Schnitt? Oder steckt noch mehr dahinter?

Das wird zukünftig herauszufinden sein.

Auf jeden Fall provoziert der Ausdruck 'Meile hoch 4' dazu, die Meile mit anderen Maßeinheiten in Verbindung zu bringen und zu untersuchen. Dazu braucht man nicht einmal unbedingt gleich die vierte Potenz.

Nochmal kurz zur Meile[167]

Es gibt auf unserem Planeten sehr viele verschiedene Längenmaßeinheiten, die Meilen genannt werden. Die Längenunterschiede zwischen diesen Maßeinheiten gleichen Namens sind teilweise gravierend und frappierend. Das soll uns nicht tangieren.

Hier geht es ausschließlich um diejenige Englische Meile, die sich aus dem sogenannten 'Urzoll'[168] und der Zahl 39,37 ableitet. Es gibt sie u.a. auch in den Vereinigten Staaten von Amerika. Sie steht in einem gut bekannten, festen mathematischen Verhältnis zum Meter. Aus diesem Grunde lässt sich ihre Länge sehr genau berechnen. Eigentlich sollte schon allein diese Tatsache sehr nachdenklich stimmen. Ebenso, dass sie auch mit anderen alten Maßeinheiten in gewisser Verbindung steht.

1 Zoll = 100 cm / 39,37 = 2,540005080010160020320040… cm
1 Fuß = 12 Zoll = 12 * 2,540005… = 0,30480060960122… m
1 Yard = 36 Zoll = 36 * 2,540005… = 0,91440182880366… m

---

167   Siehe auch [3]; Seite 200 ff.
168   Siehe [5]

1 Meile   = 63.360 Zoll = 5.280 Fuß = 1.760 Yard
       = 1.609,34721869444... m = 1,6093472... km
       = 3073,61959261734... **KE** (0,5236 m)
       = 3073,62678007696... KE (Pi/6)
       = 3073,57968920582... KE (Phi²/5)
       = 9,06163974490111... Attische Stadien (177,6 m)

... usw. usf.

Schauen wir uns zuerst die Zahl der Meile in Metern als blanke Zahl an. Gibt es da irgendwelche Auffälligkeiten? Selbstverständlich gibt es die, wenn auch zunächst recht zurückhaltend:

$$1609,3472... * 7 = \mathbf{11265,430531...} \Rightarrow + 100.000 = \mathbf{111265,43..}$$
$$\Rightarrow \sqrt{111265,43...} = 333,56473...$$
$$\Rightarrow 1 / 333,56473... = \mathbf{2,9979188^{-3}}$$

$$1609,3472... * 9 = \mathbf{14.484,}125...$$
$$1609,3472... * 16 = 25.749,55... \quad \text{(Jahre Präzessionsdauer?)}$$
$$1609,3472... * 66,666... = 107.289,81... \quad (v_{Erde} \text{ um die Sonne?})$$
$$1609,3472... * \sqrt[3]{LG} = 107.710,15... \quad (v_{Erde} \text{ um die Sonne?})$$
$$1609,3472... \Rightarrow \ln 1609,3472... = 7,3835839...$$
$$\Rightarrow \ln 7,3835839... = \mathbf{1,9992591...} \approx \mathbf{2}$$
$$\Rightarrow (2 *) \ln 1000 \,\mathbf{Phi} = 1,999988... \approx \mathbf{2}$$
$$1,6093472... \Rightarrow EXP\ 1,6093472... = 4,9995465... \approx \mathbf{5}$$
$$\Rightarrow \ln 5 = 1,6094379...$$
$$1,6093472...^8 \Rightarrow 44,998495... \approx \mathbf{45}$$
$$\Rightarrow \sqrt[8]{45} = 1,6093539...$$

... usw. usf.

Wie deutlich zu erkennen ist, gibt es zwar einige sehr gute Annäherungen an wichtige Größen wie den Goldenen Schnitt Phi, die Lichtgeschwindigkeit und einige andere - auch solche, die hier nicht aufgeführt wurden - aber wirklich genau getroffen wird ausschließlich die **39,37**. Und das sogar ziemlich oft[169]. Das hat selbstverständlich seinen Grund. Die 39,37 und ihre Derivate sind extrem wichtig für das Kugel-Lichtmodell, die

---

[169] Siehe [2], [3] und [4]

Physik überhaupt und die Metrologie. Insofern hat sie für uns alle enorme Bedeutung.

Das zugrunde liegende Prinzip ist dasselbe wie bei der Lichtgeschwindigkeit in km/s. Dort wird 9! bzw. 9!9 exakt getroffen. Fast alles Andere sind - mehr oder weniger - genaue Anpassungen. Offensichtlich erfolgte die Zahlenauswahl von Anfang an ganz bewusst im Hinblick auf die weiterführenden Abstimmungen und Annäherungen.

Für mathematisch denkende Gemüter liegt auf der Hand, dass man nicht alles gleichzeitig haben kann, schon gar nicht in der Mathematik. Jedoch zeigt schon allein die Häufung der "Fast-Verbindungen" deutlich an, dass auch tiefere und noch genauere Zusammenhänge zu Hauf existieren. Darauf hinzuweisen war von Beginn an das Ziel der Konstrukteure von Meile, Kilometer und Co. Von einer rein willkürlichen Festlegung der Maßeinheitenlängen kann keine Rede sein. Einige von ihnen wurden mit aussagekräftigen Inhalten versehen und an bedeutsame natürliche Größen und Konstanten angepasst.

Dazu noch drei ausgesuchte Beispiele für dasselbe Phänomen aus einem geringfügig anderen Blickwinkel:

1.)   1 km = 1000 m = **39370** Zoll

              => 39370 * 1,6093472... = 63360 Zoll / Meile

2.)   1 km = 0,6213699494949... Meile   = 1 / 1,6093472...

           => 0,621369949... * 10   = 6,21369949...

           => $6{,}21369949{...}^8$ = **2222**96,33316049...

3.) $1{,}10496938720379{...}^8$ = **2,2222**9633316043...   )[170]

Beim zweiten und dritten Beispiel fällt die Betonung der 2 auf, die mit derselben Ziffernfolge einhergeht. Die Größenordnungen unterscheiden sich um 10^6. Die winzige Differenz[171] von 6,217...E-14 entstammt anscheinend Rechnerungenauigkeiten, muss aber noch geprüft werden.

Die vielen Zweien erinnern uns etwa an die Winkel-Maßeinheit 'Strich' und vieles Andere, wo ebenfalls die 2 bereits gehäuft vorkam.

Klar, die Zwei mit ihren Wurzeln, Potenzen und sonstigen Ablegern ist eine der wichtigsten Grundlagen des Kugel-Lichtmodells. Hier

---

170   Siehe Seiten 268 ff. ; 376 ff. und andere

171   bei 'Gleichschaltung' auf 2,222...

amtiert sie u.a. als Zeichen, dass die Meile untrennbar mit dazu gehört.

Maßeinheiten als Langzeit-Merkhilfen zu "missbrauchen" ist eine geniale Lösung. Und dieser "Missbrauch" wurde ganz bewusst mehrfach begangen und in vollem Bewusstsein zum Wissenserhalt eingesetzt und ausgenutzt.

Gehen wir im hiesigen Fall von der 2222222,2222... wieder rückwärts vor, erhalten wir gute Näherungswerte für Kilometer und Meile. Der Kilometer wäre dann ganze 4,1686... Millimeter kürzer. In der Praxis würde das kaum jemals jemandem auffallen.

Die Meile würde dann bei gleicher Länge aus 1609,**35392**754... Metern bestehen. Interessant ist, dass diese Zahl mehrfach auftaucht und eine Verbindung zur glatten 45 herstellt: $1{,}6093539...^8 = 45$.

Was das letztendlich bedeutet weiß ich (?noch?) nicht vollständig. Gibt es eventuell noch eine andere Version "der selben" Meile?

Königselle, Attisches Stadion und Lichtgeschwindigkeit

Zu den Maßeinheiten Königselle und Attisches Stadion gibt es an dieser Stelle nicht allzu viel zu berichten. Interessant ist aber vielleicht der folgende dreiteilige Zusammenhang, weil er zeigt, dass auch diese Maßeinheiten grob gerundet über die Lichtgeschwindigkeit und den natürlichen Logarithmus miteinander in Verbindung stehen:

a) Attisches Stadion = 177,6 m = 0,1776 km
299.792,458 : 0,1776 = 1.688.020,59684685...   (= LG in Att.St.)
=> 1.688.020,596... : 10^6 = 1,68802059685...
=> ln 1,688020596... = 0,523**556598...**

b) KE = **0,5236**
=> EXP 0,5236 = 1,688093862...
=> 1,688093862... * 10^6 = 1.688.093,861868...

a : b)   1.688.020,596… : 1.688.093,861… = 0,999956599…

$$\Rightarrow \sqrt[16]{0{,}999956599\ldots} = 0{,}999305809\ldots \qquad (\approx LG_{\text{Verhältnis}})$$

$$\Rightarrow 0{,}999305809\ldots * 300.000 = \underline{299.791{,}7428\ldots} \quad (\approx LG \text{ in km/s})$$

Der exakte Wert der definierten Lichtgeschwindigkeit von **299.792,458** km/s wird erreicht, wenn dieselbe Rechnung mit KE = 0,52**59985**… m wiederholt wird. Dabei beträgt die Verhältnisform der Lichtgeschwindigkeit selbstverständlich den korrekten Wert 0,99930819333…

Die Zahl 0,52**59985…** kann man mit Fug und Recht auf 0,5236 runden. Die dadurch entstehenden Differenzen bleiben extrem gering.

Andererseits deutet die Rechnung – wie auch diverse andere - an, dass das Attische Stadion um eine Winzigkeit kürzer sein könnte als 177,6 Meter. Es würde dann ungefähr 177,59xxx Meter lang sein, was in jedem Falle wieder auf 177,6 m gerundet werden könnte. Da bisher jedoch schon mehrere, geringfügig unterschiedliche Varianten dieses Faktums aufgetaucht sind, kann der konkrete Wert noch nicht abschließend genannt werden. Wahrscheinlich wurde sogar das selbe Prinzip wie bei der Königselle angewandt: Hauteng beieinander liegende Zahlenwerte einer üppigen Zahlenwolke wurden zu einem einzigen, minimal gerundeten Wert in der Wolkenmitte zusammengefasst, der dadurch alltagstauglich wird und sich leicht merken lässt. Allerdings geht es in ähnlicher Art und Weise auch noch ein wenig spannender, eingängiger und genauer weiter:

In den letzten 220 Jahren wurde schon viel über die Königselle und ihre „antiken" Verwandten geschrieben – Freundliches und Unfreundliches, Falsches und Richtiges, Sinniges und Unsinniges. Auch im hiesigen Buch schoben sich diese Maßeinheiten immer mal wieder klammheimlich – aber automatisch - in den Fokus der Betrachtung. Das ist kein Zufall oder gar eine Zurechtbiegung der Realität, sondern liegt ganz einfach an ihren engen Beziehungen zu diversen naturwissenschaftlichen und vor allem mathematischen Konstanten und Gesetzmäßigkeiten. Besonders positiv sind bei all den mir untergekommenen Ausführungen diejenigen

von Axel Klitzke aufgefallen[172]. Der Autor gleitet zwar gelegentlich in den mystischen Bereich ab, aber rechnerisch bzw. mathematisch sind seine Äußerungen weitgehend korrekt. Und was genauso wichtig ist:
Sie zeigen neue, ungewöhnliche und unübliche Wege auf, die zum Weiterdenken inspirieren. Dabei kommt er auf einer völlig anderen Denkschiene zu ganz ähnlichen Ergebnissen wie ich. Neben vielem Anderen führt er eine rein zahlenmäßige Analyse der Königselle durch, die hier ein wenig ergänzt bzw. erweitert werden soll. Sie führt nämlich – wie sollte es anders sein – auch zum Licht, seiner Geschwindigkeit und zum Kugel-Lichtmodell.

Bei seinen Überlegungen geht Axel Klitzke von der alltagstauglichen Ellenlänge von 52,36 Zentimetern aus. Zu diesem Maß gelangt er hauptsächlich durch Rundung von Pi/6. Dagegen scheinen ihm Phi²/5 und das Verhältnis 5/6 = 0,833333... bis dahin entgangen zu sein. Das kann aber auch ein bisschen täuschen. Wie dem auch sei, wendet er seinen „Q2-Code"[173] auf die Königselle an und kommt zu recht verblüffenden Ergebnissen, die man als blanken „Zahlenzauber" bezeichnen könnte. Allerdings handelt es sich nicht um „Zauber" irgendwelcher Art, sondern einzig um eine perfekte und gezielte Zahlenauswahl und –nutzung der einstigen Königsellen"schöpfer".
Diese Herangehensweise führt A. Klitzke zunächst zu 52 + 36 = 88, was er dann weiter ausführt.

Darauf, dass die 88 und ihre Derivate (8888, 8848, 4884, ... etc.) mitunter Hinweiszeichen auf die Lichtgeschwindigkeit darstellen, wurde bereits mehrfach und ausgiebig hingewiesen. Die einfache Summenbildung läßt sich jedoch auch gut und sinnvoll durch andere Rechenarten ergänzen:

$$52 - 36 = \quad 16$$
$$52 * 36 = 1872$$
$$52 : 36 = \quad \mathbf{1{,}44444...}$$
usw.

Besonders interessant ist hierbei der Quotient 1,44444..., der uns tatsächlich direkt zu einem guten Näherungswert der Lichtgeschwindigkeitszahl

---

führt (in Megametern je Sekunde oder Grad) . Wir erinnern uns daran, dass die Differenz zwischen 300.000 km/s und 299.792,458 km/s gleich 207,542 km/s beträgt und einst durchaus bewusst ins System eingebaut wurde. Diese Zahl nutzen wir nun:

1,44444...   * 207,542   =   299,78289...
=> 299,78289... * 1000   = 299.782,89...

Dabei entsteht auf Anhieb eine Differenz von nur 9,57... km/s zur Lichtgeschwindigkeit in km/s. Das ist nicht viel – und als Hinweis auf die korrekte Größe zu verstehen. Bemerkenswert daran ist, dass die 1,44444... auch hauteng mit anderen bekannten Systemzahlen korelliert:

260	: 180	= 1,44444...
13	: 9	= 1,44444...
39	: 27	= 1,44444...
2,88888...	: 2	= 1,44444...
... usw. usf.		

Keinesfalls vergessen werden sollte dabei, dass etwa 12 * 12 = 144 , 131 : 1,44444... gleich **90,69**2311... ist ... oder der Tag 1440 Minuten hat. All das ist kein Zufall, sondern alles ist ganz bewusst aufeinander abgestimmt und miteinander verknüpft. Daran ändert auch nichts, dass im Lauf der Zeiten hie und da das Eine oder Andere gewaltig durcheinander gekommen ist. Man findet problemlos noch sehr viel mehr Zusammenhänge, die direkt ins Unterthema passen.

Doch es geht selbstverständlich auch noch ein wenig genauer. Schließlich verfügt ja die Pi-Variante der Königselle über eine Länge von 52,3598775598299... cm, was uns einen kleinen – um nicht zu sagen winzigen - Spielraum einräumt. Aber der genügt uns völlig.

Zunächst suchen wir den exakten Zielwert. Der ist schnell und einfach ermittelt:

299.792,458	: 1000	= 299,792458
=> 299,792458	: 207,542	= **1,4444**9055131...

Und nun ermitteln wir, wie lang die Königselle sein müsste, um auf dem selben Wege zur exakten Lichtgeschwindigkeitszahl zu kommen. Sie

muss ja logischerweise um ein Yota kleiner sein als die praxistauglich-
gerundete Form von glatt 52,36 cm Länge. Auch das ist schnell erledigt:

$$52 : 1{,}44449055131\ldots \qquad = 35{,}99885091172\ldots$$
$$52 : 35{,}9988509117\ldots \qquad = 1{,}44449055131\ldots$$
$$\Rightarrow$$

1 KE(LG) $\qquad\qquad$ **= 52,3599885091172… (cm)**

$$1{,}44449055131\ldots * 207{,}542 * 1000 = 299.792{,}458$$

Somit beträgt die Länge der Lichtgeschwindigkeitsvariante der Königselle exakt **52,3599885091172… Zentimeter**. Das liegt zwischen Pi/6
und Phi²/5, ganz nah bei 52,36 cm.

Die Differenzen in diesem Königsellen-Reigen sind allesamt winzig. Die „Größte" davon, nämlich der „grenzbildende" Abstand zwischen
Pi/6 und Phi²/5, umfasst ganze 8 Tausendstel Millimeter. Die Kleinste
hingegen nur 1,149… Zehntausendstel Millimeter.

Somit können wir mit Fug und Recht sagen, dass uns die definierte Lichtgeschwindigkeitskonstante zu einer weiteren Variante der Königselle führt, wodurch die **Elle nun schon mit mindestens drei der
wichtigsten Konstanten des Universums verbunden ist.**

Sollte es sich dabei tatsächlich nur um einen ganz besonders
merkwürdigen Zufall handeln? Davon ist nicht auszugehen, zumal es
nochmals weitere Querverbindungen ähnlicher Art gibt, die hier jedoch
noch nicht aufgeführt werden.

Enthält das Attische Stadion Zusatzinformationen?

Das Attische Stadion heißt so, weil es angeblich aus der Region Attika
mit der Hauptstadt Athen stammt. Die liegt in Griechenland und war seinerzeit ziemlich antik. Diese Information verwässert allerdings „ein wenig", wenn man sich gründlicher mit dieser Längenmaßeinheit befasst.
Aber lassen wir das erst einmal beiseite …

Auf jeden Fall ist auch das Attische Stadion eine hochinteressante Maßeinheit. Allem Anschein nach beinhaltet sie nicht nur Querverbindungen
zur Lichtgeschwindigkeit und anderen Maßeinheiten, sondern auch Informationen über andere naturwissenschaftliche Größen.

Als Erstes fällt die Affinität der Stadionlänge von 177,6 Metern zu den
Ziffern 2, 4 und 8 auf. Dass das irgendwann unweigerlich zum Licht
führt, wissen wir bereits zur Genüge:

$$177,6 \; : \; 2 \; = 88,8$$
$$177,6 \; : \; 4 \; = 44,4$$
$$177,6 \; * \; 5 \; = 888$$
$$177,6 \; * \; 23 \; = 4084,8$$
$$177,6 \; : 37 \; = 4,8$$

...

aber auch:

$$186.282,03 : 1048,888\ldots = 177,59941\ldots \qquad (=> LG_{Meile})$$
... usw. usf.

Doch es gibt da noch ein paar weitere deutliche Hinweise auf Anderes.

$$177,6 : 1,296 \; = 137,037037\ldots \qquad (=> \approx \text{Feinstrukturkonstante})$$
$$1738 \; : 177,6 \; = 9,786036\ldots \qquad (=> \text{Pol-Erdbeschleunigung})$$
$$177,6 \qquad => 131 \; ; 2288 \; ; \ldots \qquad (=> \text{Mondabstände, Mond})$$
$$177,6 \; : 32 \; = 5,55 \qquad (=> \text{Kyrenaischer Fuß, Sek.})$$
$$177,6 \; : 65 \; = 2,7323077\ldots \qquad (=> \text{Sid. Mon, 0-Kelvin, etc.})$$
$$177,6 \; : 77 \; = 2,3064935\ldots$$
$$177,6 \; : 1,738 = 102,18\ldots$$

...

$$Pi/2 \; => EXP \; => EXP \qquad = 122,79022$$
$$=> 122,79022 * 1,4463692 \; = 177,6 \qquad (=> Pi \; ; Pi/2)$$

...

$$101 : 177,6 \qquad = 0,5686936 \qquad (=> LG, \text{Zoll, etc.})$$
$$=> 0,5686936 \qquad = \text{arcTan } 29,626617°$$
$$=> 29,626617° * 6 \qquad = 177,7597\ldots° \qquad (=> 17776)$$
... usw. usf.

Dazu kommen weitere Hinweise, wie etwa dieser hier, der Verbindungen zwischen dem Äquatorradius der Erde (= 6378,137 km) und dem Goldenen Schnitt Phi aufzeigt:

$$177,6 : 7 \qquad\qquad = 25,371429\dots$$
$$\Rightarrow 25,371429 : 100 \qquad = 0,25371429\dots$$
$$\Rightarrow 6378,137 * 0,2537142\dots = \mathbf{1618},2245\dots \qquad (\approx 1000\ \text{Phi})$$
$$\Rightarrow \text{Phi (exakt)} = 1,6180339\dots\ (*1000)$$
$$\Rightarrow \mathbf{1618,0339\dots} : 0,25371429\dots = \underline{\mathbf{6377,3884}} \qquad (\Rightarrow 1000\ \text{Phi})$$

Bei dieser Rechnung fehlen am Ende 748,6m am heutigen Äquatorradius. Daraus ergibt sich die Frage, ob die Erde in früheren Zeiten eventuell ein wenig kleiner gewesen sein könnte als das gegenwärtig der Fall ist. Oder anders: **Wächst die Erde langsam?**
Oder stimmt nur irgend etwas mit dem Attischen Stadion nicht?

$$1618,0339\dots : 6378,137 = 0,25368442\dots$$
$$\Rightarrow 0,25368442\dots * 100 * 7 = 177,5791\dots$$

Oder hat das alles gar nichts miteinander zu tun und nur der „allgegenwärtige Zufall" werkelt wieder vor sich hin?

Ich denke, den Zufall kann man mit Sicherheit ausschließen. Alles Andere ist gegenwärtig leider noch nicht eineindeutig beantwortbar.

Aber das ist ja längst nicht alles. Wir erinnern uns beispielsweise an den Mond, dessen Abstände von der Erde deutlich mit der Verknüpfung von Attischem Stadion und Teilen der Lichtgeschwindigkeit korrelieren.

Das ist ein erheblich klarerer Befund.

Doch es geht weiter. Nur ihre pure Erwähnung sollen hier zwei Quotienten finden, die recht auffällig durch die komplette Weltgeschichte zu geistern scheinen. Dabei geht es um den Pol- und den Äquatorumfang des Planeten Erde und das Attische Stadion, jeweils in km:

$$\Rightarrow (\text{Pol}) \qquad 40.007,863 : 0,1776 = \mathbf{225.269,5}\dots\dots$$
$$\Rightarrow (\text{Äquator}) \quad 40.075,017 : 0,1776 = \mathbf{225.647,62}\dots$$
$$\Rightarrow (\text{Modell}) \quad 40.000,000 : 0,1776 = \mathbf{225.225,225}\dots$$

Das scheint ein klarer Hinweis auf die Lichtgeschwindigkeit bzw. eine ‚Lichtsekunde' im Wasser zu sein, die in [1] mit 225.350 km/s angegeben wird. Angaben in anderen Quellen differieren etwas. Es kommt eben auch immer auf das Wasser, die angesetzten Standardbedingungen, die Messgenauigkeit und eventuelle Rundungen an.

Es gibt noch mehr solcher scheinbar undefinierbaren geschichtsträchtigen Koinzidenzen. Etwa diese hier:

135.200
=> 135.200 * 10^72 = 1,35200E+77
=> ln 1,35200E+77 = **177,6**006371…

Ein weiterer ähnlicher Fall scheint beim Hinweis auf die Zahl **123** oder die Ziffernfolge 1-2-3 vorzuliegen. Es könnte sich jedoch auch um die Zahl 122,95 handeln. Bislang ist das alles noch recht „unscharf":

177,6 : 1,4444444… = 122,95385   => ≈ **123** => **1-2-3**
177,6 : 1,4444906… = 122,94992   => ≈ **122,95**
177,6 : 123   = **1,4**439024

Klar, das hat mit der Lichtgeschwindigkeit zu tun. Aber auch mit der Energie? Die Zukunft wird es zeigen.

Hinzu kommen weitere Querverbindungen zur Lichtgeschwindigkeit und dem Goldenem Schnitt u.a. wie beispielsweise diese:

177,6 * **1,4484**   = 257,23584…
=> 257,23584^32   = 1,3508505…^77
=> ln 1,3508505^77 = **177,59979…**

oder diese:

4 + 1/Phi   = 4,6180339…   oder
3 + Phi   = **4,6180339…**   oder
2 + Phi²   = 4,6180339…
=> 4,6180 339… ^8 = 206.850,7024…
=> 299.792,458 : 206.850,7024… = **1,4**49318…

oder diese mit Hinweis auf den Äquatorradius:

177,6 => 177,59977…

=> 1 : 177,59977… = 5,630**6378,137** ^-3

… usw. usf. Das geht schier endlos so weiter …

Erwähnenswert wäre vielleicht noch, dass man mit etwas Geduld unter anderem bei der Zahlenreihe … ; 176 ; 1776 ; 17776 ; … usw. landet.

Das mag vorerst hierzu genügen.

Wirklich beeindruckt – und ein wenig fragend hinterlassen - hat mich aber etwas ganz anderes. Nämlich ein **Hinweis auf die Zeit.** Und das ganz einfach und gleich in mehrfacher Ausführung.

Das irdische Jahr hat gegenwärtig rund:

365,24218 d/a * 86.400 s/d = **31.556.924 Sekunden / a**.

Betrachtet man das Attische Stadion nicht als Längenmaßeinheit, sondern als eine mathematische **Darstellung** von irdischen Zeit-Sekunden kommt man zu Folgendem:

177,6 ^2 $\qquad$ = 31.541,76

=> 31.541,76 * 1000 $\quad$ = 31.541.760

=> 31.541.760 : 86.400 = **365,0666… Tage/a** $\quad$ ≈ **365,07 d/a**

=> Die Abweichung vom gegenwärtigen Jahr beträgt somit **nur:**

=> 31.556.924 s – 31.541.760 s = 15.164,… s

=> 15.164,… s = 4 h   12 min   44,352 s = 0,0481 % / a

Bemerkenswert dabei ist, dass man diesen Zusammenhang nicht finden kann, wenn man nicht ungefähr die Größenordnung der Sekunden / a kennt. Dass dem so ist, dafür sorgen die Quadrierung und die notwendige Multiplikation mit 1000 innerhalb der Rechnung.

Zu einem ganz ähnlichen Ergebnis kommen wir noch viel einfacher:

$\sqrt[4]{177,6}$ = 3,6505705…

=> 3,6505705… * 100 = **365,05705… Tage/a** $\quad$ ≈ **365,06 d/a**

Beide Wege führen uns also zu einer (vorerst) fiktiven Jahreslänge von etwa 365,06 bis 365,07 Tagen. Die Differenz zur gegenwärtigen Jahreslänge beträgt somit rund 0,17218 bis 0,18218 Tage oder 14.880 bis 15.740 Sekunden.

Bezieht man nun den Fakt, dass sich die Erddrehung durchschnittlich um zirka 0,7 Sekunden pro Jahr verlangsamen soll, in die Überlegungen mit ein, dann kommt man auf einen Zeitraum von

$$14.880 \text{ s} : 0,7 \text{ s/a} \qquad = \textbf{21.257 a}$$
$$\textbf{bis } 15.740 \text{ s} : 0,7 \text{ s/a} \qquad = \textbf{22.485 Jahren.}$$

Leider erfolgt die Drehungsverlangsamung um 0,7 s/a nicht völlig kontinuierlich. Dadurch entsteht ein gewisses Unsicherheitsrisiko bei dieser „Geschichte". Die mutmaßlichen Zeitangaben von rund 22.000 Jahren könnten auf den eventuellen Definitionszeitpunkt des Attischen Stadions oder einen ähnlichen Zeitpunkt hinweisen.

Selbstverständlich erscheint es auf den ersten Blick ganz und gar „lächerlich" bis „unglaublich", dass bereits rund 20.000 Jahre vor Beginn der christlichen Zeitrechnung eine exakte und naturwissenschaftlich hergeleitete Längenmaßeinheit existiert haben könnte, die auch noch die Zeit, die Verlangsamung der Erddrehung und vieles Andere beinhaltet und in einer einzigen Zahl vereint. Das Dumme daran ist nur, dass es mindestens seit einigen Jahren bereits eine ganze Reihe ganz ähnlicher ernsthafter Hinweise[174] gibt, die praktisch und recht deutlich in die selbe Richtung weisen. Wenn man genau hinschaut aber sogar schon seit mehreren Jahrhunderten – und das breitflächig und relativ einhellig über viele Gebiete der Forschung verstreut.

Fakt ist, dass eine wachsende Erde, eine langsam steigende Anzahl von Tagen pro Jahr und eine viel ältere Menschheitsgeschichte, inklusive eines „geringfügig" anderen Verlaufs, hervorragend zusammenpassen („würden"). Die Frage ist nur, wie man das alles gegenüber einer etwas sturen und denkunwilligen ‚Menschheit' wissenschaftlich korrekt und überzeugend beweisen kann.

---

174   siehe **[9]**, [3], [4] und viele Andere

Ironie der Geschichte => 22 : 7

Ein wenig tragikomisch werden die Dinge, wenn wir nun noch den Kyrenaischen Fuß bzw. die Kyrenaische Sekunde mit Kilometer, Meile und Lichtgeschwindigkeit in Verbindung bringen, um die Ausführungen zu den Lichtverbindungen zwischen den Längenmaßeinheiten vorerst abzuschließen. Freilich muss man dabei ein wenig um die Ecke denken, aber ich will versuchen, es dennoch verständlich zu erklären.

Um den 'Witz' der Angelegenheit verstehen zu können, muss man wissen, dass weite Teile der 'wissenschaftlichen Ägyptologie' und etliche ihrer scheinwissenschaftlichen Anhängsel der Meinung sind, dass die alten Ägypter die Ellipsenzahl Pi nicht exakt gekannt hätten. Stattdessen werden den armen alten Ägyptern irgendwelche "Ersatzzahlen" untergejubelt. Besonders beliebt ist bei einigen Vertretern dieser überflüssigen 'Kampfsportart' die Division von 22 durch 7 als Pi-Ersatz anzupreisen.

Allerdings wird keine Silbe darüber verloren, warum es für die Äypter einfacher gewesen sein sollte 22 durch 7 zu rechnen, anstatt Umfang und Durchmesser eines Kreises durcheinander zu teilen. Immerhin ist ja **22 : 7 = 3,14285714285711...** auch eine der irrationalen Zahlen, die im Allgemeinen recht kompliziert zu händeln sind.

Nun gut, soweit die Vorgeschichte - kommen wir zu den Fakten:

1 Kyrenaischer Fuß	= 5,555555...²	= 30,**864**197530**864**...	cm
		= 0,3086419753086...	m
1 Kyrenaische Sekunde	= 100 Kyr.Fuß	= 30,8641975308...	m
		= 0,03086419753...	km
1 km	= **3240** Kyr. Fuß	= 32,4 Kyr. Sekunden	
360°	= 21.600'	= 1.296.000"	
1.296.000 Kyr. Sekunden	= **40.000,0... km**	= Umfang Modellerde	

Das sind die vorerst wichtigsten Beziehungen zwischen Meter und Kyrenaischen Längenmaßeinheiten. Daraus wird deutlich, dass eine Kyrenaische Sekunde von einer Gradsekunde abgeleitet und an unsere Modellerde mit 40.000 km Umfang angepasst wurde. Dadurch entspricht eine

Kyrenaische Sekunde genau demjenigen Stückchen Umfang der Modellerde, das von einer Gradsekunde angezeigt bzw. abgegrenzt wird. In gewisser Weise ist sie damit auch mit dem heutigen Parsec verwandt, wobei es sicherlich sinnvoll wäre, den Parsec exakt an die ursprüngliche Kyrenaische Sekunde anzupassen, um das gegenwärtige System ein wenig zu vereinfachen und allgemeingültiger zu gestalten.

Das ist nur ein Vorschlag.

Für unser Kugel-Lichtmodell sind die Zusammenhänge zwischen Modellerde, Meter, und Kyrenaischem Fuß etc. natürlich außergewöhnlich praktisch. Alles passt prima zusammen.

Auch zur Meile unterhält die Kyrenaische Sekunde ein ganz besonderes Verhältnis:

1 Meile = 52,**1428**498856999… Kyr"

Dabei fallen die ersten vier Nachkommastellen auf, die der Generatorfolge der Division durch 7 entsprungen sein könnten, und provozieren dazu, die Zahl mit 7 zu multiplizieren:

52,14284988… * 7 = 364,999949199899… ≈ **365**

Mit der 365 könnten durchaus die Tage eines Jahres gemeint sein. Und mit der 52,14284988… die Anzahl der Wochen. Dadurch würde sich aus Meile, Kyrenaischem Fuß und Kugel-Lichtmodell quasi ein gerundeter Kalender für die Modell-Erde ergeben, der hervorragend zum leicht gerundeten Modell-Mondmonat passen würde.

Die Lichtgeschwindigkeit in Kyrenaischen Sekunden beträgt:
32,4 Kyr"/km   * 299.792,458 km/s   = **9.713.275,6392… Kyr"/s**
52,142849.. Kyr"/M * 186.282,0245… M/s = 9.713.275,6392…   Kyr"/s

Betrachten wir nun die Kyrenaische Lichtgeschwindigkeit bzw. –sekunde als Umfang eines Lichtkreises und ermitteln den Durchmesser:
9.713.275,6392… : Pi   = 3.091.831,663… Kyr"

Das Ergebnis erinnert ein bisschen an 1 : 2Phi = 0,3090169… Auch wenn die Ähnlichkeit nicht sonderlich groß ist, kann ein kleiner Test ja nichts schaden – und gar so schlecht ist das Ergebnis nicht:

3.091.831,663... * 2 = 618**3663**,2...

Immerhin erhalten wir eine 6-1-8 für den Goldenen Schnitt und eine 3-6-Kombination, die uns beide zeigen, dass wir auf der richtigen Fährte sind. Das spornt dazu an, auszuprobieren wo wir mit dem 10^7-fachen von 1/Phi hinkommen würden:

1/Phi = 0,618033988749895...

=> 1/Phi * 10^7 = 6.180.339,8874...

=> 6180339,8874... : 2 = 3.090169, 94374... = 1/ (2Phi) * 10^7

=> 9.713.275,639... : 3.090.169,94374... = **3,14328**20252644...

Unser Zwischenresultat ist nicht sonderlich weit entfernt von Pi – und noch weniger von 22 geteilt durch 7. Quasi als 'Nebenprodukt' stoßen wir dabei zufällig auf den folgenden Zusammenhang:

3,143282...=> ln 3,143282... = 1,145267485023...

Die 1-1-4-5 erinnert uns wiederum an den Durchmesser des Lichtkreises und der dazugehörige Umfang an den Umfang des dazugehörigen kleineren Lichtkreises:

1,145267485... * Pi = 3,597963917...

Ist das tatsächlich der kleine Lichtkreis (nur mit einer anderen Komma-stellung) ? Die Überprüfung ergibt: Nein, er ist es nicht. Aber fast!

3,597963917... : 12 (Ls) = 0,**2998**30326... anstatt 0,299792458

Der Rest ist nur noch Routine. Wir setzen die Zahl der definierten Licht-geschwindigkeit ein und rechnen rückwärts:

0,**299792458**　　　* 12　　= 　3,597509496...

=> 3,597509496...　　　: Pi　= 　1,145122838...

=> EXP 1,145122838...　　= 　**3,14282**739244152...

=> 3,14282739244152...* 7 = **21,9997917470907...**

≈ **21,999792**

≈ **22**

=> **22 : 7** 　　　　　= 3,14285714285714...

=> 3,1428571428571... - 3,14282739244152... = **0,00002975...**

=> 3,1428571428571... - Pi 　　　　= 0,00126448...

Das zeigt, dass das Verhältnis 22 : 7 nach nur wenigen Rechenschritten rund 42,5-mal näher an die Ziffernfolge der Lichtgeschwindigkeit – und somit auch an die Lichtgeschwindigkeit selbst - heranführt als an Pi.
=> 0,00126448... : 0,00002975... = **42,5**0324...

Damit dürfte 'bewiesen' oder wenigstens hinreichend belegt sein, dass die alten Ägypter mit **22 : 7** auf die definierte Lichtgeschwindigkeit in Kilometern je Sekunde anspielten - und nicht auf einen fälschlichen Pi-Ersatz, der keinen Sinn ergibt. Und da das Ganze auch noch wunderbare Anklänge an das Kugel-Lichtmodell und die Lichtkreise liefert ...

<u>Herrlich !!!</u>

Den Kyrenaiern und ihren Maßeinheiten sei Dank!

Es gibt aber mindestens noch einen zweiten – einfacheren – Weg, der die hohe Affinität von 22 : 7 zur Lichtgeschwindigkeit in km/s anzeigt. Dabei ist es hilfreich zu wissen, dass das Verhältnis 22 : 7 eine Reihe verwandter Relationen besitzt, die auf dem Einmaleins von 7 und 11 basieren, die – sofern man das möchte – immer wieder zu 3,14285714... führen. Dazu gehören beispielsweise 7 : 11 ; 14 : 11 ; 28 : 11 ; 35 : 11 ; 88 : 28 ; ... ihre Reziprokwerte und etliches Andere.
    Bei der näheren Untersuchung des Phänomens kommt man relativ oft zu Systemzahlen des Kugellichtmodells. Etwa bei
$$14 - 11 = \mathbf{3} \; ; \quad 11 - 7 = \mathbf{4} ; \quad 11 - 2 = \mathbf{9} ; ...$$
$$11 + 7 = \mathbf{18} ; \quad 14 + 11 = \mathbf{25} ; \quad 28 + 11 = \mathbf{39} ; ... \text{ usw. usf.}$$

Besonders häufig schiebt sich dabei die **154** ins Blickfeld:
$$\mathbf{22 * 7} = 14 * 11 = 2 * 77 = 7 * 7 * 3,142857... = 2 * 7 * 11 = \underline{\mathbf{154}}$$
Und die 154 bringt uns dann schnurstracks und sehr auffällig ganz in die Nähe der Lichtgeschwindigkeit, wenn auch nicht völlig exakt.
$$154^{16} = \mathbf{1,0007637}... * 10^{35}$$
Die Zahl 1,0007637... erinnert von ihrer Struktur her stark an den Reziprokwert der Verhältnisform der Lichtgeschwindigkeit:
$$300.000 : LG = 1,000692285594...$$

Rechnen wir mit angepasster Größenordnung rückwärts, kommen wir von der Spezialform der Lichtgeschwindigkeit ganz in die Nähe der 154:

$$\Rightarrow \sqrt[16]{1{,}0006922855 \ldots * 10^{\wedge}35} = \mathbf{153{,}999}313\ldots \approx \underline{\mathbf{154}}$$

$$\Rightarrow 153{,}999313\ldots : 49 \quad [= 7 * 7] = \mathbf{3{,}1428}431\ldots$$

Auch diese „nurmerologische" Kalkulation – bei der echte Physiker wahrscheinlich die Hände über dem Kopf zusammenschlagen[175] - zeigt, dass das Verhältnis 22 : 7 viel enger mit der Lichtgeschwindigkeit in km/s zusammenhängt als mit Pi.

Einmal darauf aufmerksam geworden, führt uns die **154** noch zu etlichen anderen hervorragenden Näherungslösungen, von denen hier vorerst nur noch eine aufgeführt werden soll:

$$\text{EXP } 154 = 7{,}\mathbf{6093}975\ldots * 10^{\wedge}66$$

Dabei erinnert die Ziffernfolge 6-0-9-3 schwer an den Umrechungsfaktor zwischen Meile und Kilometer (1,**6093**472…). Zum Zwecke der Überprüfung in diese Richtung präzisiert, ergibt sich:

$$\Rightarrow \mathbf{6}*10^{\wedge}66 + 1{,}6093472\ldots* 10^{\wedge}66 = 7{,}6093472\ldots *10^{\wedge}66 \quad)^{176}$$

$$\Rightarrow \ln 7{,}6093472\ldots * 10^{\wedge}66 = \mathbf{153{,}999993}526\ldots \approx \underline{\mathbf{154}}$$

Durch diese und andere Auffälligkeiten etabliert sich auch die 154 als handfeste Systemzahl des Kugel-Lichtmodells. Sie stellt eine der Verbindungen dar, die die Lichtgeschwindigkeit (in km/s) mit diversen anderen Größen in direkten und engen Zusammenhang bringen. Dabei seien nicht zuletzt die Meile und das Verhältnis 22 : 7 genannt.

In diesem Zusammenhang wird auch eines der Grundprinzipien des Kugel-Lichtmodells gut sichtbar: Die anderweitige Verquickung von Zahlen, die gemeinsam irgndwo auftauchen, durch bislang ungenutzte – und scheinbar ‚sinnlos-numerologische' - Rechenoperationen.

$$\mathbf{22 : 7} \Rightarrow 22 * 7 \, ; \, 22 - 7 \, ; \, 22 + 7 \, ; \, \text{Exp} \, ; \, \text{Log} \, ; \, \ldots \text{ usw. usf.}$$

---

[175]   Allerdings wissen wirklich echte Physiker sehr genau, dass auch in der Physik vieles noch lange nicht in dem Topf ist, in dem es dereinst gekocht wird …

[176]   Eine Englische Meile = 1,60934721869444… km.
Bei **6 * 10^66** zeigt mein guter alter japanischer Taschenrechner die „Zahl des Tieres" **6^66** an. Das könnte glatt von mir sein …

Ein derartiges Vorgehen führt nicht in jedem Fall weiter. Aber die Erfolgsquote geht beim Licht und seiner Geschwindigkeit doch in erstaunlich vielen Fällen weit über die zu erwartende Zufallswahrscheinlichkeit hinaus. Und je mehr Übung man hat, desto leichter fällt es dem Ausführenden relevante Auffälligkeiten zu erkennen und weiterzuverknüpfen. Ganz einfach deshalb, weil sich der Blick auf die Ziffern, Zahlen und Muster durch Training von selbst schärft. Das hat weniger mit Numerologie zu tun, als vielmehr mit Interpolation – d.h. mit dem Verfahren, welches das mathematische gezielte Ausprobieren beinhaltet. Man muss es nur konsequent und sauber anwenden.

Themenwechsel …

<u>Eine andere Art von Konstante?</u>

Wie ich an anderer Stelle bereits mehrfach schrieb, ist die Definition der Lichtgeschwindigkeit auf 299.792.458 Meter je Sekunde eine gute Sache. Sie ist ein hervorragender Richtwert. Daran soll auch keinesfalls gemäkelt, gerüttelt, geschüttelt oder gerührt werden. Es soll so bleiben.

Aber: Es ist wohl auch nicht das Ende der Fahnenstange.
Offensichtlich liefert das Kugel-Lichtmodell nicht umsonst unzählige Hinweise darauf, dass es bei der Geschwindigkeit des Lichts einige kleine Differenzen gibt. Die sollten nicht einfach unter den Tisch rutschen.

Sichtbares Licht ist ein Teil des Elektromagnetischen Spektrums[177].
Außer dem Licht gehören auch noch Röntgenstrahlung, Gammastrahlung und kosmische Strahlung sowie Hertzsche Wellen, Wechselstrom, Leitungstelefonie, … und einiges Andere dazu. Das sichtbare Licht selbst nimmt dabei nur einen kleinen Teil des Gesamtspektrums ein.

---

[177]   [12], Seite 65; [1], Seite 78

Sofern ich das richtig verstanden habe, ist für all das die Lichtgeschwindigkeit die zuständige Geschwindigkeits-Obergrenze. Und auch wenn ich es nicht richtig verstanden habe, soll sie wohl doch für etliche verschiedene Arten elektromagnetischer Wellen und auch vieles Andere ihre Gültigkeit besitzen.

"… Die Vakuumlichtgeschwindigkeit ist die obere Grenze aller Geschwindigkeiten für den Transport von Energie und Stoff. …"[178]

Allerdings wurde die Lichtgeschwindigkeit zur Zeit dieses Zitats noch mit **c = (299.792 $\pm$ 0,15) km * s^{-1}** angegeben. Das war im Jahr 1975, vor weit mehr als 40 Jahren.

Seither hat sich also irgendetwas verändert. War es der Meter? Die Sekunde? Oder gar das Licht selbst? Die Messgenauigkeit?

Ich weiß es nicht.

Jedoch finde ich die Angabe eines Toleranzbereiches in derselben Art wie die $\pm$ 0,15 km/s gar nicht so verkehrt, auch wenn ich ihn nach den bisherigen Kugel-Licht-Erfahrungen anders ansetzen würde. Nämlich zwischen 299.792,**458** und 299.792,**46** km/s

Schätzungsweise ist diese Toleranz einst aufgrund von Messunsicherheiten angegeben worden. Dabei bleibt jedoch fraglich, ob es tatsächlich Messunsicherheiten bzw. kleine Ungenauigkeiten waren, oder ob es vielleicht doch winzige Geschwindigkeitsunterschiede gibt, die durch genaue Messungen nachweisbar – also real - sind?

Hier wird der gravierende Nachteil der definierten Lichtgeschwindigkeit sichtbar: Sie bügelt alles aalglatt. Für meinen Geschmack zu glatt. Denn wenn es scheinbar keine Differenzen und Toleranzen mehr gibt, dann sucht auch niemand mehr nach ihrem Grund. Und so sollte es nicht sein in der Wissenschaft.

Nun gibt es in der Physik des Lichts zumindest eine Formel, die mir rein subjektiv überhaupt nicht gefällt. Es ist die Grundgleichung der Wellenausbreitung:

Geschwindigkeit = Wellenlänge * Frequenz)[179]

---

178   [1]; Seite 136
179   [12], Seite 74

Angewandt auf das elektromagnetische Spektrum und seine Geschwindigkeit(en) kann man nämlich nur jedesmal genau bei der definierten Lichtgeschwindigkeit landen, wenn man mit gebrochenen Zahlen rechnet. Und das riecht – mit Verlaub – ziemlich stark nach dem, was mir und meinen Kollegen regelmäßig vorgeworfen wird: Und zwar nach willkürlichen Anpassungsfaktoren. Daran ändert auch nichts, dass sie feinsäuberlich errechnet werden.

Denn was hat man von einer gebrochenen Wellenlänge oder Frequenz mit Nachkommastellen zu halten? Sollten in der Wissenschaft nicht immer gleiche Voraussetzungen für zu vergleichende Rechungen und Rechenwerte gelten?

Immerhin fordert bei Elektronenbahnen die Physik ja selbst: „ … Der Umfang der n-ten Bahn muss ein ganzzahliges Vielfaches der Materiewellenlänge des Elektrons betragen. Dann kommt die Welle mit sich selbst zur Interferenz und bildet eine stehende Materiewelle aus. …"[180] Bei um den Atomkern wirbelnden Elektronen soll das verhindern, dass sie aufgrund der Anziehungskräfte in den Kern hineinstürzen. Die Ganzzahligkeit bei den Elektronenbahnen ist damit eine Grundvorraussetzung für die Existenz des kompletten Universums. Nun ist elektromagnetische Strahlung – wie das Licht etc. – freilich etwas Anderes als ein Elektron. Das **Grundprinzip** der ganzzahligen Wellenlänge sollte dennoch auch für das Licht und seine Geschwindigkeit gelten. Schon allein deshalb, weil der liebe Gott restlos überlastet wäre, wenn er jede Welle einzeln für unsere Gleichungen passend hacken müsste.

Rechnet man aber mit **ganzen** Zahlen bzw. **ganzzahligen** Vielfachen von Frequenz und Wellenlänge, dann hat jede Frequenz ihre eigene Maximalgeschwindigkeit. Beim sichtbaren Licht sind die Differenzen freilich extrem gering, sodass man die definierte Lichtgeschwindigkeit mit ruhigem Gewissen stehen lassen kann. Schlimmstenfalls geht es dabei um ein paar Nanometer auf eine Entfernung von 299.792,458 km. Das kann man derzeit noch getrost vernachlässigen – obwohl es bei extrem großen Entfernungen bereits eine Rolle spielen könnte.

Je langwelliger eine Strahlung wird, desto „langsamer" sollte sie demnach werden und desto größer wäre der Effekt.

---

[180]   [1], Seite 288 => Bohrsches Atommodell

Zumindest, wenn die Lichtgeschwindigkeit tatsächlich eine einzige punktgenaue Größe sein sollte, sollte es so sein.

Ist sie es aber wirklich? Wie genau können wir messen?
Oder wird elektromagnetische Strahlung um den Bruchteil einer Wellenlänge „schneller", je langwelliger sie wird? Dann landen wir eventuell bereits im definierten Bereich der Überlichtgeschwindigkeit, wenn auch nicht sonderlich weit. Auweia!

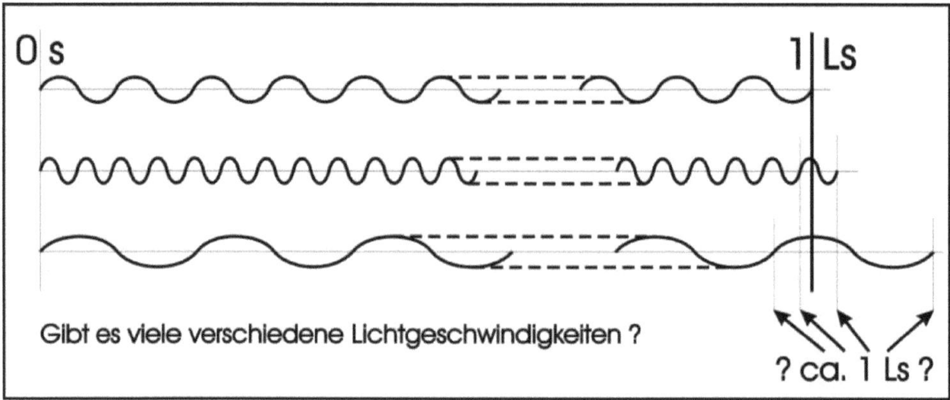

Abbildung 74

Ich denke, diese Herangehensweise mit gleichgeschalteten Voraussetzungen bei der Lichtgeschwindigkeitsmessung sowie der daraus folgende Befund haben elementare Bedeutung für die weitere Erforschung und das zukünftige Verständnis von Licht und den anderen Bestandteilen des elektromagnetischen Spektrums

Daraus ergibt sich, dass die Lichtgeschwindigkeit keine Konstante der Art von Pi, Phi oder anderen exakt festgeschriebenen Konstanten ist. Stattdessen sollte sie eine gerundete „Sammelkonstante" für unendlich viele exakte Größen in einem eng gesteckten Toleranzbereich sein.

Oder: Die Lichtgeschwindigkeit ist eine exakte, punktgenaue Konstante – genau wie Pi und Phi und all die Anderen – dann ist die Grundgleichung der Wellenausbreitung nicht exakt, sondern "lediglich" eine sehr gute Näherungslösung. Sie sollte für die elektromagnetischen Wellen dann heißen:

Lichtgeschwindigkeit ≈ Wellenlänge * Frequenz

Nun beinhaltet die definierte Lichtgeschwindigkeit mit 299.792.458 Metern/Sekunde rein mathematisch-rundungstechnisch betrachtet bereits einen Toleranzbereich von einem Meter (je Sekunde). Dieser Toleranzbereich erstreckt sich zwischen 299.792.457,5 m/s und 299.792.458,5 m/s. Das ist gut so und bestätigt die Sinnhaftigkeit der definierten Größe, denn in diesem Bereich befinden sich bereits sämtliche Geschwindigkeiten des sichtbaren Lichts und ein großer Teil des restlichen elektromagnetischen Spektrums. Außerdem ergeben sich aus der definierten Größe ja die Besonderheiten, von denen einige – wie 9!9 und viele andere – bereits genannt wurden. Das sollte man nicht unterschätzen und leichtfertig über Bord werfen.

Trotzdem sollte aber eben auch nicht unbeachtet bleiben, dass es ebenso ringsum in nächster Nähe zwangsläufig zu diversen Auffälligkeiten kommt, die sich etwa in der leichten Rundung 299.792.460 m/s u.a. manifestieren.

Nun reicht das elektromagnetische Spektrum bei der Wellenlänge von 0,0003 Pikometern bis zu 3000 Kilometern und bei der Frequenz von 16,66666… bis 10^24 Hz.

Das sind riesige Spannweiten!

Vielleicht erscheint es angebracht, wenn die Physiker die komplette Bandbreite nochmal genau nachmessen? Vor allem in den riesigen Randbereichen ...

Da die definierte Lichtgeschwindigkeit und die Wellenlänge prinzipiell immer feststehen und die Wellenlänge (je nach Maßeinheit) eh „immer" ganzzahlig ist, kann sich an diesen beiden Größen nicht viel ändern. Somit bleibt nur die **Frequenz** übrig, die ihre Nachkommastellen einbüßen muss – und kann. Überhaupt scheint die Frequenz als echte physikalische Größe einige Mankos zu besitzen. Schließlich ist sie zu 100 Prozent von der Länge der Sekunde abhängig – und die Sekunde ist ebenfalls nur auf eine konkrete Länge definiert. Fakt ist jedenfalls, dass die Frequenz auch noch an anderer Stelle als ein wenig ‚unkoscher' auffällig wird. Schätzungsweise sollten die Physiker da nochmal sehr gründlich drüber nachdenken.

Kurzer Themenschwenk: Masse und Gravitation

So ziemlich Jeder in unseren Breiten hat schon einmal etwas von der Formel $E = mc^2$ gehört. Die besagt, dass Masse und Energie eng zusammengehören, ineinander umwandelbar sind und sich proportional zueinander verhalten. Der Faktor, der dieser Proportionalität zugrunde liegt, ist das Quadrat der Lichtgeschwindigkeit[181].

Ein wenig anders ausgedrückt, heißt das, dass Masse und Energie äquivalent zueinander bzw. voll gegeneinander austauschbar sind und auch Licht „irgendeine" fundamentale Rolle spielt. Denn was sollte das Quadrat der Lichtgeschwindigkeit in dieser Formel für eine Bedeutung haben, wenn es nicht einen direkten Hinweis auf das ganz real-praktische Licht darstellen würde? Immerhin gehört die Lichtgeschwindigkeit ja wohl zum Licht bzw. dem elektromagnetischen Spektrum – und bislang zu nichts Anderem.

Somit stellen Energie, Masse und Licht sozusagen die Heilige Dreifaltigkeit der Physik dar. Das sollte Grund genug sein, in diesem Buch – neben dem Licht - auch die anderen beiden Pflegefälle ein wenig näher zu betrachten. Wenden wir uns nun also erst einmal kurz der Masse zu. Auf die Formel $E = mc^2$ - und das durch sie beschriebene Wechselspiel der drei Kandidaten - werden wir später noch einmal ausführlicher zurückkommen.

Die Masse ist im Universum eine fast überall vorhandene Größe. Dieser Umstand manifestiert sich einerseits durch die physikalischen Körper aller Art, und andererseits durch die allgegenwärtige Gravitationskraft, die offensichtlich hauteng mit der Masse zusammenhängt und allem Anschein nach direkt von ihr ausgeht. Obwohl, so ganz sicher scheint Letzteres nicht mehr zu sein. Denn nicht ohne Grund wird ja immer noch gerätselt, wie denn die Elementarteilchen zu ihrer Masse kommen und einige davon **scheinen** keine Masse zu haben. Um diesem Widerspruch zu begegnen wurde das „Gottesteilchen" erfunden, welches auch Higgs-Boson genannt wird. Daraus entsteht gleich das nächste Problem, denn

---

[181]   [1]; Seiten 56 ff.

obwohl Masse und Gravitation überall vorhanden sind, wurde das „Gottesteilchen" erst ein einziges Mal zu „99 Prozent bewiesen". Auf Deutsch heißt das aber, dass trotz aller Mühen und allen Aufwandes **gar nichts** bewiesen wurde. Was ist davon zu halten? Und gibt es dazu ein paar Gedanken, die vielleicht weiterhelfen könnten?

Fangen wir bei den makrophysikalischen Körpern an. Als erstes Beispiel dazu nutzen wir den Planeten Erde. Der ist hierzulande weithin bekannt und dürfte somit fürs Erste halbwegs "allgemeingültig" sein. Außerdem spielt er auch im Kugel-Licht-Modell eine Rolle, sodass wir den roten Faden nicht vollständig verlieren.

Nun sind von wissenschaftlicher Seite her primär die Geologen aller Coleur für diesen Planeten zuständig. Sie berichten von einem kugelförmig-schichtweisen Grundaufbau, der wohl so ziemlich der einzige unstrittige Punkt in diesem Zusammhang sein dürfte.

Desweiteren sollen nach Geologenmeinung die Schichten - von außen nach innen, von der Atmosphäre in Richtung Erdkern betrachtet — immer dichter werden. Demzufolge soll im Erdkern, also dem kugelmittelpunktsnahen Bereich, die größte Dichte und ein sehr hoher Druck herrschen. Die mittlere Dichte des Planeten beträgt demnach rund 5,514 g/cm³ und die Dichte im inneren Erdkern 12,51 g/cm³[182]. Andere Quellen äußern teilweise sogar noch höhere Werte.

Kann das richtig sein? Komisch ist auf jeden Fall, dass es bei jeder Zentrifuge genau andersherum ist. Dort werden die schweren Teilchen am kräftigsten nach außen geschleudert – und nicht die leichten mit geringer Dichte. Die Erde dreht sich wie eine Zentrifuge. Dabei wird von einem beliebigen Punkt am Äquator immerhin anderthalbfache Schallgeschwindigkeit erreicht. Das sollte doch eine Wirkung haben?

Außerdem werden bei Zimmertemperatur und Normaldruck die Elemente knapp, die eine derartige Dichte von über 12 g/cm³ erreichen können. Aus diesem Grund sind hoher Druck und hohe Temperatur im Erdkern schon rein rechnerisch zwingend „notwendig", um auf die gemessenen, errechneten und geschätzten Daten zu kommen. Jedenfalls

---

[182]   [18]; Seiten 84 ff.

nach bisheriger Sicht der Dinge. Die Konstruktion scheint ja doch irgendwie logisch zu sein.

Aber ist sie es wirklich? Ich denke nicht.

Wie kann ein dahergelaufener physikalischer Laienspieler sich erdreisten, solch grundlegende Aussagen der hochheiligen Wissenschaft in Zweifel zu ziehen?

Das will ich nun in kurzer Kurzform darlegen und begründen.

Fangen wir beim Atom an. Schließlich sind physikalische Körper – und damit auch Planet Erde – aus diesen Dingern zusammengesetzt.

Das Wort ‚Atom‘ stammt vom altgriechischen Begriff ‚Atomos‘ ab, der soviel wie „das Unteilbare“ bedeutet. Für uns Heutige sind Atome soetwas wie sehr kleine, mehr oder weniger runde "ellipsoidenförmige Böllerchen“ für die wir mehrere Modelle brauchen, um uns halbwegs vorstellen zu können wie sie aussehen und funktionieren. Mittlerweile können wir sie sogar mithilfe spezieller Mikroskope sichtbar machen und betrachten. Wenn auch vorerst nur von außen. Wir wissen definitiv, dass sie nicht unteilbar sind. Schließlich teilen wir sie pausenlos und einige davon haben wir sogar schon richtig kaputt gemacht - das heißt, den inneliegenden Atomkern zerknackt. Außerdem wissen wir, dass selbst die Einzelbauteile der Atome ihrerseits aus kleineren Teilchen bestehen und diese wiederum aus kleineren Einheiten zusammengesetzt sind.

Da stellt sich doch ganz automatisch zwingend die Frage, ob die alten Griechen tatsächlich dasjenige für „das Unteilbare“ hielten, was wir heutzutage fälschlicherweise als „das Unteilbare“ - das Atom – bezeichnen? Ich denke das war ganz anders, denn „unser Unteilbares“ ist schließlich gut und gern teilbar. Warum sollten die alten Griechen schon unsere Fehler gemacht haben? Das ist unlogisch – und fragen können wir sie leider nicht mehr.

Extrem vereinfacht gesagt, besteht „unser heutiges“ Atom aus Kern und Hülle, die sich aufgrund unterschiedlicher Ladung gegenseitig anziehen. Aufgrund der hohen Geschwindigkeiten und der speziellen Bahnformen wird dabei ausgeschlossen, dass die Hülle irreparabel auf den Kern stürzt. Das ist ganz ähnlich einem Sonnensystem, dessen Planeten und sonstige Himmelskörper nicht in den Zentralstern hineinfallen, sondern ihn umrunden, nur dass Sonnensysteme eher ‚scheibenförmig' sind und Atome vorzugsweise ‚kugelig'. Der Kern der Atome besteht hauptsächlich aus positiven Protonen und neutralen Neutronen, die Hülle aus negativ geladenen Elektronen. Letztere umgeben den Kern „sphärenartig" in Wellenform, weshalb sie nicht in den Kern hineinstürzen können, was sie aufgrund der Ladungsunterschiede eigentlich tun sollten. Der Abstand zwischen Kern und Hülle ist im Verhältnis zur Größe aller Beteiligten "riesig", obwohl auch er selbstverständlich ultramikroskopisch winzig ist.

Um sich das irgendwie vorstellen zu können, kann man die inner-atomischen Zustände durchaus mit unserem Sonnensystem vergleichen, in dem ebenfalls riesige Entfernungen zwischen den relativ kleinen Planeten und dem nur wenig größeren ‚Sonnenkern' liegen. Aber es gibt selbstverständlich auch gewaltige Unterschiede zwischen Atom und Sonnensystem.

Der relativ große Raum zwischen Atomkern und –hülle soll leer bzw. "nur" mit verschiedenen Feldern gefüllt sein. Was sind Felder?
Nun, als Felder bezeichnen wir diverse Kraftwirkungen, die von unterschiedlichen Teilchen ausgehen und unterschiedliche Wechselwirkungen zwischen den Teilchen bewirken. Aber wie funktioniert das genau?
Darauf gibt es wohl noch keine abschließende Antwort.
Der Atomkern hat eine sehr viel größere Masse als die Hülle. Die Masse bringen wir mit der Gravitationskraft und den dazugehörigen Gravitationsfeldern in Verbindung. Gravitation wirkt auf alle Körper, auf jede andere Masse und einiges mehr, äußerst anziehend.

Doch auch die klitzekleinen Elektronen der Hülle haben eine Masse und somit ebenfalls Gravitationskraft. Das bedeutet, dass sich Kern und Hülle jedes Atoms nicht nur durch die Ladungsunterschiede etc. anziehen, sondern auch durch die Gravitationskraft. Diese Kraft ist relativ klein, aber sie ist zweifelsfrei vorhanden und wirkt.

Gravitation funktioniert – wie das Licht – allseitig und geradlinig, das heißt: kugelförmig. „Nur" die Wirkrichtung ist entgegengesetzt zu der des Lichtes. **Sind Licht und Gravitation Gegenspieler?**

Gravitation wirkt weit über das ‚erzeugende' Atom hinaus, quer durch den umgebenden Raum auf andere Atome, sonstige Teilchen, deren Felder und das vermeintliche Nichts. Allerdings wird sie mit zunehmendem Abstand von ihrer Quelle (dem Atom bzw. Teilchen) sehr schnell schwächer. Dieses Schwächerwerden geschieht quadratisch zum Abstand von der Quelle und hat zur Folge, dass Gravitationsfelder nur in unmittelbarer Nähe der sie erzeugenden Teilchen bzw. Massen oder Körper wirklich stark sind und nach außen hin recht schnell an Anziehungskraft verlieren. Daraus kann man folgern, dass die Gravitationskraft direkt im, am und knapp über dem Atomkern enorm groß sein muss, denn ansonsten würden wir hier draußen in der makroskopischen Welt kaum etwas davon spüren ...

Andererseits hören Gravitationsfelder nicht irgendwo auf, sondern wirken räumlich unbegrenzt unendlich weiter. Die Wirkung ist deshalb bei großer Entfernung nur sehr schwach, aber nie wirklich Null. Die Null wird erst in der Unendlichkeit erreicht, über die ich mich bereits hinreichend ausgelassen habe. Das gilt für das winzige einzelne Atom genauso wie für riesige Himmelskörper aus einer Unmenge von Atomen.

Zu jeder bestimmten Masse gehört eine bestimmte Gravitationskraft. **Diese Gravitationskraft kann nicht „exportiert" werden.**

Das soll heißen: Jedes Teilchen behält seine Gravitation solange es seine Masse behält. Wenn zwei (oder mehr) Atome zusammenfinden ist also nicht das eine plötzlich doppelt so schwer und das andere masselos, sondern jedes der Beiden behält seine Masse und Gravitation weiteestgehend für sich. Nur an der Verbindungsstelle zwischen den Beiden ändern sich ein paar "Kleinigkeiten" – und die haben nicht allzu viel mit der Gravitation zu tun, sondern hauptsächlich mit anderen Kräften. Allerdings liefert die Gravitation IMMER ihren eigenen kleinen Anteil am Geschehen mit dazu. Dieser Umstand sollte gravierende Folgen für die Geologie haben.

Wieso?

Gehen wir zunächst von einer homogenen Hohlkugel mit einer **Wandstärke von einem Atom** aus. Jedem Atom derselben Art steht dabei der selbe Platz zur Verfügung. Jedes Atom entwickelt die selbe Gravitations-

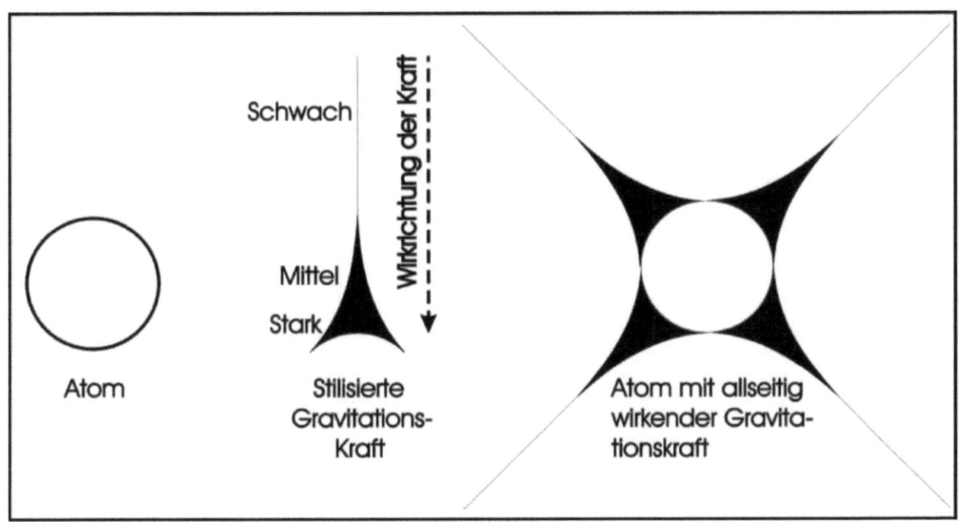

Abbildung 75: *Schematisches einzelnes Atom in "Ellipsoidenfom" mit stilisiertem Gravitationsfeld. Die Pfeile versinnbildlichen durch ihre jeweilige Breite die Stärke des atomaren Gravitationsfeldes an der jeweiligen Stelle. Die Wirkrichung der Gravitation geht dabei ausschließlich in Richtung der Mitte des Atoms, da sie ja "kugelförmig-anziehend" ist.*

kraft. Alle anderen Kräfte – wie Ladungswirkungen, Magnetismus, Gravitationskräfte anderer Körper, ‚Gluonismus‘, … usw. – blenden wir vorerst völlig aus. Das Beispiel dient ausschließlich zur Erklärung der Gravitationsverhältnisse **in** physikalischen Körpern[183].

Die Gravitationskraft jedes einzelnen Atoms wirkt - von außen gesehen - dabei naturgemäß aus jeder Richtung direkt in Richtung Zentrum des Atomkerns. Das bedeutet, die Kugelwand wird in unserem Beispiel ausschließlich von der Gravitationskraft zusammengehalten. Innerhalb und außerhalb der Atome und der Kugel bestehen Gravitationsfelder. Die Hohlkugel kann nicht in sich zu einem Klumpen zusammenfallen, da die Platzverhältnisse in Richtung Kugelzentrum immer enger

---

183   … (Und vorsichtshalber schon vorab: NEIN, ich bin ganz sicher KEIN Verfechter der Hohlerde-Theorie.)

werden. Die Atome stützen sich dadurch – trotz und mithilfe der Gravitation - gegenseitig ab und halten sich somit in Position. Das Ganze funktioniert wie ein alter "römischer (Kugel-) Rundbogen" oder ein „doppeltes Halbkugelgewölbe" und ist sehr formstabil.

Die Wirkrichtung aller zu betrachtenden Gravitationsfelder innerhalb und außerhalb der Hohlkugel zeigt wegen der gravitativen Anziehung selbstverständlich aus allen Richtungen in Richtung Kugelhülle, in Richtung Mittelpunkt der Atome und ihrer realen Masse. Im Hohlkugelzentrum heben sich somit die Kraftwirkungen (scheinbar) gegenseitig auf, sodass im Kugelmittelpunkt eine Art „Schwerelosigkeit" herrschen sollte, obwohl die einzelnen Gravitationsfelder (der Atome) auch auf die gegenüberliegende Kugelseite und weit darüber hinaus wirksam sind. Soweit, so klar. Gleich daneben wird aber ‚schon' alles Richtung Kugel-Innenwand gezogen – von innen und außen.

Ausschließlich von außen betrachtet wirkt das äußere Gravitationsfeld in Richtung Kugelmittelpunkt, welcher mit dem errechenbaren Schwerpunkt der Kugel rechnerisch zusammenfällt. Aber eben nur rechnerisch – und nicht tatsächlich. In Wirklichkeit ist die ganze Kugeloberfläche die „Schwerfläche". Und das darunter.

Abbildung 76:
Homogene Hohlkugel aus 17 ‚vierstrahligen' Atomen, der in Abbildung 74 gezeigten Art, mit stilisierter Gravitation und einatomiger Wandstärke

Betrachten wir die Abbildung genauer, fällt auf, dass die Gravitationskraft ganz und gar nicht nur auf die Kugelmitte zielt. Die Mitte ist „nur" die resultierende Richtung aus unendlich vielen – und das auch nur von außen betrachtet. Das ist auch bei sehr viel größeren Kugeln so. Wenn wir diese Vielfalt bündeln könnten, hätten wir einen prima ‚Traktorstrahl'. Quasi einen sehr starken „Magneten für alles". Von innen betrachtet gibt es keinen Schwerpunkt, sondern nur die Kugel-Innenseite als „Schwerfläche".

Und noch etwas fällt auf: Die Abbildung ähnelt ganz enorm einem Rosettenfenster wie sie in großen Kathedralen vorkommen. Das war so nicht beabsichtigt, sondern ist den „vierstrahligen" Atomen geschuldet. Ob das diesmal wohl Z ufall ist?

Erhöhen wir nun die Wandstärke unserer homogenen Hohlkugel auf **drei Atome**. Dadurch erhöht sich die Gesamtzahl der Atome von 17 auf 69. Das ist etwas mehr als das Vierfache. Ebenso steigt die Masse der Kugel und die daraus entspringende Gesamtgravitation. Wieder wird die Kugel von der Gravitation zusammengehalten und wieder können wir das Gesamt-Gravitationsfeld in einen Innen- und einen Außenbereich einteilen. In und zwischen den Atomen wirkt sie natürlich auch.

Das äußere Gravitationsfeld wird insgesamt stärker und seine effektive Wirkung entfaltet sich ein wenig weiter in den freien Raum hinaus. Ein Ende hat es nicht.

Das innere Feld wird ebenfalls stärker, aber im Hohlkugelmittelpunkt heben sich (scheinbar) immer noch alle Kräfte gegenseitig auf. Ein hypothetischer Körper in diesem Mittelpunkt würde aufgrund der Wirkrichtung der einzelnen Gravitationskräfte eher in Richtung Kugelinnenwand zerfetzt als zusammengedrückt.

Interessant ist, was innerhalb der Kugelwand passiert. Dort finden wir nämlich die stärkste Gravitationskraft in und um die mittlere Atomschicht herum, weil sich dort teilweise mehr Kräfte addieren als in den beiden Randschichten. Die innere und die äußere Atom-Schicht verfügen hingegen über etwas geringere Gravitationseinflüsse und -kräfte als die mittlere Atomschicht – und das auch noch unterschiedlich stark, da sie ja innen und außen unterschiedlichen Kräften ausgesetzt und durch die Kugelform unterschiedlich konzentriert sind. Das sollte das **Grundprinzip** sein. Daraus folgt, dass selbst bei homogenen Körpern die Gravitationskraft nicht wirklich homogen verteilt sein kann. Weder im Inneren, noch außen um die Kugel herum.

Abbildung 77:
*Homogene Hohlkugel mit drei Atomschichten. Hier im Beispiel hat die innere Atomschicht wieder 17 Atome, die mittlere 23 und die äußere 29. Die in der Darstellung kaum noch identifizierbare Mittelschicht ist der größten Gravitationskraft ausgesetzt. Dort ist das meiste Schwarz, von innen und außen. Da aber außen viel mehr Atome sind als innen, wird der **Bereich der größten Kraft** ein wenig nach außen verlagert. Er ist hohlkugelförmig mit sehr unscharfen Randbereichen. Er befindet sich also ringsum an der Außenseite der Mittelschicht. Auch die Gravitationskraft im Inneren der Hohlkugel ist etwas stärker geworden. Das erkennt man an den dünnen Strichen, die nun zusätzlich ins Innere hineinragen. Die Kraftzunahme ist aber geringer als in den Außenbereichen. Und im Mittelpunkt der Kugel herrscht immer noch eine Art „Schwerelosigkeit", weil sich alle wirksamen Kräfte (scheinbar) gegenseitig aufheben ...*

Betrachten wir nun die Gravitation bei einer homogenen Hohlkugel mit richtig **dicker Wandstärke** aus vielen tausend Atomschichten. Abgesehen von der Zunahme der Gravitation bleibt auch hier fast alles beim Alten. Das äußere Gravitationsfeld dehnt sich mit seinem starken Teil wieder ein bisschen weiter aus. Das innere Feld hebt sich im Kugel-Mittelpunkt immer noch auf. Dort herrscht weiterhin (scheinbare) Schwerelosigkeit ...

Innerhalb der Kugelwand ändert sich jedoch eine Kleinigkeit: Die größte Gravitationskraft findet sich dort nicht mehr in der mittleren Atomschicht, sondern verschiebt sich etwas nach außen. Sie befindet sich dort, wo die Anzahl der Atome innerhalb und außerhalb der Schicht mit der stärksten Gesamtgravitation gleich ist und sich die Kräfte gegenseitig zum größten Wert addieren. Wo genau diese „Stelle" (eine „Kräfte-Hohlkugel mit unscharfen Rändern"; eine hohlkugelförmige Zone, innerhalb der Hohlkugelwand) ist, richtet sich nach der Raum- und Atomverteilung innerhalb der Kugel und der Kugelwand, das heißt nach der Größe der Kugel und ihrer Wandstärke. Schließlich verfügt unsere Hohlkugel immer noch über eine homogene Atomverteilung. Und wo mehr Platz ist (am äußeren Kugelrand) befinden sich somit mehr Atome mit insgesamt mehr Gravitation als dort wo weniger Platz ist (in Richtung Kugelinneres). Das sollte logisch und verständlich sein.

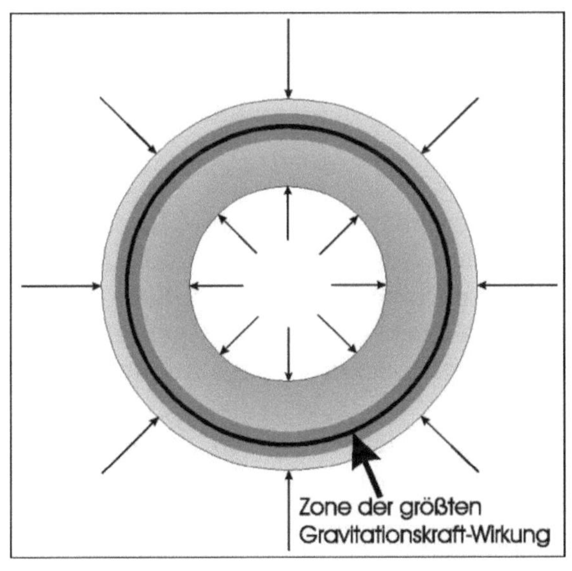

Abbildung 78:
Hohlkugel mit dicker Wandstärke, kleinem Hohlraum und homogener Massenverteilung. Auch hier herrscht in der Mitte „praktische Schwerelosigkeit". Die Zone der größten Kraftwirkung befindet sich aufgrund der wirkenden Gravitationsverteilung erstaunlich nah an der Kugel-Außenseite.
(Das Schema ist nicht völlig maßstabsgerecht)

Wie sieht das nun bei einer homogenen **Vollkugel** aus? Praktisch ganz ähnlich, nur dass die Kugel innen eben nicht mehr hohl ist. Die Kräfte im Mittelpunkt sollten sich trotzdem immer noch aufheben. Gravitativen Druck sollte es dort nicht[184] geben, sondern Zug – und zwar in Richtung Kugeläußeres. Die „Stelle" bzw. Zone der größten Gravitation sollte wieder eine „Hohlkugel" innerhalb der Kugel sein, die diesmal selbstverständlich nicht wirklich hohl ist. Die Zone der größten Gravitation sollte allerdings mit unschärferen Grenzen und mit fließenderem Kräfteübergang in die umgebenden Gebiete ausgestattet sein, da das Kugelinnere gewissermaßen ‚großräumiger' geworden ist. Dadurch wird alles Bisherige ein wenig ‚auseinandergezogen'.

Außerdem können sich mehrere ineinandergeschachtelte Zonen mit höherer Gravitation – ähnlich einer Matroschkapuppe – ausbilden, da ja nach innen nun mehr Platz in der Kugelwand zur Verfügung steht als bei einer Hohlkugel mit dünner Wand. In Richtung Kugelmittelpunkt werden diese Zonen höherer Gravitation allerdings jedesmal schwächer und schmaler, da ja nach innen zu immer weniger Atome beteiligt sind. Ein Schnittbild dieses Szenarios dürfte kreis- bzw. kugelförmigen Wasserwellen nicht übermäßig unähnlich sein. Dieser Umstand kann einem außenstehenden Betrachter, der ja nicht ins Innere der Kugel hineinschauen kann, einen schichtweisen Aufbau unserer immer noch homogenen Kugel vorgaukeln. Doch das ist eben nur vorgetäuscht. Die Kugel ist in ihrem Aufbau weiterhin homogen. Nur die Gravitationskraft-Wirkungsverteilung ist es nicht.

Von außerhalb der Kugel gesehen befindet sich der rechnerische Massenschwerpunkt bei allen bisher betrachteten Kugeln hingegen im Kugelmittelpunkt, obwohl dort gar keine Massen bzw. Kräfte „wirksam vorhanden" sind, weil sie sich gegenseitig aufheben. Denn wie gesagt, kann selbst das willigste Teilchen seine Gravitationskraft nicht exportieren.

Sinngemäß sollte das Prinzip nicht nur für Kugeln gelten, sondern auch auf alle anderen materiellen Körper übertragbar sein. Allerdings sollten

---

[184]   … (oder nur sehr gering, aus anderen Gründen)

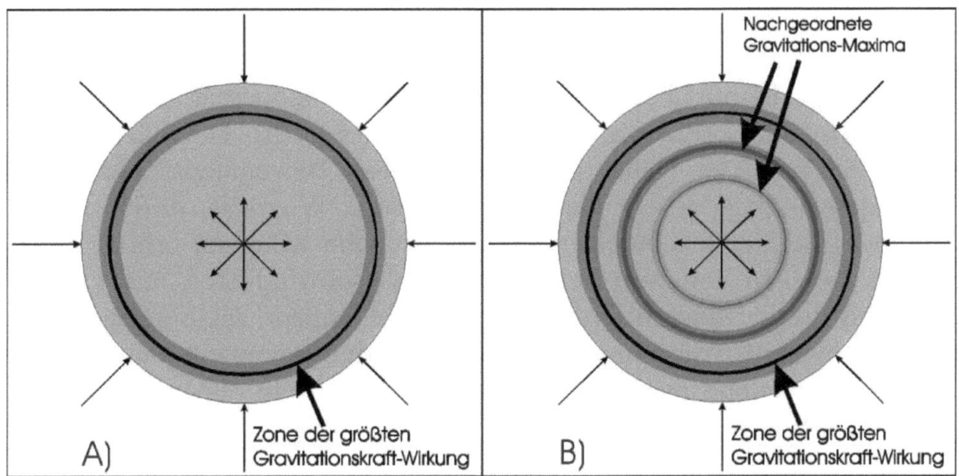

Abbildung 79: *A) Homogene Vollkugel mit einer Zone erhöhter Gravitation B) mit mehreren Zonen erhöhter Gravitation*

dort die Zonen erhöhter Gravitation innerhalb der Körper in der Regel erheblich schwieriger zu ermitteln sein, da im einfachsten Fall beispielsweise bei einem Würfel die inneren Gravitations-Zonenecken abgerundet sein dürften ... usw. usf.

Zurück zum Planeten Erde. Die Erde ist nicht wirklich homogen und auch keine geometrische Kugel. Außerdem ist sie schon ganz schön alt und seit ihrer Entstehung in ständiger Veränderung begriffen. Auch die Art der Entstehung, die Vielfalt der einwirkenden Kräfte und sonstigen Faktoren sowie die Formen der Veränderungen spielen eine große Rolle.

Einer favorisierten Theorie zufolge entstanden die Planeten ja aus einer Staubscheibe, die sich langsam um die zukünftige oder noch sehr junge Sonne drehte. Der Staub und kleine Trümmer klumpten im Lauf der Zeit per Gravitation u.a. Kräften immer mehr zusammen, bis schließlich die Protoplaneten entstanden waren, die dann groß und massereich genug waren, um aktiv immer mehr Material aus der näheren und weiteren Umgebung anziehen zu können.

Entgegen der Theorie dürfte die **junge, zukünftige** Erde meiner Meinung nach jedoch ziemlich kalt gewesen sein, denn die Staubscheibe war mit hoher Wahrscheinlichkeit eisekalt, die Brocken knupperhart gefroren und die Geschwindigkeitsunterschiede zwischen den Brocken dürften aufgrund der relativen Nähe und der ähnlichen Bewegungsrichtungen – zumindest anfangs – sehr klein gewesen sein. Wo sollte da Hitze herkommen, die Steine schmelzen konnte? Die kam wohl erst sehr viel später, als Brocken von weit her mit hoher Geschwindigkeit und Energie einschlugen, die inneren Ordnungs- und Reibungsprozesse anfingen für wohlige innere Erwärmung zu sorgen, die junge Sonne ein paar kräftige Funken schlug und eine – wie auch immer geartete – Atmosphäre für eine solide Wärmeisolation sorgte.

Trotzdem sollte zumindest das Prinzip der ‚hohlkugelförmigen‘ Gravitationszonen auf die **heutige** Erde übertragen werden können, auch wenn die Ergebnisse im Vergleich zu homogenen Kugeln mit Sicherheit einige erhebliche Abweichungen enthalten werden. Schließlich mussten sich die Zonen erhöhter Gravitation erst mühevoll herausbilden, was gewaltige Zeiträume in Anspruch genommen haben dürfte - insbesondere solange die junge Erde noch richtig kalt war und sich deshalb nur relativ wenig Material in ihrem Inneren bewegen konnte. Außerdem können die Zonen in der natürlichen Erde kaum derart geordnet auftreten wie in der Theorie der homogenen Kugeln. Dennoch sollten sie definitv vorhanden sein.

    Die Zonen dürften / sollten uns heute einerseits den Schichtaufbau des Planeten teilweise vorgaukeln, andererseits aber auch einen Teil der tatsächlich vorhandenen Schichtungen sinnvoll erklären und begründen können. Es fragt sich aber, ob ihre Ausbildung im Erdinneren bereits abgeschlossen ist, oder ob sie auch heute noch weiter voranschreitet. Die Frage ist also, wie weit diese langwierigen Prozesse bereits gediehen sind. Aufgrund der geologischen Gegebenheiten wie Vulkanismus, Erdbeben etc. ist anzunehmen - und davon auszugehen - dass dieser Prozess noch lange nicht vollständig abgeschlossen ist und vielleicht niemals beendet sein wird, solange der Planet existiert. Daraus ergibt sich die Frage, was diese Entwicklung wohl in Zukunft für uns Menschen noch mit sich bringt.

In den Zonen mit erhöhter Gravitation – und nicht im Erdmittelpunkt – sollten sich nach und nach die schwereren und dichteren Elemente und Materialen sammeln, wodurch dort auch Druck, Reibung und Wärme entstehen bzw. freigesetzt werden sollten, die ja beispielsweise beim Vulkanismus auch auf der Erdoberfläche deutlich sichtbar werden.

Durch die Inhomogenität der Erde ist selbstverständlich alles ein wenig „verwaschen" und undeutlich, was die Sache kompliziert macht.

Im Gegenzug fällt damit dennoch die Erklärung der hohen Durchschnittsdichte des Planeten wesentlich leichter, weil sich ja der zur Verfügung stehende Platz für die richtig schweren Materialien - im Vergleich zum relativ kleinen Volumen des eng begrenzten Erdkerns – erheblich vergrößert.

Im Erdmittelpunkt sollte jedoch gar kein oder nur geringer Druck herrschen. Nicht nur wegen der sich weitestgehend aufhebenden Gravitationskräfte, sondern auch weil die einzelnen Schichten selbst wie „kugelförmig gemauerte römische Rundbögen" oder ineinander verschachtelte Schalen von Hühnereiern fungieren: Je mehr sie durch die auf ihnen lagernden Massen von außen zusammengepresst werden, desto stabiler werden sie in sich selbst (solange sie nicht brechen). Ihr Inneres hingegen ist gut geschützt und weitestgehend frei von Druck.

Zusätzlich wird dieser Umstand noch durch die Drehung der Erde verstärkt. Nah um den Erdmittelpunkt herum ist die nach außen gerichtete Wirkung der dadurch entstehenden Flieh- bzw. Zentrifugalkraft noch ziemlich gering, doch auch sie ist trotzdem vorhanden und wirkt. Und nach außen hin wird sie immer stärker, denn ein Punkt auf dem Äquator bewegt sich immerhin mit anderthalbfacher Schallgeschwindigkeit, ohne sich auch nur einen Zentimeter von seinem irdischen Ort wegzubewegen. Würde sich die Erde nicht drehen, hätten wir alle ein Gewichtsproblem.

Die vermutete Tatsache des weitgehend kräftefreien Erdmittelpunktes ermöglicht auch sehr viel einfacher, verständlicher und „glaubhafter" als bisher, einen sich anders als der Rest des Planeten drehenden Erdkern zu erklären. Und den brauchen wir ja anscheinend, um das Erdmagnetfeld und seine Veränderungen halbwegs plausibel einzuordnen. Denn ein sich in einem Gebiet mit weitgehender "Schwerelosigkeit" drehender Erdkern kann unter Umständen sehr viel weniger Reibung erzeugen als einer der unter dem gewaltigen Druck seiner Umgebung steht. Das sollte einleuchten. Es ist somit sogar gut denkbar, dass „die andere" Drehung des Erdkerns direkt von der Drehung der „restlichen äußeren Erde" aktiv angetrieben wird – ganz ähnlich einem mechanischen Planetengetriebe, bei welchem der äußere Zahnkranz angetrieben wird, der dann seinerseits das kleine innere Zahnrad in schnelle entgegengesetze Drehrichtung antreibt – oder umgekehrt. Somit könnte der Erdkern reibungsarm an der Innenseite einer sehr dickwandigen „Erdhohlkugel" entlangrollen und von dieser dabei angetrieben werden. Die Eigendrehrichtung des Kerns wäre entgegengesetzt derjenigen der umgebenden „Resterde", aber die Gesamtbewegungsrichtung des Erdkerns wäre von vielen Faktoren abhängig: Durchmessern, Umfängen, Geschwindigkeiten, Verhältnissen, Reibung, … usw. von Erdkern und Umgebungserde.

Die Berechnung der Zonen erhöhter Gravitation innerhalb von homogenen Kugeln ist anfangs nicht sonderlich kompliziert. Man berechnet das Volumen[185] der Gesamtkugel und teilt es durch Zwei. Die eine Hälfte ist das Volumen der Innenkugel, die den Kern umschließt. Die andere Hälfte ist das Volumen der sie umgebenden äußeren „Hohlkugel". Beide gedachten Teilkörper[186] haben dasselbe Volumen und die selbe Masse – und somit auch die selbe Gravitationskraft zur Verfügung, auch wenn diese ein klein wenig unterschiedlich verteilt ist. Sie ziehen sich also gegenseitig mit gleicher Kraft an, wodurch an der Berührungsstelle die größte Gravitationskraft auftritt und wirksam wird. Dann berechnet man die Radien beider Figuren und setzt sie miteinander ins Verhältnis. Anschließend nimmt man erneut die Innenkugel, teilt ihr Volumen durch Zwei, berechnet die Radien und setzt sie wieder ins Verhältnis. So geht das weiter, bis man in der Kugelmitte angekommen ist. Fertig.
Jedenfalls für eine erste – schon recht gute - **Näherung**. Will man zu genauen Werten kommen, muss man die unterschiedliche Verteilung der in der Summe gleichen Gravitationskräfte sowie ihre unendlichen Wir-

---

[185]   oder die dazu proportionale Masse bzw. die Gesamtzahl der vorhandenen Atome

[186]   Eine innere Kugel und eine sie umschließende Hohlkugel gleichen Volumens

kungsräume mit in die Überlegungen und Berechnugnen einbeziehen. Das soll hier jedoch nicht betrachtet werden.

Überraschend ist dabei, wie weit sich die erste, äußerste Zone erhöhter Gravitation der Kugeloberfläche nähert. Sie liegt relativ dicht unter der Oberfläche, nämlich bei knapp vier Fünfteln des Kugel-Radius.

Bei inhomogenen Körpern sind diese Berechnungen ungleich schwieriger. Vor allem, wenn sie sich auch noch relativ schnell drehen. Hier kommt es in jedem Fall zu Verschiebungen. Das ist auch bei der Erde so. Um die Probleme vorerst modellhaft ein wenig einzuschränken erscheint mal wieder die (homogene) kugelförmige 40.000-km-Umfangs-Modellerde ziemlich gut geeignet, wodurch sich auch der (Einheits-) Kreis zum Kugel-Licht-Modell mal wieder schließt.

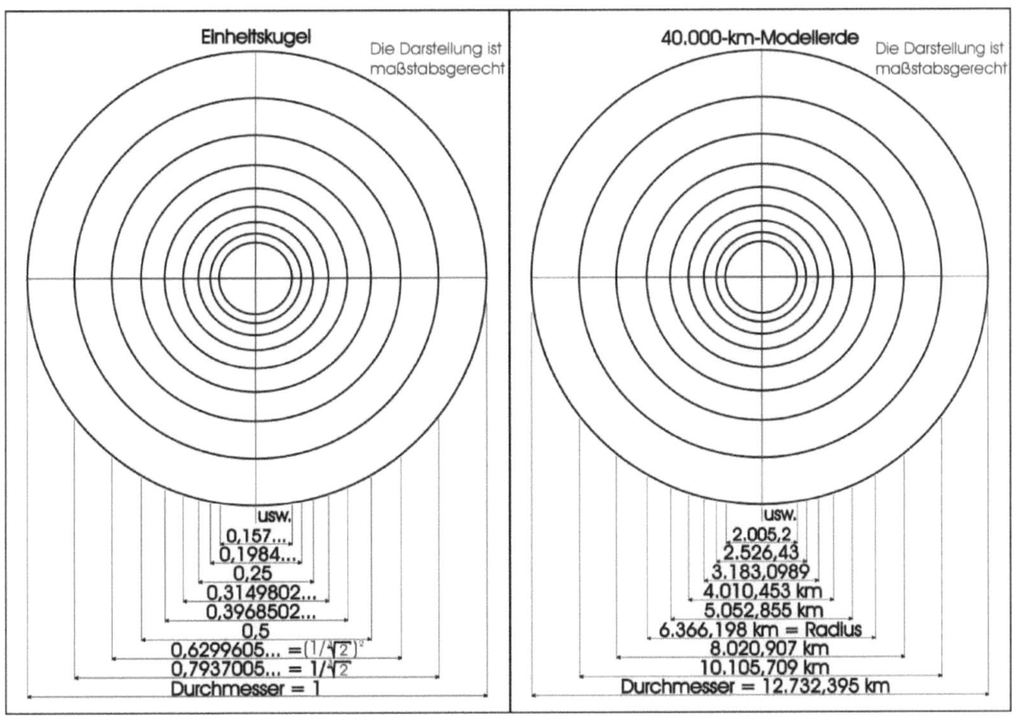

Vorhergehende Seite; Abbildung 80:
Einheitskugel und homogene 40.000-km-Modellerde mit Zonen erhöhter Gravitation und den dazugehörigen Verhältnissen

Im Verlauf der Ermittlungen der Einzeldaten zu Abbildung 79 fallen eine Menge Dinge auf, die man im Vorhinein so wahrscheinlich nicht erwartet. Dabei ist vor allem die Betrachtung der Einheitskugel mit einem **Durchmesser von 1** sehr hilf- und aufschlussreich.

Als Erstes sticht sofort ins Auge, dass das Volumen der Einheitskugel 0,5235987… beträgt. Das ist korrekt **Pi/6** und entspricht wert- bzw. zahlenmäßig der Pi-Variante der Königselle in Metern.

Um die halbe Masse dieser Kugel zu ermitteln, können wir – da die Kugel ja homogen ist – einfach das Volumen durch Zwei teilen. Wir erhalten **Pi/12**, was gleichzeitig **Phi²/10** sehr, sehr nahe kommt. Damit landen wir automatisch auch beim Verhältnis **10 : 12** oder **5 : 6**, welches wohl das wichtigste Verhältnis sowohl im Kugel-Lichtmodell, in der menschlichen Gesellschaft, als auch im Universum sein dürfte.

Bei fortschreitender Halbierung der ineinander gestapelten Matroschka-Kugeln geht das so weiter. Wir kommen direkt an Pi/24 ; Pi/48 ; Pi/96 ; … , und jeweils dem dazugehörigen Phi²/20 ; Phi²/40 ; Phi²/80 ; … usw. vorbei. Und immer ist das Verhältnis **5 : 6** mit von der Partie. Ich denke, dass hier[187] sein tatsächlicher Ursprung liegt, was allerdings längst nicht die einzige Quelle ist.

Es dauert nicht lange bis wir mitkriegen, dass von Halbmasse zu Halbmasse der trennende Faktor von Radius und Durchmeser immer derselbe ist. Er heißt 0,7937005.. und ist gleich dem **Reziprokwert der Dritten Wurzel aus Zwei**, was eine mathematische Konstante sein dürfte.

$$\sqrt[3]{2} \quad = 1,259921… \approx 1,26$$
$$1/\sqrt[3]{2} = \sqrt[3]{0,5} \qquad = 0,\mathbf{7937}0053…$$

---

[187] Im Verfahren der stetig fortschreitenden Kugel-Masse/Volumen-Halbierung

Mit diesem Faktor können wir uns an dieser Stelle den Umweg über das Volumen oder die Masse sparen und direkt von einem Radius / Durchmesser zum nächsten kommen. Das ist sehr praktisch.

Es sieht so aus, als ob die 0,**7937**… eine sehr wichtige Zahl und ein noch wichtigeres Verhältnis ist. Sie scheint nicht nur bei der **Gravitation** eine große Rolle zu spielen, sondern ist eventuell auch bei der Entstehung von **Halbwertszeiten** im Rahmen des radioaktivien Zerfalls und in anderen Zusammenhängen von großer Bedeutung.

Bei näherer Betrachtung fällt selbstverständlich sofort auf, dass sie u.a. die Zahlendreherei von 3-7-9 beeinhaltet. Testet man diesen Sachverhalt ein wenig weiter aus, stößt man sehr schnell auf folgendes:

0,**7937**005… * **39,73**	= 31,533722…	
=> 31,533722… : 365	= 0,0863937…	(365 ≈ d/a)
=> 0,0863937… *10^6	= 86.393,759…	
=> 86.393,759…	≈ **86.400**	(=> Anzahl der s/d)

Ja, ich bin davon überzeugt, dass hier auch die Anzahl unserer täglichen Sekunden ihren Ursprung findet. Und das lasse ich mir auch nicht so schnell wieder ausreden. Im großen Zusammenhang mit der $\sqrt[3]{2}$ ist mit Sicherheit wieder noch viel mehr zu finden. Doch an dieser Stelle soll es erst einmal genügen.

Zum Abschluss dieses Kapitels bleibt vorerst nur eine Frage übrig, die noch ein wenig zurückgestellt werden muss:

Was hat das mit dem Licht und seiner Geschwindigkeit zu tun?

<u>Gravitationsfeld-Schalen</u>

Nach Wikipedia[188] sind Feldlinien gedachte oder gezeichnete Linien, die Kräfte und ihre Wirkungen von physikalischen Feldern bildlich beschrei-

---

[188]   Suchbegriffe „Feldlinie" und ‚Magnet'; Stand Dezember 2017

ben. Gleich daneben ist der praktische Feldlinienverlauf um einen Stabmagneten anhand von feinen Eisenfeilspänen abgebildet.

Das wirft selbstverständlich die Frage auf, ob Feldlinien auch einen realen Hintergrund haben. Dem Wikipediaartikel ist lustigerweise weiter unten sinngemäß zu entnehmen, dass es wohl von Vorteil sei, unangenehme Fragen gleich von Vornherein zu vermeiden. Wie die wissenschaftliche Physik darüber denkt, entzieht sich gegenwärtig meiner Kenntnis.

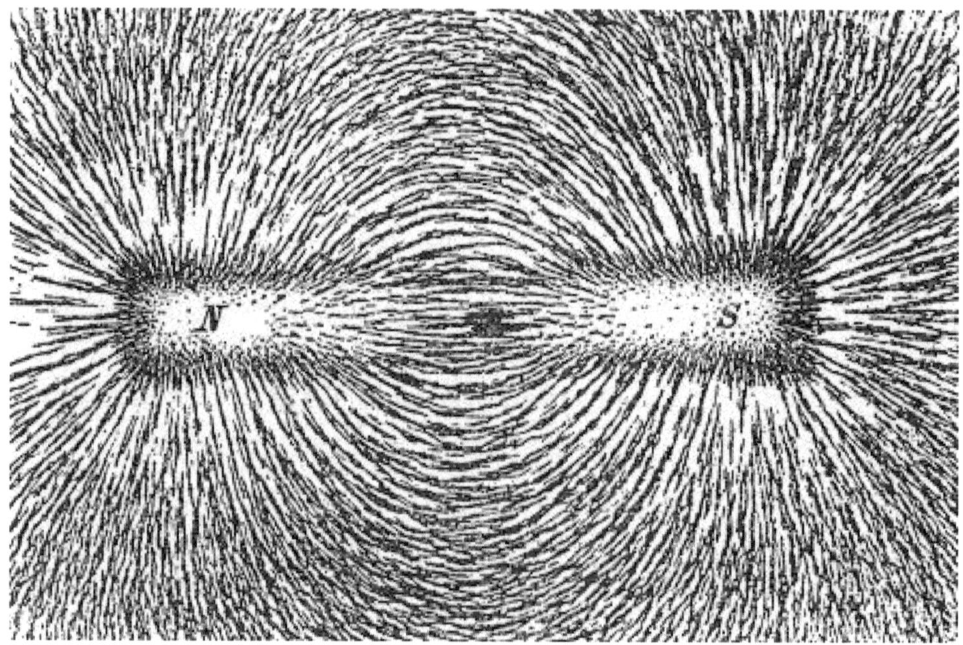

Abbildung 81: *Feldlinien um Stabmagneten – siehe Wikipedia ‚Magnet‘*

Gravitationsfeldlinien[189] laufen demnach immer radial auf den zu errechnenden Massenschwerpunkt des dargestellten Körpers zu. Aus dieser Feststellung heraus tauchen gleich die nächsten Fragen auf: Bewegt bzw.

---

[189]   Wikipedia.de; Suchbegriff „Gravitationsfeldlinien"

dreht sich das Gravitationsfeld mit dem ihm zugehörigen Körper mit? Macht es das, was es macht, ganz, teilweise oder überhaupt nicht?
Welche Auswirkungen hat das auf den Körper und vor allem auf seine Umgebung? Ist das ganze Universum eine Art ‚Zahnradgetriebe‘ aus sich drehenden, mehr oder weniger kugelförmigen, ineinander ‚verzahnten‘ Gravitationsfeldern? Ist das der Motor, der die ganze Chose auf ewig in Bewegung hält?

Doch, ich denke Gravitationsfelder sind dazu verdammt sich zwingend mit ihren jeweiligen Ausgangskörpern mitzubewegen – und unter Umständen auch mitzudrehen. Schließlich exportieren physikalische Körper aller Art weder ihre Masse, noch ihre Gravitation. Wie sollte das auch sonst anders gehen? Ob sie sich nun geradlinig, drehend oder irgendwie anders bewegen, sollte dabei sekundär sein. Sicherlich wird dieses Mitbewegen in größerer Entfernung aufgrund der inneren Trägheit des Gravitationsfeldes und seiner abnehmenden Stärke immens verzerrt, aber auch das spielt eine untergeordnete Rolle. Allerdings dürfte es die Ursache für einige Effekte sein.

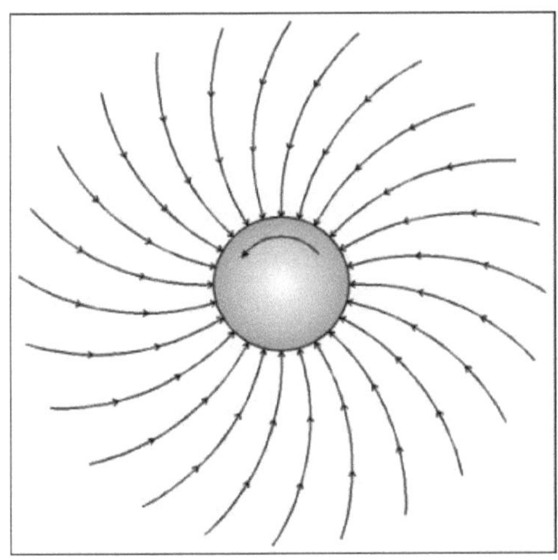

Abbildung 82:
*Feldlinien eines sich mitdrehenden Gravitationsfeldes um eine sich **drehende**, sehr große Kugel.*
*‚Spiralität‘ aufgrund von Trägheit des Gravitationsfeldes **und / oder** eines geringen äußeren Widerstandes*

Beispielsweise sollte die Form von Spiralgalaxien (und vielen anderen Spiralen) darauf beruhen, weil die äußeren Bereiche der Galaxien sich aufgrund ihrer Trägheit nicht so schnell mitdrehen können wie es das

Zentrum vorgibt. Es besteht aber auch die Möglichkeit, dass sich die drehenden Galaxien einem sehr schwachen (Reibungs-)Widerstand entgegenstellen müssen, der die Drehung ebenfalls ein wenig aufhält und verzerrt. Und zwar bei den schwachen Gravitationskräften außen mehr als im inneren Kern der Galaxien (und anderen Spiralen).

Dieser schwache Reibungswiderstand ist definitiv gegeben. Das Vakuum ist ja nicht völlig leer, sondern von Licht, Kraftfeldern der verschiedensten Art und diversen Teilchen durchwoben. Die Frage ist eigentlich nur, wie groß diese wirkenden Kräfte tatsächlich sind. Die Bewegung von Gravitationsfeldern sowie ihre Verformung sollte also in jedem Fall ein multifaktorielles Thema sein. Somit bleibt ebenfalls zu vermuten, dass durch die Größe der jeweils zur Verfügung stehenden Gravitationskraft und die Form ihres jeweiligen Feldes die Form und der Umfang von Galaxien u.a. festgelegt ist.

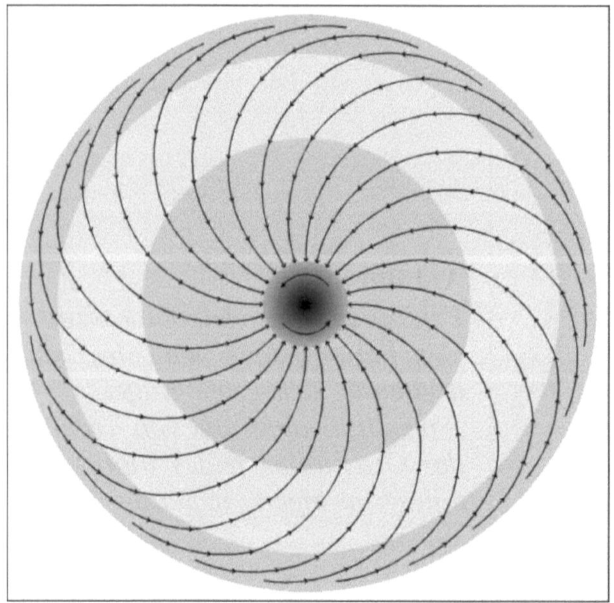

Abbildung 83:
Vermuteter Verlauf der Gravitationsfeldlinien in einer sich drehenden Spiralgalaxie.

Aufgrund der Dichte- und Geschwindigkeitsverteilungen sollte sich am Rand der Galaxien eine Art gravitativer Randwulst mit nochmals leicht erhöhter Gravitationskraft bilden, wodurch die Galaxie ihren äußeren Abschluss findet. In stark abgeschächter Form geht das Gravitationsfeld der Galaxie jedoch auch außerhalb des Randwulstes weiter. Die Feldlinien gehen dann weitgehend gerade weiter.

Nun haben wir gesehen, dass zumindest die Kräfte in Gravitationsfeldern **innerhalb von Körpern** ‚nicht kontinuierlich' verlaufen, sondern eher „radialwellenartig". Das legt den Verdacht nahe, dass es sich bei anderen Feldern – wie zum Beispiel dem o.g. Magnetfeld – ganz ähnlich verhält. Nämlich, dass sich die praktischen Feldlinien (z.Bsp. um Magneten) aufgrund von realen Kräfteunterschieden innerhalb des Feldes herausbilden. Allerdings liegt das gezeigte Magnetfeld außerhalb des Magneten, was wiederum zu der Frage führt, ob sich Gravitationsfelder außerhalb von Körpern ebenfalls „radialwellenförmig" fortsetzen. Meiner Meinung nach ist das tatsächlich so. Und auch bei elektrischen Feldern wird es vermutlich prinzipiell ganz ähnlich sein. „Nur" die Ausgangsgrößen sollten jedesmal andere und je nach Feldart spezifisch sein. Die Kräfteunterschiede zwischen den einzelnen Schalen sind jedoch in den meisten Fällen sehr gering, und umso geringer, je weiter man sich von der Quelle des Feldes entfernt. Außerdem brauchen etwa die Eisenfeilspäne eine gewisse Zeit – und manchmal auch einen kleinen Schubs – um sich möglichst exakt an der jeweiligen Feldlinie auszurichten.

Bei den verhältnismäßig viel schwächeren Gravitationsfeldern mit meist minimalen Kräfteunterschieden – aber oftmals riesigen zu bewegenden Massen und enormen Entfernungen - dauert dieser Vorgang sehr viel länger und dürfte insgesamt auch nochmals sehr viel unschärfer und anfälliger gegen äußere Störungen ausfallen. Das Ganze ist also in jedem Falle sehr schlecht mess- und interpretierbar. Trotzdem sollten die Effekte vorhanden und nachweisbar sein.

Kann man das jetzt schon irgendwie belegen?

Ja, ich denke, das kann man. Wenigstens so ungefähr. Ansonsten hätte ich es mir verkniffen das Thema hier aufzuführen. Vermutlich ist es sogar sehr wichtig, um die Welt im Kleinen wie im Großen besser verstehen zu können. Schließlich geht es dabei nicht nur um riesige Himmelskörper und Galaxien aller Art, sondern auch um winzige Dinge wie Sandkörner, Atome und Elementarteilchen.

Werfen wir also zunächst noch einmal einen Blick auf das Erd**innere** und vergleichen die geologischen Messwerte mit den hier ermittelten theoretischen Werten einer homogenen Kugel gleicher Größe. Unser Ausgangspunkt ist dabei ein gerundeter durchschnittlicher Erdradius mit 6.371 km nach Quelle [18].

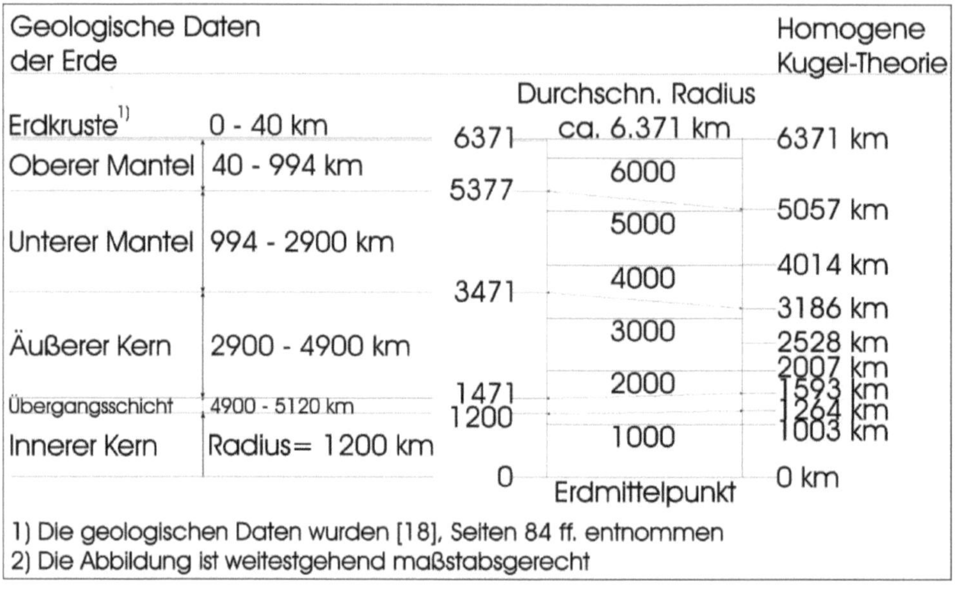

Abbildung 84: *Vergleich der geologisch benannten Erdschichten mit den hiesigen Aussagen zu einer theoretischen homogenen Erdkugel mit mehreren Gravitationsmaxima*

Das sieht in einigen Punkten gar nicht so schlecht aus. Zu bedenken ist dabei auch die Wirkung der durch die Erddrehung entstehenden Fliekraft, die vom Erdmittelpunkt nach außen hin immer stärker und wirkungsvoller wird. Sie wirkt den Gravitationskräften entgegen, ist fast stetig und verändert sich auch in langen Zeiträumen nur minimal. Somit ist davon auszugehen, dass die Zonen hoher Dichte und Gravitationskraft durch die Fliehkraft umso mehr ein weiteres Stückchen nach außen verschoben werden, je mehr sie sich der Erdoberfläche nähern und desto schneller sie herumgewirbelt werden.

Der Vergleich bestätigt ungefähr das praktisch Erwartete. Daran ändert auch nichts, dass einige theoretische Schichten im homogenen Erdmodell gar kein praktisches Pendant haben. Das kann gut und gern daran liegen, dass unser Wissen über das Erdinnere und die darin ablaufenden Prozesse gegen Null strebt. Es könnte also durchaus hilfreich sein, wenn sich Geologen und Physiker etwas genauer mit den Unterschieden zwischen echter und ‚homogen-angenommener‘ Erde befassen würden.

Wenden wir uns nun dem **äußeren** Gravitationsfeld der natürlichen Erde zu. Das machen wir, indem wir das Kugelvolumen der Erde nicht mehr von Schicht zu Schicht halbieren, sondern verdoppeln. Dadurch packen wir die Erde in eine Art äußere Matroschka-Gravitationsschalen ein. Vereinfacht lautet der Umrechnungsfaktor[190] von Schale zu Schale hierbei ‚Dritte Wurzel aus Zwei‘[191] oder ‚Eins geteilt durch die Dritte Wurzel aus 0,5‘.

Die erste Zonengrenze erhöhter Gravitation außerhalb der Erde finden wir somit in einer Höhe von ungefähr 1.660 km über der Erdoberfläche. Vom Erdmittelpunkt aus gerechnet entspricht das einer Entfernung von rund 8.036 km. Das ist bereits weit außerhalb der dichteren Erdatmosphäre und dürfte eine „letzte“, nur schwer zu überwindende Schwelle für Teilchen sein, die sich von der Erde verflüchtigen wollen. Das müsste über eine erhöhte Teilchenzahl im Vakuum messbar sein.

Die zweite ideal-rechnerische Schalengrenze mit erhöhter Gravitation findet sich in 10.125 km Entfernung vom Erdmittelpunkt, der für diese Betrachtung als mit dem rechnerischen Massenschwerpunkt der Erde zusammenfallend angenommen wird. Die dritte Sphärenschale endet in 12.756 km Entfernung vom Erdmittelpunkt. Das entspricht dem doppelten Erdradius bzw. dem Erddurchmesser. So geht das weiter, …

… aber wirklich interessant wird es erst bei der **18.** Schalensphäre. Die befindet sich in ungefähr 408.200 km Entfernung vom Erdmittelpunkt. Und das ist grob gerundet nur etwa 2000 km vom Apogäum der Mondbahn entfernt. Da sich der Mond langsam von der Erde entfernt, bewegt er sich auf diese Sphärengrenze zu. Zweitausend Kilometer hört

---

[190] für den Radius (von Schale zu Schale)

[191] $\sqrt[3]{2} = 1{,}259921\ldots = 1/\sqrt[3]{0{,}5}$; oder reziprok $1/\sqrt[3]{2} = 0{,}\mathbf{7937}005\ldots = \sqrt[3]{0{,}5}$

sich erst einmal nach einem Riesenfehler an, der noch erheblich größer wird, sofern man auch das Perigäum mit einbezieht. Im Gegenzug relativiert er sich aber enorm, wenn man bedenkt, dass die Mondbahn weitestgehend kreisförmig ist, der Mond sich langsam weiter von der Erde entfernt und die 17. Schale schon bei rund **324**.000 km sowie die 19. Schale erst bei 514.300 km zu finden sind. Dazu kommt, dass die **18** und die **324** definitiv wichtige Systemzahlen des Kugel-Lichtmodells sind.

Trotzdem: 2000 km sind eine relativ große Strecke, die ungefähr 0,5 Prozent der Entfernung Erde – Mond ausmacht. Die Sache ist hinreichend unscharf. Ist also etwas dran an den Gravitationsfeldschalen? Oder lieber doch nicht? Gibt es weitere Gelegenheiten den Befund aus dem Stand heraus zu überprüfen?

Besonders viele Möglichkeiten bieten sich erst einmal nicht an. Eine gibt es dennoch: Das Sonnensystem. Hiervon sind hinreichend genaue Daten für eine erste Grobüberprüfung in vorerst halbwegs genügender Qualität vorhanden.

Betrachten wir also als Nächstes die Planetenbahnen im Hinblick auf eventuelle Zonen erhöhter Gravitationskraft in Schalenform um die Sonne herum.

Ausgangspunkt ist der Radius der Sonne mit 696.342 km[192]. Die Toleranz von +/- 65 km wurde vorerst nicht berücksichtigt. Der anzusetzende Faktor von Schale zu Schale ist wiederum die ‚Dritte Wurzel aus Zwei‘. Die verwendeten Entfernungen der Planeten von der Sonne sind gerundete Mittelwerte[193] in Millionen Kilometern.

Den sonnennächsten Planeten Merkur finden wir erst in der 19. Gravitationsschale um die Sonne herum. Die ersten 18 Schalen sind hier nicht – oder nur von Kleinkörpern besetzt. Aber dann kommt es im Grunde Schlag auf Schlag.

Es ergibt sich folgende kleine Tabelle:

---

[192]   Wikipedia Stichwort „Sonne“
[193]   [18]; Seite 47

Bezeichnung	Mittlere Entfernung von der Sonne [Mio. km]	Schalen-Nr.	Schalenentfernung (idealisiert) [Mio. km]	Abweichung in Prozent
Merkur	57,9	19	56,15	3,12
Venus	108,2	**22**	112,3	3,65
Erde	149,6	**23**	141,5	**5,72**
Mars	227	**25**	224,6	1,069
Asteroiden-	**ca.** 320	**27**	356,5	-
gürtel	bis 520	(bis 29)	566,0	-
Jupiter	778,3	**30**	713,05	**9**,16
Saturn	1427	**33**	1426,1	0,07
Uranus	2870	**36**	2852,2	0,63
Lichtkreis	3600	**37**	3593,57	0,179
Neptun	4497	38	4527,61	0,68
Pluto	5899	**39**	5704,43	3,42

Auch hier sieht es gar nicht so schlecht aus. Die Genauigkeit dürfte vielleicht sogar um eine Kleinigkeit besser als bei der Titus-Bode-Reihe sein. Auffällig ist auch, dass fast alle Gravitationsschalen-Nummern Systemzahlen des Kugel-Lichtmodells sind. Dennoch gibt es einige Unschärfen, die nahelegen, dass Fachleute sich das Thema noch erheblich gründlicher anschauen sollten – am Besten vielleicht an den hoffentlich relativ ungestörten und umfangreichen Mondsystemen von Jupiter, Saturn, Uranus und Neptun.

Die einzigen beiden ‚Problemfälle' in obiger Tabelle, die wirklich aus dem Rahmen zu fallen scheinen, sind vor allem Planet Jupiter und die Erde. Beim Jupiter lassen sich mehrere Erklärungen vermuten. Beispielsweise, dass er aufgrund seiner großen Masse ein wenig träger ist als das restliche Sonnensystem und dadurch länger braucht, um sich richtig einzuordnen. Eine andere Erklärungsmöglichkeit wäre, dass der Asteroidengürtel einst doch ein größerer Planet war, der zerbarst, und große Teilstücke auf den Jupiter fielen, was diesen aus seiner korrekten Bahn auf der 30. Schale warf ... usw. usf. Freilich sind das nur Spekulationen, aber unmöglich sind sie nicht. Auch lassen sich die 9 Prozent Abweichung ganz einfach rechnerisch verringern, indem man beispielsweise nur das Perihel betrachtet. Dann sind es nur noch 3,8 Prozent. Außerdem sollte man sich die Mittelwertsbildung der Entfernungen noch einmal genau anschauen, etc.

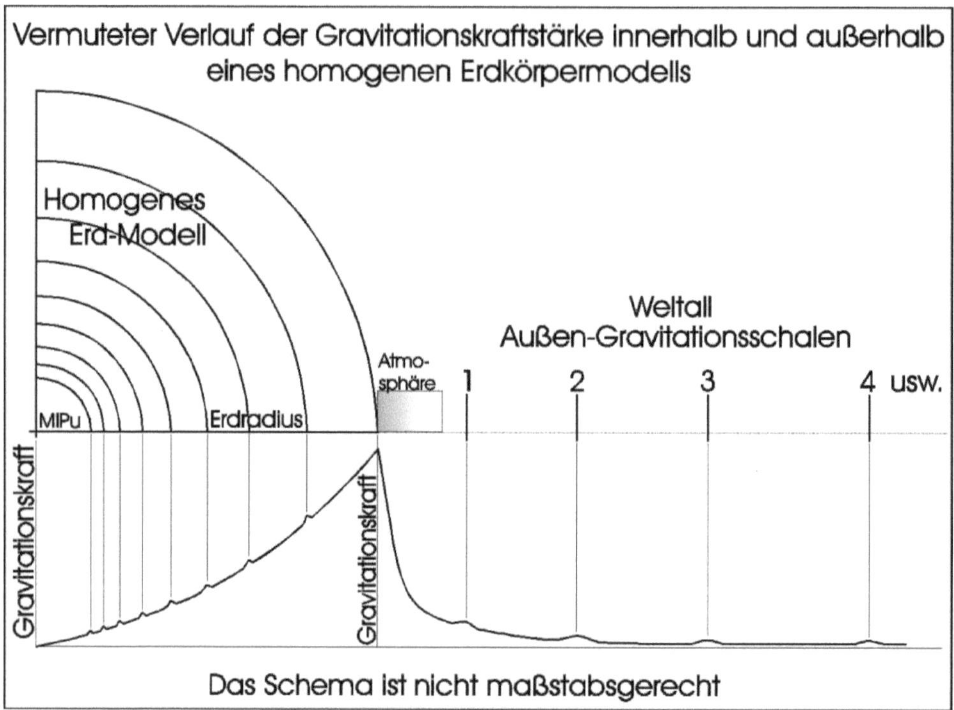

Abbildung 85: *Die vermutete Kraftentfaltung der Gravitation innerhalb und außerhalb einer homogenen Kugel am Beispiel der Modellerde. In der nicht-homogenen Realität sind etliche Verschiebungen zu erwarten und tatsächlich vorhanden. Als idealisierte Ausgangslage für die weitere Forschung könnte / sollte dieses Modell jedoch sehr nützlich sein.*

Als viel problematischer empfinde ich die 5,72 Prozent Abweichung der Erde. Bei unserem Heimatplaneten gibt es nicht so große Spielräume wie beim Jupiter. Auch wenn man sich nur aufs Perihel bezieht bleiben immer noch über 4 Prozent übrig. Erklärungsvarianten gibt es jedoch auch hier genug: Den relativ großen Erdmond zum Beispiel, der recht untypisch für den Rest des Sonnensystems ist. Wie ist er in die Rechnung zu integrieren? Außerdem ist es ein unumstößlicher **Fakt**, dass mit der gegenwärtig gelehrten Entwicklungsgeschichte der Erde so einiges nicht stimmt. Es wäre schön, wenn das die etablierte Wissenschaft endlich mal zur Kenntnis nehmen und nach Möglichkeit korrigieren würde – auch wenn es erhebliche Konsequenzen hat und schätzungsweise sehr unangenehm ist bzw. werden kann. Aber so ist Wissenschaft nunmal. Da kann man nichts machen ... am Ende zählt nur das **tatsächlich** Richtige. Und wenn die notwendigen Berichtigungen durch diejenigen erfolgen, die bislang mit Vehemenz die hoffnungslos veralteten, falschen Meinungen vertreten, werden die Folgen der Veränderungen nur halb so schlimm. Auch wenn sich die Herrschaften dann eventuell mit falschen Federn schmücken, soll ‚mir'[194] das weitestgehend gleichgültig sein. Hauptsache ist, wir kommen den tatsächlichen Gegebenheiten endlich mal ein Stückchen näher.

Ein kurzer Abstecher in die Erdgeschichte

Zur Erklärung der heutigen Oberflächengestalt der Erde gibt es hauptsächlich zwei konträre Theorien[195]:

    1.) Die Theorie von der **Plattentektonik**, und
    2.) Die **Expansionstheorie** von der wachsenden Erde

Beide Theorien sind unterschiedliche Interpretationen derselben Ausgangslage, nämlich dass die heutigen Kontinente einst in einer einzigen Einheit miteinander verbunden waren. Beide Theorien entstanden fast zur selben Zeit und existierten eine ganze Weile parallel nebeneinander. Das währte fast bis zum Ende des 20. Jahrhunderts so.

---

194   … und schätzungsweise auch einem Großteil meiner Kollegen …
195   [25]; Seiten 260 ff.

Heute wird dagegen die ‚anerkannte' Theorie von der Plattentektonik eindeutig und **ungerechtfertigt** bevorzugt und die Expansionstheorie vom ‚Wachstum der Erde' energisch und gezielt diffamiert sowie unterdrückt. Warum auch immer.

Zumindest stellt es sich für die allgemeine Öffentlichkeit so dar, die oft genug gar nichts mehr von der Existenz der Expansionstheorie weiß. Unter der allseits verbreiteten Mainstream-Decke gibt es aber einen knallharten und hinreichend unfairen Kampf[196] der Theorien und ihrer Vertreter, bei dem die ergebnisoffene Forschung mal wieder völlig hilflos auf der Strecke bleibt. Das sollte so nicht sein.

Das ernste und tiefgehende Problem dabei ist, dass reale Fakten ignoriert und unterdrückt werden. Mit echter Wissenschaft hat das nur wenig zu tun und es hält den wissenschaftlichen Fortschritt auch auf anderen Gebieten ganz massiv auf. Ich denke, dass dahinter Absicht steckt – und zwar keine gute.

Dieses Thema kreuzt seit Jahren auch immer wieder meinen eigenen Weg. Daher weiß ich **sicher**, dass die Theorie von der Plattentektonik definitiv falsch ist[197] - zumindest in einigen wichtigen Teilen.

Die Abstände zwischen bestimmten, weit auseinander liegenden Orten, haben sich seit Jahrtausenden nachweisbar **winkelmäßig** nicht verändert und auch die streckenmäßigen Abstandsänderungen sind viel zu klein, als dass die Plattentektonik nach gegenwärtigem Muster vollumfänglich richtig sein könnte. Dazu kommen ungezählte Fakten und Indizien anderer Natur, die in die selbe Richtung weisen. Sie werden nicht nur von Laien wie mir, sondern auch von einigen wenigen hochrangigen Fachleuten aufgezeigt. Doch auch das scheint nicht allzu viel zu bewirken.

Genannt sei nur das Beispiel der Verlangsamung der Erddrehung[198], welches real messbar ist und nach dem Prinzip der pirouettendrehenden Eiskunstläuferin auf eine wachsende Erde hinweist. Von „der"

---

[196]   [26] u.v.a.m.
[197]   [3], [4], u.a.
[198]   [26]

offiziellen Wissenschaft erhört werden die ungeliebten Meinungen jedoch (noch) nicht. Das muss sich ändern …

Es gibt aber auch noch eine Menge bislang ungenannter Tatsachen. Nur als eines von vielen Beispielen sei genannt, dass sich das Mittelmeer gar nicht – oder bestenfalls nur kurzzeitig temporär ein ganz klein wenig - ‚schließt‘, weil es „von Afrika zugeschoben" wird, sondern einen gewaltigen Riß in der Erdkruste darstellt, der seine Verlängerung im Schwarzen Meer und eventuell noch weiter östlich findet. Dieser Riß muss sich irgendwann in der tiefen Vergangenheit aus irgendeinem Grund geöffnet haben. Ansonsten gäbe es heutzutage kein Mittelmeer.

Erkennen kann man das beispielsweise am Verlauf der Küstenlinien. Wenn man sie - vorzugsweise bei Gibraltar beginnend – reißverschlußartig zusammenfügt, erkennt man leicht, dass südliches und nördliches Mittelmeerufer vor langer Zeit recht gut formschlüssig zusammenpass(t)en. Im weiteren Verlauf sieht man, wo einst die diversen Inseln hingehörten, wie sich Italien zunächst von Afrika löste und später vom osteuropäischen Kontinent, wodurch zunächst die große Syrte und viel später die Adria entstanden. Ebenso hingen das heutige Griechenland und die Türkei eng zusammen, noch lange nachdem sie sich ebenfalls von Afrika getrennt hatten und sich so das östliche Mittelmeer gebildet hatte …

Um das erkennen und verstehen zu können benötigt man allerdings ein recht gutes 3D-Vorstellungsvermögen. Dann kommt man auch sehr schnell selbst auf den Gedanken, dass die Krümmung der Erdoberfläche einst einen erheblich kleineren Radius gehabt haben muss. Auf jeden Fall ist das Wachstum der Erde eine relativ „einfache" und einleuchtende Erklärung für viele heutige geografische Befunde. Außerdem findet man dann ohne große Anstrengung etliche weitere Gebiete auf dem Globus, bei dem dieselbe Vorgehensweise ebenfalls zum Erfolg führt. Genannt seien hier nur Grönland und die weite Umgebung der Hudson-Bay, die einst ebenfalls fest zusammenhingen.

Da stellt sich ernsthaft die Frage, was für Plattenbewegungen unsere Geologen und Astronomen im Zusammenhang mit der Plattentektonik denn überhaupt messen? Und sie messen überraschend kontinuierliche Veränderungen, die es zum Teil anscheinend gar nicht gibt.

Das heißt: Irgendetwas stimmt da nicht. Die Messungen selbst sollten durchaus korrekt sein, aber die Meßmethoden und die Ergebnisinterpretationen müssen dringend und messerscharf auf ihre Funktionsweise und ihren Bestand überprüft werden. Daran führt kein Weg vorbei.

Könnte eventuell auch hier bei den tektionischen Platten-Messungen der Mond eine bislang unbeachtete Rolle als Störfaktor spielen? Immerhin walkt er ja ständig die gesamte Erdkruste in Sekundenschnelle durch – und das in einem Maß, welches die jährlich zu messenden tektonischen Bewegungen bei Weitem übersteigt. Oder macht sich die winzige Sterneigenbewegung bei den Messungen störend bemerkbar? Oder die Eigenbewegung des Sonnensystems? Oder … Ich weiß es nicht.

Aber irgendetwas läuft gewaltig schief. Das **weiß** ich.

Zweifelsfrei ist das Thema Erdgeschichte sehr komplex und kompliziert. Soetwas lässt sich nur ergebnisoffen, interdisziplinär und gemeinsam lösen. Es wäre sehr sinnvoll, das endlich mit der notwendigen Ernsthaftigkeit zu tun.

Meine eigenen Ermittlungen[199] zu diesem Themenbereich haben leider immer noch kein eindeutiges ‚Endergebnis‘ gezeitigt, sodass ich mich dazu noch nicht abschließend äußern kann. Die Mühlen der Götter mahlen manchmal leider arg langsam. Immerhin deutet jedoch einiges darauf hin, dass die Erde wächst. Wenn auch völlig anders als ursprünglich gedacht – zumindest gegenwärtig.

Erstaunlicherweise **scheint** sie runder und kugelförmiger zu werden, während der Äquatorumfang und die winkelmäßigen Entfernungen zwischen Orten der mittleren Breiten weitestgehend gleich zu bleiben scheinen. Dieser Effekt beruht wahrscheinlich darauf, dass die Kontinente fast vollständig an ihrer angestammten Stelle bleiben, sich aber die Ozeanböden zwischen den Kontinenten langsam aufwölben und so u.a. auch den Wasserspiegel steigen lassen. Dadurch werden im Maßstab des gesamten Planeten Erde langsam gewaltige Massen von innen nach außen – in Richtung Erdoberfläche - verlagert, was u.a. zum Pirouetten-Effekt führen könnte, ohne dass man die Masseverschiebungen an der Erd-

---

[199]   [3], [4], u.a.

und Wasseroberfläche direkt beobachten und messen kann. Einer der Gründe für diese Entwicklung könnte möglicherweise die Wirkung des Zusammenspiels von Gravitation und Fliehkraft sein.

Bildlich kann man sich das Ganze etwa so vorstellen, als ob schwere Bücherpakete auf einer alten, dicken Schaumgummimatratze liegen und im Lauf der Zeit immer mehr einsinken, während der - sich mit den Äonen ansammelnde - Staub unter dem Bett mit der Zeit die Matratze zwischen den Bücherstapeln in ähnlichem Maße nach oben drückt. Und zwar dort, wo keine Bücher liegen mehr als an den Stellen, wo die Bücherhaufen auf der Matratze lagern, die ihrerseits die Staubschicht unterm Bett eindellen. Auf diese Weise entsteht eine gewisse Art langsames dynamisches Gleichgewicht zwischen Aufsteigen und Absinken, welches über die tatsächlichen Verhältnisse hinwegtäuscht, solange niemand unter's Bett schaut …

Beweisen kann ich diese These / Hypothese noch nicht endgültig, in Teilen belegen allerdings schon. Aus diesem Grunde sollen die kurzen Ausführungen dazu fürs Erste bereits genügen.

<u>Ist der Urknall unumgänglich?</u>

Wenn wir mit der Erde und ihrer Geologie schon in der Nähe der Kosmologie gelandet sind, können wir auch gleich noch ein paar Worte über den angeblichen Anfang des Universums, den sogenannten Urknall, verlieren. Dabei muss ich mächtig aufpassen, nicht allzusehr in pure Polemik abzugleiten. Oder kurz gesagt: Ich mag die Theorie vom Urknall nicht.

Diese Nichtliebe hat weniger mit der Theorie selbst zu tun, als vielmehr damit, was beim „unwissenden Laienvolk" davon ankommt.

Soll heißen: Über die Theorie vom Urknall kann man ruhig mal nachdenken - was wir auch gleich machen werden. Aber ausgerechnet diese Theorie dem Volk als die alternativlos beste, tollste, schönste und vielleicht sogar als "einzig richtige" anzubieten und aufzuschwatzen, das ist für eine Naturwissenschaft, die etwas auf sich hält, schon jenseits von Gut und Böse.

Dass dem so ist, liegt mit Sicherheit zu einem großen Teil an den Medien und ihren Steuerleuten, aber auch einige Physiker halten diese Theorie für durchaus praktikabel, was ich nicht nachvollziehen kann. Aus meiner persönlichen Sicht eines physikalischen Laienspielers, der nur durch Zufall dem Licht verfallen ist, enthält die Urknall-Theorie eine Menge Widersprüche, die auch nicht so ohne Weiteres aufgelöst werden können. Zu einigen davon möchte ich mich in der Folge äußern, schließlich hat der Urknall auch eine ganze Menge mit dem Licht zu tun. Denn immerhin wäre ja der Urknall auch der Geburtsmoment des Lichts.

Falls ich grundsätzlich falsch liege, möge man mir das nach Möglichkeit vergeben und meine Fehler mit greifbaren Argumenten widerlegen, bitte jedoch nicht mit blanken Fadenscheinigkeiten, Killerphrasen oder dem großen Nudelholz. Vielleicht helfen ja meine diesbezüglichen Negativ-Gedanken den Erkenntnisfortschritt ein wenig zu beschleunigen, zu überprüfen, zu widerlegen und/oder abzusichern? Den Rest mögen die Physiker unter sich ausmachen.

Der Urknall war angeblich der Beginn der Existenz des Universums wie wir es heute kennen. Vorher soll es kein Universum, keinen Raum, keine Masse, keine Energie, … und natürlich auch kein Licht gegeben haben. Da stellt sich die Frage: Gab es also vor dem Urknall überhaupt schon irgendwas oder nur das ganz große NICHTS? Nun gut, lassen wir das. Darauf gibt es sowieso keine echte Antwort. Allerdings erscheint es mehr als bedenklich, wenn weltbekannte Physiker – wie etwa Stephen Hawking – öffentlich bekunden, dass es vor dem Urknall **absolut nichts** gegeben hätte. Damit wäre das Universum nämlich aus dem totalen Nichts entstanden – und das widerspricht JEDER bis heute bekannten Physik. Beispielsweise sämtlichen Erhaltungssätzen. Etwa dem der Energie: Energie kann weder erschaffen oder vernichtet, sondern stets nur umgewandelt werden ...

Genauso bedenklich sollte es uns stimmen, wenn etwa Fernsehprofessor Harald Lesch weithin hörbar kundtut, dass Albert Einstein das Universum für ewig existent hielt, aber dem Zuschauer im selben Atemzug in einem Nebensatz unterjubelt, dass ‚ewig‘ ja gleichbedeutend mit

‚unveränderlich‘ sei[200]. Das ist aber ganz und gar nicht so – und der Herr Professor weiß das selbstverständlich.

Das Wort ‚ewig‘ ist einzig und allein ein Begriff der Zeit, der besagt bzw. beschreibt, dass die Zeit keinen Anfang und kein Ende hat bzw. haben soll – also unendlich ist. Demgegenüber besagt das Wort ‚unveränderlich‘, dass sich im jeweils betrachteten Zusammenhang absolut nichts verändert. Beides betrachtet zwei völlig unterschiedliche Dinge.

So geäußert widerspricht sich beides fundamental.
Einem namhaften Physiker sollte das bewusst sein. Denn wie wollten wir die Zeit messen, wenn sich nichts verändern würde? Zeit ist Bewegung. Zeit IST Veränderung. Und bekantlich „… ist nichts beständiger als die Veränderung …“[201]. Stattdessen ist Zeit relativ. Zeit verändert sich auch selbst. Sie ist nichts Starres, nichts Unveränderliches. Dieser Umstand ist spätestens seit Albert Einstein bekannt

Das heißt aber noch lange nicht, dass das Universum einen zeitlichen und/oder räumlichen Anfang haben müsste, der mit absolut Null beginnt. Schon allein die Drehung der Erde ist ständige Veränderung, denn unser Planet befindet sich im Verlauf der Zeit niemals auf ein und demselben Punkt im Universum. Und er befindet sich niemals im selben Zustand. Nur aus diesem Grunde können wir die Bewegungen unseres Planeten als Grundlage für die Definition und Messung der Zeit nutzen.

Dass sich das Universum ständig und überall verändert, ist für jeden sichtbar und liegt auf der Hand. Das muss nicht extra bewiesen werden. Demgegenüber steht die Frage, ob das Universum einen Anfang und ein Ende hat, immer noch völlig offen im Raum. Denn selbst wenn es jemals irgendeine Art von „Urknall“ (= Anfang von allem) gegeben hätte, muss es entsprechend jeglicher physikalischer u.a. Erkenntnisse davor schon etwas gegeben haben. Und dann war es – selbst beim besten Willlen – kein echter Urknall, sondern nur die Fortschreibung bereits bestehender und fortlaufender Prozesse.

Der Herr Professor braucht aber diesen kleinen ‚Kunstgriff‘, um dem Publikum gleich im Anschluss die Urknall-Ideen des katholischen Priesters Lemaitre ein wenig schmackhafter näher zu bringen. Schließlich

---

[200]   [35]

[201]   Eine Erkenntnis der Philosophie (? aus dem 19. Jhd. ?)

braucht das Universum angeblich ja essentiell einen Anfang, damit der liebe Gott nicht gleich unter die physikalischen Räder kommt. Denn der hat ja das Universum erschaffen … **ach nein**, als Schöpfer hat er es selbstverständlich nur ‚geschöpft‘. Wie definiert sich doch gleich der Begriff ‚schöpfen‘? Woraus hat er geschöpft? Aus einem Uratom? Aus einem Reiskorn? Einer Apfelsine? Oder aus dem absoluten Nichts?

Dazu kommt, dass die beiden genannten Beispiele – die Herren Hawking und Lesch - beileibe nicht die einzigen ihrer Art sind. Schon allein ich könnte eine ganze lange Kette solcher katastrophaler Missgriffe von namhaften und angesagten Wissenschaftlern benennen. Andere sicher noch weit mehr und treffendere.

Gehört also die moderne Physik auf den Müllhaufen?
Physiker entscheidet euch!

Mir persönlich kommt es mittlerweile eher so vor, als ob sich religiöse Ansichten, Herangehensweisen, Konventionen und foule Agreements nicht nur im Großbereich der Geisteswissenschaften breit machen, wo sie schon lange „zu Hause" sind, sondern zumindest teilweise auch in den Naturwissenschaften. Das wäre bzw. ist eine sehr bedenkliche Entwicklung! Nicht nur für die Wissenschaften, sondern auch für die komplette menschliche Gesellschaft insgesamt. Die Wissenschaft sollte die religiösen Einflüsse langsam endgültig überwinden. Sonst wird das nichts.

Vielleicht ist es dem Einen oder Anderen aufgefallen, dass die Raumfahrt der USA nach dem angeblichen „Ende" des kalten Krieges (A.D. 1990) für Jahrzehnte schwer vernachlässigt wurde. Das war nach einer Weile so schlimm, dass die USA nicht einmal mehr alleine zur Internationalen Raumstation ISS fliegen konnten. Stattdessen waren sie gezwungen russische Transportmöglichkeiten zu mieten. Man kann selbstverständlich versuchen, diese Hirnrissigkeit als „Friedensbemühungen" zu verkaufen oder auf Geldmangel o.ä. zurückzuführen. Der tatsächliche Grund war m.E. jedoch einzig und allein der in diesem Zeitraum weltweit stark angestiegene religiöse Einfluss, der den lieben Gott auf seiner Wolke möglichst wenig stören möchte. Und das nicht etwa aus Liebe zum Herrn, sondern einzig aus Angst um die Macht der Religionen. Die wird nämlich durch wissenschaftlich-technischen Fortschritt und steigendes Allgemeinwissen der Bevölkerung automatisch beschnitten. Für einige Herrschaften dürfte das ein guter Grund sein, beides ein wenig „einzudämmen" und auszubremsen. Denn wenn es allen gut geht will ja keiner mehr ‚erlöst' werden – wovon auch immer.

Die US-Raumfahrt ist beileibe nicht das einzige Beispiel dieser Art. Vom CO_2-Wahnsinn, über das Treibhausmärchen und die Klimaerwärmung, bis hin zur vermeintlich „Neuen Weltordnung" (die in Wahrheit eine arg abgestandene in neuen Schläuchen ist) und WW III kann und sollte alles in diesem Zusammenhang betrachtet werden. Und Wissenschaftler sind letzten Endes auch nur Menschen. Nicht jeder ist ein geborener Giordano Bruno. Das ist verständlich – aber nicht gut.

Die Legende erzählt, dass Albert Einstein zunächst nicht für den Urknall zu haben war. Nach einer gemeinsamen Zugfahrt mit Lemaitre – dem christlichen Erfinder des Urknalls – seine Meinung jedoch geändert hätte. War das Einsteins Fahrkarte zu seiner Emigration aus dem faschistischen Deutschland? War es somit seine einzige Chance am Leben zu bleiben? War Albert Einstein deswegen dafür, die Atombombe zu bauen? Möglich wär's. Das sollte mal gründlicher untersucht werden …

Nun gut, kommen wir zum Urknall selbst:
Nichts war alles. Alles war Nichts.
Dann hat es plötzlich „Puff" gemacht und das Universum war geboren. Das nennen wir Urknall, wobei der wohl bis heute noch nicht so ganz abgeschlossen sein soll, weil wir ja „sein angebliches Echo" gerade noch sicht- und messbar machen können. Auch gut: Der Knall war ein Prozess – und Prozesse dauern ein bisschen. Damit kann man leben. Aber ein Echo beruht üblicherweise auf einer oder einer mehrfachen Reflexion. Was genau soll(te) also wovon reflektiert werden (worden sein)? Ein Reflektor ist nirgendwo zu erahnen, geschweige denn zu sehen.

Der „Puff" namens Urknall soll eine Singularität (gewesen) sein, also ein absolutes Einmalereignis. Ganz ähnlich einer UFO-Sichtung[202].

---

[202]   UFO = Unknown Flying Object = Unbekanntes oder Nichtidentifiziertes Flugobjekt – das heißt, es geht dabei um etwas, von dem wir nicht wissen, was es ist. Ein UFO hat also keineswegs zwangsläufig etwas mit Außerirdischen zu

Davon gibt es zwar ganz schön viele, aber jede davon ist auch ein Einmalereignis. Das genügt vielen "Wissenschaftlern" u.a., sich über UFOs lustig zu machen. Aber an den Urknall ‚glauben' sie, ohne ihn je gesehen oder gehört zu haben, oder ihn gar gebührend zu hinterfragen …
Eigentlich ist das beschämend. Denn unbekannte und nichtidentifizierte Flugobjekte gibt es schließlich wirklich.

Die Singularität des Urknalls kam also aus dem scheinbaren, vermutlichen Nichts und pufte in einen nicht vorhandenen Raum hinein, den es bis dahin noch nicht gab. Dabei wurde es ganz erbärmlich wärmlich und das Neugeborene begann sich mit einem Affenzahn auszubreiten. Angeblich sogar mit Überlichtgeschwindigkeit, deren Existenz ansonsten kategorisch bestritten wird. Aber es dehnte sich ja keine Materie aus, sondern ‚nur' der Raum. Und der kann das. Angeblich. Er ist ja nur Raum – also "Nichts". Und "Nichts" kann durchaus schneller als das Licht sein. Wirklich nichts?[203]

Woran erkennt man "den Raum", wenn nicht an der Materie in ihm? Oder war er doch schon vorher da?

Dass in dem sich überlicht-schnell ausbreitenden Raum ja wohl die Materie drinnen gewesen sein muss und sich mit ihm ausbreitete, kann man durchaus übersehen, aber irgendwie beißt sich hier die Katze dennoch in den Schwanz. Denn gleich im Anschluss wird ja erzählt, dass der Raum des frischgeborenen Universums gänzlich mit einer formlos-diffusen Art von Materie ausgefüllt war, in der es noch keine Teilchen gab, die sich erst später aus dieser Urmaterie entwickelten. Diese Protomaterie sollte sich dann aber auch mit Überlichtgeschwindigkeit ausgebreitet haben. Oder etwa nicht? Schließlich muss sich ja der Raum vom Nichts irgendwie unterscheiden. Ansonsten wäre ja beides Nichts. Die

---

tun – wie oft suggeriert, sondern kommt tatsächlich auch in der Luftfahrt, im Radarwesen, in der Astronomie u.a. häufig vor. Es gibt also KEINEN Grund, sich darüber zu belustigen oder alles totzuschweigen. Stattdessen sollten die Phänomene besser erforscht werden, um herauszufinden welche Möglichkeiten dazu existieren … schon allein der Flugsicherheit zuliebe.

[203] Ein kleiner Vorgriff: Ich bin voll und ganz der Meinung, dass es Überlichtgeschwindigkeit gibt. Wir werden alsbald darauf zu sprechen kommen. Aber einmal Hü und einemal Hott, wie es gerade passt, ist m.E. einer Wissenschaft namens Physik unwürdig.

Ausbreitung des Universums soll sich – nach Meinung einiger Wissenschaftler - bis heute fortsetzen. Kann das richtig sein?

Auch wenn sie verdammt schnell vonstatten gegangen sein soll, so brauchte die Ausbreitung des noch jungen Universums Zeit. Damit war auch diese geboren. Zeit entspricht also einer Änderung von Raum und Materie. Das ist mal wieder einleuchtend.

In populären Erläuterungen dieser auf physikalisch getrimmten **Schöpfungsgeschichte** wird gelegentlich auf Vergleiche aus unserer heutigen Praxis zurückgegriffen: Demnach soll das Universum erst so groß gewesen sein wie ein Reiskorn, dann wie eine Apfelsine, danach wie ein Fußball und irgendwann, ein paar Sekunden später war es plötzlich riesengroß. Gleichzeitig war es kochendheiß und kühlte sich erst im Laufe der Ausdehnung immer weiter ab. Bei Dekompression wird es kühler, das beweist die Existenz von Kühlschränken, klar. Wenn aber etwas anfangs brühheiß war, dass man sich die Finger daran verbrennen konnte, dann war da auch von allem Anfang an eine Menge Energie enthalten.

Und zwar genau diejenige Menge, die sich heute noch im gesamten Universum verteilt. Diese Energiemenge, wie groß sie auch sein mag, müsste dann jedoch endlich sein. Schließlich hatte sie nur einen einzigen, eng begrenzten Zeitraum für ihre vermeintliche Entstehung (?) bzw. Verteilung zur Verfügung; mit einem Anfang und einem Ende. Und mit ihrer Endlichkeit wäre sie auch konkret bestimmbar. Wie wir aber schon in der Schule gelernt haben, kann Energie weder erzeugt werden, noch verloren gehen. Galten also der Energieerhaltungssatz und alle anderen Erhaltungssätze erst nach dem Urknall? Wo wusste dann aber jegliche Materie so plötzlich her, dass sie sich fortan daran zu halten hat? Und das seither auch absolut ausnahmslos immer macht! Selbst in den hintersten Provinzen des riesigen Universums. Ganz von allein. Oder gab es seinerzeit eine stille Urknallpost in Schneckengröße?

Oder sind die Erhaltungssätze allesamt ein bisschen falsch? Schließlich sind sie nur „Erfahrungssätze". Bewiesen sind sie anscheinend nicht wirklich. Aber wenn sie falsch wären, könnten wir die komplette Wissenschaft in den Mülleimer werfen, da sie keinerlei Grundlagen mehr hätte. Wir müssten sogar. Allerdings hat uns Menschen die

Wissenschaft schon ganz schön weit gebracht. Das Hebelgesetz funktioniert komischerweise immer noch zuverlässiger als Autos und Computer.

Versteht das jemand?

Ja, es war ganz allein die Wissenschaft, die uns aus der Ur- in die Neuzeit geprügelt hat – und weder der allmächtige Gott, die Vielzahl der anderen Götter, noch alle ihre Religionen haben einen Anteil daran. Die Götter spielten erst Gott als das Universum schon sehr lange vorhanden war. Das ist ganz einfach deshalb so, weil ja selbst Götter erst einmal existieren müssen, bevor sie handeln können. Und Kundschaft brauchen sie auch. So ganz verkehrt können die Erhaltungssätze also nicht sein - die Urknall-Theorie allerdings schon …

Ich kann mir durchaus vorstellen, den kompletten Planeten Erde auf Fußballgröße zusammenzupressen. Von mir aus auch auf Reiskorngröße. Aber das ganze riesige, komplette Universum? Das wird nichts. Niemals! Mit einer einzigen Ausnahme: Wenn ALLES auf **unter** Null Grad Kelvin abgekühlt wird, dann hat es vielleicht kein Volumen mehr – oder nur ein ganz superkleines. In diesem Fall würde vielleicht auch das komplette Universum zigmal in das Reiskorn passen. Oder sogar in einen dimensionslosen Punkt. **Aber dann wäre da auch keinerlei Energie!**

Und ohne Energie – egal in welcher Form – gibt es keinen Urknall: Nix Puff, nix Paff … und schon gar kein Universum! Die Katze wäre tot, bevor sie überhaupt jemals geboren worden wäre ...

Nun ist es im menschlichen Sprachgebrauch so, dass singuläre, extrem plötzliche und drastische Ausdehnungen landläufig als Explosion bezeichnet werden. Explosionen aber, verteilen die ihnen zugrunde liegende Materie zunächst annähernd kugelförmig und kurze Zeit später hohlkugelförmig im Raum. Dort wo sie stattfinden bleibt ein Krater – also „nichts" vom Ausgangsmaterial – zurück. Im Nichts oder auch im absoluten Vakuum sollte das so noch viel schöner funktionieren.

Den zweifelhaften Urknall kann man also getrost als Explosion bezeichnen. Aber: Fragt man Physiker, wo denn der Ort der Explosion, die leere Stelle, also der „Krater", am Himmel zu sehen ist, bekommt man zur Antwort: Überall und nirgends. Der Urknall wäre ja keine Explosion im landläufigen Sinne gewesen, sondern eben die Ausbreitung bzw. Ausdehnung des Raumes im Laufe der Zeit - also der Raumzeit - und damit des Universums. Die Materie wäre dadurch mehr oder weniger gleichmäßig im Raum verteilt worden. Nanu?

Ja - sagen sie, um sich aus dem Dilemma herauszuwinden – man könne sich das so vorstellen, dass das Universum quasi wie eine Weichgummikugel allseitig auseinandergezogen wurde und wird. Da bleibt zwar alles an seinem Platz, entfernt sich aber immer weiter von einander. Sämtliche Körper wie Planeten, Sterne, Galaxien etc. behalten primär ihre Form und Größe, weil sie ja von der Gravitation und anderen Kräften zusammengehalten werden, jedoch die Entfernung zwischen ihnen nimmt angeblich ständig zu.

Leute, Leute – hat es nun gepufft oder gezogen? Und falls es tatsächlich gezogen haben sollte: Wer oder was hat denn da gezogen? Und wieso werden die Abstände zwischen den Galaxien nicht auch von der Gravitation (mit-)bestimmt? Hört die neuerdings am Rand von Galaxien plötzlich auf? Und wieso kollidieren Galaxien, die sich angeblich ständig voneinander entfernen sollen, andauernd miteinander? Dass das tatsächlich so ist, hat spätestens das Hubble-Teleskop eindrücklich bewiesen. Gravitation hin oder her, bei einem sich überlichtschnell ausbreitenden Universum hätte sie nichts zu melden. Da sich die Gravitation aber stets und ständig meldet, kann sich das Universum nicht überlichtschnell ausbreiten. Der deutlich sichtbare Befund lässt das nicht zu!

Die sichtbare stoffliche Materie soll demzufolge nicht viel mit der Expansion des Universums zu tun haben, sondern ihr immer nur hinterherdackeln. Die von ihr ausgesandten elektromagnetischen Wellen sollen sich aber durch den expandierenden Raum angeblich frei bewegen können, wobei die sich ausbreitende Raumzeit der Welle aufgeprägt wird … und wenn die Raumzeit größer wird, dann soll auch die Wellenlänge der elektromagnetischen Strahlung wachsen. Wie soll aber die Wellenlänge größer werden, wenn doch die Wellen es sein sollen, die die äußerste Raumgrenze vor sich herschieben und ausschließlich dadurch der Raum erst größer wird bzw. werden kann? Da das nicht funktioniert, sollen die lichtschnellen Wellen gewissermaßen huckepack mit dem überlichtschnellen Raum überlichtschnell mitfliegen wie sich bewegende Gepäckstücke in einem Flugzeug … nur bei Zügen funktioniert das wohl nicht.

Mit Verlaub: Mich erinnert das alles fatal an den Herrn Baron von Münchhausen, der sich selbst am Schopf aus dem Sumpf zog. Der Unterschied zum „Urknall aus dem Nichts" lag wohl nur darin, dass es beim Herrn Baron nachgewiesenermaßen funktionierte. Schließlich war er danach noch in der Lage, seinen Bericht der Nachwelt zu überliefern. Bloß gut, dass ich ein physikalischer Laie bin. Die müssen nicht alles verstehen, was ihnen erzählt wird.

Und "glauben" schon gar nicht …

Es mag durchaus sein, dass ich nur der kleine Junge sein möchte, der dem Kaiser sagt, dass er ohne Kleider durch die Gegend läuft. Aber es muss auch mal klar und deutlich gesagt werden:
Der Kaiser namens Urknall hat wirklich nichts an!
Eigentlich möchte ich aber nur, dass die Wissenschaft endlich zu dem wird, was sie längst sein sollte: Ein mitteilsamer Hort und eine freundliche Stätte des Neuerwerbs **objektiven** Wissens. Davon ist sie gegenwärtig leider meilenweit entfernt. Und das ist nicht meine Schuld.

Die Ausdehnung des Universums

Fakt ist: Wenn sich etwas ausdehnt, muss eine Kraft wirken. Mindestens eine. Von allein passiert nichts. Damit eine Kraft wirken kann, muss in irgendeiner Form Energie vorhanden sein.

Nehmen wir an, diese beiden allgemeinen Voraussetzungen wären nach dem bzw. während des Urknalls gegeben gewesen. Dann ergeben sich meines Erachtens nur drei prinzipielle Möglichkeiten wie der „Urknall" vonstatten gegangen sein könnte:

1.) Kraftwirkung von innen
Das würde uns zu einer gängigen Explosion führen, die der Urknall jedoch nicht gewesen sein soll. Damit eine Explosion überhaupt möglich

wird, muss aber zwingend erst einmal etwas vorhanden sein, was auch explodieren kann. Wir werden gleich noch einmal auf diese Variante zurück kommen.

2.) Kraftwirkung von außen

Das würde zum beschriebenen Auseinanderziehen des zukünftigen Universums führen. Aber wo sollte diese Kraftwirkung herkommen? Aus dem bis dahin nicht vorhandenen Raum? Also aus dem absoluten Nichts? Das kann getrost verworfen werden.

3.) Kraftwirkung aus der Materie selbst heraus

Diese Variante beschreibt eine Art „Verpuffung", bei der sich die bereits vorhandene und verteilte Materie durch „Reaktion mit sich selbst" beschleunigt und ausdehnt. Praktisch erfolgt also eine Unzahl kleiner „Explosionen" über den ganzen verfügbaren Raum verteilt, in deren Verlauf die vorhandene Materie selbst miteinander reagiert und im Endeffekt „kondensiert" oder „kristallisiert", was zur Ausbildung der heutigen Materieformen beigetragen haben soll. So ähnlich haben sich die Schöpfer und Verbreiter der Urknall-Theorie das wohl gedacht, aber die Sache hat ein paar Haken, um nicht zu sagen ‚deftige Denkfehler':
Die Ausgangsmaterie muss zwangsläufig schon vor dem „großen Knall" vorhanden und großräumig verteilt gewesen sein, damit eine derartige „Verpuffung" überhaupt möglich wird. Das heißt, es muss schon vor dem Knall ein Raum da gewesen sein. Vorstellbar ist das etwa so, dass eine ganze Weile Gas aus der Gasleitung in ein Gebäude strömen muss, bevor es zur Bildung eines entzündbaren Gasgemisches kommen kann. Der Urknall wäre dann wohl aber eher ein Urzischen mit später nachfolgendem Puff gewesen, wobei auch das Zischen niemand hätte hören können. Außerdem steht eine Gasleitung unter Druck, der für die anfängliche Gasverteilung sorgt. Dazu kommen Luftbewegungen und andere Kräfte, die für die weitere Verteilung des Gases im Gebäude sorgen. Wie aber sollte die Primärverteilung der „Urmaterie" vor dem Urpuff in einem noch nicht vorhandenen Raum vonstatten gegangen sein? Vor allem wenn sie aus dem absoluten Nichts auftaucht, dann urplötzlich fürchterlich heiß ist, aber sich sofort im Anschluss schnell abkühlt.

Abkühlung sorgt doch bei Materie für ein Zusammenziehen und nicht für Ausdehnung. Oder gilt das für den Urknall ebensowenig wie die Erhaltungssätze? Es sei denn, das Auseinanderdriften der sich abkühlenden Materie wäre schon vorher von einer Kraftwirkung von innen – also einer „normalen" Explosion (siehe 1.) - bewirkt worden …

Nein, egal wie man es dreht und wendet, aus einer Urschöpfung aus dem vermeintlichen Nichts wird meines Erachtens kein vernünftiger Schuh. Da können sich die Physiker samt ihrer Gedanken noch so verbiegen, das wird nichts. Ich halte den postulierten Urknall eindeutig für eine überaus unglückliche Konvention bzw. ein Agreement zwischen Religionen und einigen korrumpierten Eliten der Naturwissenschaften, aber ganz sicher nicht für korrekte Naturwissenschaft … sondern allerbestenfalls für ein Denkspiel, welches man einmal durchdenken kann, um es hinterher wegen Untauglichkeit zu verwerfen.

     Möge mich also bitte jemand mit Fakten und naturwissenschaftlichen Argumenten davon überzeugen, dass ich Unrecht habe.

Allerdings gibt es doch eine durchaus machbare Möglichkeit, wie es „geurknallt" haben könnte und die heutigen „Tatsachen" bzw. „gängigen Fehlinterpretationen" trotzdem einigermaßen unter einen Hut gebracht werden können. Nur, diese Variante scheint auch niemandem zu gefallen. Schließlich verzichtet sie notgedrungen auf die „rein-physikalische" Schöpfung aus dem absoluten Nichts und setzt eine Kraftwirkung von innen (siehe 1.) voraus …

     Das wäre aber wohl auch eher eine Lösung für ein **pulsierendes** Universum. Ohne absoluten Nullpunkt, Reiskorn und Apfelsine. Dafür aber mit der Pluralität eines ständigen Wechsels zwischen Ausdehnung und Kompression – eventuell sogar lokal sehr unterschiedlich. Das Universum wäre damit ewig und veränderlich – jedoch keinesfalls aus dem Nichts geschöpft. Das ‚Ur-Universum' würde einer Zusammenballung aller schwarzen Löcher, Neutronensterne und aller sonstigen Materie in einem einzigen ‚Klumpen' entsprechen. Nach der maximalen Ausdehnung und dem ‚Ausbrennen' aller Galaxien würde es wieder in sich zusammenfallen und der Prozess begänne von Neuem. Immer wieder.

Ganz auszuschließen sind solche Szenarien bislang nicht, aufgrund der extrem langen Zeiträume für uns Menschen jedoch hinreichend irrelevant. Jedenfalls im Moment.

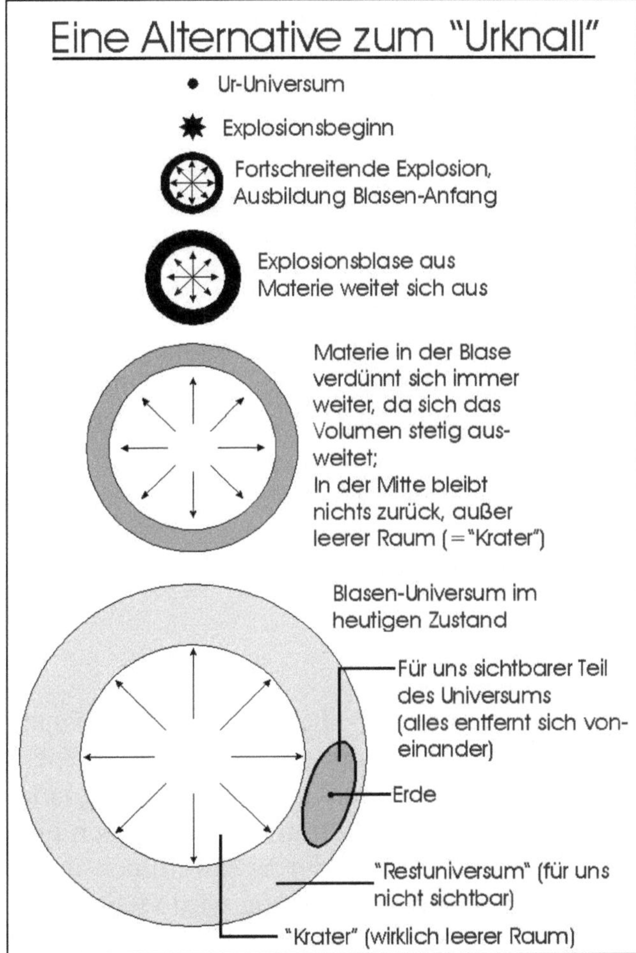

Abbildung 86:
„Urknall" mal ein bisschen anders, aber auch nicht ganz neu. Ein hohlkugel- bzw. blasenförmiges, pulsierendes Universum. Nach Abschluss der dargestellten Ausdehnungsphasen fällt es wieder in sich zusammen. Ein neues Ur-Universum entsteht. Danach beginnt der Vorgang von Neuem...

Fragt man nach Beweisen – oder wenigstens Belegen – für die Urknall-Theorie bekommt man primär meistens zwei Antworten: **Erstens** die Rotverschiebung der Spektrallinien ferner Galaxien – je weiter weg, desto öfter und stärker – als „Beweis" für die immer noch fortwährende überlichtschnelle Ausdehnung des Universums aufgrund des Urknalls. Und **Zweitens** die kosmische Hintergrundstrahlung sowie ihre Verteilung, die quasi beide als „Urknall-Echo" verkauft werden. In beiden Fällen wäre der Urknall angeblich die derzeit beste Erklärung.

Stimmt das? Beides scheint nach meinem Geschmack ziemlich tricky zu sein. Denn für beides gibt es durchaus auch andere sinnvolle Erklärungen.

Als zusätzlich **Drittens** wäre dann noch der hohe Wasserstoffanteil an der gegenwärtig feststellbaren Gesamtmasse des Universums zu nennen. Und das gibt dann wirklich zu denken, weil ja ‚sämtliche' Sterne ständig Wasserstoff 'verbrennen' und in andere Elemente umwandeln. Irgendwo muss der große Anteil des Wasserstoffs an der sichtbaren Materie herkommen. Und wenn kein neuer hinzukommt, müsste er irgendwann einmal aufgebraucht sein, wonach es aber noch lange nicht aussieht. Stammt er wirklich ‚vom Urknall' her? Oder gibt es noch andere Quellen?

Vielleicht eine, die wir noch gar nicht kennen?

<u>Kurz zur Rotverschiebung</u>

Eines der wichtigsten Indizien für die Urknall-Theorie ist die sogenannte Rotverschiebung. Darunter ist die Verschiebung von zuordenbaren Spektrallinien innerhalb des elektromagnetischen Spektrums in Richtung langwelligerer roter Strahlung zu verstehen. Daneben gibt es auch noch eine Blauverschiebung, womit der seitliche Versatz der Spektrallinien in die Gegenrichtung Blau gemeint ist. Die Blauverschiebung wird viel seltener öffentlich erwähnt als die Rotverschiebung. Warum auch immer. Sie ist daher – im Gegensatz zur reichlich propagierten Rotverschiebung - nur relativ wenigen ‚normalen' Leuten bekannt.

Die Durchmusterung des Universums durch Vesto Slipher 1912 sowie Edwin Hubble und seinem Assistenten Milton Lasell Humason brachte zutage, dass die Spektrallinien im Licht weit entfernter Sterne und Galaxien in Richtung Rot verschoben sind. Und zwar, je weiter weg sich die Objekte von der Erde befinden, desto stärker ist die Verschiebung in den roten Bereich – und das in sämtlichen Himmelsrichtungen. Diese Entdeckung führte zu der Annahme, dass sich das Universum bzw. der Raum, in dem sich das Universum befindet, allseitig ausdehnen müsste. Hubble selbst war wohl nicht allzu sehr von diesem Gedanken angetan. Andere nahmen ihn derweil mit heller Begeisterung auf und begründeten den Urknall damit. Das ist bis heute so geblieben.

Die sich aus der Rotverschiebung ergebenden Widersprüche mögen u.a. auch dem Umstand geschuldet sein, dass sich einige besonders weit entfernte Galaxien demnach mit Überlichtgeschwindigkeit von uns wegbewegen würden. Überlichtgeschwindigkeit ist für sichtbare materielle Objekte in der bisherigen Physik jedoch stark verpöhnt bzw. wird als "unmöglich" angesehen. Aus diesem Grunde wurde schnell die überlichtschnelle Raumzeit-Ausdehnung erfunden, die meines Erachtens jedoch auf ziemlich wackeligen Beinen steht bzw. auf überhaupt nichts.

Wäre denn normales Licht, welches sich zwangsweise maximal mit Lichtgeschwindigkeit bewegt, sich gleichzeitig jedoch mit Überlichtgeschwindigkeit von uns wegbewegt, weil sich seine Quelle mit Überlichtgeschwindigkeit von uns entfernt, überhaupt in der Lage uns zu erreichen? Ich denke nicht. Es würde sich mit dem Differenzbetrag aus Überlicht- und Lichtgeschwindigkeit von uns entfernen. Es gäbe keinen „geschlossenen Lichtstrahl", denn der würde ständig „zerreißen". Wir würden dieses Licht wahrscheinlich nie oder nur mit großer Verzögerung und „tröpfchenweise" zu Gesicht bekommen. Und falls doch, dann immer nur mit Lichtgeschwindigkeit, denn etwas Schnelleres können wir noch gar nicht wahrnehmen, geschweige denn messen. Auch mit Hilfsmitteln nicht. Im Sprühnebel ist aber schlecht Sternegucken. Wir könnten diese weit entfernten Galaxien nicht sehen, was jedoch offensichtlich nicht der Fall ist. Schließlich wissen wir dank großer Teleskope sicher von ihrer Existenz – und nur deshalb gibt es ja die unselige These der „überlichtschnellen Universumsausbreitung"

Ähnlich schwammig wird über die Ausdehnung der Raumzeit schwadroniert. Eine Unterscheidung zwischen dem noch nicht ausgedehnten Raum und demjenigen, wohin sich der Raum ausdehnen soll, wird anscheinend nicht beschrieben. Wenn es keinerlei Unterschied gibt, ist aber beides dasselbe. Wohin dehnt sich denn der Raum dann aus? Wenn er sich in denjenigen Raum ausbreitet, in dem er längst ausgebreitet ist, dann beißt sich die Katze von diesem Schrödinger doch in den Schwanz – und der Urknall ist tot – oder so ähnlich. Oder breitet sich der Raum ins Nirvana aus? Wie ist das doch gleich nochmal wissenschaftlich definiert?

Außerdem stellt sich die Frage wie es möglich ist, dass enorm viele miteinander kollidierende Galaxien existieren und live beobachtet werden können, wenn sich doch alles allseits ausdehnt und sich stets voneinander entfernt? Wenn sich etwas voneinander entfernt, dann stößt es doch nicht zusammen. Oder doch?

Eigentlich ist das nur auf etwas Rundem – etwa einer Kugel oder einem Zylinder möglich. Aber dieses Runde sollte sich nach Möglichkeit nicht ausdehnen. Wenn sich beispielsweise zwei chinesische Ameisen trennen und die eine nach Osten, die andere nach Westen läuft, kann es passieren, dass sie sich in Amerika wieder begegnen. Aber wenn die Erde derweil wächst, müssen sie beide dreimal so schnell laufen wie die Ausdehnung, um überhaupt bis nach Amerika zu kommen. Und wenn das Planetenwachstum „nur" mit Lichtgeschwindigkeit geschieht … die armen Ameisen …

Wo bleibt der Tierschutz?

Nun gut, lassen wir die Polemik ausnahmsweise beiseite. Die Rotverschiebung selbst gibt es ja wirklich. Nur die Urknall-Interpretation ist arg zweifelhaft. Jedenfalls von meiner Warte eines unwissenden Laien.

Für eine Verschiebung von Spektrallinien im Spektrum sind bereits mehrere verschiedene Ursachen bekannt. Diese Ursachen können sich auch noch überlappen und überlagern. Eine klare Unterscheidung, was warum wie woher kommt, ist nur schwer bis überhaupt nicht möglich. Bei Wikipedia[204] sind gegenwärtig vier mögliche Ursachen für die Rot- und Blauverschiebung von Spektrallinien aufgeführt:

---

[204]   Stichwort „Rotverschiebung", Stand 29. 11. 2017

1.) Der Dopplereffekt: Eine Relativbewegung zwischen der Lichtquelle und ihrem Beobachter findet statt.

2.) Die gravitative Rotverschiebung: Sie wird von unterschiedlichen Gravitationspotenzialen der Lichtquelle und der Beobachtungsstelle hervorgerufen.

3.) Die kosmologische Rotverschiebung: Das scheinbar expandierende Universum; der Urknall

4.) Stokes-Shift bei der Übertragung diskreter Energiebeträge zwischen Photonen und Molekülen bei der Raman-Streuung.

Rotverschiebung existiert also nicht nur im Makro- sondern auch im Mikrokosmos. Logisch, wo sollte sie sonst herkommen? Schließlich bilden beide eine untrennbare Einheit, die nur vom Menschen zerteilt wurde, um wenigstens so tun zu können, als dass er einen Durchblick hätte.

Es gibt m.E. jedoch noch einige Möglichkeiten mehr, die als Ursache für eine Rotverschiebung in Frage kommen können bzw. könnten. Dabei mag es durchaus sein, dass diese bis auf Weiteres nur hypothetischer Natur sind. Bevor wir jedoch mit Sicherheit wissen, was tatsächlich im Universum los ist, können wir sie nicht einfach unter den Tisch fallen lassen. Das wäre unwissenschaftlich. Kommentieren wir also erst einmal die vier oben genannten Punkte, um uns dann dem bislang nichtgenannten Bereich mit ein paar Beispielen zuzuwenden.

Am schnellsten ist **Punkt 4.)** abgearbeitet. Der scheint hier erst einmal keine Rolle zu spielen. Vielleicht täuscht das ja, aber wir lassen ihn hier trotzdem erst einmal beiseite, weil ich eh keine Ahnung davon habe.

Den **3.) Punkt**, der die kosmologische Rotverschiebung mithilfe der Ausdehnung des Raumes und der Raumzeit ‚begründet‘, hatte ich bereits ein wenig kritisiert und in Zweifel gezogen. Ihre bislang beschriebene Funktionsweise erscheint von meiner Warte aus nicht wirklich schlüssig und ist mit hoher Wahrscheinlichkeit nicht richtig. Mitzuteilen wäre vielleicht noch, dass die kosmologische Blauverschiebung, die es auch gibt und die etwa ein Viertel der überwiegend "näher" an der Erde befindlichen Objekte betrifft, gern ein wenig unter den Scheffel gestellt oder ganz weggelassen wird. Ein Beispiel dafür ist die Andromeda-

Galaxie, die anscheinend auf uns zurast. Aber wie ist das möglich, wenn sich doch alles voneinander entfernen soll? Ich denke, die häufige Unterschlagung der Blauverschiebung ist einer miserablen, aber durchaus zielgesteuerten Mangelberichterstattung geschuldet. Ob das stimmt weiß ich nicht, aber der Verdacht liegt nahe. Das soll vorerst dazu genügen.

Wichtiger im hiesigen Zusammenhang ist **Punkt 1.)**. Den Dopplereffekt gibt's nunmal und jeder kann ihn tagtäglich hören. Ihn zu sehen ist schon schwieriger. Aber da die Lichtgeschwindigkeit konstant ist – ähnlich der Schallgeschwindigkeit im hörbaren Bereich unter bestimmten Bedingungen – gibt es den Dopplereffekt auch im Bereich des Lichts. Bei entsprechenden Relativ-Geschwindigkeiten der betreffenden / betroffenen Objekte kann er durchaus auch bei der kosmologischen Rotverschiebung eine Rolle spielen. Manchmal wird er direkt dafür verantwortlich gemacht, manchmal nur teilweise als „Mitverursacher" herangezogen, und manchmal wird seine Rolle kleingeredet oder gar völlig negiert. Eine kurze endgültige Beurteilung seiner „Mittäterschaft" in der Kosmologie ist somit schwierig.

Aus hiesiger Sicht ist beim Dopplereffekt erwähnenswert, dass die Struktur der Berechnungsformel der Rotverschiebung (= z) auf einem Radius-Strahl zumindest grob derjenigen eines Ellipsenlambdas ‚ähnelt' oder wenigstens ein wenig daran erinnert:

<table>
<tr><td>Rotverschiebung</td><td></td><td>Ellipsen-Lambda</td></tr>
</table>

$$z = \sqrt{\frac{c+v}{c-v}} - 1 \qquad <=> \qquad \lambda = \frac{a-b}{a+b}$$

Beides könnte somit durchaus etwas miteinander zu tun haben. Ob direkt oder nur sehr indirekt, sei bis auf Weiteres dahingestellt.

Mit Abstand am interessantesten der vier bei Wikipedia genannten Punkte, erscheint mir **Punkt 2.)**, die **gravitative** Rotverschiebung. Unter gravitativer Rotverschiebung versteht man die Änderung der Wellenlängen des von einem massereichen Körper abgestrahlten Lichts aufgrund der Gravitation des abstrahlenden Körpers. Die Gravitationkraft zieht also quasi von hinten am Licht, sodass es nicht so leicht fort kann, wie es das gern täte. Aus blanker Wut über das Hemmnis läuft es rot an und schiebt seine Spektrallinien in den roten Bereich. Umso mehr, je kräftiger von hinten gezogen wird, also je größer und schwerer der abstrahlende Körper ist.

Das funktioniert auch umgekehrt: Wenn sich Licht auf einen massereichen Körper zubewegt und mit großer Gravitationskraft angezogen wird, werden die Spekrallinien in Richtung des blauen Lichtbereiches verschoben. Das heißt, wenn ein 200-Kilo-Mann in das Licht einer Taschenlampe blickt, dann erscheinen ihm die darin enthaltenen Spektrallinien im bläulicheren Spektralbereich als einem leichten Baby, welches mit Begeisterung dieselbe Taschenlampe anstarrt.

Die gravitative Verschiebung von Spektrallinien ist nachgewiesen und messbar. Bei Wikipedia[205] wird für die Erde eine gerundete Rotverschiebung der Spektrallinien für sich entfernendes Licht um **1,4 * 10^-9 oder 0,208 m/s** angegeben.

Im Hinblick auf das Kugel-Lichtmodell ist das ausgesprochen bemerkenswert. Ich könnte wetten, dass eine **0,207542** (m/s) und eine **1,4444906**… * 10^-9 der Realität erheblich näher kommen. Mal sehen, ob jemand mitspielt.

Wo die 0,207542 herkommt, dürfte mittlerweile bekannt sein. Sie entspricht im Modell der Differenz zwischen 300 Grad und 299,792458 Grad. Demgegenüber ist die 1,4444906 *10^-9 der Quotient aus definierter Lichtgeschwindigkeit und 0,207542 mit angepasster Zehnerpotenz.

Falls das richtig ist, wäre es ein Beleg dafür, dass die Erfinder von Meter und Sekunde die gravitative Rotverschiebung der Erde von Anfang an und in vollem Bewusstsein in die Lichtgeschwindigkeitszahl, in die Längen des Meters und der Sekunde sowie in das Kugel-Lichtmodell eingebaut haben. Da die Verschiebung angesichts der riesigen Lichtgeschwindigkeit zu gering ist, um von allein aufzufallen, wurde ihr Wert um eine Million erweitert, was dann **207,542 km**/s ergibt. Die Summe aus Lichtgeschwindigkeit und dieser Hinweiszahl auf die gravitative Rotverschiebung der Erde beträgt dann glatte 300.000 km/s. Falls das wider Erwarten nicht richtig sein sollte, dann wäre es diesmal wirklich

---

[205]   Wikipedia.de; Stichwort „Rotverschiebung", Abschnitt „Gravitative Rot- und Blauverschiebung", Tabelle => Erde

ein ausgesprochen dummer Zufall. Aber wie bereits mehrfach gesagt: Von diesen komischen "Zufällen" gibt's schon lange viel zu viele, als dass sie Zufälle sein könnten.

Der selbe Zusammenhang dürfte auch für das jeweils paarweise Auftreten der Lichtkreise im Kugel-Lichtmodell verantwortlich sein. Der kleinere, innere Lichtkreis jedes dieser Paare basiert auf einem Vielfachen der von der Erde aus gemessenen exakten Lichgeschwindigkeit von 299.792,458 km/s. Und der dazugehörige große, äußere Lichtkreis auf der theoretischen, ‚erweiterten‘ und gerundeten Lichtgeschwindigkeit von glatten 300.000 km/s ohne jede Einwirkung von Gravitation und jeglichen anderen Einflüssen. Die 300.000 km/s sind also nicht mehr nur eine ganz normale Rundung einer vorher unrunden Lichtgeschwindigkeitszahl, sondern beinhaltet den bewussten Hinweis auf die gravitative Rotverschiebung durch die Gravitation des Planeten Erde.

Nachdenklich dabei stimmt, dass die Erde (samt ihrer Masse) im Weltall ja nur ein winziges, kaum wahrnehmbares Staubkorn ist. Für diesen winzigen Stäubling erscheint eine - bereits gut messbare - gravitative Rotverschiebung von 0,207542 m/s doch schon enorm groß. Wie mag sich also dasselbe Phänomen darstellen, wenn die dahinter liegende Masse billionenmal größer ist?

Die gravitative Rotverschiebung des Lichts weit entfernter Galaxien könnte also die kosmologisch gemessene Rot- und Blauverschiebung recht gut erklären. Allerdings sind diesbezüglich noch etliche Fragen offen. Das Licht der besonders interessanten, wirklich weit entfernten Galaxien ist ja nicht das Licht eines einzigen, messbaren Körpers, sondern das durchmischte Licht einer ganzen Galaxie. Und Galaxien sind selbst schon ganz schön groß und massereich. Dazu ist der Weg, von dort zu uns, ungeheuer lang und kann vielen Störungen unterworfen sein. Je weiter sich das Licht von seiner Quelle und der Heimatgalaxie dieser Quelle entfernt, desto mehr Gravitation von anderen Himmelskörpern und Galaxien zieht ja ebenfalls von hinten am Licht. Und wenn das "halbe" Universum von hinten – und die andere "Hälfte" des Universums von vorn – am Licht herumzieht, dann hat das mit Gewissheit einen großen Einfluss auf das Licht und die in ihm enthaltenen Spektrallinien, auch wenn die Einzelkräfte vordergründig nur sehr gering sind. Wie wirkt sich das alles auf das hier ankommende Licht aus? Bis das auch nur einigermaßen klar ist, wird noch sehr viel Licht im Weltall erzeugt werden und in den unendlichen Weiten auf universale Reisen gehen …

Kommen wir nun noch schnell zu möglichen Ursachen für Rotverschiebung, die hier noch nicht genannt wurden. Auch diese Ausführungen sind mit Sicherheit nicht vollständig. Fügen wir also zu obiger Aufstellung einfach noch ein paar Punkte hinzu:

Als **Punkt 5.)** wäre vielleicht die sogenannte ‚Lichtermüdung‘ zu nennen. Licht fliegt durchs All, wird aufgrund des weiten Weges müde und läuft deswegen rot an. Diese Variante ist rein hypothetisch. Die Fernsehphysiker H. Lesch und J. M. Gassner mögen sie nicht. Sie ist für uns hier auch nicht sonderlich relevant.

Unter **Punkt 6.)** könnten wir eine minimale, aber permanente Energieabgabe von Licht nennen, die u.U. zu einer Rotverschiebung führen könnte. Auch das ist eine blanke Hypothese, die praktisch Punkt 5.) extrem nahe kommt.

Ein wenig spannender ist **Punkt 7.)**, der hier die Frage nach den Einflüssen äußerer Temperaturunterschiede auf vorbeifliegendes Licht, stellen soll. Durchs Weltall sausendes Licht kommt zwangsläufig an diversen, unterschiedlich temperierten Materialien vorbei. Wie wirkt sich das auf Frequenz und Wellenlänge des Lichts aus? Zumindest bei seiner Entstehung und Emmission ist Licht oftmals temperaturabhängig. Kaltes Eisen sieht grau aus. Wird es erwärmt, gibt es zunächst rotes Licht ab. Wird es stärker erhitzt, wird das Licht immer heller, bis das Eisen schließlich weißglühend ist. Auch sollte Licht in warmem Glas schneller sein als in kaltem Glas mit gleichen optischen Eigenschaften. Schließlich schwingen die erwärmten Glasmoleküle mehr als die kalten, wodurch mehr Platz für das Licht frei wird und es sich schneller bewegen können sollte. Ganz ähnlich sollte das auch bei unterschiedlich dichten Vakua sein. Demgegenüber sollte es bei Null Grad Kelvin gar kein Licht mehr geben, da Teilchen ohne Energie keines mehr abgeben können sollten. Das heißt: Licht sollte schon in irgendeiner Form von der Umgebungstemperatur abhängig sein. Aber wie äußert sich das bei extrem langen Fernreisen über Milliarden von Jahren? Ich weiß es nicht.

Daran schließt sich gleich **Punkt 8.)** an: Die Veränderung der Lichtgeschwindigkeit in unterschiedlichen Medien. Sie ist lange bekannt und nachgewiesen. Eine veränderte Lichtgeschwindigkeit zieht selbstverständlich andere Frequenzen und Wellenlängen nach sich. Das kann also durchaus ein guter Grund für Rotverschiebung sein, sofern in unserer Weltgegend das Vakuum dichter sein sollte als woanders. Weder das Universum, noch das darin befindliche Vakuum, sind in irgendeiner Wiese homogen. Demzufolge bewegt sich das Licht auf seiner Reise durchs All automatisch oft durch unterschiedliche Materialien hindurch. Aber wie können wir das jemals prüfen und korrekt bestimmen? Eigentlich nur, indem wir die Strecke selbst abfliegen und stetige Außenmessungen durchführen. Bis es soweit ist, wird es aber wohl noch eine gehörige Weile dauern.

Punkt 9.) soll hier die eventuell mögliche kontinierliche Langzeitveränderlichkeit von physikalischen Konstanten sein. Sie wurde von einem Diskussionspartner ins Gespräch eingebracht. Sie ist aus heutiger Sicht extrem hypothetisch und unsicher. Aber können wir sie bereits endgültig und für immer restlos ausschließen? Ich denke nicht.
Andererseits könnte sich nach meinen eigenen Erhebungen die Lichtgeschwindigkeit in den letzten 20.000 Jahren allerschlimmstenfalls um maximal einen Meter je Sekunde geändert haben. Eher noch erheblich weniger, wenn überhaupt. Auch diese Frage bleibt zwangsläufig noch eine geraume Zeit offen. Bis sie endgültig abgeklärt ist, erscheint es sinnvoll an einer insgesamt konstanten Lichtgeschwindigkeit festzuhalten.

Punkt 10.) beinhaltet die „variable" Lichtgeschwindigkeit[206]. Sie basiert auf älteren Ideen Albert Einsteins u.a. und wurde vor einer Weile von Dr. Alexander Unzicker[207] wieder ausgegraben. Demzufolge taucht dieser Gedanke unabhängig voneinander im Verlauf der letzten 100 Jahre Physikgeschichte immer mal wieder auf. So ganz verkehrt können diese Gedanken also ebenfalls kaum sein. Es geht dabei um die Beugung des Lichts an massereichen Objekten und die dadurch zwangsläufig verän-

---

[206]   Einstein 1911
[207]   [28]

derte Lichtgeschwindigkeit. Die Lichtbeugung durch Gravitation ist nachgewiesen und kann gemessen werden. Durch die Masse unserer relativ kleinen Sonne wird Licht um etwa 1,75 Gradsekunden gebeugt. Das ist nicht wirklich viel – um nicht zu sagen: fast gar nichts. Aber wie groß ist diese Richtungsänderung, wenn sich ganze Galaxien in die Waagschale werfen?

Hier tauchen wieder die altbekannten Fragen auf: Wieso kann Gravitation überhaupt auf Licht einwirken? Hat Licht generell eine Masse? Oder ist die Lichtbeugung an großen Massen auch noch anderen Einflussfaktoren unterworfen? Beispielsweise elektrischen oder magnetischen Feldern? Oder irgendetwas Anderem? Egal. Die „variable" Lichtgeschwindigkeit gibt es und auch daraus kann eine Rotverschiebung entstehen, wie sie sich bei der Beobachtung weit entfernter Galaxien für uns ergibt. Lichtbeugung beinhaltet eine Kurvenbewegung des Lichts. Um diese Kurvenbewegung zu bewerkstelligen ist ein Energieaufwand notwendig. Der wird hauptsächlich von den beugenden großen Massen geliefert. Da aber – wie wir wissen - alles relativ ist, muss auch ein kleiner Teil der notwendigen Energie vom Licht selbst kommen. Somit sollte dem gebeugten Licht bzw. der gebeugten Strahlung in jedem Falle Energie entzogen werden. Somit erscheint es gar nicht abwegig, dass das bei uns sichtbar werdende Lichtspektrum vor langer Zeit von den beobachteten Sternen und Galaxien als viel energiereichere Stahlung emittiert wurde, und sich – zumindest teilweise - erst durch Energieabgabe in für uns sichtbares Licht 'verwandelt' hat.

Punkt 11.) Die Relativität bringt noch einen anderen Fragenkomplex in den Focus der Betrachtung: Was wird im Rahmen der Rotverschiebung eigentlich verschoben? Sind es die Spektrallinien? Oder ist es das Licht selbst? Oder beides gleichzeitig? Oder ist es noch ganz etwas anderes? Ich habe keine Ahnung, aber diese Fragestellungen dürften einer der Schlüssel zum wirklichen Verständnis der Spektralverschiebung sein, ob rot oder blau ist dabei völlig egal.

Punkt 12.) Wenn Licht durch große Massen gebeugt wird, dann wird es zwangsläufig auch von kleineren Massen gebeugt. Nur eben nicht so "stark". Das bedeutet, dass Licht praktisch nie wirklich geradeaus fliegt, wenn man von einem hypothetischen absolut leeren Raum absieht, den es in der Praxis nicht gibt. Die Beugung durch kleine Massen dürfte extrem gering und damit für uns gar nicht oder so gut wie nicht messbar sein. Trotzdem könnte bzw. muss sie unter Umständen in den Weiten des Universums und in gewaltigen Zeiträumen eine enorme Rolle spielen. Vor allem, wenn sie sich in einigen Fällen aufaddiert.

Punkt 13.) ist hier die letztgenannte Variante. Effektiv ist er aber sicher nicht die letztmögliche Ursache für die Entstehung von Rotverschiebung. Diesen Punkt habe ich mir ‚selbst ausgedacht'. Ob er richtig ist oder überhaupt sein kann, weiß ich nicht. Aber er gefällt mir trotzdem gut, weil er auf den ersten Blick so schön einfach ist. Dabei geht es um die Filterwirkung der ganz normalen Lichtbeugung an sich. Wenn wir in den Himmel schauen, um die Sterne zu betrachten, dann sehen wir nur sehr wenige davon an der Stelle, an der sie sich tatsächlich befinden. Das sind diejenigen, die uns am nächsten stehen. Das Licht aller anderen Himmelskörper, die dahinter angesiedelt sind, ist von den Materiemassen der – von uns aus gesehen - vorderen Reihen gebeugt und gaukelt uns falsche Standorte vor. Das ist nichts Neues. Kann diese ganz normale Beugung Rot- oder Blauverschiebung produzieren?

Ja, ich denke, sie kann das.

Wenn wir Licht durch ein Prisma senden, wird es gebrochen und in seine Farbbestandteile aufgespalten, ein „Regenbogen" entsteht. Dabei ändert blaues Licht seine Wegrichtung am stärksten, rotes Licht hingegen nur sehr wenig. Ganz ähnlich sollte sich Licht bei der Beugung durch große Massen verhalten. Rotes Licht wird dabei am wenigsten gebeugt, weil es am energieärmsten ist und somit am wenigsten mit der Beugungsquelle (einem massereichen Objekt in der Nähe) interagiert. Warum ist das so? Auch hier stellt sich wieder die Frage, ob Licht eine Masse hat. Ist rotes Licht leichter als blaues, damit dieser Effekt sichtbar werden kann?

Bei riesigen Entfernungen bewirkt schon eine minimale Beugung ein weiträumiges Aufdröseln eines Lichtstrahls, oftmals viel weiter als die Erde – unser Beobachtungsstandort - groß ist. Das sollte zur Folge haben, dass wir hauptsächlich dasjenige Licht sehen, welches den kürzesten und direktesten Weg zu uns nimmt – und das ist meistens das rote. Nun wird aber Licht von universellen Lichtquellen zumeist allseitig, also weitgehend kugelförmig, abgestrahlt. Die Nachbarlichtstrahlen unseres zuerst empfangenen Lichts werden also ebenfalls gebeugt. Dadurch ist es möglich und wahrscheinlich, dass das zuerst beobachtete Rotlicht mit dem blauen und anderen Licht der Nachbarstrahlen durchsetzt und vermischt ist, weil sich die Lichtstrahlen seitlich überlappen.

Daraus folgt:

Unabhängig davon, wo sich die Erde gerade befindet, sehen wir hier hauptsächlich immer primär das rote Licht und erst "nachrangig" bzw. "leicht verspätet" alle anderen Farben, die zwar von der selben Quelle und gleichzeitig, aber aus einer geringfügig anderen Richtung bei uns eintreffen. Damit wäre die Rotverschiebung von Spektrallinien nicht mehr als eine „optsiche Täuschung" bzw. eine „zeitliche Verschiebung". Sie wäre aber eindeutig winkel- und entfernungsabhängig, was sie ja wohl auch tatsächlich ist.

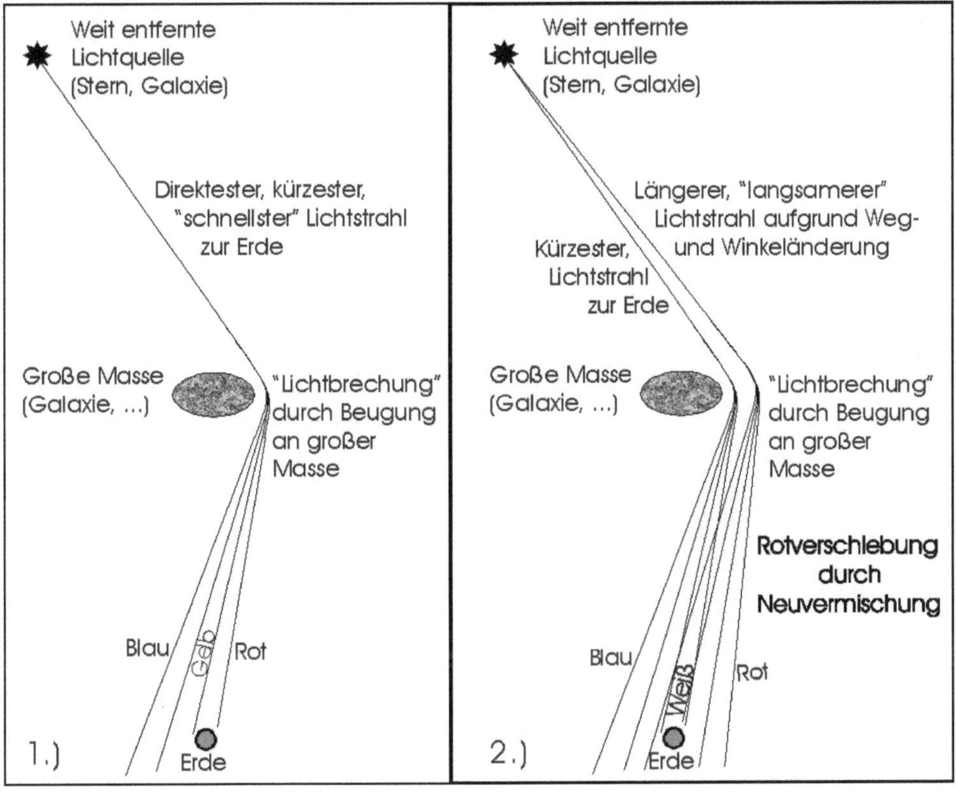

Vorhergehende Seite; Abbildung 87: *Rotverschiebung durch Beugung und Neuvermischung. Ich weiß nicht, ob das so funktionieren kann, aber es kommt mir erheblich überzeugender vor als Rotverschiebung durch „überlichtschnelle Raumausdehung aufgrund eines volltheoretischen Urknalls aus dem absoluten Nichts".*

Wie gesagt: Ob das richtig ist, weiß ich nicht. Aber ich halte es sehr wohl für möglich. Um die Feinheiten dieser - und aller anderen - Varianten aufzudecken, bitte ich die Physiker frisch und munter ans Werk zu gehen.

Außer Konkurenz sei noch eine Denksportaufgabe als „14. Punkt" genannt: Auf der internationalen Raumstation ISS brennt eine Kerzenflamme kugelähnlich und wesentlich bläulicher als auf der Erde. Die Kugelähnlichkeit ist leicht zu erklären. Durch die Schwerelosigkeit weiß die Kerzenflamme nicht wo oben und unten ist. Deswegen dehnt sie sich allseitig – und damit kugelähnlich – aus. Aber warum ist die Flamme bläulich? Machen die 400 bis 800 Kilometer Zusatzentfernung vom Massenschwerpunkt der Erde bezüglich der gravitativen Rot-Blau-Verschiebung tatsächlich so viel aus? Oder gibt es noch andere Gründe? Und müsste die auf der Erde gelbliche Flamme dann nicht eher rötlicher werden als bläulicher?

Und noch ein „15. Punkt" sei genannt: Im Frühjahr 2018 wurde ein Stern namens „S2" beobachtet, der sich um ein ‚Schwarzes Loch‘ herum bewegte und dabei seine Farbe ensprechend der Entfernung zum schwarzen Loch veränderte[208]. Als der Stern der Gravitationsquelle näher kam wurde er zunächst immer rötlicher, um bei der nachfolgenden Entfernung vom Objekt wieder bläulicher zu werden. Das gilt als weiterer Beweis für die Richtigkeit und Existenz der gravitativen Rotverschiebung. Interessant daran ist, dass dieser Vorgang die Astrophysiker dazu inspierierte über die Zeit und ihre Relativität nachzudenken. Hat also Spektralverschiebung tatsächlich etwas mit Zeitverschiebung zu tun?

Ich denke ‚JA‘ …

---

[208]   [33]

Fazit: Es gibt eine ganze Reihe von Möglichkeiten, die als Ursache von Rot- und Blauverschiebung in Frage kommen könnten. Qualität und Wahrscheinlichkeit dieser Varianten sind von Fall zu Fall sehr unterschiedlich. Mir persönlich gefällt Punkt 2.), die gravitative Spektrallinienverschiebung am besten, zumal sie nachgewiesen, messbar und definitiv allerorten im Universum wirksam ist. Sie ist aber mit höchster Wahrscheinlichkeit von den Punkten 1.) und 13.) durchsetzt und kann auch noch von anderen genannten (und nicht genannten) Punkten ergänzt und flankiert werden.

Die Komplexität und Vielfalt der Einflussfaktoren – sowie das geringe gegenwärtige Wissen über die unterschiedlichen Beeinflussungsmöglichkeiten sowie die Schwierigkeiten bei der exakten quantitativen Bestimmung und der Trennung der jeweiligen Faktoren im Einzelfall – machen die korrekte Analyse des Problems ungeheuer schwierig, aber definitiv nicht unlösbar.

Hingegen ist es meines Erachtens absolut ungerechtfertigt, die Verschiebung von Spektrallinien als Basis für eine Theorie in Anspruch zu nehmen, die praktisch alles Andere über den Haufen wirft. Die Rot-Blauverschiebung als scheinbaren "Beweis" für die vermeintlich überlichtschnelle Ausdehnung des Universums in Anspruch zu nehmen, ist meiner Meinung nach – freundlich formuliert – völlig unangemessen.

<u>Kurz zur Hintergrundstrahlung</u>

Ganz ähnlich verhält es sich mit der sogenannten Hintergrundstrahlung, die ebenfalls als Beleg für die Urknalltheorie gilt[209]. Dabei handelt es sich um eine Mikrowellenstrahlung, die schwach von allen Seiten auf uns ein- und an uns vorbeiströmt. Dabei ist sie jedoch keineswegs gleichmäßig im Universum verteilt. Stattdessen kommt sie mit leicht unterschiedlicher Energiedichte bzw. Temperatur bei uns auf der Erde an, deren Verteilung gewissermaßen an ein Kuhfleckenmuster erinnert. Die Tem-

---

[209]   Wikipedia.de; Stichwort „Hintergrundstrahlung"; Stand November 2017

peratur beträgt nur 2,725 $\pm$ 0,002 Kelvin. Sie ist also erstaunlich kalt bzw. energiearm und die Schwankungen nur sehr geringfügig.
Durchschnittlich sollen in jedem Kubikzentimeter Vakuum des gesamten Weltalls etwas mehr als 400 Photonen der Hintergrundstahlung enthalten sein – in jedem Kubikmeter also über 400 Millionen. Bedenkt man die Größe des kompletten Universums, dann läppert sich da eine recht erquickliche Anzahl dieser Teilchen zusammen.

Aus hiesiger Sicht des Kugel-Lichtmodells ist die Rotverschiebung der Hintergrundstrahlung besonders interessant. Nach Wikipedia[210] beträgt sie z = **1089** $\pm$ 0,1. Das ist eine wirklich bemerkenswerte Größe, denn die 1089 ist nicht nur für verblüffende „Zahlenspiele" bekannt, sondern auch die Quadratzahl von **33**. Und die ist uns bisher – wenn auch nicht immer in Reinform, sondern oft mit verschiedenen Zehner- und anderen Potenzen sowie kleinen Abweichungen kombiniert - schon etliche Male begegnet und wird das auch mindestens noch einmal an besonders exponierter Stelle tun. Die Hintergrundstrahlung wurde zwar schon ab 1933 vorhergesagt, aber erst 1964 tatsächlich entdeckt.

Seither wird sie als Beleg für die Urknalltheorie verkauft. Ist das aber tatsächlich so? Gibt es wirklich keine andere Erklärung? Ist der Urknall tatsächlich die einzig mögliche Begründung für die Existenz der Hintergrundstrahlung? Ich denke nicht.

Bevor Licht (inklusive Strahlung jeglicher anderer Art) von extrem weit entfernten Sternen bei uns eintrifft, kommt es milliardenfach an Himmelskörpern aller Arten und Größenordnungen vorbei oder sogar direkt mit ihnen in Berührung. Es wird zwangsweise milliardenfach gebeugt, gestreut, gebrochen, reflektiert, teilweise absorbiert, angezogen, abgestoßen und mit Licht aus anderen Quellen vermischt. Von der irrigen Vorstellung, dass sich Licht hauptsächlich geradlinig im All ausbreitet, müssen wir uns ein für alle Male trennen. Das ist einfach nicht so.

Dabei ist zu bedenken, dass Kurvenbewegungen beschleunigte Bewegungen sind. Das heißt, das Licht sollte bei jedem ‚Haken', den es schlägt, ein wenig Energie verlieren, um somit energieärmer und langwelliger zu werden.

---

[210]   Wikipedia.de; Stichwort „Hintergrundstrahlung"; Stand November 2017

Tatsächlich geradliniges Licht existiert ausschließlich in der idealisierten Theorie. In der Praxis dagegen gibt es stets Abweichungen von der Geraden, mögen sie mitunter auch noch so klein sein. Insofern erscheint es nur allzu naheliegend, dass die Hintergrundstrahlung den Rest vom Streulicht weit entfernter Strahlungsquellen darstellen könnte – auch ohne jeden Urknall. Dabei ist es primär ohne großen Belang, ob das Universum endlich oder unendlich ist.

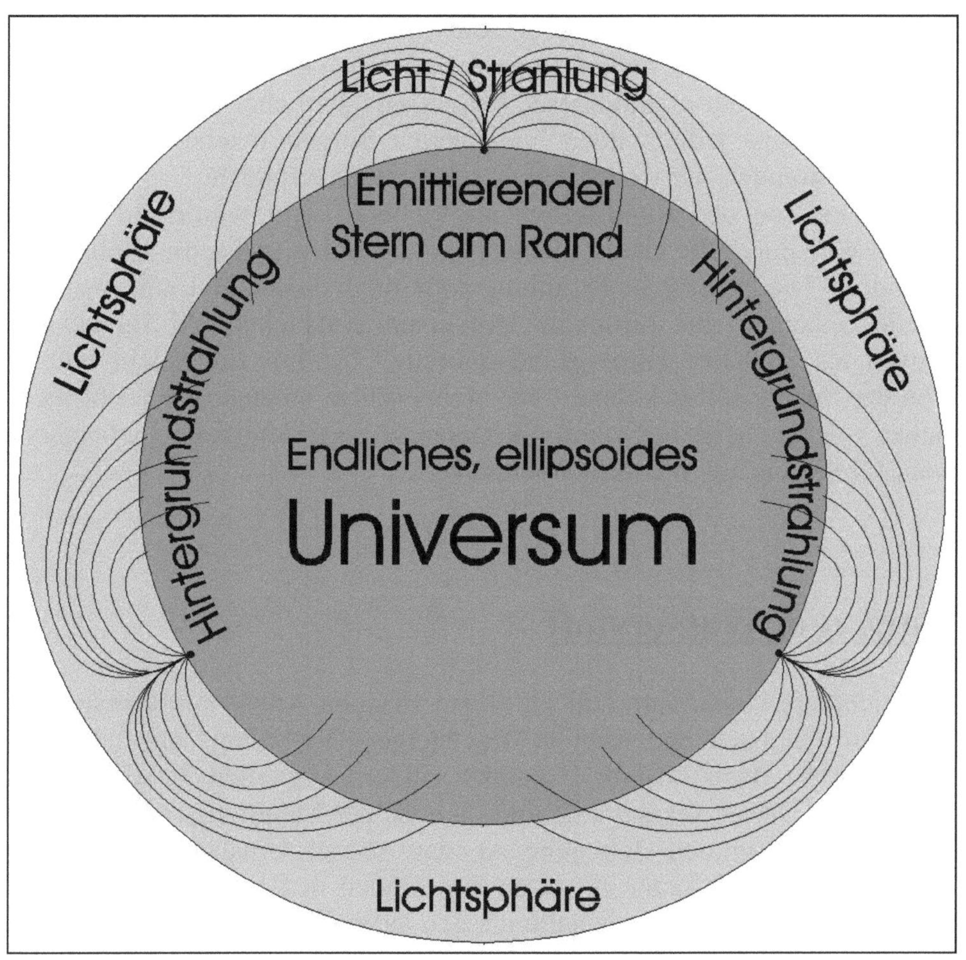

Abbildung 88

Und mindestens noch eine Möglichkeit gibt es, falls das Universum groß, endlich und ellipsoidförmig sein sollte. Dann würde dasjenige Licht von Sternen am äußersten Rand des universalen Ellipsoiden, welches aufgrund seiner Abstrahlungsrichtung zunächst über den Rand des eigentlichen Universums hinausschießen würde, durch die Gravitation des universalen Gesamtkomplexes hinter ihm, gebeugt und wieder eingefangen. Das Ellipsoid-Universum wäre dann von einer enorm dickwandigen Licht- und Strahlungssphäre umgeben, aus der nichts verlorengehen könnte. Diese Sphäre wäre aber selbstverständlich auch ein Teil des Universums, d.h. seine äußere Begrenzung. Noch dahinter wäre entweder rein gar nichts oder noch andere „Universen" ähnlicher Struktur. Darum müssen wir uns jedoch noch lange keine Sorgen machen, denn „das Dahinter" könnten wir weder jemals sehen, noch erreichen.

Das von den Randsternen abgegebene Licht würde auf seinem langen Weg durch die eisige Lichtsphäre auskühlen und seine Wellenlänge ändern. Die Hintergrundstrahlung wäre dann dasjenige Licht, welches aus der Sphäre wieder zurück ins Universum eintauchen und irgendwann danach als „Sphären-Hintergrundstrahlung" bei uns eintrudeln würde. Von der Sphäre selbst könnten wir nichts sehen, solange wir Licht nicht sicher von der Seite beobachten können. Die gleißendhelle Lichtsphäre wäre für uns bis auf Weiteres stockduster.

Kurz zum Wasserstoff

Das sichtbare Universum soll zu einem riesigen Anteil aus Wasserstoff bestehen, der nach und nach in den Sternen "verbrannt" wird. Das ist nicht nur die Basis unserer Existenz, sondern angeblich die Grundlage von Allem. Dieser Wasserstoff muss - in seiner Menge und Verteilung - irgendwo herkommen. Ich gebe zu, dass dieser Umstand der einzige Punkt ist, der mich unter gewissen Umständen in Grobrichtung Urknall bewegen könnte. Allerdings halte ich den Urknall immer noch für Unfug, denn eine Schöpfung aus dem Nichts, einem Ur-Atom, aus Reiskorn oder Apfelsine, … und eine überlichtschnelle Expansion (= Explosion, die angeblich keine sein soll) will mir immer noch nicht einleuchten. Ich bin eben – im Gegensatz zu erstaunlich vielen Physikern - nicht religiös.

Insofern liegt für mich ein pulsierendes oder "stagnierendes" Universum wesentlich näher als ein geurknalltes.

Im Grunde gibt es für den extrem hohen Wasserstoff-Anteil im Weltall ja nur zwei Entstehungsmöglichkeiten:
1.) die **zentrale** Entstehung mit nachfolgender Verteilung
(per „Urknall" oder in einem pulsierenden Universum)
2.) die **dezentrale** Entstehung des Wasserstoffs in einem weitgehend "stagnierenden" oder „statischen" Universum, welches räumlich und zeitlich endlich oder unendlich sein kann – jedoch keinesfalls „unveränderlich".

Die dezentrale Entstehung des Wasserstoffs ist mir persönlich wesentlich sympathischer. Doch wie könnte sie vonstatten gehen?

Dafür kommen eine Menge von Prozessen infrage: Chemische, physikalische, kernphysikalsiche, … und noch völlig unbekannte.

Wenn Sterne explodieren wird oftmals zwangsläufig eine Menge Wasserstoff in der Umgebung verteilt bzw. umverteilt. Dieser Wasserstoff war also vorher schon vorhanden. Doch wo kommt neuer her? Wo ist die Tankstelle? Von wem wird sie beliefert?

Wie sieht die Zapfsäule aus?
Mein persönlich favorisiertes Szenarium beruht auf Schwarzen Löchern der unterschiedlichsten Größe. Davon soll es ja eine ganze Menge geben. Und das nicht nur in den Zentren von Galaxien. Trotzdem sollten die Schwarzen Löcher in Galaxie-Zentren im Zusammenhang mit der Wasserstoffentstehung besonders wichtig sein. Schließlich saugen sie gewaltige Mengen Materie in sich auf und "spielen" so die Gullies des Universums. Doch was passiert, wenn ihre Umgebung völlig leergesaugt ist? Gut, dann können sie sich mit anderen Schwarzen Löchern vereinigen, aber auch diese Kapazitäten sollten irgendwann aufgebraucht sein. Zu bedenken ist dabei, dass derartige Vorgänge zwar ‚mehrere Kubikmeilen' Raum in Anspruch nehmen, angesichts der unendlichen Weiten des Universums jedoch immer nur **lokale** Geschehnisse darstellen sollten.

Irgendwann sollten auch Schwarze Löcher das Ende ihres Lebenszyklusses erreichen. Was geschieht dann? Lösen sie sich einfach auf? Fallen sie in sich zusammen? Brechen sie auseinander? Explodieren sie? Vereinigen sie sich zu einem Ultrasupermegauniversellem-Schwarzen-Loch, welches dann die Ausgangsbasis für die nächste Pulsation des Universums liefert? Oder komprimieren sie sich selbst zu einem „Uratom", aus welchem dann irgendwann der nächste Urknall pufft? Dann sollte es zumindest einen konkreten Ort geben, an dem das passiert (ist) …

Ich denke, dass schwarze Löcher während der Zeit ihrer Existenz die Bausteine von Elementarteilchen als Strahlung abgeben und am Ende zu einer riesigen intergalaktischen Wolke explodieren, die ebenfalls zunächst aus den Einzelteilen von Elementarteilchen besteht. Das sollte vornehmlich geschehen, wenn zwei schwarze Löcher mit Schmackes zusammenknallen und mindestens eines davon so richtig kaputt geht. In alle Einzelteile zerlegt werden seine Reste weit in den Weltraum hinaus katapultiert. Damit das überhaupt passieren kann, sollten die kollidierenden schwarzen Löcher in gehöriger Entfernung zueinander entstanden sein. Nur dadurch kann genügend Strecke zur Verfügung stehen, um mit relativ geringer (Gravitations-)Beschleunigung auf die notwendigen Geschwindigkeiten zu kommen. In diesem Zusammenhang ist im Rahmen der gewaltigen Explosion auch Überlichtgeschwindigkeit von einzelnen Bauteilen durchaus vorstellbar. Im weiteren Verlauf der Entwicklung sollten sich die Bauteile zu fertigen Elementarteilchen vereinigen, aus welchen dann irgendwann zuerst der Wasserstoff entsteht und in der betroffenen Groß-Region alles von vorn anfängt. Im Grunde ergibt das im Lauf der Zeit eine Menge „kleiner Urknälle", die kunterbunt im Universum verteilt geschehen. Hier mal ein Rums, dort mal ein Bums.
Das sollte ganz einfach deshalb so sein, weil die Entfernungen zwischen zwei schwarzen Löchern, die sich in entgegengesetzten Ecken des Universums befinden, viel zu groß sind, um sich gegenseitig erreichen zu können. Bevor das nämlich geschehen kann, krachen sie schon „tausendmal" mit irgendetwas Anderem zusammen - etwa mit ‚dritten‘ schwarzen Löchern - sodass sie gar nicht in der Lage sind zueinander zu kommen. Etwa so wie Königskinder. Das Universum zwischen ihnen ist

viel zu tief. Damit entsteht der neue Wasserstoff schon lange bevor sich die letzten Brocken zum „neuen Uratom" vereinigen können.

Freilich ist das blanke Spekulation. Aber es ist eine Denkvariante, die sich nahtlos und sinnvoll in den ewigen Kreislauf von Werden und Vergehen einfügt. Und zwar ohne einmaligen universellen Schöpfungs-knall, sondern **dezentral und mehrfach** – quasi unendlich oft - immer wenn in einer Region die Zeit reif dafür ist. Keine Singularität, sondern Pluralität von Anfang bis ‚Ende'. Wobei aus jedem vermeintlichen Ende sofort ein neuer Anfang entsteht. Das nennt man ‚ewig' ...

<u>Mein Universum</u>

Wenn man intensiv über den Urknall und andere intergalaktische The-men nachdenkt, kommt man angesichts der Unzahl der Widersprüche und Unklarheiten irgendwann automatisch an den Punkt, wo man vor der Frage steht: **Wie stelle ich mir selbst das Universum vor?** Rein per-sönlich. Fernab jeglicher Missionare und Missionierungen von Umwelt, Religionen, Scheinwissenschaft und echter Wissenschaft ...

Eine abschließende und allumfassende Antwort auf diese Frage gibt es nicht und kann es auch auf sehr lange Zeit noch nicht geben. Wir wissen einfach viel zu wenig von diesen Dingen – und nähern uns nur sehr lang-sam realistischen Vorstellungen. Praktisch jeder sieht das alles ein klein wenig anders. Sicheres Wissen dazu ist Mangelware. Tatsächlich Bewie-senes gibt es kaum. Stattdessen füllen Vermutungen, Unsicherheiten, Spekulationen und Fantasien die leeren Wissensräume – auch bei Wis-senschaftlern ist das so. Trotzdem steht die Frage felsenfest im Raum und will wenigstens halbwegs beantwortet werden, damit man die Groborien-tierung nicht völlig verliert. Mit einer solchen Quasibeantwortung ist aber nicht viel verloren, solange man nicht versucht sie als Allheilmittel festzuschreiben. Im Gegenteil sollte sie eher als Grundlage dazu dienen, weiterzusuchen, weiterzudenken und darauf aufzubauen, sofern das möglich ist. Auch wenn man von vornherein weiß, dass dieser Bau niemals fertig werden kann. Und weil man das von Vornherein weiß, sollte man auch nicht davor zurückschrecken, zweifelhafte oder falsche Bestandteile der eigenen Vorstellungen schnurstracks über Bord zu werfen, sobald sie im Rahmen der Denkprozesse negativ auffällig werden.

Sicherlich war es für den interessierten Leser bereits weithin zu erkennen, dass „mein persönliches Universum" nicht viel mit demjenigen des Urknalls gemein hat. Eigentlich fast gar nichts.

Die erste flüchtige Beschreibung ‚meines Universums' lieferte ich bereits in [3] ab. Seitdem ist schon wieder viel Zeit vergangen und eine Menge neues Wissen dazugekommen. Eingestürzt ist es seither nicht. Im Gegenteil. Es haben sich viele Punkte gezeigt, dass der eingeschlagene Weg vielleicht gar nicht so verkehrt ist. Aus diesem Grunde soll nun eine – allerdings ebenfalls kurze – Neuauflage meiner persönlichen Universumsbeschreibung folgen.

In meinem Universum gibt es **keinen Urknall**. Es kann ihn nicht gegeben haben, da er m.E. unserem bisherigen (gesicherten) physikalischen Wissen **diametral** widerspricht. Er beantwortet keine Fragen, sondern wirft nur neue selbstgestrickte Probleme auf, indem er universal-religiöse Schöpfungsgedanken präferiert. Mit seiner Anerkennung biedern sich die Wissenschaften den Religionen an und liefern sich ihnen hilflos aus. Das sollte so nicht sein. Denn wenn man in alten Texten mal genau nachliest, stehen die „heutigen" religiösen Schöpfungsgedanken da so überhaupt nicht drin, sondern sind missglückte, auf Unwissen und Unverständnis basierende Interpretationen oder gar völlig freie Erfindungen der „modernen" Religionen. Wissenschaft – insbesondere Naturwissenschaft – sollte die alten Überlieferungen durchaus ernst nehmen **(viel ernster als bisher üblich)**, aber sich im Zweifelsfall nicht von den Religionen und ihren Interpretationen unterbuttern lassen. Konventionen sind manchmal ganz nett und hilfreich, manchmal aber auch das genaue Gegenteil. Sie können unter Umständen den Blick auf die Realitäten enorm verschleiern oder sogar zur totalen Erblindung führen. Im wissenschaftlichen Bereich kann das zu enormen Zeitverzögerungen führen oder direkt tödlich sein. Wissenschaft sollte aus der Geschichte lernen und das Gelernte beachten.

Ebenso dürfte ein pulsierendes Universum ausgeschlossen werden können. Auch wenn es schon tausendmal sympathischer ist als der Urknall und seine Theorien. Das Weltall erscheint mir einfach zu groß dafür. Zumal wir bislang noch nicht mal einen Rand oder ein Ende gefunden haben. Die einzige bekannte Kraft, die eine einzige „zentrale Verklumpung" bewirken könnte, ist bislang die Gravitationskraft. Und die ist relativ klein – vor allem bei riesigen Entfernungen von Milliarden Lichtjahren. Das heißt, für die „Zentralverklumpung" würden riesige Zeiträume benötigt, in denen unendlich viel Anderes passieren kann. Dadurch erscheint es kaum möglich, dass sich alles in einem zentralen Raumabschnitt zu einem einzigen Körper vereinigen könnte – der im Nachgang wieder explodiert und alles von vorn anfängt.

Stattdessen halte ich das Universum für **ewig** existent, relativ stabil und sich stets verändernd und weiterentwickelnd. Von echter ‚Stagnation' sollte keine Spur zu finden sein – sondern die ewige **Spirale** („Kreislauf") von Geburt, Leben, Sterben und ‚Wiedergeburt' von etwas Neuem trifft auch auf Sterne, Galaxien und alles Andere zu. Es ist das **‚Gesetz der Negation der Negation'**, welches allem uns Bekannten zugrunde liegt. Auch das Universum unterliegt der **Evolution**, der Weiterentwicklung. Nicht stetig linear, sondern in einem ewigen Zickzackkurs von hoch-und-runter, vor-und-zurück, … mit leichter Tendenz nach „vorn und oben". Irgendwann, irgendwo wird es sehr viel schwerere chemische **Elemente** geben als diejenigen, die uns bereits bekannt sind. Und sie werden die Grundlage für fundamental neue Entwicklungen bilden. Vielleicht existieren sie sogar schon längst – irgendwo da draußen.

Das Universum sollte annähernd kugelförmig, also **ellipsoid**, sein, weil das auch die Grundform fast alles Anderen ist. Vom Atom, über die Zelle, … bis hin zu den Sternen und einigen Sternhaufen. Galaxien hingegen sind meistens nicht kugelähnlich, aber sie bestehen aus ‚Kugeln'. Sie sind **keine geschlossenen Systeme**, sondern stehen miteinander in Verbindung. Sie dürften also Teil und Innenausstattung einer kugelähnlichen Ellipsoid-Struktur sein. Ob das Universum eine Hohlkugel (wie in Abbildung **84**) ist, vermag ich nicht abschließend zu sagen, aber wohl eher nicht. Jedenfalls ist bislang kein Hinweis darauf bekannt.

Das Universum sollte sehr viel **größer** sein als unser gegenwärtiges Sichtfeld mit einem Radius von über 13 Milliarden Lichtjahren. Bis jetzt tat sich jedenfalls hinter jedem erreichten Horizont immer ein neuer, viel weiterer, auf. So wird es weiter gehen. Hinter jedem „schwarzen Fleck" am Himmel werden neue Sterne und Galaxien auftauchen, sobald uns neue Technik und Technologien zur Verfügung stehen, die einen tieferen Blick ins Schwarze ermöglichen. Vielleicht ist das Universum sogar unendlich groß – oder ein Zwischending zwischen **endlich und unendlich**. Im Grunde spielt es aber noch lange keine Rolle wie groß es wirklich ist. Denn bis wir in der Lage sind, bis zu den eventuellen Rändern vorzustoßen, werden wohl noch ‚ein paar Wochen‘ vergehen – egal ob physisch oder „nur" optisch.

Sofern das Universum in irgendeiner Form endlich ist, muss es einen ‚Rand‘ haben. Auch Sterne und Galaxien, die sich in der Nähe dieses Randes befinden, strahlen ihr Licht (im weitesten Sinne) **allseitig** ab. Ein Teil dieses Lichtes würde somit bei einem endlichen Universum ins alles umgebende Nichts abgestrahlt, welches damit jedoch ab sofort kein Nichts mehr wäre. Aufgrund der Gesamtgravitation des Universums würde das **Licht** jedoch **gebeugt** bzw. „gebogen" und in weitem Bogen **zurück** ins Universum hineingezogen. Nichts würde verloren gehen, da sich Licht auch gegenseitig beeinflusst. Auf seinem langen Weg würde es sich zwangsläufig verändern und wir nehmen dieses zurückgekehrte Licht als Hintergrundstrahlung wahr. In diesem Szenarium wäre das kugelähnliche Universum von einer **Hülle aus Licht** aller Art umgeben, sozusagen in eine Lichtwolke oder Lichtsphäre eingebettet. Wahrnehmen könnten wir diese prächtige „Mauer aus Licht" nicht, denn sie zeigt uns ausschließlich ihre Breitseite. Für uns wäre sie tiefschwarz. Wir müssten warten, bis ihre winzigen Reste direkt auf uns zukommen, um sie als **Hintergrundstahlung** wahrnehmen zu können (siehe Abbildung **86**).

Auch bei einem unendlichen Universum sollte das so ähnlich funktionieren. Nur, dass das Licht das Universum nicht verlassen könnte und sich stattdessen innerhalb bewegen würde, bis es irgendwo absorbiert wird. Eine Lichthülle in Kugelform würde es in diesem Falle nicht geben. Streulicht in Form von Hintergrundstrahlung allerdings schon.

Leben – so wie wir es kennen, mit all seinen Facetten, und auch völlig anderes – ist in meinem Universum breit verteilt und vielfältig vorhanden. Es wimmelt geradezu davon. Überall, wo die Bedingungen dafür irgendwie geeignet sind, entsteht Leben und breitet sich aus. Grenzen aufgrund von weiten Entfernungen, widrigen Reiseanbindungen oder Ähnlichem gibt es praktisch nicht, sondern schlimmstenfalls Verzögerungen. Um den Begriff ‚intelligentes‘ oder ‚nicht intelligentes‘ Leben mag ich mich hier nicht streiten. Das ist zu relativ für die hiesige Betrachtung und bedürfte einer äußerst umfangreichen eigenen Betrachtung. Das würde hier viel zu weit führen.

Die ferne **Zukunft** des irdischen – und auch allen anderen - Lebens liegt definitiv draußen **im Weltall**, sofern es denn eine ferne Zukunft hat bzw. haben will. Planeten haben nur eine begrenzte Lebens- bzw. Nutzungsdauer. Dagegen haben das Leben an sich und das Universum unbegrenzte Lebensdauern. Allein aus diesem Gedanken heraus entsteht die Notwendigkeit, dass sich jedes planetare Leben in gewissen Abständen eine neue Bleibe, einen anderen Planeten, suchen **muss**, wenn es nicht mit dem bis dahin genutzten Planeten untergehen will. Für größere und schlauere Lebewesen ist es also zwingend erforderlich **Raumfahrt** zu betreiben. Raumfahrt ist somit kein dekadenter Luxus, sondern **zwingende Notwendigkeit**. Viren, Einzeller und andere Kleinlebewesen brauchen keine hochentwickelte Technik, um aktiv Raumfahrt zu betreiben. Sie können sich von einem kräftigen natürlichen Rums zu anderen Himmelskörpern wehen lassen.

Der Weltraum ist auch noch aus einem anderen Grunde wichtig. Dort draußen gibt es alles in Hülle und Fülle, was das Leben für seinen Fortbestand und seine Weiterentwicklung braucht. Es ist also völlig hirnrissig, sich auf irgendeinem mickrigen Planeten gegenseitig die Köpfe einzuschlagen oder die Tentakel breitzuklopfen. Klüger ist es, den Blick nach oben zu richten, genau dorthin wo die vielen Ufos schwirren.

Bleibt noch die Frage nach der Rolle des Lichts. In diesem Punkt lehne ich mich voll an Nikola Tesla an: **Alles ist Licht!**
Der aufmerksame Leser dieses Buches wird sich kaum über diese Anschauungsweise wundern. Dennoch wird im weiteren Verlauf versucht, diese Aussage noch ein wenig zu untermauern und zu belegen.

__Strömungsmechanik__

Als ich mich Mitte der 1980iger Jahre im Rahmen meiner Diplomarbeit aus eigenem Gustus mit der Strömungslehre beschäftigte, um Probleme in einem "völlig artfremden" Forschungsgebiet verstehen und erklären zu können, überraschte das meinen Mentor ein wenig. Aber er fand es gut. Schließlich half dieser Wissenschaftszweig auch ihm, die Dinge besser zu verstehen und weiterzuentwickeln.

Die Strömungslehre war in der damaligen DDR im Allgemeinen noch – oder wieder? - eine stark unterschätzte Wissenschaftsrichtung. Die mir zur Verfügung stehende Quellenlage war reinweg armselig. Im vielgerühmten "Westen" sah es allerdings nicht viel besser aus. Auch dort waren die Fahrzeuge damals eckig und kantig. Die Gebäudereihen wurden von tiefen Schluchten durchbrochen. Die Straßen und Rohrleitungen hatten scharfe Knicke statt gemächlicher Biegungen ...

Auch wenn es seither auf einigen Gebieten von Wissenschaft, Technik und Industrie ein paar Fortschritte gegeben hat, änderte sich seither noch nicht allzuviel. Und das, obwohl Strömungen aller Art in fast allen Bereichen von Natur und Gesellschaft eine gewaltige Rolle spielen. Trotzdem beschränkt sich die tatsächlich aktive Nutzung der strömungsmechanischen Erkenntnisse auf nur wenige Bereiche, in denen sie unumgänglich sind.

Die Entwicklung verläuft in einem merkwürdigen Auf-und-Ab. Beispielsweise ist auch für den Laien deutlich zu erkennen, dass die Autos in den letzten Jahrzehnten an ihrer Oberseite wieder erheblich windschlüpfriger geworden sind als in den Siebzigern und Achtzigern des 20. Jahrhunderts. Strömungsgünstige Eigenschaften anzustreben war allerdings in den Zwanzigern, Dreißigern und Vierzigern desselben Jahrhunderts durchaus schon einmal Gang und Gäbe. Dagegen sieht die Autounterseite meistens praktisch immer noch genau so aus wie vor 100 Jahren. Wie das kommt ist schnell erklärt: Schließlich wollen "wir" nicht nur möglichst viele Autos, sondern auch Öl und Sprit verkaufen. Und unter dem Auto sieht es ja keiner …

Trotzdem sind die größten Fortschritte im Bereich der angewendeten Strömungslehre hauptsächlich im Verkehrsbereich zu finden. Straßen- und Schienenverkehr, Schifffahrt, Flugwesen und Raumfahrt sorgen für (langsamen) Fortschritt. Schaut man sich jedoch die immer noch kantigen LKWs etc. an, kann man nur die Hände vor's Gesicht schlagen und das greise Haupt schütteln. Etwas schneller geht es beim Militär. Zumindest seit dem Start des neuen kalten Krieges nach dem Jahr 2010, was aber wohl kaum als übermäßig positiv bewertet werden kann ...

Wesentlich schlechter sieht es im Rest von Wissenschaft und Forschung aus. So haben etwa im Leitungs- und Pipeline-Bereich österreichische Forscher 2017 einen Durchbruch erzielt[211]. Es gelang ihnen, die Turbulenzen in Rohrleitungen erheblich zu verringern. Dadurch können zukünftig bis zu über 90 Prozent der Pumpleistung für Rohrtransporte eingespart werden. Das ist gewaltig und zeigt das immense Potenzial, welches in der sinnvollen Anwendung der Strömungslehre steckt – nicht nur im Großen, sondern auch – und vor allem - im Kleinen, etwa bei Heizungs- und Wasserleitungen usw.. Vor allem wenn man bedenkt, dass unser Energiebedarf gegenwärtig hauptsächlich durch riesige Mengen von Öl und Gas gedeckt wird, die beide meist mithilfe von Pipelines über zigtausende Kilometer transportiert werden. Bleibt die Frage, was schlecht an diesem Riesen-Vorwärtsschritt sein soll? Die Antwort ist ganz einfach: Er hätte schon vor 100 Jahren erzielt werden sollen und können – oder wenigstens vor 50. Aber es hat niemanden interessiert ...

Noch ganz anders sieht es beispielsweise in Forschungszweigen wie Meteorologie, Klimatologie, Hydrologie u.a. aus, die direkt von der Strömungslehre abhängig sind. Meiner Meinung nach wird dort das Pferd viel zu oft vom falschen Ende her aufgezäumt. Anstatt von den Strömungsgrundlagen auf die jeweilige Funktionsweise von Einzelphänomenen zu schließen - was vieles erleichtern könnte - werden viel zu oft spektakuläre „Einzelfälle" auf den Schild der Betrachtung gehoben.

Die Wetterfrösche etwa sammeln gewaltige Mengen an Einzeldaten, um daraus oft genug die falschen Schlüsse zu ziehen. Kohlendioxid – zum Beispiel – wird in breiten Meteorologie-Kreisen immer noch als "stärkstes Gift für den Weltfrieden" angesehen oder wenigstens als solches verkauft. Anstatt dafür zu plädieren, die CO2-assimilierenden Wälder und die Natur allgemein wieder aufzubauen, propagieren sie lieber

---

[211]   Roher, Uni Wien; www.Standard.at

den "Weltuntergang durch Klimawandel" und andere dumme Sachen, wie etwa die „militärische Verantwortung" am Hindukusch oder im Irak.

Was für ein scheinwissenschaftlicher Humbug!

Offensichtlich geht es auch hier nur um Politik und Geschäft, anstatt um echten wissenschaftlichen Fortschritt und einen intakten Planeten. Es bleibt nur zu hoffen – und sich dafür einzusetzen – dass sich diese Herangehensweisen so schnell wie möglich grundlegend ändern. Wir haben nur den einen Planeten. Es ist einfach dumm, nicht sorgfältig auf ihn zu achten. Möglichst jedoch ohne künstliche Panikmache, ständigen und ausschließlichen Blick aufs Geld, Ruhm und mediale Hypes …

Doch was hat die Strömungslehre mit dem Universum, dem Kosmos und dem Licht zu tun?

Auch das ist relativ einfach und wird trotzdem wenig beachtet. Spiralgalaxien sehen ja nicht zufällig so aus wie der Strudel über einem Badewannenabfluss, sondern weil sie Naturgesetzen folgen. Die Strömungsmechanik herrscht – quasi als graue Eminenz – immer und überall. Vom Allerkleinsten bis zum Allergrößten folgt alles ihren Gesetzen. Das sollte auch in der Astronomie und Physik wesentlich mehr beachtet und erforscht werden! Für meine Begriffe erfährt dieser Umstand bislang viel zu wenig Aufmerksamkeit.

Wenn ein beliebiger Körper durchs All fliegt, dann sammelt er an seiner Vorderseite einen Großteil desjenigen Materials ein, welches ihm im Wege liegt. Ein anderer Teil wird vor dem Körper angestaut und ein weiterer zur Seite gedrängt, wo es zu einer höheren Konzentration zusammen"gepresst" wird. Und direkt hinter dem Körper entsteht ein Bereich niedrigerer Konzentration und Verwirbelungen. Aufgrund des Konzentrationsunterschieds schwappt hinter unserem bewegten Körper das Vakuum wieder zusammen und beruhigt sich irgendwann. Bis zum nächsten Durchflug. Im Grunde hinterlässt jeder Körper im Kosmos stets und ständig eine Kielspur, ganz ähnlich einem durchs Wasser fahrenden Schiff, einem Fisch oder einem in der Luft fliegenden Flugzeug mit seinen Wirbelschleppen. Daran ändert auch nichts, dass wir diese Vorgänge im All selten sehen und beobachten können. Manchmal allerdings schon. Etwa beim Schweif eines Kometen.

Der Hauptunterschied zwischen All und Erde etc. besteht in den Quantitäten: Vakuum ist nunmal erheblich dünner als Wasser oder Luft, Eis, Sand, Geröll, Magma, Lava, … usw. Die Körper im All sind erheblich schneller unterwegs als auf Erden. Aber auch Vakuum kann "dünner oder dicker" sein, mehr oder weniger Teilchen enthalten. Die Strömungsvorgänge sind im Wesentlichen dieselben, egal ob im Wasser oder im Vakuum. Wir können sie durchaus hier auf Erden erforschen und auf die Vorgänge im All übertragen. Zumindest teilweise.

Wenn fließendes Wasser auf ein Hindernis stößt – etwa auf einen runden Stein in einem Bach – dann umfließt es dieses in einem kühnen Bogen und findet sich dahinter wieder zusammen. Ob nun verwirbelt – oder nicht – sei mal dahingestellt. Das heißt, das Wasser macht eine Kurve um den Stein. Der Grund dafür ist weniger in der Gravitationkraft des Steines oder anderen Kräften zu suchen und zu finden, als vielmehr in seiner Form und den daraus resultierenden Druckunterschieden, die den Stein umgeben. Druck ist das **Verhältnis** aus Kraft und Fläche.

Ganz ähnlich – nur in völlig anderen Maßstäben - sollte das auch beim Licht und seiner Beugung um große Massen bzw. Körper herum funktionieren. Der Grund und die Ausprägung der Lichtbeugung sollte hauptsächlich in den Qualitätsunterschieden des Vakuums zu suchen sein als in der Gravitation, die natürlich auch eine Rolle spielt. Das Prinzip sollte jedoch das gleiche oder ein ganz ähnliches sein wie beim Wasser und dem Stein. Man denke nur an das Magnetfeld der Erde, welches sich in den Strahlungs- und Teilchenströmen des Weltalls sanft hin-und-her wiegt wie die Halme eines Getreidefeldes im Wind …

Nicht umsonst gibt es ja etwa den Begriff Sonnenwind. Zusätzlich, mit Blick auf erheblich größere universelle Zusammenhänge und Gegebenheiten, möchte ich hier – hinterfuzzig wie ich nunmal bin - die Begriffe „Lichtwind" und „Lichtströmung" in die Diskussion um das Licht und seine Geschwindigkeit einbringen. Den Kopf darüber zerbrechen müssen sich selbstverständlich die beteiligten Wissenschaftler.

Die Strömungslehre als Ganzes ist naturgemäß sehr viel umfangreicher als das hier in ein- oder zwei Beispielen dargestellt werden kann. Ziel der hiesigen Ausführungen ist nur, das Augenmerk der involvierten Forscher mehr und bewusster auf diese Betrachtungsweise zu lenken.

Die alten Griechen lagen mit ihrem Oceanos, der die Erde umgibt, gar nicht so verkehrt. Das Universum verhält sich in seiner Gesamtheit fast genau so wie ein riesiger Ozean, der hin und her wogt, Stürme und Flauten durchlebt, Strudel und Wellen bildet, … und sie auf die weite Reise durchs All schickt. Nur das „Wasser" ist ein wenig dünner als auf Erden. Die Himmelskörper entsprechen den Lebewesen darin, von der Bakterie bis zum Wal. Die Galaxien den Inseln und Kontinenten. Ich denke, auch Astronomen, Astrophysiker, Kosmologen und andere Forschungsrichtungen sollten die Strömungsmechanik erheblich mehr beachten als das gegenwärtig der Fall ist. Sie kann Antworten auf viele bisher ungelöste Fragen liefern, denn alles fließt: Auch das Licht!

Panta Rhei

<u>Strömungswiderstände, Äther und Freie Energie</u>

Ein ruhender Körper oder ein sich gleichmäßig geradlinig bewegender Körper in einem ideal-leeren Raum sind prinzipiell dasselbe. Es kommt dabei nur auf das Bezugssystem an, in dem sich der jeweilige Körper befindet. So – oder so ähnlich lehrt es die Physik.

Stuppst man den Körper nun aus entsprechender Richtung an, erhöht sich seine Geschwindigkeit um denjenigen Betrag, der ihm per Stupps an Energie zugeführt wurde. Dann fliegt er – mit der erhöhten Geschwindigkeit – wieder als gleichmäßig geradlinig bewegter Körper weiter als ob nichts geschehen wäre. Das hält er solange durch, bis er in der Unendlichkeit ankommt. Auch das lehrt die Physik - oder wenigstens so ähnlich.

Stuppst man den Körper noch einmal aus der richtigen Richtung an, wiederholt sich das Spiel. Der Körper wird um den ihm zugeführten Energiebetrag schneller und fliegt weiter. Obwohl er für Außenstehende nach dem mehrfachen Anstuppsen sehr viel schneller unterwegs ist als vorher, ist er in seinem eigenen Bezugssystem immer noch ein ruhender Körper. Das ist logisch. Es hat sich ja nichts am Körper selbst geändert.

Nur aufgrund dieses Prinzips können heutige Raketen und Raumflugkörper die Erdanziehungskraft überwinden, obwohl die von ihnen ausgestoßenen Antriebsgase irgendwann langsamer sind als der Flugkörper selbst. Die in schneller Folge stetig aufeinanderfolgenden Explosionen der Antriebsgase im Triebwerk entsprechen dabei einer langen Kette aufeinanderfolgender Stuppse. So weit so gut.

Das funktioniert. Wenn auch nur bis zu einer gewissen Grenze, die einerseits durch die Masse des mitzuführenden Treibstoffs – und damit durch die zu beschleunigende Masse des Gesamtsystems – und andererseits durch die Austrittsgeschwindigkeit und –menge der Antriebsgase vorgegeben wird. Bei der Raumfahrt sind wir also – wie überall - bis auf Weiteres stets zu Kompromissen gezwungen, die zwischen Aufwand und Nutzen abwägen müssen.

Etwas anders – aber durchaus ähnlich - verhält es sich bei Körpern, die sich durch unterschiedliche Medien bewegen. Gemeint sind etwa Autos, Schiffe, U-Boote, Eisenbahnen, Flugzeuge, … oder Geschosse und Ähnliches mehr. Hier setzen die umgebenden Medien dem sich bewegenden Körper jeweils einen spezifischen Widerstand entgegen, der sich exponentiell erhöht, je schneller der Körper wird bzw. werden soll.

Das kommt daher, weil mit steigender Geschwindigkeit immer mehr Teilchen des Mediums in immer kürzerer Zeit umgeleitet bzw. verdrängt werden müssen. Dieses Umlenken benötigt eine Menge Energie, die dem sich bewegenden Körper ‚entzogen‘ wird. Je schneller die Bewegung, desto mehr Energie geht ‚verloren‘. Jeder Autofahrer weiß, dass irgendwann die Höchstgeschwindigkeit seines Fahrzeugs erreicht ist. Schuld daran ist die Summe aller physikalischen Widerstände, die sich dem Fahrzeug immer heftiger entgegenstellen, je schneller es wird. An dieser Widerstandssumme hat der mit der steigenden Geschwindigkeit exponentiell ansteigende Luftwiderstand bei hohen Geschwindigkeiten einen sehr großen Anteil. Im vergleichenden Sinn kann man das auf alle sich in diversen Medien bewegenden Körper übertragen.

Allerdings kann man die meisten physikalischen Widerstände auf verschiedene Art und Weise oftmals ein wenig „austricksen" und damit verringern. Jedenfalls bis zu einem gewissen Grad. Hierzu gibt es etliche Möglichkeiten, von denen nur die fünf wichtigsten genannt sein sollen.

1. Die strömungsgünstige Gestaltung der Form des Körpers
2. Verringerung der Reibung (Schmiestoffe, Oberflächengestaltung, Grenzschichtbeeinflussung, … etc.)
3. Die Erhöhung der Energiezufuhr bzw. der Antriebsleistung
4. Die Verringerung der zu beschleunigenden Masse
5. Ausnutzung spezieller physikalischer Prinzipien (z.Bsp. Kavitationsblasen für Torpedos u.ä.)
6. … usw.

All das funktioniert in einem gewissen Rahmen. Aber all das hat ebenfalls wieder seine strikten physikalischen Grenzen, die irgendwann erreicht sind. Um sie zu überschreiten, muss jeweils ein neuer „Trick", eine neue Technologie her. Bis jetzt ist bei den technischen Weiterentwicklungen der „Tricks" keine Grenze abzusehen. Im Gegenteil, die Entwicklung schreitet immer schneller voran. Allerdings sind wir noch mehr als nur Viele-Meilen-Weit von der einzigen Geschwindigkeitsgrenze entfernt, die es wirklich geben soll. Gemeint ist selbstverständlich die Lichtgeschwindigkeit. Selbst unsere allerschnellsten Raumsonden erreichen bestenfalls ihren Null-Komma-Null-plus-ganz-ganz-wenig Prozentbereich. Das ist frustrierend, zumal die Sonden ja doch schon ganz schön schnell zu sein scheinen. Doch mit dem Licht können sie sich nicht ansatzweise messen.

Nur für das Licht bzw. das komplette elektromagnetische Spektrum soll das alles nicht gelten. Oder anders gefragt: Sollte Licht tatsächlich die einzige Ausnahme im Reigen der ansonsten so sturen physikalischen Geschwindigkeits-Gesetze sein?

Für Licht gelten zwar ebenfalls physikalische Gesetze – aber anscheinend andere als die sonst üblichen. Ist Licht tatsächlich anders als alles Andere? Oder „ist alles Licht"(?), wie es Nicola Tesla gesagt haben soll.

Licht wird mit Lichtgeschwindigkeit geboren, existiert und „lebt" ewig. Und wenn es dann doch stirbt, dann selbstverständlich auch mit Lichtgeschwindigkeit. Dass man das „Sterben von Licht" in Physikerkreisen gelegentlich ‚Absorbtion' nennt, sei hier mal geschenkt.

Heiliger Bimbam. Ich habe ein Buch hier, das heißt: „Licht der Erde - Die Heiligen"[212]. Hat Licht etwa gar nichts mit Physik zu tun?

Ich dachte …

Oder existiert Licht tatsächlich ewig und bewegt sich die ganze Ewigkeit lang mit Lichtgeschwindigkeit? Ist Lichtgeschwindigkeit also der grundlegende Normalfall im Universum – und nur wir dummen Menschen auf unserem unnormalen Planeten sind nicht in der Lage den Normalfall zu erreichen? Müsste Licht, wenn es „geboren" wird, nicht erst beschleunigt werden, um überhaupt die Lichtgeschwindigkeit zu erreichen? Denn solange es nicht existiert hat es ja zwangsläufig die Geschwindigkeit Null. Und dann nach der „Geburt" plötzlich Lichtgeschwindigkeit. Da muss es dazwischen eine Beschleunigung geben, sonst gäbe es kein Licht. Aber wie funktioniert das? Welche Kräfte sind da am Werk?

Wie entsteht Licht?

Komischerweise gibt es aber auch durchaus deutliche Parallelen zwischen dem elektromagnetischen Spektrum und dem Rest der Materie – neben den gravierenden Unterschieden, selbstverständlich.

Nicht nur der Mensch ist eine „einzigartige Art", sondern auch die Maus, der Elefant, die Sumpfzypresse und die Amöbe. Zwischen allen gibt es Unterschiede und Gemeinsamkeiten. Aber alles lebt im selben Universum nach den selben Prinzipien. Für Sterne, Steine und Fliegenpilze gilt das natürlich auch. Nur für das Licht nicht? Ich denke doch.

Für Körper, die bis in die Nähe der Lichtgeschwindigkeit beschleugigt werden – wie etwa Protonen u.a. im Teilchenbeschleuniger - erhöht sich der dazu notwendige Energiebedarf exponentiell, je schneller sie werden. Prinzipiell steigen Aufwand und Widerstand ganz genau so, als ob sie durch Luft oder Wasser bewegt und davon abgebremst werden würden. Es sieht also ganz danach aus, als ob die Protonen u.a. gegen einen materiellen Widerstand beschleunigt werden müssten. Nur gibt es dort, wo Protonen derartig schnell werden, in der Regel keine Luft und kein Was-

---

[212]   [30]

ser, sondern nur Vakuum. Das brachte die Physik auf die Idee, dass der definitiv vorhandene Widerstand **in der Masse** der zu beschleunigenden Teilchen **selbst** zu suchen und zu finden sei. Schließlich gäbe es ja im Vakuum nichts was einen Widerstand erzeugen könnte, um das Licht auf konstanter Geschwindigkeit zu halten.

Bis noch vor 100 oder 120 Jahren war der sogenannte ‚**Äther**‘ im Physiker-Gespräch eine echte Hausnummer. Und auch heute geistert er noch durch die physikalische Unterwelt. Dieser ‚Äther‘ sollte der Stoff sein, der den Widerstand erzeugt und damit Licht und Teilchen im Geschwindigkeits-Zaum hält. Genaue Spezifikationen wie dieser Stoff beschaffen sein sollte, gab es anscheinend nicht oder nur in Ansätzen. Darüber stritten sich wohl schon die antiken Griechen, wie auch immer sie bereits auf solch „schräge“ Gedanken kamen. Aus der gegenwärtigen Diskussion ist der Begriff „Äther“ weitestgehend verschwunden. Ist dies das Ergebnis einer unglückseligen Konvention?

Nun ist ‚Äther‘ ein fürchterlich gewaltig unglücklicher Begriff. Wird er doch von der Allgemeinheit meist ganz automatisch eher mit einer in der Medizin u.a. genutzten Flüssigkeit in Verbindung gebracht als mit dem Weltall. Und, dass Äthin, Äthanol, Ester, … und vieles Andere mehr ganz ähnlich klingen, macht die Sache nicht besser. Es lenkt die Gedanken zu greifbaren Stoffen hin, die wiederum die Vorstellungen vom kosmischen ‚Äther‘ beeinflussen. Und **so** sind sie auch **nicht** richtig.

Ein anderes Beispiel dieser Art der **mangelhaften Kommunikation** ist der Begriff „Freie Energie“. Die Nutzung dieses Begriffes geht genauso schief wie die des ‚kosmischen Äthers‘. Schließlich ist JEDE Energie frei. Staubstürme auf dem Mars kosten nichts und geschehen ganz von allein, genauso wie das Wasser auf Erden auch ohne menschliches Zutun von allein den Berg hinunter fließt. Bezahlen bzw. Leistung erbringen müssen wir immer „nur“ für die jeweilige Nutzbarmachung und den Transport der Energie. Nicht jedoch für die Energie selbst. Die ist immer „frei“. Und das wird wohl auch noch eine Weile so bleiben. Wir sollten uns also nicht so sehr sinnlos um blanke Begriffe streiten, sondern diese konkret und sinnerfüllend festschreiben (= definieren) sowie uns mehr um ihre Inhalte kümmern bzw. auch öfffentlich darüber diskutieren.

Schon allein das würde die Menschheit ungemein voranbringen. Die (gezielte?) Verwässerung von Begriffen durch Teile der Gesellschaft kann den wissenschaftlich-technischen Fortschritt (= WTF) massiv aufhalten, wenn auch nicht auf ewig vollständig ausbremsen.

Dem sollten wir alle – und vor allem die Wissenschaftler - bewusst entgegenwirken, anstatt uns klammheimlich damit zu arrangieren.

Im Gegensatz zu diesen Diskussionen ist es absolut unstrittig, dass das Vakuum keine absolute Leere ist. Das „Große Nichts" gibt es nicht im Universum. Da ist nicht der allerkleinste Kubikmillimeter in dem wirklich ‚Nichts' zu finden wäre. Und es sind beileibe nicht nur die 400 Photonen/cm³ der Hintergrundstrahlung, die das Vakuum bevölkern. Zusätzlich gibt es da auch noch jede Menge andere Photonen von Sternen und Galaxien aller Art, eine riesige Menge Neutrinos, die überall durchflutschen sollen, Felder aller Art, vom Gravitations- bis zum Elektrischen Feld, und wer-weiß-was-noch-alles.

Und das Alles soll absolut massen**frei**, widerstands**frei** und reibungs**los** funktionieren? Never! **Niemals.**

Das würde jeglichen Gesetzen der bekannten Physik widersprechen. Die (Strömungs-u.a.)Widerstände dieser diversen „Super-Mini-Mikro-Ultranano-Materiearten" mögen äußerst winzig-gering sein, vorhanden sind sie aber in **JEDEM** Fall. Ob das nun jemand wahr haben will – oder nicht. Und das kann man heute durchaus auch sagen, ohne es gemessen zu haben, abgeleitet aus der uns umgebenden Welt, sozusagen – quasi als ‚Erfahrungssatz'. Die Frage ist eben nur, wie „groß" sie wirklich sind, diese Mini-Widerstände. Und wie sie worauf in welchem Maße wirken. Wäre es somit nicht mehr als angebracht, die Sachlage auch mal von dieser Seite her gründlich zu untersuchen als alles blindlings auf den „Eigenwiderstand" der Masse zu schieben?

Wäre es nicht sinnvoll zu untersuchen, welche Widerstandskräfte und –dichten nötig wären, um die Abbremsung von Teilchen in Nähe des Lichtgeschwindigkeitsbereiches zu bewirken? Auf diese Weise könnte man sich vielleicht der tatsächlichen Gestalt und Zusammensetzung des Vakuums besser nähern als mit festgeschriebenen Dogmen. Bitte, bitte, liebe Physiker, tut euch diesbezüglich mal ein wenig „Gewalt" an ...

Ketzerische Gedanken?

Bei diesem Kapitel werde ich versuchen, mich so kurz wie nur irgend möglich zu halten. Es geht dabei hauptsächlich darum, dem Leser zu vermitteln, von welcher Art ‚kruden' Anfangsgedanken ich bei der Betrachtung des Lichts und seiner Geschwindigkeit manchmal ausgegangen bin. Im nächsten Kapitel wird es dann gleich wieder erheblich genauer. Der Vorteil dieser Herangehensweise ist, dass ‚echte' Physiker wohl nie von allein auf solche Gedanken kommen würden. Und das, wo es noch jede Menge unbeackertes, aber äußerst fruchtbares Gelände gibt.

Noch vor ein paar Jahren wäre mir selbst nie und nimmer so etwas eingefallen. Nicht einmal wenn ich mir Mühe gegeben hätte. Solche Gedankensprünge und –schlingereien wären mir viel zu bizarr und surreal gewesen. Heute **weiß** ich, dass „schräge" – aber mathematisch korrekte - Gedanken und Ideen mit Sicherheit überaus nützlich sein und den eigenen Horizont enorm erweitern können. Jedenfalls ab-und-zu. Auch – und gerade dann – wenn sie dem jeweiligen ‚Stand des Wissens' diametral zu widersprechen scheinen. Man muss sie nur zulassen.

Seitdem ich über das Kugel-Lichtmodell ‚gestolpert' bin, sehe ich vieles anders als vorher – und das hat durchaus solide Gründe. Ich hoffe, dass dieses Buch den einen oder anderen kleinen Beweis dafür beinhaltet, der das überzeugend belegt, sodass der eine oder andere Physiker u.a. Wissenschaftler den Spielball aufnehmen und weitertragen kann.

Mir ist völlig klar, dass es jedem ‚ernsthaften' Physiker die Rückenhaare in die Berge treiben wird, wenn er sich mit derartigen Denkvorgängen beschäftigen soll. Andererseits würde es der Physik mit Sicherheit gut tun, wenn mal die Blickwinkel auch von den Fachleuten ein wenig schräger gestellt werden würden.

Zurück zu Einsteins $E = mc^2$. Aus dieser Formel ergibt sich ein ernsthaftes Problem, nämlich die Frage, ob Licht eine Masse hat. Diese Frage ist überaus wichtig, denn sie greift nicht nur nach dem grundsätzlichen Charakter von Licht, sondern sogar nach dem kompletten inneren Aufbau des gesamten Universums. Denn nicht umsonst kommt Licht massenhaft im gesamten bekannten Universum vor.

Heutzutage ist es so, dass Lichtteilchen als masselos angesehen werden. Stattdessen wird ihnen ein Welle-Teilchen-Dualismus zugeschrieben, der auch nicht so ohne Weiteres von der Hand zu weisen ist. Das heißt, für die heutigen Physiker ist Licht weder Fisch noch Fleisch, sondern irgendetwas mittendrin – oder das ‚Papier' außenherum. Licht hat sowohl Welleneigenschaften als auch Teilcheneigenschaften. So weit, so unklar.

Wie kommt das? Können wir uns diesem Problem weiter annähern? Ja, das geht. Und den ersten Ansatz dazu liefert uns ebenjenes $E = mc^2$.

Wenn wir versuchen, uns dieser Formel von der geometrischen Seite zu nähern, fällt uns sehr schnell die Ähnlichkeit mit anderen Formeln auf, die im Normalfall nur wenig mit Energie, Masse und Licht zu tun haben. Versuchen wir also einfach mal wieder unser Glück.

Als Erstes bemerken wir, dass die Formelstruktur praktisch dieselbe ist wie bei einem Quader mit quadratischer Grundfläche. Wir müssen nur die Zeichen verändern und die Maßeinheiten weglassen (bzw. ändern), dann fällt es jedem auf:

$$E = m * c^2 \quad \Rightarrow \quad \mathbf{V = a * b^2} = a * b * b \qquad \backslash\, b = c = \text{const.};$$
$$E = V;\; m = a$$

Demnach würde die Energie dem Volumen eines **Quader**s entsprechen. Dabei ist die Seitenlänge b konstant und entspricht dem c der Lichtgeschwindigkeit. Die Seitenlänge a hingegen ist veränderlich und bewegt sich innerhalb des Intervalls $0 \leq a < \infty$.

Aus diesem Grunde können wir a bzw. m weitgehend beliebig verändern – oder wir können die Masse m weitgehend frei wählen und in die Formel einsetzen. Jedenfalls solange sie nicht anderweitig festgeschrieben ist.

Beispielsweise können wir $m = a = \frac{4}{3}\pi * b$ festlegen. Dann erhalten wir $V = a * b^2 = \frac{4}{3}\pi * b^3$. Das ist das Volumen einer **Kugel** mit dem Radius b bzw. c = 1 Lichtsekunde.

Wenn wir statt $m = a = \frac{4}{3}\pi * b$ im Folgenden $m = a = \frac{4}{3}\pi * \boldsymbol{d}$ einsetzen, landen wir beim Volumen eines **Ellipsoiden** mit kreisförmiger Äquatorfläche, deren Radius ebenfalls wieder einer Lichtsekunde entspricht: $V = a * b^2 = \frac{4}{3}\pi d * b^2$

Dieses „Spiel" können wir fast beliebig weitertreiben, je nachdem wo wir hin wollen. Der Ellipsoid hat allerdings ein gewisses Etwas, welches man sich vielleicht merken sollte. Zu viele Dinge im Universum haben etwas mit Ellipsen zu tun.

Bringt uns dieses Vorgehen irgend etwas? Dazu zwei kleine Beispiele:

(1)   m = Pi

$$E = \pi\, c^2 = 2,8235...^{11} \qquad\qquad => \sqrt[8]{\quad} = 26,999077... \approx \underline{\mathbf{27}}$$

(2) $m = \dfrac{4}{3}\pi$

$$E = \dfrac{4}{3}\pi\, c^2 = 3,7646...^{11} \qquad\qquad => \sqrt[32]{\quad} = 2,3000727... \approx \underline{\mathbf{2,3}}$$

(x)   ...

Wir landen also praktisch zumindest ganz in der Nähe einiger Systemzahlen des Kugel-Lichtmodells, die wunderbar ins Geflecht passen ... und das, wohlgemerkt, ausschließlich mit „festgeschriebenen Zahlen" wie 3, 4, Pi und c.

Ein wenig verrückt wird die Sache, wenn wir m = $\pi * c$ einsetzen. Das Verfahren bleibt dabei dasselbe. Dann erhalten wir

$$E = \pi c^3 = \mathbf{8,4647...E{+}16} \qquad => \sqrt[64]{\quad} = 1,8386283...$$
$$=> 1,8386283... * 1000 = \underline{\mathbf{1838,6283}}$$

Wir schlittern also haarscharf am **Massenverhältnis von Neutron und Elektron** vorbei. Die Differenz zum korrekten Wert beträgt nur 0,05537... was 0,003 Prozent ausmacht.

Damit ist aber noch lange nicht Schluss mit den Näherungen. So kommt beispielsweise die 81. Wurzel aus der obigen 8,4647...E+16 dem Goldenen Schnitt mit 1,6180162 sehr nahe. Die Differenz beträgt rund 0,0000178 , was 0,0011 Prozent entspricht. Wahrlich nicht viel. Und zumindest ein Teil davon könnte sogar noch von Rechnerungenauigkeiten stammen, da ja mit weniger Stellen gerechnet wurde als tatsächlich vorhanden sind.

Das wiederum macht uns erneut auf die Potenzen des Goldenen Schnittes aufmerksam, der uns noch eine Kleinigkeit näher an das Massenverhältnis von Neutron und Elektron heranführt.

...

$$\text{Phi}^{78} = \mathbf{2{,}0000274}\ldots\text{E+16}$$
$$\text{Phi}^{79} = 3{,}2361123\ldots\text{E+16}$$
$$\text{Phi}^{80} = \mathbf{5{,}236}1396\ldots\text{E+16}$$
$$\text{Phi}^{81} = 8{,}4722519\ldots\text{E+16} \quad => \sqrt[64]{} = 1{,}8386539\ldots$$
$$\ldots \quad\quad\quad => 1{,}83865\ldots * 1000 = \underline{\mathbf{1838{,}6539\ldots}}$$

Differenz zum praktisch ermittelten Massenverhältnis Neutron-Elektron:
1838,68366158(90) − 1838,6539… = 0,02978… = 0,00**16198**… %
Die Prozentzahl der Abweichung kommt einem Tausendstel des Goldenen Schnittes ebenfalls sehr nahe. Es liegt also durchaus im Bereich des Möglichen, dass sich das Massenverhältnis von Neutron zu Elektron ausschließlich über den Goldenen Schnitt darstellen lässt. Die Beurteilung dieses Umstandes überlasse ich aber den Fachleuten mit leistungsfähigeren Rechenmaschinen.

Auf ähnlichem Wege lässt sich wieder eine gerundete Querverbindung zum Kugel-Licht-Modell erreichen. Der Ausgangspunkt ist diesmal jedoch das **Massenverhältnis zwischen Proton und Elektron**:

$$1836{,}15267389(17) : 1000 = 1{,}83615267389\ldots$$
$$=> 1{,}83615267389\ldots^{64} = 7{,}76537661\mathbf{618}768\ldots\text{E+16}$$
$$=> 7{,}76537\ldots\text{E+16} : c^2 = \mathbf{864.0}14{,}672727869\ldots \approx \mathbf{864.000}$$
$$=> 864.014{,}672727869\ldots : c = \mathbf{2{,}88}204272546399\ldots \approx \mathbf{2{,}88}$$

=> mit angepassten Zehnerpotenzen kommen wir so zu einer der Grundaussagen des Kugel-Licht-Modells: **86.400 : 288 = <u>300</u>**

oder: **86.400 : 2880 = <u>30</u>**

Dabei enspricht die 30 bzw. 300 dem gerundeten Winkel der Lichtgeschwindigkeit im 360°-Vollkreis der 86400 Sekunden/Tag

Dazu kommt, dass das Verhältnis zwischen den Massenverhältnissen von Proton und Neutron zum Elektron dem Quadrat der Lichtgeschwindigkeit in ihrer Verhältnisform (= $0{,}99930819333\ldots^2$) sehr, sehr nahe kommt:

$$\mathbf{1836}{,}15267389\ldots : \mathbf{1838}{,}68366158\ldots = 0{,}998623478446627\ldots$$
$$=> \text{Wurzel aus } 0{,}998623478446\ldots = 0{,}999311502208709$$
$$=> 0{,}9993115022\ldots * 300.000 = 299.79\mathbf{3}{,}4506626\ldots$$

=> Die Differenz zur definierten Lichtgeschwindigkeit beträgt ganze 0,000331… Prozent

=> Es ist anzunehmen und davon auszugehen, dass hier noch mehr dahinter steckt, was aber derzeit noch nicht bekannt ist.

Nach ganz ähnlichen Strickmustern funktioniert praktisch das ganze Kugel-Lichtmodell. Auf mehr oder weniger „intuitiver Basis" wird man von Einem zum Anderen geleitet, bis man plötzlich irgendwann vor ganz konkreten und korrekten Werten steht. Dieses Verfahren scheint zunächst recht ungenau, umständlich und unsicher zu sein – eben ‚Numerologie'. Für den Erhalt und die Übermittlung von Wissen über extrem lange Zeiträume, über **zig Jahrtausende** hinweg - mit völlig ungewissen Entwicklungsmöglichkeiten - ist das jedoch eine überaus geeignete Methode. Viel besser als Lehrbücher, Tonbänder, … oder CD's, deren Zeichen in 500 Jahren niemand mehr deuten kann. Mathematik als Sprache ohne Worte zu verwenden ist schwierig und ungewohnt, aber gelegentlich sehr hilfreich und nützlich!

In diesem Reigen gäbe es noch so einige Merkwürdigkeiten und schräge Zusammenhänge zu berichten. Ich weiß nicht, wie das geht, aber sie sammeln sich bei mir mittlerweile ganz von allein an. Massenweise. Aber ich will den Leser nicht weiter damit belasten. Es ging in diesem Kapitel nur darum, kurz zu zeigen wie man vom Hundertsten zum Tausendsten kommt: Vom Licht zum Goldenen Schnitt, über Pi und Phi zur Atomphysik, … und irgendwann wieder zurück zum Licht. Man lässt sich einfach im Zahlenmeer treiben und landet alsbald irgendwo von allein an. So geht das …

Im weiteren Verlauf schob sich dann eine Frage, die schon mehrfach in anderen Zusammenhängen aufgetaucht war, von allein in den Fokus der Betrachtung:

Hat Licht eine Masse?

Als ich nach einiger Zeit an einem vorläufigen Zwischenstopp angekommen war, entschloss ich mich dazu, außer der Reihe einen Brief zu schreiben. Adressat war die Deutsche Akademie der Wissenschaften. Dieser Brief wird im folgenden Kapitel als Diskussionsgrundlage veröffentlicht. Seine Form musste zu diesem Zweck an das Buchformat angepasst werden, damit alles lesbar bleibt. Hingegen ist der Inhalt identisch mit dem des tatsächlich versendeten Briefes. Die zusätzlichen Anschreiben werden hier weggelassen.

Nähern wir uns nun also langsam einer der wichtigeren Fragen an:

Ein Brief   (Hat Licht eine Masse?)

Dipl.-Ing. Paul Heiner Krannich   Köthen, den 26. Januar 2018
Baasdorfer Straße 42
06366 Köthen / Anhalt

Deutsche Akademie der Naturforscher Leopoldina
- Nationale Akademie der Wissenschaften –
Herr Präsident Prof. Dr. Jörg Hacker,
Herr Vizepräsident Prof. Dr. Dr. Gunnar Berg,
Klasse 1: Mathematik, Natur- und Technikwissenschaften
Jägerberg 1
06108 Halle (Saale)

Hat Licht eine Masse?

1.) Anfangsverdacht

Die gegenwärtige Physik betrachtet Photonen als masselos.

Im Widerspruch dazu liefern sowohl das Universum, als auch die Physik selbst, diverse Indizien, dass "Lichtteilchen" – also Photonen – durchaus eine Masse haben könnten.

Das bislang wichtigste dieser Indizien ist der Umstand, dass Licht - trotz seiner enormen Geschwindigkeit - offenbar von großen Massen angezogen wird. Diese Tatsache manifestiert sich insbesondere anhand der Lichtbeugung durch große Massen und die gravitative Rot-Blau-Verschiebung. Beides ist nachgewiesen und anerkannt. Die Frage ist nur, warum das so ist wie es ist.

Eine Möglichkeit der Erklärung wäre die gegenseitige Anziehung von Massen, die eine Grundlage des gesamten Universums darstellt. Somit erscheint es zumindest im Bereich des Möglichen zu liegen, dass Photonen – entgegen den bisherigen Ansichten – doch eine Masse haben könnten.

Lässt sich dieser Verdacht erhärten?

2.) Ein weiteres Indiz?

Wenn die Formel $E = mc^2$ richtig ist – und danach sieht es bislang auf der ganzen Linie aus – dann ist:

$$E = mc^2 \quad => \quad c^2 = E/m \quad \text{und} \quad \mathbf{c} = \sqrt{E/m}$$

Mit dieser Formelumstellung können wir die Lichtgeschwindigkeit direkt berechnen. Schließlich ist die Lichtgeschwindigkeit nicht nur ein profaner Proportionalitätsfaktor zwischen Masse und Energie, sondern auch eine Grundeigenschaft des Lichts bzw. des elektromagnetischen Spektrums.

Aber:
Wenn Licht jetzt keine Masse hat - die Masse von Photonen also Null ist - dann haben wir an dieser Stelle ein ernsthaftes Problem: Nämlich eine Divison durch Null an arg unpassender Stelle – in einer der wichtigsten Formeln der gesamten Menschheitsgeschichte. Sollte das in den zurückliegenden Jahrzehnten tatsächlich noch niemandem aufgefallen sein? Das ist eigentlich nicht vorstellbar. Und doch scheint es so zu sein.

Nach konventioneller Denkungsweise ist die Division durch Null nicht definiert. Damit wäre auch die obige Formelumstellung

$$c = \sqrt{E/m}$$

sowie die komplette Definition der Lichtgeschwindigkeit nichtig. Gäbe es dann überhaupt Licht?

"Unangenehmerweise" gibt es jede Menge Licht, und das hat entsprechend der jeweiligen Bedingungen auch eine Geschwindigkeit, die feinsäuberlich definiert ist.

Setzen wir – im Gegensatz zur bisherigen "Nichtdefinition" - die Division durch Null (nicht ganz grundlos) experimentell gleich Unendlich, dann erhalten wir eine unendlich große Geschwindigkeit des Lichts. Doch auch das ist nicht angezeigt. Die Lichtgeschwindigkeit ist nicht unendlich groß, sondern „nur ganz schön groß" und eben auf genau 299.792,458 km/s definiert.

Ist eventuell an der Grundformel E = mc² irgendetwas falsch? Was machen wir jetzt? Wie lösen wir diesen Widerspruch auf?

Wir gönnen dem Licht eine Masse (zumindest rechnerisch-experimentell), dann funktioniert die Formel wieder …

Auch wenn es Niemandem gefällt und somit viel Staub aufwirbeln wird: Die vermutete Masse der Photonen sollte extrem klein sein, aber sie sollte definitiv **nicht Null** betragen. Das sollte schon deshalb so sein, weil Masse und Energie Äquivalente sind. Und da Licht definitiv Energie beinhaltet, muss auch die Masse in greifbarer Nähe sein.

Leider bekommen wir nur mit E = mc² keine sinnvolle Einkreisung der tatsächlichen quantitativen Größenordnung der vermuteten Photonenmasse hin. Gibt es eine andere Möglichkeit zu einer quantitativen Aussage zu gelangen?

3.) Gibt es Ansatzpunkte zur Bestimmung der vermuteten Photonenmasse?

Können wir die Masse eines Photons irgendwie quantitativ bestimmen? Wenigstens näherungsweise? Ja, das geht. Zumindest ansatzweise. Um dem Problem zu Leibe zu rücken, schauen wir uns die Herleitung von E = mc² noch einmal gründlich an. Dabei fallen uns zwei kleine Ungereimtheiten auf:

(1) Die sinngemäße Feststellung: „Die Masse darf nicht kleiner
    als 1 sein.“
(2) Die relativistische kinetische Energie – und damit die bewegte
    Masse - wurde gleich Null gesetzt.

Das ist schon ein bisschen merkwürdig und widersprüchlich. Wieso wurde das so gemacht? Hat sich hier eine falsche Annahme eingeschlichen? Oder wurde einfach nur nicht genau genug gerechnet?

Bei (1) ist zumindest hinterfragenswürdig, was eine abstrakte (relative) Eins ohne Maßeinheit in einer konkreten (absoluten) Formel zu suchen hat, bei der sowohl die Lichtgeschwindigkeit und die Energie Zahlenwerte und Maßeinheiten haben.
Bei (2) könnte es sich scheinbar um eine falsche Annahme - eine falsche Voraussetzung - handeln.

Um uns einer (bislang vorläufigen) Lösung und Erklärung zu nähern, schauen wir uns die Formel $c = \sqrt{E/m}$ noch einmal genauer an. Um das zu bewerkstelligen schreiben wir sie noch einmal in einer geringfügig anderen Form, aber rechnerisch richtig auf:

$$c = \sqrt{E/m} \quad \Rightarrow \quad c = \sqrt{\frac{c^2}{1}}$$

In dieser Form geht die Rechnung wenigstens mathematisch korrekt auf. Aber sie hat sich auch weit von Energie und Masse entfernt. Es wird jedoch sichtbar, dass die Masse sich zur Energie im **Verhältnis 1 : c²** verhält - und nicht im Verhältnis 0 : c², was Null wäre. Die Eins ist also sehr wichtig und kann in diesem Fall nicht ohne Weiteres unterschlagen bzw. weggelassen werden. Somit können wir die Voraussetzungen neu festlegen und zu Energie und Masse zurückkehren:

$$c = \sqrt{\frac{c^2}{1}} \quad \Rightarrow \quad c = \sqrt{\frac{E}{m}} \qquad \text{wenn zahlenmäßig gilt:}$$

$$\mathbf{m : E = 1 : c^2}$$

Vollständig mit Maßeinheiten aufgeschrieben, sieht das dann so aus:

$$299.792.458 \text{ m/s} = \sqrt{\frac{8,98755179...E{+}16 \; kg*m^2/s^2}{1 \, kg}}$$

Nun können wir die Formel wieder umstellen und die Energie errechnen, die notwendig ist, um eine vorher **festgelegte** Masse – von hier 1 kg - auf Lichtgeschwindigkeit zu beschleunigen.

$c = \sqrt{E/m}$ =>   **E = mc²**

=> E = 8,98755179...E+16 kg*m² /s² = 1 kg * 8,98755179...E+16 m²/s²

Nach den Aussagen der gegenwärtigen Physik ist das nicht möglich, weil Masse aufgrund der angeblich notwendigen unendlichen Energie nicht auf Lichtgeschwindigkeit beschleunigt werden kann.

Allem Anschein nach ist das jedoch vermutlich ein Trugschluss und es ist trotzdem möglich Masse auf Lichtgeschwindigkeit zu beschleunigen, auch wenn die dafür notwendige Energiemenge extrem groß ist. Im heutigen CERN ist das wohl noch auf längere Sicht nicht möglich. An besonders energiereichen Orten – beispielsweise in Sternen – könnten derartige Energien jedoch unter Umständen vielleicht erreicht werden.

Nur, der vermuteten Masse eines einzelnen Photons kommen wir so noch nicht auf die Spur.

4.) Wie groß ist die vermutete Masse eines Photons?

Um der wahrscheinlichen Photonenmasse näher zu kommen, benötigen wir zwangsweise eine weitere Größe, die uns das Einsetzen einer vorher selbst festgelegten Masse erspart. Wir finden sie im Planckschen Wirkungsquantum h = 6,626070040(81) * 10^-34 Joulesekunden, wobei eine Joulesekunde = 1 kg * m² / s entspricht. Die Toleranz ±(81) wird im weiteren Verlauf dieses ersten Schreibens bzgl. Lichtmasse noch nicht weiter beachtet. Das Plancksche Wirkungsquantum beschreibt das Verhältnis von Energie E und Frequenz f eines Photons. Das ist genau das, was wir brauchen:

$h = E / f$ => $E = h * f$

Wir können nun die Energie eines einzelnen Photons in die obige Umstellung der Einsteinformel $E = mc^2$ => $c = \sqrt{E/m}$ einsetzen. Es ergibt sich zunächst:

$$c = \sqrt{E/m} \quad => \quad c = \sqrt{\dfrac{E}{m}} \quad => \quad E = h * f$$

$$=> \quad \mathbf{c} = \sqrt{\dfrac{h * f}{m}}$$

Diese neue Formel stellen wir nach Masse **m** um:

$$c = \sqrt{\dfrac{h * f}{m}} \quad => \quad c^2 = \dfrac{h * f}{m} \quad => \quad \mathbf{m} = \dfrac{h * f}{c^2}$$

Da (u.a. sichtbares) Licht in unterschiedlichen Frequenzen auftritt, empfiehlt es sich, zunächst drei verschiedene Einzel-Frequenzen zu betrachten: Die beiden äußeren Rot und Blau, sowie den Mittelwert von beiden.

Zu jeder Frequenz gehört eine bestimmte Wellenlänge λ. Dabei ist zu bedenken, dass der Frequenzbereich des sichtbaren Lichts für jeden Menschen ein klein wenig anders ist und deshalb nur grob und nicht völlig eindeutig definiert ist. Aus diesem Grunde sind die hier zu erwartenden Ergebnisse noch nicht allzu genau. Wir nutzen also für unsere Erstermittlung folgende Werte:

Blaues Licht	=>	λ = 390 nm	=>	f = 7,68699…E+14 Hz
Rotes Licht	=>	λ = 790 nm	=>	f = 3,79484…E+14 Hz
Durchschnitt	=>	λ = 590 nm	=>	f = 5,08123…E+14 Hz

5.) Erster Versuch einer Photonenmassen-Berechnung

Setzen wir also zuerst die Werte für den Durchschnitt vollständig in die Formel ein:

$$m = \frac{h*f}{c^2}$$

$$\Rightarrow \quad m = \frac{6{,}62607004*10^{-34}\,\frac{kg*m^2}{s} * 5{,}08123...E{+}14\,\frac{1}{s}}{8{,}98755179...E{+}16\,\frac{m^2}{s^2}}$$

$$\Rightarrow \quad \mathbf{\underline{m = 3{,}746134...E\text{-}36\ \ kg}}$$

Das sollte die Masse eines (sich bewegenden) durchschnittlichen Photons aus dem Bereich des sichtbaren Lichts sein. Das zeigt zumindest die resultierende Maßeinheit Kilogramm deutlich an.

Für die Photonen von rotem und blauem Licht ergeben sich nach derselben Rechenweise folgende Werte:

Blaues Licht =>   m = 5,66723…E-36 kg
Rotes Licht   =>   m = 2,79775…E-36 kg

Interessant dabei ist, dass demnach blaues Licht schwerer wäre als rotes Licht – sogar mehr als doppelt so schwer. Dass blaues Licht mehr Energie als rotes Licht hat, ist nichts Neues. Aber, dass es mehr Ruhemasse haben sollte, wäre schon ein wenig verwunderlich, zumal sich ja die Lichtfarbe – und damit die Wellenlänge sowie die Frequenz - unter Umständen ändern kann. Somit liegt nahe, dass wir hier anstatt der gesuchten Ruhemasse eher die kinetische Energie eines Photons, die relativistische **Impulsmasse** oder etwas ganz Ähnliches vor uns haben. Stutzig macht allerdings die Maßeinheit Kilogramm, die ja eindeutig eine Maßeinheit der Masse ist.

Andererseits bezieht sich die Rechnung auf die Dauer einer ganzen Sekunde. In dieser Zeit bewegt sich Licht immerhin um rund 300.000 km weiter. Das ist ein ganze Menge Weg, also ganz sicher keine Ruhemasse und gewiss nicht das, was wir haben wollen, sondern ein "riesengroßes" Vielfaches davon. Der Ansatz scheint allerdings in die richtige Richtung zu führen. Immerhin haben wir ja ein Ergebnis, welches die Formel E = mc² richtig ergänzt, und eine richtige Maßeinheit.

Wie können wir also weiterverfahren?

6.) Die vermutete Ruhemasse eines Photons

Schauen wir uns den bisherigen Verlauf noch einmal an, stellen wir fest, dass die Frequenz die einzige veränderliche Größe in dieser Betrachtung ist. Dazu kommt, dass sie allein für die enorme Bewegung verantwortlich zeichnet. Wenn wir zur Ruhemasse eines Photons kommen wollen, sollten wir demzufolge versuchen, die Frequenz irgendwie "temporär loszuwerden".

Das erreichen wir, indem wir die Formel $m = \frac{h*f}{c^2}$ durch die Frequenz dividieren bzw. mit dem Reziprokwert 1/f multiplizieren. Wir erhalten dadurch die Masse, die einer Wellenlänge inneliegt. Aus diesem Grunde nennen wir sie Masse-Ein-Lambda (= $\mathbf{m_\lambda}$). Dabei sind wir uns der Tatsache bewusst, dass diese neue, sehr viel kleinere, Masse noch nicht unser erwünschtes "Endprodukt" ist.

$$m = \frac{h*f}{c^2} \qquad \Rightarrow \qquad m * \frac{1}{f} = \frac{h*f}{c^2} * \frac{1}{f}$$

$$\Rightarrow \qquad \frac{m}{f} = \frac{h}{c^2} = m_\lambda \qquad \Rightarrow \qquad \mathbf{m_\lambda} = \frac{h}{c^2}$$

Die sich ergebende Maßeinheit von $\mathbf{m_\lambda}$ heißt dann 'Kilogramm mal Sekunde' (= kgs). Dabei fragt sich, ob hier eine **"Massenzeit"** an die Tür klopft, und ob das ein Pendant zur Raumzeit ist. Das soll uns hier jedoch noch nicht weiter tangieren. Durch den vorübergehenden Wegfall der Frequenz ist m_λ für alle Photonen gleich groß, egal welche Masse und Energie sie besitzen.

$$m_\lambda = \frac{h}{c^2} \qquad \Rightarrow \qquad \mathbf{m_\lambda} = \frac{6{,}62607...E-34 \; \frac{kg * m^2}{s}}{8{,}98755179...E+16 \; \frac{m^2}{s^2}}$$

$$\underline{= \mathbf{7{,}372497201...E\text{-}51 \;\; kg*s}}$$

Da uns die Masse einer Wellenlänge m_λ vorerst sowieso nur als "Zwischenprodukt" nützlich erscheint, dividieren wir das Zwischenergebnis noch einmal durch '**Zwei Pi mal Sekunde**' (= $2\pi s$). Dieser Term entspricht einer gleichmäßigen Umdrehungs- bzw. Umrundungsgeschwindigkeit von einer Runde auf dem Umfang eines imaginären Einheitskreises mit einem Radius von Eins in einer Sekunde, von dem die jeweilige Wellenlänge der realen Photonen abstammt. Durch die Division sollten wir einen einzigen "Punkt" auf dem Umfang ebenjenes Kreises erhalten, und damit auch noch die letzte Wellenlänge aus der Rechnung eliminieren. Nur, dass der "Punkt" eben kein echter, völlig dimensionsloser Punkt ist, sondern unser gesuchtes "ruhendes" Photon. Die Einbeziehung der Sekunde bewirkt dabei, dass die Zeit vorübergehend vollständig aus der Rechnung "ausgeklammert" wird und unsere resultierende Maßeinheit wieder Kilogramm heißt.

Dieses Photon hat jedoch sowohl eine vermutete Masse, als auch ein Volumen und andere Eigenschaften massehaltiger subatomarer Elementarteilchen. Beides ist nicht übermäßig groß, sollte aber definitiv vorhanden sein. Die nun erhaltene Masse nennen wir (die vermutliche) Ruhemasse eines Photons oder einfach $\mathbf{m_0}$ (= m0). Wieder vollständig mit Zahlen und Maßeinheiten aufgeschrieben, sieht das so aus:

$$m_0 = m_\lambda : 2\pi s \qquad => \qquad \mathbf{m_0} = \frac{7{,}372497201...E-51 \text{ kgs}}{2\pi s}$$

$$=> \qquad \mathbf{m_0 = \underline{1{,}173369373...E\text{-}51\ kg}}$$

Somit sollte die Ruhemasse $\mathbf{m_0}$ (= m0) eines Photons **1,173369373... * 10^ -51 Kilogramm** betragen.

7.) Vorläufige mathematische Zusammenfassung und Probe

Um das Prozedere der Ermittlung der vermuteten Ruhemasse von Photonen vorerst abzuschließen, füge ich nun noch einmal alles rechnerisch zusammen, schreibe es in Folge auf und überprüfe es:

$$\Rightarrow \quad E = mc^2 \qquad\qquad \Rightarrow \quad c = \sqrt{E/m}$$

$$\Rightarrow \quad c = \sqrt{\dfrac{E}{m}} \qquad\qquad \Rightarrow \quad c = \sqrt{\dfrac{h*f}{m}}$$

$$\Rightarrow \quad m = \dfrac{h*f}{c^2} \qquad\qquad \Rightarrow \quad m = \dfrac{h*f}{c^2} * \dfrac{1}{f}$$

$$\Rightarrow \quad m = \dfrac{h*f}{c^2} * \dfrac{1}{f} \qquad\qquad \Rightarrow \quad m_\lambda = \dfrac{h}{c^2}$$

$$\Rightarrow \quad m_\lambda = \dfrac{h}{c^2} \qquad\qquad \Rightarrow \quad m_\lambda = \dfrac{h}{c^2} * \dfrac{1}{2\pi s}$$

$$\Rightarrow \quad m_0 = \dfrac{h}{2\pi s * c^2} \qquad\qquad \Rightarrow \quad c = \sqrt{\dfrac{h*f}{\frac{h*f}{c''}}}$$

$$\Rightarrow \quad c = \sqrt{\dfrac{h*f}{m0 * 2\pi s * f}} \qquad\qquad \Rightarrow \quad c = \sqrt{\dfrac{h}{m0 * 2\pi s}}$$

Bei dieser Gelegenheit bemerken wir, dass sich die Frequenz vollständig aus der Rechnung herauskürzt. Somit ergibt sich eine verkürzte Berechnungsmöglichkeit für die korrekte Lichtgeschwindigkeit aus der Ruhemasse. Dies wiederum erweckt den Anschein, als ob wir korrekt vorgegangen wären und Photonen tatsächlich eine Ruhemasse der berechneten Größe besitzen.

$$\Rightarrow \quad \text{Lichtgeschwindigkeit} \qquad \mathbf{c} = \sqrt{\dfrac{h}{m0 * 2\pi s}}$$

$$\Rightarrow \quad \underline{\mathbf{299.792.458 \ m/s}} = \sqrt{\frac{6{,}62607...E-34 \ \frac{kg*m^2}{s}}{1{,}173369373...E-51 \ kg \ * \ 6{,}2831853...s}}$$

Die endgültige Prüfung - und nach Möglichkeit Anerkennung – überlasse ich hiermit den Fachleuten und bitte inständig um beides, sofern das irgendwie möglich ist.

8.) Einige weiterführende Gedanken

Mit dem Herauskürzen der Frequenz aus der unter 7.) zuletzt genannten Formel $c = \sqrt{\dfrac{h}{m0 \ * \ 2\pi s}}$ wird möglicherweise verständlich, warum das gesamte elektromagnetische Spektrum mit derselben Lichtgeschwindigkeit unterwegs ist. Die Frequenz – und damit die Wellenlänge – spiegeln anscheinend "nur" das jeweilige Energieniveau der beobachteten Strahlung wider, haben aber evtl. nichts (oder nur sehr wenig) mit der Geschwindigkeit der Photonen selbst zu tun. Das führt zu dem vagen Gedanken, dass jegliche elektromagnetische Strahlung auf ein und dasselbe massehaltige Teilchen zurückgeführt werden kann, nämlich das Photon. Dieses Teilchen muss dann im Bereich der Energieaufnahme und –abgabe zwangsläufig ausgesprochen flexibel sein. Ob das tatsächlich so ist bzw. so sein könnte, müssen weitere Forschungen ergeben.

Durch die vermutete Masse der Photonen werden unter anderem auch die eingangs genannten Anfangsindizien wie Lichtbeugung an großen Massen und die gravitative Rot-Blau-Verschiebung begreif- und erklärbar.

Ob Licht nun tatsächlich eine Masse hat und wie groß diese Masse indes wirklich ist, sollten Astrophysiker zumindest so einigermaßen auch praktisch einschätzen bzw. überprüfen können. Die hier errechnete Ruhemasse eines Photons ist hinreichend klein, sodass bis auf Weiteres einige Schwierigkeiten bei der exakten experimentellen Überprüfung im Labor zu erwarten sind. Die allerdringlichsten Anfangsprobleme sollten jedoch mithilfe der Astrophysik vorerst umgangen werden können.

Astrophysiker können ja in jedem Fall wenigstens grob überschlagen, wie viele Photonen je Zeiteinheit ein Stern abgibt. Das kann man dann auf eine komplette Galaxie hochrechnen und die Masse der (?angeblich?) fehlenden „Dunklen Materie" durch die geschätzte Gesamtanzahl der Photonen teilen, die gleichzeitig unterwegs sind. Da die Anzahl der Photonen exorbitant hoch sein wird, und die zu überbrückenden Strecken riesig sind, ist zu erwarten, dass sie trotz ihrer Kleinheit eine erhebliche Gesamtmasse auf die Waage bringen werden. Diese riesige Masse ist allerdings überaus fein im gesamten Universum verteilt.

Macht man das vielfach – also nicht nur für eine Galaxie - sollte man wenigstens so ungefähr die Größenordnung herauskriegen können, ob und wieviel ein Photon tatsächlich wiegt bzw. wiegen könnte. Wenn Licht wirklich eine Masse hat, liegt nämlich eventuell die Wahrscheinlichkeit nahe, dass diese in ihrer Gesamtheit die gesuchte "Dunkle Materie" sein könnte.

Die Photonen mit einer konkreten Masse auszustatten bringt m.E. für viele Probleme der Physik - und des Universums im Allgemeinen – enorme Vorteile mit sich. Es ist ja ständig eine unvorstellbare Menge Licht im Universum unterwegs. Und das kreuz und quer durch unvorstellbare Zeiten und Räume.

Licht ist Materie. Von der Seite können wir es im All noch nicht sehen, weil es für unsere bisherigen Sensoren noch zu schnell ist, aber es ist trotzdem stets vorhanden. Licht von der Seite ist daher im Weltall für uns bisher dunkel, um nicht zu sagen: tiefschwarz. Nicht sichtbares „Dunkles Licht" ist demzufolge „Dunkle Materie". Und wenn diese „Dunkle Materie" eine Masse hat, dann kann sie mit ihren Gravitations- und anderen -kräften auch ganze Galaxien zusammenhalten. Die sogenannte „Dunkle Materie" sollte also gleißend hell sein, wenn wir sie nur sehen könnten.

Die Dichte des sich im Universum bewegenden Lichts ist extrem heterogen. Die größte Lichtdichte überhaupt wird schätzungsweise jeweils in der Nähe des Zentrums von Galaxien erreicht, wo sich das Licht vieler eng beieinander liegender Sterne trifft und überschneidet. Die zweitgrößte Dichte dürfte in der näheren Umgebung von Sternen zu finden sein. Zwischen den Galaxien ist die Lichtdichte erheblich geringer. Dennoch ist auch dort enorm viel Licht vorhanden, obwohl das „leere Weltall" für uns stockduster aussieht.

Die größte Menge der Photonen sollte sich also genau dort befinden, wo sie gebraucht wird, um die „Dunkle Materie zu ersetzen". Licht sollte / könnte der Klebstoff sein, der mit seiner Gravitation und seinen anderen „Klebekräften" das ganze Universum zusammenhält.

Photonen sind zwar schrecklich klein und leicht, aber es sind extrem viele. Diejenigen, die wir sehen können, sind ja nur ein winziger Bruchteil der Gesamtanzahl, weil wir bislang nur diejenigen wahrnehmen können, die direkt in unsere Sensoren - wie Augen oder Fernrohre, etc. - hineinfallen. Alles Andere entzieht sich bislang ungesehen unserem Blick und oft auch unserem Verständnis. Es ist aber trotzdem vorhanden und wirkt ständig auf seine Umgebung – und damit auch auf uns - ein.

Wenn Licht eine Masse hat, dann bringt das aber nicht nur im kosmischen Maßstab Vorteile für uns, sondern – und vor allem – bei den vielen ganz kleinen Dingen. Die Masse des Lichts kann nämlich eine ganze Reihe der Phänomene des Welle-Teilchen-Dualismus ganz gut erklären – immerhin den ganzen Teilchenteil. Und vielleicht sogar noch mehr.

Damit sollen die Ausführungen zur Masse von Photonen fürs Erste beendet sein. Ich hoffe, mich nicht allzu sehr vertan zu haben und wünschte mir, dass die hier niedergelegten Gedanken allgemeinen Eingang in die Physik finden werden.

Mit freundlichen Grüßen

- Paul Heiner Krannich -

Köthen, den 28. Januar 2018

(Nächste Seite: **Abbildung 89**)

Die Antwort und die Antwort darauf

Das Antwortschreiben von Prof. Dr. rer. nat. habil. Dr.-Ing. Gunnar Berg, Vizepräsident für den Bereich Physik der Nationalen Akademie der Wissenschaften ‚Leopoldina', kam schneller als erwartet bei mir an. Nach nicht einmal zwei Wochen hielt ich es bereits in den Händen. Besonders bei ihm, aber auch beim Präsidenten der Akademie, Prof. Dr. h. c. mult. Jörg Hacker, möchte ich mich an dieser Stelle sehr herzlich dafür bedanken. Beide haben mir dabei geholfen, einige Dinge klarer zu sehen und Schwachpunkte meiner Argumentation zu erkennen. Schließlich bin ich ja physikalischer Voll-Laie und als absolut Ungläubiger sozusagen nur per „göttlicher Fügung und ebensolchem Auftrag" in diesem Gefilde gelandet. Trotzdem – oder genau deswegen – bleiben natürlich viele Fragen offen und diverse andere sind hinzugekommen. Insofern möchte ich die Gelegenheit nutzen, mit diesem Buch auch auf dieses Schreiben zu antworten. Denn wie der aufmerksame Leser bereits bemerkt haben wird, ist der Kontext des Kugel-Lichtmodells ausgesprochen umfangreich, vielgestaltig, überaus komplex, tief ineinander verflochten und manchmal sogar ein bisschen verwirrend. Einzelthemen intensiv herauszugreifen würde im Rahmen der allerersten Darlegung nur irritieren und beim ‚Konsumenten' eventuell zu falschen Schlüssen führen. Für die Klärung der Details sollte später noch genug Zeit zur Verfügung stehen. Und mein Hauptanliegen ist es, der Physik das Kugel-Lichtmodell nahe zu bringen – und weniger, ihr eine eventuell nicht existierende Photonenmasse „aufzuschwatzen", auch wenn ich mittlerweile (für mich) tief davon überzeugt bin, dass Photonen eine Masse haben **müssen**. Wenn auch eine ausgesprochen winzige, sozusagen einen „Kristallisations- oder Kondensationskern", ähnlich Fremdpartikeln in den Wassertropfen von Wolken.

Mein Studium der Leopoldina-Antwort begann allerdings mit einem unerwarteten „ff", einem ‚fun fact'. So nennt man das wohl heutzutage. Den möchte ich meinen Lesern nicht vorenthalten. Seiner Zeit, zu meiner Zeit bedeutete „ff" soviel wie „fiel fergnügen" und es gab sogar eine Zeitschrift, die ‚FF-Dabei' hieß. Aber zurück zum Thema …

Als ich das Leopoldina-Antwort-Schreiben aus dem Umschlag zog und als Erstes provisorisch durchblätterte, staunte ich nicht schlecht. Das war mein eigener Text auf fremdem Papier, durchwebt mit einer Unmenge kryptischer Zeichen, rosarot unterlegten Zeilen und ebenso rosaroten Kommentarfähnchen.

    Das Erste, was ich wirklich las, war meine Zwischenüberschrift: „ 5.) Erster Versuch einer Photonenmassen-Berechnung", versehen mit dem rosaroten Fähnchen **„Jetzt wird es völlig abenteuerlich, so daß ich hier meine Kommentare beende!"**.

    ‚Na toll' dachte ich, ‚Das kann ja was werden …'.

Aber schon im nächsten Moment war ich wieder etwas beruhigter. Selbstverständlich war es „abenteuerlich", was ich geschrieben hatte. Forschung ist nunmal ein Abenteuer! Vielleicht sogar das Größte, welches der einzelne Mensch je erleben kann.

    Und ist es nicht Wunsch und Pflicht jedes Forschers, dem jeweiligen ‚Stand des Wissens' eklatant zu widersprechen oder ihn wenigstens ein Stückchen weiterzuentwickeln? Geht es in der Forschung etwa nicht um die Schaffung **neuen** Wissens? Sollte nicht jeder ‚Forscher', der sich mit dem ‚Stand des Wissens' zufrieden gibt, lieber das Metier wechseln?

    Immerhin bin ich ja seit mehr als 18 Jahren ein aktiv Forschender und **weiß** nur allzu gut, wie grundlegend falsch der angebliche ‚Stand des Wissens' in etlichen Wissenschafts-Gebieten tatsächlich ist. Belegbar, messbar und reproduzierbar. Ich **weiß** mit Sicherheit, dass viele Lehrbücher ins Archiv gehören und nicht in die Unterrichtsräume unserer Nachfolger. Und ich **weiß**, dass in einigen Wissensgebieten mit aller Macht versucht wird, den längst als falsch erkannten ‚Stand des Wissens' als Status quo einzufrieren und mit aller Gewalt am Leben zu erhalten. Allerdings weiß ich nicht, ob das in der Physik auch so ist. Da bin ich absoluter Laie und nur auf „Götterbefehl" zum allerersten Mal in dieser Form aktiv.

Aber selbst wenn ich mit der Photonenmasse grundlegend falsch liegen sollte, so befinde ich mich mit dem Kugel-Lichtmodell auf sehr sicherem Boden. Die Frage nach der Photonenmasse ist ja „nur" eine eventuell weiterführende Abzweigung aus sicherem Wissen. Falls sie richtig sein sollte, wäre es gut. Falls nicht, wäre es nicht wirklich ein Beinbruch. Es ist ja nicht verboten Fragen zu stellen, und selbst der am „sichersten geglaubte" ‚Stand des Wissens' gehört in gewissen Abständen auf den Prüfstand. Und auch die scheinbar dümmsten Fragen können helfen, den ‚Stand des Wissens' weiter voranzutreiben. Vielleicht bringe ich ja mit meinen kruden Gedanken irgendjemanden auf irgendeine richtige und tolle Idee? Wer weiß das schon im Voraus?

Insofern hatte ich erst einmal das Gefühl, mit meinem Brief nicht allzu viel falsch gemacht zu haben. Und ich denke und hoffe, die Herren Professoren Berg und Hacker sehen das genauso - oder wenigstens ganz ähnlich. Denn immerhin haben sie mir ja geantwortet ...

Seltsam war es trotzdem: Was war das für eine merkwürdige Antwort? Und was bedeuteten die vielen kryptischen Zeichen?

Das Unheil klärte sich jedoch schnell auf als ich meinen Namen und meine Adresse noch im Fenster des Kuverts bemerkte. Das Anschreiben und die Erklärung, also das Wichtigste, stak noch darin. Ich hatte das Kuvert im Moment der Spannung und Euphorie nicht gründlich genug gelehrt. Die Kryptik war einzig dem Scan-Programm geschuldet, wie Herr Prof. Berg schrieb. Es hatte einige der vielen Sonderzeichen nicht erkannt und durch irgendetwas anderes ersetzt. Ja, so schnell kann es gehen, in der Wissenschaft etwas verkehrt zu sehen …

In der Folge möchte ich nun auf einige wenige ausgewählte Punkte der Leopoldina-Antwort eingehen, die mir besonders wichtig erscheinen.

Prizipiell basierte die Antwort voll einsteinmäßig auf der relativistischen Betrachtungsweise. Deren Grundlagen kann man in jedem einschlägigen Lehrbuch nachschlagen, sodass es nicht notwendig erscheint auf jede Einzelheit einzugehen. Grundsätzlich bin ich ja voll und ganz mit der Relativität im Universum einverstanden und verfechte sie auch, wenn es sein muss. Mich stören nur ein paar kleine Einzelpunkte, über die meines Erachtens noch erheblich gründlicher nachgedacht werden muss. Dazu zählen unter anderem der vermeintliche Urknall, dass Photonen keine Masse haben sollen, dass es keine Überlichtgeschwindigkeit geben soll und noch ein paar Fragen, die längst nicht abschließend geklärt erscheinen. Dabei interessieren mich vor allem die tatsächliche Beschaffenheit von Licht sowie der Grenzbereich zwischen Lichtgeschwindigkeit (c = LG) und Überlichtgeschwindigkeit (ÜLG). Denn was haben **Potenzen von c** in physikalischen Formeln zu suchen, wenn es sie angeblich gar nicht geben kann?

Auch ist für mich das Fermi-Paradoxon hochinteressant. Welcher ET – und die gibt es mit absoluter Sicherheit, auch wenn wir noch keinen gefunden haben - wird sich mit interstellarer Lichtgeschwindigkeits-Kommunikation abplagen, wenn es mit c^2 oder c^4 viel schneller, besser und einfacher geht? ET kann ja nichts dafür, dass wir noch mit angeboren-mittelalterlicher Unterlichtgeschwindigkeit herumdüsen. Und falls sich ET interstellar oder sogar intergalaktisch emsig mit Überlichtgeschwindigkeit ‚unterhält‘ oder sogar reist, dann werden wir solange absolut nichts davon mitkriegen, bis wir auch diese Technologie „beherrschen". Unsere bisherigen Sensoren sind einfach noch nicht für die Wahrnehmung von überlichtschnellen Körpern geeignet – lies: ‚viel zu langsam‘. Und diejenigen ET-Zivilisationen, die – wie wir – noch nicht soweit sind, dass sie mit Überlichtgeschwindigkeit umgehen können, werden keine interstellare Kommunikation per elektromagnetischer Wellen und Lichtgeschwindigkeit betreiben, weil es schlicht und einfach interstellarer Unfug wäre. Und die paar Ausnahmefälle mitzukriegen, die es vielleicht trotzdem geben mag (wir machen das ja gelegentlich auch), sollte einer Wahrscheinlichkeit unterliegen, die schnurstracks mit aller Gewalt gegen Null strebt.

In diesem Zusammenhang sei daran erinnert, dass sich heute einige von uns routinemäßig mit Überschallgeschwindigkeit fortbewegen, obwohl wir uns vor 200 Jahren noch darum stritten, ob man bei 30 km/h in der Eisenbahn überleben kann. Und elektromagnetische Wellen kennen wir auch erst seit etwa 100 oder 150 Jahren. Vorher gab es sie ‚offensichtlich‘ nicht. Es kann sie ja nicht gegeben haben, weil wir sie noch nicht gekannt haben. Das ist doch logisch, oder? Aber weil wir sie mittlerweile kennen, maßen wir uns an zu behaupten, dass sie das Non-Plus-Ultra des Universums wären. Das dürfte total vermessen sein …

Ja, ich halte Überlichtgeschwindigkeit – abgesehen von der postulierten „überlichtschnellen Ausdehnung des Weltalls" infolge des angeblichen „Urknalls", den niemand hörte - für zwingend gegeben und bin davon überzeugt, dass wir auch sie irgendwann in ferner Zukunft „beherrschen" oder wenigstens nutzen werden - in welcher Form auch immer. Die Potenzen von c lassen grüßen. Und ich halte es für grundlegend falsch, ihre Existenz und mögliche Nutzung aufgrund von ein paar temporären Postulaten von vornherein auszuschließen.

Das bremst nur das Weiterdenken.

Und E = mc² ist nunmal **ohne** dazugegebene Voraussetzungen, Erklärungen und Einschränkungen nicht korrekt. Das ist ein Fakt, weil die Umstellung $c = \sqrt{\dfrac{E}{m}}$ mit m = 0 entweder gar nicht erst definiert ist oder grundsätzlich zu einem falschen Ergebnis (nämlich zu c = ∞) führt.

Zumindest darauf sollte stets hingewiesen werden.

Die Physik versucht das Dilemma zu umgehen, indem sie die relativistische Impulsmasse (m_i) oder „schnell bewegte Masse" eingeführt hat.

Daraus entstand die Formel $m_i = m = m_0 : \sqrt{1 - v^2/c^2}$. Das mag in weiten Teilen des Gültigkeitsbereiches richtig sein. Allerdings entsteht bei v = c wiederum eine Division durch Null, mit dem gleichen „Nicht-Ergebnis". Bleibt also nur die unbegründbare Variante, den letzten Umstellungsschritt wegzulassen und sich mit c² = E : m zu begnügen. Aber da kommt man natürlich nur zu c² - was es ja angeblich gar nicht geben kann - und nicht zu c. Außerdem ergibt sich bei m = 0 wieder eine Division durch Null, die entweder ins Nichts oder in die Unendlichkeit führt. Beides ist nicht angezeigt. Somit fragt sich also, ob E = mc² überhaupt

544

für das Licht und seine Geschwindigkeit gültig ist. Ein rechtsgültiger Ausschluss ist mir bislang allerdings noch nicht begegnet.

Es bleiben also in jedem Fall mathematisch begründbare Fragen offen, die sich meines Erachtens letztlich nur mit einer winzigen - aber vorhandenen - Photonenruhemasse befriedigend erklären lassen.

<u>Nun zum Text. Dabei zuerst zu einigen Kommentar-Fähnchen :</u>

Mein Brief, Abschnitt 1 („Anfangsverdacht"), 3. Satz:
„Das bislang wichtigste dieser Indizien ist der Umstand, dass Licht – trotz seiner enormen Geschwindigkeit – offenbar von großen Massen angezogen wird."
Das Leopoldina-Kommentarfähnchen dazu:
„**Kommentar [BG1]:** Das ist ein Effekt der Allgemeinen Relativitätstheorie und hängt mit der gekrümmmten Raumzeit zusammen."
Hiesige Anmerkung: Damit bin ich voll und ganz einverstanden. Aber es stellen sich mir die Fragen, was denn die Krümmung der Raumzeit bewirkt (die Masse per Gravitation, die Geschwindigkeiten von Massen und/oder irgendetwas Anderes?) und wie sich dieser Effekt auf von einer großen Masse radial ausgesendetes Licht konkret auswirkt. Denn allem Anschein nach hängt die gravitationsbedingte Rot-Blau-Verschiebung der Spektrallinien im Licht direkt mit der Größe der jeweils wirkenden Masse und ihrer Gravitation zusammen. Ist das wirklich die einzige Einflussgröße?

Mein Brief, Abschnitt 2, Erster und zweiter Teil von Satz 1:
„Wenn die Formel $E = mc^2$ richtig ist – und danach sieht es bislang auf der ganzen Linie aus ..."
Das Leopoldina-Kommentarfähnchen dazu:
„**Kommentar [BG3]:** Sie ist tatsächlich richtig, muss aber auch richtig interpretiert werden, nämlich mit m = „bewegter Masse"."
Hiesige Anmerkung: Ja, schon klar. Masse und Energie lassen sich ineinander umwandeln bzw. sollen exakt dasselbe sein, nur in unterschiedlichen ‚Komprimierungszuständen', schließlich sind sie äquivalent. Aber sollte es nicht besser „bewegte Energie" o.ä. heißen? Denn wenn doch

angeblich gar keine Ruhemasse da ist, wo sollte dann die bewegte Masse herkommen?

Mein Brief, Abschnitt 3, Punkt (2), Aussage:
„(2) Die relativistische kinetische Energie – und damit die bewegte Masse – wurde gleich Null gesetzt."
Das Leopoldina-Kommentarfähnchen dazu:
„**Kommentar [BG8]:** Das ist beim Photon nicht möglich, da es sich ja immer bewegt und damit natürlich eine „bewegte Masse" hat, siehe oben."
Hiesige Anmerkung: Licht – also jedes Photon - bewegt sich tatsächlich in jedem Bezugssystem mit Lichtgeschwindigkeit. Mit zwei Ausnahmen:

1.) Das Photon bewegt sich nicht, wenn es sich selbst im Koordinatenursprung seines eigenen Bezugssystems befindet und der komplette „Rest des Universums" mit Lichtgeschwindigkeit an ihm vorbei flitzt. Diesen Schritt müssen wir gehen, wenn wir das Photon selbst untersuchen wollen. Denn das geht nicht, wenn es während der Untersuchung immer wegflutscht.

2.) Das Photon bewegt sich nach bisheriger Maßgabe ebenfalls nicht, solange es noch nicht emittiert – also quasi noch gar nicht existent – ist. Da Materie lt. Physik jedoch nicht aus dem Nichts geschaffen werden kann, muss sich also das „zukünftige Vor-Photon" bis zu seiner Emittierung in irgendeiner Form irgendwo befinden und somit selbst „ruhen" bzw. eine Geschwindigkeit von Null haben, auch wenn sich sein „Trägerort" (also der Ort, an dem sich das „Protophoton" befindet) eventuell mit rasender Geschwindigkeit bewegt.
Freilich sind das beides extreme Spezialfälle, aber wenn wir uns dem Photon selbst nähern wollen, müssen wir uns zwingend direkt auf sie einlassen. Die Relativität macht es möglich.

Mein Brief, Abschnitt 3, Vor-Vorletzter Textabschnitt zwischen 2 Formeln:
„Nun können wir die Formel wieder umstellen und die Energie errechnen, die notwendig ist, um eine vorher festgelegte Masse – von hier 1 kg – auf Lichtgeschwindigkeit zu beschleunigen."
Das Leopoldina-Kommentarfähnchen dazu:

„**Kommentar [BG13]:** „Dazu müßte (2) in (1) eingesetzt werden und dann sieht man sofort, ohne lange Rechnung, dass das für jede Ruhemasse $\neq 0$ eine Energie $= \infty$ ergibt, also nicht möglich ist!

Aber für das Photon ist ja eben die Ruhemasse $= 0$, so daß sich als Quotient in (2) $0 / 0$ ergibt, und der kann unter geeigneten Bedingungen tatsächlich endlich sein, wie es beim Photon der Fall ist.“

Ergänzung zum besseren Verständnis für den Leser aus der Antwort-Erklärung übernommen:

Hier mit (1) und (2) gemeint:

(1) $E = mc^2$

(2) $m = m_0 / (1 - \beta^2)^{1/2}$ mit $\beta = v / c$; $c = LG_{Vakuum}$;

$v =$ Geschwindigkeit des Teilchens

Hiesige Anmerkung: Dieser Punkt ist wahrscheinlich der Knackpunkt der ganzen Angelegenheit. Er ist für das gegenseitige Verständnis ausgesprochen relevant. Auf ihn muss intensiver und umfangreicher eingegangen werden. Dies wird sofort geschehen, wenn ich auf das Beischreiben der Antwort-Erklärung eingehe, nämlich jetzt:

Diskussion zu einigen Punkten der Leopoldina-Antwort-Erklärung:

In der Hoffnung, dem Leser meine Gedankengänge besser verständlich offerieren zu können, fange ich von hinten an, äußere mich etwas „ausschweifender" und verändere auch die Reihenfolge.

Somit ist der **erste Punkt** die Frequenz. Sie ist im Rahmen dieses Buches bisher zweimal relevant in Erscheinung getreten. Einmal bei der Grundgleichung der Wellenlehre ($c = \lambda * f$) und zum Anderen beim Herauskürzen im Bereich der Photonenmasseermittlung.

Die Frequenz ist eine überaus sinnvolle, praktische und nützliche physikalische Größe, die in vielen Gebieten Anwendung findet. Aber sie ist ‚keine echte‘ natürlich-physikalische Größe, sondern zu 100 Prozent von der verwendeten Maßeinheit der Zeit abhängig. Sie ist praktisch nicht mehr als eine Komplementärzahl, die als Faktor die jeweilige Wellenlänge bis zur Lichtgeschwindigkeit ergänzt. Aus diesem Grunde sollte

sie m.E. aus grundlegenden Formeln – wie etwa h = E/f ; u.a.- heraus-
gehalten werden, um diese objektiver zu gestalten. Auf die praktische
Nutzung der Frequenz in der Wirtschaft und anderen Bereichen hätte das
nur geringen Einfluss. Das Heraushalten der Frequenz aus Formeln ist
problemlos über die Nutzung von Wellenlänge und Lichtgeschwindigkeit
möglich. Beispielsweise würde sich dann das Plancksche Wirkungsquantum h wie folgt berechnen:

$$c = \lambda * f \quad \Rightarrow \quad f = c / \lambda \quad \Rightarrow \quad h = E/f \quad \Rightarrow \quad \mathbf{h = E * \lambda / c}$$

Nun kann man – zunächst durchaus berechtig – einwenden, dass Licht-
geschwindigkeit und Wellenlänge ja auch maßeinheitenabhängig sind.
Das ist auf den ersten Blick zwar richtig, aber Lichtgeschwindigkeit und
Wellenlänge sind – im Gegensatz zur Frequenz – stabile bzw. sogar
konstante, objektiv existente, praktisch messbare physikalische Größen.
Und der in die Maßeinheiten (m und s) zwangsläufig implementierte
(„hinein-definierte") subjektive Bestandteil wird durch die hier ermittelte
Lichtgeschwindigkeitsformel $c_{Zahl} = \left(\dfrac{360.000}{Pi} - \dfrac{1}{\sin{(sin45°)}} \right) * Phi^2$
weiter verringert. Die Formel beruht praktisch vollständig auf mathemati-
schen Konstanten und ist ausschließlich durch ihre „subjektive Zusammenstellung" noch subjektiv, die sich allerdings ebenfalls streng an objektiven Kriterien der Geometrie und der Astronomie orientiert und dadurch eine optische und arithmetische Darstellung ermöglicht. Dadurch
werden letzten Endes Meter und Sekunde ebenfalls ‚ein wenig objektiver' als andere, rein subjektiv bzw. willkürlich festgelegte, Maßeinheiten.
Und Objektivität sollte das Idealziel jeder Wissenschaft sein.
Damit stellt sich die Frage nach der Rolle der Frequenz bei der Ermittlung der vermuteten Photonen-Ruhemasse (siehe Kapitel: Ein Brief), wo
sie sich einerseits zwar prima herauskürzen lässt, andererseits aber in
Form des Planckschen Wirkungsquantums h noch „heimlich" enthalten
ist – allerdings als weitgehend maßeinheitenunabhängiges, mathematisch
objektives Verhältnis, was m.E. richtiger ist.

Es folgt der **zweite Punkt**, der wahrscheinlich der wichtigste von allen
ist, der Knackpunkt der ganzen Photonenmassen-„Geschichte". Dabei

geht es um das o.g. $\beta = v/c$ und die ‚offizielle‘ Formel zur Berechnung der Masse, die dann später in $E = mc^2$ eingesetzt wird.

Die Massenformel lautet:

$$m = m_0 / (1 - \beta^2)^{1/2} \quad \text{oder} \quad m = \frac{m0}{\sqrt{1 - v^2 / c^2}} \quad \text{mit: } m_0 = m0;\ \beta = v/c\ ,$$

was im Grunde beides dasselbe ist. Mithilfe dieser Formel wird aus der Ruhemasse m_0 die „bewegte Masse“ **m** errechnet, die dann im Anschluss in $E = mc^2$ eingesetzt wird und zum Tragen kommt.

Aus mathematischer Sicht gefällt mir diese Massenformel ausgezeichnet. Da gibt es gar nichts dran zu deuteln. Sie ist ausgesprochen elegant, sagt genau das aus, was sie aussagen soll und stimmt zudem noch gut mit praktischen Messwerten überein. Was will man also mehr?

Demgegenüber sagt mir die physikalische Seite der Betrachtung gar nicht zu. Warum nicht? Aufgrund der in den vorangegangenen Kapiteln angesammelten Indizien stellt sich mir die Frage, ob denn das überhaupt richtig sein kann, was diese Formel aussagt.

Das Dumme daran ist, dass ich an diesem Punkt (?noch?) nichts Besseres vorweisen kann als dieses flaue, unbestimmte Gefühl in der Magengegend. Und das versucht mir einzureden, dass da eventuell eine Kleinigkeit nicht stimmen kann. Was könnte das sein?

Genauer gesagt geht es mir um den Term $\sqrt{1 - v^2 / c^2}$. Bei Geschwindigkeiten unterhalb der Lichtgeschwindigkeit sollte das weitgehend oder vollständig korrekt sein, zumal es ja durch die Empirik recht gut bestätigt sein soll.

‚Bauchschmerzen‘ bekomme ich hingegen, wenn es auf der anderen Seite um Körper und masselose Teilchen mit Lichtgeschwindigkeit – also um den eng gesteckten Grenzbereich zwischen Unter- und Überlichtgeschwindigkeit - geht.

Warum sollte ein angeblich masseloses Teilchen – wie das Photon - teilweise Eigenschaften eines massehaltigen Teilchens haben und mit bzw. auf große Massen reagieren?

Außerdem ist die Lichtgeschwindigkeit zwar groß, aber endlich. Sie bildet angeblich die Obergrenze aller Geschwindigkeiten.

Warum sollte sich aber ein masseloses Teilchen an eine Grenze halten, die angeblich von der Masse und dem „Massen-Eigenwi-

derstand" vorgegeben ist, den es doch gar nicht haben kann, weil es ja angeblich masselos ist. Zumal andere Widerstände durch Photonen, Felder, Neutrinos, Reibung, … usw. durchaus real vorhanden sind und beachtet werden sollten – aber nicht beachtet werden?

Meines Erachtens ist das - zumindest teilweise – hochgradig unlogisch.

Warum ist ein Photon, welches durch ein transparentes Medium wie Glas oder Wasser dringt, im Medium langsamer? Und warum ist es, wenn es wieder draußen ist, genauso schnell wie vorher?

Stimmt es wirklich, dass es zwischen den Atomen und Molekülen des Mediums hin und her reflektiert wird wie eine Flipperkugel, sodass der Weg durch das Medium erheblich länger wird? Ist das Photon tatsächlich immer gleich schnell, und nur der lange Weg durch das Medium lässt es langsamer erscheinen? Wie lang muss dieser Weg dann sein, damit die Lichtgeschwindigkeit um den jeweils gemessenen Betrag verringert wird? Zwischen wie vielen Atomen und Molekülen muss es verlustfrei hin und her reflektiert werden, damit der Weg lang genug wird, um die Verzögerung zu erreichen? Warum ist dann die Reflexion an Spiegeln nicht auch verlustfrei? Und woher weiß das Photon nach den vielen Reflexionen noch, in welche Richtung es auf der anderen Seite des Mediums weiter zu fliegen hat? Sollte es nach diesem Ping-Pong nicht mindestens genauso verwirrt und orientierungslos sein wie ich?

Oder funktioniert die Lichtdurchquerung eines Mediums eher[213] so wie das weithin bekannte Schreibtisch-Physik-Spiel namens ‚Newtonsches Pendel‘, wo Stahlkugeln in einer Reihe hintereinander aufgehängt sind: Die erste Kugel wird angestoßen und die letzte Kugel fliegt hinten weg? Kommt also vielleicht auf der anderen Seite des Mediums ein ganz anderes Photon heraus als vorne hineinfliegt? Schuld an der Geschwindigkeitsverringerung im Medium wäre dann nicht der lange Weg, sondern die Trägheit der Moleküle, die „als weiterleitende Stahlkugeln" fungieren. Die Richtungsfrage wäre dann auch relativ leicht zu beantworten.

Mit heutigen Technologien betrachtet dürften beide Varianten von außen ziemlich gleich aussehen. Und vielleicht ist die Realität noch eine völlig andere als wir es uns heute überhaupt vorstellen können …

---

[213]   eher => nicht genauso, sondern nur (unbestimmt) ähnlich

Wer kann das schon mit Bestimmtheit sagen?

Zu bedenken ist bei der Frage ‚Wie funktionert das?‘ auch, dass die vermutete Photonen-Masse fürchterlich klein ist. Und sie sollte nochmals um das Anderthalbfache **kleiner werden als im Brief** an die Leopoldina errechnet.

Schließlich muss ja, wenn Photonen tatsächlich eine vermutete Masse haben sollten, auch die kinetische Energie $E_{Kin} = 0{,}5 * m * v^2$ dieser Masse zusätzlich mit ‚eingerechnet‘ bzw. herausgerechnet werden. Das würde dann nach der Formel $\mathbf{E_{Gesamt} = mc^2 + 0{,}5mc^2}$ geschehen. Dabei gilt $v = c$, weil Photonen ja üblicherweise mit Lichtgeschwindigkeit unterwegs sind[214]. Die beiden Terme mc^2 und $0{,}5mc^2$ kann man dann problemlos zu $1{,}5\ mc^2$ addieren, wonach die Formel

$$\mathbf{E_{Gesamt} = 1{,}5 * m * c^2}\ \text{heißt.}$$

Der Algorithmus bleibt ansonsten dabei (‚bis auf Weiteres‘) derselbe wie im Kapitel ‚Ein Brief‘.

Als Ergebnis erhalten wir dann eine vermutete Ruhemasse eines Photons von

$$1{,}173369\mathbf{373}\ldots \text{kg} : 1{,}5 = \underline{\mathbf{7{,}82246291\ldots E\text{ - }52\ kg.}}$$

Interessant an der Formel $E_{Gesamt} = mc^2 + 0{,}5mc^2$ ist das Verhältnis der Einzelterme zueinander. Solange $v = c$ ist, bleiben diese Verhältnisse unabhängig von der Masse m konstant und (wenn man will) ganzzahlig:

$\mathbf{E_{Gesamt}}$	$=$	$\mathbf{mc^2}$	$+$	$\mathbf{0{,}5mc^2}$
3	**:**	**2**	**:**	**1**
1	**:**	**0,66666...**	**:**	**0,333333...**
3	=	2	+	1

Außerdem könnte man die 7,82246...E-52 kg sehr bequem auf Ziffernfolgen wie 7,822222... ; 7,800000... oder 7,77777... runden bzw. idealisieren. Das alles passt sehr schön zum Kugel-Lichtmodell.

---

[214] Dabei stellt sich mir die Frage, ob die 0,5 tatsächlich exakt ist, oder ob es sich um eine hauchzarte Rundung der Zahl 0,499686267... handelt ?

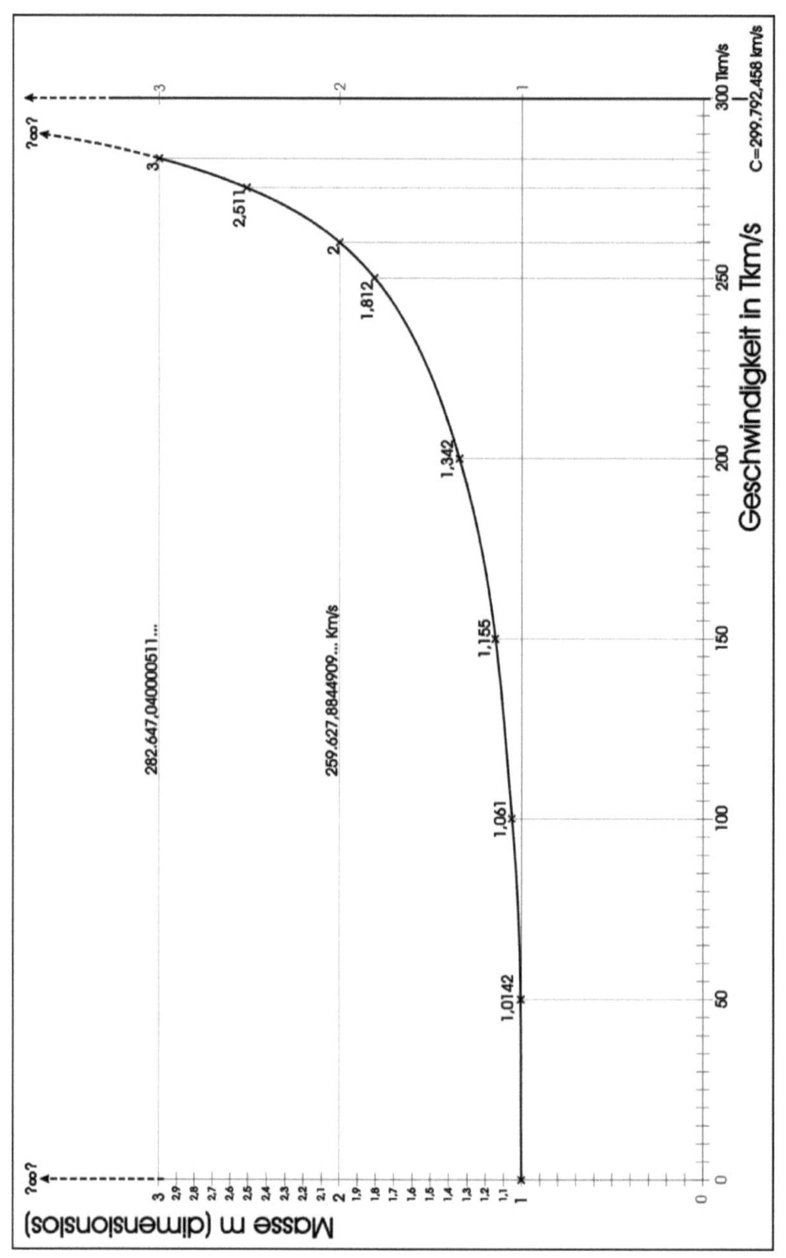

Abbildung 90: *Massenanstieg durch Geschwindigkeitserhöhung*

552

Die Masse eines **Elektrons** ist rund **1.165. 000.000.000.000.000.000-mal** größer als die vermutete Photonenmasse mit 7,82246291…E-52 kg. Das ist ein Verhältnis von 1,165***10^21** zu 1. In den Alltag übersetzt würde das ungefähr dem Verhältnis eines einzelnen Gebäudes zum ganzen Planeten Erde ähneln. Dieser Unterschied ist gewaltig. Vor allem wenn man bedenkt, dass man schon eine ganz gute Lupe braucht, um überhaupt ein Elektron um seinen Atomkern wieseln zu sehen. Wären wir also heute überhaupt schon in der Lage eine vermutete Photonenmasse dieser Kleinheit irgendwie rechtsgültig auszuschließen, nachzuweisen oder gar zu wiegen? Ich denke nicht.

Denn selbst empirische Belege auf 20 Nachkommastellen genau, würden bei dieser Kleinheit der vermuteten Photonen-Delinquenten noch lange keine Ausschlussgarantie gewährleisten. Eine Bestätigung ihrer Existenz jedoch leider auch nicht. Das Problem des praktischen Nachweises oder der Widerlegung bleibt also bis auf Weiteres offen.

Bis dahin sollte gelten: In dubio in dulci jubilo pro reo.

Wesentlich interessanter wird es aber noch einmal, wenn wir die Masse eines **Protons** mit der vermuteten Photonenmasse ins Verhältnis setzen. Dieses Verhältnis würde **2,1382291…*10^24** zu 1 betragen, was ungefähr dem Verhältnis zwischen einer halben Tüte Mehl und dem kompletten Planeten Erde entsprechen würde. Anders herum wäre die vermutete Photonenmasse 4,**67676734**…*10^-25-mal kleiner als ein Proton.

Interessant sind die Photonen-Protonen-Masseverhältnisse vor allem deswegen, weil sie auf Anhieb sehr gute Anbindungsmöglichkeiten an das Kugel-Lichtmodell in sich bergen. Dazu an dieser Stelle nur ein einziges Beispiel von vielen möglichen :

cos **2,1382291…**° = 0,99930372…

=> 0,99930372… * 300.000 km/s = **299.791,12** km/s

(Toleranzen etc. jeglicher Art sind dabei noch nicht beachtet!)

Bei passender Gelegenheit muss das noch sehr viel gründlicher untersucht werden.

Aber weil das eben alles so ist wie es ist, stelle ich mir die vermutete Photonenmasse als eine Art „Kondensationskern für spätere Energiewolken-Photonen" vor, die sich um diesen festen Kern herum bilden. Denn es erscheint mir zweifelhaft, dass Photonen an irgendeiner x-beliebigen Stelle eines Elektrons entstehen und emittiert werden können. Da sollte schon ein bisschen Ordnung herrschen, welcher Art auch immer.

Doch zurück zum eigentlichen Unterthema, dem Term $\sqrt{1 - v^2 / c^2}$.

Wie bereits mitgeteilt ist m.E. an diesem Ausdruck mathematisch alles in Ordnung. Bleibt also die Physik.

Was könnte daran zu bemängeln sein?
Kurz gesagt: Eigentlich alles. Warum? Da wäre zunächst der Umstand, dass Geschwindigkeit normalerweise die resultierende Größe eines Prozesses ist. Sie ist in der Regel von vielen Faktoren abhängig und gleichzeitig das angestrebte Ergebnis.

Beim Auto etwa ist die Höchstgeschwindigkeit von der Motorleistung, den Reifen, der Fahrzeugart, der Fahrzeugform, vom Allgemeinzustand, vom Fahrer, von der innerbetrieblichen Reibung, dem Fahrbahnzustand, den jeweils gültigen Gesetzen, … und jeder Menge anderer Faktoren – wie etwa der Beifahrerin - abhängig.

Auch bei Himmelskörpern ist die Geschwindigkeit das Resultat vielfältiger äußerer und innerer Einflüsse. Nur, dass es dort selten eine Beifahrerin gibt. Und für alles Andere trifft das in angepasster Form ebenfalls zu 100 Prozent zu. Nur beim Licht soll es nicht so sein?
Durch $\sqrt{1 - v^2 / c^2}$ wird die Lichtgeschwindigkeit automatisch zum obersten Herrscher über jede Geschwindigkeit gemacht. Es ist praktisch schon vorher festgelegt, dass nichts schneller sein kann als das Licht. Jegliche anderen Einflussfaktoren scheinen ausgeschlossen oder gar nicht erst existent zu sein. Ich denke, hier werden Voraussetzungen und Ergebnis schlichtweg vertauscht. Das sollte m.E. so nicht sein.

Ein weiterer Mangel ist, dass ja Geschwindigkeit (= Weg : Zeit) selbst nichts direkt mit Masse zu tun hat, sondern dafür normalerweise die Beschleunigung mit F = m * a bzw. a = F : m zuständig ist. Die ist zwar hauteng mit der Geschwindigkeit verbunden, aber eben doch etwas gänzlich anderes. Das wird umgangen, indem gesagt oder suggeriert wird, dass ja ein Photon nicht beschleunigt werden muss, da es ja nur die eine Geschwindigkeit kennt. Aber wie kommt es auf diese Geschwindigkeit, wenn es emittiert wird? Wiebelt es schon vorher die ganze Zeit mit Lichtgeschwindigkeit „im" Elektron, Atom oder Molekül herum?

Wenn ja, warum leuchtet dann nicht alles immer und überall? Falls das jedoch nicht so ist, MUSS das Photon im Rahmen der Emittierung an irgendeiner Stelle irgendeiner Beschleunigung unterliegen. Dabei liegt es von der Logik her nahe, dass das emittierende Elektron eine Geschwindigkeit erreichen muss, bei der es das Photon nicht mehr halten kann und es deswegen mit Lichtgeschwindigkeit emittiert. Diese Geschwindigkeit des Elektrons sollte mit der Lichtgeschwindigkeit identisch sein oder wenigstens ganz nahe daran anliegen. Oder das Elektron gibt dem Photon beim Emittieren noch irgendeinen Zusatzschubs, damit es auf Lichtgeschwindigkeit kommt. Das könnte eventuell durch das elektrische Feld zwischen Elektron und startendem Photon erfolgen. Auf jeden Fall sollte sich das emittierende Elektron mindestens sehr nah an der Lichtgeschwindigkeit bewegen oder sie sogar erreichen, bevor es überhaupt Licht emittieren kann. Das Elektron hat aber ebenfalls eine Masse, die unter bestimmten Umständen sogar ruhen kann. Außerdem könnte man mit einer Photonen-Ruhemasse auch sehr gut die Existenz von Lichtquanten erklären und begründen.

„... **1** Licht entsteht, wenn ein Atom Energie verliert. ... [...] ... **(3)** Beim ‚Herunterfallen' des Elektrons auf seine ursprüngliche Bahn wird Energie in Form eines Quants (Photon) abgestrahlt, das je nach Energiedifferenz im sichtbaren Bereich (4) oder im unsichtbaren Bereich liegt. Licht stammt also aus Vorgängen, die sich in der Elektronenhülle von Atomen oder Molekülen abspielen. ...“[215]

So oder so ähnlich wird die Entstehung von Licht in vielen allgemein zugänglichen Quellen beschrieben. Meiner Meinung nach müsste die Reihenfolge jedoch auch hier genau umgekehrt verlaufen. Es sollte in Etwa heißen: ‚Wenn ein vorher mit Energie „aufgeladenes" Elektron Licht emittiert, verliert es die Zusatzenergie wieder und kann danach auf seine ursprüngliche Bahn zurückkehren („herunterfallen"). Das Elektron ist damit eine Art Transportvehikel für Energieportionen. ...'

---

[215]   [20], Band 8, Seite 3066

Denn wie soll das anders funktionieren? Freilich laufen diese Vorgänge unglaublich schnell ab, aber doch sicher nicht völlig gleichzeitig oder gar in umgekehrter Reihenfolge, sondern in einer vorbestimmten / notwendigen Abfolge. Zuerst muss man mühsam auf den Gipfel hochkrabbeln, bevor man wieder hinunter rollen kann. Andersherum geht nicht.

Eine andere Frage ist, wo in $\sqrt{1 - v^2 / c^2}$ die Eins herkommt und was sie konkret physikalisch aussagt. Ebenso die Wurzel. Mathematisch erfüllen beide ihren Zweck, den sie erfüllen sollen. Keine Frage.

Aber physikalisch? Setzt man anstatt der 1 eine andere Zahl ein – wie etwa 1,000000000000000001 oder **1,00069228559446...** etc. – dann sieht die Welt gleich ganz anders aus. Ist die Eins auch ein Quotient aus zweimal derselben Zahl? Ist es wirklich zweimal exakt dieselbe Zahl? Wozu dann der vermutete Quotient? Oder gibt es doch winzigste Unterschiede, die bisher nur noch nicht gemessen werden konnten, weil keiner danach sucht?

Da steckt eine Menge übertünchte Unsicherheit mit drin, weil die **allerallerkleinsten** Veränderungen oder Ungenauigkeiten praktisch das komplette Weltbild über den Haufen werfen können.

Formeln spiegeln im Normalfall die Realität wider – oder sollten es zumindest versuchen. Das hilft uns, das Universum wenigstens ein bisschen zu verstehen. Beim Term $\sqrt{1 - v^2 / c^2}$ scheint es mir aber eher so, als ob wir uns selbst die Augen verkleistern.

Allerdings muss ich hier zu meiner Schande gestehen, dass ich vielleicht noch nicht weit genug ins Thema eingedrungen bin, um zu verstehen, warum die Eins an dieser Stelle vorhanden ist. Ich sehe die Eins zwar immer, aber warum ich sie sehe, das weiß ich nicht.

Mein zweiflerischer Verdacht geht jedoch dahin, dass die Eins ausschließlich Teil einer ausgefuchsten mathematischen Konstruktion sein könnte, die die Lichtgeschwindigkeit als unüberwindbar darstellt oder gar nur darstellen soll. Denn bis jetzt ging es hinter dem Horizont noch immer ein Stückchen weiter.

Das einzig Positive, was ich $\sqrt{1 - v^2 / c^2}$ von physikalischer Seite her abgewinnen kann, ist die Feststellung, dass auch in diesem Term mit c^2 eine Potenz der Lichtgeschwindigkeit enthalten ist. Wo kommt die laufend her, wenn es doch c^2 angeblich gar nicht geben können darf? Und es ist ja längst nicht die einzige Potenz von c die durch die Weltgeschichte geistert.

Existieren also auch normale Vielfache der Lichtgeschwindigkeit? Wenn es Potenzen der Lichtgeschwindigkeit gibt – und das wird ja dem Außenstehenden von der Physik höchstselbst massenweise nahe gelegt – dann sollte es eigentlich den ganzen „Rest" doch auch geben, darunter normale Vielfache. Oder etwa nicht?

Die einzige Frage dabei ist, wie man da hin kommt. Und die vorläufige Antwort darauf lautet: Jedenfalls nicht mit $\sqrt{1 - v^2 / c^2}$.

Und das kann nicht wirklich befriedigen.

Als **dritter Punkt** in Bezug auf die Leopoldina-Antworterklärung sei dem Leser mitgeteilt, dass noch mehrere Formeln und Umstellungen davon zum Thema ‚nichtexistente Photonen-Ruhemasse' enthalten sind.

Diese Formeln und ihre Derivate drehen sich allerdings allesamt mehr oder weniger eng um den Term $\sqrt{1 - v^2 / c^2}$, zu dem ich mich bereits hinreichend kritisch geäußert habe. Das will ich an dieser Stelle weder wiederholen, noch ausbauen.

Genannt sei deshalb nur eine dieser Formeln: $\beta^2 = 1 - m_0{}^2 * c^4 / E^2$ Die gefällt mir nämlich außergewöhnlich gut, weil sie diesmal sogar die vierte Potenz der Lichtgeschwindigkeit beinhaltet, und sich damit quasi „jenseits von Raum und Zeit" bewegt.

Die Antwort-Erklärung endet mit dem Satz:

„… was ja auch später benutzt wird, um die [vermutete ; PHK] Masse der Photonen zu berechnen, die aber, wie gezeigt, keine Ruhemasse sein kann, da für mit Lichtgeschwindigkeit bewegte Teilchen $m_0 = 0$ **gelten muss.**"

Mag sein, mag nicht sein. Mir fällt dazu nur eine ketzerische Frage ein:

Muss oder Soll?

Bleibt zum Abschluss dieses Kapitels noch eine Frage, die sich vielleicht der eine oder andere Leser stellt:

‚Warum klammere ich mich so an der vermuteten Photonenmasse fest?'

Diese Frage ist leicht zu beantworten: Weil man damit eine ganze Reihe von Dingen relativ einfach und sinnvoll erklären kann, die von der Physik bisher ziemlich „nebelhaft umgangen" werden – oder zumindest bei der interessierten Allgemeinheit als mehr oder weniger undurchsichtige Dunstwolke ankommen. Wie es vielleicht etwas anders und besser gehen könnte, wird in den folgenden Kapiteln beschrieben. Doch zunächst noch ein paar kurze Anmerkungen zur (‚vermuteten') Überlichtgeschwindigkeit sowie der Beschleunigung von Photonen.

<u>Lichtgeschwindigkeitsanomalie</u>

Gibt es Überlichtgeschwindigkeit? Gibt es etwas, das schneller ist als das Licht? Doch, ich denke schon. Zumindest gibt es ein paar Indizien, die darauf hindeuten. Dumm dabei ist nur, dass unsere gegenwärtigen Sensoren solche Dinge **NOCH nicht** erfassen können. Das macht die Sache schwierig. Keine Chance – jedenfalls bis jetzt. Da muss noch eine Menge Forschung und Entwicklungsarbeit geleistet werden. Vielleicht kann ich ja mit der hiesigen Arbeit ein winziges Puzzleteilchen dazu beitragen, dass es etwas schneller geht? Das wäre nicht schlecht. Denn das Hauptproblem ist wohl eher die Einstellungsfrage, denn etwas anderes.

Wie kommt man auf den schrägen und unvernünftigen Gedanken der Überlichtgeschwindigkeit, wo doch alle Welt weiß, dass es soetwas Verrücktes nicht gibt? Nicht geben kann. Schließlich teilt uns das die zweitexakteste Wissenschaft des Planeten mit: die Physik.

Wie gesagt, es gibt ein paar Indizien. Beim Suchen und Finden hilft uns das Kugel-Lichtmodell. Jedenfalls ein kleines bisschen.

Das erste Indiz dieser Art liefert die Lichtgeschwindigkeit selbst. Sie ist **endlich** – und nicht unendlich. Warum ist das so? Und warum soll sie die absolute Obergrenze darstellen? Irgendetwas muss das Licht doch ausbremsen, um es auf ‚genau' diese Geschwindigkeit zu beschränken. Ist es tatsächlich nur die Masse? Und warum sollten sich **angeblich masselose Photonen** strikt an einen Grenzwert für massehaltige Teilchen halten? Das erscheint mir nicht sonderlich logisch.

Dazu ein schmuckes Beispiel:
Baumologen beschäftigen sich mit Bäumen. Sie wissen, dass die höchsten Bäume rund 130 Meter hoch werden können. Mehr geht nicht. Also verbreiten die Baumologen als absolute Wahrheit: ‚Mehr als 130 m geht nicht. Das ist die absolute Höhen-Obergrenze.‘

Da kommen die Vögologen daher und sagen: Die Vögel, die wir beobachten, fliegen viel höher als eure höchsten Bäume. Das können wir zwar nicht messen, aber wir sehen es doch deutlich. Die Antwort der Baumologen fällt knapp aus: ‚Kann gar nicht sein, schließlich sind unsere Bäume die höchsten Geschöpfe auf Erden. Und das kann man genau nachmessen. Da kommen eure winzigen Vögel nicht mit. Punkt.‘

Nach einer Weile melden sich die Fliegologen: ‚Wir bauen Flugzeuge, die fliegen viel höher als Bäume oder Vögel und sind schneller als der Schall. Das können wir auch messen.‘ Baumologen und Vögologen ziehen die Köpfe ein und verstummen – jedenfalls für die Zeit, in der es Flugzeuge gibt. Nachdem (mit ein wenig freundlicher Hilfe) das letzte Flugzeug abgestürzt ist, sind die Baumologen wieder obenauf: ‚Seht ihr, so geht es jedem, der denkt, er könne höher kommen als unsere Bäume. Bäume liefern uns die absolute Höhen-Obergrenze‘.

Zeit vergeht, dann melden sich die Raketologen zu Wort: ‚Wir bauen Raketen, die fliegen höher als jeder Baum, jeder Vogel und jedes Flugzeug. Das können wir messen. Und was das Tollste an unseren Raketen ist: Sie bleiben von allein oben, sie können nicht runterfallen‘.

Darauf antworten die Baumologen: ‚Ja, das mag schon so sein, aber eure Raketen müssen erst einmal bis hoch kommen. Das kostet viel Geld, welches man kürzen kann. Und es benötigt viel Wissen, welches man eindämmen kann. Und es braucht Ideen, die man verbieten kann. Und wenn dann keine Rakete und kein Schattel mehr fliegt, dann sind die Bäume doch die absolute Höhen-Obergrenze.

Das könnt ihr doch verstehen, oder? …‘
Und so geht das weiter bis zum Sankt-Nimmerleinstag. Jedenfalls, wenn man nichts dagegen unternimmt.

„Ketzerische“ Forschung, zum Beispiel …

Apropos Flugzeuge und Raketen: Sie können gut als Beispiel dienen, wie es sich mit dem Licht tatsächlich verhalten **könnte**: Normale Linienflieger kommen nicht durch die Schallmauer. Sie sind nicht dafür gebaut.

Schnelle Düsenjäger schaffen das heutzutage mühelos. Aber sie brauchen eine Menge Energie dafür sowie geeignete Antriebe und eine angepasste Form. Ist die Schallmauer durchbrochen, sinkt der relative Energiebedarf wieder. Bestes Beispiel dafür ist bzw. war vielleicht die SR-71, der ehemals schnellste Jet des Planeten. Sie verbrauchte bei Höchstgeschwindigkeit (ca. 3.500 km/h) bis zu 20 % weniger Treibstoff, als wenn sie langsamer flog. Auf den ersten Blick erscheint das seltsam. Hauptsächlich lag dieser Effekt an der speziellen Bauart der Triebwerke.

Aber war das wirklich der einzige Grund?

Untersucht man den Massenanstieg durch Geschwindigkeitserhöhung bis zur Lichtgeschwindigkeit[216] ein wenig genauer, stößt man auf eine Reihe von Zusammenhängen, die man als Laie dort nicht erwartet.

So wird das Doppelte einer zu beschleunigenden Ausgangsmasse (= 1) erst bei einer Geschwindigkeit von 259.627,**88449**… km/s erreicht. Das sind rund **260.000** km/s und genau 86,60254… Prozent der definierten Lichtgeschwindigkeit. Als einfaches Verhältnis (0,8660254…) entspricht das exakt dem Sinus von 60° oder der Hälfte von Wurzel aus Drei. Hochgeschwindigkeit als **Winkelfunktion?**

Wie kommt das? Was soll das?

Masse und Energie verhalten sich dank $E = mc^2$ über die gesamte Kurvenlänge proportional. Dabei ist c^2 der Proportionalitätsfaktor. Das heißt, die Kurven von Masse und Energie sehen praktisch gleich aus, nur die Beschriftung und die Taktung sind anders. Man braucht primär also nur eine der beiden Größen zu betrachten, um in Etwa zu wissen, wie sich die andere verhält. Doch manchmal lohnt es sich durchaus, ein wenig genauer hinzuschauen und beides gleichzeitig intensiv zu beäugen.

Bis zur doppelten Masse (2m) erfolgt der Energieanstieg relativ moderat. Erst danach schießt die Kurve, exponentiell immer steiler werdend, in ungeahnte Höhen. Theoretisch bis zu einer unendlich großen Masse bzw. Energie bei erreichen der Lichtgeschwindigkeit. Kann das

---

überhaupt sein? Gibt es unendlich große Massen und Energieen im Universum? Überextrem supergroße Massen gibt es, aber das ist nicht die Frage. Die heißt nämlich: Gibt es **unendlich** große Massen?

Selbstverständlich nicht, sagen die Physiker. Deswegen kann ja die Lichtgeschwindigkeit nicht durch massehaltige Körper überschritten werden. Das klingt logisch. Ist es das aber wirklich?

Bei erreichen der dreifachen Masse (= 3m bei 282.647,04… km/s) des zu beschleunigenden Ausgangskörpers (= m) wird kein spezieller Winkel bzw. seine Winkelfunktionen getroffen. Obwohl … so sicher kann man das noch nicht sagen. Der Term v^2/c^2 beträgt hier 0,88888… Das ist immerhin eine Zahl, die im Kugellichtmodell eine exponierte Stellung hat. Der Term $1 - v^2/c^2$ unter der Wurzel beträgt dabei 0,11111… Auch das ist eine prima Modell-Zahl. Schließlich heißt ihr Reziprokwert **9**. Die Zahl 0,11111… als Sinus betrachtet, führt uns zum Winkel **6,3793**696… Grad. Das Tausendfache davon kommt dem Äquatorradius der realen Erde immerhin bis auf gut 1,2 km nahe. Und wenn man zweimal hintereinander den Arcus-Tangens von 0,11111… errechnet landet man bei 81,036921… Wie der Leser mittlerweile zur Genüge weiß, ist das ein weiterer Kandidat für die Lichtgeschwindigkeitszahlenformelzahlenwolke. Er bringt uns zu 299.792,44…. Das ist wieder einmal nur sehr knapp daneben. Ungefähr dasselbe erhält man, wenn man vom WGS-84-Äquatorradius der Erde ausgeht. Ist das Zufall?

So könnnte das weiter gehen. Man findet sehr viel, wenn man nur richtig sucht. Doch darum geht es an dieser Stelle nicht. Stattdessen folgt jetzt **etwas Wunderbares**, das bis auf Weiteres seiner Erklärung harrt. Erhöhen wir die Geschwindigkeit weiter[217], steigen Masse und Energie immer schneller an. Im Nahbereich der definierten Lichtgeschwindigkeit geschieht das schier „explosionsartig".

Um der definierten Lichtgeschwindigkeit möglichst auf den ‚nebulösen' Grund zu gehen, näherte ich mich ‚schrittchenweise' immer näher an, wobei die Schrittchen automatisch ständig kleiner wurden. Dazu wieder ein paar wenige ausgesuchte Beispiele[218]:

---

[217] über die 0,9428… c bzw. 94,28 % der LG bei 3m hinaus

[218] **Achtung:** Hier wurde mit Geschwindigkeiten in km/s gerechnet! Bei Rechnung in m/s ändert sich nicht nur die Größenordnung (um E+6), sondern mit-

v in km/s	Masse m (dimensionslos) ($m_0 = 1$)	Energie
299.790,0	246, 94791…	2,219457…..E+13
299.792,0	572, 08837…	5,1416739…E+13
299.792,457**9999**	1.224.418, 613**54763**…	**1,100453…..E+17**
299.792,457**999901**	1.**230**.475, 30095216…	**1,105896…..E+17**
299.792,**458** =>	**nicht lösbar**, nicht definiert – oder unendlich; wegen sich ergebender Division durch Null	

Wie jeder leicht erkennen kann, geht es erst bei den letzten 2,5 km/s so richtig voll ab, mit der Lichtgeschwindigkeit und der dazugehörigen Massenentwicklung. Genau genommen sogar erst auf dem letzten halben Kilometer je Sekunde. Allerdings fällt auch auf, dass von einer Million Massen bis zu einer **unendlich** großen Masse noch eine Menge Holz fehlt und nicht mehr viel Platz am Ende des Weges zur Verfügung steht.

Schon komisch, finden Sie nicht?

Was aber ausschließlich nur mir auffallen konnte[219], war die oben aufgeführte Energie-Zahl **1,100453**…E+17. Das war wieder einmal Liebe auf den ersten Blick, auch wenn es nicht ganz passte. Sie erinnerte mich an eine andere, so ähnlich aussehende Zahl, mit der ich schon größere Querelen hinter mir habe. Naja, man(n) fällt halt immer wieder auf den selben Typ Zahlen herein … da kann man nichts machen.

Leider reichten die 15 Stellen des Excel-Programmes wieder einmal nicht aus, um eine vernünftige Annäherung und Überprüfung hinzubekommen. Das ist hinreichend verdrießlich. Aber es stört im Moment noch nicht wirklich. Das Endergebnis liegt auf jeden Fall zwischen **1,100453**E+17 und **1,105896**E+17 und ist ganz in der Nähe der Lichtgeschwindigkeit zu finden.

Die dazugehörige Geschwindigkeit liegt **zwischen** 299.792, 457**9999** und 299.792,457**999901 km/s;** also wirklich nur hauchzart unterhalb der definierten Lichtgeschwindigkeit, die ihrerseits ja sowieso eine Rundung ist.

---

unter auch die Ziffernfolgen, was somit zu abweichenden Ergebnissen führt. Der Zusammenhang fällt dann nicht mehr - oder nur erschwert - auf. Leider stößt das Excel-Programm hier schon wieder an seine Grenzen.

[219] Herausgefunden / entdeckt am 13. Februar 2019

Liegt das nun an der zwangsweisen Rundung der Lichtgeschwindigkeit? An einer Rechenungenauigkeit? Ist es Zufall oder Notwendigkeit?

Ich weiß es (?noch?) nicht. Aber der Umstand, dass es tatsächlich so zu sein scheint, ist weit mehr als nur verblüffend. Er ist ungeheuerlich!

Etwas anders geschrieben und größenmäßig angepasst erhalten wir bei:
$$\mathbf{x_0} = 1{,}1049693\ldots\text{E-4} * 10\text{^}21 = \mathbf{1{,}1049693\ldots E+17}$$
drei zusammengehörige Intervalle: Eines für die Masse, eines für die Energie und eines für die Geschwindigkeit:

Masse	=>	$1.224.418{,}613\ldots$	< x_1 <	$1.230.475{,}3009\ldots$	
Energie	=>	$1{,}100453\ldots\text{E+17}$	**< 1,1049…E+17 <**	$1{,}10589\ldots\text{E+17}$	
Geschw.	=>	$299.792{,}457\mathbf{9999}$	< x_3 <	$299.792{,}457\mathbf{999901}$	

(299792,457999901 entspricht **99, 999 999 999 967… %** der LG$_{\text{Def.}}$)

Dabei entsprechen die x-Werte den Eigenschaften der Ausgangsgröße $\mathbf{x_0}$ bei ebenjener Geschwindigkeit. Die gegenwärtigen Intervallgrenzen sind bereits jetzt schon sehr eng gesteckt und können durch exakte Rechnung praktisch vollständig eliminiert werden.

Was ist das nun für eine tolle Zahl, um die es hier geht? Es ist die **1,10496938720379…** $(\mathbf{*10^{-4} * m^{-1}})$, die mir bereits vor mehr als 7 Jahren während der Arbeiten zu [3] aufgefallen war[220]. Damals hatte ich Wochen und Monate damit zugebracht, dieser Zahl und ihren Maßeinheiten ihr Geheimnis zu entlocken. Doch mehr als die Feststellung, dass $x\text{^}8$ = **2,22**29633316… ist, hatte ich damals nichts Relevantes herausfinden können. Immerhin zeigte jedoch schon das allein, dass die Zahl mit ihrem Kontext und den vielen Zweien am Anfang mit einiger Wahrscheinlichkeit ins Kugel-Lichtmodell gehörte. Denn der Reziprokwert der idealisierten 0,02222222… heißt **45**. Und die gehört ganz sicher ins Modell. Das wiederum nährte dringend den Verdacht, dass diese Zahl einst ganz bewusst und absichtlich dort platziert wurde, wo sie heute noch zu finden ist. Und siehe da … Gut Ding braucht manchmal Weile!

---

[220]   [3], Seiten 200 ff. und Seiten 298 ff. / **Hier im Buch auf den Seiten 416 ff.**

Die Zahl ist auch hier im Buch schon genannt und ihre Herkunft noch einmal beschrieben worden. Sie stammt aus dem Lichtgeschwindigkeits-Zusammenhang zwischen Meile und Kilometer im Kapitel **„Kilometer und Englische Meile"** auf den **Seiten 412 ff.**

Das heißt, sie stellt die absolute „energetische" **Direktverbindung** zwischen Meile, Kilometer, Sekunde, Lichtgeschwindigkeit, der Masse und einer dimensionslosen **Ruhemasse von Eins** her.

Das wiederum bedeutet, dass Kilometer und Meile von Anfang an in ihren absoluten Größen direkt und ganz bewusst auf das Licht und seine Geschwindigkeit in km/s ausgerichtet wurden. Und das nicht nur einmal „irgendwie", sondern mindestens gleich 4 + X-mal hochpräzise.

Da staunt der Fachmann und der Laie wundert sich …
‚Hochpräzise' bedeutet an dieser Stelle, dass dreimal hintereinander auf 15 Stellen und einmal auf 13 (+X) Stellen genau gerechnet wurde – und alles bestens zusammenpasst. Zum Vergleich benötigt ein Lotto-Sechser mit Zusatzzahl maximal 13 Ziffern in der richtigen Reihenfolge und Zusammenstellung. Das hiesige Ergebnis belegt also den Zusammenhang zwischen Meile, Kilometer, Lichtgeschwindigkeit und Energie sozusagen mit mehr als vier Lottosechsern mit Zusatzzahl auf einem einzigen Tipp-schein. Das scheint ein solides Resultat zu sein und sollte Zufall jeglicher Art so einigermaßen ausschließen. Außerdem zeigt das Beispiel deutlich, dass in der Vergangenheit schon einmal irgendwer genauso „schräge Lo-gik" angewendet haben **MUSS** wie ich.

Auch die Wahrscheinlichkeit, dass Photonen tatsächlich eine **Ruhemasse von 7,82246291…E-52 kg** (o.ä.) haben, ist damit schlagartig um glatte „99,9" Prozent[221] gestiegen. Das Kugel-Lichtmodell und die damit ver-bundene Denkweise erhalten dadurch eine weitere teilweise Selbstbestä-tigung und Existenzberechtigung. Der bewussten Installation des Zusam-menspiels von Meile und Kilometer sei Dank.

Das mag man jetzt wahrhaben wollen – oder auch nicht – **es IST einfach so**. Und das dürfte so Manchen ein wenig ‚verwundern' – oder gar ernsthaft schockieren.

---

[221]   Die Prozentzahl „99,9" ist eine reine fiktive „Annahme", der damit beschrie-bene Fakt jedoch nicht

Im Umkehrschluss könnte man nämlich auch sagen, dass über das Zusammenspiel von Kilometer und Meile die Größe der Lichtgeschwindigkeit inklusive der dafür notwendigen (relativen) Energie **dargestellt** ist. Und das wiederum bestätigt die Richtigkeit eines Großteils meiner bisherigen Ermittlungen der letzten 10 Jahre **rein objektiv**. Jetzt schon.

Das ist einfach nur toll!

Sicher, die Zehnerpotenzen passen nicht, und auch die Maßeinheiten machen (?noch?) ein paar Schwierigkeiten. Aber das muss man sich trotzdem in aller Ruhe auf der Zunge zergehen lassen - wie einen guten Wein. Da taucht diese Zahl nach etlichen Jahren urplötzlich und völlig unerwartet wieder auf. Und nicht irgendwo, sondern an total exponierter Stelle, in allerdirektester Nähe zur wohl bedeutsamsten physikalischen Einzelgröße im Universum, der Lichtgeschwindigkeit. Und das ausgerechnet in Verbindung mit den zwei wichtigsten Längenmaßeinheiten des Planeten.

Noch näher an die Lichtgeschwindigkeit heran geht es kaum. Die Ziffernfolge lässt sich bequem einordnen, sofern die Rechentechnik mitspielt. Und Kilometer und Meile werden so direkt noch einmal zusätzlich mit der Lichtgeschwindigkeit in Verbindung gebracht. Wie kommt das?

Die Maßeinheit(en) der „Zauberzahl" ist (sind) nicht wirklich das Problem. Freilich muss noch geschaut werden, wie am Ende alles richtig zusammengehört, aber vielleicht stammt die Zahl samt Maßeinheit in irgendeiner Weise primär von der Lichtsekunde ab – und nicht von der Lichtgeschwindigkeit – was eventuell schon den Meter hoch minus Eins erklären könnte. Ebenso können die Zehnerpotenzen einfach auf einen anderen Maßstab hinweisen, oder auf irgendeine kleine Differenz zwischen irgendwas. Ja, das muss alles noch herausgefunden werden, aber „glaubt" jemand tatsächlich noch an ‚Zufall' in diesem Zusammenhang?

Ich ganz bestimmt nicht!

Also, liebe Physiker, **prüft** das mal **bitte** alles richtig **gründlich** – und gesteht danach dem Licht seine Masse zu. Denn das Licht möchte auch endlich mal ‚Gewicht' haben.

Es fragt sich aber immer noch, was die Zahl **1,1049693…E+17** in Verbindung mit der Lichtgeschwindigkeit, dem Meter, der Meile, der Sekunde, der Energie, der Masse und der genauen Stelle ihres Auftretens überhaupt aussagt?

Für meine Begriffe gibt es da nur zwei Möglichkeiten:

1.) Hier ist Ende Gelände. Nichts geht mehr. Ihr kommt hier nicht durch!

oder

2.) In Richtung unendliche Masse geht es nicht weiter, aber schaut mal durch die Türöffnung in der „Heiligen Licht-Mauer", in Richtung Speed. Da ist noch so einiges zu machen …

Ich persönlich bevorzuge die **zweite** Variante, denn wenn man da ein wenig drin herumstochert, kommt auch noch so einiges Erstaunliche zum Vorschein.

Nach dieser maßeinheitlichen[222] Überraschung auf dem scheinbaren Gipfel der Massen, Energien und Geschwindigkeiten können wir nun wieder zur Licht- und Überlichtgeschwindigkeit zurückkehren. Die exakte definierte Lichtgeschwindigkeit kann man bislang nicht mit einer konkreten Masse belegen. Versucht man es trotzdem, kommt es zur Division durch Null, weil bei $v = c$ der Term $1 - c^2/c^2$ Null ist. Es fragt sich aber dringend, ob das nur die Folge der mathematischen Konstruktion oder doch echte Real-Physik ist?

Vielleicht ist ja bei einer Energie von 1,10496…E+17 ein kleines Türchen auf die andere Seite der ‚Heiligen Lichtmauer' eingebaut? Vielleicht ist dort aber auch ganz Schluss mit der angeblichen Unendlichkeit der Masse?

Wer will das schon wissen, solange es keiner ausprobiert hat? Vorstellbar wäre es auf jeden Fall. Wenn nicht, muss die Frage, warum zwei der wichtigsten Längenmaßeinheiten des Planeten genau an dieser Stelle einen Extra-Auftritt haben, neu aufgerollt werden. Und warum werden sie überhaupt miteinander in Verbindung gebracht? Dient der ganze Zinnober vielleicht nur zu ihrer exakten Definition mit Hilfe des Lichts und seiner Geschwindigkeit?

Möglich wäre es – aber dafür der ganze Aufwand?

Möglich wäre es – aber …

---

[222]   Kilometer und Meile

Überlichtgeschwindigkeit?
Zwei kleine Striche verändern eine Welt!

Erinnern wir uns an die Ausgangslage:

$$\mathbf{E = mc^2} \qquad \text{wobei} \qquad \mathbf{m = m_0} : \sqrt{1 - v^2/c^2}$$

Bei v = c ergibt sich unter dem Wurzelzeichen ein 1 – 1 = 0. Die Wurzel aus Null ist ebenfalls Null, was zu einer Division von m_0 : Null führt … und da streikt der ‚Rechenschieber', weil die Division durch Null bislang nicht definiert ist, obwohl sie eigentlich ‚unendlich' ergibt. Beides führt uns in diesem Falle jedoch sowieso zum falschen Ergebnis.

      Was passiert nun, wenn die Geschwindigkeit v größer ist - oder sein soll - als die Lichtgeschwindigkeit c ? Ja, dann kommen wir in den mirakulösen Bereich der Überlichtgeschwindigkeit.

      Aber so einfach ist das leider nicht.

Bei v > c erhalten wir v²/c² > 1, wodurch 1 – v²/c² negativ wird. Aus negativen Zahlen kann man keine Wurzel ziehen. Das lernt man schon in der Schule. Ist damit aber die Überlichtgeschwindigkeit schon gestorben?

Nunja … ebenfalls in der Schule lernt man, dass man zwar aus negativen Zahlen keine Wurzel ziehen kann, aber dass sich das Problem mathematisch ganz leicht „umgehen" lässt. Man nimmt einfach den Betrag der negativen Zahl … und schon kann man die Wurzel daraus ziehen, ohne auch nur den leisesten Anflug eines Problems zu haben. Der mathematische Betrag einer Zahl wird durch **zwei kleine senkrechte Striche** vor und hinter der Zahl gekennzeichnet. Und wenn man von der ersten in die zweite Klasse umgesiedelt wird, lernt man auch noch, dass Wurzeln sowieso immer zwei Lösungen haben – eine positive und eine negative, weil minus mal minus plus ergibt. Das heißt, dass auch bei der Wurzel aus einer positiven Zahl dieselbe Zahl mit negativem Vorzeichen immer heimlich mitschwingt, auch wenn nicht viel darauf hindeutet oder gar extra darauf hingewiesen wird. Und das wiederum bedeutet, dass wir durchaus auch im Bereich der Unterlichtgeschwindigkeit mit dem mathematischen Betrag rechnen können … und eigentlich sogar müssen, oder dazu gezwungen sind, den Sachverhalt zumindest mit dem Hinterkopf im Auge zu behalten. Das ist ein schwieriges biologisches Problem, aber mathematisch keine große Sache.

Machen wir es doch einfach mal und schauen, wo es uns hinführt. Somit erhalten wir:

$$E = mc^2 \qquad \text{wobei} \qquad m = m_0 \ / \ \sqrt{\mathbf{I} \ 1 - v^2/c^2 \ \mathbf{I}}$$

Jetzt brauchen wir nur noch v > c zu setzen …

… und schon kann es fröhlich mit der Überlichtgeschwindigkeit weitergehen. Was doch zwei kleine Striche so alles bewirken können.

Es fragt sich eben immer noch „nur", wie man an der definierten Lichtgeschwindigkeit vorbei beziehungsweise an einer anderen Stelle unbeschadet durch die Lichtmauer hindurchkommt. Für Letzteres gibt es schon lange den Begriff der ‚Untertunnelung'. Auch erfolgversprechende Versuche gibt es dafür schon seit geraumer Zeit. Aber, ob diese ‚Untertunnelung' tatsächlich Realität ist, das ist noch weitestgehend unklar. Die Antwort auf diese Frage muss zwangsweise leider auf später verschoben werden.

Doch aufgeschoben ist nicht aufgehoben!
Und **JA**, ich denke, dass Meile, Kilometer und ihr beider Lichtzusammenhang bei der Beantwortung der schwierigen Frage nach der Überlichtgeschwindigkeit ein wenig helfen können, sofern sie nicht gleich die komplette Antwort liefern.

Derart im **Über**lichtgeschwindigkeitsbereich angekommen, geht es mit der scheinbar unendlichen Masse / Energie ersteinmal wieder steil bergab. Schon bei 299.**793** km/s sind wir wieder unendlich weit von der Unendlichkeit entfernt und haben „nur" noch das 526-Fache der Ausgangsmasse von 1m vor uns. Bei 300.000 km/s sind es noch knapp 27 Massen und bei 316.008,997540122… km/s genau drei Massen (3m).

Letzteres (3m) ist das fast spiegelbildliche Pendant zur dreifachen Masse bei 282.647,04… km/s unterhalb der Lichtmauer. Hier wie dort ist I 1 − v²/c² I = **0,11111…** und die Wurzel aus I 1 − v²/c² I = **0,33333…**
Nur I v²/c² I beträgt einmal 0,88888… und einmal 1,11111…

Ganz ähnlich sieht es noch bei der doppelten Masse (**2m**) aus. Sie wird bei 335.178,1576… km/s erreicht. Das Verhältnis v^2/c^2 beläuft sich dabei auf **1,25**. Der Term I 1 − v^2/c^2 I = **0,25** und die Wurzel daraus heißt **0,5**. All das sind Standard-Zahlen des Kugel-Lichtmodells. Spannend wird es jedoch beim Verhältnis von **c zu v**. Es beträgt hierbei 0,894427…
und führt uns - als Kosinus betrachtet - zum Winkel **26,565**05… Grad. Und der spielt im Kugel-Lichtmodell eine Art Schlüsselrolle. Er taucht dort mehrfach auf, meistens jedoch nicht als Winkel, sondern als prägnante Ziffernfolge im Nachkommastellenbereich. Bis hierhin könnte man flüchtig vermuten, dass die Massen- bzw. Energiekurve im Überlichtgeschwindigkeitsbereich eine einfache spiegelbildliche Darstellung der Entwicklung im Unterlichtgeschwindigkeitsbereich sei, doch es geht überraschenderweise ein wenig anders weiter als gedacht.

Im **Über**lichtgeschwindigkeitsbereich sinkt nämlich die **Masse unter Eins.** Und das geschieht an einem sehr markanten Punkt, nämlich bei / ab **c** * $\sqrt{2}$ = 423.970,56… km/s.

Das heißt, wenn ein Körper schneller als diese Geschwindigkeit beschleunigt wird, so wird er nicht schwerer, sondern leichter als seine Anfangsmasse von Eins (m)! Dementsprechend sinkt in gleichem Maße seine Energie unter ihren Anfangswert c^2.

Und das geht so weiter! Je überlichtschneller ein Körper wird, desto weniger Masse muss beschleunigt werden, umso weniger Energie wird für die Beschleunigung benötigt. Allerdings wird die Null-Energie erst bei unendlich hoher Geschwindigkeit erreicht, was ‚so‘ wohl wieder nicht angezeigt ist. Es bleibt bis auf Weiteres nur zu vermuten, dass es mindestens noch **eine** der Barrieren wie Schallmauer, Lichtmauer, etc. gibt. Aber bis wir dort ankommen, wird es wohl noch eine Weile dauern. Gleichzeitig stellt sich die schwierige und bedeutsame Frage, ob es überhaupt masselose Teilchen geben kann. Denn danach sieht es **nicht** aus.

Stattdessen weisen die Ermittlungen bezüglich der Überlichtgeschwindigkeit eher darauf hin, dass JEDES Teilchen (s)eine Anfangs-Masse hat. Ob nun ruhend oder bewegt, winzig oder noch viel winziger, sei bis auf Weiteres dahingestellt. Aber wenn die Anfangsmasse eh schon derartig klein ist, dass wir auch unter Normalbedingungen nicht ansatzweise in der Lage sind, diese Masse zu messen, dann fällt es uns unter Ü-

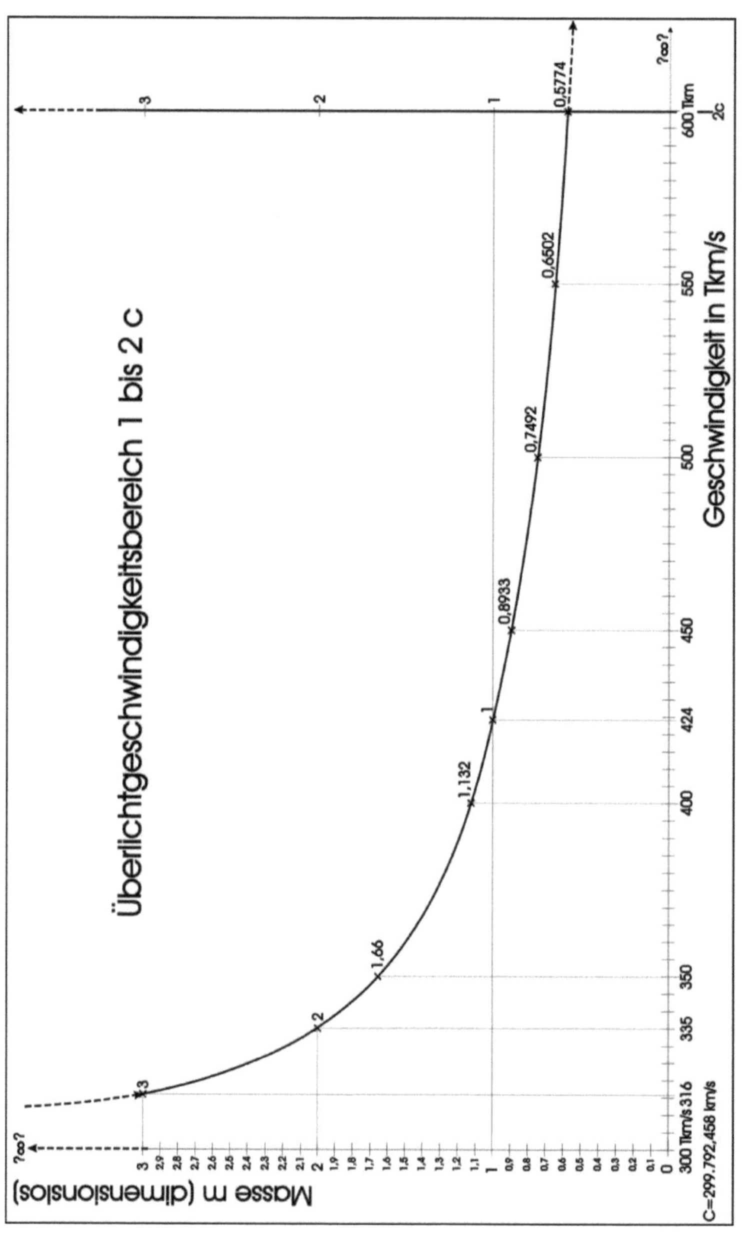

Abbildung 91: *Vermutete Massenentwicklung im Über-lichtgeschwindigkeitsbereich*

570

berlichtgeschwindigkeitsbedingungen noch unendliche Male schwerer. Es erscheint aus hiesiger Sicht also durchaus wahrscheinlich, dass Teilchenmassen zwar superextrem klein sein, aber **niemals Null** entsprechen können. Denn wenn die Masse Null ist, gibt es kein Teilchen mehr. Dabei besteht die Möglichkeit, dass sich die heutige Physik schlicht und einfach „zu großzügig" bei der Betrachtung einiger Sachverhalte verhält.

Die Zukunft wird mir recht geben.

Bei **zweifacher** Lichtgeschwindigkeit beträgt die Masse demnach nur noch knapp 58 % des Ausgangswertes. Genauer gesagt fällt die Masse bei einer Geschwindigkeit von 599.584,916 km/s auf **0,577350269....** von 1 ab. Und das entspricht exakt dem Tangens von **30 Grad**. Das bedeutet, dass nicht nur bei der **Unter**lichtgeschwindigkeit, sondern auch im **Über**lichtgeschwindigkeitsbereich die **Winkelfunktionen** eine staatstragende Rolle spielen. Fragt sich eben nur: Welche? Und wieso? Die Umrechnung von Geschwindigkeiten in Winkel sowie die geometrische Darstellung – wie sie im Kugel-Lichtmodell ständig praktiziert wird – ist somit keineswegs soweit hergeholt wie man vielleicht vermuten könnte. Sie hat durchaus ihre volle Berechtigung ...

Bei **dreifacher** Lichtgeschwindigkeit (= 3c) sinkt die Masse auf m = 0,3535533905933... ab, was exakt dem Reziprokwert von Wurzel aus Acht => $1/\sqrt{8}$ entspricht. Auch das geht mit steigender Geschwindigkeit so weiter: **Besondere Zahlen gibt's an besonderen Stellen**. Kaum anzunehmen, dass das Zufall sein könnte. Zu beachten ist dabei jedoch, dass dieser Umstand teilweise maßeinheitenabhängig ist, teilweise aber auch nicht. Letzteres ist bei dimensionslosen Verhältnissen der Fall. Die maßeinheitenabhängigen Besonderheiten sorgen allerdings erst dafür, dass die maßeinheiten**un**abhängigen möglichst stark auffallen.

Das Quadrat der Lichtgeschwindigkeit c^2 führt uns zu einer Masse die zahlenmäßig nur noch dem Reziprokwert der Lichtgeschwindigkeit m = **1/c** = 3,3356409...**E-6** entspricht. Diese Masse ist schon sehr klein. Doch es geht noch viel winziger. Die Masse, die zur dritten Potenz der Lichtgeschwindigkeit c^3 gehört, beträgt m = 1,11111...**E-11.** Die dazugehörige Energie ist eine glatte Eins von ehemals 8,9875518...E+10. Das ist schon eine recht erquickliche Einsparung. Vielleicht sollte man die

„Energiewende auf Erden" mithilfe der Überlichtgeschwindigkeit in Angriff nehmen? Das hätte mit Sicherheit Zukunft …

Bei der vierten Potenz c^4 kommt die Masse im Bereich von **3,71…E-17** und die Energie bei **1/c** = 3,3356409…E-6 an. Beides ist also kaum noch der Rede wert. Und so geht das weiter und weiter … vermutlich bis in die Nähe der Null für Masse und Energie in der Unendlichkeit.

Auffällig dabei ist, dass etliche wichtige Zahlen des Kugel-Lichtmodells immer mal wieder auftauchen, um sich zu Wort zu melden und ihre Existenzberechtigung zu unterstreichen. Und das so gut wie immer an wichtigen Stellen der Kurven und ihrer Diskussionen. Gern auch als dimensionslose Verhältnisse ohne Maßeinheiten. Das macht sie automatisch allgemeingültiger.

Falls das alles so stimmen sollte mit der hiesigen Überlichtgeschwindigkeits-Ermittlung, sind es phänomenale Erkenntnisse.
Eine regelrechte Offenbarung! (wenn ich das ausnahmsweise mal so sagen darf)

Was zwei kleine Striche doch alles so bewirken können. Wer hätte das gedacht? Mit einer extrem masse- und energiearmen Überlichtgeschwindigkeit werden sich eine Menge Fragen beantworten und Probleme lösen lassen, die bisher unlösbar erscheinen. Beispielsweise kann damit die „spukhafte Fernwirkung" der Quantenverschränkung fürs Erste hinreichend, wenn auch noch nicht vollständig, erklärt werden. Dazu kommen Phänomene, die wir gegenwärtig in den paranormalen Bereich verbannen, die aber (zumindest scheinbar) tatsächlich existent sind. Und nicht zuletzt würde eine Art Echtzeitkommunikation zwischen weit entfernten Sonnensystemen möglich ... und vielleicht sogar intergalaktische Raumfahrt. Das Fermi-Paradoxon würde sich ein-für-alle-Male in Luft auflösen. Jetzt müssen wir nur noch rauskriegen, wie Überlichtgeschwindigkeit richtig funktioniert und wie wir dahin kommen, sie praktisch nutzen zu können.

Das wär's doch …
Aber, wer weiß? Vielleicht geht es ja hinter der Lichtmauer völlig anders weiter? Dass es überhaupt weitergeht, davon bin ich überzeugt – auch wenn alle Anderen dagegen wären, was nicht der Fall ist. Bis jetzt scheint es jedenfalls sehr deutliche Parallelen zwischen Schall- und

Lichtmauer zu geben. Und darauf basieren die hiesigen Ausführungen. Um den ‚Rest‘ sollten sich die Physiker besser selber kümmern. Aber tun, sollten sie es schon. Die Heilige Lichtmauer auf den Altar der Unantastbarkeit zu stellen bringt niemandem etwas.

Schon gar nicht der Physik …

Werden Photonen beschleunigt?

Um vielleicht doch ein Stückchen weiter zu kommen, habe ich versucht die Frage, ob Photonen bei ihrer Emittierung beschleunigt werden müssen - oder nicht (um zu ordentlichem Licht zu werden), ein wenig zu untersuchen. Allerdings nur sehr flüchtig, ein bisschen gerundet und äußerst naiv, sozusagen „echt klassisch“. Schließlich ist das eine Frage, die gegenwärtig noch ziemlich fare out ist. Physiker werden wahrscheinlich die Hände trotzdem über dem Kopf zusammenschlagen ...

Das macht aber nichts, denn die bisherigen Ergebnisse sind auf Anhieb schon verblüffend genug. Meine ‚Strafe‘ habe ich also schon weg. Eine eindeutige Antwort gibt es aber trotzdem (? noch ?) nicht.

Im Rahmen dieser Ermittlung wurden beide vermuteten Photonenmassen kurz untersucht. Einmal mit, und einmal ohne kinetische Energie.

$$m_1 = 1{,}1733694\ldots *10^{\wedge}{-51} \qquad \text{(Kapitel: ‚Ein Brief‘)}$$
$$m_2 = 7{,}8224629\ldots *10^{\wedge}{-52} \qquad \text{(Kapitel: ‚Die Antwort und die}$$
$$\text{Antwort darauf‘)}$$

Als Ausgangsbasis dienten die beiden üblichen Beschleunigungsformeln:

$$F = m * a \qquad => \qquad a = F / m$$
$$v = a * t \qquad => \qquad a = v / t \ ,$$

wobei F die notwendige Kraft ist, um die Beschleuingung zu erreichen. Die Beschleunigung firmiert unter a, und t ist die Zeit (hier 1 Sekunde). Aus beiden Formeln wurde eine gemacht, indem a = v / t in F= m * a eingesetzt wurde. Das Ergebnis lautet somit: F = v / t * m, mit v = c.

Eingesetzt und ausgerechnet erhält man für **m₁** die dazugehörige Kraft

$\qquad$ F₁ = **3,51**7673...*10^-43 kg*m / s²

und für **m₂**

$\qquad$ F₂ = **2,345**1153...*10^-43 kg*m / s² .

Die Beschleunigung a ist dagegen in beiden Fällen gleich groß und entspricht mit 299.792.458 m/s² ziffernmäßig der Lichtgeschwindigkeit in m/s, die ja erreicht werden soll.

Der Haken an der Geschichte ist die Zeit. Denn es ist keinesfalls anzunehmen, dass Photonen eine ganze Sekunde lang beschleunigt werden. Atome ticken eine Runde schneller. Aber wie lange genau kann im Moment niemand sagen. Das bedeutet, dass die notwendigen Kräfte in der vermuteten Realität sehr viel höher sein müss(t)en als die errechneten und überaus moderaten xxx*10^-43 Newton.[223]

Trotzdem – oder gerade deswegen – passen die beiden Ergebnisse F₁ und F₂ ziemlich gut ins Kugel-Lichtmodell. Das ist schon ein bisschen merkwürdig und verblüffend, denn allem Anschein nach sind wir damit auf der richtigen Spur. Dabei zeigt sich F₂ wesentlich ergiebiger und leichter integrierbar als F₁. Fragt sich eben nur, was das aussagt und wo es hinführt. Das weiß ich nämlich (? noch?) nicht, denn theoretisch kann das m.E. so noch nicht wirklich funktionieren. Ich würde ja hier gern etwas anderes schreiben, aber das wäre unehrlich. Also noch einmal:

Ich habe keine blasse Ahnung, was das Folgende bedeutet – aber es ist hübsch anzuschauen ...

Beide errechneten Kräfte würden sich anstandslos ins Kugel-Lichtmodell einpassen lassen, wobei F2 noch einen deutlichen Vorteil hätte. Dazu jedoch nur ganz wenige und sehr grobe Beispiele, um zu zeigen, was gemeint ist und wo es hinführen könnte. Alles andere wäre zum gegenwärtigen Zeitpunkt und Entwicklungsstand arg übertrieben.

$\qquad$ **Zu F₁** = **3,51**7673...*10^-43 kg*m / s²

$\qquad\qquad$ => 351,7673...² = 123.740,23

$\qquad\qquad$ => 351,7673... => $\sqrt[4]{\quad}$ = 4,3307575... => 4,33333... ?

$\qquad\qquad$ => 351,7673... => $\sqrt[8]{\quad}$ = 2,0810472... => 207,542... ?

$$\Rightarrow 351{,}7673\ldots \Rightarrow \sqrt[16]{\quad} = 1{,}4425835\ldots \Rightarrow 1{,}44444\ldots \,?$$
$$\Rightarrow 351{,}7673\ldots \Rightarrow \sqrt[x]{\quad} = 1{,}000716\ldots \Rightarrow 1/LG_{\text{Verhältnis}}?$$
$$\Rightarrow 351{,}7673\ldots \Rightarrow \mathrm{Log}(10) = 2{,}5462555\ldots \Rightarrow \text{Zoll}\,?$$
$$\Rightarrow 123456{,}789012\ldots \Rightarrow \sqrt{\quad} = 351{,}36417\ldots \text{ usw. usf.}$$

Zu F_2 = 2,3451153…*10^-43 kg*m / s²

$$\Rightarrow \ *\ 69 = \mathbf{1{,}618}1296..*10\text{^}{-}41 \qquad\qquad \Rightarrow \text{Phi; }360°$$
$$\Rightarrow \ *\ 72 = \mathbf{1{,}688}483\ldots*10\text{^}{-}41 \qquad\qquad \Rightarrow LG_{\text{Att.St.}}$$
$$\Rightarrow \text{Mehrere Anklänge zu } \mathbf{4\ Pi}$$
$$\Rightarrow \mathbf{2345}\text{^}8 = \mathbf{9{,}1441}381\ldots*10\text{^}26 \qquad\qquad \Rightarrow \text{Yard}$$
$$\Rightarrow 2345\text{^}16 \ = \ 8{,}3615262\ldots*10\text{^}53$$
$$\Rightarrow (8{,}3615262 + 10)*100 = \mathbf{1836{,}}1526\ldots$$
$$\Rightarrow \text{Massenverhältnis Proton : Elektron}$$
$$\Rightarrow 2345 * e \ = 6374{,}3709 \ \Rightarrow \text{ein Erdradius ?}$$
$$\Rightarrow U_{\text{Äquator}} : 100\ Pi * (\mathbf{1838{,}}6825:100) = 2345{,}4738\ldots$$
$$\Rightarrow \text{Massenverhältnis Neutron : Elekton}$$
$$\Rightarrow 2345 : 100 = \mathbf{23{,}45} \Rightarrow \text{Neigungswinkel der Erdachse?}$$
$$\Rightarrow \tan 23{,}45° = 0{,}4337751 \Rightarrow \text{Winkel } \mathbf{43{,}38}1111\ldots° \,?$$
$$\Rightarrow 0{,}\mathbf{4338}1111\ldots = \tan 23{,}451735\ldots°$$
$$\Rightarrow \mathrm{Log}(10)\ 23{,}45° \ = 1{,}3701428 \Rightarrow \text{FSK ?}$$
$$\Rightarrow 2345 : 10 \ = 234{,}5$$
$$\Rightarrow \sin 234{,}5° = \cos 144{,}5° = \sin 54{,}5°$$
$$\Rightarrow 234{,}5 \Rightarrow (3x)\ \ln = 0{,}5288517\ldots = \sin 31{,}927907\ldots°$$
$$\Rightarrow \ldots [\ldots] \ldots \Rightarrow \mathbf{31°\ 55'\ 13{,}49''}$$
$$\Rightarrow \ldots \text{ usw. usf.}$$

Da sind schon ein paar mächtig merkwürdige Sachen dabei. Und zwar in beiderlei Sinn: 1.) des Merkens würdig

2.) seltsam; ungewöhnlich; komisch

Das alles ist auf Anhieb ziemlich konzentriert. Trotzdem gibt es noch wesentlich mehr zu finden. Aber wie gesagt, da müssen wir später noch einmal sehr viel gründlicher nachhaken. Hier soll es dazu vorerst genügen. Kommen wir also nun zu den Atomen und ihren Anverwandten sowie einem Vorschlag wie massehaltiges Licht tatsächlich funktionieren könnte.

„Spiralatome" - Eine andere Möglichkeit?

Fangen wir mit einer Nummer größer an: Die Erde dreht sich um die Sonne. Das macht sie auf einer durch die Physik vorgeschriebenen Bahn, die wir Kepler-Ellipse nennen. Bei der Erde ist diese Bahn-Ellipse – wie auch beim Mond – sehr kreisähnlich. Das ist längst nicht bei allen Himmelskörpern so, sondern eher die große Ausnahme. Ellipsen aller Art sind in diesem Zusammenhang jedoch üblich. Schaut man genauer hin, fällt schnell auf, dass Kepler-Ellipsen oft nur im stark idealisierten Zustand tatsächlich mathematische Ellipsen sind. In Wirklichkeit schwingt und wellt sich die Erde um die Sonne herum, dass es nur so eine Freude ist. Schuld daran, dass die Erde nicht ordnungsgemäß ‚geradeaus' fliegen kann, sind hauptsächlich äußere Einflüsse wie die Gravitation von Mond, Sonne, Planeten und Sternen. Dazu kommen noch diverse Felder, kleine, ganz kleine und größere Partikel etc. sowie das vielgestaltige und hochkomplizierte Zusammenspiel von allem. Innere Einflüsse – wie etwa Gravitationsschwankungen aufgrund inhomogener oder veränderlicher Materie-Zusammensetzungen in praktisch allen Himmelskörpern u.a. – gibt es selbstverständlich auch … und vieles Andere mehr.

Trotz der wilden Schlingerei besteht in absehbarer Zeit keinerlei Gefahr, dass die Erde in die Sonne stürzt. Warum ist das so? Es liegt hauptsächlich an der Geschwindigkeit der Erde mit der sie ihre Bahn durchpflügt und der damit verbundenen Fliehkraft, die der Gravitation der Sonne entgegen wirkt. Außerdem ist der Abstand Sonne-Erde scheinbar ganz schön groß. Und vor der Erde wären wohl noch Merkur und Venus an der Reihe, die beide viel näher an der Sonne ihre Bahnen ziehen. Daneben gibt es noch ein anderes Phänomen, welches in diese Mechanismen hineinspielt. Es ist zwar bekannt, findet bisher jedoch anscheinend wenig Beachtung:

Vor ein paar Jahren kamen im Internet wunderschöne Animationen vom **‚spiralförmigen Universum'** auf. Sie sind auf Youtube und anderen Internetplattformen auch heute noch einsehbar. Darin wird (notwendigerweise stark übersteigert) gezeigt, wie die Sonne mit hoher Geschwindigkeit durchs Weltall fliegt (was sie ja auch tatsächlich macht) und dabei die Planeten, Asteroiden und andere Himmelskörper auf ihren

Bahnen spiralförmig hinter sich her zieht. Diese Animationen sind als solche definitiv richtig. In der Praxis hingegen braucht der Beobachter einen Standort weit außerhalb des Sonnensystems und die spiralförmigen Spuren der Planeten sind im echten Vakuum selbstverständlich auch nicht zu sehen, obwohl sie in Form von „Kielvakuum"[224] durchaus vorhanden sein sollten. Die Spiralen sind in der Realität erheblich flacher als in der Animation, das heißt, sie .haben einen relativ geringen Anstieg. Das Sonnensystem wird dadurch fast zu einer ebenen „Scheibe" aus matroschkaähnlich ineinander verschachtelten Ellipsenbahnen, in deren einem Brennpunkt sich die Sonne befindet. Ich denke, diese Darstellungen, eng verknüpft mit bisherigem Wissen, sind in vielerlei Hinsicht wichtig für das Verständnis der Bewegungsabläufe im Sonnensystem sowie im kompletten Universum – von ganz klein, bis ganz groß. Und die Relativität der Dinge wird dadurch auch ein wenig verständlicher.

Im Gegensatz dazu ist es bei Elektron, Atom und Co. ein wenig anders, aber doch irgendwie ähnlich. Wenn wir über Atome reden, sprechen wir heute kaum noch von Elektronen-Bahnen wie bei den Himmelskörpern, sondern von einer Elektronenhülle, Elektronenschalen, Orbitalen, … aber auch won Welleneigenschaften, Materiewellen, … usw. usf. Es geht also durchaus und direkt in die Richtung „**runde Räumlichkeit**", wenn auch mit Dellen, Beulen und jeder Menge anderen Abweichungen von Kugel, Ellipsoid und ähnlichen Gestalten.

Um diese „unzumutbaren Zustände" wenigstens irgendwie ein bisschen darstellen zu können, und damit halbwegs ‚begreifbar' zu machen, hat die Physik im Lauf der Zeit eine Reihe von Atommodellen entwickelt. Wenn man mal von den alten Griechen und Ägyptern absieht, soll der Wittenberger Arzt Daniel Sennert die Atome um 1619 herum „erfunden"[225] haben. Wobei dieser wohl unter dem Einflluss jener stand. Das war 19 Jahre, nachdem Giordano Bruno in den Himmel auffuhr und etwa die Zeit von Galileo Galilei. Sennert folgten etliche Forscher mit

---

[224]   "Kielvakuum" => wie Kielwasser, Kielspur von fahrenden Wasserfahrzeugen oder Wirbelschleppen hinter Flugzeugen etc., als Spur hinter dem Vehikel sicht- bzw. spürbar, nur im Weltall erheblich ‚dünner' und schwerer wahrnehmbar, da Vakuum eine geringere Dichte als Wasser oder Luft hat

[225]   nach [20], Band 13, Seite 4664

ihren Ideen zum Atom nach. Die heute noch wichtigsten Atommodelle stammen von Ernest Rutherford und Niels Bohr am Ende des 19., Anfang des 20. Jahrhunderts. Dazu kamen später der Welle-Teilchen-Dualismus, das wellenmechanische Atommodell, das quantenmechanische Atommodell, … und wie sie sonst noch alle heißen. Die Modelle haben allerdings allesamt den Nachteil, dass sie **erstens** immer nur einen Teil der Eigenschaften von Elektron und Atom darstellen bzw. beschreiben und **zweitens** oft auch nicht wirklich anschaulich sind. Mit der Frage, wie das alles zu verstehen sein könnte, wird der atomtechnische Laie im Grunde ziemlich allein gelassen, auch wenn natürlich versucht wird, ihm die Mikrowelt hinreichend sinnvoll zu erklären. In diesem Reigen kommt man leicht zu dem Eindruck, dass die Physiker selbst noch nicht so ganz genau wissen wie das wirklich funktioniert. Dieser Umstand wird jedoch verständlich, wenn man bedenkt, dass die moderneren Atommodelle erst seit rund hundertsechzig Jahren[226] existieren und die wirklich modernen noch nicht einmal hundert Jahre. Vorher gab es ja keine Atome. Oder wie war das mit den alten Griechen und Ägyptern?

An dieser Stelle muss ich unumwunden zugeben, dass es mir extrem schwerfällt, mir vorzustellen und zu verstehen, dass die starre Umwelt, in der ich sitze und an diesem Buch arbeite, aus lauter winzigen, quicklebendigen Dingerchen besteht, von denen jedes Einzelne genügend Kraft in sich trägt, das ganze Haus ins Weltall zu pusten. Die einzige Ausnahme davon ist der Computer vor meiner Nase – der funktioniert ja irgendwie. Manchmal, ein bisschen. Aber der Tisch darunter, der sich in all den Jahren noch nie gerührt oder gar ein Pixel von sich gegeben hat, soll praktisch ‚dasselbe' sein wie der Computer? Komische Sache das, und doch scheint es so zu sein. Schätzungsweise bin ich aber bei Weitem nicht der Einzige, dem das Thema ‚Atomwelt' besonders schwer fällt.

In der Hoffnung, dass man die Funktionsweise von Atomen, ihren Verwandten und ihren Bestandteilen noch um eine Kleinigkeit besser beschreiben kann, werde ich nur am Rande auf die bisherigen Atommodelle eingehen, und stattdessen in der Folge nur grob meine eigenen Gedanken dazu darlegen. Die sind logischerweise jedoch weder vollständig, noch

---

[226]   Kirchhoff, Bunsen

ausschließlich auf ‚meinem eigenen Mist' gewachsen, sondern eher als eine Art Konglomerat aus verschiedenen Informationsquellen und –brokken meiner / unserer Umwelt, Vorgänger und Ahnen zu verstehen. Ob meine Vorstellungen wirklich richtig sind, weiß ich natürlich auch nicht mit letzter Sicherheit.

Das wird die Zeit zeigen. Mit aller Grausamkeit. Aber vielleicht helfen ja meine Gedanken irgendwem zukünftig noch etwas Besseres zu finden? Nur deswegen schreibe ich das hier.

Als[227] Ernest Rutherford, Lord of Nelson, Ende des 19., Anfang des 20. Jahrhunderts sein Atommodell entwickelte, ging er wohl ebenfalls davon aus, dass Atome sonnensystemähnlich aufgebaut wären. Damit würde ein einzelnes Wasserstoffatom aussehen wie ein kleiner Saturn – und alle anderen vielleicht auch. Doch schon relativ kurze Zeit später, nachdem klar war, dass es so nicht funktionieren konnte, wurde der Elektronen-Bahn-Begriff von der Physik mehr oder weniger umgangen und durch ebenjene **räumlichen** Begriffe wie Elektronenhülle, -schale oder –orbital ersetzt. Der dänische Physiker Niels Bohr verknüpfte dann das Rutherfordsche Atommodell mit der Planckschen Quantentheorie und den Einsteinschen Lichtquantenvorstellungen.[228]

Dabei soll - nach N. Bohr - der kleinstmögliche innere Radius einer Elektronen-‚Kreisbahn[229]' etwa 5,29177...*10^-11 Meter betragen. Das ergibt einen Atom-Minimaldurchmesser von 1,05835...*10^-10 m, was wiederum einen minimalen Atomumfang von 3,3249185...*10^-10 Metern nach sich zieht. In dieser kleinstmöglichen Hülle befindet sich der noch viel kleinere Atomkern, der einen Durchmeser von ungefähr 10^-14 Metern hat. „... Entsprechend vergrößert entspräche einem Kerndurchmesser von 1 Zentimeter der Gesamtdurchmesser eines Atoms von 100 Metern. ..."[230] Das entspricht einem Verhältnis von Eins zu **Zehntausend**. Darin sehe ich die Ursache dafür, dass der ‚Lieblingsum-

---

[227]   [1] ; [20] ; Wikipedia ; u.a.
[228]   [1], Seite 287
[229]   [20], Band 2, Seite 694
[230]   [20], Band 1, Seite 363

rechnungsfaktor' für „alles Mögliche" im Kugel-Lichtmodell glatte 10.000 beträgt.

Vergleicht man das Atom mit dem Sonnensystem wird einem schwindlig. Die Sonne hat einen Durchmesser von rund 0,001392 Milliarden Kilometern. Der Planet Merkur ist in der heutigen Realität ungefähr 0,0579 Milliarden km, der Kleinplanet Pluto, der bis zum Jahre 2006 der am weitesten entfernte Planet war, sogar ca. 5,9 Mrd. km von der Sonne entfernt.

Wäre das Sonnensystem ein Atom, würde der kleine **innerste** Planet Merkur die Sonne in rund 13,92 Milliarden Kilometern Entfernung umrunden. Das wäre mehr als doppelt so weit wie Pluto heute. Alle anderen Planeten wären noch viel, viel weiter weg. In dem ganzen Raum zwischen Sonne und Merkur wäre nichts außer physikalischen Feldern. Das zeigt deutlich, wie extrem grobmaschig die Mikrowelt gestrickt ist. Von wegen, das ist alles so schrecklich klein, da kann gar kein Platz sein, und noch kleiner geht sowieso nicht …

Die Relativität ist auch für das Kleine da!

Wenn es nach mir ginge, würde ich den Bahnbegriff gern wieder etwas mehr salonfähig machen, wenn auch **anders** als bisher. Denn es ist m.E. davon auszugehen, dass Atomen eine überaus strenge Ordnung inneliegt und, dass die Elektronen nicht chaotisch, willkürlich und wie irre im Atom um ihren Kern „herumhüpfen". Ansonsten würde das wohl kaum so zuverlässig funktionieren, wie es das mindestens seit etlichen Jahrmilliarden – oder sogar noch viel länger - macht. Ich bin also der Meinung, dass das gelegentliche „Quanten-Chaos" nach erkennbaren Gesetzen funktioniert und es uns nur deshalb als Chaos vorkommt, weil wir bislang noch nicht tief genug in die Funktionsweise der Ultra-Mini-Materie eingedrungen sind.

Um Atome auch im Modell **stabil** zu halten – was ein großer Teil davon in der Realität ja auch tatsächlich ist – wurde das wellenmechanische Modell entwickelt. Danach umrunden Elektronen ihren Atomkern auf recht eigenwilligen, wellenförmigen Bahnkonstruktionen, die rundgelutschten Zahnrädern nicht unähnlich sehen. Genannt werden sie Materiewellen. Und wenn sie stabil sein sollen, muss dabei der Bahnumfang ein **ganzzahliges** Vielfaches der Materiewellenlänge betragen.

Die Grundgleichung der Wellenausbreitung[231] $v = \lambda * f$ lässt grüßen, womit $c = \lambda * f$ auch ‚amtlicherseits‘ die bereits genannten Schwierigkeiten mit einer für jede Wellenlänge unterschiedlichen Lichtgeschindigkeit bekommt und c keine Konstante im üblichen Sinne wäre oder tatsächlich ist. Schätzungsweise hängt das aber nur mit einem „mangelhaften“ Frequenzbegriff zusammen. Auch das wurde bereits erläutert. Die Frequenz – als „unechte“ physikalische Größe - sollte mit der Lichtgeschwindigkeit nicht wirklich viel zu tun haben.

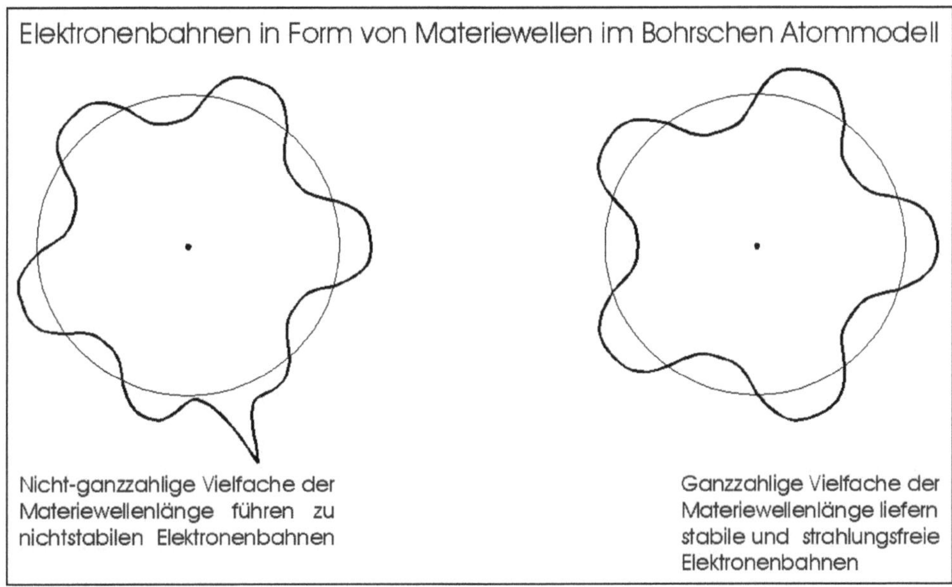

Abbildung 92: *Wellenbahn eines Elektrons und Bedeutung der Materiewellenlänge des Elektrons im Bohrschen Atommodell.*
(Die Skizze ist einer Darstellung in [1] Seite 288 nachempfunden)

Schaut man genauer hin, so ähnelt die wellenmechanische Art von Bahn doch sehr derjenigen der Erde um die Sonne, wobei die Erde ja von ih-

---

[231]   [1], Seite 288 ; [12], Seite 74

rem großen, schweren Mond hin und her gezogen wird und wellenförmig 12-bis-13-mal im Jahr um ihre eigentliche Ellipsenbahn pendelt bzw. schwingt. Nur, wie sollte das im Miniaturmaßstab der Atome funktionieren? Haben Elektronen Monde? Oder sind sie gar keine starren Einheiten und ihre Einzelteile rotieren umeinander?

Ist die Erdbahn ein Elektronenbahnmodell?
Dabei stellt sich auch die Frage, wie sich die Physiker den Übergang von den zweidimensionalen flächenförmigen Bahnebenen zu den dreidimensionalen kugelähnlichen Elektronenschalen vorstellen. Lösen sich die Elektronen in Atomkern-Nähe etwa zu einer „Elektronen-Folie" auf, die sich zum „Beutel" formt, den Kern umflattert und hohe Wellen schlägt? Das kann eigentlich nicht sein, denn Elektronen haben eine bestimmte Masse, die relativ kompakt zusammenhalten sollte.

Ehrlich – ich hab's bis jetzt noch nicht begriffen. Es wäre schön, wenn das mal jemand verständlich erklären könnte.

<u>Deswegen stelle ich mir das so vor:</u>
Die Bahnen der Elektronen sind keine Ebenen wie etwa die Planetenbahnen, sondern dreidimensionale Gebilde, die den Atomkern zeitabhängig vollständig umschließen. Die Elektronen sind dabei kleine, aber kompakte, kugelähnliche Körper mit einer Masse, bestehend aus mehreren Bestandteilen. Deswegen nenne ich sie gelegentlich „Böllerchen".

Damit eine dreidimensionale Elektronenbahn möglich wird, brauchen wir einen Anstieg und einen „Drall". Um das zu erklären, gehen wir zunächst von einer normalen, flächigen Ellipse(n^{232}-Bahn) aus und verändern diese schrittweise nach ‚unseren Wünschen' bzw. nach den Notwendigkeiten des Atoms.

Zuerst geben wir nun der Ellipse einen Anstieg. Dadurch wird aus der Ellipse zwischenzeitlich eine gerade Spirale wie eine Schraubenfeder mit ellipsenförmiger Grund- bzw. Schnittfläche. Der Anstiegswinkel beträgt dabei **vermutlich** 5° 40' 10" bzw. 5,669444… Grad. Die Toleranz liegt wahrscheinlich zwischen -1" und +3,4". Dieser Winkel[233] stammt aus dem Kugel-Lichtmodell. Ich weiß allerdings nicht, ob ich ihn wirk-

---

[232]   Geometrische Kreise und Strecken sind auch Ellipsen, wenn auch spezielle

[233]   [32] => Neigungswinkel der Schnittebene Teo-Gi

lich richtig interpretiert und eingeordnet habe, sondern hoffe es nur. Er könnte im Zweifelsfall auch an eine ganz andere Stelle gehören. Allerdings zeigt sich an vielen Stellen, dass das Kugel-Lichtmodell nicht nur für kugeliges Licht zuständig ist, sondern für die komplette Physik und weit darüber hinaus. Wir können viel daraus lernen, sofern wir es intensiv erforschen und nutzen. Ich allein bin dazu allerdings kaum in der Lage. Es wäre mehr als gut und hilfreich, wenn sich auch ein paar ‚echte‘ Physiker intensiv dafür begeistern könnten.

Die Spirale müssen wir nun noch der kugelähnlichen Form des Atoms anpassen. Dazu „stauchen wir sie mit einer 360°-Biegung in sich zusammen“ und verpassen ihr bzw. dem Elektron einen „Drall“. Das „Zusammenstauchen“ sollten die Ladungen von Elektron und Kern für uns erledigen. Der „Drall“ hingegen beinhaltet die Drehung des Elektrons um sich selbst. Er sollte eine „Art Effet-Effekt“ darstellen oder beinhalten und damit den gleichmäßigen Anstieg in der Dauerkurve der Spirale unterstützen. Der Anstieg selbst **könnte** aus der **Trägheit der Felder** entstehen, die das Elektron und den Kern umgeben. Gemeint ist damit, dass sich das Elektron stets mit seinem eigenen elektrischen Feld vom selben Feld aus der vorherigen Kernumrundung mit einem bestimmten (Rest-)Betrag abstößt, was zu ebenjenem Anstieg führen würde. Bei genügend hoher Umrundungsgeschwindigkeit und Feldstärke sollte das so funktionieren können, ohne dass man dem Elektron irgendwelche Zusatzannahmen unterjubeln „muss“. Es können aber auch noch andere Faktoren dabei eine Rolle spielen.

Durch dieses Atom-Modell wird die Elektronenbahn als eine Art „Woll“-Knäuel vorstellbar, dessen aufgedrehter, spiraliger Faden (=> die Elektronenbahn des sich drehenden Elektrons) den Atomkern im vorgegebenen Mindestabstand „umwickelt“ und so eine weitestgehend blickdichte, intransparente Ellipsoid-Schale um den Kern herum schafft. Jedes Elektron hätte seine eigene ursprüngliche Schale. Einige von diesen Schalen können näher beieinander liegen als andere, was zum bekannten Muster des Schalenaufbaues von Atomen führt. Bei Energiezufuhr kann jedes Elektron in eine andere Schale angehoben werden, wobei es nach Energieabgabe wieder in seine Ursprungsschale zurückfällt. Da Energiezufuhr von außen immer zuerst die äußersten Elektronen treffen dürfte, sollte es nicht zu ‚echten Rangeleien' zwischen den Elektronenbahnen kommen, da die äußeren Elektronen zuerst angehoben und beschleunigt werden und die weiter innen schwirrenden in die freigewordenen Positionen nachrücken können.

Ein begründet vermuteter Anstieg von rund 5,67° ergibt keinen ganzzahligen Teiler von 360°. Das schadet aber nicht. Im Gegenteil. Dadurch wird das Knäuel immer nach 63,5 Runden um ein Stückchen „weitergedreht" und die Spiralbahn verschiebt sich um eine Winzigkeit gegenüber den 63,5 Vorrunden. Dadurch wird das Atom runder und die Elektronenhülle noch blickdichter. Ob dabei die auffällige Zahlenähnlichkeit zwischen 5,67° (= 5° 40' 12") und der Stefan-Boltzmann-Konstante $5,67037...*10^{-8}$ W*m^{-2}K^{-4} Zufall oder Notwendigkeit ist, entzieht sich derzeit meiner Kenntnis. Beides erscheint möglich.

Wenn sich Elektronen in unterschiedlichen Knäuel-Schichten (=> Elektronen-Schalen) sehr nahe kommen, was bei den enormen Umrundungsgeschwindigkeiten relativ häufig vorkommen kann, ist anzunehmen, dass sie sich aufgrund ihrer Ladung gegenseitig abstoßen und dadurch nicht wirklich zusammmenstoßen können. Es wäre aber möglich, dass sich die eventuellen Ausweichbewegungen nach außen hin bemerkbar machen. In Richtung Zentrum dagegen sollte genügend Platz vorhanden sein, sodass dort kaum etwas von „Beinahekarambolagen" zu bemerken sein dürfte.

Da Wellen aus elliptisch-zyklischen Bewegungen entstehen, sollte diese Knäuel-Vorstellung durchaus mit dem wellenmechanischen Atommodell und allem anderen (mir) bisher Bekannten harmonieren und es ergänzen.

Da Schwingungen und Wellen (=> Materiewellen) von Ellipsen und Drehbewegungen abstammen, sollte diese Bahn-Art durch- bzw. sogar überaus stabil sein. Das Elektron sollte einerseits aufgrund der **Wellenbewegung**, andererseits aufgrund seiner **Geschwindigkeit** nicht in den Atomkern stürzen können.

Zu Wellenbewegung und Geschwindigkeit sollte jedoch mindestens noch eine **dritte** Komponente hinzukommen, die den direkten Zusammenprall von Atomkern und Hülle verhindert. Denn wenn sich ein einzelnes Proton und ein einzelnes Elektron begegnen, ziehen sie sich gegenseitig mit großer Kraft an. Das dürfte einerseits an der Gravitationskraft, andererseits an den unterschiedlichen elektrischen Ladungen liegen. Unter Umständen kann eventuell auch noch die Magnetkraft hinzukommen. Dabei wird das Elektron aufgrund seiner wesentlich kleineren Masse und der daraus folgenden geringeren Trägheit erheblich mehr beschleunigt und schneller bewegt als das Proton. Diese Anziehung sollte eigentlich dazu führen, dass beide so heftig „zusammmenklatschen“ wie zwei Liebende. Doch das passiert offensichtlich nicht. An der Materiewelle kann es beim ‚Erstkontakt‘ nicht liegen, denn die muss ersteinmal aufgebaut werden, was zwangsweise eine gewisse Zeit beansprucht. Und eine noch höhere Geschwindigkeit sollte eher dafür sorgen, dass der Zusammenprall noch heftiger ausfällt. Beides kommt primär also nicht als Begründung infrage.

Wie könnte also diese „dritte Macht“ aussehen, die die Erstkollision verhindert?

Dazu sind mir mehrere mögliche Szenarien eingefallen, von denen hier jedoch nur eines kurz präsentiert werden soll:

Die beiden Gravitationsfelder von Proton und Elektron ziehen sich mittig an. Damit scheidet die Gravitation als Kollisionsverhinderer aus. Was hauptsächlich (zumindest auf den ersten Blick) übrig bleibt, ist das elektrische Feld zwischen den beiden Delinquenten. Und da bleibt eigentlich nur die eine Möglichkeit, dass sich der stärkere Protonenteil dieses Feldes enorm schnell um das Proton dreht und dabei seine Hauptkraft soweit nach außen verlagert ist, dass sie in der Lage ist, das Elektron mit sich zu reißen und auf seine Knäuelbahn zu zwingen.

Doch wie kann die Hauptkraft des elektrischen Protonen-Feldes nach außen verlagert werden? Das kann eigentlich nur durch ein Zusammenspiel der Fliehkraft mit den sich entgegenkommenden Feldern von Proton und Elektron geschehen, die sich ja gegenseitig anziehen. Die Fliehkraft wird durch die hohe Umdrehungsgeschwindigkeit des Protons und seines elektrischen Feldes erzeugt. Das setzt nach bisherigen Erkenntnissen allerdings voraus, dass auch das Feld selbst eine Masse hat. Und das wiederum bedeutet, dass das Feld selbst aus aller-aller-aller-ultrakleinsten Massepartikeln besteht. Diese Miniteilchen könnten diejenigen sein, deren Masse über die Lichtgeschwindigkeit (in km/s) im Be-

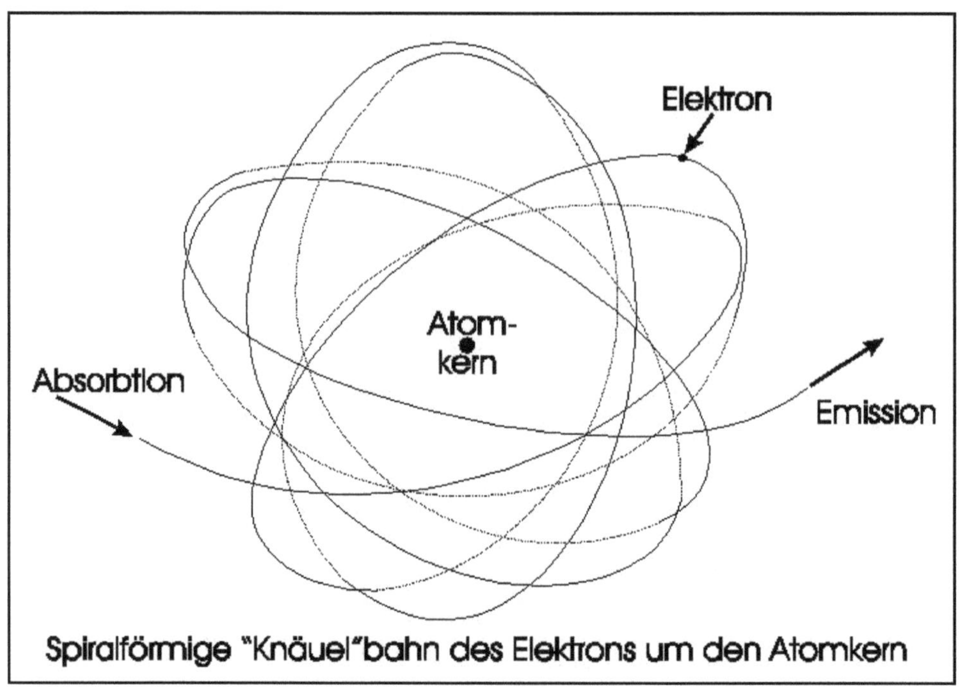

Abbildung 93: *Das nicht übermäßig ‚gelungene‘ Schema zeigt ein einziges Elektron, welches den Atomkern ganze 5,5mal auf einer spiralförmigen „Knäuel“-Bahn umrundet. Der Anstieg der ‚Spirale‘ beträgt hier darstellungsbedingt grob gerundet etwa 70 Grad. In der Realität sollte er sehr viel kleiner sein und eventuell 5,67°, vielleicht aber auch nur ein paar tausendstel oder zehntausendstel Grad betragen. Eventuell kann dieser Anstiegswinkel aber auch von Elektron zu Elektron sehr stark variieren. Trotz aller Schwierigkeiten sollte gut erkennbar sein, dass sich die Spirale sehr schnell zu einem ‚Knäuel‘ und dieses sich zu einer “blickdichten” und funktionstüchtigen Elektronenschale entwickelt. Aufgrund der hohen Geschwindigkeit des kompakten Elektrons sollte seine Knäuelbahn auch gegen weitere hinzukommende Elektronen weitestgehend ‚immun‘ sein, denen gar nichts weiter übrig bleibt als selbst ein eigenes ‚Knäuel‘ außen um die jeweils vorhergehende Elektronenschale „herumzuwickeln“.*

reich von 10 hoch minus 79 Kilogramm[234] vermutet werden kann.

Diese Gedankengänge legen nahe, dass die elektrische Ladung von Teilchen (Proton, Elektron, Ion, …) nicht zwingend in den Teilchen selbst beheimatet ist, sondern eventuell in einer ‚Wolke‘ um das jeweilige Teilchen **ringsherum**. Vorstellbar vielleicht wie die „Atmosphäre eines Planeten oder die Korona eines Sterns“, nur dass sich aufgrund der kürzeren Wege alles viel schneller bewegt und deshalb die Materie samt Kräften anders verteilt wird. Ob das stimmt, weiß ich natürlich nicht, aber möglich wäre es meiner Meinung nach schon.

Damit könnte man vielleicht sogar erklären, wieso sich beim Zusammenschluss von einem Proton mit einem Elektron zu einem Neutron die Ladungen ausgleichen und die Neutronenmasse über der Summe der Massen von Elektron und Proton liegt, indem die Feldmassen mit in das Neutron integriert werden und es dadurch erst elektro-neutral wird.

Quantenhüpfer und Bindungsenergie

Im vorangegangenen Kapitel ist mehrfach das Wort ‚Quante‘ in verschiedenen Zusammenhängen vorstellig geworden. Das hat seinen Grund. Das Wort ‚Quante‘ stammt von dem relativ alten lateinischen Begriff ‚Quantum‘ ab, der von den Fragen ‚Wie groß?‘ und ‚Wie viel?‘[235] abstammt und letztlich eine bestimmte Menge von irgendetwas beschreibt. Das Quantum spielt in vielen Bereichen eine mehr oder minder große Rolle: Etwa in der Filmindustrie bei James Bond, oder im Haushalt und in der Physiologie bei der Konsistenz der allgegenwärtigen Müffelquanten, wo wohl die dazugehörige Frage „Wie stark?“ lauten sollte. In der Physik hingegen geht es dabei meist um Energie-Portionen verschiedener Art mit einer genau definierten winzigen Mindestgröße. In anderen Bereichen können völlig andere Dinge im Mittelpunkt stehen: Trost, Glück, Liebe, … irgendwas, aber jedes Mal geht es um die Portion, die Menge.

---

[234]   Zwei verschiedene Miniteilchen von Proton und Neutron abstammend, siehe hier im Buch auf Seite 126 f. u.a. sowie Seiten 635 ff.

[235]   Siehe Wikipedia, Stichwort ‚Quantensprung‘ u.a.

Die Portionierung von Enegiepaketen hat zur Folge, dass gewisse Vorgänge nicht wirklich kontinuierlich ablaufen, sondern eher „stufenweise" oder „sprunghaft". Das trifft beispielsweise zu, wenn sich Elektronen von einer Elektronenschale zu einer anderen bewegen. Dafür ist die Veränderung ihres Energieniveaus notwendig. Und diese Veränderung ist eben einer gewissen Größenordnung bedürftig, bevor überhaupt irgendetwas in die eine oder andere Richtung geschieht.

Grob vergleichbar ist das ungefähr mit einem aus vielen Pixeln zusammengesetzten Digitalbild: Aus einem gewissen Abstand sieht es aus wie ein harmonisches Bild, aus unmittelbarer Nähe sieht man nur noch kleine Quadrate, ohne das Gesamtbild erkennen zu können. Doch wie sind diese „Quanten-Quadrate" beschaffen, wenn man noch viel genauer hinguckt? Bestehen sie aus ‚Nichts'?

Oder doch lieber aus ‚irgendetwas'?

Der – nach eigener Aussage – dritte deutsche Physiker[236], der sein Geld mit Comedie verdient, Vince Ebert[237], beschreibt den sogenannten ‚Quantensprung' als aus der Physik stammend und die **kleinstmögliche Zustandsänderung** beschreibend. Recht hat er.

Im Anschluss amüsiert er sich – und sein Publikum - darüber, dass Politiker diesen Begriff falsch verwenden und ihn für (angeblich) große schnelle Veränderungen verwenden. Bei Wikipedia kann man sich dann darüber informieren, dass das so stimmt. Der einst physikalische Begriff ‚Quantensprung' wurde quasi von der Politik okkupiert und annektiert. Infolgedessen hat sich die Physik praktisch von dem Begriff getrennt, weil er eh schon immer umstritten gewesen sei. Er wird jetzt durch andere Bezeichungen ersetzt …

Nun … ich bin mir ganz und gar nicht sicher, ob Politiker den Begriff tatsächlich falsch verwenden. Denn dumm sind sie ja nicht. Jedenfalls nicht alle. Eher scheint es mir, dass der Begriff bewusst ein wenig zweckentfremdet wird, sodass er dem Konsumenten sein eigenes Gegenteil suggeriert. Denn schließlich ist beispielsweise eine Sozialgelderhöhung von einem Cent pro Jahr die kleinstmögliche (absolute) Zustands-

---

[236]   nach Oskar Lafontaine und Angela Merkel
[237]   Siehe Youtube u.v.a.

änderung – also ein ‚echter Quantensprung'. Auch in anderen Bereichen wie Bildung, Forschung, … usw. funktioniert das nach demselben Prinzip. Das wissen auch Politiker selbstverständlich ganz genau, denn sie müssen ja aufpassen, dass für sie selbst auch noch eine ‚Kleinigkeit' übrig bleibt, die dann allerdings kein echter Quantensprung mehr ist, sondern eine angeblich ‚winzige dringende Notwendigkeit'. Im Gegensatz zur Eigenversorgung verkaufen sie der Allgemeinheit gern derartige Minimaländerungen als maximal Mögliches. Das ist zwar geschummelt, aber dass zwischen Werbung und Realität oft ganze Welten liegen, wissen mittlerweile sogar die Ossis. Und solange die Gesellschaft alles widerspruchslos schluckt, was man ihr erzählt …

Wie gesagt, ist der Begriff ‚Quantensprung' in der Physik derzeit ein wenig aus der Mode gekommen, jedoch längst nicht vergessen. Das Quantum an sich hat jedoch Hochkonjunktur. Aus diesem Grund möchte ich noch einen Augenblick beim physikalischen Quantensprung bleiben, denn ‚so' ganz verkehrt scheint er doch nicht zu sein.

Physiker beschreiben die Quantenwelt gegenwärtig oft als chaotisch und bislang weitestgehend unverständlich. Dass wir die den Quanten inneliegenden Vorgänge noch nicht richtig verstanden haben, ist eine Tatsache. Ich denke aber, dass dieses Unverständnis zu einem guten Teil auf den selbstgestellten Fallen und Beschränkungen der Physik basiert. Denn keine Quante würde jemals irgendwohin hüpfen, wenn nicht im Vorfeld irgend etwas passieren würde, das heißt, sich vorher etwas verändern würde. Denn nichts im Universum geschieht ohne Grund. Und den vielgerühmten Zufall gibt es eigentlich nicht, sondern nur die Mängel unserer Interpretationen, Beobachtungs- und Berechnungsfähigkeiten.

Was könnte also schuld sein, am Quantensprung? Was bewirkt die ‚Stufigkeit' der Geschehnisse?

Dazu wieder ein paar Beispiele zum besseren Verständnis:
Quanten werden oft als (Energie-)‚Pakete' beschrieben. Post-Pakete müssen gepackt werden. Sie sind die Hülle und Gesamtheit ihres Inhalts.

Genauso sollte es sich mit den Physik-Quanten auch verhalten.
Ein Stausee muss erst volllaufen – Wassermolekül für Wassermolekül, Tropfen für Tropfen - bevor der Damm brechen kann und sozusagen ins

Tal „springt". Ebenso müssen Felsen erst lange erodieren, bevor sie per Felssturz in die Täler zu ihren Füßen „springen". Eine Pflanze muss erst lange wachsen, bevor sie kurzzeitig blüht und im Anschluss der Samen irgendwo „hinspringen" kann. Monsterwellen wurden erst kürzlich von der Hydrologie ‚entdeckt', nachdem Seeleute jahrhunderte- und jahrtausendelang davon berichtet hatten, um von der Wissenschaft verlacht und diffamiert zu werden. Ein Asteroid muss erst ewig durchs All fliegen, bevor er in Windeseile einen Planeten „anspringen" kann. … usw. usf.

Dieser ständige Wechsel von langsamen und schnellen Vorgängen zieht sich durchs komplette Universum – von ganz klein, bis riesengroß. Er ist ein tiefgreifender Wesenszug der Materie und erfolgt nicht irgendwie, sondern gesetzmäßig. In der Philosophie nennt man es das **‚Gesetz von der Negation der Negation'**. Auch auf Quanten und ihre Sprünge sollte es zutreffen.

Das bedeutet, dass sich vor dem Sprung einer Quante irgendetwas ansammeln muss, damit sie überhaupt hüpfen kann. Bei einer Energie-Quante sollte es Energie sein, die sich da ansammelt. Bei anderen Quanten etwas anderes.

Stellen wir uns spaßeshalber eine Ansammlung von einer Million leeren Kaffeetassen vor, die allesamt ganz eng beieinander stehen. Das soll unser Quanten-(Sammel)-Feld sein. Nun träufelt von oben ein feiner Sprühnebel oder –regen aus Kaffee in die Tassen, die sich langsam füllen. Da aber noch andere Einflussfaktoren – wie etwa ein leichter Wind – wirken, werden die Tassen nicht exakt gleichmäßig gefüllt. Irgendwann ist die erste Tasse richtig voll … und der erste überlaufende Tropfen ist unser erstes springendes Kaffee-Quantum. Kurz darauf läuft an einer völlig anderen Stelle im Kaffeetassen-Feld die nächste Tasse über und das zweite Tropfen-Quantum springt hinaus. So geht das weiter bis der Kaffeeregen irgendwann aufhört. Bis dahin springen die Quanten mal aus dieser Tasse, mal aus jener – je nachdem, welche gerade den notwendigen Füllstand erreicht hat ...

Sicherlich ist das ein extrem hochkompliziertes Szenarium, welches ganz schlecht zu beobachten, zu bewerten und zu berechnen ist.

Doch ist es tatsächlich chaotisch und gesetzlos?

Mit Sicherheit nicht! Es gibt klare Regeln. Um die korrekt erkennen zu können, kommt es „nur" auf die Eignung der genutzten Beobachtungs- und Messmethoden an. Dann löst sich das vermeintliche „Quantenchaos" schnurstracks in eine perfekte „Quantenordnung" auf.

Doch wie kann sich Energie an einem Quanten-Ort konzentrieren, wenn doch die Quante selbst die kleinste feststellbare Einheit sein soll? Das geht natürlich nicht. Und daraus folgt **zwingend**, dass es noch viel kleinere Energie-Einheiten geben **muss**, die jedoch keine für uns bermerkbaren Quantensprünge machen können, weil sie viel zu klein sind, alsdass wir sie bemerken könnten.

Nun hörte ich kürzlich - wo, weiß ich nicht mehr – dass sich die Physik sehr um Schönheit und Einfachheit ihrer Aussagen bemüht. Darf es deshalb nichts Kleineres oder Schnelleres geben, als das, was sich jeweils nicht mehr verleugnen läßt?

Was für ein Schmarren. Das Einzige, was in einer echten Wissenschaft zählt, ist ‚**Richtig**' oder ‚**Falsch**'.

In diesem Zusammenhang kommen mir selbstverständlich sofort wieder die **bislang zwei** Arten von (vermuteten) Minimassen im Bereich von **10^-79** Kilogramm in den Sinn[238]. Masse und Energie sind zweifelsfrei Äquivalente. Sie lassen sich ineinander umwandeln.

Wie hat man sich das vorzustellen?

Ich stelle es mir so vor, dass ebenjene Ultra-Minimassen genau das sind, was wir heutzutage Energie nennen. Oder wenigstens ein Teil davon, denn es scheint ja auch noch gröbere Energiearten und –teilchen zu geben. Neutrinos und Photonen zum Beispiel. Aber die könnten ebenfalls aus den Miniatur-Teilchen zusammengesetzt sein. Somit erscheint es durchaus möglich, dass Energie und Masse eventuell nicht Äquivalente sind, sonder exakt das Gleiche. Nur, dass das, was wir heutzutage Energie nennen erheblich kleiner und feiner ist, als dasjenige, was wir als Masse bezeichnen.

Aus dieser Sicht sollte ein handelsüblicher Quantensprung nicht die „kleinstmögliche Zustandsänderung" sein, sondern die **„kleinstmögliche Zustandsänderung, die wir gegenwärtig sicher wahrnehmen,**

---

[238]   Siehe heir im Buch die Seiten 126 f. und 635 ff.

beobachten, messen und nachweisen können". Und was die Zukunft sonst noch alles Schönes und Aufregendes ans Tageslicht befördern wird, wissen wir derzeit noch nicht. Es kommt aber zwangsläufig auf uns zu. Wir sollten also getrost ein wenig offener sein als das bisher der Fall war und ist, damit wir nichts Wichtiges verpassen.

Ein anderes Indiz, welches in dieselbe Richtung deutet, wird in Physikerkreisen **Bindungsenergie** genannt. Zu diesem Thema gibt es eine sehr interessante und schöne Sendung vom Herrn Fernseh-Professor Harald Lesch. Sie macht richtig Appetit auf Kuchen und ist in jedem Fall besser und richtiger als ihr vielsagender Titel:

„Materie besteht nicht aus Materie"[239].

Ich weiß ja nicht, wer sich diesen Titel ausgedacht hat, aber da möchte man doch gleich fragen: Wenn Materie nicht aus Materie besteht, aus was besteht sie denn dann, Herr Professor? Ist denn etwa Bindungsenergie keine Materie? Sind Felder keine Materie? Ist Licht keine Materie? **Ich denke mal doch, Herr Professor** – auch wenn ich kein Physiker bin. Was sollte es denn sonst sein?

Wirklich auffällig wird die Angelegenheit allerdings erst, wenn man merkt, dass es sowohl unter dem selben, aber auch ganz ähnlichen Titeln noch mehrere Videos aus anderen Quellen gibt, die die Materie offensichtlich als Nichtmaterie entstellen und in Misskredit bringen wollen.

„Nachtigall, ick hör dir trapsen …" Schon wieder. So langsam dämmert es, wo der Hase herkommt bzw. hin will[240]. Das ist keine gute Wegrichtung für eine echte Naturwissenschaft. Damit wird aber auch klar, warum Licht keine Masse haben darf oder haben soll ...

Jedenfalls wird in dieser Sendung gesagt, dass konventionelle Elementarteilchen (wie etwa das Proton u.a.), aber auch komplexe Körper (wie etwa wir Menschen u.a.) zu 99,8 Prozent **(der Masse)** aus Bindungsenergie bestehen. Ob das richtig ist, kann ich nicht einschätzen. Da sollen sich die Physiker selbst drum streiten.

---

239 [37]
240 [38]

Mich interessiert dabei eher die Frage, wie man sich diese extrem massehaltige Energieform vorzustellen hat. Darüber wird in der Sendung leider nicht viel gesagt, sondern hauptsächlich nur, dass es eben so ist.

Die **Energie** kann ja nicht ‚Nichts‘ sein. Denn wenn sie ‚Nichts‘ wäre, hätte sie auch keine Wirkung. Und sie hätte schon gar keine Masse, weder unbewegte noch bewegte. Also muss sie im Umkehrschluss ‚Etwas‘ sein – ist also **definitiv Materie**.

Außerdem stoßen wir hier auf einen ganz ähnlichen Streitfall wie beim Licht[241]. Auch für die Bindungsenergie gilt die Formel $E = mc^2$. Und bei m gleich Null gibt's demnach auch keine Energie. Das heißt, wir könnten den selben Sermon wie beim Licht gleich noch einmal durchkauen. Aber das würde auch nichts daran ändern, dass die Mathematik bei der **Multiplikation mit Null** absolut eineindeutig ist. Und sie lässt sich dabei auch nicht mit $m = m_0 : \sqrt{1 - v^2/c^2}$ übertölpeln. Denn die Maximalgeschwindigkeit soll ja die Lichtgeschwindigkeit sein, was wiederum zur Null führt. Das heißt, dass auch die Bindungsenergie eine Anfangsmasse haben **muss**. Dabei spielt es keine Rolle, ob wir die aufgrund ihrer Winzigkeit schon in 100 Jahren messen können oder erst in 1000 Jahren. Auch diese Anfangsmasse wird extrem klein sein, aber es **muss** sie geben. Ansonsten gibt es da nichts zu binden. Und wenn nichts da ist, kann auch nichts eine Geschwindigkeit haben. Da hätten wir dann eine Doppelnull, mindestens …

Eine Möglichkeit diesen eklatanten Widerspruch aufzulösen, wäre wieder $\mathbf{m = m_0 : \sqrt{I\,1 - v^2/c^2\,I}}$ und die Überlichgeschwindigkeit. Das heißt, es wäre eine kleine Anfangsmasse da, aber wir könnten sie nicht wahrnehmen, weil sie **erstens** zu schnell für unsere Sensoren wäre, und **zweitens** mit steigender Geschwindigkeit auch noch immer kleiner werden würde. Da der Massenanteil der Bindungsenergie an der Materie allem Anschein nach aber ganz schön groß ist (99,8 %), ist nicht davon auszugehen, dass sie dermaßen schnell sein könnte. Der Fehler der Geschichte sollte also darin begründet sein, dass die Anfangsmasse (= Ruhemasse ?) der einzelnen Bindungsenergie-Teilchen dermaßen klein ist, dass sie unseren Messmethoden bislang schlicht und einfach entgeht

---

[241]   Siehe Kapitel „Ein Brief“ und „Die Antwort und die Antwort darauf“

und sie deswegen bisher mit Null angenommen wurde. Im Gegenzug ist dann dafür die Anzahl der Bindungsenergie-Teilchen extrem hoch, sodass sie ihren Part der „Massengenerierung" mit Bavour erfüllen kann.

Die gegenwärtig einzige sinnvolle Alternative zu dieser Alternative besteht darin, der Bindungsenergie eine – wenn auch extrem kleine – Anfangsmasse ‚zuzuordnen'. Aber egal wie: **Materie bleibt Materie**, ob man das nun wahrhaben will, oder nicht.

Aus meiner persönlichen Sicht schieben sich hier ebenfalls wieder die mithilfe der Lichtgeschwindigkeit in km/s beschriebenen Minimassen mit 10^{-79} Kilogramm ganz von selbst in den Fokus. Hier allerdings mit erheblich höherer Teilchendichte und größerer Kraft als etwa im Vakuum. Ob nun als eine große Menge von Einzelkörperchen oder im ‚zusammengeklebten' Paket sei mal bis auf Weiteres dahingestellt. Und das würde auch ziemlich gut zu den ‚Spiral-Atomen', zum Licht, zu Feldern, zum Vakuum und allem Anderen passen. Die Frage ist eigentlich nur, wie man das auch praktisch nachweisen kann …

… aber dafür haben wir ja die Physiker …☺

Um noch einmal zu verdeutlichen was gemeint ist, kann es helfen, sich das Geschehen bildlich vorzustellen. Zuvor sollten wir jedoch die gegebenen **Größenverhältnisse** zumindest flüchtig übedenken. Dabei helfen uns die Zehnerpotenzen, jedenfalls ein bisschen. Strapazieren wir also ein wenig unsere Fantasie und stellen uns ein kompaktes Elektron (10^{-31} kg) so groß wie die Sonne (10^{30} kg) - aber ein bisschen kühler - vor, welches auf seiner ellipsoiden Spiral-Bahn um seinen Mega-Atomkern durch das Vakuum eilt.

Verstreuen wir nun vor unserem Sonnen-Elektron eine Tüte Bindungsenergie (10^{-79} kg) in Form einer Tüte Mehl (? ca. 10^{-6} kg / Staubkorn ?), dann hat das auf das Sonnen-Elekron zwar einen Einfluss, aber der ist dermaßen klein, dass er keinerlei Rolle spielt. Dabei kann keiner behaupten, dass die einzelnen Mehlstaub-Teilchen keine Masse hätten. Auch bei extrem hoher Geschwindigkeit des verstreuten Mehls in Gegenrichtung zum Sonnen-Elektron würde sich praktisch nichts ändern. Die kinetische Energie des Mehls wäre viel zu gering um irgendetwas zu bewirken. Der Widerstand, den das Bindungsenergie-Mehl dem Riesen-Elekron entgegensetzt, würde zwar um eine minimale Winzigkeit steigen, aber er wäre immer noch viel zu gering, als dass sich irgendetwas ändern könnte bzw. würde.

Völlig anders sähe es dagegen aus, wenn dem Sonnen-Elektron anstatt einer einzigen ausgeschütteten Tüte, ein paar Trilliarden Tonnen Mehl entgegenstehen würden. Das soll heißen: Ab einer bestimmten Menge Mehl wird das übergroße Elektron direkt und spürbar beeinflusst. Zunächst wird das Sonnen-Elektron abgebremst und mit weitersteigender Mehlmenge und –dichte bleibt es irgendwann im Mehl stecken.

Die Mehlmenge, die das bewirkt, wäre dann ein Sonnen-Elektonen-Mehltüten-Steckenbleib-Quantum.

Und wenn wir die zig Tonnen Mehl vor der Kollision noch mit Wasser zu einem schmackhaften Kleister vermischen – also die Konsistenz ändern, dann hat das Sonnen-Elektron praktisch keinerlei Chance mehr, unserer Mehlbindungsenergie zu entkommen. Das heißt, es wäre in diesem Moment ein „gebundenes Sonnen-Elektron".

So ungefähr kann man das sinngemäß auch auf das Innere von Protonen und vieles Andere übertragen. Dabei behält das Mehl, ob körnig-staubig, locker-verklumpt oder klebrig-verkleistert, ob schnell oder langsam, ob schneeweiß, gelblich oder bräunlich, ob … immer seine ‚angeborene' Anfangs-Masse je Mehlstaubkorn.

Ein besonders interessanter Aspekt bei dieser zugegebenermaßen geringfügig bizarren Vorstellung, ist die immer stärker werdende Abbremsung des Sonnen-Elektrons bei Erhöhung der Mehlkonzentration. Denn nicht nur ein Elektron in Sonnengröße würde bei einer bestimmten Konzentration abgebremst, sondern auch viel kleinere Körper wie etwa der Mond oder ein durchs mehlverseuchte Vakuum fliegender Bisonbulle. Der aufmerksame Leser merkt bereits in welche Richtung dieser Gedankengang zielt: Auch ein massehaltiges, elefantengroßes Photon (10^{-52} kg) würde bis zu einer bestimmten Mehlkonzentration problemlos durch die Mehlwolke sausen. Und zu jeder bestimmten Mehlkonzentration würde eine bestimmte Photonengeschwindigkeit gehören. Das verleitet zu dem Gedankengang, dass im Vakuum des Weltalls eine bestimmte ‚Mehlkonzentration' herrscht, die das Licht automatisch auf Lichtgeschwindigkeit begrenzt. Messen und wiegen können wir gegenwärtig beides noch lange nicht, weder die Masse des Photons, noch die der Vakuum-Mehlpartikel. Darüber nachdenken – und ein wenig rechnen – allerdings schon.

In diesem Zusammenhang kommt vielleicht die Frage auf, warum die Sonne und der Mond viel langsamer durchs All geistern als das Licht, wo sie doch viel mehr Masse haben als ein Elefant oder Bisonbulle und somit problemlos mehr Mehl bewältigen könnten. Bei der Beantwortung dieser Frage kommt dann die andere Seite ins Spiel: Um große Massen zu beschleunigen braucht man ja viel mehr Kraft als bei kleinen – und die muss ja auch irgendwo her kommen. Außerdem haben große Körper in der Regel auch viel größere Reibungsflächen als kleine Körper und müssen daher einen (relativ und absolut) größeren Widerstand überwinden. Dazu kommen auch noch die Anfangsgeschwindigkeit, die Form bzw. Gestalt usw. … also praktisch alles, was in der ganz normalen **Strömungsmechanik** eine Rolle spielt.

Letztendlich sollte es bei Bewegungen in der Makro- und Mikowelt immer hauptsächlich auf die (relativen) **Verhältnisse** zwischen Masse, Geschwindigkeit, Größe, Form, Ladung, usw. ankommen, die den einzelnen Komponenten des jeweiligen Systems inneliegen - dagegen sehr viel weniger auf die absoluten Daten, die sekundär jedoch ebenfalls ihre Bedeutung haben. Insofern macht es manchmal durchaus Sinn auch bizarre Modelle zu Rate zu ziehen, um sich die Größenverhältnisse wenigstens einigermaßen vorstellen zu können. Das kann gelegentlich sehr hilf- und lehrreich sein.

<u>Ein Photonen-Modell</u>

Der Erste, von dem ich hörte, dass Licht spiralförmig sei, war mein Kollege und gelegentlicher Diskussionspartner Peter Nowak. Das war vor etwa sieben oder acht Jahren. Er hat zum spiralförmigen Licht auch kurz in seinem Buch „Sie besiegten Atlantis: Die Geschichte der Pelasger aus

antiken Quellen dargestellt"[242] Stellung bezogen. Wir haben uns drei-
oder viermal über das Thema ‚spiralförmiges Licht' unterhalten. Das bislang letzte Mal allerdings schon im Oktober 2014 auf einem Spazier-
gang durch Bremen. Seitdem hatten wir keinerlei Kontakt mehr. Somit
entzieht es sich momentan meiner Kenntnis, ob und wie er auf diesem
Gebiet weitergemacht hat oder auf dem damaligen Stand stehen geblieben ist. Mir lässt das Thema seither jedenfalls keine Ruhe mehr.

Es fällt mir leicht zuzugeben, dass ich am Anfang diesbezüglich
enorm skeptisch war. Je mehr ich mich jedoch mit diesem Gedanken beschäftigte, desto mehr freundete ich mich damit an. Bei Peter klang das
anfangs etwa so (nicht wörtlich): „ … und als ich am Oszillator ein paar
Mal zwischen Sinus und Kosinus umgeschaltet hatte, war mir klar, dass
das eine Spirale sein muss …", oder so ähnlich. Das war mir ein wenig
zu einfach. Jedenfalls am Anfang. Aber im Lauf der Zeit begegneten mir
drei inspirierende „Schlüsselerlebnisse", die mich immer mehr darüber
nachdenken ließen. Im Grunde muss man die Dinge nur sehen wie sie
eben sind. Die drei „Schlüsselerlebnisse" bestanden in der näheren Betrachtung eines Haushaltsgegenstandes und zweier Abbildungen:

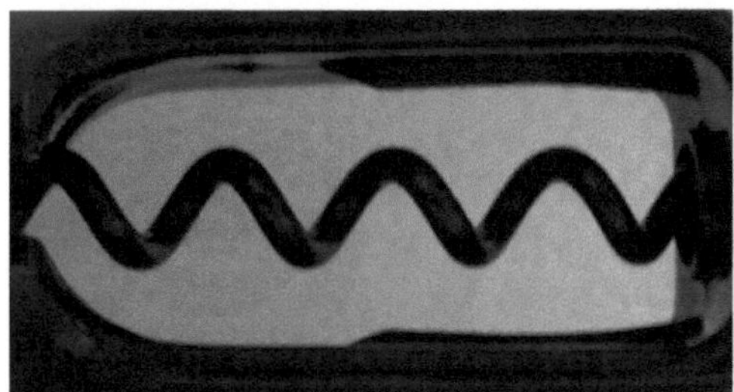

Abbildung 94:
Eine Sinuswelle (so ungefähr)

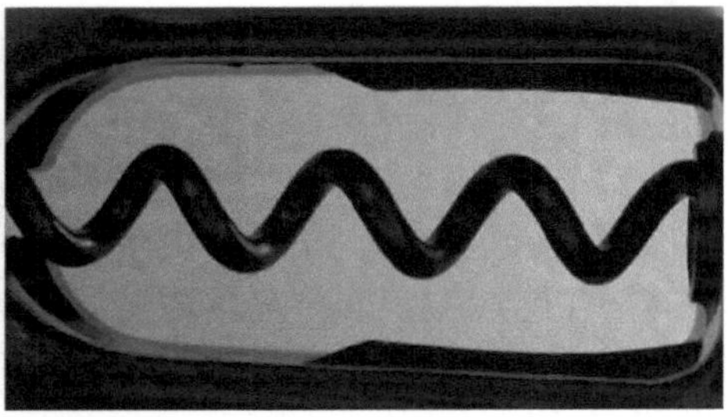

Abbildung 95:
Eine Kosinuswelle (so ungefähr)

So ähnlich würde das auch im Oszillator oder auf Papier gezeichnet
aussehen. Sinus- und Cosinuswellen unterscheiden sich nur durch eine
90-Grad-Drehung.

---

[242]   [31]

Abbildung 96:
Eine Spirale

Abbildung 97:
Die selbe Spirale

Abbildung 98:
Ein Korkenzieher der Marke ‚Vinopio‘, inklusive Sinus, Kosinus und Spirale (angeblich oder tatsächlich aus Materialien, die der Raumfahrt entstammen sollen, hergestellt – wirklich solide und seit vielen Jahren fehlerfrei funktionsfähig, auch wenn es auf den ersten Blick vielleicht nicht so aussieht)

Die zweite und dritte Gelegenheit, die mich daran erinnerten waren Abbildungen. Eine von Wikipedia, die hier frei nachgestaltet wurde:

Nächste Seite - Abbildung 99:
*Licht mit elektrischer und magnetischer Komponente
(frei und grob nach Wikipedia, Stichwort ‚Licht‘, Stand 12 / 2013)*

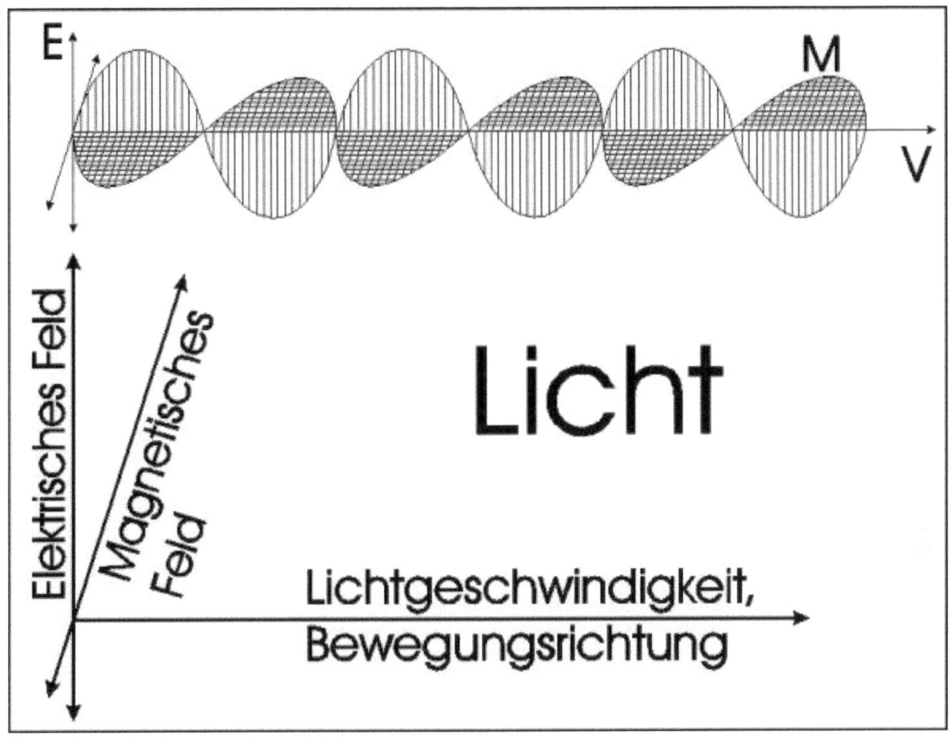

Und viel später kam noch eine Abbildung aus einem Internet-Forum hinzu. Aufgrund eines massiven Computerschadens im Jahr 2018 hatte ich mit dieser Abbildung einige Scherereien. In diesem Zusammenhang möchte ich mich an dieser Stelle sehr herzlich beim User e-neutrino für seine Hilfsbereitschaft bedanken, der einst die Originalabbildung postete und mir auch beim zweiten Versuch wieder auf die Sprünge half, so gut er konnte. Damals wie heute ging es wohl um die Eulersche Formel.

Nächste Seite - Abbildung 100:
Dreidimensionale Darstellung der Eulerschen Formel frei nach einer Wikipedia-Abbildung[243]. Deutlich zu erkennen die Spirale und ihre Anlehnung an das Dreifingerprinzip. Ein Querschnitt der Spirale ist kreisförmig. Sieht so ein Photon - das Licht - aus?

---

[243]   [40]

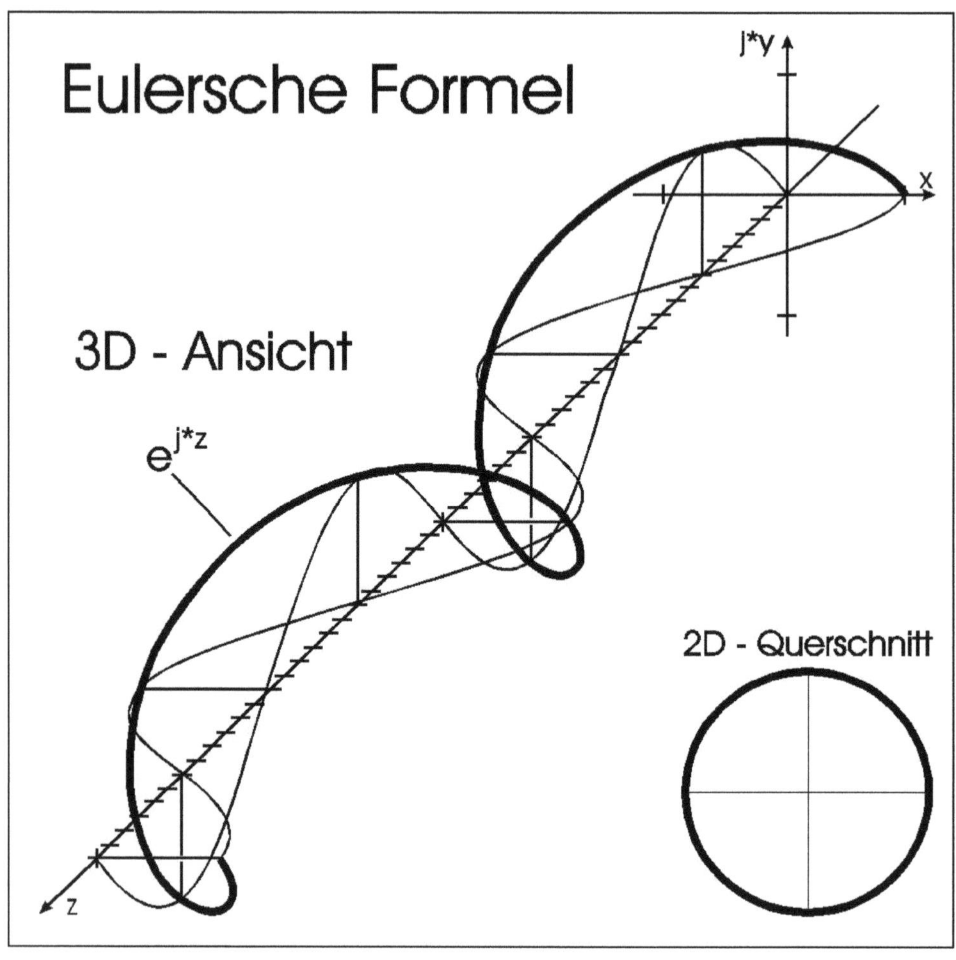

Aber wenn Licht eventuell tatsächlich spiralförmig wäre – oder sein sollte - oder tatsächlich ist – wie könnte das in der Praxis funktionieren? Da war guter Rat zunächst teuer – und zwar solange, bis ich auf $E = mc^2$ und die vermutete Photonenmasse stieß, was letzlich zu einem realen Brief und dem Kapitel ‚Ein Brief‘ führte. Schließlich landet man mit dieser Formel stets auf einem zwar sehr hohen, aber endlichen Energiebetrag – unabhängig davon, ob ruhend oder bewegt, sofern man die (mir) „nicht ganz koscher erscheinende" Massenformel $m = m_0 : \sqrt{1 - v^2 / c^2}$

unbeachtet außen vor lässt und stattdessen die winzige Masse durch die „Eliminierung“ von Bewegung und Zeit (= herausrechnen von Frequenz und Wellenlänge) ermittelt[244].

Es kann täuschen, aber aus meiner momentanen Sicht scheint eine winzige Photonenmasse für spiralförmiges Licht eine logische, sinnvolle und notwendige **Voraussetzung** zu sein. Erklärt sie doch die Wechselwirkung von (angeblich masselosem) Licht und großen Massen sowie die meisten anderen Eigenschaften des Lichts. Die Spiralform von Licht würde den unbeschreiblichen Vorteil mit sich bringen, dass Licht dadurch von Anfang an zu einer **grundsätzlich räumlichen** Angelegenheit wird, was es ja definitiv auch ist. Auch beinhaltet massehaltiges spiraliges Licht eine einfache, aber fast perfekte Erklärung für den Welle-Teilchen-Dualismus: Die Masse liefert das Teilchen, die Spirale die Wellen. Außerdem kann man damit die Lichtentstehung und die Absorbtion von Licht gut erklären und beschreiben. Und es führt zu einem Vorschlag wie Felder praktisch funktionieren (könnten) – ein Thema, zu dem ich noch keine einzige befriedigende Aussage gehört oder gelesen habe.

Ich denke, das sind Vorteile, für die man sich schon ein wenig engagieren kann. Das Ziel wäre eine **gründliche und tiefgehende** Überprüfung, vor allem jedoch die Fortführung der Gedanken durch die Physik-Fachleute. Vielleicht sind es ja doch ganz brauchbare, diskussionswürdige Gedanken und Vorschläge? Vielleicht muss auch noch irgendwas geändert werden, bevor es wirklich mit der Realität zusammenpasst?
Warum nicht? … aber dazu sind Peter und ich allein kaum in der Lage.

Kommen wir nun also zum Modell des spiralförmigen Lichts wie ich mir dessen Funktionieren vorstelle. Freilich ist das Modell noch voll theoretisch und spekulativ, aber das Innenleben von Licht und Atomen könnte tatsächlich so – oder so ähnlich - zusammenspielen. Außerdem steht ja alles noch ganz am Anfang und muss noch durchweg sehr viel gründlicher überdacht und bearbeitet werden. Eine inhaltsreiche sachliche Diskussion darüber kann also nichts und niemandem schaden.

Im Grunde gibt es bis jetzt sogar mindestens **zwei Möglichkeiten**, wie massehaltiges, spiralförmiges Licht beschaffen sein könnte.

---

[244]   Siehe Kapitel „Ein Brief“ und „Die Antwort und die Antwort darauf“

Die **erste Variante** ist sehr einfach: Das massehaltige Photonenteilchen fliegt immer mit der selben (Licht-) Geschwindigkeit stur geradeaus vor sich hin. Das liegt daran, weil es einerseits extrem viel größer und schwerer ist, als die es umgebenden Vakuum-„Mehlstaub"-Partikel und andererseits kann es aufgrund des Vakuum-Widerstandes nicht noch schneller. Dabei dreht sich das massehaltige Photonenkörperchen selbst um seine Längsachse, die der Flugrichtung gleichkommt. Das stabilisiert die Flugrichtung wie bei einer Gewehrkugel, die aus einem gezogenen Lauf abgefeuert wurde, zusätzlich. Es wird von seinen elektomagnetischen Feldern umgeben und interagiert mit dem „mehlstaubhaltigen" Vakuum bzw. dem ebenso „mehlstaubhaltigen" Raum zwischen anderen Teilchen. Durch die Interakton entsteht eine spiralförmige Bug- und Kielwelle im „Mehlstaub", die wir als den Wellenteil des Licht-Dualismus wahrnehmen können. Die Masse des Photons hält dabei das Teilchen auf Kurs und die nachfolgende Spirale bis zu einem gewissen Grade zusammen. Die Energie des Lichts steckt dabei nicht nur in seiner Vorwärtsbewegung, sondern vor allem auch in seiner Drehung um sich selbst. Durch die Umdrehungsgeschwindigkeit wird die Wellenlänge der Kiel-Welle bestimmt, die wir als ‚Lichtwelle' wahrnehemen. Je schneller die Umdrehung, desto mehr Energie ist im System enthalten, desto kürzer ist die Wellenlänge.

Bei dieser Betrachtung sind wieder die Größenverhältnisse zu beachten, wobei das winzige Photon (10^{-52} kg) eine **viele-milliardenmal-größere** Masse hat als der „Vakuum-Mehlstaub" (10^{-79} kg). Gleichzeitig dienen die „Mehlstaubwellen als Heckantrieb" des Photons, der die minimalen Reibungsverluste am Bug weitestgehend ausgleicht, sodass das Licht auch auf längeren Reisen „nicht so schnell müde" wird.

Interessant und wichtig ist, dass bei dieser Variante Welle und Teilchen des Photons **quasi „getrennt"** sind. Das soll heißen, wenn wir die Wellen vermessen, ist das Teilchen immer schon um eine Nasenlänge voraus und somit unserem direkten Zugriff entzogen. Die Wellen und elektromagnetischen Felder, die wir sehen und messen können, stammen praktisch nur inderekt vom Photon selbst, sondern vielmehr vom aufgewühlten Vakuum.

Unklar ist bei dieser Variante, wie es zur Ausrichtung bzw. Formung des elektrischen bzw. magnetischen Feldes kommt bzw. kommen könnte. Das könnte eventuell jedoch mit der Form des Photonenkörpers zusammenhängen, der ja durchaus ein flachgedrückter, strömungsgünstiger „Tropfen"-Körper oder etwas Ähnliches sein könnte.

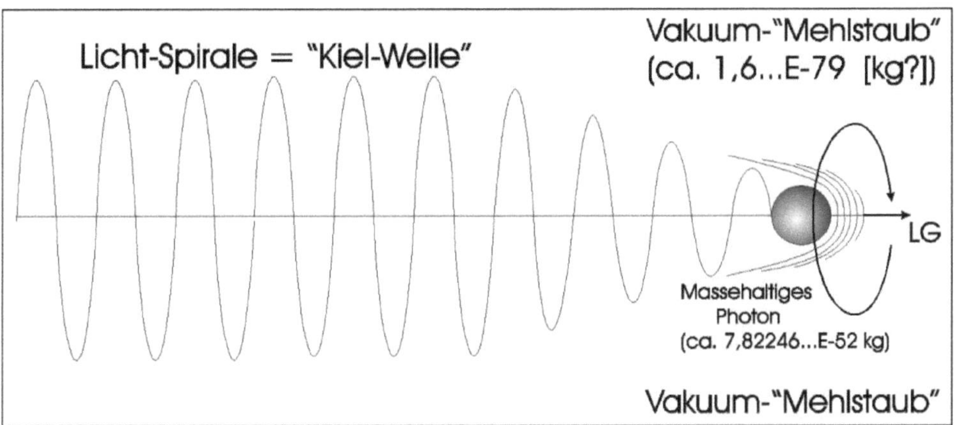

Abbildung 101: *Spiralförmiges Licht als „Äther"welle - Variante Eins*

Die zweite Photonen-Variante

Die **zweite Variante** ist **ungleich komplizierter** und schwieriger zu verstehen als die erste. Andererseits beantwortet sie offene Fragen sehr viel erschöpfender. Im Gegensatz zur ersten Variante bewegt sich bei der zweiten das Masse-Lichtteilchen selbst auf einer wellenbildenden Spiralbahn. Dadurch werden Welle und Teilchen untrennbar vereint.

Es fällt mir schwer, meine Gedanken dazu deutlich und verstehbar zu beschreiben. Aber in der Folge werde ich dennoch versuchen, sie etwas ausführlicher zu erläutern:

Wenn man beispielsweise einem Stück Stahl Energie in Form der Wärme einer heißen Flamme zuführt, dann wird es zunächst warm, dann heiß, dann fängt es an rot zu glühen, erst ganz dunkel, dann immer heller und schließlich glüht es weiß. Wenn es noch weiter erwärmt wird, schmilzt es oder verdampft sogar. Während dieses Vorgangs dehnt sich das Metall immer weiter aus, je heißer es wird. Sein Volumen wird größer, seine Dichte geringer. Und es strahlt selbst immer mehr Wärme ab.

Das rote und weiße Glühen kommt durch die Abstrahlung von sichtbarem Licht der entsprechenden Wellenlängen und Energien. Gleichzeitig wird zusätzlich unsichtbares Licht, d.h. Wärmestrahlung etc. abgegeben. Abgesehen von Licht, Wärme und eventuell ein bisschen Geruch können wir alles Andere nicht ohne Hilfsmittel wahrnehmen. Das weiße Licht ist eine Mischung aus allen Wellenlängen, es beinhaltet also auch energiereiches blaues Licht, ohne dass es uns übermäßig auffällt.

Wie könnte das also vonstatten gehen? Fangen wir noch einmal am Anfang an:

Das kalte Stück Stahl besteht vorzugsweise aus Atomen, deren Gesamtstruktur aus einem soliden Metallgitter besteht. Die Außenseiten der Atome werden selbstverständlich von den dazugehörigen äußeren Elektronen gebildet. Das heißt, die alleräußerste Schicht des Stahls besteht hauptsächlich aus Elektronen. Wird nun von außen Wärme in Form von Infra-Rot-Licht (Flamme) u.a. zugeführt, trifft dieses Licht zuerst auf die äußerste Elektronenschicht. Dabei werden einige Elektronen aus dem Stahl herausgeschlagen, ein Teil der Infra-Rot-Strahlung wird reflektiert und ein anderer Teil absorbiert. Das Herausschlagen von Elektronen macht die „Stahlhaut" ein wenig ‚poröser' und damit aufnahmefähiger. Ebenso bewirkt die zunehmende Erwärmung des Stahls, in Verbindung mit der Ausweitung der Elektronenabstände und der daraus folgenden Oberflächenvergrößerung, eine Verbesserung der Energieaufnahmefähigkeit des wärmer werdenden Stahls.

Die Reflexion ist primär ein einfaches und ungezieltes Abprallen von der Stahloberfläche, die wir auch Streuung nenen. Vorstellen kann man es sich primär etwa so, als ob man mit Kieselsteinen gegen sich derhende Autoreifen wirft. Die Kiesel spritzen nach dem Zusammenprall „unkontrolliert und chaotisch" in jede Richtung. Jedenfalls sieht es für uns so aus. Sie folgen aber dennoch zu jedem Zeitpunkt den dafür zuständigen Naturgesetzen aller Art.

Das nennt man auch diffuse Reflexion und ist der Grund, warum wir die Formen und Farben von Körpern mit unseren dafür geeigneten Sensoren (= Augen) wahrnehmen können. Mit den falschen Sensoren (Nase, Ohren, … usw.) bleibt es stockduster. Das bedeutet, dass jedes Stückchen Universum mitsamt seinen Eigenschaften zwar definitiv vorhanden ist, es aber für uns immer nur so aussieht wie wir es wahnehmen können – oder eben auch nicht. Mit geeigneten Hilfsmitteln wie Teleskopen, Mikroskopen, Radaren, Spektrometern, … usw. können wir unsere Wahrnehmung enorm verändern und verbessern. An der realen Realität ändert das freilich meist nur sehr wenig.

Wesentlich spezieller erfolgt die gezielte Reflexion an geeigneten, glatten Flächen, wie etwa poliertem Metall, Spiegeln, einer ruhigen Wasseroberfläche, … usw. Hier erfolgt die Reflexion – nur aus unserer Sicht – wesentlich geordneter. Wir nutzen diese, mehr oder weniger natürlichen Gegebenheiten, um die Gesetze der Reflexion und der Optik insgesamt zu ergründen und nach Möglichkeit auch zu verstehen. Manchmal schauen wir aber auch nur in den Spiegel, um zu sehen, ob die Tolle auch toll genug ist. Die Reflexionsflächen müssen hierzu besonders glatt sein. Das heißt, dass die Oberflächen-Atome mit ihrer Elektronenhülle möglichst gleichförmig ausgerichtet sein müssen. Je besser das gelingt, desto besser ist die gezielte und gerichtete Reflexion. Das bedeutet, dass sich die Anteile zwischen diffuser und gezielter Reflexion je nach Oberflächengestalt des reflektierenden Körpers hin und her verschieben können, in der Gesamtsumme aber stets gleich groß sind.

Reflexion sollte IMMER ein energie'verbrauchender' Prozess sein. Das zu reflektierende ,Opfer' - ob nun Photon, Atom, Kieselstein, … oder Ball usw. – muss ja in jedem Fall beim Auftreffen auf die Reflexionsfläche kurzzeitig auf Null-Geschwindigkeit abgebremst[245] werden, dann seine Richtung ändern[246] und wieder auf seine Endgeschwindigkeit beschleunigt werden. Gleichzeitig nimmt die Reflexionsfäche die Energie des heranstürmenden Reflexions'opfers' kurzzeitig elastisch auf und gibt sie ihm anschließend sofort zurück. Auch dieser Vorgang verläuft

---

[245]   Abbremsen = negative Beschleunigung
[246]   Richtungsänderung = beschleunigte Bewegung

nicht völlig verlustfrei. Zu all dem muss Beschleunigungsarbeit verrichtet werden – und Arbeit ‚verbraucht' Energie.

Das sollte auch vollumfänglich für Licht aller Art gelten. Beim Aufschlag gibt es Energie an die Reflexionsfläche ab, von der es den Großteil jedoch gleich wieder zurück bekommt. „Verluste" sollten aber in jedem Fall entstehen. Deswegen reflektieren Spiegel nur ungefähr 98 ± X Prozent des erhaltenen Lichts. Der von den Kieseln getroffene Autoreifen wird nach langem Beschuss irgendwann warm und porös. Und von der, vom Ball getroffenen, Wand bröckelt irgendwann der Putz ab. Unser Stück Beispiel-Stahl wird ebenfalls geringfügig erwärmt und seine Oberfläche minimal porös, wenn er mit sichtbarem Licht bestrahlt wird.

Aber wie funktioniert das, wenn ein durchschnittliches Photon[247] **konventioneller** Vorstellung auf unseren Stahl trifft? Als ‚zweidimensionale' Kosinus- oder Sinus-Welle betrachtet, hat es eine Amplitude von ungefähr $2 * 94 = 188 \pm X$ Nanometern. Damit trifft es rund $1000 \pm X$ Atome fast gleichzeitig. Wie soll es da als „weicher, ‚streckenförmiger' Energiebatzen" entscheiden, ob es reflektiert oder absorbiert werden möchte? Und von welchem Atom? Oder von allen gleichzeitig? In welche Richtung? Dann müsste es sich aufteilen. Und wie sollten die Atome entscheiden, welche sich von ihnen temporär zusammentun, um ein Photon aufzunehmen, es zu reflektieren bzw. es wieder zu emittieren?

Noch schlimmer wird es, wenn man dasselbe Photon als **räumlichen** „weichen Energiebatzen" betrachtet. Dann hätte es eine auftreffende Grundfläche, die bis zu (rund) einer Million ($\approx 1000 * 1000$) Atome (fast) gleichzeitig treffen würde.

Müssten dann nicht jedes Mal alle Photonen zu jeweils 100 Prozent entweder reflektiert **oder** absorbiert werden? Und wonach würde sich das unterscheiden bzw. entscheiden?

Auch wenn es vielleicht nicht so aussieht, so sind das doch alles hochkomplizierte Fragen, die irgendwann irgendwie vollständig beantwortet werden müssen, wenn wir Licht bzw. das komplette elektromagnetische Spektrum wirklich verstehen wollen.

Es mag vielleicht vermessen erscheinen, aber zumindest theoretisch bietet spiralförmiges, **massehaltiges** Licht relativ einfache und sinn-

---

[247]   hier gemeint => Gelbes Licht, $\lambda = 590$ nm

volle Antwortmöglichkeiten, auch wenn noch nicht alles eindeutig funktioniert. Derartiges (vorerst hypothetisches) Licht würde nämlich mit seiner winzigen Masse und ihrem noch winzigeren Volumen schlimmstenfalls nicht nur ein einziges Atom, sondern sogar nur ein einziges Elektron treffen. Schließlich kommt dieses Licht ausschließlich durch seine Bewegung auf Photonengröße. Etwa so, wie die kleine Erde eine große Umlaufbahn um die Sonne hat. Nur, dass die „Umlaufbahn" des Lichts eine dreidimensionale (gerade) Spirale mit elliptischer Schnittfläche wäre.

Wie funktioniert nun die Absorbtion?

Wie die Absorption nach bisherigen Vorstellungen konkret aussehen soll, weiß ich nicht. Ich habe keine sinngebende Vorstellung davon, was nicht heißt, dass es in Physiker-Kreisen vielleicht nicht doch welche gibt oder geben könnte. Die sind jedoch noch nicht bis zu mir vorgedrungen. Aber es bleiben ja nicht allzu viele Möglichkeiten.

Anscheinend ‚klatscht‘ der konventionelle „weiche, streckenförmige Energiebatzen" auf ‚seine‘ 1000 Atome, „zersplittert" dabei in 1000 Teile und noch in etliche weitere, je nachdem wie viele Elektronen ihm auf seinem Weg in die Quere kommen. Bei jeder dieser „Einzelkollisionen" gibt er einen kleinen Teil seiner Energie an die jeweiligen Elektronen ab und existiert danach nicht mehr. Das Photon ist ‚gestorben‘. Die Elektronen – und damit die dazugehörigen Atome – absorbieren die greifbar werdenden Energiebröckchen, werden bei dem Vorgang energiereicher, eventuell beschleunigt und hüpfen in die nächsthöhere Elektronen-Bahn bzw. -Schale. Wenn ein solches Elektron noch ungefähr ‚999-mal‘ auf die selbe Weise getroffen wird, hat es genug Energie gesammelt, um wieder ein Photon der gleichen Art emittieren zu können. Wenn es das gemacht hat, kann das Elektron wieder auf seine Ursprungsschalenbahn zurückhüpfen.

Aber wie kommt das Photon dann auf seine vorbestimmte und notwendige Größe und Geschwindigkeit? Und woher kennt es die Flugrichtung?

Oder ein von einem Teilenergiebetrag getroffenes Elektron schließt sich mit 999 weiteren getroffenen (und damit leicht angeregten)

Elektronen zusammen, bildet einen demokratischen Lichtverein, und nach Mitgliederversammlung sowie Vorstandsbeschluss inklusive Gültigkeitsprüfung und Satzungskonformität wird dann gemeinsam emittiert.

Wie soll das gehen?

Bei **spiralförmigem und massehaltigem** Licht sieht das völlig anders aus. Das Folgende ist selbstverständlich wieder „nur" eine Vermutung bzw. ein überprüfungs- und diskussionswürdiger Vorschlag für und an die Wissenschaft.

Zu absorbierendes massehaltiges Spiral-Licht kann man mit denjenigen Kieselsteinen vergleichen, die zwischen die Räder geraten und in die Lücke. fallen. Sie müssen die Lücke nicht zwingend exakt treffen, sondern werden evtl. auch durch Reflexion hineingeleitet. Die Spirale hat die bekannten und gemessenen Abmaße (Wellenlänge, Amplitude => Großer Durchmmeser der Schnittflächenellipse) und Eigenschaften (Energie, Farbe, …usw.). Die Spirale ist in der **zweiten Variante** jedoch die Bewegungsbahn des massehaltigen Licht-Teilchens. Dadurch „bohrt" es sich in die Absorbtionsfläche wie ein Spiralbohrer ins Werkstück – nur ein bisschen schneller. Das Licht-Massenteilchen ist extrem winzig und extrem schnell. Wie bereits mitgeteilt: Seine Masse ist kleiner als der 10-hoch-20igste Teil eines Elektrons. Wenn es durch den „Aufschlag" auf einen Körper von seiner Spiralbahn abgelenkt wird, kann es leicht ein Stückweit in die oberste Elekronenschicht eindringen. Dort kommt es automatisch dem einen oder anderen Außen-Elektron sehr nahe und wird von diesem absorbiert[248]. Hierbei könnte es wiederum zwei unterschiedliche Varianten geben:

1.) Das Licht-Masseteilchen wird direkt an das Elektron angelagert oder sogar ein temporärer Bestandteil desselben.

2.) Das Licht-Masseteilchen wird vom Elektron „nur eingefangen" und rotiert fortan auf einer elliptischen oder spiraloelliptischen Bahn (wie die Elektronen um den Kern), die von

---

[248] Dass Photonen u.U. dazu in der Lage sind, Elektronen aus der Oberfläche von Körpern zu schlagen, wird hier nicht weiter beachtet oder diskutiert, obwohl es mit massehaltigem Licht leicht zu realisieren wäre. Es ist zwar sehr wichtig, aber an dieser Stelle nicht wirklich relevant.

seinem eigenen Energiegehalt und dem Abstand zum Atomkern abhängt, um das Elektron herum. Es wird quasi zum „Mond" des Elektrons. Das Elektron erfährt dadurch eine Beschleunigung und springt auf eine höhere Bahnschale. Unter Umständen kann ein Elektron evt. auch mehrere „Monde" mit sich führen, wodurch es stufenweise immer weiter angeregt wird. Spätestens wenn die Aufnahmekapazität des Elektrons erschöpft ist, wird wieder emittiert, sofern das möglich ist. Vorher kann das geschehen, wenn sich ein energiebeladenes und ein ‚energiehungriges' Elektron nahekommen (=> z. Bsp. Wärmeleitung innerhalb des Körpers), wodurch ein Energiegefälle und damit ein ‚Sog' entsteht.

Die erste Variante halte ich persönlich für relativ unwahrscheinlich, auch wenn ich sie noch nicht restlos ausschließen mag. Die Realität wird wohl eher in Richtung zweite Variante gehen. Eine der offenen Fragen dabei ist, ob allein die Gravitationskraft des Elektrons stark genug ist, das Licht-Masseteilchen in die Umlaufbahn zu zwingen? Möglich wäre aber auch eine leicht positive Ladung des Lichtteilchens, sodass es vom Elektron zusätzlich zur Gravitation angezogen, und vom Kern her abgestoßen, wird. Ganz ähnlich könnten auch magnetische Einflüsse wirken. Dafür, dass das Licht-Masseteilchen wohl eher nicht auf das Elektron stürzt, sollten seine Eigengeschwindigkeit und die Bahneigenschaften sorgen, genau wie beim Elektron selbst, welches unter normalen Umständen nicht in den Atomkern stürzen kann.

Das alles würde die Gewährleistung des Funktionierens erleichtern. Im Gegensatz dazu würden sich evtl. negativ geladene Licht-Masseteilchen möglicherweise in Richtung Atomkern begeben, um von dort aus für energiereiche Röntgen- und Gammastrahlung zuständig zu sein.

Es erscheint durchaus möglich, dass die Elektronen insgesamt — oder nur einige äußere davon — ständig von Licht-Masseteilchen-„Monden" umgeben sind. Auch auf ihrer energiearmen Ursprungsbahn.

Ebenso erscheint es möglich, dass sich die Ursprungs-Bahnschalen durch die Anzahl der von den Elektronen mitgeführten „Licht-Monde" unterscheiden.

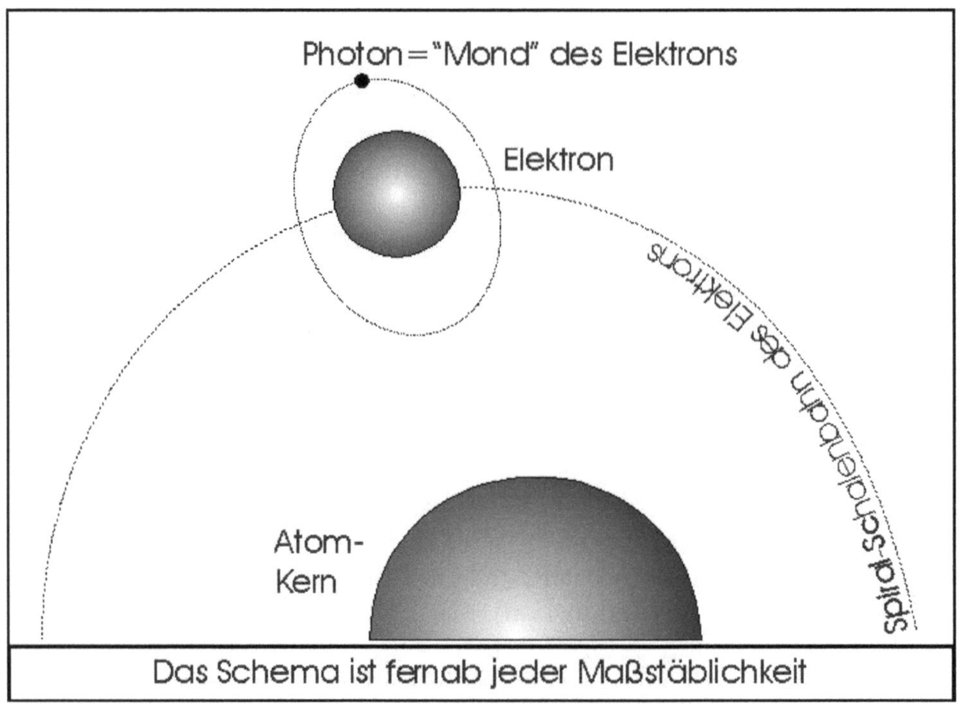

Abbildung 102: Absorbiertes *Photon / Licht-Massenteilchen als ‚Mond'*
eines Elektrons

Bis hierhin ist unser Beispiel-Stahl noch kalt oder bestenfalls leicht angewärmt. Er glüht noch nicht und emittiert selbst noch keine oder nur sehr wenige Photonen von Licht- und Wärmestrahlung.

Wie kommt es nun zur Emission?

Wir führen dem Stück Stahl weiter Energie in Form von Wärmestrahlung einer Flamme zu. Mit der Zeit erhalten immer mehr Elektronen immer mehr Licht-Massenteilchen-„Monde". Dadurch werden die Elektronen – und damit letztlich die kompletten Atome – mehr und mehr angeregt, aber auch energiegesättigt. Sie werden immer schneller. Die Bahnen der „Monde" brauchen Platz. Ihre und die Bahnen der Elektronen weiten sich zwangsweise, ihre Durchmesser werden größer. Das Atom insgesamt dehnt sich aus, schwingt heftiger. Wenn die Aufnahmefähigkeit der ersten Elektronen ausgeschöpft ist, geben sie zunächst Licht-Masseteilchen an energieärmere Elektronen im eigenen Atom ab, dann aber auch gleich an ebensolche Elektronen von Nachbar-Atomen. Somit wird die aufgenommene Wärme durch das komplette Stück Stahl verteilt. Wir nennen das Wärmeleitung.

Ist das ganze Stück Stahl – oder bei kleinerer, ‚punktförmig‘ wirkender Flamme auch nur eine bestimmte Region – weitgehend mit Zusatzenergie bzw. Licht-Masseteilchen gesättigt und der Energiezufluß hört trotzdem nicht auf, beginnt der Stahl, selbst Licht und Wärme in die Umgebung zu emittieren. Zuerst wenig, dann immer mehr – je nach Sättigungsgrad und Elektronengeschwindigkeit. Werden die Elektronen so schnell, dass ihre Geschwindigkeit der Lichtgeschwindigkeit sehr nahe kommt (etwa bei 299.792,4579999 km/s), können sie ihre Photonen-„Monde" nicht mehr halten und müssen sie frei davonfliegen lassen.

Erstes Licht wird freigesetzt.
Dabei werden auch Licht-Masseteilchen, die bereits Elektronen umrunden, von den nachfolgenden Fremdteilchen der Flamme verdrängt und von ihrer Bahn gestoßen, wodurch sie freigesetzt und emittiert werden. An ihrer Statt umrunden nun die (aus der Flamme) neu dazugekommenen Licht-Massenteilchen das Elektron, die bis zu ihrer eigenen Wiederfreisetzung fortan integrierte Licht-Masseteilchen des betreffenden Atoms bleiben.

Die freigesetzten Licht-Masseteilchen lösen sich mit Schwung und Spannung vom Elektron. Denn sie werden ja durch die nachströmenden Licht-Masseteilchen quasi weggeschubst, wodurch sie ihre Endgeschwindigkeit – die Lichtgeschwindigkeit - erreichen.

Das geschieht bevorzugt bei den äußeren Elekronen mit dem höchsten Energielevel bei möglichst weit außenliegenden Atomen. Diese Elektronen sollten dabei selbst die Lichtgeschwindigkeit fast oder sogar ganz erreichen, die sie den freigesetzten Licht-Masseteilchen mit auf den Weg geben. Die Lichtgeschwindigkeit wäre somit die Obergrenze, bis zu der Elektronen Licht-Masseteilchen mit ihrer eigenen Kraft festhalten können, und sie dann loslassen müssen. Das wäre neben dem äußeren Mehlstaub-Widerstand eine gute – weitestgehend frequenz- und wellenlängenunabhängige - Erklärung dafür, dass die **Lichtgeschwindigkeit konstant** ist. Je nach temporär erreichtem Energieniveau des Stahlstükkes setzt sich auch dieser Vorgang von außen nach innen fort.

Der Stahl beginnt zu glühen.

Die Bahnen der freigesetzten Licht-Masseteilchen werden nach der Freisetzung und Loslösung nicht mehr von den Kräften des Elektrons zusammengehalten. Sie „explodieren" förmlich zu Photonengröße, die sie dann aufgrund ihrer mitgenommenen Eigenenergie auch beibehalten. Mit „Explosion" ist hier hauptsächlich eine sprunghafte enorme Ausdehnung des Rotataionsdurchmessers gemeint. Ebenso erhalten sie ihre Bewegungsrichtung, die sie selbst, ohne weitere äußere Einflüsse, nicht mehr ändern (können). Damit aus der Bahnellipse eine gerade Spirale werden kann, ist wieder ein Anstieg notwendig, der die Fortbewegung des Photons garantiert. Die ehemals ‚kugelförmige' bzw. ellipsoidförmige Spiralbahn der Licht-Masseteilchen um das Elektron herum wandelt sich zu einer geraden Spirale mit ellipsenförmiger Schnittfläche mit sehr viel größerem Durchmesser - einer leicht plattgedrückten Spiralfeder in Nanometergröße nicht unähnlich. Das Photon verabschiedet sich mit Lichtgeschwindigkeit aus dem Stahl. Jedenfalls sofern das frisch freigesetzte Photon nicht irgendwo innerhalb des Stahls aneckt und der ganze Vorgang von neuem beginnt.

Aufgrund des Umstandes, dass bei einem Erwärmungsvorgang in der Natur niermals nur ein Photon freigesetzt wird, sondern immer unzählig viele, und, dass diese völlig unkontrolliert nach dem Zufallsprinzip in alle möglichen ‚freien' Richtungen abgestrahlt werden, entsteht die grundlegende Kugelform des Lichts bzw. die allseitig geradlinige und gleichförmige Abstrahlung von Licht. Und zwar in jeder denkbaren Größe, vom winzigen Plasmapartikel bis zum riesigen Stern.

Bei der Erzeugung kalten Lichts (Leuchtdioden, Bioluminiszenz, … usw.) geschieht praktisch dasselbe wie bei der Lichtemission durch Erwärmung u.ä., nur dass die Energiezufuhr zielgerichteter und die Lichtabgabe bei eingeschränktem Wellenlängenbereich erfolgt, wodurch der Energieumsatz insgesamt beträchtlich sinkt.

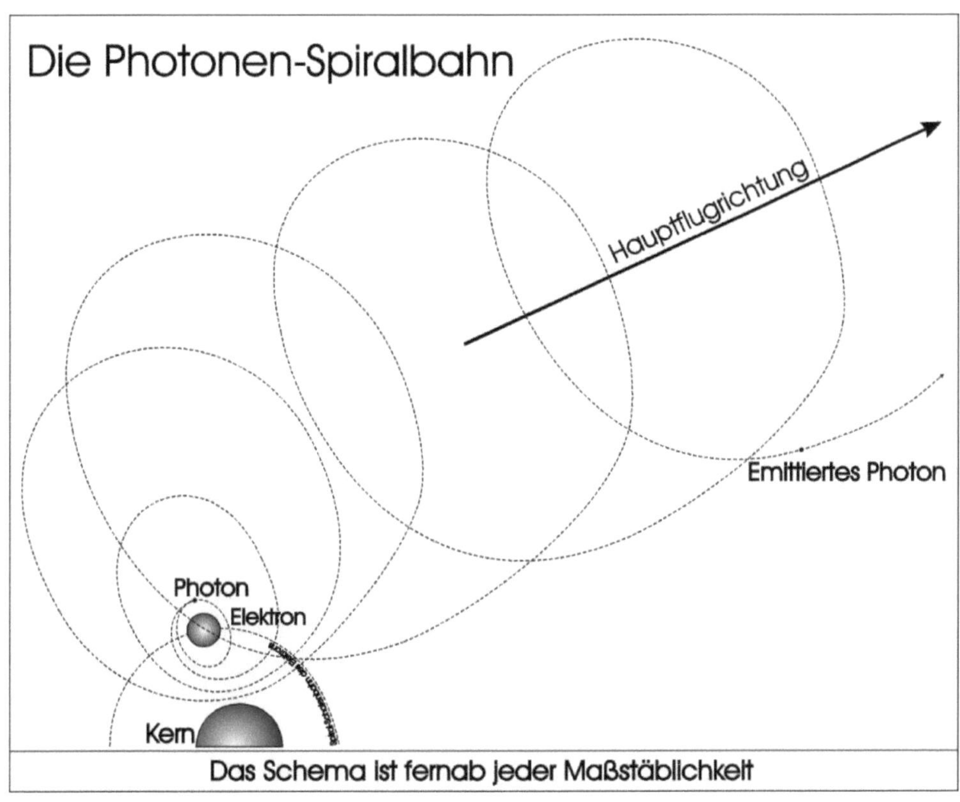

Abbildung 103: *Lichtemission - Spiralbahn eines Photons – Variante 2*

<u>Spiralphotonen-Beschreibung</u>

In diesem Kapitel will ich versuchen, dem Leser meine Vorstellungen von Aussehen und Funktion der Photonenspiralen nach Variante 2 etwas näher zu erläutern. Das erscheint wichtig, weil damit zumindest die Existenz des Quadrates und der Wurzel der Lichtgeschwindigkeit erklärt werden könnnen. Diese Vorstellungen ergänzen somit die Aussagen von E = mc² und diverser anderer bedeutsamer Formeln eventuell ein wenig.

Auch hier mag es wieder sein, dass die Physiker längst wesentlich mehr wissen und bereits andere konkrete Vorstellungen haben, aber bei mir – und schätzungsweise einem Großteil der Bevölkerung - sind noch keine weiteren Aussagen zur Amplitude, der Amplitudenmodulation, der Frequenzmodulation, … usw. des sichtbaren Lichts und seiner nächsten Anverwandten angekommen. Abgesehen vielleicht davon, dass Lichtwellen wohl Sinus- oder besser Kosinuswellen sein sollen oder können. Ebenso habe ich bereits von in sich verdrehtem Licht gelesen, aber das kann auch ziemlich gut mit dem Spiral-Modell erklärt werden.

Gibt es die gezielte Modulation von elektromagnetischen Wellen bislang nur bei Radiowellen, Mikrowellen, beim elektrischen Strom und noch einigen anderen Anwendungen – aber nicht beim sichtbaren Licht? Ich weiß es nicht und habe noch nichts weiter dazu gefunden.

Gehen wir also zunächst vom (mir) Bekannten aus: Lichtwellen haben eine Wellenlänge und werden meist als zweidimensionale Sinus- oder Kosinuswellen dargestellt. Dadurch ist bzw. wäre ihre primäre Amplitude festgeschrieben, weil sie von (Einheits-) Kreisen abstammen und sich das Verhältnis von Wellenlänge und Amplitude bei derartigen Wellen auf Pi zu Eins beläuft. Hier haben wir also eine Direktverbindung zum Anfang dieses Buches und dem Kugel-Lichtmodell gefunden. Oder sie uns – je nach dem …

In diesem Zusammenhang erinnern wir uns daran, dass uns im weiteren Verlauf aufgefallen war, dass die Formel $E = mc^2$ strukturmäßig sehr mit diversen Volumenformeln verwandt zu sein scheint. Nutzt uns das hier irgendetwas?

Die Photonenspiralen bewegen sich in Längsrichtung, d. h. in „Wellenlängenrichtung" – und zwar mit Lichtgeschwindigkeit. Das machen sie nicht nur auf einer Strecke von 299.792,458 Kilometern im Verlauf einer Sekunde, sondern auch über die Strecke einer einzigen Wellenlänge in entsprechend kürzerer Zeit. Das heißt, eine Wellenlänge einer Photonenspirale entspricht ebenfalls der Lichtgeschwindigkeit und „nur" die Maßeinheit ist eine extrem andere. Die Zahlen bzw. Ziffernfolgen ändern sich dabei selbstverständlich ebenfalls.

Fügen wir nun beide Gedanken zusammen, kommen wir zunächst zur einfachsten – aber selbstverständlich **falschen** – Lösung: Das Quadrat der Lichtgeschwindigkeit c^2 in $E = mc^2$ beschreibt das Volumen einer Wellenlänge. Gemeinsam mit der Masse, die hier der Masse einer Wellenlänge $\mathbf{m}_\lambda$ aus dem Kapitel ‚Ein Brief' (Punkt 6.) entsprechen sollte, führen uns beide als Produkt zur im Photon enthaltenen Energie. Die Masse einer Wellenlänge $\mathbf{m}_\lambda$ ist hier deswegen relevant, weil wir eine einzige Wellenlänge eines einzelnen Photons betrachten.

Da die Wellenlänge nur ein c von c^2 benötigt, haben wir noch ein c „übrig". Das nutzen wir für die Darstellung der Grundfläche. Ziehen wir die Quadratwurzel daraus, erhalten wir zunächst ein Quadrat als Grundfläche – und somit einen einfachen, aber extrem langgestreckten Quader mit einer Seitenkantenlänge von $\sqrt{c}$, einer Grundfläche von c, einer Höhe von c und einem Volumen von c^2.

Sicherlich wäre eine Spirale mit quadratischer Schnittfläche zwar möglich, in der Praxis jedoch extrem unwahrscheinlich, weil die Masse ja irgendwie eckig um die Ecken kommen müsste, was auf natürlichem Wege schlecht machbar wäre. Als Wegweiser und Hinweisgeber erfüllt das Quadrat aber allemal gute Dienste.

Dieses Dilemma sorgt gleich für den nächsten Erinnerungsschub: Nicht umsonst sind wir im Verlauf dieses Buches auch an der Quadratur des Kreises vorbei gekommen. Daher wissen wir, dass Quadrat und Kreis über den Umfang in gewisser Weise ‚ineinander umwandelbar' sind. Wir verändern also unser bisheriges Quadrat in einen Kreis … und stellen prompt fest, dass da diesmal etwas nicht stimmen kann.

Das Quadrat ist viel zu klein für den Kreis mit einem Durchmesser der Sinus-Kosinus-Amplitude. Daraus ergibt sich die Frage, ob der Umfang oder die Fläche der Grundfläche gleich c sein muss. Die Antwort lautet: Der Umfang. Und so kommen wir zunächst zu dem Schluss, dass es sich bei dem c^2 aus $E = mc^2$ nicht um das Volumen, sondern um die **Mantelfläche eines Kreiszylinders** handeln sollte.

Photonen sollten demnach kein regulärer Kreiszylinder, sondern hauptsächlich eine „Röhre" – das heißt ein ‚**Hohlzylinder**' - sein. Der ‚Hohlzylinder' ist aber kein echter Vertreter seiner Art, sondern primär eben eine gerade Spirale, vorstellbar vielleicht wie eine Kugelschreiberfeder, die allerdings im Bereich einer Wellenlänge nur eine Windung hat.

Im Bereich einer einzigen, oder nur sehr weniger Wellenlängen, sollten sich in gewisser Weise auch die Bezeichnungen ‚Tubus' oder ‚Hülse' etc. als einigermaßen sinnbringend erweisen. Durch die Betrachtung des Photons als hohle Spiralröhre ändert sich auch einiges in den Berechnungen und im Verständnis.

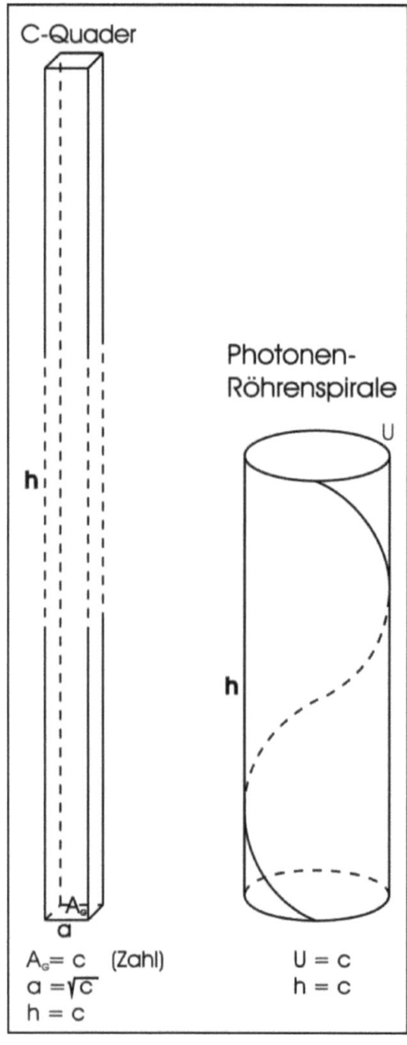

Abbildung 104:
Theoretischer Lichtquader und vermutete Photonenröhre nach Variante 2
(Die Abbildung ist keinesfalls maßstabsgerecht)

Um wenigstens ein wenig Ordnung ins Gewirr zu bringen beginnen wir noch einmal ganz von vorn. Da Photonen anscheinend doch eine – wenn auch äußerst geringe - Ruhemasse haben, gehen wir diesmal von der Formel mit Kinetischer Energie aus:

$$E_{gesamt} = 0{,}5 \; mv^2 + mc^2$$

Aufgrund der Tatsache, dass sich Photonen mit Lichtgeschwindigkeit bewegen, müssen wir $v = c$ in die Formel einsetzen. Wir erhalten:

$$E_{gesamt} = 0{,}5 \; mv^2 + mc^2$$
$$\Rightarrow E_{gesamt} = 0{,}5 \; mc^2 + mc^2$$
$$\Rightarrow E_{gesamt} = 1{,}5 \; mc^2$$

Von diesem $E_{gesamt} = 1{,}5 \; mc^2$ ausgehend, durchlaufen wir nun noch einmal den Algorithmus, der im Kapitel ‚Ein Brief' angegeben ist. Der bleibt bis auf Weiteres erst einmal derselbe. Als Ergebnis erhalten wir für die Masse **einer** Wellenlänge

$$m_\lambda = 4{,}9149982\ldots * 10^{-51}\ kg*s$$

und für die vermutete Ruhemasse

$$m_0 = 7{,}8224626\ldots * 10^{-52}\ kg\ .$$

Dass wir richtig gerechnet haben, erkennen wir daran, dass wir für beide Größen die Werte erhalten, die im Kapitel „Ein Brief" angegeben sind, sofern wir beide mit 1,5 multiplizieren.

$$m_\lambda \Rightarrow 4{,}9149982\ldots E\text{-}51 * 1{,}5 = 7{,}3724973\ldots E\text{-}51 \Rightarrow \text{“Ein Brief'}$$
$$m_0 \Rightarrow 7{,}8224626\ldots E\text{-}52 * \mathbf{1{,}5} = 1{,}173369373\ldots E\text{-}51 \Rightarrow \text{“Ein Brief'}$$

Besonders interessant dabei ist, dass wir – sofern wir das Prozedere gleich noch einmal wiederholen – wieder zu einer altbekannten und sehr wichtigen Direktverbindung mit dem Kugel-Lichtmodell kommen:

$$m_0 \Rightarrow 1{,}173369373\ldots E\text{-}51 * \mathbf{1{,}5} = \underline{\mathbf{1{,}76}}00541\ldots E\text{-}51$$

Leider ist noch nicht vollständig bekannt, was das bedeutet. Aber, dass die **1,76** zu Zahlen wie 176, 1776, 17776, … usw. führt, dürfte selbst eingefleischten und hartgesottenen Physikern eingängig sein.

Ebenso nach Aufmerksamkeit heischend ist das Ergebnis dessel-ben Verfahrens in Bezug auf die Masse einer Wellenlänge:

$$m_\lambda \Rightarrow 7{,}3724973\ldots E\text{-}51 * 1{,}5 = \mathbf{1{,}1058}746\ldots E\text{-}50$$

Das Resultat erinnert seinerseits ziffernfolgenmäßig an den Energiebetrag einer dimensionslosen Masse 1 in der Nähe der Lichtgeschwindigkeit bei 299.792,457999901**xxx** km/s im Kapitel „Lichtgeschwindigkeitsanomalie", wenn auch wieder in einer völlig anderen Größenordnung. Auch hier ist noch nicht wirklich klar, wie es zustandekommt und was es bedeutet. ‚Zufall' kann man aber wohl schon im Vorfeld ausschließen.

Um die Zusammenhänge besser zu verstehen und nach Möglichkeit zu überprüfen, dringen wir nun ein wenig tiefer ins Geschehen ein. Wir betrachten einmal **Blaues (1)** Licht, und einmal **Rotes (2)** Licht, jeweils für sich. Am Ende vergleichen wir beides miteinander. Der Einfachheit und Übersichtlichkeit halber wurde das Blaue (1) Licht mit einer Wellenlänge von 400 Nanometern und das Rote (2) Licht mit 800 nm ausgewählt, anstatt der üblichen 390 nm und 790 nm. Die daraus entspringenden Unterschiede dürften minimal und somit nicht relevant sein. Ferner wurden die bisherigen Ermittlungsergebnisse einbezogen. Also hauptsächlich, dass es sich um „Spiralröhren in Kosinusform" handelt, deren „Außenhaut" vom sich spiralförmig bewegenden Licht-Masseteilchen gebildet wird. Außerdem müssen wir beachten, dass, wenn wir mit einer Wellenlänge in nm rechnen, die Frequenz klammheimlich noch zwei weitere Male aus der Rechnung herausgerechnet wird. Nämlich für jedes c einmal, weil sich c ja auf die Lichtgeschwindigkeit in einer Sekunde bezieht bzw. die (Gesamt-)Wellenlänge auf eine Lichtsekunde. Bei der Berechnung der Gesamtenergie eines Photons (1 Ls) muss demzufolge die Frequenz insgesamt dreimal – also in der 3. Potenz f^3 – wieder eingerechnet werden.

<u>Blaues Licht:</u> Wellenlänge $\pmb{\lambda_1 = 400}$ **nm** $= 4*10\text{^}-7$ m

Amplitude$_1$ = Durchmesser $D_1 = \lambda_1$: Pi = 127,3239 nm

Radius R_1 = D_1 : 2 $= 63,661977$ nm

Umfang $\pmb{U_1}$ = Pi $* D_1$ = λ_1 **= 400 nm**

Querschnittsfläche A_1 = Pi $* R_1{}^2$ = 12.732,395 nm²

Das von der Röhre umschlossene Volumen V_1:

$\pmb{V_1}$ = Pi$*R_1{}^2*$ h_1 = 5.092.958,2 nm³ bei Höhe $h_1 = \lambda_1$

Mantelfläche der Röhre $\pmb{AM_1}$ = 400 nm $*$ 400 nm

$= 160.000$ nm²

$\pmb{= 1{,}6*10\text{^}-13}$ **m²** $(= c_1{}^2)$

Frequenz f_1 = 7,4948115 $*10\text{^}14$ s^{-1}

$f_1{}^3$ = 4,2100005 $*10\text{^}44$ s^{-3}

$\pmb{m_\lambda}$ = 4,9149982… $* 10\text{^}-51$ kg$*$s

Energie einer Wellenlänge $E_{\lambda 1}$ = 1,5 $* m_\lambda * c_1{}^2$

$E_{\lambda 1}$ = 1,5 $* 4,9149982*10\text{-}51$ kg$*$s $* 1,6*10\text{^}-13$ m²

$\pmb{E_{\lambda 1}}$ = 1,1795996$*10\text{^}-63$ kg$*$m²$*$s

Gesamtenergie eines Photons $E_{1gesamt}$ (auf 1 Ls)

$E_{1gesamt}$ = $E_{\lambda 1}$ $* f_1{}^3$

$$E_{1gesamt} = 1{,}179599*10^\wedge{-63} \ kg*m^2*s * 4{,}21*10^\wedge 44 \ s^{-3}$$

$$\mathbf{E_{1gesamt} = \underline{4{,}9661147*10^\wedge{-19} \ kg*m^2*s^{-2}}}$$

<u>Rotes Licht:</u> Wellenlänge $\boldsymbol{\lambda_2 = 800 \ nm} = 8*10^\wedge{-7}$ m

Amplitude$_2$ = Durchmesser $D_2 = \lambda_2 :$ Pi = 254,6479 nm

Radius R_2 $= D_2 : 2 = 127{,}32395$ nm

Umfang $\mathbf{U_2}$ = Pi $* D_2 = \lambda_2 = \mathbf{800 \ nm}$

Querschnittsfläche $A_2 =$ Pi $* R_2{}^2 = 50.929{,}582 \ nm^2$

Das von der Röhre umschlossene Volumen V_2

$\mathbf{V_2} =$ Pi$*R_2{}^2* h_2 = 40.743.665 \ nm^3$ bei Höhe $h_2 = \lambda_2$

Mantelfläche der Röhre $\mathbf{AM_2}$ = 800 nm * 800 nm

$\qquad\qquad\qquad\qquad = 640.000 \ nm^2$

$\qquad\qquad\qquad\qquad \mathbf{= 6{,}4*10^\wedge{-13} \ m^2}$ $(= c_2{}^2)$

Frequenz f_2 = 3,7474057 $*10^\wedge 14 \ s^{-1}$

$\qquad\quad f_2{}^3$ = 5,2625004$*10^\wedge 43 \ s^{-3}$

$\mathbf{m_\lambda} = 4{,}9149982\ldots * 10^\wedge{-51} \ kg*s$

Energie einer Wellenlänge $E_{\lambda2} = 1{,}5 * m_\lambda * c_2{}^2$

$E_{\lambda2} = 1{,}5 * 4{,}9149982*10{-}51 \ kg*s * 6{,}4*10^\wedge{-13} \ m^2$

$\mathbf{E_{\lambda2}} = 4{,}7183983*10^\wedge{-63} \ kg*m^2*s$

Gesamtenergie eines Photons $E_{2gesamt}$ (auf 1 Ls)

$E_{2gesamt}$ $= E_{\lambda2} * f_2{}^3$

$E_{2gesamt}$ $= 4{,}71839*10^\wedge{-63} \ kg*m^2*s * 5{,}262*10^\wedge 44 \ s^{-3}$

$\mathbf{E_{2gesamt}}$ $\mathbf{= \underline{2{,}4830573*10^\wedge{-19} \ kg*m^2*s^{-2}}}$

<u>Vergleich:</u>

Der Vergleich der beiden Beispielphotonen bringt u.a. folgendes zutage:

Die Wellenlänge, die Amplitude, der Durchmesser, der Radius und der Umfang der roten Lichtröhre sind jeweils **doppelt** so groß wie die des blauen Photons.

Demgegenüber ist die Frequenz des roten Lichts nur **halb** so groß wie die des blauen Lichts.

Sowohl die kreisförmige Grundfläche, als auch die quadratische Mantelfläche sind bei Rot **viermal** so groß wie bei Blau.

Das umschlossene Volumen einer Wellenlänge ist bei dem roten Kreiszylinder **achtmal** so groß wie bei dem blauen.

Das umschlossene Volumen auf der Länge einer Lichtsekunde ist jedoch bei Rot „nur" **viermal** größer als bei Blau, weil die Grundfläche viermal so groß bleibt, die Höhe bzw. Länge diesmal jedoch gleich ist.

Im Ergebnis dessen ist festzustellen, dass rote Photonen sehr viel größer und voluminöser sind als blaue. Demzufolge passen jedoch entsprechend weniger rote Photonen in ein vergleichbares Volumen als blaue Photonen.

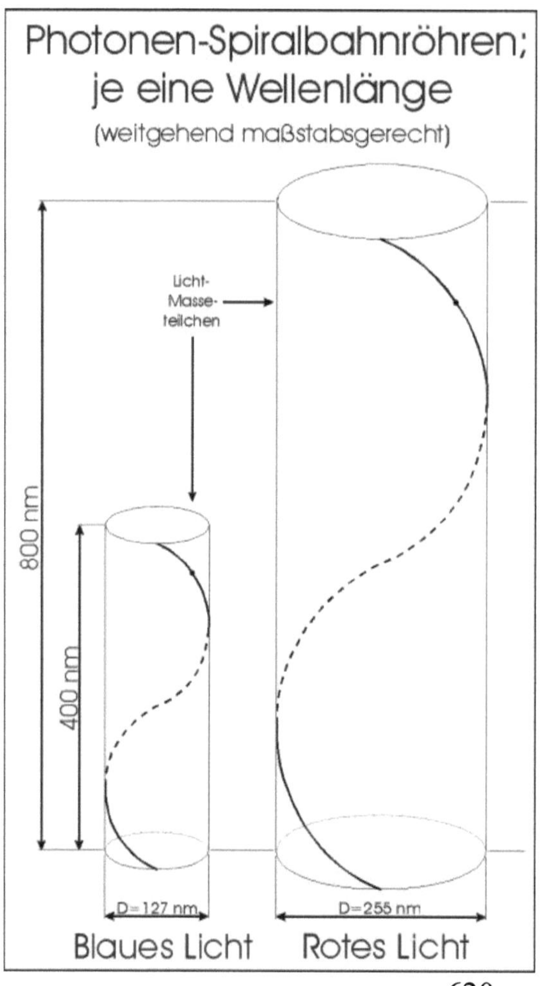

All das hat natürlich Einfluss auf die im jeweiligen Licht enthaltene Energie. Bei jeweils einer einzigen Wellenlänge enthält das rote Photon **absolut** noch **viermal** so viel Energie wie das blaue. Dies jedoch bei einer viermal größeren Mantelfläche und achtmal größerem umschlossenen Volumen.

Das bedeutet, dass rotes Licht auf der Länge einer Wellenlänge genau über dieselbe Energie je Flächeneinheit verfügt wie blaues Licht (= **relativ**).

Abbildung 105:
Blaues und Rotes Licht – Vergleich der vermuteten Spiral-Photonen mit jeweils einer Wellenlänge

Das blaue Photon ist jedoch wesentlich kleiner. Die in ihm enthaltene Energie ist somit wesentlich dichter „gepackt" als beim roten Photon.

So kommt es, dass ein Photon blaues Licht auf der Länge einer Lichtsekunde auch **absolut** bereits **doppelt** so viel Energie mitführt wie ein rotes. Dazu kommt aber noch zusätzlich, dass die Querschnittsfläche von roten Photonen viermal so groß ist wie die von blauen. „Rein rechnerisch" würden also 4 Photonen blaues Licht parallel nebeneinander, und nochmal 4 obendrüber, in ein rotes Photon passen, was letzlich zu einem achtfachen Energiegehalt bei gleichem Volumen je Lichtsekunde führen würde.

Praktisch ist das natürlich eine Milchmädchenrechnung, weil man die blauen Photonen kaum „in die entsprechende Form pressen" kann.

Trotzdem sei das vorläufige Fazit erlaubt, dass im Vergleich zwischen blauem und rotem Licht der betrachteten Wellenlängen, bei makroskopischen Lichtstrahlen gleichen Durchmessers blaues Licht **bis zu maximal** dem achtfachen Energiebetrag mitführen ‚können sollte' wie rotes Licht. Das zeigt, dass es durchaus auch in der Mechanik physikalischer Körper relativistische Ansätze geben kann.

Der Haken:

Der Haken an der Geschichte ist, dass das Licht so noch nicht richtig funktionieren kann. Es hat ja auch noch andere Eigenschaften als nur Farbe, Geschwindigkeit und Energie. Genannt seien hier nur die Polarität und die Beugungseigenschaften von Licht, die irgendwie funktionieren müssen und auch auf weitere Eigenschaften Einfluss ausüben.

Von der Sache her lässt sich dieser Haken schnell und einfach in Luft auflösen. Wir quetschen die Kreiszylinder-Röhre zu einer Röhre mit elliptischer Querschnittsfläche zusammen, wobei der Umfang allerdings. gleich bleiben muss. Etwa so, als wenn wir eine runde Papprröhre seitlich ein wenig zusammendrücken, sodass sie einen ‚eirigen' Querschnitt erhält. Allerdings verändert sich dabei die Amplitude und wir haben keine saubere Kosinuswelle mehr, sondern eine leicht verzerrte. Ob das in der Licht-Praxis tatsächlich so funktionieren könnte, entzieht sich gegenwärtig meiner Kenntnis. Es gibt jedoch Kugel-Lichtmodell-Hinweise, die genau in diese Richtung deuten.

<u>Geheimnis der Photonen</u>

Als ich die Gestalt von Photonen zu ergründen versuchte, und feststellte, dass es sich um Röhren anstatt Kreiszylinder handelte, kam es zu einem wunderschönen Beispiel von Serendipität. Man sucht etwas, und findet etwas völlig anderes.

Unverhofft kommt oft.

Die Feststellung, dass die Mantelfläche von Photonen immer ein Quadrat ist, solange es sich um Kosinus-Wellen-Spiralen mit einem kreisförmigen Querschnitt und einem Anstieg (= Diagonale des Quadrates) von 45 Grad handelt, verleitete mich u.a. dazu, nach dem ursprünglichen physikalischen Ursprung des bereits mehrfach erwähnten Winkels von 43,38… Grad zu suchen. Wieder einmal.

Dieser Winkel war ja – auch hier im Buch, vor allem aber bereits lange zuvor - schon etliche Male aufgetaucht und hatte viele Hinweise gegeben und diverse gute Ergebnisse geliefert. Nicht umsonst weist er u.v.a. mit 43,35… : 43,38… = 0,999308… auf die Verhältnisform der Lichtgeschwindigkeit hin. Der 43,38…-Grad-Winkel ist praktisch einer der ,Aufhänger' des kompletten Kugel-Lichtmodells. Nur seine physikalische Herkunft verbirgt sich noch im Nebel der Ungewissheiten. Da er ganz offensichtlich ein Derivat von 45° ist und vielfach hauteng mit Licht aller Art zu tun hat, lag es nahe, seinen physikalischen Ursprung im Umfeld des Photonen-Anstiegs zu suchen.

Die diesbezügliche Subermittlung hier vollständig wiederzugeben würde den Rahmen sprengen. Aus diesem Grunde soll an dieser Stelle ein kurzer Fahrplan genügen. Wer selber wirklich gründlich sucht, wird damit auch den kompletten Weg finden können.

Ausgangspunkt der Untersuchung war ein Quadrat mit einer Seitenlänge, die der Lichtgeschwindigkeit entsprach. Mit Lichtgeschwindigkeit (LG) ist hier zunächst die Vakuum-Lichtgeschwindigkeit gemeint – völlig unabhängig von der Maßeinheit. Das Quadrat entspricht dabei der **Mantel**fläche einer Spiral-Photonenröhre bei **einer** Wellenlänge. Im Speziellen geht es dabei um den Anstieg von 45°, der uns zu regulären Sinus- und

Abbildung 106

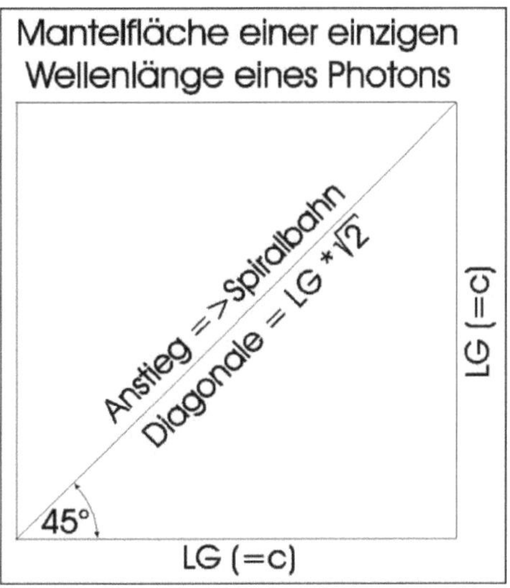

Kosinuswellen führt. Die zurückzulegende Weglänge des Licht-Masseteilchens auf seiner breit ausgerollten Spirale entspricht damit der Diagonale des Quadrats. Die Diagonale berechnet sich mit LG * $\sqrt{2}$. Dadurch wäre das Licht-Masseteilchen fast anderthalbmal so schnell wie das Licht insgesamt. Mit der Lichtgeschwindigkeit in km/s gerechnet, erhält man:

$$299.792,458 * \sqrt{2} = \textbf{423.790, 56}0000766\ldots$$

Ich wollte nun im Rahmen korrekter mathematischer Varianten innerhalb der Toleranzbereiche versuchen, den Winkel von 45° in den Winkel von 43,38… Grad umzumünzen. Um mich kurz zu halten, gleich vorweg:

Das mit den Winkeln funktionierte nicht so wie ich mir das vorgestellt hatte. Stattdessen fand ich etwas völlig anderes – eine supergenaue **Direktverbindung zum Kugel-Lichtmodell.**

Im Verlauf der Ermittlungen fiel mir auf, dass – wieder einmal - eine erstaunliche Nähe zum Goldenen Schnitt festzustellen war.

$$100.000 \, \textbf{Phi}^2 * \textbf{Phi} = 100.000 \, \textbf{Phi}^3 = \textbf{423.606,} 797749979\ldots$$

Die Differenz zwischen den beiden Zahlen war klein:

$$423.970,56 - 423.606,8 \quad = \textbf{363,} 76225078752\ldots$$
$$\approx 0,0858 \, \% \text{ von LG} * \sqrt{2}$$

Und sie lieferte bereits einige Ansätze, von denen nur einer genannt sei:

$$363,762\ldots \Rightarrow \sqrt[x]{} = 1,047144\ldots$$
$$\Rightarrow 1,047144\ldots : 2 = \textbf{0,52357}\ldots \approx \textbf{1 Königselle} \text{ in m}$$

Soetwas macht stutzig und hellwach. Der wirkliche Clou zeigte sich aber erst nach einigen Versuchen mehr, nachdem ich auf ein quadratähnliches Rechteck der Form 300.000 (km/s) * b , mit einer Diagonale von 423.606,8 als eventuell-provisorische Photonen-Mantelfläche gestoßen war. Dabei entspricht die 300.000 der für den jeweils größeren Kreis eines Lichtkreispaares geringfügig aufgerundeten Lichtgeschwindigkeit von 300.000 km/s.

Das Ergebnis unterschied sich völlig von dem, was ich erwartet hatte. Eine Überraschung par excellence.

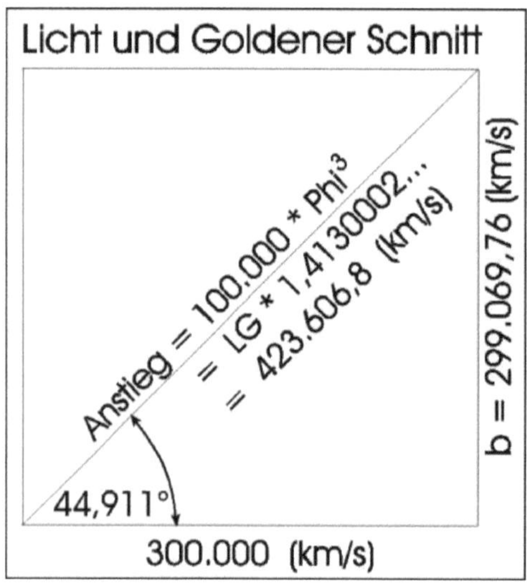

Abbildung 107

Ich berechnete also u.a. die Seitenlänge b mit dem Satz des Pythagoras:

$$b^2 = 423.606{,}8^2 - 300.000^2$$
$$\Rightarrow b = 29\textbf{9.069},75624424411\ldots$$
$$\Rightarrow b - 290.000 = \textbf{9.069},756244244\ldots$$
$$\Rightarrow 9.069,756244\ldots : 39,37 = \textbf{230,372}26934833\ldots$$

Nein, den ursprünglichen Ursprung des 43,38…-Grad-Winkels hatte ich wieder nicht gefunden. Stattdessen ein Ergebnis, das mindestens drei sehr wichtige, ganz entscheidende Dinge aussagt:

1.) Die Rechnung ist ein **Indiz** mit hohem Wahrscheinlichkeitsgehalt, dass ich mit meinen Ermittlungen zum Licht und diesem Buch nicht grundsätzlich falsch liegen konnte. Dass also zumindest die grobe Denkrichtung halbwegs richtig sein muss, wo auch immer sie am Ende hinführt … und unabhängig davon, was die Physiker sagen … wobei die Hoffnung bleibt, dass wenigstens ein paar von ihnen sich ein wenig gründlicher mit den hiesigen Ausführungen und Aussagen beschäftigen, um alsbald zu bemerken, dass sehr viel mehr dahinter steckt als nur ein bisschen ‚blindwütige' Geometrie u. Numerologie.

2.) Die Rechnung ist ein **Indiz** mit hohem Wahrscheinlichkeitsgehalt, dass es die Überlichtgeschwindigkeit auch praktisch schon längst gibt – und zwar mindestens im Licht selbst. Damit sollte sie auch für andere physikalische Körper (mit einer Masse) erreichbar sein. Fragt sich nur: Wie? Und selbstverständlich fragt sich ebenso, wie wir diesen Sachverhalt prüfen, nachweisen und nachahmen bzw. nachvollziehen können. Das könnte sehr nützlich sein …

3.) Die Rechnung ist ein **Beweis**, dass die Ägyptologen in sehr wenigen - extrem seltenen - Fällen zeigen (können), wie hervorragend zumindest einige von ihnen gelegentlich mit Meßgeräten und Zahlen umgehen können. Warum machen sie das nicht immer so?

Dann hätten wir nicht ständig Sorge mit ihnen …

Der Zufall ist ein hervorragender Schütze

Ja, ein bisschen sarkastische Polemik muss nun doch noch sein. Schließlich weiß jeder, der sich mit Ägyptologie, Archäologie, Frühgeschichte und angelagerten Themen – wie etwa der archäologischen Hilfswissenschaft Mathematik oder gar Physik - beschäftigt, zweifelsfrei, dass der Zufall ein unübertroffener Garant für saftige Volltreffer aus jeder Schußposition und jedem -winkel ist.

Jeder Schuss sitzt automatisch mitten in der Zehn … und alles ist ausschließlich dem Zufall geschuldet. Deswegen hat auch jeder Lottospieler jede Woche mit Sicherheit einen Sechser mit Zusatzszahl. Mindestens. Das liegt auf der Hand, weil es da ja nur um 6 Zahlen von insgesamt 49 geht. Noch weniger wäre echt unfair ...

Logisch? Archäo-Logisch!

Und nach diesem Kapitel werden das auch die Physiker ‚glauben‘.

„Logisch“!

Wenn man mit blauem Licht der Wellenlänge von 400 nm rechnet, hat dieses eine Frequenz von **7,4948115...*10^14 s^{-1}**. Somit liegt es auf der Hand, dass die Länge einer Lichtsekunde genau 7,4948115...-mal um die Kugel-Modellerde mit einem Umfang von 40.000 km herumreicht.

Logisch.

Dass die dritte Potenz dieser Frequenz mit **4,21**00004*10^44 fast genau die 4,21*10^44 trifft, liegt ebenfalls auf der Hand. Und, dass die vierte Potenz mit **3,155**3159...*10^59 der Ziffernfolge der Sekunden eines Jahres ziemlich nahe kommt, ist da fast schon Ouzo‘s.

=> 31.553.159 : 86.400 = **365,19861**

=> 365,24218 * 86.400 = **31.556**.924   (mit heutiger Jahreslänge)

=> 31.556.924 – 31.553.159 = 3765,352 (s)   = 1,0459311 h/a

Das könnte so ähnlich weiter gehen. Schließlich trifft der Zufall immer irgendetwas. Man muss ja nur heraussuchen, was gerade am nächsten liegt. Versuchen wir zur Abwechslung ein neues Spiel …

Teilen wir einfach mal die Ziffernfolge der Gesamtenergie ($E_{1gesamt}$) des blauen Lichts mit einer Wellenlänge von 400 nm durch die Eine-Wellenlängen-Masse m_λ.

4,9661147: 4,9149982 = **1,0104001**

Das Ergebnis verwechseln wir jetzt zufällig mit einer Ziffernfolge, die uns schon seit ein paar Jahren[249] bekannt ist. Sie heißt 1,1049694. Soetwas kann schon mal zufällig vorkommen, wenn sich Zahlen ein bisschen ähnlich sind. Aber wenn es nun einmal passiert ist, dann können wir auch gleich beide durcheinander teilen, nachdem wir den Irrtum bemerkt haben. Gesagt, getan:

1,0104001 : 1,1049694 = **0,9144**145

---

[249]   Hier im Buch auf Seite 416;   [3], Seite 300 u.a.

Das Ergebnis fällt auf, weil es zufällig dem englischen Yard in Metern ähnelt. Aber: Knapp daneben ist auch vorbei. Puuuh. **Glück gehabt!**

(Dass die 1,0104001 zufällig vom Licht und die 1,1049694 von Meile, Kilometer und Lichtgeschwindigkeit abstammt, brauchen wir ja keinem zu sagen.)

91,441450… cm/‚Yard' : 36 Zoll = **2,5400**404… cm/Zoll (zufäll. ‚Yard')
91,440184… cm/Yard : 36 Zoll = **2,54000**508… cm/Zoll (**echter** Yard)

Der Unterschied ist jedoch nicht sonderlich groß:

$$\Rightarrow 2,5400404 - 2,5400051 = \mathbf{3{,}53388*10^{-5}}$$
$$\Rightarrow Pi : 3,53388 \qquad\qquad = 0{,}\mathbf{8889}924$$
$$\Rightarrow 0,8889924 \qquad\qquad = \cos \mathbf{27{,}253}089°$$
$$\Rightarrow 27,253089 : 100 \qquad = 0{,}\mathbf{27253089}$$
$$\Rightarrow 6.378,137 * 0,27253089 = \mathbf{1.738},2394 \quad (\textbf{Mond}radius\ in\ km)$$

Dass der Mondradius zufällig mit dem Äquatorradius der Erde korreliert, wissen wir ja schon längst. Und die vielen kleinen zufälligen Toleranzen aufgrund der 8-stelligen Rechnerei sind ja sowieso längst eingeplant.

Es ist also eine vollkommen logische Notwendigkeit, dass Licht, Meile, Kilometer, Yard, Zoll, Pi, …, Erde und Mond auf einer Linie liegen. Das muss so sein, weil der Zufall mal wieder zugeschlagen hat.

Aber die 1,0104001 bietet noch weit mehr. Hier ein paar Beispiele:

$$1,0104001^{4096} \qquad\qquad = \mathbf{2{,}540}309*10^{18} \qquad (\text{zufäll. Zoll})$$
$$\Rightarrow \sqrt[4096]{\mathbf{2{,}54000508}\ldots * 10^{18}} = 1{,}0104001 \qquad (\textbf{echter}\ \text{Zoll})$$

Ja, die 8-stellige Rechenweise hat durchaus ihre Vorteile. Stutzig machen aber auch noch andere ‚Geschichten' wie etwa diese hier:

$$\ldots$$
$$1,0104001 * 12 = \mathbf{12{,}124801}$$
$$1,0104001 * 13 = \mathbf{13{,}135201}$$
$$\Rightarrow 13,135201 : 100 \qquad = 0{,}13135201$$
$$\Rightarrow 0,13135201 + 2 \qquad = 2{,}13135201$$
$$\Rightarrow \cos 2,13135201° \qquad = \mathbf{0{,}999308193} \quad (\text{LG}_{\text{Verhältnis}})$$
$$\Rightarrow 0,999308193 * 300.000 = \mathbf{299.792{,}4578} \qquad (\text{LG km/s})$$

$$1{,}0104001 * 14 = \mathbf{14{,}145601} \Rightarrow \approx 10\sqrt{2}$$
$$\Rightarrow 1{,}4145601^2 = \mathbf{2{,}0009804}$$

$$1{,}0104001 * 34 = \mathbf{34,\ 35\ 36}\ 03 \qquad \text{(Das kennen wir auch schon so ähnlich)}$$

... usw. usw. usw. ...

Ja, der Zufall ist ein besonders harter Bursche! Ich hoffe doch, dass nun auch die Physiker samt Kollegen zutiefst davon überzeugt sind. Bloß gut, dass wir die konventionellen Frühgeschichtler aller Art haben, die uns stets vor dem Zufall und seinem satanischen Werk warnen wie die Priester vor dem Belzebub. Ansonsten könnte doch glatt jemand auf den grundsätzlich falschen Gedanken kommen, dass es Dinge und Geschehnisse im Universum gibt, hinter denen **Natur**, **Gesetze**, **Absicht und Notwendigkeit** stecken ... aber diesen offensichtlichen Fehlschluss können wir nun getrost und beruhigt als solchen beiseite legen.

Das war Sarkasmus. Amen. Und Aus.

<u>Weitere Indizien: Die Konstanten</u>

Gibt es noch andere Indizien für spiralförmiges Licht? Ja, ich denke, die gibt es. Zu Hauf. Sie sind in einigen Konstanten enthalten, die hier bislang noch nicht näher betrachtet wurden. Dabei handelt es sich um Konstanten, die ebenfalls mit dem Licht zu tun haben.

<u>Gravitationskonstante:</u>
Die echten Physiker streiten sich mittlerweile runde 220 Jahre um die Gravitationskonstante und können sich nicht recht auf einen konkreten und richtigen Wert einigen. Zugegebenermaßen ist das auch nicht gerade einfach. Da sind sie vielleicht ganz froh, wenn mal ein Außenstehender seine Meinung dazu äußert und die Streiterei ein wenig schlichtet. Sie können ja dann alle gemeinsam auf den Einen schimpfen.

Das eint.

Bei Wikipedia[250] wurde die Gravitationskonstante G im Jahr 2013 mit einem leicht anderen Wert[251] angegeben als 2015. Und der Wert von 2015 unterscheidet sich wiederum von dem 2018er Wert. Was soll man als Laie davon halten? Handelt es sich um Propaganda für die Flexibilität der Physik? Der Wert von 2015 ist m.E. jedoch bisher der genaueste. Selbstredend der Grundwert – ‚ohne‘ Toleranzen. Dabei lohnt sich ein Vergleich. Deswegen werden hier alle drei Werte angegeben:

2013 =>	G = 6,67**428** (67) * 10^-11 m³ / kg*s²
2015 =>	G = 6,67**384** (80) * 10^-11 m³ / kg*s²
2018 =>	G = 6,67**408** (31) * 10^-11 m³ / kg*s²

Wie man daraus erkennen kann, ist das jetzt nicht meine erste unerwartete Kollision mit der Gravitationskonstante. Und „selbstverständlich“ bin auch ich auf unterschiedliche Werte gestoßen. Mein Ergebnis 2013 hieß 6,67**40057**1185…*10^-11 m³ / kg*s².

Vielleicht handelt es sich ja um zwei oder mehrere eng beieinander liegende Konstanten derselben oder ganz ähnlicher Art? Vielleicht ist ja die Gravitation das Resultat einer Vermischung mehrerer Phänomene?

Könnte doch sein, oder?

Meine neuere eigene Ermittlung wird Physiker schockieren. Schließlich ist sie ‚voll numerologisch‘ und trifft zahlenmäßig eventuell sogar des Pudels Kern punktgenau auf die Nasenspitze. Zum Ausgleich ist die Maßeinheit eine ganz andere, was jedoch nicht zwingend falsch sein muss. Sicher bin ich mir dabei allerdings nicht. Immerhin wäre es ja auch möglich, dass die Gravitation völlig anderer Natur ist, als wir uns das bisher so vorstellen.

Die folgende Lösung stammt selbstverständlich aus dem Kugel-Lichtmodell und enthält somit einen etwas anderen Blickwinkel als Physiker ihn normalerweise erwarten würden. Dahinter steckt letztlich wieder eine geometrische Sicht der Dinge. Und die hat sich, allen Unkenrufen zum Trotz, mittlerweile schon sehr oft bewährt:

---

[250]   www.Wikipedia.de => Physikalische Konstante, Gravitationskonstante, Elektrische Feldkonstante, Magnetische Feldkonstante, Planck-Einheiten, u.a.
[251]   siehe [4], Seiten 161 + 162

$$299.792,458 - (360 / Pi) \quad = 299.677,\mathbf{8664409}\dots \qquad \text{(km/s)}$$
$$\Rightarrow 299.677,\mathbf{866440}\dots : \mathbf{2E\text{-}5} = 14.\mathbf{983}.893.\mathbf{322},04\dots \qquad \text{(km/s)}$$
$$\Rightarrow 1 / 14.983.893.322,04\dots = 6,67383288513211\text{E-}11 \qquad \text{(s/km)}$$
$$\Rightarrow \mathbf{G} = \underline{\mathbf{6,67383288513211\dots E\text{-}11}} \qquad \text{(s/km)}$$

Demnach steckt eine Geschwindigkeit weit oberhalb der Lichtgeschwindigkeit hinter der Gravitationskonstante. Genauer gesagt der Reziprokwert des **49.980**, 8881…**-fachen** der Lichtgeschwindigkeit. Im Vergleich mit c^2 ist das natürlich immer noch eine regelrecht „kleine" Geschwindigkeit. Im Gegenzug ist sie völlig anders „zusammengesetzt" bzw. entsteht auf anderem Wege. Jetzt müssen die Physiker nur noch herausfinden, was da so schnell ist ...

$$49.980 - \mathbf{18.980} \qquad = \mathbf{31}.000$$
$$1 / 49.980, 8881\dots \qquad = \quad \mathbf{2},0007648\dots\text{E-}5$$
$$14.983.893.322, 04\dots{}^8 = \quad \mathbf{2,54}095737\dots\text{E+}81 \ (\Rightarrow \text{Zoll ?})$$
$$\dots \text{ usw.}$$

Alternativ können sie natürlich auch erst einmal sagen, dass es um eine Geschwindigkeit knapp unterhalb der Lichtgeschwindigkeit als Ausgangspunkt geht. Das würde nicht so ‚negativ' auffalllen und so richtig falsch wäre es auch nicht. So richtig richtig wäre es zwar ebenfalls nicht, aber das soll mir erst einmal egal sein. Da müssen sich die Physiker schon wieder selbst drum streiten, denn stumpfes Ignorieren wird diesmal nicht viel nützen.

Fakt ist jedenfalls, dass die Rechnung und der Zahlenwert ziemlich gut funktionieren und der 2015er Wikipediawert seinerzeit bereits fast perfekt getroffen hatte.

$$\Rightarrow G_{2015} \Rightarrow 6,67384 - 6,67383288\dots = \underline{\mathbf{7,1148678877364\dots E\text{-}6}}$$
$$\Rightarrow \text{bzw.} \Rightarrow 6,67384*10^{-11} - 6,6738328*10^{-11} = \underline{\mathbf{7,114..E\text{-}17}}$$

Der hier ermittelte Wert für die Gravitationskonstante G liegt aber auch anstandslos im Toleranzbereich des 2013er sowie des 2018er Wikipediawertes.

Selbstverständlich kann man den Rechenweg auch noch ein bisschen „physikalischer" formulieren:

z.Bsp.

$$G = \dfrac{1}{(0{,}5\ c - 180\ /\ Pi) * 10^\wedge 5}$$

oder:

$$G = \dfrac{2}{(c - 360\ /\ Pi) * 10^\wedge 5}$$

oder: …

Da fällt das mit der enormen Überlichtgeschwindigkeit – wenn überhaupt - nicht gleich so auf.

Bemerkenswert in diesem Zusammenhang mit Hinblick auf das Kugel-Lichtmodell ist auch die Verbindung zum Verhältnis **5**(00) : **6** bzw. zur **0,833333**…(*100) und dem Quadrat des Goldenen Schnittes **Phi²** (:100):
=> 83,333333… - 0,0**26180339**… = 83,30715299…
=> tan 83,30715299… = 8,521775559…
=> tan 8,521775559… = 0,1498395674…
=> 1/x = **6,6738046**384385…   (*10^-11)
Die Differenzen zur oben selbstermittelten Größe der Gravitationskonstante sind ebenfalls außerordentlich gering:
=> 6,6738328…E-11 – 6,673804638…E-11 = 2,82466936107895…E-16
bzw. 6,67383288513211… - 6,67380463… = 2,82466936107895…E-5

Was sonst noch zu sagen wäre, ist, dass der Gedanke mit den zwei (oder evtl. mehreren) verschiedenen ‚Gravitations?‘konstanten vielleicht doch gar nicht so verkehrt ist. Es erscheint durchaus möglich, dass jede Elementarteilchen-Sorte ihre eigene Gravitationskonstante hat, die sich bei von außen betrachteten physikalischen Körpern leicht unterschiedlich vermischen, und so zu differierenden Ergebnissen führen (müssen).
Sollte das richtig sein, würden wir hier wahrscheinlich zunächst vor den Gravitationskonstanten von Proton und Neutron stehen, weil dies die am einfachsten messbaren wären. Auf jeden Fall ist das Verhältnis zwischen den beiden von mir ermittelten Werten aus Kugel-Lichtmodell-Sicht mehr als nur hochinteressant.
6,6740571185…E-11 : 6,67383288..E-11 = **1,00003359888864**…

Durch mehrfaches Quadrieren kommt man damit ganz in die Nähe von **2E+15**. Und im Umkehrverfahren – dem mehrfachen Wurzelziehen aus exakt 2E+15 – zu 1,0000**3360034**511…

Somit könnten wir hier direkt vor einem Hinweis auf die **Zwei** und ihre Potenzen bzw. Wurzeln stehen. Zusätzlich kommen noch Hinweise auf 33, 36, 360, 3600 und 345(6) etc. dazu.

Außerdem führt uns die Umkehrfunktion des natürlichen Logarithmus (EXP) dieses Verhältnisses sehr nah an **Phi² *10^-7** heran.

$$\Rightarrow \text{EXP } 1{,}00003359888\ldots \quad = 2{,}718373161\ldots$$
$$\Rightarrow \text{EXP } 2{,}718373161\ldots \quad\quad = \mathbf{15{,}15}564639\ldots$$
$$\Rightarrow \text{EXP } 15{,}15564639\ldots \quad\quad = 3.819.562{,}272\ldots$$
$$\Rightarrow 1 : 3.819.562{,}272\ldots \quad\quad = \mathbf{2{,}618}1010511\ldots\text{E-7}$$

Darüber hinaus gibt es noch Hinweise auf den Synodischen Monat und vieles andere mehr. Das muss aber alles noch sehr viel gründlicher untersucht werden.

Trotzdem halte ich die Wahrscheinlichkeit der realen Existenz von (mindestens) zwei leicht differierenden und nach außen gemeinsam wirkenden G_P und G_N jetzt schon für sehr hoch. Und ich halte das alles definitiv nicht für Zufall. Denn wie gesagt: Aus dem Kugel-Lichtmodell kann man viel lernen! Wenn auch auf (für uns heute noch) ungewöhnliche Weise. Man muss sich nur entsprechend darauf einlassen ...

<u>Selbstbestätigung des Kugel-Licht-Modells</u>

Extrem wichtig, hochinteressant und von größter Bedeutung ist die Tatsache, dass die um 360/Pi verminderte Lichtgeschwindigkeit noch einmal an anderer Stelle auftaucht.

$$299.792{,}458 - (\,360 / Pi\,) = \underline{299.677{,}\mathbf{8}664409\ldots} \quad\quad (\text{km/s})$$

Und zwar genau dort, wo es für mich vor fünf Jahren noch nicht weiter ging[252]. Dabei geht es um den Zusammenhang zwischen den Massenverhältnissen der Elementarteilchen, Energie, Lichtgeschwindigkeit und Lichtgeschwindigkeit im Miniformat. Das Thema war bereits kurz angeschnitten worden[253]. Hier wird es nun mit einem Pendant ergänzt und vervollständigt, das heißt weitergeführt. Dass die Rechnung so gut funk-

---

[252]   siehe [4], Seiten 129 bis 143; 199 ff. und 342 ff.
[253]   siehe Kapitel „Potenz- und Wurzelhinweise", Seite, 126 ff. hier im Buch

tioniert, unterstreicht und bestätigt die Richtigkeit des Kugel-Lichtmodells und die bislang zutiefst unterschätzte Wichtigkeit der geometrisch-mathematischen Betrachtungsweise[254] der Physik ein weiteres Mal.

Konkret geht es diesmal um den Zusammenhang des Lichts mit seiner Geschwindigkeit und dem Massenverhältnis zwischen Neutronen und Elektronen[255].

Masse Neutron (m_n)	$= 1{,}674927351\ldots\ (74) * 10^{\wedge}{-27}$ kg
Masse Elektron (m_e)	$= 9{,}10938291\ldots\ \ (40) * 10^{\wedge}{-31}$ kg
$m_n : m_e$	$= \mathbf{1.838}{,}68366007682\ldots\ (+/- x)$

Ausgangspunkt ist die definierte Lichtgeschwindigkeit und die daraus resultierende Verhältnisform:

$$299.792{,}458 : 300.000 = 0{,}9993081933333\ldots$$

Im Nachgang wurde beides minimal präzisiert bzw. angepasst, um zu einem möglichst exakten Ergebnis zu kommen. Die Genauigkeit wird dabei sowohl durch die Toleranzen der vorausgesetzten physikalischen Angaben sowie durch die nur 15-stellige Rechenweise des genutzten Excel-Programms ein wenig geschmälert. Die Rechnung kann und muss also zukünftig noch einmal präziser wiederholt werden. Trotzdem sind die Ergebnisse bereits jetzt phänomenal und passen voll und ganz sowohl ins Kugel-Lichtmodell wie auch zur modernen Physik. Sie sind in der Lage den (echten) Physikern wichtige Anhaltspunkte für weiteres und genaueres Vorgehen zu liefern. Die präzisierte Rechnung sieht vorläufig folgendermaßen aus:

$LG_{\text{Definiert}}$	$= 299.792{,}458$
$LG_{\text{Präzisiert}}$	$= 299.792{,}457990899\ldots$
	Differenz zu $LG_{\text{Definiert}} \approx \mathbf{3{,}04E\text{-}9\ \%}$ d. $LG_{\text{Definiert}}$
$LG_{\text{Präz./Verhältnis}}$	$= 0{,}999308193302\mathbf{997}(?\ 92458\ ?)\ldots$
$\Rightarrow (LG_{\text{Präz./Verhältnis}})^{\wedge}2$	$= 0{,}99930819\ldots^2 = 0{,}99861686\ldots$
$\Rightarrow (LG_{\text{Präz./Verhältnis}})^{\wedge}4$	$= 0{,}99930819\ldots^4 = 0{,}997235643\ldots$

... x^8 bis x^131.072

$\Rightarrow (LG_{\text{Präz./Verhältnis}})^{\wedge}\mathbf{262.144} = \underline{\mathbf{1{,}62985005431524\ldots E\text{-}79}}$

---

[254]   geometr.-physikalische Betrachtungsweise = „Numerologie der anderen Art"
[255]   Werte aus Wikipedia, Stand 08/2015

$$\Rightarrow 1{,}62985\ldots\text{E-}79 * \mathbf{1838}{,}\mathbf{68366}\ldots = \mathbf{2{,}99677866324475\ldots E\text{-}76}$$
$$\Rightarrow (\mathbf{LG_{Definiert}} - \mathbf{360/Pi}) : 10\char`^81 = 2{,}99677866440974\ldots\text{E-}76$$
$$\Rightarrow \text{Differenz} = -1{,}16498\ldots\text{E-}85$$

Das Ergebnis liegt mitten im von der Physik vorgegebenen Toleranzbereich. Abgesehen von der um 360/Pi verminderten Lichtgeschwindigkeit ist es exakt der gleiche Algorithmus wie beim Massenverhältnis von Proton zu Elektron[256]. Das heißt, der Unterschied zwischen Proton und Neutron sollte irgendwie mit dem Term **360/Pi** zusammenhängen. Durch den Abgleich der beiden Rechnungen bietet sich die Möglichkeit insgesamt zu genaueren Werten der involvierten Einzelgrößen zu kommen.

Außerdem erhärtet sich der Verdacht weiter, dass eine Lichtgeschwindigkeit von 299.792,**46** km/s im Zusammen- und Wechselspiel mit der definierten Lichtgeschwindigkeit von 299.792,**458** km/s eine sehr viel größere Rolle spielt als bisher gedacht. Sie scheint das ergänzende physikalische Gegenstück zu den Massenverhältnissen zwischen Proton, Neutron und Elektron zu sein.

Schwierig hingegen ist immer noch die Interpretation des (mittlerweile ‚doppelt' existenten) Gesamtzusammenhanges und seines Zustandekommens. Was genau sagt er aus? Wie und warum kommt er zustande? Das Einzige, was man bis jetzt mit Bestimmtheit vertreten kann, ist, dass es garantiert kein ‚Zufall' ist und vieles in Richtung allerkleinste Massen mit sehr hohen Geschwindigkeiten deutet. Dabei sollte u.v.a. die oben ermittelte (ebenfalls mindestens ‚doppelt' existente) Gravitationskonstante nicht aus den Augen verloren werden …

Durchaus logisch, jedoch ein wenig unsicherer sind dagegen die Gedanken, die ich bereits im Jahr 2013 in Quelle [4] dazu geäußert hatte[257]. Insgesamt sind diese Ausführungen jedoch zu umfangreich, um sie hier noch einmal vollständig aufzuführen. Aus diesem Grunde soll an dieser Stelle ein Stenogramm dazu genügen.

Damals wurde der Problemkreis zunächst mit dem Newtonschen Grundgesetz F = m * a in Verbindung gebracht und darauf aufgebaut. In der Folge wurde eine Maßeinheit für die Energie bzw. physikalische Ar-

---

[256]   siehe [4], Seiten 129 bis 143; 199 ff. und 342 ff. **oder** hier im Buch, S. 122 ff.
[257]   insbesondere [4], Seiten 129 bis 143

beit namens **Kilogrammmeter** und eine **Definition für das Kilogramm** per Licht und Energie vorgeschlagen, die freilich noch ausformuliert und mit Leben erfüllt werden müsste. Zudem wurde eine minimale Änderung des internationalen Nominalwertes der **Erdbeschleunigung** auf 0,981292… m/s² angeregt, wodurch eine sinnvolle Brücke zu den SI-Einheiten geschlagen werden könnte. Ob es den Kilogrammmeter als eigenständige definierte Einheit eventuell schon gibt, entzieht sich meiner Kenntnis. Aber zumindest gibt es bei den Einheiten der **Elektrischen Feldstärke u.a.** bereits so etwas Ähnliches:

$$1\,\frac{V}{m} = 1\,\frac{kg * m}{A * s^3} = 1\,\frac{N}{A * s} = 1\,\frac{kgm}{A * s^3}$$

Außerdem sind ja Einheiten wie Tonnenkilometer u.a. zumindest im Transportwesen durchaus gebräuchlich. So sehr praxisfremd kann also ein **Kilogrammmeter** nicht sein, auch wenn er mit drei ‚m' geschrieben wird.

Leider erfolgte bislang diesbezüglich noch keinerlei Reaktion. Das liegt wahrscheinlich daran, dass Physiker in der Regel keine „Teufelswerke" von Hilfshobbyphysikern lesen – oder nur ganz selten. Das sollte sich dringend ändern! Es erweitert den Horizont ungemein.

Was seinerzeit noch fehlte, war die oben bereits angedeutete Vermutung, dass es sich bei den 163iger Zahlen um Massen winzigster Teilchen mit extremem Tempo handeln könnte. Nennen wir sie bis auf Weiteres provisorisch Energie-Masseteilchen. Somit würde sich sehr verständlich erklären lassen, dass die Grundlage der Energie die Masse sich schnell bewegender Masseteilchen ist. Nein, das widerspricht nicht der Relativitätstheorie, sondern macht sie leichter begreifbar. Die Äquivalenz zwischen Masse und Energie würde dann praktisch auf den sich ändernden Eigenschaften der Massen dieser Miniteilchen beruhen. Strings u.ä. würden überflüssig und durch ebenjene winzigen Dinger ersetzt. Die Teilchen unterscheiden sich **bislang** in zwei Sorten, je nachdem, ob sie vom Proton (m_{LG-P}) oder vom Neutron (m_{LG-N}) abstammen.

$$m_{LG-P} = 1{,}632\mathbf{7207568}756… * 10^{-79} \quad (kg\,?)$$
$$m_{LG-N} = 1{,}6298500543152… * 10^{-79} \quad (kg\,?)$$

Es ist jedoch anzunehmen, dass es noch mehr Arten davon gibt. Zumindest das Elektron sollte sich hier auch noch irgendwann zu Wort melden. Weiterhin ist anzunehmen, dass diese Teilchen sowohl das **Vakuum** als auch das **Innere von Atomen** etc. in hoher Zahl, aber mit unterschiedlicher Teilchendichte und Geschwindigkeit, bevölkern. Damit wären sie das, was das Licht einerseits wellenmäßig transportiert und andererseits durch seinen sich aufstauenden Widerstand eben auf Lichtgeschwindigkeit begrenzen würde – quasi der altertümliche „Äther", wobei sowohl die Bezeichnung als auch der Inhalt ganz gewiss ins Leere treffen und deshalb nicht benutzt werden sollten. Ebenso sollten diese Energie-Masseteilchen an der Ausprägung von Feldern aller Art beteiligt sein.

Freilich sind das bis jetzt alles nur begründete Vermutungen, wenn auch nicht völlig unlogische. Der praktische Nachweis wird aufgrund der Kleinheit ungeheuer kompliziert. Es ist zweifelsfrei schwierig auf diesem Gebiet weiterzukommen. Vor allem als ‚Einzelkämpfer' ohne Ahnung. Insofern bleibt mir vorerst nur die Hoffnung, dass sich doch einige (echte) Physiker für das Phänomen interessieren und intensiv damit auseinandersetzen. Schließlich ist es keine Spinnerei, sondern zumindest mathematisch real – und schon allein das dürfte seinen ernstzunehmenden Grund haben ...

Magnetische Feldkonstante:

Bei der magnetischen Feldkonstante liegt der Fall eigentlich offen auf dem Tisch, wobei die Geschichte mit den Maßeinheiten für den Laien hier ein wenig verwirrend ist. Irgendwie sind „zu viele" davon möglich.

$$\mu_0 = 4 \, Pi * 10^{-7} \ Vs \, / \, Am$$

Egal wie, Pi allein verweist auf etwas Rundes, wie etwa eine Biegung, eine Kurve, einen Kreis oder eine Ellipse (wobei ein Kreis eine spezielle Ellipse ist). Beide Letztgenannten sind als Grundfläche von Zylindern - und somit für die Wellenbildung des spiralförmigen Lichtes – hervorragend geeignet.

Vier Pi weisen primär auf einen dimensionslosen „Einheits"-Kreis mit einem Durchmesser von 4 und einem Umfang von 4 Pi hin. Dieser Kreis ist doppelt so groß wie der Winkelfunktions-und-Wellen-Einheitskreis mit einem Durchmesser von 2 und einem Umfang von 2 Pi. Auf das Spiral-Licht übertragen würde das bedeuten, dass das Magnetfeld, welches das Photon umgibt, eine doppelt so große Amplitude wie das Licht selbst hat. Quetscht man den Kreis bei gleichbleibendem Umfang zu einer Ellipse, wird die Amplitude entsprechend größer.

Ihre ungefähre Dimension erhält die Magnetische Feldkonstante – und damit der vermutete Ursprungs-Kreis bzw. -Spirale - durch die 10^{-7} und die Maßeinheit(en). Ihre konkrete Dimension bekommt sie vom jeweiligen Licht selbst.

Theoretisch wäre auch ein Quadrat mit der Seitenlänge von Pi möglich, aber das können wir vorläufig(?) wohl erst einmal ausschließen.

Das wär's eigentlich schon zur Magnetischen Feldkonstante.

Obwohl … eine Kleinigkeit wäre da noch erwähnenswert …

In der überwiegenden Zahl der Fälle von Winkelbetrachtungen nutzen wir heute das 360-Grad-System. **Aber:** Teilen wir einen (Einheits-) Kreis mit einem Durchmesser von 1 und einem Umfang von Pi in 360° ein, so hat ein konzentrischer Kreis mit dem vierfachen Durchmesser (D = 4) und einem Umfang von 4 Pi (=> μ_0) zunächst auch 360°. Jedes dieser Grade ist aber auf dem Kreisumfang viermal so breit wie die in dem kleineren Kreis.

Übernehmen wir die Gradbreite des kleineren Kreises in den größeren, so erhalten wir eine Einteilung des Kreisumfanges in 4 * 360° = 1.440 Abschnitte. Die **1.440** fällt auf. Sie ist ja nicht nur die Anzahl der **Minuten eines Tages**, sondern auch das Zehnfache der Kugel-Lichtmodell-Systemzahl $12^2 = 144$. Die wurde, samt ihrer Abkömmlinge, in diesem Buch schon hinreichend oft erwähnt. Und nun hat sie offensichtlich auch noch etwas mit der Magnetischen Feldkonstante zu tun.

Was sagt das aus? Wo führt es hin?

Selbstverständlich werden wir wieder einmal zur Lichtgeschwindigkeit und den „irren" geometrischen Verquickungen des Kugel-Lichtmodells geführt. Diesmal sogar ganz direkt und sehr exakt.

Es ergibt sich folgende Rechnung:

4 Pi : 1.440   = Pi : 360   = 0,0087266463…
=>   1 : 0,0087266463…   = 114,59156… = 360 : Pi
   299.792,458 : **1.440**   = **208,189206**944444…
   $\sqrt[4]{2}$ =   1,189207115…

=> 208,18920694444… - $\sqrt[4]{2}$ = **206,999999**829442…
   ≈ 207

=> 3.600 : 1.440   = 2,5   (=> s/h und min/d => **Zeit**)
=> **Phi : 2,5**   **= 0,4 Phi**   = 0,647213595499958…
=> 208,1892069444… -   0,4 Phi   = 207,541993348944…
   ≈ 207,542

=> 300.000 – 207,541993348944…   = **299.792,458**006651…

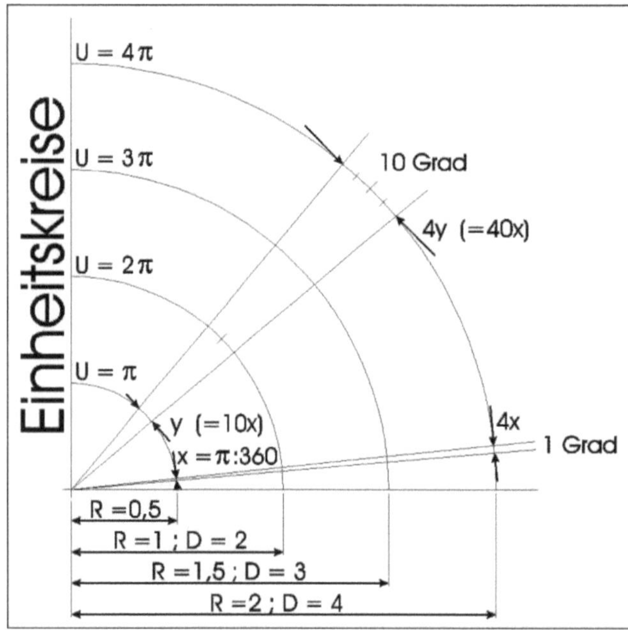

Abbildung 108:
*Entwicklung der Winkel-Verhältnisse in Einheitskreisen. Besonders wichtig dabei ist die Definition einer Bogenlänge von 1 Grad im kleinen Einheitskreis (D = 1; U = Pi) durch den Term x = Pi : 360 (°) = 1°   =>   1/x = 360 : Pi = **114,59156…** Diese Zahl bzw. Ziffernfolge kommt im Kugel-Lichtmodell sehr oft in verschiedenen Größenordnugnen (*10^x) vor.*

Wir haben hier primär also eine sehr genaue Direktverbindung der Lichtgeschwindigkeit in km/s mit Pi, Phi, der 4. Wurzel aus 2, der 144(0), dem 360°-System und der Differenz zwischen gerundeter und definierter Lichtgeschwindigkeit 207,542 (km/s). Das alles passt nahtlos zusammen, basiert ausschließlich auf Konstanten und stammt von der **Magnetischen Feldkonstante** u.a. ab. Das ist logisch, sinnvoll, geometrisch und gut. Was will Mann mehr?

Damit sind wir aber noch lange nicht am Ende angekommen. Beispielsweise landen wir auch bei einer weiteren Variante der **Königselle**, die näher an den Nennwert von 0,5236 m heranreicht als die sinngebende Phi²/5-Version mit 0,523606798… m.

$$208,1892069444… - 207,542 = 0,647206944…$$
$$\Rightarrow 0,647206944… * \quad Phi \quad = 1,047202834…$$
$$\Rightarrow 1,047202834… \quad : \quad 2 \quad = \mathbf{0,52360141693…} \qquad (KE)$$

Desweiteren kommen wir der Zahl der **2. Strahlungskonstante** ziemlich nahe, die mit 1,438 777 0 (13) *10^-2 m*K angegeben wird[258].

$$\sqrt{207} / 1.000 = \mathbf{1,438}\,7495 *10^{-2}$$

Dadurch kommen wir selbstverständlich auch zur bereits bekannten Zahlendreherei[259] mit der **39,37:**

$$\sqrt[4]{207} = \mathbf{3,7930}851…$$

Noch näher kommen wir der 2. Strahlungskonstante, wenn wir von einer ‚höheren Form' des **Massenverhältnisses Proton-Elektron**[260] ausgehen:

$$m_P : m_E * 10^6 \qquad\qquad = \mathbf{1.836.152.672,45…}$$
$$\Rightarrow \sqrt[4]{1.836.152.672,45…} \qquad = \mathbf{207,003}265841746…$$
$$\Rightarrow \sqrt[8]{1.836.152.672,45…} : 1.000 = \mathbf{1,438760806533…}*10^{-2}$$
$$\Rightarrow \sqrt[16]{1.836.152.672,45…} \qquad = \mathbf{3,793}10006002\mathbf{173…}$$

Und der Radius des **Mond**es darf natürlich auch nicht fehlen:

$$\mathbf{207} \Rightarrow 3\text{-mal hintereinander } ln = 0,515133 \Rightarrow arctan\ 27,25449…$$
$$\Rightarrow 27,254492… : 100 * 6.378,137 = \mathbf{1738,}3289 \qquad (Radius\ in\ km)$$

---

[258] Wikipedia.de => Physikalische Konstante, 2. Stahlungskonstante ; Stand 08/2015

[259] siehe [2], [3] und [4]

[260] Wikipedia.de ; Stand 08/15

Der Mond, der Goldene Schnitt Phi und die 1.440 haben selbstverständlich auch ein recht enges Verhältnis miteinander:

$$10 : Phi \qquad\qquad = 6{,}18033988749895...$$
$$=> (10/Phi)^4 \qquad\qquad = 1.458{,}98033750315...$$
$$=> (1.458{,}980... - 1.440) * 1.000 \quad = \mathbf{\underline{18.980}}{,}3375$$

Dabei erinnern wir uns an die hier bereits getätigten Ausführungen zum Mond ... usw. usw. usf.

Das könnte wieder schier endlos so weiter gehen. Um es nicht zu übertreiben sei hier nur noch auf den Reziprokwert von 0,4 Phi verwiesen.

$$1 / 0{,}4\ Phi = \mathbf{2{,}5} : \mathbf{Phi} = 1{,}54508497187474...,$$

Auch er liefert eine Reihe guter Ergebnisse und Verbindungen zwischen Realität und Modell.

Elektrische Feldkonstante:

Nochmals erheblich spannender ist die Elektrische Feldkonstante. Hier sind mir mehrere Dinge aufgefallen, die einerseits ebenfalls in Richtung Kreis oder Ellipse bzw. Spirallicht deuten. Und andererseits wird wieder auf Verbindungen zum Kugel-Lichtmodell hingewiesen.

Normalerweise wird die elektrische Feldkonstante ε_0 mit der Formel $\varepsilon_0 = 1 / \mu_0 * c^2$ berechnet. Da in μ_0 bereits viermal Pi enthalten ist, steckt Pi automatisch auch in ε_0 mit drin. Es fällt nur nicht direkt auf. Das bedeutet, dass auch hier etwas Rundes wie eine Ellipse o.ä. zur Verfügung steht, was durchaus ebenfalls zu einer Grundfläche eines Zylinders oder Hohlzylinders avancieren kann.

Es geht aber auch noch völlig anders weiter, und zwar auf verschiedenen Wegen. Den einfachsten davon beschreiten wir, indem wir einfach ε_0 durch Pi teilen. Dann entspricht ε_0 dem Umfang eines Kreises, den wir bei Bedarf wieder zu einer Ellipse umformen können. Aber zunächst ermitteln wir den Durchmesser D dieses Kreises:

$$\varepsilon_0 = 8{,}85418781762039... *10\verb|^|\text{-}12 \ As / Vm$$
$$=> \varepsilon_0 : Pi = \mathbf{D = 2{,}81837551647665...E\text{-}12}$$

Der Durchmesser ähnelt ein wenig der Eulerschen Zahl e und verleitet somit dazu, die Differenz zu e zu bestimmen. Heraus kommt eine kleine Überraschung, nämlich die Formel:

$$\varepsilon_{0(\text{Zahl})} = [e + \text{Sinus (Wurzel 33)}] * \text{Pi} * 10^{\wedge}\text{-12}$$

Abgesehen von ε_0 und 10^-12 besteht die Formel ausschließlich aus altbekannten Komponenten des Kugel-Lichtmodells.
Nein, die Rechnung geht zunächst nicht zu 100 Prozent auf, sondern nur zu 99,9999982581… Prozent. Will man es hingegen wirklich ganz genau machen, muss man anstatt der glatten 33 die **33,000**32478545 nutzen. Dann gibt es bei 15-stelliger Rechenweise keinerlei Abweichung mehr. Aber auch mit der runden 33 wird die Fehlertoleranz mit jedem Rechenschritt kleiner, bis sie beim Sinus bei 4,909…E-8 landet, was auch nicht übermäßig viel ist. Die Rechnung stellt sich somit als direkt zielführend dar, wodurch Zufall mal wieder ausgeschlossen sein dürfte.

Eine andere Geschichte ist eine „numerologische" Rückverbindung zur Lichtgeschwindigkeit in km/s, die der Elektrischen Feldkonstante inneliegt. Dabei wird die größenordnungsfestlegende 10^-12 nicht beachtet bzw. gleich am Anfang herausgerechnet:

$$\Rightarrow \varepsilon_0 * 10^{\wedge}12 \qquad\qquad = 8,85418781762039\ldots$$
$$\Rightarrow \sqrt[8]{8,85418781 \ldots} \qquad = 1,313389655149\ldots$$
$$\Rightarrow 1,313389655\ldots : 10 \qquad = 0,1313389655\ldots$$
$$\Rightarrow 0,1313389655\ldots + 2 \qquad = 2,1313389655\ldots$$
$$\Rightarrow \cos \mathbf{2,1313389655\ldots} \qquad = 0,999308201352\ldots \approx \text{LG}_{\text{Verhältnis}}$$
$$\Rightarrow 0,999308201352\ldots * 300.000 = \mathbf{299.792,46}0405642\ldots$$

Die Abweichung von der definierten Lichtgeschwindigkeit in km/s beträgt ganze 0,0000008024… Prozent. Bemerkenswert dabei ist, dass wir nicht irgendwo landen, sondern wieder einmal bei der Lichtgeschwindigkeit von …,**46** km/s. Mit ihr kommen wir zwar nicht zu **9!9** wie es am Anfang dieses Buches beschrieben wurde. Doch taucht sie oft und genau genug auf, dass man mit an Sicherheit grenzender Wahrscheinlichkeit sagen kann, sie sei eine Art „gegenspielende Ergänzung" zur definierten Lichtgeschwindigkeit mit …,458 km/s.

Besonders interessant dabei ist, daß parallel dazu die 16. Wurzel aus der Zahl der Elektrischen Feldkonstante 3,600 / Pi ziemlich nahe kommt:

$$\sqrt[16]{8,85418781\ldots} \qquad\qquad = 1,146032135\ldots$$
$$\Rightarrow 1,146032135\ldots * Pi \qquad = \mathbf{3,600}366137048\mathbf{22}\ldots$$
$$\Rightarrow \sqrt[16]{\varepsilon} \; \text{(Zahl)} \qquad\qquad \approx \mathbf{3{,}6 / Pi}$$

Gratis wird dabei auch gleich noch eine gute ziffernmäßige Annäherung an den Reziprokwert der Feinstrukturkonstante mitgeliefert.

Wenn wir jetzt noch bedenken, dass 4 mal 3,6 gleich **14,4** ist, und es in der Folge zu etlichen weiteren deutlichen Anklängen kommt, schleicht sich heimlich das „Gefühl" ein, dass wir hier wahrscheinlich vor einer der ursprünglichsten Quellen des gesamten Kugel-Lichtmodells stehen. Außerdem meldet sich der Verdacht, dass die Eins aus der Formel $\varepsilon_0\, \mu_0\, \mathbf{c^2 = 1}$ möglicherweise gar keine glatte Eins sein könnte, sondern eventuell hauchzart davon abweicht, damit alles genau aufgeht und wir das Rundungszeichen ad acta legen können. Doch das muss wieder zukünftig noch viel genauer untersucht werden. Übermäßig verwunderlich wäre es allerdings nicht, denn wir wissen ja mittlerweile, dass die Lichtgeschwindigkeit selbst – und vieles Andere – auch eine Rundung beinhaltet. Das komplette Zusammenspiel der Zahlen und Größen rund um die Lichtgeschwindigkeit ist auch ohne uns schon längst ein wenig idealisiert. Es sagt nur keiner offen …

Ganz ähnlich funktioniert das im selben Zusammenhang noch mehrmals. Beispielsweise indem wir den Sinus von Wurzel aus 33 halbieren. Auch damit landen wir wieder bei der Lichtgeschwindigkeit mit …,46… km/s:

$$\sin \sqrt{33} \; : 2 \qquad\qquad = 0,0500468\ldots$$
$$\Rightarrow \arcsin 0,050046\ldots = \mathbf{2,8686}713\ldots$$
$$\Rightarrow 5 - 2,8686713\ldots = \mathbf{2,1313}286889865\ldots \qquad\qquad (5 \Rightarrow GS)$$
$$\Rightarrow \cos 2,1313286889865\ldots = 0,999308208022548\ldots$$
$$\Rightarrow 0,999308208\ldots * 300.000 = \mathbf{299.792,46}24067\ldots$$
$$\ldots \text{usw. usf.}$$

Interessanterweise führt uns die **33** gemeinsam mit der Verhältnisform der Lichtgeschwindigkeit zur Potenzenfolge der **Zwei** in etwas größerer Dimension. Das erscheint schon irgendwie ungewöhnlich, denn die dadurch erfolgende Veränderung der 33 ist äußerst gering – und mit der blanken 33 geht das nicht bzw. wird die Nähe zur Zwei nicht sichtbar:

$$299.792,458 \; : \; 300.000 \qquad = 0,9993081933333\ldots = LG_{Verhältnis}$$
$$\Rightarrow 33 \; : \; 0,99930819333\ldots = \mathbf{33,022}845425\ldots$$
$$\Rightarrow 33,022845425\ldots^2 \qquad = 1090,5083199\ldots$$
$$\Rightarrow 1090,5083199\ldots^2 \qquad = 1.189.208,396\ldots$$
$$\Rightarrow 1.189.208,396\ldots^2 \qquad = 1,4142166088\ldots * 10^{\wedge}12$$
$$\Rightarrow 1,4142166088\ldots^2 \qquad = \mathbf{2},0000086165\ldots * 10^{\wedge}24$$
$$\Rightarrow 2,0000086165\ldots^2 \qquad = \mathbf{4},0000344662\ldots * 10^{\wedge}48$$

… usw.

Gehen wir zu Präzisierungszwecken wieder andersherum von der glatten **4E+48** aus, erhalten wir am Ende eine **32,999991**114232… als Ergebnis. Das heißt, die **33** ist wieder eine sehr genaue, hauchzarte „Allerweltsrundung", die im Rahmen des Kugel-Lichtmodells für viele verschiedene Dinge zuständig ist. Etwa so, wie die Königselle mit 0,5236 m eine Minimalrundung ist und gleichzeitig auf Pi/6, Phi²/5, den Meter, … und vieles Andere hinweist. Das Prinzip ist haargenau dasselbe.

<u>Die Coulomb-Konstante</u>

Die Coulomb-Konstante k etabliert sich als eine Art Sammelpunkt des bisher Gesagten, obwohl sie eigentlich auch nur eine weitere Umstellung von $\varepsilon_0 \, \mu_0 \, c^2 = 1$ ist. Sie liefert eine Menge ungeahnte Verbindungen zu erstaunlich vielen Dingen – auch der völlig anderen Art. Das kann und soll an dieser Stelle noch nicht alles aufgedröselt werden. Stattdessen folgen nur ein paar wenige Hinweise, die an sich jedoch schon verblüffend genug sein dürften.

Die Coulomb-Konstante[261] k berechnet sich normalerweise mit
$$k = 1 / (4Pi * \varepsilon_0) \quad \text{oder} \quad k = (\mu_0 \, c^2) / 4Pi.$$ Ihr Wert wird mit
$$k = 299.792.458^2 * 10^{\wedge}\text{-}7 \; Vm / As \quad \text{oder} \quad 8.987.551.787{,}368 \; 176 \; m/F$$
angegeben bzw. berechnet.

---

[261] Die folgenden, scheinbar überflüssigen, Klammern sind der nicht immer sehr glücklichen Computer-Schreibweise hier im Buch, den gelegentlichen Merkwürdigkeiten des Excel-Programms und der eindeutigeren Lesbarkeit und Verständlichkeit geschuldet.

Sinnigerweise kann man jedoch auch über 1/c bzw. 1/c² zur Coulomb-Konstante kommen. Voraussetzung dafür ist, dass man **1/c** und **1/c²** als – mehr oder weniger – eigenständige Konstanten akzeptiert. Das scheint trivial zu sein und Physiker werden darüber lächeln. Aber genau das eröffnet den Blick auf Neues.

$$k = 1 / (1/c^2) * 10\text{^}-7$$

In Zahlen sieht das so aus:

$$k = (1 / \mathbf{1,11265}005605\mathbf{362}\ldots\text{E-}17) * 10\text{^}-7$$
$$k = 8.987.551.787, 368\ 176\ m/F$$

Dabei fallen mehrere Dinge auf: Die Zahl 1/c² enthält die verdrehte Ziffernfolge der Königselle: 5236 => 5362. Die Zahl endet nicht hinter der Ziffernfolge 1-1-1-2-6-5, sondern geht weiter. Demgemäß aufgearbeitet entspricht die 111,265 einem Grad auf dem Umfang eines Kreises mit einem Umfang von 40.055,4…

111,2650056… * 360	= **40.055,4**020179303…
110,2650056… * 360	= 39.695,4020179303…
=> Differenz: 40.055,4… - 39.695,4…	= **<u>360</u>**
=> 111,2650056… : 110,2650056…	= 1,00**9069**06043…
…	
=> 1 / 110,2650056… * 10^6	= **9.069**,060437714…
=> 9.069,060… : ($\varepsilon_0 * 10\text{^}12$)	= **1024**,267908533…
=> (EXP 1,102650056…*10^-4) *1000	= **1000,1**10271…

… usw. usf.

Die Coulomb-Konstante selbst vermag zu erstaunen, wenn man sie zahlenmäßig mit dem Zoll und der damit eng verbundenen 39,37 ins Verhältnis setzt:

8.987.551.787, 368176… : 39,37	= 2,2828427196769…E+ 8
=> **2,282842719**…E+8 – (2*10^8)	= **2,8284271967696**…E+ 7
=> 2,8284271967696…E+7²	= **8,000000**407426… E+14
=> 2,8284271967696…E+7 : 2	= 1,4142135983847… E+ 7
=> 1,4142135983847…E+7²	= **2,000000**101856… E+14

… usw. usf.

Wer hätte gedacht, dass die Lichtgeschwindigkeit in m/s etwas mit der Potenzenfolge der Zwei („in Zoll") zu tun hat?

Also ich bis hierhin nicht. Und Sie, lieber Leser?

Falls jemandem die 6 Nullen hinter den Kommata noch nicht genau genug sein sollten, so sei er nochmals daran erinnert, dass die Lichtgeschwindigkeitszahl (km/s) „nur" eine an **9!9 angepasste Rundung** darstellt. Man kann / könnte die Lichtgeschwindigkeit auch spielend leicht auf die exakte Zwei oder irgendetwas Anderes abgleichen, aber dann würden eben einige jetzt gültige Besonderheiten – wie 9!9 etc. - nicht mehr genau funktionieren. Irgendwer hat sich aber irgendwann und irgendwo aus irgendeinem Grund ganz bewusst für die **9!9** entschieden - und nicht für die Zwei. Schätzungsweise deshalb, weil es so wunderbar unwahrscheinlich ist, die 9!9 auf den Punkt genau zu treffen. Die Festlegung geschah zu dem Zeitpunkt, als Meter und Sekunde durch ihre Definitionen mit der Geschwindigkeit des Lichts vermählt wurden. Und **das Erste Mal** war das ganz sicher nicht erst im Jahre des Herrn 1983, sondern lange davor.

Mathematik kann so ‚unendlich herrlich gemein' sein …

Von-Klitzing-Konstante:

Die Von-Klitzing-Konstante R_K ist der Quotient aus Planckschem Wirkungsquantum h und dem Quadrat der Elementarladung e.

$$R_K = h / e^2 = \mathbf{25.812{,}8074554}\ (59)\ Ohm$$

Dazu ist noch nicht allzu viel zu sagen. Somit sei vorerst nur auf die auffällige Zahlenähnlichkeit mit der Rotationsdauer der Präzession der Erde hingewiesen. Ein solcher Zeitraum umfasst eine Dauer von ca. **25.780** bis 25.920 Jahren. Im Rahmen dieser Spanne ändert er sich leicht und sehr langsam im Verlauf der Jahrtausende zyklisch. Somit besteht die Möglichkeit, mit der Von-Klitzing-Konstante auf einen bestimmten Zeitpunkt in der Erd- und/oder Menschheitsgeschichte hinzuweisen. Insofern wäre es schön – und vielleicht sogar hilfreich – wenn die Astronomen der Allgemeinheit genauere, umfassendere und verständlichere Daten zur Erdpräzession zur Verfügung stellen würden. Eine Zahlenverbindung zwischen Elektromagnetismus und Menschheitsgeschichte mag auf den ersten Blick weit hergeholt und als völliger Blödsinn erscheinen.

Aber ist sie das wirklich?

Schließlich wurden die Zahlen rings um die Lichtgeschwindigkeit – im Gegensatz zu mathematischen Konstanten wie Pi, Phi, Wurzel aus 2, der Eulerschen Zahl e, … etc. – irgendwann einmal ganz bewusst ausgewählt und in physikalische u.a. Definitionen eingebaut. Dabei fragt sich selbstverständlich: Warum und wozu gerade diese? Und die bisher einzige zuverlässige Antwort darauf lautet:

‚Ganz sicher nicht aus Dummheit und Langeweile!‘

Eine oder mehrere alternative Antworten gibt es allerdings auch. Demnach wurden die relativ-veränderlichen physikalischen Größen ganz bewusst - und mit großem Wissen und Geschick - mit ewig gültigen, dimensionslosen, absolut-relativistischen mathematischen Größen in Verbindung gebracht und letztlich konsequent darauf zurückgeführt, um ihnen zu einem größtmöglichen, echten Halt in den Unwägbarkeiten des Universums zu verhelfen. Dadurch werden sie für immer rekapitulierbar, reproduzierbar und überprüfbar bleiben. Weitestgehend unabhängig davon, was jemals passieren wird.

Eine tiefergehende und genauere Überprüfung in diese „völlig undenkbare“ Richtung würde – aus rein wissenschaftlicher Sicht - nicht viel kosten und könnte somit nicht viel schaden. Danach wäre man u.U. aber wahrscheinlich ein ganzes Stückchen schlauer als zuvor.

Es wäre dumm, diese Möglichkeit nicht zu nutzen.

Das Zusammenspiel von ε_0 und μ_0

Die magnetische Feldkonstante μ_0 und die elektrische Feldkonstante ε_0 gehören eng zusammen. Schließlich sind sie gemeinsam für den Elektromagnetismus zuständig, der in jeglichen elektromagnetischen Wellen – also auch im Licht - vorkommt. In ihrem Zusammenspiel sind beide wieder mit dem Quadrat der Lichtgeschwindigkeit verkoppelt. Das erscheint sinnvoll und zwingend, wenn beide mit den spiralförmigen Lichtzylindern konform laufen sollen. Schließlich haben diese ‚Hohlzylinder‘ ja die

„dimensionslose" Abmessung c * c, wobei ein c für die Länge bzw. Höhe des Hohlzylinders steht, und das andere c für den Umfang seiner mehr oder weniger ‚runden' (elliptischen) Grundfläche. Dieser grundlegende Zusammenhang wird durch die Formel $\varepsilon_0 \, \mu_0 \, c^2 = 1$ dargestellt.

Aus dieser Formel kann man nun weitere wichtige Erkenntnisse ableiten. Zum Einen ergibt sich daraus das bereits genannte $\varepsilon_0 = 1 / \mu_0 * c^2$, zum Anderen auch die „Umkehrung" $\mu_0 = 1 / \varepsilon_0 * c^2$. Selbstverständlich kann man die Formel auch nach c^2 umstellen:

$c^2 = 1 / \varepsilon_0 \, \mu_0$ und c allein entspricht der Wurzel aus $1 : (\varepsilon_0 \, \mu_0)$.

Daraus ergibt sich auch, dass die Wurzel aus dem Produkt von ε_0 und μ_0 gleich dem Reziprokwert der Lichtgeschwindigkeit in **s/m** ist. Das wertet diesen Reziprokwert enorm auf und macht ihn zur „Quasi"-Konstante. Vergleichbar ist das ungefähr mit der Feinstrukturkonstante, von der auch oft Wert und Reziprokwert gleichberechtigt angegeben werden, und etlichen anderen Konstanten, bei denen es ebenfalls so gehändelt wird. Für die Lichtgeschwindigkeit erscheint das ebenso empfehlenswert.

Besser verständlich wird die Bedeutung vielleicht durch einen Hinweis auf Pi, bei dem es sich ebenso verhält – aber 1/Pi bislang ebenfalls meist völlig außer Acht gelassen wird. Pi ist das Verhältnis von Umfang zu Durchmesser jedes Kreises. Besonders deutlich tritt das bei einem (Einheits-) Kreis mit dem Durchmesser gleich Eins hervor, wobei Pi dem Umfang dieses Kreises entspricht.

Der Reziprokwert von Pi (= 1/Pi) ist dagegen das Verhältnis zwischen Durchmesser und Umfang eines Kreises, dessen Umfang Eins beträgt und der Durchmesser 1/Pi. Sowohl Pi wie auch 1/Pi sind damit – jeder für sich und gleichzeitig beide gemeinsam - für spezielle Kreise verantwortlich, die eben Kreise sind und nichts anderes, aber sich doch ein wenig voneinander unterscheiden. Solange keine klar dimensionierten Absolutwerte ins Spiel kommen, gelten beide Sachverhalte für alle Kreise des Universums und sind damit austauschbar und völlig gleichberechtigt zu bewerten.

Genauso verhält es sich mit c und 1/c. Beide sollten also gleichberechtigt nebeneinander – jedoch für unterschiedliche Dinge im selben Kontext –

stehen. Das vor allem auch, weil ja nicht nur c, sondern eben auch 1/c zu weiteren wichtigen Zahlen führt, wie etwa:

$$(1/c)^2 \quad = \varepsilon_0 * \mu_0 \quad = \mathbf{1{,}11265}005605362\ldots\text{E-17}$$

$$(1/c)^4 \quad = (\varepsilon_0 * \mu_0)^2 \quad = \mathbf{1{,}23799}014723612\ldots\text{E-34}$$

$$\sqrt{(1/c)} \quad = \mathbf{5{,}77550080251187}\ldots\text{E-5} \qquad (\Rightarrow \text{LG in } \mathbf{m}/\text{s})$$

$$\sqrt{(1/c)} \quad = \mathbf{1{,}82637371640678}\ldots\text{E-3} \qquad (\Rightarrow \text{LG in } \mathbf{km}/\text{s})$$

… usw. usf.

Die magnetische Feldkonstante μ_0 und die elektrische Feldkonstante ε_0 sind sehr unterschiedlich dimensioniert. Die magnetische Feldkonstante ist zahlenmäßig 141.925,729…-mal so groß wie die Elektrische Feldkonstante.

Allerdings gilt ja nicht nur $\boldsymbol{\varepsilon_0\ \mu_0\ c^2 = 1}$, sondern auch $\boldsymbol{1 : (\varepsilon_0\ \mu_0\ c^2) = 1}$. Und damit drehen sich die Verhältnisse praktisch um. Das bedeutet, dass $1/\ \varepsilon_0$ „plötzlich" 141.925,729…-mal größer ist als $1/\mu_0$.

Da fragt man sich als Laie selbstverständlich was das bedeutet. Irgendwann verfällt man darauf, dass es ein Wechselspiel zwischen ε_0 und μ_0 gibt, welches dem von Sinus und Kosinus im ‚Einheitskreis der Schwingungen' entstammt oder zumindest irgendwie ähnlich ist.

Schließlich leiten sich Schwingungen allesamt von zyklischen Umrundungen von Kreisen oder anderen periodischen runden Bahnen ab. Somit liegt es nahe, dass ε_0 und μ_0 ständig zyklisch ihre Vorzeichen und damit ihre Größenordnung vertauschen. Je nachdem, an welcher Stelle der Umrundung sie sich gerade befinden. Eben wie Sinus und Kosinus das jeweils zwischen den einzelnen Quadranten tun.

Ob das tatsächlich stimmt, weiß man als Laie freilich nicht. Aber es liegt nahe und scheint logisch. Vor allem, wenn man von spiralförmigen Photonen ausgeht.

Dieser vermutete Sachverhalt erhöht die Anzahl der involvierten Zahlen um mehr als das Doppelte. Dadurch wird das Ganze weit umfangreicher und unübersichtlicher als bisher gedacht. Besonders großen Einfluss hat das natürlich auf die Zahlenanalyse, da hier die Anzahl der Möglichkeiten schier ins Unendliche wächst.

So kommt es, dass man im Kontext sehr viele Anklänge an das Kugel-Lichtmodell und bereits aufgezeigte Größen findet. Die meisten davon sind allerdings nicht so genau, dass sie hier einzeln aufgeführt werden müssten. Somit sei hier nur mitgeteilt, dass es Hinweise auf die Lichtgeschwindigkeit in Meilen, die Englische Meile, die Verhältnisform der Lichtgeschwindigkeit, die 39,37, auf Pi, Phi, mehrere Potenzen von Phi, die 360, etc. ... und die 9069,xxx gibt. Das Übliche eben.

<u>Mindestens sechs Punkte sind jedoch besonders erwähnenswert:</u>
1.) Wenn man ε_0 und μ_0 als Umfänge von Kreisen betrachtet, so ist insbesondere das Produkt aus den Durchmessern dieser beiden Kreise interessant. Der Übersichtlichkeit halber werden hier die Zehnerpotenzen weitgehend weggelassen, obwohl es auch mit (angepassten) Zehnerpotenzen funktioniert, nur eben in unterschiedlichen Größenordnungen. Es geht also wieder einmal hauptsächlich um die Zahlen und Ziffernfolgen.

$$\begin{aligned}
D\mu_0 \quad &= 4Pi : Pi \qquad\qquad = 4\\
D\varepsilon_0 \quad &= 8{,}854187817\ldots : Pi = 2{,}81837551647665\ldots\\
&\approx \mathbf{e + sin(\sqrt{33})} \qquad (\text{e} => \text{Euler})\\
D\mu_0 * D\varepsilon_0 &= \ 4 * 2{,}81837\ldots = \underline{\mathbf{11{,}2735020659066\ldots}}
\end{aligned}$$

Die Ergebniszahl beinhaltet u.a. die Ziffernfolge **1-1-2-7**-3. Das Bemerkenswerte an dieser Zahl (oder einer ganz ähnlichen) ist, dass auch sie mir bereits vor Jahren mehrfach in völlig anderen Zusammenhängen begegnet ist[262]. Damals ging es einerseits um die Länge des Meters und andererseits eben um zwei wegweisende Ellipsen. Hier wird die Grundfläche der ‚Photonen-Hohlzylinder‘ ebenfalls als **Ellipsen** angenommen bzw. vermutet. Das begründet die Möglichkeit, dass zwischen damals und heute durchaus eine veritable Beziehung bestehen **kann**.

Und das wiederum bedeutet, dass die Möglichkeit besteht, dass der Meter nicht „nur“ über die Lichtgeschwindigkeit selbst definiert werden kann (und wurde), sondern auch über ihre „Bestandteile“ μ_0 und ε_0.

---

[262]   siehe [3] und [4]

2.) Im Umfeld von ε_0 und μ_0 taucht der Reziprokwert der Feinstruktur-konstante mehrfach in verschiedenen Formen und Genauigkeitsgraden auf. Meistens als 1024. Wurzel aus einer Zahl. Es ist kaum anzunehmen, dass hier der Zufall dahintersteckt.

    a) $D\mu_0$ * $D\varepsilon_0$ * 100.000 = **1.127.350**, 20659066...

           => $\sqrt[1024]{1.127.350{,}20659066\ ...}$ = 1,0**1370**17908...

    b) ε_0 * μ_0 * $10^{\wedge}23$ = 1.112.650,05605362...   (vergl. $1/c^2$)

           => $\sqrt[1024]{1.112.650{,}05605362\ ...}$ = 1,0**1368**87976...

    c) $1/\varepsilon_0$: $10^{\wedge}5$ = 1,12940906675815...E+6

           => $\sqrt[1024]{1{,}12940906675815\ ...E+6}$ = 1,0**1370359**707...

    d) $D\mu_0$ * $D\varepsilon_0$ * $10^{\wedge}9$ = 11.273.502.065,9066...

           => 11.273.502.065.9066... : 9070,10029004493...[2]

               = 1 / FSK = **137,035999074...**

    e)   => ... usw. usf.

Bei d) ist davon auszugehen, dass es sich nicht wirklich um 9070,1...[2] handelt, sondern um zwei verschiedene Werte, deren Produkt 9070,1...[2] ergibt. Davon beträgt einer mit relativer Sicherheit **9.069,2732** und stammt direkt vom Zoll bzw. dessen Umrechnungsfaktor 39,37 ab. Der Andere stellt den dazugehörigen Komplementärwert 9.070,9274... dar. Letzterer ist dabei mit hoher Wahrscheinlichkeit noch weiter aufgesplittet. Zielwert für das Produkt aus beiden ist dabei das Quadrat von 9070,10029004... gleich 82.266.719, 27147.... Die Feinstrukturkonstan-te[263] bzw. ihr Reziprokwert wird hierbei korrekt getroffen.

In die selbe Richtung kommt man auch noch auf einem ganz anderen Weg, nämlich mit Hilfe von 2,5/Phi:

    2,5 : Phi = 1, 54508497**187474**...

    => $\sqrt{1{,}54508497187474\ ...}$ = 1, 2430144**6969**645...

    => $D\mu_0$ * $D\varepsilon_0$ * 1.000   = 11.273, 50206590**66**...

    => 11.273, 5020659... : 1, 243014469696... = **9069, 485787...**

Mit ein paar Rechenschritten mehr kommt man auch wieder in Richtung FSK, allerdings nicht sonderlich genau. Zum Ausgleich findet man je-

---

[263]   FSK-Wert nach Wikipedia, Stand 08.2015

doch eine 27,77xxx, was auch wieder auf mehrere Zusammenhänge hinweist. Zur Kenntnis sollten wir in jedem Falle nehmen, dass die **9069,xxx** in enger Verbindung mit der Feinstrukturkonstante sowie $D\mu_0$ und $D\varepsilon_0$ steht, und ganz sicher nicht zufällig so oft auftaucht, sondern konkrete Hinweise auf ebenjene Konstanten liefert.

3.) Da wir mit ε_0 und μ_0 einmal bei der Feinstrukturkonstante gelandet sind, wird auch die Differenz der beiden interessant. Allerdings nur ohne bzw. mit veränderten Zehnerpotenzen und Nachkommastellen. Gemeint ist damit, dass 4 Pi (=> μ_0) minus 8,854187817… (=> ε_0) **3,71218279…** ergibt. Der hundertfache Wert davon ist **371,…** Es ist davon auszugehen, dass wir hier vor einem der Ursprünge des bereits genannten Zahlenspiels 1370731 - **371** = 1370360 stehen.

4.) Und mindestens noch ein Zahlenkomplex aus dem selben Kontext wird hier wichtig. Die Basis dafür ist wieder der aus der Elektrischen Feldkonstante „numerologisch" abgeleitete Durchmesser eines Kreises:

$$D\varepsilon_0 \quad = 8{,}854187817\ldots : Pi = 2{,}81837551647665\ldots$$
$$= \mathbf{e + sin\sqrt{33}}$$

Der (angepasste) tausendfache Reziprokwert beträgt somit:

$$1000 / 2{,}818375516\ldots = \mathbf{354{,}81432270251\ldots} \quad \approx \mathbf{355}$$

Zu diesen beiden Zahlen kommt man auch direkt von der Lichtgeschwindigkeit in km/s bzw. der Lichtsekunde in km:

$$299.792{,}458 : 100.000 \qquad = 2{,}99792458$$
$$\Rightarrow (2Pi * 2{,}99792458)^2 \qquad = \mathbf{354{,}81432\ldots}$$
$$\Rightarrow 1000 / 354{,}81432\ldots \qquad = \mathbf{2{,}818}3755\ldots$$

Die 100.000 dient dabei nur dazu, um auf die „richtige" Größenordnung zu kommen. Geometrisch betrachtet entspricht dabei die Lichtgeschwindigkeit bzw. Lichtsekunde dem Radius eines Kreises, was uns wieder zum Kugel-Lichtmodell führt. Hinter diesem Zusammenhang steckt wieder ein ganzer Komplex von Zahlen und Verhältnissen, der wieder noch viel genauer untersucht werden muss, weil er mit Sicherheit noch aussagefähigere Inhalte verbirgt.

Momentan eröffnet sich dadurch jedoch zumindest die Möglichkeit zu einer „verführerischen" **Spekulation**. Der Grund dafür liegt darin, dass die Hälfte von 354,81… der Zahl des Attischen Stadions (in Metern) recht nahekommt.

354,81… : 2   = 177,40716…
=> Att. Stad.   => 177,6 – 177,40716… = 0,1928355…

Die Abweichung beträgt also nur geringfügig mehr als 0,1 Prozent eines Attischen Stadions. Andererseits besteht aber auch die Möglichkeit, dass die 177,4… eine eigenständige Größe verkörpert. Ähnliche Zahlen sind schon öfters aufgetaucht. Eindeutig zugeordnet konnten sie bislang allerdings noch nicht werden. Vielleicht bezieht sich die 177,4… ja auf ein anderes altgriechisches Stadion? Davon gibt es schließlich etliche. Vielleicht ist aber auch noch etwas völlig anderes gemeint. Die Zeit wird eine Lösung für diese Frage mit sich bringen. Davon bin ich überzeugt.

Die Halbierung der 354,81… birgt somit die Möglichkeit, dass sich hinter ihr ein Durchmesser verbergen könnte, der uns zur Grundflächenellipse eines Photonen-Hohlzylinders führt. Die **177,4…** würde damit zur Länge einer Halbachse (a) werden. Die Länge der dazugehörigen anderen Halbachse kann uns dabei – nach genau dem gleichen Algorithmus – die magnetische Feldkonstante zur Verfügung stellen:

$D\mu_0$ = 4Pi : Pi   = 4
=> 1 : 4   = 0,25   => 0,25 * 1000 = 250
=> 250 : 2   = **125 = b**

Die so gewonnene Ellipse hätte also folgende Abmessungen:

a   = 177,40716…   => D   = 354,81432…
b   = 125   => d   = 250
U   = 957,18671596…   => Höhe h des Photonen-Zylinders
                                  = 957,18671… (entspricht dabei
                                  der Wellenlänge und c)

a : b   = **1,4192573…**

Mit dieser Ellipse können wir - mit ein bisschen Glück - zur folgenden Abbildung bzw. Darstellung der vermuteten Photonengestalt kommen.

Die Abbildung 104 mag spekulativ, unvollständig und / oder fehlerhaft sein. Das entspricht dem einzugehenden Risiko, wenn man un-

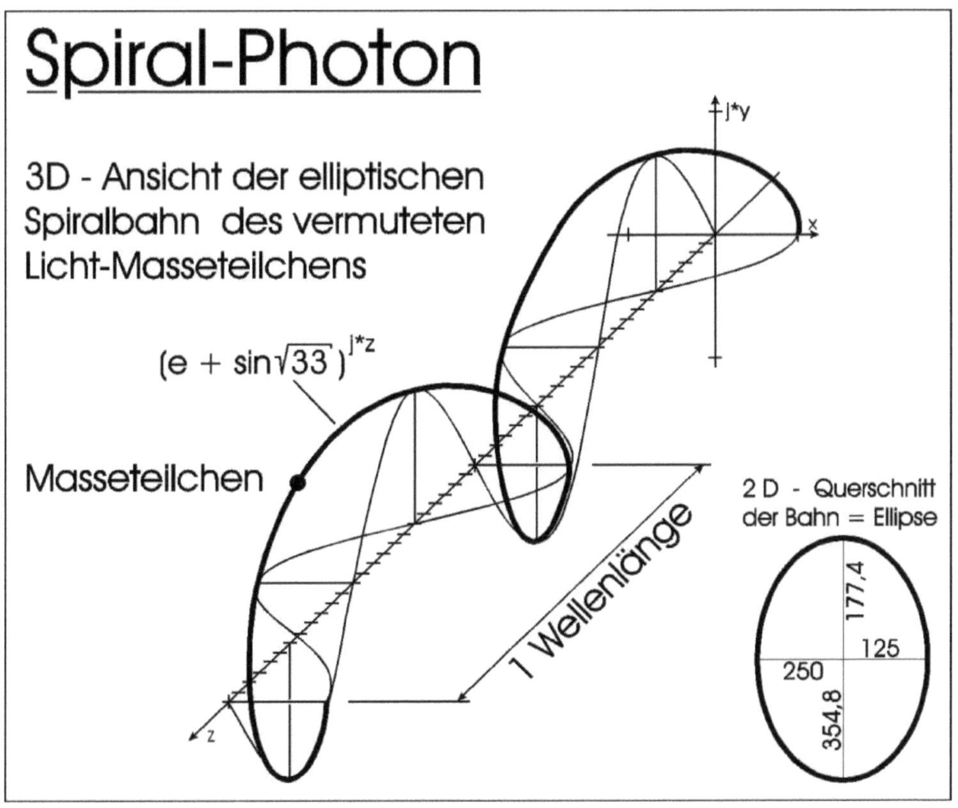

Abbildung 109: *Spekulative Darstellung eines Photonen-Hohlzylinders (die Skizze ist nicht maßstabsgerecht)*

bekanntes Neuland betritt, von dem man keine blasse Ahnung hat. Damit muss man erst mal leben, bis jemand Anderes kommt und die Mängel beseitigt. Durchaus denkbar wäre etwa, dass die Ellipse noch nicht die richtige ist – oder nicht die einzige.

Im Gegenzug können wir mit dieser Darstellung und ihrer „Herleitung" jedoch die meisten Eigenschaften des Lichts gut erklären. Vor allem Anderen sollte dadurch der **Welle-Teilchen-Dualismus** verständlich werden, da es demnach beim Licht um ein wellenerzeugendes Teilchen mit einer definierten Masse geht. Also genau um das, was der Begriff ‚Welle-Teilchen-Dualismus' aussagt. Und zwar ohne jede künstliche Verrenkung. Ebenso können damit die Massenablenkung, die Beugung und die gravitative Rot-Blau-Verschiebung sinnvoll erklärt werden, da das Licht ja nun über eine eigene Masse – und damit über eigene Gravitation – verfügt, die mit anderen Gravitationsquellen reagieren und interagieren kann. Außerdem ist Licht jetzt grundsätzlich räumlich, was als wichtig angesehen wird. Durch die Ellipsenform der Lichtspirale wird die Erklärung von Polarisation, Verdrehung, … etc. ermöglicht. Die Erläuterungen von Reflexion, Lichtbrechung, Aufspaltung, Streuung, … usw. werden nicht beeinträchtigt.

Einzig die anscheinend nicht vorhandene „Lichtermüdung" macht ein paar kleine Schwierigkeiten. Denn „mechanische" Vorgänge erzeugen immer auch Reibung und damit Energieverlust. Allerdings entsteht der auch bei allen anderen physikalischen Vorgängen, durch die jeweils involvierten Einflussfaktoren. Nur beim Licht angeblich nicht.

Aber wenn man bedenkt wie weit sich Wasserwellen bewegen können, obwohl sie gegen den Eigenwiderstand des Wassers, Quer- und andere -wellen, den Luftwiderstand, Reibungswiderstände am Grund, Widerstände von Fremdkörpern (Treibholz, Fische, Schiffe, Plastik, Schwebstoffe, … usw.) ankämpfen müssen, dann wird auch das verständlich. Beim Licht – wir erinnern uns – wälzt sich ja allerschlimmstenfalls ein ‚Riesenphoton' durch ein bisschen dünnes Mehlstaubvakuum – sofern es das gibt. Der Größenunterschied liegt dabei in der Größenordnung von 10^{27}. So eine Wasserwelle muss man sich vorstellen.

5.) Besondere Bedeutung in diesem Kontext kommt dem Reziprokwert der Zahl der magnetischen Feldkonstante zu:

$$1 / \mu_0 = \mathbf{795.774}, 715459477\ldots$$

Er beinhaltet praktisch die Direktverbindung zum Kugel-Lichtmodell. Im Grunde liegt das auf der Hand, weil er ja von 4 Pi abstammt und Pi im Modell sehr oft vorkommt. Aber wenn man zum ersten Mal direkt darauf stößt, ist es doch ein wenig überraschend wie vielfältig diese Verbindungen sind. Wer denkt denn an soetwas?

Dazu nur ganz wenige ausgesuchte Beispiele:

$$795.774{,}715\ldots \ast \text{Pi}/2 = \mathbf{1.25}0.000 \Rightarrow \mathbf{GS} = \sqrt{1{,}25} + 0{,}5$$

$$\Rightarrow 1.250.000 \ast 0{,}9 = \mathbf{1.125}.000$$

$$\Rightarrow 1.250.000 : 1{,}11111\ldots = 1.125.000$$

$$795.774{,}715\ldots : 125 = \mathbf{6.366}{,}1978.. \Rightarrow \text{Radius Mod-Erde}$$

$$795.774{,}715\ldots \ast 2{,}25\ \text{Pi} = \mathbf{5.625}.000 \Rightarrow \text{VBL; Pi; Phi}^2$$

$$795.774{,}715\ldots : 5{,}625 / \text{Pi} = 444.444{,}444\ldots$$

$$795.774{,}715\ldots : 0{,}5 / \text{Pi} = 5.000.000 \Rightarrow 5 \Rightarrow \text{GS; } 1/x = {,}2'$$

$$795.774{,}715\ldots \ast 0{,}444\ldots \ast 10\,{}^{\wedge}\!\text{-}5 \ast \text{Pi} = 111{,}1111\ldots \Rightarrow \text{km} / °$$

$$795.774{,}715\ldots \ast 4 = 3.183.098{,}9\ldots \Rightarrow 1 / \text{Pi}$$

… usw. usf.

6.) Das bereits kurz genannte Verhältnis zwischen μ_0 und ε_0 beinhaltet auch ein paar Sachen mehr als man auf den ersten Blick sieht. Stutzig machen hierbei vor allem die Maßeinheiten. Das kommt daher, dass sich Meter und Sekunde herauskürzen und nur das Folgende übrigbleibt:

$$\mu_0 : \varepsilon_0 = 141.925{,}73\ldots \ \text{V}^2 / \text{A}^2$$

Was sind Quadrat-Volt und Quadrat-Ampere? Da kann sich ein physikalischer Laie nicht viel drunter vorstellen. Also zieht er höchst unwissenschaftlich die Wurzel daraus, um die Quadrate wegzukriegen:

$$\sqrt{141.925{,}73\ldots V^2/A^2} = 376{,}73\ldots \ \text{V/A} \quad \approx \mathbf{380\ V/A}$$

Ist das die Grundlage unseres 380-Volt-Drehstrom-Systems? Was hat Licht mit elektrischem Strom zu tun? Ich dachte bisher immer, elektrischer Strom wären bewegte Elektronen (oder ebensolche diversen Ionen etc.). So hatten wir es in der Schule gelernt. Doch das scheint viel zu einfach gedacht und zu kurz gesprungen zu sein.

Hatte Nicola Tesla mit seinem: „Alles ist Licht" doch recht? Oder geht es sogar noch weiter und „es ist nicht alles Licht", sondern alles – inklusive Licht - besteht aus den bereits genannten und beschriebenen Energie-Masseteilchen im allerkleinsten Maßstab ($10{\wedge}\text{-}79$) ?

Das wäre dann ein echter Schock für den Teilchenzoo …

Mehr als nur ein Zahlenspiel?

Im Großrahmen der Überlegungen zu physikalischen Konstanten stieß ich auf ein weiteres interessantes Zahlenspiel. Im Grunde ist es die Fortführung einer meiner bisher unveröffentlichten Arbeiten ca. aus dem Jahre 2014. Wer genau hinschaut findet aber auch einige Anklänge davon in Punkt 5.) des vorangegangenen Kapitels. Den Physikern dieser Welt möchte ich dieses Prachtstück der vermeintlichen ‚Numerologie' nicht vorenthalten. (Alleine kommen die da nämlich nie drauf :-).

Bislang handelt es sich tatsächlich nur um ein grobes mathematisches Spiel mit angepassten und gerundeten Zahlen. Für physikalisch beschlagene Leute aller Art, die gelegentlich, öfters oder gar ständig mit diesen Zahlen umgehen, dürfte es dennoch hinreichend verblüffend sein, weil man nicht alle Tage auf soetwas stößt. Und wer weiß, vielleicht wird ja eines nicht allzufernen Tages etwas Genaueres daraus?

Der Ausgangspunkt ist die Elementarladung e, die wir zu ‚e' umformen:
e = 1,6021766208 (98) * 10^-19 C => * 10^43 = 1,6021766208...E+24
Die Maßeinheiten werden wie „bereits üblich" weggelassen. Sie würden nur alles verkomplizieren und die wichtigen Zahlenzusammenhänge übertünchen und verschleiern.
Aus der angepassten Elementarladung ziehen wir nun die vierte Wurzel.
$$\sqrt[4]{1{,}6021766208\ldots E+24} = \mathbf{1.125}.064{,}95659948\ldots = \sqrt[4]{,\mathbf{e}}$$
Das erhaltene Zwischenergebnis runden wir jetzt auf **runde 1.125.000** , damit wir uns die lästigen Nachkommastellen sparen. Im Anschluss führen wir ein paar sehr einfache Multiplikationsaufgaben aus:

  => 1.125.000 * 2 = **2.250.000**
  => 1.125.000 * 3 = **3.375.000**
  => 1.125.000 * 4 = **4.500.000**
  => 1.125.000 * 5 = **5.625.000**
  ...

Das genügt fürs Erste, obwohl es selbstverständlich noch beliebig weitergeführt werden könnte. Dabei sei am Rande darauf hingewiesen, dass die 1.125.000 mit vielen Kugel-Lichtmodell-Systemzahlen korreliert bzw.

verwandt ist und sehr gut durch viele Zahlen teilbar ist. Vielleicht wird das irgendwann noch einmal wichtig.

Als Nächstes suchen wir uns ein paar andere Protagonisten in Form von physikalischen Konstanten und passen sie unseren Bedürfnissen an. Zuerst die Massenverhältnisse von Proton und Neutron zum Elektron. Sie liefern u.a. einen der Maßstäbe:

$$m_P : m_E \quad = 1.836{,}15267389\ldots(17) \quad => \approx 1836$$
$$m_N : m_E \quad = 1.838{,}68366007682\ldots \quad => \approx 1838$$

Es folgt die Boltzmann-Konstante k_B, die für den Zusammenhang zwischen Energie und Temperatur zuständig ist.

$$k_B = 1{,}38064852\,(79) * 10^{-23}\ \text{J/K} => * 10^{27} = 13.806{,}4852$$

Zu guter letzt brauchen wir noch den Zahlenwert, der sich im Kapitel „Weitere Indizien: Die Konstanten", Unterkapitel „Selbstbestätigung des Kugel-Lichtmodells"[264] aus der ‚Lichtgeschwindigkeit minus 360/Pi' ergeben hatte:

$$1{,}62985005431524\ldots E\text{-}79 => * 10^{81} = 162{,}98500543\ldots$$

Und schon kann das Spiel beginnen …

Zuerst multiplizieren wir die zurechtgebogenen Massenverhältnisse:

$$1836 \ * \ 1838 = 3.374.568 \qquad \approx 3\sqrt[4]{'e'} = \mathbf{\underline{3.375.000}}$$

Danach sind die Boltzmann-Konstante und der selbstermittelte Zahlenwert aus LG-(360/Pi) an der Reihe:

$$13.806{,}4852 \ * \ 162{,}98500543\ldots \ = 2.250.250{,}07\ldots$$
$$\approx 2\sqrt[4]{'e'} = \mathbf{\underline{2.250.000}}$$

Beides zusammen ergibt die nächste Komponente:

$$3.375.000 \ + \ 2.250.000 = \qquad \approx 5\sqrt[4]{'e'} = \mathbf{\underline{5.625.000}}$$

Ziehen wir hiervon die Ausgangszahl 1.125.000 ab, erhalten wir ihren vierfachen Wert. Dass die 45 und ihre Ableger etwas Besonderes sind, brauche ich hier nicht zu wiederholen:

$$\approx 5\sqrt[4]{'e'} \ - \ \sqrt[4]{'e'} \ = \ 4\sqrt[4]{'e'} \qquad\qquad = \mathbf{\underline{4.500.000}}$$

Soweit, so gut. Aber dieses numerophysikalische Kuriosum geht weiter.

---

[264]   siehe Seiten 634 ff.

Wir erinnern uns daran, dass wir schon einmal über das Zusammenspiel von **131** und **2288** in Verbindung mit der Lichtgeschwindigkeitszahl (in km/s) gestolpert waren. Diese Geschichte holt uns jetzt wieder ein und im Endeffekt verstehen wir, wo die beiden Zahlen herkommen:

$$131{,}01496\ldots * 2.288{,}2308\ldots = \underline{\textbf{299.792{,}458}}$$
$$\Rightarrow \textbf{2.288}{,}2308\ldots^2 = \underline{\textbf{5.236.000}} \Rightarrow \underline{\textbf{Königselle}}$$
$$\Rightarrow 131{,}01496\ldots^3 = \textbf{2.248.861{,}2}\ldots \approx 2\sqrt[4]{\,'e'} = \underline{\textbf{2.250.000}}$$
$$\Rightarrow 2.248.861{,}2\ldots : 100 \approx \underline{\textbf{22.488}}$$
$$\Rightarrow 86.400 + 22.488 = \underline{\textbf{108.888}}$$
$$\Rightarrow 86.400 + 2.288 = \underline{\textbf{88.688}}$$
$$\Rightarrow 86.400 + 2.488 = \underline{\textbf{88.888}}$$
$$\Rightarrow \ln 22.488{,}384\ldots = 10{,}0\underline{207542}$$
$$\Rightarrow \ldots$$

Ein anderer Zweig der Entwicklung ergibt sich aus $5\sqrt[4]{\,'e'} = 5.625.000$ und dem Attischen Stadion von 177,6 Metern.

$$\sqrt[3]{5.625.000} = 177{,}844665224503\ldots$$
$$\Rightarrow \textbf{177{,}6} : 177{,}844665224\ldots = 0{,}9986242757172 72\ldots$$
$$\Rightarrow \textbf{1.836}{,}15267389\ldots : 0{,}998624275717272\ldots = \underline{\textbf{1.838{,}682}193\ldots}$$

Außerdem kommt die 0,9986242… dem Quadrat der Verhältnisform der Lichtgeschwindigkeit (in km/s) sehr, sehr nahe.

$$\Rightarrow 0{,}99930819333\ldots^2 = 0{,}9986168\ldots$$
$$\Rightarrow 0{,}9986242\ldots - 0{,}9986168\ldots = 7{,}41\ldots * 10^{\wedge}\textbf{-6}$$

… usw. usf.

Damit will ich es erst einmal genug sein lassen, auch wenn es noch eine Weile so weiter gehen könnte. Selbstverständlich jedoch nicht ohne den Hinweis, dass das ganze Spiel sich auch prima mit Pi und Phi bzw. Phi² etc. in Einklang bringen lässt – was ich mir hier jedoch erst einmal spare.

Nicht, dass mir noch die Pixel ausgehen.

Finden Sie nicht auch, lieber Leser, dass das eine ganze Menge physikalisch-numerologischer Zufälle auf einen Haufen sind? Da fragt man sich als Laie schon, wie so etwas zustandekommt. Und vielleicht wundert sich ja auch der eine oder andere Fachmann samt Fachmänninnen darüber?

Sie sollten es tun. Es ist keine Schande …

<u>Vermutungen zu physikalischen Feldern</u>

Bleibt die Frage, wie die ‚freien' Photonen-Spiralbahnen über so lange Strecken und Zeiträume stabil bleiben können. Hierauf gibt es bislang nur voll-spekulative Vermutungen als Antwort. Trotzdem möchte ich sie hier zur Diskussion stellen.

Das hat insofern tiefere Bedeutung, weil wir zwar prima Feldgleichungen haben, mit denen wir ‚alles Mögliche' berechnen können, aber scheinbar keinerlei konkrete Vorstellung, wie Felder tatsächlich funktionieren und auf welche Art und Weise sie ihre Wirkungen entfalten.

Dabei könnte bei ‚mechano-relativistischer' Betrachtungsweise alles „ganz einfach" sein. Das Kugel-Lichtmodell hilft dabei, indem es den Geist für allerkleinste physikalische Körper und anscheinend ‚völlig verrückte' Gedanken öffnet. Und zwar für derart kleine Körper wie sie bisher praktisch nicht vorstellbar sind bzw. waren.

Konkret denke ich an die beiden[265] vermuteten Arten von Körperchen mit einer Masse von ganzen 1,63272075545…*10^-79 kg und 1,6298500543…*10^-79 kg.

Diese Zahlen sind keine freie Erfindung von mir, sondern wurden aus dem Kugel-Lichtmodell und der Lichtgeschwindigkeitszahl abgeleitet. Bislang ist unklar, ob es sich dabei tatsächlich um Massen handelt. Es liegt jedoch nahe, da im selben Atemzug die Massenverhältnisse von Proton, Neutron und Elektron auftauchen. Im Zweifelsfall könnte es sich jedoch auch um Energien im Miniformat handeln. Also um etwas, das keine Masse ist, aber sich ganz ähnlich gebärdet und vielleicht sogar eine Masse hat. Da Masse und Energie spätestens seit Albert Einstein als Äquivalente angesehen werden und ineinander umwandelbar sind, wird hier davon ausgegangen, dass Masse und Energie nicht nur Äquivalente, sondern ganz und gar **das Gleiche** sind. Der bisherige Unterschied zwischen Beiden dürfte demnach nur in der jeweils unterschiedlichen

---

[265]   **Siehe hier im Buch auf den Seiten 126 und 635**
Die vollständige Erklärung und Herleitung der 1,63272075545141… *10^-79 ist u.a. in [4], Seiten 129 ff (Kapitel „Präzisierungen") sowie auf den Seiten 342 ff. ausführlich und verständlich dargestellt. Dazu gibt es einen Vorschlag für die Definition des Kilogramms u.a.m.

Menge, Konzentration, Konsistenz und Dichte zu suchen und zu finden sein. Wie bereits mitgeteilt, wird **mindestens** noch ein weiteres Teilchen ‚derselben'oder ähnlicher Größenordnung vermutet, welches von den Elektronen abstammt. Es könnten durchaus aber auch noch mehr sein, wodurch der Mikro-Kosmos nochmals um eine ganze Nummer kleiner werden würde als bisher.

Selbstverständlich könnten die Zahlenzusammenhänge auch dem vielgeschundenen Gevatter Zufall geschuldet sein, der von der Meinungsgegnerschaft mit Sicherheit sowieso alsbald ins Feld geführt werden wird. Aber sollte das tatsächlich der (Zu-) Fall sein, dann entstammt er mit Sicherheit derjenigen Horde lottospielender Affen, die auf der Schreibmaschine einst denjenigen ‚Faust' getippt hat, der von der Literaturwissenschaft fälschlicherweise immer noch einem gewissen Johann Wolfgang Goethe zugeschrieben wird. Denn immerhin taucht ja bei derselben Gelegenheit in beiden Fällen auch noch die **Lichtgeschwindigkeit im Superminiformat**[266] auf. Und um die zweimal an derselben Stelle zu treffen, muss man schon mindstens ein mittelprächtiger Schütze sein … wie eben nur der Herr Zufall einer ist. Sarkasmus Ende.

Die Größe $1{,}63\ldots*10^{-79}$ (kg) war mir bereits vor einigen Jahren im Rahmen der früheren Arbeiten am Kugel-Lichtmodell begegnet.

Interessant dabei ist, die Äußerungen und Vermutungen von vor $6 + X$ Jahren mit den heutigen zu vergleichen. Schon damals hatte ich diese Zahl für eine Masse gehalten und darauf spekuliert, dass es eventuell die Photonen-Ruhemasse sein könnte. Heute weiß ich dagegen, dass diese Masse – falls Photonen tatsächlich eine Masse haben – sehr viel größer sein muss als die mit der genannten Zahl beschriebene. Und zwar um mehr als das 10-hoch-20-fache größer. Somit bleibt nicht viel mehr übrig, als die $1{,}63\ldots*10^{-79}$ kg einer Gruppe von nigel-nagel-neuen **Feldteilchen** zuzuordnen.

Insofern bin ich davon überzeugt, dass wir uns hiermit tatsächlich dem echten Atom – dem wirklich ‚Unteilbaren' – stark annähern. Schließlich sind die hier vermuteten Minimassen um ganze 48 Zehnerpo-

---

tenzen (= 48 Nullen) kleiner als die des eh schon ziemlich winzigen Elektrons und immerhin noch um 27 Zehnerpotenzen kleiner als die Ruhemasse des vermuteten Licht-Massenteilchens. Dabei sei auch nochmals auf den Anfang dieses Buches hingewiesen, wo die 48 mehrfach bei der Analyse der Lichtgeschwindigkeitzahl auftauchte.

Schätzungsweise ist auch das kein Zufall.

Da wir uns hier sowieso noch im Bereich der **Vermutungen und Spekulationen** bewegen, kann es kaum etwas schaden, die obigen Zahlen an dieser Stelle noch einmal anzuführen und einzubauen. Zumal es nicht unbedingt wie völliger Unsinn anmutet, sondern schlimmstenfalls nur ein bisschen wie ein ganz kleiner. Immerhin gibt es ja ein paar Indizien.

Und der Leser versteht wenigstens so ungefähr, was überhaupt gemeint ist. Insofern möge er die folgenden Ausführungen eher als Denkanstoß und Hinweis auf diverse weiße Flecken in der physikalischen Landkarte, denn als die einzig mögliche Möglichkeit und ‚absolute Wahrheit‘ auffassen.

Wozu sollen nun diese Superminiteilchen mit einer vermuteten Masse im Bereich von 10^{-79} kg gut sein? Was sollen sie bewirken? Was könnten sie mit physikalischen Feldern zu tun haben?

Oder anders: WIE funktionieren Felder?
Es mag vielleicht auf den ersten Blick merkwürdig erscheinen, aber diese scheinbar so ungeheuer schwierigen Fragen sind meines Erachtens „ganz leicht" zu beantworten. Jedenfalls fürs Erste.

Ich denke, dass diese Ultrasupermini-Feldteilchen stets und ständig massenweise in und um uns herumschwirren – völlig ‚unabhängig‘ davon wie der „Rest unserer jeweiligen Umwelt" aussieht. Nicht immer gleich, sondern in verschiedenen Konzentrationen, in verschiedenen Bindungsstufen sowie mit verschiedenen Geschwindigkeiten und Bewegungsrichtungen. Die Arten der physikalischen Felder wären demnach allesamt unterschiedliche Ausprägungen ein- und desselben Phänomens.

Falls dem tatsächlich so sein sollte, könnten die Kraftwirkungen von Feldern gut und gern nach dem **Schornsteinprinzip** funktionieren.

Ein Indiz dafür, dass es tatsächlich so sein könnte, liefern u.a. die in der Physik gebräuchlichen diversen Drei-Finger-Regeln.

Mit Schornsteinprinzip ist hier die Funktionsweise von Schornsteinen gemeint: Ein waagerechter Teilchenstrom (Luft, Wind) streicht mit einer bestimmten Geschwindigkeit über die Öffnung einer senkrecht stehenden Röhre (Esse, Schornstein). Dadurch werden die obersten, der Rohröffnung am nächsten befindlichen, Teilchen aus der Röhre herausgerissen. Ihre Bewegungsrichtung ändert sich, sie werden beschleunigt. Dadurch entsteht ein Druckgefälle innerhalb der Röhre und ihr Inhalt kommt in Richtung Rohröffnung in Bewegung, sofern am unteren Ende die Möglichkeit des Druckausgleichs besteht, d.h. der Zug offen ist. Der typische Schornstein-Sog entsteht.

Je **schneller** der äußere Luftstrom (Wind) über die Röhrenöffnung streicht, und je **dichter** die Luft ist, desto stärker wird der Sog. Und je stärker der Sog ist, desto mehr Abgase werden durch den Schornstein an die frische Luft befördert. Der Effekt wird durch Temperaturdifferenzen innerhalb der Röhre, und einige weitere Einflussfaktoren in der Regel verstärkt, kann bei ungünstigen Bedingungen aber auch zum Erliegen kommen oder sich sogar ins Gegenteil verkehren.

Das Schornsteinprinzip ist ein Bestandteil bzw. Unterthema der **Strömungslehre,** deren Bedeutung bereits kurz angesprochen wurde. Als solches ist es mit einer Reihe ähnlicher Prinzipien eng verwandt. Zu nennen wäre **hier** vor allem die Wirkungsweise einer aerodynamischen **Tragfläche,** deren Querschnittsprofil an der Flügeloberfläche einen Unterdruck erzeugt, sobald sie hinreichend schnell von Luft umströmt wird. Dieser Unterdruck ist bei entsprechender Ausprägung dazu geeignet das Fluggerät nach oben zu ziehen. Somit ermöglicht er das Fliegen mit Geräten, die „schwerer als Luft" sind. Auch das gehört zur Strömungslehre und dürfte bei den physikalischen Feldern ebenfalls eine große Rolle spielen. Das Tragflächenprinzip ist praktisch gewissermaßen so ziemlich „dasselbe" wie das Schornsteinprinzip – nur ohne Röhre.

Wenn wir diese beiden Prinzipien nun auf physikalische Felder übertragen wollen, müssen wir die einzelnen Fälle gesondert betrachten. Schließlich gibt es nicht nur Gemeinsamkeiten, sondern auch Unterschiede zwischen den Feldarten.

Fangen wir mit dem Gravitationsfeld an. Das dürfte zwar in der Praxis wohl kaum der einfachste Fall sein, aber er scheint aus (meiner) gegenwärtiger Sicht der grundlegendste zu zu sein.

Gravitationsfeld

Der Grundgedanke für die hiesige **spekulative** Beschreibung der Funktionsweise von Gravitationsfeldern besteht darin, dass jeglicher physikalische Körper – **vom subatomaren Teilchen bis zum Megastern** – stets von einer Wolke der Supermini-Feldteilchen (10^{-79} kg) umgeben ist, die den betreffenden Körper ringsum vollständig und relativ gleichmäßig einhüllt. Jeder dieser Körper kann entsprechend seiner Eigenmasse eine bestimmte Anzahl Feldteilchen um sich versammeln, die er auch nicht so ohne Weiteres wieder hergibt. Die Gesamtzahl der Feldteilchen je Masseneinheit bleibt **normalerweise** somit **immer gleich**. Unter Umständen – beispielsweise bei extrem hohen Geschwindigkeiten – kann sie sich jedoch ebenso extrem ändern, wenn zusätzliche Feldteilchen temporär aus der Umgebung aufgenommen werden. Auch eine Abgabe der Teilchen in das Umfeld ist unter entsprechenden Extrem-Bedingungen möglich. Sie sollten ebenso zwischen den Gravitationsfeldern verschiedener Quellen (Körper) zumindest teilweise gegenseitig ausgetauscht werden können: Gravitationsfelder sollten somit **dynamische Gleichgewichte** darstellen – und keine statischen. Die Gravitations-Feldteilchen-Wolke um einen Körper kann auch als (Gravitations-) Sphäre bezeichnet werden. Sie bewegt sich immer mit dem dazugehörigen Körper mit. Auch innerhalb von Atomen. Aufgrund der Größen-, Massen- und Kräfteverhältnisse – die man sich bei Denksportübungen dieser Art **immer** vor Augen halten sollte - ist das überhaupt kein Problem. Jeder einzelne Körper hat primär seine eigene Feld-Wolke. Löst er sich aus dem Verbund mit anderen Körpern, nimmt er sie stets mit. Die Wolken mehrerer Körper korrespondieren und interagieren miteinander. Dadurch entstehen größere Wolken (Gravitationsfelder), sofern sich mehrere Körper nahe kommen oder sich gar zu einer größeren Einheit miteinander verbinden. Dabei behält jeder

Körper sein eigenes Feld und stellt nur Teile davon der übergeordneten Einheit temporär zur Verfügung. Verschiedene Gravitationsfelder überlagern und durchdringen sich gegenseitig, die „Grenzen" zwischen ihnen verschwimmen.

Vorstellbar ist das so ungefähr nach dem **Huygensschen Prinzip**, bei dem viele Elementarwellen gemeinsam eine Frontwelle ausbilden. Beispielsweise entsprechen bei makroskopischen Körpern die äußersten Elektronen des Körpers den Erregerzentren der (äußeren) Elementarwellen. Schließlich bewegen sie sich spiralelliptisch um ihre Atomkerne.

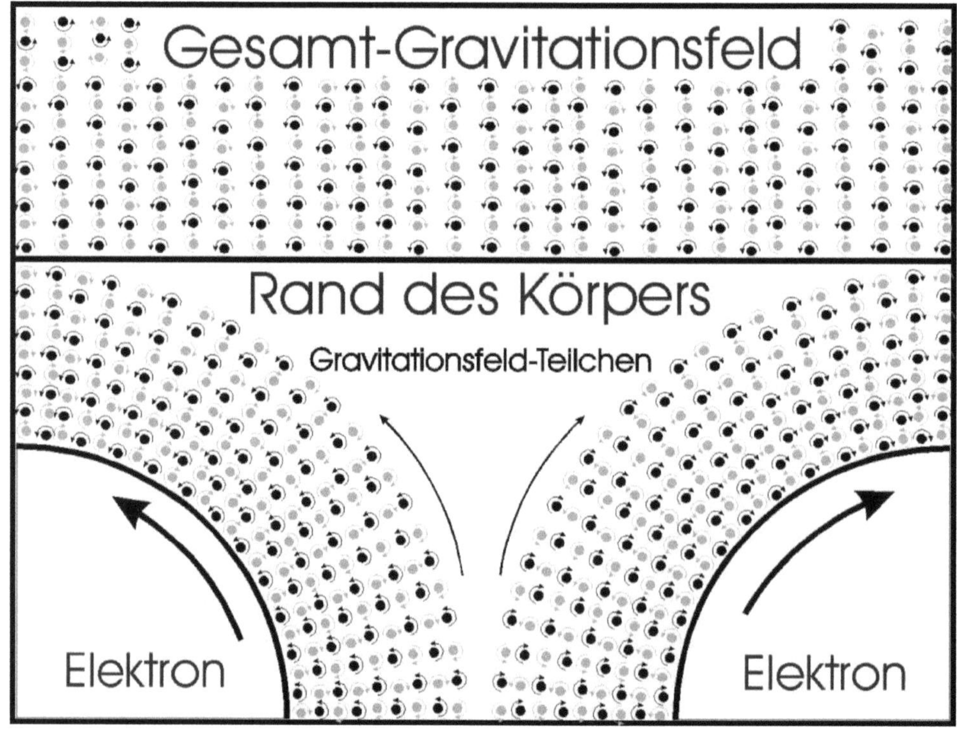

Abbildung 110: *Grobes Schema der äußeren Begrenzung eines makroskopischen Körpers mit dem Übergang der „einzelnen" inneren zum gesamtheitlich geschlossenen äußeren Gravitationsfeld, im Sinne von gegenseitiger „Verzahnung" der Gravitationsfeld-Teilchen (10^{-79} kg). Das erinnert sehr an das auf Wellen bezogene Huygenssche Prinzip.*

Ihre Gravitationsfeld-Teilchen-Wolken, die die Elektronen umhüllen, bewegen sich mit ihnen. Sie bilden somit die äußere Abgrenzung des eigentlichen Körpers. Nach außen hin vereinigen sie sich zur „Frontwelle", d.h. zum Gravitationsfeld des Gesamt-Körpers. Die übergeordnete Einheit – das Gesamt-Gravitationsfeld - verwendet die einzelnen Gravitationsfeld-Teile der diversen Einzelkörper exakt nach den selben Regeln wie ebenjene Einzelkörper, nur eben in Bezug auf die größere Einheit. Umgangssprachlich bzw. gesellschaftspolitisch könnte man diese Form der Organisation vielleicht eine Art „genossenschaftlicher Kooperation der Gravitationsfeld-Teilchen" nennen.

Das bedeutet aber auch, dass der Makro-Körper nicht an seiner makroskopischen Außengrenze endet, sondern durch sein äußeres Gravitationsfeld und seine Supermini-Feldteilchen nach außen fortgeführt wird. **Jeder** makroskopische Körper ist somit „quasi unendlich groß", weil das, was wir sein Gravitationsfeld nennen, zumindest dem Anschein nach nicht wirklich ein Ende hat und doch direkt zum Körper gehört. Das Gravitationsfeld ist zweifelsfrei ein Bestandteil jedes Körpers. Innen und außen. Ich weiß, das ist eine nichtvorstellbare Vorstellung, die über den menschlichen Verstand hinausreicht – und doch scheint es so zu sein.

Die einzelnen Teilchen der Gravitationsfeld-Wolke wirken auf Masse schwach anziehend. Sie ziehen sich somit auch gegenseitig leicht an. Dass sie nicht sofort zusammenklumpen, wird durch ihre Eigenbewegung verhindert. Je nach Abstand vom Körper in ihrer Mitte ordnen sie sich locker schichtweise um den Körper herum an, wodurch – außerhalb und innerhalb des Körpers – diverse Gravitationsfeld-Schalen entstehen, die bereits genannt und beschrieben wurden[267]. Vorstellen kann man sich das in etwa so wie die großen Schichtungen der Atmosphäre um den Planeten Erde: Troposphäre, Stratosphäre, Mesosphäre, Thermosphäre und Exosphäre, wobei die relativen Abmessungen selbstverständlich davon abweichen. Dazwischen **kann** es durch Störungen (Gravitationsfelder anderer Körper) unter Umständen zur Ausbilung von „Sondersphären" wie etwa der Ozonschicht etc. kommen. Die Wolke ist also **keine** blanke chaotische Ansammmlung von Teilchen, sondern relativ geordnet strukturiert. Die einzelnen Schalen sind jedoch nicht sonderlich stabil, sondern

---

[267]   Siehe hier im Buch, Seite 463 ff.

aufgrund der geringen wirkenden Kräfte eher „flexibel" - aber „zäh". Wenn sie durch äußere Einflüsse durcheinandergewirbelt werden, ordnen sie sich immer wieder neu nach dem alten Schalen-Muster, was unter Umständen allerdings eine Weile dauern kann, da auch hierbei die wirkenden Kräfte sehr gering und die zu bewältigenden Wege relativ lang sind .

Im Inneren von Atomen hat jedes Elementarteilchen seine eigene Gravitations-Schalenwolke. Die Teilchen des Atomkerns verbinden ihre Einzelwolken nach außen hin zur Gravitationssphäre des Kerns, die als kleine Teilkraft u.a. dabei hilft, die Elektronen auf ihren Spiralbahnen zu halten. Um den Atomkern herum wirbeln die Elektronen, jeweils ebenfalls mit ihrer eigenen Wolke. Die Supermini-Teilchen (10^{-79} kg) verursachen innerhalb der Atome – abgesehen von der Gravitation - keinerlei weitere Widerstände. Das liegt daran, weil einerseits der Abstand zwischen Kern und Hülle enorm groß ist und sich andererseits die Wolken mit ihren dazugehörigen Elementarteilchen mitbewegen, sodass es an dieser Stelle nicht zu Reibungsverlusten kommen kann. Die extreme Kleinheit der Wolken-Teilchen spielt dabei natürlich auch eine Rolle.

Auf der Außenseite des Atoms vereinen sich die von den einzelnen Elementarteilchen zur Verfügung gestellten Wolkenteile zur Gravitationsfeld-Schalenwolke des Gesamtatoms. Und so geht das weiter, je mehr Atome sich zu einem Körper zusammenfinden. Außen herum ist immer das Gesamt-Gravitationsfeld. Seine Stärke hängt von der Summe der im Körper vereinigten Einzelmassen und den damit verbundenen Feldteilchen-Wolken ab.

Elektronen bewegen sich. Sie drehen sich um sich selbst und wirbeln zusätzlich auf Spiralbahnen um ihren Atomkern herum. Demzufolge bewegen sich die Gravitationswolken der einelnen Elektronen ebenso. Die alleräußerste Schicht der Atome besteht demzufolge nicht – wie bisher gedacht - aus den Elektronen selbst, sondern aus den jeweils dazugehörigen, ebensfalls herumwirbelnden, Gravitations-Feldteilchen.

Die den Elektonen am nächsten befindlichen Feldteilchen bewegen sich am meisten, schnellsten und kräftigsten. Je größer der Abstand vom Elektron wird, desto „gemächlicher" wird zunächst die Bewegung der einzelnen Feldteilchen. Auch, weil die entfernteren Feld-Teilchen dann temporär nicht mehr zum Feld des Elektrons gehören, sondern schon zum Gesamtfeld des Gesamtatoms bzw. Gesamtkörpers, dem sie von den Einzelelektronen überantwortet wurden.

Außerhalb von Atomen bzw. Körpern, an der Stelle, wo die Wirkung des Gesamt-Gravitationsfeldes des ganzen Körpers und des äußeren Gravitationsfeldes am stärksten wirksam wird, bildet sich die erste äußere Gravitationsfeld-Schale. Noch weiter weg vom Körper wird das Feld zunächst erst wieder schwächer, bis zu der Stelle, wo die Gesamtgravitation des Körpers aufgrund der ebenfalls schalenförmigen inneren Gravitationsfeldstruktur wieder stärker wird und sich die zweite äußere Gravitationsfeldschale bildet. So geht das weiter von Schale zu Schale.

Insgesamt nehmen mit steigender Entfernung vom Körper die Feldteilchendichte und die Gesamtkraft des Gravitationsfeldes von Schale zu Schale immer weiter ab.

Das kommt daher, weil sich die bewegenden Feldteilchen aufgrund ihrer Masse zwar gegenseitig anziehen, andererseits jedoch wie sich drehende Zahnräder ineinander greifen, entgegengesetzte Dreh- und andere Bewegungen ausführen und sich dadurch gegenseitig auch bis zu einem gewissen Grade voneinander „abstoßen". Schließlich braucht jedes Feldteilchen genügend Platz für seine eigene Bewegung. Außerdem vergrößert sich mit zunehmendem Abstand vom Zentralkörper der zur Verfügung stehende Raum sehr stark, sodass immer weniger Feldteilchen je Raumeinheit zur Verfügung stehen.

Wie funktioniert nun die gegenseitige gravitative Anziehung zweier Gravitationsfelder bzw. der dazugehörigen Körper?

Grundvoraussetzung dafür ist eine primäre Relativbewegung der Körper bzw. ihrer Gravitationsfelder zueinander. Sind die Körper weit genug voneinander entfernt und bewegen sich nicht, passiert auch nichts. Die Körper müssen sich also erst aufeinander zu bewegen, damit sich ihre Gravitationsfelder mit der notwenigen ‚Stärke' berühren, gegenseitig durchdringen und miteinander interagieren können.

Nun ist es jedoch wahrscheinlich so, dass Gravitationsfelder unendlich große Radien haben, sie hören nirgendwo auf. Das heißt, sie haben immer nur einen ‚Anfang' bzw. ein Zentrum (ihren Zentralkörper), aber nie ein Ende. Anders ausgedrückt bedeutet das, dass jeder Körper im Universum jeden anderen Körper mit seinem Gravitationsfeld berührt und anzieht. Das ist schwer vorstellbar, doch es scheint so zu sein. Zumindest dadurch steht alles mit allem – mindestens jedoch vieles mit vielem - in ständiger Verbindung. Jedoch wird diese gravitative Verbindung mit zunehmendem Abstand immer kraftloser und schwächer, weil durch die größer werdenden Radien die Gravitationsfeldteilchen-Dichte jeweils immer mehr abnimmt und letztlich gegen Null strebt. Außerdem kommt es in der Natur des Universums **immer** zu irgendwelchen Störungen.

Insofern ist es fraglich, ob sich zwei mehrere Milliarden-Lichtjahre von einander entfernte Atome oder andere Körper in einem ideal-„lee-

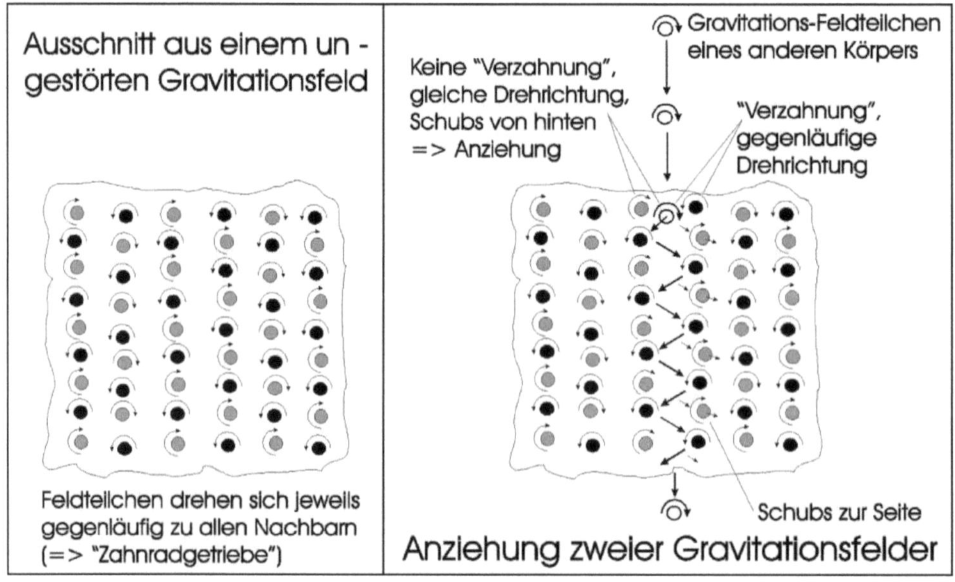

Abbildung 111: *Grobes Schema bzw. Prinzipdarstellung einer möglichen Funktionsweise der gegenseitigen Anziehung von Gravitationsfeldern durch die Aktivitäten der Feldteilchen (10^{-79} kg). Hier jedoch nur sehr vereinfacht und einseitig dargestellt.*
Die Abbildung erinnert schwer an einen Flipper-Automaten. Zufall?

ren" Raum tatsächlich noch gegenseitig anziehen (können)? Theoretisch sollte das so sein. Ist es aber auch praktisch möglich?

Nehmen wir mal an, einer der beiden Körper würde sich um sich selbst drehen und sein Gravitationsfeld mit ihm. Dann kommt zwangsläufig irgendwo eine Stelle, an der die Winkelgeschwindigkeit des Gravitationsfeldes die Lichtgeschwindigkeit erreicht. Bei der Erde – zum Beispiel – wäre das in der Äquatorebene ungefähr in 4,1225 Milliarden Kilometern Entfernung, das heißt: Kurz bevor das Erd-Gravitationsfeld den Planeten Neptun erreicht. Was passiert dann? Zieht die Erde den Planeten Neptun noch an? Oder nur der Neptun die Erde? Hört das Gravitationsfeld der Erde bei diesem Radius auf? Oder bewegen sich die „darüber hinaus ragenden" Sphären mit „nur" Lichtgeschwindigkeit weiter? Oder wird das Feld in noch größerer Entfernung überlichtschnell?

Nach Albert Einstein ist Letzteres nicht möglich. Schließlich soll nichts schneller sein können als das Licht. Auch Nichts nicht, sondern nur der Raum selbst – gelegentlich, wenn ihm danach ist - wie es die heutige „Urknaller-Physik" lehrt. Was immer „Raum" auch sein mag …

Demnach muss (?) - oder müsste - das Gravitationsfeld der Erde in dieser Entfernung ein Ende finden. Und schon vorher wird der Geschwindigkeitsanstieg immer geringer, bis er bei Lichtgeschwindigkeit Null erreicht. Das bedeutet aber auch, dass sich das Gravitationsfeld zur Spirale verformt – etwa so wie es bereits in den Abbildungen 81 und 82 auf den Seiten 465 f. dargestellt wurde, nur dass es hier jetzt um einzelne Körper geht - und nicht um ganze Galaxien. An diesem lichtschnellen Rand des jeweils körpereigenen Gravitationsfeldes würde dann die tatsächliche Begrenzung des Körpers zu finden sein. Dabei ist zu beachten, dass ja auch vermeintlich ruhende Körper **immer** irgendeine Drehbewegung ausführen. Ein Stein liegt regungslos am Erdboden, aber die Erde dreht sich – um sich selbst, um die Sonne, um das Zentrum der Milchstraße, …

Wie wirkt sich das aus?
Eine ulkige Geschichte ist das. Demnach würde nämlich nicht alles mit jedem in ständigem Gravi-Kontakt stehen, sondern immer nur mit einer ganzen Menge, aber einer endlichen.

Der Radius, an dem das jeweils betrachtete Gravitationsfeld mit seinem äußersten (?) Rand die Lichtgeschwindigkeit erreicht, hängt direkt von der **Rotationsgeschwindigkeit** des Zentralkörpers ab. Die Sonne dreht sich (an ihrem Äquator) einmal in 25 Erden-Tagen um sich selbst. Demzufolge beträgt der Radius des Sonnen-Gravitationsfeldes den 25-fachen Betrag dieses Radiuses bezüglich der Erde, was insgesamt 103,0610 Mrd. km ausmacht. Was ist also mit den Kometen und Planetoiden, deren Bahn zumindest stellenweise über dieses Maß hinausreicht? Was ist mit Planet Neptun, dessen Gravitationsfeld weder die Erde, noch die Sonne erreichen würde? Wird Neptun nur einseitig von der Sonne in der Spur gehalten? Oder von Jupiter?

Oder drehen sich die Gravitationsfelder nach erreichen – oder fast erreichen – des Lichtgeschwindigkeitsorbits auch darüber hinaus mit Lichtgeschwindigkeit weiter? Das würde zu totalen Verwerfungen der Gravitationsfelder führen und so einiges durcheinanderwirbeln. Allerdings würde / könnte dann doch alles mit allem gravitativ verbunden sein … obwohl …

Und was ist mit extrem kleinen Körpern, die sich extrem schnell drehen? Etwa mit Elektronen? Oder – noch besser – mit den Photonen-**Licht-Masseteilchen** (10^{-52} kg)? Haben die dann nur noch ein ganz winziges Gravitationsfeld, welches wir nicht mehr messen können und uns deshalb das Licht als masselos vorgegaukelt wird? Denn was ist Masse „ohne" Gravitationsfeld? Oder mit einem hauteng begrenzten? Vor allem eine extrem kleine Masse … ist sie dann noch Masse – oder lieber nicht?

Na egal. Vorerst jedenfalls.
Nicht egal ist dagegen, dass es bereits vor Jahren diverse praktische Versuche mit tiefgekühlten Rotationskörpern gab, die das Gravitationsfeld der Erde teilweise abzuschirmen scheinen. Der Urheber dieser Gedanken ist Jewgeni Podkletnow[268]. Selbstverständlich wurden diese Versuche von den lieben Kollegen in Misskredit gebracht, sodass es – zumindest für die Öffentlichkeit – an dieser Stelle scheinbar nicht weiter ging. Aber dieses tatsächlich beobachtete Phänomen könnte zukünftig für die Menschheit noch sehr wichtig werden. Insbesondere im allgemeinen Verkehrswesen, dem Transport von Personen und Lasten, aber auch speziell

---

[268]   [41]

in der Luft- und Raumfahrt sowie im Militärwesen kann die praktische Nutzung dieses Effektes dereinst die ganze Welt umkrempeln. Bemerkenswert ist, dass es zwischen der eventuellen Abschirmung des Erd-Gravitationsfeldes und den obigen Gedanken zu geschwindigkeits- und größenbegrenzten Gravitationsfeldern durchaus ernstzunehmende Zusammenhänge geben kann. Wohin mag das führen?

Wenn sich also zwei Körper gegenseitig aktiv gravitativ anziehen sollen, müssen sie sich bereits vorher zumindest so nahe kommen, dass die Kraft mindestens eines der beiden Felder ausreicht, die Masse des anzuziehenden Körpers zu bewegen. Und um das zu gewährleisten sind eine gewisse „Aufeinanderzu"-Bewegung und eine Mindest-Feldteilchen-Dichte zwingend notwendig.

Wenn dieser erste Schritt erfolgreich vollbracht ist, berührt mindestens das eine Gravitationsfeld den „gegnerischen Körper" bzw. sein Gravitationsfeld mit genügender Teilchendichte und Anziehungskraft. Optimaler ist selbstverständlich, wenn sich die Gravitationsfelder beider Körper gleichzeitig dem jeweils anderen Körper nahe kommen. Ob es jedoch so kommt, hängt wiederum von der jeweiligen Größe, Form, Masse und Bewegung der Körper ab. Körper mit gleicher oder ähnlicher Masse sollten sich also effektiver gegenseitig anziehen als stark unterschiedlich geartete.

Wo kommt nun aber die Anziehungskraft her und wie wird sie wirksam? Ich denke, dass hier die Strömungsmechanik die größte Rolle spielt. Hierbei müssen wir im makroskopischen Bereich jedoch mindestens zwei Fälle unterscheiden:
     1.) Nichtdrehende Körper
     2.) Drehende Körper
Demgegenüber dreht und bewegt sich im ultramikroskopischen Bereich (Atome, Elektronen, … usw.) **immer alles** „irgendwie". Und auch im ultramakroskopischen Bereich (Planeten, Sterne, … usw.) dreht sich anscheinend wieder alles. Nur im kleinen Bereich der Mitte dazwischen scheint es eine gewisse „Drehpause" zu geben.

Bei **nichtdrehenden** makroskopischen Körpern bewegt sich zumindest **ein Teil** der Feldteilchen, die das Gravitationsfeld des „gegnerischen" Körpers mit genügender Dichte erreichen, aufgrund seiner „Zahnradbewegung", die es von seinem Heimatkörper bzw. Heimat-Elektron erhalten hat und von dort mitbringt, drehend der Oberfläche des anzuziehenden Körpers entgegen. Dadurch entsteht durch die Einwirkung auf die Gravitationsfeld-Teilchen des anderen Körpers ein Sog – ähnlich wie bei einer Zahnradpumpe, die Öl ansaugt, oder zwei gegenläufigen Zahnrädern, zwischen die ein „Faden" gerät. Der „Faden" entspricht dabei den „gegnerischen" Gravitationsfeld-Teilchen. (Siehe Abb. 106, Seite 670).

Ein **anderer Teil** der Feldteilchen dringt in den anzuziehenden „gegnerischen" Körper ein oder wird an ihn angelagert. Diese Vorgänge könnten wir vielleicht echte und unechte Absorbtion nennen. Diese, dann mit dem Körper verbundenen, Feldteilchen machen ihn mit der Zeit und in Abhängigkeit von ihrer Anzahl immer schwerer. Dadurch fällt der anzuziehende Körper immer schneller in Richtung des anziehenden Körpers. Er wird beschleunigt. Beide Vorgänge gemeinsam rufen somit die grundsätzliche gravitative Anziehung hervor.

Bei um sich selbst **drehenden** makroskopischen Körpern kommt der Flugzeugflügel-Effekt als Kraftwirkung noch **hinzu**. Die wirksame Gravitationskraft sollte in diesem Fall also größer sein als bei nichtdrehenden Körpern. Bei drehenden Körpern dreht sich das jeweils dazugehörige Gravitationsfeld ja mit. Und je weiter sich die Feldteilchen von ihrem Zentralkörper entfernt befinden, desto schneller bewegen sie sich um ihn herum. Jedenfalls solange man von der bisherigen Maßgabe ausgeht, dass Gravitation stets und ständig in radialer Richtung wirkt. Die „zahnradmäßige" Eigenbewegung der Feldteilchen wird dadurch kaum beeinflusst bzw. verändert. Sie wirkt also fast genauso weiter wie bei nichtdrehenden Körpern. Wenn die Feldteilchen nun mit hoher Geschwindigkeit auf einen anzuziehenden makroskopischen Körper treffen, sind sie (zumindest teilweise) gezwungen, sich um diesen Körper herum zu bewegen. Dadurch verändert sich die Form ihrer Bahn. Dank den Gesetzen der Strömungsmechanik werden sie noch schneller. Dies geschieht auf der Vorderseite des anzuziehenden Körpers stärker als auf der Rückseite, weil erstens die Feldteilchendichte an der Vorderseite höher ist und zweitens die Verformung der Feldteilchenbahnen durch die ellipsoide Gestalt des Gravitationsfeldes stärker zum Tragen kommt.

Damit wirkt der anzuziehende Körper ähnlich einem Flugzeugflügel oder einem Flettner-Rotor im Luftstrom. Es entsteht ein zusätzlicher Sog in Richtung des anziehenden Körpers. Je näher sich die beiden Körper kommen, desto größer wird der Effekt und die gegenseitige Anziehungskraft, weil die Feldteilchendichte steigt. Im Gegensatz zum Flugzeugflügel spielt jedoch die Form des anzuziehenden Körpers nur eine untergeordnete Rolle, weil die Geschwindigkeitsunterschiede und Materiedichten zwischen Feld und Körpern oftmals sehr viel größer sind als beim Flugzeug. Die Richtung der Anziehung läuft dabei auf die Mitte bzw. den Schwerpunkt des anziehenden Zentralkörpers zu.

Die Betrachtung dieser Geschichte in der Praxis muss bei zwei sich gegenseitig anziehenden Körpern selbstverständlich auch zweiseitig erfolgen – und nicht nur einseitig wie hier im Text und den Abbildungen.

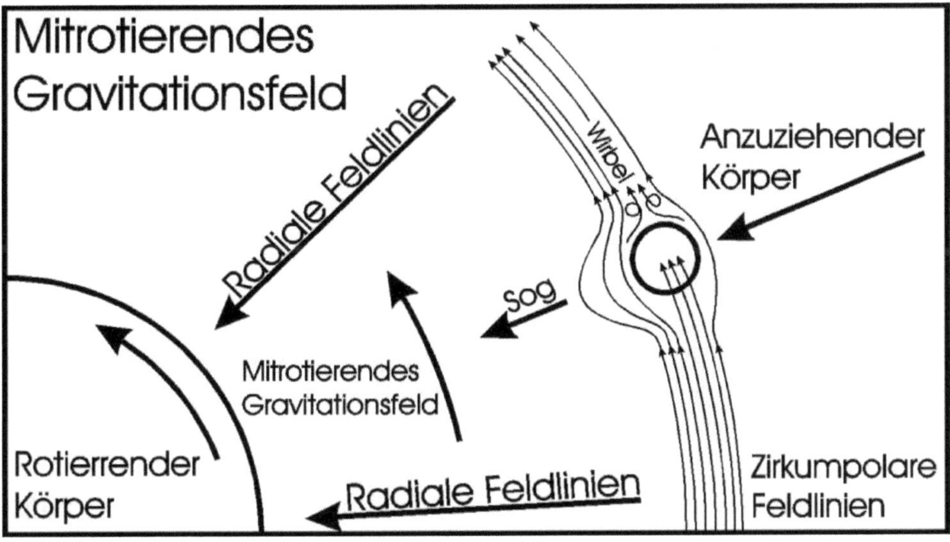

Abbildung 112:   *Gravitative Anziehung von drehenden Körpern deren Gravitationsfeld sich mit ihnen mitdreht*

So wie ich das gegenwärtig sehe, sind bislang nur zwei relevante physikalische Gegenspieler zur Gravitationskraft bekannt.

Zum Ersten die **Fliehkraft**, zum Zweiten das **Licht**.

Die **Fliehkraft** wirkt der Gravitationskraft diametral entgegen. Sie resultiert jedoch letztlich aus einer bestimmten Form der Trägheit, d.h. dem Bestreben von bewegten Körpern von einer elliptischen Bahn auf eine geradlinige zu kommen und diese nach Möglichkeit zu bewahren, weil sie mit dem geringsten Energieaufwand beibehalten werden kann. Dieses Ziel wird allerdings erst erreicht bzw. teilweise erreicht, wenn die Fliehkraft größer ist als die ihr entgegenwirkende Gravitationskraft. Die primär wirkende Trägheitskraft wirkt in diesem Falle **senkrecht** zur Gravitationskraft. Ihre Stärke hängt – ebenso wie die der sekundär resultierenden Fliehkraft - von der (Umdrehungs-) Geschwindigkeit ab. Sowohl Trägheit, als auch Fliehkraft haben also nur relativ wenig mit dem Gravitationsfeld selbst und den dazugehörigen Feldteilchen zu tun, obwohl die selbstverständlich trotzdem immer und überall wirksam sind.

Ganz anders sieht es hingegen beim **Licht** aus. Das wird bereits primär allseitig und geradlinig abgestrahlt. Somit wirkt es richtungsmäßig der Gravitation direkt entgegen. Auf größere Körper hat es vordergründig jedoch nur einen winzigen mechanischen bzw. kraftmäßigen Einfluss.

Warum wird es dann hier dennoch genannt?

Nach den Ermittlungen im hiesigen Buch sind Photonen spiralförmig und massehaltig. Die selbst winzigen Licht-Masseteilchen sind im Vergleich zu den Gravitationsfeld-Teilchen jedoch riesig. Das heißt, dass auch jedes Licht-Masseteilchen von einer Wolke aus Gravitationsfeld-Teilchen umgeben ist. Und damit hat Licht direkten Einfluss auf das Gravitationsfeld des abstrahlenden Körpers.

Verlässt Licht diesen Körper mit Lichtgeschwindigkeit interagieren die Gravitationsfeld-Teilchen der Licht-Masseteilchen mit jenen des Körpers nach der oben beschriebenen „Zahnrad-Methode". Dadurch werden die „riesigen" Licht-Masseteilchen geringfügig abgebremst. Die Spirale wird ein wenig gedehnt, die Wellenlänge des Lichts wird größer. Dadurch kommt es zur gravitativen Rotverschiebung. Indessen wird die

„Welle der Spirale" nicht oder nur indirekt vom Gravitationsfeld des abstrahlenden Körpers beeinflusst. Sie behält ihre Geschwindigkeit – die Lichtgeschwindigkeit - bei. Entschwindet das Licht aus dem starken Bereich des Gravitationsfeldes hinter ihm, pendelt sich alles wieder so ein wie es direkt bei der Abstrahlung war.

Vorstellbar ist das in Etwa wie eine Spiralfeder, die über eine vorgegebene Form verfügt. Bei Veränderung dieser Form durch äußere Einflüsse (bis zu einem gewissen Grade) nimmt die Spiralfeder diese Form nach dem Ende der Beeinflussung von allein wieder an. Ich denke, dass das eine gute Erklärung für die Entstehung der gravitativen Rotverschiebung ist. Bei der gravitativen Blauverschiebung läuft das Ganze umgekehrt ab.

Fazit: Gravitationsfelder sind in Aufbau, Funktions- und Wirkungsweise ganz offensichtlich sehr viel komplizierter und vielgestaltiger als das bisher in der interessierten Öffentlichkeit wahrgenommen wird. Auch sie tragen eine gewisse Art von Welle-Teilchen-Dualismus in sich. Die gründliche weitere Erforschung des Phänomens Gravitation beinhaltet ein enormes Potenzial, das für die Menschheit zukünftig eine extrem wichtige Rolle spielen kann Dabei ist es nur von untergeordneter Bedeutung, ob die – **begründet vermuteten** – Gravitationsfeld-Teilchen tatsächlich in der hier vorgestellten Form existieren – oder nicht. Oder, ob sich noch etwas gänzlich Anderes hinter den definitiv existenten Zahlenzusammenhängen verbirgt.

Elektrisches Feld

„Elektrischer Strom ist die gerichtete Bewegung von Ladungsträgern in einem elektrischen Feld. ..."[269]

Und weiter:

„Ein elektrisches Feld besteht in einem Raumpunkt P, wenn auf einen an

---

[269]   [1] , Seite 177

diesen Ort gebrachten, elektrisch geladenen Körper eine [gerichtete; PHK] Kraft F wirkt. Dieses elektrische Feld kann durch physikalsiche Größen [z.B. Feldstärke E = f(s,t)] quantitativ erfasst werden. ..."[270]

Ebenda ist zu lesen:

„Entstehung eines elektrischen Feldes. Notwendige Bedingung ist das Vorhandensein von Ladungsträgern. Ursache ist die Ladungstrennung. Zur Ladungstrennung ist Arbeit aufzuwenden, die als Feldenergie im elektrischen Feld gespeichert wird."[271]

So steht's im Wissensspeicher Physik. Und noch vieles Andere mehr. Nur, wie man sich das Funktionieren von elektrischen Feldern vorzustellen hat, steht dort leider nicht.

Woher weiß denn das große elektrische Feld, dass es eine Kraft auf den kleinen Ladungsträger einwirken lassen muss? Und woher weiß die Kraft, in welche Richtung sie zu wirken hat? Und woher weiß das Feld, dass überhaupt ein Ladungsträger da ist? ...

Die letztgenannte Frage ist „leicht" zu beantworten. Die beiden Pole des elektrischen Feldes stehen ja immer in gravitativer Verbindung miteinander. Soll heißen: Die Gravitationsfelder der beiden Pole sind stets gegenseitig durchdrungen – auch wenn die Anziehungskraft nicht ausreicht, um die Pole mechanisch oder anderweitig zusammenzubringen. Bewegt sich nun ein außerplanmäßiger Ladungsträger – beispielsweise ein Elektron – in das Gravitationsfeld zwischen den beiden Polen – und somit auch in das überlagernde elektrische Feld - hinein, kommt es zu massiven Störungen im Teilchengefüge der gravitativen Verbindung. Diese Ungewöhnlichkeiten pflanzen sich im gravitativen Feld bis zu den Polen fort und „sagen dort bescheid", dass irgendetwas nicht stimmt bzw. ein Eindringling angekommen ist. Die Störungsfortpflanzung sollte in der Regel schwingungs- oder wellenartig innerhalb des Gravitationsfeldes zwischen den Gravitationsfeld-Teilchen geschehen, die durch die Störung in Bewegung geraten. Wir erinnern uns daran, dass ein Elektron ungefähr 10^{48}-mal größer ist als die (vermuteten) Gravitationsfeld-Teilchen (10^{-79} kg). So ziemlich alle anderen Ladungsträger dürften noch viel größer sein

---

[270]   [1] , Seite 186
[271]   [1] , Seite 187

– und somit noch stärkere Störungen verursachen – als ein Elektron. Alle Störenfriede sollten sich also ungefähr so verhalten, als ob ein großer Stein ins Wasser fällt – sie provozieren und produzieren Wellen und Strömungen im Gravitations-Teilchen-Gefüge.

Die gravitative Alarmierung erfolgt zunächst an beiden Polen – je nach Aufenthaltsort des eingedungenen Ladungsträgers mehr oder weniger „gleichzeitig". Leider kann aber nur ein Pol reagieren, weil er einen Ladungsträger-Überschuss zur Verfügung hat. Der andere Pol muss wegen seines Ladungsträgermangels schauen was auf ihn zukommt und alles Weitere erdulden. So richtig böse ist er deswegen aber nicht, weil er ja eine Chance sieht, seine Ladungsträgermangel-Bilanz ausgleichen zu können, um endlich Ruhe zu finden.

Wenn die Alarmierungsmeldung am Pol mit Ladungsträger-Überschuß ankommt, werden zuallererst die Gravitationsfeld-Teilchen der alleräußersten Pol-Elektronen mobil. Gleich im Anschluss werden von ihnen diejenigen Licht-Masseteilchen (rund 10^{-52} kg) hellwach gerüttelt, die sich bis dahin wie gewohnt friedlich um die äußersten Elektronen des Pols bewegen. Einige von ihnen werden durch die Erschütterungen von ihren Heimat-Elektronen getrennt, setzen sich in Richtung ‚außerhalb des Pols‘ in Bewegung – mitten ins gravitative und elektrische Feld hinein. Dort sorgen sie ihrerseits für Störung und Unruhe. Das geschieht primär mit Unterlichtgeschwindigkeit, es leuchtet also nichts.

Den partiellen Verlust der Licht-Masseteilchen bemerken die davon betroffenen Elektronen selbstverständlich. Es kommt dadurch ja zu Unwuchten, leichten Bahnänderungen und Schwingungen, wodurch andere von Licht-Masseteilchen umgebene Elektronen angerempelt werden. Auch solche, die sich weiter im Inneren des Pols befinden. Schließlich geht es am gesamten Pol aufgrund des Ladungsträger- und damit Teilchen-Überschusses ziemlich eng zu. Dadurch werden weitere Licht-Masseteilchen von ihren Elektronen getrennt. Sie bewegen sich – ebenfalls mit Unterlichtgeschwindigkeit – schon ein wenig gezielter in Richtung Gegenpol, da sie bestrebt sind, den kürzesten Weg nach draußen zu erwischen. Es bleibt ihnen ja nichts Anderes übrig. Sie sollten es sein, die die Kraft auf den eingedrungenen Ladungsträger im Feld ausüben und ihn in Richtung Mangel-Pol drängen, sobald ihre Anzahl, Geschwindig-

keit und Trägheit groß genug ist, dies bewirken zu können. Durch die
(bereits erwähnte) vermutete, geringfügige elektrische Ladung der Licht-
Masseteilchen wird die Kraftwirkung verstärkt. Diese elektrische Ladung
sollte sehr viel kleiner sein als eine Elementarladung von Proton und
Elektron. Eventuell ist sie unter gegebenen Umständen ein direkter
Bestandteil davon, sofern größere Elementarteilchen zu großen Teilen
aus Licht-Masseteilchen bestehen (=> Bindungsenergie?).

Von nun an gibt es zwei Möglichkeiten:

Entweder die Störung durch den ins Feld eingedrungenen Ladungsträger ist klein genug, damit sich nach einer Weile alles wieder beruhigen kann, indem die äußeren Ladungsträger des Überschuß-Pols von
hinten nachdrängende Licht-Masseteilchen aufnehmen bzw. absorbieren.

Oder die Störung ist zu groß, um sich von selbst wieder zu beruhigen. In diesem Fall reißen irgendwann die nach draußen stürmenden
Licht-Masseteilchen den ersten „richtigen" Ladungsträger vom Überschuß-Pol mit sich. Das führt zu einer Kettenreaktion innerhalb des Pols.
Durch den mitgerissenen Ladungsträger entsteht eine „gewaltige" Lücke
im Teilchengefüge des Pols. Andere Ladungsträger aus dem Überschuß-
Potential drängen sich in die klaffende Wunde – und werden ebenfalls
mitgerissen, bevor sie sich ordnungsgemäß ins Gefüge eingliedern konnten. Durch die Bewegungen der großen Ladungsträger kommt der gesamte Überschuß-Pol immer mehr in Wallung, sodass immer mehr Ladungsträger ihren Halt im Gefüge verlieren. Schließlich kommt es zu einem re-
gelrechten **Strom** von Ladungsträgern - hinaus ins „freie", von unterlichtgeschwindigkeitsschnellen Licht-Masseteilchen durchfluteten, gravitative **und** elektrische Feld in Richtung Mangel-Pol. Dadurch, dass die
riesigen Ladungsträger plötzlich von hinten ins Heer der dort berreits
„reisenden" winzigen Licht-Masseteilchen krachen, werden diese teilweise auf Lichtgeschwindigkeit beschleunigt. Es kommt zu Licht- und
Leuchteffekten. Erhebliche Hitze wird freigesetzt.

Das nennen wir Menschen dann einen ‚Ladungsausgleich', einen
‚Überschlag' oder einen ‚Kurzschluss' – und wenn es ganz heftig kommt
auch einen ‚Lichtbogen' – was im Prinzip alles dasselbe ist, nur in verschieden starken Ausprägungsformen im Rahmen von Zeit und Raum.

Am und im gegenüberliegenden Mangel-Pol kommt es derweil zum mordsmäßigen Gedränge. Die dortigen Ladungsmangel-Teilchen sind ja bestrebt, ihren Mangel auszugleichen. Aber das braucht seine Zeit, sofern es zur ordnungsgemäßen Einordnung der ankommenden Teilchen kommen soll. Und wenn plötzlich zu viele davon gleichzeitig auf den Mangel-Pol einprasseln, kommt es zum chaotischen Gedrängel. An einigen Stellen bilden sich sofort wieder Teilchen-Knäuele und Überschüsse, während an anderen Stellen immer noch Mangel herrscht, der ausgeglichen werden will. Besteht die Möglichkeit, dass die neugebildeten Überschüsse zügig genug nach hinten abfließen und sich einordnen können, hält sich das Chaos in Grenzen. **Strom** fließt. Besteht diese Möglichkeit nicht, wird es sehr schnell ziemlich warm im Gedränge ...

Alles in Allem beruhigt sich erst alles wieder, wenn alle temporären Ladungsträger ihren Gegenpart gefunden haben. Es ist immer nur die Frage wie die Beruhigung vonstatten geht und wie lange das dauert. Das anfängliche elektrische Feld existiert dann nicht mehr.

<u>Fazit:</u>

Nach den hiesigen Ermittlungen funktionieren elektrische Felder in drei Stufen, die sich durch die jeweils beteiligten und aktivierten Teilchen charakterisieren lassen:

    1.) Gravitationsfeld-Teilchen (10^{-79} kg)

    2.) Unterlichtgeschwindigkeitsschnelle Licht-Masseteilchen
        (10^{-52} kg)

    3.) ‚echte' Ladungsträger aller Arten (Elektron, Proton, Ion, …)
        (10^{x} bis 10^{-31} kg)

Die ersten beiden Stufen sind bislang noch nicht nachweisbar, aber es gibt Indizien, die auf ihre Existenz und Funktion hinweisen. Die eigentliche „Feldarbeit" verrichten die Licht-Masseteilchen. Die Ladungsträger der dritten Stufe dienen hauptsächlich dem Ladungstransport zur Herstellung des Ladungsausgleiches. Sie allein bilden das heutige äußere Erscheinungsbild elektrischer Felder Doch das kann keinesfalls bereits vollständig sein.

Magnetfeld

Laut heutiger Physik sind elektrische und magnetische Felder stets unterschiedliche Ausprägungen ein- und desselben Phänomens. Das sehe ich ganz genauso, nur mit der Abweichung, dass das zugrundeliegende Phänomen ein geringfügig anderes ist als es gegenwärtig noch öffentlich kund getan wird.

Wieder im „Wissensspeicher Physik"[272] ist zu lesen, dass die notwendige Voraussetzung für die Entstehung eines magnetischen Feldes die zeitliche Änderung des dazugehörigen elektrischen Feldes ist. Gleich darunter steht auch noch folgendes geschrieben:

„Elektrischer Strom und magnetisches Feld sind zwei untrennbare Erscheinungen. Deshalb spricht man zutreffender vom **elektromagnetischen Feld.**
Ist das elektrische Feld zeitlich konstant und fließt in der Folge ein konstanter elektrischer Strom, dann ist auch das magnetische Feld konstant.
Das Feld eines **Dauermagneten** hat ebenfalls elektrische Ursachen im Innern der Atome. Es wird durch Ströme, die innerhalb der Atome infolge der Bewegung elektrischer Ladungsträger fließen – Molekularströme -, hervorgerufen."[273]

Wenn wir ausnahmsweise mal großzügig darüber hinwegsehen, dass „Erscheinungen" wohl eher eine Sache der Religion sind, bleibt immer noch die Frage übrig, was das für Molekularströme von Ladungsträgern innerhalb der Atome sein könnten. Denn immerhin findet ja die praktische Wirkung von Magnetfeldern überwiegend außerhalb des Magneten statt. Was ist in Magneten also anders als in anderen Stoffen? Schließlich bewegen sich dort auch Ladungsträger – jedoch ohne Magnetismus hervorzurufen. Wo ist der Unterschied?

Die Gestalt und der Verlauf von Magnetfeldern wird oft mithilfe von Feldlinien dargestellt.

---

272   [1] , Seite 194
273   [1] , Seite 194

„Magnetische Feldlinien sind **gedachte Linien** [...] Sie sind ein Modell, dass der Beschreibung des magnetischen Feldes als einer Erscheinungsform der Materie dient"[274]

Und hier fangen dann die Fragen so richtig an weh zu tun. Sind die magnetischen Feldlinien wirklich nur gedacht?

Falls sie tatsächlich nur gedacht sind, warum ordnen sich dann Eisenfeilspäne ordentlich an ihnen entlang an, wie es deutlich in Abbildung 81 zu sehen ist? Können sich Eisenspäne Feldlinien denken? Und falls tatsächlich alles nur ‚gedacht‘ wäre, wieso ziehen dann Magneten durchaus real existierende, andere magnetische Körper an – oder stoßen sie ab? Ist das die Wirkung der Kraft der Gedanken?

Irgendetwas scheint da nicht ganz koscher zu sein …

Versuchen wir also einmal ein wenig Ordnung in die Geschichte zu bringen. Beginnen wir mit dem einfachen Stabmagneten aus Abbildung Achtzig. Der ist langgestreckt quaderförmig und hat zwei Pole. Die über ihn gestreuten feinen Eisenspäne ordnen sich nach einem ganz bestimmten Muster um den Magneten herum an. Dieses Muster entsteht – ganz real - auch bei jedem anderen Stabmagneten unter den gleichen Bedingungen. Es wirken also ‚gesetzmäßige‘ Kräfte, die die Metallspäne genau dorthin bugsieren, wo sie hingehören – und das jedes Mal in Form des besagten Musters. Dieses Muster vollziehen wir darstellerisch mit den Feldlinien nach. Dabei mögen die Linien auf dem Papier „gedacht" sein, aber Kräfte und Muster des Magneten sind absolut real – und zwar ganz ähnlich der Form wie wir sie darstellen.

Schauen wir uns das Muster genauer an, stellen wir schnell fest, dass es offensichtlich aus lauter leicht verformten, geschlossenen Ellipsen besteht. Allerdings sind Abbildungen nur zweidimensional, die Realität hingegen ist räumlich. Demzufolge sind die Ellipsen nur in der Darstellung Ellipsen, in Wirklichkeit jedoch dreidimensionale Ellipsoiden. Wir brauchen also dringend ein gewisses räumliches Vorstellungsvermögen. Eventuell kann man die Ellipsoiden in zwei verschiedene Arten unterteilen. Davon sind die in der Mitte zwischen den Polen befindlichen

---

[274]   [1] , Seite 196

anscheinend senkrecht zum Stabmagneten angeordnet und bilden dort eine Art „Blase". Durch die „Blase" werden die anderen, längs des Magneten verlaufenden, Ellipsen / Ellipsoiden scheinbar in Richtung der Pole gedrängt. Da der Stabmagnet mitten durch die „Blase" hindurchgeht – und mit ihm die längs angeordneten Ellipsoiden, erscheint es möglich, dass die „Blase" eine Donut-Form aufweist: Ein Ellipsoid mit einem Loch in der Mitte, durch welches die Längs-Ellipsoiden mit einer Seite hindurch können. Damit wären auch sie keine richtigen Ellipsoiden, sondern ebenfalls ‚Donuts' mit einem Loch in der Mitte – nur eben langgezogen, eiförmig wie ein Rugby-Ball oder ein American Football-Ball, wobei sich das Loch entlang der Längsachse befindet.

Wie könnten solche derart verformten Ellipsen / Ellipsoiden entstehen? Wo könnten sie herkommen? Woraus könnten sie bestehen?

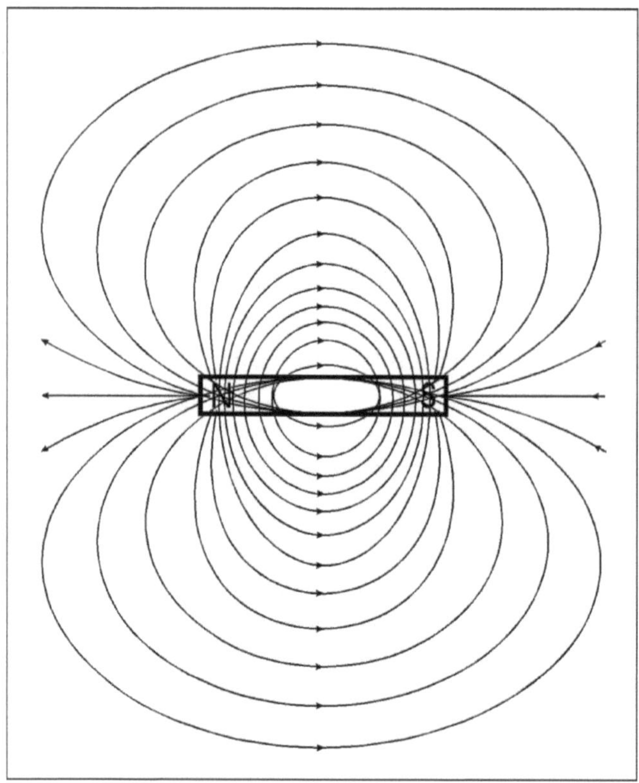

Abbildung 113:
Ein Stabmagnet mit seinem Magnetfeld

Das Magnetfeld ist hier mithilfe von echten Ellipsen dargestellt. Dadurch ist der Stabmagnet ein klein wenig breiter als in der Realität und die Feldlinien überlagern sich an den Polen, was in der Praxis so nicht sein sollte.

Gut zu erkennen ist, wie sich die Ausrichtung der Ellipsen von „quer in der Mitte" zu ‚längs von Pol zu Pol' ändert.

Im „Wissensspeicher Physik" war **Strom** erwähnt – ein Strom von innerbetrieblichen Ladungsträgern – eine Teilchenströmung. Könnte sich dieser Strom auch außerhalb des Magneten fortsetzen? Auf leicht verformten Ellipsenbahnen? Warum nicht? Das ist im Universum eine beliebte Fortbewegungsmethode.

Nur: Außerhalb des Magneten sind keine herkömmlichen Ladungsträger unterwegs. Man bekommt keinen elektrischen Schlag, wenn man einen Dauermagneten anfasst. Was bzw. welche Teilchenart könnte also sonst noch infage kommen?

Sie ahnen es schon, lieber Leser: Es dürften wieder die unterlichtgeschwindigkeitsschnellen Licht-Masseteilchen (10^{-52} kg) sein. Und das nicht nur bei Dauermagneten, sondern auch bei stromdurchflossenen Leitern und allen ähnlichen Gelegenheiten. Sie sind groß und schnell genug, um relativ große Kräfte übertragen zu können, aber. klein genug, um „überall durchzukommen". Ebenso sind sie klein genug, damit wir und unsere Sensoren sie noch nicht selbst wahrnehmen können, sondern nur ihre enormen Gruppen-Wirkungen. Auch sind sie nach hiesiger Maßgabe dasselbe Phänomen wie bei den elektrischen Feldern. Das könnte also alles ziemlich gut zusammenpassen ...

Bleibt die Frage, wie die magnetische Anziehung funktoniert. Das geschieht wieder nach dem Schornstein- bzw. Tragflügelprinzip. Ganz ähnlich wie bei den rotierenden Gravitationsfeldern (siehe Abbildung 112, Seite 675), nur dass sich der Magnet selbst nicht drehen muss, weil das die unterlichtgeschwindigkeitsschnellen Licht-Masseteilchen auch ohne ihn erledigen können. Im Gegensatz zu den Gravitationsfeld-Teilchen sind sie aber viel schwerer und bringen daher viel mehr Power mit ins Gefecht. Die Prinzipien bleiben jedoch ganz ähnlich.

Die Licht-Masseteilchen werden innerhalb des Stabmagneten aufgrund von Karambolagen zwischen den Ladungsträgern (vorwiegend Elektronen) von ihren Trägerelektronen getrennt und ein wenig längs des Magneten in eine **bestimmte** Richtung beschleunigt – jedoch längst nicht auf full speed Lichtgeschwindigkeit, sondern nur gerade so viel, dass sie das Magneten-Innere zeitweilig ein wenig verlassen können, um anschließend auf der anderen Seite gleich wieder in ihn einzutauchen.

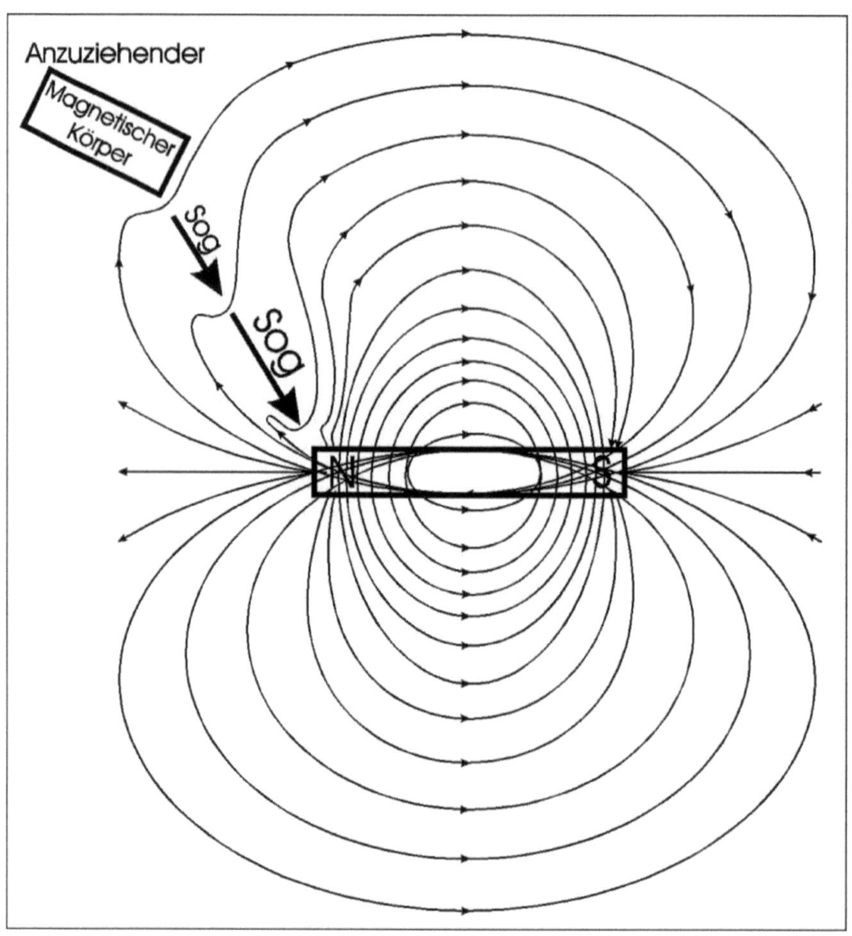

Abbildung 114: *Anziehung eines magnetisch reagierenden Körpers durch einen Stabmagneten. Durch die Bewegungsrichtung und die Geschwindigkeit der vielen winzigen Magnetfeld-Licht-Masseteilchen am Körper vorbei, entsteht eine Feld-Verformung und dadurch wiederum ein Sog. Diesen Sog nennen wir magnetische Anziehung. Das funktioniert ganz ähnlich wie beim Tragflügel eines Flugzeuges. Durch die hohe Feld-(Teilchen-)Dichte an den Polen, und die geringe in der magnetischen Feld-„Blase" in der Mitte, werden anzuziehende Körper zu den Polen geleitet, um dort haften zu bleiben.*

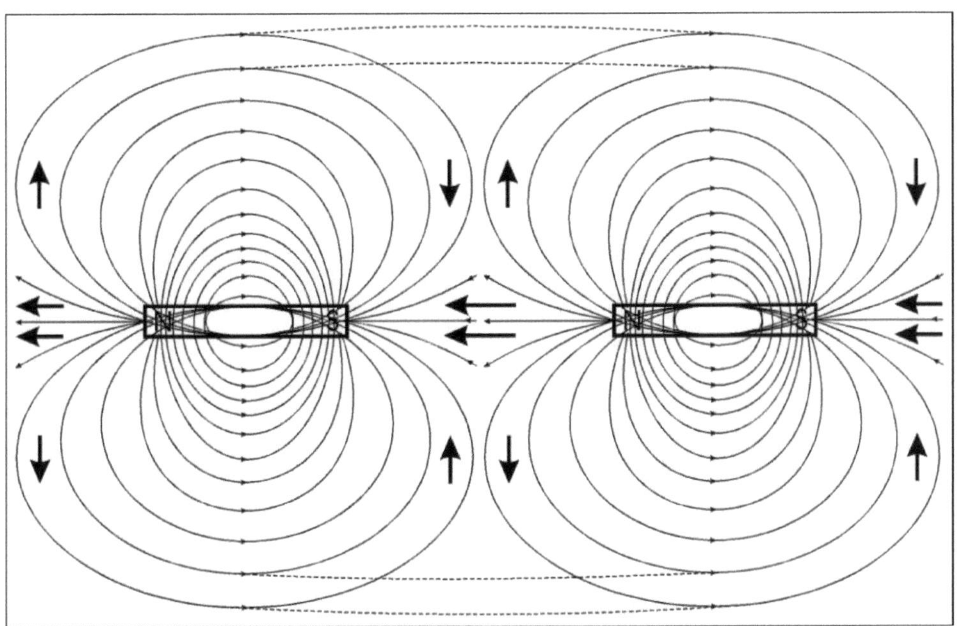

Abbildung 115: *Die gegenseitige Anziehung von zwei Magneten an zwei entgegengesetzten Polen beruht darauf, dass sich die Magnetfeld-Licht-Masseteilchen durch die gleiche Flußrichtung **innerhalb** der beiden Magneten problemlos in das Feld des jeweiligen Nachbar-Magneten ‚hineinmogeln‘ können. Dadurch kommt es zur Ausbildung von (teilweise und temporär) gemeinsamen Feldstrukturen. Gleichzeitig bewirkt die gegenläufige Strömungsrichtung in den sich nahekommenden Feldbereichen **außerhalb** der Magneten aufgrund der hohen Geschwindigkeitsdifferenz die Anziehung auf Basis des Tragflächen-Prinzips.*

Je nach Länge der für jedes Licht-Masseteilchen individuell zur Verfügung stehenden Beschleunigungsstrecke verlassen sie den Magneten temporär mit unterschiedlichen Geschwindigkeiten und an verschiedenen Stellen. Je nach „persönlichem“ Schwung treten sie an der gegenüberliegenden Seite an „derselben“ Stelle auch wieder in den Magneten ein, sodass die vielen Ellipsenbahnen der einzelnen Teilchen entstehen, die gemeinsam die Donut-Ellipsoiden bilden. Der „Kreislauf“ ist somit ge-

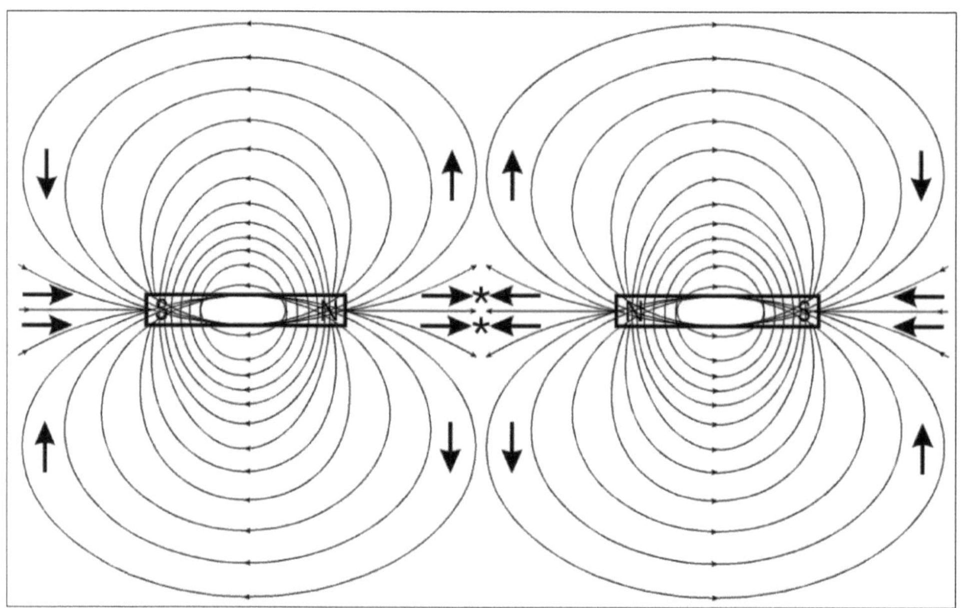

Abbildung 116: *Bei der gegenseitigen Abstoßung laufen die Licht-Masseteilchen-Ströme **innerhalb** der beiden Magneten direkt aufeinander zu. Sobald sie die Magneten verlassen, krachen sie mit aller Macht frontal zusammen. Das mögen sie nicht und stoßen sich somit gegenseitig ab. Die Magnetfeld-Licht-Masseteilchen-Ströme **außerhalb** der Magneten verlaufen an den Berührungsstellen der Felder parallel. Eine Geschwindigkeitsdifferenz gibt es daher nicht. Aus diesem Grunde bleibt das Tragflügelprinzip in diesem Fall antriebslos bei Windstille am Boden.*

schlossen und die Licht-Masseteilchen begeben sich auf die nächste Runde durch und um den Magneten herum.

Außerhalb des Magneten ordnen sie sich schnell zu den Magnetfeld-Schalen, die quasi die Außenhaut der Donut-Ellipsoiden darstellen und durch unsere Feldlinien beschrieben werden. Die Schalen sind tatsächlich Orte mit höherer Teichchendichte als die Gebiete dazwischen. Die Ordnung in Sphären geschieht prinzipiell ganz ähnlich wie bei den

Gravitationsfeld-Schalen. Die Unterschiede bestehen darin, dass es bei den Magneten nicht nur einen, sondern mindestens zwei oder auch manchmal mehr Pole gibt, die die jeweils erforderliche Feldform vorgeben. Und, dass die Licht-Masseteilchen (10^{-52} kg) über mehr Masse und Kraft verfügen als die Gravitationsfeld-Teilchen (10^{-79} kg). Dazu kommt, dass sie höchstwahrscheinlich ganz leicht elektrisch geladen sind (viel weniger als eine Elementarladung von Elektron und Proton) und sich dadurch einerseits ein wenig abstoßen, sich andererseits aber entschlossener einordnen.

Die größte Kraft erzeugt der Magnet / das Magnetfeld dort, wo die Teilchendichte, die Sphärennähe und die Feldteilchen-Geschwindigkeit am größten sind. Das ist dort, wo die überwiegende Mehrzahl der Einzel-Ellipsenbahnen aus dem Magneten austritt und an der entgegengesetzten Seite wieder eintaucht: An den Stirnflächen bzw. den Polen des Magneten.

Und wie funktioniert die **Nichtanziehung** von nichtmagnetischen Stoffen? Das ist wieder ganz einfach: Nichtmagnetische Stoffe sind in ihrem Inneren grob genug strukturiert, dass die Licht-Masseteilchen einfach hindurchflutschen können. Auch freie Ladungsträger, die die Licht-Masseteilchen von ihrem Weg abbringen und absorbieren könnten, stehen dort nicht in ausreichendem Maße zur Verfügung. Die langsamen Licht-Masseteilchen durchdringen also einfach diese Stoffe und setzen ihren Weg zurück zum Magneten weitgehend unbeeindruckt und ungehindert fort. Für die Magnetfeld-Licht-Masseteilchen ist es also so, als ob diese Stoffe (fast) gar nicht existieren.

Fazit: Selbstverständlich gibt es noch jede Menge mehr Magnetformen als ausgerechnet nur stabförmige Dauermagneten. Hier spielt das aber insofern keine Rolle, weil sich auch die Funktionsweise jedes anderen Magneten mit einem Magnetfeld aus Licht-Masseteilchen, Schornsteinprinzip, Tragflügelprinzip und Strömungslehre einfach und sicher erklären lässt. Das muss noch lange nicht heißen, dass die hiesigen Ausführungen richtig sind. Aber es sollte für den einen oder anderen echten Physiker durchaus Grund genug sein, mal drüber nachzudenken.

Licht von der Seite

Im Januar des Jahres 2017 machte mir die Wissenschaft - nach Josef M. Gaßner[275] - ein sehr nettes Geburtstagsgeschenk: Die ersten bewegten Bilder, auf denen Licht in Aktion von der Seite zu sehen ist. Dafür möchte ich mich an dieser Stelle artig bei den involvierten Wissenschaftlern bedanken. Das war eine sehr nette Überraschung.

Auch andere Quellen berichteten darüber, jedoch ‚ohne Geburtstagsgruß‘. Wenige Jahre zuvor hatte ich noch geschrieben, dass wir Licht von der Seite nicht sehen können. Dieser Mißstand wurde nun behoben, was ein unglaublicher Fortschritt ist. Leider ist es in der Allgemeinheit momentan schon wieder etwas still um das Thema geworden.

Als ich das erste Mal Licht von der Seite über den Bildschirm flimmern sah[276], war das ein kleines neongrünes Würmchen, das langsam zuckend von links nach rechts über den Bildschirm kroch. Da hab ich so bei mir gedacht:

‚Ach, das arme kleine Ding. Was haben sie denn mit dem gemacht?‘ Aber das änderte sich alsbald. Schon wenige Tage später waren eindrucksvollere Aufnahmen verfügbar[277]. Und kurz danach erschien dann auch das Youtube-Video von J. M. Gaßner mit richtig schönen Bildern.

Trotzdem – oder gerade deswegen – muss ich zugeben, dass ich mir Licht ganz anders vorgestellt hätte. Meine Vorstellungen hätten sich wohl an einem ordnungsgemäßen Lichtstrahl orientiert: Eine pfeilgerade Linie ohne Zacken, Beulen und Zuckungen. Aber die Bilder zeigten etwas ganz anderes. Zappelnde Würmchen und flatternde Feuerbälle, die eher Fantasy-, Mystik- oder Science-Fiction-Filmen entsprungen zu sein schienen, in denen sich Magiere oder Aliens mit Energie-Wattebäuschen bewarfen. Soetwas sieht man ja relativ häufig in Kino und TV.

Die Aufnahmen werfen beim interessierten Laien eine ganze Reihe von Fragen auf. Das ist völlig normal und absolut kein Beinbruch.

---

275   [23]
276   Das war bei www.Standard.at ; leider konnte ich den ersten Artikel dazu nicht mehr finden
277   [24]

Schließlich handelt es sich ja um eine funkelnigelnagelneue Hochtechnologie. Aber irgendwann müssen auch diese Fragen beantwortet werden.

Klar ist, dass ultrakurze Lichtimpulse durch ein Medium gejagt wurden, um das Licht ein wenig langsamer zu machen und so besser filmen zu können. Das, was wir da sehen, hat also noch nicht allzuviel mit Vakuum-Lichtgeschwindigkeit zu tun. Und von einem einzelnen Photon dürften wir auch noch meilenweit entfernt sein.

Somit könnte die Zappelei und die Zuckungen der Lichtwürmchen und Feuerbälle von einer Interaktion des Lichtes mit den Teilchen des Mediums herrühren.

Aber warum zerstiebt das Licht nicht, wenn es auf fremde Teilchen stößt? Müsste das Licht nicht zu Streulicht werden? Was für Teilchen sind das genau? Und wieso behält das Licht seine Richtung dennoch bei?

Bei manchen Bildern sieht es so aus, als ob der Lichtimpuls mit sich selbst reagiert und ausbrechende Photonen wieder in die eigenen Reihen hineinzieht. Das könnte daran liegen, dass der Hauptimpuls beim ‚Durchflutschen‘ den Widerstand des Mediums ein wenig verringert und die Photonen sich den Weg des geringsten Widerstandes suchen, der nunmal häufig in der Nähe des Mainstreams logiert. Die meisten Menschen – darunter leider auch viele Wissenschaftler – machen es ja genauso.

Warum sollte Licht es da anders machen?

Das bedeutet aber auch, dass selbst Licht eine Art Strömung ist. Wenn auch eine besonders schnelle und energiereiche. Schnellfließendes Wasser unter Hochdruck neigt auch eher dazu, sich geradeaus bewegen zu wollen, als langsamfließendes. Und schätzungsweise heißt wohl der Wasserstrahl auch ‚Strahl‘, obwohl er eine Strömung ist, weil er dem Lichtstrahl in gewisser Weise ähnlich ist. Das sollte unsere praktischen Vorstellungen vom Licht doch ziemlich stark beeinflussen und / oder wenigstens dazu anregen, mal drüber nachzudenken.

Warum schnellfließendes Wasser dazu neigt, sich geradeaus bewegen zu wollen, ist leicht zu erklären: Wasser besteht aus Teilchen, die eine Masse haben. Dadurch wird ihre Trägheit umso größer, je schneller sie sind. Und Trägheit ist das Bestreben eines Körpers, seinen Bewegungszustand beizubehalten. Andererseits ist die Wellenbildung von

Wasser legendär. Was wäre die Welt ohne Wasserwellen? Wenn man möchte, kann man also auch beim Wasser durchaus von einem Welle-Teilchen-Dualismus sprechen.

Ist es also beim Licht genauso, nur in völlig anderen Maßstäben und Dimensionen? Die Antwort ‚Ja' auf diese Frage ist gar nicht so weit entfernt wie man vielleicht annehmen könnte ...

Das Beste zum vorläufigen Schluss: 'Der Lichtschock'

Für den einen oder anderen Leser wird es ein kleiner Schock sein: Vieles von dem, was in diesem Buch geschrieben steht, basiert auf der langjährigen Arbeit Erich von Dänikens.

Er schrieb einst sein Buch „Der Götterschock". Darin geht es um die Frage, wie die Menschheit im Allgemeinen – und jeder Einzelne für sich selbst – damit umgehen würde, wenn tatsächlich eines Tages Außerirdische vor der Tür stehen oder sich zu erkennen geben würden?

Was hat das mit der Physik des Lichts zu tun? Und was mit dem hiesigen Buch?

Auf den ersten Blick fällt es nicht auf. „Glaubhaft" ist es auch nicht. Aber zu meiner Schande muss ich gestehen, dass all das, was hier in Superkurzfassung aufgeschrieben wurde (und noch viel mehr), längst existiert bzw. schon vor langer Zeit einmal bekannt war. Es geht um real existierende Realitäten, nicht um Fiktion. Seit Jahrtausenden. Dabei spielt es nur eine untergeordnete Rolle, ob ich schon alles richtig erkannt habe oder nicht. In meine Arbeit kann sich durchaus noch der eine oder andere Fehler eingeschlichen haben, um sich dort zu verstecken: Schreibfehler, Rechtschreibfehler, orthographische und Grammatikfehler, Ausdrucksfehler, inhaltliche Fehler, Denkfehler, Satzfehler, Designfehler, grundsätzliche Fehler, Gestaltungsfehler, Prinzipfehler, Schönheitsfehler, unabsichtliche, ... indische und andere[278] Fehler mehr. Dazu kommt, dass ich mit Sicherheit noch enorm viel übersehen habe. Sowohl

---

[278]   frei nach Ludwig Thoma

bei der primären Erforschung und Analyse, wie auch bei der sekundären Niederschrift.

All das macht aber nichts.

Schließlich bin ich nur ein Mensch. Und die machen nunmal Fehler. Um sich empor zu irren. Sie müssen sogar zwingend Fehler machen, um weiter zu kommen. Trotzdem ist das Grundprinzip definitiv richtig:

Licht ist rund!

Zu meiner Schande? Nein. Ich glaube nicht, dass es eine Schande ist, die uraltbekannten physikalisch-geometrisch-mathematischen Zusammenhänge zwischen Zahlen, Geometrie und Licht (u.v.a.m.) wiederentdeckt zu haben. Ich bin auch nicht der Erste, dem das in diesem oder ähnlichem Sinne aufgefallen ist. Vor mir gab es schon eine ganze Reihe kluger Köpfe, die in ganz ähnliche Richtungen dachten. Auch hochrangige Wissenschaftler waren darunter. Sie wurden von ihren 'lieben Kollegen' ignoriert, verlacht und gedisst. Genau wie heute auch.

Doch scheine ich derjenige zu sein, der auf diesem Gebiet bisher am Weitesten vorangekommen ist und – was viel wichtiger ist – ein paar wenige Grund- und Funktionsprinzipien tatsächlich verstanden hat, der sozusagen die ersten Worte einer hochkomplexen Sprache (von vielen) ins „heutige Irdische" übersetzt hat. Ich hoffe – und gehe davon aus – eine derartige Herangehensweise auch in Wissenschaftlerkreisen salonfähig machen zu können. Denn richtig umgesetzt ist daran absolut nichts Schlechtes oder Verwerfliches zu entdecken.

Im Gegenteil, es kann unendlich nützlich für uns alle sein.

Schlicht und einfach geht es darum, nicht über unsere Ahnen und ihre Lehrer erhaben zu sein oder sich auch nur so zu fühlen, sondern ganz bewusst von ihnen zu lernen. Das mag einem eng gefassten Evolutionsgedanken grundlegend zu widersprechen scheinen, einem universal weit gefassten jedoch ganz und gar nicht. Evolution läuft nunmal nicht immer linear bergauf ab, sondern in einem ständigen Hin-und-Her, Hoch-und-Runter, Vor-und-Zurück. Und all das stets gleichzeitig an "einer" Milliarde von Fronten. Ganz im Sinne des ewigen Gesetzes vom immerwährenden Kampf und der gleichzeitigen Einheit der Widersprüche und Gegensätze. Das gilt auch – und gerade – im Bereich der Wissenschaften.

Von Erich von Däniken stammt die Denkweise, die das möglich macht: Man muss das scheinbar Unmögliche denken, um das zur Zeit Mögliche zu erkennen und zu erreichen. Nur selten haben die vermeintlich ‚Vernünftigen‘ die Welt verändert. Meistens waren es die angeblichen Spinner und Verrückten. Auch beim Blick auf kleinste Details sollte man daher niemals das größte Ganze, das Universum und „das Dahinter“, aus den Augen verlieren. Wir sollten immer das Urälteste, das Alte, das Heutige, das Neueste und das Zukünftige gleichzeitig betrachten. Und zwar ohne jede unangebrachte Voreingenommenheit und Überheblichkeit. Denn es steht alles miteinander in Verbindung und beeinflusst sich gegenseitig.

Der Schmetterling peitscht nicht umsonst die Stürme um die Welt.

In jüngeren Jahren war ich ein bedingungslos wissenschaftsgläubiger Mensch. Ohne den Einfluss Erich von Dänikens wäre ich wahrscheinlich nie auf die Idee gekommen, wissenschaftlich scheinbar ‚gesichertes Wissen‘ jemals in Frage zu stellen. Dass genau das jedoch **bitter notwendig** ist, verstand ich erst, als ich begann mich selbst **intensiv** mit seinem Werk auseinanderzusetzen. Er machte mich darauf aufmerksam, dass es oft nicht lange dauert, bis sich in etlichen - vermeintlich hochwissenschaftlichen – Arbeiten und Aussagen die ersten katastrophalen **scheinwissenschaftlichen Widersprüche** melden, sobald man nur ein wenig am Lack kratzt. Und je mehr die Betrachtungen und Analysen in die Tiefe gehen, desto schlimmer werden die gravierendsten Mankos. Von eventueller Verbesserung oder gar der viel- und hochgepriesenen ‚wissenschaftlichen Selbstreinigung‘ war und ist oftmals **nichts** zu sehen. Nicht die geringste Spur. Das ist beängstigend!

Freilich war das anfangs – ganz Däniken-Like – „nur“ auf mehreren verschiedenen Gebieten der Frühgeschichte, insbesondere der Ägyptologie, zu bemerken. Das heißt: **Im geisterwissenschaftlichen Bereich.** Der hängt – man glaubt es nicht, wenn man es nicht selbst erfährt – auch zu Beginn des Dritten Jahrtausends noch mit weiten Teilen im 19. Jahrhundert fest. Darüber vermag auch die zwischenzeitliche Einführung einiger moderner Technologien nicht hinweg zu täuschen. Denn sie werden hauptsächlich nur dazu benutzt, um die alten Falschheiten zu zementieren. Doch je tiefer das Eindringen erfolgt, desto größer ziehen sich die Kreise, bis sie sogar in naturwissenschaftlichen Themen deutlich sichtbar werden. Zuerst geschah das (bei mir) bezüglich der Geologie. Der Streit um Plattentektonik und Erdexpansion verläuft ganz und gar nicht so, wie man es von einer Naturwissenschaft erwarten sollte. Einmal geweckt, kamen schnell andere Themenbereichte dazu. Zu nennen wäre vor allem die Umwelt-, Wetter- und Klimaproblematik – sowohl im frühgeschichlichen Bereich, als auch in der modernsten Moderne. Es fällt auf, dass Kohlendioxid nicht giftig ist und der Planet Erde kein Glasdach hat. **Klima ist Statistik.** Und die schützt man am besten, wenn man die Urlisten (also die Wetter-Ausgangsdaten) in den Tresor legt. Von da ab ist es nicht mehr weit bis zur Physik. Der vermeintliche „Urknall" verstrickt sich immer mehr in Widersprüche, je genauer man ihn beschaut. Und keinen (?) Physiker scheint das zu stören. Der Urknall hat etwas mit Licht zu tun – genauso wie die Frühgeschichte und die Religionen. An dieser Stelle, so mutet es an, schließt sich der Kreis.

Jedenfalls für's Erste.
Heutige Wissenschaft trennt und teilt normalerweise – man nennt es Spezialisierung. Doch irgendwann muss alles auch wieder zusammengefügt werden, ansonsten macht das ganze Spezialwissen nur wenig Sinn. Oder wie man so schön unwissenschaftlich sagt: Das Ganze ist oft mehr als die Summe seiner Teile. Das sollte man nie vergessen.

Dazu kommen die Überlieferungen, Gemäuer und Artefakte aus tiefer und tiefster Vergangenheit, die diese wissenschaftskritische Denkweise überhaupt erst möglich machen und zum Leben erwecken. Und auch wenn Erich so manches Mal von Herzen geflucht haben mag, dass ich temporär ins Reich der Zahlen, Wellen und Minipartikel „abgeglitten" bin, so darf er doch wohl auch ein wenig stolz darauf sein.

Ebenso wie ich ‚Danke!' zu sagen habe – und das hiermit gern aus vollem Herzen mache.

Selbstverständlich ist die Denkweise nicht die einzige Grundlage. Ein bisschen Schulbildung, Studium und Lebenserfahrung sind ebenfalls notwendig. Allein reichen sie aber nicht aus, um zum **Licht** unserer Ahnen zu finden. Die Denkweise Erich von Dänikens ist der Faden, der die einzelnen Blumen zum Strauß zusammenbindet.

Auch im Bereich der Naturwissenschaften.

Ich könnte mir sehr gut vorstellen, dass so mancher Leser dieses Buches - darunter hoffentlich auch ein paar echte Physiker - mächtig erstaunt sein wird, was ihm und der gesamten Wissenschafts-Disziplin bisher so alles entgangen ist. Sie werden ein bisschen schockiert sein, ein wenig mit sich selbst hadern und einen **'Lichtschock'** erleiden. Der Lichtschock ist ein Teil des Götterschocks, vielleicht sogar der erste richtige.

Aber: Kleine Schocks sollen manchmal ganz heilsam sein!
Vielleicht gelingt es mir ja doch, wenigstens ein paar Fach- und andere Wissenschaftler als Mitstreiter zu gewinnen, um so dem gegenwärtigen Wissenschaftsbetrieb eine schwungvolle Kurve auf das richtige Gleis zu ermöglichen und zu verpassen.

Ein paar mehr wären natürlich noch besser …

Per aspera ad lux, per lux ad astera.

Oder wie einst jemand zu sagen pflegte:
„Ammon. Amun. Amen.“

"Ceterum censeo, disputationem esse inciperami!"[279]

<u>Vorläufig abschließendes Gesamt-Fazit:</u>

In diesem Buch werden viele Fragen gestellt und etliche kleine Fragen nach eigenem Gustus beantwortet. Ich hoffe inständigst, dabei nicht allzuviele Fehler „eingebaut" zu haben. Letztendlich bleiben naturgemäß jedoch mehr Fragen offen als überhaupt gestellt werden können. Trotzdem schält sich ein Umstand deutlich heraus: Die ureigensten Grundlagen des Universums basieren auf relativ einfacher Geometrie und Arithmetik und können sinnvoll durch diese beschrieben und über extrem lange Zeiträume hinweg erhalten und transportiert werden. Der erste Beleg – und gleichzeitig das erste Ergebnis – dieser Herangehensweise ist das Kugel-Lichtmodell. Dass dieses Modell enorm stabil ist, gibt mir die Hoffnung, diese uralte neue Weisheit und Denkrichtung mit der vorliegenden, bewusst kurzgehaltenen und flüchtigen Abhandlung fürs Erste hinreichend belegt und wenigstens zu einem kleinen Stückchen wiederbelebt zu haben, sodass etablierte Fachwissenschaftler sie aufgreifen und weiterentwickeln können. Diese Herangehensweise kann ungeheuer und unglaublich nützlich für uns alle sein. Das Hauptproblem dabei ist, dass wahre Potential sichtbar und verständlich aus der schier unendlich komplexen Verpackung herauszuarbeiten, sodass auch skeptische Menschen zielgerichtet damit umzugehen lernen. Denn dann steht einer sinnvollen Nutzung zum Wohle der Allgemeinheit nichts mehr im Wege.

Quellenverzeichnis:

[1] – „Wissensspeicher Physik" – Redaktion: Werner Golm, Günter Meyer – Verlag Volk und Wissen, Volkseigener Verlag, DDR, Berlin 1975

[2] – „Teufelswerk – Die irren Lichtspiele der Götter" – Paul H. Krannich – BoD Verlag Norderstedt, BRD; November 2010

[3] – „Teufelswerk II – Cheops und das Licht" – Paul H. Krannich – BoD Verlag Norderstedt, BRD; Februar 2012

[4] – „Teufelswerk III – Das letzte Geheimnis der grünen Scheibe" Paul H. Krannich – BoD Verlag Norderstedt, BRD; September 2013

[5] – „Pyramiden: Wissensträger aus Stein" – Axel Klitzke – Govinda-Verlag GmbH, Zürich, Jestetten, 2006

[6] – „Der geheime Code" – Priya Hemenway – Evergreen GmbH Köln, 2008

[7] – „Pyramids and Tempels of Gizeh" – W.M. Flinders Petrie – new and revised edition (Zahi Hawass) – Histories and Mysteries of Man Ltd. – London, England 1990 – Printed in USA

[8] - „Pyramiden und Planeten" – Dr. Hans Jelitto – Wissenschaft und Technik Verlag, Berlin 1999

[9] – „Henochs Uhr – Die Zeit der Giseh-Pyramiden" – Paul H. Krannich – BoD Verlag Norderstedt, BRD; April 2009

[10] – „Die Bibel – illustriert mit Engel-Darstellungen aus der Kunst" – Herausgegeben und übersetzt von Prof. Dr. Vinzenz Hamp, Prof. Dr. Meinrad Stenzel, Prof. Dr. Josef Kürzinger – Weltbild Verlag, Augsburg, BRD, 2008

[11] – www. Wikipedia. de – Stichwort: ‚Eulersche Zahl' – Stand vom 01.02.2017

[12] – „Tabellen und Formeln – Mathematik, Physik, Chemie" – Werner Golm, Karlheinz Martin, Klaus Sommer, Heinz Grothmann – Volkseigener Verlag Volk und Wissen, Berlin, DDR, 1973/1976

[13] – www. Wikipedia. de – Stichwort: ‚Bruchrechnung ' – Stand vom 03.02.2017

[14] – „Mathematische Formelsammlung" – Dr. Franz Brzoska, Walter Bartsch – 4. Auflage; Fachbuchverlag Leipzig, 1957

[15] – www.wikipedia.de – Stichworte: Mondbahn; Mond; etc. – Stand vom 11.02.2017

[16] - www.wikipedia.de – Stichworte: Svalbard Gobal Seed Vault ; Gendatenbank; … u.ä. – Stand vom 21.02.2017

[17] – „Das Rätsel des sechsten Fingers" – Artikel v. www.Standard.at; https://derstandard.at/2000054375797/Die-Raetsel-des-sechsten-Fingers

[18] – "Astronomie – Eine Einführung in das Universum der Sterne" – Fachberatung: Stefan Deiters, Dr. Norbert Pailer, Susanne Deyerler – Contmedia GmbH – Komet Verlag GmbH, Köln, Germany – ohne Jahr, ca. 2009

[19] – "Der große Streit von Leipzig" - Mosaik – Mit den Abrafaxen durch die Zeit – Heft 499, Seite 12 – Mosaik Steinchen für Steinchen Verlag – 14050 Berlin; 2017

[20] "Der Knaur" – Universallexikon in 15 Bänden – Lexikographisches Institut, München – Mohndruck, Gütersloh 1991/92

[21] – "Der Tag an dem die Götter kamen – 11. August 3114 v. Chr." – Erich von Däniken – Orbis Verlag für Publizistik, München, 1999 – Bertrelsmann GmbH, München

[22] – "Lexikon der Antike" - VEB Bibliographisches Institut Leipzig, DDR, 1984, 6. Auflage

[23] – „Kann man Photonen im Flug filmen? Originalaufnahmen der LLE-CUP" – Urknall, Weltall und das Leben -   Josef M. Gaßner – Youtube; am 03.02.2017 veröffentlicht
https://www.youtube.com/watch?v=O-qQuuazrNA

[24] – „Physiker filmen erstmals Schockwelle aus Licht" – Artikel v. www.Standard.at; 24.01.2017
https://derstandard.at/2000051453791/Physiker-filmen-erstmals-Schockwelle-aus-Licht

[25] „Die Entwicklungsgeschichte der Erde" – Brockhaus Nachschlagewerk Geologie – VEB F.A. Brockhaus Verlag Leipzig, 5. überarbeitete Auflage – Leipzig DDR, 1981

[26] „Und sie bewegt sich doch !" - Die Erdexpansionstheorie – . ein Film von Franz Fitzke über Prof. Konstantin Meyl u.v.a. - ZDF-Doku; Arte - am 23.04.2011 auf Youtube veröffentlicht

https://www.youtube.com/watch?v=inPEHBvdsOA

[27] www.emc2-explained.info/G/Emc2Ableitung ...

[28] – „Einsteins beste Idee – die varialble Lichtgeschwindigkeit" – Dr. Alexander Unzicker – Youtube - am 21.11.2015 veröffentlicht
https://www.youtube.com/watch?v=YCNud2qaPf4

[29] - „Teotihuacan – das Geheimnis der Mondpyramide" - National Geographic – Deutschland – Heft: November 2006; Seiten 46 bis 70 – Hamburg, Germany 2006 – National Geographic Society, Washington

[30] – „Licht der Erde – Die Heiligen" – Michael Langer (Hg.) – Pattlochverlag GmbH & Co. KG, München, 2006

[31] – „Sie besiegten Atlantis: Die Geschichte der Pelasger aus antiken Quellen dargestellt" - Peter Novak - Taschenbuch – 16. September 2012;
BoD, Norderstedt - ISBN-13: 978-3844228762 - BRD

[32] – „Wenn die Erde eine Kugel wäre ..." – Paul H. Krannich, BoD Norderstedt, Germany 2010

[33] – https://derstandard.at/2000085352110/Ist-das-Verrinnen-der-Zeit-eine-Illusion - www.derstandard.at – Zeitung (online) - Österreich

[34] – „Die Blume des Lebens: Weitere Ornamente entdeckt" – Artikel in der Zeitschrift „Mysteries", Heft 05/2018 (September/Oktober), Seiten 54 bis 61 – Luc Bürgin – Basel, Schweiz – ISSN 1660-4377

[35] – „Was war vor dem Urknall?" - Prof. Harald Lesch auf Youtube
https://www.youtube.com/watch?v=ffLW-FS8rxk

[36] – „Technical Report", (Third edition, Amendment 2, 23.06.2004) – NIMA; Department of Defense; World Geodatic System 1984 – NIMA Stock No. DMATR83502WGS84

[37] – "Materie besteht nicht aus Materie" – Prof. H. Lesch – veröffentlicht am 16.01.2019 - https://www.youtube.com/watch?v=i9HgolTQlrE

[38] – „Auf der Suche nach der Gottesformel" – Prof. Harald Lesch
https://www.youtube.com/watch?v=_3bHqHIG1RY

[39] – „Die Welt aus der Sicht eines Teilchenphysikers" -   Marc Wenskat - Science Slam - veröffentlicht am 27.04.2015 -
https://www.youtube.com/watch?v=6IiggqQ-jaQ

[40] „Dreidimensionale Darstellung der Eulerschen Formel" – darauf hingewiesen von User e-neutrino; Stand 03. 2019 – unvollständig nachgestaltet von Paul H. Krannich -
https://de.wikipedia.org/wiki/Eulersche_Formel#/media/File:Euler%27s_Formula_c.pn

[41] – „UFO - Antrieb der Zukunft? Antigravitations-Antrieb in greifbarer Nähe – Eugen Podkletnov" (Abschirmung der Gravitation) –
 veröffentlicht von: drolllorT 0011001100110011 am 13.01.2018 – Filmbericht von / mit Klaus Simmering (ORB)
https://www.youtube.com/watch?v=ZsuojBTvcQ8

<u>Bildquellenverzeichnis</u>

Abgesehen von Abbildung 81 (Stabmagnet mit Magnetfeld), die unverändert von Wikipedia.de übernommen wurde und zwingend nach den dort festgeschriebenen Regeln und Lizenzen zu behandeln ist, liegt die Urheberschaft **aller anderen** Abbildungen bei Paul H. Krannich. Eventuelle Anlehnungen an andere Quellen sind in den jeweiligen Bildunterschriften vermerkt.